现代纺织工程⑯

印染分析化验手册

曾林泉　编

中国纺织出版社

内 容 提 要

本书简要地介绍了分析化学基础理论，分析化验常用仪器设备的原理及其使用与保养等基本知识；系统地介绍了印染分析与化验的技能与知识，如印染及锅炉水质分析、常用染化药剂的分析、车间常用液的测定、阴阳离子分组鉴定、常用印染助剂的分离与检验、配色仿样等。内容丰富，具有较强的实用性和可操作性。

本书可供印染企业技术人员日常查阅，也可供纺织院校师生及相关行业技术人员阅读参考。

图书在版编目(CIP)数据

印染分析化验手册/曾林泉编. —北京：中国纺织出版社，2007.5

(现代纺织工程⑯)

ISBN 978-7-5064-4264-0

Ⅰ.印… Ⅱ.曾… Ⅲ.①染整—分析—手册 ②染整—化验员—手册 Ⅳ.TS19-62

中国版本图书馆 CIP 数据核字(2007)第 016608 号

策划编辑：李东宁 贾 超 责任编辑：秦 华

责任校对：楼旭红 责任设计：李 然 责任印制：何 艳

中国纺织出版社出版发行

地址：北京东直门南大街 6 号 邮政编码：100027

邮购电话：010—64168110 传真：010—64168231

http://www.c-textilep.com

E-mail:faxing@c-textilep.com

北京华联印刷有限公司印刷 各地新华书店经销

2007 年 5 月第 1 版第 1 次印刷

开本：787×1092 1/16 印张：44.5 插页：2

字数：1013 千字 印数：1—3000 定价：128.00 元

广告许可证号：京东工商广字第 0372 号

前 言

印染分析化验贯穿于整个印染生产过程中。印染及相关行业工作者在生产实践中积累了极为丰富的经验，形成了大量行之有效的实用分析化验方法及操作经验。这些方法及操作经验散见于各文献，没有形成一部系统的专著。编者从事印染行业分析化验及相关工作十余年，深感印染分析化验工作的重要性。无论是质量的考核，还是生产的运作，都迫切需要一部全面介绍印染分析与化验的专著作为参考之用。本手册正是基于此而编写的。

本手册从分析化学基本理论知识入手，对染料、助剂及一般印染分析化验的基本知识做了较全面的阐述，并着重介绍了印染助剂及常用染化药剂的基本测试、水质分析及配色仿样等。手册力求全面及可操作性。

本手册在编写过程中参考了许多相关教材、标准及其他专业书籍和有关文献，在此对这些文献的作者及出版单位表示衷心的感谢。由于参考的文献众多，可能有文献漏列，在此表示深深的歉意，并在以后加以补充修正。

本手册内容涉及范围较广，由于篇幅所限，仍有许多内容未有列入和深化。同时囿于笔者的水平和能力，虽尽力而为，书中谬误在所难免，敬祈各位专家、学者和广大读者指正，本人不胜感激之至。在此谨向为本手册的出版辛勤工作的同志们致以深切的谢意！

曾林泉

2007 年元月

目　录

第一篇　分析化学基础知识

第二篇 分析室常用仪器和设备

第三篇 印染工业常用分析法

第一篇　分析化学基础知识

第一章　数据处理

在分析化验工作中，分析结果是否准确可靠至关重要，错误的分析结果往往会造成严重的后果。因此，在测定时要实事求是地记录原始数据，在测定工作结束后，还要对测得的各项数据进行处理。如果发现分析所得结论与实际情况不符，就要以这些原始数据为根据仔细检查，找出错误的原因，绝不允许通过改动数据的方法达到所谓的一致。

第一节　误　差

一、准确度和精密度

分析结果的准确度通常用误差来表示。误差越小，表示分析结果越接近真实值。误差有两种表示方法，一种叫绝对误差，另一种叫相对误差。

$$\text{绝对误差} = \text{测得值} - \text{真实值}$$

绝对误差不能反映出这个差值在测定结果中所占的比例。因此，在化验工作中，常用相对误差来表示分析结果的准确度。绝对误差在真实值中所占的百分数称为相对误差。

$$\text{相对误差} = \frac{\text{绝对误差}}{\text{真实值}} \times 100\%$$

在计量时，通常对相对误差提出一定的要求。因为测得值可能大于或小于真实值，所以无论是绝对误差还是相对误差都有正负之分。

在化验中，真实值不易得到。一般是在同一条件下，平行测定几次，然后把几次分析结果的算术平均值当做"真实值"。几次平行测定结果相互接近的程度叫做分析结果的精密度。精密度的高低用偏差来表示。偏差越小，精密度越高。偏差也分为绝对偏差和相对偏差。绝对偏差是某个分析结果与真实值之差；相对偏差是绝对偏差在真实值中所占的百分数。

二、误差的来源和提高准确度的方法

误差分为系统误差和偶然误差两类。系统误差是由于测定过程中某些经常性的原因造成的，它对分析结果的影响比较固定。偶然误差是由于一些不固定的原因所造成的误差。

(一)误差的来源

1. 系统误差的来源

(1)分析方法不够完善。例如重量分析中沉淀有一定的溶解度,滴定时等当量点和终点不十分相符。

(2)仪器本身有缺陷或使用了未经校正的仪器。例如天平的两臂不等长,滴定管等量器的真实值与标定值不完全相等。

(3)使用的试剂或蒸馏水中含有杂质。

(4)操作者个人的生理特点。例如在滴定分析中操作者对指示剂颜色的变化感觉迟钝等。

2. 偶然误差的来源

偶然误差产生的原因常常难以觉察。可能由气压、温度、湿度等因素的偶然波动引起,也可能由没有意识到的错误操作引起。

对于初学者来说,常因粗枝大叶、不遵守操作规程等原因,引入许多操作上的错误,时间长了,养成习惯,会对分析结果带来严重影响。所以,严格按照操作规程,一丝不苟地认真操作,是每一个化验员必须遵守的基本工作纪律。

从误差产生的原因来看,偶然误差影响分析结果的精密度,系统误差影响结果的准确度。工作中如能尽量减少偶然误差,则分析结果的偏差就小,精密度就高。如果系统误差较大,则分析结果的误差仍然较大。但系统误差比较固定,可以采取一些校正的方法消除。因此,化验员应该首先注意提高精密度,必要时采取一些校正办法找出系统误差的大小和正负,对测定的数据进行校正,使系统误差接近消除。

(二)消除误差的方法

消除系统误差的方法有:

1. 按操作规定正确使用仪器或对仪器进行校正

例如重量分析中称样品和称沉淀,容量分析中称基准物质和称样品,前后应使用同一台天平和同一盒砝码中尽可能相同的砝码,则天平和砝码的误差可以前后抵消大半部分;再如在标定标准溶液和滴定被测溶液时,尽量使用同一滴定管的相同间隔,那么由于滴定管刻度不准确所引起的误差也可前后抵消。

2. 按规程正确进行化验工作

例如标定标准溶液和滴定被测溶液时,使用同一指示剂,则指示剂变色点与等当点不完全一致的误差就可以消除。标定和测定尽可能由同一个化验员操作,这样个人对终点掌握不同所引起的误差可以消除。

3. 进行空白试验

所谓空白试验,就是在不加样品或用蒸馏水代替样品的情况下,按照与样品分析同样的操作手续和条件进行分析试验,这样得到的结果称为空白值。从样品分析结果中扣除空白值,就可以校正由于试剂或水不纯等原因引起的误差。

4. 进行对照实验

选用与样品成分相近的标准样品与样品在相同条件下进行操作,将标准样品与样品在相同条件下进行操作,把标准样品的分析结果与它的真实值加以比较,就可测出方法不准、试剂不纯等引起的误差,从而在样品的分析结果中加以校正。标准样品应在试剂商店购买,或者向科研单位洽购。

偶然误差可以用增加平行测定的次数，严格遵守操作规程，认真做好原始记录，细心审核计算等办法予以避免。

样品成分的均匀性、代表性、化验操作环境、温度和湿度等对分析结果的准确性有相当大影响，也必须给予足够的重视。

第二节 有效数字及运算规则

在化验工作中，需要记录很多读数，例如滴定管读数 21.30mL，阻尼天平指针的平衡点读数 10.8 等。这些测量得到的数据，一般最后一位是估计的。

仪器读数的有效数字位数由仪器的性能决定。例如分析天平可称准至 0.0001g，滴定管可准确至 0.01mL 等。

从一个数左边第一个非零数字开始直到最右边的数字，都叫做这个数的有效数字。例如：0.023 有两位有效数字，230.40 有五位有效数字。

要注意的是，在左边第一个非零数字之前的所有零都不是有效数字，这些零仅仅是为了标出小数点的位置。但是，位于第一个非零数字后面的那些零都是有效数字。对于一个数来说，含有有效数字的个数叫做这个数的准确度；而一个数的最后一个可靠数字相对于零的位置叫做这个数的精确度。

在上面列举的两个数中，从准确度来看，0.023 的准确度是 2，也称准确到两位数字，230.40 准确到五位有效数字。

从精确度来看，0.023 精确到三位小数，230.40 只精确到两位小数。

一般地说，在数的运算中，两数相加或相减，应该使它们有相同的精确度；两数相乘或相除，应使它们有相同的准确度即每一个数都保留同样位数的有效数字，计算结果也是如此。

近似运算中应该注意以下几点：

(1)几个数相加或相减时，它们的和或差的有效数字保留的位数应以小数点后位数最少的那个数字为依据。例如：$0.0312+23.34+2.50381$，以 23.34 为依据，将其他数字按四舍五入的原则取到小数点后第二位，然后相加。

(2)在做乘除运算的时候，有效数字的位数取决于相对误差最大的那个数或者有效数字位数最少的那个数。例如：$\frac{0.0234\times4.303\times71.07}{127.5}=0.0561259$，计算结果应取 0.0561，即与 0.0234(有效数字位数最少的数)的有效数字位数相同。

但在运算过程中，每步运算的结果可比有效数字位数最少的那个数多保留一位。例如：

$$0.0234\times4.303=0.1006902$$

这时可取 0.1007 继续运算(比 0.0234 多一位有效数字)：

$$0.1007\times71.07=7.156749$$

这时可取 7.157 进行下一步运算：

$$\frac{7.157}{127.5}=0.056133\cdots$$

结果应取0.0561。

(3)在化验计算中,常常会碰到一些分数,如某物质的当量等于其相对分子质量的1/2,或从250mL试液中吸取25mL,即吸出1/10。这里的"2"、"10"都可视为足够有效,即不能把它们是一位或两位数作为判断计算结果的有效数字位数的根据。这一类数称为准确数,准确数可以在它的小数部分右边增添零,以增加它的有效数字的个数。

(4)若某一个数字的第一位有效数字大于或等于8,则有效数字的位数可多算一位。如8.37可看作四位有效数字。

第三节 数值修约规则

一、基本概念

1. 修约间隔

修约间隔为确定修约保留位数的一种方式。其数值一经确定,修约值即应为该数值的整数倍。

例1:如指定修约间隔为0.1,修约值即应在0.1的整数倍中选取,相当于将数值修约到一位小数。

例2:如指定修约间隔为100,修约值即应在100的整数倍中选取,相当于将数值修约到"百"数位。

2. 有效数字

参见第二节有效数字及运算规则。

0.5单位的修约(半个单位的修约):指修约间隔为指定数位的0.5单位,即修约到指定数位的0.5单位。

例如:将60.28修约到个数位的0.5单位,得60.5(修约方法见修约间隔)。

二、确定修约位数的表达方式

1. 指定数位

(1)指定修约间隔为10^{-n}(n为正整数),或指明将数值修约到n位小数;

(2)指定修约间隔为1,或指明将数值修约到个数位;

(3)指定修约间隔为10^n,或指明将数值修约到10^n数位(n为正整数),或指明将数值修约到"十"、"百"、"千"……数位。

2. 指定有效位数

指定将数值修约成n位有效位数。

三、进舍规则

(1)拟舍弃数字的最左一位数字小于5时,则舍去。即保留的各位数字不变。

例1:将12.1498修约到一位小数,得12.1。

例2:将12.1498修约成两位有效位数,得12。

(2)拟舍弃数字的最左一位数字大于5或者是5,而其后跟有并非全部为0的数字时,则进一。即保留的末位数字加1。

例1:将1268修约到"百"数位,得13×10^2(特定时可写为1300)。

例2:将1268修约成三位有效位数,得127×10(特定时可写为1270)。

例3:将10.502修约到个数位,得11。

注:本标准示例中,"特定时"的含义系指修约间隔或有效位数明确时。

(3)拟舍弃数字的最左一位数字为5,而右面无数字或皆为0时,若所保留的末位数字为奇数(1、3、5、7、9)则进一,为偶数(2、4、6、8、0)则舍弃。

例1:修约间隔为0.1(或10^{-1})。

拟修约数值	修约值
1.050	1.0
0.350	0.4

例2:修约间隔为1000(或10^3)。

拟修约数值	修约值
2500	2×10^3(特定时可写为2000)
3500	4×10^3(特定时可写为4000)

例3:将下列数字修约成两位有效位数。

拟修约数值	修约值
0.0325	0.032
32500	32×10^3(特定时可写为32000)

(4)负数修约时,先将它的绝对值按上述进舍规则进行修约,然后在修约值前面加上负号。

例1:将下列数字修约到"十"数位。

拟修约数值	修约值
-355	-36×10(特定时可写为-360)
-325	-32×10(特定时可写为-320)

例2:将下列数字修约成两位有效位数。

拟修约数值	修约值
-365	-36×10(特定时可写为-360)
-0.0365	-0.036

四、不许连续修约

(1)拟修约数字应在确定修约位数后一次修约获得结果,而不得多次连续修约。

例如:修约15.4546,修约间隔为1。

正确的做法:

$$15.4546 \longrightarrow 15$$

不正确的做法:

$$15.4546 \longrightarrow 15.455 \longrightarrow 15.46 \longrightarrow 15.5 \longrightarrow 16$$

(2)在具体实施中,有时测试与计算部门先将获得数值按指定的修约位数多一位或几位报出，而后由其他部门判定。为避免产生连续修约的错误，应按下述步骤进行。

①报出数值最右的非零数字为5时，应在数值后面加"（+）"或"（-）"或不加符号，以分别表明已进行舍、进或未舍未进。

例如：16.50（+）表示实际值大于16.50，经修约舍弃为16.50；16.50（-）表示实际值小于16.50，经修约进一成为16.50。

②如果判定报出值需要进行修约，当拟舍弃数字的最左一位数字为5而后面无数字或皆为零时，数值后面有（+）号者进一，数值后面有（-）号者舍去，其他仍按规则进行。

例如：将下列数字修约到个数位后进行判定（报出值多留一位到一位小数）。

实测值	报出值	修约值
15.4546	15.5（-）	15
16.5456	16.5（+）	17
17.5000	17.5	18
-15.4546	-[15.5（-）]	-15

五、0.5单位修约与0.2单位修约

1. 0.5单位修约

将拟修约数值乘以2，按指定数位依规则修约，所得数值再除以2。

例如：将下列数字修约到个数位的0.5单位（或修约间隔为0.5）。

拟修约数值（A）	乘以2（$2A$）	$2A$修约值（修约间隔为1）	A修约值（修约间隔为0.5）
60.25	120.50	120	60.0
60.38	120.76	121	60.5
-60.75	-121.50	-122	-61.0

2. 0.2单位修约

将拟修约数值乘以5，按指定数位依规则修约，所得数值再除以5。

例如：将下列数字修约到"百"数位的0.2单位（或修约间隔为20）。

拟修约数值（A）	乘以5（$5A$）	$5A$修约值（修约间隔为100）	A修约值（修约间隔为20）
830	4150	4200	840
842	4210	4200	840
-930	-4650	-4600	-920

第四节 原始记录、数据处理和分析报告

原始记录是化验工作中不可缺少的一部分，所以原始数据都应该整洁地记录在专用的本子上，记录本应妥善保存一定时间。根据不同的化验要求，可以自行设计一些简单合适的记录表格，供化验时填写。

原始记录必须真实、齐全、清楚，记录方式应简单明了，便于查核。

在最后处理分析数据时，那些由于明显、充分的原因而与其他测定结果相差甚远的数据，应予剔除，然后计算出其余数据的平均值。

在一定测定次数范围内，分析数据的可靠性随测定次数的增多而增加。即平行测定的次数越多，其结果的算术平均值越接近真实值。

化验的结果通常以化验报告的形式告诉送验单位。分析报告上应有送验单位、送验时间、化验项目、化验时间、化验结果等项。发出的化验报告应有化验员签字，化验报告应留存根，以备查考。试样也应按规定保存一段时间，以便在有必要时再分析一次。

第二章　化学基本知识

第一节　物质的组成

绝大部分物质是由分子组成的。所有的分子都是由更小的微粒——原子组成的。

一、分子

分子是能够独立存在并保持物质化学性质的一种微粒。例如，水是由水分子组成，氧气是由氧分子组成。

分子的体积和质量都很小，肉眼看不到，我们所看得到的物质是由大量分子聚集而成的。如一滴水(约0.05mL)中就有约1.7×10^{21}个分子。

分子具有如下特性：

(1)同种物质的分子性质相同，不同种物质的分子性质不同。如水分子，无论是江河水还是泉水中的水分子，都具有相同的性质，而水分子与氧分子性质不同。

由同一种分子组成的物质叫纯净物，如纯水。由不同种分子组成的物质叫混合物，如空气是由氮、氧等分子组成。

(2)分子之间有一定的距离，但彼此又有联系。如果距离较大，则物质就呈气态；如果距离较小，则物质就呈液态或固态。所以，气态物质的体积受压力影响要比液态或固态的物质更大。

(3)任何分子都处于不停的运动状态。如湿衣服晒干，是水分子在运动中分散到空气中的缘故。

(4)物质分子不发生改变的运动形式，叫物理运动或物理变化。如水受热变成水蒸气，零度以下变成冰都是物理变化。由一种物质分子变成另一种或多种分子的运动形式，叫做化学运动或化学变化，通常叫做化学反应。一种化学变化总是产生一种或多种新的物质，它们的化学组成和性质都不同于变化前的物质。如铁在潮湿的空气里会生锈，铁和铁锈是不同的物质。

二、原子及其组成

分子虽然很小，但仍是由更小的微粒组成的。这种微粒在化学变化中不可能被分割或转变为其他微粒。这些在化学反应中不起质的变化的最小微粒叫原子。从水的电解可知，水分子是由两个氢原子和一个氧原子组成的。

原子是由原子核和核外电子两部分组成的。原子核位于原子的中央，电子绕原子核高速运动。由于原子核所带电量和核外电子的电量相等，但极性相反，因此原子不显电性。不同类的原子，它们的原子核所带电荷数不同。

大多数原子核是由质子和中子组成的，质子带正电荷，中子不带电荷。质子和中子的质量几乎相等。因此，原子核中的质子数决定了原子核的电荷数；原子核中的质子数和中子数，决定了原子的质量。电子的质量很小,可以忽略不计。

三、相对原子质量

原子虽小,但也有一定的质量。如1个氧原子的质量为2.657×10^{-23}g。1个碳原子的质量为1.993×10^{-23}g。用克来表示原子的质量很不方便,因此国际上规定:把一种碳原子(其原子核内有6个质子和6个中子)的质量的1/12作标准,而把其他原子的质量与它比较,所得出的数值就是该原子的相对原子质量(以前叫原子量)。符号为Ar,无量纲。

用这种方法测出的氢原子的相对原子量为1.007825,氧原子的相对原子质量为15.999。在化学计算中,相对原子质量可采用四舍五入法。如氢的相对原子质量可取1.0,氧的相对原子质量可取16,氯的相对原子质量可取35.5。

四、元素及元素符号

氧气、二氧化碳及碳酸钙这三种物质分子中都含有氧原子,氧原子的核电荷数都是8(即含有8个质子)。化学上把具有相同核电荷(即相同质子)数的同一类原子统称为元素。

目前人们已发现几百万种以上的物质,但组成这些物质的元素只有109种,其中还有十几种是人造元素。

自然界的物质,有的是由同种元素组成的,这种物质称为单质。根据单质的性质,又可分为金属和非金属两大类。铁、铜等都是金属,具有金属光泽、导电、传热等性质;氧气、氯气等都是非金属,不具有金属光泽、导电、传热等性质。

由不同种元素组成的物质称为化合物,如氯化钠、碳酸氢钙等。可根据化合物的组成和性质,将化合物分为无机化合物和有机化合物。

为了方便,各种元素都用一定的符号表示。国际上统一用该元素拉丁文名称的第一个大写字母表示,如果几种元素的第一个字母相同,就再附加一个小写字母来区别。如"O"表示氧元素,"Ca"表示钙元素,"C"表示碳元素等。

五、离子

在一定条件下,原子也会失去或得到一部分电子而成为带电荷的微粒。失去电子后成为带正电的微粒,称为正离子(或阳离子);得到电子后成为带负电荷的微粒,称为负离子(或阴离子)。写离子符号时,要在元素符号的右上角注明其所带电荷数,如钙离子写成Ca^{2+}。除简单离子外,还有一些比较复杂的离子。这些复杂的离子是一些带有电荷的原子团,在化学反应中通常不分开,如SO_4^{2-}、OH^-等。

第二节　分子式和化合价

一、分子式

任何纯净物质都有固定的组成。如水分子是由两个氢原子和一个氧原子组成的,可用元素符号表示为H_2O。这种用元素符号表示物质的分子组成的式子,就叫分子式。

各种物质的分子式是通过科学实验测定物质的组成而确定的,一种物质只有一个分子式。

二、相对分子质量

一个分子中各原子的相对原子质量的总和叫做相对分子质量(过去叫分子量)。符号为 Mr,无量纲。

相对分子质量的计算:

O_2 的相对分子质量 $Mr_{O_2}=16\times2=32$;

H_2O 的相对分子质量 $Mr_{H_2O}=1\times2+16=18$;

$(NH_4)_2SO_4$ 的相对分子质量 $Mr_{(NH_4)_2SO_4}=(14+1\times4)\times2+32+16\times4=132$。

相对分子质量可用于分子、离子或特定单元。特定单元可以根据实际需要来选取,例如可选取 2NaOH、$\frac{1}{4}O_2$ 等。

三、化合价

两种或两种以上元素组成的化合物分子中,各种元素的原子个数不是任意的,而是按一定数目相互结合的。如在氢化物 HCl、H_2O、NH_3、CH_4 分子中,一个氯、氧、氮、碳原子分别能与一个、二个、三个、四个氢原子化合,可见它们化合氢原子的能力不同。我们把一种元素的原子按一定数目与其他元素的原子相互化合的性质,叫做该元素的化合价。

元素的化合价有正价和负价之分,只有显示正价的元素才能跟显示负价的元素相化合。通常以氢元素的化合价为 +1,其他元素的化合价,可根据该元素的一个原子能和几个氢原子化合来确定,如在上述四种氢化物中,氯元素是 -1 价,氧元素是 -2 价,氮元素是 -3 价,碳元素是 -4 价。

在分析了大量的化合物的组成之后,总结出元素的化合价有下列规律:

(1)氢元素通常是 +1 价,氧元素通常是 -2 价。

(2)金属元素只有正价。如钠、钾只有 +1 价,镁、钙只有 +2 价。有的金属元素有两种正价,如铁有 +2 价和 +3 价。

(3)非金属元素有正价与负价。当它们与金属或氢化合时呈负价,与氧化合时呈正价。

(4)各化合物的分子,总是由某些显示正价的元素和某些显示负价的元素组成,并且正、负化合价的代数和等于零。这一规则称为化合价规则。

化学上经常遇到几种原子结合成为一个原子团参加反应,这种原子团叫做“根”。根在化合物中也显示出化合价,叫做“根价”。根价的确定方法与元素相同,如磷酸(H_3PO_4)中的磷原子和四个氧原子结合在一起成为磷酸根,因为氢原子的正价总数为 +3,所以磷酸根化合价是 -3,以 PO_4^{3-} 表示。必须注意,写根的化学式时,必须在右上角注明化合价。

某元素的化合价只有在与其他元素化合成化合物时才能表现出来,而单质是由同种元素组成的。因此在单质中元素的化合价为零。例如 H_2、O_2、Fe 中各元素的化合价为零。

第三节　化学反应方程式

一、化学反应的基本类型

1. 化合反应

由两种或两种以上的物质生成一种物质的反应,叫做化合反应。如生石灰(CaO)和水作用

生成熟石灰 $Ca(OH)_2$ 的反应：

$$CaO + H_2O \longrightarrow Ca(OH)_2$$

2. 分解反应

由一种物质生成两种或两种以上其他物质的反应，叫做分解反应。如天然水中的碳酸氢钙受热分解生成碳酸钙的反应：

$$Ca(HCO_3)_2 \xrightarrow{\triangle} CaCO_3\downarrow + H_2O + CO_2\uparrow$$

3. 置换反应

单质分子里的原子代替了化合物分子里的另一种原子，生成一种新的单质和一种新的化合物的反应，叫做置换反应。如铁和硫酸铜溶液的反应：

$$Fe + CuSO_4 \longrightarrow FeSO_4 + Cu$$

4. 复分解反应

两种化合物互相交换它们的成分而生成两种新的化合物的反应，叫做复分解反应。如：

$$NaCl + AgNO_3 \longrightarrow AgCl\downarrow + NaNO_3$$

二、化学反应方程式

用分子式来表示化学反应的式子称为化学反应方程式。化学反应方程式表示了化学反应前后，反应物和生成物的质和量的关系。

三、质量守恒定律

参加化学反应的各种物质（反应物）质量之和等于反应后生成的各种物质（生成物）质量之和，这个规律叫做质量守恒定律。这是因为化学反应过程实质上是反应物分子中各原子（或离子）彼此分离，重新组合生成新物质分子的过程，这一过程中原子的种类和数量都没有改变。

四、运用化学反应方程式的有关计算

由于化学反应方程式不仅表明了质的转变，而且也指出了量的关系，因此可以根据化学反应方程式进行一系列的有关计算。计算时可按下列步骤进行：

（1）写出化学反应方程式（一定要配平）；

（2）标出有关物质的质量；

（3）设未知数，并写明已知数，列出比例式。

第四节　酸、碱、盐及氧化物

一、酸及其一般化学性质

凡是分子由氢原子和酸根组成的化合物叫酸，如硫酸 H_2SO_4 和盐酸 HCl。酸根是酸分子中去掉氢原子后剩下的原子或原子团。由于氢是 +1 价，所以酸根显负价，它的价数等于氢原子

数。酸的一般化学性质：

(1)酸的水溶液能使指示剂变色。酸溶液能使紫色石蕊溶液变红，能使蓝色石蕊试纸变红，能使甲基橙溶液变红色，不能使无色酚酞变色。

(2)酸和金属氧化物反应生成盐和水。如把 Fe_2O_3 放入盐酸中，就能生成氯化铁和水。

$$Fe_2O_3 + 6HCl \longrightarrow 2FeCl_3 + 3H_2O$$

(3)酸和碱发生中和反应生成盐和水。例如：

$$HCl + NaOH \longrightarrow NaCl + H_2O$$

(4)酸和盐作用生成新酸和新盐。如：

$$CaCO_3 + 2HCl \longrightarrow CaCl_2 + H_2CO_3$$

由于生成的碳酸很不稳定，立即分解为水和二氧化碳，因此可将反应式写成：

$$CaCO_3 + 2HCl \longrightarrow CaCl_2 + H_2O + CO_2\uparrow$$

(5)酸和金属作用生成氢气和盐(硝酸和浓硫酸除外)。例如：

$$Fe + 2HCl \longrightarrow FeCl_2 + H_2\uparrow$$

但也有一些金属如铜、银等并不与酸发生置换反应，即使能与酸发生置换反应的各种金属中，作用的强弱也不同。化学上根据金属置换酸分子中氢的能力大小，将各种金属按顺序排列，这个顺序叫做金属活动顺序。金属活泼性由强到弱的顺序为：

$$K > Na > Ca > Mg > Al > Zn > Fe > Sn > Pb > (H) > Cu > Hg > Ag > Pt > Au$$

在金属活动顺序表中，排在氢前面的金属都能从酸中置换出氢，排在氢后面的金属则不能置换出酸中的氢；金属的位置越前，它的活泼性越强，与酸反应越剧烈。

二、碱及其一般化学性质

凡是分子由金属原子和氢氧根构成的化合物叫做碱，如氢氧化钠 NaOH、氢氧化钙 $Ca(OH)_2$。氢氧根是一种原子团，在参加化学反应时，氢氧原子通常不分开，好像一个原子一样。它的化合价是 -1 价，表示成 OH^-。碱的一般化学性质：

(1)碱的水溶液能使红色石蕊试纸变成蓝色，使无色酚酞指示剂变成红色，使甲基橙变为黄色。

(2)碱和非金属氧化物反应生成盐和水，例如：

$$2NaOH + SiO_2 \longrightarrow Na_2SiO_3 + H_2O$$

又如氢氧化钠很容易吸收空气中的二氧化碳，生成碳酸钠和水：

$$2NaOH + CO_2 \longrightarrow Na_2CO_3 + H_2O$$

(3)碱和酸能发生中和反应。

(4)碱和盐能发生复分解反应生成新碱和新盐。例如：

$$3NaOH + FeCl_3 \longrightarrow Fe(OH)_3 \downarrow + 3NaCl$$

(5)某些不溶于水的碱,受热后能分解为氧化物和水。例如：

$$2Fe(OH)_3 \xrightarrow{\triangle} Fe_2O_3 + 3H_2O$$

三、盐及其一般化学性质

盐是由金属原子和酸根组成的化合物。如食盐($NaCl$)、纯碱(Na_2CO_3)等都是盐。盐的一般化学性质：

(1)盐和金属能发生置换反应。例如：

$$Fe + CuSO_4 \longrightarrow FeSO_4 + Cu$$

这种置换反应发生的条件是：只有排在金属活动顺序表前面的金属,才能把排在它后面的金属从其盐溶液中置换出来；反之则不能。

(2)盐和酸、盐和碱、盐和盐之间能发生复分解反应。例如：

$$Na_2CO_3 + H_2SO_4 \longrightarrow Na_2SO_4 + H_2O + CO_2 \uparrow$$

$$CuCl_2 + 2KOH \longrightarrow Cu(OH)_2 \downarrow + 2KCl$$

$$K_2CrO_4 + 2AgNO_3 \longrightarrow Ag_2CrO_4 \downarrow + 2KNO_3$$

必须注意,不是任意两种化合物混在一起都能发生复分解反应,如将氯化钠和硝酸钾两溶液混合就不会发生复分解反应。复分解反应发生的条件是产物中至少有一种沉淀、气体或者水生成。

四、氧化物及其一般化学性质

氧化物是由氧和另一种元素(金属或非金属)组成的化合物。大部分金属和非金属都可以直接和氧化合成氧化物。氧化物和水作用生成的产物叫做氧化物的水化物。根据氧化物及其水化物的酸碱性,将氧化物分为碱性、酸性和两性氧化物。

(1)碱性氧化物：凡是能和酸作用生成盐和水的氧化物,称为碱性氧化物。大多数金属氧化物是碱性氧化物,如 Na_2O、CaO、CuO 等。

活泼金属氧化物(如 K_2O、Na_2O、CaO 等)能与水直接化合生成碱。例如：

$$Na_2O + H_2O \longrightarrow 2NaOH$$

其他金属氧化物,如 CuO、Fe_2O_3 等则难溶于水,但它们相应的水化物是碱,可利用复分解反应制得。例如：

$$3NaOH + FeCl_3 \longrightarrow Fe(OH)_3 \downarrow + 3NaCl$$

(2)酸性氧化物:凡能和碱反应生成盐和水的氧化物称为酸性氧化物。大多数非金属氧化物(如 SO_2、SO_3、SiO_2 等)是酸性氧化物。除 SiO_2 外,大多数非金属氧化物能和水化合成相应的含氧酸。例如:

$$CO_2 + H_2O \longrightarrow H_2CO_3$$

(3)两性氧化物:既能和酸又能和碱起反应生成盐和水的氧化物,称为两性氧化物。两性氧化物主要有 Al_2O_3 和 ZnO 两种。以 Al_2O_3 为例:

$$Al_2O_3 + 6HCl \longrightarrow 2AlCl_3 + 3H_2O$$
$$Al_2O_3 + 2NaOH \longrightarrow 2NaAlO_2 + H_2O$$

第五节　物质的量——摩尔

一、摩尔

分子、原子、离子等微粒的质量极小,无法逐个地计算或称量。一般所研究的物质并不是一个或几个分子或原子,而是由亿万个原子或分子组成的。为了实际需要,必须规定一定数量的微粒集体作为计量单位。

1971 年,第十四届国际计量大会决定引进一个新的物质量的计量单位——摩尔(mol),并规定 1mol 物质所含基本单元数与 0.012kg 碳 12 中含有的原子数相等。摩尔可以简称为摩,国际符号是 mol。摩尔的千分之一称为毫摩尔(mmol),即 1 摩尔(mol) = 1000 毫摩尔(mmol)。

在使用摩尔时,基本单元应予指明,可以是原子、分子、离子、电子及其他粒子,或是这些粒子特定组合体。根据实验测定,0.012kg 碳 12 中含有 6.02×10^{23} 个 ^{12}C 原子,这个数值被称为阿伏加德罗常数。

某物质如果含有 6.02×10^{23} 个分子(或原子、离子、电子等),则这个物质的物质的量就是 1mol。例如:2mol 硫原子 $= 2 \times 6.02 \times 10^{23}$ 个硫原子;5mol 二氧化碳分子 $= 5 \times 6.02 \times 10^{23}$ 个二氧化碳分子。

二、摩尔质量(*M*)

每摩尔物质的质量,叫做摩尔质量。即 6.02×10^{23} 个分子或原子或其他粒子的总质量。符号为 M,单位名称是克每摩(尔),符号是 g/mol。

无论分子、原子和离子,每摩尔物质质量,当以克作质量单位时,数值上等于相对分子质量、相对原子质量或相对离子质量 Mr。

如:硫酸的相对分子质量 $Mr_{H_2SO_4} = 98$,那么硫酸的摩尔质量 $M_{H_2SO_4} = 98g/mol$。

每毫摩尔物质的质量叫做毫摩尔质量,单位名称是克每毫摩尔,符号是 g/mmol。

三、物质的量(*n*)

摩尔质量就是 1mol 物质所具有的质量。n 摩尔物质所具有的质量应该是:$n \times$ 摩尔质量。

其中 n 就叫做物质的量(以前叫摩尔数),其单位名称为摩尔,单位符号为 mol。现以水为例,水的摩尔质量为 18g/mol,则:

$$0.5\text{mol 水的质量} = 0.5 \times 18 = 9\text{g}$$
$$5\text{mol 水的质量} = 5 \times 18 = 90\text{g}$$

由此可列出物质的量 n 和物质的质量 m 的关系式:

$$m = n \times M$$

$$n = \frac{m}{M}$$

因此,采用摩尔表示物质的量,不仅将无法称量的原子、分子等微粒的微观量变成可以称量的宏观量,而且将原子、分子数目和相对原子质量、相对分子质量联系起来,给化学计算带来很大方便。

四、等一价基本单元物质的量规则

化学反应发生在原子、分子和离子之间,但是它们反应的实质是电子的得失或共用,并且得失或参与共用的电子数目相等。

例如:钠和氯反应生成 1mol NaCl 时,钠失去 1mol 电子,则氯必然获得 1mol 电子。铝和氯反应生成 1mol $AlCl_3$ 时,铝失去 3mol 电子,氯获得电子的量也为 3mol;同样,$\frac{1}{3}$mol 铝原子和 1mol 氯原子分别失去和得到 1mol 电子而生成$\frac{1}{3}$mol $AlCl_3$。原子得失电子的数目,是用化合价表示的。我们把上面所说的 NaCl、$\frac{1}{3}AlCl_3$ 称为“一价基本单元”。

同理,Ca、H_2SO_4、Al、$CaCO_3$、HCl、NaOH 的一价基本单元可写成$\frac{1}{2}$Ca、$\frac{1}{2}H_2SO_4$、$\frac{1}{3}$Al、$\frac{1}{2}CaCO_3$、HCl 和 NaOH,它们具有的质量分别为 20g、49g、9g、50g、36.5g 和 40g。因此一价基本单元摩尔质量(简称一价摩尔质量)可用下式计算:

$$\text{一价基本单元摩尔质量} = \frac{\text{摩尔质量}}{\text{正价总数(或负价总数绝对值)}}$$

这与过去书上介绍的当量、克当量及当量数的概念基本一致。物质发生化学反应时,它们的一价基本单元物质的量相等。“一价基本单元物质的量”即从前的“当量”,以它定义的等量规则就叫做等一价基本单元物质的量规则(即等当量数反应的当量定律)。

例如:1mol $\frac{1}{2}CaCO_3$(50g)可以与 1mol HCl(36.5g)完全反应;1mol $\frac{1}{3}$Al(9g)可以与 1mol $\frac{1}{2}H_2SO_4$(49g)完全反应。同理 2mol $\frac{1}{3}$Al(18g)可以与 2mol $\frac{1}{2}H_2SO_4$(98g)完全反应;

$n$mol $\frac{1}{3}$Al($n\times 9$g)可以与 $n$mol $\frac{1}{2}H_2SO_4$($n\times 49$g)完全反应。

第六节　溶液的基本概念及浓度的表示方法

一、溶液的基本概念

(一)溶液、溶质和溶剂

由两种或两种以上物质组成的均匀、稳定的体系,称为溶液。如将食盐溶解在水里得到的均匀澄清液体,叫做食盐溶液。

溶液由溶质和溶剂两部分组成。能溶解其他物质的物质叫做溶剂,被溶剂溶解的物质叫做溶质。如食盐溶液中,食盐是溶质,水是溶剂;碘酒中,碘是溶质,酒精是溶剂。水是最常用的溶剂,配制有机溶液时有时用酒精(乙醇)做溶剂,如酚酞指示剂就是将酚酞溶液溶解在酒精中形成的酚酞酒精溶液。

(二)物质的溶解过程

以固体溶质为例,将固体物质加入溶剂中后,溶质表面上的分子或离子由于本身的运动和溶剂分子的吸引作用,克服其内部和表面分子或离子的吸引,扩散到溶剂中去,这个过程叫做溶解。与此同时,还进行着相反的过程,溶质的分子或离子不断地在未溶解的溶质表面聚集。开始时扩散作用大于聚集作用,经过一段时间,扩散到溶液中的分子或离子数与同时聚集到溶质表面上的分子或离子数相等,这种状态称溶解平衡,这种平衡是动态平衡。

在一定温度下,未溶解的溶质与已溶解的溶质达到溶解平衡状态时的溶液,称为饱和溶液;尚未达到溶解平衡状态的溶液,称为不饱和溶液;饱和溶液中还有固体溶质的溶液称为过饱和溶液。

(三)物质的溶解度

在一定温度下,某物质在100g溶剂中达到溶解平衡状态时所溶解的克数,叫做这种物质在这种溶剂里的溶解度。如食盐在20℃时溶解度为36g。即20℃时食盐的饱和溶液中,每100g水能溶解36g食盐。

不同物质的溶解度不同。通常把在20℃时,溶解度在10g以上的物质叫做易溶物质,溶解度大于1g的物质叫可溶物质,溶解度小于1g的物质叫微溶物质,溶解度小于0.01g的物质叫难溶物质。绝对不溶解的物质是没有的。

二、浓度的表示方法

(一)物质的量浓度

1.物质的量浓度定义

物质B的物质的量浓度简称为物质B的浓度,符号为 c_B 或 c(B),常用单位为mol/L、mmol/L,其定义为物质B的物质的量 n_B 除以混合物的体积。

$$c_B=\frac{n_B}{V}$$

2. 注意事项

(1)物质 B 的物质的量浓度简称为物质 B 的浓度。如 H_2SO_4 的浓度指的是 H_2SO_4 的物质的量的浓度。

(2)浓度的规定符号为 c_B,其下标 B 表示基本单元。根据摩尔使用规则,在使用“浓度”时,也必须指明基本单元,例如 $c(NaOH)$、$c\left(\frac{1}{2}H_2SO_4\right)$。

3. 物质的量 n_B、质量 m、摩尔质量 M_B、浓度 c_B 四者之间的关系

$$c_B = \frac{n_B}{V} = \frac{m}{M_B V}$$

$$n_B = \frac{m}{M_B} = c_B V$$

$$m = n_B M_B = c_B V M_B$$

(二)质量浓度

1. 定义

物质 B 的质量浓度是物质 B 的质量除以混合物的体积,符号为 ρ_B。

$$\rho_B = \frac{m}{V}$$

质量浓度的 SI 单位为 kg/m^3,常用单位为 g/L、mg/L、μg/L,有时也用 mg/mL、μg/mL 作单位。

质量浓度不是含有物质的量的导出量,但为了表述准确,宜指明基本单元。

2. 质量浓度与物质的量浓度的关系

因为:

$$\rho_B = \frac{m_B}{V}, c_B = \frac{m_B}{M_B V}$$

所以:

$$\rho_B = c_B M_B$$

$$c_B = \frac{\rho_B}{M_B}$$

3. 质量分数

(1)定义。物质 B 的质量除以混合物的质量,符号为 w_B,此量无量纲。例如浓盐酸的质量分数为 36%。

(2)c_B 与 w_B 换算的数值方程为:

$$c_B = \frac{1000 \times d_B \times w_B}{Mr_B}$$

式中:d_B ——物质 B 溶液的密度,g/mL;

w_B ——物质 B 溶液的质量分数;

Mr_B——物质 B 的摩尔质量,g/mol。

4. 滴定度

滴定度是指 1mL 标准滴定溶液中，含有溶质的质量或相当于可和它反应的化合物或离子的质量（一般用 mg）。

5. 质量摩尔浓度

物质 B 的质量摩尔浓度 b_B 的定义为“溶液中溶质 B 的物质的量除以溶质的质量”，即：

$$b_B = \frac{n_B}{m_B}$$

质量摩尔浓度的 SI 单位为 mol/kg。用质量摩尔浓度 b_B 表示溶液中 B 组分的量度，其优点是其值不受温度的影响，缺点是使用不方便。

（三）说明

（1）如果溶液的浓度是以质量比或体积比为基础给出，则可用质量分数（%）或体积分数（%）表示。如浓度以不同量纲表示，则浓度以克每升（g/L）或以其适当的分倍数表示。如溶液由另一种特定溶液稀释配制，应按惯例表示：如 $V_1 \rightarrow V_2$，表示将体积为 V_1 的特定溶液以某种方式稀释，最终混合物的总体积为 V_2。如 $V_1 + V_2$，表示将体积为 V_1 的特定溶液加到体积为 V_2 的溶剂中。

（2）分析中常用的溶液：

①标准溶液。即确定了准确浓度的、用于滴定分析的溶液。

②基准溶液。由基准物质制备或用多种方法标定过的溶液，用于标定其他溶液。

③标准比对溶液。已准确知道或已规定有关特性（如色度、浊度）的溶液，用来评价与该特性有关的试验溶液，通常在比色分析中绘制工作曲线时使用。

第三章 常用物质的性能

第一节 常用化学品

一、常用酸类

1. 盐酸

分子式为 HCl,相对分子质量为36.46。无色或淡黄色发烟液体,纯品为无色,一般因含铁等杂质而呈黄色。有刺激性,腐蚀性极强,应采用密闭的耐酸容器,并与碱类、氧化剂、氯酸盐、金属粉末等隔离。空气中含 HCl 达0.004%时对人呼吸有影响。含量标准:HCl 含量≥37.0 或按供货规定。

2. 硫酸

分子式为 H_2SO_4,相对分子质量为98.08。按纯度不同,外形为无色至棕色油状液体,含量在98.3%时相对密度最大(1.834),熔点为10.49℃,沸点为330℃。腐蚀性和吸水性极强,遇水强烈放热,不可将水注入浓酸中。能使有机物碳化,应与有机物、易燃物、碱类、氧化剂、金属粉末、氰化物等隔离。容器可用储罐、酸坛、玻璃瓶等。一般冷天无须防冻,但应防止封口不严,吸入水分或雨水浸入而降低含量。89%硫酸的结晶温度约为-4.3℃,冷天酸坛将有冻裂的危险。失火时可用干沙、二氧化碳施救,禁用柱状水。含量标准:H_2SO_4 含量≥98%或按供货规定。

3. 硝酸

分子式为 HNO_3,相对分子质量为63.01。无色或黄色发烟、刺激性液体,其蒸气有毒。相对密度1.502,熔点-42℃,沸点86℃(分解)。强氧化剂,腐蚀性极强,与有机物(如木屑)相混易引起燃烧,触及皮肤会引起灼伤。容器可用铝制贮罐、酸坛、玻璃瓶。应与有机物、油类、易燃物、氰化物等隔离。火警时可用水(不得用加压水)施救,灭火时要戴防毒面具。含量标准:HNO_3 含量≥98%。

4. 甲酸(蚁酸)

分子式为 HCOOH,相对分子质量为46.03。无色透明液体,有刺激臭,相对密度1.226(15℃),沸点100.7℃,熔点8.4℃,可溶于水、乙醇、乙醚及甘油。腐蚀性很强,触及皮肤即感疼痛,并引起水肿,并刺激眼、鼻、喉的粘膜。容器必须密封,并储存在通风处。应与氧化剂、有机物、碱类隔离储存,冷天应注意防冻。失火时可用雾状水、沙土、石灰、二氧化碳灭火机施救。含量标准:HCOOH 含量≥90%。

5. 乙酸(醋酸)

分子式为 CH_3COOH,相对分子质量为60.04。无色透明刺激性液体,相对密度1.049(20℃),熔点16.7℃,沸点118℃,闪点43.3℃,有腐蚀性,接触皮肤有刺激痛。含酸量在98%以上时,在15℃左右凝固结冰,俗称冰醋酸。凝结时体积膨大,易使容器破裂。冷天要注意防冻，热天要防止挥发，醋酸蒸气易燃，应隔绝火种，不能与氧化物共储。火灾时，可用雾状水、泡沫、二氧化碳灭火机或黄沙扑救。含量标准：CH_3COOH 含量≥99%。

6. 乙二酸（草酸）

分子式为$(COOH)_2 \cdot 2H_2O$，相对分子质量为126.07。无水草酸是无色无嗅透明晶体或白色粉末，味酸，稍溶于冷水，易溶于热水、乙醇及醚。二水合物亦为无色晶体，相对密度1.653，熔点101℃。草酸有毒，防止入口（致死量为5g）。救治中毒用的解毒剂最好是含钙或镁的药剂。储存容器应密封，并与食品隔离堆放，失火时可用水灌救。含量标准：$(COOH)_2 \cdot 2H_2O$ 含量≥99.2%。

7. 乳酸

分子式为 $CH_3CH(OH)COOH$，相对分子质量为90.08。无色或微黄色糖浆状液体，相对密度1.249（15℃），熔点16.8℃，沸点122℃（1999.5Pa），能与水、乙醇、乙醚混溶，不溶于氯仿和苯，受热即脱水。含量标准：$CH_3CH(OH)COOH$ 含量≥80%。

8. 酒石酸

分子式为$[CH(OH)COOH]_2$，相对分子质量为150.09。无色透明结晶或白色结晶粉末，相对密度1.76，熔点170℃，可溶于水、乙醇、乙醚，在空气中稳定。含量标准：$[CH(OH)COOH]_2$ 含量≥99%。

9. 柠檬酸

分子式为 $C_6H_8O_7 \cdot H_2O$，相对分子质量为210.15。无色无嗅，半透明结晶或结晶性粉末，带有水果酸味，相对密度1.542（18/4℃）、熔点153℃（无水物），易溶于水、乙醇，可溶于乙醚，于干燥空气中风化，于潮湿空气中潮解，容器必须密封。含量标准：$C_6H_8O_7 \cdot H_2O$ 含量≥99%。

10. 氧化铬（铬酸酐）

分子式为 CrO_3，相对分子质量为99.99。氧化铬俗称铬酸酐，是紫红色针状结晶或片状物，具有强酸性及腐蚀性。相对密度2.70，熔点196℃，有毒，易吸收空气中的水分而潮解。与有机物接触，即能燃烧。遇乙醇、苯发生爆炸。容器必须密封，与有机物、易燃物、乙醇、苯要隔离储存，火灾可用水、雾状水或沙土施救，并防止酸液流到易燃物处。含量标准：CrO_3 含量≥99.5%。

11. 磷酸

分子式为 H_3PO_4，相对分子质量为97.93。无色粘稠液体，能吸收空气中的水分。纯品相对密度1.884（18℃），熔点42.35℃，可溶于水和乙醇。对金属有腐蚀性，并刺激皮肤。容器必须密封，并与碱类隔离储存，火灾可用水、雾状水或沙土施救。含量标准：H_3PO_4 含量≥85%。

12. 水杨酸

分子式为 $C_7H_6O_3$，相对分子质量为138.12。白色微细的针状结晶，相对密度1.443（20℃），熔点159℃，热至76℃时升华。微溶于冷水，易溶于乙醇、乙醚、氯仿和沸水。在空气中稳定，见阳光变色，接触皮肤会引起皮炎，储存于干燥通风场所，防止阳光直射，与氧化剂隔离存放。本品可燃，应注意防火。含量标准：$C_7H_6O_3$ 含量≥99%。

13. 苯酚

分子式为 C_6H_5OH，相对分子质量为94.11。俗称石炭酸，纯净苯酚为白色结晶，相对密度1.071（25℃），熔点42～43℃，沸点182℃，一般工业产品为无色或微带红色的细结晶，在空气中吸收水分而自行液化。有强烈的特殊臭味，腐蚀力强，有刺激性和毒性。溶于水呈酸性，能以任何比例溶于乙醇、醚、氯仿、醋酸和甘油中。由于苯酚易吸收水分，接触空气或光线即易变色，必须盛于密封容器中。苯酚蒸气有毒，应避免吸入，操作时应戴防护用具。火警时可用水、沙土或泡沫灭火机扑灭。

14. 苯甲酸

分子式为 C_6H_5COOH，相对分子质量为 122.11。苯甲酸俗称安息香酸，白色磷片或针状结晶，质轻，微带臭味，在热空气中微有挥发性。相对密度 1.2659，熔点 122℃，可溶于醇、醚，稍溶于水，并呈酸性，储藏于阴凉通风处，防止受热受潮。含量标准：C_6H_5COOH 含量≥98%。

二、常用碱类

1. 氢氧化钠

分子式为 NaOH，相对分子质量为 40.01，俗称烧碱。固体氢氧化钠呈白色，易潮解，有块、片、棒、粒状。相对密度 2.130，熔点 318.4℃，溶于水时放出大量的热，水溶液滑腻呈碱性。亦溶于乙醇、甘油，不溶于丙酮。腐蚀性极强，对皮肤侵蚀性很大。高温时和铝接触即生成氢气，能与酸中和生成盐，液碱性质同固体氢氧化钠。容器应密封，与酸类、易燃物要隔离。遇水产生大量的热，能引起邻近易燃物的燃烧。操作时应戴防毒面具，火警时可用水扑灭。含量标准：NaOH 含量≥95%。

2. 碳酸钠

分子式为 Na_2CO_3，相对分子质量为 106.01，俗称纯碱。无水碳酸钠为白色粉状或细粒，相对密度 2.532，熔点 851℃。易吸收水分而潮解。溶于水，不溶于乙醇。水溶液呈强碱性，与酸中和生成盐，并能与许多盐类发生复分解反应。储存场所应保持干燥，防止吸潮，应与酸、硫酸铵、氯化铵等铵盐隔离。火警时即可用水扑灭。含量标准：Na_2CO_3 含量≥98.5%。

3. 碳酸钾

分子式为 K_2CO_3，相对分子质量为 138.11。白色结晶粉末或细粒，相对密度 2.428(19℃)，熔点 891℃，易溶于水，不溶于乙醇和乙醚，水溶液呈强碱性。易吸收水分和二氧化碳而潮解并生成碳酸氢钾。储存于通风干燥场所，与酸类隔离。含量标准：K_2CO_3 含量≥98.5%。

4. 氢氧化铵

分子式为 NH_4OH，相对分子质量为 35.05，俗称氨水。气体氨的水溶液是无色刺激性液体，氨气易挥发逸出，相对密度小于 1，一般含氨越多，相对密度越小，最浓的氨水含氨 35.28%，相对密度为 0.88，应盛于密封容器内，防止受热挥发，与酸类要隔离储存。含量标准：NH_3 含量≥25%。

5. 磷酸三钠

分子式为 $Na_3PO_4 \cdot 12H_2O$，相对分子质量为 380.20。无色或白色细粒状结晶，相对密度 1.620(20℃)，熔点 73.4℃，在干燥空气中风化。在 100℃ 失去结晶水而成无水物，易溶于热水，水溶液呈强碱性。储存于干燥通风场所。火警时可用水、沙土、灭火机施救。含量标准：$Na_3PO_4 \cdot 12H_2O$ 含量≥98%。

6. 硅酸钠

分子式为 $xNa_2O \cdot ySiO_2$。俗称水玻璃，无色、青绿色或浅棕色粘稠液体，其物理性质随氧化钠与二氧化硅的比例而异。有潮解性，可溶于水，遇酸则析出胶状硅酸。可储存在一般场所，与酸类隔离，容器需密封，防止雨水浸入。

7. 碳酸氢钠

分子式为 $NaHCO_3$，相对分子质量为 84.01，俗称小苏打。白色结晶粉末，无嗅，味咸，相对密度 2.20，加热至 270℃ 放出二氧化碳，溶于水，水溶液呈微碱性，在潮湿空气中能缓缓分解，其水溶液放置稍久或加热，碱性即增强，应储存于干燥场所，防止受潮，并与酸类隔离。含量标准：$NaHCO_3$ 含量≥98%。

8. 液氨

分子式为 NH_3，相对分子质量为 17.03。氨是无色气体，有强烈刺激气味，能使人流泪，吸入过多会窒息致死。相对密度 0.817（-79℃），熔点 -77.7℃，沸点 -33.4℃，极易溶于水。在常温下加压至 1.2MPa，可使氨保持液体状态，当压力减低即行气化，同时吸收大量热能。含量标准：NH_3 含量≥99.8%。

三、常用氧化剂

1. 漂白粉

是次氯酸钙与氯化钙的混合物，有效成分为次氯酸钙。白色粉末，有浓厚的氯臭，暴露于空气中易吸收水分、二氧化碳而逐步分解，应防止受热并避免日光直射，与有机物、酸类等隔离。含量标准：有效氯含量≥32%。

2. 漂白精

是次氯酸钙的商品名，分子式为 $Ca(ClO)_2$，相对分子质量为 142.99。白色粉末，较不易吸湿，储存时比漂白粉稳定。应防止受热，并避免阳光直射，与有机物、酸类隔离。含量标准：有效氯含量≥60%。

3. 次氯酸钠

分子式为 $NaClO$，相对分子质量为 74.45。一般商品均为碱性水溶液，外观为无色至微黄色。有刺激性气味，对金属有腐蚀性，能伤害皮肤。应储存于阴凉低温场所，并与有机物、酸类隔离。防止日晒，不宜久储。火灾时可用沙土、泡沫、二氧化碳灭火机施救。含量标准：有效氯含量≥10%。

4. 亚氯酸钠

分子式为 $NaClO_2$，相对分子质量为 90.45。分固体无水和含三个结晶水两种形式。无水亚氯酸钠有吸湿性，遇酸会产生有毒气体二氧化氯，在 175℃ 即分解发热，与可燃物接触即起猛烈爆炸，不能与有机物及重金属盐相混合，不能遇还原剂。应于塑料、瓷、特种合金钢制密封容器内隔离储存，火灾时可用水、雾状水、沙土施救。含量标准：固体亚氯酸钠（$NaClO_2$）含量≥80%；液体亚氯酸钠（$NaClO_2$）含量≥10%。

5. 亚溴酸钠

分子式为 $NaBrO_2$，相对分子质量为 134.89。固体亚溴酸钠无水物为淡黄色粉末，含三个结晶水的为黄色结晶，在空气中不稳定，在潮湿状态下易吸收水分解。它的溶液性质不稳定，pH 值在 8.5 以下分解很显著，加碱后的稳定性提高。亚溴酸钠商品一般为黄色水溶液，含量约 60～80g/L，相对密度 1.3，pH 值为 13～14。储存宜用塑料或不锈钢容器。

6. 过氧化氢

分子式为H_2O_2,相对分子质量为34.02。俗称双氧水,无色或淡黄色刺激性液体,易分解放出氧气,分解速度与温度成正比。应储存于阴凉黑暗通风处,容器必须盖紧,并有通气孔,防止灰尘落入并与有机物、易燃物、氯酸盐、铁、铜、铬等金属及其盐类隔离。火灾时可用水、二氧化碳灭火机施救。含量标准:供货合同约定。

7. 过硼酸钠

分子式为$NaBO_3 \cdot 4H_2O$,相对分子质量为153.88。白色粒状结晶或粉末,在干冷空气中稳定,在40℃或湿热空气中分解放出氧气。应盛于密封容器内,储存于30℃以下阴凉干燥场所,防止受潮结块,受热分解,遇水溶化,应与易燃物、有机物等隔离。火灾时可用沙土、雾状水施救,但要注意水的流向,防止接触有机物、易燃物。含量标准:$NaBO_3 \cdot 4H_2O$含量≥96%。

8. 重铬酸钠

分子式为$Na_2Cr_2O_7 \cdot 2H_2O$,相对分子质量为298.05。俗称红矾钠,橘红色结晶,有毒,易潮解,相对密度2.520(13℃),在100℃长时加热失去结晶水成无水物,无水物熔点356.7℃。应盛于密封容器内,并与有机物、易燃物、氯酸盐、酸类、还原剂等隔离储存。火警时可用雾状水、沙土施救。含量标准:$Na_2Cr_2O_7 \cdot 2H_2O$含量≥98%。

9. 重铬酸钾

分子式为$K_2Cr_2O_7$,相对分子质量为294.22。俗称红矾钾,橘红色结晶,有毒,不易潮解,相对密度2.676(25℃),熔点398℃,贮藏注意事项同重铬酸钠。含量标准:$K_2Cr_2O_7$含量≥99.5%。

10. 氯酸钾

分子式为$KClO_3$,相对分子质量为122.56。白色粒状晶体或粉末,味咸而凉,相对密度2.324,熔点368.4℃,有强氧化性,与可燃物(如磷、碳、硫等)混合,稍受摩擦或撞击,立即发生爆炸,仓库要隔离储存,搬运时要轻装轻卸,严防撞击、摩擦。火警时可先用黄沙,再用雾状水或水灭火。含量标准:$KClO_3$含量≥99.7%。

11. 氯酸钠

分子式为$NaClO_3$,相对分子质量为106.45。无色或白色粒状晶体,相对密度2.490(15℃),熔点248~261℃,超过此温度即分解放出氧气,具有强氧化性,不可与可燃物相混,否则易引起火灾。储存注意事项同氯酸钾。含量标准:$NaClO_3$含量≥99%。

12. 亚硝酸钠

分子式为$NaNO_2$,相对分子质量为69.01。白色和淡黄色结晶或粉末。相对密度2.168(15℃),熔点271℃,易潮解,在空气中能氧化成硝酸钠。盛于密封容器内,与有机物、易燃物隔离储存。火警时可用雾状水、黄沙扑灭,因亚硝酸钠燃烧时产生氧化氮有毒气体,灭火时必须穿戴防护用具,以防止气体中毒。含量标准:$NaNO_2$含量≥99%。

13. 三氯化铁

分子式为$FeCl_3 \cdot 6H_2O$,相对分子质量为270.35。无水物为棕黑色结晶,六水合物为橘黄色晶体。熔点37℃,沸点280℃,易潮解,易溶于水,可溶于乙醇、甘油和乙醚,对金属(如铜)有腐蚀性,应盛于密封容器内,放于干燥场所。火灾时可用水、灭火机施救。含量标准:$FeCl_3 \cdot 6H_2O$含量≥90%。

14. 亚铁氰化钠

分子式为$Na_4[Fe(CN)_6] \cdot 10H_2O$，相对分子质量为484.09。俗称黄血盐钠，黄色半透明晶体，有毒，相对密度1.458，溶于水，不溶于乙醇，储存时应与酸、碱隔离，火警时可用水、沙土施救，但不能用酸碱式泡沫灭火机。含量标准：$Na_4[Fe(CN)_6] \cdot 10H_2O$ 含量≥98%。

15. 亚铁氰化钾

分子式为$K_4[Fe(CN)_6] \cdot 3H_2O$，相对分子质量为422.38，俗称黄血盐钾。不溶于乙醇和乙醚，在空气中稳定，60℃时开始失去结晶水，储存注意事项同亚铁氰化钠。含量标准：$K_4[Fe(CN)_6] \cdot 3H_2O$ 含量≥98%。

16. 高锰酸钾

分子式为$KMnO_4$，相对分子质量为158.04。深紫色粒状或针状结晶，有金属光泽，相对密度2.703，加热至240℃分解放出氧气，是强氧化剂。与有机物接触易发生爆炸，应盛于密封容器内，储存于干燥通风场所，与有机物、易燃物、酸类，特别是硫酸、铬酸及双氧水、甘油等隔离储存，远离火种、热源，搬运时小心轻放。火警时用水及沙土扑救。含量标准：$KMnO_4$ 含量≥99.3%。

17. 钒酸铵（偏钒酸铵）

分子式为NH_4VO_3，相对分子质量为116.98。白色或带浅黄色晶体，有毒，相对密度2.326，微溶于冷水，不溶于醇和饱和氯化铵溶液。含量标准：NH_4VO_3 含量≥98%。

18. 过硫酸铵

分子式为$(NH_4)_2S_2O_8$，相对分子质量为228.76。无色单斜晶体或白色粉末，相对密度1.982，于120℃分解放出氧气。完全干燥时可较长期不分解，含有水分时，则逐渐分解，放出氧和臭氧。水溶液呈弱酸性，具有强氧化性，应与有机物、可燃物、酸类等隔离储藏。含量标准：$(NH_4)_2S_2O_8$ 含量≥95%。

19. 二氧化锰

分子式为MnO_2，相对分子质量为86.94。黑色或黑棕色晶体或无定形粉末，相对密度5.026，不溶于水和硝酸。在热浓硫酸中放出氧气而成硫酸亚锰，与苛性碱和氧化剂共熔放出二氧化碳，生成高锰酸盐，是强氧化剂。含量标准：MnO_2 含量≥95%。

四、常用还原剂

1. 硫化钠

分子式为$Na_2S \cdot 9H_2O$，相对分子质量为240.20，俗称硫化碱。黄色或橘红色块状或片状固体，有腐鸡蛋味。在空气中易吸湿潮解并氧化成硫代硫酸钠，遇酸产生有毒的硫化氢气体，溶解于水呈强碱性。对铜、皮肤都有腐蚀性，应与氧化剂、酸类隔离储存。含量标准：Na_2S 含量≥60%。

2. 低亚硫酸钠

分子式为$Na_2S_2O_4$，相对分子质量为174.13，俗称保险粉。白色结晶性粉末，易受潮结块，并发热分解，严重时能产生自燃。应将其盛于密封容器内防热、防潮、防氧化变质，并应与酸类、氧化剂、易燃物等隔离储存。失火时可用沙土、泡沫灭火器扑救。含量标准：$Na_2S_2O_4$ 含量≥85%。

3. 次硫酸氢钠甲醛

分子式为 $NaHSO_2 \cdot CH_2O \cdot 2H_2O$，相对分子质量为 154.13，俗称雕白粉。白色结晶性粉末或块状。应将其盛于密封容器内，防止受热受潮，发生变质。如成分降低至 50% 左右，则变质更加显著。含量标准：$NaHSO_2 \cdot CH_2O \cdot 2H_2O$ 含量≥98%。

4. 亚硫酸钠

分子式为 Na_2SO_3，相对分子质量为 126.05。结晶亚硫酸钠相对密度 1.561，溶于水及甘油，难溶于乙醇，易失水成白色粉末，也易被空气氧化成硫酸盐。无水亚硫酸钠为白色结晶性粉末，相对密度 2.633(15℃)，在空气中氧化比结晶亚硫酸钠稍慢。均应储存于密封容器内，并应与强酸、氧化剂等隔离。含量标准：Na_2SO_3 含量≥96%。

5. 硫代硫酸钠

分子式为 $Na_2S_2O_3 \cdot 5H_2O$，相对分子质量为 248.20，俗称大苏打。无色透明晶体，溶于水、氨水，难溶于乙醇。相对密度 1.729(17℃)。在 33℃以上的干燥空气中会风化，在潮湿空气中会潮解，在 100℃时失去结晶水。应密封储存于干燥处，并与酸类、氧化剂等隔离。失火时可用水、灭火机扑救。含量标准：$Na_2S_2O_3 \cdot 5H_2O$ 含量≥99%。

6. 硫酸亚铁

分子式为 $FeSO_4 \cdot 7H_2O$，相对分子质量为 278.01。蓝绿色结晶，相对密度 1.899(14.8℃)，熔点 64℃，在 300℃时失去所有结晶水，可溶于水、甘油，难溶于乙醇。在潮湿空气中会吸湿，在干燥空气中会风化，并氧化成黄褐色硫酸铁。含量标准：$FeSO_4 \cdot 7H_2O$ 含量≥90%。

7. 氯化亚锡

分子式为 $SnCl_2 \cdot 2H_2O$，相对分子质量为 225.65。无色针状或片状结晶，相对密度 2.710(15.5℃)，熔点 37.7℃。有毒，易潮解，在空气中易被氧化，应盛于密封容器内。含量标准：$SnCl_2 \cdot 2H_2O$ 含量≥97%。

8. 锌粉

分子式为 Zn，相对原子质量为 65.28。深灰色金属粉末，与酸、碱作用产生氢气，具有强还原性。锌粉粉尘飞扬于空间时易引起燃烧，并可能发生粉尘爆炸。储存时应防止受潮发热，并应与酸、碱、氧化剂等隔离。失火时可用化学干粉、干沙扑救，切勿用水扑救。含量标准：Zn 含量≥95%。

9. 亚硫酸氢钠(重亚硫酸钠)

分子式为 $NaHSO_3$，相对分子质量为 104.08。白色结晶或结晶性粉末，有二氧化硫气味，易潮解，在空气中缓慢氧化成硫酸盐，水溶液呈弱酸性。应储存于密封容器内，并与强酸、氧化剂等隔离。含量标准：$NaHSO_3$ 含量≥99%。

10. 葡萄糖

分子式为 $C_6H_{12}O_6 \cdot H_2O$，相对分子质量为 198.18。葡萄糖精制品为无色结晶性粉末，粗制品为淡黄至棕色块状或浆状。易溶于水，有吸湿性，属醛糖类，具有还原性。含量标准：$C_6H_{12}O_6 \cdot H_2O$ 含量≥84%。

11. 二氧化硫脲(甲脒亚磺酸)

分子式为 $NHNH_2CSO_2H$，相对分子质量为 108。白色粉末，微溶于水，水溶液呈酸性。在微碱性溶液中，则分解为尿素和次硫酸。不溶于有机溶剂。在 110℃很快分解，生成二氧化硫。

含量标准:$NHNH_2CSO_2H$ 含量≥95%。

五、常用盐类

1. 氯化钠

分子式为 NaCl,相对分子质量为 58.46。白色立方晶体或细小结晶性粉末,相对密度 2.165(25℃),熔点 810℃,沸点 1490℃,味咸。易潮解,可溶于水和甘油,难溶于乙醇,水溶液呈中性。含量标准:NaCl 含量≥90%。

2. 氯化铵

分子式为 NH_4Cl,相对分子质量为 53.49。白色易潮解晶体,相对密度 1.53(17℃),于 350℃升华,能溶于水和甘油,微溶于乙醇。含量标准:NH_4Cl 干基含量≥99.0%。

3. 氯化镁

分子式为 $MgCl_2 \cdot 6H_2O$,相对分子质量为 203.37。白色易潮解晶体,味咸苦,相对密度 1.56,熔点 118℃(分解),可溶于水和乙醇。无水物为无色六角晶体,相对密度 2.325(25℃),熔点 712℃,沸点 1412℃。含量标准:$MgCl_2 \cdot 6H_2O$ 含量≥98%。

4. 氯化锌

分子式为 $ZnCl_2$,相对分子质量为 136.29。白色粉末状结晶或粉末,相对密度 2.91(25℃),熔点 262℃,沸点 732℃。有腐蚀性和毒性,能吸湿潮解,可溶于水、醇、醚。要盛于密封容器内,储存于干燥处,注意与食品隔离,并应防止其粉末吸入人体或触及眼睛。失火时可用水、沙土、泡沫灭火机扑救。含量标准:$ZnCl_2$ 含量≥98%。

5. 无水硫酸钠

分子式为 Na_2SO_4,相对分子质量为 142.04,俗称元明粉。含水物为无色大棱晶,味咸苦,相对密度 1.464,熔点 324℃,易风化,在 100℃失去结晶水,可溶于水,不溶于乙醇。无水物为白色晶体或粉末,熔点 884℃。含量标准:Na_2SO_4 含量≥98%。

6. 硫酸铵

分子式为 $(NH_4)_2SO_4$,相对分子质量为 132.15。白色或微带黄色的小粒结晶,分解点 355℃,熔点 513℃,相对密度 1.77,含氮 20% ~21%。溶于水,不溶于乙醇,水溶液带有辛辣的咸味。含量标准:氮含量≥21%。

7. 硫酸镁

分子式为 $MgSO_4 \cdot 7H_2O$,相对分子质量为 246.50。无色或白色易风化的针状晶体,无嗅,有苦咸味,相对密度 1.68。易溶于水,微溶于乙醇,水溶液呈酸性反应。加热至 200℃变成无水硫酸镁。含量标准:$MgSO_4 \cdot 7H_2O$ 含量≥95%。

8. 硫酸锌

分子式为 $ZnSO_4 \cdot 7H_2O$,相对分子质量为 287.56。无色或白色结晶,有毒,不可入口,相对密度 1.957(25℃)。易溶于水,微溶于乙醇,水溶液呈弱酸性。在干燥空气中易风化。含量标准:$ZnSO_4 \cdot 7H_2O$ 含量≥98%。

9. 硫酸铝

分子式为 $Al_2(SO_4)_3 \cdot 18H_2O$,相对分子质量为 666.42。无色或白色有光亮的块粒状结晶,溶于水,不溶于乙醇,水溶液呈弱酸性。应防潮,储存于干燥处,并与有毒物、碱类(如纯碱、碳酸氢钠)隔离储存。失火时可用水、沙土扑救。粗制硫酸铝的氧化铝(Al_2O_3)含量≥16.5%。

10. 硫酸铜

分子式为 $CuSO_4 \cdot 5H_2O$,相对分子质量为249.69。深蓝色结晶,结晶表面有时由于失去结晶水而呈淡蓝色粉末,有毒,相对密度2.286(15.6℃)。可溶于水,不溶于乙醇,水溶液呈酸性反应。无水物相对密度3.606(15℃),熔点200℃。应储存于干燥处,防止风化、潮解。失火时可用水及灭火机扑救。含量标准:$CuSO_4 \cdot 5H_2O$ 含量≥96%。

11. 硝酸铵

分子式为 NH_4NO_3,相对分子质量为 80.04。无色斜方或单斜晶体,相对密度 1.724(25℃),熔点169.6℃,加热至210℃时分解(加热过猛会引起爆炸)。溶于水、乙醇、甲醇,溶于水时吸收大量热。含量标准:NH_4NO_3 含量≥99.5%。

12. 硝酸锌

分子式为 $Zn(NO_3)_2 \cdot 6H_2O$,相对分子质量为297.47。无色或白色块状结晶,易潮解,相对密度2.065,熔点36.4℃,沸点131℃。易溶于水或醇,水溶液呈酸性,加热至105℃时失去结晶水。含量标准:$Zn(NO_3)_2 \cdot 6H_2O$ 含量≥98%。

13. 磷酸氢二钠

分子式为 $Na_2HPO_4 \cdot 12H_2O$,相对分子质量为358.24。无色透明结晶,在干燥空气中失去水,形成含七个结晶水化合物。相对密度1.52,能溶于水,不溶于乙醇,水溶液呈碱性。要储存于干燥处,注意防水、防潮。失火时可用水扑救。含量标准:$Na_2HPO_4 \cdot 12H_2O$ 含量≥96%。

14. 六偏磷酸钠

分子式为$(NaPO_3)_6$,相对分子质量为611.77。无色透明片状或白色碎粒状结晶,为偏磷酸钠聚合体的一种,相对密度2.5,熔点约616℃(分解),吸潮性强。溶于水,不溶于有机溶剂,在温水、酸或碱溶液中易水解为正磷酸盐,软水作用在60~70℃最大。应储存于干燥处。含量标准:有效五氧化二磷含量≥60%。

15. 磷酸二氢铵

分子式为 $NH_4H_2PO_4$,相对分子质量为115.03。透明四角晶体,相对密度1.803(19℃)。可溶于水,微溶于乙醇,不溶于醋酸。在空气中稳定,温度高于熔点时分解,失去氨和水。含量标准:$NH_4H_2PO_4$ 含量≥98%。

16. 碳酸钙

分子式为 $CaCO_3$,相对分子质量为100.09。白色结晶粉末,相对密度2.70~2.95。难溶于水,可溶于酸,并放出二氧化碳。加热至825℃左右分解为氧化钙和二氧化碳。碳酸钙有轻质、重质之分;轻质中按沉淀体积又可分为中轻(2.5~3mL/g)、轻质(3~3.5mL/g)、超轻(3.5mL/g以上)。储存时应与酸类隔离。含量标准:$CaCO_3$ 含量≥98%。

17. 碳酸镁(轻质)

分子式为 $MgCO_3$,相对分子质量为84.31。白色无定形轻质疏松粉末,无臭、无味。几乎不溶于水,但能使水呈弱碱性。遇稀酸即被分解,并放出二氧化碳。在350℃时分解出水和二氧化碳,生成氧化镁。含量标准:MgO 含量≥41%。

18. 四硼酸钠

分子式为 $Na_2B_4O_7 \cdot 10H_2O$,相对分子质量为381.37,俗称硼砂。无色半透明或白色结晶性粉末，无臭，味咸，相对密度1.73。在60℃失去8个结晶水，200℃失去全部结晶水，在干燥空气中风化。可溶于水，微溶于乙醇，水溶液呈碱性。加热熔融时呈玻璃体。属于非危险品，但应与酸、碱隔离储存。含量标准：一级品含量≥99%。

19. 硫氰酸铵（硫氰化铵）

分子式为 NH_4SCN，相对分子质量为76.12。无色有光泽的单斜晶体，在空气中易潮解，相对密度1.305，熔点149.6℃，于170℃分解，加热至70℃一部分变为同分异构体硫脲。可溶于水和乙醇。含量标准：NH_4SCN 含量≥90%。

20. 醋酸钠

分子式为 $CH_3COONa \cdot 3H_2O$，相对分子质量为136.06。无色或白色透明结晶，在空气中易潮解，相对密度1.45，熔点58℃。可溶于水，稍溶于乙醇。加热至120℃时失水变为无水醋酸钠，为白色粉末，相对密度1.52，熔点324℃。应储存在干燥通风处，注意防热、防潮。含量标准：CH_3COONa 含量≥58%。

21. 醋酸铵

分子式为 CH_3COONH_4，相对分子质量为77.08。白色三角结晶，易潮解，稍有醋酸味，相对密度1.17（20℃），熔点114℃。溶于水和乙醇，不溶于丙酮。需用时通常可用醋酸与氨水自行制备。

22. 醋酸铅

分子式为 $Pb(CH_3COO)_2 \cdot 3H_2O$，相对分子质量为379.34。无色或白色结晶，有毒，相对密度2.55，熔点75℃。可溶于水，在空气中微有风化。含量标准：工业品含量≥98%。

23. 酒石酸氧锑钾

分子式为 $K(SbO)C_4H_4O_6 \cdot \frac{1}{2}H_2O$，相对分子质量为333.9，俗称吐酒石。无色透明结晶或白色颗粒状粉末，有毒，在空气中慢慢风化，相对密度2.607，加热至100℃失去结晶水。溶于水及甘油，不溶于乙醇，水溶液呈微酸性。应储存于密封容器中，防止风化受潮结块。失火时可用水、沙土扑救。含量标准：工业品含量≥98%。

第二节　常用助剂

一、润湿渗透剂

1. 拉开粉 BX

组成为丁基萘磺酸钠。米白色粉末，易吸湿，易溶于水，1%水溶液的 pH 值为7.0～8.5。有优良的润湿、渗透、再润湿性，并有乳化、扩散和起泡性。能耐酸、碱，但不能用于浓碱或丝光浴中，能耐硬水，遇铁、铝、锌等金属盐类会产生沉淀。不宜和非离子表面活性剂同浴使用，因能结合成松弛的复合物，降低或抵消匀染效果。

2. 渗透剂 T（快速渗透剂 T）

组成为磺化琥珀酸二辛酯钠盐。淡黄色至棕黄色粘稠液体，可溶于水，1%水溶液的 pH 值为6.5～7.0。渗透性快速均匀，再润湿性、乳化性、起泡性都良好，效果以温度在40℃以下、pH 值在5～10之间最好。不耐强酸、强碱、金属盐、还原剂，在40℃以上的碱性浴中易水解。常用于一浴法的练漂或生坯染色。

3. 渗透剂 TX(快速渗透剂 TX)

组成为琥珀酸辛酯磺酸钠盐和环己酮。淡黄棕色液体,可溶于水,1% 水溶液的 pH 值为 6.5 ~7.5,渗透性特别好。它的性质、用途与渗透剂 T 相同。

4. 渗透剂 JFC

组成为脂肪醇聚氧乙烯醚类化合物。淡黄色透明粘稠液体,非离子型。呈中性,水溶性良好,1% 水溶液的浊点为 40 ~50℃。具有良好的耐碱、耐氯、耐硬水及耐重金属盐性,能与阴离子、阳离子、非离子表面活性剂混用,具有较好的润湿、渗透、再润湿性,有一定的乳化和洗涤效果,对纤维无亲和力。

5. 丝光渗透剂 MP

组成为脂肪醇硫酸酯化合物。淡黄色透明溶液,阴离子型。1% 溶液 pH 值为 7 ~9,耐强碱、耐高温,不耐强酸,在浓碱中具有优异的润湿渗透性,渗透能力随碱性增加而提高,中性时无渗透性。

6. Leophen M

组成为阴离子、非离子乳化剂的中性磷酸酯。无色或淡黄色液体,阴/非离子型。在蒸汽中挥发。在适中酸性和强碱性范围内十分稳定,在硬水中也稳定,但大量电解质将降低其乳化性能。它有耐氧化性,是还原剂,具有润湿渗透性,还有一定抑泡性。

7. Miltopan SE

组成为多种表面活性剂的复配物。半透明浅黄褐色粘稠液体,阴离子型。易溶于水,1% 水溶液的 pH 值为 10 ~11。具有高度的膨润性及丝素保护性,能快速脱胶,是良好的真丝快速精练剂。

8. 渗透剂 M(渗透剂 5881)

组成为烷基磺酸钠、拉开粉等混合物。棕褐色液体,可以任何比例溶于水。遇强酸不稳定,遇碱稳定,在水溶液中有极强的渗透性和润湿性。对纤维无亲和力,不适用于阳离子染料染色,主要用于棉布煮练和染色渗透用助剂。

9. 酸性渗透剂 FJ—30

为特殊表面活性剂改性物,无色至淡黄色透明液体,阴离子型。能在广泛的酸碱条件下应用,对羊毛、丝、锦纶及涤纶纤维及其混纺织物在弱酸性条件(pH >3)加工有极佳的润湿、渗透性,具有优良的乳化、分散、洗涤效果,不影响染色织物的色光与鲜艳度。

10. 丝光渗透剂 CM—10

为烷基醚改性物,浅黄色粘稠状透明液体,阴离子型。主要用作棉纤维丝光过程的渗透剂,可缩短丝光时间,仍能保证丝光效果,特别适用于快速丝光和坯纱丝光工艺。

二、双氧水稳定剂

1. 稳定剂 A

乳白色分散液。组成为脂肪酸镁盐,阴离子型。易溶于水,具有良好的稳定性。使用时要避免铁离子。

2. 稳定剂 106

组成为有机多元膦酸盐为主体的复配物。棕色透明液体，阴离子型。能溶于水，耐酸、碱性较好，在高碱度下对双氧水也有较好的稳定作用。使用稳定剂 106 时要尽量避免与金属离子接触。

3. AR—750

组成为含有羟基、羧基的水溶性高分子化合物及低分子化合物与多种有效成分的复配物。耐高温及高浓强碱性好，具有渗透性，是非硅稳定剂。

4. Prestogen EB

组成为各种有机盐的酸性溶液。微黄色液体，10% 水溶液的 pH 值约为 2.4，耐碱性好，在强碱性漂液中，稳定效果极好。可用于冷轧堆漂白。

三、净洗剂

1. 净洗剂 LS(净洗剂 MA)

组成为对甲氧基脂肪酰胺基苯磺酸钠。浅棕色粉末，阴离子型。易溶于水，水溶液呈中性。钙皂扩散、洗涤、渗透、起泡性均良好。耐硬水、酸、碱及一般电解质，但不适用于次氯酸盐漂白液。主要用作净洗剂和钙皂扩散剂，也可用作还原染料染棉或酸性染料染色时的匀染剂，用量为织物重的 0.2% ~0.4%。

2. 胰加漂 T(209 洗涤剂)

组成为油酰甲基牛磺酸钠盐。白色浆状或粉末，阴离子型。易溶于热水，冷时有粘稠胶冻出现。对硬水、酸、碱、金属盐、次氯酸钠、过氧化氢均稳定，与肥皂混合使用可防止钙皂的生成。洗净力、钙皂扩散力优良，主要用于羊毛、纤维素纤维的净洗、煮练、漂白、染色等。

3. 雷米邦 A(613 洗涤剂)

组成为油酸氯与多肽类缩合物。浅棕色液体，阴离子型。微带碱性，易溶于水。对碱和硬水稳定，在煮沸加热或加压下均稳定，但不耐酸。有效成分含量一般为 40%。主要用作润湿剂、洗涤剂、匀染剂、乳化剂等，亦可作为肥皂的代用品，具有不生钙皂的优良性能。

4. 净洗剂 LS

组成为对甲氧基脂肪酰胺基苯磺酸钠化合物。米棕色粉末，阴离子型。易溶于水，1% 水溶液 pH 值为 7 ~8，耐碱、酸、硬水和一般电解质，不适用于次氯酸钠漂白。具有良好的洗涤作用，较佳的乳化、渗透、匀染、柔软及起泡性，是一种优良的钙皂扩散剂和洗涤剂，被广泛用于毛织物的洗涤，也可用于阴离子染料染色后的皂洗。

5. 净洗剂 JU

组成为脂肪醇聚氧乙烯醚化合物。浅黄色透明液体，非离子型。可溶于水，1% 水溶液的 pH 值为 5 ~7，浊点为 40 ~50℃，其耐酸、碱、硬水及电解质性好，能与各种表面活性剂拼用，具有优良的洗涤、乳化、分散和润湿性。可广泛用于各种纤维的各类加工，如分散、还原染料的分散剂，活性、分散等染料印花的去浮色，织物的去油污等。

6. Kieralon OL

淡黄色透明膏状物，阴/非离子型。易溶于水，耐酸、碱、氧化剂、还原剂和硬水，耐碱性更佳，低泡。具有较佳的去污力和优良的渗透性，广泛用于织物的渗透、洗涤，在退、煮、漂等前处理工艺及染色印花的后处理中常用，尤其是强碱前处理，效果十分明显。是一种优良的渗透、洗涤多功能助剂。

四、乳化分散剂

1. 乳化剂 OP

组成为烷基酚聚氧乙烯醚化合物。黄棕色膏状体，非离子型。可溶于水，1% 水溶液的 pH 值为 5 ~ 7，浊点 75 ~ 85℃，耐酸、碱、还原剂、氧化剂、盐及硬水。一般不与阴离子表面活性剂同时作匀染剂。

2. 乳化剂 S—80

组成为失水山梨醇油酸酯。棕色油状或粘稠体，能溶于热乙醇、苯中，是一种优良的水/油型乳化剂。

3. 乳化剂 EL

组成为蓖麻油环氧乙烷缩合物。淡黄色粘稠液体，非离子型。1% 水溶液的 pH 值为 6 ~ 8，易溶于水，又可溶于脂肪酸、矿物油、油脂、蜡及多数有机溶剂，冷水中溶解度大，低温时凝固，加温恢复原状。浊点大于 90℃，耐酸、盐及硬水，低温时耐碱，遇强碱水解，本身具有良好的分散及油/水乳化性，常作 O/W 型乳化剂，是腈纶的抗静电剂及羊毛和毛油的主要组成。

4. 乳化剂 TX—10

组成为烷基酚聚氧乙烯醚化合物。淡黄色至浅棕色液体或膏状体，非离子型。溶于水，1% 水溶液的 pH 值为 5 ~ 7，浊点为 60 ~ 80℃，耐酸、碱、盐，可与其他离子型表面活性剂混用，本身具有优良的乳化性和洗涤性，对动、植物及矿物油清洗能力特强。

5. 扩散剂 N（扩散剂 NNO）

组成为亚甲基双萘磺酸钠盐。浅棕色粉末，易溶于任何硬度的水中，1% 溶液的 pH 值为 7 ~ 9。能耐酸、碱、硬水和盐，具有优良的扩散性和胶体保护性，且无起泡性。对蛋白质纤维和聚酰胺纤维有亲和性。主要用于还原染料悬浮体轧染和隐色酸染色，分散染料、可溶性还原染料染色等；也可用于丝/毛交织物的染色，可阻止酸性染料上染丝。

6. 太古油（土耳其红油）

组成为蓖麻油酸硫酸酯钠。琥珀色透明油状液体，易溶于水，水溶液呈弱碱性反应。不耐酸和硬度较高的硬水，具有优良的扩散、乳化、润湿性能，但洗净力较差。用作煮练、染色、上油助剂。

7. 分散剂 WA

组成为脂肪醇聚氧乙烯醚硅烷化合物。黄棕色透明液体，非离子型。易溶于水，1% 水溶液的 pH 值为 7，浊点为 80 ~ 90℃，耐酸、碱及盐，能与各种表面活性剂混用，具有优良的分散性及洗涤力，用于毛/腈混纺织物染色，可作酸性染料和阳离子染料一浴染色的防沉淀剂；真丝预处理和精练的助剂及涤/棉染色匀染剂和丝、毛、针织品染色的分散剂。

8. 分散剂 IW

组成为脂肪聚氧乙烯醚化合物。白色至微黄色片状物，非离子型。可溶于水，1% 水溶液 pH 值为 6 ~ 7，耐酸、碱、硬水和无机盐，具有优良的分散性和乳化性，用于毛/腈一浴染色作防沉淀剂及强力分散剂，也可作 Isolan 1∶2 金属络合染料羊毛的匀染剂。

9. Sandozol KB

组成为磺化油。微黄色液体，阴离子型。易溶于水，1%水溶液的pH值为7，耐稀酸、稀碱、硬水、盐，具有润湿性、分散性，用作分散染料的分散剂和直接染料、纳夫妥染料、还原染料化料时的润湿剂。

10. 螯合分散剂CG—300

特殊结构有机膦复配物，浅黄至黄色透明液体。适合印染各工序，包括染色、精练、漂白、后整理等。对钙、镁、铁等金属离子有着优异的螯合性能，螯合力能达到150×10^{-3}/kg($CaCO_3$)以上。在染色中能有效地防止染料与钙、镁等金属离子结合而影响染料性能及鲜艳度，防止造成染斑现象的发生。能有效防止硅斑、浮游物或污染物的再附着，有极佳的分散作用。对坯布及使用水中的金属离子有封锁作用。用于前处理时有一定的精练稳定H_2O_2的效果，用于染色、印花后皂洗时有一定的去除未上染染料的效果，可使染色物色泽鲜明，牢度改进，机械稳定性好。

五、匀染剂和固色剂

1. 平平加O

组成为高级脂肪醇聚氧乙烯醚化物。乳白色或米黄色软膏状物，非离子型。易溶于水，1%水溶液的pH值为6~8，浊点为70~75℃，耐酸、碱、硬水，具有良好的匀染性、渗透性、分散性和乳化性。

2. 匀染剂1227

组成为十二烷基苄基二甲基氯化铵。无色至淡黄色液体，阳离子型。易溶于水，1%水溶液的pH值为6~8，耐酸及硬水。是阳离子染料染色的缓染剂、匀染剂和杀菌消毒剂，也可作织物柔软剂和抗静电剂。

3. 防泳移剂W

组成为聚丙烯酰胺水解后加甲醛及亚硫酸钠的反应产物。浅棕色透明粘稠液体，阴离子型。易溶于水，1%水溶液的pH值约为7。主要用于分散染料热熔染色、还原染料悬浮体轧染及涂料染色工艺中作防泳移剂，能遮盖棉及涤/棉布面上的棉结、白芯及条影，改善布面匀染性。

4. 固色剂Y

组成为双氰胺甲醛树脂水溶液初缩体。淡黄色透明粘稠液体，阳离子型。易溶于水，遇强酸、强碱、硬水及盐类易沉淀。主要用于棉、粘胶纤维及丝类织物的直接、酸性等染料印染物的固色处理，能提高皂洗、汗渍、水浸、摩擦等色牢度，但处理后对织物色光有影响且含有甲醛。

5. 固色剂M

组成为含铜双氰胺甲醛树脂水溶性初缩体。蓝绿色粘稠液体，阳离子型。可溶于5倍量的2%冷醋酸液，有固色剂Y的性能。不耐硬水，遇强酸、强碱、无机盐、雕白块产生沉淀，遇铁离子，固色后色光有影响。主要用于直接、酸性、硫化等染料的固色处理，能提高含羧基、羟基等染料的日晒牢度。

6. 固色剂NF

组成为二亚乙基三胺和双氰胺的缩合物。淡黄色透明粘稠液体，易溶于水，1%水溶液的pH值为6~7。是无甲醛固色剂，主要用于直接、活性、酸性等染料的固色。

7. 反应性固色剂DFRF—1

组成为聚胺类树脂型聚合物。淡棕色溶液，阳离子型。易溶于水，1% 水溶液的 pH 值为 7，在中性及偏酸介质中稳定。是反应型高效多功能固色剂，适用于直接、活性、酸性等染料的染色后处理，且有防皱、防缩效果。

8. 固色剂 T

红棕色透明粘稠液体，阳离子型。1% 水溶液 pH 值为 5.5 ~ 6.0，主要用于直接、活性、硫化、酸性等染料及涂料染色的增深，也可用于上述染料的固色。用于增深时，先用增深固色剂 T 处理，再染色。

六、粘合剂

1. 粘合剂 BH

由丁苯乳胶与醋酸甲壳质、火油乳化而成。pH 值为 5 ~ 6，常用于棉、粘胶纤维、丝、涤纶及混纺织物的涂料印花。

2. 粘合剂 KG—101

丙烯酸丁酯共聚类乳液。pH 值约为 6.5 ~ 7.5，能在低温焙固（100℃），无需加交联剂，膜手感柔软、降强低，用于网印和机印涂料的涂料粘合剂。

3. 粘合剂 FH—98

淡蓝色乳液，阴离子，是一种自交联型粘合剂。用于纺织品涂料印花，也可用于荧光涂料和白涂料的印花粘合剂，皮膜坚韧，手感柔软弹性好，高温不泛黄。用于涂料染色，可提高染色牢度。

第四章 酸碱滴定法

第一节 概 述

酸碱滴定法是利用酸和碱的反应测定物质含量的方法,因此也称中和法。如前处理煮练液中烧碱含量的测定,就是利用酸碱滴定法测定的。反应式如下:

$$2NaOH + H_2SO_4 \longrightarrow Na_2SO_4 + 2H_2O$$

实质是: $H^+ + OH^- \longrightarrow H_2O$

操作步骤:准确量取一定量的待测液于锥形瓶中,加酚酞指示剂数滴,将酸标准溶液逐滴加到锥形瓶中,直至溶液由红色变为无色时停止滴定,记录耗用标准溶液的体积,然后计算即可。

在印染生产中,酸碱滴定法在原料检测、生产工艺分析中应用极为广泛,是滴定分析中最基础的方法。

第二节 酸碱指示剂

利用酸碱滴定法测定物质含量的反应,绝大多数没有外观上的变化,因此必须借助酸碱指示剂颜色的改变来指示滴定终点。

一、指示剂的变色原理

酸碱指示剂一般是弱的有机酸或有机碱,它们在溶液中部分离解成离子。由于其分子和离子具有不同的结构,因而具有不同的颜色。如酚酞是一种有机弱酸,它们在溶液中存在如下的离解平衡:

$$\underset{\text{无色分子}}{HIn} \rightleftharpoons H^+ + \underset{\text{红色离子}}{In^-}$$

随着溶液中 H^+ 浓度的不断改变,上述平衡不断被破坏。当加入酸时,平衡向左移动,生成酚酞的无色分子,使溶液呈现无色。当加入碱时,碱中 OH^- 与 H^+ 结合生成 H_2O,使 H^+ 浓度减少,平衡向右移动,红色离子 In^- 增多,使溶液呈现粉红色。

二、指示剂的变色范围

为进一步说明指示剂颜色变化与酸度的关系,现以 HIn 代表指示剂的酸式色,以 In^- 代表指示剂的碱式色,在溶液中存在如下平衡:

$$\underset{\text{酸式色}}{HIn} \rightleftharpoons \underset{\text{碱式色}}{In^-} + H^+$$

$$K_{HIn} = \frac{c(In^-)c(H^+)}{c(HIn)} \tag{1}$$

K_{HIn}是指示剂的离解常数，也称为酸碱指示剂常数。其数值取决于指示剂的性质和溶液的温度。

式(1)可改写为：

$$pH = pK_{HIn} - \lg\frac{c(HIn)}{c(In^-)} \tag{2}$$

由式(2)可知，酸碱指示剂颜色的变化是由$\frac{c(HIn)}{c(In^-)}$的比值所决定的。但由于人眼对颜色的敏感度有限，因此：

当$\frac{c(HIn)}{c(In^-)} \geqslant 10$时，即$pH \leqslant pK_{HIn} - 1$时，只能看到酸式色；

当$\frac{c(HIn)}{c(In^-)} \leqslant \frac{1}{10}$时，即$pH \geqslant pK_{HIn} + 1$时，只能看到碱式色；

当$10 \geqslant \frac{c(HIn)}{c(In^-)} \geqslant \frac{1}{10}$时，看到的是混合颜色。

只有当溶液的pH值由$pK_{HIn} - 1$变化到$pK_{HIn} + 1$时，溶液的颜色才由酸式色变为碱式色，这时人们的视觉才能明显看出指示剂颜色变化。我们将人的视觉能明显看出指示剂由一种颜色转变成另一种颜色的pH值范围，称为指示剂的变色范围。

指示剂的pK_{HIn}不同，变色范围也不同。当$c(HIn) = c(In^-)$时，$pH = pK_{HIn}$，此时的pH值为指示剂的理论变色点，也称为指示剂的滴定指数，用pT表示。

一般指示剂的变色范围不大于2个pH值单位，不小于1个pH值单位。这是从理论上推导出的变色范围，它只能说明变色范围的由来。因为人们的视觉对各种颜色的敏感程度不同，所以实验测得的变色范围小于2个pH值单位。常见的酸碱指示剂及其变色范围列于表1-4-1。

表1-4-1　常见的酸碱指示剂及其变色范围

指 示 剂	变色域(pH值)	颜色		pK_{HIn}
		酸性液	碱性液	
甲酚红(酸)	0.2~1.8	红	黄	—
百里酚蓝(酸)	1.2~2.8	红	黄	1.7
五甲氧基红	1.2~3.2	红紫	无色	—
溴酚蓝	3.0~4.6	黄	蓝	4.1
甲基黄	2.9~4.0	红	黄	3.3
乙基橙	3.0~4.5	红	橙	—
甲基橙	3.1~4.4	红	橙	3.7

续表

指示剂	变色域(pH值)	颜色		pK_{HIn}
		酸性液	碱性液	
刚果红	3.0~5.0	蓝	红	—
溴甲酚绿	3.8~5.4	黄	蓝	4.7
甲基红	4.4~6.2	红	黄	5.0
乙基红	4.5~6.5	红	橙	—
丙基红	4.6~6.6	红	黄	—
氯酚红	4.8~6.4	黄	红	6.1
4-硝基酚	5.6~7.6	无色	黄	7.1
溴甲酚紫	5.2~6.8	蓝	紫	6.1
溴酚红	5.2~6.8	黄	红	—
石蕊	5.0~8.0	红	蓝	—
溴百里酚蓝	6.0~7.6	黄	蓝	7.1
中性红	6.8~8.0	红	橙	—
酚红	6.8~8.4	黄	红	7.8
甲酚红(酸)	7.2~8.8	黄	红	8.2
1-萘酚酞	7.3~8.7	黄	蓝	8.4
百里酚蓝(碱)	8.0~9.6	黄	蓝	8.9
o-甲酚酞	8.2~9.8	无色	红	—
酚酞	8.2~10.0	无色	红	9.6
百里酚酞	9.4~10.6	无色	蓝	9.3
茜素黄R	10.1~12.1	黄	橙红	—

三、混合指示剂

在酸碱滴定中,有时需要用颜色变化明显、变色范围较窄的指示剂,即混合指示剂。混合指示剂有两种配制方法。一种是由一种酸碱指示剂和一种惰性染料按比例混合而成。另一种是由两种或两种以上的酸碱指示剂按比例混合而成。混合指示剂主要是利用两种颜色的互补作用,使滴定终点颜色变化敏锐。

应当着重指出的是,配制混合指示剂时,要严格控制两种组分的比例,否则颜色的变化会有误差。此外,还有一类酸碱指示剂是由几种指示剂混配而成。这类指示剂能在不同的pH值下显示出不同的颜色,通常称为万能指示剂,也称广泛指示剂。如将纸条浸入这种指示剂的溶液中,再晾干,就制成pH试纸,它能在不同pH值下显示出不同的颜色。将其与标准色板相比较,就可粗略地测出溶液的pH值。

常见混合指示剂及其变色范围如表1-4-2所示。

表 1-4-2　常见混合酸碱指示剂及其变色范围

指示剂组成(体积分数)	色变 pH 值	颜　色	
		酸式色	碱式色
溴甲酚绿 0.1% 酒精溶液：甲基橙 0.02% 水溶液 = 1:1	4.3	橙	绿
溴甲酚绿 0.1% 酒精溶液：甲基红 0.2% 水溶液 = 3:1	5.1	酒红	绿
溴甲酚绿 0.1g，甲基红 0.02g 同时溶于 100mL 酒精	5.1	酒红	绿
溴甲酚绿—Na 0.1% 水溶液：氯酚红—Na 0.1% 水溶液 = 1:1	6.1	黄绿	绿
溴甲酚紫—Na 0.1% 水溶液：溴百里酚蓝—Na 0.1% 水溶液 = 1:1	6.7	黄	紫蓝
溴百里酚蓝—Na 0.1% 水溶液：酚红—Na 0.1% 水溶液 = 1:1	7.5	黄	紫
甲酚红—Na 0.1% 水溶液：百里酚蓝—Na 0.1% 水溶液 = 1:3	8.3	黄	紫
α-萘酚酞 0.1% 酒精溶液：酚酞 0.1% 酒精溶液 = 1:3	8.9	淡红	紫
酚酞 0.1% 酒精溶液：百里酚酞 0.1% 酒精溶液 = 1:1	9.9	无色	紫
酚酞 0.1% 酒精溶液：尼尔蓝 0.2% 酒精溶液 = 1:2	10.0	蓝→(紫)→红	

可见，不同的指示剂由于 K_{HIn} 不同，其变色范围也不同。因此在酸碱滴定中，要正确反映理论终点的到达，必须了解理论终点时溶液的 pH 值，根据此 pH 值来选择指示剂。因而必须先了解滴定过程中溶液 pH 值的变化规律，尤其是理论终点附近的 pH 值变化规律。

第三节　酸碱滴定曲线和指示剂的选择

酸碱滴定中最重要的是了解滴定过程中溶液 pH 值的变化规律，再根据 pH 值的变化规律选择最适宜的指示剂确定滴定终点。然后通过计算求出被测物的含量。

一、强碱滴定强酸(或强酸滴定强碱)

强碱滴定强酸过程溶液中 H^+ 浓度的计算是根据：

$$c_1V_1=c_2V_2$$

式中：c_1，V_1——标准溶液的浓度、体积；

c_2，V_2——被滴定的酸或碱的浓度、体积。

现以 $c(NaOH)=0.1000mol/L$，滴定 20.00mL、$c(HCl)=0.1000mol/L$ 的 HCl 溶液为例说明强碱测定强酸的原理。为说明滴定过程中溶液 pH 值变化，将滴定全过程分为滴定前、理论终点前、理论终点时和理论终点后 4 个阶段说明。

（一）滴定前

溶液的 pH 值由 HCl 溶液的初始浓度决定。

$$c(HCl)=c(H^+)=0.1000mol/L$$

$$-\lg c(H^+)=1,\quad 即\quad pH=1.00$$

（二）达到理论终点前

（1）当加入 18.00mL NaOH 溶液时，溶液中还有 2.00mL HCl 溶液未被中和，这时溶液中的 H^+ 浓度为：

$$c(H^+)=0.1000\times\frac{2.00}{20.00+18.00}=5.0\times10^{-3}\ mol/L$$

$$pH=-\lg(5.0\times10^{-3})=2.30$$

（2）当加入 19.80mL NaOH 溶液时，溶液中还有 0.20mL HCl 溶液未被中和，这时溶液中的 H^+ 浓度为：

$$c(H^+)=0.1000\times\frac{0.20}{20.00+19.80}=5.0\times10^{-4}\ mol/L$$

$$pH=-\lg(5.0\times10^{-4})=3.30$$

（三）达到理论终点时

当加入 20.00mL NaOH 溶液时，溶液中的 HCl 全部被中和，溶液呈中性。此时：

$$c(H^+)=c(OH^-)=10^{-7}mol/L$$

$$pH=7.00$$

（四）达到理论终点后

当加入 20.02mL NaOH 溶液时，溶液的 pH 值仅由过量的 NaOH 浓度来决定。

$$c(OH^-)=0.1000\times\frac{0.02}{20.00+20.02}=5.0\times10^{-5}mol/L$$

$$pH=14-pOH=14-4.3=9.7$$

用类似的方法可以计算滴定过程中各点的 pH 值，其数值如表 1-4-3 所示。

表 1-4-3　用 0.1000mol/L NaOH 溶液滴定 20.00mL 0.1000mol/L HCl 溶液过程中各点的 pH 值

加入 NaOH 溶液的量 mL	剩余 HCl 溶液的量 mL	过量 NaOH 溶液的量 mL	$c(H^+)/(mol/L)$	pH 值
0.00	20.00	—	1×10^{-1}	1.0
18.00	2.00	—	5×10^{-3}	2.3
19.80	0.20	—	5×10^{-4}	3.3
19.98	0.02	—	5×10^{-5}	4.3
20.00	0.00	—	1×10^{-7}	7.0
20.02	—	0.02	2×10^{-10}	9.7
20.20	—	0.20	2×10^{-11}	10.7
22.00	—	2.00	2×10^{-12}	11.7
40.00	—	20.00	2×10^{-13}	12.7

如果以溶液的 pH 值为纵坐标，以 NaOH 溶液加入的量为横坐标作图，即可得到如图 1-4-1 所示的曲线，这就是强碱滴定强酸的滴定曲线。

从表 1-4-3 和图 1-4-1 可以看出：

(1)从滴定开始到加入 19.98mL NaOH 溶液，pH 值从 1.0 增加到 4.3，即改变 3.3 个 pH 值单位。溶液的 pH 值仍在酸性范围，发生不显著的变化。

(2)在理论终点附近，加入 0.04mL NaOH 溶液(从中和剩余 0.02mL HCl 溶液到过量 0.02mL NaOH 溶液)，pH 值从 4.3 增加到 9.7，pH 值改变了 5.4 个单位，发生滴定突跃。

(3)理论终点以后，由于溶液中有过量的 NaOH 溶液的 pH 值主要由过量的 NaOH 来决定。

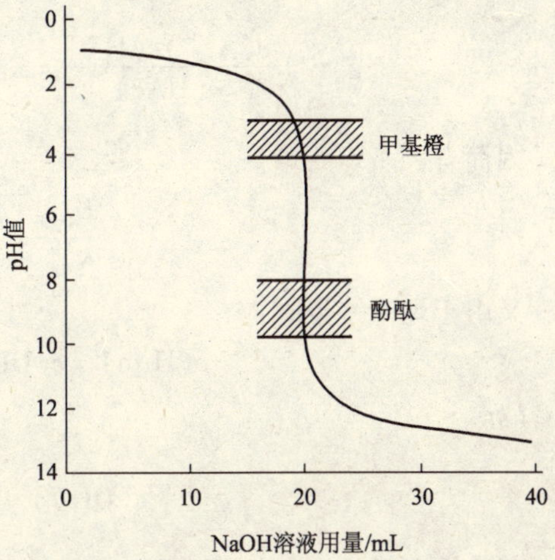

图 1-4-1　0.1000mol/L NaOH 溶液滴定 20.00mL 0.1000mol/L HCl 溶液的滴定曲线

根据上述分析，滴定到理论终点附近溶液 pH 值所发生的突跃现象是有重要的实际意义，它是选择指示剂的依据。变色范围全部或一部分在滴定突跃范围内的指示剂可选用来指示滴定终点。用 0.1mol/L NaOH 溶液滴定 0.1mol/L HCl 溶液时滴定突跃的 pH 值范围是从 4.3～9.7，可选用甲基红、甲基橙或酚酞为指示剂。

必须指出，强碱滴定强酸突跃范围有大小，不仅与体系的性质有关，而且还与酸碱溶液的浓度有关。按上述方法可以计算出在不同浓度的酸碱滴定中滴定的突跃范围。

强酸滴定强碱的滴定曲线与强碱滴定强酸的滴定曲线相对称，pH 变化则相反。在进行分析时，可根据滴定曲线选择适用的指示剂。

二、强碱滴定弱酸

醋酸总酸度的测定是强碱滴定弱酸的应用实例。醋酸能与碱发生中和反应，因此可用 NaOH 标准溶液滴定，反应式如下：

$$NaOH + HAc \longrightarrow NaAc + H_2O$$

此反应与强碱滴定强酸比较,其共性是同属于酸碱中和反应。不同点在于强碱滴定强酸到达理论终点时所生成的盐没有水解作用,溶液呈中性。而强碱滴定弱酸反应到达理论终点时所生成的强碱弱酸盐 NaAc 有水解作用,溶液呈碱性,水解反应式如下:

$$NaAc + H_2O \longrightarrow HAc + NaOH$$

到达理论终点时溶液的 pH 值可根据 Ac^-离子的水解平衡计算。

$$Ac^- + H_2O \longrightarrow HAc + OH^-$$

$$\frac{c(HAc)c(OH^-)}{c(Ac^-)} = K_{水解}$$

$K_{水解}$可由水的离子积和 HAc 的 K_{HAc} 计算出来。即 $K_{水解}$与 K_{HAc}、K_{H_2O}有关。

$$\frac{c(Ac^-)c(H^+)}{c(HAc)} = K_{HAc} \qquad c(H^+)c(OH^-) = K_{H_2O}$$

因而有:

$$\frac{K_{H_2O}}{K_{HAc}} = \frac{c(HAc)c(OH^-)}{c(Ac^-)}$$

又由于理论终点时:

$$c(HAc) = c(OH^-);c(Ac^-) = c(NaAc)$$

故有:

$$c(OH^-) = \left[c(NaAc) \times \frac{K_{H_2O}}{K_{HAc}}\right]^{\frac{1}{2}}$$

理论终点时的 pH 值可根据上述水解公式计算。

为了了解滴定过程中 pH 值的变化情况,同样可以用 $c(NaOH) = 0.1000mol/L$ 的 NaOH 标准溶液滴定 20.00mL $c(HAc) = 0.1000mol/L$ 的 HAc 溶液为例来说明。整个滴定过程仍可分为四个阶段进行计算。

(一)滴定前

溶液的 pH 值可按 HAc 的电离平衡计算。

$$HAc \rightleftharpoons H^+ + Ac^-$$

$$K_{HAc} = \frac{c(Ac^-)c(H^+)}{c(HAc)}$$

达到平衡时:

$$c(H^+) = c(Ac^-)$$

$$c^2(H^+) = K_{HAc} \times c(HAc)$$

$$c(H^+) = [K_{HAc} \times c(HAc)]^{\frac{1}{2}}$$

$$c(H^+)=(1.8\times10^{-5}\times0.1)^{\frac{1}{2}}=1.34\times10^{-3}\text{mol/L}$$

$$pH=-\lg(1.34\times10^{-3})=2.9$$

(二)达到理论终点前

溶液中存在着未反应的 HAc 和生成的 NaAc,形成 HAc—NaAc 缓冲体系,溶液的 pH 值可按缓冲溶液公式计算。

$$pH=pK_{HAc}-\lg\frac{c(HAc)}{c(NaAc)}$$

公式推导如下:

根据 HAc 的电离平衡 $HAc \rightleftharpoons H^+ + Ac^-$

$$\frac{c(H^+)c(Ac^-)}{c(HAc)}=K_{HAc}$$

由于溶液中有由 NaAc 离解出来的 Ac^-,抑制了 HAc 的解离,从而降低了 HAc 的电离度,因此由 HAc 离解出来的 Ac^-可忽略不计。因此 HAc 原始浓度可用 c(HAc)表示。NaAc 在溶液中有水解的趋向,但由于 HAc 的存在使水解作用受到抑制,所以 Ac^-的浓度仍应是 NaAc 的原始浓度,以 c(NaAc)表示,因此 HAc 电离公式可写成:

$$c(H^+)=K_{HAc}\times\frac{c(HAc)}{c(Ac^-)}=K_{HAc}\times\frac{c(HAc)}{c(NaAc)}$$

从而,
$$pH=pK_{HAc}-\lg\frac{c(HAc)}{c(NaAc)}$$

当加入 19.98mL NaOH 溶液,剩余 0.02mL HAc 溶液时:

$$c(HAc)=0.1000\times\frac{0.02}{20.00+19.98}=5.0\times10^{-5}\text{mol/L}$$

$$c(NaAc)=c(Ac^-)=0.1000\times\frac{19.98}{20.00+19.98}=5.0\times10^{-2}\text{mol/L}$$

因此
$$pH=-\lg(1.8\times10^{-5})-\lg\frac{5.0\times10^{-5}}{5.0\times10^{-2}}=7.7$$

(三)达到理论终点时

溶液由于 NaAc 的生成而发生水解作用,因此其 pH 值按水解公式计算:

$$c(OH^-)=\left[c(NaAc)\times\frac{K_{H_2O}}{K_{HAc}}\right]^{\frac{1}{2}}=\left(\frac{1\times10^{-14}\times0.05}{1.8\times10^{-5}}\right)^{\frac{1}{2}}=5.4\times10^{-6}\text{mol/L}$$

$$pH=8.7$$

由于理论终点时溶液体积增加一倍,所以 NaAc 的浓度降低为原来的$\frac{1}{2}$,为 0.05mol/L。

(四)理论终点后

由于过量的 NaOH 溶液存在,抑制了 NaAc 的水解,因此溶液的 pH 值仅由过量的 NaOH 的量来决定：

当加入 20.02mL NaOH 溶液时：

$$c(OH^-) = 0.1000 \times \frac{0.02}{20.00 + 20.02} = 5.0 \times 10^{-5} mol/L$$

$$pH = 14 - 4.3 = 9.7$$

用类似的方法可以计算出滴定过程中各点的 pH 值，其数据列于表 1-4-4 中：

表 1-4-4 0.1000mol/L NaOH 溶液滴定 20.00mL 0.1000mol/L HAc 溶液过程中 pH 值的变化

加入 NaOH 溶液的体积/mL	剩余的 HAc 溶液的体积/mL	过量 NaOH 溶液的体积/mL	pH 值	
0.00	20.00	—	2.9	
18.00	2.00	—	5.7	
19.80	0.20	—	6.7	
19.98	0.02	—	7.7	突跃范围
20.00	0.00	—	8.7	
20.02	—	0.02	9.7	
20.20	—	0.20	10.7	
22.00	—	2.00	11.7	
40.00	—	20.00	12.7	

如果以溶液的 pH 值为纵坐标，以 NaOH 溶液加入的量为横坐标作图，即可得到图 1-4-2 所示的曲线。

从表 1-4-4 的数据和图 1-4-2 的滴定曲线可以看出：

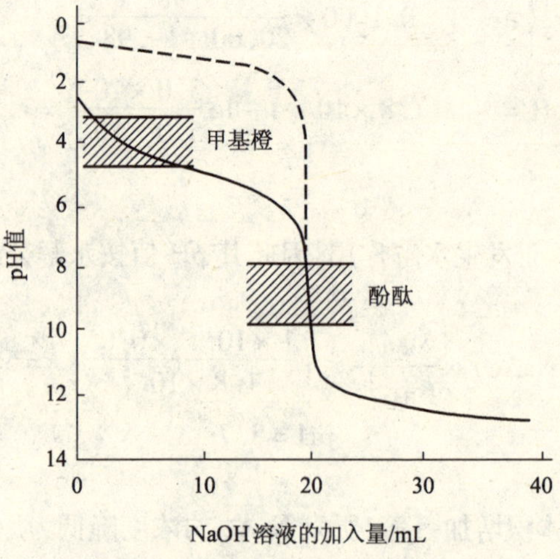

图 1-4-2 0.1000mol/L NaOH 溶液滴定 20.00mL 0.1000mol/L HAc 溶液的滴定曲线

注 虚线表示 0.1000mol/L NaOH 溶液滴定 20.00mL 0.1000mol/L HCl 溶液的滴定曲线

(1)由于HAc是弱酸,所以溶液的H^+浓度不等于弱酸的原始浓度,滴定曲线的起始点不在pH=1处。

(2)理论终点前虽然只加入19.98mL NaOH溶液,但由于NaAc的水解使溶液呈碱性。滴定突跃范围不是由酸性到碱性,而是在碱性范围内(pH=7.7~9.7)且其滴定突跃范围较窄。

(3)理论终点前各点pH值均较强酸时大,滴定曲线形成一个由倾斜到平坦又到倾斜的坡度。原因是由于滴定一开始即有NaAc生成,它抑制HAc的离解,使溶液的pH值急剧增大,致使滴定曲线的斜度也相应地增大。当继续滴定时,HAc浓度减小,NaAc浓度相应增大,但由于形成了缓冲溶液,结果使溶液pH值增大速度减慢,因此滴定曲线又呈现平坦状。在接近理论终点时,溶液中HAc已很少,缓冲作用减弱,水解作用增强,溶液的pH值又急剧增大,致使滴定曲线又呈现倾斜状。在理论终点附近有一个较小的滴定突跃,这个突跃处在碱性范围。

(4)理论终点后,过量的NaOH抑制HAc的水解,因此溶液的pH值主要由过量的NaOH来决定,与强碱滴定强酸相同。

根据此突跃范围(pH=7.7~9.7)来选择指示剂,显然,不可选用甲基橙指示剂。酚酞的变色范围恰在滴定突跃范围内,故应选用酚酞作指示剂。

除酸碱浓度对滴定突跃范围有影响外,弱酸的电离常数K_a的大小也是影响滴定突跃范围的因素。

三、强酸滴定弱碱

氨水中氨含量的测定是强酸滴定弱碱的应用实例。与强碱滴定弱酸的情况基本相似,各阶段pH值的计算方法也相似。

四、多元酸的滴定

磷酸含量的测定是多元酸滴定的应用实例。在多元酸的滴定中要考虑以下两个问题:

第一,多元酸能滴定的原则是什么?

第二,如何选择指示剂?

通过大量实践证明,可按下述原则判断:

(1)当$c(酸)\cdot K_{酸_1}\geqslant 10^{-8}$时,这一级离解的$H^+$可以被滴定。

(2)当相邻的两个$K_{酸}$值相差10^5时,较强离解一级的H^+先被滴定,出现第一个滴定突跃,较弱离解一级的H^+后被滴定。但能否出现第二个滴定突跃,则取决于酸的第二级离解常数值是否满足:$c(酸)\cdot K_{酸_2}\geqslant 10^{-8}$,如果大于$10^{-8}$,则有第二个突跃。

(3)如相邻的$K_{酸}$值相差小于10^5时,滴定时两个滴定突跃将混在一起,这时只有一个滴定突跃。

根据上述原则,现以工业磷酸滴定为例,说明多元酸被滴定的可能性。H_3PO_4的三步离解常数分别为:

$$H_3PO_4 \rightleftharpoons H^+ + H_2PO_4^- \qquad K_1 = 7.6\times10^{-3}$$

$$H_2PO_4^- \rightleftharpoons H^+ + HPO_4^{2-} \qquad K_2 = 6.3\times10^{-8}$$

$$HPO_4^{2-} \rightleftharpoons H^+ + PO_4^{3-} \qquad K_3 = 4.4\times10^{-13}$$

当用 $c(NaOH)=0.1000mol/L$ NaOH 溶液滴定 $c(H_3PO_4)=0.1000mol/L$ 的 H_3PO_4 溶液时，从 H_3PO_4 第一步离解常数可以看出：

$$K_1=7.6\times10^{-3}$$

所以 $$c\cdot K_1>10^{-8}$$

$$\frac{K_1}{K_2}=1.21\times10^5$$

所以 $$\frac{K_1}{K_2}>10^5$$

因此用碱中和第一步离解的 H^+ 可以得到第一个滴定突跃。从 H_3PO_4 第二步离解常数可以看出：

$$K_2=6.3\times10^{-8}$$

所以 $$c\cdot K_2\approx10^{-8}$$

$$\frac{K_2}{K_3}=1.43\times10^5$$

所以 $$\frac{K_2}{K_3}>10^5$$

因此用碱中和第二步离解的 H^+ 可以得到第二个滴定突跃。最后由于 H_3PO_4 的第三步离解：

$$K_3=4.4\times10^{-13},c\cdot K_3\ll10^{-8}$$

因此得不到第三个滴定突跃，说明不能用碱继续直接滴定。

滴定曲线如图 1－4－3 所示。

多元酸滴定曲线的计算方法比较复杂，在实际工作中，为了选择指示剂，通常只需计算理论终点时的 pH 值，然后在此值附近选择指示剂即可。也可用 pH 计记录滴定过程中 pH 值的变化得出滴定曲线。

第一、第二理论终点时的 pH 值可用如下方法计算。

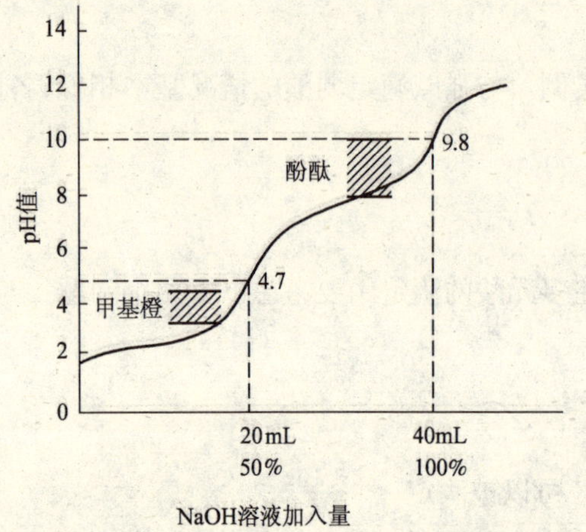

图 1－4－3　NaOH 溶液滴定 H_3PO_4 溶液的滴定曲线

(1)第一理论终点：

$$H_3PO_4+NaOH \rightleftharpoons NaH_2PO_4+H_2O$$

此时形成的酸式盐 NaH_2PO_4，其 pH 值可按下式计算。

$$c(H^+)=(K_1\cdot K_2)^{\frac{1}{2}}=(7.6\times10^{-3}\times6.3\times10^{-8})^{\frac{1}{2}}$$

$$pH=(pK_1+pK_2)\times\frac{1}{2}=4.66$$

可选甲基红为指示剂，如以 NaH_2PO_4 溶液为参比溶液，则甲基红指示剂的误差可小于

0.5%。

(2)第二理论终点：

$$NaH_2PO_4 + NaOH \rightleftharpoons Na_2HPO_4 + H_2O$$

$$c(H^+) = (K_3 \cdot K_2)^{\frac{1}{2}} = (6.3 \times 10^{-8} \times 4.4 \times 10^{-13})^{\frac{1}{2}}$$

$$pH = (pK_2 + pK_3) \times \frac{1}{2} = 9.78$$

可选用酚酞为指示剂。

从上述讨论可以看出，多元酸的滴定可以看作是不同强度一元酸的混合物的滴定。一般有机多元酸的各级离解常数相差不大，例如：

草酸($H_2C_2O_4 \cdot 2H_2O$)：

$$K_1 = 5.9 \times 10^{-2}; K_2 = 6.4 \times 10^{-5}$$

$$\frac{K_1}{K_2} = 9.2 \times 10^2$$

$\frac{K_1}{K_2}$的值小于10^5，因此当用碱滴定草酸时，从滴定曲线上看不出第二个理论终点的突跃，而是在滴定过程中2个H^+被一起滴定。这一滴定是属于强碱滴定弱酸的类型，理论终点是在碱性区域内，可用酚酞和百里酚蓝作指示剂。

五、强碱弱酸盐类的滴定

碳酸钠Na_2CO_3是二元弱酸H_2CO_3的盐。工业碳酸钠称纯碱，是重要的化工原料，当将其制成纯品时，可作为基准物标定酸标准溶液。

碳酸钠是强碱弱酸盐，它在水溶液中发生水解反应，并且水解反应分两步进行。

$$CO_3^{2-} + H_2O \rightleftharpoons HCO_3^- + OH^-$$

$$HCO_3^- + H_2O \rightleftharpoons H_2CO_3 + OH^-$$

因此当用酸滴定碳酸钠时，也分两步中和。

第一步

$$Na_2CO_3 + HCl \rightleftharpoons NaHCO_3 + NaCl$$

$$CO_3^{2-} + H^+ \rightleftharpoons HCO_3^-$$

到达理论终点时，碳酸钠全部变成碳酸氢钠。由于碳酸氢钠的水解，溶液呈碱性。第一理论终点溶液的pH值计算如下：

$$c(H^+) = (K_1 \cdot K_2)^{\frac{1}{2}} = (4.2 \times 10^{-7} \times 5.6 \times 10^{-11})^{\frac{1}{2}}$$

$$pH = 8.3$$

此时可选酚酞为指示剂，但是由于碳酸氢钠具有一定的缓冲作用，所以滴定突跃不明显，可做一个碳酸氢钠参比溶液对照，指示终点到达。

第二步

$$NaHCO_3 + HCl \rightleftharpoons NaCl + H_2O + CO_2$$

$$HCO_3^- + H^+ \rightleftharpoons H_2O + CO_2$$

到达第二理论终点时，溶液为CO_2的饱和溶液，显酸性。其浓度约为0.04mol/L。第二理论终点溶液 pH 值的计算如下：

$$c(H^+) = [K_1 \cdot c(酸)]^{\frac{1}{2}} = (4.2 \times 10^{-7} \times 0.04)^{\frac{1}{2}}$$

$$= 1.3 \times 10^{-4} mol/L$$

$$pH = 3.9$$

此时可选用甲基橙为指示剂，由于在滴定过程中形成 CO_2 的饱和溶液而使滴定终点提前出现，通常在滴定将近终点时，加热煮沸除去 CO_2，冷却后再滴定到终点。HCl 溶液滴定 Na_2CO_3 溶液的滴定曲线如图 1－4－4 所示。

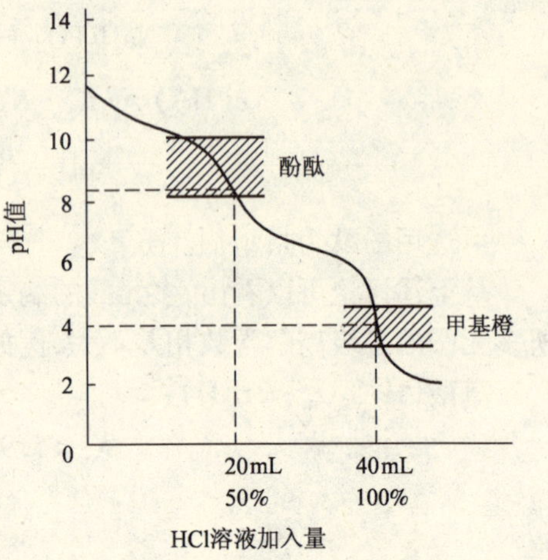

图 1－4－4　HCl 溶液滴定 Na_2CO_3 溶液的滴定曲线

从滴定曲线和反应关系可以看出，当用酚酞为指示剂滴定到第一理论终点时，用去 HCl 溶液体积为 V_1，溶液由粉红色变为无色。这时再往溶液中加甲基橙指示剂继续滴定到第二理论终点时，用去 HCl 溶液体积为 V_2，溶液由黄色变为橙色，两者所消耗 HCl 溶液的体积恰好为：$V_1 = V_2$。

第四节　酸碱滴定中 CO_2 的影响

水中溶解有 CO_2，标准碱溶液和配制标准碱溶液的试剂也吸收空气中的 CO_2，滴定过程中溶液不断地吸收空气中的 CO_2，溶液中的 CO_2 有可能被碱滴定，特别是滴定至终点溶液 pH 值大于 5 时，CO_2 的影响不可忽略。

排除 CO_2 影响的方法可根据实际情况而定，例如用 $c(NaOH) = 0.5mol/L$ 的 NaOH 溶液滴定浓度约为 0.5mol/L 的 HCl 溶液，当用甲基橙作指示剂时（滴定至终点时，溶液的 $pH \approx 4$）时，CO_2 基本上不被滴定。但当用酚酞作指示剂（滴定至终点时，溶液的 $pH \approx 8$）时，溶液中的 CO_2 将变为 HCO_3^-。显然，这时 CO_2 对滴定是有影响的。但当酸碱溶液的浓度很低时，即使采用甲基橙，CO_2 的影响也是很大的，在这种情况下，通常采用煮沸溶液的方法，除去溶液中的 CO_2，并配制不含 CO_3^{2-} 的标准碱溶液。

对于弱酸的滴定，由于等当点的 pH 值在碱性范围内，故 CO_2 的影响是很大的，在这种情况下采用同一指示剂在同一条件下进行标定和测定，则 CO_2 的影响可以部分抵消。

第五章　络合滴定法

第一节　概　述

一、络合物的基本概念

在 Cu^{2+} 的浅蓝色溶液中加入过量的氨水，出现深蓝色的絮状沉淀，这是由于溶液中形成了组成复杂、具有一定稳定性的络合物。

由两种元素或离子组成的化合物称为简单化合物，如 NH_3、CO_2、H_2O 等，由若干种简单化合物可组成较复杂化合物，例如 NH_3 和 H_2O 组成 NH_4OH；$CuSO_4$ 和 NH_3 组成 $Cu(NH_3)_4SO_4$ 等。

但是很复杂的化合物不一定都是络合物，例如 $(NH_4)_2SO_4 \cdot FeSO_4 \cdot 6H_2O$ 是一种很复杂的分子化合物，但它在水溶液中离解成简单离子 NH_4^+、Fe^{2+} 和 SO_4^{2-}，这种盐称为复盐而不算络合物。另一种分子化合物，如 $Cu(NH_3)_4SO_4$ 在水溶液中离解得到比较稳定的复杂离子 $[Cu(NH_3)_4]^{2+}$；$K_4[Fe(CN)_6]$ 离解得到稳定的复杂离子 $[Fe(CN)_6]^{4-}$。这些复杂离子称为络合离子，络合离子形成的盐称为络合物。

化合物的组成是否复杂，能否离解得到络合离子，并不是络合物的主要特点。从实质上来看，络合物的主要特点是存在着与简单化合物不同的化学键——配位键。故凡含有配位键，有一定的稳定性，以及具有在水溶液中不易离解的复杂离子（或分子）的化合物均称为络合物。而习惯上常将络合离子和络合物都叫做络合物，并未严格区别。

二、络合滴定的类型及条件

按络合剂分类，络合滴定法中常用的有银氨络合离子法、汞量法及氨羧络合剂法。

（1）银氨络合离子法：采用硝酸银滴定液在中性或弱碱性条件下滴定氰化物，滴定液滴入时开始生成白色的氰化银沉淀，经振摇后又立即溶于过量的氰化物中生成络合离子，当氰化物全部变成络合离子后，再加入极微量的 Ag^+ 则生成氰化银沉淀不再溶解，而使溶液混浊，即为终点。

（2）汞量法：根据二价汞离子与某些阴离子（Cl^-、Br^-、I^-）的作用来测定其含量的方法。可用亚硝酰铁氰化钠溶液作指示剂，这是因为过量的汞离子能与亚硝酰铁氰化钠生成白色沉淀。

（3）氨羧络合剂滴定法：目前最常用的络合滴定法。

在络合滴定过程中被测物与滴定液之间发生络合反应。常用的滴定液有氨羧络合剂和硝酸汞，分别对应氨羧法和汞量法。氨羧络合剂是指一类分子内既含有氨基又含有羧基的化合物。目前用得最多的是乙二胺四乙酸的二钠盐（EDTA），故本法又称 EDTA 滴定法，本章将重点讨论这一方法。

络合滴定应满足下述条件：

(1)络合反应必须是完全、定量地进行,使之有定量计算的基础。

(2)络合反应必须反应迅速。

(3)要有适当方法检出滴定终点。

(4)形成的络合物必须很稳定,否则会因其分解而得不到明显的终点。

(5)络合反应的步数应尽可能少,以保证得到明显的终点。

(6)为避免因沉淀产生复合物,如共沉淀、吸附和其他现象,滴定过程中不应产生沉淀(最好络合物是可溶的)。如在滴定中有多种络合物产生时,则相邻各络合物的稳定常数之比值要小。

三、滴定类型

(一)直接滴定法

用 EDTA 标准溶液直接滴定被测溶液的方法称为直接滴定法。在被测溶液中加入金属指示剂,金属指示剂与被测定金属离子形成深色络合物。在一定 pH 值下用 EDTA 滴定,终点时指示剂被释放出来,溶液颜色有明显的变化。除了观察溶液颜色变化外,也可用仪器指定终点。本法可用于测定钙、镁、锌、铁、铜等盐类。

本法不适用于下列情况:

(1)金属离子在滴定的 pH 值下产生沉淀。

(2)无适当指示剂或金属离子与指示剂形成的络合物较与 EDTA 形成的络合物更加稳定。

(3)金属离子与 EDTA 的络合反应速度太慢。

(4)金属离子与 EDTA 形成的络合物稳定常数很小,或完全不形成络合物。

(5)阴离子。

(二)回滴定法(返滴定法)

若被测的金属离子在滴定时的 pH 值下生成沉淀,或无适当的金属指示剂,或与 EDTA 的反应速度很慢,不能直接滴定的,可用本法滴定。

在被测定溶液中加入过量的 EDTA 调节络合条件,加入金属指示剂,过量的 EDTA 用金属离子滴定液滴定至指示剂改变颜色。指示剂从游离态颜色变成金属络合物的颜色(也可用仪器指示终点),同时做空白试验。常用回滴定法测定铅、铝、汞等盐类。

阴离子不能直接用 EDTA 滴定,但可用回滴定法间接测定其含量。先使被测阴离子与某一过量的金属离子作用生成沉淀或络合物后,剩余量的金属离子用 EDTA 回滴,即可测得阴离子的含量。例如硫酸盐的测定,先于被测样品溶液中加入定量过量的氯化钡滴定液,分离沉淀后,剩余的钡离子再用 EDTA 回滴,即可测定硫酸盐。

(三)置换滴定法

向含被测金属离子 M 的溶液中,加入与 M 等量或过量的另一金属离子 N 的 EDTA 络合物,M 将 N 定量地置换出来,再在一定 pH 值下滴定 N,用适当指示剂指定终点。

(四)间接滴定法

有时金属阳离子、阴离子和有机化合物可以用间接法来测定。比如用制成醋酸铀酰锌钠沉淀的方法,溶解该沉淀,测定其中的锌,间接算出钠的含量;用制备亚硝酸钴钠钾沉淀的方法,测定沉淀亚硝酸钴钠中的钴,间接算出钾的含量;测定磷酸盐可制成磷酸铵镁沉淀,用盐酸溶解沉淀后,加入过量的 EDTA 溶液,在碱性溶液中,用铬黑 T 作指示剂,用 $MgCl_2$ 滴定液回滴定,间接算出磷酸盐的含量。

第二节 EDTA 滴定法

一、EDTA 滴定的原理

(一)滴定曲线

络合滴定的滴定曲线与酸碱滴定曲线相似。酸碱滴定是以氢离子浓度的变化为特征的,而EDTA滴定金属离子则以金属离子浓度的变化为特征。图 1-5-1 为 EDTA 滴定液(0.01mol/L)滴定 20mL Ca^{2+} 溶液(0.01mol/L)的滴定曲线。纵坐标为 Ca^{2+} 浓度的负对数 pCa,横坐标表示加入 EDTA 溶液的体积。

络合滴定中,随着络合剂的不断加入,被滴定的金属离子浓度也就不断发生变化,变化的情况和酸碱滴定类似,在计量点前后也有一个离子浓度的突跃,因而在滴定过程中离子浓度的变化规律与酸碱滴定相同。根据酸碱的电子理论,酸碱中和是酸和碱形成配位键的反应。在络合反应中,络合剂供给电子对是碱,中心离子接受电子对是酸,因此络合反应属于酸碱反应的范畴。所以,有关中和滴定的一些讨论,在 EDTA 滴定中基本上也是适用的。

为了计算滴定过程中各点的金属离子(Ca^{2+})浓度,可以把整个滴定过程分为四个阶段,每个阶段取一点为例说明,以 20mL EDTA 溶液(0.01mol/L)滴定 20mL Ca^{2+} 溶液(0.01mol/L)为例。为了简化起见,设溶液的 pH 值为 12。

1. 滴定开始前

$$c(Ca^{2+}) = 0.01\text{mol/L}$$

$$pCa = -\lg c(Ca^{2+}) = -\lg 0.01 = 2.0$$

2. 滴定开始至计量点前

计量点前 0.1%,即已加入 19.98mL EDTA 溶液,则:

$$c(Ca^{2+}) = \frac{0.01 \times 0.02}{20 + 19.98} = 5 \times 10^{-6}\text{mol/L}$$

$$pCa = -\lg(5 \times 10^{-6}) = 5.3$$

3. 计量点时

$$Ca^{2+} + Y^{4-} \rightleftharpoons CaY^{2-}$$

$$\frac{c(CaY^{2-})}{c(Ca^{2+}) \cdot c(Y^{4-})} = K_{MY} = 10^{11}$$

在计量点,Ca^{2+} 与 EDTA 几乎全部络合完成,所以:

$$c(CaY^{2-}) = \frac{0.01 \times 20}{20 + 20} = 5 \times 10^{-3}\text{mol/L}$$

同时,在计量点时 $c(Ca^{2+}) = c(Y^{4-})$,代入上式:

$$\frac{0.005}{c^2(Ca^{2+})} = 10^{11}$$

$$c(Ca^{2+}) = 2.23 \times 10^{-7}\text{mol/L}$$

$$pCa = 6.6$$

4. 计量点后

计量点后 0.1%，即已加入 20.02mL EDTA 溶液，此时过量的 EDTA 浓度，即 Y^{4-} 的浓度为：

$$c(Y^{4-}) = \frac{0.01 \times 0.02}{20 + 20.02} = 5 \times 10^{-6} mol/L$$

由于这时溶液体积比计量点时只多 0.02mL，所以 CaY^{2-} 的浓度仍可近似地等于 5×10^{-3} mol/L。

$$\frac{5 \times 10^{-3}}{c(Ca^{2+}) \times 5 \times 10^{-6}} = 10^{11}$$

$$c(Ca^{2+}) = 10^{-8.0} mol/L$$

$$pCa = 8.0$$

计算所得数据如表 1－5－1 所示。

表 1－5－1　在 pH＝12 时，用 EDTA 溶液（0.01mol/L）滴定 20.00mL Ca^{2+} 溶液（0.01mol/L）过程中 pCa 值的变化

EDTA 溶液加入量/%	pCa	EDTA 溶液加入量/%	pCa
0	2.0	99.9	5.3
90.0	3.3	100.0	6.6
99.0	4.3	100.1	8.0

用类似上述方法，可计算出 pH＝10、pH＝9、pH＝7、pH＝6 时的各点 pCa 值并绘成曲线，见下图。

（二）酸度对络合滴定的影响

1. 络合滴定的最低 pH 值

从图 1－5－1 可见，用 EDTA 滴定某一金属离子（例如 Ca^{2+} 溶液），酸度越低，pH 值越大，滴定曲线的突跃范围亦越大。这是由于 EDTA 与金属离子络合物的表观稳定常数随溶液 pH 值增大而增大，而表观稳定常数的增大，可使溶液中游离的金属离子浓度在靠近计量点前后的变化更加剧烈，滴定曲线的突跃范围增大；当溶液的 pH 值减少时，由于表观稳定常数同时变小，故突跃范围也随之缩小。对 Ca^{2+} 来说，若溶液的 pH 值小于 6，则无突跃出现。

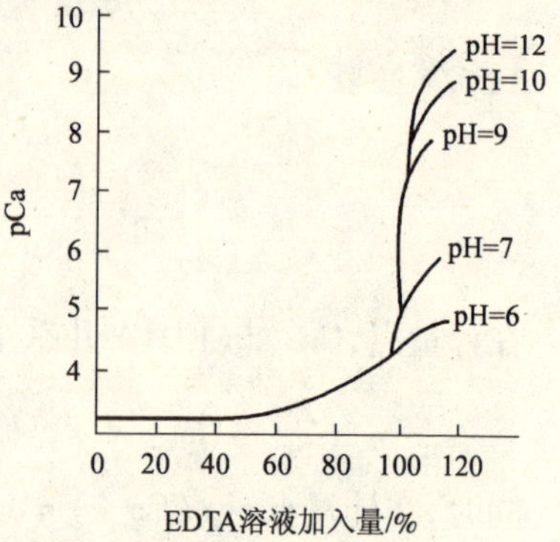

EDTA 溶液（0.01mol/L）滴定 Ca^{2+} 离子溶液（0.01mol/L）的滴定曲线

综上所述，酸度对 EDTA 络合物稳定性有影响，酸度增高，络合物的实际稳定性降低；反之，则稳定性增高。因此，某一酸度下能否进行络合滴定要用络合物的表观稳定常数衡量。一般说来，K'_{MY}，要在 10^8 以上才能准确地进行定量滴定。

对于稳定性差的络合物，酸度稍高就不能滴定；但对稳定性高的络合物，溶液的酸度高了仍可进行滴定。例如 Mg^{2+} 与 EDTA 形成的络合物在 pH 为 5～6 时，就已完全分解；而 Fe^{3+} 离子与 EDTA 形成的络合物，在 pH 值为 1 甚至酸度更高时，也是稳定的。因此 Fe^{3+} 离子可在酸性溶液中滴定，而 Mg^{2+} 只能在碱性溶液中滴定。故而滴定不同的金属离子有不同的最低 pH 值，低于这一 pH 值就不能滴定了。

任一金属离子的滴定最低 pH 值可以计算如下：

根据络合滴定时表观稳定常数的要求：$\lg K'_{MY}=8$，代入下式：

$$\lg K'_{MY}=\lg K_{MY}-\lg\alpha$$

式中：K_{MY}——金属离子与 EDTA 形成络合物的稳定常数；

K'_{MY}——络合滴定时，金属离子的表观稳定常数；

α——酸效应系数。

得 $$8=\lg K_{MY}-\lg\alpha;\ \lg K_{MY}-8=\lg\alpha$$

以滴定 Ca^{2+} 为例，计算其最低 pH 值。

例：试计算 EDTA 滴定 Ca^{2+} 最低 pH 值。

解：从表 1－5－2 查得 $\lg K_{CaY}=11.0$

$$\lg\alpha=11.0-8=3.0$$

从表 1－5－3 查得：pH＝7.5 时，$\lg\alpha=2.78$，所以最低 pH 值应为 7.5 左右。

表 1－5－2　EDTA 滴定各种常见金属离子络合物的 $\lg K_{MY}$

金属离子	$\lg K_{MY}$	金属离子	$\lg K_{MY}$	金属离子	$\lg K_{MY}$
Na^+	1.06	Mn^{2+}	13.8	Zn^{2+}	16.49
Li^+	2.79	Fe^{2+}	14.33	Pb^{2+}	18.30
Ag^+	7.32	Ce^{3+}	15.98	Ni^{2+}	18.62
Ba^{2+}	7.78	Al^{3+}	11.11	Cu^{2+}	18.70
Mg^{2+}	8.54	Co^{3+}	16.31	Hg^{2+}	21.80
Ca^{2+}	11.0	Cd^{2+}	16.40	Sn^{2+}	22.10
Bi^{2+}	22.80	Fe^{3+}	24.23	Co^{3+}	36.0
Cr^{3+}	23.0				

注　K_{MY} 是指金属离子与 EDTA 形成络合物的稳定常数。

表 1－5－3　在不同 pH 值下 EDTA 的 $\lg\alpha$ 值

pH 值	$\lg\alpha$	pH 值	$\lg\alpha$	pH 值	$\lg\alpha$
0.0	21.18	3.4	9.71	6.8	3.35
0.4	19.59	3.8	8.86	7.0	3.12
0.8	18.01	4.0	8.44	7.5	2.78
1.0	17.13	4.4	7.64	8.0	2.26
1.4	15.68	4.8	6.84	8.5	1.77

续表

pH 值	lgα	pH 值	lgα	pH 值	lgα
1.8	14.21	5.0	6.45	9.0	1.28
2.0	13.52	5.4	5.69	9.5	0.83
2.4	12.24	5.8	4.98	10.0	0.45
2.8	11.13	6.0	4.65	11.0	0.07
3.0	10.60	6.4	4.06	12.0	0.01

注　α 是酸效应系数，即指在一定酸度下，EDTA 的总浓度 c_{EDTA} 与离子浓度[Y^{4-}]之比。

2. 滴定溶液酸度的控制

在络合滴定中，不仅在滴定前要调节溶液酸度，在整个滴定过程中都应控制在一定酸度范围内进行，由于实际工作中常用 Na_2H_2Y 作滴定剂，在滴定过程中，同时析出两个 H^+ 离子。

$$M^{n+} + H_2Y^{2-} \rightleftharpoons MY^{n-4} + 2H^+$$

反应中析出 H^+ 离子，使溶液的 pH 值有很大的改变，因此在络合滴定时需加入一定量的缓冲溶液控制溶液的酸度。

在 $pH<2$ 或 $pH>12$ 的溶液滴定时，可直接用强酸或强碱控制溶液的酸度。在弱酸性溶液中滴定时，应用 HAc—NaAc 缓冲溶液（控制溶液 pH 值为 3.4～5.5），六次甲基四胺 $(CH_2)_6N_4$—HCl（控制溶液的 pH 值为 5～6）；在弱碱性溶液中滴定时，常用 NH_3—NH_4Cl 缓冲液（控制溶液的 pH 值为 8～11）。

应用上述方法可以计算出滴定各种金属离子时的最低 pH 值。常见金属离子 EDTA 络合滴定时所需最低 pH 值及其滴定的 pH 值范围如表 1－5－4 所示。

表 1－5－4　常见金属离子 EDTA 络合滴定时所需最低 pH 值及其滴定的 pH 值范围

金属离子	$\lg K_{MY}$	能进行络合滴定的 pH 值范围	金属离子	$\lg K_{MY}$	能进行络合滴定的 pH 值范围
Ba^{2+}	7.78	$pH \geq 10$	Zn^{2+}	16.40	pH 值为 4～12
Mg^{2+}	8.64	pH＝10 左右	Pb^{2+}	18.30	$pH>4.0$
Ca^{2+}	11.0	$pH \geq 8$	Ni^{2+}	18.62	$pH \geq 4.0$
Mn^{2+}	13.8	$pH>6$	Cu^{2+}	18.70	pH＝2.5～10
Fe^{2+}	14.33	$pH \geq 5.5$	Hg^{2+}	21.80	$pH>2.5$
Al^{3+}	16.11	pH 值为 5～6	Sn^{2+}	22.10	$pH \geq 2.5$
Co^{2+}	16.31	$pH \geq 5.0$	Bi^{3+}	22.8	pH＝1 左右
Cd^{2+}	16.40	$pH \geq 5.0$	Fe^{3+}	24.23	pH＝2 左右

（三）水解及其他副反应的影响

比如酸度对金属离子有影响，假若酸度太低，金属离子就会水解生成氢氧化物沉淀，使金属离子浓度降低，即降低了络合能力。例如滴定 Mg^{2+} 离子时就应在 pH < 12 的溶液中进行，否则会产生 $Mg(OH)_2$ 沉淀，影响滴定；又如滴定 Zn^{2+} 时要控制 pH 值为 4 ~ 10，在 pH > 11 时，由于生成 ZnO_2^{2-} 的反应渐占优势，不适宜滴定。

此外，在碱性溶液中，EDTA 与金属离子部分形成 $M(OH)_2Y$ 型的碱式络合物，在酸性溶液中 EDTA 与金属离子会部分形成 MHY 型的酸式络合物，但这些副反应形成的络合物并不影响准确性，因为在这些络合物中 EDTA 与金属离子的组成比例仍是 1∶1。

（四）其他络合剂对络合滴定的影响

在络合滴定中，为了避免存在的干扰金属离子，常加入掩蔽剂。如用三乙醇胺掩蔽 Fe^{3+} 和 Al^{3+} 等，为了保持溶液一定的 pH 值，需加入缓冲溶液 $NH_3—NH_4Cl$。这些掩蔽剂（三乙醇胺）及缓冲液（如 $NH_3—NH_4Cl$ 中的 NH_3）是具有络合能力的试剂，影响金属离子的浓度，因而降低金属—EDTA 络合物的稳定性，从而影响待测离子的滴定。

二、指示终点的方法

（一）原理

在 EDTA 滴定中，常用金属指示剂来指示终点。金属指示剂是一种有机染料，大多是络合剂。它能与金属离子络合生成有色络合物，而此络合物与指示剂本身的颜色不同，计量点时发生络合物的转化，从而引起溶液颜色变化，指示终点的到达。由于指示的是金属离子浓度，故称为金属指示剂。它们还具有酸碱指示剂的性质，即在不同 pH 值范围内呈现不同的颜色。

（二）金属指示剂应具备的条件

（1）指示剂与金属离子形成的络合物应与指示剂本身的颜色有明显的差别。金属指示剂在达到计量点时发生下列转换反应：

$$Y^{4-} + MIn \rightleftharpoons MY^{2-} + In^{2-}$$

若两者无明显颜色差别，则在滴定终点时不能看出变化。

（2）指示剂颜色反应必须灵敏，终点时颜色变化显著。

（3）指示剂颜色应该有专属性，即指示剂只和待测的金属离子形成有颜色的络合物，以便尽可能消除其他共存离子的干扰。

（4）金属离子与指示剂形成的有色化合物必须具有相当的稳定性，一般要求 $K_{MIn} > 10^4$。这样在接近滴定终点时，即使溶液中金属离子浓度极低，指示剂也能与极低浓度的金属离子结合，显出金属离子—指示剂（MIn）的颜色，而稍过计量点立即发生置换反应，使溶液显出指示剂本身的颜色。如果金属离子与指示剂形成的络合物不够稳定，即金属离子与指示剂之间结合能力较弱，则需要较多的金属离子才能与指示剂络合呈明显的颜色，则在接近计量点时就有较多的离解，使终点过早到达，颜色变化亦不敏锐，使分析结果有很大的误差。

（5）金属离子与指示剂生成的络合物（MIn）的稳定性应该小于该金属离子与 EDTA 所形成络合物（MY）的稳定性。两者的稳定常数必须至少相差 100 倍以上，即 $\frac{K_{MY}}{K_{MIn}} > 100$。若 MIn 稳定性大于 MY 稳定性，则在稍过计量点时也不能发生置换反应使溶液变色，必须有过量的 EDTA 时才能发生置换，这样就造成了终点过于拖后于计量点的现象，使分析结果不准确。

（三）金属指示剂的变色范围

每种金属指示剂的变色都有一个特定金属离子浓度负对数的范围，指示剂在此范围以上显一种颜色，以下显另一种颜色，构成指示剂的变色范围。金属指示剂变色范围由来与估算，与酸碱指示剂完全相似。金属离子与指示剂的络合平衡为（M 代表金属离子，In 为指示剂阴离子，由于两者价数各有不同，故略去电荷）：

$$M + In \rightleftharpoons MIn$$

其稳定常数为：

$$K_{MIn} = \frac{c(MIn)}{c(M)c(In)}$$

当$\frac{c(MIn)}{c(In)} = 10$时，溶液显金属与指示剂形成配合物颜色，由上式得：

$$K_{MIn} = \frac{10}{c(M)} \quad 即 \quad pM = \lg K_{MIn} - 1$$

当$\frac{c(MIn)}{c(In)} = \frac{1}{10}$时显指示剂本身颜色，这时：

$$K_{MIn} = \frac{10}{c(M)} \quad 即 \quad pM = \lg K_{MIn} + 1$$

故金属指示剂的变色范围约为：

$$pM = \lg K_{MIn} \pm 1$$

必须注意，金属—指示剂络合物的稳定常数会随着酸度的增大而减小（类似金属—EDTA 络合物）。特定 pH 值下的稳定常数为表观稳定常数，若干金属—指示剂络合物表观稳定常数的对数值见表 1－5－5。

表 1－5－5　金属—指示剂络合物表观稳定常数的对数值

表观稳定常数的对数 \ pH 值		7	8	9	10	11	12
铬黑 T	Ca	0.85	1.85	2.85	3.84	4.74	5.27
	Mg	2.45	3.45	4.45	5.44	6.34	6.87
	Zn	8.40	9.4	10.4	11.4	12.3	—
紫脲酸铵	Ca	2.6	2.8	3.4	4.0	4.6	5.0
	Cu	8.2	10.2	12.2	13.6	15.8	17.9
	Ni	5.2	6.2	7.8	9.3	10.3	11.3

（四）pH 值对金属指示剂终点的影响

大多数金属指示剂是有机酸，它在水溶液中存在着电离平衡，溶液的 pH 值对它的离解度影响很大。如铬黑 T 只能在 pH 值 8～12 之间作指示剂，这时游离指示剂的蓝色与它和金属离子的络合物的红色才有明显的差别。在 pH＞12 或 pH＜8 时，络合物与游离指示剂的颜色很相似,不能用作指示剂。

各种不同的指示剂在不同的 pH 值时呈现不同的颜色,我们可以根据滴定溶液的 pH 值来选择指示剂,也可根据指示剂的颜色选定滴定溶液的 pH 值。

(五)干扰离子的影响——封闭现象与掩蔽作用

如果指示剂金属络合物的稳定性大于 EDTA 金属络合物的稳定性,计量点时指示剂就不会变色,因此不能选用这种指示剂。例如,铬黑 T 与 Fe^{3+} 等金属离子生成的络合剂非常稳定,当溶液中只有极少量这些金属离子时,加入 EDTA 后指示剂仍不能游离出来,因此用 EDTA 滴定这些离子时不能用铬黑 T 作指示剂,即使用 EDTA 滴定其他离子,如滴定 Mg^{2+} 时,只要溶液中有少量 Fe^{3+} 等金属离子作为杂质存在,到计量点时指示剂亦不能变色,或者发生终点颜色变化不敏锐以及终点拖长的现象,这种情况叫做指示剂被 Fe^{3+} 等金属离子封闭了。遇到这种情况,可以用加入掩蔽剂的办法消除干扰,例如向溶液中加入抗坏血酸作为掩蔽剂,将 Fe^{3+} 还原为 Fe^{2+},加铬黑 T,再用 EDTA 滴定 Mg^{2+} 时终点颜色变化就敏锐了。

(六)其他终点检出方法

除目视法外,还有其他检出终点的方法,如利用金属离子氧化还原电动势的变化采用电位滴定法。在络合反应中,加入或不加入指示剂,若有显色,有时可采用比色法,还有的采用极谱法、电导滴定法等。

三、常用指示剂

(一)铬黑 T

常用于测定 Mg^{2+}、Zn^{2+}、Pb^{2+}、Mn^{2+}、Cd^{2+}、Hg^{2+} 等化合物及离子。最适宜的酸度为 pH 值 9.0~10.5,故常用 NH_3—NH_4Cl 缓冲溶液(控制 pH 值约为 10)调节 pH 值。

在测定二价金属离子时,在计量点前为红色,终点时为蓝色。

铬黑 T 对 Al^{3+}、Fe^{3+}、Co^{2+}、Ni^{2+}、Cu^{2+}、Ti^{2+} 等离子有封闭作用,故滴定这些离子时不能用其作指示剂。铬黑 T 固体相当稳定,但其水溶液仅能保存几天,故宜随用随配。保存时将铬黑 T 放置在冰箱中可保存较长时间,但最好将其加入三乙醇胺中保存。例如取铬黑 T 0.2g 溶于 15mL 三乙醇胺中,搅拌溶解后,加入无水乙醇 5mL 而得到的溶液可用数月而不变质。

(二)二甲酚橙

二甲酚橙在 pH 值 1~3 的溶液中用作滴定 Bi^{2+} 的指示剂,在 pH 值 5~6 的溶液中用作滴定 Zn^{2+}、Pb^{2+}、Hg^{2+}、Ca^{2+} 及稀土元素的指示剂,终点由红色变为黄色,变色敏锐。

测定 Al^{3+}、Cu^{2+}、Co^{2+}、Cr^{3+}、Fe^{3+}、Ni^{2+}、Sn^{2+} 等化合物及离子时,采用回滴法,以 Zn^{2+} 或 Pb^{2+} 滴定液回滴过量的 EDTA,终点由黄色变为红色。

一般将二甲酚橙配成 0.2% 水溶液使用,可稳定几个星期,放在冰箱中可延长使用期。

第六章　氧化还原滴定法

第一节　氧化还原反应的基本概念

一、氧化还原反应的实质

氧化还原是指在反应过程中物质之间有电子得失或电子对发生偏移的反应。在氧化还原反应中，物质失去电子或化学价升高的过程叫氧化，物质夺得电子或化合价降低的过程叫做还原。失去电子的物质叫还原剂，它本身被氧化。夺得电子的物质叫氧化剂，它本身被还原。

但是在氧化还原反应中，并不是所有的反应都有电子的得失。有机化学反应中经常应用电子对偏移的情况来说明有机物质的氧化还原反应。

二、氧化数

有些氧化还原反应不能用电子得失的概念解释，化学上为了说明这些氧化还原反应的情况，引入了氧化数的概念。

氧化数是指化合物分子或离子中各原子的表观化合价或表观电荷数。氧化数的大小和原子间的价键密切相关。确定氧化数的规则如下：

(1)在任何一个分子中，当价键两端的原子是同种元素时，由于它们的电负性相同，化学键没有极性。如 H—H、O—O、C—C 等都是非极性键，原子的氧化数等于零。

(2)当价键两端原子的电负性不同时，就会形成极性键。极性的方向取决于价键两端原子的电负性。如 H—O，因为氧的电负性大于氢的电负性，共用电子对就偏向氧原子一边，结果氢原子端带正电，氧原子端带负电。分子中一个原子的极性代数和就是该原子的极性数，即氧化数。

如在水分子中，氧原子的氧化数为 -2，氢原子的氧化数为 +1。

氧原子在其化合物中一般氧化数为 -2（过氧化物如 H_2O_2、Na_2O_2 除外），氢原子在其化合物中一般氧化数为 +1（金属氢化物如 NaH、CaH_2 等除外）。

(3)在离子型化合物中，离子是以离子键形式与其电荷相反的离子结合，元素的氧化数等于相应的电荷数。如在 $ZnCl_2$ 中 Zn^{2+} 的氧化数为 +2，Cl^- 的氧化数为 -1。

(4)一个中性分子中，各原子的氧化数之和等于零。

(5)一个络离子中，各原子的氧化数之和等于该络离子的电荷数。

总而言之，根据氧化数的概念，氧化数增加的过程叫氧化，氧化数减少的过程叫还原。相应的，氧化数增加的原子叫还原剂，它本身被氧化；氧化数减少的原子叫做氧化剂，它本身被还原。

三、氧化还原电对和氧化还原半反应

$$\underset{\text{还原态}}{Zn} + \underset{\text{氧化态}}{Cu^{2+}} \longrightarrow \underset{\text{氧化态}}{Zn^{2+}} + \underset{\text{还原态}}{Cu}$$

这个反应实际上是由下列两个产半反应构成的。

$$Zn \longrightarrow Zn^{2+} + 2e$$

$$Cu^{2+} + 2e \longrightarrow Cu$$

在这里，Zn^{2+} 和 Zn、Cu^{2+} 和 Cu 各组成一个氧化还原电对，可分别用 Zn^{2+}/Zn、Cu^{2+}/Cu 表示。任何一种物质的氧化态和还原态都可以组成氧化还原电对，而每个电对构成相应的氧化还原半反应，其通式为：

$$\text{氧化态} + ne \longrightarrow \text{还原态}$$

式中 n 表示半反应中电子转移的个数。

在进行氧化还原反应时，常常伴随着酸碱反应、络合反应或沉淀反应等，这时就应考虑这些反应对氧化还原反应的影响。

如果氧化还原反应是在酸性溶液中进行的，就应考虑是否有 H^+ 离子参加反应；如果反应是在中性或碱性溶液中进行的，就应考虑是否有 H_2O 或 OH^- 参加反应。这种影响在氧化还原半反应式中表示出来。

例如：

$$MnO_4^- + 8H^+ + 5e \longrightarrow Mn^{2+} + 4H_2O$$

$$MnO_4^- + 2H_2O + 3e \longrightarrow MnO_2 + 4OH^-$$

如果氧化还原反应中伴随有络合反应或沉淀反应，则其影响也应在氧化还原半反应式中表示出来。

例如：

$$Cu^{2+} + 2CN^- + e \longrightarrow [Cu(CN)_2]^-$$

$$Cu^{2+} + I^- + e \longrightarrow CuI\downarrow$$

只要知道了有关物质的氧化还原半反应，就不难写出相应的氧化还原反应方程式。

四、标准电极电势

氧化还原电对组成半电池，半电池的电极电位常简称电对的电极电势。标准电极电势是指在一定的温度下（通常为25℃），半电池反应中的各物质都处于标准状态，即离子和分子的浓度（或活度）等于1mol/L，气体的分压等于1atm[1]时的电极电势。一些常见电对的标准电极电势见下表。

从下表可以看出，不同的氧化还原半反应，标准电势的数值不同，即 E 的数值大小与氧化还原电对的性质有关。E 的数值越小，物质还原态的还原能力越强，对应的氧化态的氧化能力就越弱；E 的数值越大，物质氧化态的氧化能力越强，对应的还原态的能力就越弱。

---

[1] $1atm = 1.01 \times 10^5 Pa$

一些电对的标准电极电势(25℃)

氧化态 (由上到下,夺得电子能力依次增强)	电子数	还原态 (由下到上,失去电子能力依次增强)	标准电极电势 $E^\ominus$(V)
Na^+	e	Na	-2.71
Zn^{2+}	2e	Zn	-0.76
Fe^{2+}	2e	Fe	-0.44
Sn^{2+}	2e	Sn	-0.14
H^+	e	$\frac{1}{2}H_2$	0
Cu^{2+}	2e	Cu	+0.34
O_2	$2H^+ + 2e$	$2H_2O$	+0.68
Fe^{3+}	e	Fe^{2+}	+0.77
Cl_2	2e	$2Cl^-$	+1.34
MnO_4^-	$8H^+ + 5e$	$Mn^{2+} + 4H_2O$	+1.51
Co^{4+}	e	Co^{3+}	+1.61
H_2O_2	$2H^+ + 2e$	$2H_2O$	+1.78
Ag^+	e	Ag	+1.93
$S_2O_8^{2-}$	2e	$2SO_4^{2-}$	+2.0

注 电子数中含有 H^+ 时,表示反应在酸性溶液中进行。

在氧化还原反应中,了解有关的氧化还原半反应的标准电势,不仅能判断氧化剂和还原剂的强弱,而且一般可以预料氧化还原反应进行的方向。另外根据有关电对的半反应式,还可以确定氧化剂和还原剂的用量。

五、电极电势公式——能斯特方程式

电极电势 E 可用下面的公式表示:

$$E = E^\ominus + \frac{RT}{nF}\ln\frac{c(\text{氧化态})}{c(\text{还原态})}$$

式中:E ——条件电极电势,在非标准状态及溶液中存在其他物质情况下的电极电势;

$E^\ominus$——标准电极电势;

R ——气体常数,等于 8.314J/(mol · K);

T ——绝对温度,等于(273 + t)K;

F ——法拉第常数,等于 96500C;

n ——反应中电子转移数。

将各常数代入上式,把自然对数换算为以 10 为底的对数。在 25℃时,则得:

$$E = E^{\ominus} + \frac{0.059}{n}\lg\frac{c(\text{氧化态})}{c(\text{还原态})}$$

影响电势的因素是：氧化还原电对（即氧化还原半反应）的性质，它决定了 $E^{\ominus}$ 的大小；氧化态和还原态的浓度，即有关离子（包括 H^+）浓度的大小、比值及温度。

利用电势公式可计算各种不同情况下氧化还原半反应的电势。

六、氧化还原当量

在氧化还原反应中，1 个分子、原子或离子的物质，在反应中转移一个电子或者氧化数改变一个单位所相当的量，就是该物质的当量。物质的当量与式量的关系是：

$$E = \frac{M}{n}$$

式中：E——氧化剂或还原剂的当量；

M——氧化剂或还原剂的式量（相对分子质量、相对原子质量或相对离子质量）；

n——一个分子、原子或离子的氧化剂或还原剂在反应中转移的电子数或氧化数的改变值。

$$\text{氧化剂当量} = \frac{\text{氧化剂式量}}{\text{得到电子数或氧化数减少值}}$$

$$\text{还原剂当量} = \frac{\text{还原剂式量}}{\text{失去电子数或氧化数增加值}}$$

知道了氧化剂和还原剂的当量，很容易求得 1 克当量物质的重量。

第二节　氧化还原反应的方向和次序

一、氧化还原反应的方向

根据氧化还原反应中两个电对标准电极电势的大小，可以大致判断氧化还原反应的方向。

如：

$$2Fe^{3+} + Sn^{2+} \rightleftharpoons 2Fe^{2+} + Sn^{4+}$$

电对的标准电极电势分别为：

$$E^{\ominus}(Fe^{3+}/Fe^{2+}) = +0.77V;\ E^{\ominus}(Sn^{4+}/Sn^{2+}) = +0.15V$$

$$E^{\ominus}(Fe^{3+}/Fe^{2+}) > E^{\ominus}(Sn^{4+}/Sn^{2+})$$

电极电势较大的电对，其氧化态夺得电子的倾向较大，是较强的氧化剂，在反应中将夺得电子而变成还原态。电极电势较小的电对，其还原态失去电子的倾向较大，是较强的还原剂，在反应中失去电子而变成氧化态。

$$Fe^{3+} + e \longrightarrow Fe^{2+}$$

$$Sn^{2+} \longrightarrow Sn^{4+} + 2e$$

所以：

$$2Fe^{3+} + Sn^{2+} \longrightarrow 2Fe^{2+} + Sn^{4+}\text{（反应向右进行）}$$

由此可见，氧化还原反应是由较强的氧化剂和较强的还原剂相互作用转化为较弱的还原剂和较弱的氧化剂的过程。

比较两个电对的标准电极电势大小判断氧化还原反应进行的方向时，若外界条件（如参与反应物质的浓度、溶液的酸度和温度等）发生变化，也可使电极电势发生变化，从而改变氧化还原反应进行的方向。例如，用碘量法测定铜时，发生如下反应：

$$2Cu^{2+} + 2I^- \longrightarrow 2Cu^+ + I_2$$

其标准电极电势分别为：

$$E^\ominus(Cu^{2+}/Cu^+) = +0.158V; E^\ominus(I_2/2I^-) = +0.535V$$

$E^\ominus(Cu^{2+}/Cu^+) < E^\ominus(I_2/I^-)$ 反应不能向右进行。

但由于加入的 I^- 与 Cu^+ 生成了 CuI 沉淀，因此实际反应为：

$$2Cu^{2+} + 4I^- \longrightarrow 2CuI\downarrow + I_2$$

这时：　$E^\ominus(Cu^{2+}/CuI) = +0.86V, E^\ominus(Cu^{2+}/CuI) > E^\ominus(I_2/2I^-)$

反应向右进行。这就是由于生成了沉淀，改变了还原态（Cu^+）的浓度，使电极电势发生了变化，从而改变了氧化还原反应进行的方向。

二、氧化还原反应的次序

在分析工作中经常会遇到溶液中同时含有几种还原剂或几种氧化剂的情况。例如用重铬酸钾标准溶液滴定 Fe^{3+} 时，通常都先用氯化亚锡将 Fe^{3+} 还原为 Fe^{2+}，而且 Sn^{2+} 总要稍过量一些，这时溶液中存在 Sn^{2+} 和 Fe^{2+} 两种还原剂，用重铬酸钾溶液滴定时，从下列标准电极电势：$E^\ominus(Cr_2O_7^{2-}/2Cr^{3+}) = +1.33V; E^\ominus(Fe^{3+}/Fe^{2+}) = +0.77V; E^\ominus(Sn^{4+}/Sn^{2+}) = +0.15V$ 可见，$Cr_2O_7^{2-}$ 是其中最强的氧化剂，Sn^{2+} 是最强的还原剂，滴加的 $Cr_2O_7^{2-}$ 首先氧化 Sn^{2+}，只有 Sn^{2+} 完全氧化后，才能氧化 Fe^{2+}，因此用重铬酸钾滴定 Fe^{2+} 前应先除去过量的 Sn^{2+}。

上例告诉我们，溶液中含有几种还原剂时，若加入氧化剂则首先与最强的还原剂作用。同样溶液中含有几种氧化剂时，若加入还原剂，则首先与最强的氧化剂作用。即在适合条件下，所有可能发生的氧化还原反应中，电极电势相差最大的电对间首先进行反应。

第三节　常用的氧化还原滴定法

一、高锰酸钾法

（一）概述

高锰酸钾滴定法是利用高锰酸钾标准溶液进行滴定的氧化还原滴定法。高锰酸钾是强氧化剂，在酸性介质中，MnO_4^- 被还原成 Mn^{2+}；在弱酸性、中性或碱性溶液中，MnO_4^- 被还原成 MnO_2（实际上是 MnO_2 的水合物）。由于 MnO_2 为棕色，影响终点的观察，所以 $KMnO_4$ 滴定法多在强酸性溶液中进行。

根据分析对象不同，有以下几种滴定方法：

（1）直接滴定法。$KMnO_4$ 的氧化电势较高，所以可以直接滴定很多还原剂，如 Fe^{2+}、As^{2+}、Sb^{2+}、H_2O_2、NO_2^-、$C_2O_4^{2-}$ 等以及一些还原性有机化合物。

(2)返滴定法。有些氧化剂不能用 $KMnO_4$ 溶液直接滴定,可用返滴定法进行滴定。如测 MnO_2 含量,可加过量的草酸钠标准溶液,反应完全后再用 $KMnO_4$ 标准溶液滴定剩余的草酸钠,然后计算。

(3)间接滴定法。某些非氧化剂和非还原剂的物质不能用 $KMnO_4$ 直接滴定和返滴定,可采用间接法滴定。这些物质能和还原剂反应,然后再用 $KMnO_4$ 滴定还原剂。比如 Ca^{2+} 能与 $C_2O_4^{2-}$ 定量反应生成沉淀,过滤后再用 H_2SO_4 溶液置换出 $C_2O_4^{2-}$,再用 $KMnO_4$ 滴定 $C_2O_4^{2-}$,间接计算出 Ca^{2+} 的含量。

(二)应用实例

1. 亚硝酸钠纯度测定　亚硝酸钠的分子式为 $NaNO_2$,相对分子质量为 69.00。它是利用硝酸生产过程中残余的氮氧化物与纯碱反应制得的,反应式为:

$$2NO_2 + Na_2CO_3 \longrightarrow NaNO_2 + NaNO_3 + CO_2$$
$$NO + NO_2 + Na_2CO_3 \longrightarrow 2NaNO_2 + CO_2$$

$NaNO_2$ 中主要杂质是 $NaNO_3$,经提纯得到纯度为 99% 以上、略带淡黄色的白色结晶。$NaNO_2$ 纯度的测定一般均采用高锰酸钾法。

(1)测定原理。在酸性介质中用高锰酸钾标准溶液将 $NaNO_2$ 氧化成 $NaNO_3$,过量的 $KMnO_4$ 用一定浓度的 NaC_2O_4 标准溶液还原,根据 $KMnO_4$ 和 $Na_2C_2O_4$ 的用量计算亚硝酸钠的含量。其反应式为:

$$5NaNO_2 + 2KMnO_4 + 3H_2SO_4 \longrightarrow 5NaNO_3 + K_2SO_4 + 2MnSO_4 + 3H_2O$$
$$5Na_2C_2O_4 + 2KMnO_4 + 8H_2SO_4 \longrightarrow 5Na_2SO_4 + K_2SO_4 + 2MnSO_4 + 10CO_2\uparrow + 8H_2O$$

(2)试剂和仪器。

①试剂。

硫酸:$c(H_2SO_4) = 3mol/L$。

高锰酸钾:$c\left(\frac{1}{5}KMnO_4\right) = 0.1mol/L$ 标准溶液。

草酸钠:$c\left(\frac{1}{2}Na_2C_2O_4\right) = 0.1mol/L$ 标准溶液。

②仪器。

烧杯:250mL;容量瓶:500mL;锥形瓶:250mL;滴定管:50mL;移液管:25mL。

(3)测定步骤。称取 2.5～2.7g 试样(精确至 0.0002g),置于 250mL 烧杯中,加水溶解,全部移入 500mL 容量瓶中,用蒸馏水稀释至刻度,摇匀。此为试样溶液。在 250mL 锥形瓶中,用滴定管滴加约 40mL 高锰酸钾标准溶液。用移液管加入 25mL 试样溶液,加入 10mL 硫酸溶液,加热至 70～80℃,继续用高锰酸钾标准溶液滴定至溶液呈浅粉红色并保持 30s 不消失为终点。然后用 $c(\frac{1}{2}Na_2C_2O_4) = 0.1mol/L$ 的草酸钠标准溶液返滴溶液中过量的高锰酸钾。

(4)计算。根据化学反应方程式可知:

$$n\left(\frac{1}{5}KMnO_4\right) - n\left(\frac{1}{2}Na_2C_2O_4\right) = n\left(\frac{1}{2}NaNO_2\right)$$

$$c\left(\frac{1}{5}KMnO_4\right)\times V_1-c\left(\frac{1}{2}Na_2C_2O_4\right)\times V_2=\frac{m(NaNO_2)}{M\left(\frac{1}{2}NaNO_2\right)}c_1V_1-c_2V_2=\frac{m(NaNO_2)}{34.50}$$

$$NaNO_2\text{ 含量}=\frac{m(NaNO_2)}{m}\times 100\%$$

$$NaNO_2\text{ 含量}=\frac{(c_1V_1-c_2V_2)\times 34.50}{m\times\frac{25}{500}}\times 100\%$$

换算为干样中含量：

$$NaNO_2\text{ 含量}=\frac{(c_1V_1-c_2V_2)\times 34.50}{m\times\frac{25}{500}\times\frac{100-x}{100}}\times 100\%$$

式中：c_1——高锰酸钾$\left(\frac{1}{5}KMnO_4\right)$标准溶液的浓度，mol/L；

V_1——加入和滴定用去高锰酸钾标准溶液的体积，L；

c_2——草酸钠$\left(\frac{1}{2}Na_2C_2O_4\right)$标准溶液的浓度，mol/L；

V_2——加入草酸钠$\left(\frac{1}{2}Na_2C_2O_4\right)$标准溶液的体积，L；

x——分析 $NaNO_2$ 中水分的含量，%；

m——试样的质量，g；

$M(\frac{1}{2}NaNO_2)$——1mol 亚硝酸钠$\left(\frac{1}{2}NaNO_2\right)$的质量，$M(\frac{1}{2}NaNO_2)=34.50$，g/mol。

(5)注意事项。

①加入的硫酸中必须无还原性物质，否则还原性物质将与高锰酸钾作用，使结果偏高。检验的方法为：在一个锥形瓶中取一定量的硫酸，滴加一滴高锰酸钾标准溶液观察紫红色是否消失，如不消失则此溶液符合要求。

②加入的硫酸起酸化的目的，使滴定反应在强酸性介质中进行。

③加热40℃使亚硝酸钠与高锰酸钾反应完全。但要严格控制温度不能超过40℃，否则过量的高锰酸钾分解，造成结果偏高。

④高锰酸钾与草酸钠在常温（低于60℃）下反应很慢，为加快反应速度必须加热至70～80℃，但温度不宜过高。若温度太高（高于90℃），则草酸容易分解，反应式如下：

$$H_2C_2O_4 \longrightarrow H_2O+CO_2\uparrow+CO\uparrow$$

⑤高锰酸钾的加入量是两步进行的，所以读数时应准确，否则会带进误差。

2. 过氧化氢的测定

过氧化氢又叫双氧水，分子式为 H_2O_2，相对分子质量为34.01，可以通过电解法及蒽醌法制得。工业上生产的双氧水分为含量为27.5%、35.0%和50.0%三种规格，主要作为氧化剂使用,可用作漂白剂。由于过氧化氢中的氧原子的氧化数为 -1,所以 H_2O_2 可作氧化剂,被还原后,氧化数变为 -2;也可以作为还原剂而被氧化,氧化数变为 0。

$$H_2O_2 + 2H^+ + 2e \longrightarrow 2H_2O$$
$$H_2O_2 - 2e \longrightarrow 2H^+ + O_2\uparrow$$

用高锰酸钾滴定法测双氧水,就是基于第二个反应。在酸性溶液中,H_2O_2 能还原 MnO_4^-,并释放氧气,其反应为:

$$5H_2O_2 + 2MnO_4^- + 6H^+ \longrightarrow 5O_2\uparrow + 2Mn^{2+} + 8H_2O$$

因此 H_2O_2 可用 $KMnO_4$ 标准溶液滴定。

(1)测定原理。在酸性溶液中,过氧化氢与高锰酸钾发生氧化还原反应。根据高锰酸钾标准溶液的消耗量,测定过氧化氢的含量,反应式如下:

$$2KMnO_4 + 3H_2SO_4 + 5H_2O_2 \longrightarrow K_2SO_4 + 2MnSO_4 + 5O_2\uparrow + 8H_2O$$

(2)试剂和仪器。

高锰酸钾标准溶液:$c\left(\frac{1}{5}KMnO_4\right) = 0.1mol/L$。

硫酸溶液:$c\left(\frac{1}{2}H_2SO_4\right) = 6mol/L$。

点滴瓶:10mL,25mL。

锥形瓶:250mL。

滴定管:茶色,50mL。

(3)测定步骤。用点滴瓶(10~25mL)以减量法对三种规格的过氧化氢称量如下:27.5%规格的称量约0.15~0.20g的试样、35.0%规格的称量约0.12~0.16g的试样、50%规格的称量约0.10~0.12g的试样,精确到0.0002g。置于一盛有100mL(6mol/L)的硫酸$\left(\frac{1}{2}H_2SO_4\right)$溶液的250mL锥形瓶中,用高锰酸钾标准溶液滴定至溶液呈粉红色,并在30s内不消失即为终点。

(4)结果计算。根据高锰酸钾与双氧水化学反应方程式可得:

$$n\left(\frac{1}{5}KMnO_4\right) = n\left(\frac{1}{2}H_2O_2\right)$$

$$c\left(\frac{1}{5}KMnO_4\right)V = \frac{m(H_2O_2)}{M\left(\frac{1}{2}H_2O_2\right)}$$

$$\text{双氧水}(H_2O_2)\text{含量} = \frac{cV \times 0.01701}{m} \times 100\%$$

式中:V——滴定时消耗高锰酸钾$\left(\frac{1}{5}KMnO_4\right)$溶液的体积,mL;

c——高锰酸钾$\left(\frac{1}{5}KMnO_4\right)$标准溶液的浓度,mol/L;

m——过氧化氢试样的质量,g;

0.01701——1mmol 双氧水$\left(\frac{1}{2}H_2O_2\right)$的质量,g/mmol。

(5)注意事项。

①开始滴定时滴加速度应特别慢,当第一滴高锰酸钾颜色消失后(即生成了锰离子)再继续滴定,因为生成的锰离子起催化剂作用,少量锰离子生成就能使反应加速。这时的滴定速度可以加快。

②有时样品中含有少量稳定剂乙酰苯胺,它干扰测定,应改用碘量法。

③锥形瓶中加入 6mol/L 的硫酸$\left(\frac{1}{2}H_2SO_4\right)$的目的是使滴定反应在强酸性介质中进行。这样才能保证高锰酸钾被还原为锰离子,反应按反应原理的化学方程式进行。

④反应终点的粉红色为过量半滴高锰酸钾的颜色指示终点。

3. 氯化钙含量的测定

氯化钙通常用石灰石与盐酸反应,经浓缩、干燥而制得的。分子式为 $CaCl_2$,相对分子质量为 110.99,氯化钙用于作污水处理及循环冷却水的滤膜剂。

氯化钙含量的测定可采用高锰酸钾间接滴定法分析。

(1)测定原理。先用草酸沉淀钙离子为草酸钙,再将草酸钙用硫酸溶解释出草酸,用高锰酸钾标准溶液滴定草酸,间接计算出钙的含量。反应式如下:

$$Ca^{2+} + C_2O_4^{2-} \longrightarrow CaC_2O_4\downarrow$$

$$CaC_2O_4 + H_2SO_4 \longrightarrow CaSO_4\downarrow + H_2C_2O_4$$

$$2MnO_4^- + 5C_2O_4^{2-} + 16H^+ \longrightarrow 2Mn^{2+} + 10CO_2\uparrow + 8H_2O$$

由上述反应式可以看出,此方法是根据 Ca^{2+} 与 $C_2O_4^{2-}$ 生成 1:1 的草酸钙(CaC_2O_4)沉淀,由滴定 $C_2O_4^{2-}$ 所消耗的高锰酸钾标准溶液的体积,计算氯化钙的含量。因此在沉淀过程中必须控制一定的条件,以保证 Ca^{2+} 与 $C_2O_4{}^{2-}$ 有 1:1 的关系。

(2)试剂和仪器。

盐酸:1:1 溶液。

硫酸溶液:$c\left(\frac{1}{2}H_2SO_4\right)=8$mol/L。

氨水:100g/L 溶液。

氯化铵溶液:100g/L 溶液。

草酸铵溶液:40g/L 溶液。

甲基橙指示剂:1% 溶液。

高锰酸钾标准溶液:$c\left(\frac{1}{5}KMnO_4\right)=0.1$mol/L。

烧杯:400mL。

容量瓶:500mL。

移液管:25mL。

滴定管:50mL,茶色。

(3)测定步骤。称量4g研磨好的样品,精确到0.0002g,置于100mL烧杯中,加水溶解,移入500mL容量瓶中并稀释至刻度。用移液管吸取25mL放入400mL烧杯中,加水使体积达200mL,加10mL 100g/L氯化铵溶液,2mL(1∶1)盐酸,加热至沸,慢慢加入20mL 40g/L草酸铵溶液,2滴甲基橙指示液,然后逐滴加入100g/L氨水使溶液变成浅黄色为止。静置2h,过滤,用热水将沉淀洗涤至无氯离子。将沉淀连同滤纸置于原烧杯中,加入20mL 8mol/L硫酸$\left(\frac{1}{2}H_2SO_4\right)$,沉淀溶解后加入80mL水,加热至70～80℃,用$c\left(\frac{1}{5}KMnO_4\right)=0.1mol/L$高锰酸钾标准溶液滴定至微红色保持30s不变即为终点。

(4)结果计算。根据反应方程式得:

$$n\left(\frac{1}{5}KMnO_4\right)=n\left(\frac{1}{2}CaCl_2\right)$$

$$c\left(\frac{1}{5}KMnO_4\right)\times V=\frac{m(CaCl_2)}{M\left(\frac{1}{2}CaCl_2\right)}$$

$$\text{氯化钙}(CaCl_2)\text{含量}=\frac{cV\times 0.0555}{m\times\frac{25}{500}}\times 100\%$$

式中:c——高锰酸钾$\left(\frac{1}{5}KMnO_4\right)$标准溶液的浓度,mol/L;

V——消耗高锰酸钾标准溶液的体积,mL;

m——样品的质量,g;

0.0555——1mmol氯化钙$\left(\frac{1}{2}CaCl_2\right)$的质量,g/mmol。

(5)注意事项。

①样品要研细,否则不易溶解或造成样品不匀,引起误差。

②加入氯化铵溶液和盐酸是为了保持溶液的酸度,控制pH值,使待测的Ca^{2+}在酸性溶液中与加入过量的$(NH_4)_2C_2O_4$反应,然后用稀氨水中和至甲基橙显浅黄色(此时pH值大约为5),并陈化一段时间,这样得到的CaC_2O_4沉淀,其组成为$Ca^{2+}:C_2O_4^{2-}$为1∶1,颗粒也比较大。若在中性或碱性溶液中沉淀,则会有部分氢氧化钙或碱式草酸钙生成,使分析结果偏低。

③过滤后沉淀用热水洗至无氯离子。用热水洗涤沉淀能使沉淀吸附的杂质随着温度的升高而减小,易被洗净。检验有无氯离子的办法是滤液用硝酸银检查,看有无白色氯化银沉淀,有白色沉淀说明氯离子没洗干净,还应继续洗。

④本方法测定步骤中规定的操作顺序、操作条件应严格遵守,这是保证草酸钙沉淀完全、纯净,而且易于过滤和洗涤,保证分析结果准确的重要因素。

4. 工业乙酸酐(醋酸酐)高锰酸钾指数的测定

乙酸酐分子式为$(CH_2CO)_2O$,相对分子质量为102.09。目前工业乙酸酐生产以醋酸裂解法为主。采用冰醋酸在高温、高压、选择性强的催化剂磷酸三乙酯存在下,醋酸蒸汽在裂化管中裂解生成乙烯酮和水。经冷凝分离后，乙烯酮用冰醋酸吸收，生成粗醋酐，经精馏提纯制成成品醋酐。这种生产乙酸酐的方法，常常会有许多副反应发生，生成了醛、酮、烯烃等还原性物质。为了测定这些物质的含量，GB 10668 采用了高锰酸钾指数测定方法。

高锰酸钾指数是指在规定的条件下，100mL 试样还原高锰酸钾的毫克数。

(1)测定原理。在规定条件下，样品同过量的高锰酸钾溶液在稀硫酸介质中反应，剩余的高锰酸钾用碘量法测定。

(2)试剂和仪器。

硫酸溶液：50g/L；

高锰酸钾溶液：1g/L；

碘化钾溶液：100g/L；

硫代硫酸钠标准溶液：$c(Na_2S_2O_3)=0.033mol/L$；

淀粉溶液：1%溶液；

碘量瓶：250mL；

带有磨口玻璃塞的硼硅酸盐玻璃烧瓶；

水浴锅：恒温控制(20±0.5)℃。

(3)测定步骤。取 50mL 样品注入盛有 50mL 硫酸(50g/L)的碘量瓶中，盖上瓶塞轻轻摇动，直到样品溶解(5~10min)。把盛有样品的碘量瓶浸入(20±0.5)℃的水浴中，用滴定管加入高锰酸钾溶液，直到红色不消失，再加入 10mL 高锰酸钾溶液，记下加入高锰酸钾溶液的总体积。将水浴置于暗处静置 40min，再加入 10mL 碘化钾溶液，在暗处静置 5min，用硫代硫酸钠标准溶液滴定游离的碘。当溶液呈浅黄色时，加 0.5mL 淀粉溶液，继续滴定至蓝色刚好消失为终点。

在测定的同时用同样的步骤、同样量的试剂进行空白试验。

(4)结果计算。剩余的高锰酸钾加入碘化钾溶液的反应：

$$2KMnO_4+10KI+8H_2SO_4 \longrightarrow 2MnSO_4+5I_2+6K_2SO_4+8H_2O$$

用硫代硫酸钠滴定时的反应：

$$I_2+2Na_2S_2O_3 \longrightarrow 2NaI+Na_2S_4O_6$$

由上述反应可知：

$$n\left(\frac{1}{5}KMnO_4\right)=n(Na_2S_2O_3)$$

$$c\left(\frac{1}{5}KMnO_4\right)\cdot V\left(\frac{1}{5}KMnO_4\right)=c(Na_2S_2O_3)\cdot V(Na_2S_2O_3)$$

由高锰酸钾指数的定义，可得出醋酸酐中高锰酸钾指数 x 按下式计算：

$$x=(V_0-V_2)\ c_2\times 31.61\times\frac{100}{50}$$

式中：V_0——空白试验消耗硫代硫酸钠($Na_2S_2O_3$)标准溶液的体积，mL；

V_2——样品测定时消耗硫代硫酸钠（$Na_2S_2O_3$）标准溶液的体积，mL；

c_2——硫代硫酸钠（$Na_2S_2O_3$）标准溶液的浓度，mol/L；

31.61——1mol 高锰酸钾$\left(\frac{1}{5}KMnO_4\right)$的质量，g/mol；

50——测定用的样品体积，mL。

（5）注意事项。

①硫酸起到溶解样品和酸化的作用。

②反应要在碘量瓶中进行，这主要是加入碘化钾溶液后生成游离碘分子。由于碘易挥发，用碘量瓶可以用液封的方法防止。

③加入高锰酸钾后将水浴置于暗处静置 40min，置于暗处是防止高锰酸钾见光分解。静置 40min 这主要是因为高锰酸钾氧化还原性的物质反应速度比较慢，为确保反应完全，放置时间可长一点。

（三）高锰酸钾法的特点

1. 高锰酸钾法的优点

（1）高锰酸钾的氧化还原电势高，特别是在不同酸性溶液中。应用高锰酸钾法时，可根据被测物采用不同的介质，所以高锰酸钾法应用广泛。

（2）MnO_4^- 本身有颜色，0.001mol/L$\left(\frac{1}{5}KMnO_4\right)$溶液即可显示出粉红色，所以用它滴定无色或浅色溶液时，一般不需另加指示剂，用过量半滴 $KMnO_4$ 溶液的浅粉红色指示作为终点。

2. 高锰酸钾法的缺点

（1）高锰酸钾试剂常含有少量杂质，它的溶液不够稳定。所以高锰酸钾标准溶液不能长期保存，小浓度最好现配（可用高浓度稀释），高浓度$\left[c\left(\frac{1}{5}KMnO_4\right)>0.5mol/L\right]$的最好在半个月左右标定一次，以保证浓度的准确。

（2）由于高锰酸钾氧化能力强，可以和很多还原性物质发生作用，所以干扰也比较严重。

3. 注意事项

高锰酸钾法的具体应用每一个方法都有特殊的要求，除此之外还有以下几个共同要求：

（1）在酸性介质中的应用。为了使滴定反应能定量进行，溶液中应保持足够酸度。一般在开始滴定时，溶液的$[H^+]$为 0.5～1.0mol/L，滴定终了时，溶液的$[H^+]$=0.2～0.5mol/L。酸度不够时，容易生成 $MnO_2 \cdot H_2O$ 沉淀。酸度过高时，促使 $H_2C_2O_4$ 分解（在有草酸存在时）。

（2）高锰酸钾滴定速度问题，如前所述。

（3）用高锰酸钾溶液滴定至粉红色保持 30s 为终点，粉红色是 MnO_4^- 的颜色。MnO_4^- 在溶液中显示的粉红色不能持久，这是因为空气中的还原性气体和灰尘都能与 MnO_4^- 缓慢地作用，使 MnO_4^- 还原，故溶液的粉红色逐渐消失。因此滴定时溶液中出现粉红色保持 30s 不褪色即为终点。

（4）高锰酸钾见光分解，所以高锰酸钾溶液要避光保存。使用时采用棕色滴定管，溶液要用棕色瓶保存。

（5）高锰酸钾标准溶液的配制、标定中应注意以下几个问题：

①由于高锰酸钾试剂含杂质，配制时一般称取量略高于理论值。如欲配制 $c\left(\frac{1}{5}KMnO_4\right)=0.1mol/L$ 标准溶液 1L，理论值应称 3.16g，实际称 3.3g 左右。

②配制使用煮沸的蒸馏水，除去还原性杂质。

③将配好的高锰酸钾溶液缓缓加热煮沸 15min，并置于暗处保存两周。煮沸是使溶液中还原性物质全部氧化，放置暗处是防止高锰酸钾见光分解。

④过滤高锰酸钾溶液所用的玻璃滤埚预先应以同样的高锰酸钾溶液缓缓煮沸 5min，收集瓶也要用此高锰酸钾溶液洗涤 2～3 次。这样做是防止将还原性物质带进高锰酸钾溶液中。

⑤标定高锰酸钾用的基准草酸钠要于 105～110℃烘至恒重，目的是把草酸钠中水分除掉。如果烘得不彻底，会使标定出的高锰酸钾标准溶液浓度偏高。

⑥标定最终点加热至 65℃，主要是使高锰酸钾与草酸钠反应完全。

⑦为了保证配制出的高锰酸钾标准溶液浓度准确，经常采用其他已知准确浓度的标准溶液进行比较。例如量取 30.00～35.00mL 配制好的高锰酸钾溶液，置于碘量瓶中，加 2g 碘化钾及 20mL 硫酸（20%），摇匀，于暗处放置 5min，加 150mL 水，用 $c(Na_2S_2O_3)=0.1mol/L$ 硫代硫酸钠标准溶液滴定。近终点时加 3mL 淀粉指示液（5g/L），继续滴定至溶液蓝色消失。同时做空白试验。

此比较法中所使用的碘化钾试剂应是白色的，不能带黄色，否则不能使用。上述方法发生的化学反应方程式如下：

$$2KMnO_4+10KI+8H_2SO_4 \longrightarrow 6K_2SO_4+2MnSO_4+5I_2+8H_2O$$

$$I_2+2Na_2S_2O_3 \longrightarrow 2NaI+Na_2S_4O_6$$

碘分子遇淀粉指示液呈蓝色，当滴到终点时，溶液中不存在 I_2 分子，所以蓝色消失。

二、重铬酸钾法

（一）概述

重铬酸钾是一种常用的氧化剂，在酸性溶液中与还原剂作用，$Cr_2O_7^{2-}$ 被还原为 Cr^{3+}：

$$Cr_2O_7^{2-}+14H^++6e \longrightarrow 2Cr^{3+}+7H_2O$$

重铬酸钾法是以重铬酸钾作标准溶液进行的氧化还原滴定法。重铬酸钾的标准电极电势比高锰酸钾的标准电极电势低些，但仍是较强的氧化剂，在酸性条件下使用，它与高锰酸钾法相比有以下优点：

（1）重铬酸钾易提纯，在 140～150℃干燥后，可作为标准物直接配制，不必标定。

（2）重铬酸钾溶液稳定，易于长期保存。

（3）它的标准电势低于 Cl_2/Cl^- 的标准电势，因此，在盐酸中滴定，Cl^- 不干扰（高温及高浓度盐酸除外）。

在重铬酸钾法中，虽然橙色的 $Cr_2O_7^{2-}$ 能转化为绿色的 Cr^{3+}，但重铬酸钾的颜色不是很深，所以不能根据它本身的颜色变化来确定终点，而需采用氧化还原指示剂，如二苯胺磺酸钠。

重铬酸钾法最重要的应用是测定铁含量（通过 $Cr_2O_7^{2-}$ 和 Fe^{2+} 反应），还可以测定其他氧化性和还原性物质。

(二)应用实例

化学耗氧量的测定(参见第三篇第一章)。

三、碘量法

(一)概述

碘量法是利用碘的氧化性和 I^- 的还原性来进行滴定的方法。固体 I_2 在水中的溶解度很小,故通常将碘溶解在碘化钾溶液中,此时 I_2 在溶液中以 I_3^- 形式存在。

I_2 是一个较弱的氧化剂,I^- 是一个中强还原剂。因此 I_2 和 I^- 可以和绝大多数的还原剂和氧化剂作用。

碘量法包括直接碘量法和间接碘量法。

1. 直接碘量法

直接碘量法又称为碘滴定法,它是利用 I_2 的氧化性来滴定一些标准电势低于 +0.54V 的还原剂,比如:Sn^{2+}、As^{3+}、S^{2-}、SO_3^{2-} 等。

$$Sn^{2+} + I_2 \longrightarrow Sn^{4+} + 2I^-$$

$$AsO_3^{3-} + I_2 + H_2O \longrightarrow AsO_4^{3-} + 2H^+ + 2I^-$$

$$S^{2-} + I_2 \longrightarrow S\downarrow + 2I^-$$

$$SO_3^{2-} + I_2 + H_2O \longrightarrow SO_4^{2-} + 2H^+ + 2I^-$$

利用碘标准溶液滴定强还原剂,采用淀粉作指示剂。因为淀粉和碘生成蓝色络合物,所以过量半滴 I_2 标准溶液立刻变成蓝色,颜色反应灵敏。有时也采用过量半滴碘的浅黄色判断终点。滴定要在中性或弱酸性介质中进行,因为碱性溶液中会发生歧化反应:

$$3I_2 + 6OH^- \longrightarrow IO_3^- + 5I^- + 3H_2O$$

这样就会多消耗 I_2 标准溶液。

2. 间接碘量法

间接碘量法又称滴定碘法,它是利用 I^- 的还原性,使许多标准电势高于 +0.54V 的氧化剂被 I^- 还原,定量析出碘,然后用 $Na_2S_2O_3$ 的标准溶液滴定,这种方法叫做间接碘量法。例如:$KMnO_4$ 在酸性溶液中与过量的碘化钾作用,析出碘,其反应为:

$$2MnO_4^- + 10I^- + 16H^+ \longrightarrow 2Mn^{2+} + 5I_2 + 8H_2O$$

析出的碘用 $Na_2S_2O_3$ 溶液滴定,其反应为:

$$I_2 + 2S_2O_3^{2-} \longrightarrow 2I^- + S_4O_6^{2-}$$

间接碘量法可应用于测定 Cu^{2+}、CrO_4^{2-}、$Cr_2O_7^{2-}$、IO_3^-、BrO_3^-、AsO_4^{3-}、SbO_4^{3-}、ClO_3^-、H_2O_2 等氧化性物质。

(二)应用实例

1. 工业水合肼含量的测定

水合肼分子式为 $N_2H_4 \cdot H_2O$,相对分子质量 50.06。工业水合肼分两种规格,即 80% 和 40% 的水合肼。因为水合肼有还原性,所以水合肼含量的测定采用直接碘量法。

(1)测定原理。在试样溶液中加入硫酸产生稳定的硫酸肼,在碳酸氢钠存在下用碘溶液滴定,以过量碘溶液颜色指示终点。

(2)试剂和溶液。碳酸氢钠;硫酸;$c\left(\frac{1}{2}I_2\right)=0.1mol/L$ 碘标准溶液。

(3)测定步骤。用点滴瓶称取约 1g 样品(精确至 0.0002g),置于 250mL 容量瓶中,用水稀释至刻度,摇匀。用移液管吸收 10mL(80%)或 20mL(40%)样品溶液,置于 250mL 锥形瓶中,加入 20mL 水、1mL 硫酸和 1g 碳酸氢钠,摇匀。用碘标准溶液滴定至溶液出现微黄色并保持 1min 不消失为终点。同时做空白试验。

(4)结果计算。根据反应方程式:

$$N_2H_4 + 2I_2 \longrightarrow N_2 + 4HI$$

所以:

$$n\left(\frac{1}{4}N_2H_4 \cdot H_2O\right) = n\left(\frac{1}{2}I_2\right)$$

$$\frac{m(N_2H_4 \cdot H_2O)}{\frac{1}{4}M(N_2H_4 \cdot H_2O)} = cV$$

以质量分数表示的水合肼含量 $x(\%)$ 按下式计算:

$$x = \frac{12.52 \times (V_1 - V_0) \times c}{m \times \frac{V}{250} \times 1000} \times 100\%$$

式中:V_1——滴定时消耗碘标准溶液的体积,mL;

V_0——空白消耗碘标准溶液的体积,mL;

V——移取样品溶液的体积,mL;

c——$\left(\frac{1}{2}I_2\right)$碘标准溶液的浓度,mol/L;

m——样品的质量,g;

12.52——1mol 水合肼$\left(\frac{1}{4}N_2H_4 \cdot H_2O\right)$的质量,g/mol。

(5)注意事项。

①水合肼不稳定,所以加入硫酸使之生成稳定的硫酸肼,然后用碘标准溶液滴定。

②加入碳酸氢钠的目的是将溶液调节到中性或弱酸性。

③滴定终点的判定是采用过量半滴碘标准溶液的微黄色。

④碘液在日光照射下与水生成氢碘酸,在正常温度下易挥发,所以碘标准溶液必须保存在棕色瓶中,使用茶色滴定管。

$$I_2 + H_2O \xrightarrow{光} HI + HIO$$

⑤碘有氧化性,应避免 I_2 溶液与橡胶管等有机物接触,所以滴定时要使用酸式滴定管。

2. 保险粉含量的测定

保险粉的化学名称叫连二亚硫酸钠。分子式为 $Na_2S_2O_4$，相对分子质量为 174.11。保险粉含量的测定采用直接碘量法。

(1)测定原理。保险粉和中性甲醛作用，生成亚硫酸氢钠和次硫酸氢钠甲醛，其中次硫酸氢钠甲醛和碘作用，消耗等量的碘。反应式如下：

$$Na_2S_2O_4 + 2CH_2O + H_2O \longrightarrow NaSO_2CH_2OH + NaSO_3CH_2OH$$

$$NaSO_2CH_2OH + 2I_2 + 2H_2O \longrightarrow NaHSO_4 + 4HI + CH_2O$$

以淀粉作指示剂，根据消耗碘标准溶液的体积，计算保险粉的含量。

(2)试剂。

①碘标准溶液：$c\left(\frac{1}{2}I_2\right) = 0.1000\text{mol/L}$。

②氢氧化钠溶液：100g/L。

③盐酸：$c(HCl) = 1\text{mol/L}$。

④酚酞指示剂：10g/L 乙醇溶液。

⑤淀粉指示剂：5g/L。

⑥中性甲醛溶液：1∶1。

取 100mL 甲醛和 100mL 蒸馏水置于 500mL 烧杯中，搅拌均匀，加数滴酚酞用氢氧化钠溶液中和至酚酞呈微红色，再用盐酸调节至红色刚好褪去。

(3)测定步骤。用减量法称取约 1g 样品，精确至 0.0002g，置于预先盛有 20mL 中性甲醛溶液的烧杯中，然后搅拌至样品完全溶解，转移到 250mL 容量瓶中，用蒸馏水稀释至刻度，摇匀。吸取 25.00mL 样品溶液于 250mL 锥形瓶中，加 4mL 盐酸，用碘标准溶液滴定，近终点时加入 5mL 淀粉指示剂，继续滴定至溶液呈蓝色，并保持 30s 不消失为终点。

(4)计算结果。根据反应方程式可知：

$$n\left(\frac{1}{4}Na_2S_2O_4\right) = n\left(\frac{1}{2}I_2\right)$$

$$\frac{m(Na_2S_2O_4)}{\frac{1}{4}M(Na_2S_2O_4)} = cV$$

$$\text{保险粉}(Na_2S_2O_4)\text{含量} = \frac{cV \times 43.53}{m \times \frac{25.00}{250} \times 1000} \times 100\%$$

式中：V——滴定时消耗碘标准溶液的体积，mL；

c——碘标准溶液的浓度，mol/L；

43.53——1mol$\left(\frac{1}{4}Na_2S_2O_4\right)$的质量，g/mol；

m——称取样品的质量，g。

(三)碘量法应用小结

1. 直接滴定法与间接滴定法的共同点

(1)滴定反应都是在中性或弱酸性介质中进行。

直接碘量法中,碘在碱性溶液中发生歧化反应:

$$3I_2 + 6OH^- \longrightarrow IO_3^- + 5I^- + 3H_2O$$

这样多消耗碘标准液。

间接碘量法中,碱性溶液中 $Na_2S_2O_3$ 被 I_2 氧化为 Na_2SO_4 而不是 $Na_2S_4O_6$

$$S_2O_3^{2-} + 4I_2 + 10OH^- \longrightarrow 2SO_4^{2-} + 8I^- + 5H_2O$$

同时 I_2 自身发生歧化反应。

如果在强酸介质中,易被空气氧化,特别是有光照射时:

$$4I^- + 4H^+ + O_2 \longrightarrow 2I_2 + 2H_2O$$

所以碘量法中,溶液的酸碱度很重要。如果样品中酸碱度过大,则应预先中和后再滴定。

(2)大多数情况下,滴定时以淀粉为指示剂,并在终点前加入。有时也采用微量碘的微黄色指示终点,但这种情况应用比较少。

(3)由于碘易挥发,所以应控制溶液的温度。碘量法应使溶液在室温下进行滴定反应。

2. 直接滴定法与间接滴定法的差别

(1)在直接滴定法中,I_2 作为氧化剂;而在间接滴定法中,I^- 作为还原剂。

(2)用淀粉作指示剂时,直接碘量法终点溶液颜色由无色变蓝色;间接碘量法终点溶液由蓝色变为无色。

(3)间接碘量法比直接碘量法要求的条件更严格。

①为防止碘挥发,滴定时用碘量瓶进行,不要剧烈摇动,加入过量的 KI,提高碘的溶解度。

②防止空气氧化 I^-,避光,采用茶色滴定管,滴定速度适当加快。

(四)碘量法应用注意事项

(1)硫代硫酸钠标准溶液不稳定,容易分解,所以应储存在棕色瓶中,避免与光及空气接触引起分解。

(2)新配制的硫代硫酸钠标准溶液应放置两周后再标定使用,这样做的目的是为了稳定硫代硫酸钠溶液,同时使析出的硫沉淀下来。这是因为空气中的 CO_2 溶于水和 $Na_2S_2O_3$ 起反应。

$$S_2O_3^{2-} + CO_2 + H_2O \longrightarrow HSO_3^- + HCO_3^- + S\downarrow$$

生成的 HSO_3^- 和 I_2 反应:

$$HSO_3^- + I_2 + H_2O \longrightarrow H_2SO_4 + H^+ + 2I^-$$

可见 1mol 的 $S_2O_3^{2-}$ 生成 1mol HSO_3^-,它能消耗 1mol I_2;如果 $S_2O_3^{2-}$ 直接和 I_2 反应,2mol $S_2O_3^{2-}$ 才能消耗 1mol I_2,结果使 $Na_2S_2O_3$ 滴定度增加。这些现象发生在溶液配制初期。

(3)碘液必须保存在棕色瓶中与光线隔绝。

(4)碘有腐蚀性,应避免碘液与橡皮等有机物接触。

第七章　重量分析法和沉淀滴定法

第一节　重量分析法概述

一、重量分析法

重量分析法一般是将试样中的被测组分与其他组分分离,然后测定该组分的重量,根据测得的重量算出试样中被测组分的含量。在重量分析中,应用最普遍、最重要的是沉淀重量法。

重量分析法是用分析天平直接称量反应产物的重量,不需要基准物质和由容量器皿引入的数据,准确度较高。在科学研究和某些准确分析工作中,常以重量分析结果作为标准,用来确定基准物质或标准试样的组成,校对其他分析结果的准确度。

重量分析法的缺点是操作繁琐、费时、灵敏度低(不适于低含量物质的测定)。因此在生产中,重量分析法目前已使用不多,但它仍是定量分析的基本内容之一,是一种不可缺少的分析方法。

二、重量分析法对沉淀的要求

绝大部分重量分析法都是利用沉淀反应,但不是任何沉淀反应都能用于重量分析。重量分析对沉淀的要求如下。

(1)沉淀的溶解度小,沉淀完全;

(2)沉淀应是粗大的晶状沉淀;

(3)沉淀干燥或灼烧后组成恒定;

(4)沉淀的相对分子质量大;

(5)沉淀剂最好在灼烧时能挥发除掉。

第二节　重量分析的基本理论

一、溶度积原理

溶度积原理是沉淀反应的基本原理,根据这一原理可以判断沉淀反应能否进行以及反应是否完全。

例如:重量分析法测定硫的含量,是根据 SO_4^{2-} 和 Ba^{2+} 的沉淀反应。

$$Ba^{2+} + SO_4^{2-} \rightleftharpoons BaSO_4\downarrow$$

反应达到平衡时,溶液中的 SO_4^{2-} 和 Ba^{2+} 仍不断地在 $BaSO_4$ 晶体表面上析出,即沉淀生成的过程;同时 $BaSO_4$ 晶体表面上的 Ba^{2+} 和 SO_4^{2-} 也在不断地转到溶液中去,即沉淀溶解的过程。实验证明,在一定温度下,沉淀生成成速度 v_1 与晶体的表面积 S 及溶液中 Ba^{2+} 和 SO_4^{2-} 浓度的乘积成正比,即:

$$v_1 \propto K_1 c(Ba^{2+})c(SO_4^{2-})S$$

沉淀溶解速度 v_2 与晶体的表面积成正比,即:

$$v_2 \propto K_2 \cdot S$$

达到平衡时,沉淀生成速度与沉淀溶解速度相等,即:

$$v_1 = v_2$$

则:

$$K_1 c(Ba^{2+})c(SO_4^{2-})S = K_2 \cdot S$$

$$c(Ba^{2+})c(SO_4^{2-}) = \frac{K_2}{K_1}$$

由于 K_1 和 K_2 都是常数,在一定温度下两个常数的比值也是常数,可用 K_{sp} 表示,所以:

$$c(Ba^{2+})c(SO_4^{2-}) = K_{sp}$$

K_{sp}称为溶度积常数,简称溶度积。它表示难溶电解质的饱和溶液中,组成沉淀的有关离子浓度的乘积在一定温度下是常数。

K_{sp}数值的大小与物质的溶解度有关,主要取决于沉淀的结构(如离子间的引力大小、键的极性和沉淀的晶形等),温度对溶度积也有影响。

如果是未饱和溶液,这时 Ba^{2+} 和 SO_4^{2-} 浓度的乘积即离子积小于其溶度积;如果是过饱和溶液,则离子积就大于其溶度积。过饱和溶液不稳定,过量的部分很容易以沉淀的形式析出,直至溶液中 $c(Ba^{2+})c(SO_4^{2-}) = K_{sp}$时,沉淀反应又达到了新的平衡。因此,根据溶液中离子积的大小,利用溶度积可以判断沉淀的生成和溶解。

$c(Ba^{2+})c(SO_4^{2-}) < K_{sp}$时,未饱和溶液,无沉淀析出;

$c(Ba^{2+})c(SO_4^{2-}) > K_{sp}$时,过饱和溶液,有沉淀析出;

$c(Ba^{2+})c(SO_4^{2-}) = K_{sp}$时,饱和溶液,处于平衡状态。

25℃时,$BaSO_4$ 的 $K_{sp} = 1.1 \times 10^{-10}$

上例是1∶1型的沉淀。除此之外,还有其他类型的沉淀,如:

$$Mg(OH)_2 \rightleftharpoons Mg^{2+} + 2OH^-$$

$$K_{sp} = c(Mg^{2+})c^2(OH^-) = 5 \times 10^{-12}$$

$$Fe(OH)_3 \rightleftharpoons Fe^{3+} + 3OH^-$$

$$K_{sp} = c(Fe^{3+})c^3(OH^-) = 3.8 \times 10^{-38}$$

严格地说,溶度积应以离子活度的乘积表示。但在稀溶液中,离子浓度的乘积近似等于它的活度积,一般计算中其差别可忽略不计。

二、影响沉淀完全的因素

沉淀是否完全(这是重量分析法中一个很重要的问题,一般希望沉淀越完全越好)通常是根据沉淀反应达到平衡时，溶液中剩余的构成晶体离子的浓度衡量。由于重量分析中称量沉淀的允许误差为 ±0.2mg。则溶液中剩余沉淀的量小于 0.2mg 就可以认为沉淀完全。

沉淀是否完全主要取决于沉淀的溶解度。影响沉淀溶解度的因素很多，除温度条件外，同离子效应、酸效应、络合效应、盐效应等都能影响沉淀的溶解度，简要叙述如下：

（1）同离子效应。在 $BaSO_4$ 的饱和溶液中，加入 SO_4^{2-} 后，由于溶液中离子积超过了沉淀的溶度积，就会有 $BaSO_4$ 沉淀析出，直至达到平衡。此时溶液中 Ba^{2+} 离子浓度比原来的浓度显著降低。这种由于加入含有共同离子的电解质，而使溶解度降低的效应就是沉淀反应中的同离子效应。

在实际工作中，通常利用同离子效应，即适当地加大沉淀剂的用量，使欲测组分沉淀完全。但应注意沉淀剂的过量要适当，以免产生副反应。

（2）酸效应。溶液的酸度对沉淀的溶解度常有不同程度的影响。若沉淀是强酸盐（如硫酸钡、氯化银等），溶液的酸度对溶解度影响不大。若沉淀是弱酸盐（如草酸钙、硫化锌等），溶液的酸度对溶解度就有显著影响。

$$CaC_2O_4 \rightleftharpoons Ca^{2+} + C_2O_4^{2-}$$
$$C_2O_4^{2-} + H^+ \rightleftharpoons HC_2O_4^-$$
$$HC_2O_4^- + H^+ \rightleftharpoons H_2C_2O_4$$

当溶液中 H^+ 浓度增大时，平衡向生成 $HC_2O_4^-$ 和 $H_2C_2O_4$ 方向移动，溶液中 $C_2O_4^{2-}$ 的浓度减少，破坏了 CaC_2O_4 的沉淀平衡，所以 CaC_2O_4 沉淀就会溶解，甚至全部溶解。因此对于弱酸盐沉淀，为了减少酸度对沉淀溶解度的影响，通常在较低的酸度下进行沉淀。

如果沉淀剂是强酸，在利用同离子效应减少沉淀溶解度时，也应考虑酸效应和盐效应的影响。如用硫酸沉淀 Pb^{2+} 时，硫酸的浓度控制在 4.5mol/L，达到 7.0mol/L 时酸效应就占主导地位，使 $PbSO_4$ 沉淀溶解。

（3）络合效应。在沉淀反应中，若溶液中存在着络合剂，且它能与被沉淀的离子生成络合物时，反应就向沉淀溶解的方向进行而影响沉淀的完全程度，甚至不产生沉淀。

例如：

$$AgCl \rightleftharpoons Ag^+ + Cl^-$$
$$Ag^+ + 2NH_3 \rightleftharpoons [Ag(NH_3)_2]^+$$

在含有 AgCl 沉淀的溶液中，加入氨水，Ag^+ 就会与 NH_3 生成 $[Ag(NH_3)_2]^+$，使化学平衡向分解 Ag^+ 和 Cl^- 的方向移动，促使 AgCl 沉淀溶解，使 AgCl 沉淀溶解度增大，甚至完全溶解。

络合剂的浓度越大，生成的络合物越稳定，沉淀就越容易溶解。

沉淀反应中，有时沉淀剂本身就是络合剂，反应中既有同离子效应，又有络合效应。若沉淀剂过量适当，同离子效应占优势；若沉淀剂过量太多，络合效应占优势，使沉淀溶解度增大。例如：测定 Ag^+，用 NaCl 作沉淀剂，NaCl 浓度必须在 0.35mol/L 以下，才利于 AgCl 沉淀。当 NaCl 浓度大于 0.35mol/L 时，AgCl 的溶解度比它在纯水中还大，所以应避免加入过量的沉淀剂。

（4）盐效应。由于有强电解质存在而使沉淀溶解度增大的现象，就叫做盐效应。如在含有氯化银、硫酸铅等沉淀的溶液中加入硝酸钾、硝酸钠等，就产生盐效应。

在硫酸铅的饱和水溶液中加入硫酸钠，就同时存在同离子效应的盐效应，哪种效应占优势，取决于硫酸钠的浓度。实验证明：当硫酸钠的浓度为 0.04mol/L 时，硫酸铅的溶解度最小，这时同离子效应占优势，当硫酸钠的浓度大于0.04mol/L时，盐效应就超过了同离子效应，硫酸铅沉淀的溶解度增大。

影响沉淀溶解度的其他因素还有温度、溶剂、沉淀颗粒的大小、胶体溶液、晶体结构等，都应该引起足够的重视。

三、影响沉淀纯净的因素

沉淀纯净与否直接影响分析结果的准确性。进行沉淀反应时，一般希望沉淀越纯净越好，但完全纯净的沉淀是没有的，总会或多或少带有一些杂质。沉淀纯净的程度取决于沉淀的结构。找出沉淀带杂质的原因，选择适当的沉淀条件，可使沉淀夹带的杂质尽可能地减少。

1.共沉淀现象

在进行沉淀反应时，溶液中某些本来不应沉淀的组分同时也被沉淀下来的现象，称为共沉淀。共沉淀产生的原因主要有以下几个方面：

(1)沉淀表面吸附杂质引起共沉淀。

(2)生成混晶体引起共沉淀。当杂质离子与构晶离子的离子半径相近、晶体结构相似时，就会生成混晶共沉淀。如硫酸钡和硫酸铅，硫酸钡和氯化钡，硫酸钡和硫酸钾等。

(3)机械包藏引起的共沉淀。

(4)后沉淀，即沉淀反应后慢慢形成的共沉淀。

2.沉淀的晶形

沉淀的晶形是沉淀结构的一个重要方面，它对沉淀的纯度起决定作用。生成的沉淀晶形主要受两种因素影响：

(1)聚集速度，即构晶离子聚集起来生成微小晶核的速度。

(2)定向速度，即构晶离子在晶核上有规则排列成晶格的速度。如果聚集速度小，定向速度大，则离子慢慢聚集成晶核，有较多的离子以晶核为中心，依次定向排列长大，而成颗粒较大的晶形沉淀；如果聚集速度大、定向速度小，即沉淀生成的速度很快，就形成微小的非晶形沉淀。

一般来说，溶解度大的沉淀常易生成晶形沉淀（又分粗晶形和细晶形），溶解度小的沉淀常易生成非晶形沉淀（又分为凝乳状沉淀和胶状沉淀）。例如草酸钙和硫酸钡是细晶形沉淀，硫酸铅、磷酸镁铵是粗晶形沉淀，氯化银为凝乳状沉淀，氢氧化铝、氢氧化铁是胶状沉淀。

四、沉淀条件的选择

1.晶形沉淀的沉淀条件

简单说来晶形沉淀的沉淀条件可以归纳为以下几点，即“稀、慢、搅、热、陈”。

(1)稀就是沉淀在适当稀的溶液中进行，沉淀剂的浓度也应适当地小一些。但是溶液也不能太稀，太稀会使沉淀溶解而受到损失。

(2)慢就是加入沉淀剂的速度要慢。

(3)搅就是加入沉淀剂时要不断地搅拌，以免局部浓度过大。

(4)热就是在热溶液中沉淀的溶解度一般都增大，生成晶核的速度较小，并可防止形成胶体。对于溶解度较大的沉淀，可在热溶液中进行沉淀，冷却后再过滤，以减少沉淀的溶解损失；

对于溶解度较小的沉淀,溶解损失的量可以忽略不计。

(5)陈就是陈化。将沉淀和溶液放置一段时间,让沉淀进行再结晶和长大的过程称为陈化。

2. 非晶形沉淀的沉淀条件

(1)在较浓的热溶液中进行沉淀,在不断搅拌下迅速加入沉淀剂。这样可以减少离子的水合作用,获得较紧密的沉淀,而不至成为胶体溶液。

(2)沉淀时加热并加入适量的电解质,以促进胶体凝聚。

(3)沉淀析出后,加入大量热水稀释,洗出沉淀吸附的杂质。

(4)不用陈化,趁热过滤。

第三节　重量分析的过程和操作

重量的分析过程包括称样、溶(或熔)样制成试液、沉淀被测组分,过滤、洗涤、烘干或灼烧、称量沉淀,计算被测组分含量。

一、样品的称取

对于不同类型的沉淀,比较适宜的沉淀量大约是:非晶形沉淀0.1g左右,晶形沉淀0.2g左右。根据样品中被测组分的大致含量和沉淀的重量,就可算出样品的称取量。

二、沉淀

沉淀剂应缓慢地加入并不断地搅拌,以免局部过浓。因此,可一手拿滴管滴加沉淀剂,另一手拿玻璃棒进行搅拌。

通常沉淀在热溶液中进行,但不能在沸腾的溶液中滴加沉淀剂,以免溅出。一般在水浴上加热、沉淀后,应检查沉淀是否完全。可将溶液静置,待沉淀下沉后,在清液上滴加少许沉淀剂,观察是否有混浊出现。如果出现混浊,说明沉淀不完全,应设法使沉淀达到完全程度。只有在沉淀已完全的情况下,才能进行下一步操作。

三、过滤和洗涤

1. 过滤

过滤沉淀常用滤纸或玻璃砂芯滤器。重量分析所用滤纸为无灰滤纸(每张滤纸灰分不超过0.2mg),滤纸按其紧密程度分为“快、中、慢”三种规格,大小也有不同规格。一般非晶形沉淀[如$Fe(OH)_3$等]用快速滤纸,粗晶形沉淀(如磷酸镁铵等)用中速滤纸,细晶形沉淀(如硫酸钡等)用慢速滤纸。

滤纸的大小根据沉淀量的多少和类型选择,必须使沉淀转入漏斗后,其高度低于滤纸高度的一半,而滤纸的边缘要低于漏斗边缘5~15mm,以便于洗涤。

使用的漏斗应为长颈,锥形顶角为60°。为了使滤纸能紧贴漏斗,折叠滤纸时,按照直径折半后,在折成直角之前,应先用干的漏斗试一下,使滤纸锥形与漏斗恰能贴合。将滤纸撕去一角后放入漏斗,用手指将滤纸向漏斗颈部压紧,加入蒸馏水,润湿滤纸,并赶去气泡,使滤纸紧贴漏斗。

盛接滤液的烧杯，其内壁应与漏斗颈末端接触，以防滤液溅失。

为了使滤纸不致迅速被沉淀堵塞，应采用倾泻法过滤，即将沉淀上层澄清液沿玻璃棒小心倾入漏斗，尽可能使沉淀留在杯内，玻璃棒下端应对着滤纸折成三层的一边。暂停倾注时，要将玻璃棒沿杯嘴上提，放入盛沉淀的烧杯内，这样可防止清液沿烧杯外壁流失，也可使玻璃棒不致沾染杂质和棒上的沉淀微粒不致散失。

过滤时，应该观察滤液是否澄清，若有混浊或带有沉淀颗粒，应找出原因，重新过滤。

如果用烘干法来代替灼烧沉淀（特别是有机沉淀时），沉淀一般用玻璃砂芯坩埚或玻璃砂芯漏斗过滤，过滤时将过滤器安置在具有橡皮垫圈或有孔塞的抽滤瓶上，连接抽气装置，减压过滤。

将沉淀完全转移后，用滤纸角擦烧杯的壁和底部，或用试管刷擦拭，最后用洗瓶吹水将试管刷上的沉淀洗入漏斗中。整个过程要细心操作，防止沉淀损失。沉淀全部转移后，用洗瓶沿滤纸边缘洗几次，直到洗净。沉淀洗净与否还要进行定性检查。如硫酸钡沉淀应洗至无硫酸根离子存在。

2. 洗涤

洗涤沉淀是为了洗去沉淀表面吸附的杂质和混杂在沉淀中的母液。

一般溶解度小而不易成胶体的沉淀，可用蒸馏水洗涤。溶解度大的晶形沉淀，可用沉淀剂稀溶液洗涤，但沉淀剂必须在烘干或灼烧时易挥发或易分解除去。溶解度较小而又可能分散成胶体的沉淀，应用易挥发的电解质稀溶液洗涤，如用硝酸铵稀溶液洗氢氧化铝。

洗涤时要坚持少量多次的洗法，而且每次加入洗液前，应使前次洗液尽量流尽。

四、沉淀的干燥与灼烧

灼烧除了为去掉沉淀中的水分和易挥发物外，有时也为了使沉淀在较高温度下分解为组成固定的形式。如沉淀得到的二氧化硅含有化合水，经烘干也不易除尽，必须经高温灼烧，以除去化合水。

灼烧温度一般在800℃以上，常用瓷坩埚盛沉淀，若需加氢氟酸处理，则应用铂坩埚。所用坩埚应事先灼烧至恒重。

沉淀洗好后，将滤纸四边向中心卷下成三角锥形，然后将沉淀包锥尖向上放入瓷坩埚中，放入马弗炉中，从低温升起，免得迅速升温使滤纸焦化所产生的碳粒被部分熔融的沉淀包裹，致使以后高温也不能使之完全氧化。

沉淀灼烧所需的最高温度和时间，随沉淀不同而不同。灼烧后取出，稍冷，放干燥器中冷至室温，称重。常需反复灼烧几次，灼烧恒重后，即可由沉淀质量计算出分析结果。

例如：计算水样中硫酸根的百分含量：

$$SO_4^{2-}\text{ 含量}=\frac{m_2\times\dfrac{M(SO_4^{2-})}{M(BaSO_4)}}{m_1}\times 100\%$$

式中：m_1——样品的质量，g；

m_2——沉淀的质量,g。

第四节　沉淀滴定法

沉淀滴定法是利用沉淀反应进行滴定的方法。

使用沉淀滴定法一般应具备以下几个条件:

(1)沉淀有固定的组成,反应物之间有准确的当量关系。

(2)沉淀溶解度小,反应完全。

(3)沉淀吸附杂质少。

(4)沉淀反应速度快,并易指示终点。

能满足沉淀滴定的反应并不多,常用的是生成难溶性银盐的反应——称为银量法。

一、莫尔法——铬酸钾作指示剂

1. 方法原理

在含有 Cl^- 的中性或弱碱性溶液中,以 K_2CrO_4 为指示剂,用 $AgNO_3$ 溶液滴定 Cl^-,这种方法称为莫尔法。

25℃时,因为 AgCl 的溶解度小于 $AgCrO_4$ 的溶解度,用 $AgNO_3$ 溶液滴定时,AgCl 沉淀先析出,然后才析出 Ag_2CrO_4 沉淀,这叫分步沉淀。

$$Ag^+ + Cl^- \longrightarrow AgCl\downarrow(白色)$$

$$2Ag^+ + CrO_4^{2-} \longrightarrow Ag_2CrO_4\downarrow(砖红色)$$

当 Cl^- 沉淀完毕,稍微过量的 Ag^+ 就会与 K_2CrO_4 反应生成 Ag_2CrO_4 砖红色沉淀。

2. 滴定条件

滴定时,主要是控制 K_2CrO_4 的浓度和溶液的酸度。根据溶度积原理计算及实验证明,K_2CrO_4 指示剂的浓度应为0.0005mol/L。测定 Cl^- 要在中性或弱碱性溶液中进行,不能在酸性溶液中进行。这是由于:

$$Ag_2CrO_4 + H^+ \longrightarrow 2Ag^+ + HCrO_4^-$$

沉淀滴定也不能在强碱性或氨性溶液中进行。这是由于:

$$2Ag^+ + 2OH^- \longrightarrow Ag_2O\downarrow + H_2O$$

$$AgCl + 2NH_3 \longrightarrow [Ag(NH_3)_2]^+ + Cl^-$$

此外滴定时要充分摇荡,这是由于等当点前,Cl^- 未被滴定完时,少量的 Cl^- 被 AgCl 沉淀吸附,使 Ag_2CrO_4 沉淀过早出现,终点提前。为了避免造成误差,滴定时必须充分摇荡,使得被吸附的 Cl^- 离子释放出来,以获得准确的终点。

3. 应用范围

(1)莫尔法主要用于测定氯化物中的 Cl^- 或溴化物中的 Br^-,或当 Cl^- 和 Br^- 共存时,测得的是它们共同的含量。

(2)莫尔法不适于测定碘化物和硫氰酸盐。

(3)PO_4^{3-}、S^{2-}、F^-、Ba^{2+}、Pb^{2+}、Hg^{2+}、EDTA、NH_3、KCN 等对测定有干扰。

(4)此法是用 Ag^+ 滴定 Cl^-,而不宜用 Cl^- 滴定 Ag^+。

二、佛尔哈德法——铁铵矾作指示剂

1. 方法原理

用铁铵矾[$FeNH_4(SO_4)_2 \cdot 12H_2O$]作指示剂的沉淀滴定法叫佛尔哈德法。此法有直接滴定法和返滴定法两种。

(1)直接滴定法。在含有 Ag^+ 的溶液中,以铁铵矾作指示剂,用 NH_4SCN(或 KSCN)溶液进行滴定,产生 AgSCN 沉淀,在理论终点后稍过量的 SCN^- 与 Fe^{3+} 生成红色络合物 $Fe(SCN)^{2+}$ 指示终点。

$$Ag^+ + SCN^- \longrightarrow AgSCN\downarrow(\text{白色})$$
$$Fe^{3+} + SCN^- \longrightarrow Fe(SCN)^{2+}(\text{红色})$$

(2)返滴定法。用 Ag^+ 滴定 Cl^-、SCN^- 等,先加入已知过量的 $AgNO_3$ 标准溶液,以铁铵矾作指示剂,再用 NH_4SCN 标准溶液滴定。

$$Ag^+ + Cl^- \longrightarrow AgCl\downarrow$$
$$Ag^+(\text{剩余的}) + SCN^- \longrightarrow AgSCN\downarrow(\text{白色})$$
$$Fe^{3+} + SCN^- \longrightarrow Fe(SCN)^{2+}(\text{红色})$$

(3)滴定条件。滴定反应要在硝酸中进行,硝酸的浓度为 0.2 ~0.5mol/L。

2. 指示剂——铁铵矾

指示剂一般用40%的铁铵矾溶液 1mL。用 NH_4SCN 溶液直接滴定 Ag^+ 时要充分摇荡,这是由于 AgSCN 沉淀强烈吸附 Ag^+,使在理论终点前溶液中的 Ag^+ 还未滴定完,SCN^- 与 Fe^{3+} 显色,终点提前。

用返滴定法滴定 Cl^- 时,需加有机溶剂或滤去 AgCl。

3. 应用范围

(1)佛尔哈德法的选择性比莫尔法高,这是由于在硝酸介质中许多弱酸的阴离子(PO_4^{3-},AsO_4^{3-} 等)不与 Ag^+ 生成沉淀。

(2)强氧化剂、铜盐、汞盐都与 SCN^- 作用,对测定有干扰。

第八章　比色分析法

第一节　概　述

比色分析法是利用被测物质与化学试剂作用后，能产生颜色，且颜色深浅与被测物质的浓度成一定比例关系来进行分析的。比色分析法的灵敏度较高，可达0.1μg/mL，并能得到一定的准确度，其相对误差一般为1%～10%。被测物质的浓度为10^{-5}～10^{-2}mol/L时，一般用比色分析法较适宜。常用的比色分析法有目视比色法、光电比色法和分光光度法。

一、目视比色法

目视比色法是用被测物质的纯品配成由淡至浓的一系列已知浓度溶液于比色管中，加入与样品一致的显色剂，产生一套颜色深浅依次排列的标准色列管，比较样品管与标准色列管的颜色深浅，与样品管颜色相近的标准管中所含物质的量即为样品管中被测物质的量。若样品管显色介于两个标准管之间，则样品浓度为两个标准管的平均值。比色时应将标准色列管和样品管放在白色衬底上，从管口由上向下观察，比较颜色的深浅。

当被测物质能与某种试剂直接发生显色反应时，可将该试剂先加入吸收液中，或用该显色试剂作为吸收液进行采样。当一定体积被测空气通过吸收液时，就呈现特有的颜色反应，可立即与标准色列比色定量。或者抽入空气使溶液出现的颜色达到与某一固定标准管颜色一致时为止，记录空气通过量，计算被测物质的浓度。

由于眼睛辨别颜色深浅的浓度差为7%，因此标准色列相邻两管的浓度差应大于15%。一般标准色列其颜色随放置时间的延长而减弱，故不能长久存放，要求与样品液同时配制。

二、光电比色法

光电比色法是利用光电比色计，通过测量透过被测溶液的光的强度，求得溶液浓度的方法。光电比色法可以消除目视比色法的直观误差，提高测定的准确度。

光电比色计的基本原理是光源发射的光，经凸透镜变成平行光，通过滤光片后得单色光，再经过比色杯，部分入射光被溶液吸收，透射的光经光量调节器照到光电池上，光电池能将光转变为电流，此电流称为光电流。光电流的强度与透射光强度成正比，与浓度成反比，由此产生的光电流可用检流计测量。检流计上有两种读数刻度，但并不以光电流强度表示，而直接以透射光的百分数即透光度T（等分刻度）和吸光度A（不等分刻度）两种数值表示。吸光度表示光线通过溶液以后被吸收的程度，它与溶液浓度c成直线的正比关系。

三、分光光度法

分光光度法是利用分光光度计，其测量的基本原理与光电比色计相同，但主要区别在于获得单色光的方法不同。光电比色计是用滤光片来得到波长范围较窄的单色光，而分光光度计是用玻璃、石英棱镜或衍射光栅的色散作用得到波长范围更窄的单色光。因此分光光度计除了能测量有色溶液，还能测量对紫外光有选择吸收的无色溶液。

分光光度计具有比光电比色计更高的灵敏度和准确度，操作步骤与光电比色计相似。国产72型分光光度计为可见光分光光度计，分光波长范围为420～750nm；721型分光光度计波长范围为360～800nm；751型分光光度计适用于紫外和可见区，波长范围为200～800nm。

第二节 光吸收的基本定律

当一束平行单色光照射到溶液时，光的一部分被吸收，一部分透过溶液，一部分被器皿表面反射。设入射光、吸收光、透射光和反射光的强度依次为I_o、I_a、I_t和I_r，则它们之间的关系为：

$$I_o = I_a + I_t + I_r$$

在比色法或分光光度法测定中，盛溶液的比色皿是采用相同质料的光学玻璃制成的，反射光的强度基本不变，它的影响可以互相抵消，因此上式可简化为：

$$I_o = I_a + I_t$$

纯水对可见光的吸收极微，故有色溶液对光的吸收可认为完全是溶液中的有色质点造成的。当入射光的强度I_o一定，则I_a越大，I_t就越小。实践证明，有色溶液对光的吸收程度与该溶液的浓度、液层的厚度和入射光的强度有关。

一、光吸收的基本定律

1. 朗伯定律

一束某一波长的单色光通过一定浓度的均匀溶液时，光的吸收与液层（光吸收层）厚度和入射光的强度成正比。这就是朗伯定律。

由朗伯定律可知，当入射光的波长、溶液的浓度和温度一定时，有色溶液对光的吸收程度与液层的厚度成正比。

2. 比耳定律

当入射光的波长、溶液液层的厚度和温度一定时，溶液对光的吸收程度与溶液的浓度成正比，这就是比耳定律。

3. 朗伯—比耳定律

当一束平行单色光通过均匀的溶液时，溶液对光的吸收程度与溶液的浓度和液层厚度的乘积成正比，这就是朗伯—比耳定律，也称为光吸收定律。

光吸收定律不仅适用于可见光，也适用于红外光和紫外光。

二、透光度、吸光度、吸光系数及摩尔吸光系数

透射光的强度 I 与入射光的强度 I_0 之比称为透光度，用 T 表示。其值不大于 1，常用百分数表示。

$$T=\frac{I}{I_0}$$

透光度倒数的对数值 $\lg\left(\frac{1}{T}\right)$，即 $\lg\left(\frac{I_0}{I}\right)$。如果 $I=I_0$，说明溶液对光完全不吸收，$\lg(\frac{I_0}{I})=0$。I 值越小，说明溶液对光的吸收程度越大，$\lg(\frac{I_0}{I})$ 值也越大。因此将 $\lg(\frac{I_0}{I})$ 称为溶液的吸光度，常用符号 A 表示。因此，朗伯—比耳定律可表示为：

$$A=Kbc$$

式中：A——溶液的吸光度；

K——吸光常数；

b——液层厚度；

c——浓度。

若液层厚度 b 的单位为 cm，浓度 c 的单位为 g/L 时，则常数 K 用 a 表示，它的单位为 L/(g·cm)，a 称为吸光系数。

若液层厚度 b 的单位为 cm，浓度 c 的单位为 mol/L 时，则常数 K 用 ε 表示，它的单位为 L/(mol·cm)，ε 称为摩尔吸光系数。

吸光系数 a 和摩尔吸光系数 ε 是有色物质在一定波长下的特征常数，它可以衡量显色反应的灵敏度。同一物质与不同显色剂反应，生成不同的有色化合物，具有不同的 ε 值。

ε 值越大，表示该有色物质对此波长光的吸收能力越强，显色反应越灵敏。因此测定时，为了提高灵敏度，必须选择 ε 值大的有色化合物，并以最大吸收波长的光作入射光。通常所说的摩尔吸光系数，指的是最大吸收波长时的摩尔吸光系数，以 ε_{max} 表示。根据不同显色剂与同一离子形成的有色化合物的 ε 值的大小，可以比较它们对该离子测定的灵敏度。

ε 值在数值上等于浓度为 1mol/L、液层厚度为 1cm 时有色溶液的吸光度。但是在分析实践中，不能直接取浓度为 1mol/L 的有色溶液测定 ε 值，而是测定适当低浓度溶液的吸光度，通过计算求得 ε 值。

有时有色化合物的化学式不清楚，则常用吸光系数 a 值表示反应的灵敏性。

应当指出，上例求得的摩尔吸光系数是把待测组分看作完全转变为有色化合物计算的。实际上，溶液中的有色物质的浓度常因离解或存在副反应等而有所改变。因此在计算摩尔吸光系数时应知道有色物质的真实浓度，在实验中测得的实为表观摩尔吸光系数。

三、比耳定律的偏离

根据朗伯—比耳定律，当波长和强度一定的入射光通过液层厚度一定的有色溶液时，吸光度和有色溶液的浓度成正比，即：

$$A=K'\cdot c$$

在比色分析和分光光度分析中,利用这种直线关系测定物质的量。先固定液层厚度及入射光的波长和强度,测定一系列不同浓度标准溶液的吸光度,以吸光度为纵坐标,标准溶液的浓度为横坐标作图,得到一条通过原点的直线。该直线称为标准曲线或工作曲线。在相同条件下测定试液的吸光度,从工作曲线上可查得试液的浓度,这种方法称为工作曲线法。但在实际工作中,特别是溶液浓度较高时,经常出现标准曲线不成直线的现象,这种现象称为偏离比耳定律。如果测定时试液浓度在标准曲线的弯曲部分,则测定结果有较大的误差。

偏离比耳定律的原因很多,主要有以下两个方面。

1. 由于非单色光引起的偏离

严格地讲,比耳定律只适用于一定波长的单色光。但在实际工作中,目前采用的各种分光光度计所提供的入射光并不是纯单色光,如在光电比色法中用有色玻璃作滤光片,通过滤光片的光是具有一定波长范围的波段,是复合光;在分光光度法中,用棱镜或光栅分光,得到波长范围较窄的波段,仍是复合光。由于物质对不同波长光的吸收程度不同,因而用复合光就会导致偏离比耳定律。

实际测定中,为了减少由非单色光引起的对比耳定律的偏离,应注意两点:

(1)选择吸光物质合适的浓度范围;

(2)选择合适波长的光(即测定时应选择与吸收曲线较平坦部分相应的波长范围,使所得的工作曲线是直线)。

2. 由溶液中的化学反应所引起的偏离

在测定时应根据吸光物质的性质和溶液中有关的化学平衡,严格控制显色反应和测定条件,以减少和防止偏离的发生。

工作曲线应通过原点,但实际所得曲线常有所偏离。测定时为了消除干扰物质的影响,常以空白溶液作参比溶液。如果空白溶液选择和配制不当,不能恰好抵消干扰物质的光吸收,得到的工作曲线不通过原点。有时由于显色反应不够灵敏,待测离子低于某一浓度不显色;有时由于少量待测离子与溶液中的掩蔽剂或缓冲剂络合,那么当待测离子低于某一浓度时,吸光度为0。

实际上,要求工作曲线都是通过原点的直线比较困难。实际测定中最重要的是工作曲线的再现性好,基本上是直线。不通过原点的工作曲线也能满足一般分析要求,但有时需找出原因、采取措施、加以改进。

第三节 显色反应及反应条件的选择

在比色分析和分光光度分析中,要利用显色反应把待测组分转变为有色化合物,然后进行比色测定或分光光度测定。显色反应主要有络合反应和氧化还原反应,其中络合反应是最主要的。

与待测组分形成有色化合物的试剂称为显色剂。同一组分常可与多种显色剂反应,生成各种不同的有色化合物。

一、显色反应的选择

选择合适的显色反应要考虑如下因素:

(1)显色反应灵敏度要高。分光光度法一般用于微量组分的测定,因而要求显色反应具有较高的灵敏度。显色反应生成的有色化合物的摩尔吸光系数 ε 的大小,定量地表示了显色反应的灵敏度,因此应选择 ε 值较大的显色反应。一般认为 $\varepsilon \geqslant 10^4$ L/(mol · cm)时,该反应的灵敏度较高。

(2)生成的有色化合物组成恒定,稳定性好。生成的有色化合物组成恒定,颜色稳定,才能使测定的重现性好,准确度高。

(3)显色反应的选择性要好。显色剂最好只与一种或少数几种物质发生显色反应,这样就可能在其他物质共存下进行显色反应。显色剂的颜色应与显色反应产物的颜色有较大的差异,以避免显色剂本身对测定产生干扰。

两种有色物质的最大吸收波长之差称为对比度。显色反应要求显色剂与生成物的对比度大于60nm。

二、显色条件的选择

分光光度测定中,要得到准确的结果,必须使待测组分充分有效地转化为有色化合物,因此应从研究显色反应平衡着手,选择并控制合适的反应条件,使显色反应趋于完全和稳定。

1. 显色剂的用量

显色反应可用下式表示:

$$\underset{\text{待测组分}}{\mathrm{M}} + \underset{\text{显色剂}}{\mathrm{R}} \rightleftharpoons \underset{\text{有色化合物}}{\mathrm{MR}}$$

从化学平衡的角度考虑,为了保证待测组分尽可能完全转成有色化合物,一般应加入过量的显色剂。但显色剂的用量并不是越多越好,对于有些显色反应,显色剂用量太大会引起副反应,对测定不利。

显色剂的适宜用量一般通过实验确定。实验的方法是:固定待测组分的浓度和其他反应条件,分别加入不同量的显色剂,测定反应体系的吸光度,绘制吸光度 A—显色剂浓度 c_k 曲线,根据曲线确定显色剂的用量。

2. 溶液的酸度

酸度会影响显色反应平衡,从而对显色反应溶液体系的吸光度产生较大的影响。这是因为酸度的改变会引起金属离子的水解和显色剂有效浓度(指显色剂各型体中能进行显色反应的那种型体的平衡浓度)的变化,进而影响显色反应进行的程度。

显色反应的适宜酸度通过实验确定。固定溶液中待测组分和显色剂的浓度,改变溶液的pH值,测定溶液体系的吸光度 A,作 A—pH 曲线,根据 A—pH 曲线确定最适宜的 pH 值范围。曲线的平坦部分所对应的 pH 值范围就是测定的适宜 pH 值范围。

3. 显色温度

显色反应一般在室温下进行,有时为了加速反应,需要加热。但有色化合物在温度较高时易分解,因此对不同的显色反应应通过实验作吸光度—温度曲线,从曲线上找出适宜的显色反应温度。

4. 显色时间

显色反应有快有慢，溶液颜色达到稳定所需的时间有长有短；另外，某些有色化合物在空气中易氧化分解或发生光化学反应。因此，必须通过实验作一定温度（显色温度）下的吸光度—时间曲线，找出适宜的显色反应时间。

5. 干扰的消除

共存离子如果本身有颜色，或与显色剂作用生成有色化合物，则干扰测定。消除干扰测定的主要方法有：

（1）选择适当的显色条件避免干扰，如控制溶液的酸度。用磺酸水杨酸测定 Fe^{3+} 时，若溶液中有 Cu^{2+} 共存，Cu^{2+} 能与磺基水杨酸反应生成黄色络合物而干扰测定，但若控制溶液体系的 pH 值在 2.5 左右，则 Cu^{2+} 不与磺基水杨酸反应，对测定无干扰。

（2）加入掩蔽剂掩蔽干扰离子。用 NH_4SCN 作显色剂测定 Co^{2+} 时，若溶液中有 Fe^{3+} 共存，Fe^{3+} 与 SCN^- 生成血红色配合物而干扰测定，可用抗坏血酸将 Fe^{3+} 还原为 Fe^{2+} 而消除干扰。

（3）选择适当的光度测定条件消除干扰，如选用适当的分析波长和参比溶液。

（4）分离干扰离子。

第四节　分光光度法常用的显色剂

灵敏的分光光度法是以待测物质与显色剂之间的反应为基础的。这些显色反应大多数是络合反应。多数无机络合剂单独与金属离子生成的络合物，如 Cu^{2+} 与 NH_3 形成的蓝色络合物，Fe^{3+} 与 SCN^- 形成的红色络合物等，组成不恒定，也不够稳定，反应的灵敏度不高，选择性较差，所以单独应用不多。目前不少高灵敏度的方法是基于金属的硫氰酸盐、氟化物、溴化物和碘化物的络合阴离子与碱性染料的阳离子形成的离子缔合物的反应，特别是基于这些离子缔合物的萃取体系和引入表面活性剂或水溶性高分子的多元体系。

分光光度法中主要使用有机显色剂。有机显色剂及其金属离子反应产物的颜色和它们的分子结构有密切关系，因而有机显色剂的种类繁多，分类方法各异。本节根据它们与金属离子形成络合物的供电子基团，简单地介绍一些常用的显色剂。

一、O，O 给电子螯合剂

（1）铬天菁 S，简称 CAS。三钠盐二水合物。棕色粉末，易溶于水。水溶液 pH <4 时，显橙色；pH≈7 时，呈黄色。它与多种金属离子形成蓝、蓝紫或紫色络合物，可用于 Be、Al、Ga、In、Se、Cr、Fe 等 30 多种金属离子的测定，灵敏度都较高，对比度亦大。当有表面活性剂等存在时，灵敏度还会大大提高。

（2）PF（苯基荧光酮）。为橙色结晶粉末，极微溶于水，微溶于乙醇，但易溶于盐酸酸化后的乙醇。由于该试剂与金属离子形成的有色络合物难溶于水，所以只能用有机溶剂（如四氯化碳）萃取后，或者加入表面活性剂增溶、高分子分散剂分散后，才可进行光度测定。

二、O，N 给电子螯合剂

如 2 –（5 – 溴 – 2 – 吡啶偶氮）– 5 – 二乙基胺基酚，简称 5 – Br – PADAP。

三、N,N 给电子螯合剂

(1)邻菲啰啉。为白色粉末,易溶于水,是测定铁的优良显色剂。在 pH = 2 ~ 9 的水溶液中,Fe^{2+} 与它形成 1∶3 的橙红色水溶性络合物,显色速度快。

(2)卟啉类试剂。

四、带含硫官能团的螯合剂

双硫腙,呈金属光泽的紫黑色结晶粉末。在 pH < 7 的水中实际上不溶,但易溶于氨水及碱性介质中。它是分光光度法测定 Cu^{2+}、Pb^{2+}、Hg^{2+} 等离子的重要试剂。双硫腙溶于氯仿或四氯化碳后溶液呈绿色,而与金属离子形成的螯合物在这些有机试剂中呈黄色、红色或橙色。通过控制酸度或利用掩蔽剂,如 $Na_2S_2O_3$、碘化物、EDTA 等,可获得很高的选择性。

第九章　印染化学分析中常用试剂的制备

第一节　纯水的制备

一、蒸馏法制纯水

蒸馏水是利用水与杂质的沸点不同而制得的。用于制水的蒸馏器多种多样，实验室用水蒸馏器，一般是用玻璃或金属制造的。硬质玻璃蒸馏器和石英蒸馏器、银蒸馏器、铂蒸馏器和聚四氟乙烯蒸馏器等都是为制备特种用途的高纯水而设计制造的。

化学分析用蒸馏水，通常是经过一次蒸馏而得（即一次水）。对高纯物质的分析，必须用高纯水。为此，可以增加蒸馏次数、减慢蒸馏速度、采用高纯材料（如石英）做蒸馏器等。实验室中所用的二次水、三次水等就是通过二次、三次蒸馏得到的。高纯水应当储存在有机玻璃、塑料或石英容器内。

蒸馏法制纯水的优点是操作简单、成本低、效果好（可除去离子杂质和非离子杂质），适用于中小型工厂化验室使用。

由于蒸馏法制纯水的产量低，水质电阻率较低。对用水量大、水的纯度要求较高的分析工作，可以采用离子交换法制取纯水，或者蒸馏法与离子交换法联合使用。

二、离子交换法制纯水

通过离子交换树脂精制的纯水称离子交换水或去离子水。离子交换树脂是一种不溶性的高分子化合物，组成树脂的骨干部分具有网状结构，对酸碱及一般溶剂相当稳定，而骨干又具有能与溶液中阳离子或阴离子进行交换的活性基团。当水流过装有离子交换树脂的交换器时，水中的杂质离子被离子交换树脂截留。这是因为离子交换树脂交换基中的 H^+（阳离子交换树脂表示为 $R^-SO_3^-H^+$）或 OH^-（阴离子交换表示为 $R\equiv N^+OH^-$）与水中的杂质离子（例如 Na^+、Ca^{2+} 或 Cl^-、SO_4^{2-}）交换，从交换基来的 H^+ 与 OH^- 结合为 H_2O。化学反应式为：

$$R^-SO_3H + Na^+ \longrightarrow R^-SO_3Na + H^+$$

$$R\equiv NOH + Cl^- \longrightarrow R\equiv NCl + OH^-$$

（式中 R 代表树脂骨架的一部分）

$$H^+ + OH^- \longrightarrow H_2O$$

上述离子交换反应是可逆的，当 H^+ 或 OH^- 浓度增加到一定程度时，反应向相反的方向进行，这就是离子交换树脂再生的原理。在纯水制造中，通常采用强酸性阳离子交换树脂或强碱性阴离了交换树脂。如果市售的树脂是钠型或氯型的，在使用前必须进行预处理，使之转化为

所需的 H^+ 型或 OH^- 型,同时除去所夹带的有机杂质。

离子交换制纯水的方法有复床法、混床法和联合法等几种。复床法是由阳树脂单床和阴树脂单床串联组成。它的操作简单、经济、再生方便,但水的纯度较低、电阻率较低(0.5MΩ·cm),带微碱性(pH 值为 8~10);混床法是将阳离子交换树脂和阴离子交换树脂按总交换容量相等配比混合(一份重量的阳离子树脂和两份重量的阴树脂混合)装于一个交换柱中。该法占地小、流速大、水的纯度高,可以间歇操作,利于小化验室应用;阳树脂单床+阴树脂单床+阳阴树脂混床的联合法是更合理的系统,综合了前两法的优点,所得水的纯度高、质量稳定、电阻率达 10~15MΩ·cm,pH 值为 7,水中硅含量低于 0.01mg/kg,金属杂质含量在 0.001mg/kg 以下。

离子交换法去离子的能力强,水质良好,但对非电解质及胶体物质无效,同时会有微量的有机物从树脂中溶出。因此根据需要可将去离子水与蒸馏水配合使用。

1. 树脂的预处理

取阳离子交换树脂 4kg 放于塑料盆内,用自来水反复漂洗,除去其中的色素、水溶性杂质及其他夹杂物,直到水清无泡沫,并用纯水浸泡 4h,再用 5% 盐酸浸泡树脂(以浸没过树脂为宜)4h,适当搅拌。然后,将盐酸排尽,以纯水反复洗至 pH 值为 3~4 为止。

取阴离子交换树脂 8kg 放于塑料盆内,同样用水反复漂洗直到水清无泡沫,并用纯水浸泡 4h。再用 5% 氢氧化钠溶液浸泡 4h,适当搅拌。然后将氢氧化钠溶液排尽,以纯水反复洗至 pH 值为 8~9 为止。

处理好的树脂,装入洗净备好的交换柱中(混床要使阳阴树脂充分混合),通水后待流出水达到水质的要求后,即可使用。

2. 树脂的再生处理

(1)复床的再生。

①阳树脂单床。由高位水槽经进水口注入 5% 盐酸 8000mL(对 4kg 树脂而言)于交换柱中,控制流速,使其在 30min 左右通完,再用水淋洗至出水 pH 值达 3~4 为止。

②阴树脂单床。由高位槽经进水口注入 5% 氢氧化钠溶液 15000mL(对 8kg 树脂而言)于交换柱中,控制流速,使在 1h 左右通完,再用纯水或经阳树脂单床流出的水淋洗至出水 pH 值达 8~9 为止。

(2)混床的再生。

①碱洗。将混床中的水位放到与树脂面相平,由高位水槽经进水口注入 5% 氢氧化钠溶液 15000mL,控制流速,使在 1h 左右通完。

②逆流分层。自柱下部的出水口通入水,经上部的进水口流出,控制进水量使全部树脂处于运动状态而又不致流失,逆流约 1h 左右,使出水 pH 值达 8~9 为止。逆洗后,阴阳树脂因相对密度不同而分层,阴树脂在上,阳树脂在下。

③酸洗。放水至阴阳树脂的交界面,从交换柱侧面的进酸口(位于树脂交界面处)通入 5% 盐酸 8000mL,经阳树脂自出水口流出,控制流速,使在 30min 左右通完,再自进酸口通入水淋洗阳树脂至出水 pH 值达 3~4 为止,要注意酸液和淋洗液不应超过树脂交界面,否则会影响阴树脂。

④混合。加水于柱内使水面高出树脂约 20cm,用鼓风机由混床底部压入空气混合 3~5min,使阴阳树脂混合均匀,然后通水使用。

⑤阳阴树脂分别再生处理。交换柱上若无进酸口,则可以先用自来水逆洗使阴阳树脂分

层，再用真空泵将上层阴离子交换树脂通过胶管抽入再生柱内，分别按阳、阴树脂单床进行再生处理。

对于较小的混床，因柱小而不便在柱内再生，可以在塑料盆内进行静态再生处理。首先将树脂倒入塑料盆内，排出水后，加20%氯化钠溶液，浸过树脂后，搅拌，使阴阳树脂分层，然后将阴阳树脂分别用5%氢氧化钠溶液和5%盐酸再生处理。

三、水质的检验

1. 物理法检验

利用电导仪或兆欧表测定水的电阻度是最简便而实用的方法。水的电阻率越高，表示其中离子越少，即水的纯度越高。通常离子交换水的电阻率在0.5～1.0MΩ·cm以上时，即可满足日常化学分析要求，对于要求较高的分析工作，水的电阻率应更高。

2. 化学法检验

(1)pH值。取水样10mL，加甲基红试剂(pH值变色范围4.2～6.2)2滴，以不显红色为合格；另取水样10mL，加溴百里酚蓝(pH值变色范围6.0～7.6)5滴，以不显蓝色为合格。也可用pH试纸检查，更准确的方法是用酸度计测定。

(2)氯离子的检验。取水样100mL，加硝酸数滴，滴加1%硝酸银溶液1～2滴，摇匀。无白色混浊为合格。

(3)硫酸根离子的检验。取水样100mL，加1%氯化钡溶液1mL，摇匀。无白色混浊为合格。

(4)铁离子的检验。取水样100mL，加盐酸1mL，再加1mol/L亚铁氰化钾溶液1mL，摇匀。以不显蓝色为合格。

(5)钙离子的检验。取水样10mL，调节pH值为12.0～12.5，加入适量的钙指示剂，摇匀。若溶液呈红色，表示有Ca^{2+}存在，呈蓝色为合格。

(6)镁离子的检验。取水样10mL，加数滴氨性缓冲液(pH=10)及0.5%铬黑T指示剂溶液2～3滴，摇匀。若溶液呈红色，表示有Mg^{2+}离子存在，呈天蓝色表示合格。

(7)可溶性硅的检验。取水样10mL，加入1%钼酸铵溶液15滴，草酸—硫酸混合液[4% $H_2C_2O_4$溶液∶8mol/L($\frac{1}{2}H_2SO_4$)硫酸=1∶3]8滴，摇匀，放置10min(或水浴加热30s)，滴加1%硫酸亚铁铵溶液5滴，摇匀。以不显蓝色为合格。

(8)易氧化物的检验。取水样100mL，加稀硫酸10mL，煮沸后，加$c(\frac{1}{5}KMnO_4)=0.1$mol/L高锰酸钾溶液2滴，煮10min，溶液仍呈粉红色为合格。

(9)不挥发物的检验。取水样100mL，在水浴上蒸干，并在烘箱中于105℃干燥1h，所留残渣以不超过0.1mg为合格。

第二节　常用洗涤液

一、铬酸洗涤液

在台式天平上称取研细的重铬酸钾(俗称红矾钾)5g置于250mL烧杯内，加水10mL，加热使它溶解，冷却后，再慢慢加入 80mL 浓硫酸（工业纯，应注意切不可将水加入浓硫酸中），边加边搅拌。配好的洗液应为深褐色。待溶液冷却后，储于磨口塞小口瓶中密塞备用。器皿用铬酸洗液洗涤时应特别小心。因铬酸洗液为强氧化剂，腐蚀性强，易烫伤皮肤及烧坏衣服，同时铬有毒，使用时应注意安全，绝对不能用口吸，要用洗耳球。具体操作如下：

(1) 使用洗液前，必须先将器皿用自来水和毛刷洗刷，倾尽器皿内水，以免洗液被水稀释后降低洗液效率。

(2) 用过的洗液不能随意乱倒。只要洗液未变为绿色，应倒回原瓶，以备下次再用。若洗液变为绿色，表明洗液已失去去污力，要倒入废液缸内，另行处理，绝不能倒入下水道。

(3) 用洗液洗涤后的仪器，应先用自来水冲净，再用蒸馏水或去离子水润洗内壁 2～3 次。

二、氢氧化钠的高锰酸钾洗涤液

在天平上称取高锰酸钾 4g 溶于少量水中，向该溶液中慢慢加入 100mL 10% 的氢氧化钠溶液，混匀后放入带有橡皮塞的玻璃瓶中备用。该洗液用于洗涤油污及有机污沾污的器皿。洗后在器皿上如留有二氧化锰沉淀可用浓硫酸或亚硫酸钠溶液将其洗掉。

三、肥皂液及碱液洗涤液

当器皿被油脂弄脏时，应用浓的碱液（30%～40%）处理或用热肥皂液洗涤，再用热水和蒸馏水洗净。合成洗涤剂适合于洗涤被油脂或某些有机物沾污的器皿。将市售合成洗涤剂（又称洗衣粉）用热水配成浓溶液，洗时放少量溶液，加热效果更好，振荡后倒掉，再用水和蒸馏水洗净。如果洗涤剂没有冲净，装水后弯月面变平。洗滴定管、容量瓶等后，用水要冲洗到弯月面正常为止。

四、硝酸的乙醇洗涤液

此洗液适用于洗涤油脂或有机物质沾污的酸式滴定管，使用时先在滴定管中加 3mL 乙醇，再沿壁加入 4mL 浓硝酸，用小表面皿盖住滴定管。让溶液在管中保留一段时间，即可除去污垢。

五、盐酸的乙醇溶液

用 1 份盐酸加 2 份乙醇混合配成洗涤液，此洗液适合于洗涤有颜色的有机物质的比色皿。

六、硫酸亚铁的酸性溶液或草酸及盐酸洗涤液

这些溶液用于清洗高锰酸钾留在器皿上的二氧化锰。大多数不溶于水的无机物质都可以用少量粗盐酸洗去。灼烧过沉淀的瓷坩埚，可用热盐酸（1∶1）洗涤，然后再用铬酸洗液洗涤。

七、硝酸洗涤液

在铝和搪瓷器皿中的沉垢，用 5%～10% 硝酸除去，酸宜分批加入，每一次都要在气体停止析出后加入。

器皿清洗后用水冲洗,再用蒸馏水或去离子水冲洗,使水沿着器皿的壁完全流掉。如果器皿已洗净,壁上便留有均匀的一薄层水膜。

第三节　标准溶液的制备及标定

一、氢氧化钠标准溶液

1. 欲配制氢氧化钠标准溶液

$$c(\text{NaOH}) = 1.0\text{mol/L}$$
$$c(\text{NaOH}) = 0.5\text{mol/L}$$
$$c(\text{NaOH}) = 0.1\text{mol/L}$$

2. 配制

称取100g 氢氧化钠,溶于100mL 水中,摇匀,注入聚乙烯容器中,密闭放置至溶液清亮。用塑料管虹吸下列规定体积的上层清液,注入1000mL 无二氧化碳的水中,摇匀。

c(NaOH),mol/L	氢氧化钠饱和溶液体积,mL
1.0	52
0.5	26
0.1	5

3. 标定

(1)操作。称取下列规定量的于105～110℃烘至恒重的基准邻苯二甲酸氢钾,精确至0.0001g,溶于下列规定体积的无二氧化碳的水中,加2滴酚酞指示剂(10g/L),用配制好的氢氧化钠溶液滴定溶液呈粉红色,同时做空白试验。

c(NaOH),mol/L	基准邻苯二甲酸氢钾质量,g	无二氧化碳的水体积,mL
1.0	6.0	80
0.5	3.0	80
0.1	0.6	50

(2)计算。氢氧化钠标准溶液浓度按下式计算:

$$c(\text{NaOH}) = \frac{m \times 1000}{(V_1 - V_2) \times 204.2}$$

式中:c(NaOH)——氢氧化钠标准溶液的浓度,mol/L;

m——基准邻苯二甲酸氢钾的质量,g;

V_1——氢氧化钠溶液的体积,mL;

V_2——空白试验氢氧化钠溶液的体积,mL;

204.2——1mol 基准邻苯二甲酸氢钾($KHC_8H_4O_4$)的质量,g/mol。

二、盐酸标准溶液

1. 欲配制盐酸标准溶液

$$c(\text{HCl}) = 1.0\text{mol/L}$$

$$c(HCl)=0.5mol/L$$
$$c(HCl)=0.1mol/L$$

2. 配制

量取下列规定体积的盐酸，注入1000mL水中，摇匀。

c(HCl)，mol/L	盐酸，mL
1.0	90
0.5	45
0.1	9

3. 标定

(1)操作。称取下列规定量的于270～300℃灼烧至恒重的基准无水碳酸钠，精确至0.0001g。溶于50mL水中，加10滴溴甲酚绿—甲基红混合指示液，用配制好的盐酸溶液滴定至溶液由绿色变为暗红色，煮沸2min，冷却后继续滴定至溶液再呈暗红色，同时做空白试验。

c(HCl)，mol/L	基准无水碳酸钠，g
1.0	1.6
0.5	0.8
0.1	0.2

(2)计算。

$$c(HCl)=\frac{m\times1000}{(V_1-V_2)\times52.99}$$

式中：c(HCl)——盐酸标准溶液的浓度，mol/L；

m——基准无水碳酸钠的质量，g；

V_1——盐酸溶液的体积，mL；

V_2——空白试验盐酸溶液的体积，mL；

52.99——1mol基准无水碳酸钠$\left(\frac{1}{2}Na_2CO_3\right)$的质量，g/mol。

三、硫酸标准溶液

1. 欲配制硫酸标准溶液

$$c\left(\frac{1}{2}H_2SO_4\right)=1.0mol/L$$
$$c\left(\frac{1}{2}H_2SO_4\right)=0.5mol/L$$
$$c\left(\frac{1}{2}H_2SO_4\right)=0.1mol/L$$

2. 配制

量取下列规定体积的硫酸，慢慢注入1000mL水中，并不断搅拌。

$c\left(\frac{1}{2}H_2SO_4\right)$, mol/L	硫酸, mL
1.0	30
0.5	15
0.1	3

3. 标定

(1)操作。称取下列规定量的于 270 ~ 300℃灼烧至恒重的基准无水碳酸钠,精确至0.0001g。溶于 50mL 水中,加 10 滴溴甲酚绿—甲基红混合指示液,用配制好的硫酸溶液滴定至溶液由绿色变为暗红色,煮沸 2min,冷却后继续滴定至溶液再呈暗红色为终点,同时做空白试验。

$c\left(\frac{1}{2}H_2SO_4\right)$, mol/L	基准无水碳酸钠, g
1.0	1.6
0.5	0.8
0.1	0.2

(2)计算。

$$c\left(\frac{1}{2}H_2SO_4\right) = \frac{m \times 1000}{(V_1 - V_2) \times 52.99}$$

式中:$c\left(\frac{1}{2}H_2SO_4\right)$——硫酸标准溶液的浓度,mol/L;

m——基准无水碳酸钠的质量,g;

V_1——硫酸溶液的体积,mL;

V_2——空白试验硫酸溶液的体积,mL;

52.99——1mol 基准无水碳酸钠$\left(\frac{1}{2}Na_2CO_3\right)$的质量,g/mol。

四、碳酸钠标准溶液

1. 欲配制碳酸钠标准溶液

$$c\left(\frac{1}{2}Na_2CO_3\right) = 1.0\text{mol/L}$$

$$c\left(\frac{1}{2}Na_2CO_3\right) = 0.1\text{mol/L}$$

2. 配制

称取下列规定量的无水碳酸钠,溶于 1000mL 水中,摇匀。

$c\left(\frac{1}{2}Na_2CO_3\right)$, mol/L	无水碳酸钠, g
1.0	53.0
0.1	5.3

3. 标定

(1)操作。量取30.00~35.00mL下列配制好的碳酸钠溶液，加下列规定量的水，加10滴溴甲酚绿—甲基红混合指示液，用下列已知浓度的盐酸标准溶液滴定至溶液由绿色变为暗红色，煮沸2min，冷却后继续滴定至溶液呈暗红色为终点。

$c\left(\frac{1}{2}Na_2CO_3\right)$,1mol/L	H_2O,mL	$c(HCl)$,1mol/L
1.0	50	1.0
0.1	20	0.1

(2)计算。碳酸钠标准滴定溶液按下式计算：

$$c\left(\frac{1}{2}Na_2CO_3\right)=\frac{c_1V_1}{V}$$

式中：$c\left(\frac{1}{2}Na_2CO_3\right)$——碳酸钠标准溶液的浓度，mol/L；

c_1——盐酸标准溶液的浓度，mol/L；

V_1——盐酸标准溶液的体积，mL；

V——碳酸钠溶液的体积，mL。

五、重铬酸钾标准溶液

1. 欲配制重铬酸钾标准溶液

$$c\left(\frac{1}{6}K_2Cr_2O_7\right)=0.1mol/L$$

2. 配制

称取5g重铬酸钾，溶于1000mL水中，摇匀。

3. 标定

(1)操作。量取30.00~35.00mL配制好的重铬酸钾溶液，置于碘量瓶中，加2g碘化钾及20mL硫酸(20%)，摇匀。于暗处放置10min，加150mL水，用$c(Na_2S_2O_3)=0.1mol/L$硫代硫酸钠标准溶液滴定，近终点时加3mL淀粉指示液(5g/L)，继续滴定至溶液由蓝色变为亮绿色为终点。同时做空白试验。

(2)计算。

$$c\left(\frac{1}{6}K_2Cr_2O_7\right)=\frac{c_1\times(V_1-V_2)}{V}$$

式中：$c\left(\frac{1}{6}K_2Cr_2O_7\right)$——重铬酸钾$\left(\frac{1}{6}K_2Cr_2O_7\right)$标准溶液的浓度，mol/L；

c_1——硫代硫酸钠($Na_2S_2O_3$)标准溶液的浓度，mol/L；

V_1——硫代硫酸钠标准溶液的体积，mL；

V_2——空白试验硫代硫酸钠标准溶液的体积，mL；

V——重铬酸钾溶液的体积，mL。

六、硫代硫酸钠标准溶液

1. 欲配制硫代硫酸钠标准溶液

$$c(Na_2S_2O_3)=0.1mol/L$$

2. 配制

称取26g硫代硫酸钠（$Na_2S_2O_3 \cdot 5H_2O$）或16g无水硫代硫酸钠，溶于1000mL水中，缓缓煮沸10min，冷却。放置两周后过滤备用。

3. 标定

（1）操作。称取0.15g于120℃烘至恒重的基准重铬酸钾，精确至0.0001g。置于碘量瓶中，溶于25mL水，加2g碘化钾及20mL硫酸（20%），摇匀，于暗处放置10min。加150mL水，用配制好的硫代硫酸钠溶液滴定。近终点时加3mL淀粉指示液（5g/L），继续滴定至溶液由蓝色变为亮绿色为终点。同时做空白试验。

（2）计算。

$$c(Na_2S_2O_3)=\frac{m\times 1000}{(V_1-V_2)\times 49.03}$$

式中：$c(Na_2S_2O_3)$——硫代硫酸钠标准溶液的浓度，mol/L；

49.03——1mol基准重铬酸钾$\left(\frac{1}{6}K_2Cr_2O_7\right)$的质量，g/mol；

V_1——硫代硫酸钠溶液的体积，mL；

V_2——空白试验硫代硫酸钠溶液的体积，mL；

m——基准重铬酸钾的质量，g。

七、碘标准溶液

1. 欲配制碘标准溶液

$$c\left(\frac{1}{2}I_2\right)=0.1mol/L$$

2. 配制

称取13g碘及35g碘化钾，溶于100mL水中，稀释至1000mL，摇匀，保存于棕色具塞瓶中。

3. 标定

（1）操作。称取0.15g预先在硫酸干燥器中干燥至恒重的基准三氧化二砷，精确至0.0001g，置于碘量瓶中，加4mL氢氧化钠溶液［$c(NaOH)=1mol/L$］溶解，加50mL水，加2滴酚酞指示液（10g/L），用硫酸溶液$\left[c\left(\frac{1}{2}H_2SO_4\right)=1mol/L\right]$中和，加3g碳酸氢钠及3mL淀粉指示液（5g/L），用配制好的碘溶液滴定至溶液呈浅蓝色为终点，同时做空白试验。

（2）计算。

$$c\left(\frac{1}{2}I_2\right)=\frac{m\times1000}{(V_1-V_2)\times49.46}$$

式中：$c\left(\frac{1}{2}I_2\right)$——碘标准溶液的浓度，mol/L；

m——基准三氧化二砷质量，g；

V_1——碘溶液的体积，mL；

V_2——空白试验碘溶液的体积，mL；

49.46——1mol 基准三氧化二砷$\left(\frac{1}{4}As_2O_3\right)$的质量，g/mol。

八、草酸标准溶液

1. 欲配制草酸标准溶液

$$c\left(\frac{1}{2}C_2H_2O_4\right)=0.1\text{mol/L}$$

2. 配制

称取 6.4g 草酸（$C_2H_2O_4\cdot2H_2O$），溶于 1000mL 水中，摇匀。

3. 标定

（1）操作。量取 30.00～35.00mL 配制好的草酸标准溶液，加 100mL 硫酸溶液（8mL 浓硫酸 +92mL 水），用高锰酸钾标准溶液$\left[c\left(\frac{1}{5}KMnO_4\right)=0.1\text{mol/L}\right]$滴定，近终点时加热至 65℃，继续滴定至溶液呈粉红色保持 30s，同时做空白试验。

（2）计算。

$$c\left(\frac{1}{2}C_2H_2O_4\right)=(V_1-V_2)\times\frac{c_1}{V}$$

式中：$c\left(\frac{1}{2}C_2H_2O_4\right)$——草酸标准滴定溶液的浓度，moL/L；

V_1——高锰酸钾标准滴定溶液的体积，mL；

V_2——空白试验高锰酸钾标准滴定溶液的体积，mL；

c_1——高锰酸钾标准滴定溶液的浓度，mol/L；

V——草酸溶液的体积，mL。

九、高锰酸钾标准溶液

1. 欲配制高锰酸钾标准溶液

$$c\left(\frac{1}{5}KMnO_4\right)=0.1\text{mol/L}$$

2. 配制

称取 3.3g 高锰酸钾，溶于 1050mL 水中，缓缓煮沸 15min，冷却后置于暗处保存两周，以 4# 玻璃滤埚过滤于干燥的棕色瓶中，4# 玻璃滤埚预先应以同样的高锰酸钾溶液缓缓煮沸 5min，收集瓶也要用此高锰酸钾溶液洗涤 2～3 次。

3. 标定

(1)操作。称取 0.2g 于 105 ~ 110℃烘至恒重的基准草酸钠,精确至 0.0001g,溶于 100mL 硫酸溶液(8:92)中,用配好的高锰酸钾溶液滴定,近终点时加热至 65℃,继续滴定至溶液呈粉红色保持 30s,同时做空白试验。

(2)计算。

$$c\left(\frac{1}{5}KMnO_4\right)=\frac{1000\times m}{(V_1-V_2)\times 67.00}$$

式中:$c\left(\frac{1}{5}KMnO_4\right)$——高锰酸钾标准溶液的浓度,mol/L;

m——基准草酸钠的质量,g;

V_1——高锰酸钾溶液的体积,mL;

V_2——空白试验高锰酸钾溶液的体积,mL;

67.00——1mol 基准草酸钠$\left(\frac{1}{2}C_2H_2O_4\right)$的质量,g/mol。

十、硫酸亚铁铵标准溶液

1. 欲配制硫酸亚铁铵标准溶液

$$c[(NH_4)_2Fe(SO_4)_2]=0.1mol/L$$

2. 配制

称取 40g 硫酸亚铁铵$[(NH_4)_2Fe(SO_4)_2\cdot 6H_2O]$溶于 300mL 硫酸溶液(20%)中,加 700mL 水,摇匀。

3. 标定(该溶液使用时标定)

(1)操作。称取 30.00 ~ 35.00mL 配制好的硫酸亚铁铵溶液加 25mL 无氧的水,用高锰酸钾标准溶液$\left[c\left(\frac{1}{5}KMnO_4\right)=0.1mol/L\right]$滴定至溶液呈粉红色,保持 30s。

(2)计算。

$$c[(NH_4)_2Fe(SO_4)_2]=\frac{c_1V_1}{V}$$

式中:$c[(NH_4)_2Fe(SO_4)_2]$——硫酸亚铁铵标准溶液的浓度,mol/L;

V_1——高锰酸钾标准溶液的体积,mL;

c_1——高锰酸钾标准溶液的浓度,mol/L;

V——硫酸亚铁铵溶液的体积,mL。

十一、乙二胺四乙酸二钠标准溶液

1. 欲配制乙二胺四乙酸二钠标准溶液

$$c(EDTA)=0.1mol/L$$

$$c(\text{EDTA})=0.05\text{mol/L}$$

$$c(\text{EDTA})=0.02\text{mol/L}$$

2. 配制

称取下列规定量的乙二胺四乙酸二钠，加热溶于1000mL水中，冷却，摇匀。

c（EDTA），mol/L	乙二胺四乙酸二钠，g
0.10	40
0.05	20
0.02	8

3. 标定

（1）操作。

①标定乙二胺四乙酸二钠标准溶液 $c(\text{EDTA})=0.1\text{mol/L}$。称取0.25g于800℃灼烧至恒重的基准氧化锌，精确至0.0001g。用少量水湿润，加2mL盐酸（20%）使样品溶解，加100mL水，用氨水溶液（10%）中和至pH值为7～8，加10mL氨—氯化铵缓冲溶液（pH值约为10）及5滴铬黑T指示液（5g/L），用配制好的乙二胺四乙酸二钠溶液滴定至溶液由紫色变为纯蓝色为终点，同时做空白试验。

②标定乙二胺四乙酸二钠标准溶液[$c(\text{EDTA})=0.05\text{mol/L}$及$c(\text{EDTA})=0.02\text{mol/L}$]。称取下列规定量于800℃灼烧至恒重的基准氧化锌，精确至0.0001g。用少量水湿润，加盐酸（20%）使样品溶解，移入250mL容量瓶中，稀释至刻度，摇匀，取30.00～35.00mL，加70mL水，用氨水（10%）中和至pH值为7～8，加10mL氨—氯化铵缓冲溶液（pH值约为10）及5滴铬黑T指示液（5g/L），用配制好的乙二胺四乙酸二钠溶液滴定至溶液由紫色变为纯蓝色时为止，同时做空白试验。

c(EDTA)，mol/L	基准氧化锌，g
0.05	1.0
0.02	0.4

（2）计算。

$$c(\text{EDTA})=\frac{1000\times m}{(V_1-V_2)\times 81.38}$$

式中：$c(\text{EDTA})$——乙二胺四乙酸二钠标准溶液的浓度，mol/L；

m——基准氧化锌的质量，g；

V_1——乙二胺四乙酸二钠溶液的体积，mL；

V_2——空白试验乙二胺四乙酸二钠溶液的体积，mL；

81.38——1mol基准氧化锌（ZnO）的质量，g/mol。

十二、氯化锌标准溶液

1. 欲配制氯化锌标准溶液

$$c(\text{ZnCl}_2)=0.1\text{mol/L}$$

2. 配制

称取 14g 氯化锌，溶于 1000mL 盐酸[0.05%(体积比)]中，摇匀。

3. 标定

(1)操作。量取 30.00～35.00mL 配制好的氯化锌溶液，加 70mL 水及 10mL 氨—氯化铵缓冲溶液(pH = 10)，加 5 滴铬黑 T 指示液(5g/L)，用乙二胺四乙酸二钠标准溶液[c(EDTA) = 0.1mol/L]滴定至溶液由紫色变为纯蓝色为终点，同时做空白试验。

(2)计算。

$$c(ZnCl_2) = (V_1 - V_2) \times \frac{c_1}{V}$$

式中：$c(ZnCl_2)$——氯化锌标准溶液的浓度，mol/L；

V_1——乙二胺四乙酸二钠标准溶液的体积，mL；

V_2——空白试验乙二胺四乙酸二钠标准溶液的体积，mL；

c_1——乙二胺四乙酸二钠标准溶液的浓度，mol/L；

V——氯化锌溶液的体积，mL。

十三、氯化镁(或硫酸镁)标准溶液

1. 欲配制氯化镁标准溶液

$$c(MgCl_2) = 0.2\text{mol/L}$$

2. 配制

称取 21g 氯化镁($MgCl_2 \cdot 6H_2O$)或 25g 硫酸镁($MgSO_4 \cdot 7H_2O$)溶于 1000mL 盐酸(0.5 + 999.5)中，放置 1 个月后，用 3#玻璃滤埚过滤，摇匀。

3. 标定

(1)操作。量取 30.00～35.00mL 配制好的氯化镁溶液，加 70mL 水及 10mL 氨—氯化铵缓冲溶液(pH = 10)，加 5 滴铬黑 T 指示液(5g/L)，用乙二胺四乙酸二钠标准溶液[c(EDTA) = 0.1mol/L]滴定至溶液由紫色变为纯蓝色为终点。同时做空白试验。

(2)计算。

$$c(MgCl_2) = (V_1 - V_2) \times \frac{c_1}{V}$$

式中：$c(MgCl_2)$——氯化镁标准溶液的浓度，mol/L；

V_1——乙二胺四乙酸二钠标准溶液的体积，mL；

V_2——空白试验时乙二胺四乙酸二钠标准溶液的体积，mL；

c_1——乙二胺四乙酸二钠标准溶液的浓度，mol/L；

V——氯化镁溶液的体积，mL。

十四、氯化钠标准溶液

1. 欲配制氯化钠标准溶液

$$c(NaCl) = 0.1\text{mol/L}$$

2. 配制

称取 5.9g 氯化钠，溶于 1000mL 水中，摇匀。

3. 标定

(1)操作。量取 30.00 ~ 35.00mL 配制好的氯化钠溶液，加 40mL 水及铬酸钾溶液(100g/L)1 ~2 滴，用硝酸银标准溶液[$c(AgNO_3)$ = 0.1mol/L]滴定。硝酸银标准溶液要逐渐滴到瓶里，同时不断搅拌，直至得到不消失的微红色的铬酸银沉淀为止。滴定时将烧瓶放在白色背景上，以使所得结果比较正确。

(2)计算。

$$c(\mathrm{NaCl}) = \frac{c_1 V_1}{V}$$

式中：$c(\mathrm{NaCl})$——氯化钠标准溶液的浓度，mol/L；

V_1——硝酸银标准溶液的体积，mL；

c_1——硝酸银标准溶液的浓度，mol/L；

V——氯化钠溶液的体积，mL。

十五、硝酸银标准溶液

1. 欲配制硝酸银标准溶液

$$c(\mathrm{AgNO_3}) = 0.1\mathrm{mol/L}$$

2. 配制

称取 17.5g 分析纯的硝酸银(制备溶液前硝酸银结晶应该放置在干燥洁净有色的称量瓶中，在 100℃附近干燥 1h，然后使用)。溶解于 300mL 水中，移入 1L 的量瓶中，用水冲淡至标记，摇匀，装入棕色玻璃瓶中保存。

3. 标定

(1)操作。称取 0.2g 于 500 ~600℃灼烧至恒重的基准氯化钠，精确至 0.0001g，溶于 70mL 水中，加 1 ~2 滴铬酸钾溶液(100g/L)，然后用配制好的硝酸银溶液滴定，要逐滴加入，同时要不断搅拌，直至得到不消失的微红色的铬酸银沉淀为止。滴定时将烧瓶放在白色背景上，以使所得结果比较正确。

(2)计算。

$$c(\mathrm{AgNO_3}) = \frac{1000 \times m}{V \times 58.44}$$

式中：$c(\mathrm{AgNO_3})$——硝酸银标准溶液的浓度，mol/L；

m——基准氯化钠的质量，g；

V——硝酸银溶液的体积，mL；

58.44——1mol 基准氯化钠(NaCl)的质量，g/mol。

十六、硫氰酸钠(或硫氰酸钾)标准溶液

1. 欲配制硫氰酸钠(或硫氰酸钾)标准溶液

$$c(\text{NaSCN}) = 0.1\text{mol/L}$$

2. 配制

称取8.2g硫氰酸钠或9.7g硫氰酸钾,溶于1000mL水中,摇匀。

3. 标定

(1)操作。称取0.5g于硫酸干燥器中干燥至恒重的基准硝酸银,精确至0.0001g。溶于100mL水中,加2mL硫酸铁铵指示液(80g/L)及10mL硝酸(25%),在摇动下用配制好的硫氰酸钠(或硫氰酸钾)溶液滴定。终点前摇动溶液至完全清亮后,继续滴定至溶液所呈浅棕红色保持30s。

(2)计算。

$$c(\text{NaSCN}) = \frac{1000 \times m}{V \times 169.9}$$

式中:c(NaSCN)——硫氰酸钠标准溶液的浓度,mol/L;

m——基准硝酸银的质量,g;

V——硫氰酸钠溶液的体积,mL;

169.9——1mol基准硝酸银的质量,g/mol。

第四节　缓冲溶液及混合指示剂的制备

一、乙酸—乙酸钠缓冲液(下表)

乙酸—乙酸钠缓冲液的大致 pH 值及配制方法

大致 pH 值	配　置　方　法
3	称取0.8g乙酸钠($CH_3COONa \cdot 3H_2O$),溶于水,加5.4mL乙酸(CH_3COOH),稀释至1000mL
4	称取54.4g乙酸钠($CH_3COONa \cdot 3H_2O$),溶于水,加92mL乙酸(CH_3COOH),稀释至1000mL
4~5	称取68.0g乙酸钠($CH_3COONa \cdot 3H_2O$),溶于水,加28.6mL乙酸(CH_3COOH),稀释至1000mL
4.5	称取164g乙酸钠($CH_3COONa \cdot 3H_2O$),溶于水,加84mL乙酸(CH_3COOH),稀释至1000mL
6	称取100g乙酸钠($CH_3COONa \cdot 3H_2O$),溶于水,加5.7mL乙酸(CH_3COOH),稀释至1000mL

二、乙酸—乙酸铵缓冲液

称取38.5g乙酸铵,溶于水,加28.6mL乙酸(冰乙酸),稀释至1000mL(pH值为4~5)。

称取59.8g乙酸铵,溶于水,加1.4mL乙酸(冰乙酸),稀释至200mL(pH值约为6.5)。

三、氨—氯化铵缓冲溶液

称取54.0g氯化铵,溶于水,加350mL氨水,稀释至1000mL(pH值约为10)。

称取 26.7g 氯化铵,溶于水,加 36mL 氨水,稀释至 1000mL(pH 值约为 10)。

四、甲基百里香酚蓝指示剂

将 1.0g 甲基百里香酚蓝与 100.0g 硝酸钾,混匀,研细。

五、甲基红指示液(1g/L)

称取 0.10g 甲基红,溶于乙醇,用乙醇稀释至 100mL。

六、甲基红—次亚甲基蓝混合指示液

将次甲基蓝乙醇溶液(1g/L)与甲基红乙醇溶液(1g/L)按 1∶2 体积比混合。

七、甲基橙指示液(1g/L)

称取 0.10g 甲基橙,溶于 70℃的水中,冷却,稀释至 100mL。

八、甲基紫指示液(0.5g/L)

称取 0.050g 甲基橙,溶于水,稀释至 100mL。

九、百里香酚酞指示液(1g/L)

称取 0.10g 百里香酚酞,溶于乙醇,用乙醇稀释至 100mL。

十、百里香酚蓝指示液(1g/L)

称取 0.10g 百里香酚蓝,溶于乙醇,用乙醇稀释至 100mL。

十一、邻甲苯酚酞指示液(4g/L)

称取 0.40g 邻甲苯酚酞,溶于乙醇,用乙醇稀释至 100mL。

十二、淀粉指示液(10g/L)

称取 1.0g 淀粉,加 5mL 水使成糊状,在搅拌下将糊状物加到 90mL 沸腾的水中,煮沸 1~2min,冷却,稀释至 100mL,使用期为两周。

十三、1,10-菲啰啉—亚铁指示液

称取 0.70g 硫酸亚铁($FeSO_4 \cdot 7H_2O$),溶于 70mL 水中,加 2 滴硫酸,加 1.5g 1,10-菲啰啉($C_{12}H_8N_2 \cdot H_2O$)[或 1.76g 1,10-菲啰啉盐酸盐($C_{12}H_8N_2 \cdot HCl \cdot H_2O$)],溶解后,稀释至 100mL,使用前制备。

注　指示剂变色域及颜色变化请参考表 1-4-1。

十四、酚酞指示液(10g/L)

称取 1.0g 酚酞，溶于乙醇，用乙醇稀释至 100mL。

十五、铬黑 T 指示剂

将 1.0g 铬黑 T 与 100.0g 氯化钠混合，研细。

十六、铬黑指示液(5g/L)

称取 0.50g 铬黑 T 和 2.0g 盐酸羟胺，溶于乙醇，用乙醇稀释至 100mL。此溶液使用前制备。

十七、硫酸铁铵指示液(80g/L)

称取 8.0g 硫酸铁铵[$NH_4Fe(SO_4)_2 \cdot 12H_2O$]，溶于水中(加几滴硫酸)，稀释至 100mL。

十八、溴百里香酚蓝指示液(1g/L)

称取 0.10g 溴百里香酚蓝，溶于乙醇[50%(体积比)]，用乙醇[50%(体积比)]稀释至 100mL。

十九、溴甲酚绿指示液(1g/L)

称取 0.10g 溴甲酚绿，溶于乙醇，用乙醇稀释至 100mL。

二十、溴甲酚绿—甲基红指示液

将溴甲酚绿乙醇溶液(1g/L)与甲基红乙醇溶液(2g/L)按 3∶1(体积比)混合，摇匀。

二十一、溴酚蓝指示液(0.4g/L)

称取 0.040g 溴酚蓝，溶于乙醇，用乙醇稀释至 100mL。

二十二、万能指示剂

酚酞，1.3g；溴麝香草酚蓝，0.9g；甲基红，0.4g；麝香草酚蓝：0.2g。

将上述四种试剂称好，溶解于 1000mL 70% 乙醇中，待完全溶解后，再加一些 0.1mol/L 氢氧化钠，使溶液刚变绿色即可应用。

该指示剂变色范围和指示的 pH 值如下：

红——pH 值为 4；橙——pH 值为 5；黄——pH 值为 6；绿——pH 值为 7；青——pH 值为 8；蓝——pH 值为 9；紫——pH 值为 10。

第五节　常用试纸的制备及用途

一、红色石蕊试纸

用 50 份热的乙醇溶液浸泡 1 份石蕊一昼夜，倾去浸出液，按 1 份存留石蕊加 6 份水的比例煮沸，并不断搅拌，然后静置一昼夜，滤去不溶物得紫色石蕊溶液。若溶液颜色不够深，则需加热浓缩，然后向此石蕊溶液中滴加0.05mol/L的H_2SO_4溶液至刚呈红色，最后将滤纸浸入，充分浸透后取出，在避光、干燥，没有酸、碱蒸气的环境中晾干即成。在被$pH \geq 8.0$的溶液润湿时变蓝；用纯水浸湿后遇碱性蒸气（溶于水溶液$pH \geq 8.0$的气体如氨气）变蓝。红色石蕊试纸常用于检验碱性溶液或蒸气等。

二、蓝色石蕊试纸

用与红色石蕊试纸相同的方法，可制得紫色石蕊溶液，向其中滴加0.1mol/L的NaOH溶液至刚呈蓝色，然后将滤纸浸入，充分浸透后取出，用与上文相同的方法晾干即成。被$pH \leq 5$的溶液浸湿时变红；用纯水浸湿后遇酸性蒸气或溶于水呈酸性的气体时变红。常用于检验酸性溶液或蒸气等。

三、白色酚酞试纸

将1g酚酞溶于100mL 95%的酒精后，边振荡边加入100mL水制成溶液，将滤纸浸入其中，浸透后在洁净、干燥的空气中晾干。遇碱性溶液变红，用水润湿后遇碱性气体（如氨气）变红，常用于检验$pH > 8.3$的稀碱溶液或氨气等。

四、白色淀粉碘化钾试纸

取1 g可溶性淀粉置小烧杯中加水10mL，用玻璃棒搅成糊状，然后边搅拌边倒入正在煮沸的200 mL水中并继续加热约2～3min溶液变清为止，再加入0.2g $HgCl_2$（防霉），制成淀粉溶液。再向其中溶解0.4g KI及0.4 g $Na_2CO_3 \cdot 10H_2O$，将滤纸浸入其中，浸透后取出晾干。用于检测能氧化I^-的氧化剂如Cl_2、Br_2、NO_2、O_3、HClO、H_2O_2等，润湿的试纸遇上述氧化剂变蓝，也可以用来检测I_2。

五、白色淀粉试纸

将滤纸浸入上文未加KI、$Na_2CO_3 \cdot 10H_2O$的淀粉溶液中，浸透后取出晾干。润湿时遇I_2变蓝。白色淀粉试纸常用于检测I_2及其溶液。

六、白色醋酸铅试纸

将滤纸浸入3%的醋酸铅溶液中，浸透后取出，在无H_2S的环境中晾干。白色醋酸铅试纸遇H_2S变黑色，用于检验痕量的H_2S。

七、淡黄色铁氰化钾试纸

将滤纸浸入饱和铁氰化钾溶液中，浸透后取出晾干。淡黄色铁氰化钾试纸遇含Fe^{2+}的溶液变成蓝色，用于检验溶液中的Fe^{2+}。

八、淡黄色亚铁氰化钾试纸

将滤纸浸入饱和亚铁氰化钾溶液中，浸透后取出晾干。淡黄色亚铁氰化钾试纸遇含 Fe^{3+} 的溶液呈蓝色，用于检验溶液中的 Fe^{3+}。

九、pH 试纸

国产 pH 试纸分为广泛 pH 试纸和精密 pH 试纸两种。广泛 pH 试纸按变色的 pH 值范围又分为 1 ~ 10、1 ~ 12、1 ~ 14、9 ~ 14 四种，最常用的是 1 ~ 14 的 pH 试纸。

pH 试纸的制备方法为：取酚酞，1.3g；溴麝香草酚蓝，0.9g；甲基红，0.4g；麝香草酚蓝，0.2g。将上述四种试剂溶解于 1000mL 70% 乙醇中，待完全溶解后，再加一些 0.1mol/L 氢氧化钠溶液，使溶液刚变绿色。充分浸透后取出，在避光，干燥，没有酸、碱蒸气的环境中晾干即成。其变色情况为：红——pH 值为 4；橙——pH 值为 5；黄——pH 值为 6；绿——pH 值为 7；青——pH 值为 8；蓝——pH 值为 9；紫——pH 值为 10。

十、刚果红试纸

称取 0.5g 刚果红指示剂溶于 1000mL 水中，将白色滤纸浸入片刻，取出、晾干即成。刚果红试纸遇无机酸变蓝，所以常用于酸的检验，如用于检验色基重氮化时盐酸量是否足够，若试纸变成蓝色，表示显色液中盐酸用量已足够。

十一、还原黄 G 试纸

用还原染料浸染色时（如卷染），需要测试染液中保险粉的用量是否足够。染液中保险粉用量可用还原黄 G 试纸进行检验：将试纸浸入染液，3min 之内应由黄变蓝，如试纸变蓝缓慢，即表明保险粉含量不足，必须增加用量。

取 2.5g 还原黄，用太古油（润湿剂）调成浆状，加入 100mL 热水，加入 30% 烧碱溶液 20mL，调匀后，加入 50℃ 热水（蒸馏水）1000mL，加保险粉 10g，还原 10 ~ 15min。以白色滤纸浸入蓝色隐色体中 3 ~ 5min，然后取出，在空气中氧化、变成黄色、晾干即成。

十二、测温纸

既可以测量气温和布面温度，也可以用来检查机器运转时的温度变化。能够记录使用过程中出现过的最高温度。

第二篇　分析室常用仪器和设备

第一章　分析天平

第一节　阻尼天平

阻尼天平的结构如图 2-1-1 所示。天平梁 1 是天平的主要组成部分，在天平梁中间装有与其垂直的指针 17，可借以观察天平梁摆动和倾斜情况。当砝码与被称量物体的重量接近时，通过读数标牌 18 可以确定天平梁的倾斜程度。

天平梁上装有三个三棱柱形的玛瑙刀口。中间的刀口 2 架在天平柱 15 的磨光的玛瑙平板上，它是天平梁的支点，另两个刀口 5 则在梁的两端。在这两个刀口上悬有两个蹬（亦称吊耳），天平盘 8 就分别挂在这两个蹬上。三个玛瑙刀口的棱完全平行，且位于同一水平面上。三个刀口的锋利程度对天平的灵敏度有很大影响，如果刀口越锋利，和刀口接触的玛瑙平板越光滑，那么它们之间的摩擦越小，天平的灵敏度就越高。

天平经过长期使用，刀口由于摩擦逐渐变钝，此时天平的灵敏度也下降。由此可知，为了保持天平的灵敏度，应注意保护刀口的锋利程度，尽量减少刀口的磨损。转动升降枢 9 可以使天

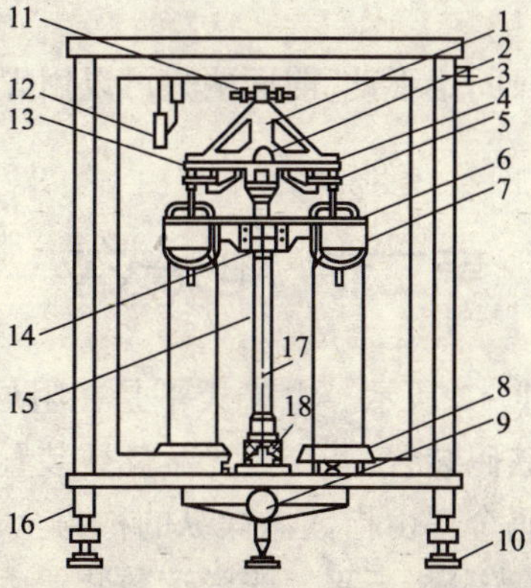

图 2-1-1　空气阻尼天平的结构图

1—天平梁　2—中间玛瑙刀口　3—移动游码装置　4—蹬　5—梁两端玛瑙刀口　6—空气阻尼器（上浮筒）　7—空气阻尼器底座　8—天平盘　9—升降枢　10—有凹孔的底垫　11—调节零点螺丝　12—游码钩　13—游码的刻度尺　14—阻尼架　15—天平柱　16—天平足　17—指针　18—读数标牌

平梁升起或下降。当天平休止时,应将天平梁架起,此时刀口被架空而与玛瑙平板脱离,以避免磨损。升起或降下天平梁时,必须小心缓慢地转动升降枢,同时应注意只有在天平指针摆动接近读数标牌的中部时,才可以将天平梁完全降下来,以避免剧烈的撞击。

阻尼分析天平是利用空气的阻力使天平停止摆动的。在天平梁臂下,装有阻尼器。阻尼器由两个不同大小的铝质圆筒(浮筒)组成,上浮筒6直径较小,悬于空气阻尼器底座7内,并保持间隙均匀,使上浮筒能上下自由移动。天平摆动时,圆浮筒内空气的阻力可使天平很快地停止摆动。若天平两盘上的载重稍有差异,则天平的指针偏向较轻的一方,并在此平衡位置上停止不动,其偏转的程度可由读数标牌18读出。

在天平的左盘上增加1mg载重时,指针偏转的格数叫做天平的灵敏度,指针偏转的格数越多,则表示天平越灵敏。灵敏度太低或太高都不好。灵敏度太低,不能准确称量0.1~0.2mg的物质;但灵敏度太高时,达到平衡所需时间拉长,且易受微小温差、气流等影响,所以也不便称量,一般阻尼天平的灵敏度以2.5格/mg为标准。

在实用上,常以感量(亦称分度值)表示天平的灵敏度,即:

$$感量 = \frac{1}{灵敏度}$$

如灵敏度为2.5格/mg的阻尼天平,其感量为0.4mg/格。这类天平也称为万分之四的天平。

一般用感量、不等臂性和示值变动性来表述天平的基本性能。不等臂性是指天平梁的左右两臂不相等的状况,两臂长度之差应符合一定要求。示值变动性是指在不改变天平状态的情况下,多次升起,降下天平梁,第一次天平达到平衡时,指针指示的位置的重现性能。示值变动性不能超出一定的范围。

分析天平都是装在特制的天平箱内,以防灰尘的侵入和附近空气流通对称量的影响。天平箱前方有一个可以上下移动的玻璃门,两旁有两扇门。前门除了装配、调整和清理天平时打开外,其余时间都应关上。两旁的边门在取放砝码和被称物体时才打开,其余时间也都应关上。

天平箱下有三只足,后面一只固定不动,前面两只可以用螺丝上下调节。调节时,应通过水平仪检查天平的水平状态。

第二节 电光天平

电光天平的正视图如图2-1-2所示。电光天平是在阻尼天平的基础上改进而成的。它增加了两个装置,一个是机械加砝码装置,一个是光学读数装置,如图2-1-3所示。砝码由指数盘9操纵。自动加取,大小砝码全部由指数盘操纵的称为全自动电光分析天平,1g以下的砝码由指数盘操纵的称为半自动电光分析天平。光学读数装置由光源1、聚光管3、放大镜5、反射镜6,7和投影屏8组成。光源经聚光管聚光后,照在指针下端的微分刻度标尺上,再经放大镜筒放大,由反射镜反射到投影屏,在投影屏上能直接读出10mg以下的重量。电光天平一般可准确称量至0.1mg,最大称量为100g或200g。

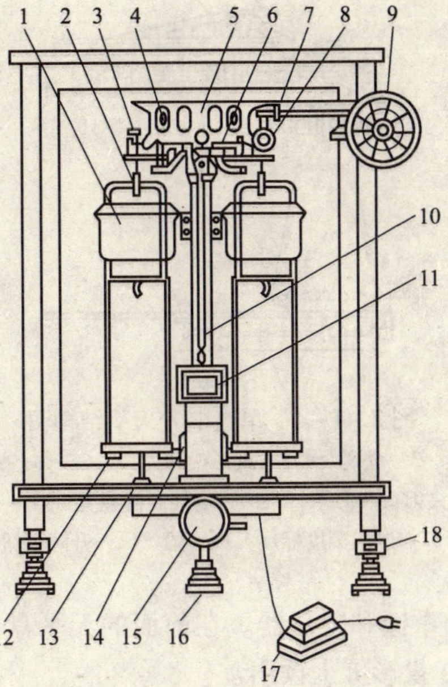

图 2－1－2　半自动电光天平示意图

1—空气阻尼器　2—挂钩　3—蹬　4—零点调节螺丝　5—天平梁　6—天平柱　7—环码钩　8—环码　9—指数盘　10—指针　11—投影屏　12—天平盘　13—盘托　14—光源　15—升降枢　16—底垫　17—变压器　18—支脚螺丝(可上下调节)

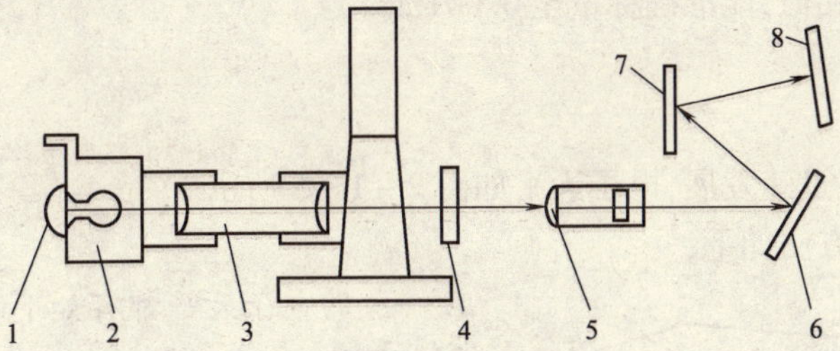

图 2－1－3　电光天平光学读数装置示意图

1—光源灯泡　2—照明筒　3—聚光管　4—微分标牌　5—放大镜　6,7—反射镜　8—投影屏

第三节　其他分析天平

一、单盘天平

单盘天平结构如图 2－1－4 所示。

将双盘全自动天平转动 90°,在前面只见一个盘,并且挡板将天平前后隔开,就形成一台单盘天平。

减码式单盘天平的特点是天平箱前有一个盘,所有砝码都挂在盘的上部,在天平箱的后部

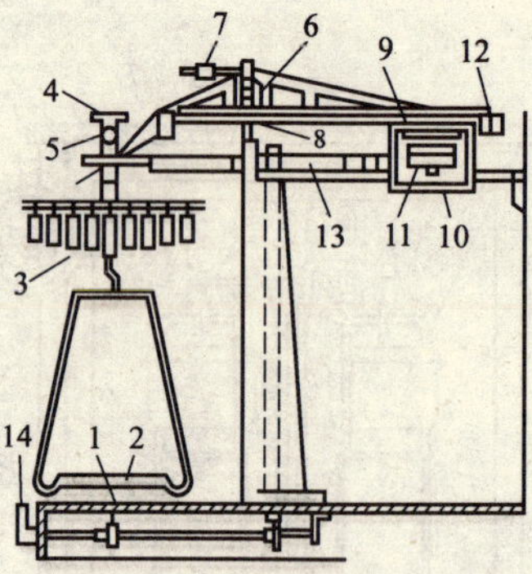

图 2-1-4　单盘电光天平结构图

1—盘托　2—秤盘　3—砝码　4,5—蹬形架和刀口　6—重心螺丝　7—平衡螺丝
8—中央刀口和刀承　9,10—空气制摆装置　11—平衡锤
12—透明刻度标尺　13—梁　14—升降枢钮

(天平梁的另一端)装有固定的重锤和阻尼器。在前面的天平盘中载物时,转动指数盘,减去若干个砝码以达到平衡,小数值在投影屏上读出。

由于减码式天平的砝码和物体同在一个臂上,不会由于两臂长不等而引起偏差。在称量时,称多重的物体就减去多重的砝码,天平的载重始终不变,因此,减码式天平有不同载重时,灵敏度不会改变。

二、微量天平

构造与电光天平相似,能准确称量至 0.001mg。

三、电子天平

近年来,电子天平迅速发展,电子天平如图 2-1-5 所示。

电子天平的操作方法如下:

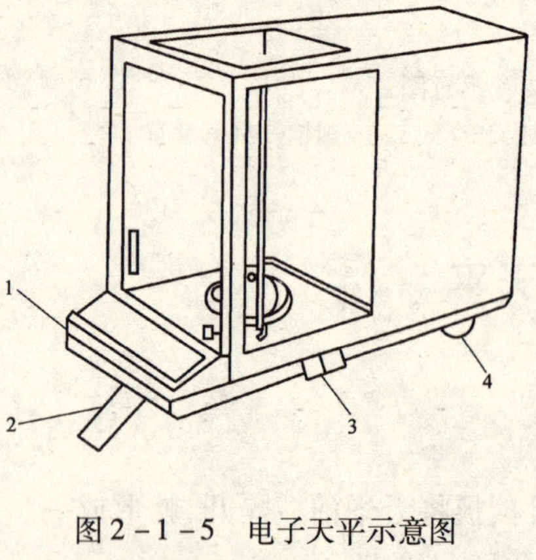

图 2-1-5　电子天平示意图

1—控制板　2—操作示意图　3—校正移动杆
4—水平调节螺丝

1. 一般的电子天平都有如下的按键

ON/OFF——电源开关

CAL——校正键

F——功能键

CF——清除键

PRINT——打印键 <数据输出>

TARE——除皮键

2. 操作方法

(1)调水平:调整地脚螺栓高度,使水平仪内空气泡位于圆环中央。

(2)开机:接通电源,按开关键 ON/OFF 直至全屏自检。

(3)预热:一般应预热2.5h以上,为取得理想的称量效果,天平应保持在待机状态。

(4)校正:每次开机使用天平必须校正,按CAL校正键,天平将显示所需校正砝码重量,放上砝码直至出现 xg(x 应与校正砝码的重量相一致),校正结束。

(5)称量:使用除皮键TARE,除皮清零,放置样品进行称量。

(6)关机:天平应一直保持在通电状态(24h),不使用时将开关键调至待机状态,使天平处于保温状态,可延长天平使用寿命。

不用时盖上天平罩,要保持天平洁净,防止灰尘。

第四节　天平的调节、使用规则及常见问题

一、零点和灵敏度的测定与调节

(一)零点的测定与调节

(1)阻尼天平零点的测定与调节:慢慢地旋动旋钮,开动天平,待天平停止摆动后,观察并记录指针有标牌上所处的格数,读至小数点后一位数。然后慢慢地关上天平,再测一次,其变动性不应太大。为了便于测定零点,指针最好在标牌的10处。如差别太大,可轻轻地旋动天平调节螺丝。

(2)电光天平零点的测定与调节:接通电源,慢慢地旋动旋钮,开动天平,在天平不载重的情况下,检查投影屏上标尺的位置,如零点与投影屏上的标线不重合,可拨动旋钮附近的扳手,挪动一下投影屏的位置使其重合,若相差较大时,则可旋动平衡螺丝,以调节空盘零点位置。

(二)灵敏度的测定与调节

(1)阻尼天平灵敏度的测定与调节:先测定空盘零点,然后将砝码向右或向左移动1mg,再启动天平,记录其平衡点,若空盘的零点为10.3格,增加1mg后,指针在标牌上的读数为12.8格,则灵敏度为:12.8－10.3＝2.5(格/mg),其感量为:1/2.5＝0.4(mg/格)。

(2)电光天平灵敏度的测定:开动天平,先调节零点使之与投影屏上的标线重合。在天平盘上放一个校准过的10mg砝码,再开动天平,标尺应移至9.9～10.1mg,如不符合要求,则应调节其灵敏度。

二、天平的使用规则

(一)使用前准备

(1)在使用天平前,须先检查天平是否在水平位置,天平零件部位(圈码、横梁、蹬形架等)是否在正确位置上,刀垫是否在支架的正确位置,用软毛刷刷去称盘上灰尘,然后开启天平,观察指针的摆动是否正常。

(2)开启天平两侧玻璃门5～10min,使天平内外的温度和湿度趋于一致,以免天平内外的温度、湿度不一致而产生变动性。

(3)关闭两侧玻璃门,多次开启和关闭天平,使天平各零部件落在正常位置上,这样在使用天平时变动性会小一些。

(4)称量前,应先调好零点。

(二)使用天平的规则

(1)开启与关闭天平动作应轻缓，仔细。在开动或关闭天平时，要待指针(摆)在正中时，才能开或关。

(2)称量时，不要开动和作用前门(前门只供安装、调整、维修时使用)，应使用侧门，以防呼吸出的热量、水气、二氧化碳及气流影响称量。取放被称物体和砝码时，可通过两侧玻璃门进出。关门时应轻缓。

(3)称量供样品时，取放称盘上的物体最好采用长镊子，避免因手伸入外框造成天平受热不均匀，引起变动。拿称量瓶时，应戴手套或用纸条捏取。

(4)砝码只允许用专用镊子(带骨尖)夹取，绝不允许用手直接接触砝码；砝码只能放在砝码盒内或称盘上，而绝不可放在其他地方，每一架天平只能使用其专用的砝码。

(5)称样时，开始向称盘内加砝码，应约等于被称物体的质量(如果要求快速称量时可预先在架盘天平上称出其约质量，再到分析天平上称量)，然后依次增减砝码，直至天平平衡为止。在天平达到平衡状态之前，不应将开关全部开启，只能谨慎地部分开启，以判断需要增减砝码；在向称盘内增减称供样品后，再开启天平时，也不应将天平全部开启，以判断应增添还是减供样品。

(6)天平处在开启状态时，绝对不可在称盘上取放物品或砝码，包括不能转动机械加码指数盘，以及开启天平的门。

三、分析天平常见问题及对策(表2-1-1)

表2-1-1　分析天平常见问题及对策

故障现象	产生原因	消除办法
测量误差问题	天平室内温场不均或单臂离热源太近，致使天平强梁单臂受热而改变臂比，增大不等臂性误差	将天平远离热源(如暖气片等)
	天平室内有空气流动直接影响天平停点的稳定，致使指针停点位移而使测定失真	天平室的门窗应关严，避免空气对流
	天平室内湿度过大，刀子与刀垫、横梁上的玛瑙槽眼与支力销因吸附作用而产生带针，增大变动性误差	控制湿度，用无水乙醇清洁各部件，重检天平
	当天平离震源较近，衡量时刀子受到冲击，致使刀子损伤或加速变钝，震动也可使部件松动，平衡螺和重心螺都可能移位，造成天平失准	天平室远离震源
	水平位置变化致使中刀垫不水平，造成中刀刃与中刀垫的两夹角不等	经常检查调校天平水准器
	操作太慢，被衡量物吸潮	控制湿度，称样应迅速准确

续表

故障现象		产生原因	消除办法
测量误差问题		被衡物经高温烘烤后未冷却至室温就衡量,致使横梁单臂受热而增大不等臂性误差	在不影响分析精度的前提下,延长冷却时间,或更换较大体积的干燥器
		当天平内较干燥,如使用了吸潮剂,而室内空气也较干燥时,当衡量含有水分的样品或液体样品时,被衡物中的水分容易蒸发,在微分标尺上出现停点慢慢向减轻方向移动的现象	不用吸潮剂,迅速准确地称样
		横梁存在不等臂性误差	采用替代法或连续替代法以及交换衡量法
		砝码放置在无恒温、恒湿的环境里时,空腔内的填充物被氧化,造成了砝码质量的不稳定	砝码应保存在恒温、恒湿的环境中
零点漂移问题		天平重心过高(若测定出空秤、全秤量灵敏度都过高,则是天平重心过高)	降低重心砣至合适位置
		中刀刃吃线(若测定出全秤量灵敏度高于空秤灵敏度,则属中刀刃吃线)	按产品说明书所示方法调整吃线
电光路系统问题	变压器漏电	变压器受潮造成初级与次级线圈之间或线圈与铁芯之间绝缘性能降低引起的	将变压器外壳拆下,将露出的线头用绝缘胶布包扎好,将变压器浸绝缘漆烘干检查后使用
	天平开启后,灯泡不亮	电源无电或接错	检查电源是否有电,插头与电源插座、插头与接线是否接触良好、可靠
		变压器烧毁	更换新变压器
		灯泡损坏	更换新灯泡
		灯泡与灯座接触不良	将灯座内的弹簧片撬高一点,使其与灯泡接触良好
		天平底座下面的弹簧开关失灵	修好弹簧开关
	天平开启后,灯泡时亮时灭	插头松动或插头与插座接触不良	可将插头紧固或改善接触
		开关接触不良	修理开关,使其接触良好
		变压器接线及变压器上插头松动	重新接线,使其接触良好
	天平开启后,刻度不清晰	焦距有问题	先将电源接通使灯泡一直亮着,将物镜侧面的固定螺丝拧松,将物镜调节手柄推进或移出,直至投影屏上的刻度清晰为止,然后固紧螺丝

续表

故障现象		产生原因	消除办法
电光路系统问题	天平开启后，标尺刻度一部分清晰，另一部分不清晰	微分标尺不固牢，有松动现象或指针端部发生轻微扭转变形	若属标尺松动可固紧（注意不要弄污微分标尺刻度）。若螺丝固紧后仍不清晰，则应检查指针是否有扭转变形，在查清扭转方向后可向相反方向扭回，但用力不可过大，每扭转一点就检查一次，直至微分标尺刻度的起点至终点都同样清晰为止
	投影屏上亮度强弱不均	光管与灯泡的位置不适当	拧松聚光管和灯罩上的固定螺丝，先将灯头旋转至使投影屏的亮度最强（应无彩色光条），固紧灯罩上的固定螺丝，然后慢慢将聚光管旋转并同时推进或移出，直至在投影屏上出现光亮最强，且满屏均匀无彩色光条时，将聚光管固定螺丝拧紧即可
	投影屏上毛玻璃失去滤光作用	毛玻璃与平玻璃之间发生吸水现象	将投影屏上的毛玻璃和平玻璃取下，用绸布或麂皮将两块玻璃上的水分擦干，也可沾少量无水乙醇擦拭，在擦拭中注意不要将刻度线擦掉，待玻璃上水分干后再装配
	投影屏上零点指示刻线模糊不清	毛玻璃和平玻璃不干净	可卸下光屏中的毛玻璃和平玻璃，用无水乙醇将两块玻璃擦拭干净。然后用一支削尖的硬铅笔和直角尺在毛玻璃的中心处，画一条长10mm左右的直线，线宽不超过0.3mm。然后装回即可
其他问题	天平摆动受阻 蹬形架脱落或偏侧	圈码与砝码杆相碰	调整好圈码与砝码杆的位置
		盘托卡住不能下降	取下秤盘，用干布或干纸擦净后，涂上一点干净的机油，再行安装使用
		内外阻尼器相碰或轻度摩擦	检查天平水平位置，调整内外阻尼器位置
		操作太重	将蹬形架轻轻地重新放上
		蹬形架安放不稳，左右偏侧	用尖嘴钳将横托架末端的小尖柱下部的螺旋放松，将小支柱向左或向右挪动，再拧紧螺丝后进行试验，至不再偏侧为止
		蹬形架前后跳动	用拨棍插入小支柱上部孔中转动，调节至小支柱的高度相同为止
	指针跳动	天平的支点刀（中刀）的刀口与刀承间前后距离不等	把横托架方臂前的螺丝放松，然后用手指调节小支柱的高度，最后把螺丝拧紧

续表

故障现象		产生原因	消除办法
其他问题	指数盘失灵	指数盘读数位置与加上砝码不相应	松开偏心轮的螺丝，旋转，以改变偏心轮的位置，使指数盘的读数位置与已放上的砝码相符，然后拧紧螺丝
		挂砝码的挂钩起落失灵	取下指数盘后面的外罩，适当地滴上些干净的机油，若有螺丝松脱，则将螺丝拧紧

第二章　玻璃仪器及其他制品

第一节　玻璃仪器

玻璃仪器是化验工作中最常用、最基本的一类化学仪器。因具有透明性、热稳定性、化学稳定性、制作方法简单及价格便宜等特点，是较为理想的化验仪器。

根据玻璃仪器材质可分为软质玻璃仪器（如厚器类）、硬质玻璃仪器（烧器类）和特硬质玻璃仪器等三类。

根据玻璃仪器的用途可分为一般玻璃仪器、计量玻璃仪器（以下简称量器）和专用分析仪器三类。

一、一般玻璃仪器

它主要包括烧器类、瓶类、管类、漏斗类。

（一）烧器类

烧器类仪器是用硬质玻璃制成的薄型器皿，具有较好的理化性能、热稳定性和机械强度。

1. 烧杯

主要为配制溶液、溶解样品、加热溶液、蒸发溶液及进行化学反应时用的仪器。分为烧杯、高型烧杯、三角烧杯。

2. 三角烧瓶（锥形瓶）

多用于加热溶液时为避免大量蒸发或反应时需要摇动的工作中，特别适用于滴定工作。分为一般三角瓶、具塞三角瓶和碘量瓶三种。

3. 烧瓶

主要用作蒸馏和化学反应的容器，也用于发生气体的分析试验中。分为平底烧瓶、厚口圆烧瓶和长颈圆底烧瓶。

（二）瓶类

瓶类是用软质玻璃制成的厚壁仪器。这类仪器的耐热性和硬度均较烧器类差，在使用过程中不宜加热。

1. 细口瓶及广口瓶

细口瓶为盛装液体试剂或液体样品时用；广口瓶为盛装固体试剂或固体样品时使用。为防止试剂样品的挥发及受空气中杂质的污染和影响，多为磨口，并具有磨口塞。不磨口的瓶用于装碱性试剂和样品，其瓶塞是用橡皮或软木制成的。按颜色，瓶又分无色瓶和棕色瓶两种。棕色瓶用于盛装见光易分解、易氧化的试剂和样品。

2. 蒸馏水瓶

为带有下口龙头或下口塞的细口瓶，主要用于盛装蒸馏水、标准溶液。应用时可较方便地从瓶的下口把溶液放出。

3. 滴瓶

是带有磨口滴管的小试剂瓶，用于盛装指示剂和试剂。

4. 称量瓶

主要作称量样品，测定水分及烘干基准物时用。它是具有磨口塞的器皿，分高型和矮型两种。

5. 洗瓶

是洗涤沉淀或冲洗仪器的装置。有平底洗瓶和三角洗瓶两种(用烧器组装)。

(三)管类

1. 一般试管

主要用作定性反应实验。

2. 离心试管

作为离心分离用的试管。其规格根据离心机实际要求确定。

3. 比色管

主要用于比色分析工作中。比色管有具塞的和不具塞的、带刻度和不带刻度的。要求用于一组的比色管均为无色、厚度一致、粗细一致、容积刻度线高度一致，以减小误差。

(四)漏斗类

1. 漏斗

主要用作溶液和固体物质分离的仪器。有长颈、短颈、圆型和带筋纹等四种漏斗。用长颈和筋纹漏斗过滤时速度快。

2. 砂芯漏斗

主要用作溶液和固体物质分离的仪器。砂芯漏斗为漏斗或管中焊接有很多微孔滤片的过滤仪器，按其平均孔径大小分为6种规格(表2-2-1)，可根据分析规程要求选用。

表2-2-1　砂芯漏斗规格

滤板代号	滤板孔径/μm	一般用途
G1	20~30	滤出大沉淀及胶体沉淀物
G2	10~15	滤出大沉淀及气体洗涤
G3	4.9~9	滤出细沉淀
G4	3~4	滤出细沉淀
G5	1.5~2.5	滤出较大杆菌及酵母
G6	1.5以下	换除病菌用

3. 分液漏斗

用于两种液体的分层和分离，也用于控制加入液体试剂流速和流量的工作中。根据形状可分为筒形、球形、梨形和锥形等四种。筒形及锥形漏斗一般具有刻度。

(五)其他玻璃仪器

1. 干燥器

用来保存干燥的物质或物质在干燥环境内冷却用的仪器。它是具有严密磨盖的厚壁仪器,中下部口径略小,内放一个多孔的白瓷板,瓷板下放置干燥剂。常用的干燥剂有硅胶、氯化钙、磷酸等。盖上带有磨口活塞的叫做真空干燥器,用于需要在真空中或低温条件下样品的干燥。

2. 冷却管(冷凝管)

主要用于冷凝蒸馏液或回流装置上。常见的有空气管、直形、蛇形及球形冷却器,其长度一般为400~800mm。

3. 气体干燥塔、洗气瓶和干燥管

主要用于分离和净化气体。塔内、瓶内鼓管内装有适当吸收剂,使气体通过塔、瓶或管内吸收剂而将气体中的杂质除掉。

4. 表面皿

它为球面形玻璃片。用作盖烧杯和盖漏斗用,以防止灰尘落入并防止加热或过滤时液体过分蒸发或溅出。选用表面皿时,要使表面皿的直径略大于烧杯或漏斗的口径。

(六)一般玻璃仪器使用规则

(1)凡在使用厚壁或非耐热的玻璃仪器时,不准将其加热或使之骤冷,以防炸裂。

(2)配制酸或碱时,不准在细口瓶或广口瓶中进行。

(3)盛碱液或浓盐溶液应用不带磨口的瓶,塞子要用橡皮塞或软木塞。

(4)使用带磨口的玻璃仪器,用完洗净后于瓶口和瓶塞之间加放一纸条,以防开启困难。塞子不能串用。

(5)使用烧器类仪器加热时必须垫上石棉网,不准直接在火或电炉上加热。

(6)使用试管可以用火直接加热,加热后不能骤冷,管口要朝外,并注意防止溶液溅出。

(7)使用玻璃砂芯滤器时必须抽滤,不能骤冷骤热。应避免与碱液或氢氟酸接触,以防多孔滤板被腐蚀。

(8)玻璃仪器应轻拿轻放,仪器很热时应戴手套或用夹子拿取。

二、量器

玻璃仪器是化验工作中用来准确测量溶液体积的仪器。常用的量器有量筒、量杯、滴管、吸管及容量瓶等。

(一)量器的类别及用途

1. 量筒和量杯

为量取要求不很精密的溶液体积的仪器。使用量杯比量筒方便,但不如量筒精密。

2. 滴管(滴定管)

在滴定时能准确测量标准溶液体积的量器。它是具有精密刻度,内径均匀、细长,下端带有尖管活塞的玻璃管。常用的滴管有酸式、碱式、自动和微量滴管等四种。常量分析用滴管容积一般为25mL及50mL,微量分析用滴管容积为1~5mL。

酸式滴管下端带有玻璃活塞开关。碱式滴管下端连接一条橡皮管,管内有一个玻璃球控制溶液的流出。

3. 容量瓶(量瓶)

是具有磨口塞或塑料塞的长颈薄壁平底瓶。瓶颈上刻有一环形标线,瓶上标有它的容积和标定时的温度。一般容积规定为20℃时的体积。

4. 吸管(移液管)

是准确移取一定量溶液的量器。它是细长、具有刻度或中部膨大的玻璃管,在吸管的上部有一环形标线,每支吸管上都有它的容积值及标定容积时的温度。

(二)对量器的基本技术要求

(1)容器应无色透明,没有妨碍弯月面形成的缺陷。

(2)量器口或管端应按轴垂直方向切断,口边应平整光滑,不得有粗糙处或未经熔光的缺口。

(3)量器的壁厚应均匀。向底部加厚时应无局部显著加厚现象。

(4)量瓶、量杯及量筒的底应平稳,且与其轴垂直。

(5)分度线的宽度、长度、计量数字和最小分度值应符合量器标准的规定。

(6)分度线应平直、分格均匀。分度线及数字应清晰、耐磨。

(7)具塞的量筒、量瓶、滴管的研磨表面应有良好的密合性。

(8)滴管和吸管的流液嘴应逐渐地向管口缩小,流液口应熔光,不能突然缩小或偏斜。其水的流出时间应符合量器标准规定。

(三)量器使用的一般规定

(1)所用的量器在使用前必须经过检定,不合格的或检定过期的量器不能使用。检定周期为两年。碱滴管的检定周期以一年为妥。

(2)使用量器时要首先选择适当的洗涤剂将量器洗涤干净。

(3)使用后立即将量器中的溶液倒出,并洗涤干净妥善保管。不准用量瓶储存溶液。

(4)不能使用量器加热,也不宜在烘箱中干燥。

(5)带磨口的量器,要保持原配塞,不能互换或弄混。

(6)用棕色量器测量遇光被氧化、分解的溶液。

三、专用分析玻璃仪器

专用于分析某物中的一种成分或测定物理常数,进行某种试验的成套玻璃仪器,如气体发生器、微量凯氏定氮仪、气体分析器、馏程测定器等。

四、玻璃仪器的洗涤方法

玻璃仪器洁净与否是影响化验结果准确度和精确度的因素之一。选择适当的洗涤剂和正确的洗涤方法,对仪器进行不同要求的洗涤是分析工作中的一项主要技术准备工作。

洗涤后的仪器,以器壁不挂水珠为洁净标准。

(一)洗涤剂的种类和应用范围

1. 水

水是一种常用的较经济的洗涤剂,有自来水和纯水两种。自来水主要对仪器进行初步的粗略洗涤和清洗洗涤液时用,纯水用作最后洗涤时用。

2. 洁净剂

最常用的洁净剂有肥皂、洗衣粉、去污粉、合成洗涤剂等。它主要用于洗涤沾污有油质并可以用刷子直接刷洗的仪器。

3. 洗涤液(洗液)

参见第一篇第九章第二节常用洗涤液。

(二)洗涤仪器的一般程序

(1)用水刷洗。干仪器中加入自来水、用毛刷刷洗,把可溶于水的物质溶解除去,也可把附在仪器上的灰尘及污物除掉。

(2)用洁净剂或洗液洗涤要根据仪器上沾污物的性质选择适当洗涤剂进行洗涤。用洁净剂洗涤时,先于仪器中加入少量水,再加洁净剂,然后用刷子刷洗。用洗液洗涤时,可将用自来水洗过的仪器放入洗液中浸泡,有时可以加热。

(3)除去洗液。将浸泡在洗液中的洗器(或用洁净剂洗过的仪器)空净洗液后,用自来水洗涤3~6次,除去洗液。

(4)纯水洗涤。用自来水洗净洗涤剂的仪器,最后再用纯水洗涤3次,并检查器壁上是否挂水珠,如不挂水珠即为洗净。

(三)注意事项

(1)用洗液洗涤仪器时,特别是使用铬酸洗涤前,应把仪器中的水尽量排出,以防止水分过多降低洗液浓度。

(2)洗涤厚壁、多接口等仪器和洗涤量器时,不准用热液洗涤或使仪器及量器受热。

(3)洗涤比色皿时,不准使之受热。

(4)洗涤仪器时,先用肥皂将手洗干净,以免手上的油污沾附在仪器上,增加洗涤困难。

(5)砂芯玻璃漏器,在使用前应置于盐酸或铬酸洗液中浸泡,然后用自来水冲洗,再用蒸馏水洗涤。洗涤时需正置或倒置用水反复抽洗。一般不准用碱性洗液洗涤或浸泡。使用后,要根据沉淀物的不同而采用适当洗液处理。

(6)洗涤液在失效前可重复使用。有的失效洗液可再生。

(7)仪器中含有气体杂质时,应用水或蒸气除掉。

五、玻璃仪器的干燥和保存方法

(一)玻璃仪器的干燥

用作称量或特殊要求的仪器必须是干燥的。干燥是化验室中常用的一种操作技术。其方法有以下三种:

1. 晾干法

此法适用于仪器干燥要求不甚高的情况。

2. 烘干法

将洗净的仪器尽量把水分沥净后,放入105~110℃烘箱内干燥1~2h,此法适用于仪器干燥要求较高的情况。

3. 热(冷)风吹干法

此法适用于急待干燥的仪器或不适于放入烘箱中干燥的仪器,使用此法时应在通风良好、无明火的地方，以防中毒、着火或爆炸。

（二）玻璃仪器的保管

玻璃仪器需要根据其类别、特性及用途的不同进行合理的保管，其原则是放置、取用方便。下面介绍一些仪器的保管方法。

1. 吸管

洗净后用干燥滤纸擦干，再用滤纸包好两端，放在专用盒或柜里。

2. 滴管

洗净后注满纯水，滴管上盖一个玻璃帽或塑料帽，也可倒置于滴管架上。长期不用时，活塞应除掉凡士林油后垫上一纸条，用皮筋拴好活塞，放入专用盒或柜里保存。

3. 具磨口塞的仪器

洗净后如暂时不用时，需在磨口与塞间垫一小纸条，将塞拴好并保存好，要防止把塞弄混。

4. 比色皿

洗净后吹干，放在未用盒内妥善保存。

5. 成套仪器（脂肪萃取器、水分测定器等）

用后洗净处理好，放在专用盒内或柜内保存。

6. 称量瓶

洗净烘干后，放于干燥器内保存、备用。

第二节　玻璃量器的校正

玻璃量器的容积并不都十分准确地与它所标的容量相符，因此需进行校正。容量分析中常用的容量单位是毫升（mL），即 0.001L。1L 是质量为 1000g 的水在标准大气压下、3.98℃时所占的体积。但 3.98℃并不是适宜的工作条件，因此通常以 20℃作为标准温度，即在 20℃时 1L 容积等于 3.98℃时质量为 1000g 水所占体积。

由于水的密度和玻璃容积的体积随温度的变化而改变，以及在空气中称量有空气浮力的影响，因此将任一温度下水的质量算成容积单位时，必须考虑以上这三个因素。为便于计算，将此三项校正值合并可得一个总的校正值。表 2－2－2 列出了不同温度下以水充满容积为 1L 的玻璃量器内，于空气中以黄铜砝码称得的水的质量。

表 2－2－2　不同温度下容积为 1L 的水的质量（于空气中以黄铜砝码称量）

温度/℃	质量/g	温度/℃	质量/g
11	998.04	17	997.65
12	998.23	18	997.51
13	998.14	19	997.34
14	998.04	20	997.81
15	997.93	21	997.00
16	997.80	22	996.80

续表

温度/℃	质量/g	温度/℃	质量/g
23	996.60	27	995.69
24	996.34	28	995.44
25	996.17	29	995.18
26	996.93	30	994.91

注　此表格也可换算成1mL水的质量表示。

一、校正方法

校正的方法是称量玻璃量器某一刻度内放出或容纳的蒸馏水的质量，然后除以在该温度下于空气中以黄铜砝码称量的容积为1L（或1mL）的水的质量（表2-2-2），即得该量器的实际容积。

（1）滴定管的校正：取洁净干燥的50mL带塞锥形瓶，准确称量至0.01g。在已准备好的滴定管中注入与室温相同的蒸馏水，调整液面至0刻度处，记录水的温度。以滴定速度放出0.00～5.00mL水于已称重的锥形瓶中，称其质量（准确至0.01g），两次质量之差即为放出水的质量。继续放水至10.00mL刻度处，再称量。依次按5mL间隔，直到50mL刻度为止。各次读数之差代表各间隔的视容积，每次称得的水的质量除以表2-2-2中该温度时1mL水的质量，即得滴定管各段刻度间隔的实际容积。依据以上结果，可列出各段的校正值和总校正值。

校正实验必须每段重复一次，两次结果的偏差应小于0.02mL。校正时必须控制滴定管的流速，使每秒流下3～4滴（30s流出约5mL），读数必须准确。滴定管实际容量与标称容量间的偏差应符合规定（表2-2-3）。否则应加校正值。

（2）吸管的校正：方法与滴定管相似。实际容量与标称容量间的偏差应符合表2-2-3规定。

（3）容量瓶的校正：取洁净干燥的容量瓶及烧杯，烧杯内放一定量的蒸馏水，同置于天平室中，放置1h以上，使之与空气温度一致，记下蒸馏水的温度。先将空容量瓶连同瓶塞一起称定质量，准确程度依容量瓶大小而定，可用万分之一天平，称准至0.1mg即可。然后加蒸馏水至刻度，注意不可有水珠留在刻度上，应用滤纸擦干，塞上瓶塞，再称定质量，两次称量之差即是容量瓶中的水的质量。将此质量除以该温度时1mL水的质量，即得容量瓶的实际容积。容量瓶实际容积与标称容量间的偏差应符合规定（表2-2-4）。

二、注意事项

（1）所用的蒸馏水须在室内放置1h以上。

（2）待校正的仪器应洗净（常用清洁液洗涤），洗至内壁不挂水珠。

（3）滴定管和移液管不必干燥，容量瓶必须干燥。

（4）校正时所用带塞锥形瓶必须干净，瓶外须干燥。

（5）在开始放水前，滴定管和移液管尖端及外壁的水必须擦去。

（6）一般每个仪器应校正两次。

三、玻璃吸管、滴定管、容量瓶的标称容量允许偏差(表2-2-3、表2-2-4)

表2-2-3　玻璃吸管、滴定管的标称容量允许偏差表

容量/mL	标准温度20℃时标称容量的允许偏差/mL							
	无分度单标记吸管		有分度吸管及无分度双标线吸管		直通活塞滴定管及微量滴定管		倒边活塞滴定管及无活塞滴定管	
	一等	二等	一等	二等	一等	二等	一等	二等
0.1	—	—	±0.001	±0.003	—	—	—	—
0.2	—	—	±0.002	±0.006	—	—	—	—
0.25	±0.006	±0.015	±0.01	±0.02	—	—	—	—
0.5	±0.006	±0.015	±0.01	±0.02	—	—	—	—
1	±0.006	±0.015	±0.01	±0.02	±0.006	±0.015	—	—
2	±0.006	±0.015	±0.01	±0.02	±0.006	±0.015	—	—
3	—	—	—	—	±0.006	±0.015	—	—
4	±0.01	±0.03	±0.02	±0.04	—	—	—	—
5	±0.01	±0.03	±0.02	±0.04	±0.01	±0.03	—	—
10	±0.02	±0.04	±0.03	±0.06	±0.02	±0.04	±0.03	±0.06
11	±0.02	±0.04	±0.03	±0.06	—	—	—	—
15	±0.03	±0.06	±0.04	±0.08	—	—	—	—
20	±0.03	±0.06	±0.04	±0.08	—	—	—	—
25	±0.04	±0.10	±0.05	±0.10	±0.03	±0.06	±0.05	±0.10
40	±0.05	±0.12	±0.08	±0.16	—	—	—	—
50	±0.05	±0.12	±0.08	±0.16	±0.05	±0.10	±0.06	±0.12
100	±0.08	±0.16	±0.10	±0.20	±0.10	±0.20	±0.12	±0.24

表2-2-4　容量瓶的标称容量允许偏差表

容量/mL	标准温度20℃时标称容量的允许偏差/mL	
	一等量瓶	二等量瓶
10	±0.02	—
25	±0.03	±0.06
50	±0.05	±0.10
100	±0.10	±0.20
200	±0.10	±0.20
250	±0.10	±0.20
500	±0.15	±0.30
1000	±0.30	±0.60
2000	±0.50	±1.00

第三节　石英玻璃、瓷和玛瑙器皿

在分析化验工作中，很多情况需要使用耐高温、耐腐蚀和耐磨的器皿。若所用器皿材料质量不佳，则会在几百度或近千度的高温下产生碎裂或被腐蚀、被磨损。这时部分杂质进入试样里，就会大大降低分析结果的准确性，使分析试验失败。因此良好的耐高温、耐腐蚀、耐磨的器皿对进行分析化验工作和保证分析结果的准确度十分重要。

化验室常用的耐高温器皿有石英玻璃器皿和瓷器皿，耐磨器皿有玛瑙器皿。

一、石英器皿

石英器皿由天然石英熔炼而成，主要成分是二氧化硅。由于原料及工艺不同，真石英制品有透明和不透明两类。石英玻璃的二氧化硅含量达99.95%以上，具有良好的物理化学性质，其特点有：

(1)耐热性高：熔点高达1650℃，通常加热到1200℃也不变形。

(2)热膨胀系数极小，只有普通玻璃的1/17，因此它耐骤冷和骤热，将红热的石英玻璃放到冷水里也不会炸裂。

(3)电绝缘性能良好。

(4)紫外线透过性能良好。

(5)和普通玻璃一样具有透明性，并可随意制作各种形状的器皿。有脆性，碰撞时易破碎。

(6)易受碱、氢氟酸及磷酸盐等物质腐蚀。

(7)在高温下易被还原。

石英器皿还有耐酸和不会沾污它物的优点，能代替一部分昂贵的金属铂。但由于具有质脆的性质和价格昂贵的特点，使用时应遵守以下规则：

(1)使用和加工时不宜在煤气中加热，因为高温时石英玻璃易被碳还原而降低质量。

(2)严禁与氢氟酸、碱和磷酸盐等物质接触，防止石英器皿被腐蚀。

(3)石英器皿价格昂贵，使用时应轻拿轻放，避免碰撞，使用后要妥善保管，以防损坏和丢失。

常用的石英器皿有各种规格的石英烧杯、石英坩埚、石英蒸发皿、石英烧瓶、石英管、石英比色皿等。其形状与玻璃仪器类似。

二、瓷器皿

分析用瓷器皿是硬质瓷材料制作的。它的玻化主要靠高温焙烧，并在瓷上涂釉，得到瓷器皿。瓷器皿具有以下优点：

(1)玻化完全，气孔率低且吸水率极小。

(2)能耐200℃以上的急热急冷试验。

(3)耐酸的侵蚀。

(4)经多次灼烧失重极微。

(5)机械强度高。

(6)热稳定性高,可在1200℃使用。

(7)价格便宜。

因此,瓷制品在分析工作中得到了广泛的应用。常用的瓷制品有蒸发皿、坩埚、研钵、点滴板、布氏漏斗、瓷杯等,其规格和形状同玻璃仪器,使用时避免和碱、氢氟酸接触,以防止被腐蚀。

三、玛瑙器皿

玛瑙是天然石英的一种,它有较高的硬度,与很多化学药品不起作用。在分析工作中常用的玛瑙器皿是玛瑙研钵。它在某些精细的、不许带进杂质的样品研钵时用。使用时不准与碱和氢氟酸等接触、不可用力敲打,以防腐蚀和破碎。用后要用水洗净,必要时可用稀盐酸或少许食盐研磨以去除污物。玛瑙研钵不可加热,洗后宜风干或在低温(60℃以下)烘干。

第三章　显微镜

第一节　显微镜的工作原理及一般术语

一、显微镜的工作原理（图 2－3－1）

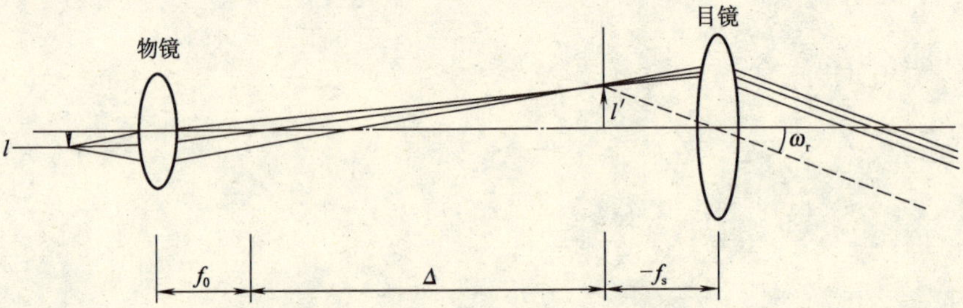

图 2－3－1　显微镜的工作原理图

l—物体　l'—物体 l 形成的像　f_o—物镜焦距　Δ—光学筒长　f_s—目镜焦距　ω_r—目镜视角

物体 l 首先经过物镜在目镜的物方焦平面上成一放大的实像 l'，再经目镜成像于无限远（实际观察时，往往使 l' 位于目镜的物方焦点以内某一地方，以使在离眼睛 250mm 处成一放大虚像）。

物镜的像方焦点至目镜的物方焦点之间的距离 Δ 称为“光学隔距”，在显微镜中就叫“光学筒长”。

如果设物镜的焦距为 f_o，目镜焦距为 f_s，则当使用显微镜观察时，视角的正切：

$$\tan\omega_r = l'/f_s$$

物镜的视轴放大率 $\beta = l'/l$

由图 2－3－1 可知，

$$l'/\Delta = -l/f_o$$

因此：$\beta = -\Delta/f_o$ 或 $l' = \dfrac{-\Delta \times l}{f_o}$（式中负号表示得到的是倒像）

将 l' 代入即得：

$$\tan\omega_r = \frac{-\Delta \times l}{f_s \times f_o}$$

整个显微镜的视角放大率为：

$$V_M = \frac{\tan\omega_r}{\tan\omega_B}$$

$$= \frac{\dfrac{-\Delta \times l}{f_s \times f_o}}{\dfrac{l}{250}}$$

$$= -\frac{\Delta}{f_o} \times \frac{250}{f_s}$$

$$= -\beta v$$

式中：V_M——显微镜的视角放大率；

ω_r——目镜视角；

ω_B——物镜视角；

Δ——光学筒长；

l——物体；

f_s——目镜的焦距；

f_o——物镜的焦距；

β——物镜的视轴放大率（物镜放大率）；

v——目镜的视轴放大率（目镜放大率）。

所以，显微镜总放大率即为物镜放大率与目镜放大率的乘积。即显微镜工作的一般原理是建立在两级放大的基础上的。

二、显微镜的一般术语

（1）总放大倍率：

显微镜的总放大倍率＝单个物镜的放大倍率×目镜的放大倍率

（2）数值孔径 *N. A.*：数值孔径是决定物镜和聚光镜性能的一个重要参数，用下式表示：

$$N.A. = n \cdot \sin\alpha$$

这里 n 是在物镜透镜和聚光镜与标本之间的介质（空气、浸油等）的折射率，而 α 则是孔径角的一半。数值孔径越大。图像就越明亮，分辨率就越高

（3）分辨率：衡量光学系统分辨相隔微小距离的两个点的能力的指标，称为光学系统的分辨率。一个光学系统能分辨的两点之间的距离越小，分辨率也就越高，它与数值孔径的关系由下式求得：

$$分辨率 = \frac{\lambda}{2 \times N.A.}$$

这里 λ 为所用光线的波长。

（4）机械筒长：从转换器上的物镜安装端面到插入目镜处的镜筒顶端的长度。

（5）工作距离（*W. D.*）：当一个标本图像被清晰聚焦时，从物镜的前端到盖玻片上表面的距离。通常，物镜的放大倍率越高，其工作距离越短。

(6)视场数：透过目镜可观察到的视场的直径(mm)。目镜顶端标明的10×/18，表示目镜的放大倍率为10×，视场数为18。

(7)物方视场：标本在显微镜下实际能被观察到的圆形区域的直径。

物方视场＝视场数/物镜的放大倍率

第二节 显微镜的使用及维护

一、显微镜的使用

(一)镜检要求

在保证物镜、目镜、机械性能较好的情况下，就要看它是否合轴。所谓合轴，就是目镜、物镜、聚光镜的光轴和可变光阑的中心重合在一条直线上。如果光轴歪斜，会使像差增大，分辨率和清晰度都要下降。

1. 校正光轴

首先将可变光阑开至最大，把低倍镜旋入光轴，下降镜筒使物镜与镜台之间的距离小于该物镜的工作距离(5mm以下)，不放标本，调节反射镜的角度使视野最亮，然后拔掉目镜，直接从镜筒中观察，一边把可变光阑慢慢地缩小和打开数次，当可变光阑关至最小时，光阑孔的像(此时只是一亮点)应正好落在物镜通光孔的中心；当光阑开大至一定程度时，光阑的像应正好与物镜通光孔边缘的黑圈重合。若符合上述两个条件，就说明它们合轴，否则就需要调整。主要是调整聚光器的位置，一般的显微镜没在光轴设调节螺丝，调节时难度较大，只好从聚光器固定架周围大螺丝上调整，必要时可加垫片，比较好的显微镜在它的聚光器支架两旁有两个光轴校正螺丝，调整这两个螺丝就能使它们合轴。

2. 聚光器的调节

(1)适当调节聚光器的高度。在使用高倍镜成像时，由于放大率大，镜像亮度小，就需要较强的照明。因此应把聚光器升至最高，以便使聚光镜的焦点正好落在标本平面上，但在使用低倍镜时，可将聚光器适当下降。

(2)可变光阑的应用。可变光阑起两个作用：一是控制射向标本的光通量；二是改变聚光器的数值孔径(数值孔径又叫镜口率)，后者是重要的。为了使物镜的分辨率(分辨率即区分标本上微细点间距离的能力)得到充分利用，原则上，聚光器的数值孔径应与物镜的数值孔径相等。否则分辨率就要下降，例如物镜的*N. A.*为1.25[能分辨0.22μm的细节——是根据公式$d=\lambda/(2N.A.)$，d表示分辨距离，λ表示照明光线的波长为0.55μm]，假若与它配用的聚光器*N. A.*只有0.85，那么物镜就只能发挥*N. A.*为0.85的分辨率(只能分辨0.32μm的细节)，有一部分分辨率就浪费了。但如果聚光器的*N. A.*大于物镜的*N. A.*，又会使像的清晰度下降。

3. 聚光器的数值孔径与物镜的数值孔径相匹配的调节方法

显微镜调焦后，拔掉目镜从镜筒中观察物镜的通光孔，同时将可变光阑关至最小(此时光阑孔的像只有一小亮点，并在物镜通光孔的中心)，然后慢慢打开光阑，当光阑的像正好与物镜通光边缘的黑圈相重叠时停止，这时聚光器的*N. A.*与物镜的*N. A.*相等。由于不同的物镜有不同的*N. A.*值，所以每次转换物镜后，都必须重新调整，才能使聚光器与不同的物镜相匹配。作为正规的操作或要求发挥物镜的最高分辨率来完成某种精细的观察时，都必须坚持这样做。

另外，在使用油镜时，如做一般性观察，聚光镜上勿需加香柏油。

如果要发挥显微镜的最高分辨率来完成某种精细观察时，聚光镜上就要滴两滴香柏油，把标本玻片放上，然后在玻片上滴一滴香柏油，即可进行观察，载玻片上的油应擦净，但聚光镜上的油可以不擦，只要把光阑适当关小一点即可。

(二)防霉

如果维护不当，显微镜的机械和光学部分等均有产生霉变的可能。对机械装置所产生的霉菌，一般可擦拭除去。而光学部分的发霉，势必会影响显微镜的分辨力和观察的清晰度，这样的显微镜是绝对不能对标本的结构作精细观察的。因此，应经常对显微镜检查、揩擦和清洁，不使潮气附着在仪器上和光学镜头上；装卸显微镜附件时应戴手套，避免显微镜及其附件上沾上手汗和指印；对光学镜头表面不能用手触摸，一旦发现镜头表面沾有指印，应立即擦去。

要特别注意使显微镜保持干燥，在下雨或潮湿的天气（尤其是梅雨季节）使用显微镜时，应考虑室内外的隔绝，不要轻易打开门窗，不使用的附件（如镜头等）应放在干燥器中；显微镜在用后应放入箱中或罩上含干燥剂的玻璃罩等；显微镜从冷环境转入热环境时，会产生一定的潮气，必须作干燥处理（例如将显微镜置于含有干燥剂的玻璃罩中若干时间）后才能使用。

如果发现光学镜头表面已受到霉菌的污染，可用软绸布（或擦镜纸）蘸上少许二甲苯（或甲醇酒精液）反复进行擦拭即可去除霉点；但如果霉点发展到镜头深处，用擦拭办法则很难除去，须将霉变的镜头送到制造厂，请厂方帮助磨去霉点。

(三)防尘

如果显微镜的光学镜头上落上灰尘，就会影响像的质量，这在显微镜观察中是最禁忌的。因此，对使用者来说，防尘十分重要。要杜绝灰尘的影响，首先应注意显微镜所处环境的清洁，实验室和实验桌应经常清扫；实验室最好采用木质或水泥地面，上面涂以油漆（或再上蜡）。显微镜在每次使用前后，都要进行清扫或擦拭，使用完后，即上罩子或装入箱中；目镜不要经常从镜筒中抽出，抽出目镜后，应很快插上或目镜筒立即加盖；显微镜使用者，要穿上干净的工作衣进行操作，如有条件时，实验室内也可为操作者准备干净的工作鞋。

(四)防腐蚀

显微镜切不可接触一些腐蚀性的药品（酸、碱类物质），也不要与之放在一起。在显微镜下观察新鲜标本时，应尽可能避免触及标本所带有的酸、碱溶液。所以在观察时标本应盖上盖玻片。如果镜头接触到微量的化学溶液，立即用清水洗涤，再用清洁细布或脱脂棉擦干。

二、光学系统的维护

在操作情况下，显微镜光学镜头接受到少量的灰尘或某些异物不可避免，因此对显微镜光学部分的擦拭是每个使用者常做的事，擦拭的方法很多，现将常用的方法介绍如下：

(一)物镜、目镜的外表面

不必将物镜、目镜拆开擦拭，主要是擦其外表面。可用脱脂的小毛刷扫除上面的灰尘，或以软布（丝织品等）擦去指痕。如果物镜、目镜表面有污迹，可将软布浸以少许蒸馏水，再作擦拭。

甚至可将软布浸以甲醇—酒精混合液后进行擦拭。某些物镜的前透镜是凹入的，可用火柴棍在其一端裹上脱脂棉，浸以蒸馏水或甲醇—酒精溶液擦拭。

在擦拭以后，用柔软的聚苯乙烯泡沫塑料，于透镜表面转动几下，这样可除去残余的污物，随之用小刷子除去附在上面的聚苯乙烯粒子（或用洗耳球吹去也可）。

（二）干系聚光镜

用干燥的软布擦拭。

（三）油浸物镜和油浸聚光镜

使用后要立即擦除附在镜头表面的浸油。先用软性的，具有吸收能力的擦镜纸除去大部分浸油，再用蘸有甲醇—酒精的软布擦去残余的油膜。最后，也可用泡沫塑料擦拭。

可在放大镜下检查光学镜头是否擦拭干净。另外，对油浸镜头的擦拭，也常蘸少许的二甲苯，但用量不宜过多，否则会破坏镜头与镜筒的粘着。

先用干净的毛笔、羽毛或洗耳球除尽镜片表面的灰尘，然后用干净的绒布或绸子从镜片中心开始向边缘作螺旋形单向运动，擦完一次把绒布换一块地方，直至擦净为止，如果镜片上有油渍、污物或指印擦不掉时，可用小棉签蘸少量酒精和乙醚的混合液（混合液的配制比例按气候不同可分下列 3 种：酒精：乙醚 =3:7，2:8，1:9，冬天多用后者，挥发较快）。先在干净的纱布上或擦镜纸上压一下，不让过多的混合液浸入镜片，以免脱胶，此法一般能够将镜片擦净。如有较重的霉点或霉斑无法去除时，可用棉签蘸水润湿后粘上碳酸钙（白色粉末）后擦拭。擦拭完毕后，应将粉末清除干净。镜片是否擦净，可利用镜片上的反射光线进行检查；也可用目镜的下镜片（场镜）当放大镜检查，特别注意的是，擦拭前一定要把灰尘除去，因为灰尘中含有许多细小而坚硬的砂粒，若不先除去，会使镜片表面划起沟纹。镜片不准用毛巾、手帕、衣里擦拭，更严禁徒手擦拭。有些镜片表面镀有一层蓝紫色的透光膜，切勿当作污物擦拭。

第三节　显微镜常见问题

一、显微镜使用时要注意的问题

1. 光学系统的擦拭范围

一般限于擦拭各光学元件的表面，只有在特殊情况下（如目镜和聚光镜内部镜片上有灰尘、污物或霉点），才可以拆开擦拭。而物镜却严禁自行拆卸，物镜结构复杂，装配严格，没有足够的经验或专门仪器校正，很难恢复其原有的精度。

2. 目镜和聚光镜的拆卸

首先，手、桌面和环境一定要清洁干燥；其次，拆卸时要标记各种零件的相对位置，相对顺序和镜片的正反面，以防重装时弄错。

目镜拆卸比较简单，不要任何工具，直接从两端分别旋出上下两块透镜（上部镜片叫接目镜部件，下部镜片叫场镜部件）。另外补偿目镜和比较老式的目镜上部可以直接旋下，下部的场镜片是单独一只固定环，固定在目镜筒的下面，在环上有两个槽口，可以用卡钳等工具把固定环旋下来，然后才能把场镜片卸下，安装时要注意镜片的正反面，不可装错。

聚光镜只能旋下前组部件和后组部件，但前组部件的上透镜，出厂时已经密封，不可乱拆，以免破坏它的密封性能，引起漏油，使镜片受到污染、腐蚀而损坏。

二、机械装置的故障排除

(一)粗调故障排除

粗调主要的故障是自动下滑或升降时松紧不一。自动下滑是指镜筒(或镜臂)静止在某一位置时,由于其自身重量的作用,自动的慢慢滑下来。排除方法:一般是用一手握紧一只粗调焦手轮,一手旋转另一只手轮。过松把手轮旋紧,过紧把手轮旋松,直至粗调机构松紧适宜。如直筒显微镜镜筒下滑,可用一只手握住粗动手轮的一端(此端的双眼螺母上打有固定销),另一只手用双眼螺母扳手撬入另一端手轮端面的双眼螺母内,用力旋紧即可制止下滑。如还不行,说明垫圈太薄,应将双眼螺母旋出,拔出手轮,更换较厚的垫圈。

另一种直筒显微镜的粗调机构,其齿杆套是夹头式,上面两只螺钉紧压夹头,使齿轮轴获得足够的静摩擦力,如果螺钉松动,夹头松弛,镜筒就会自动下落。此时,只要适当旋紧这两个螺钉,即可制止自动下滑。

第三种直筒显微镜的粗调机构是压投式的,与上一种基本相同,当旋紧上面的螺钉时,可增大压板对齿轮的压力,从而制止镜筒下滑。

斜筒显微镜的粗调机构,当镜臂发生自动下滑时,可用两手分别握住两边粗调手轮,彼此向反方向旋转,用力拼紧即可制止,此法如不行,则应更换较厚垫圈或锥形轴套。

(二)微调常见的故障

1. 卡死

杠杆式的微调(直筒)主要故障是卡死。原因是限位销钉经常受到摩擦和撞击,会发生磨损和变形,或由于使用时不够小心,到了限位后,继续用力旋转,使两个零件的限位部分发生对卡(卡死)。这时应更换与限位销钉连接的零件、限位器或限位螺钉,甚至更换全套微调装置,才能使其性能恢复。

2. 失效

微动燕尾条之间由于灰尘和其他等原因使润滑干涸,使微调失效。这种现象,可用小滴管滴几滴汽油在燕尾槽与燕尾条之间,让它活动几下。把干涸润滑脂洗掉,再滴几滴钟油或缝纫机油,即可恢复原有的性能,若润滑脂干涸严重,则必须把燕尾槽、燕尾条拆卸下来用汽油洗净,重新上些较稀的润滑脂或钟油。

微调失效故障是微调上升时有效,下降时失效。这种现象是由于微动燕尾上的压缩弹簧弹力不足或燕尾由于缺油或撞击变形等原因造成配合过紧而形成的,前者应更换弹簧,后者应加油或者用砂纸或锉刀磨去变形的部位,重新装好,拆开微调时应注意各部件的位置,特别注意要把顶杆顶至微动燕尾的小槽内,否则会失效。

斜筒显微镜的微调,绝大部分是齿轮式,它的主要故障是失效。其原因是限位螺钉长期磨损或到了限位后,继续用力旋转,使限位跳过,造成扇形齿轮过位脱落,微调失去作用。这时应更换限位螺钉,并使扇形齿轮正确复位。此种微调机构零件细小、结构紧凑,又安装在仪器内部,没有足够的经验不容易修好,应送专业人员维修。

(三)物镜转换器的故障排除

物镜转换器主要故障为定位装置失灵。多数是定位弹簧片损坏(变形、断裂、失去弹性或弹簧片的固定螺钉松动),更换定位簧片的方法如下:装上新弹簧片后,暂不要把螺钉旋紧,先作光轴校正,“合轴”后再将螺钉旋紧,若是内定式的转换器,则应旋下转动盘中央的大头螺钉,取下转动盘,才能更换定位弹片,校正方法同上。

(四)聚光器升降机构的故障排除

它的主要故障为自动下滑,排除方法如下:

(1)直筒显微镜:一只手用双眼螺母扳手插入手轮端面双眼螺母内。另一只手用螺丝刀插入另一端的大头螺钉的槽口内,用力旋紧。

(2)斜筒显微镜:首先用螺丝刀把双眼螺母中间的驻螺退出1~2圈,然后,用双眼螺母扳手把双眼螺母向调节座旋进。同时用另一只手转动手轮,进行试验直到升降机构松紧合适,又能停在任意位置上时,停止双眼螺母的旋进,再把驻螺旋紧即可。

制止自动下滑的机械原理与斜筒显微镜的粗调机构相同。这是由于双眼螺母后面通过垫圈紧贴着套在齿杆外的锥形轴套,锥形轴套在轴向一边开有一排槽口,当双眼螺母向里旋进时,槽口变小、内孔收紧、夹紧齿杆,加大齿轮转动的摩擦阻力,从而制止自动下滑。

第四节 SFC—18 生物显微镜简介

一、各部件名称(图2-3-2)

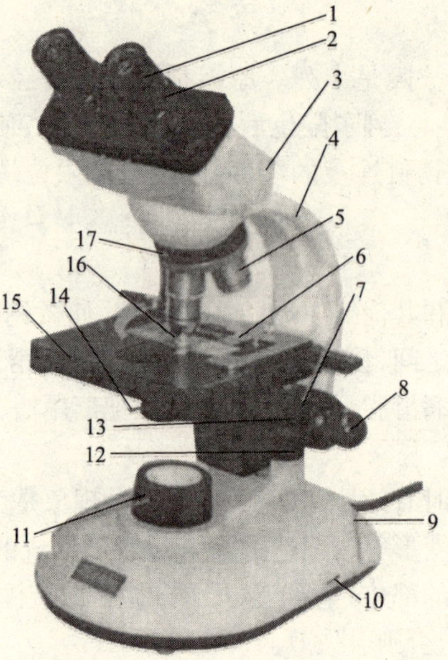

图2-3-2 SFC—18 生物显微镜实物图

1—目镜 2—视度调节器 3—双目镜筒 4—弯臂 5—物镜 6—玻片夹
7—粗调焦手轮之松紧调节手轮 8—粗调手轮 9—电源开关 10—亮度调节手轮
11—集光镜 12—载物台横向调节手轮 13—载物台纵向调节手轮
14—可变光阑 15—机械载物台 16—聚光镜 17—转换器

二、性能参数

总放大倍率:40×~1000×(选购20×~1600×);

机械筒长：160mm；

目镜筒：单目 45°，双目 45°；360°旋转。双目瞳距：55～75mm 可调节；

转换器：四孔转换器（三孔转换器选购）；

调焦机构：分离式粗微调焦装置（或同轴粗微调焦装置），具有调焦限位装置；带张力调节装置（仅限于分离式粗调焦装置）；

工作台：机械载物台，面积：135×135 移动范围：x 向 75mm，y 向 30mm；

聚光镜：阿贝聚光镜，数值孔径 1.25 可调式薄片孔径光阑，可装 ϕ32 滤色片；

物镜：4×/0.1 160/0.17 10×/0.25 160/0.17 40×/0.65 160/0.17（弹簧）100×/1.25 160/0.17（弹簧、油）；

目镜：WF10×/18 WF16×/12（选购）H5×（选购）；

滤色片：蓝色，ϕ32；

光源：内置式，卤素灯，亮度可调光源；

灯泡：12V/20W ，12V/20W，6V/10W，6V/20W 等。

三、操作方法

（1）灯光照明。调节亮度控制手轮，直到获得所需亮度。

（2）标本的安放。使盖玻片朝上安放。

（3）用 10×物镜对焦。通常应该使用 10×物镜进行焦距调节；平台升降的方向取决于调焦手轮转动方向。

（4）瞳距的调节。通过向内或向外滑动镜筒盖板，使左、右镜中的图像合并成一。

（5）筒长和视度的调节。调节视度圈，使其与瞳距基本一致。

四、SFC—18 生物显微镜故障的排除（见下表）

SFC—18 生物显微镜故障的排除

症状		原因	对策
光学部分	边缘黑暗或视场明暗不均匀	转换器不在定位位置上（物镜不在光路中心）	转到定位的位置（转动物镜，使之正确进入光路）
		视场光阑未对中心	使视场光阑对中心
		视场光阑关得太小	适当打开视场光阑
		透镜上有脏物（指聚光镜、物镜、目镜、集光镜）	擦净透镜上的脏物
	视场里有脏物	透镜上有脏物（指聚光镜、物镜、目镜、集光镜）	擦净透镜上的脏物
		玻片上有脏物	擦净玻片上的脏物
		聚光镜位置太低	校正聚光镜位置

续表

症	状	原因	对策
光学部分	像质很差(分辨率低,对比度差)	标本上没加盖玻片	附加盖玻片
		盖玻片过厚或太薄	使用标准厚度(0.17mm)的盖玻片
		标本上下面装反了	翻转过来
		干物镜上有浸油(特别是40×易有)	擦净干物镜上的浸油
		透镜上有脏物(指聚光镜、物镜/目镜、玻片)	擦净透镜上的脏物
		油浸物镜没有浸油	使用浸油
		浸油中有气泡	清除浸油中的气泡
		使用了非指定的浸油	使用原配浸油
		孔径光阑和视场光阑开得太大	适当关小孔径光阑和视场光阑
		在双目镜筒的入射透镜上有脏物	擦净双目镜筒的入射透镜上的脏物
		孔径光阑开得太小	适当开大孔径光阑
		聚光镜位置太低	校正聚光镜的位置
	图像某一侧发暗	转换器不在定位处	转动,使转换器到位
		标本处于浮动状	可靠地加固标本
	在调焦时图像移动	标本浮在载物台表面	应稳固地安放
		转换器不在定位处	转动,使转换器到位
	图像略带黄色,照明亮度不够	未用蓝色滤色片	使用蓝滤色片
		孔径光阑开得太小	重新调节孔径光阑
		聚光镜位置太低	校正聚光镜的位置
		透镜上有脏物(聚光镜、物镜/目镜、聚光镜、滤色镜)	擦净透镜上的脏物
机械部分	用高倍物镜图像不能聚焦	玻片放反了	翻转玻片
		盖玻片太厚	用标准厚度的盖玻片(0.17mm)
	当物镜从低倍向高倍转换时接触到玻片	玻片放反了	翻转玻片
		盖玻片太厚	用标准厚度的盖玻片(0.17mm)
	标本移动不流畅	玻片夹未可靠地紧固	确实固紧玻片夹
	双目图像不重合	瞳距没有调节正确	重新调节瞳距
	眼睛过度疲劳	没有进行视度调节	正确调节视度
		照明亮度不合适	调整灯泡亮度
电气部分	开头接通时,灯泡不亮	无电源	检查电线的连接
		灯泡未插入	正确插入灯泡
		灯泡损坏了	更换灯泡

续表

症状		原因	对策
电气部分	灯泡突然烧坏	使用了非指定的灯泡	用指定灯泡更换，如果换过指定灯泡后情况并未改观，与供应商联系
	照明亮度不够	使用了非指定的灯泡	用指定灯泡更换
		电压太低	增加电压
	灯光闪烁或亮度不稳定	灯泡快要坏了	更换灯泡
		灯泡未正确地插入插座	检查并稳固地接插灯泡

第四章　分析仪器

第一节　光电比色计

一、概述

光电比色计的种类较多，常用的有国产581—G型光电比色计。其结构如图2-4-1所示。

比色计的光源用6.3V 400mA的钨丝灯泡，装在半球形的反射镜前，灯泡发出的光通过反射镜照到绝热玻璃片和滤光片上。光线接着通过装在比色皿内的有色溶液，到达光电池上。光电池受到光照后会产生电流，产生的电流由检流计表示出来。比色皿在光源和光电池之间，并能在两端滑动，因此可以连续使用。

581—G型光电比色计的外形示意图如图2-4-2所示。

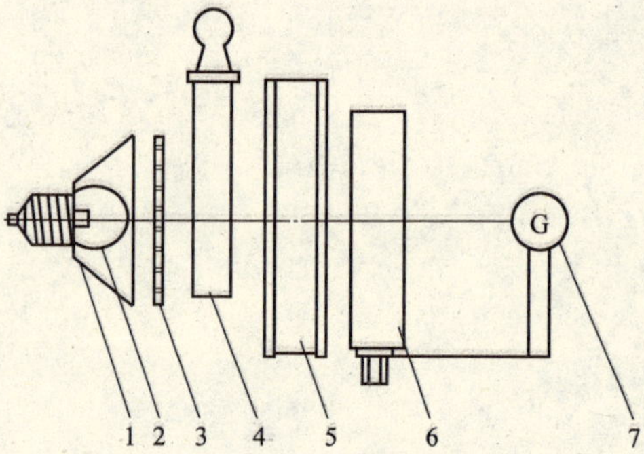

图2-4-1　581—G型光电比色计结构图

1—反射镜　2—光源　3—绝热玻璃　4—滤光片　5—比色皿　6—光电池　7—检流计

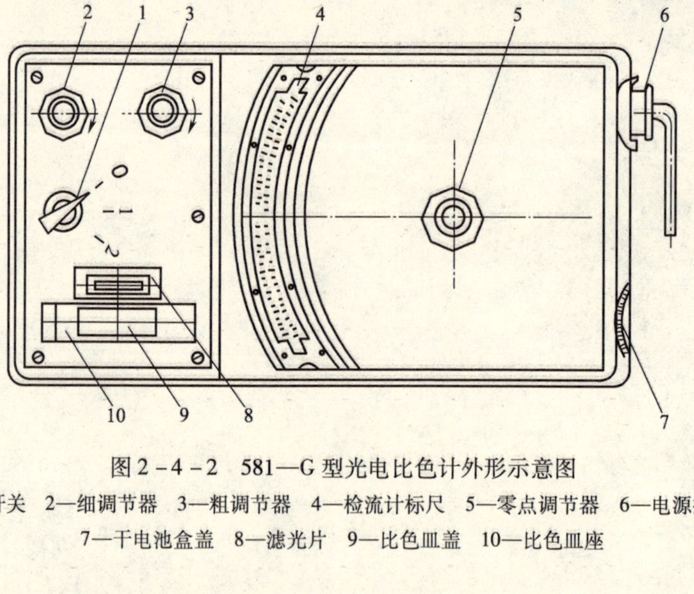

图2-4-2　581—G型光电比色计外形示意图

1—开关　2—细调节器　3—粗调节器　4—检流计标尺　5—零点调节器　6—电源插头　7—干电池盒盖　8—滤光片　9—比色皿盖　10—比色皿座

581—G型光电比色计主要性能参数为：

灵敏度：≥0.01吸光度（以0.001%重铬酸钾溶液注入1cm比色皿）；

重现性：≤0.5%透光率；

电源：交流，220V；

仪器质量：8kg

外形尺寸：415mm×210mm×240mm。

二、使用方法

(1)使用时，旋开干电池盖，将1号干电池装入，并旋上盖板。接上交流电源。

(2)将开关由“0”拨到“1”，用零点调节器将检流计的光点调节到标尺的“0”处。

(3)选用适当的滤光片插入滤光片座内。

(4)选用合适的比色皿，一只盛放蒸馏水或空白溶液，另一只盛放已经显色的溶液。加入溶液的量不宜超过比色皿容积的4/5。如有液体溅出，应用滤纸擦干净。

(5)将比色皿插入活动的比色皿座内，盖上比色皿盖，以遮去外界的光线。

(6)将开关从“0”拨到“1”，预热10min，使光电流达到稳定。

(7)将盛有蒸馏水或空白溶液的比色皿推入光路，用粗调节器和细调节器进行调节，使检流计的光点恰好在标尺上透光率100%处。

(8)将盛有待测溶液的比色皿推入光路，从检流计标尺上即可读出吸光度或透光率。

表2-4-1中列出了被测溶液的颜色和相应滤光片的颜色，可供选择滤光片时参考。

表2-4-1 被测溶液及相应滤光片的颜色

被测溶液颜色	滤光片颜色	滤光处波长范围/nm
绿	紫	400~420
黄绿	青紫	430~440
黄	蓝	440~450
橙红	蓝绿	450~480
红	绿蓝	490~530
青紫	黄绿	540~560
蓝	黄	570~600
蓝绿	橙红	600~630
绿蓝	红	630~670

三、581—G型光电比色计使用注意事项

(1)使用直流电源时，必须先将交流电源插头拔掉，然后将直流电源插上。使用交流电源，注意先拔掉直流电源插头。

(2)在测定中，换取溶液或滤光片时，应先将开关旋到“1”的位置，使光电池不受灯光照射，

以保证光电池的灵敏度与使用期限。在连续工作三四小时后应切断电源休息一段时间，不使光电池疲劳，以保证仪器的正常工作性能。

(3)比色杯在每次使用前后，均应用蒸馏水冲洗干净。操作时手指应拿比色杯的磨砂部分，不要让手指沾污透光部分。比色杯内腔最好不用布或纸来擦洗，以免短小纤维遗留在内而影响测试结果。在比色杯外面若有水滴，可以用清洁的细软布或纸擦净。若比色杯积垢太多，可在新制的铬酸溶液内浸泡12h后用蒸馏水清洗，烘干后再用。

(4)仪器在使用时，应保持水平位置，且不受振动，否则会影响准确度。仪器在搬运过程中，要把开关置于“0”的位置，使检流计短路，以防受振而损坏。

(5)仪器应保持干燥，避免强光照射。防酸、防碱，以免光电池失效。

(6)由于仪器存在线性误差，如吸光度为0.1~0.3时，误差≤4%，吸光度为0.6~0.8时，误差≤5%，因此选择吸光度0.3~0.6的范围，对提高测量精度是有利的。如果吸光度超过0.6，则可将溶液稀释，并选用适当的滤光片。

四、581—G型光电比色计常见问题及对策(表2-4-2)

表2-4-2　581—G型光电比色计常见问题及对策

故障现象	产生原因	解决办法
当开关置“1”位置时，标尺上无光点	检流计吊丝断	焊吊丝
	1.5V干电池接触不良或失效	换干电池或安装可靠
	调零电位器损坏	更换调零电位器
	磁饱和变压器焊头脱落或损坏	焊好接头或重新烧制变压器
	打光灯6.3V小灯泡损坏或接触不良	更换灯泡或安装可靠
	打光筒位置偏离检流计反光镜未照射到标尺上	校正打光筒位置
	波段开关接触不良	更换波段开关
当开关置“1”时，标尺有光点但零点调节器不起作用	检流计吊丝断	焊吊丝
	1.5V干电池接触不良或失效	换干电池或安装可靠
	调零电位器损坏	更换调零电位器
	检流计卡死	调整及清洁检流计
当开关置“1”时，光点来回摆动不止	检流计动圈开路	更换检流计动圈开路
当开关置“1”时，调零时光点有跳动不稳的现象	调零电位器接触不良	更换调零电位器
	检流计动圈内有脏物或与磁心相摩擦	清洁或调整动圈间隙
当开关置“2”时，光点仍在原处不动	励光灯泡损坏	更换励光灯泡
	粗细调节电位器接触不良	更换粗细调节电位器
	光电池失效	更换光电池

续表

故障现象	产生原因	解决办法
当开关置"2"时，光点移动不稳，有跳动现象	粗细调节电位器接触不良	更换粗细调节电位器
	波段开关接触不良	更换波段开关
	检流计动圈内有脏物或与磁心相摩擦	清洁或调整动圈间隙
	励光灯泡接触不良	更换励光灯泡
当开关置"2"时，光点调至透光率100%后有变动或光点重现性不好	开关接触不良	更换开关
	光电池金属环接触不良	清洁，使其接触良好
	励光灯泡与灯座接触不良	调紧，使其接触良好
	粗细调节电位器接触不良	更换粗细调节电位器
	直流电源插座接触不良	更换直流电源插座
	磁饱和变压器不稳定	调整补偿变压器的电感量
	电源电压超过磁饱和	用调压器调整电源电压符合要求或配用稳压器
	电源频率偏差较大	改用直流电源
当开关置"2"时，光点调不到透光率100%处	光电池衰老	更换光电池
	励光灯泡位置不对或接触不良	校准励光灯泡位置并使其接触良好
	粗细调节电位器变值	更换粗细调节电位器
	检流计灵敏度降低	更换检流计
	励光灯的反光灯碗生锈	更换励光灯的反光灯碗
当开关由"1"拨向"2"，粗细调节电位器均指向零时，光点零位变动	检流计平衡不好	电位器关不死
	校准检流计的平衡	更换电位器
检流计过阻尼（即光点从"0"到满度超过4s）	检流计动圈局部短路	更换检流计
	检流计吊丝规格不符	更换合适的吊丝
	检流计磁缸磁性减弱	充值或更换
	检流计分流电阻过小	更换电阻，使在临界电阻情况下工作
标尺上光点不清晰、不明亮	聚焦不良	调整打光筒与检流计反光镜的距离，使光点清晰
	检流计反光镜散焦	更换反光镜
	检流计反光镜有霉点	将霉点擦去
	打光筒位置不正	调整打光筒位置，使灯泡照到反光镜上
	检流计位置不正	调整检流计的位置，使其适当
	光源电压不够	检查电源部分电压
标尺上光点偏上或偏下	打光筒位置不对	调整打光筒位置，使光点在标尺的中间
	检流计位置不对	调整检流计位置，使光点从"0"到满度无高低现象

第二节 分光光度计

分光光度法是以光的吸收定律为基础,用棱镜或光栅作为单色器,将光分成不同波长的入射光,通过溶液后,照射到光电管或光电倍增管,使透射光转变为电流,经放大后可直接从仪表读出吸光度或百分透光度。所用的仪器称为分光光度计,例如国产的72型与721型分光光度计。有些分光光度计不仅能测可见光区,而且能测紫外光区有吸收的物质,这类仪器称为紫外—可见分光光度计,例如国产751型、752型等。

一、分光光度计的主要部件

不论哪种类型的分光光度计,其主要部件一般都有光源、单色器、吸收池、检测器、指示器等5个部分。其光路示意图见图2-4-3。

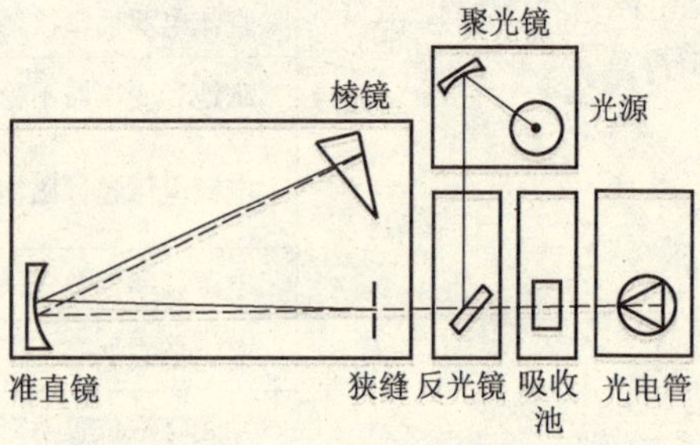

图2-4-3 分光光度计的光路示意图

(一)光源

1. 钨灯

钨灯能发射350~2500nm的连续光谱,是可见分光光度计的光源。为了保持光源稳定,一般都配有稳定电压的装置。为了聚集光线,同时装有凸透镜或凹透镜。

2. 氢灯或氘灯

氢灯或氘灯能发射150~400nm波长的连续光谱,是紫外分光光度计的光源。由于玻璃能吸收紫外光,故灯泡必须用石英窗或用石英材料制成。

(二)单色器

从波长范围较宽广的光线中分出单色光的光学装置,称为单色器。单色器通常由入射光狭缝、准直元件、色散元件、聚焦元件和出光狭缝组成。最常用的色散元件有棱镜和光栅。

棱镜是借助不同波长的光有不同的折射率而使混合光色散的光学元件。通常用玻璃(透射范围340~1000nm)、石英(透射范围185~3500nm)等制成。玻璃只能用于可见光,紫外光必须用石英棱镜色散。

光栅是另一种常用的色散元件,它是根据光的衍射原理,使光发生色散而产生一系列光谱的光学元件。光栅的分辨率比棱镜高,应用的波长范围广,色散度基本上不随波长而改变,是均匀色散。

光源发出的光进入色散元件以前,先要经过入光狭缝,使光成为一细长条照射到准直镜,准直镜可使入射光成为平行光,然后射到棱镜或光栅使之色散,色散后的光再经聚光镜聚焦到出光狭缝。转动棱镜或光栅使之色散,色散后的光再经聚光镜聚到出光狭缝。转动棱镜或光栅或使光谱移动。所需要的单色光就从出光狭缝分出。狭缝越小,分光光度计所获得的单色光波长范围越窄,越接近单色光,从而提高了灵敏度和准确度。但狭缝不能测得太小,不然通过光的强度太弱,也会影响测定的灵敏度。

（三）吸收池（俗称比色皿）

吸收池又称比色皿或液槽，是分光光度分析中盛放样品液的容器，用玻璃、石英等材料制成，两透光面互相平行并具有精确的光程。在紫外区测量时必须用石英吸收池，如在可见光区测量，则可用玻璃吸收池。同一光程的吸收池的厚度，彼此应一致，否则将影响测定的准确度，因此对所用的一套吸收池应事先盛放同一种溶液，于所选用波长下测定其透光度，彼此相差应在0.5%以内。指纹、油腻及池壁上的沉积物，都会影响吸收池的透光性能，因此在使用前后必须洗干净。一般分光光度计都配有不同厚度（如0.5cm、1cm、2cm、3cm等）的吸收池，以供选择。

（四）检测器

在分光光度计中，通常采用光电管或光电倍增管作检测器。

1. 光电管

光电管内装有一个阴极和丝状阳极，阴极的凹面涂一层对光敏感的碱金属或碱金属氧化物。当光线照射时，阴极即发射电子射向阳极形成电流，光越强，发出的电子越多，电流就越强。电流通过光电管负载电阻R，即可变成电压信号，经放大后将信号输给指示仪表或记录仪，如图2-4-4所示。

2. 光电倍增管

当照射在光电管上的光线强度很微弱时，光电管所产生的电流很小，不易检测，此时可用光电倍增管，其线路示意图见图2-4-5。

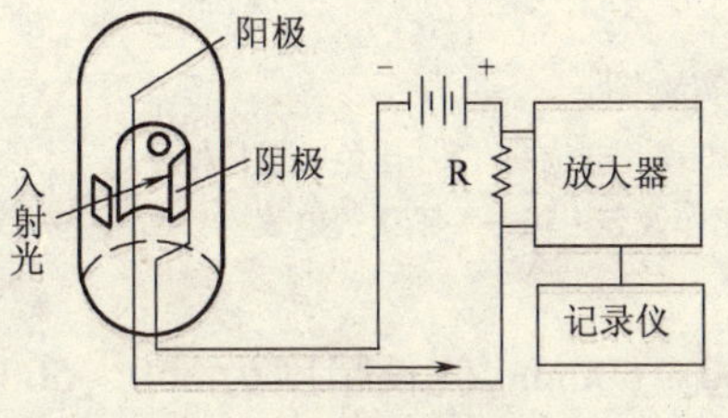

图2-4-4　光电管线路示意图

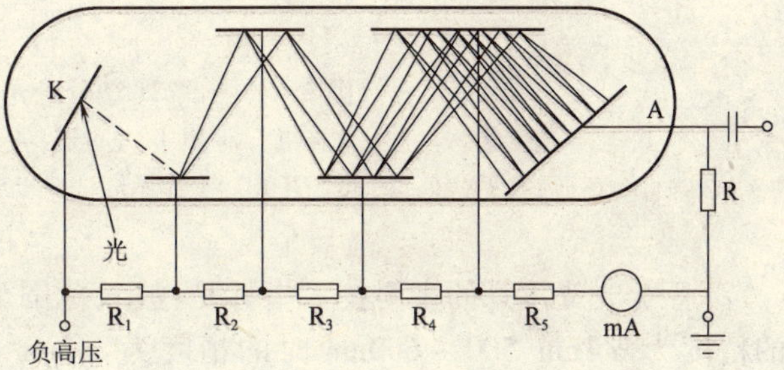

图2-4-5　光电倍增管线路示意图

光电倍增管中有一个光敏阴极K和若干个倍增光敏阴极。当光照射到阴极K上时，使之发出电子。由于外电场的加速作用，这些电子以高速轰击相邻的第一阴极，这一阴极经电子轰击后又产生次级电子，其数目较入射的电子多。这些电子再次被加速轰击第二阴极，从而发出更多的电子。如此继续下去，通常用9~12个这种阴极（图中只画出4个），可使电流放大几百万倍以上。最后倍增了的电子射向阳极形成电流，光电流通过负载电阻R，即可变成电压信号，经放大后将信号输入指示器。

（五）指示器

指示器的作用是把放大的信号以适当的方式显示或记录下来，较高档的分光光度计采用记录仪、数字显示器或电传打印机作为指示器，而一般的分光光度计则采用悬镜式光点反射检流计测量光电流，其灵敏度为10^{-9}A/格。在检流计的标尺上有透光度（T）和吸光度（A）两种刻度。透光度的刻度是等分的，而吸光度的刻度间隔是不均匀的。

二、721 型分光光度计

(一)721 型分光光度计结构及技术指标简述

721 型分光光度计是一种构造较简单的分光光度计，其实物图如图 2 - 4 - 6 所示，它可供在 360 ~ 800nm 波长的可见光区作比色分析用。以钨丝灯泡作光源，经透光窗、反射镜和透镜使成平行光，经棱镜分光后的各种波长的单色光，被反光镜反射而经过透镜，再聚集于出光狭缝上。反光镜和透镜装在一个可旋转的转盘上，转盘旋转的角度是由波长调节器上的转轮带动控制的，因此，旋转波长调节器的转轮，即可在出光狭缝后面得到任一波长单色光。单色光通过比色皿和光量调节器（调节光电管的受光面积），射到光电管上产生光电流，使检流计发生偏转，直接读取吸光度或百分透光度。仪器较为灵巧，使用也方便。

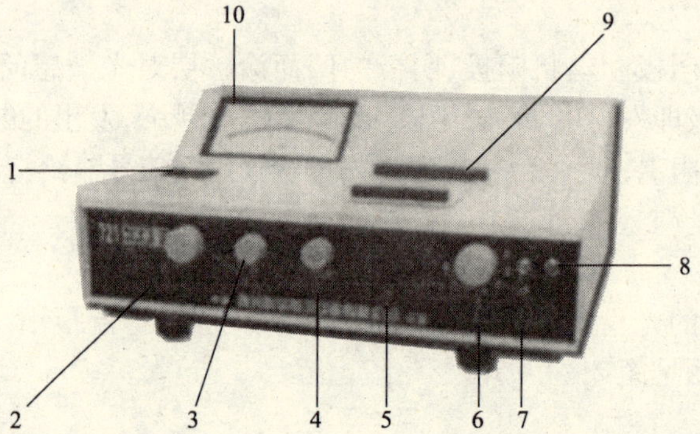

图 2 - 4 - 6　721 型分光光度计实物图

1—波长刻度盘　2—波长选择钮　3—调“0”电位器　4—调“100%”电位器　5—比色皿架拉杆
6—灵敏度旋钮　7—电源开关　8—指示灯　9—比色皿暗箱及盖　10—A/T 读数电表

721 型分光光度计的主要技术指标是：波长范围为 360 ~ 800nm，波长精度为 360 ~ 500nm 时的精度为 ± 3nm、500 ~ 600nm 时的精度为 ± 5nm、600 ~ 700nm 时的精度为 ± 6nm、700 ~ 800nm 时的精度为 ± 8nm，测量灵敏度为重铬酸钾测试波长（400nm）不小于 0.01*A*/2.5mg/kg 含钾量，氯化钴测试波长（510nm）不小于 0.01*A*/150mg/kg 含钴量，硫酸铜测试波长（690nm）不小于 0.01*A*/150mg/kg 含铜量，重复误差不大于 0.5%；在 410 ~ 710nm 之间可以加消光片或采用有色溶液作被测溶液的陪衬代替空白，可进一步提高分析灵敏度，把消光读数范围提高0.1 ~ 2*A*；采用交流 190 ~ 230V，(50 ± 0.5) Hz 电源。

(二)721 型分光光度计的使用

(1) 仪器尚未接通时，应调节校正螺丝使表头指针位于“0”刻度线上；

(2) 接通电源，打开比色皿暗箱盖，使表头指针位于“0”位，预热 20min，再选择需要的波长及相应的灵敏度档，用调“0”电位器校正，使表头指针位于“0”位；

(3) 将比色皿暗箱盖合上，比色皿座处于空白档校正位置，此时光电管见光，旋转光量调节器，使表头指针处于 100% 处；

(4) 重复 (2) 及 (3)，使仪器稳定；

(5) 放大器灵敏度档应根据不同波长选择，能使空白档良好地用光量调节器调整于 100%

处即可；

(6)空白档可以采用空气空白、蒸馏水空白或有色溶液或中性清光玻璃作陪衬，空白调节于100%处，能提高吸光度读数以适应溶液的高含量测定；

(7)测定时轻轻拉动比色皿座架拉杆，使有色溶液进入光路，此时表头显示即为有色溶液的吸光度 A；

(8)仪器停止工作后，必须切断电源，将开关拨至“关”，放入防潮硅胶，罩上仪器罩。

表2-4-3 波长与颜色

波长/nm	颜 色	波长/nm	颜 色
400~465	紫	570~575	淡黄绿
465~482	蓝	575~580	黄
482~487	绿蓝	580~587	淡黄橙
487~497	蓝绿	587~597	橙
497~530	绿	597~617	红橙
530~559	淡黄绿	617~750	红
559~570	黄绿		

(三)721型分光光度计常见问题及对策(表2-4-4)

表2-4-4 721型分光光度计常见问题及对策

故障现象		产生原因	克服办法
光源灯常见问题	接通电源后，光源灯不亮	灯丝断	检查灯丝，如确定灯丝断，换同规格灯泡
	光源不稳，有闪烁现象	灯丝接触不良	看灯丝匝是否有闪光，若有换灯泡
	输出光斑能量弱	灯丝与出光孔未对准；灯泡发黑；灯丝不平直	重新调整光源位置；换同规格的好灯泡
反光镜常见问题	单色光进光孔有光进入，但无单色光射出，或光斑亮度不均匀、形状不整齐	把钨灯光源开至最亮，波长显示置258nm处，在出光孔放一白纸卡片，观察照在上面的光斑	重新调整光源灯位置，使光斑形状为最佳；否则，可松动光源灯固定螺丝，调节灯位，使光斑形状整齐、亮度均匀、颜色正常
	反复调整光源灯位置，但仍无单色光射出		卸下单色器底下盖板，用白纸卡片，沿光路检查光经过各光学器件后的方向。如果光点照到准直镜上，光斑的左侧或右侧暗，调节灯位使之正常。若光斑偏左或偏右，调节反射镜的反射角，调节螺丝；若找不到光斑或光斑上偏或下偏，则分解单色器，检查反光镜是否脱落，问题解决后，按原要求恢复

续表

故障现象		产生原因	克服办法
单色器常见问题	波长调节器很紧，波长读数转盘转不动	轴与轴套卡死；波长盘卡死	拆下轴上的卡圈，修出毛刺，用细纱纸轻轻磨光，使轴与轴套配合良好；拆下凸轮转轴（不必拆下轴套座），拆前应标记轴与轴套相对位置，修转轴为光滑，加油润滑，装上垫圈，按原样装好
	转动波长调节器，波长盘已动，但出射光无变化	橡皮摩擦轮打滑；波长读数盘上的紧固螺母松脱	用松香粉研磨轮表面，增加摩擦力；调好波长轮位置后，将松动螺丝拧紧
电表指示常见问题	仪器在未接通电源时，读数电表指针不在“0”位	仪器机械零点变位	调节电表机械零位，使指针指零
	电流表指示无偏转	电流表动圈导线不通电；放大器无输出；输出引线脱焊	更换微安表；检查放大器；焊接脱焊的线
	光电管暗盒前光门未打开时，电表指针偏转100%处，无法调回到“0”位	暗盒内硅胶受潮	更换有吸湿性能的蓝色硅胶
	接通电源后，电流表指针反向偏转过“0”位，调零电位器无法调“0”	调零电位器损坏；七芯插头、插座脱落；放大器有损坏处	更换同规格的电位器；将脱落处重新焊好，检查放大器故障并排除
	100% T 指示偏小，调不到位	光源灯位置没调好；单色光偏弱或无完整的单色光斑	重调光源灯位置；检查单色光源是否正常，如果光源灯亮暗能正常受调，就应该打开底盖，检查棱镜是否有松动位移，单色光路是否畅通或受阻，镜面是否脏；检查运放集成管及周围元件是否有失效变值；检查光电管是否衰老
	100% T 无指示，不受调	光源灯或稳压电路故障	检查光源灯，若坏则更换之；若光源灯好则检查稳压电源电路并维修
	开机 100% T 始终满刻度，不受调	稳压电源调整管被击穿	更换同型号管子或用其他型号互换
	电表从 0 到 100% 摇晃不定，光门开启时比光门关闭时晃动更严重	稳压电源失灵；光源灯附近有较严重的气浪波动；光电管暗盒受潮	按接线图检测稳压电源主要元件工作状态，找出损坏元件并更换；将仪器置于室内气流小的地方；更换硅胶，吹干暗盒
	各调节旋钮可以工作，但电表指示左右摇摆不稳定	光源不稳定；漏光、受潮、结构松动等；微电流放大器性能变坏；光电管坏	检查稳压 11.5V 输出的稳定性，要求输入交流电压 190 ~ 240V，输出变化小于 0.005V；用黑布逐处遮住仪器右侧、测试光电管暗盒等部分，观察电表指示有否影响，检查出漏光部位，加以排除；维修或更换微电流放大器；更换光电管

续表

故障现象		产生原因	克服办法
电表指示常见问题	表头指针即不能调整指示在零位，又不能调整指针在“100%”处，只能在表头中间部位时不时无规律晃动	光门有卡住现象	将光门上的一个紧固螺钉拧下，把光门与顶杆接触的那一端头用锉锉除0.5～1.0mm，然后再装好机即可
整机常见问题	接通电源后，指示灯、光源灯都不亮，表指针不偏转	整机电源未接通	检查保险丝是否断，断则更换；检查接线和电源开关是否断，接触不良或损坏，并排除，灯是否有损坏，有则更换；检查电源变压器的输入输出是否正常，发现损坏，则更换
	光源灯不亮	光源灯坏；稳压电源无电压输出	更换成同规格的新灯泡；查稳压电源电路
	杂散光	光源灯部分与聚光镜筒之间的相对位置的固定不好；准直镜位置的固定不好；准直镜与棱镜的质量不好	调整光源灯部分与聚光镜筒部分之间的相对位置，使其到达最佳处；调节准直镜上安装的三套细牙螺纹调节螺钉中左边一只，使其位置良好；更换准直镜与棱镜
	变换灵敏度档，电表0位相差较大，但随仪器稳定时间加长又有所好转	硅胶受潮	换加热处理后有吸湿性能的硅胶
	仪器在使用过程中零点漂移过大	电表轴尖摩擦大，使得电表批示变差大；调零电位器接触不良；光门漏光，并随周围的物体变动而变化	研磨修理电表轴光；更换调零电位器；在遮光条件下找出漏光处并排除
	仪器在测量中100%漂移	光源不稳定；光门不能全部开启；比色皿定位不精密，换比色皿时出现位置误差；光源灯位固定松动；光电管衰老	检查灯稳定电源，去除光电管暗箱盒潮气；修理光门开启机构；校正比色皿定位安装部件；调固定光源灯；调换光电管
	在“0”点调节处很稳定，但在“100%”处不稳定且无规律	线路板异常；光门上盖没放好	修好线路板；确保光门上盖位置正常
	光源灯亮，但无单色光	进光处反射镜脱落；准直镜脱位	调整反射镜角度；将准直镜复位
	进行比色皿测定时，仪器准确性差	单色光波长显示不准	用校准波长实验的方法把波长显示校准
	进行比色测定时，仪器灵敏度低	光源灯老化变黑；光学元件受污染	更换光源灯泡；用乙醇—乙醚混合液清洗光学元件

续表

故障现象		产生原因	克服办法
整机常见问题	灵敏度选择开关放置1、2档时，工作正常。放置3、4、5档时，调节面板上“0”电位器，电表指针不稳定，在“0”左右摆动，调节范围小，调节“100%”电位器时，稍微调整，电表指针就偏向右边，超过100，同样调节范围小	灵敏度选择开关接触不良；放大器偏置电路和反馈电路出现问题	检查灵敏度选择开关，若接触不良则修理；检查偏置电路和反馈电路元件，找出损坏元件并更换

(四)721型分光光度计的校正及检定

维修过的721型分光光度计，特别是光路系统维修过的机器都必须进行稳定度、透射比、波长准确度和重复性的检定、校正，如果维修部门没有条件，就必须送到计量部门进行检定，方可使用。

(五)721型分光光度计的日常维护

(1)为确保仪器稳定工作，在电压波动较大时，要接一个稳压器。

(2)仪器底部有两只干燥剂筒，应保持其干燥，发现硅胶变色时应立即更换新的或烘干后再用。

(3)如果送电后钨灯不亮，应首先检查仪器后边的保险丝，若断了应换新的。若换上新的仍不亮，或是保险丝又断了，找仪器维修人员处理，不要自己随意拆卸。

(4)要小心保护比色皿的透光面，只能用镜头纸或脱脂棉轻轻擦拭、避免硬的物品把透光面划伤。另外，不同仪器的比色皿不要混杂串用，以免引起测定误差。

三、其他分光光度计

(一)72型分光光度计

1.使用方法

(1)使用时，先将单色光器分别与电磁稳压器及检流计连接好，然后将电磁稳压器及电流计的电源分别与适合的交流电相接，依次打开三大部件电源开关，使全部仪器通电，预热10min。

(2)将空白(或对照液)及测定液分别装入比色皿内，并将比色皿外壁擦干，置于比色盒中，通常将空白液置于近端第一位，测定液置于前面二个位置，将比色盒再放入比色箱中，检查是否稳妥，随即盖好箱盖。

(3)将单色光器波长盘调至所需的波长，再调节电流计上的零点调节器，使读数盘上指针所指的吸光度为“∝”或透光度为“0”。

(4)打开单色光器上的光径开关，使光线射入，然后用光量调节器改变狭缝的宽度，使检流计上的指针移动到吸光度"0"或透光度"100%"。待检流计指针稳定时,逐步拉出比色槽滑杆,同时读取检流计上的吸光度。

(5)读数完毕,立即关闭光径通路开关,再取出比色盒,将比色皿冲洗干净。

2. 维护保养

(1)供给仪器的电源电压变化范围不应超过190~230V。供电电源插座上需装有地线。

(2)仪器应安装在不易振动的台上,以免影响微电表指示光点的稳定。应保持周围环境清洁、干燥、无腐蚀性气体存在,并避免阳光直射。

(3)使用时,应经常开闭光路闸门,以核对微电计的"0"点位置是否改变。

(4)应注意比色皿在其架内的位置,应尽量使其保持前后一致,否则易造成分析误差的准确度。

(5)测定尽量在吸光度值为0.3~0.7的范围内进行,这样可得到较高的准确度。

(6)单色光器电源电压,在被测液色度不太强的情况下,应采用较低电压的电源(5.5V)。这样不但可以降低单色光器部分的温度,而且可以延长光源灯泡的寿命。

(7)仪器的连续使用时间不应超过2h,可间歇30min后再继续使用。

(8)比色皿每次使用完,均应用蒸馏水洗净揩干,放在比色皿盒内。

(9)搬动时须小心轻放。

(二)751型分光光度计

1. 概述

751型分光光度计由主机、稳压电源和氢弧灯稳流电源三部分组成。整机电路由微电流放大器、氢弧灯稳流器、钨灯稳压电源、放大器稳压电源四部分组成。其示意图如图2-4-7所示。

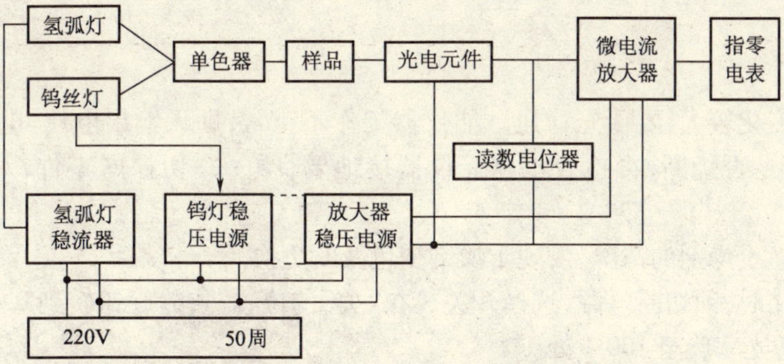

图2-4-7　751型分光光度计示意图

微电流放大器的作用是将光电管受光照射后所产生的微弱电流(约为10^{-9}~10^{-10}A)加以放大给氢弧灯稳流器,以供给氢弧灯稳定的工作电流,保证其发光稳定。钨灯稳压电源供给钨丝灯泡稳定的电源电压,以保证钨灯发光稳定。放大器稳压电源的作用是保证微电流放大器工作稳定。

2. 使用方法

(1)打开仪器电源预热20min,使仪器稳定工作。

(2)选择相应于波长的光源灯、比色皿和光电管。钨灯适用于波长320～1000nm,氢灯适用于200～320nm,对350nm以上的波长用玻璃比色皿,对350nm以下的波长用石英比色皿。手柄推入为紫敏光电管,用200～625nm的波长,手柄拉出为红敏光电管,用于625～1000nm波长。

(3)灵敏度旋钮从左面“停止”位置顺时针方向旋转3圈左右。

(4)将选择开关扳到“校正”处。

(5)调节波长刻度到所需的波长。

(6)调节暗电流使电表指针到“0”,为了得到较高的准确度,每测量一次,暗电流分别校正一次。

(7)将空白溶液放在比色皿架的第一格,其他放待测溶液。盖上暗盒,使空白溶液对准光路。

(8)将读数电位计调至透光率100%(即吸光度为0)。

(9)将选择开关扳到“Ⅺ”,拉开暗电流闸门,使单色光进入光电管。

(10)调节狭缝,大致使电表指针到“0”位,然后用灵敏度旋钮细调,使指针正确地指在“0”位。

(11)轻轻拉动比色皿架拉杆,使待测溶液进入光路,此时电表指针偏离“0”位。

(12)旋转读数电位计,使电表指针重新指到“0”位,读取待测溶液的吸光度值。在指针平衡后,要将暗电流闸门重新关上,以便保护光电管,勿使受光太长而疲劳。

(13)当选择开关放在“×1”时,透光率从0～100%,消光度从∝～0。当透光率小于10%时。可选用“×0.1”的选择开关,使获得较精确的数值,此时读出的透光率数值要“×0.1”,或相应的吸光度值要加上1。

(14)测定完毕,将每个开关、旋钮、操作手柄等复原或关闭。拔掉电源插头,以切断电源,并盖好仪器罩。

3. 仪器维护

(1)若电压变化较大,要预先稳压。如仪器工作不正常,即无输出电压、电表指针不动等,可先检查保险丝是否烧断,再检查电路。仪器接地要良好,一切裸露零件,对地电位不得超过24V。

(2)经常注意干燥剂的情况,发现干燥剂变色及时更换。

(3)仪器停用时,须切断电源,选择开关放在“关”的位置,狭缝旋钮转到0.03左右,波长旋钮放在625nm,透光率旋至100%处。

(4)工作完毕,需用仪器罩套好仪器,罩内放数袋防潮硅胶。

(5)仪器日久不用或搬动后,再用时一定要检查一次波长精确性。

第五章　原子吸收光谱及仪器简介

第一节　概述及特点

原子吸收光谱法（又称原子吸收分光光度法）于1955年由澳大利亚物理学家A·沃尔提出。目前大部分天然存在的元素都可应用原子吸收光谱法测定。

原子吸收光谱法的原理，是基于待测组分的基态原子雾对待测元素的特征光的定量吸收来确定组分的含量水平，简写为AAS。

一、灵敏度

在原子吸收光谱法中，通常有下述两种表示灵敏度的方法：

百分灵敏度：即能得到1%吸收时试液中待测元素的浓度（μg/mL），又称百分临界浓度或相对灵敏度，用ug/mL/1%或mg/L/1%表示。

检出极限：又叫相对检出极限或被动灵敏度。检出极限为待测元素能给出二倍于噪声的标准偏差读数时的浓度（此标准偏差，是对空白溶液或接近空白的标准溶液进行至少10次连续测定所得消光值），用μg/mL或mg/kg表示。此种表示受量程扩大或阻尼的影响。

另有绝对灵敏度和绝对检出极限两种表示方法（常在石墨炉原子吸收分光光度法中应用）：

绝对灵敏度：指在水溶液中某种待测元素能得到1%吸收时的质量，常用pg/1%或g/1%表示（pg即皮克相当10^{-9}g）。

绝对检出极限：指待测元素能给出二倍于标准偏差的读数时的质量，常用皮克或克表示。

二、原子吸收分光光度法的特点

（1）干扰少、选择性好、准确度高。由于干扰少，试样只需经简单处理，就可以直接进行分析，从而避免了繁杂的分离。

（2）灵敏度高。例如水样不经富集，用火焰法可测定mg/kg数量级。

（3）应用广泛。可用于70种元素测定，既可进行常量测定，也可作痕量分析。应用无火焰原子吸收光谱法，试液仅需5～100μL或5～100μg。

第二节　基本原理

一、共振线和特征谱线

（一）共振线

原子是由带一定正电荷的原子核及带相同数目的负电荷的电子组成的，每个电子按一定规律分布在具有一定能量的轨道上。当核外电子排布具有最低能级时，原子处于最低能态，称基态（能量 E_0），其原子称为基态原子。当原子受外界能量激发时，最外层电子吸收一定的能量而跃迁到较高能级（能量 E_j），原子处于激发态。这种激发态是不稳定的，在极短时间（约 10^{-8}s）内又跃为原来的能级，同时辐射出吸收的能量。当电子从基态跃迁到能量最低的激发态（称为第一激发态），为共振跃迁，所产生的谱线称为共振吸收线（简称共振线）。当电子从第一激发态跃回基态时，则发射出同样频率的谱线，称为共振发射线（也简称共振线）。对大多数元素来说，共振线是指元素所有谱线中最灵敏的线。

（二）特征谱线

各种元素的原子结构和外层电子排布不同。不同元素的原子从基态激发至第一激发态（或由第一激发态跃回基态）时，吸收（或发射）的能量不同，因此各种元素的共振线不同而有其特征性，这种共振线称为元素的特征谱线。特征谱线的强度最大。

第一激发态是激发态中能量最低的，从基态到第一激发态的跃迁最容易发生，因而吸收（或辐射）谱线最强，即特征谱线是元素所有谱线中最灵敏的谱线。原子吸收光谱法就是利用处于基态的待测原子蒸气对从光源辐射出来的光进行选择性的吸收来完成分析测定。

二、朗伯原理

原子吸收光谱法的朗伯定律示意图如图2－5－1所示。

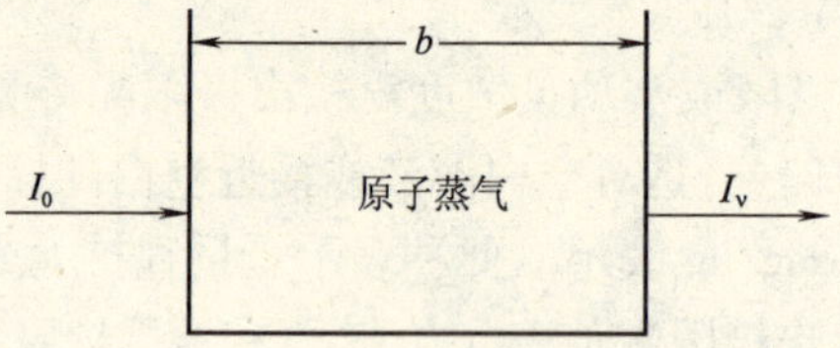

图 2－5－1　原子吸收法的朗伯定律示意图

原理公式：

$$I_\nu = I_0 e^{-K_\nu b}$$

式中：K_ν——吸收系数；

e——数学常数；

ν——频率。

透光强度 I_ν 和吸光系数 K_ν 与入射频率 ν 变化如图 2－5－2、图 2－5－3 所示。

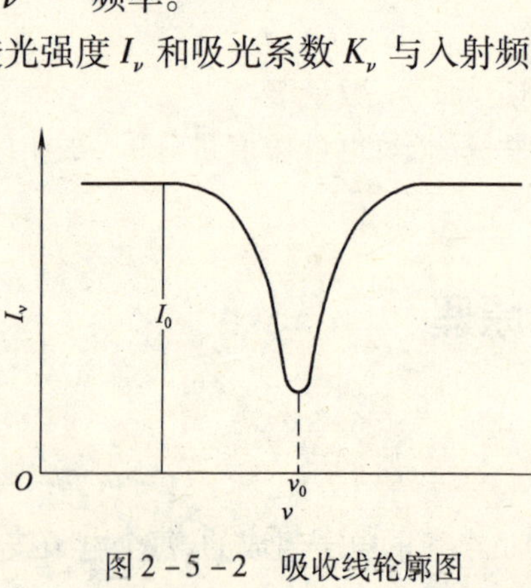

图 2－5－2　吸收线轮廓图

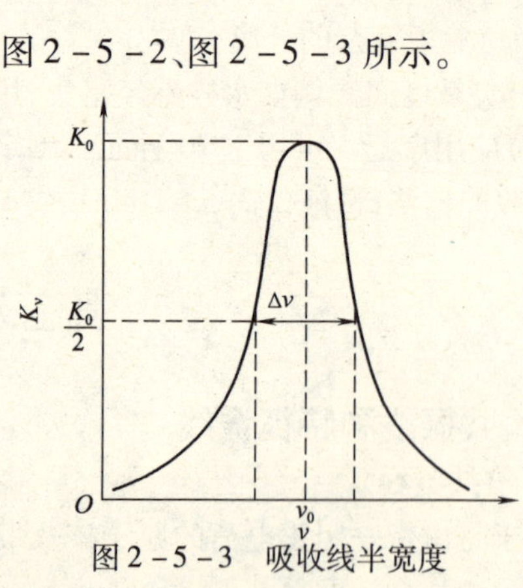

图 2－5－3　吸收线半宽度

由于物质的原子对不同频率入射光的吸收具有选择性，因而透过光强度 I_ν 和吸收系数 K_ν 将随着入射光的频率变化而变化。在入射频率为 ν_0 处，透过光强度最小，即吸收最大。表示原子蒸气在频率 ν_0 处有吸收线。

原子吸收线具有一定宽度，即吸收线轮廓。表征吸收线轮廓的值是吸收线的半宽度，它是指最大吸收系数一半即 $K_0/2$ 处所对应的频率差或波长差。

三、基态原子和激发态原子的分配

原子吸收法是利用待测元素的原子蒸气中基态原子对该元素的共振线的吸收进行测定的。但在原子化过程中，待测元素由分子离解成的原子，不可能全部都是基态原子，其中必有一部分为激发态原子。在一定温度下，当处于热力学平衡时，激发态原子数与基态原子数之比服从玻耳兹曼分布定律：

$$\frac{N_j}{N_0}=\frac{g_j}{g_0}e^{-\frac{E_j-E_0}{kT}}$$

式中：N_j——激发态原子数；

N_0——基态原子数；

g_j——激发态统计权重；

g_0——基态统计权重；

e——数学常数；

k——玻耳兹曼常数。

对大多数元素来说，N_j/N_0 值都小于百分之一，即热激发中的激发态原子数远小于基态原子数，即热激发中基态原子占绝对多数，可以认为基态原子数实际代表待测元素的原子总数。

四、原子吸收法的定量基础（积分吸收）

原子蒸气吸收的能量，称为积分吸收，即图 2－5－3 中吸收线下整个面积，用下式表示：

$$\int K_\nu \mathrm{d}\nu = \frac{\pi e^2}{mc}Nf$$

式中：m——电子质量；

e——电子电荷；

c——光速；

N——单位体积吸收辐射的原子数；

K_ν——吸收系数；

ν——频率；

f——振子强度，表示能被光辐射激发的每个原子的平均电子数。

而 K_0 有关系式：

$$K_0=\frac{2\sqrt{\pi\ln 2}}{\Delta\nu_D}\times\frac{e^2}{mc}Nf=\frac{2\sqrt{\ln 2}}{\Delta\nu_D\sqrt{\pi}}\int K_\nu \mathrm{d}\nu$$

式中：K_0——最大吸收系数；

$\Delta\nu_D$——吸收线的半宽度。

一般情况下，吸收线的半宽度较小，K_0 近似等于 K_ν，峰值吸收近似等于积分吸收。

$$A = \lg \frac{I_0}{I_\nu} = 0.4343K_0b$$

导出：

$$A = kNb = Kc$$

式中：k，K——比例常数；

c ——待测元素浓度。

该式为实际上原子吸收光谱法的定量关系式。当测定条件一定时，在最大吸收波长处吸光度与试液的浓度成正比。

五、对入射光的要求和原子谱线宽度

光源的发射线和吸收线都要有一定的宽度。为了得到最大吸收，只有使发射线中心与吸收线中心一致，而且发射宽度必须比吸收线宽度小，才能有定量关系。一般发射线的半宽度（约为0.005～0.02Å）比吸收线半宽度（约为0.02～0.1Å）要窄。

第三节　干扰及排除

虽然原子吸收分析中的干扰比较少，并且容易克服，但在许多情况下是不容忽视的。为了得到正确的分析结果，了解干扰的来源和消除是非常重要的。

一、物理干扰及其消除方法

物理干扰是指试样在转移、蒸发和原子化过程中，由于试样任何物理性质的变化而引起的原子吸收信号强度变化的效应。物理干扰属于非选择性干扰。

（一）物理干扰产生的原因

在火焰原子吸收中，试样溶液的性质发生任何变化，都直接或间接的影响原子化效率。如试样的粘度发生变化时，则影响吸喷速率，进而影响雾量和雾化效率。毛细管的内径和长度以及空气的流量同样影响吸喷速率。试样的表面张力和粘度的变化，将影响雾滴的细度、脱溶剂效率和蒸发效率，最终影响到原子化效率。当试样中存在大量的基体元素时，它们在火焰中蒸发解离时，不仅要消耗大量的热量，而且在蒸发过程中，有可能包裹待测元素、延缓待测元素的蒸发、影响原子化效率。物理干扰一般都是负干扰，最终影响火焰分析体积中原子的密度。

（二）消除物理干扰的方法

（1）配制与待测试液基体相一致的标准溶液。这是最常用的方法。

（2）当配制与待测试液基体相一致的标准溶液有困难时，需采用标准加入法。

（3）当被测元素在试液中浓度较高时，可以用稀释溶液的方法降低或消除物理干扰。

二、光谱干扰及其消除方法

原子吸收光谱分析中的光谱干扰较原子发射光谱少得多。理想的原子吸收，应该是在所选

用的光谱通带内仅有光源的一条共振发射线和波长与之对应的一条吸收线。当光谱通带内多于一条吸收线或光谱通带内存在光源发射的非吸收线时,灵敏度降低且工作曲线线性范围变窄。当被测试液中含有吸收线相重叠的两种元素时,无论测哪一种都将产生干扰。

(一)光谱通带内多于一条吸收线

如果在光谱内存在光源的几条发射线,而且被测元素对这几种辐射光均产生吸收,就产生干扰。即所谓的多重谱线干扰,以过渡元素较多。若多重吸收线和主吸收线波长差不是很小时,通过减小狭缝克服多重谱线的干扰。但波长差很小时,通过减小狭缝仍难消除干扰,并且可能使信噪比大大降低,此时需另选谱线。

(二)光谱通带内存在光源发射的非吸收线

待测元素的非吸收线出现在光谱通带内,这种非吸收线可能是待测元素的谱线,也可能是其他元素的谱线。此时产生的干扰使灵敏度降低和工作曲线弯曲。造成这种干扰的原因有几种:

(1)具有复杂光谱的元素本身就发射出单色器难以分开的谱线。

(2)多元素空芯阴极灯因发射线较复杂而存在非吸收干扰。

(3)光源阴极材料中的杂质所引起的非吸收干扰。

(4)光源填充的惰性气体的辐射线引起的非吸收干扰。

三、吸收线重叠干扰

火焰中有两种以上原子的吸收线与光源发射的分析线重叠时产生邻近线干扰,这种干扰使结果偏高。当分析元素的吸收线和共存元素的吸收线完全重叠,而分析元素的含量很低时,测得的只是共存元素的吸收信号。当分析元素的分析线中心位置和共存元素的吸收线的中心位置稍有偏离,但仍有相当程度的重叠,此时得到的吸收信号仍有很大一部分是共存元素产生的。当共存元素的吸收线和分析元素的吸收线稍有重叠时,吸收信号中仍有小部分是共存元素产生的。只有分析元素的吸收线和共存元素的吸收线完全分离时,共存元素才不产生干扰。Co 253.649对 Hg 253.652 的干扰是典型的吸收线重叠干扰。

理论研究和实验结果表明,干扰的大小取决于吸收线重叠程度、干扰元素的浓度及其灵敏度。当两种元素的吸收线的波长差小于0.03nm时,则认为吸收线重叠干扰是严重的。若重叠的吸收线是灵敏线,即使相差0.1nm,干扰也会明显表现出来。当然这种干扰还和干扰元素的浓度及单色仪的分辨率有关。有一些谱线,在理论上是重叠线,但实验中并没有观察到干扰。有可能是干扰元素在测定条件下原子化效率低而未能产生足够的基态原子,也可能这些干扰元素的吸收线灵敏度很低,所以在通常情况下表现不出来。消除这种干扰一般是选用其他的分析线或预分离干扰元素。

第四节　定量分析技术

当进行元素的原子吸收光谱分析时,要按下列步骤进行:

(1)根据待测元素的灵敏度配制相当于0.1~0.5吸光度的标准溶液。

(2)选择仪器的实验条件。

(3)确定分析方法。

(4)确定样品溶液的制备方法及是否需要采取分离及富集的前处理。

(5)确定是否需要消除干扰及消除的办法。

一、标准溶液的配制

火焰原子吸收测定中常用的标准溶液浓度单位为μg/mL。无火焰原子吸收测定中的标准溶液浓度单位为μg/L(ppb)。选用高纯金属(99.99%)或被测元素的盐类(基准物)溶解配制成1mg/mL的贮备溶液,在测定时将贮备溶液取一定量稀释配制标准溶液系列。例如要配制1、2、3、4、5μg/mL的铜标准溶液系列,可以先取5mL 1mg/mL的铜标准溶液置于50mL的容量瓶中,稀释到刻度(此溶液铜浓度为100μg/mL),再分别取该溶液1、2、3、4、5mL置于5个100mL容量瓶中,稀释至标线,摇匀。该溶液即为所需要的标准溶液系列。配制标准溶液所用的溶剂一般为去离子水。尤其在测定常见元素如钙、镁、铁、铜、锌、钠等时,更应注意保证去离子水的纯度及所用玻璃器皿(如容量瓶、刻度移液管)的纯净和不被沾污。溶解高纯金属等所用的硝酸、盐酸应选用优级纯的。贮备液要保持适宜酸度防止金属离子水解,以达到能存放较长时间。贮备液一般存放于玻璃试剂瓶或聚乙烯试剂瓶中,有些含氟的贮备液只能用聚乙烯试剂瓶贮存。有些元素(如金、银)的贮备液应存放于棕色瓶试剂中。在配制标准溶液时,一般应避免使用磷酸和硫酸。常用贮备标准液的配制如表2－5－1所示。

表2－5－1　常用贮备标准液的配制

金属	基准物	配制方法
Ag	金属银	1. 溶解1.000g银于20mL 1:1硝酸中,用水稀释至1L
	硝酸银	2. 溶解1.575g银于50mL水中,加10mL浓硝酸,用水稀释至1L
Au	金属金	将0.1000g金溶解于数mL的王水中,在水浴上蒸干,用盐酸和水溶解,稀释到100mL,盐酸浓度约1mol/L(HCl)
Ca	碳酸钙	将2.4972g在110℃烘干过的碳酸钙溶于1:4硝酸中,用水稀释至1L
Cd	金属镉	溶解1.000g镉于1:1硝酸中,用水稀释至1L
Co	金属钴	溶解1.000g钴于1:1硝酸中,用水稀释至1L
Cr	重铬酸钾	1. 溶解2.829g重铬酸钾于水中,加20mL硝酸,用水稀释至1L
	金属铬	2. 溶解1.000g铬于1:1盐酸中,加热使之完全溶解,冷却,用水稀释至1L
Cu	金属铜	溶解1.000g铜于1:1硝酸中,用水稀释至1L
Fe	金属铁	溶解1.000g铁于20mL 1:1盐酸中,用水稀释至1L
K	氯化钾	称取1.907g在500℃烧灼过的氯化钾溶于水中,稀释至1L
Mg	金属镁	溶解1.000g镁于1:4硝酸中,用水稀释至1L
Mn	金属锰	溶解1.000g锰于1:1硝酸中,用水稀释至1L
Na	氯化钠	称取2.542g在500℃烧灼过的氯化钠溶于水中,稀释至1L

续表

金属	基准物	配制方法
Ni	金属镍	溶解 1.000g 镍于 1:1 硝酸中,用水稀释至 1L
Pb	金属铅	溶解 1.000g 铅于 1:1 硝酸中,用水稀释至 1L
Zn	金属锌	溶解 1.000g 锌于 40mL 1:1 盐酸中,用水稀释至 1L

注　基准物纯度为 99.99%,所得标准液浓度为 1mg/mL

二、定量分析方法

(一)标准曲线法

又称校正曲线法。做法是将贮备标准溶液稀释成标准溶液系列,用去离子水将仪器调零后,依次由稀到浓吸喷标准溶液及样品溶液,测定吸光度。绘制吸光度—浓度标准曲线(如图 2-5-4),在曲线上内插试样溶液的吸光度,即可求得试样溶液的浓度。

原子吸收测定中标准曲线应具有适当的浓度范围。一般说来吸光度值在 0~0.5 之间较为合适。试样读数应在标准曲线的中段。若浓度太高或太低,可采用降低或提高灵敏度的方法,也可使用仪器的标尺扩展或衰减档。另外,有些元素的工作曲线明显弯曲,例如铁、钴、镍等。一般元素的工作曲线在浓度增大时也产生弯曲。明显的弯曲可通过减少光谱通带(狭缝),减少灯电流来改善。必要时也可通过仪器上曲线校直设备,将工作曲线校直。标准曲线法原理示意图如图 2-5-4。

(二)标准加入法

在数份样品溶液中加入不等量的标准溶液,然后按照绘制标准曲线的步骤测定吸光度,绘制吸光度—加入浓度曲线(图 2-5-5),用外推法求得样品溶液的浓度。

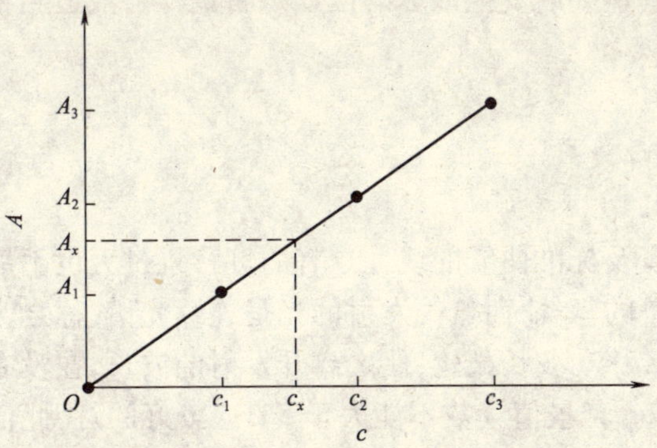

图 2-5-4　标准曲线法原理示意图

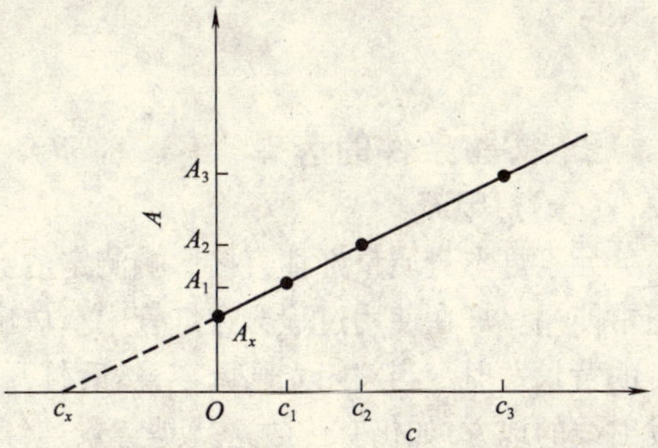

图 2-5-5　标准加入法原理示意图

(三)浓度直读法

在标准曲线为直线的浓度范围内,应用仪器的标尺扩展档或浓度直读装置,用标准溶液把指示值调到相应的浓度值。例如将 2μg/L 的标准溶液吸光读数调整为 2.00,此时再吸取试样时,读数就是该溶液的浓度值。应用此法时要用标准溶液反复校准,以取得准确结果。并要将同一样品进行 2~3 次读数,求平均值。

三、原子吸收分析的灵敏度和检出极限

在分析工作中，用标准曲线来表示标准溶液浓度和吸光度之间的关系，灵敏度是指工作曲线的斜率。若用 A 表示吸光度，用 c 表示标准溶液浓度，则灵敏度是指 A/c。但原子吸收测定中多用特征灵敏度来表示元素测定的灵敏度。所谓特征灵敏度是指能产生1%吸收（吸光度0.0044）时所对应的元素浓度，用μg/mL/1%来表示。通过测定某一浓度为 c 的标准溶液的吸光度 A，可计算出相应的特征灵敏度：$S = c \times 0.0044/A$。同一元素在不同的仪器上测试会得到不同的灵敏度，因而灵敏度是一台机器的性能指标之一，但不同元素的灵敏度之间保持同样的规律，例如镁的灵敏度总是最高的。一台仪器灵敏度很高不等于测定时稳定性非常好，所以除灵敏度之外，还要有一个稳定性的指标。检出极限定义是：能产生相当于两倍或三倍空白溶液的标准偏差的吸收讯号所对应的被测溶液浓度。可用下式表示：

检出极限（浓度值）= 空白溶液的平均值 + 系数（一般为2或3）× 空白溶液测定时的标准偏差。灵敏度一般要比检出极限大五至几十倍。在实际测定中，检出极限还取决于测定空白值的大小。

四、提高或降低灵敏度的措施

当进行痕量元素的分析或者对灵敏度较低的元素进行分析时，需要从仪器上或从化学处理上提高方法的灵敏度。根据情况可采取以下措施：在仪器稳定性较好的前提下可使用仪器的标尺扩展档，将吸收讯号放大；在试样中加入与水互溶的有机溶剂，如甲醇、乙醇、丙酮等20%～50%，可提高灵敏度2～3倍；采取富集浓缩的方法，例如有机溶剂萃取、共沉淀等。

也可以采用灵敏度更高的测定方法。如测汞元素时用冷原子吸收法，测砷、硒、锑、锗、锡等元素用氢化法，或采用石墨炉法。当测定含量较高的组分时，可采取一些措施来降低方法的灵敏度。例如：采用仪器的标尺缩小档，衰减吸收讯号；选用待测元素的次灵敏线；转动燃烧器成一定的转角；改变雾化器的雾化效率及吸液量等（例如改变撞散球的位置）；将试样溶液适当稀释等。

五、实验条件的选择

（一）灯电流

元素灯本身质量好坏直接影响测定的灵敏度及标准曲线的线性。有的灯背景过大也不能正常使用。灯在使用过程会在灯管中释放出微量的氢气，而氢气发射的光是连续光谱，称之为灯的背景发射。当关闭光闸调零，然后打开光闸，移动波长鼓轮，使之离开发射的波长，在没有发射线的地方，如仍有读数这就是背景连续光谱。背景值读数不能大于5%。较好的灯，此值应小于1%。所以在选择灯电流前要检查一下灯的质量。对于测定的灵敏度有影响的还有灯电流，测定一般元素时，只要光电倍增管电压在300～600V范围之内，空心阴极灯可以使用尽量小的电流。这样对测定的灵敏度会有所提高。总之，选择灯电流、狭缝及倍增管高压，要互相兼顾。如果倍增管电压太高，也会使测定的稳定性不好；另一个要注意的问题是灯电源供电情况不同，灯电流的表头读数含意也有所不同。对于直流电源供电，表头所指示的就是灯的电流。但对于脉冲供电情况就不一样，有电流和没电流的时间比（叫做占空比）是1:1，表头表示的是平均电流，而峰值电流（电流所达到的最大值）是平均电流的一倍。占空比越小，峰值电流比平

均电流大得越多。所以选用电流还应适当小一点。火焰原子吸收测定的灵敏度与检出极限如表2－5－2所示。

表2－5－2 火焰原子吸收测定的灵敏度与检出极限

元素	波长/nm	灵敏度/(μg/mL/1%)	检出极限/(μg/mL)	火 焰	元素	波长/nm	灵敏度/(μg/mL/1%)	检出极限/(μg/mL)	火 焰
Ag	328.1	0.06	0.002	空气—乙炔	Li	670.8	0.05	0.003	空气—乙炔
Al	309.3	1.0	0.02	笑气—乙炔	Lu	336.0	7.5	0.7	笑气—乙炔
As	193.7	0.15	0.02	氩—氢	Mg	285.2	0.01	0.0001	空气—乙炔
As	—	0.8	0.15	空气—乙炔	Mn	280.1	0.1	0.002	空气—乙炔
Au	242.8	0.25	0.01	空气—乙炔	Mo	313.3	0.6	0.02	笑气—乙炔
B	249.7	40	2.0	笑气—乙炔	Na	589.0	0.015	0.0002	空气—乙炔
Ba	553.6	0.4	0.01	笑气—乙炔	Nb	334.3	40	2.0	笑气—乙炔
Be	234.8	0.03	0.002	笑气—乙炔	Nd	463.4	10	1.0	笑气—乙炔
Bi	223.1	0.4	0.003	空气—乙炔	Ni	232.0	0.15	0.002	空气—乙炔
Ca	422.7	0.05	0.001	空气—乙炔	Os	290.9	1	0.1	笑气—乙炔
Cd	228.8	0.03	0.002	空气—乙炔	P	213.6	300	100	笑气—乙炔
Co	240.7	0.2	0.01	空气—乙炔	Pb	283.3	0.7	0.01	空气—乙炔
Cr	357.9	0.1	0.003	空气—乙炔	Pd	247.6	0.3	0.02	空气—乙炔
Cs	852.1	0.5	0.05	空气—乙炔	Pr	495.1	25	5	笑气—乙炔
Cu	324.7	0.1	0.001	空气—乙炔	Pt	265.9	2.0	0.1	空气—乙炔
Dy	421.2	0.7	0.05	笑气—乙炔	Rb	780.0	0.1	0.002	空气—乙炔
Er	400.8	0.9	0.04	笑气—乙炔	Re	346.0	15	1	空气—乙炔
Eu	459.4	0.6	0.02	笑气—乙炔	Rh	343.5	0.5	0.005	空气—乙炔
Fe	248.3	0.2	0.01	空气—乙炔	Rn	349.9	0.5	0.1	空气—乙炔
Ga	287.4	2.2	0.15	空气—乙炔	Sb	217.6	0.5	0.04	空气—乙炔
Gd	407.9	17	1.2	笑气—乙炔	Sc	391.2	0.4	0.02	笑气—乙炔
Ge	265.1	2.5	0.2	笑气—乙炔	Se	196.1	0.25	0.1	氩—氢
Hf	286.6	15	2	笑气—乙炔	Se	—	0.5	0.2	空气—乙炔
Hg	253.7	10	0.2	空气—乙炔	Si	251.6	1.5	0.02	笑气—乙炔
Ho	410.4	0.7	0.04	笑气—乙炔	Sm	429.7	10	2	笑气—乙炔
In	304.0	1.0	0.02	空气—乙炔	Sn	224.6	1.1	0.02	空气—氢
Ir	264.0	10	1	空气—乙炔	Sn	—	2.5	0.5	空气—乙炔
K	766.5	0.05	0.001	空气—乙炔	Sr	460.7	0.15	0.002	笑气—乙炔
La	550.1	45	2	笑气—乙炔	Ta	271.4	20	1	笑气—乙炔

续表

元素	波长/nm	灵敏度/(μg/mL/1%)	检出极限/(μg/mL)	火　焰	元素	波长/nm	灵敏度/(μg/mL/1%)	检出极限/(μg/mL)	火　焰
Tb	432.6	7.5	0.6	笑气—乙炔	V	318.4	2.0	0.05	笑气—乙炔
Tc	261.5	3	—	空气—乙炔	W	400.9	1.5	1	笑气—乙炔
Te	214.3	0.7	0.05	空气—乙炔	Y	410.2	1.8	0.1	笑气—乙炔
Ti	264.3	2	0.05	笑气—乙炔	Yb	398.8	0.1	0.005	笑气—乙炔
Tl	276.8	0.5	0.02	空气—乙炔	Zn	213.8	0.02	0.001	空气—乙炔
Tm	371.8	0.35	0.01	笑气—乙炔	Zr	360.1	10	1	笑气—乙炔
U	351.5	50	30	笑气—乙炔					

注　该数据系用美国 P—E5000 型仪器测定、无极放电灯测量。

(二)测定谱线

许多元素可有几条吸收线供选择,这些线发射强度不同、灵敏度也不相同。根据样品中待测元素浓度的不同,可以选择适用于不同测量范围的谱线。当然有些线灵敏度虽然好,但波长在远紫外区,测试不稳定或被大气强烈吸收,这时就要选用灵敏度较差一些的线。例如汞的最灵敏线在 184.9nm 强烈被大气吸收,因此测定汞就应当选用灵敏度差一些的 253.7nm 谱线。常见元素谱线强度比与吸收比如表 2-5-3 所示。

表 2-5-3　常见元素谱线强度比与吸收比

元　素	谱线/nm	发射强度比	吸收强度比	应用范围/mg·kg^{-1}	元　素	谱线/nm	发射强度比	吸收强度比	应用范围/mg·kg^{-1}
Ag	328.1	100	100	1~10	Cr	357.9	100	100	2~25
Ag	338.3	100	50	1.5~15	Cr	425.4	77	33.5	4~50
Au	242.8	71	100	2~40	Cr	427.5	76	27	5~100
Au	267.6	100	50	10~100	Cr	429.0	59	13	10~100
Bi	222.8	4	27.7	20~200	Cu	244.2	8	0.3	100~2000
Bi	223.1	5	100	8~100	Cu	324.8	100	100	0.5~10
Bi	227.7	3	3.1	100~1000	Cu	327.4	65	27.5	2~20
Bi	306.8	100	23.7	20~200	Fe	248.3	1	100	1~20
Cd	228.8	11	100	0.5~5	Fe	372.0	100	11.5	20~200
Cd	326.1	100	0.2	100~1000	Fe	386.0	53	6.6	50~500
Co	240.7	35	100	2~20	Fe	392.0	4	0.4	500~2000
Co	304.4	15	6.2	50~500	K	766.5	100	100	0.5~5
Co	346.6	100	2.5	100~1000	K	769.9	80	33	2~10
Co	347.4	34	13.7	20~200	K	404.4	—	0.7	100~1000

续表

元素	谱线/nm	发射强度比	吸收强度比	应用范围/mg·kg^{-1}	元素	谱线/nm	发射强度比	吸收强度比	应用范围/mg·kg^{-1}
Li	610.4	12	0.01	—	Ni	232.0	8	100	0.5~20
Li	670.8	100	100	0.1~10	Ni	241.5	56	19.6	10~100
Mn	279.5	16	100	0.5~10	Ni	352.5	100	19.6	10~50
Mn	280.1	16	50	2~20	Pb	217.0	11.5	100	2~50
Mn	321.7	1.5	0.03	100~1000	Pb	261.4	54.9	2.7	100~1000
Mn	403.1	100	8.4	10~100	Pb	283.3	100	40	10~100
Na	330.2 双	6	0.2	50~500	Sb	206.8	40	83	10~100
Na	330.3 双	—	—	—	Sb	212.7	2.8	14	100~1000
Na	589.0	91	100	0.1~5	Sb	217.6	70	100	5~100
Na	589.6	100	35.8	0.2~10	Sb	231.2	100	50	20~200

注 每个元素吸收最强及发射最强的谱线均为100。

（三）光谱通带

$$光谱通带(nm)=狭缝宽度(mm)\times倒线色散(nm/mm)$$

光谱通带又称单色器通带，是指出射狭缝所包含的波长范围。确定通带宽度是以能将共振线与邻近的非吸收线分开为原则。即在选定的狭缝宽度下，只有共振线通过出口狭缝到达检测器。大多数元素可以在0.1~2nm通带下测定。对谱线简单的元素（例如碱金属、碱土金属）宜用较宽的狭缝，这样可以减少灯电流和光电倍增管的高压；使测定的稳定性大大增加。可是对谱线复杂的元素（铁、钴、镍等过渡元素及稀土元素），若选用大的狭缝，邻近的非吸收线会进入检测器，校准曲线明显地弯曲，灵敏度大大地降低。

根据仪器给出的倒线色散的数据（可查阅仪器说明书），可以计算出不同的光谱通带所相应的狭缝宽度。不同元素所常选用的光谱通带如表2-5-4所示。

表2-5-4 不同元素所常选用的光谱通带

元素	共振线/nm	通带/nm	元素	共振线/nm	通带/nm
Al	309.3	0.2	Cd	228.8	1
Ag	328.1	0.5	Co	240.7	0.1
As	193.7	<0.1	Cr	357.9	0.1
Au	242.8	2	Cu	324.7	1
Be	234.9	0.2	Fe	248.3	0.2
Bi	223.1	1	Hg	253.7	0.2
Ca	422.7	3	In	302.9	1

续表

元 素	共振线/nm	通带/nm	元 素	共振线/nm	通带/nm
K	766.5	5	Rh	343.5	1
Li	670.9	5	Sb	217.6	0.2
Mg	285.2	2	Se	196.0	2
Mn	279.5	0.5	Si	251.6	0.2
Mo	313.3	0.5	Sr	460.7	2
Na	589.0(注)	10	Te	214.3	0.6
Pb	217.0	0.7	Ti	364.3	0.2
Pd	244.8	0.5	Tl	377.6	1
Pt	265.9	0.5	Sn	286.3	1
Rb	780.0	1	Zn	213.9	5

注 使用10nm通带时,单色器通过的是589.0nm和589.6nm双线。若用4nm通带测定589.0nm线,灵敏度可提高。

(四)火焰及燃烧器与光轴的距离(燃烧器高度)

原子吸收分光光度测定中常用的火焰为空气—乙炔火焰及笑气(氧化亚氮)—乙炔火焰。选择火焰条件应按如下步骤进行:按测定元素选定火焰种类(通常在空气—乙炔焰或氧化亚氮—乙炔焰之间进行选择);按火焰种类选定燃烧器;按火焰种类选定喷雾器(空气—乙炔焰及氧化亚氮—乙炔焰可合用一个雾化器,在相同压强下,氧化亚氮流量约为空气流量的80%,但具体对某一台仪器是否能合用还要见仪器说明);助燃气压强一般要在$1.5\times10^5\sim2.0\times10^5$Pa调定(调定助燃气流量,对一特定雾化器,其吸液量及雾化效率等因素也就较固定——还与溶液性质等因素有关。在测定过程中,一般不再变动助燃气流量);选定燃气流量,调定火焰状态(选择时可用标准溶液吸喷,并改变流量——改变燃气流量时要重新调零。根据吸光度—流量变化情况,选用具有最大吸光度值的流量范围中最小的流量)。

完成以上选择后,再确定燃烧器与光轴的距离(燃烧器高度)。一般入射光应通过中间薄层区,即紧靠第一反应区的清晰的淡蓝色光带的稍上方。也可连续变化燃烧器高度,并吸喷标准溶液。观察吸光度的变化(也应注意零点有没有变化),选取具有最大吸光度的燃烧器高度。

(五)火焰的种类及性质

1. 空气—乙炔:

助燃气及燃气流量比:4∶1~5∶1;火焰可达最高温度:约2300℃;火焰气氛:氧化性;背景发射或吸收:背景发射较低,短波紫外区火焰吸收变大,噪音变大;适用范围:可测定35个元素;燃烧速度(m/s):1.60。

2. 空气—贫乙炔焰:

助燃气及燃气流量比:大于5∶1;火焰气氛:氧化性强,还原性差;背景发射或吸收:背景发射更低,噪音小;适用范围:适用于碱金属及Cu、Ag、Au、Pb、Cd、Bi等易挥发不易生成氧化物的元素。

3. 空气—富乙炔焰：

助燃气及燃气流量比：3∶1～5∶2；火焰可达最高温度：稍小于2300℃；火焰气氛：还原性强；背景发射或吸收：背景发射大，噪音大；适用范围：适于易生成氧化物的元素，例如 Cr、Mo、Sn 等。

4. 笑气—乙炔：

助燃气及燃气流量比：1∶1～5∶1；火焰可达最高温度：约2955℃；火焰气氛：还原性强；背景发射或吸收：背景发射强，噪音大；适用范围：用于 Al、Ba、Si、Ti、W、U、Be、V、Mo 及稀土等易生成难熔氧化物的元素；燃烧速度（m/s）：1.80。

5. 空气—石油气：

助燃气及燃气流量比：10∶1～20∶1；火焰可达最高温度：约1700℃；火焰气氛：低温火焰，氧化性气氛；背景发射或吸收：噪音大；适用范围：对 Ag、Au、Bi、Cd、Cs、Fe、In、K、Pb、Tl 等灵敏度较高；燃烧速度（m/s）：约0.82。

第五节　原子吸收光谱仪

一、原子吸收光谱仪简介

原子吸收光谱仪分为光源、原子化器、分光系统、检测系统等四个主要部分，如图2－5－6所示。

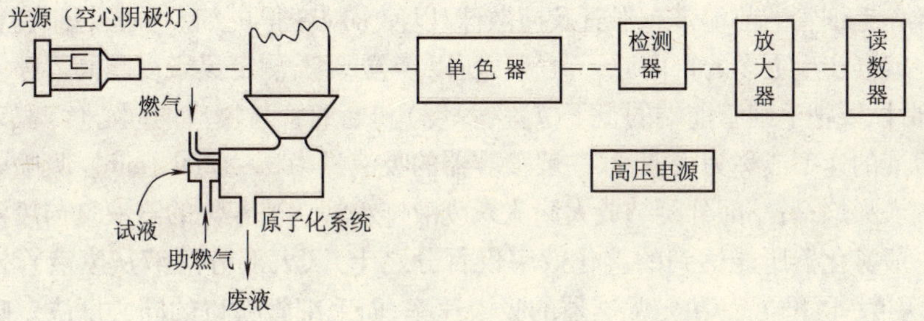

图2－5－6　原子吸收光谱仪结构示意图

（一）空心阴极灯

空心阴极灯是原子吸收光谱仪的光源，其中最主要的部分是空心阴极，由待测元素本身或其合金制成。所以测定某个元素就要用该元素的灯。整个灯熔封后充以低压氖或氩气，成为一种特殊形式的辉光放电管。评价一个灯的优劣主要看发光强度、所发光的稳定性、测定的灵敏度、线性及灯寿命的长短。正常的元素灯，在规定电流及适当的狭缝宽度（及增益）下，光电倍增管高压在300～600V应能调到仪器表头指针满刻度。多数灯5min漂移小于1%，背景强度不大于1%，在满足以上条件下，测定时灵敏度高，检出极限低的灯比较好。灯在点燃后要从灯的阴极辉光的颜色判断灯的工作是否正常（观察空心阴极的发光）。充氖气的灯，负辉光的颜色是橙红色，充氩气的灯，负辉光是淡紫色，汞灯是蓝色。灯内有杂质气体存在时，负辉光的颜色变淡。如充氖气的灯，颜色可变为粉红、发蓝或发白。此时应对灯进行处理。使用灯时，注意灯的极性不能接反,灯的管脚标准接法应为3、7脚为阳极,1、5脚为阴极。极性接反时阴极发光很弱而阳极辉光很强。灯在其寿命接近终结时发光明显不稳定或发光部位不对,灵敏度大幅度下降。灯若损坏漏气时,就会不亮。灯在正常使用时,可选用灯上标明的工作电流或标明的最大电流的1/3。使用前预热20~30min,使灯发射稳定。灯的品种不同,所选用的阴极材料不同,使用电流也不同。一般高熔点的灯,如镍、钴、钛、钽、锆等元素的灯,使用电流可大些。易溅射和低熔点的灯,使用电流以小些为宜,如铋、钾、钠、铷、铯、锗、镓等的灯。元素灯长期不用时,应定期(每月或每隔二三个月)点燃处理。即在工作电流下点燃1h。如果灯内有杂质,则气体辉光不正常,可进行反接处理。若阳极是圆环状,可将阴极接正,电流100mA,通电1~2min。若阳极是棒状,位于一侧,可通电流20~30mA,通电20~60min。元素灯应轻拿轻放,低熔点灯用完后,待冷却后再移动。有些元素(如砷、硒、磷等)发射强度比空心阴极灯高几十到几百倍,是很好的补充光源。原子吸收光谱除使用空心阴极灯作为光源外,有些仪器上还可使用无极放电灯。

(二)火焰原子化器

原子吸收测定需将试样转变成自由原子蒸气。转变的方式是通过热离解,即通过火焰或电加热的设备提供能量。火焰原子化器的结构是由雾化器、雾室及燃烧器三部分组成。试样溶液被雾化器喷成细雾,干燥、熔化、蒸发成气态分子,再在火焰中离解成原子。

1. 雾化器

雾化器也称喷雾器。当压缩空气从毛细管前端的小孔高速喷射出来时,造成负压将溶液由毛细管吸上来,在气流中分散成非常细的雾滴。雾滴直径多在10μm以下,形成的雾喷射出来像轻飘飘的云一样。毛细管的前端带有喉管及撞散球,以使雾粒变得更细。雾粒越细,就越容易干燥、熔化、气化,也就会产生更多的自由原子蒸气。所以雾粒越细,测定灵敏度越高。喷雾器是影响灵敏度的主要部件,要把毛细管前端的上下位置(深度)和毛细管与喷口的同心度调节到最佳水平。毛细管吸喷溶液的速率或称为吸液量,一般喷雾器的吸液量为3~12mL/min。吸喷的溶液一部分变成细雾粒进入火焰;另一部分凝结成大滴流入废液排水管。被雾化的溶液量与废液量之比称为雾化效率。一般雾化器所能达到的雾化效率仅百分之十几,大部分溶液从废液管排出。一般说来,毛细管的深度(上下位置)决定喷雾器的吸液速率,而毛细管喷口的同心度决定喷雾器的雾化效率。发现喷雾器的灵敏度下降了,应及时进行调节,以获得最佳灵敏度。

2. 雾化室

雾化室由金属、金属加塑料镀层或玻璃制成(玻璃雾室应外加防护套),内有回火安全塞及废液排出口。废液排出管内径应不少于8mm,一般用聚乙烯管。废液排出管应带水封(水封高度约为10cm),以防空气、乙炔由排水管流出。废液排出不流畅将明显影响测定。

3. 燃烧器

常用的是单缝燃烧器,用于空气—乙炔火焰的燃烧器缝长100~120mm,宽0.5~0.7mm,用于笑气(氧化亚氮—乙炔)的火焰长50mm,宽0.5mm。宽缝的燃烧器(0.7mm)不易被盐堵塞,但气耗大,回火的可能性大些。燃烧器在使用过程中应注意清洗及清理,缝口应光洁无沉积盐,火焰不应带有缺口。在测定前应点燃火焰预热燃烧器,使燃烧器温度稳定。

4. 气源

(1)空气。空气由压缩空气钢瓶、活塞式空气压缩机或膜动式空气压缩机供给。活塞式空

压机出口压力为 $4\times10^5\sim6\times10^5$Pa,应配空气过滤减压阀,调节出口压力为 $1.5\times10^5\sim2.0\times10^5$Pa。膜动式空压机,一般由安全阀排气调到使用压强。空气经转子流量计(一般带有针形阀作为调节流量的部件,也可以不带)流入雾化器。

(2)乙炔。乙炔由钢瓶或乙炔稳压发生器供给。乙炔钢瓶内最大压强为 15×10^5Pa。乙炔溶于吸收在活性炭上的丙酮内。乙炔钢瓶使用至压强为 5×10^5Pa 时就应更换新钢瓶。乙炔稳压发生器是用电石作原料,加水发生乙炔,经水洗、硫酸洗和脱脂棉过滤进入稳压浮筒。乙炔压力约为 $4\times10^3\sim5\times10^3$Pa。火焰颜色变黄就应更换浓硫酸。插入硫酸的管子在长期使用后有硫酸钙沉淀,要注意防止堵塞。在用富燃烧火焰测定(如铬)及用笑气—乙炔火焰时,发生器发生的乙炔气量及压力不足,需要将发生的乙炔加压及储气。现在使用的燃烧器即使由于先断助燃气等原因回火,也仅回到雾化室。但仍应注意在操作时先开助燃气点火的操作规程,关气时应先关燃气。

(3)笑气。笑气由笑气钢瓶供气。钢瓶装有液化气体,瓶内压强约为 7.02×10^7Pa,减压后使用。使用笑气—乙炔火焰应小心,注意防止回火,禁止直接点燃笑气—乙炔火焰。点燃时,应先点燃空气—乙炔火焰并调节为富燃火焰,再过渡到笑气—乙炔火焰,并应保持为富燃(保持有桃红色的中间层火焰是笑气—乙炔火焰富燃的特征)。雾化室应装有安全塞,当回火时安全塞被冲开而不造成其他的破坏。

(三)光学系统

原子吸收光谱仪的光学系统,其主要部件是单色器,由光栅和反射镜等组成。单色器的光入射口及出射口装有入射狭缝和出射狭缝,这些部分封装在仪器内,非必要时不要打开,更不能用手去摸光栅或用透镜纸去擦光栅。光栅应避免受潮,经常要更换干燥剂。光源后边的透镜及入射狭缝前的透镜,在仪器外可以看到,称为外光路。外光路有时只有一束光,从光源出发通过燃烧器的上方进入单色器,这种仪器构型称为单光束。若光源发出的光被反射镜的旋转切光器分为两束光,一束通过火焰,另一束为参比光束,这种仪器构型称为双光束。双光束仪器结构比较复杂,克服了光源的漂移波动。对外光路的调节,主要的是要使光源发出的光通过燃烧器的正上方。可用挡光杆或白纸检查光源光束焦点的位置。

(四)检测系统

光源发出的光通过火焰被吸收一部分之后,经光栅单色器分光将待测谱线发出的信号输入到光电倍增管,变成电讯号,最后在表头及数字显示器或记录仪显示出来。现在多数仪器具备对数转换档,可将与透射率成正比的光信号,经过对数转换变成与吸光系数成线性关系,从而可以通过标尺扩展档或标尺缩小档(即吸光系数增益或衰减)将读数调节成浓度值。测定大量样品时可直接读出浓度值,这种做法叫浓度直读。

二、AA7001 原子吸收光谱仪的使用

AA7001 原子吸收光谱仪是目前国内应用较多的原子吸收光谱仪,现以测定铜元素为例,简要说明其操作。

(一)AA7001 原子吸收光谱仪的结构

AA7001 原子吸收光谱仪是由光源系统、原子化系统、分光系统、检测系统和信号输出系统

五部分组成，如图 2－5－7 所示。

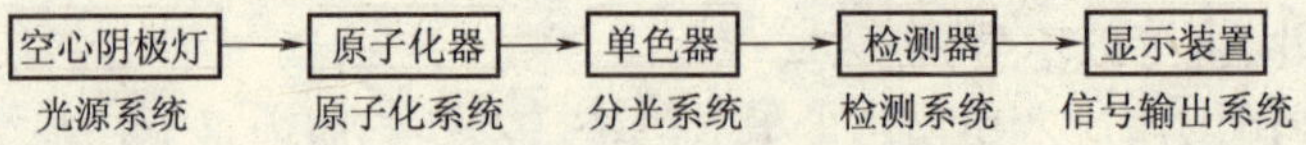

图 2－5－7　原子吸收光谱仪结构简图

(二)准备分析(以 Cu 为例)

1. 元素选择

(1)接通主机电源，接通计算机电源，按提示按键盘数字键 1，也可以按回车键，进入 AA7001 软件的主页面。

(2)用鼠标左键点击元素周期表中 Cu，Cu 位置处的颜色变为白色，在下面的参数框内立即显示出 Cu 的波长、狭缝等参数值。按波长、狭缝数值将主要的波长及狭缝放在规定的数值上。但灯电流建议用 2mA(仪器旋钮为 1.0)，电压为 150V(仪器旋钮为 1.50)，调整好灯及燃烧器位置，使用对光板，令光线完全通过燃烧器狭缝(100mm 标准化燃烧器)，调节雾化器高度使光线在燃烧器上方 10mm 处通过(应在“采样分析”页面上观察元素灯能量棒线)。

2. 分析参数设定

用鼠标单击主菜单 [1:分析参数] 进入“AA7000 分析参数”页面。按下列建议值设置各项参数：

时间常数:2

延迟时间:0.0000

积分时间:2.0000

终止时间:9999.00

稀释倍数:1.0000

测量单位:mg/L

工作模式:校准 ●

计算方式:峰高 ●

统计方式:平均值 [×] 、SD [×] 、RSD [×]

单击 [确认]

注意:每输入一个数值后都应按回车键

3. 点火

点火前应注意:启动排风扇向外排风;用普通水将仪器背部的水封管灌满;严格检查乙炔管道有无漏气。

(1)启动空气压缩机，调节空气压力为 0.3MPa(3kgf/cm^2)，立即听到空气进入雾化器的哨音。此时仪器右面板上应指示 0.2MPa 的空气压力(工作压力)；若不是，应拉出气路部件，调节空气定值器旋钮，使工作压力为 0.2MPa。空气流量应为 5～6 L/min。

(2)打开乙炔钢瓶主开关，将乙炔压力表旋钮顺时针方向拧动，使乙炔表输出压力为 0.05～0.08MPa(0.5～0.8kgf/cm^2)。

(3)压下面板上的乙炔电磁阀(红色),将乙炔流量计下方旋钮逆时针旋动,使乙炔流量为1.2L/min。

(4)立即将点火枪在燃烧器上方2cm处点燃,点燃后的空气—乙炔火焰应是淡蓝色透明火焰。若火焰发黄且冒黑烟,说明乙炔流量过大,应减小流量。

(5)吸入纯的蒸馏水。

4.调正光能量

单击主菜单[3:采样分析]框,进入“采样分析”页面。

调节仪器灯室内的高压旋钮,将红色通道(元素灯能量)的红色能量棒调至100%。

注意:如果需要扣除背景(背景校正),则应先在“分析参数”页面上选取“背景扣除”,然后点燃氘灯(将灯室“工作方式”转至“石墨炉”档),调节氘灯电流(6.0×20=120mA)旋钮,使绿色通道(氘灯能量)的绿色能量棒调至100%(此时红色能量棒也应为100%)(在此操作时应压下半透半反镜)。

(三)测定步骤

1.制作校准曲线

(1)单击主菜单[校正曲线]框,进入“AA7000校准曲线”页面。按由低到高的浓度次序从键盘输入浓度值。用鼠标双击“注”纵行内标志,使×变为√,表示认可此项设置。凡输入标准溶液的每一项都应将×变为√,每项输入后均应按回车认可。单击鼠标右键退出“标准曲线”页面返回主菜单。

(2)进入“采样分析”页面,单击右下方的[启动]框。按压键盘B键,观察基线上呈现两条白线后,依次吸入空白溶液、标准溶液。每种溶液吸入时均应改变样品号,读数时压空格键,吸入至少三次(即连续读三次)。溶液吸入时在火焰中建立平衡需要一定时间,在压空格键读数时,一定要在信号稳定区内读数。标准溶液全部吸入并完成测量后,单击屏幕[结束]框,立即显示“AA7000分析报告”框。

(3)利用“编辑报告”功能删除个别错误数据,如果没有可编辑的内容,或测试数据满意的话,校准报告完成。

(4)进入“AA7000校准曲线”页面,进行校准曲线的选择、重绘进行曲线的拟合,直至所有校准点和所选曲线相符(至少0.99的相关系数)。单击右键退回主菜单。若多次拟合终不满意,则应考虑重新配置标准溶液并重绘标准曲线。

2.样品测定

从主菜单进入“分析参数”页面,将工作模式内的“校准”换成“分析”,单击浓度直读后的小方框,使之显示出斜十字(确认)。然后单击确认,再单击主菜单的[3:采样分析]再次进入采样分析页面,如同“校准分析”操作一样开始样品分析。分析结果将以设定的浓度单位报告出来。

(四)熄灭火焰

(1)暂时熄灭火焰,可以两次压下面板上的乙炔电磁阀开关(红色灯灭)。

(2)工作结束时,熄灭火焰应先关闭乙炔主阀,待火焰自行熄灭后,放开乙炔电磁阀按钮(红色灯灭)即可。然后将空气压缩机放水,再关闭空气压缩机。

（五）关机

将所有旋钮、开关（特别是灯电流和高压旋钮）旋至零位后方可关机。

三、原子吸收光谱仪的保养

1. 开机前，检查各插头是否接触良好，调好狭缝位置，将仪器面板的所有旋钮回零再通电。开机应先开低压，后开高压；关机则相反。

2. 空心阴极灯需要一定预热时间。灯电流由低到高慢慢升到规定值，防止突然升高，造成阴极溅射。有些低熔点元素（如 Sn、Pb 等）灯，使用时防止震动，工作后轻轻取下，阴极向上放置，待冷却后再移动装盒。装卸灯要轻拿轻放，窗口如有污物或指印，用擦镜纸轻轻擦拭。空心阴极灯发光颜色不正常，可用灯电流反向器（相当于一个简单的灯电源装置），将灯的正、负相反接，在灯最大电流下点燃 20～30min；或在大电流 100～150mA 下点燃 1～2min，使阴极红热，阴极上的钛丝或钽片是吸气剂，能吸收灯内残留的杂质气体，这样可以恢复灯的性能。闲置不用的空心阴极灯，定期在额定电流下点燃 30min。

3. 喷雾器的毛细管是用铂—铱合金制成，不要喷雾高浓度的含氟样液。工作中要防止毛细管折弯，如有堵塞，可用细金属丝清除，小心不要损伤毛细管口或内壁。

4. 日常分析完毕，应在不灭火的情况下喷雾蒸馏水，对喷雾器、雾化室和燃烧器进行清洗。喷过高浓度酸、碱后，要用水彻底冲洗雾化室，以防止腐蚀。吸喷有机溶液后，先喷有机熔剂和丙酮各 5min，再喷 1% 硝酸和蒸馏水各 5min。燃烧器如有盐类结晶，火焰呈锯齿形，可用滤纸或硬纸片轻轻刮去，必要时卸下燃烧器，用 1∶1 乙醇—丙酮清洗，用毛刷蘸水刷干净。如有熔珠，可用金相砂纸轻轻打磨，严禁用酸浸泡。

5. 单色器中的光学元件严禁用手触摸和擅自调节。可用少量气体吹去其表面灰尘，不准用擦镜纸擦拭。防止光栅受潮发霉，要经常更换暗盒内的干燥剂。光电倍增管室需检修时，一定要在关掉负高压的情况下，才能揭开屏蔽罩，防止强光直接照射，引起光电倍增管产生不可逆的“疲劳”效应。

6. 点火时，先开助燃气，后开燃气。关闭时，先关燃气，后关助燃气。

7. 使用石墨炉时，样品注入的位置要保持一致，减少误差。工作时，冷却水的压力与惰性气流的流速应稳定。一定要在通有惰性气体的条件下接通电源，否则会烧毁石墨管。

第六章　极谱分析简介

第一节　极谱分析法原理

极谱分析法于1920年由海洛夫斯基创立。几十年来，极谱分析法有了巨大的发展，如极谱催化波、方波极谱、脉冲极谱、示波极谱及溶出伏安法等。极谱法具有灵敏度高、准确度高、快速、应用范围广等特点。可以对大多数金属元素和可氧化还原的有机物进行分析，尤其是溶出伏安法可对环境中背景物质、痕量物质进行分析监测。伏安法是以测定电解过程中的电流—电压曲线为基础的分析方法。通常将使用滴汞电极的伏安法称为极谱分析法。

极谱分析的基本装置如图2-6-1所示。电解池d中的一个电极是滴汞电极(d、e)，汞置于贮汞瓶中，通过橡皮管及毛细管(内径为0.05mm)有规则地滴入电解池溶液中，这种电极(汞滴)的表面积较小，在电解池中电流密度较大，使电极周围液层的离子浓度与溶液主体的离子浓度差异较大，形成液差极化，故滴汞电极称为液化电极。另一个电极是大面积的饱和甘汞电极或汞池电极，其电极电位不随外加电压的改变而变化。极谱分析是根据电解时所得到的电流—电压曲线进行的，因此电解装置必须能连续地改变电解池的外加电压，并能随时记录通过电解池的电液。如图2-6-1所示，移动电位器接触键C可改变加在电解池两极上的外加电压(从0~2.5V范围内连续变化)，通常将滴汞电极和电池的负端相连，滴汞电极上进行还原反应。也可将滴汞电极和正端相连，此时在滴汞电极上进行氧化反应，流经电解池上的电流(从0.01~100μA范围内变化)可用灵敏检流计G记录外加电压改变过程中电流的变化。

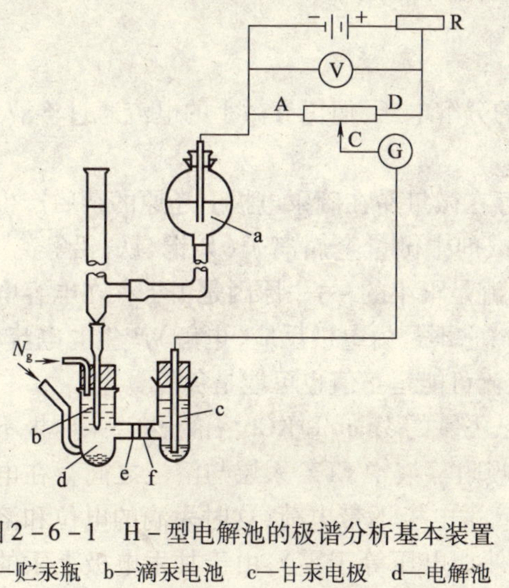

图2-6-1　H-型电解池的极谱分析基本装置

a—贮汞瓶　b—滴汞电池　c—甘汞电极　d—电解池　e—烧结玻璃　f—琼胶塞柱

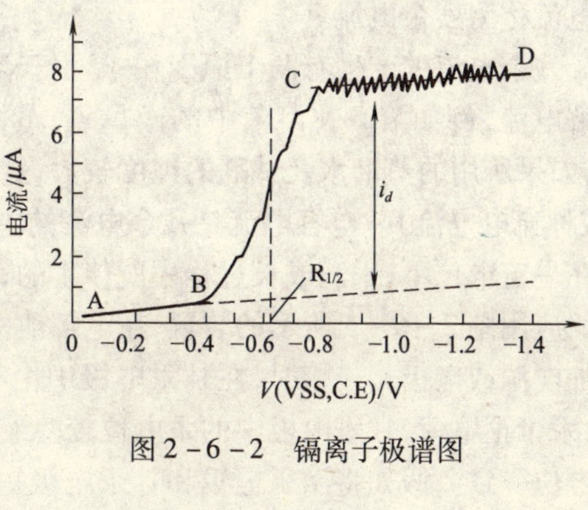

图2-6-2　镉离子极谱图

现以测定氯化镉的稀溶液为例来说明极谱液的产生过程。分析时将低浓度的 Cd^{2+}（约 $10^{-3} \sim 10^{-4}$mol/L）试液加入电解池溶液中，同时加入大量氯化钾（支持电解质），约 0.1mol/L。通入氮气或氢气以除去溶解于溶液中的氧，然后按图 2－6－1 所示的装置，以滴汞电极为阴极，饱和甘汞电极为阳极，并调整贮汞瓶的高度使汞滴以每 3～4 秒一滴的速度滴下，在电解液保持静止的条件下进行电解。将电位器接触点 C，由 A 向 D 的方向移动，使两极上的外加电压由零逐渐增加，记下与各个不同电压（0～1V）相应的电流值，以电压为横坐标，电极为纵坐标绘图，得出镉离子的电流—电压曲线（图 2－6－2）。可见在未达到镉离子的分解电位以前，只有微小的电流通过检流计（极谱图上 AB 部分），该电流称为残余电流。当外加电压达到镉离子的分解电位时，镉离子开始在滴汞电极上还原为金属镉而与汞结合成汞齐。

$$Cd^{2+} + 2e + Hg \longrightarrow Cd(Hg)$$

在甘汞电极上，汞氧化成 Hg^{2+}，并与溶液中 Cl^- 生成 Hg_2Cl_2。

$$2Hg - 2e + 2Cl^- \longrightarrow Hg_2Cl_2$$

此时电解池中就开始在 Cd^{2+} 离子的电解电流通过，当外加电压稍稍增加，使滴汞电极电位较 Cd^{2+} 离子的极出电位稍负，滴汞电极表面附近的镉离子迅速被还原，电解电流也就随着急剧上升，即图 2－6－2 中 BC 部分，当外加电压增加到一定数值时，电流不再增加而达到一个极限值，此时的电流称为极限电流，极限电流减去残余电流后的电流称为扩散电流，以符号 i_d 表示（图 2－6－2 中 CD 部分）。扩散电流与溶液中的镉离子浓度成正比，这是极谱法定量分析的基础。当电流等于扩散电流一半时滴汞电极电位，称半波电位，通常用符号 $E_{\frac{1}{2}}$ 表示。不同物质具有不同的半波电位，可作为定性分析的依据。

第二节　干扰电流及其抑制

在极谱分析中，除了扩散电流外，还有其他原因所引起的电流，这些电流与被测物质的浓度无关，因此它们的存在将干扰测定。

一、残余电流

在进行极谱分析时，外加电压未达到被测物质的分解电压，但仍有微小的电流通过溶液，这种电流称为残余电流。

残余电流的产生有两个原因：一是由于溶液中存在微量易在滴汞电极上还原的杂质产生的电解电流，例如溶解在溶液中的微量氧、蒸馏水及试剂中微量金属离子（如铜、铁、铅等离子）等，如果所用的蒸馏水及试剂的纯度较大，这部分电流是很小的；另一原因是由于存在电容电流（或称充电电流）。电容电流是残余电流的主要部分：它不是由电极反应（电解）产生的电流，而是在一定电位下，汞滴成长过程中所伴生的，电容电流可能是正值也可能是负值。

应用图 2－6－3 所示的装置，在电解池中加入已去氧的 1mol/L KCl 溶液，当滴汞电极不与外加电源或电极相连接时，在甘汞电极中由于汞层吸附溶液中 Cl^-，汞层与溶液之间存在电双层，汞带正电荷，甘汞电极中的汞电位较溶液为正，滴汞电极不带电荷，这时汞滴的电位和溶液的电位一致。假如将滴汞电极和甘汞电极短路（即外加电压等于零），由于甘汞电极上汞的表面是带正电荷的，甘汞电极就向滴汞电极充正电，而使汞滴表面带正电荷，并从溶液中吸引负离子而形成电双层，使滴汞电极与甘汞电极一样，其电位较溶液为正，如果汞滴不继续滴落，成为固定电极，则当双电层上充电而达到甘汞电极的电位时，甘汞电极上的正电荷便停止流入，这个充电作用在一瞬间即告完成，电容电流仅存在很短时间。

但是在滴汞电极上，由于电极面积不断增长和汞滴下落，所以甘汞电极不断地向滴汞电极充以正电，方能使滴汞电极具有甘汞电极的电位，这样便形成了连续不断地充电电流，此电流的方向与通常还原电流的方向相反。

当外加电压逐渐增大时，即图2-6-3中外加电压装置的接点C由A向B移动时，由于滴汞电极与外加电压的负极相连，汞滴从外加电压取得负电荷，抵消了一部分正电荷，所以汞滴的正电荷逐渐减小，因而电容电流逐渐减小，当外加电压达到图2-6-3上C点时，汞滴上的正电荷完全消失。汞滴不带电荷(这一点称为零电点)，电容电流就消失。当外加电压继续增大时，汞滴上带负电荷，电容电流又产生了。不过这时的电容电流的方向与零电点前所产生的相反而为负电流。以后外加电压愈大，电容电流也相应地增加，在图2-6-4上，a到b为残余电流，是溶液中没有可在电极上起反应的杂质时的电容电流，在b以上是钾离子的还原电流。所以电容电流是由于汞滴表面与溶液间形成的双电层，在与参比电极连接后，随汞滴表面的周期性变化而发生的充电现象所引起的，此电流与滴汞电极的电位有关。

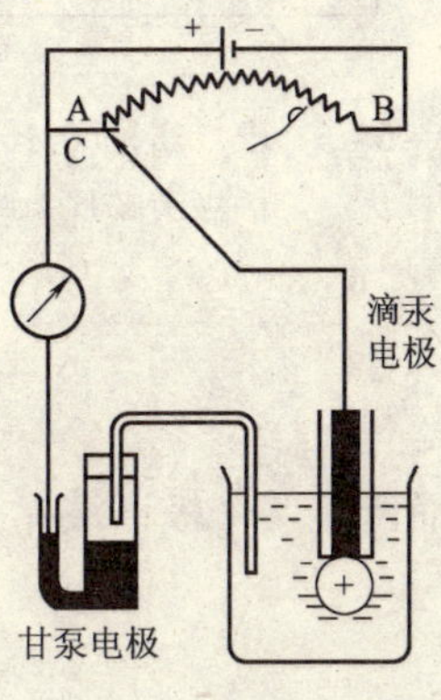

图2-6-3　电容电流的产生

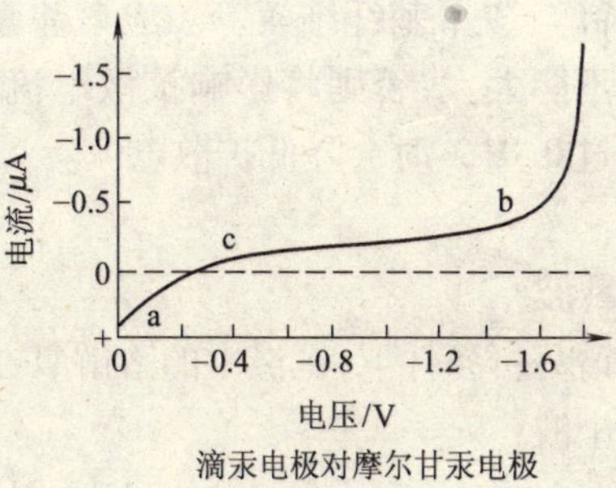

图2-6-4　1mol/L KCl溶液的残余电流

残余电流一般可采用作图的方法予以扣除(图2-6-6)。但对于微量组分(如10^{-6}mol/L)的测定，由于电容电流的存在，仍有微量的残余电流(约为10^{-7}A数量级)通过，这已足以引起测定困难，所以电容电流的存在是提高极谱分析灵敏度的主要障碍。

二、迁移电流

在极谱分析中，要使电流完全受扩散速度控制，必须消除溶液中待测离子的对流和迁移运动。在滴汞电极上，只要使溶液保持静止，一般不会有对流作用发生。迁移运动来源于电解池的正极和负极对待测离子的静电吸引或排斥力。例如由于浓差极化，使溶液中镉离子受扩散力的作用而向电极表面附近移动，产生扩散电流。但镉离子向电极表面的移动除受扩散力作用外，还受电场的库仑引力作用。当滴汞电极电位比参比电极电位为负时，滴汞电极对阳离子起静电吸引作用，由于这种吸引力，使得在一定时间内，有更多的镉离子趋向滴汞电极表面而被还原,因而观察到的电流比只有扩散电流时高。这种由于静电吸引力而产生的电流,称为迁移电流,它与被分析物质的浓度之间并无一定的比例关系,故应予消除。

如果在电解池中加入大量电解质如 KCl、HCl、H_2SO_4 等,它们在溶液中电离为阳离子和阴离子,负极对所有阳离子都有静电吸引力,因此作用于被分析离子的静电吸引力就大大地减弱,以致由静电力而引起的迁移电流趋近于零,从而达到消除迁移电流的目的。这种能导电且在实验条件下不起电解反应的惰性电解质,称为支持电解质。一般支持电解质的浓度要比待测物质的浓度大 100 倍以上。

三、极大现象

在极谱分析中,常常会出现一种特殊现象。即在电解开始后,电流随电位的增加而迅速增大到一个很大的数值,当电位变得更小时,这种现象就消失而趋于正常,如图 2-6-5 所示,这种现象称为极大畸峰。

由于极大畸峰的发生,将影响半波电位及扩散电流的正确测量,因此必须除去。除去极大现象的方法,可在溶液中加入能抑制极大现象的抑制剂,常称为极大现象抑制剂。极大抑制剂一般是表面活性剂,常用的有动物胶、聚乙烯醇、羧甲基纤维素等。应该注意,加入极大抑制剂的量不能太大,否则将影响扩散电流。例如动物胶的用量超过 0.01% 时会降低扩散电流。

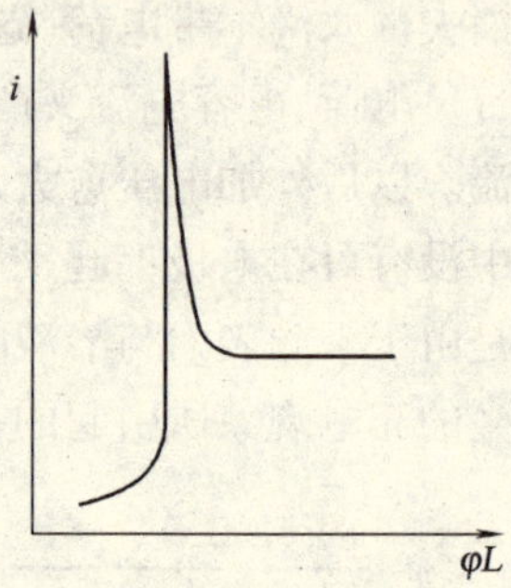

图 2-6-5　Pb^{2+} 离子(0.1mol/L KCl)的极大畸峰

四、氧波

在极谱分析条件下,试液中的溶解氧在滴汞电极上被还原而产生两个极谱波:

第一个波:

$$O_2 + 2H^+ + 2e \longrightarrow H_2O_2$$

第二个波:

$$H_2O_2 + 2H^+ + 2e \longrightarrow 2H_2O$$

它们的半波电位分别约为 -0.2V 及 -0.8V。这两个波被覆盖在一个较广的电压范围内,故有干扰而需设法消除。为了除氧,通常可向试液中通入惰性气体(如 H_2、N_2 等)10~20min 以驱尽试液中溶解氧。在中性或碱性溶液中,可加少量亚硫酸盐。

$$2SO_3^{2-} + O_2 \longrightarrow 2SO_4^{2-}$$

但当溶液为酸性时,由于 SO_3^{2-} 离子也可能在滴汞电极上被还原,故不适用。

五、氢波

极谱一般都是在水溶液中进行的,溶液中的氢离子在足够的电位时(虽然汞电极对氢的超电压是比较大的),会在滴汞电极上极出,而产生氢波。在酸性溶液中,氢离子在 -1.2~1.4V(视酸度的高低)处开始被还原,故半波电位较 -1.2V 更小的物质不能在酸性溶液中测定。在中性或碱性溶液中,氢离子在电位负值更大的情况下起波,因此氢波的干扰作用大为减小。例如在 0.1mol/L 季铵碱如[$N(CH_3)OH$]的溶液中可用极谱法测定半波电位很负的金属离子(如钾离子的半波电位为 -2.13V)。

第三节　定量分析方法

一、直接比较法

将浓度 c_s 的标准溶液及浓度 c_x 的未知溶液在相同的实验条件下,分别测其波高为 h_s 及 h_x,然后根据两者的波高及标准溶液的浓度,即可求出未知溶液的浓度。

$$c_x = c_s h_x / h_s$$

二、工作曲线法

配制一系列含有不同浓度的标准溶液,在相同的实验条件下分别测定扩散电流(波高),绘制浓度—波高曲线。此标准曲线在一定浓度范围内为一直线,当分析未知试样时,先在同一实验条件下测其波高,然后由标准曲线求出相应的浓度,此法最适合组分大致相同的大批试样的分析。

三、标准加入法

如果试样组分比较复杂,影响波高的因素较多,则此法可以相对减少许多因素的影响,因而结果较准确。这个方法是:先取未知试液 VmL,其浓度为 c_x,测定极谱高为 H。由波高的增加可算出未知试液的浓度:

$$h = Kc_x$$

$$H = K\left(\frac{Vc_x + V_s c_s}{V + V_s}\right)$$

$$c_x = \frac{V_s c_s h}{(V + V_s)H - Vh}$$

因此极谱定量分析只需测定相对波高(以 mm 或记录纸格数表示),而不必测量扩散电流的绝对值。正确的测量波高可以减少测定误差:当波形良好时,可用平行线法,通过极谱波的残余电流部分和极限电流部分分别作两条互相平行的直线,两直线间的垂直距离 h 即为所求的波高,如图 2-6-6所示。在波形不良时,它们的极限电流与残余电流的延长线不平行,可以用三切线法,见图 2-6-7,将残余电流与极限电流线延长得直线 AB 与 CD,再作极谱波的切线 EF 与 AB、CD 分别交于 G、H 两点,通过 G 点与 H 点作平行于横轴的平行线,此平行线间的垂直距离 h 即为波高。

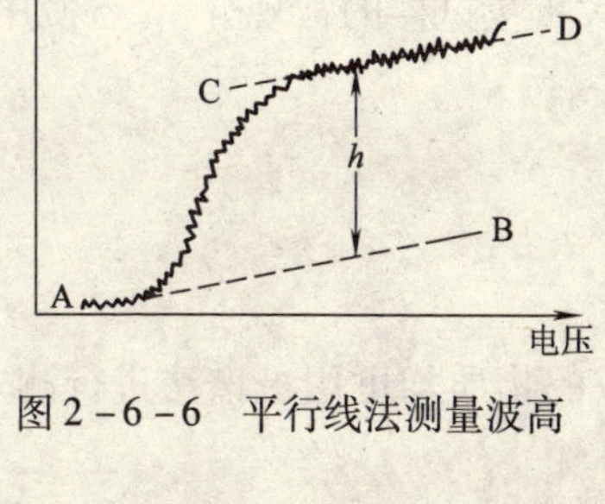

图 2-6-6　平行线法测量波高

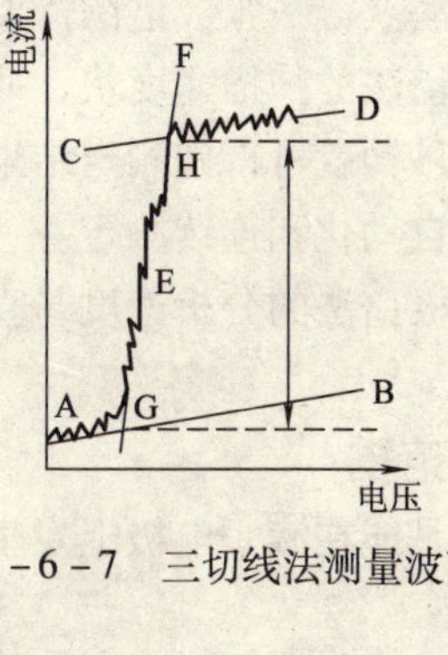

图 2-6-7　三切线法测量波高

第四节　极谱分析法的特点和应用范围

一、灵敏度和检测下限

直流极谱法的灵敏度受到电容电流的限制，检测下限约为 10^{-5}mol/L。

单扫描极谱法的 i_p 比直流极谱法的 i_d 大得多，而其 i_c 与直流极谱法的相近，故其灵敏度较高，可逆波可达 10^{-6}mol/L，经电容补偿后可达 10^{-7}mol/L 或更低些。而常规脉冲极谱比直流极谱的灵敏度高约 100 倍，其检测下限约为 10^{-7}mol/L。

微分脉冲极谱比常规脉冲极谱灵敏度更高，对可逆反应物质和不可逆反应物质其检出限分别可达 10^{-8}mol/L 和 5×10^{-8} mol/L，因此应用更为广泛。

采用溶出伏安法或极谱催化波可大大提高极谱分析的灵敏度。

二、分辨率

直流极谱法的分辨率较低，两波相距 200mV 左右才能用于定量分析，否则波高难以准确测量。

微分脉冲极谱的极谱波为对称峰形，分辨率强，峰电位相差 25 ~ 30mV 即可同时定量测定。

三、分辨比

直流极谱法的分辨比很差，前波物质比后波物质大得多时，后波被掩蔽，难以测量。

单扫描极谱法测量的是峰值，即使电容电流比电解电流大数十倍，仍可进行定量分析，因为电解 5s 后才扫描测量，前波放电物质被电解分离，即使前波放电物质与被测物质浓度比达到(500 ~ 1000)∶1，也不影响后还原物质的测定。

微分脉冲极谱法的抗干扰能力更强，前放电物质与被测物质浓度之比高达 50000 倍，也不干扰测定，分辨比很高。

四、准确度

极谱分析法的测定误差一般为 2% ~ 5%，准确度能够满足微量分析的要求。

五、分析速度

直流极谱法获得一张极谱图需要 100 滴汞，分析速度较慢。

单扫描极谱法的扫描速度快，一滴汞就能获得极谱图并能在荧光屏上直接读出峰高，故只需几秒到几十秒钟就可得到测定结果，特别适用于大批量试样的常规分析，若使用计算机控制，可实现仪器的自动化和连续测定。

微分脉冲极谱法的分析速度与直流极谱法差不多。

六、应用范围

原则上凡是能在滴汞电极上发生氧化还原反应的物质均可用极谱法进行测定，如 Cr、Mn、

Fe、Co、Ni、Cu、Pb、Zn、Cd、In、Tl、Sn、As、Bi、BrO_3^-、IO_3^-、$Cr_2O_7^-$、VO_3^-、SeO_3^{2-}、NO_2^- 等。

能在滴汞电极上被还原的有机化合物必须含有强极性键或不饱和键。如含有共轭键的不饱和有机物;含有碳氧键的醛、酮、醌类化合物;含有碳卤键的有机卤化物;含有氮氧键和氮氮键的硝基、亚硝基化合物和偶氮、偶氮羟基类化合物,还有一些含氧或氮的杂环化合物、过氧化物、硫化物等。

能在滴汞电极上氧化的物质有:硫醇类化合物,肼、苯肼、氢醌及有关的化合物,维生素 C 等有机酸等。

七、不可逆极谱波物质测定方法

直流极谱法难以测定产生不可逆极谱波的物质,单扫描极谱法对产生不可逆极谱波的物质的灵敏度较低,而微分脉冲极谱法由于它对不可逆波的灵敏度很高,分辨力又好,所以它也很适合有机物的分析。

第七章　酸度计

第一节　pH 值测定的基本原理

在科学或工业生产过程中，溶液的 pH 值常作为一个重要指标。因此 pH 值的测定有其重要意义，pH 值的定义为：

$$pH = -\lg a(H^+)$$

在精确度要求不太高的情况下，把 pH 值理解为 $-\lg[H^+]$ 还是可以的。

用电位测定法，只要测得氢电极的电极电位，根据能斯特方程式即可计算出溶液的 pH 值。

$$E(2H^+/H_2) = E^{\ominus}(2H^+/H_2) + 0.059 \cdot \lg a(H^+) = E^{\ominus}(2H^+/H_2) - 0.059 \cdot pH$$

由此可见，氢电极的电位与溶液 pH 值之间在一定温度下呈直线关系。在 25℃时，每改变一个单位，电极电位变化 59mV。氢电极电位与 pH 值之间的直线关系是 pH 电位测定法的理论基础。

用电位法测定溶液的 pH 值，在被测溶液中必须有一个电位随溶液中 H^+ 活度变化而变化的指示电极和一个在一定条件下电极电位恒定的参比电极，组成一个工作电池。由于参比电极的电位是已知和恒定的，因此通过测定电池两极的电位差，即可知道指示电极的电位，从而可计算出被测溶液的 pH 值。

第二节　酸度计的结构原理

酸度计（pH 计）是应用玻璃电极测定溶液 pH 值的一种电子电位计。玻璃电极是指示电极，其电极电位能随溶液中 H^+ 浓度的改变而改变；参比电极一般为饱和甘汞电极。这两个电极与测量溶液组成一个化学原电池。

$$Ag|AgCl|H^+Cl^- \parallel \text{样品溶液}|KCl \cdot Hg_2Cl_2|Hg$$

玻璃电极　　　　　　　　　　饱和甘汞电极

饱和甘汞电极由汞、甘汞糊和饱和氯化钾溶液组成。其电位在 25℃ 时，$E_{甘汞} + E_i = 0.2440V$。

用指示电极与甘汞电极在 pH 标准溶液中测定的电动势（E_s）为：

$$E_s = \left(2.3026 \times R \times \frac{T}{F}\right) \times pHs + E^{\ominus} + E_{甘汞} + E_j(s)$$

式中：pHs——标准溶液的 pH 值；

E°——指示电位（氧化电位）；

$E_{甘汞}$——还原电位；

$E_j(s)$——扩散电位。

在检品溶液中测得的电动势 E。

$$E=\left(2.3026\times R\times\frac{T}{F}\right)\times \text{pH}+E^{\circ}+E_{甘汞}+E_j$$

由于：
$$E_j(s)=E_j$$

因此：
$$E-E_s=\left(2.3026\times R\times\frac{T}{F}\right)(\text{pH}-\text{pHs})$$

已知在25℃时，

$$2.0326\times R\times\frac{T}{F}=59.16\text{mV}$$

所以：
$$\Delta E=59.16\times\Delta\text{pH}$$

$$\Delta\text{pH}=\frac{\Delta E}{59.16}$$

上式说明，在25℃时，每当电池的电动势变化59.16mV，pH值改变1个单位，酸度计就是利用测量原电池电动势的方法，间接求得pH值的。

需要注意，pH值测定受温度影响。另外电动势测量精确度一般为0.5～1.0mV，即相当于0.01～0.02pH，所以酸度计一般可测准至0.01～0.02pH。

玻璃电极是由特殊玻璃制成的薄球。内装入盐酸溶液（一般为0.1mol/L）及一根银—氯化银电极。玻璃电极是一种对氢离子具有高度选择性的指示电极，不受氧化剂、还原剂影响，可用于有色的、混浊的或胶态水溶液的pH值测定。

第三节　pH值校准（定位）用标准缓冲液

pH值校准（定位）用标准缓冲液应使用pH标准缓冲物配制，配制方法如下：

（1）草酸三氢钾［$KH_3(C_2O_4)_2\cdot 2H_2O$］标准缓冲液：精确称取在（54±3）℃干燥4～5h的草酸三氢钾12.61g，加水溶解并稀释至1000mL。

（2）邻苯二甲酸氢钾（$KHC_8H_4O_6$）标准缓冲液：精确称取在（115±5）℃干燥2～3h的邻苯二甲酸氢钾10.12g，加水溶解并稀释至1000mL。

（3）pH值为6.8的磷酸盐标准缓冲液：精确称取在（115±5）℃干燥2～3h的无水磷酸氢二钠3.533g与磷酸二氢钾3.387g，加水溶解并稀释至1000mL。

（4）pH值为7.4的磷酸盐标准缓冲液：精确称取在（115±5）℃干燥2～3h的无水磷酸氢二钠4.303g与磷酸二氢钾1.179g，加水溶解并稀释至1000mL。

（5）硼砂标准缓冲液：精确称取硼砂［$Na_2B_4O_7\cdot 10H_2O$］3.80g，加水溶解并稀释至1000mL。将缓冲液置于聚乙烯塑料瓶中，密塞，避免与空气中二氧化碳接触。

以上标准缓冲溶液，在保存期间若发现混浊、发霉、沉淀等现象时，则不能继续使用。温度变化时，其标准pH值如表2－7－1所示。

表 2-7-1　标准缓冲溶液的 pH 值

温度/℃	pH 值				
	草酸三氢钾标准缓冲溶液	邻苯二甲酸氢钾标准缓冲溶液	pH 值为 6.8 的磷酸盐标准缓冲溶液	pH 值为 7.4 的磷酸盐标准缓冲溶液	硼砂标准缓冲溶液
0	1.67	4.01	6.98	7.52	9.46
5	1.67	4.00	6.95	7.49	9.39
10	1.67	4.00	6.92	7.47	9.33
15	1.67	4.00	6.90	7.44	9.28
20	1.68	4.00	6.88	7.43	9.23
25	1.68	4.00	6.86	7.41	9.18
30	1.68	4.01	6.85	7.40	9.14
35	1.69	4.02	6.84	7.39	9.10
40	1.69	4.03	6.84	7.38	9.07
45	1.70	4.04	6.83	7.38	9.04
50	1.71	4.04	6.83	7.38	9.02

第四节　酸度计的使用

一、一般使用时的注意事项

酸度计（pH 计）有指针式和数码显示两种形式，操作中应注意以下事项：

（1）玻璃电极初次使用前必须在蒸馏水中浸 24h 以上，以后要经常浸入蒸馏水中，应将饱和甘汞电极的加液口塞住，下端用胶皮套套住，同时浸在蒸馏水中，测定时再取下塞子和胶皮套。

（2）每次使用前要校正，测定前后均应用蒸馏水将电极充分洗净，然后将水吸尽，也可用标准缓冲液或测定液洗涤。

（3）测定前校正仪器时，应选择与测定液的 pH 值接近的标准缓冲液校正仪器。

（4）为了使测定结果可靠，在用标准缓冲液校正仪器后，应再用一种相差约 3 个 pH 值的另一标准缓冲液核对一次，误差应不超过 ±0.05pH。

（5）玻璃电极不可沾有油污，如有油污，应先浸入酒精中，再移置于乙醚或四氯化碳中，然后再移至酒精中，最后用蒸馏水洗，浸在蒸馏水中。

（6）玻璃电极如在碱性较强的溶液中使用，应迅速操作，完毕后用蒸馏水洗净。

（7）配制标准缓冲液的水与溶解样品的水，应是新煮沸过的冷蒸馏水，其 pH 值应为 6.3~7.0。

二、仪器校验的方法

使用中的 pH 计一般应进行外观检查和仪器示值准确性、仪器示值重现性检查即可，方法如下：

（1）外观检查：玻璃电极应无裂缝，内参比电极应浸在溶液内；甘汞电极内，溶液应充满容积的2/3以上,并有少许氯化钾晶体,氯化钾溶液应能慢慢渗出;pH计的各调节器应能正常调节,各紧固件应无松动。

(2)仪器示值准确性:在仪器正常工作条件下,根据电极适用的测量范围和温度范围,选用3～5种标准缓冲溶液检定仪器,按仪器说明书操作,以一种标准缓冲液校正仪器(两点式校正的仪器应该用两种溶液校正),测量另一种标准缓冲液,标准液和测量液的pHs值应相差约3个pH值单位。重复测量3次,以平均值计算基本误差,即测得值与标准值之差应符合规定。(见表2-7-2)

(3)仪器示值重现性:仪器用标准缓冲液校正后,测量另一种标准缓冲液。如此重复测量五次,五次测量值间最大差值为重复性误差,应符合要求(见表2-7-2)。

表2-7-2　pH计检定要求

仪器级别	最小分度值(pH)	仪器示值准确性(基本误差)			仪器示值重现性(重复性误差)
		pH<3	3<pH<10	pH>10	
0.02	0.02	±0.03	±0.02	±0.06	0.01
0.05	0.05	±0.05	±0.05	±0.08	0.03
0.1	0.1	±0.1	±0.1	±0.1	0.05

三、pHs—25型酸度计及其使用

(一)pHs—25型数显式酸度计

pHs—25型数显式酸度计是目前使用较广的酸度计。下图为pHs—25型数显式酸度计面板示意图。

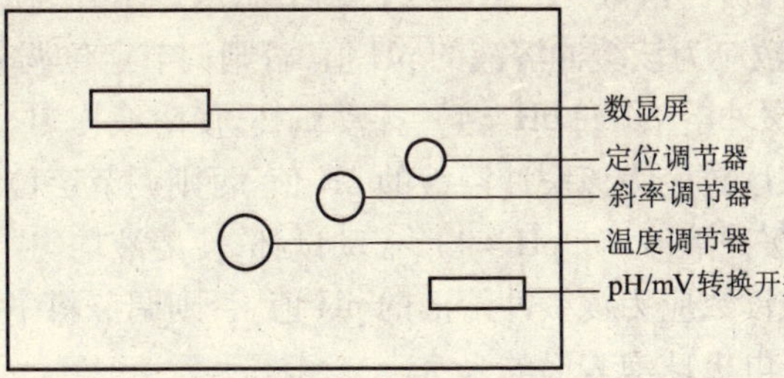

pHs—25型数显式酸度计面板示意图

pHs—25型数显式酸度计主要技术参数一般为:

pH值测量范围:0～14.00pH;

mV值测量范围:0～±1400mV(自动极性显示);

pH值测量精度:≤0.05pH;

mV测量精度:≤0.5%(读数)±1个字;

输入阻抗:≥5×10^11 Ω;

零点漂移：≤0.03 pH/3h；

溶液温度补偿范围：0～60℃（手动）。

（二）使用方法

1. 使用前的准备

仪器在电极插入之前输入端必须插入短路插头，使输入端短路以保护仪器。仪器供电电源为交流电源，把直流稳压电源插在220V交流电源上，并把电极安装在电极架上，然后将短路插头拔出，把复合电极插头插在仪器的电极插座上，电极下端玻璃球泡较薄，以免碰坏。电极插头在使用前应保持清洁干燥，切忌与污物接触。

2. 仪器选择开关置"pH"档或"mV"档，开启电源，仪器预热几分钟

3. 仪器的校正

仪器在测被测溶液之前，先要进行校正。在连续使用时，每天校正一次已能达到要求。

仪器的校正方法分为两种：

（1）一点校正法——用于分析精度要求不太高的情况。

① 仪器插上电极，选择开关置于pH档。

② 仪器斜率调节器调节在100%位置（即顺时针旋到底的位置）。

③ 选择一种最接近样品pH值的缓冲溶液（pH＝7），并把电极放入这一缓冲溶液中，调节温度调节器，使所指示的温度与溶液的温度相同，并摇动试杯，使溶液均匀。

④ 待读数稳定后，该读数应为缓冲溶液的pH值，否则调节定位调节器。

⑤ 清洗电极，并吸干电极球泡表面的余水。

（2）两点校正法——用于分析精度较高的情况。

① 仪器插上电极，选择开关置pH档，斜率调节器调节在100%处。

② 选择两种缓冲溶液（也即被测溶液的pH值在该两种之间或接近的情况）。

③ 把电极放入第一种缓冲溶液（如pH＝7），调节温度调节器，使所指示的温度与溶液均匀。待读数稳定后，该读数应为该缓冲溶液的pH值，否则调节定位调节器。

④ 电极放入第二种缓冲溶液（如pH＝4），摇动试杯，使溶液均匀。

⑤ 待读数稳定后，该读数应为该缓冲溶液的pH值，否则调节定位调节器。

⑥ 电极放入第二种缓冲溶液（如pH＝4），摇动试杯，使溶液均匀。

⑦ 待读数稳定后，该读数应为该缓冲溶液的pH值，否则调节斜率调节器。

⑧ 清洗电极，并吸干电极球泡表面的余水。

4. 需重新校正的情况

经校正的仪器，各调节器不应再有变动。不用时电极的球泡最好浸在蒸馏水中，在一般情况下在4h之内不需要校正，但遇下列情况之一，则仪器最好事先进行校正。

（1）溶液温度与标定时的温度有较大变化时。

（2）干燥过久的电极。

（3）换过了新电极。

（4）"定位"调节器有变动或可能有变动时。

（5）测量过浓酸（pH＜2）或浓碱（pH＞12）之后。

（6）测量过含有氟化物的溶液而酸度在pH＜7的溶液之后和较浓的有机溶液之后。

5. 测量 pH 值

已标定过的仪器即可用来测量被测溶液。

(1)被测溶液和定位溶液温度相同时,定位保持不变;将电极夹向上移出,用蒸馏水清洗电极头部,并用滤纸吸干;将电极插在被测溶液之内,摇动试杯使溶液均匀后读出该溶液的 pH 值;

(2)被测溶液和定位溶液温度不同时。“定位”保持不变;用蒸馏水清洗电极头部,用滤纸吸干。用温度计测出被测溶液的温度值;调节“温度”调节器,使指示在该温度值上;把电极插在被测溶液内,摇动试杯使溶液均匀后,读出该溶液的 pH 值。

(3)如果被测信号超出仪器的测量范围或测量开路时,显示部分会发出超载报警。

(4)仪器有斜率调节器,因此可做二点校正定位法,以准确测定样品。

6. 测量电极电位(mV 值)

(1)校正。拔出测量电极插头,插上短路插头,置于“mV”档,使读数在(0 ± 1)mV 范围内。

(2)测量。接上各种适当的离子选择电极;用蒸馏水清洗电极,用滤纸吸干;把电极插在被测溶液内,将溶液搅拌均匀后,即可读出该离子选择电极的电极电位(mV 值)并自动显示正负极性。

第五节 常见问题及对策

一、电极部分

(一)玻璃电极好坏的检查

(1)有明显的破碎或过期,应更换。

(2)无明显损坏时,可通过以下试验判断电极好坏。配制两种标准溶液,以一个作为标液,另一个作为待测液。在仪器和甘汞电极可靠的情况下,若测得的待测液 pH 值与其标值基本上相符,则证明此玻璃电极是好的。若相差过多或不相符,则说明此电极的转换系数严重下降或电极失效,也可用一个已知好的玻璃电极进行比较。

(二)甘汞电极好坏的检查

(1)当甘汞电极内部的汞及甘汞发黑后,应更换。

(2)甘汞电极内阻的判断。最好用交流电桥或导电仪在饱和 KCl 溶液中测量,也可用万用表测量。方法是将电极浸入饱和氯化钾(KCl)溶液中,将红表棒接在电极帽或电极引线,黑表棒迅速接触一下溶液,所测得的电阻为电极的正向电阻,正向电阻值为 5 ~ 10KΩ,若大于几十千欧,说明甘汞电极的渗漏孔部分堵塞,应放入蒸馏水中浸泡溶解后再用。用这种方法测量时,时间一定要尽可能短暂,否则会引起电极极化,而且测量后的电极,最好放置一段时间再用。

注意:甘汞电极正向电阻(内阻)与氯化钾(KCl)溶液向外渗漏的速度有关,渗漏的速度过小时电极内阻变大,会引起测量的不稳定,其表现为仪器指示不稳,流速过大,氯化钾会影响、污染被测溶液,一般其流速在 5 ~ 10min 内不得大于 1 滴。

(三)电极常见问题及对策

(1)指针偏向一边或指针大幅度抖动,无法定位。可能是电极引出线有短路,焊头已脱落或有松动现象,或者是电极插头与插口处接触不良,也可能是电极处有气泡。

解决办法：可重新焊接引线，如果仍无效，只有更换新电极；如果接触不良可用细砂纸将生锈处磨光，再用乙醇溶液清洗，然后吹干即可；如果电极内有气泡，应排除。

（2）可以定位，但指针不稳，用手触及输入端时指针抖动：可能是玻璃电极插头与屏蔽线之间接触不良，或甘汞电极下端渗漏孔堵塞所致。

解决办法：重新焊接，如无效更换新电极，如果是堵塞物，用适当溶剂溶解。

（3）可以定位，但测未知液时 pH 值不准：可能是电极插头的绝缘不良或玻璃电极有裂纹，或导线有断路。

解决办法：更换电极，如果是前一种，要重新焊接。

（4）可以定位和测量，但达到平衡点缓慢：可能是玻璃电极干燥太久或衰老，或甘汞电极内饱和氯化钾过少。

解决办法：更换新电极，如果是电极干燥太久，应增加浸泡时间，对后一种情况，应添加饱和氯化钾溶液。

二、电路系统部分

（一）仪器的检修

仪器使用时如不正常，首先要判断是电极还是电路系统故障。如果手边有好的电极，可以更换试一试，如正常，说明是电极问题。手边如果没有电极，则可先检查电路系统，将仪器输入端短路，如能调零，而且调“定位”调节输出变动正常，说明电路系统基本正常，然后可用高阻电阻（100～500MΩ），一个标准电池（1.018V）加到仪器上进行电动势测量，看指示是否与电池相符。如相符则进一步说明电路正常，是电极的故障。

（二）常见电路系统问题及对策

（1）打开电源，指示灯不亮：若输出有指示结果，说明指示灯损坏，应更换；若无输出，首先检查电源部分，检查电源初级是否断开，如开路则是变压器损坏，如变压器线圈阻大幅度减少，可能是局部短路现象，应更换变压器，另外要查保险丝是否熔断。

（2）如果在不接电源时，电表的指针大幅度摆动，较长时间才停下来，说明表头背后输入端并联的一只阻尼电阻松脱，紧固即可。

（3）输出指针快速颤抖（或显示突变不稳）：可能是仪器机壳接地不良或没有接地线，可接好地线；供电源相位的影响，可将两根电源线对调一下；对调制式电路，可能是振荡波形不好。

（4）不接电极时，在测量档位，调节定位和斜率调节器不起作用：一般是在玻璃和甘汞电极之间所接的高阻电阻开路。

（5）输出指示不准，反应迟缓，但误差不太大：重新作定标及斜率调整；高阻输入插头连座受潮，应烘干。

（6）如果用两种标准溶液不能相互定位：可能是标准信号发生器不准，需重新校正。

（7）直接输入时仪器工作正常，但串入高阻后示值超差：可能是滤波电容绝缘不良（绝缘电阻应大于 $10^{11}\Omega$），如是应更换；读数开关内绝缘不良（绝缘电阻应大于 $10^{11}\Omega$）；输入级场效应管输入电阻降低，应更换；输入端和暖元件受潮和有灰尘，应清洗烘干。

第八章　染整常用设备简介

第一节　电脑测色配色仪

仪器测色配色具有精度高、重现性好、速度快、资料便于保存、检索全面等特点，尤其适用于仲裁。

现以 DC—SF600 PLUS 型电脑测色配色仪为例作如下简单介绍。

一、系统组成

(1)分光光度仪:双光束、闪光式，精度较高。

(2)测色配色软件:多语言操作系统，建立在 Windows 操作平台上。

(3)计算机:作数据处理之用。

(4)打印机。

二、分光光度仪

(一)分光光度仪主要指标

(1)积分球式双光束分光光度计，硫酸钡涂层。

(2)测量几何状态:漫反射 8 度(d/8 度)。

(3)测量多孔径:适应客户来样较小时的测量。

(4)镜头转换:自动调节焦距。

(5)光泽因素:自动调节(包括光泽或不包括光泽的测量)。

(6)波长范围:360 ~ 700nm。

(7)波长精度:3nm 测量分辨率或更小，双 128 位阵列接收或以上(双 256 位)。

(8)反射率范围:0 ~ 200%。

(9)光源:脉冲氙灯，模拟 D65 光源。

(10)照明时间:小于 1s。

(11)测量时间:1s(包括数据处理)。

(12)仪器自身测量重现性:0.02 DECIELAB 以下。

(13)仪器间数据交换性:最好在 0.15 DECIELAB 以下;一般为 0.35 DECIELAB 以下。

(14)使用环境:5 ~ 40℃、相对湿度 20% ~ 80%(非凝结状态)。

(15)紫外光强度调校装置:用于自动调校光源中紫外光强度，以用于荧光颜色的测量。

(16)可选透射装置:透射率测量。

(二)分光光度仪测色原理(图 2-8-1)

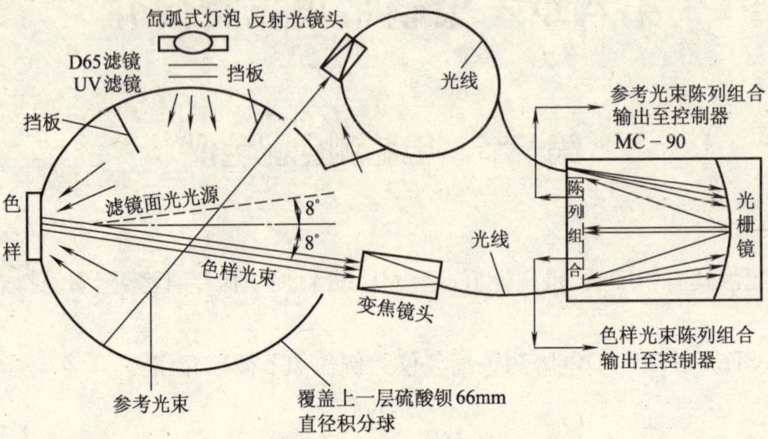

图 2-8-1　分光光度计测色原理示意图

三、测色配色软件的主要功能

(一)基本功能

(1)图形窗口式的用户接口,以工具提示及小格对话框来作简单与快速的操作。

(2)以“拖曳及拉下”动作进行拷贝、移动及删除等功能。

(3)以用户自订浏览功能显示最多或最少的资料。

(4)先进的资料筛选功能可以处理各种资料。

(5)自订资料夹结构,以便容易存取资料。

(6)使用 Colorite 颜色显示技术,使屏幕显示出更为准确的标准配方及颜色。

(7)配方可以公制或非公制、百分比及绝对用量显示。

(8)用户可自订使用者及密码。

(9)直接以电子邮件传送资料到客户处,快速及免除人手错误,由配方计算所得的配方颜色理论反射率值,可作为与客户颜色沟通之用,支持 Colorite 彩屏颜色仿真系统,以显示高准确的颜色,无需大量邮寄色样。

(二)配方计算

(1)计算及修正所有浸染、轧染及冷轧堆染色的配方。

(2)配方计算及修正所有染色材料及混纺材料。

(3)在色库中寻找最接近颜色的配方。

(4)配方可按标准样的反射率、Lab、LCH 及 *xyz* 值计算。

(5)最佳配方方案的选择可以以不同条件比重、条件组合来考虑,包括色相差异值 *dH*(如按成本、色差、同色异谱)。

(6)最佳配方列表式的显示,用于化验室色样。

(7)支持不同生产阶段的标准样颜色,例如后整理前与后的配方修正。

(8)对混纺织物的整体配方作出修正,可只修正其中一种成分的配方。

(9)对储存配方作出修正。

(10)对修改、修色决定作出快捷的色差资料显示。

(11)允许以百分比方式或以绝对量值作加料单位。

(12)从色库中找色、修色。

(13)允许人手加料及改变染料组合作修色。

(三)染料基础资料的输入

(1)每一染色组用于染料单色样所用的助剂资料可被储存。

(2)染料对比用于优选最佳染料。

(3)非线性化染色组的各种图形显示。

(4)以最先进的数学计算方式找出最佳的染料组合。

(5)具有三种不同的计算方法去校正染料基础资料,以获得最佳的配方计算。

(6)容易删除错误浓度。

(四)品质控制

(1)用户自行设定格式的颜色品质质量管理软件,能计算任何相关颜色评估及预设输出选项,或自订的公式、资料种类、屏幕显示或打印格式等。

(2)客观、快速及容易使用的品管判定。

(3)个别使用者的桌面设定。

(4)计算根据已界定的及可靠的颜色宽容度。

(5)数据文件架构可被确立。

(6)可通过电子邮件传递标准样及批次样颜色。

(7)人工智能的宽容度系统和在预设的宽容度空间内设定色差公式。

(8)各种品管分析数据及图表,方便日常品质管理。

(9)555 成品分色、颜色筛选。

(10)支持所有品管公式的图表。

(11)搜色功能。

(五)其他功能

(1)快速修色:临时输入配方作出修色或由系统计算一个理论配方再进行修色。

(2)人工输入配方。

(3)染料最高与最低使用量的设定。

(4)可储存及使用附加的效应值,应用于织物及染色程序上的变化。

(5)同一生产条件及织物的多个标准颜色,可通过同一版面设定而进行配色,既不需重复输入设定值,亦不影响其他工作设定。

(6)可与化验室自动滴液系统连机使用。

四、一般操作过程及步骤

(1)打开分光光度仪、电脑电源。

(2)校正分光仪。

(3)开启软件测量样品,取得反射率数据。

(4)选择要进行的品管或配色功能项目。

(5)做配色工作。

(6)按得到的配方打样。

(7)打好的样品再测量,与原样比较色差。

(8)检查是否符合允差范围,如不符合,运用修色功能调整配方,重新打样至合格。

(9)合格配方存档,送车间生产用。

第二节　ZBD 型白度测定仪

白度测定仪主要用于测量非彩色表面平整的物体及粉末的“白度”,其中包括添加荧光增白剂的物品。国内常用的白度测定仪为 ZBD 型白度测定仪。

一、ZBD 型白度测定仪结构及主要技术参数

(一)仪器结构

仪器的外形如图 2-8-2 所示。仪器由光学测量头和机座组成。光学测量头外部为一散热罩,内装光源灯泡、滤光器和接收器等。测量头下有测孔,试样座安装在滑筒上,用手指向下压时,可使滑筒下降,然后安放试样。

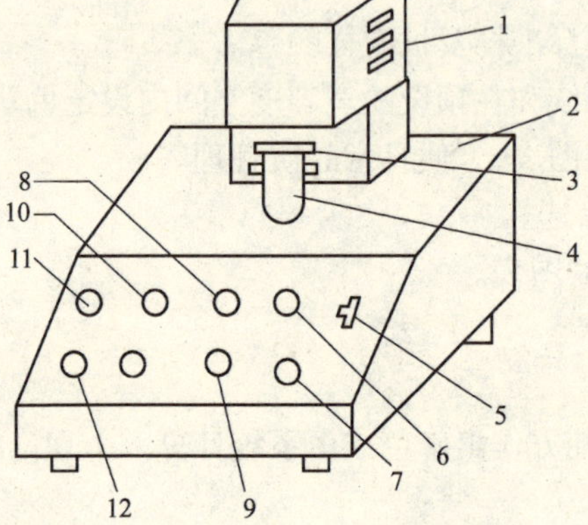

图 2-8-2　ZBD 型白度测定仪示意图

1—光学测量头　2—机座　3—试样座　4—滑筒　5—测量扳键　6—“微调”旋钮
7—“个位”读数旋钮　8—“粗调”旋钮　9—“十位”读数旋钮
10—“零点调整”旋钮　11—“灵敏度”旋钮　12—电源开关

仪器正面面板上有电源开关和各种旋钮及指示灯等,仪器背面有小门,内有电源线和其他接线等。

(二)主要技术参数

测量孔径:直径 32mm 的圆孔。

仪器光谱有效波长主峰:455nm ± 5nm。

稳定性:经调整后 10min 内白度值漂移不大于 0.5。

测量范围:白度 0 ~ 110,可扩展一倍。

试样厚度:不超过 20mm。

外形尺寸:300mm × 240mm × 245mm。

消耗功率:不大于 30W。

二、ZBD 型白度测定仪的工作原理

白度测定仪是使用固定光源,以 45 度角将光束投射在试样表面上,然后由光电池接收试样漫反射的光通量,通过光电池的光电效应产生电流,因为电流与接收的光通量成正比关系,所以通过对光电流的测定,可以反映出试样表面的漫反射能力,即试样表面的“白度”。

为了有效地消除电源电压变化、光源变化及光电池疲劳等的影响,使仪器保持良好的稳定性和再现性,ZBD 型白度测定仪采用了双光电池补偿电路。其光路如图 2 - 8 - 3 所示。由 6V、15W 的钨丝灯 1 作为光源,光路的入射光束经第一滤光片 2 和光阑 3 射至被测试样 4 上。第一滤光片吸收 500nm 以上的可见光和一部分蓝光,而对 360 ~ 400nm 的紫外光或近紫外光有较多的透过率。当光照射在试样上时,入射光束的轴线与试样表面的法线成 45°角,漫反射光由垂直于试样表面的法线方向反射经过第二滤光片射入到测量光电池上。当通过第二滤光片时,把反射光的紫外部分除去,而允许紫外光激发了的荧光波长约为 400nm 的光进入光电池。这样通过第一、第二滤光片,可使仪器不仅能够正确地测出普通制品的“白度”,而且能够有效地反映出荧光增白剂的增白作用。补偿光路的入射光束经过第三滤光片 9、反射筒 8 后,照射在补偿光电池 7 上。

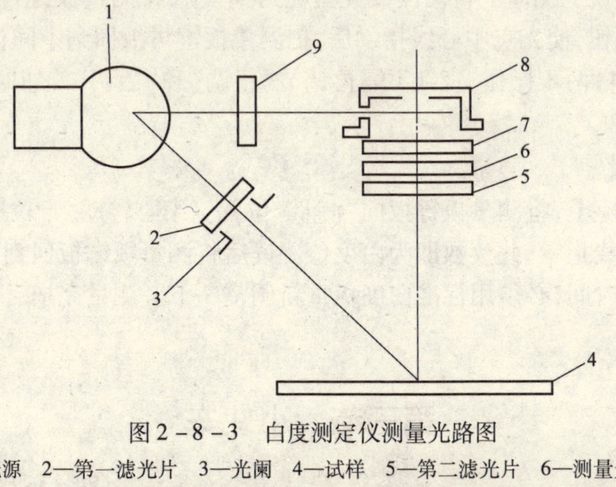

图 2 - 8 - 3 白度测定仪测量光路图

1—光源 2—第一滤光片 3—光阑 4—试样 5—第二滤光片 6—测量光电池
7—补偿光电池 8—反射筒 9—第三滤光片

由于投射在试样表面的光通量是恒定的,但试样表面白度不同,漫反射的光通量就不同,这样测量光电池产生的光电流也就不同。可是补偿光路光电池上接受的光照射是恒定的,因此根

据测量光电池和补偿光电池光电流产生的差值，就可以表示出“白度”的数值。

由于采用补偿双光电池的检测电路，补偿电路和测量电路用的是同一光源，因此测得的白度与光源强度无关。这样就消除了电源电压和光电池疲劳的影响。如果两片硒光电池和温度特性一致，则仪器可保持相当好的稳定性和重演性。

三、ZBD 型白度测定仪的安装

将检流计安放在白度计的左侧，操作者应面对检流计的标度，并应注意勿使室外光线或灯光直接照在标度尺上。如操作地点有轻微震动，检流计可安装有泡沫塑料的垫上。将白度计背面的小门打开，取出红黑钩叉塑胶线，分别接在检流计的正极和负极（红接“+”、黑接“-”）。取出两根电源线，将三脚插头插入 220V 电源插座上，另一根两小孔的插头，插在检流计背后面的 220V 电源插座内，并将检流计前部电源开关拨至标有 220V 的一侧。

四、ZBD 型白度测定仪的调整

在测定白度前，先将仪器（图 2-8-2）按下列步骤进行调整。

（1）将测量扳键 5 放在中间位置。将“灵敏度”旋钮 11 逆时针方向转到极端。细心调节检流计前部的“零点调整”旋钮 10，使检流计标度尺上光点中心黑线对准标度尺的“0”刻度线。

（2）根据使用要求，调整“灵敏度”旋钮 11。如将“灵敏度”旋钮 11 顺时针方向旋到极端，这时灵敏度最高。

（3）用左手食指和中指把光学测量头 1 下面安放试样座的圆筒压下，放上标准白度板，注意标准白度板必须安放在试样座的固定位置上面。然后将“十位”及“个位”读数旋钮 9、7 转到白度板所标示的白度值上。将测量扳键扳向“测量”位置。细心调节“粗调”及“微调”两旋钮 8、6，使检流计光中心线指“0”后，将测量扳键仍扳回到中间位置。

（4）取下白度板，换上黑筒。将两读数旋钮旋到“0”上，将测量扳键再扳回“测量”位置，细心调节“零点调整”旋钮，使光点中心线指零后，把测量扳键再扳回到中间位置。

（5）重复（3）和（4）两步操作，直到不需再调节“粗调”和“微调”旋钮时，方可进行测量。

五、白度的测量

将试样放在试样座上，将测量扳键扳向“测量”位置。细心转动“十位”及“个位”读数旋钮，致使检流计光点中心线指零，此读数即为白度值。读后将测量扳键扳回到中间位置。

如连续测量一些时间，必须用标准白度板重新调整一下。测量完毕后，将电源开关关掉，拔掉电源。

第三节　小轧车

小轧车主要用于压轧浸渍各种处理液后的织物，使其均匀带液。小轧车是染整实验中常用的设备。现以台湾瑞比有限公司生产的立式小轧车为例说明，其实物如图 2-8-4 所示。该小轧车由压缩空气推动橡胶轧辊，通过压力的调整可得到与现场一致的压吸率。仪器本身配有机架，不需另配。

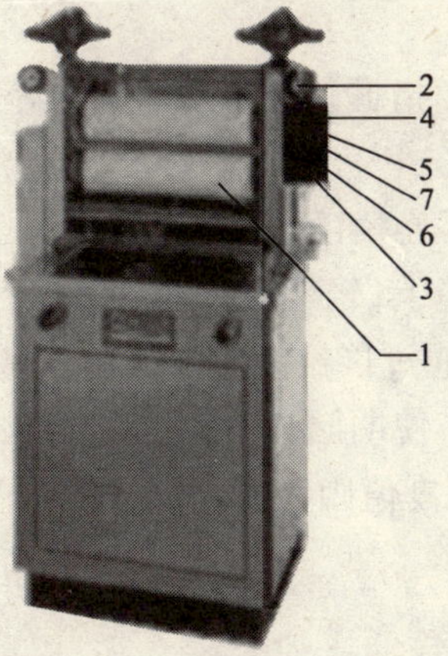

图 2-8-4　立式小轧车实物图

1—二辊轧辊　2—压力表　3—急停开关　4—反转开关

5—加压开关　6—正转开关　7—释压开关

该小轧车的主要技术参数如下：

- 罗拉规格：直径 125mm，长度 450mm，表面覆有 NBR 橡胶；
- 罗拉转速：10～12r/min（如需转速可调需另配）；
- 罗拉硬度：70 度，耐压 6.0×10^5Pa；
- 压力调整：两组压力调节阀，两组压力指示表，可单独调整罗拉左右压力；
- 安全装置：紧急按钮开关及膝压板，一经压触即紧急制动并打开轧辊，操作安全。

第四节　折光仪

一、原理

折光仪（折射仪）是基于溶液的折光率比例于浓度的原理设计的，可以用来直接测定溶液的含固量。测量时只要在检测棱镜的镜面上放入 2～3 滴试液即可。折光仪用于快速测定助剂溶液的含固量，是印染业不可少的检测仪器。

二、折光仪的结构（图 2-8-5）

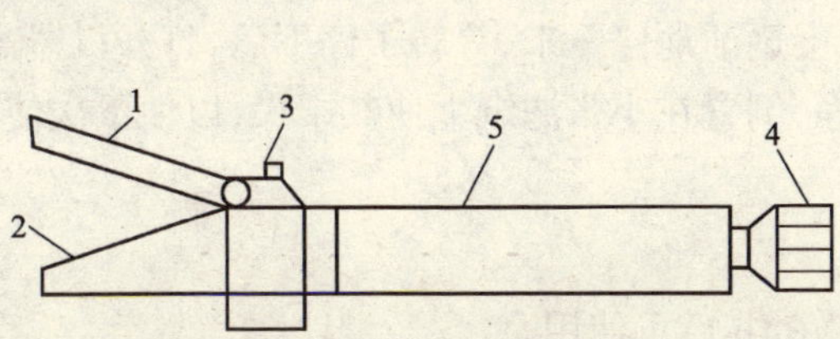

图 2-8-5　折光仪的结构示意图

1—进光板　2—折光棱镜　3—零位校正螺丝　4—接目镜　5—橡胶套

三、使用方法

(1)使用手持折光仪时,用左手四指握住橡胶套,右手调节目镜,防止体温传入仪器,影响测量精度。

(2)打开进光板,用柔软绒布将折光棱镜擦拭干净。

(3)将蒸馏水数滴,滴在折光棱镜上,轻轻合上进光板,使溶液均匀分布于棱镜表面,并将仪器进光板对准光源或明亮处,眼睛通过接目镜观察视场,如果视场明暗分界线不清楚,则旋转接目镜使视场清晰,再旋转校零螺钉,使明暗分界线置于零位。然后擦净蒸馏水,换上测试溶液,此时视场所视分界线,所处相应刻度值则为所测试溶液浓度值。

四、注意事项

(1)在使用中,必须细心谨慎,严格按说明使用,不得任意松动仪器各连接部分,不得跌落、碰撞,严禁发生剧烈震动。

(2)使用完毕后,严禁直接放入水中清洗,应用干净柔软绒布蘸水擦拭干净,对于光学零件表面,不应碰伤、划伤。

(3)仪器应存放于干燥、无灰尘、无油污和无酸等腐蚀气体的地方,以免光学零件腐蚀或生霉。

第五节　离心机

一、原理

在离心力的作用下,加速悬浮液中固体颗粒沉降(或漂浮)速度。离心机可用来检测印染助剂的稳定性。

二、操作方法

(1)接通离心机电源,打开机器盖。

(2)将样品装入一对离心管后,在托盘天平上调节使其质量相等,然后对称的放入转子中,先将转子的盖子旋紧,然后盖上机器盖。

(3)根据需要依次设置离心所需要的转速、离心时间等,设置结束后按开始运行机器。

(4)离心结束后,转子会逐渐地停下来,等转子停下后,打开机器盖,取出样品。

(5)将离心管处理干净,倒置在小张滤纸上使其干燥,以便下次使用。

三、注意事项

(1)离心机移动后,最好4h后再使用。

(2)转子长期不使用,应取出。使用时在旋转上涂抹润滑油。

(3)对称放置离心管,且质量相等。

(4)机器运行前,检查机器盖是否盖好。

第六节 皂洗牢度试验仪

皂洗牢度试验仪适用于各类印染纺织品的耐洗色牢度试验，也可用于考核耐洗色牢度性能的试验。

SW—12 型皂洗牢度仪主要有工作室（包括预热室）、旋转架、试杯、传动齿轮等组成，如图 2－8－6所示。

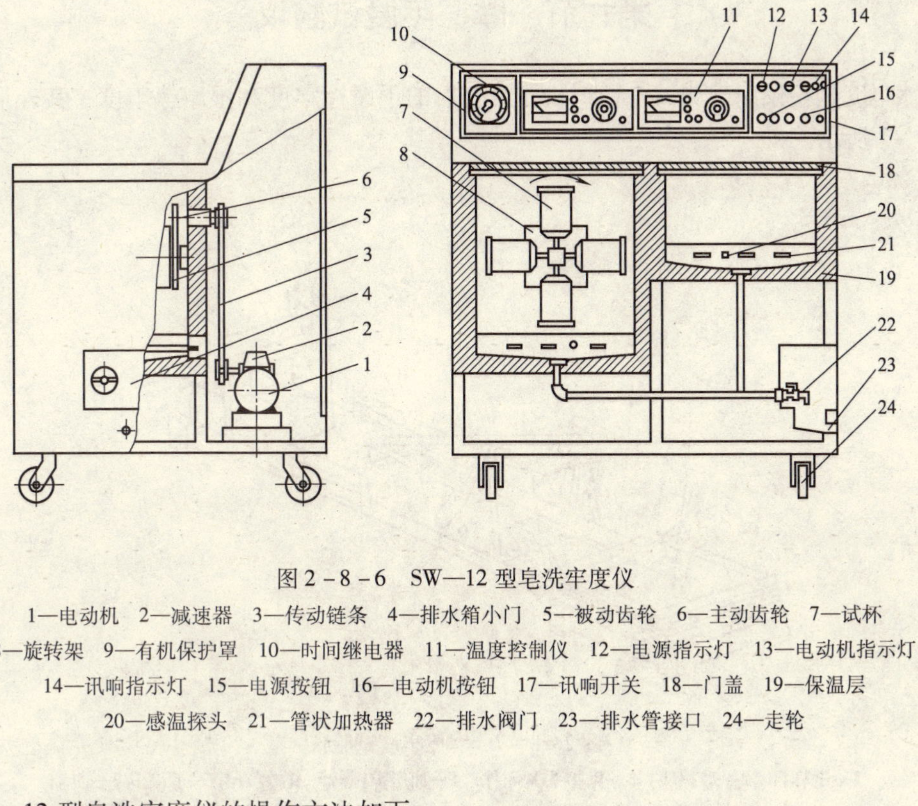

图 2－8－6 SW—12 型皂洗牢度仪

1—电动机 2—减速器 3—传动链条 4—排水箱小门 5—被动齿轮 6—主动齿轮 7—试杯 8—旋转架 9—有机保护罩 10—时间继电器 11—温度控制仪 12—电源指示灯 13—电动机指示灯 14—讯响指示灯 15—电源按钮 16—电动机按钮 17—讯响开关 18—门盖 19—保温层 20—感温探头 21—管状加热器 22—排水阀门 23—排水管接口 24—走轮

SW—12 型皂洗牢度仪的操作方法如下：

（1）在供电线路中，必须单独安装电源开关。电源线经本机底部橡胶出线圈和接线端入门，检查排水开关，以防加热时漏水。

（2）取下时间继电器有机玻璃保护罩，用螺丝刀调整时间继电器到需要的时间，然后盖好有机玻璃保护罩。

（3）开启电源开关，将温度指示控制仪的温度选择盘转到所需要的温度（SW—12 型仪表面板上左边的温控仪控制工作室的温度，右边的温控仪控制预热室温度），校正电表满量程（校正方法参照温控仪使用说明书）。

（4）做好试液、试样的准备工作，并将试液放入预热室内。

（5）开启温控仪加热开关，待达到规定温度后，打开门盖，把试液、试样和不锈钢珠（按试验方法标准的需要）放入试杯中，紧固试杯盖，把试杯逐一装上旋转架。试杯上架方法为把试杯插入插口，往下稍用力，顺时针旋转45°。装好一面后用手按转动架转动方向拨动，直至装满试杯。

(6)盖上门盖，开启电动机开关，同时把讯响旋钮开关拨向“开”的方向，此时全部仪器和运转机构开始工作。

(7)当讯响器发出音响时，表示规定试验时间已到，即关闭讯响旋钮开关和温控仪加热开关，打开门盖，取出试杯（往下稍用力逆时针45°），倒出试液、试样和不锈钢珠。

(8)当不连续使用时，切断总电源。

第七节　摩擦牢度试验仪

摩擦牢度试验仪用于测试各种织物在染整后的干摩擦牢度和湿摩擦牢度。其外形构造如图2-8-7所示。

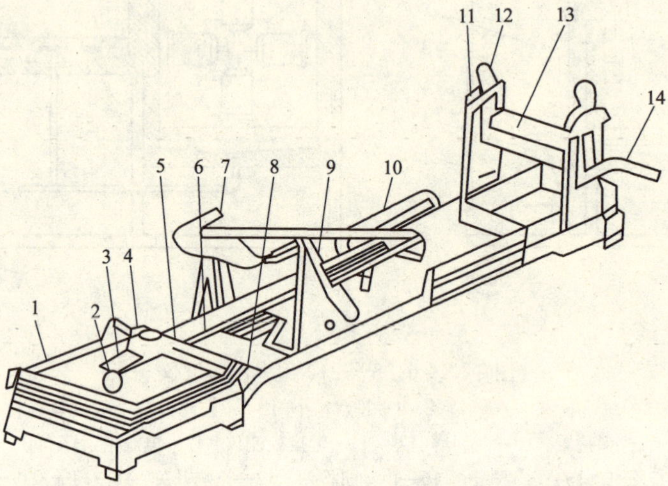

图2-8-7　摩擦牢度试验仪

1—试样台　2—摩擦头　3—摩擦头紧固件　4—加压重锤　5—往复杆　6—凸轮　7—曲轴
8—捏手　9,14—手柄　10—连杆　11—轧水架　12—压紧手轮　13—压辊

试验仪由试样台、摩擦头及轧水架等主要部分组成。试样台供放置染色试样用，位置可横向移动。摩擦头固定于往复杆上，用手柄转动时，可使往复杆作往复运动，在摩擦头一端的往复杆上带有重锤，使它压在试样台上时有一定压力。轧水架装在仪器的另一端，供湿摩擦牢度试验用。轧辊间的压力可通过旋动压紧手轮来加以调节。

测定摩擦牢度时，将染色试样铺平在试样台上，穿过前后凸起的空隙，然后旋转凸轮使试样压牢。另取一小块白布装在摩擦头上，用套圈夹牢。如测定湿摩擦牢度时，将白布浸湿后，放在轧水架的轧辊间轧去水分，再装在摩擦头上。安装完毕，放下往复扁铁，使摩擦头接触染色布样，然后摇动手柄，使摩擦头在染色试样上往复10次后，取下白布，评定染色牢度等级。

第八节 织物强力试验仪

织物强力试验仪用于测定织物断裂强力和断裂伸长。现以 YG026—250 型织物强力试验仪为例,介绍该机的结构和使用方法。

一、YG026—250 型织物强力试验仪的结构

YG026—250 型织物强力试验仪由机架、传动机构、强力测试机构、伸长测试机构、自动绘图机构等主要部分组成,如图 2-8-8 所示。

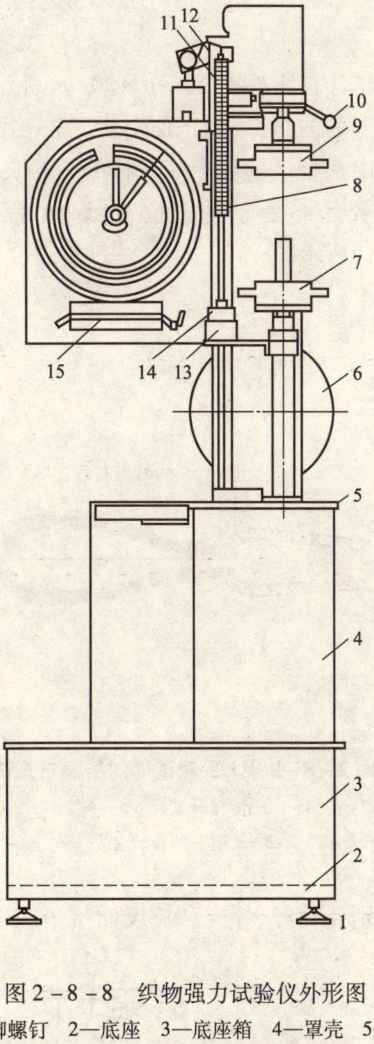

图 2-8-8 织物强力试验仪外形图

1—底脚螺钉 2—底座 3—底座箱 4—罩壳 5—机面 6—加压重锤 7—下夹钳 8—伸长指示针 9—上夹钳 10—手柄球 11—伸长尺 12—导向绳轮 13—电磁吸铁 14—衔铁 15—张力棒

二、YG026—250 型织物强力试验仪的安装和操作

(一)仪器的安装和调整

(1)本机应安装在恒温、恒湿试验室中,温度为(20±2)℃,相对湿度为65%±5%。

(2)校准水平,并在挂重锤"A"的情况下,调节齿条杆靠重锤摆臂一端的螺母,使指针与强力刻度盘的零位重合。调整下夹持器的下降速度至所需数值,调整上、下夹布间的距离,具体可由插销插入夹距调节杆上不同的孔中来调节。

(3)调整伸长刻度尺上的指针,使其对准刻度尺上的零位。

(4)根据织物断裂强力大小选择强力重锤,使织物断裂强力读数在强力满刻度值的20%~80%。

(二)仪器的操作步骤

(1)开动电动机。

(2)关闭上布夹制动器,将布样上端伸入上布夹内,布条应在夹钳的中间位置,然后旋紧上夹持器。

(3)将布样下端通过下夹持器,并挂以张力夹。夹紧下夹持器,然后取下张力夹,松开上夹持器。

(4)按下降按钮,使下夹钳向下运动,直至夹入布样发生断裂。记录刻度盘上指针所指强力值。

(5)按动上升按钮,使下布夹上升,仪器恢复原位,以便继续试验。

第九节　折皱回复试验仪

织物经过树脂整理后,具有抗皱防缩能力,生产中常以折皱回复性的好坏衡量树脂整理产品的质量和加工工艺。常用的测试方法有垂直法和水平法两种。现以水平法为例说明。按规定在表面平整的样布上,剪取经、纬向试样各10块,试样尺寸为40mm×15mm,在其长度方向两端对齐折叠,然后用宽口镊夹住。夹住部分从布端算起,以不超过5mm为宜。试样如有粘附现象时,可在两翼之间衬放一张厚度小于0.02mm的纸片、塑料薄膜或金属箔片,如图2-8-9所示。

将试样移至标有15mm×20mm标记的平板上,使试样正确定位,随即轻放上10N重锤。10块试样分为两组,一组正面对折,另一组反面对折。压重5min后,去除重锤,用镊子将试样迅速移到孟山都型试验仪上。试样的一端夹住固定,另一端让其自由悬垂,连续又迅速地调整仪器,使悬垂翼始终处于垂直位置,5min后测得的回复角度,即表示该试样的折皱回复性,如图2-8-10所示。

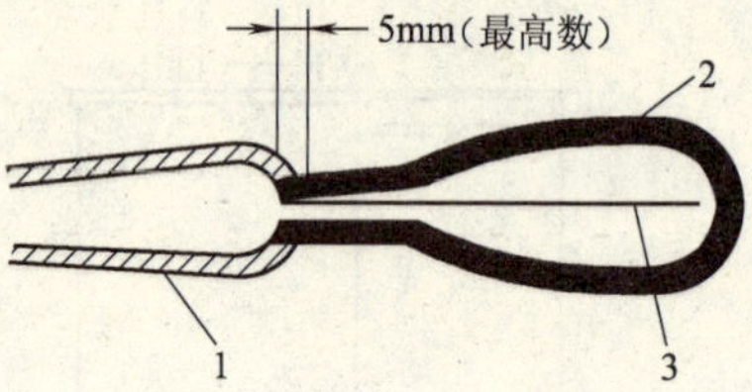

图2-8-9　水平法试样的折叠示意图

1—镊子　2—试样　3—衬垫

(纸张、塑料薄膜或金箔)

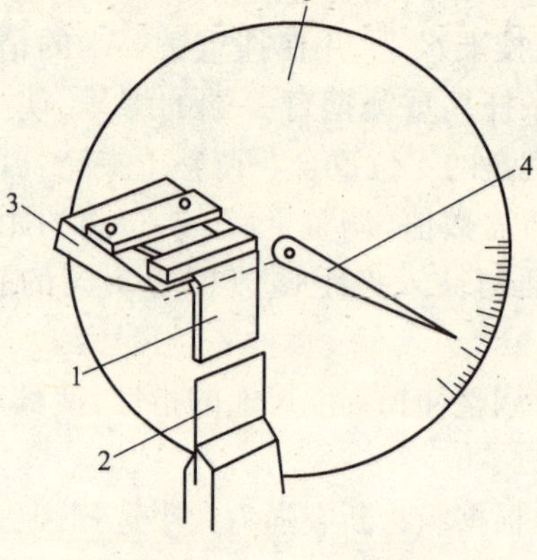

图2-8-10　水平法回复角测量示意图

1—试样自由翼　2—定位示标　3—试样夹

4—指针　5—量角盘

分别计算经、纬向和正反面折角的平均值,并以此来表示经、纬向折皱弹性。

第十节　高温高压染色试样机

染色试样机用于棉、毛、化纤等纱线或织物等染色打样,并可用于染料性能和助剂性能的测试。

染色试样机品种繁多。按染色温度、压力不同,可分为常压高温式、高温高压式和多用异温异压式数种;按染色时被染物运动方式不同,又可分为升降式、转瓶式和循环泵式。

现以国内较常用的RJ—1180型高温高压染样机为例作介绍。

一、RJ—1180 型高温高压染样机主要机构

RJ—1180 型高温高压染样机是根据高温高压间歇式浸染法原理制造的，主要由染色锅、传动机构和自控部件组成。

染色锅由不锈钢制成，锅盖与锅身之间装有橡胶密封圈，因此加盖后可以保证高压锅密封完好。锅盖上装有压力表和限压泄放安全阀，保证染色锅安全工作。锅内一般可装染色管 12 只，每次最多可同时试验 12 种不同色泽的样品。锅身装有夹套，作降温用。

传动部分由电动机和减速机构组成，使被染试样在染色管内作往复升降运动，以保证染色均匀，同时打水盘翻动加温介质使锅内温度均匀。

自控部分主要由测温毫伏计、双位温度调节器、继电器等组成，能模拟显示染杯内的温度、控制锅内温度并能自动延时及报警。升温速率调节是以时间比例方式控制电加热器工作的。RJ—1180 型高温高压染样机的外形，如图 2-8-11 所示。

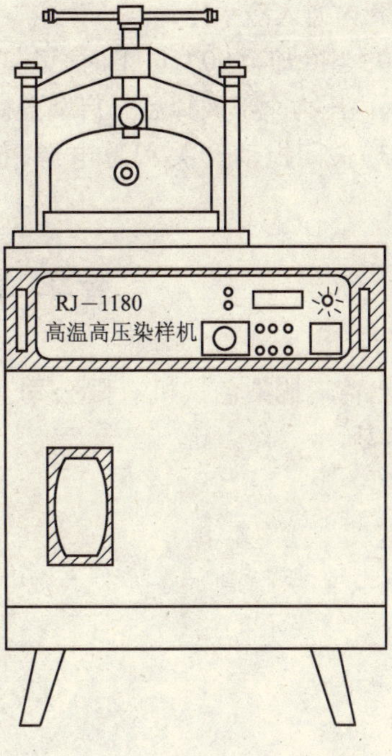

图 2-8-11 RJ—1180 型高温高压染样机的外形图

二、安装和使用

(一)安装

RJ—1180 型高温高压染样机要求安装在清洁、通风、无腐蚀性气体、相对湿度不超过 85%、温度在 0～45℃ 的环境内。安放位置最好离墙 0.5m 以上，两侧不小于 0.6m，前面有不小于 0.8m宽度的空间。安装时注意接好电源、进水管和出水管，并检查橡胶密封圈。

(二)使用方法

(1)锅内水浴装蒸馏水或软水，一般以装到锅口下面 30～40mm 为宜，热电偶测温杯内必须注满蒸馏水。

(2)将染杯放在染色锅架上，把被染物钩在染钩上，染杯内按浴比加入染液。

(3)先开启总开关，再开启加热开关，然后调节升温速率旋钮，使升温速率符合实际要求。

(4)开启搅动开关，检查搅动升降器是否升降正常。

(5)关闭锅盖，旋紧密封螺丝装置，使密封好。注意两边螺丝必须同时旋拧。

(6)把温度调节器的旋钮定到所需温度值。

(7)升温至 95℃ 以上时，关闭排气阀，这样锅内空气基本排尽。

(8)在计时器上按染色要求把指针拨到规定染色时间，并开启延时开关。若需升温到定值时报警，可将报警开关旋至“定值”处，待升温至规定值报警后，再换至“延时”处。计时从此时开始，这阶段为保温染色阶段。

(9)当到达规定时间时,讯号器自动发出讯号,立刻关闭加温开关。可以采取自然冷却,亦可用夹套内通入冷水冷却。

(10)当冷却至90℃以下时,可打开排气阀检查。确认正常,可把锅盖上密封螺丝装置放松,待锅内压力全部放掉后开启锅盖。

(11)关闭搅动开关和总电源,把被染物从染钩上取下清洗,取出染杯,洗净放在烧杯架上。

第十一节　热熔染色试样机

以台湾瑞比染色试机有限公司生产的PT—J连续式压吸热固色机为例,其示意图如图2-8-12所示。

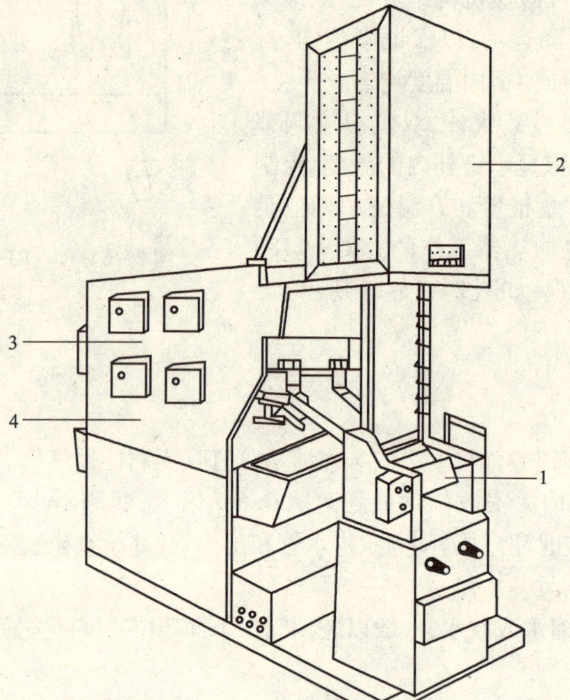

图2-8-12　PT—J连续式压吸热固色机

1—二辊轧车　2—红外线烘干　3—热风烘干　4—热熔焙烘

该试样机由一组卧式罗拉轧辊(宽度300mm,直径125mm)、一组染液槽(内含4个液槽,每槽体积约100mL)、一组红外线、一室热风烘房和一室焙烘房组成。它采用和现场生产机器相同的染色流程,即浸轧⟶红外线烘干⟶热风烘干⟶热熔焙烘,可获得较高的再现性。

操作时,样布通常是经过高精度的卧式轧辊轧压后,即用两支夹布棒固定在连续运转中的链条上,夹布棒可由链条上的夹子固定,首先经过红外线烘干,再经中间烘干过程,即进入热熔烘箱中,最后自动退料到存放槽中。

第十二节　粘度计

一、旋转式粘度计

(一)结构原理(图 2-8-13)

(1)同步电动机以稳定的速度旋转,连接刻度圆盘,再通过游丝和转轴带动转子旋转。如果转子未受到液体阻力,则游丝、指针与刻度圆盘同速旋转,指针在刻度盘上指出的读数为"0"。反之,如果转子受到液体的粘滞阻力,则游丝产生扭矩,与粘滞阻力抗衡。

最后达到平衡,这时游丝连接的指针在刻度圆盘上指示一定的读数(即游丝的扭矩角)。将读数乘上特定的系数即得到液体的粘度(mPa·s)。

(2)利用齿轮系统及离合器进行变速,由专用旋转钮操作,分四档转速,根据测定需要选择。

(3)仪器有 0~4 号五种转子,可根据被测液体粘度的高低随同转速配合选用。

(4)仪器装有指针固定控制机构,为精确读数用。当转速较快时(30r/min,60r/min),无法在旋转时进行读数,这时可按下指针控制杆,使指针固定下来,便于读数。

(5)保护架是为了稳定测量和保护转子。使用保护架进行测定能取得较稳定的测量结果。

(6)仪器可手提使用,配有固定支架及升降机构,一般在实验室中进行小量和定温测定时应固定。

(二)安装(图 2-8-14)

(1)将支柱旋入支架后部的螺孔中,并将支柱上的齿形面面向支架正前方,用扳手将六角螺母拧紧,防止支柱转动。

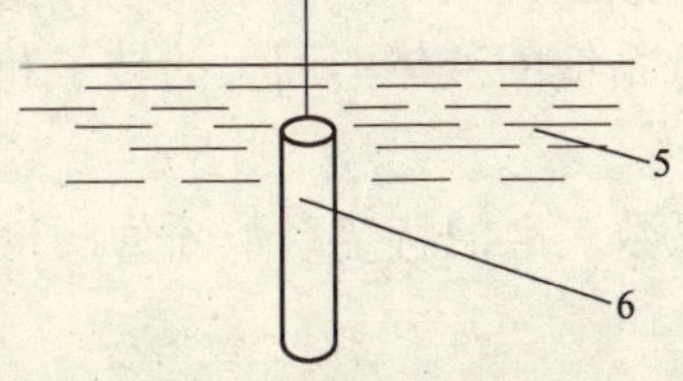

图 2-8-13　NDJ—1 型旋转式粘度计工作原理图

1—同步电动机　2—刻度盘　3—指针
4—游丝　5—被测液体　6—转子

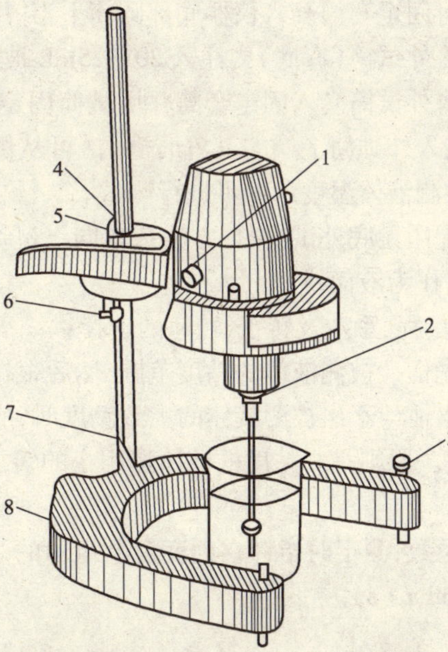

图 2-8-14　NDJ—1 粘度计外形图

1—转速指示点　2—连接螺杆　3—水平调节螺钉
4—夹头紧松螺钉　5—升降夹头　6—手柄固定螺钉
7—支柱　8—支架

(2)转动升降夹头旋钮,检查升降夹头的灵活性和自锁性,发现过松和过紧现象可用内六角螺钉扳手调整夹头紧松螺钉,使之能上下升降,以偏紧为宜,以防装上粘度计后产生自动坠落。

(3)打开存放箱,取出粘度计,并取下套在粘度计上泡沫盖,把粘度计装在升降夹头上,用手柄固定螺钉拧紧,接上电源,拿下指针控制杆上的橡皮筋,旋松仪器下端螺钉,取下黄色包装套圈。

(4)调节水平调正螺钉,保持仪器水平。

(三)操作使用

(1)准备被测液体,置于直径不小于70mm的烧杯或直筒形容器中,准确地控制被测物体温度。

(2)将保护架装在仪器上(向右旋入装上,向左旋出卸下)。

(3)将选配好的转子旋入连接螺杆(向左旋入装上,向右旋出卸下)。旋转升降钮,使仪器缓慢地下降。转子逐渐浸入液体中,直到转子液面标志和液面平为止,调整仪器水平,开启电动机开关,转动变速旋钮,使所需转速向上,对准速度指示点,使转子在液体中旋转,经过多次旋转(一般20~30s)待指针趋于稳定(或按规定时间进行读数)。按下指针控制杆(不得用力过猛;转速慢时可不利用控制杆,直接读数)使读数固定,再关闭电动机,使指针停在读数窗内,读取读数。当电动机关停后如指针不处于读数窗内时,可继续按住指针控制杆,反复开启和关闭电动机,经几次练习即能熟练掌握,使指针停于读数窗内,读取读数。

(4)当指针所指的数值过高或过低时,可变换转子和转速,务使读数约为30~90格为佳。

(5)使用0号转子和低粘度测试附件可按下列步骤操作:

① 将0号转子装在连接螺杆上(向左旋转装上)。

② 将固定套筒套入仪器底部圆筒上,并用套筒固定螺钉拧紧。

③ 将外试筒(有底)内注入20~25mL被测液体。

④ 将外试筒套入固定套筒并用试筒固定螺钉予以拧紧,旋紧时必须注意试筒固定螺钉的锥端以旋入外试筒上端的三角形槽内(可从侧面的圆孔中观察试筒三角槽是否位于圆孔心)。控制好被测液体温度后即可进行测试。

⑤ 配用无底外试筒时,方法基本同上(除③外),当外试筒和转子浸入液体时以固定套筒上的红点作为液面线。

(6)量程、系数及转子、转速的选择:

① 先估计被测液体的粘度范围,然后根据量程表选择适当的转子和转速。

② 当估计不出被测液体的大致粘度时,应假定为较高粘度,试用由小到大的转子和由慢到快的转速。原则是高粘度的液体选用小的转子、慢的速度;低粘度的液体选用大的转子和快的转速。

③ 系数:测定时指针在刻度盘上指示的读数必须乘上系数表上的特定系数才为测得的绝对粘度(mPa·s)。

即
$$\eta = K\alpha$$

式中:η——绝对粘度;

K——系数；

α——指针所指读数（偏转角度）。

④ 频率误差的修正：当使用电源频率不准时，可按以下公式修正。

$$实际粘度 = 指示粘度 \times \frac{名义频率}{实际频率}$$

⑤ 量程表（表2-8-1）。

表2-8-1 NDJ—1旋转式粘度计量程表

转子规格＼量程/mPa·s＼转速/r·min⁻¹	60	30	12	6
0	10	20	50	100
1	100	200	500	1000
2	500	1000	2500	5000
3	2000	4000	10000	20000
4	10000	20000	50000	100000

⑥ 系数表（表2-8-2）。

表2-8-2 NDJ—1旋转式粘度计系数表

转子规格＼系数 K＼转速/r·min⁻¹	60	30	12	6
0	0.1	0.2	0.5	1
1	1	2	5	10
2	5	10	25	50
3	20	40	100	200
4	100	200	500	1000

（四）注意事项

（1）在常温环境下使用，必须在指定频率和电压允差范围内使用。

（2）尽可能利用支架固定仪器测定。

（3）装卸转子时应小心操作，装拆时应将连接螺杆微微抬起进行操作，不要用力过大，不要使转子横向受力，以免转子弯曲。

（4）装上转子后不得将仪器侧放或倒放。

（5）一定要在电动机运转时变换转速。

(6)连接螺杆和转子连接端面及螺纹处应保持清洁,否则将影响转子的正确连接及转动时的稳定性。

(7)仪器升降时应用手托住仪器,防止仪器自重坠落。

(8)使用完毕应及时清洗转子(不得在仪器上进行转子清洗),清洁后要妥善安放于转子架中。

(9)装上0号转子后不得在无液体的情况下"旋转",以免损坏轴尖。

(10)使用0号转子时不用保护架。

(11)仪器搬动和运输时应用橡皮筋将指针控制杆圈柱,并套入黄色包装套圈托起连接螺杆,然后用螺钉拧紧。

(12)悬浊液、乳浊液、高聚物及其他高粘度液体中很多都是"非牛顿液体",粘度随切变速度和时间变化而变化,故在不同的转子、转速和时间下测定,其结果不一致属于正常情况。

二、玻璃毛细管粘度计

(一)工作原理

以奥氏粘度计为例,玻璃毛细管粘度计是一个U型管,如图2-8-15所示。其中的一根是毛细管,上端有一圆球,球上端有刻线。它的工作原理是,注入一定量液体后,根据牛顿内摩擦定律推导出的泊肃叶公式进行计算:

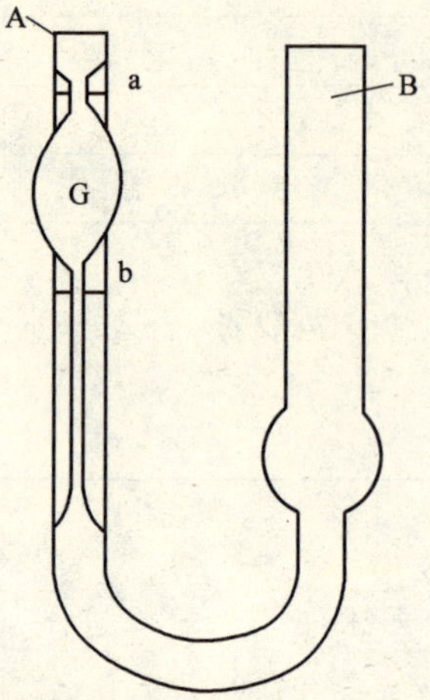

图2-8-15 奥氏粘度计

$$\eta = \frac{\pi p r^4 t}{8VL}$$

式中:η——粘度;

p——管两端压力差;

V——在时间t内流过毛细管液体的体积;

r——毛细管半径;

L——毛细管长度。

上式通常简化为:

$$\eta = ct$$

式中:c——粘度计常数;

t——流经毛细管时所需要的时间。

若用同一个毛细管粘度计分别测出体积相同的两种液体靠自身重力流过毛细管的时间,则:

$$\eta_1 = \frac{\pi p_1 r^4 t_1}{8VL};$$

$$\eta_2 = \frac{\pi p_2 r^4 t_2}{8VL}$$

因此，

$$\eta_1/\eta_2 = p_1t_1/p_2t_2$$

式中：$p = hg\rho$；

h——推动液体流动的液位差；

ρ——液体的密度；

g——重力加速度。

如果每次取用试样的体积一定，则 h 一定，因而有：

$$\eta_1/\eta_2 = \rho_1t_1/\rho_2t_2$$

可见，若已知某一标准液体的粘度 η_1 和它的密度 ρ_1，并且知道（或测出）被测液体的密度 ρ_2，则可求出被测液体的粘度 η_2。

如果知道某一支玻璃毛细管的常数 C，则用此粘度计测定某一液体粘度时，只要测出相应温度下该液体流经毛细管所需的时间 t，即可按前述介绍的公式算出粘度 η。奥氏粘度计的有关数据见表 2－8－3。

表 2－8－3　奥氏粘度计的有关数据

毛细管内径/mm	毛细管长/mm	测定球体积/mL	纯水通过两刻度的时间/s	全高/mm
0.55	90	2.5	60～100	230
0.9	90	3	20～25	250

（二）毛细管粘度计常数的标定

用于粘度的相对比较或测定高聚物分子量的粘度计，可以不标定粘度计常数。如若测定液体的绝对粘度，则必须标定粘度计常数。标定粘度计常数需要使用标准液，标准液的粘度要用标准粘度计进行测定。

标定粘度计常数的方法，通常是在粘度计内注入已知粘度的标准液，然后在标准粘度的相应温度下测定其流出时间，代入前面（一）所介绍的公式，即可计算出粘度计常数。

标准液应该具有牛顿液体的性质，即它具有较好的稳定性，随温度和时间的变化，其粘度变化要小，颜色尽可能透明。

（三）乌氏粘度计

乌氏粘度计如图 2－8－16 所示，它适用于测定有机高聚物和其他各种液体的粘度，精度较高。它的有关数据见表 2－8－4。

表 2－8－4　乌氏粘度计的有关数据

毛细管内径/mm	0.55	0.75	0.90	1.1	1.6
测定球容积/mL	5.0	5.0	5.0	5.0	5.0
毛细管长/mm	90	90	90	90	90
大约常数 K	0.01	0.03	0.05	0.1	0.5
测定范围/($10^{-6}m^2/s$)	1.5～10	5～30	10～50	20～100	100～500

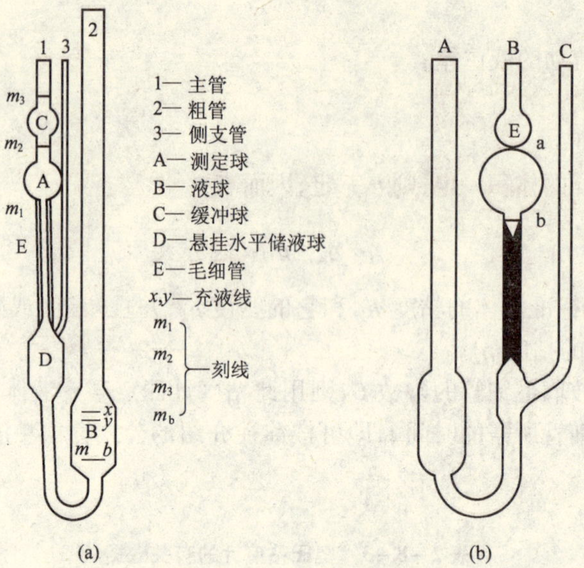

图2-8-16　乌氏粘度计

乌氏粘度计[图2-8-16(a)]的操作方法:

(1)将乳胶管连接在管1和管3上,用移液管取一定量的被测液体,从管2注入粘度计里,使液体面处在 x、y 刻线之间,将粘度计垂直浸入玻璃缸恒温槽中,预热20min。

(2)密闭管3,用洗耳球从管1吸起液体,使液面超过刻线 m_2。

(3)开启管3,则储液球D上部形成悬挂水平状态。

(4)移开洗耳球,则液体下落,当液面降至刻线 m_2 时开启秒表,当液面降至 m_1 时停秒表,记录时间。

(四)注意事项

(1)清洗与干燥

对于久放、新购或测油粘度计,在使用前都需用铬酸洗涤液浸泡2h,再用汽油、乙醇除油,用水冲净后再在铬酸洗涤液中浸泡4h以上,最后用水和蒸馏水冲至内壁不挂水珠时为止。洗干净的粘度计置于105℃烘箱中烘干,并防止落入灰尘。

(2)使用

①保持垂直。粘度计应垂直固定在恒温槽内,这是由于倾斜时会造成液位差的变化而引起测量误差。

②控制温度。温度变化一般要求不超过±0.5℃,粘度计有恒温槽中放置15min后再开始测定。温度计应是校正过的。

③消除气泡。充液后,粘度计中若有气泡,应等气泡完全消失后再进行测定。抽液时,要控制抽液速度,抽液过快也会产生气泡。

④测量记时。在液柱弯月面的最低点与刻度线相切时记时。一次注液可重复测定6个数据,取其算术平均值。每支粘度计应选两种标准液测定粘度计常数,并取算术平均值。

(五)粘度计的选择

选择粘度计时要针对液体的特性、粘度范围和要求流出的时间以及对粘度精度的要求进行选择。例如,液体的粘度有 $1.0\times10^{-5}m^2/s$ 左右,要求流出时间在 120s 以上时,选择常数为 $8.0\times10^{-7}m^2/s^2$ 左右的粘度计为宜。品氏粘度计和奥氏粘度计是通常采用的比较方便的粘度计类型。如果是不透明液体,采用逆流式粘度计比较合适;对粘度精确度要求较高时,则采用乌氏粘度计;当需要低温测量粘度时,可以采用伏氏粘度计;液体量少时,需用微量粘度计。

三、恩格勒粘度计(恩氏粘度计)

(一)仪器结构

恩氏粘度计仪器结构如图 2－8－17 所示,是由两个圆形容器套在一起的,材质是黄铜,外容器也有搪瓷的。内容器装试样,外容器为热浴(热水或油),热浴中的温度应比进行测定时的温度略高些。内容器中央有一小孔,小孔下接一根很短的排液管。内容器内壁上有三个液面标度,注入的被测液液面应与内容器内壁的三个标度相齐。内容器上盖开有两个孔,中心孔插带柄木塞,另一孔插温度计。

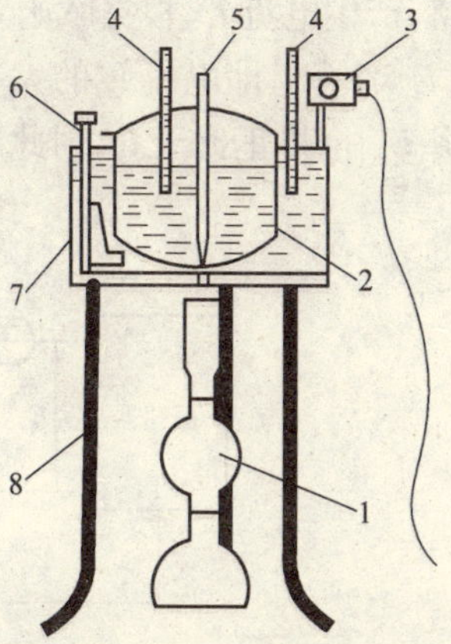

图 2－8－17　恩格勒粘度计

1—接受瓶　2—内容器　3—电加热控制器　4—温度计　5—木塞　6—搅拌器　7—外容器　8—三角支架

(二)操作方法

塞好木塞,注入被测液体,加热,当被测液体接近实验所需的温度时,进行搅拌,当 3min 内实验温度无变化时,快速拔掉木塞,使测液通过小孔排入下面的计量瓶,并记录自拔塞时起到流完 200mL 止所需的时间。按照上述操作方法,在测量之前,先测定蒸馏水在 20℃ 时流完 200mL 所需的时间,这个数值常称为粘度计的"水值",标准的"水值"一般为(51 ±1)s。将液体流出时间与"水值"代入公式即可求得恩氏粘度。测定时,可连测两次取其平均值。两次平行测定的误差应不超过下列各条件下的数值:

流出时间在 250s 以下,不超过 ±1s;

流出时间在 251～500s,不超过 ±3s;

流出时间在 500～1000s,不超过 ±5s;

流出时间在 1000s 以上,不超过 ±10s。

(三)注意事项

(1)用完后将铜容器洗净擦干,铜容器不能受压,变形后会改变标度位置。

(2)排液管是恩氏粘度计的重要部件,其内表面必须清洁,不能磨损。

(3)要定期检查"水值"。在更换新排液管后,应重新校正"水值"。

(4)测定粘度时要保持恒温,温度变化应不超过 ±0.1℃。

(5)试样应除杂质,不能含有气泡。

(6)仪器安装时应注意水平,内筒的三支液面标度钉尖刚刚露出液面为准。

第十三节 电导仪

一、电导仪工作原理

目前国内应用比较广泛的是 DDS—11 型电导仪。这种仪器是直读式的,测量范围广,操作简便。若将自动电子电位差计与它配合使用,则可对溶液的电导度作连续测量记录。当进行精确的电导测量时,可将电导池放在恒温器中操作。

图 2-8-18 是 DDS—11 型电导仪工作原理示意图。电导仪是由振荡器、放大器、指示器等组成。其工作原理是:由振荡器输出一个稳定的音频标准电压 E,通过电导池 R_x 和电阻 R_m 的回路,产生电流 i_x,根据欧姆定律:$i_x = E/(R_x + R_m)$,由于 R_m 和 E 都是不变的,且设定 $R_m \ll R_x$,则 $i_x \propto 1/R_x$,即电流 i_x 的大小正比于电导池两极间溶液的电导 $1/R_x$,此电流在 R_m 所产生的电压降 E_m 也将正比于 i_x,因此 E_m 经放大器线性放大后,经毫安表显示的值也就直接与电导成正比。

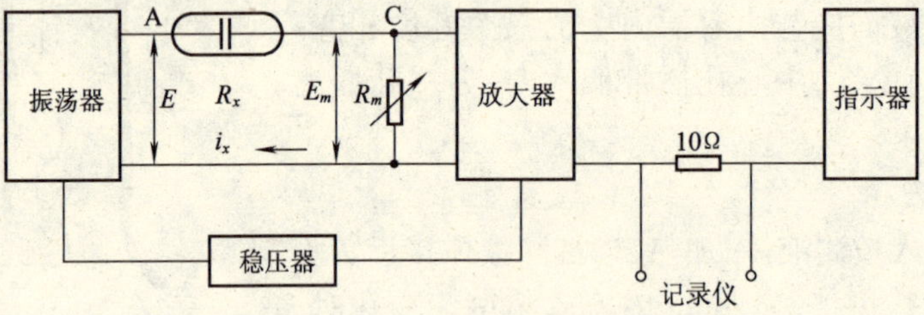

图 2-8-18 DDS—11 型电导仪原理图

DDS—11A 型电导仪原理与 DDS—11 型电导仪基本相同,采用全晶体管化电路,还配有电极常数调节装置,指示器所给出的数据即为被测溶液的电导率,无需再进行换算,它除测定一般溶液的电导外,还能测量高纯水的电导率以及用于电导滴定。表 2-8-5 中列出了 DDS—11 型电导仪中各量程的测量范围和配套电极。

表 2-8-5 电导仪的测量范围及其性能

量 程	电导率/$\mu S \cdot cm^{-1}$	电阻率/$\Omega \cdot cm$	测量频率	配套电极
1	0~0.1	$\infty \sim 10^7$	低周	DJS—1 型,光亮
2	0~0.3	$\infty \sim 3.33 \times 10^6$	低周	DJS—1 型,光亮
3	0~1	$\infty \sim 10^6$	低周	DJS—1 型,光亮
4	0~3	$\infty \sim 3.333 \times 10^5$	低周	DJS—1 型,光亮
5	0~10	$\infty \sim 10^5$	低周	DJS—1 型,光亮
6	0~30	$\infty \sim 3.333 \times 10^4$	低周	DJS—1 型,铂黑
7	$0 \sim 10^2$	$\infty \sim 10^4$	低周	DJS—1 型,铂黑
8	$0 \sim 3 \times 10^2$	$\infty \sim 3.333 \times 10^3$	低周	DJS—1 型,铂黑

续表

量　程	电导率/$\mu S \cdot cm^{-1}$	电阻率/$\Omega \cdot cm$	测量频率	配套电极
9	$0 \sim 10^3$	$\infty \sim 10^3$	高周	DJS—1 型,铂黑
10	$0 \sim 3 \times 10^3$	$\infty \sim 333.33$	高周	DJS—1 型,铂黑
11	$0 \sim 10^4$	$\infty \sim 100$	高周	DJS—1 型,铂黑
12	$0 \sim 10^5$	$\infty \sim 10$	高周	DJS—10 型,铂黑

二、使用方法

DDS—11A 型电导仪板面结构如图 2－8－19 所示。

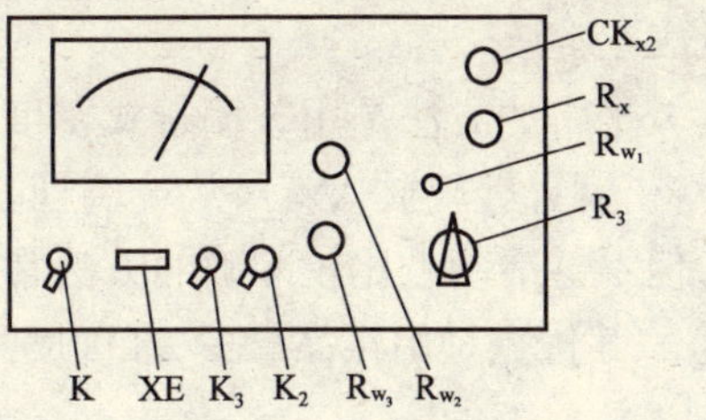

图 2－8－19　DDS—11A 型电导仪板面图

K_3—高低周用开关　R_{W_1}—电容补偿调节器　K_2—校正、测量开关　R_x—电极插口

R_{W_3}—校正调节器　CK_{x2}—10mV 输出插口　R_{W_2}—电极常数调节器

K—电源开关　R_3—量程选择开关　XE——氖泡

操作步骤如下：

(1)将校正、测量开关 K_2 拨到"校正"位置。接通电源并打开电源开关 K,预热 15min,待指针稳定后,调节 R_{W_3},使指针指到满刻度上。

(2)将 K_2 拨到校正档,调节 R_{W_3},使电表再次指示在满刻度上。使用"$\times 10^3 \mu S/cm$","$\times 10^4 \mu S/cm$"两档时,校正操作前须将电导池接好。

(3)将量程选择开关 R_3 拨到所需的测量范围。若不知被测溶液的电导率范围时,应先由最大档开始逐渐测量,以防止过载使指针迅速转动而打弯。

使用表 2－8－5 中 1～8 档量程测量电导率时,将 K_3 拨向"低周"档;使用 9～12 档量程测量电导率时,将 K_3 拨到"高周"档。

(4)将 K_2 拨向"测量"档时,其指示出的数值与量程开关 R_3 的倍率的乘积即为被测量溶液的实际电导率。

当用表 2－8－5 中 1～2 档量程测量高纯水的电导时,应先将电极引线插入电极插孔,在电极未浸入溶液之前,调节 R_{W_1},使指针指向最小值(此值为电极之间的漏电阻,由于漏电阻的存在,使得在调 R_{W_1} 时,电表指针不能达到零点),然后开始测量。

如需连续测量电导率的变化,可将 10mV 的输出端与自动电子电位差计连接起来进行记录。

三、注意事项

(1)除电极板外,其他部件不能受潮。电极与电导池要保持清洁。

(2)当被测溶液转移到电导池中时,尽量避免浓度变化。高纯水装入电导池时要立即测量,以免空气中二氧化碳溶于水中使电导率变化。

(3)在测定悬浊液时,必须先将其处理至澄清,因悬浊液会增加溶液电阻,在测定中不要搅动,以免损害电极的铂黑层。

(4)测量高电导的溶液时,应将溶液进行稀释后再进行测定。

(5)在进行精密测量时,电导池应置于恒温器中,因实验证明,每升高1℃,溶液的电导率增加约2.0% ~2.5%。

第十四节　密度测定仪

在实验室里测定液体密度较平常的方法是用玻璃管式密度计(旧称比重计)。测定时将量筒里放入一定量的被测液体,将密度计轻轻放入就可从玻璃管内的标尺上读出相对密度值。这种密度计使用起来简便、快速,但不够准确。比较准确的方法常采用称重法(旧称比重瓶法)和浮力测定法(旧称比重天平法)。其优点是用样品量少,准确度高。

一、称重法

操作方法为:先将密度瓶(旧称比重瓶,见图2-8-20)洗净、烘干,在分析天平上(连瓶塞一起)称重为G_1,然后用毛细吸管或注射器将蒸馏水注入密度瓶内(注意不要让气泡混入,若为密度管,可用橡皮管套在密度管一端,另一端插入液体中将液体吸入),盖上瓶塞(密度管暂不盖上管帽),小心地浸入恒温槽中,达到热平衡后(约15~20min)用滤纸将超过刻线的液体吸去并刚好控制液面在刻线处。然后从恒温槽中取出密度瓶(密度管则立即戴上管帽),用清洁的干毛巾和滤纸擦干(这时要特别小心,不要因手的温度过高而使瓶中的液体溢出造成误差)再称重G_2。

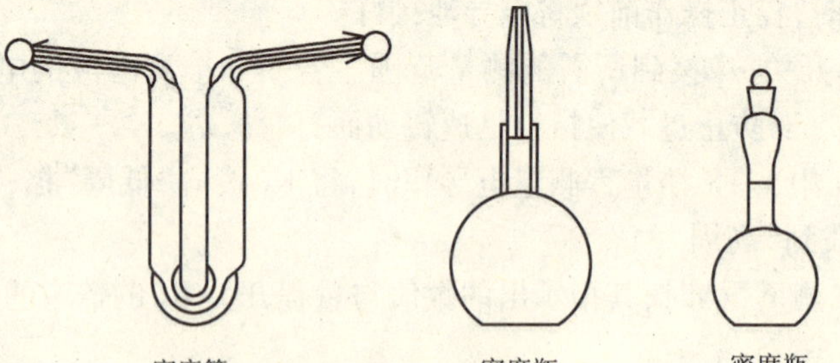

图2-8-20　密度测量仪

倒出密度瓶中蒸馏水,烘干或用乙醇洗两次,用乙醚洗一次,再用打气球吹干,按上述方法注入待测液体,在同一指定温度的恒温槽中恒温后试干,称重为G_3,待测液体的密度

$$\rho=\rho_{H_2O}\times\frac{G_3-G_1}{G_2-G_1}$$

式中：ρ_{H_2O}——指定温度时水的密度。

另外有一种较准确的精密密度瓶。它有特制的磨口温度计(分度值0.1℃)、磨口支管和磨口帽,磨口帽上有一小出气孔。为了取得更准确的数据,对密度瓶要重新进行校正,校正和使用的方法如下:

将密度瓶全部洗净,冷风吹干,在分析天平上称重 G_1;然后装入低于20℃并去除了溶解气体的纯水,插好温度计,放入(20 ±0.1)℃的恒温槽中恒温,至瓶内外温度平衡,即(20 ±0.1)℃,再过20~30min后取出密度瓶,迅速擦去支管外的溢水,并立即带上磨口帽(瓶中不得留有气泡),擦、吸去瓶外沾水,放在分析天平上称重 G_3,G_3-G_1 即为(20 ±0.1)℃时密度瓶内的水重。再按前述容量仪器的校正方法即可求得该密度瓶的真实容积。为了便于测定不同温度下的样品密度,可以按上述操作方法测求不同温度下的水重和容积,作温度—水重、温度—容积曲线,以便查找某温度下该密度瓶能容装的水重或容积。当需要测定某样品的相对密度时,可按上述操作方法将样品装入密度瓶中,在一定温度下[一般为(20 ±0.1)℃]进行称重 G_2,则 G_2-G_1 即为样品重量。在(20 ±0.1)℃时,样品的相对密度可按下式计算:

$$d_4^{20}=(G_2-G_1)\times\frac{0.99823}{G_3-G_1}$$

式中:G_3——在测定该样品时的温度下,纯水与密度瓶的重量;

0.99823——水在20℃时的密度,g/cm^3。

利用上式欲求某温度下的样品相对密度时,可将样品在所需温度下恒温,再进行测定。水重和水的密度也必须使用该温度下的数值。

二、浮力测定法

此种方法使用液体密度天平(图2-8-21)准确度不如称重法,但测定手续简便、快速,操作方法如下:

(1)把天平的托架、横梁装好后,将等重砝码8挂于横梁右端的小钩上,调水平调节螺钉9,使横梁2与支架指针尖成水平线,以示平衡。如调不平衡,先将平衡调节器3上的小螺钉松开,然后略微转动平衡调节器3,直到平衡,旋紧定位螺钉。

(2)将等重砝码取下,换上整套测锤,此时必须保持平衡,但允许有±0.0005的误差存在。如果天平的灵敏度过高,则将灵敏度调节器4旋低,反之旋高。通常不必进行这一调节。

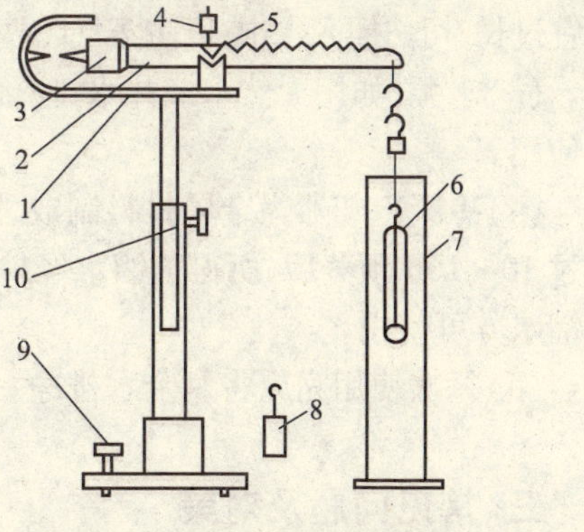

图2-8-21　液体密度天平

1—托架　2—横梁　3—平衡调节器　4—灵敏度调节器　5—玛瑙刀座　6—测锤　7—玻璃筒　8—等重砝码　9—水平调节螺钉　10—紧固螺钉

(3)将待测液体放入玻璃筒内，将测锤全部浸入待测液体中央，这时横梁失去平衡，在横梁V形槽和小钩上加放各种骑码使之平衡，横梁上骑码的总和，即测得液体的密度。

由于测锤排液量为5mL，天平的砝码共有5g、500mg、50mg和5mg四种。因此，将5g砝码（最大的砝码）挂在横梁第十位（小钩上）则读数为1，骑在第九位V形槽上读数为0.9，其余类推。500mg砝码挂第十位，则读数为0.1；50mg和5mg挂在第十位，则读数分别为0.01和0.001。骑在各V形槽上则读数相应往后移一位。

第十五节　电热蒸馏水器

一、电热蒸馏水器实物图（图2-8-22）

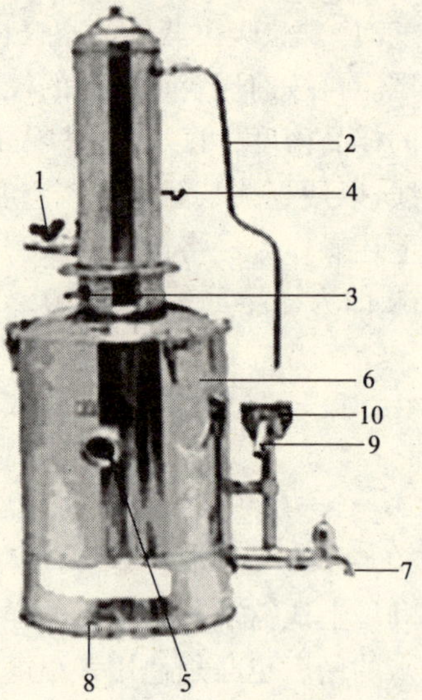

图2-8-22　电热蒸馏水器实物图

1—进水控制龙头　2—回水管

3—蒸馏水出水口　4—冷凝冷却器

5—玻璃水位器　6—蒸发锅

7—放水阀　8—电气部分

9—漏斗溢水管　10—漏斗

二、操作方法

(1)把蒸馏水器放置在供水和排水方便的位置，将蒸馏水器电源接好，安装前需核对电源电压是否与产品的额定电压相符合，同时接好地线。

(2)将自来水用胶管和进水控制龙头1连接，将水引入冷凝冷却器4（自来水压力比较大，不要把自来水龙头开得过大，开启一点使水能流过即可），自来水通过冷凝冷却器4从回水管2流入漏斗10，进入蒸发锅6，回水管2要对准漏斗中心，以防开锅翻水，待水位上升到蒸发锅的玻璃水位镜5处，漏斗溢水管9开始溢水，然后接通电源，通电加热约10min，蒸发锅内水开始沸腾，观察蒸馏水出口3，发现有蒸馏水流出时，调整进水控制龙头1，慢慢调整冷却水的注水量，直至蒸馏水平稳正常流出，蒸馏水胶管不宜过长，切勿插入水中，以防蒸气阻塞而造成漏斗翻水。

(3)水源，如用天然水或井水，应经过化学处理后，方可使用。

(4)冷凝冷却器为金属材料制成，因此初次使用时要经过10~16h预蒸后，所得蒸馏水经检验合格后方可使用，以后每次使用前应需预蒸30min后蒸馏水方可使用。

(5)每次使用完应将剩余水排净，并将蒸馏水器内清洗干净，保持清洁。

三、常见问题及对策

(1)不出蒸馏水或开锅漏斗翻水。

产生原因：多年使用，水垢积累将管道堵塞；回水管接头胶垫变形将回水管堵塞。

解决办法：清除水垢；更换接头胶垫。

(2)出蒸馏水，注入冷却水后蒸馏水就没有了。

产生原因：冷却水注水量过大。

解决办法:将进水控制龙头从最小开启仔细调整。

(3)电热元件损坏。

产生原因:蒸发锅内没水,通电干烧所至;

解决办法:更换同等规格的电热管。

第十六节　电加热炉

电加热炉种类很多,如高温箱式电加热炉、管式电加热炉、回转式管式加热炉、坩埚电加热炉、油浴电加热炉等。实验室里常用的有箱式电加热炉、管式电加热炉、电热板。

一、箱式电加热炉

外形为长方体,炉体用薄钢板折边焊接制成,炉膛由耐火材料制成。炉膛外层开有凹槽,槽内嵌绕镍铬丝螺旋线圈,炉膛与炉壳间用硅藻土、膨胀珍珠岩保温砖砌筑为保温层。

炉门通过支承与铰链固定于电炉面板上,在炉门下部附有控制炉温的电阻器,也有另外附设电子自动控温装置来控制炉温的。

在实验室里如果需要较高的灼烧温度时可使用一种以碳棒作发热元件的高温电炉,工作温度可达1300℃。其外壳是用钢板焊成的方形体,炉膛由高铝砖砌成长方形,外壳与炉壁间砌以轻质黏土砖,炉膛两侧及顶部安装硅碳棒。用自耦变压器调节炉温。

二、管式电加热炉

在实验室里,管式电加热炉主要用于化学分析、物性测定等方面。

以镍铬合金丝作为加热元件的管式电加热炉炉温可达950℃,以硅碳管加热元件的管式电加热炉炉温可达1300℃,以硅钼棒为加热元件的管式电加热炉炉温可高达1600℃。

管式电加热炉外形为一横置的圆柱体;底座由薄钢板圆焊制成;炉膛由耐火材料制成的管状体,外面有螺旋槽以安放加热丝;炉膛与外壳间填充以珍珠岩、耐火纤维等保温材料;用可控硅温度控制器控制炉温。

三、电热板

电热板具有简便、散热均匀、安全清洁等特点。在实验室里主要用于定量的煮沸溶液、蒸发等,因电热板加热面大,适于同时加热许多烧杯、蒸发皿、锥形瓶等(图2-8-23)。

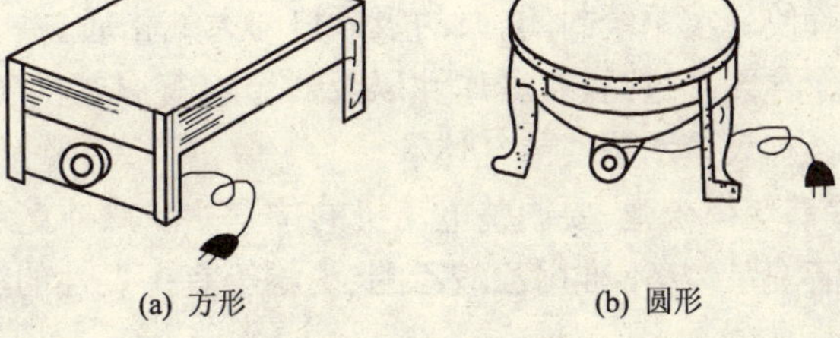

(a) 方形　　(b) 圆形

图2-8-23　电热板

电热板的结构：加热面板由光滑的铸铁平板制成；壳座由薄钢板焊接而成；加热元件由铁铬铝电加热合金带绕成两组并联装于壳座中，合金带底部及周围装填耐火纤维；温度由热膨胀温度计与继电器实现自控。

第十七节　真空泵

为获得0.13Pa以下的气压，实验室里常采用旋片式真空泵（如2X型和2XQ型），主要用来排除密封容器中的非腐蚀性气体。

一、工作原理及结构

如图2-8-24所示，一个偏心转子中含有中间夹有弹簧的两个叶片，在定子内回转，使定子内的容积周期地扩大与缩小，以达到吸气与排气的目的。偏心转子上装有按箭头方向旋转的转子2，在转子的槽里装有叶片1，转子转动时在弹簧4的作用下叶片沿着工作室的内表面滑动，由室壁、转子叶片和端盖所围空间A的容积增大，则被抽容器中的气体由进气管被吸入。同时，当转子转动时，空间B的容积缩小，使其中的气体受到压缩，并冲开阀片进行排气。这样，轮流工作的两个叶片就能保证泵不停地吸气和排气，使其达到所需真空度。

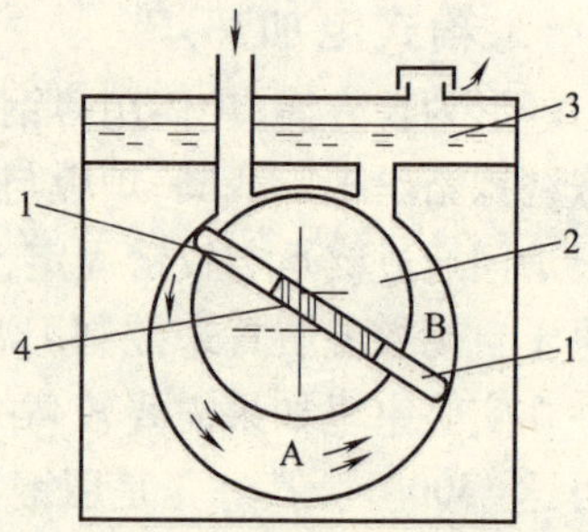

图2-8-24　旋转式真空泵工作原理示意图

1—叶片　2—偏心转子

3—排气阀片　4—弹簧

二、型号简介

2XZ系列真空泵是一种直接高速旋片式真空泵，具有体积小、重量轻、运转平稳、噪音低等特点。抽气速率有1L/s、2L/s、4L/s、8L/s、15L/s几个级别。

另外有一种与旋片式真空泵应用范围和使用条件相类似的真空泵，即滑阀式真空泵。其性能与旋片式真空泵相近，抽气速率较大（H—70型：70L/s。H—150型：150L/s），需要用冷却水对泵体进行冷却。

三、使用与维护

使用前，按油标指示刻度加入真空泵油。用手转动皮带轮，检查运转情况，无异常情况后，再接通电源（注意转动方向）。

当停止使用泵时，欲保持真空系统有一定的真空度，应在进气管路上安装止回阀，以免泵油倒流，或者装一个三通阀，使真空系统封闭，泵的吸入口与大气相通。

真空泵不应用来抽除含氧量过高、有爆炸性以及对金属有腐蚀的气体，另外也不宜吸入能与泵油起反应的气体和含有大量水蒸气的气体。

使用一段时间后，皮带变得松弛，要调整电动机的位置。注意补充泵油，发现泵油内混有杂物或水时，要更换新油，清洗泵体（不准用乙酸乙酯、丙酮等有挥发性的液体清洗）。

第三篇　印染工业常用分析法

第一章　水质分析

第一节　印染及锅炉用水水质检验

一、印染用水质量要求

(1)色度<10(无混浊悬浮固体);

(2)pH 值:7~8;

(3)总硬度染液,皂洗用水<0.36 毫克当量/升;一般洗涤用水<3.6 毫克当量/升;

(4)耗氧量<10mg/L;

(5)含铁量<0.1mg/L;

(6)含锰量<0.1mg/L。

二、低压锅炉用水要求

(1)蒸汽锅炉和汽水两用锅炉的给水一般应采用锅炉外化学水处理,水质应符合表 3-1-1 规定。

表 3-1-1　锅炉水质要求(一)

项目		给水			锅炉水		
额定蒸汽压力/MPa		≤1.0	>1.0 ≤1.6	>1.6 ≤2.5	≤1.0	>1.0 ≤1.6	>1.6 ≤2.5
悬浮物含量/mg·L^{-1}		≤5	≤5	≤5	—	—	—
总硬度/mmol·L^{-1}①		≤0.03	≤0.03	≤0.03	—	—	—
总碱度/mmol·L^{-1}②	无过热器	—	—	—	6~26	6~24	6~16
	有过热器	—	—	—	—	≤14	≤12
pH 值(25℃)		≥7	≥7	≥7	10~12	10~12	10~12
溶解氧/mg·L^{-1}③		≤0.1	≤0.1	≤0.05	—	—	—

续表

项目		给水			锅炉水		
溶解固形物含量/mg·L^{-1}④	无过热器	—	—	—	<4000	<3500	<3000
	有过热器	—	—	—	—	<3000	<2500
SO_3^{2-} 含量/mg·L^{-1}④		—	—	—	—	10~30	10~30
PO_4^{3-} 含量/mg·L^{-1}		—	—	—	—	10~30	10~30
相对碱度游离 NaOH/溶解固形物⑤		—	—	—	—	<0.2	<0.2
含油量/mg·L^{-1}		≤2	≤2	≤2	—	—	—
含铁量/mg·L^{-1}⑥		≤0.3	≤0.3	≤0.3	—	—	—

①硬度 mmol·L^{-1}的基本单元为 $c(\frac{1}{2}Ca^{2+}、\frac{1}{2}Mg^{2+})$，下同。

②碱度 mmol·L^{-1}的基本单元为 $c(OH^-、\frac{1}{2}CO_3^{2-}、HCO_3^-)$，下同。对蒸汽品质要求不高，且不带过热器的锅炉，使用单位在报当地锅炉压力容器安全监察机构同意后，碱度指标上限值可适当放宽。

③当锅炉额定蒸发量≥6t/h 时应除氧，额定蒸发量<6t/h 的锅炉如发现局部腐蚀时，给水应采取除氧措施。

④如测定溶解固形物有困难时，可采用测定电导率或氯离子(Cl^-)的方法间接控制，但溶解固形物与电导率或与氯离子(Cl^-)的比值关系应根据试验确定，并应定期复试和修正此比值关系。

⑤全焊接结构锅炉相对碱度可不控制。

⑥仅限燃油、燃气锅炉。

(2)额定蒸发量≤2t/h，且额定蒸汽压力≤1.0MPa 的蒸汽锅炉和汽水两用锅炉(如对汽、水品质无特殊要求)也可采用锅炉内加药处理。但必须对锅炉的结垢、腐蚀和水质加强监督，认真做好加药、排污和清洗工作，其水质应符合表 3-1-2 规定。

表 3-1-2　锅炉水质要求(二)

项目	给水	锅炉水
悬浮物含量/mg·L^{-1}	≤20	—
总硬度/mmol·L^{-1}	≤4	—
总碱度/mmol·L^{-1}	—	8~26
pH 值(25℃)	≥7	10~12
溶解固形物含量/mg·L^{-1}	—	<5000

(3)承压热水锅炉给水应进行锅外化学水处理，对于额定功率≤4.2MW 非管架式承压的热水锅炉和常压热水锅炉，可采用锅内加药处理，但必须对锅炉的结垢、腐蚀和水质加强监督，认真做好加药工作，其水质应符合表 3-1-3 的规定。

表 3-1-3　锅炉水质要求(三)

项目	锅炉内加药处理		锅炉外化学处理	
	给水	锅炉水	给水	锅炉水
悬浮物含量/mg·L^{-1}	≤20	—	≤5	—

续表

项目	锅炉内加药处理		锅炉外化学处理	
	给水	锅炉水	给水	锅炉水
总硬度含量/mmol · L^{-1}	≤6	—	≤0.6	—
pH 值(25℃)①	≥7	10～12	≥7	—
溶解氧/mg · L^{-1}②	—	—	≤0.1	—
含油量/mg · L^{-1}	≤2	—	≤2	—

①通过补加药剂使锅水 pH 值控制在 10～12。

②额定功率≥4.2MW 的承压热水锅炉给水应除氧，额定功率<4.2MW 的承压热水锅炉和常压热水锅炉给水应尽量除氧。

(4)直流锅炉给水应采用锅炉外化学水处理，其水质按表 3－1－1 中额定蒸汽压力为 1.6MPa≤P≤2.5MPa 的标准执行。

(5)余热锅炉及电热锅炉的水质指标应符合同类型、同参数锅炉的要求。

三、色度

色度的测定是将水样与已知浓度的有色溶液相比较。通常使用铂钴标准色度，在每升水样中含有相当于 1mg 铂(以氯铂酸离子状态存在)所造成的色度，称为 1 色度单位。

(一)铂钴比色法

(1)称取 1.2456g 氯铂酸钾(K_2PtCl_6)(内含 0.5g 铂)及 1.0000g 氯化钴($CoCl_2 \cdot 6H_2O$)(内含 0.2480g 钴)溶于 100mL 蒸馏水中，加 100mL 浓盐酸，用蒸馏水稀释至 1L，此标准溶液色度为 500 度。

(2)取 10 支 100mL 比色管，分别加 0.4mL、0.8mL、1.2mL、1.6mL、2.0mL、2.4mL、2.8mL、3.2mL、3.6mL 及 4mL 铂钴标准溶液，分别用蒸馏水稀释至刻度，混匀，则各管色度依次为 2 度、4 度、6 度、8 度、10 度、12 度、14 度、16 度、18 度及 20 度。

(3)试样置于 100mL 比色管中，与标准比色管并列，用白纸做背景观察，与标准色度管比较，与水样色度相同的标准溶液色度，即为水样色度。

(二)铬钴比色法

当没有氯铂酸钾时，可用铬钴标准溶液代替，其制备如下：

称取 0.0437g 分析纯重铬酸钾及 1g 分析纯硫酸钴($CoSO_4 \cdot 7H_2O$)溶于少量蒸馏水中，加入 0.5mL 浓硫酸，稀释至 500mL，此溶液色度为 500 度。

标准色度溶液制备与水样色度测定同铂钴比色法，但不用蒸馏水稀释，改用浓盐酸 1mL/L 稀释。

四、浊度

(一)分光光度法

1. 原理

在适当温度下，硫酸肼与六次甲基四胺聚合，形成白色高分子化合物，以此作为浊度标准液，在一定条件下与水样浊度相比较。

2. 试剂

(1)无浊度水：将蒸馏水通过0.2μm滤膜过滤，收集于用过滤水荡洗两次的烧瓶中。

(2)浊度标准贮备液。

① 10g/L 硫酸肼溶液：称取1.000g 硫酸肼[$(N_2H_4)H_2SO_4$]溶于水，定容至100mL。

② 100g/L 六次甲基四胺溶液：称取10.00g 六次甲基四胺[$(CH_2)_6N_4$]溶于水，定容至100mL。

③ 浊度标准贮备液：吸取5.00mL 硫酸肼溶液10g/L 与5.00mL 六次甲基四胺溶液100g/L 于100mL 容量瓶中，混匀，于(25±3)℃下静置反应24h，冷后用水稀释至标线，混匀。此溶液浊度为400度，可保存一个月。

3. 测定步骤

(1)标准曲线的绘制：吸取浊度标准液0、0.50mL、1.25mL、2.50mL、5.00mL、10.00mL 及12.50mL，置于50mL 的比色管中，加水至标线。摇匀后，即得浊度为0、0.4度、10度、20度、40度、80度及100度的标准系列。在680nm 波长下，用30mm 比色皿测定吸光度，绘制校准曲线。

注　在680nm 波长下测定，天然水中存在淡黄色、淡绿色，无干扰。

(2)测定：吸取50.0mL 摇匀水样(无气泡，如浊度超过100度可酌情少取，用无浊度水稀释至50.0mL)，于50mL 比色管中，按绘制校准曲线步骤测定吸光度，由校准曲线上查得水样浊度。

4. 计算

$$浊度(度)=\frac{A(B+C)}{C}$$

式中：A——稀释后的水样的浊度，度；

B——稀释水的体积，mL；

C——原水样的体积，mL。

(二)目视比浊法

1. 原理

将水样与用硅藻土配制的浊度标准液进行比较，规定相当于1mg 一定粒度的硅藻土在1000mL 水中所产生的浊度为1度。

2. 试剂

(1)浊度标准液。

① 浊度标准贮备液：称取10g 通过0.1mm 筛孔的硅藻土于研钵中，加入少许水调成糊状并研细，移至1000mL 量筒中，加水至标线。充分搅匀后，静置24h。用虹吸法仔细将上层800mL 悬浮液移至第二个1000mL 量筒中，向其中加水至1000mL，充分搅拌，静置24h。吸出上层含较细颗粒的800mL 悬浮液弃去，下部溶液加水稀释至1000mL。充分搅拌后，贮于具塞玻璃瓶中，其中含硅藻土颗粒直径大约为400μm。

取50.0mL 上述悬浊液置于恒重的蒸发皿中，在水浴上蒸干，于105℃烘箱中烘2h。置干燥器冷却30min，称重。重复以上操作，即烘1h，冷却，称重，直至恒重。求出1mL 悬浊液含硅藻土的质量(mg)。

② 浊度为250度的标准液：吸取含250mg 硅藻土的悬浊液，置于1000mL 容量瓶中，加水至

标线，摇匀。此溶液浊度为250度。

③ 浊度为100度的标准液：吸取100mL浊度为250度的标准液于250mL容量瓶中，用水稀释至标线，摇匀。此溶液浊度为100度。

3. 测定步骤

(1)浊度低于10度的水样。

① 吸取浊度为100度的标准液0、1.0mL、2.0mL、3.0mL、4.0mL、5.0mL、6.0mL、7.0mL、8.0mL、9.0mL及10.0mL于100mL比色管中，加水稀释至标线，混匀，配制成浊度为0、1.0度、2.0度、3.0度、4.0度、5.0度、6.0度、7.0度、8.0度、9.0度和10.0度的标准液。

② 取100mL摇匀水样于100mL比色管中，与上述标液进行比较。可在黑色底板上由上向下垂直观察，选出与水样产生相近视觉效果的标液，记下其浊度值。

(2)浊度高于10度的水样。

① 吸取浊度为250度的标准液0、10mL、20mL、30mL、40mL、50mL、60mL、70mL、80mL、90mL及100mL置于250mL容量瓶中，加水稀释至标线，混匀。即得浊度为0、10度、20度、30度、40度、50度、60度、70度、80度、90度和100度的标准液，将其移入成套的250mL具塞玻璃瓶中，每瓶加入1g氯化汞，以防菌类生长。

② 取250mL摇匀水样置于成套的250mL具塞玻璃瓶中，瓶后放一有黑线的白纸板作为判别标志。从瓶前向后观察，根据目标的清晰程度选出与水样产生相近视觉效果的标准液，记下其浊度。

③ 水样浊度超过100度时，用无浊度水稀释后测定。

4. 结果表示

水样浊度可直接读数。

五、pH值

测定水质pH值，一般采用电位测定法，在工厂中也可用广泛pH试纸浸入水样，直接测定。前者结果较准确，后者方法简便，但误差较大，只作车间快速粗略测定用。

(一)电位测定法(pH计)

以测试电极(玻璃电极)和参考电极(饱和甘汞电极)为两极，在25℃时，每相差一个pH单位时，产生59.1mV的电位差，在仪器上直接以pH读数表示，可以直接测得水样的pH值，精确度达0.01个pH单位。

(二)广泛试纸法

取广泛试纸一条，浸入水样中，随即取出与试纸上的标准色板比较，读出pH值。

六、碱度

(一)原理

水中碱度主要由碳酸盐、重碳酸盐以及氢氧化物形成；但在特殊情况下，硼酸盐、磷酸盐或硅酸盐也会产生一定的碱度。碱度可用酸标准溶液滴定。

(二)试剂

(1)盐酸：$c(HCl)=0.10mol/L$。

(2)甲基橙指示剂。

(3)酚酞指示剂。

(三)测定步骤

吸取100mL水样置于250mL锥形瓶中,加4滴酚酞指示剂,如瓶内产生品红色,用0.10mol/L盐酸在不断摇荡下,滴至品红色消失(pH=8.3),记录用量P(mL);再加3滴甲基橙指示剂,如水样呈橘黄色,用0.10mol/L盐酸继续滴定至溶液开始变橘红色(pH=4.4)为止,记录用量M(mL)。滴定消耗0.10mol/L盐酸总量$T=M+P$。

加酚酞指示剂后,如水样不变品红色,说明水样中不含氢氧化物与碳酸盐。加甲基橙指示剂后,如水样呈橘红色,说明水样中不含碳酸盐与重碳酸盐。如水样中有余氯,能使指示剂褪色,可加少量0.1mol/L($Na_2S_2O_3$)硫代硫酸钠消除。

$$总碱度(mmol/L)=T\cdot c\cdot 1000/V$$

$$酚酞碱度(mmol/L)=P\cdot c\cdot 1000/V$$

$$甲基橙碱度(mmol/L)=M\cdot c\cdot 1000/V$$

式中:c——盐酸标准溶液的浓度,mol/L;

V——水样体积,mL。

各种碱度的关系可按表3-1-4计算。

表3-1-4　各种碱度的关系

滴定结果	氢氧化物(OH^-)	碳酸盐(CO_3^{2-})	重碳酸盐(HCO_3^-)
$P=T$	P	0	0
$P>T/2$	$2P-T$	$2(T-P)$	0
$P=T/2$	0	$2P$	0
$P<T/2$	0	$2P$	$T-2P$
$P=0$	0	0	T

七、总硬度

(一)原理

在pH值为10的氨性缓冲溶液中,指示剂铬黑T呈蓝色,能与钙、镁离子生成稳定性较差的紫红色络合物;乙二胺四乙酸二钠(EDTA-Na_2)能从铬黑T络合物中,先后夺取钙、镁离子生成稳定的无色络合物,使铬黑T游离出来,溶液从紫红色变为蓝色。

(二)试剂

(1)$c(\frac{1}{2}EDTA-Na_2)$0.02mol/L乙二胺四乙酸二钠标准溶液。

配制:称取3.72g乙二胺四乙酸二钠,溶于1000mL蒸馏水中,摇匀。

标定:称取0.6537g分析纯锌粒,溶于1:1盐酸中,用蒸馏水稀释至1L,即为$c(\frac{1}{2}Zn)$ 0.020mol/L锌基准溶液。吸取此液25mL于250mL锥形瓶中,加25mL蒸馏水,用氨水中和到微碱性,加5mL缓冲溶液及5滴铬黑T指示剂,用配制的乙二胺四乙酸二钠滴定至溶液由紫红色变蓝色为终点。

$$c = \frac{c_1 \times V_1}{V}$$

式中：c——乙二胺四乙酸二钠标准溶液的浓度，mol/L；

V——滴定耗用乙二胺四乙酸二钠溶液的体积，mL；

c_1——锌溶液的浓度，mol/L；

V_1——锌溶液的体积，mL。

(2)缓冲溶液：称取 20g 分析纯氯化铵于少量蒸馏水中，再加入 100mL 浓氨水，用蒸馏水稀释至 1L。

(3)铬黑 T 指示液：称取 0.1g 铬黑 T，溶于 2mL 缓冲溶液中，用无水乙醇稀释至 20mL。

(三)测定方法

吸取水样 50mL(如硬度较高时，可少取样，用蒸馏水稀释至 50mL)于 250mL 锥形瓶中，滴加氨水至溶液 pH≈8，加 5mL 缓冲溶液(控制 pH = 10)，再加 3～5 滴铬黑 T 指示剂，用 0.02mol/L乙二胺四乙酸二钠($\frac{1}{2}$EDTA)滴定至溶液由紫红色变为蓝色为终点(如滴定时不出现明显色泽转变，可加少量已知量的镁盐，在计算时扣除)。

(四)计算公式

$$总硬度(mmol/L) = \frac{c \times V \times 1000}{V_1}$$

式中：c——乙二胺四乙酸二钠($\frac{1}{2}$EDTA)标准溶液的浓度，mol/L；

V——乙二胺四乙酸二钠($\frac{1}{2}$EDTA)标准溶液耗用量，mL；

V_1——水样体积，mL。

(五)硬度的分类和换算

水的硬度指除碱金属以外全部金属离子浓度的总和，大多数水中含铁、锰等杂质极少，硬度主要指钙、镁离子浓度的总和。

1. 硬度分类

按钙、镁离子的存在形式可分为：

碳酸盐硬度(暂时硬度)：指钙、镁的重碳酸盐等，大部分硬度在煮沸时能消除。

非碳酸盐硬度(永久硬度)：指钙、镁的硫酸盐、氯化物及硝酸盐等。这些硬度在常压下，煮沸时不能消除。水质按硬度大小的分类如表 3－1－5 所示。

表 3－1－5　水质硬度分类

总硬度/$mmol \cdot L^{-1}$	水　质	总硬度/$mmol \cdot L^{-1}$	水　质
0～1.4	很软水	5.7～10.7	硬水
1.4～2.9	软水	10.7 以上	很硬水
2.9～5.7	中等硬水		

2. 硬度的单位及换算

mmol/L:表示1升水中含有形成水的硬度的阳离子($\frac{1}{2}Ca^{2+}$、Mg^{2+})的物质的量(mmol)。

mg/kg:相当于1L水中含碳酸钙($CaCO_3$)的质量(mg)。

1#(德制硬度):表示1L水中含氧化钙(CaO)10mg。

$$1\text{mmol/L} = 50.045\text{mg/kg} = 2.804^{\#}$$

$$1\text{mg/kg} = 0.01998\text{mmol/L} = 0.0560^{\#}$$

$$1^{\#} = 0.35663\text{mmol/L} = 17.847\text{mg/kg}$$

(六)已知钙硬度水的制备

1. 定义

水的硬度是指水中由于钙盐和镁盐的存在(甚至银盐和钡盐)而呈现的性质。计量单位是mmol/L,以钙离子浓度计。

2. 原理

溶解适量氯化钙制得储液。以铬黑T和甲基红的混合物为指示剂,用乙二胺四乙酸二钠通过络合滴定法测定储液中的钙浓度。

通过计算,将一定体积储液稀释即得到所要求硬度的硬水。

3. 试剂

(1)无水氯化钙。

(2)氰化钾氨溶液:取57mL氨水加1g氰化钾用水稀释至100mL备用。

(3)乙二胺四乙酸二钠(EDTA)标准滴定溶液:c(EDTA)=0.05mol/L。

(4)混合指示剂:

①EDTA镁盐六水合物的制备。称取18.6g EDTA(精确至0.01g),将其溶于75mL沸水中。称取12.3g硫酸镁($MgSO_4 \cdot 7H_2O$,化学纯)(精确至0.01g),将其溶于25mL沸水中,然后将该溶液慢慢加入上述EDTA溶液中,冷却静置12h至结晶全部析出,倾去上层清液,并用冷水洗涤3次,过滤后将结晶置于真空干燥器或85℃烘箱中干燥备用。

②混合指示剂的制备。称取0.200g铬黑T(精确至0.001g)和0.037g甲基红(精确至0.001g)以及50g氯化铵(化学纯),置于研钵中混合研磨,再加入150g氯化铵,10g EDTA镁盐(见上文),继续研磨,直至混合均匀,储入磨口棕色玻璃瓶中,备用。

4. 操作步骤

(1)储液制备:称取166.5g无水氯化钙,精确至0.01g,溶于水中,稀释至5000mL,摇匀备用。

(2)储液钙浓度(钙硬度)的测定:用移液管量取50mL氯化钙储液,置于250mL容量瓶中,用水稀释至刻度,准确量取上述溶液25mL,置于250mL锥形瓶中,加入100mL水,4mL氰化钾氨溶液及0.3g混合指示剂,加热至40℃左右,用EDTA标准滴定溶液滴定至溶液刚出现浅绿色即为终点。

5. 计算

(1)储液钙浓度 c_0 的计算

$$c_0=\frac{c_1V_1}{25}\times5\times10^3$$

式中:c_0——储液钙的浓度[$c(Ca^{2+})$],mmol/L;

c_1——EDTA 标准滴定溶液的浓度,mol/L;

V_1——耗用 EDTA 标准滴定溶液的体积,mL。

所得结果应表示至两位小数。

(2)已知钙硬度水的制备:配制一定体积已知钙硬度水所需储液体积 V_0 可按下式计算:

$$V_0=\frac{c_2V_2}{c_0}$$

式中:V_0——储液钙的体积,mL;

V_2——需配制的硬水的体积,mL;

c_0——储液钙的浓度[$c(Ca^{2+})$],mmol/L;

c_2——需配制的硬水的硬度,mmol/L。

稀释 $V_0\rightarrow V_2$,即得硬度为 c_2 的硬水。

八、溶解氧

(一)原理

在水样中加入硫酸锰(或氧化锰)及碱性碘化钾溶液生成氢氧化锰沉淀,当水中有溶解氧存在时,氢氧化锰迅速化合生成锰酸,又过量的氢氧化锰与锰酸结合成锰酸锰。在碘化物存在下,将溶液酸化后,沉淀溶解,并同时析出与水样中溶解氧相当的碘,可以用硫代硫酸钠溶液滴定。

(二)试剂

(1)氯化锰或硫酸锰溶液:称取 400g 二水合氯化锰晶体($MnCl_2\cdot2H_2O$)或 480g 四水合硫酸锰($MnSO_4\cdot4H_2O$)颗粒溶于蒸馏水中,过滤稀释至 1000mL。

(2)碱性碘化钾溶液:称取 50g 氢氧化钠,溶于 50mL 蒸馏水中,15g 碘化钾溶于 20mL 水中。合并两溶液,加水稀释至 100mL。静置 24h,倾出上层溶液备用。

(3)硫代硫酸钠标准溶液:$c(Na_2S_2O_3)=0.010$mol/L。

(4)0.5% 淀粉溶液。

(三)测定步骤

(1)用虹吸管吸取水样,使之充满溶解氧瓶,盖紧瓶塞,并使瓶塞下无气泡。取下瓶塞,用移液管在瓶内液面下加入硫酸锰溶液及碱性碘化钾溶液各 1mL。盖紧瓶塞,把水样颠覆混合三次,静置,待沉淀下降至中途再混合一次。沿瓶口加入浓硫酸 1mL,盖紧瓶塞,颠覆后静置 5min。

(2)取上述处理过的水样 100mL 置于 250mL 锥形瓶中,用 0.01mol/L 硫代硫酸钠溶液滴至淡黄色时,加入 1mL 0.5% 淀粉指示剂数滴,继续滴定至蓝色消失为止。

(四)计算

$$溶解氧含量(mg/L)=cV\times 8\times 1000/V_1$$

式中:c——硫代硫酸钠($Na_2S_2O_3$)标准溶液的浓度,mol/L;

V——滴定时所耗用的硫代硫酸钠标准溶液,mL;

V_1——水样体积,mL;

8——1mol 氧($\frac{1}{2}O$)的质量,g/mol。

(五)注意事项

(1)如水样中亚硝酸盐氮超过0.1mg/L时,可用1%叠氮化钠碱性碘化钾溶液代替碱性碘化钾溶液,可以消除NO_2的干扰。

(2)1% 叠氮化钠碱性碘化钾溶液配制:称取1g化学纯叠氮化钠(NaN_3),溶于4mL蒸馏水中,以碱性碘化钾溶液稀释至100mL。

九、耗氧量

(一)原理

水中有机物质在酸性条件下,可被高锰酸钾氧化。根据高锰酸钾消耗量,可计算出有机物质的总量。测定时加入高锰酸钾及硫酸溶液,过量的高锰酸钾用草酸钠还原,再用高锰酸钾回滴过量的草酸钠。

(二)试剂

(1)0.01mol/L($\frac{1}{2}Na_2C_2O_4$)草酸钠溶液:准确称取已经在105~110℃烘至恒重的基准草酸钠0.6700g,溶于1000mL蒸馏水。

(2)1∶3硫酸溶液:在配好1∶3的溶液中,逐渐加入高锰酸钾溶液至红色不消失为止。

(3)高锰酸钾溶液$c(\frac{1}{5}KMnO_4)=0.010mol/L$。

(三)测定步骤

清洁水取100mL(混浊水取适量用蒸馏水稀释至100mL),置于250mL锥形瓶中,加5mL硫酸溶液(1∶3)及10mL 0.01mol/L($\frac{1}{5}KMnO_4$)高锰酸钾溶液,并投入几根玻璃毛细管,加热煮沸10min(如高锰酸钾溶液的颜色消褪,则应少取样或增加高锰酸钾溶液量,再重新测定)。取下锥形瓶,准确加入10mL 0.01mol/L草酸钠标准溶液,在充分摇荡下,用0.010mol/L高锰酸钾($\frac{1}{5}KMnO_4$)标准溶液滴定(此时溶液温度最好控制在60~80℃),至淡红色不消失为止。

(四)计算

$$耗氧量(mg/L)=(V_1-V_2)\times c\times 8\times 1000/V$$

式中:V_1——滴定及煮沸所耗用的高锰酸钾溶液,mL;

V_2——10mL 草酸钠溶液耗用的高锰酸钾溶液,mL;

c——高锰酸钾($\frac{1}{5}KMnO_4$)标准溶液的浓度,mol/L;

V——水样体积,mL;

8——1mol 氧($\frac{1}{2}O$)的质量,g/mol。

十、铁(总铁、高铁及亚铁)

(一)原理

亚铁离子在 pH 值为 3 ~ 9 的溶液中与邻菲啰啉生成稳定的橙红色络合物 $[Fe(C_{12}H_8N_2)_3]^{2+}$ 离子,溶液色泽在较长时间保持不变,可用比色法测定。

水中加入盐酸羟胺,还原高铁为亚铁,则可测定水中总铁量。

(二)试剂

(1)铁标准储备液:准确称取 0.7020g 硫酸亚铁铵$[(NH_4)_2Fe(SO_4)_2 \cdot 6H_2O]$溶于 50mL 1∶1硫酸中,转移至 1000mL 容量瓶中,加水至标线,摇匀。此溶液含铁 100μg/mL。

(2)铁标准使用液:准确称取标准贮备液 25.00mL 置于 100mL 容量瓶中,加水至标线,摇匀。此溶液含铁 25.0μg/mL。

(3)1∶3 盐酸(体积比)。

(4)10%(m/V)盐酸羟胺溶液。

(5)缓冲溶液:40g 乙酸铵加 50mL 冰醋酸用水稀释至 100mL。

(6)0.5%(m/V)邻菲啰啉溶液,加数滴盐酸助溶。

(三)测定步骤

(1)标准曲线的绘制。依次移取铁标准溶液 0、2.00mL、4.00mL、6.00mL、8.00mL、10.0mL 置于 150mL 锥形瓶中,加入蒸馏水至 50.0mL,再加 1∶3 盐酸 1mL,10%(m/V)盐酸羟胺 1mL,玻璃珠 1 ~2 粒,然后,加热煮沸至溶液剩 15mL 左右,冷却至室温,定量转移至 50mL 具塞刻度管中,加一小片刚果红试纸,滴加饱和乙酸钠溶液至试纸刚刚变红,加入 5mL 缓冲溶液,0.5%(m/V)邻菲啰啉溶液 2mL,加水至标线,摇匀。显色 15min 后,用 1.0cm 比色皿,以水用参比,在 510nm 处测量吸光度。由经过空白校正的吸光度对铁的质量(μg)作图。

(2)总铁的测定。取样后立即将样品用盐酸酸化至 pH 值为 1,分析时取 50.0mL 混匀水样置于 150mL 锥形瓶中,加 1∶3 盐酸 1mL,盐酸羟胺溶液 1mL,加热煮沸至体积减少到 15mL 左右,以保证全部铁的溶解和还原。若仍有沉淀应过滤除去。以下按绘制标准曲线同样操作,测量吸光度并做空白校正。

(3)亚铁的测定。取样时将 2mL 盐酸放在一个 100mL 具塞水样瓶中,直接将水样注满样品瓶,塞好塞以防氧化,一直保存至进行显色和测量。分析时只需取适量水样,直接加入缓冲溶液与邻菲啰啉溶液,显色 5 ~10min,在 510nm 处以水为参比测量吸光度,并做空白校正。

(4)可过滤铁的测定。在取样现场,用 0.45μm 滤膜过滤水样,并立刻用盐酸酸化过滤水至 pH 值为 1,准确吸取样品 50mL 置于 150mL 锥形瓶中,以下操作与作标准曲线时相同。

(四)计算

$$铁含量(mg/L)=m/V$$

式中：m——由标准曲线查得的铁量，μg；

V——水样体积，mL。

(五)注意事项

(1)如果各批试剂的铁含量不相同，则每新配一次试液，都需要重新绘制标准曲线。

(2)含 CN^- 或 S^{2-} 离子的水样酸化时，会产生有毒的气体，因此操作必须小心。

(3)若水样含铁量较高，可适当稀释；浓度低时可换用 3.0cm 或 5.0cm 的比色皿。

十一、锰

(一)原理

用高碘酸氧化低价锰为紫红色的高锰酸盐，于波长 525nm 处进行光度测定。在酸性介质中，用高碘酸钾氧化需长时间加热煮沸才能完成。而本方法在中性(pH 值为 7.0 ~ 8.6)溶液中，有焦磷酸钾—乙酸钠存在时，高碘酸钾可于室温下瞬间将低价锰盐氧化为高价锰盐。

(二)试剂

(1)焦磷酸钾—乙酸钠缓冲溶液：称取焦磷酸钾 230g 和结晶乙酸钠 136g 溶于热水中，冷却后定容到 1000mL。此溶液浓度焦磷酸钾为 0.9mol/L，乙酸钠为 1.0mol/L。

(2)2% (m/V) 高碘酸溶液：用 1∶9 硝酸配制。

(3)锰标准溶液：称取约 0.5000g(准确至 0.0001g)纯度不低于 99.9% 的电解锰，溶于 10mL 1∶1 硝酸中，加热溶解后移入 500mL 容量瓶中，冷却后用水稀释至标线，摇匀。此贮备液含锰 1.00mg/mL，再定量移取部分溶液到另一只容量瓶中，用水稀释成含锰 50.0μg/mL 的使用溶液。

(三)测定步骤

(1)标准曲线的绘制。分别吸取 0、0.50mL、1.00mL、1.50mL、2.00mL、2.50mL 锰标准使用液置于 6 只 50mL 比色管中，用水稀释至 25mL，加入 10mL 焦磷酸钾—乙酸钠缓冲溶液，摇匀后再加入 2% (m/V) 高碘酸钾溶液 3mL，用水稀释至刻度，摇匀。放置 10min 后，用 0.50cm 比色皿在 525nm 处测量吸光度，以水做参比。

由所测得吸光度经空白校正后对锰的量绘制标准曲线。

(2)测量样品。悬浮物较多或色度较深的废水样，取 25.00mL 混匀样两份置于 100mL 烧杯中，加入 5mL 硝酸和 1∶1 硫酸 2mL，加热消解直到冒白烟(若试液色深，还可补加硝酸继续消解)，蒸发至近干，取下，稍冷，加少量水，微热溶解，定量移入 50mL 比色管中，用 1∶9 氨水调 pH 值至近中性，其中一份按绘制标准曲线相同的步骤进行显色；另一份用水代替高碘酸钾溶液同样操作作为参比溶液，在 525nm 处测量吸光度。

对清洁的水样可省去消化操作，直接取 25mL 水样置于 50mL 比色管中，按所述步骤直接显色和测量。

(四)计算

$$锰含量(mg/L) = m/V$$

式中:m——由标准曲线查得的锰量,μg;

V——试样体积,mL。

十二、含油量

(一)原理

以硫酸酸化水样,用石油醚萃取矿物油,蒸除石油醚后,称其质量。

(二)试剂

(1)石油醚:将石油醚(沸程 30 ~ 60℃)重蒸馏后使用。100mL 石油醚的蒸发残渣应≤0.2mg。

(2)无水硫酸钠:在 300℃马弗炉中烘 1h,冷却后装瓶备用。

(3)1:1 硫酸。

(4)氯化钠。

(三)测定步骤

(1)在取样瓶上作一容量记号后,将所收集的约 1L 已经酸化(pH <2)的水样,全部转移至分液漏斗中,加入氯化钠,其量约为水样的 8%。用 25mL 石油醚洗涤取样瓶并转入分液漏斗中,充分振摇 3min,静置分层并将水层放入原采样瓶内,石油醚层转入 100mL 锥形瓶中。用石油醚重复萃取水样两次,每次用量 25mL,合并三次萃取液于锥形瓶中。

(2)向石油醚萃取液中加入适量无水硫酸钠,加入至不再结块为止,加盖后,放置 0.5h 以上,以便脱水。

(3)用预先以石油醚洗涤过的定性滤纸纸过滤,收集滤液于 100mL 已烘干至恒重的烧杯中,用少量石油醚洗涤锥形瓶,硫酸钠和滤纸,洗液并入烧杯中。

(4)将烧杯置于(65 ±5)℃水浴上,蒸出石油醚。近干后再置于(65 ±5)℃恒温箱内烘干 1h,然后放入干燥器中冷却 30min,称量。

(四)计算

$$油含量(mg/L) = (m_1 - m_2) \times 10^6/V$$

式中:m_1——烧杯加油总质量,g;

m_2——烧杯质量,g;

V——水样体积,mL。

十三、氯化物

(一)原理

在中性或弱碱性溶液中,以铬酸钾为指示剂,用硝酸银滴定氯化物时,由于氯化银的溶解度小于铬酸银的溶解度,氯离子首先被完全沉淀后,铬酸根才以铬酸银形式沉淀出来,产生砖红色,指示氯离子滴定的终点。沉淀滴定反应如下:

$$Ag^+ + Cl^- \longrightarrow AgCl\downarrow$$

$$2Ag^+ + CrO_4^{2-} \longrightarrow Ag_2CrO_4\downarrow$$

铬酸根离子的浓度与沉淀形成的迟早有关,必须加入足量的指示剂。且由于稍过量的硝酸银与铬酸钾形成的铬酸银沉淀的终点较难判断,所以需要以蒸馏水做空白滴定,以做对照判断。

(二)试剂

(1)氯化钠标准溶液[c(NaCl = 0.0141mol/L)]:将氯化钠置于坩埚内,在500~600℃加热40~50min。冷却后称取8.2400g溶于蒸馏水,置于1000mL容量瓶中,用水稀释至标线。吸取10.0mL,用水定容至100mL,此溶液含0.500mg/mL氯化物(Cl^-)。

(2)硝酸银标准溶液[$c(AgNO_3)$ = 0.0141mol/L]:称取2.395g硝酸银,溶于蒸馏水并稀释至1000mL,储存于棕色瓶中。用氯化钠标准溶液标定其准确浓度,步骤如下:

吸取25.00mL氯化钠标准溶液置于250mL锥形瓶中,加水25mL。另取一锥形瓶,吸取50mL水做空白。各加入1mL铬酸钾指示液,在不断摇动下用硝酸银标准溶液滴定,至砖红色沉淀刚刚出现。

(3)铬酸钾指示液:称取5g铬酸钾溶于少量水中,滴加上述硝酸银至有红色沉淀生成,摇匀。静置12h,然后过滤并用水将滤液稀释至100mL。

(4)酚酞指示液:称取0.5g酚酞,溶于50mL 95%乙醇中,加入50mL水,再滴加0.05mol/L氢氧化钠溶液使溶液呈微红色。

(5)硫酸溶液($\frac{1}{2}H_2SO_4$):0.05mol/L。

(6)0.2%(*m/V*)氢氧化钠溶液:称取0.2g氢氧化钠,溶于水中并稀释至100mL。

(7)氢氧化铝悬浮液:溶解125g硫酸铝钾[$KAl(SO_4)_2 \cdot 12H_2O$]或硫酸铝铵[$NH_4Al(SO_4)_2 \cdot 12H_2O$]于1L蒸馏水中,加热至60℃,然后边搅拌边缓慢加入55mL氨水。放置约1h后,移至一个大瓶中,用倾斜法反复洗涤沉淀物,直到洗液不含氯离子为止。加水至悬浮液约1L。

(8)30%过氧化氢。

(9)高锰酸钾。

(10)95%乙醇。

(三)测定步骤

(1)样品预处理。若无以下各种干扰,此预处理步骤可以省去。如水样带有颜色,则取150mL水样,置于250mL锥形瓶内,或取适当的水样稀释至150mL。加入2mL氢氧化铝悬浮液,振荡过滤,弃去最初滤出的20mL。如果水样有机物含量高或色度大,用上法不能消除其影响时,可采用蒸干后灰化法处理,取适量水样于坩埚内,调节pH值为8~9,在水浴上蒸干,置于马弗炉中在600℃灼烧1h,取出冷却后,加10mL水使溶解,移入250mL锥形瓶,调节pH值为7左右,稀释至50mL。如果水样中含有硫化物、亚硫酸盐或硫代硫酸盐,则加氢氧化钠溶液将水调节至中性或弱碱性,加入1mL 30%过氧化氢,摇匀。1min后,加热至70~80℃,以除去过量的过氧化氢。如果水样的高锰酸钾指数超过15mg/L,可加入少量高锰酸钾晶体,煮沸。加入数滴乙醇以除去多余的高锰酸钾,再进行过滤。

(2)样品测定

取50mL水样或经过处理的水样(若氯化物含量高,可取适量水样用水稀释至50mL),置于锥形瓶中,另取一锥形瓶加入50mL水做空白滴定。

如水样的pH值为6.5~10.5,可直接滴定,超出此范围的水样应以酚酞作指示剂,用0.05mol/L硫酸溶液调节至pH值为8.0左右。

加入1mL铬酸钾溶液,用硝酸银标准溶液滴定至砖红色沉淀刚刚出现即为终点,同时做空白滴定。

(四)计算

$$氯化物含量(Cl^-,mg/L)=(V_2-V_1)\times c\times 35.45\times 1000/V$$

式中:V_1——蒸馏水消耗硝酸银标准溶液的体积,mL;

V_2——水样消耗硝酸银标准溶液的体积,mL;

c——硝酸银标准溶液的浓度,mol/L;

V——水样体积,mL;

35.45——1mol氯离子(Cl^-)质量,g/mol。

(五)注意事项

(1)本法滴定不能在酸性溶液中进行。

(2)铬酸钾溶液的浓度影响终点到达的快慢,在50~100mL滴定液中加入5%(m/V)铬酸钾溶液1mL。在滴定终点时,硝酸银加入量略过终点,误差不超过0.1%,可用空白滴定消除。

十四、亚硫酸盐

(一)原理

在酸性溶液中,碘酸钾和碘化钾作用后析出的游离碘,将水中的亚硫酸盐氧化成为硫酸盐,过量的碘与淀粉作用呈现蓝色即为终点。此法适用于亚硫酸盐含量大于1mg/L的水样。

(二)试剂及配制

(1)碘酸钾—碘化钾标准溶液(1mL含1mg亚硫酸根):依次精确称取优级纯碘酸钾(KIO_3)0.8918g、碘化钾7g、重碳酸钠0.5g,用蒸馏水溶解后移入1000mL容量瓶中,并稀释至刻度。

(2)1%淀粉指示剂。

(3)1:1盐酸溶液。

(三)测定方法

(1)取100mL水样注于锥形瓶中,加1mL淀粉指示剂和1mL盐酸(1:1)。

(2)摇匀后,用碘酸钾—碘化钾标准溶液滴定至微蓝色,即为终点。记录消耗碘酸钾—碘化钾标准溶液的体积(V_1)。

(3)在测定水样的同时,进行空白试验,做空白试验时记录消耗碘酸钾—碘化钾标准溶液的体积(V_2)。水样中亚硫酸盐含量按下式计算:

$$亚硫酸盐含量(SO_3^{2-},mg/L)=(V_1-V_2)\times 1\times 1000/V$$

式中：V_1——水样消耗碘酸钾—碘化钾标准溶液的体积，mL；

V_2——空白消耗碘酸钾—碘化钾标准溶液的体积，mL；

1——1mL 碘酸钾—碘化钾标准溶液相当亚硫酸盐的质量，mg/mL；

V——水样的体积，mL。

十五、锌

（一）原理

在 pH 值为 8.5～9.5 的溶液中，锌试剂与锌离子生成蓝色配合物，在波长 620nm 处用分光光度法测定其吸光度。

（二）试剂和溶液

所用试剂和水，在没有注明其他要求时，均指分析纯试剂和蒸馏水或相应纯度的水。

（1）氢氧化钠：$c(NaOH)=1mol/L$。

（2）盐酸：1∶1 溶液。

（3）硫酸：$c(\frac{1}{2}H_2SO_4)=0.5mol/L$。

（4）甲基橙：0.02% 水溶液。

（5）高硫酸铵：0.4% 溶液，用前配制。

（6）0.2% 锌试剂溶液：0.2g 锌试剂溶于 2mL 1mol/L 氢氧化钠溶液中，用水稀释为 100mL。储存于棕色瓶中可稳定 2～3 天。溶液正常颜色为红色，若变为紫色，则已失效。

亦可按下列手续配制 0.08% 锌试剂乙醇溶液：称 0.2g 锌试剂溶于 250mL 无水乙醇中放置过夜，使其全部溶解，贮于棕色瓶中，可稳定 1 个月。若溶液由红变黄，则已失效。

（7）硼酸—氯化钾—氢氧化钠缓冲溶液：pH 值为 8.8～9.0。

（8）锌标准溶液：0.1mg/mL。

（9）0.01mg/mL 锌标准溶液：吸取 10mL 0.1mg/mL 锌标准溶液放于 100mL 容量瓶中，用水稀释至刻度，混匀，临用时配置。

（三）绘制校准曲线

准确吸取 0、1mL、2mL、3mL、4mL 及 5mL 锌标准溶液（0.01mg/mL）放于 6 只 50mL 容量瓶中，加入约 30mL 水。向 6 只容量瓶中分别加入 10.0mL 硼酸—氯化钾—氢氧化钠缓冲溶液和 2.00mL 锌试剂溶液（或 5.00mL 锌试剂乙醇溶液），用水稀释至刻度，摇匀，放置 10min，于 620nm 处，用 2cm 吸收池，以试剂空白为参比，测定其吸光度。以吸光度为纵坐标，锌含量（mg）为横坐标，绘制校准曲线。

（四）测定步骤

1. 含有机膦酸盐的样品的测定步骤

取 10.00mL 试样（视试样中锌量可适当增减取样量），放于 100mL 烧杯中，加入 0.5mL硫酸溶液及 1mL 高硫酸铵溶液，加水至溶液总体积为 30mL 在电炉上煮沸 5min，取下，冷却至室温。加入 1 滴甲基橙溶液用氢氧化钠溶液调至溶液呈黄色。然后加入 10.0mL硼酸—氯化钾—氢氧化钠缓冲溶液，2.00mL 锌试剂溶液（或 5.00mL 锌试剂乙醇溶液）。将溶液移入50mL容量瓶中，用水洗涤烧杯，洗水并入容量瓶内，用水稀释至刻度，摇匀，放置10min，上述操作的同时做空白试验，除不加试样外，其他操作均与上述操作同时进行。于620nm处，用2cm比色皿，以空白试验为参比，测定其吸光度，从校准曲线上查出相应的锌的量（mg）。

2. 不含有机膦酸盐的样品的测定步骤

准确吸取10mL试样，放于50mL容量瓶中，加入30mL水，以下操作按照（三）从“加入10.0mL硼酸—氯化钾—氢氧化钠缓冲溶液”开始，进行操作。同时做空白试验，以试剂空白为参比于波长620nm处，测定其吸光度。

备注：测定水样中总锌时，先用0.5mL(1∶1)盐酸溶解沉淀，再用1mol/L氢氧化钠溶液调节pH值至甲基橙指示剂呈黄色；只测试样溶解锌离子时，试样要用慢速滤纸过滤。

（五）结果的表示和计算

试样中锌离子含量以mg/L表示，按下式计算：

$$锌离子含量(Zn^{2+},mg/L)=\frac{a}{V}\times 1000$$

式中：a——从校准曲线上查出的锌的量，mg；

V——试样的体积，mL。

十六、硅

（一）原理

水样中的非活性硅经氢氟酸转化为活性硅，过量的氢氟酸用硼酸掩蔽后，在水样温度为(27±5)℃下，与钼酸铵作用生成硅钼黄，用还原剂硅钼黄还原成硅钼蓝进行测定，测定值为全硅含量。

（二）试剂

（1）二氧化硅标准溶液。

①贮备溶液：1mL含0.1mg SiO_2。

②工作溶液Ⅰ：1mL含10μg SiO_2。将贮备液用蒸馏水稀释10倍即可。

③工作溶液Ⅱ：1mL含1μg SiO_2。将贮备液用蒸馏水稀释100倍即可。

（2）氢氟酸溶液：1∶84。

（3）4%硼酸溶液。

（4）盐酸：1∶1。

（5）10%草酸溶液，或10%酒石酸溶液。

（6）10%钼酸铵溶液。

（7）1-氨基-2萘酚-4磺酸还原剂。

（三）测定步骤

1. 0～100μg/L SiO_2标准溶液的工作曲线

按表3-1-6的规定，取二氧化硅工作液Ⅱ（1mL含1μg SiO_2）注入聚乙烯瓶中，并用滴定管加蒸馏水使其体积50.0mL。控制温度在(27±5)℃。

表3-1-6 含0~100μg/L SiO_2 标准溶液的配制

工作溶液体积/mL	0.00	1.00	2.00	3.00	4.00	5.00
加试剂水体积/mL	50.0	49.0	48.0	47.0	46.0	45.0
SiO_2 浓度/μg·L^{-1}	0	20	40	60	80	100

注 "0"为试剂空白试验。

(1)分别加4%硼酸2mL,混匀,用有机玻璃移液管准确加入氢氟酸溶液(1:84)0.5mL,混匀,放置5min。

(2)分别加盐酸(1:1)1mL,混匀,加10%钼酸铵溶液2mL,混匀放置5min。

(3)分别加10%草酸(或10%酒石酸)2mL,混匀放置1mL。

(4)分别加1-氨基-2萘酚-4磺酸还原剂2mL,混匀,放置8min。

(5)以蒸馏水作参比,在波长为615nm处,用100mm比色皿测其吸光度值。

(6)将测得的吸光度值与相应的硅含量进行回归处理,得出回归方程后绘制回归曲线,即为工作曲线。

2.0~500μg/L SiO_2 标准溶液的工作曲线

按表3-1-7的规定,取二氧化硅工作溶液Ⅰ(1mL含10μg SiO_2)注入聚乙烯瓶中并用滴定管添加蒸馏水,使其体积为50.0mL。控制温度在(27±5)℃。

表3-1-7 含0~500μg/L SiO_2 标准溶液的配制

工作溶液体积/mL	0.00	0.5	1.00	1.50	2.00	2.50
加试剂水体积/mL	50.0	49.5	49.0	48.5	47.0	45.5
SiO_2 浓度/μg·L^{-1}	0	100	200	300	400	500

注 "0"为试剂空白试验。

(1)按1.(1)~1.(4)操作步骤进行测定。

(2)以试剂水作参比,在波长为615nm处,用50mm比色皿测其吸光度值。

(3)将测得的吸光度值与相应的硅含量进行回归处理,得出回归方程后绘制回归曲线,即工作曲线。

3. 水样测定

准确量取50.0mL水样,注入聚乙烯瓶中,加盐酸(1:1)1mL,用有机玻璃移液管准确加入氢氟酸溶液(1:84)0.5mL混匀,盖紧瓶盖,置于沸腾的水浴中加热15min。

(1)趁热加4%硼酸溶液2mL,待水样冷至(27±5)℃时(用空白试验作对比),加10%钼酸铵2mL,混匀后放置5min。以下按1.(1)~1.(4)的操作步骤进行测定。

(2)以蒸馏水作参比,在波长为615nm处,选择适当的比色皿(50mm或100mm)测其吸光度值。

(3)根据水样的吸光度值,查工作曲线或用回归方程计算水样中硅含量。

(四)计算

$$硅含量(\mu g/L) = \frac{50 \times c}{V}$$

式中:c——从标准工作曲线上查得的 SiO_2 含量,μg/L;

V——所取水样体积,mL;

50——量取的水样体积,mL。

十七、铝

(一)原理

水样中各种状态的铝经酸化处理后,可转变成可溶性铝。可溶性铝与试铁灵(7-碘-8-羟基喹啉-5-磺酸)反应,可生成稳定的黄色络合物。测定该络合物在波长为 370nm 处的吸光度,对水中全铝含量进行定量。

水样中的铁对测定有干扰。1mg/L 铁将使铝测量值约增加 0.01mg/L,所以当铁含量大于 100mg/L 时应相应扣除铁在 370 处的吸光值。高铁用盐酸经胺还原成亚铁后,与邻菲啰啉反应生成稳定络合物。从水样在波长为 370nm 处的吸光度中扣除水样中铁在 370nm 波长处的吸光度,即得到水样中的铝在该波长下的吸光度。此吸光度可用来对样品的铝含量进行定量。

(二)试剂

1. 铝标准溶液

(1)铝贮备液(铝含量为 1mg/mL):准确称取硫酸钾铝[$KAl(SO_4)_2 \cdot 12H_2O$]17.69g,用蒸馏水溶解,加入 10mL 浓盐酸,转入 1L 容量瓶中,用蒸馏水稀释至刻度。

(2)铝工作液Ⅰ(铝含量为 10μg/mL):取铝贮备液 10mL 注于 1L 容量瓶中,用蒸馏水稀释至刻度。

(3)铝工作液Ⅱ(铝含量为 1μg/mL):取铝工作液Ⅰ100mL 注于 1L 容量瓶中,用蒸馏水稀释至刻度。

2. 试铁灵——邻菲啰啉溶液

称取 0.5g 试铁灵及 1.0g 邻菲啰琳于 1L 蒸馏水中,搅拌,使其尽量溶解。静置至少 2h,取其上层清液贮于棕色瓶中,避光保存。

3. 盐酸羟胺——硫酸铍溶液

称取 100g 盐酸羟胺溶于蒸馏水中,加入 40mL 浓盐酸,再加入 1g 硫酸铍,待溶解后稀释至 1L,摇匀,贮于棕色瓶中。硫酸铍有毒,操作时要注意安全。

4. 乙酸钠溶液

称取 275g 乙酸钠溶于少量蒸馏水中,并稀释至 1L。

5. 铁标准溶液

铁工作液(铁含量为 10μg/mL)。准确称取 0.7022g 硫酸亚铁铵[$FeSO_4(NH_4)_2SO_4 \cdot 6H_2O$]溶于 50mL 蒸馏水中,加入 20mL 浓硫酸,转入 1L 容量瓶中,并用蒸馏水稀释至刻度,准确量取 100mL 此铁工作液于 1L 容量瓶中,并用蒸馏水稀释至 1L。

(三)测定步骤

1. 铝工作曲线的绘制

(1)按表 3-1-8 取铝工作液Ⅰ注于 100mL 容量瓶中,并用蒸馏水稀释至刻度。

表3-1-8 铝标准溶液的配制(0~50μg/L)

编 号	1	2	3	4	5
铝工作溶液Ⅱ加入量(铝含量为1μg/mL)	0	2.0	3.0	4.0	5.0
相当于水样中含铝量/$\mu g \cdot L^{-1}$	0	20	30	40	50

(2)按表3-1-9取铝工作液Ⅰ注于100mL容量瓶中,并用蒸馏水稀释至刻度。

表3-1-9 铝标准溶液的配制(100~500μg/L)

编 号	1	2	3	4	5	6
铝工作溶液Ⅰ加入量(铝含量为10μg/mL)	0	1.0	2.0	3.0	4.0	5.0
相当于水样中含铝量/$\mu g \cdot L^{-1}$	0	100	200	300	400	500

(3)按照不同测定范围,用移液管从表3-1-9、表3-1-10的铝标准溶液系列中各量取50mL注于烧杯中,按(四).(4)~(四).(7)节所述方法发色,并在波长370nm处测吸光度。

(4)将测得吸光度值与相应的铝含量进行回归处理,得到回归方程,然后绘制回归曲线,即铝工作曲线。

2. 铁工作曲线的绘制

(1)按表3-1-10取铁工作液注于100mL容量瓶中,并用蒸馏水稀释至刻度。

表3-1-10 铁标准溶液的配制(100~500μg/L)

编 号	1	2	3	4	5	6
铁工作溶液加入量(铁含量为10μg/mL)	0	1.0	1.5	2.0	2.5	3.0
相当于水样中含铁量/$\mu g \cdot L^{-1}$	0	100	150	200	250	300

(2)按照不同测定范围用移液管从表3-1-11的铁标准溶液的系列中各量取50mL注于烧杯中,按(四).(4)~(四).(7)节所述方法发色,并分别在波长为370nm及520nm处测定吸光度,将测得的吸光度值与相应的铁含量进行回归处理,得到回归方程,然后绘制回归曲线,即工作曲线。

(四)水样的测定

(1)取样瓶用5%盐酸清洗,再用蒸馏水洗净后,往取样瓶中加入浓盐酸(每500mL水样中加浓盐酸2mL)直接取样。取样完毕,应立即将水样摇匀。

(2)准确量取100mL水样于烧杯中,加5mL浓盐酸,在水浴锅上蒸发至5~10mL浓硝酸,继续在水浴上蒸发至干,但不可高温烘烤残渣。

(3)将烧杯移出水浴,用2mL盐酸(1:99)湿润残渣,加入少量蒸馏水使残渣全部溶解,转入100mL容量瓶中,将烧杯洗涤数次,并将洗涤水一起转入容量瓶中,最后用蒸馏水稀释至刻度。

(4)用移液管吸取50mL上述溶液于100mL锥形瓶中,加入4mL盐酸羟胺溶液,静置30min,使三价铁离子完全还原。

(5)用移液管加入10mL试铁灵——邻菲啰啉溶液,混合均匀。

(6)加入4mL乙酸钠溶液,静置10min,但不可超过30min。

(7)将上述溶液在分光光度计上在波长为370nm及520nm处,用100mm的比色皿,以1#标准溶液为参比,测定吸光度值B及C。

(8)根据在波长为520nm处测得的吸光度C在铁工作曲线上查出该读数下相应的铁含量。再从铁在370mn波长处的工作曲线上查出该含量的铁在370nm处的吸光度值D。

(五)计算

水样中铝含量的吸光度按下式计算:

$$A = B - D$$

根据上式的吸光度从铝的工作曲线上查出该值对应的铝含量。

十八、硫酸盐

(一)原理

在强酸性溶液中,氯化钡与硫酸根离子定量地产生硫酸钡沉淀,经过滤洗涤、灼烧称重后,可求出硫酸根离子的含量。

(二)试剂

(1)盐酸溶液:1∶9。

(2)硝酸。

(3)甲基红溶液:称取0.1g甲基红,溶于100mL 60%乙醇溶液中。

(4)5%氯化钡溶液:称取5g氯化钡($BaCl_2 \cdot 2H_2O$),溶于蒸馏水中,并稀释至100mL。

(5)1.0%硝酸银溶液:称取4.25g硝酸银,加0.25mL浓硝酸,再加250mL蒸馏水。

(三)分析步骤

(1)准确量取200~500mL经中速滤纸过滤后的水样(含硫酸根离子约10~40mg)于烧杯内,加入几滴甲基红指示剂,滴加盐酸(1∶9)使水样溶液变红后,再过量10mL,在电炉上加热浓缩至100mL左右。

(2)加热溶液至近沸,在不断搅拌下,徐徐滴加10mL热的氯化钡溶液,一直滴至溶液上部澄清液不再出现白色混浊,说明硫酸盐已沉淀完全,再多加2mL氯化钡溶液,然后将烧杯放在80~90℃水浴中,加热2h。

(3)用定量慢速滤纸过滤,并用热的蒸馏水洗涤烧杯和沉淀,并将沉淀全部转移至滤纸上,一直洗至滤液加一滴硝酸银溶液不产生混浊为止。

(4)将滤纸连同沉淀放在预先已恒重的坩埚内,在电炉上灰化,然后移入高温炉内,在800℃灼烧1h后,将坩埚放入干燥器内冷至室温,再称其质量。如此反复操作,直至恒重。

(四)计算

$$\text{硫酸根离子的含量(mg/L)} = \frac{411.6 \times W}{V}$$

式中:W ——硫酸钡质量,mg;

V ——水样的体积，mL；

411.6——硫酸钡与硫酸根离子的换算因数乘以1000。

十九、铜

（一）原理

将水样中的铜溶解为离子态，在pH值为3.5～4.8的条件下与锌试剂（$C_{20}H_{16}O_6N_4SNa$）反应形成蓝色络合物，然后在600nm波长下测定其吸光度。

在pH值为3.5～4.8范围内，镍和锌的干扰可忽略，此外水样中可能存在的联氨、三价铬、三价铁、铝、钙、镁、硅酸盐等对测定无干扰，二价铁共存时引起的干扰可加酒石酸消除。

（二）试剂

1. 锌试剂溶液

准确称取0.075g锌试剂，加50mL甲醇（或乙醇）温热（50℃以下），完全溶解后用蒸馏水稀释至100mL，注入棕色瓶内。此溶液应贮存于冰箱中。

2. 50%乙酸铵溶液

称500g乙酸铵溶于蒸馏水中，移入1L容量瓶稀释至刻度。乙酸铵溶液的除铜方法如下：将100mL乙酸铵溶液注入分液漏斗，加20mL锌试剂—异戊醇溶液（2mL锌试剂溶液溶于100mL异戊醇），充分摇动静置5min，分离，弃去带色的醇层。

3. 1mol/L酒石酸溶液

称15g酒石酸溶于蒸馏水中，移入100mL容量瓶稀释至刻度。

4. 铜标准溶液

（1）铜贮备溶液（1mL含0.1mg铜）。称0.1000g金属铜（含铜99.9%以上）于20mL硝酸（1∶2）和5mL硫酸（1∶2）中，缓慢加热溶解，继续加热蒸发至干涸，冷却后加蒸馏水溶解，移入1L容量瓶中，用蒸馏水稀释至刻度。

（2）铜工作溶液：（铜含量为1μg/mL）。吸取铜贮备溶液10mL注入1L容量瓶稀释至刻度。

5. 浓盐酸

（三）测定步骤

1. 绘制工作曲线

按表3－1－11取铜工作溶液注入一组100mL容量瓶中（也可根据水样中铜的含量制作更小范围的工作曲线），各加浓盐酸8mL，加蒸馏水使体积成为约50mL，摇匀。依次各加50%乙酸铵溶液25mL和1mol/L酒石酸溶液2mL，并准确加入锌试剂溶液0.2mL发色，用蒸馏水稀释至刻度，用100mm长比色皿，在波长600nm下测定吸光度，绘制铜含量与吸光度关系曲线。

表3－1－11　铜标准色阶溶液的配制

编　　号	0	1	2	3	4	5
铜工作溶液体积/mL	0	1.00	2.00	3.00	4.00	5.00
铜含量/μg	0	1.00	2.00	3.00	4.00	5.00

2. 水样的测定

(1)将取样瓶用温热浓盐酸洗涤,再用蒸馏水充分洗净,然后向取样瓶内加入浓盐酸(每500mL 水样加浓盐酸 2mL),直接采取水样,取样后将水样摇匀。

(2)取 200mL 水样(铜含量在 50μg/L 以上时,适当减少取样量,用蒸馏水稀释至约200mL),注入 300mL 锥形瓶中,加 8mL 浓盐酸,小心煮沸浓缩至 20~40mL。

(3)冷却后全部移入 100mL 容量瓶中,加 25mL 乙酸铵溶液和 2mL 酒石酸溶液,pH 值调至3.5~4.8。

(4)准确加入 0.2mL 锌试剂溶液发色,用蒸馏水稀释至刻度。以蒸馏水进行相同操作作参比,用 100mm 长比色皿,在 600nm 波长下测定吸光度,从工作曲线上查得铜含量 a(μg)。

注 每次配制锌试剂溶液后,均应重新绘制工作曲线。

(四)计算

$$铜含量(\mu g/L) = \frac{a}{V} \times 1000$$

式中:V——取水样的体积,mL。

第二节 印染废水分析

一、色度

色度是指废水所呈现的颜色深浅程度。

1. 直接目视法

取 100~150mL 澄清水样(混浊水样可先过滤)于 200mL 烧杯中,在白色背景上与同体积蒸馏水比较,用无色、微绿、绿、微黄、浅黄、黄棕、红等词描述。

2. 稀释倍数法

取一定量澄清水样,经稀释后放至 50mL 或 100mL 的比色管中,在白色背景上与同高度蒸馏水比较。当察觉不出明显颜色时的稀释倍数,即为水样色度。

二、混浊度

混浊度表示水中悬浮物及胶体物对光线透过时发生的阻碍程度。统一标准以 1L 蒸馏水中含 1mg 二氧化硅(以漂白土标准)为一个混浊度单位。

1. 二氧化硅混浊度标准溶液配制

取上等白色的漂白土在 105℃烘 2~3h,使之完全干燥,冷却后用 200# 筛子筛过。称取 3g 漂白土置于 1L 蒸馏水中,充分振荡后,静置 24h。倾出适量上层液,用称重法校正,并调节后使混浊度为 200mg/L。根据需要配制成 30mg/L、40mg/L、50mg/L、60mg/L、70mg/L、80mg/L、90mg/L、100mg/L。每瓶中可加入 1g 氯化汞,以防菌类生长。

2. 测定方法

取振荡均匀的水样 1L,放入与盛有二氧化硅混浊度标准比浊液相同大小的玻璃管内,并将二氧化硅混浊度标准比浊液充分振荡均匀。在光线明亮的地方,在瓶后放一页白纸,眼睛从瓶前看去，与水样有同样混浊度的标准液的度数，即为水样的混浊度。

高混浊度的水样，可经稀释后再测定。

三、总固体

水中的总固体是水样在一定温度下蒸发至干时所余留的固体总量，是溶解性固体与悬浮性固体的总和，包括有机物、无机物及各种生物体。

测定方法：

(1)将蒸发皿洗净，在105～110℃烘30min，在干燥器内冷却30min称重，再烘称至恒重。

(2)吸取水样100mL，置于蒸发皿内，将蒸发皿置于水浴上蒸发至干，在105～110℃烘箱内烘1h，取出置于干燥器内冷却30min，称重。并烘至恒重为止。

$$总固体(mg/L) = (W_2 - W_1) \times 1000 \times 1000/V$$

式中：W_2——蒸发皿和总固体质量，g；

W_1——蒸发皿质量，g；

V——水样体积，mL。

四、溶解性固体

取水样，用细密的滤纸过滤。吸取滤过水样50mL，于蒸发皿内，按测定总固体的方法进行操作，记录结果。

$$溶解性固体(mg/L) = (W_2 - W_1) \times 1000 \times 1000/V$$

式中：W_2——蒸发皿和溶解性固体质量，g；

W_1——蒸发皿质量，g；

V——水样体积，mL。

五、悬浮性固体

悬浮性固体指水中不能通过滤纸的固体物。

$$悬浮性固体(mg/L) = 总固体(mg/L) - 溶解性固体(mg/L)$$

六、pH 值

印染废水的pH值一般采用pH电位计测定。但碱性废水pH值 >9.5时，产生钠差，读数有偏差。水样中如有油脂类物质，会降低测定灵敏度，电极要彻底洗清。

七、化学需氧量(COD_{Cr})

(一)原理

水样中有复杂的有机物质，一般采用一定量的重铬酸钾在强酸性溶液中，将还原物质(有机的和无机的)氧化，过量的重铬酸钾以试亚铁灵作指示剂，用硫酸亚铁回滴，由消耗的重铬酸钾量计算水样中有机物质被氧化时所耗用的氧。

水样中含有直链烃时,可加催化剂硫酸银使之氧化。水样中氯化物高于 30mg/L 时,对测定有干扰,需加硫酸汞消除。

(二)试剂

(1)试亚铁灵指示剂:称取 1.485g 邻菲啰啉($C_{12}H_8N_2 \cdot H_2O$)和 0.695g 硫酸亚铁($FeSO_4 \cdot 7H_2O$)溶于蒸馏水中,并稀释至 100mL。

(2)0.25mol/L 重铬酸钾($\frac{1}{6}K_2Cr_2O_7$)标准溶液配制:称取在 103℃烘至恒重分析纯的重铬酸钾 12.2579g,溶于水中,并稀释至 1000mL。

(3)0.1mol/L 硫酸亚铁铵[$(NH_4)_2Fe(SO_4)_2$]标准溶液配制及标定。

①配制:称取 39g 分析纯硫酸亚铁铵[$(NH_4)_2Fe(SO_4)_2 \cdot 6H_2O$]溶于蒸馏水中,加 8mL 浓硫酸,冷却并稀释至 1000mL,使用时标定。

②标定:吸取 5mL 重铬酸钾标准溶液于 250mL 锥形瓶中,用蒸馏水稀释至 100mL,加 8mL 浓硫酸,冷却后加 2～3 滴试亚铁灵指示剂,用硫酸亚铁铵溶液滴定至溶液色泽由蓝绿色刚变成红蓝色。

$$c = V_0 \times c_0 / V$$

式中:c——硫酸亚铁铵[$(NH_4)_2Fe(SO_4)_2$]标准溶液浓度,mol/L;

V——滴定消耗硫酸亚铁铵[$(NH_4)_2Fe(SO_4)_2$]标准溶液的体积,mL;

V_0——吸取重铬酸钾($\frac{1}{6}K_2Cr_2O_7$)标准溶液的体积,mL;

c_0——重铬酸钾($\frac{1}{6}K_2Cr_2O_7$)标准溶液的浓度,mol/L。

(三)测定步骤

吸取水样 20mL,置于可装回流冷凝管的圆底烧瓶中,加入 10mL 重铬酸钾标准溶液,缓慢加入 30mL 浓硫酸,加 0.4g 硫酸银和几颗玻璃珠(如水样中含有较多氯化物,则先加 0.4 克硫酸汞,2mL 浓硫酸,待硫酸汞溶解后再加其他试剂)。接上回流冷凝管,煮沸 2h,冷却将溶液倒入 250mL 锥形瓶中,用蒸馏水洗涤烧瓶冷凝管 4～5 次,洗液并入锥形瓶中。将溶液稀释至 150mL,冷却后加 2～3 滴试亚铁灵指示剂,用硫酸亚铁铵标准溶液滴至溶液由蓝绿色变为红蓝色。同时用蒸馏水进行空白试验。

$$化学需氧量(mg/L) = (V_0 - V_1) \times c \times 8 \times 1000 / V_2$$

式中:c——硫酸亚铁铵标准溶液的浓度,mol/L;

V_0——空白消耗的硫酸亚铁的体积,mL;

V_1——水样消耗的硫酸亚铁铵标准的体积,mL;

V_2——水样体积,mL;

8——1mol 氧($\frac{1}{2}O$)的质量,g/mol。

八、生物化学需氧量(BOD_5)

水样培养前的溶解氧和在(20±1)℃条件下培养 5 天后的溶解氧,两者的差,称为生物化学需氧量。

(一)试液配制

(1)硫酸镁溶液:称取2.25g分析纯硫酸镁($MgSO_4 \cdot 7H_2O$)溶于蒸馏水中,稀释至100mL。

(2)三氯化铁溶液:称取0.025g化学纯三氯化铁($FeCl_3 \cdot 6H_2O$)溶于蒸馏水中,稀释至100mL。

(3)氯化钙溶液:称取2.75g化学纯无水氯化钙($CaCl_2$)溶于蒸馏水中,稀释至100mL。

(4)磷酸盐缓冲溶液:称取0.85g化学纯磷酸二氢钾(KH_2PO_4)、2.175g化学纯磷酸氢二钾(K_2HPO_4)、3.34g化学纯磷酸氢二钠(Na_2HPO_4)和0.17g化学纯氯化钙溶于蒸馏水中,稀释至100mL。

在20个大玻璃瓶中装入蒸馏水,每升蒸馏水加入上述四种试剂各1mL,曝气8~12h,使溶解氧大于8mg/L。加盖静置,使溶解氧稳定后应用。

(二)测定方法

(1)污水稀释倍数应根据培养5天后溶解氧的减少量决定。为减少误差,应控制在培养5天后溶解氧比当天减少40%~70%为宜。

(2)把稀释好的水样及空白试验稀释水,各用虹吸法分别注入测氧瓶中,直到瓶口排除气泡。稀释好的水样及空白试验稀释水各备2瓶,一瓶作当天测定溶解氧量,另一瓶严密封口后作(20±1)℃培养5天后测定溶解氧量(空白试验稀释水需加入稀释好的水样0.5mL接种)。

(3)溶解氧测定方法用碘量法。

$$生物化学需氧量(mg/L)=\frac{(D_1-D_2)-(B_1-B_2)\times f_1}{f_2}$$

式中:D_1——样品在培养前的溶解氧;

D_2——样品在培养后的溶解氧;

B_1——稀释水在培养前的溶解氧;

B_2——稀释水在培养后的溶解氧;

f_1——稀释水在样品中所占的比例;

f_2——水样在样品中所占的比例。

九、硫化物

(一)原理

样品经酸化,硫化物转化为硫化氢,用氮气将硫化氢吹出,转移到盛乙酸锌—乙酸钠溶液的吸收显色管中,与N,N-二甲基对苯二胺和硫酸铁铵反应生成蓝色的络合物亚甲基蓝,在665nm波长处测定。

(二)试剂

(1)去离子除氧水:将蒸馏水通过离子交换柱制得去离子水,通入氮气至饱和(以200~300mL/min的速度通氮气约20min),以去除水中溶解氧,制得的去离子除氧水应立即密封,并存放于玻璃瓶内。

(2)氮气:纯度>99.9%。

(3)浓硫酸。

(4)浓磷酸。

(5)N,N－二甲基对苯二胺(对氨基二甲基苯胺)溶液:称取2g N,N－二甲基对苯二胺盐酸盐[$NH_2C_6H_4N(CH_3)_2 \cdot 2HCl$]溶于200mL水中,缓缓加入200mL浓硫酸,冷却后用水稀释至1000mL,摇匀。此溶液室温下贮存于密闭的棕色瓶内,可稳定3个月。

(6)硫酸铁铵溶液:称取25g硫酸铁铵[$Fe(NH_4)(SO_4)_2 \cdot 12H_2O$]溶于含有5mL浓硫酸的水中,用水稀释至250mL,摇匀。溶液如出现不溶物或混浊,应过滤后使用。

(7)磷酸溶液:1∶1。

(8)抗氧化剂溶液。称取2g抗坏血酸($C_6H_8O_6$),0.1g乙二胺四乙酸二钠(EDTA)和0.5g氢氧化钠溶于100mL水中,摇匀并贮存于棕色瓶中。本溶液应要使用当天配制。

(9)乙酸锌—乙酸钠溶液:称取50g乙酸锌[$Zn(Ac)_2 \cdot 2H_2O$]和12.5g乙酸钠($NaAc \cdot 3H_2O$)溶于1000mL水中,摇匀。

(10)硫酸溶液:1∶5。

(11)氢氧化钠溶液(4g/L):称取4g氢氧化钠溶于1000mL水中,摇匀。

(12)淀粉溶液(1g/100mL):称取1g可溶性淀粉,用少量水调成糊状,慢慢倒入100mL沸水,继续煮至溶液澄清,冷却后贮存于试剂瓶中,临用时现配。

(13)碘标准溶液:$c(\frac{1}{2}I_2)=0.10mol/L$;

(14)硫代硫酸钠标准溶液:$c(Na_2S_2O_3)=0.10mol/L$;

(15)重铬酸钾标准溶液:$c(\frac{1}{6}K_2Cr_2O_7)=0.1000mol/L$;

(16)硫化钠标准溶液:取一定量结晶状硫化钠($Na_2S \cdot 9H_2O$)于布氏漏斗或小烧杯中,用水淋洗除去表面杂质,用干滤纸吸去水分后,称取约0.75g溶于少量水,移入100mL棕色容量瓶,用水稀释至标线,摇匀后标定其准确浓度,每次配制硫化钠标准使用液之前,均应标定硫化钠标准溶液的浓度。

标定:在250mL碘量瓶中,加10mL乙酸锌—乙酸钠溶液,10.00mL待标定的硫化钠标准溶液和20mL碘标准溶液,用水稀释至约60mL,加5mL硫酸溶液,立即密塞摇匀,于暗处放置5min后,用硫代硫酸钠标准溶液滴定至溶液呈淡黄色时,加1mL淀粉溶液继续滴定至蓝色刚好消失为终点。记录硫代硫酸钠标准溶液的用量,同时以10mL水代替硫化钠标准溶液,做空白滴定。

计算:硫化钠标准溶液中硫化物的含量按下式计算:

$$硫化物(mg/mL)=(V_0-V_1)\times c_1\times 16.03/10$$

式中:c_1——硫代硫酸钠标准溶液的浓度,mol/L;

V_1——滴定硫化钠标准溶液消耗硫代硫酸钠标准溶液的体积,mL;

V_0——滴定空白液消耗硫代硫酸钠标准溶液的体积,mL;

16.03——1moL硫化物($\frac{1}{2}S^{2-}$)的质量;g/mol。

硫化钠标准使用液，以新配制的氢氧化钠溶液调节去离子除氧水 pH = 10 ~ 12 后，取约 400mL 水于 500mL 棕色容量瓶内，加 1 ~ 2mL 乙酸锌—乙酸钠溶液，混匀，吸取一定量刚标定过的硫化钠标准溶液，移入上述棕色瓶，注意边振荡边成滴加入，然后加已调 pH = 10 ~ 12 的水稀释至标线，充分摇匀，使之成均匀含硫离子(S^{2-})浓度为 10.00μg/mL 的硫化锌悬浮液。本标准使用液在室温下保存可稳定半年。每次使用后，应在充分摇匀后取用。

(三)仪器和装置

酸化—吹气—吸收装置(图 3 - 1 - 1)。

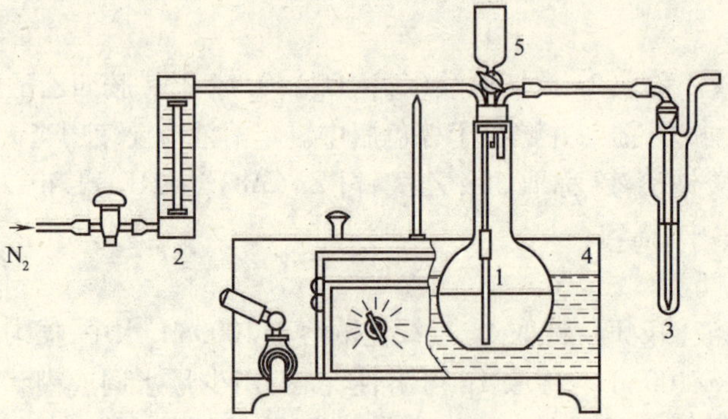

图 3 - 1 - 1 酸化—吹气—吸收装置

1—500mL 平底烧瓶，装废水样用 2—流量计 3—包式吸收管

4—50 ~ 60℃恒温水浴 5—分液漏斗

(四)采样

采样时应先加乙酸锌—乙酸钠溶液，再加水样，通常氢氧化钠溶液的加入量为每升中性水样加 1mL，乙酸锌—乙酸钠溶液的加入量为每升水样加 2mL，硫化物含量较高时应酌情多加直到沉淀完全。水样应充满瓶，瓶塞下不要留空气。

(五)测定步骤

1. 绘制标准曲线

取 9 支 100mL 具塞比色管，各加 20mL 乙酸锌—乙酸钠溶液，分别取 0、0.50mL、1.00mL、2.00mL、3.00mL、4.00mL、5.00mL、6.00mL、7.00mL 硫化钠标准使用液，移入各比色管中，加水至约 60mL，沿比色管壁缓慢加入 10mL *N*,*N* - 二甲基对苯二胺溶液，立即密塞并缓慢倒转一次，加 1mL 硫酸铁铵溶液，立即密塞并充分摇匀，放置 10min 后，用水稀释至标线，摇匀。使用 1cm 比色皿，以水作参比，在波长为 665nm 处测量吸光度，同时做空白试验。

以测定的各标准溶液扣除空白试验的吸光度为纵坐标，对应的标准溶液中的硫离子的含量(μg)为横坐标绘制校准曲线。

2. 样品测定

(1)沉淀分离法。对于无色、透明、不含悬浮物的清洁水样，采用沉淀分离法测定。

取一定体积现场采集并固定的水样于分液漏斗中(样品应确保硫化物沉淀完全，取样时充分摇匀)，静置，待沉淀与溶液分层后将沉淀部分放入 100mL 具塞比色管，加水至约 60mL，以下按绘制标准曲线的方法进行测定。测定的吸光度扣除空白试验的吸光度后，在校准曲线上查出硫化物的含量。

(2)酸化—吹气—吸收法。对于含悬浮物、混浊度较高、有色不透明的水样,采用酸化—吹气—吸收法测定。

按图3-1-1连接酸化—吹气—吸收装置,通氮气检查装置的气密性后,关闭气源。

取20mL乙酸锌—乙酸钠溶液,从侧向玻璃接口处加入吸收显色管。

取一定体积采样现场已固定并混匀的水样,加5mL抗氧化剂溶液,将水样移入反应瓶,加水至总体积约200mL,接通氮气,以200~300mL/min的速度预吹气2~3min后,关闭气源。

缓慢旋开加酸通氮管活塞,接通氮气。以300mL/min的速度连续吹气30min,吹气速度和吹气时间的改变会影响测定结果,必要时可通过测定硫化钠标准使用液的回收率进行检验。

取下吸收显色管,关闭气源,以少量水冲洗吸收显色管各接口,加水至约60mL,由侧向玻璃接口处缓慢加入10mL *N*,*N*-二甲基对苯二胺溶液,立即密塞并将溶液缓慢倒转一次,再从侧向玻璃接口处加入1mL硫酸铁铵溶液,立即密塞并充分振荡,放置10min。

将溶液移入100mL具塞比色管,用水冲洗吸收显色管,冲洗液并入比色管,用水稀释至标线。摇匀,使用1cm比色皿,用水作参比,在波长为665nm处测量吸光度。测得的吸光度值扣除空白试验的吸光度后,在校准曲线上查出硫化物的含量。

(3)空白试验。

以水代替试剂,按如上操作进行空白试验,并加入与测定相同体积的试剂。

(六)计算

硫化物的含量(mg/L)按下式计算:

$$c = m/V$$

式中:m——由校准曲线上查得的试料中含硫化物量,μg;

V——试剂体积,mL。

十、铬

(一)六价铬的测定

1.原理

在酸性溶液中,六价铬与二苯碳酰二肼反应,生成紫红色化合物,其最大吸收波长为540nm,摩尔吸光系数为4×10^4。

2.试剂

(1)丙酮。

(2)硫酸(1:1):将硫酸($\rho=1.84$g/mL)缓缓加入同体积水中,混匀。

(3)磷酸(1:1):将磷酸($\rho=1.69$g/mL)与等体积水混匀。

(4)0.2%(*m/V*)氢氧化钠溶液:称取1g氢氧化钠,溶于500mL新煮沸放冷的水中。

(5)氢氧化锌共沉淀剂。

硫酸锌溶液(甲液):称取8g硫酸锌($ZnSO_4\cdot7H_2O$),溶于水并稀释至100mL;2%(*m/V*)氢氧化钠溶液(乙溶液):称取氢氧化钠2.4g,溶于新煮沸放冷的水至120mL。将甲溶液与乙溶液混合即得。

(6)4%(m/V)高锰酸钾溶液:称取高锰酸钾4g,在加热和搅拌下溶于水,稀释至100mL。

(7)铬标准贮备液:称取0.2829g于120℃干燥2h的重铬酸钾(K_2CrO_7,优级纯),用水溶解后,移入1000mL容量瓶中,用水稀释至标线,摇匀。每毫升溶液含0.100mg六价铬。

(8)铬标准溶液(Ⅰ):吸取5.00mL铬标准贮备液,置于500mL容量瓶中,用水稀释至标线,摇匀。溶液含六价铬0.00100g/L,使用时当天配制。

(9)铬标准溶液(Ⅱ):吸取25mL铬标准贮备液,置于500mL容量瓶中,用水稀释至标线,摇匀。溶液含六价铬0.00500g/L,使用时当天配制。

(10)20%(m/V)尿素溶液:将尿素[$(NH_2)_2CO$]20g溶于水并稀释至100mL。

(11)2%(m/V)亚硝酸钠溶液:将亚硝酸钠2g溶于水并稀释至100mL。

(12)显色剂(Ⅰ):称取0.2g二苯磺酰二肼($C_{13}H_{14}N_4O$),溶于50mL丙酮中,加水稀释至100mL,摇匀。贮于棕色瓶置冰箱中保存。色变深后不能使用。

(13)显色剂(Ⅱ):称取1g二苯碳酰二肼($C_{13}H_{14}N_4O$),溶于50mL丙酮中,加水稀释至100mL,摇匀。贮于棕色瓶置冰箱中保存。色变深后不能使用。

3.测定步骤

(1)样品预处理。

①样品中不含悬浮物,低色度的清洁水可直接测定。

②色度校正。如水样有色但不太深,则另取一份水样,在待测水样中加入各种试液进行同样操作时,以2mL丙酮代替显色剂,最后以此代替水作为参比测定待测水样的吸光度。

③锌盐沉淀分离法。混浊、色度较深的水样可用此法前处理。取适量水样(含六价铬少于0.10mg)置于150mL烧杯中,加水至50mL,滴加0.2%(m/V)氢氧化钠溶液,调节溶液pH值为7~8。在不断搅拌下,滴加氢氧化锌共沉淀剂至溶液pH值为8~9。将此溶液转移至100mL容量瓶中,用水稀释至标线。用慢速滤纸干过滤,弃去10~20mL初滤液,取其中50.0mL滤液供测定。

④二价铁、亚硫酸盐、硫代硫酸盐等还原性物质的消除。取适量水样(含六价铬少于0.05mg)置于50mL比色管中,用水稀释至标线,加入4mL显色剂(Ⅱ),混匀。放置5min后,加入1:1硫酸溶液1mL,摇匀。5~10min后,于540nm波长处,用1cm或3cm比色皿,以水参比,测定吸光度。扣除空白试验吸光度后,从标准曲线上查得六价铬含量。用同法做标准曲线。

⑤次氯酸盐等氧化性物质的消除。取适量水样(含六价铬少于0.050mg)置于50mL比色管中,用水稀释至标线,加入硫酸(1:1)0.5mL、磷酸(1:1)0.5mL、尿素溶液1.0mL,摇匀。逐滴加入1mL亚硝酸钠溶液,边加边摇,以除去过量的亚硝酸钠与尿素反应生成的气泡,待气泡除尽后,以下步骤同样品的测定(不加硫酸溶液和磷酸溶液)。

(2)样品测定。

取适量(含六价铬少于0.050mg)无色透明水样或经预处理的水样,置于50mL比色管中,用水稀释至标线,加入硫酸(1:1)0.5mL和磷酸(1:1)0.5mL,摇匀。加入2mL显色剂(Ⅰ),摇匀。5~10min后,于540nm波长处,用1cm或3cm的比色皿,以水参比,测定吸光度并做空白校正,从标准曲线上查得六价铬含量。

(3)标准曲线的绘制。

向一系列 50mL 比色管中分别加入 0、0.20mL、0.50mL、1.00mL、2.00mL、4.00mL、6.00mL、8.00mL 和 10.00mL 铬标准溶液（Ⅰ）（如用锌盐沉淀分离法预处理，则应加倍吸取），用水稀释至标线。然后按照和水样同样的预处理和测定步骤操作。

从测得的吸光度经空白校正后，绘制吸光度对六价铬含量的标准曲线。

4.计算

$$六价铬的含量(Cr,mg/L) = 1000m/V$$

式中：m——由标准曲线查得的六价铬的质量，mg；

V——水样体积，mL。

5.备注

（1）所有玻璃仪器（包括采样的），不能用重铬酸钾洗液洗涤，可用硝酸—硫酸混合液或洗涤剂洗涤。洗涤后要冲洗干净。玻璃器皿内壁要求光洁，防止铬被吸附。

（2）铬标准溶液有两种浓度，其中 0.00500mg/mL 六价铬的标准溶液适用于高含量水样的测定，测定时使用显色剂（Ⅱ）和 1cm 比色皿。

（3）水样经锌盐沉淀分离预处理以后，仍含有有机物干扰测定时，可用酸性高锰酸钾氧化法破坏有机物后再测定。即取 50.0mL 滤液置于 150mL 锥形瓶中，加入几粒玻璃珠，加入硫酸（1∶1）0.5mL、磷酸（1∶1）0.5mL，摇匀。加入 4%（m/V）高锰酸钾溶液 2 滴，如紫红色消褪，则应添加高锰酸钾溶液保持紫红色。加热煮沸至溶液体积约剩 20mL。取下稍冷，用定量中速滤纸过滤，用水洗涤数次，合并滤液和洗液至 50mL 比色管中。加入 1mL 尿素溶液，摇匀。用滴管滴加亚硝酸钠溶液，每加一滴充分摇匀，至高锰酸钾的紫红色刚好褪去，稍停片刻，待溶液内气泡逸出，转移至 50mL 比色管中，用水稀释至标线，直接加入显色剂后测定。

（二）总铬的测定

1.原理

在酸性溶液中，水样中的三价铬被高锰酸钾氧化成六价铬。六价铬与二苯碳酰二肼反应生成紫红色化合物，于波长 540nm 处进行分光光度测定。

过量的高锰酸钾用亚硝酸钠分解，而过量的亚硝酸钠又被尿素分解。

2.试剂

（1）硝酸。

（2）硫酸。

（3）氯仿。

（4）氢氧化铵溶液（1∶1）：用氨水（ρ = 0.90g/mL）与等体积水混合而成。

（5）5%（m/V）铜铁试剂：称取铜铁试剂［$C_6H_5N(NO)ONH_4$］5g 溶于冰冷水中并稀释至 100mL，临用时新配。

其他试剂参见六价铬测定的试剂。

3.测定步骤

（1）样品的预处理。一般清洁干净水样可直接用高锰酸钾氧化后测定。

①硝酸—硫酸消解。水样中含有大量的有机物需进行此消解处理。

取 50.00mL 或适量水样（含铬少于 50μg），置于 100mL 烧杯中，加入 5mL 硝酸和 3mL 硫酸，蒸发至冒白烟。如溶液仍有色，再加入 5mL 硝酸，重复上述操作，至溶液清澈，冷却。用水稀释至 10mL，用氢氧化铵溶液中和至 pH 值为 1～2，移入 50mL 容量瓶中，用水稀释至标线，摇匀，供测定。

②铜铁试剂—氯仿萃取除去钼、钒、铁、铜。取 50.0mL 或适量水样（铬含量少于 50μg），加水至 50mL，置于 100mL 分液漏斗中，用氢氧化铵溶液调至中性，加入硫酸（1∶1）3mL。

用冰水浴冷却后，加入 5mL 铜铁试剂后振摇 1min，置冰水浴中冷却 2min。每次用 5mL 氯仿共萃取 3 次，弃去氯仿层。

将水层移入锥形瓶中，用少量水洗涤分液漏斗，洗涤水也并入锥形瓶中。加热煮沸，使水层中氯仿挥发后，经消解和氧化处理后测定。

（2）高锰酸钾氧化三价铬。取 50.00mL 或适量（铬含量少于 50μg）水样或经预处理水样（如不到 50.0mL，用水稀释至 50.0mL），置于 150mL 锥形瓶中，用氢氧化铵溶液和硫酸溶液调至中性，加入几粒玻璃珠，加入硫酸（1∶1）0.5mL、磷酸（1∶1）0.5mL，摇匀。加入 4%（m/V）高锰酸钾溶液 2 滴，如紫红色消褪，则应添加高锰酸钾溶液保持紫红色。加热煮沸至溶液体积约剩 20mL。

取下冷却，加入 1mL 尿素溶液，摇匀。用滴管滴加亚硝酸钠溶液，每加 1 滴充分摇匀，至高锰酸钾的紫红色刚好褪去。稍停片刻，待溶液内气泡逸尽，转移至 50mL 比色管中。

（3）测试。取 50.00mL 或适量（含铬量少于 50μg）经氧化处理的样品置于 50mL 比色管中，用水稀释至标线，加入 2mL 显色剂，用 1cm 比色皿，以水参比，测定吸光度并做空白校正，从标准曲线上查得铬的含量。

（4）标准曲线的绘制。向一系列 50mL 比色管中分别加入 0、0.20mL、0.50mL、1.00mL、2.00mL、4.00mL、6.00mL、8.00mL 和 10.00mL 铬标准溶液（Ⅰ），用水稀释至 50mL。然后按照测定水样的同样步骤进行处理，测定。

从测得的吸光度经空白校正后，绘制吸光度对铬含量的校正曲线。

4. 计算

$$总铬的含量(Cr, mg/L) = 1000m/V$$

式中：m——从标准曲线上查得的铬含量，mg；

V——水样体积，mL。

十一、氰化物

（一）方法

1. 硝酸银滴定法

在试银灵指示剂的存在下用硝酸银标准溶液滴定氰化物，可测定浓度超过 1mg/L 的氰化物（0.25mg/250mL 吸收液）。

2. 比色法

在 pH 值小于 8 而不会水解成氰酸盐的条件下，使之与氯胺 T 反应，将氰化物转变成氯化氰（CNCl）进行测定。反应完成后，添加吡啶—吡唑啉酮或吡啶—巴比土酸试剂，溶液呈现颜色。当使用吡啶—吡唑啉酮时，在 620nm 处读取吸光度，或采用吡啶—巴比土酸时，则在 578nm

处读取吸光度。为了比较颜色的强度,试样和标准溶液中的含盐量必须相同。比色法可测定浓度小于1mg/L的氰化物。

(二)仪器

(1)回流蒸馏装置如图3-1-2与图3-1-3所示,带导管的1L蒸馏瓶和冷凝器。气体吸收器可采用Fisher—Miligan洗气瓶。

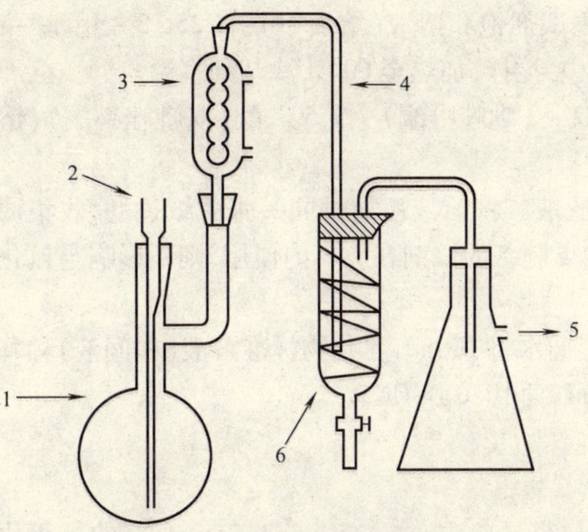

图3-1-2　氰化物蒸馏装置

1—蒸馏烧瓶　2—空气冷凝管　3—冷凝管
4—导管　5—抽滤瓶　6—捕集器

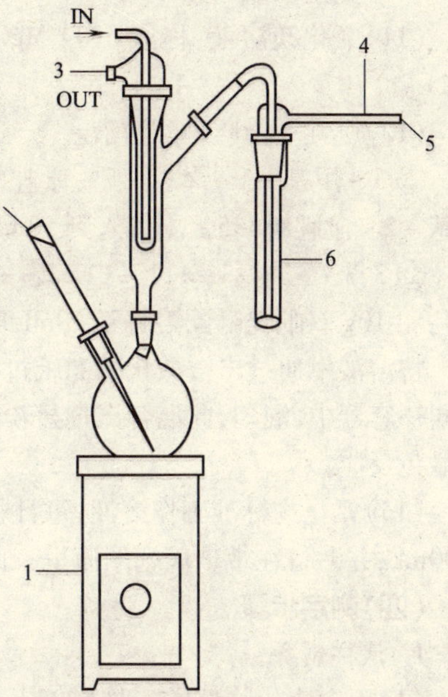

图3-1-3　氰化物蒸馏装置

1—可调电炉　2—空气导管　3—冷凝水导管
4—吸收导管　5—流量计　6—洗气瓶

(2)5.0mL微量滴定管。

(3)分光光度计(比色用)。

(三)试剂

(1)$c(NaOH)=1.25mol/L$氢氧化钠溶液:将50gNaOH溶解于蒸馏水中,并用蒸馏水稀释至1L。

(2)醋酸铅溶液:溶解30g$Pb(C_2H_3O_2)_2 \cdot 3H_2O$于1L蒸馏水中,低温保存。

(3)$c(\frac{1}{2}H_2SO_4)=18mol/L$硫酸:将500mL浓硫酸慢慢加入到500mL蒸馏水中。

(4)氰化物贮备液:将2.51g KCN和2g KOH溶解在900mL蒸馏水中,用0.0192mol/L $AgNO_3$标定,稀释到适当浓度,使1mL该溶液含1mgCN^-。

(5)$c(NaH_2PO_4)=1mol/L$磷酸二氢钠:将138g$NaH_2PO_4 \cdot H_2O$溶解于1L蒸馏水中,低温保存。

(6)氰化物标准溶液(中间液):用蒸馏水将100mL氰化物贮备液稀释到1000mL,并贮备在一个带玻璃塞的瓶里,此溶液1mL含100μg CN^-。

(7) $c(AgNO_3)$ = 0.0192mol/L 硝酸银标准溶液：磨碎约 5g $AgNO_3$ 晶体并在 40℃下干燥恒重。称量 3.2647g 干燥过的 $AgNO_3$ 溶解在蒸馏水中，并稀释到 1000mL(1mL 溶液含 1mgCN^-)。

(8) 罗丹宁试剂：溶解 20mg 对二甲胺基偶氮苯于 100mL 丙酮中。

(9) 氯胺 T 溶液：将 1g 白色可溶性的氯胺 T 溶解到 100mL 蒸馏水中，低温保存备用。可用 1 天。

(10) 氨基磺酸。

(11) 氯化镁溶液：称取 510g $MgCl_2 \cdot 6H_2O$ 放入 1000mL 容量瓶中，用蒸馏水溶解并稀释至 1L。

(12) 吡啶—吡唑啉酮溶液。

① 3-甲基-1-苯基-2-吡唑啉-5-酮试剂饱和溶液(溶液甲)：将 25g 3-甲基-1-苯基-2-吡唑啉-5-酮加入到 50mL 蒸馏水中，搅拌，加热至 60℃，冷却到室温。

② 3,3-二甲基-1,1-二苯基-(4,4-双-2 吡唑啉酮)-5,5 二酮(双吡唑啉酮)(溶液乙)：将 10g 双吡唑啉酮溶解于 10mL 吡啶中。

将溶液甲通过未被酸化的滤纸过滤，收集滤液。将溶液乙通过同一张滤纸过滤，收集滤液于同一容器中，混匀，此混合试剂显粉红色。如果制备的试剂在 24h 内使用，则不影响与氰化物的显色反应。

(13) 氰化物标准工作溶液：每日新配，用蒸馏水将 100mL 氰化物标准溶液(中间液)稀释至 1000mL，并贮备在带玻璃塞的瓶里。此溶液 1mL 含 10.0μg CN^-。

(四)测定步骤

1. 试样制备

(1) 不含硫化物试样。取 500mL 试样于 1L 容量瓶中，加入 50mL 1.25moL/L 的氢氧化钠溶液到吸收管。如用图 3-1-2 装置，可加蒸馏水直到螺旋线被覆盖，将蒸馏瓶、冷凝器、吸收器、捕集器连接起来(图 3-1-2 或图 3-1-3)。

调节真空源，使空气流慢慢地进入蒸馏瓶，调节真空度，以使空气以每秒约 2 个气泡通过空气导管进入蒸馏瓶。

(2) 含硫化合物的试样。将 500mL 试样转移至 1L 容量瓶中，或将一份试样稀释到 500mL 后再放入 1L 容量瓶中，移取 50mL $c(NaOH)$ = 1.25mol/L 氢氧化钠溶液到吸收器，再加 25mL 醋酸铅到硫化物洗气瓶。将蒸馏瓶、冷凝器、洗气瓶和吸收器连接起来。流量计连接到氰化物吸收器的导出管。

调节真空源，使空气流开始进入蒸馏瓶。调节真空度，以便每分钟有约 1.5L 的空气通过空气导管进入蒸馏瓶。当烧瓶加热时，速率可能不会保持恒定，因此必须适时地调整空气速度。

(3) 空气速度调整以后，如果试样中含有 NO_3^- 和/或 NO_2^-，可通过空气导管加入 2g 氨基磺酸溶液，混匀 3min 后再加硫酸。

(4) 通过空气导管慢慢地加入 50mL 硫酸，用蒸馏水冲洗导管，通入空气 3min，混匀蒸馏瓶内的混合物，再经导管注入 20mL 氯化镁溶液并用蒸馏水冲洗。

(5) 溶液加热至沸腾，回流 1h，停止加热并继续通空气至少 15min，待蒸馏瓶冷却之后，取下吸收器并关掉真空源。

(6) 将吸收管里的溶液转入到 250mL 容量瓶，并用蒸馏水洗涤吸收器，洗涤液合并到容量瓶，再用蒸馏水稀释至刻度。

(7)从容量瓶里吸取 50mL 或更少的溶液转移到 100mL 容量瓶里。如果所取溶液少于 50mL，则用 0.25mol/L 氢氧化钠溶液稀释到 50mL，加入 15mL 磷酸二氢钠溶液并混匀。0.5mL 氯胺 T 溶液，混匀。1～2min 后，再加 5mL 吡啶—吡唑啉酮溶液，混匀。用蒸馏水稀释至刻度，再混匀。40min 后，用 1cm 比色皿，在 620nm 处读取吸光度。

2. 标准曲线绘制

(1)不含硫化物试样的标准曲线。配制标准系列：用移液管吸取 CN^- 标准溶液(三)(13)放入 250mL 容量瓶中，向每个标准溶液里加入 50mL c(NaOH) = 1.25mol/L NaOH 溶液，并用蒸馏水稀释至 250mL。配制如表 3－1－12。

表 3－1－12 CN^- 标准溶液配制表

标准工作溶液体积/mL	容量瓶中 CN^- 的浓度/μg/250mL	标准工作溶液体积/mL	容量瓶中 CN^- 的浓度/μg/250mL
0	0	10.0	100
1.0	10	15.0	150
2.0	20	20.0	200
5.0	50		

没有必要将所有的标准同样品一样以相同的方式进行蒸馏。建议至少蒸馏两个标准(高浓度与低浓度)，并与标准曲线上的相似值相比以确保蒸馏技术的可靠性，如果蒸馏的标准与未蒸馏的标准相比，其误差≥±10%，则在下一步操作之前应找出最显著的误差原因。

以氰化物的浓度对标准溶液的吸光度绘制标准曲线。

(2)含硫化物试样的标准曲线。所有标准要同试样以相同的方式进行蒸馏。用这样的方法蒸馏标准溶液，能绘制给出一条直的标准曲线，但是当浓度增加时，回收率降低，因此建议至少蒸馏三个标准溶液。以氰化物的浓度对标准溶液的吸光度绘制标准曲线。

3. 滴定法

如果试样含 CN^- 大于 1mg/L，则可将蒸馏液或取部分蒸馏液稀释至 250mL 后，转移到 500mL 锥形瓶中，加入 10～12 滴罗丹宁(试银灵)指示剂。

用标准硝酸银溶液滴定，使溶液刚好变为棕粉红色。用相同的方法做空白，其氢氧化钠和试剂的加入量和样品一样。在滴定试样前，应熟悉滴定终点和指示剂的使用量。

(五)计算

1. 滴定法

$$CN^-(mg/L) = \frac{(A-B)\times 1\times 1000}{C}\times\frac{250}{D}$$

式中：A——试样消耗的 $AgNO_3$ 溶液的体积，mL；

B——空白消耗的 $AgNO_3$ 溶液的体积，mL；

1——1mL $AgNO_3$ 溶液相当于 CN^- 的毫克数，mg/mL；

250——试样的毫升数，mL；

C——原始试样的体积，mL；

D——滴定所取试样的体积，mL。

2. 比色法

$$CN^-(\mu g/L) = \frac{A \times 1000}{B} \times \frac{50}{C}$$

式中：*A*——从标准曲线上读出的 CN^- 的质量，μg；

B——蒸馏原始试样的体积，mL；

C——比色分析时所取的体积，mL；

50——移取试样的体积，mL。

十二、磷

（一）钼蓝（氯化亚锡）吸光光度法

将水样中有机物消解，并将偏磷酸盐和焦磷酸盐转化为正磷酸盐。磷酸盐与酸化的钼酸铵溶液产生淡黄色的磷钼酸盐，遇二氯化锡使产生一种深蓝色的络合物，比色测定。

1. 试剂配制

（1）钼酸铵溶液：称取 2.5g 分析纯钼酸铵 $[(NH_4)_6Mo_7O_{24} \cdot 4H_2O]$ 溶于 15mL 蒸馏水中。另将 28mL 浓硫酸加到 47mL 蒸馏水中，冷却后将钼酸铵水溶液加到硫酸溶液中，稀释至 100mL。

（2）磷酸二氢钾标准溶液：称取 0.7165g 分析纯干燥磷酸二氢钾（KH_2PO_4）溶于 1000mL 蒸馏水中。吸取 10.0mL，稀释至 500mL，则 1.00mL 溶液含 0.010mg PO_4^{3-}。

（3）二氯化锡溶液：称取 0.5g 二氯化锡（$SnCl_2 \cdot 2H_2O$），溶于 20mL 1∶9 盐酸中，储于阴凉处。使用时按 1∶4 稀释，此液易氧化，要新鲜配制。

2. 绘制标准曲线

吸取 0、5.0mL、7.5mL、10.0mL、12.5mL、15.0mL 磷酸二氢钾标准溶液分别置于 50mL 比色管中，各加蒸馏水至 25mL。在沸水浴上加热 5min，取出立即加入 2mL 钼酸铵溶液及0.25mL二氯化锡溶液，摇荡，并立即以流水冷至室温（加热条件对发色深浅有关，因此操作条件应一致）。在 20～60min 内，以试剂为空白对照，用分光光度计以 580nm 波长测得吸光度，绘制标准曲线（光电比色计用黄色滤光板）。

3. 测定方法

（1）吸取水样 10mL 于 100mL 开氏烧瓶中，加 3mL 浓硫酸及数粒玻璃珠，加热至透明。冷却后以石蕊试纸为指示剂，用浓氢氧化钠溶液中和至中性，倾入 50mL 容量瓶中，加蒸馏水至刻度。

（2）吸取上述消解后的水样 25mL，按绘制标准曲线相同的方法加入试剂，测得吸光度，根据标准曲线或比色，可求得 PO_4^{3-} 量。

4. 计算

磷酸盐（PO_4^{3-}，mg/L）= 相当磷酸二氢钾标准溶液（mL）×0.01×1000/水样体积（mL）

(二)钼蓝(抗坏血酸)吸光光度法

1. 原理

磷酸根离子和钼酸铵及酒石酸锑钾反应,用抗坏血酸还原生成的杂聚物测定生成的钼蓝吸光度,确定磷酸根离子的量。

2. 试剂

(1)钼酸铵溶液:钼酸铵四水合物8.27g溶于约150mL水中,酒石酸锑钾0.189g溶于水约50mL,一边搅拌,一边将硫酸加入其中(边搅拌边缓慢把硫酸96mL加入约600mL水中,放置冷却)。然后,溶解胺基硫酸铵10g,加水至1L。

(2)抗坏血酸溶液:抗坏血酸5g溶于水100mL,置于冷暗处保存,可用一周。

(3)磷酸二氢钾标准溶液:称取0.7165g分析纯干燥磷酸二氢钾(KH_2PO_4)溶于1000mL蒸馏水中。吸取10.0mL,稀释至500mL,则1.00mL溶液含0.010Mg PO_4^{3-}。

3. 测定步骤

取适量试样于50mL容量瓶中,加水至约40mL。

加钼酸铵溶液5mL及抗坏血酸1mL,振荡混合后,加水至标线。于25℃放置15min。

取部分溶液于比色皿中,测定波长710nm处的吸光度。

取水约40mL进行空白试验,按前述操作测得吸光度,然后对样品得到的吸光度加以校正。

从标准曲线求得磷酸根离子量,算出样品中磷酸根离子的浓度。

4. 计算

磷酸盐(PO_4^{3-},mg/L)=相当磷酸二氢钾标准溶液(mL)×0.01×1000/水样体积(mL)

标准曲线:按梯度取磷酸根离子标准液含PO_4^{3-}(0.010mg/mL)0.5~13.0mL于50mL容量瓶中,按上述测试步骤进行操作,测定吸光度,绘制磷酸根离子(PO_4^{3-})量与吸光度的关系曲线。

十三、酚类

1. 原理

酚类化合物于pH值为10.0±0.2介质中,在铁氰化钾存在下,与4-氨基安替比林反应,生成橙红色的吲哚酚安替比林染料,其水溶液在510nm处有最大吸收波长。用1cm的比色皿测量时,酚的最低检出浓度为0.05mg/L。

2. 试剂

(1)苯酚标准贮备液:称取1.00g无色苯酚(C_6H_5OH)溶于蒸馏水中,稀释至1000mL。置于冰箱中保存,可用1个月。使用前应先标定:吸取V贮备液于250mL碘量瓶中,加水稀释至100mL,加10.0mL 0.1mol/L溴酸钾—溴化钾溶液,立即加入5mL盐酸,盖好瓶塞,轻轻摇匀,于暗处放置10min。加入1g碘化钾,密塞,再轻轻摇匀,放置于暗处5min。用0.0125mol/L硫代硫酸钠($Na_2S_2O_3$)标准溶液滴定至淡黄色,加入1mL淀粉溶液,继续滴定至蓝色刚好褪去,记录用量。同时以水代替苯酚做空白试验,记录硫代硫酸钠($Na_2S_2O_3$)标准溶液用量。计算公式为:

$$苯酚(mg/mL)=(V_0-V_1)c\times15.68/V$$

式中:V_0——空白试验中硫代硫酸钠标准溶液用量,mL;

V_1——滴定苯酚贮备液时，硫代硫酸钠标准溶液用量，mL；

V——取用苯酚贮备液体积，mL；

c——硫代硫酸钠标准溶液的浓度，mol/L；

15.68——1mol 苯酚（$\frac{1}{6}C_6H_5OH$）质量，g/mol。

（2）苯酚标准中间液：取适量苯酚贮备液，用水稀释至每毫升含 0.010mg 苯酚，使用时当天配制。

（3）溴酸钾—溴化钾标准参考溶液[（$\frac{1}{6}KBrO_3$）=0.1mol/L]：称取 2.784g 溴酸钾（$KBrO_3$）溶于水，加入 10g 溴化钾（KBr）使溶解，移入 1000mL 容量瓶中，加水至标线。

（4）碘酸钾标准参考液[（$\frac{1}{6}KIO_3$ = 0.0125mol/L）]：称取预先经 180℃ 烘干的碘酸钾 0.4458g溶于水，移入 1000mL 容量瓶中，加水稀释至标线。

（5）硫代硫酸钠标准溶液：$c(Na_2S_2O_3)$ = 0.0125mol/L。

（6）淀粉溶液：称取可溶性淀粉，用少量水调成糊状，加沸水至 100mL，冷却后，置于冰箱中保存。

（7）缓冲溶液（pH 值约为 10）：称取 20g 氯化铵（NH_4Cl）溶于 100mL 氨水中，加塞，置于冰箱中保存。

（8）2%（m/V）4-氨基安替比林溶液：称取 2g 4-氨基替比林（$C_{11}H_{13}N_3O$）溶于水中，稀释至 100mL，置于冰箱中保存，可使用一周。

（9）8%（m/V）铁氰化钾溶液：称取 8g 铁氰化钾{$K_3[Fe(CN)_6]$}溶于水，稀释至 100mL，置冰箱中保存，可使用一周。

3. 测定步骤

（1）校准标准曲线的绘制。于一组 8 支 50mL 比色管中，分别加入 0、0.50mL、1.00mL、3.00mL、7.00mL、10.00mL、12.50mL 苯酚标准中间液，加水至 50mL 标线，加 0.5mL 缓冲溶液，混匀，此时 pH 值为 10.0 ± 0.2，加 4 - 氨基安替比林溶液 1.0mL，混匀。再加 1.0mL 铁氰化钾溶液，充分混匀后，放置 10min 后于 510nm 波长，用 1cm 比色皿，以水为参比，测量吸光度，经空白校正后，绘制吸光度对苯酚含量（mg）的标准曲线。

（2）水样测定：取适量的水样或其馏出液放入 50mL 比色管中，稀释至 50mL 标线，用与绘制标准曲线相同的步骤测定吸光度，最后减去空白试验所得到吸光度。

（3）空白试验。以水代替水样，按水样测定相同的步骤进行测定，以其结果作为水样测定的空白校正值。

4. 计算

$$挥发酚（以苯酚计，mg/L）=(m/V)\times 1000$$

式中：m——由水样的校正吸光度，从标准曲线上查得的苯酚含量，mg；

V——移取水样或馏出液的体积，mL。

5. 备注

水样清洁无干扰杂质存在时，可以直接测定，否则应蒸馏处理。取水 500mL 置于蒸馏器内，加 5mL 硫酸铜（100g/L）溶液，用浓硫酸（1∶3）调节 pH 值在 4 以下，放入一些玻璃珠进行蒸馏，收集蒸馏液约450mL，移入1000mL分液漏斗，暂停蒸馏，加入蒸馏水50mL，继续蒸馏至收集液达到500mL为止。按绘制标准曲线相同方法加入试剂，测得吸光度或直接目视比色，求得含酚量。

十四、苯胺

（一）原理

苯胺类化合物在酸性条件下与亚硝酸盐重氮化，再与盐酸萘乙二胺偶合，生成紫红色染料，在540nm处测其吸光度。

（二）试剂

（1）硫酸氢钾。

（2）无水碳酸钠。

（3）精密pH试纸：pH值为0.5～5.0。

（4）5%（*m/V*）亚硝酸钠水溶液。

（5）2.5%（*m/V*）氨基磺酸铵水溶液。

（6）0.05mol/L硫酸。

（7）2%（*m/V*）*N*-（1-萘基）乙二胺盐酸盐（NEDA）水溶液。

（8）苯胺标准溶液：于25mL容量瓶中加入0.05mol/L硫酸10mL（准确称量）。然后加入3～5滴苯胺（再一次称量）。用0.05mol/L硫酸稀释至刻度，摇匀。计算出每毫升溶液中所含苯胺的量，作为贮备液，于冰箱中保存。

使用时用0.05mol/L硫酸稀释成10.0μg/mL苯胺的标准溶液（用时现配）。

（三）测定步骤

（1）标准曲线的绘制。于7个25mL具塞的比色管中，分别加入0、0.25mL、0.50mL、1.00mL、2.00mL、3.00mL、4.00mL苯胺标准溶液（10.0μg/mL），各加水至10mL，摇匀。用固体硫酸氢钾或无水碳酸钠调节pH值为1.5～2.0（用精密pH试纸测试），加1滴5%亚硝酸钠溶液，摇匀，放置3min。加入2.5%氨基磺酸铵溶液0.5mL，充分振荡后，放置3min。待气泡除尽，加入2%NEDA溶液1.0mL，用水稀释至刻度，摇匀。放置30min，于545nm波长处，用1cm比色皿，以水为参比，测定吸光度。

（2）样品的测定。水样用中速滤纸过滤后，吸取适量滤液（含苯胺0.5～30μg）于25mL具塞比色管中，加水稀释至10mL，按步骤（1）进行操作。以蒸馏水代替水样，按相同操作步骤进行空白试验。由水样吸光度减去空白试验吸光度的差值，从标准曲线上查出相应的苯胺含量。

（四）计算

$$苯胺类（以苯胺计，mg/L）= m/V$$

式中：*m*——由标准曲线查得的苯胺量，μg；

V——水样体积，mL。

（五）备注

（1）显色温度对反应有影响，最佳反应温度为22～30℃。若室温高于或低于此温度范围，可在恒温水浴中发色，或采用同时绘制标准曲线的办法进行测定。保存在冰箱中的试剂，比色前一定放到室温，以消除温度的影响。

(2)色度较深的水样，可分别取与显色相同体积的水样，按同样的操作步骤，但免去加 1mL 2% NEDA 溶液步骤，测量其吸光度。由水样吸光度减去上述所测得的吸光度的差值，查出相应的苯胺含量。

(3)对色泽很深或含酚量较高的水样，测定苯胺时，可采用蒸馏法消除干扰。蒸馏操作为：分取 100mL 水样于蒸馏瓶中，用4%氢氧化钠溶液调至碱性，加热蒸馏。待蒸出 80mL 时，停止加热，稍冷后，往蒸馏瓶中加入 20mL 水，继续蒸馏到 100mL 蒸馏液为止。

十五、氨氮

(一)原理

经预处理的水样，调节水样的 pH 值至 6.0～7.4，加入氧化镁使之呈微碱性，加热蒸馏，析出的氨被吸收入硼酸溶液中，以甲基红—亚甲基蓝为指示剂，用酸标准溶液滴定馏出液中的铵。

(二)试剂

(1)混合指示液：称取 200mg 甲基红溶于 100mL 乙醇(95%)中；另称取 100mg 亚甲基蓝溶于 50mL 乙醇(95%)中；以两份甲基红溶液与一份亚甲基蓝溶液混合后共用。混合液可保存 1 个月。

(2)硫酸标准溶液：$c(\frac{1}{2}H_2SO_4)=0.020mol/L$。

(三)测定步骤

1. 水样预处理(蒸馏法)

蒸馏装置(图 3－1－4)的预处理：加 250mL 水于凯氏烧瓶中，加 0.25g 轻质氧化镁和数粒玻璃珠，加热蒸馏，至馏出液不含氨为止，弃去瓶内残渣。

分取 250mL 水样(如氨氮含量较高，可分取适量并加水至 250mL)，移入凯氏烧瓶中，加数滴溴百里酚蓝指示液，用氢氧化钠溶液或盐酸溶液调节 pH 值 7 左右。加入 0.25g 轻质氧化镁和数粒玻璃珠，立即连接氮球和冷凝管，导管下端插入吸收液液面下。加热蒸馏，至馏出液达 200mL 时，停止蒸馏。定容至 250mL。

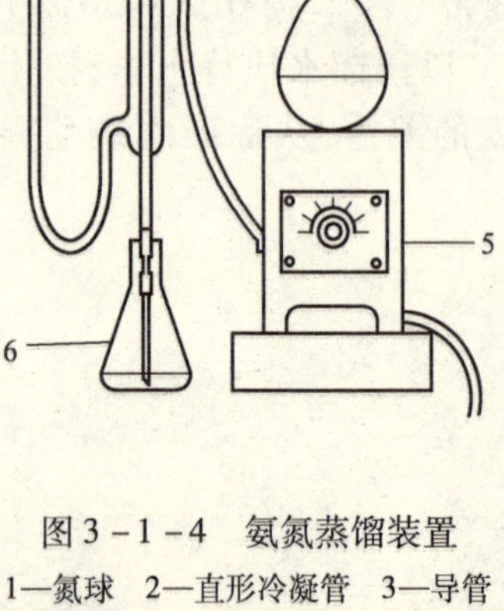

图 3－1－4　氨氮蒸馏装置

1—氮球　2—直形冷凝管　3—导管
4—凯氏烧瓶　5—可调电炉　6—锥形瓶

2. 水样的测定

于全部经蒸馏预处理、以硼酸溶液为吸收液的馏出液中，加 2 滴混合指示剂，用 0.020mol/L 硫酸滴定至绿色转变成淡紫色为止，记录用量。

3. 空白试验

以无氨水代替水样，同水样全程序步骤进行测定。

(四)计算

$$氨氮(N,mg/L)=(V_1-V_0)\times c\times 14\times 1000/V$$

式中：V_1——滴定水样时消耗硫酸标准溶液的体积，mL；

V_0——空白试验时消耗硫酸标准溶液的体积，mL；

c——硫酸（$\frac{1}{2}H_2SO_4$）标准溶液的浓度，mol/L；

V——水样体积，mL；

14——1mol 氮（N）的质量，g/mol。

十六、有机氮

（一）试剂配制

（1）甲基红亚甲基蓝混合指示剂：称取 0.10g 甲基红溶于 50mL 95% 乙醇中；另称取 0.05g 亚甲基蓝溶于 25mL 95% 乙醇中。取前者两份，后者一份，混合后即成。每月须新鲜配制。

（2）硼酸吸收液：称取 20g 分析纯硼酸（H_3BO_3），溶于不含氨蒸馏水中，微加热，冷却。加 10mL 甲基红—亚甲基蓝混合指示剂，用不含氨蒸馏水稀释至 1000mL。每月须新鲜配制。

（3）磷酸盐缓冲液：称取 7.15g 化学纯无水磷酸二氢钾（KH_2PO_4）及 45.08g 化学纯磷酸氢二钾（$K_2HPO_4 \cdot 3H_2O$），溶于少量不含氨蒸馏水中，再加不含氨蒸馏水稀释至 500mL。

（二）测定方法

（1）吸取 250mL（根据有机氮含量可酌情增减）水样于 800mL 凯氏烧瓶内，调节 pH 值至中性，加 10mL 磷酸盐缓冲溶液，蒸馏至约 200mL，即可将氨除去。取下凯氏瓶冷却。

（2）加入 10mL 浓硫酸，0.2g 硫酸铜，2g 硫酸钾及数粒玻璃小珠，放在通风橱内加热消解至溶液呈清亮的淡绿色为止，冷却。徐徐加入 300mL 蒸馏水，再沿瓶口迅速加入 40mL 50% 氢氧化钠溶液（不要振荡凯氏烧瓶），立即把凯氏烧瓶与蒸馏器接好，防止漏气，并将蒸馏液导管引入预先加入 50mL 硼酸吸收液的 500mL 锥形瓶液面下。用力振荡凯氏烧瓶，此时瓶内应生成绿蓝色或灰蓝沉淀[$Cu(OH)_2$]。如无沉淀，再适当增加氢氧化钠溶液。加热蒸馏，约蒸出 250mL 蒸馏液后，先从硼酸吸收液内取出导管，再蒸馏数分钟，使导管内部得到冲洗。用蒸馏水洗导管外部，洗液一起并入蒸馏液内。用 0.02mol/L（$\frac{1}{2}H_2SO_4$）硫酸滴至绿色变成暗紫色为终点。同时做空白实验。

（三）计算

$$有机氮(N,mg/L) = (V_1 - V_0) \times c \times 14 \times 1000/V$$

式中：V——水样体积，mL；

V_1——水样消耗硫酸标准溶液，mL；

V_0——空白消耗硫酸标准溶液，mL；

c——硫酸（$\frac{1}{2}H_2SO_4$）标准溶液浓度，mol/L；

14——1mol 氮（N）的质量，g/mol。

十七、亚硝酸盐氮

（一）原理

在磷酸介质中，pH 值为 1.8±0.3 时，亚硝酸盐与对氨基苯磺酰胺反应，生成重氮盐，再与

N-(1-萘基)-乙二胺偶联生成红色染料。在540nm波长处有最大吸光度。

(二)试剂

(1)无亚硝酸盐的水:于蒸馏水中加少许高锰酸钾晶体,使之呈红色,再加氢氧化钡(或氢氧化钙)使呈碱性。置全玻璃器中蒸馏,弃去50mL初馏液,收集中间约70%不含锰的馏出液。亦可于每升蒸馏水中加浓硫酸和0.2mL硫酸锰溶液(每100mL水中含36.4g $MnSO_4 \cdot H_2O$),加入1~3mL 0.04%高锰酸钾溶液至红色,重新蒸馏。

(2)磷酸:$\rho = 1.70g/mL$。

(3)显色剂:于500mL烧杯中,置于250mL水和50mL磷酸,加入20.0g对氨基苯磺酰胺。再将1.00g*N*-(1-萘基)-乙二胺二盐酸盐溶于上述溶液中,转移至500mL容量瓶中,用水稀释至标线,混匀。此溶液贮于冰箱中,可保存1个月(注:本试剂有毒,避免与皮肤接触或吸入体内)。

(4)亚硝酸盐氮标准贮备液:称取1.232g亚硝酸钠($NaNO_2$),溶于150mL水中,转移至1000mL容量瓶中,用水稀释至标线。每毫升约含0.25mL亚硝酸盐氮。本溶液贮于棕色瓶中,加入1mL氯仿,置于冰箱中,可用1个月。贮备液标定如下:

在300mL具塞锥形瓶中,移入50.00mL 0.050mol/L高锰酸钾溶液,5mL浓硫酸,用50mL无分度吸管,使下端插入高锰酸钾溶液液面下,加入50.00mL亚硝酸钠标准贮备液,轻轻摇匀,置于水浴上加热至70~80℃,按每次10.00mL的量加入足够的草酸钠标准溶液,使红色褪去并过量,记录草酸钠标准溶液用量(V_2)。然后用高锰酸钾标准溶液滴定过量草酸钠至溶液呈微红色,记录高锰酸钾的总用量(V_1)。

再以50mL水代替亚硝酸盐氮标准贮备液,如上操作,用草酸钠标准溶液标定高锰酸钾溶液的浓度(c_1)。按下式计算高锰酸钾标准溶液浓度:

$$c(\frac{1}{5}KMnO_4) = 0.0500 \times V_4/V_3$$

按下式计算亚硝酸盐氮标准贮备液的浓度:

$$亚硝酸盐氮(N,mg/L) = \frac{(V_1c_1 - 0.0500 \times V_2) \times 7.00 \times 1000}{50.00}$$

式中:c_1——经标定的高锰酸钾($\frac{1}{5}KMnO_4$)标准溶液的浓度,mol/L;

V_1——滴定亚硝酸盐氮标准贮备液时,加入高锰酸钾标准溶液总量,mL;

V_2——滴定亚硝酸盐氮标准贮备液时,加入草酸钠标准溶液总量,mL;

V_3——滴定水时,加入高锰酸钾标准溶液总量,mL;

V_4——滴定空白时,加入草酸钠标准溶液总量,mL;

7.00——1mol亚硝酸盐氮($\frac{1}{2}N$)的质量,g/mol;

50.00——亚硝酸盐标准贮备液取用量,mL;

0.0500——草酸钠($\frac{1}{2}Na_2C_2O_4$)标准溶液浓度,mol/L。

(5)亚硝酸盐标准中间液:分取适量亚硝酸盐标准贮备液(使含12.5mg亚硝酸盐氮),置于250mL容量瓶中,用水稀释至标线。此溶液含50.0μg/mL亚硝酸盐氮。中间液贮于棕色瓶中,置于冰箱中,可保存一周。

(6)亚硝酸盐氮标准使用液:取10.00mL亚硝酸盐氮标准中间液,置于500mL容量瓶中,加水稀释至标线,每毫升含1.00μg亚硝酸盐氮。此溶液使用时当天配制。

(7)氢氧化铝悬浮液:溶解125g硫酸铝钾[$KAl(SO_4)_2 \cdot 12H_2O$]或硫酸铝铵[$NH_4Al(SO_4)_2 \cdot 12H_2O$]于1000mL水中,加热至60℃,在不断搅拌下,徐徐加入55mL氨水,放置约1h后,移入1000mL量筒内,用水反复洗涤沉淀,最后至洗涤液中不含亚硝酸盐为止。澄清后,把上清液尽量全部倾出,只留稠的悬浮物,最后加入300mL水,使用前应振荡均匀。

(8)高锰酸钾标准溶液:$c(\frac{1}{5}KMnO_4)=0.050mol/L$。

(9)草酸钠标准溶液:$c(\frac{1}{2}Na_2C_2O_4)=0.0500mol/L$。

(三)测定步骤

1. 标准曲线的绘制

在一组6支50mL比色管中,分别加入0、1.00mL、3.00mL、5.00mL、7.00mL和10.00mL亚硝酸盐标准使用液,用水稀释至标线。加入1.0mL显色剂,密塞,混匀。静置20min后,在2h以内,于波长540nm处,用1cm的比色皿,以水参比,测量吸光度。

从测得的吸光度,减去零浓度空白管的吸光度后,获得校正吸光度,绘制以氮含量(μg)对校正吸光度的校准曲线。

2. 水样的测定

当水样pH≥11时,可加入1滴酚酞指示液,边搅拌边逐滴加入磷酸(1:9),至红色刚消失。

水样中若有颜色和悬浮物,可向每100mL水中加入2mL氢氧化铝悬浮液,搅拌、静置、过滤,弃去25mL初滤液。

分别取经预处理的水样适量于50mL比色管中,加水至标线,加1.0mL显色剂,然后按标准曲线绘制的相同步骤操作,测量吸光度。经空白校正后,从标准曲线上查得亚硝酸盐氮量。

3. 空白试验

用实验用水代替样品,按相同步骤进行全程序测定。

(四)计算

样品中亚硝酸氮的含量(mg/L)的计算用下式表示:

$$亚硝酸盐氮含量=m/V$$

式中:m——由水样测得的校正吸光度,从标准曲线上查得相应的亚硝酸盐氮的含量,μg;

V——水样体积,mL。

十八、硝酸盐氮

(一)原理

硝酸盐在无水情况下与酚二磺酸反应,生成硝基二磺酸酚,在碱性溶液中,生成黄色化合物，于 410nm 波长处进行分光光度测定。

（二）试剂

（1）硫酸：$\rho=1.84g/mL$。

（2）发烟硫酸（$H_2SO_4 \cdot SO_3$）：含 13% 三氧化硫（SO_3）。

注意：

①发烟硫酸在室温较低时凝固，取用时，可先在 40～50℃ 水浴[1]中加温、熔化。不能将盛装发烟硫酸的玻璃瓶直接置入水浴中，以免瓶裂引起危险。

②发烟硫酸中含三氧化硫（SO_3）浓度超过 13% 时，可用浓硫酸按计算量进行稀释。

（3）酚二磺酸[$C_6H_3(OH)(SO_3H)_2$]：称取 25g 苯酚置于 500mL 锥形瓶中，加 150mL 硫酸使之溶解，再加 75mL 发烟硫酸，充分混合。瓶口插一小漏斗，置瓶于沸水浴中加热 2h，得淡棕色稠液，贮于棕色瓶中，密塞保存。

注意：

①当苯酚色泽变深时，应进行蒸馏精制。

②无发烟硫酸时，亦可用硫酸代替，但应增加在沸水浴中加热 6h，制得的试剂尤应注意防止吸收空气中的水分，以免因硫酸浓度的降低，影响硝基化反应的进行，使测定结果偏低。

（4）氨水（$NH_3 \cdot H_2O$）：$\rho=0.90g/mL$。

（5）硝酸盐氮标准溶液：$c=100mg/L$。

将 0.7218g 经 105～110℃ 干燥 2h 的硝酸钾（KNO_3）溶于水中，移入 1000mL 容量瓶，用水稀释至标线，混合均匀。加 2mL 氯仿作保存剂，至少可稳定 6 个月。

每毫升标准溶液含 0.10mg 硝酸盐氮。

（6）硝酸盐氮标准溶液：$c=10.0mg/L$。

吸取 50.0mL 硝酸盐氮标准溶液，置于蒸发皿内，加氢氧化钠溶液使 pH 值调至 8，在水浴上蒸发至干。加 2mL 酚二磺酸试剂，用玻璃棒研磨蒸发皿内壁，使残渣与试剂充分接触，放置片刻，重复研磨一次，放置 10min，加入少量水，定量移入 500mL 容量瓶中，加水至标线，混合均匀。

标准溶液含 0.010g/L 硝酸盐氮。贮于棕色瓶中，此溶液至少稳定 6 个月。

注　本标准溶液应同时制备两份，如发现浓度存在差异时，应重新吸取硝酸盐氮标准溶液进行制备。

（7）硫酸银溶液：称取 4.397g 硫酸银（Ag_2SO_4）溶于水，稀释至 1000mL。1.00mL 此溶液可去除 1.00mg 氯离子（Cl^-）。

（8）硫酸溶液：$c(\frac{1}{2}H_2SO_4)=0.5mol/L$。

（9）氢氧化钠溶液：$c(NaOH)=0.1mol/L$。

（10）EDTA 二钠溶液：称取 50g EDTA 二钠盐的二水合物（$C_{10}H_{14}N_2O_3Na \cdot 2H_2O$），溶于 20mL 水中，使调成糊状，加入 60mL 氨水充分混合，使之溶解。

---

[1] 隔水浴：以水浴加热空气，再以热空气加热物料。实现方法：把一个空烧杯置于水浴中，把装有待加热物料的容器置于此烧杯中，容器不能与空烧杯紧贴。

(11)氢氧化铝悬浮液：称取125g硫酸铝钾[$KAl(SO_4)_2 \cdot 12H_2O$]或硫酸铝铵[$NH_4Al(SO_4)_2 \cdot 12H_2O$]溶于1L水中，加热到60℃，在不断搅拌下徐徐加入55mL氨水，使生成氢氧化铝沉淀，充分搅拌后静置，弃去上清液。反复用水洗涤沉淀，至倾出液无氯离子和铵盐。最后加入300mL水使成悬浮液。使用前振摇均匀。

(12)高锰酸钾溶液：3.16g/L。

(三)测量前准备工作

1. 样品体积的选择

最大样品体积为50mL，可测定硝酸盐氮浓度至2.0mg/L。

2. 空白试验

取50mL水，以与样品测定完全相同的步骤、试剂和用量，进行平行操作。

3. 干扰的排除

(1)带色物质。取100mL样品移入100mL具塞量筒中，加2mL氢氧化铝悬浮液，密塞充分振摇，静置数分钟澄清后，过滤，弃去最初滤液的20mL。

(2)氯离子。取100mL样品移入100mL具塞量筒中，根据已测定的氯离子含量，加入相当量的硫酸银溶液，充分混合，在暗处放置30min，使氯化银沉淀凝聚，然后用慢速滤纸过滤，弃去最初滤液20mL。

注意：

①如不能获得澄清溶液，可将已加过硫酸银溶液后的样品在近80℃的水浴中加热，并用力振摇，使沉淀充分凝聚，冷却后再进行过滤。

②如同时需去除带色物质，则可在加入硫酸银溶液并混匀后，再加入2mL氢氧化铝悬浮液，充分振摇，放置片刻待沉淀后，过滤。

③亚硝酸盐。当亚硝酸盐氮含量超过0.2mg/L时，可取100mL试样，加1mL硫酸，混匀后，滴加高锰酸钾溶液，至淡红色保持15min不褪为止，使亚硝酸盐氧化为硝酸盐，最后从硝酸盐氮测定结果中减去亚硝酸盐氮量。

(四)测定步骤

1. 蒸发

取50.0mL样品于蒸发皿中，用pH试纸检查，必要时用硫酸或氢氧化钠溶液调节至微碱性($pH \approx 8$)，置水浴上蒸发至干。

2. 硝化反应

加1.0mL酚二磺酸试剂，用玻璃棒研磨，使试剂与蒸发皿内残渣充分接触，放置片刻，再研磨一次，放置10min，加入10mL水。

3. 显色

在搅拌下加入3~4mL氨水，使溶液呈现最深的颜色。如有沉淀产生，过滤；或滴加EDTA二钠溶液，并搅拌至沉淀溶解。将溶液移入比色管中，用水稀释至标线，混匀。

4. 分光光度测定

于410nm波长，选用合适光程长的比色皿，以水为参比，测量溶液的吸光度。

5. 校准

(1)校准系列的制备。用刻度吸管向一组10支50mL比色管中，加入硝酸盐氮标准溶液，所加体积如表3－1－13，加水至约40mL，加3mL氨水使成碱性，再加水至标线，混匀。

按4进行分光光度测定。所用比色皿的光程长亦如表3－1－13所示。

表3－1－13　校准系列所用标准溶液体积与光程长

硝酸盐氮标准溶液（c＝10.0mg/L）体积/mL	硝酸盐氮含量/mg	比色皿光程长/mm
0	0	10～30
0.10	0.001	30
0.30	0.003	30
0.50	0.005	30
0.70	0.007	30
1.00	0.010	10～30
3.00	0.030	10
5.00	0.050	10
7.00	0.070	10
10.00	0.10	10

（2）校准曲线的绘制。由除零管外的其他校准系列测得的吸光度值减去零管的吸光度值，分别绘制不同比色皿光程长的吸光度对硝酸盐氮含量（mg）的校准曲线。

（五）计算

试样中硝酸盐氮的吸光度＝样品溶液的吸光度－空白试验溶液的吸光度

注　样品与空白溶液应在同一种光程长的比色皿中测定。

硝酸盐氮含量用 c_N（mg/L）表示。

（1）未经去除氯离子的样品，按下式计算：

$$c_N = \frac{m}{V} \times 1000$$

式中：m——硝酸盐氮质量，mg。由样品中硝酸盐氮的吸光度 A 值和相应比色皿光程的校准曲线确定；

V——样品体积，mL；

1000——换算为每升样品计。

（2）经去除氯离子的样品，按下式计算：

$$c_N = \frac{m \times 1000}{V} \times \frac{V_1 + V_2}{V_1}$$

式中：V_1——供去氯离子的样品取用量，mL；

V_2——硫酸银溶液加入量，mL。

十九、阴离子洗涤剂

(一)原理

水中阴离子洗涤剂(主要是烷基苯磺酸钠,还有烷基磺酸钠和脂肪醇硫酸钠)能与亚甲基蓝反应。生成难溶于氯仿的蓝色离子化合物,用氯仿萃取,在波长652nm处测定氯仿层的吸光度。本方法测定结果一般以直链烷基苯磺酸钠(简称LAS,烷基平均碳数为12)浓度值(mg/L)表示。

(二)试剂

(1)直链烷基苯磺酸钠标准样品:将直链烷基苯磺酸钠单体(烷基平均碳数为12)溶于50%乙醇中。使石油醚(沸程30~60℃)萃取5次。除去不皂化物后,将乙醇溶液蒸发浓缩至干,再溶于无水乙醇中过滤除去无机盐。滤液浓缩结晶,再用苯重结晶,得白色固体,80~85℃干燥产物经红外光谱鉴定及碳、硫元素分析,纯度应不低于98%。

(2)直链烷基苯磺酸钠标准溶液。

①贮备溶液(1.00mg/mL)。精确称取直链烷基苯磺酸钠标准样品100.0mg,溶于50mL蒸馏水。转移到100mL容量瓶中,用蒸馏水稀释至刻度,摇匀。放入冰箱中保存。

②标准溶液(10.00μg/mL)。精确吸取10mL直链烷基苯磺酸钠储备溶液置于1L容量瓶中。用蒸馏水稀释至刻度。标准溶液应当天配用。

(3)亚甲基蓝溶液(0.003%):先称取50g磷酸二氢钠(分析纯,$NaH_2PO_4 \cdot H_2O$),溶于300mL蒸馏水,转移到1000mL容量瓶中,再加入6.8mL浓硫酸(分析纯),摇匀。另称取30mg亚甲基蓝用50mL蒸馏水溶解后,也转移到容量瓶中,用蒸馏水稀释至刻度,摇匀。此溶液应储藏在棕色试剂瓶中。

(4)洗涤液:称取50g磷酸二氢钠(分析纯$NaH_2PO_4 \cdot H_2O$)溶于200mL蒸馏水,转移到1000mL容量瓶,再加入6.5mL浓硫酸(分析纯)用蒸馏水稀释至刻度。

(5)酚酞指示剂(0.5%):称取0.5g酚酞溶于50mL 95%乙醇中,再加入50mL蒸馏水,混合。

(6)氢氧化钠溶液:$c(NaOH)=1mol/L$。

(7)硫酸溶液:$c(\frac{1}{2}H_2SO_4)=1mol/L$。

(8)氯仿(分析纯)。

(9)玻璃棉或脱脂棉(用丙酮洗涤后干燥)。

(三)测定步骤

1. 标准曲线的绘制

取第一组分液漏斗,分别加入100mL、99.5mL、99mL、98mL、97mL、96mL、94mL蒸馏水,然后用微量滴定管分别加入0、0.50mL、1.00mL、2.00mL、3.00mL、4.00mL、6.00mL直链烷基苯磺酸钠标准溶液,摇匀。分别加入2滴酚酞指示剂后,逐滴加入1mol/L($\frac{1}{2}H_2SO_4$)硫酸到桃红色刚消失为止。加入25mL亚甲基蓝溶液,摇匀后加入10mL氯仿振摇30s。摇动时注意放气(不要过分剧烈,避免生成乳浊液),再轻轻晃动使滞留在内壁上的氯仿液珠降落下来。静置分层。将氯仿层分别放入预先盛有50mL洗涤液的第二组分液漏斗。再用数滴氯仿淋洗第一组分液漏斗的颈管。然后重复以上萃取操作两次。每次氯仿用量为5mL。

振摇第二组分液漏斗30s，静置分层，用三角漏斗把氯仿（层铺有玻璃棉或脱脂棉）滤到25mL容量瓶中。再用3～4mL氯仿萃取洗涤液，此氯仿层也并入容量瓶，最后用氯仿加到刻度。

用氯仿做空白实验，在652nm波长处测定其吸光度，以测得的吸光度与相应的浓度（mg/L）绘制标准曲线。

上述步骤应重复一次，以验证标准曲线的重现性。

2. 水样测定

用移液管吸取一定体积（一般为100mL）水样放入分液漏斗中，按（三）.1所述操作测定其吸光度，由下式计算水样中阴离子洗涤剂的浓度。

如果水样混浊，测定前应先用普通滤纸经三角漏斗过滤2次。

计算公式：

$$\text{总表观 LAS 浓度(mg/L)} = A \times 1000/V$$

式中：A——从标准曲线查得阴离子洗涤剂浓度，mg/L；

V——水样体积，mL。

（四）备注

（1）所有容器不得用洗衣粉或肥皂洗涤。可用自来水冲洗后再用乙醇反复清洗，最后用自来水、蒸馏水洗净。比色皿必须用乙醇浸泡，洗净。

（2）分液漏斗的活塞不得用油脂润滑，可在使用前用氯仿润湿。

（3）标准曲线和水样测定应使用同一批氯仿、亚甲基蓝溶液和洗涤液。

第二章　阴阳离子分组鉴定

第一节　阳离子分组鉴定

一、阳离子第一组

1. 本组阳离子

包括 Pb^{2+}、Hg^{+}、Ag^{+}。

2. 本组离子沉淀方法

取阳离子混合试液用 HNO_3 调节酸度后，加入适当过量的稀盐酸，加热至沸，迅速冷却后离心沉降。

3. 本组离子的鉴定

(1) Pb^{2+} 的鉴定。用沸水处理氯化物沉淀，加热使 $PbCl_2$ 全部溶解，趁热分离，并用含 HCl 的热水洗涤沉淀。离心液加入 HAc 及 K_2CrO_4 试剂，如有黄色 $PbCrO_4$ 沉淀产生，表示有 Pb^{2+} 存在。如该黄色沉淀能溶于 NaOH 溶液，即确证为 $PbCrO_4$。

(2) Ag^{+} 与 Hg^{+} 的分离和 Hg^{+} 的鉴定。于分离 $PbCl_2$ 后的沉淀上加入过量浓氨水，此时 AgCl 溶解，Hg_2Cl_2 即立即与 NH_3 作用生成灰黑或黑色沉淀，表示有 Hg^{+} 存在，其他阳离子对此反应无干扰。可离心分离。

(3) Ag^{+} 的鉴定。取分离 $HgNH_2Cl$ 及 Hg 沉淀后的离心液部分，用 HNO_3 酸化，若重新出现白色 AgCl 沉淀，表示有 Ag^{+} 存在。

另取一部分上述离心液，加入 KI 溶液，若得黄色沉淀或混浊，表示有 Ag^{+} 存在。

4. 本组阳离子混合物的分析示意图（图 3－2－1）

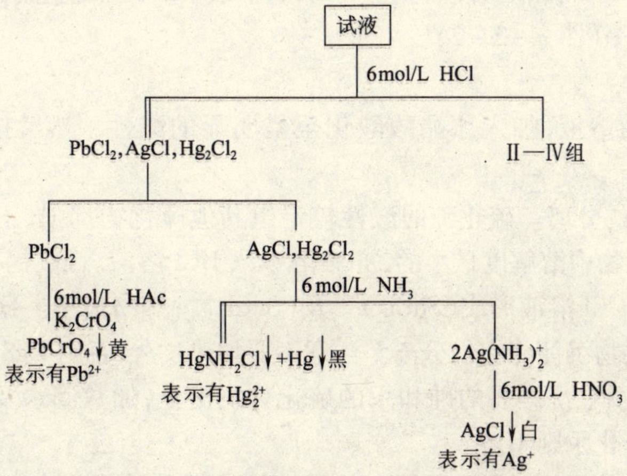

图 3－2－1　银组混合物分析示意图

二、阳离子第二组

1. 本组阳离子

包括 Bi^{3+}、Cd^{2+}、Cu^{2+}、Hg^{2+}、As^{3+}、As^{5+}、Sb^{2+}、Sb^{5+}、Sn^{2+}、Sn^{4+}、Pb^{2+}。在水溶液中除 $[Cu(H_2O)_4]^{2+}$ 为蓝色外，其余离子均无色。

2. 本组离子硫化物沉淀及组内分离

本组包括的离子较多，为减少相互干扰，可根据它们的硫化物酸碱性不同，分为两个小组。铅、铋、铜、镉的硫化物属于碱性硫化物，它们不溶于碱性试剂 Na_2S、$(NH_4)_2S$ 或 $(NH_4)_2S_x$ 等，称为铜组或ⅡA 组。砷、锑、锡（+4 价）的硫化物属于两性偏酸性的硫化物，能溶于上述几种碱性试剂，称为锡组或ⅡB 组。

于本组硫化物沉淀上，加入 Na_2S 溶液（同时应加少量浓 NaOH），此时ⅡB 组硫化物生成对应硫代硫酸盐而溶解，ⅡA 组则不溶。

3. 铜组的分析

(1) 铅、铋与铜、镉的分离。用浓氨水将硫化物的 HNO_3 溶液调至碱性并稍过量，Pb^{2+} 及 Bi^{3+} 生成 $Pb(OH)_2$ 及 $Bi(OH)_2NO_3$ 白色沉淀，Cu^{2+}、Cd^{2+} 则分别生成 $[Cd(NH_3)_4]^{2+}$、$[Cu(NH_3)_4]^{2+}$ 留于液中。离心分离，用含 NH_3 的水洗涤沉淀。

(2) 铅、铋的分离和 Pb^{2+} 的鉴定。用浓 NH_4Ac 溶液处理铅、铋沉淀，$Bi(OH)_2NO_3$ 不溶，$Pb(OH)_2$ 生成 $Pb(Ac)_4^{2-}$ 而溶解。分离后于溶液中加入 K_2CrO_4 生成黄色的 $PbCrO_4$ 沉淀，分离，于沉淀上加入过量的 2mol/L NaOH 溶液，沉淀溶解表示有 Pb^{2+} 存在。

(3) Bi^{3+} 的鉴定。于分离铅后的沉淀上，加 2mol/L HNO_3 溶液使 $Bi(OH)_2NO_3$ 溶解，加入硫脲(NH_2CSNH_2)—KI 试剂，若溶液中共存有 Cu^{2+} 时，则生成红橙色的 $Bi(NH_2CSNH_2)I_3 \cdot Cu(NH_2CSNH_2)_3I$ 沉淀（若试液中无 Cu^{2+} 共存，可另加入少许 $CuSO_4$ 溶液）。

(4) Cu^{2+} 的鉴定。将浓氨水调至碱性的酸化液用 HAc 调回至酸性，再加入 $K_4[Fe(CN)_6]$ 1～2滴，如有红棕色沉淀生成，表示有 Cu^{2+} 存在。

(5) 铜与镉的分离和 Cd^{2+} 的鉴定。取分离铅、铋后的离心液部分，加 HCl 破坏氨络合离子，调节酸度至 2mol/L，加热并通入 H_2S，Cu^{2+} 生成 CuS 沉淀，Cd^{2+} 留于液中。离心分离后，于溶液中加入 NaAc 使生成 HAc 以降低酸度，再通入 H_2S，亮黄色 CdS 沉淀生成，表示有 Cd^{2+} 存在。

(6) 铜组分析示意图（图 3－2－2）。

4. 锡组的分析

先将分离铜组后的溶液，加入冰醋酸酸化至呈明显的酸性。然后按以下所述方法进行操作。

(1) 汞、砷与锑、锡的分离。硫化砷的酸性较锡组其他硫化物都强，不溶于浓 HCl 溶液，且 HgS 又是常见金属硫化物中溶解度最小的，亦难溶于浓 HCl 溶液。锑、锡硫化物除其酸性均弱于硫化砷外，尚可与浓 HCl 溶液形成 $(SbCl_6)^{3-}$ 及 $(SnCl_6)^{2-}$ 等络离子。据此，可用浓 HCl 溶液在加热下处理锡组硫化物沉淀将它们分离。注意不要加热过久，否则 HgS 也将少量溶解。

(2) 砷与汞的分离。在洗净后的砷和汞的硫化物沉淀上，加数滴水及适量的固体碳酸铵，搅拌，则硫化砷溶解，硫化汞则不溶。

(3) 砷的鉴定。取(2)用碳酸铵处理过的离心液，用盐酸酸化，如有黄色沉淀，表示有 As 存在。

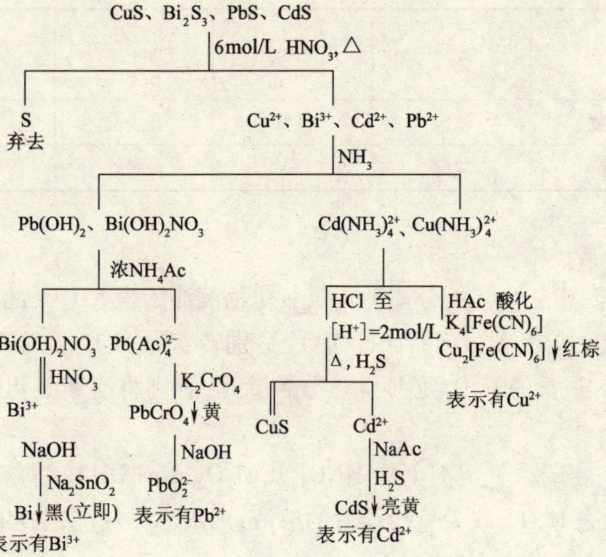

图 3－2－2　铜组混合物分析示意图

(4)汞的鉴定。将分离硫化砷后的黑色沉淀，用浓盐酸及过量 KI 并加热使溶解。加入 $CuSO_4$ 及 Na_2SO_3 溶液，若生成橙红色 $Cu_2(HgI_4)$ 沉淀，表示有 Hg^{2+} 存在。

(5)锑的鉴定。取分离砷、汞沉淀后的离心液 1 滴，置于一小块锡箔上，放置片刻后，若产生黑色斑点则用水将斑点上的余酸冲洗净，再于斑点处加 1 滴新配制的 NaBrO 溶液，若斑点不消失，则表示有锑存在。

(6)锡的鉴定。取部分含有 $SbCl_6^{3-}$、$SnCl_6^{2-}$ 的离心液，加入锌粒(或铅粒)将 Sn^{4+} 还原为 Sn^{2+}。取含有 $SnCl_4^{2-}$ 的清液加入 $HgCl_2$ 试剂，若有白色或灰黑色沉淀产生，表示有锡存在。

(7)锡组分析示意图(图 3－2－3)。

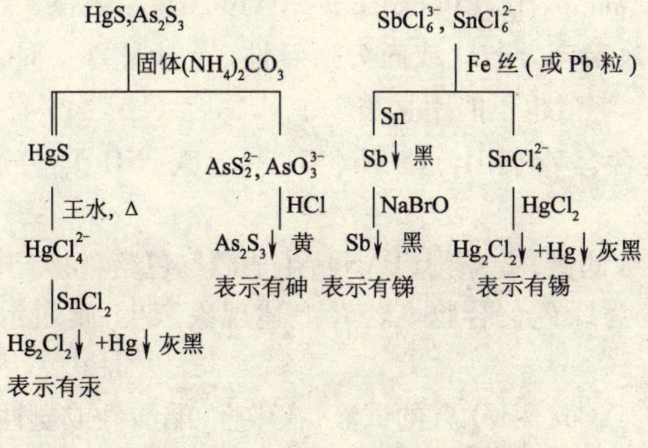

图 3－2－3　锡组混合物分析示意图

三、阳离子第三组

1. 本组阳离子

包括 Al^{3+}、Cr^{6+}、Fe^{3+}、Fe^{2+}、Mn^{2+}、Zn^{2+}、Co^{2+}、Ni^{2+} 八种离子。本组离子的氯化物都溶于水，同时易形成较稳定的络合物，可在 $NH_3—NH_4Cl$ 的氨性介质中与 H_2S 或 $(NH_4)_2S$ 作用生成硫化物或氢氧化物沉淀。除 Cu^{2+}，凡具有颜色的阳离子均属于本组。本组离子的硝酸盐和氯化物在水溶液中的颜色如表 3－2－1所示。

表 3-2-1　阳离子第三组的硝酸盐和氯化物在水溶液中的颜色

溶液＼离子	Fe^{3+}	Fe^{2+}	Cr^{3+}	Mn^{2+}	Co^{2+}	Ni^{2+}
硝酸盐	浅黄	浅绿	灰绿	浅粉红	粉红	翠绿
氯化物	黄	浅绿	绿	浅粉红	蓝色	翠绿

2. 本组离子的分离

(1) Fe^{3+}、Mn^{2+} 与 Al^{3+}、Cr^{3+} 的分离。将氢氧化物沉淀用含 NH_4Cl 的热水洗净，于沉淀上加入过量 NaOH 和 H_2O_2，加热，$Al(OH)_3$、$Cr(OH)_3$ 分别转变为 AlO_2^- 及 CrO_4^{2-} 而溶解，铁、锰的沉淀不溶解，离心分离。过量的 H_2O_2 必须加热分解除尽，否则将溶液酸化时，Cr^{6+} 在酸性溶液中会被还原为 Cr^{3+}。

(2) Mn^{2+} 的鉴定。于锰、铁沉淀上加 HNO_3 及 H_2O_2，$Mn(OH)_2$ 溶解为 Mn^{2+}，$Fe(OH)_3$ 亦溶解。将溶液加热除去 H_2O_2，取少量冷却后的溶液，加入固体铋酸钠，Mn^{2+} 被氧化成深紫红色 MnO_4^-，表示 Mn^{2+} 存在。

(3) Fe^{3+} 的鉴定。Fe^{3+} 能与 SCN^- 作用生成血红色的具有不同组成的络离子。反应必须在酸性条件下进行，同时也要避免强氧化性离子。

(4) Fe^{2+} 的鉴定。Fe^{2+} 与 $K_3[Fe(CN)_6]$ 在酸性溶液中能生成深蓝色的沉淀。反应亦应在非氧化性酸（如稀盐酸）溶液中进行，其他阳离子在一般含量下不干扰鉴定。

(5) Al^{3+} 的鉴定。分离铁、锰后的强碱性溶液中，铝、铬分别以 AlO_2^- 及 CrO_4^- 状态存在。因此可取部分溶液于离心管中，用 HAc 酸化后，再加入氨水，在此 NH_3—NH_4Ac 溶液中，Al^{3+} 与茜素磺酸黄（茜素 S）形成亮红色絮状沉淀。

CrO_4^{2-} 对此反应无干扰，Fe^{3+}、Cr^{3+}、Mn^{2+} 及大量 Cu^{2+} 干扰反应，此时可用毛细管取一滴 $K_4[Fe(CN)_6]$ 在滤纸上将它们沉淀。由于 Al^{3+} 不被 $K_4[Fe(CN)_6]$ 所沉淀，随水扩散到沉淀斑点边缘的水渍区而与干扰离子分离，再用装有茜素的酒精溶液的毛细管接触水渍区，用浓氨气熏，若得一红色环则表示有 Al^{3+} 存在。

茜素极易溶于水，中性时呈浅黄褐色，酸性时呈黄色，碱性时为紫色。鉴定时，若斑点呈紫色，则应微热（烘）使氨气逸去，若留下红色表示有 Al^{3+}，否则无 Al^{3+}。

(6) Cr^{3+} 的鉴定。取 AlO_2^-、CrO_4^{2-} 混合液一部分，用 HAc 酸化，加入 $Pb(NO_3)_2$ 溶液，若有黄色沉淀产生，表示有 CrO_4^{2-} 离子存在。若溶液未充分酸化或尚为强碱性，当加入 Pb^{2+} 时，则可能产生 $Pb(OH)_2$ 白色沉淀而使 CrO_4^{2-} 漏检。溶液也不能用强酸。

(7) Co^{2+} 的鉴定。取分离氢氧化物沉淀后含有 $Zn(NH_3)_4^{2+}$、$Ni(NH_3)_6^{2+}$、$Co(NH_3)_6^{2+}$ 的溶液部分，用下列方法鉴定。

把溶液调至 pH 值约 3.5～5，加入 1-(2-吡啶偶氮)-2-萘酚（PAN），生成酒红色螯合物，于溶液中再加入盐酸使 pH＜1，酒红色螯合物转变为绿色螯合物。若有上述现象产生，则表示有 Co^{2+} 存在。一般阳离子均无干扰。

(8) Ni^{2+} 的鉴定。另取部分含有 $Ni(NH_3)_6^{2+}$、$Co(NH_3)_6^{2+}$ 的试液，在中性、醋酸性或氨性溶液中加入丁二酮肟，若得鲜红色螯合物沉淀，表示有 Ni^{2+} 存在。注意适宜的 pH 值为 5～10。

Fe^{2+}在氨性溶液中与试剂生成红色可溶性螯合物，Fe^{2+}可用 H_2O_2 氧化为 Fe^{3+}，然后加入适量柠檬酸。

Cu^{2+}、Co^{2+}与试剂生成有色可溶性螯合物，Cr^{3+}、Mn^{2+}则在氨性液中生成有色氢氧化物沉淀，它们均对反应有干扰。此时仍可用纸上点滴分析法鉴定 Ni^{2+}。即在一片滤纸上先滴入一滴$(NH_4)_2HPO_4$，使之成为直径约为 5mm 斑点，再用毛细吸管吸取含有 Ni^{2+}、Fe^{3+}、Mn^{2+}等离子的混合液于斑点中心滴下，Fe^{3+}、Mn^{2+}生成磷酸盐沉淀留于斑点中心，$Ni_3(PO_4)_2$ 溶解度较大，随水扩散到斑点边缘，再用另一毛细管吸取试剂沿边缘滴下，然后在氨气上熏，若边缘呈鲜红色，即表示有 Ni^{2+}。

3. 阳离子第三组系统分析步骤示意图（图 3－2－4）

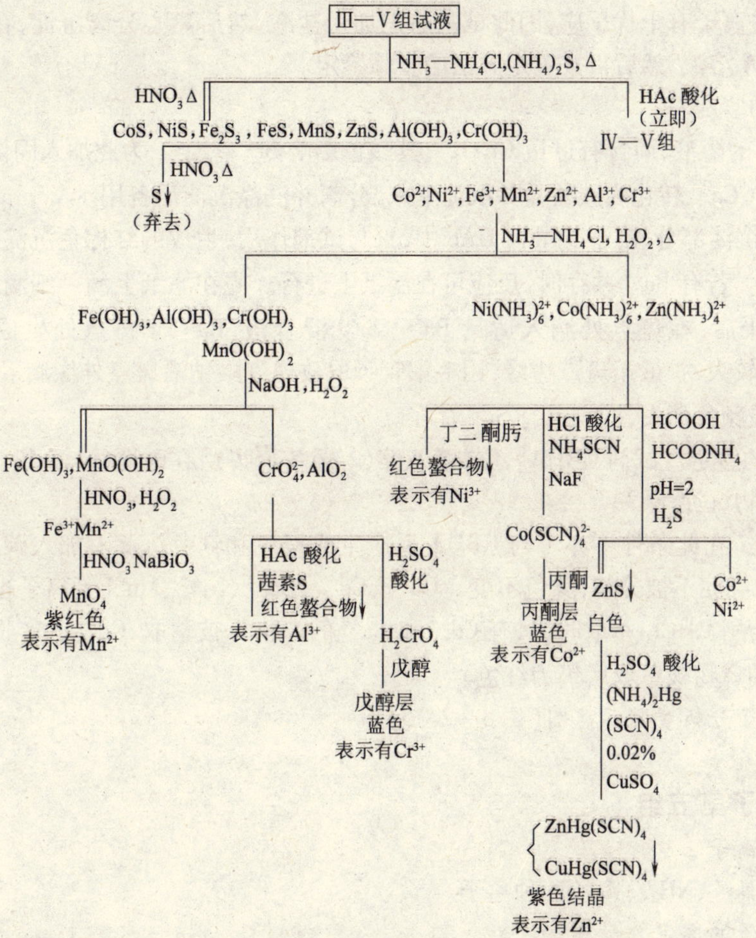

图 3－2－4　阳离子第三组系统分析步骤示意图（氨法）

四、阳离子第四组

1. 本组阳离子

包括 Ba^{2+}、Sr^{2+}、Ca^{2+}三种。当它们与不活泼金属的离子（如 Cu^{2+}等）共存时，可加入 Al、

Zn 等活泼金属将 Cu^{2+} 等还原为单质而与本组离子分离。

2. 本组离子的沉淀

分离出阳离子第三组沉淀后，溶液经酸化、加热除 H_2S、蒸干溶液，再灼烧以除去大部分铵盐（铵盐量太多将导致本组离子沉淀不完全）。冷却后用水及少许盐酸溶解残渣，将此液置于离心管中，加入适量的铵盐，用氨水调节至 pH 值为 9 左右，加热至约 60 ~ 70℃，再加入碳酸铵使本组离子完全沉淀与第五组阳离子分离。

3. 本组离子的分离与鉴定

(1) Ba^{2+} 的分离和鉴定

①利用分步沉淀原理控制 CrO_4^{2-} 浓度使 $BaCrO_4$ 沉淀完全。

② Ba^{2+} 的鉴定：Ba^{2+} 与 CrO_4^{2-} 作用生成黄色沉淀的分离反应即为 Ba^{2+} 的鉴定反应。

注意：有些离子有干扰反应，因此试验前先加入盐酸，然后离心分离沉淀，在离心液中再加入过量的 EDTA 溶液，然后再按鉴定方法的步骤鉴定。

(2) Sr^{2+} 的鉴定。

分离 Ba^{2+} 的溶液，尚含有过量 $Cr_2O_7^{2-}$，其颜色影响 Sr^{2+} 鉴定。为此加入固体碳酸钠使溶液呈强碱性，Sr^{2+}、Ca^{2+} 转化为碳酸盐并沉淀下来，分离并洗涤沉淀后备用。

取 $SrCO_3$ 沉淀部分，溶于少量稀 HAc 中，再与试剂作用，生成的红棕色沉淀溶于稀盐酸，表示有 Sr^{2+} 存在。若有 Ba^{2+} 共存时，反应可在滤纸上进行。先在滤纸上滴一细滴 1mol/L K_2CrO_4 溶液，待斑点干后，在斑点处滴入适量 Ba^{2+}、Sr^{2+} 混合液，Ba^{2+} 于斑点处生成 $BaCrO_4$ 沉淀，$SrCrO_4$ 溶解度较大，扩散至斑点边缘，用毛细管吸取玫瑰红酸钠沿斑点外缘滴下，斑点外圈为红棕色，加稀盐酸颜色消失，即表示有 Sr^{2+} 存在。

(3) Ca^{2+} 的鉴定。试剂 GBHA［乙二醛双缩（2-羟基苯胺）］在碱性（pH≥12）溶液中与 Ca^{2+} 生成红色螯合物沉淀。

Ba^{2+} 和 Sr^{2+} 在此条件下亦可与 GBHA 反应生成橙色和红色沉淀。加入碳酸钠颜色变浅，而 Ca^{2+} 的红色沉淀不被分解，颜色不变。Cu^{2+}、Cd^{2+}、Co^{2+}、Ni^{2+}、Mn^{2+} 等离子也能同试剂生成有色螯合物，若用 $CHCl_3$ 萃取时，只有 Cd^{2+} 和 Ca^{2+} 的产物可被萃取，Cd^{2+} 的产物在 $CHCl_3$ 层中显蓝色，Ca^{2+} 的产物被萃取后仍为红色。

4. 本组离子分析步骤示意图（图 3-2-5）

五、阳离子第五组

1. 本组阳离子

包括 K^+、Na^+、NH_4^+、Mg^{2+} 四种离子。

2. 本组离子的鉴定

(1) NH_4^+ 的鉴定。在气室中试液与强碱一起置于水浴上加热，放出的气体能使上面表面皿中的湿润 pH 试纸呈碱色，即表示有 NH_4^+ 存在。在阳离子范围内，此反应对 NH_4^+ 是特效的。

(2) K^+ 的鉴定。把已除去 NH_4^+ 的试液，用 HAc 调 pH 值至 3 ~ 7，加入钴亚硝酸钠试剂，若有黄色细晶形沉淀生成，即表示有 K^+ 存在。也可加入四苯硼酸钠试剂，若有白色沉淀生成，即表示有 K^+ 存在。

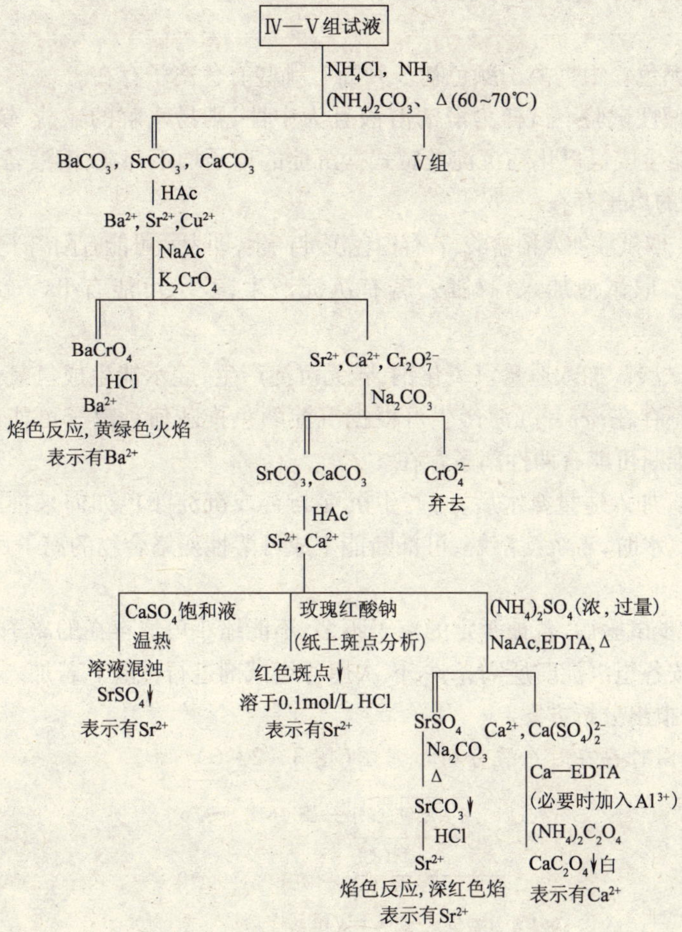

图3-2-5　阳离子第四组分析步骤示意图

除去 NH_4^+ 的方法为：

①大量 NH_4^+ 存在时，先用硝酸将试液酸化，然后将试液移入坩埚中蒸干、灼烧使铵盐分解除去。

②少量 NH_4^+ 存在时，可先加入少量的甲醛，然后加入少量碳酸钠，然后用 HAc 调 pH 值至3~7。

(3) Na^+的鉴定。Na^+的焰色是亮黄色，是检出 Na^+的极灵敏的方法。但易过度检出，因此，只有当黄色火焰维持数秒钟不褪时，方能确定有可以测量的 Na^+存在。

(4) Mg^{2+}的鉴定。Mg^{2+}在碱性溶液中与对硝基苯偶氮间苯二酚作用生成天蓝色沉淀。

反应必须在碱性溶液中进行，若有大量 NH_4^+ 存在。将降低 OH^-浓度使 Mg^{2+}不能沉淀。因此，鉴定前可加碱并煮沸以除去大量的铵盐，留下少部分 NH_4^+ 对反应无妨碍。凡在碱性溶液中易形成有色氢氧化物的阳离子对此反应均有干扰。例如：Ag^+、Hg^+、Hg^{2+}、Cu^{2+}、Co^{2+}、Ni^{2+}、Mn^{2+}、Cr^{3+}、Fe^{3+}及大量 Ca^{2+}。Ca^{2+}在浓碱中的氢氧化物沉淀虽无色，但可与试剂反应且显色。以上干扰离子均可在氨性缓冲液中加入$(NH_4)_2S$使之沉淀而除去。

六、五种阳离子同时存在时的分析

1. 初步试验

(1)观察溶液颜色。根据离子颜色初步判断有哪些有色离子存在。

(2)溶液的酸碱性试验。试样为澄清溶液且为中性，则易水解的铋盐、锑盐、锡盐不存在；溶液若为强碱性，能生成氢氧化物沉淀及碱式盐沉淀的离子均不存在；溶液若为强酸性，则可能有游离酸或易水解的离子存在。

(3)盐酸试验。取试液加入稀盐酸，若有白色沉淀产生，即表示可能有阳离子第一组离子存在。

(4)硫酸试验。取试液加入稀硫酸，若有沉淀产生，表示可能有 Ba^{2+}、Sr^{2+}、Pb^{2+} 或大量 Ca^{2+} 存在。

(5)氢氧化钠试验。加入适量氢氧化钠，若无沉淀产生，表示能生成氢氧化物沉淀(或碱式盐沉淀)的离子均不存在；若有沉淀产生可根据沉淀颜色推断何种离子可能存在；若沉淀溶于过量氢氧化钠，可推断可能有两性离子存在。

(6)氨水试验。加入适量氨水后，由产生沉淀与否或沉淀颜色如何来推断，与氢氧化钠试验相似；加入过量氨水时，若沉淀溶解，可推断能生成可溶性氨络合物的离子可能存在。

2. 分组试验

经过前面的初步试验后，若被否定的离子不多，不能缩小可能存在的离子范围，则可按阳离子系统分析方法，按各组沉淀时所需条件，依次用各组试剂进行试验。若加入某组试剂后，再根据可能存在的离子拟出分析方案。

3. 五组阳离子同时存在时系统分析示意图(图3-2-6)

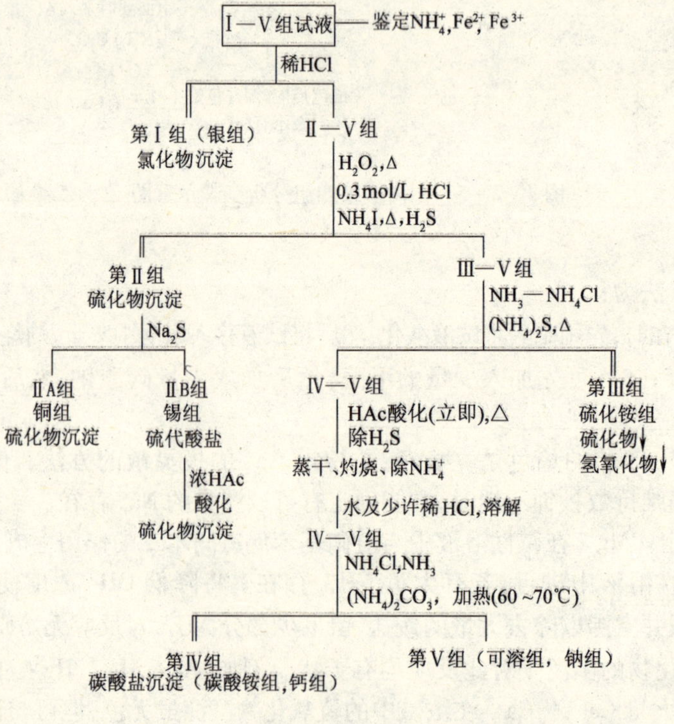

图3-2-6　五组阳离子同时存在时分析示意图

第二节 阴离子分组鉴定

一、阴离子分析特性

构成阴离子的元素虽然不多，但由每一种元素所构成的阴离子往往不只一种，因此阴离子的总数却很多。这里只讨论常见的阴离子如 SO_3^{2-}、SO_4^{2-}、$S_2O_3^{2-}$、SiO_3^{2-}、CO_3^{2-}、PO_4^{3-}、Cl^-、Br^-、I^-、S^{2-}、NO_3^-、NO_2^-、Ac^-等的分析。

1. 阴离子组成的多样性

阳离子绝大多数是由一种元素形成的简单离子，而阴离子则大多数是由两种或两种以上的元素构成的酸根或络离子。此外，分析阴离子时，不能只说明它是由什么元素组成的，还要表明它们是以什么形式存在的。

2. 阴离子的不稳定性

(1)易被酸分解。

(2)易发生氧化还原反应。

(3)多种阴离子共存的情况少，难于共存的阴离子如表 3-2-2 所示。

表 3-2-2 难共存的阴离子

阴离子	在不同酸度下难共存的离子	
	酸性溶液	碱性溶液
SO_3^{2-}、$S_2O_3^{2-}$	S^{2-}、MnO_4^-、$Cr_2O_7^{2-}$、NO_2^-、AsO_4^{3-}	MnO_4^-
AsO_4^{3-}	S^{2-}、SO_3^{2-}、I^-、$S_2O_3^{2-}$	—
AsO_3^{3-}	MnO_4^-、$Cr_2O_7^{2-}$、NO_3^-	MnO_4^-
Cl^-	MnO_4^-	—
Br^-	MnO_4^-、$Cr_2O_7^{2-}$	—
I^-	MnO_4^-、$Cr_2O_7^{2-}$、NO_2^-、AsO_4^{3-}	MnO_4^-
S^{2-}	MnO_4^-、$Cr_2O_7^{2-}$、NO_2^-、NO_3^-、SO_3^{2-}	MnO_4^-
NO_3^-	$S_2O_3^{2-}$、AsO_4^{3-}	—
NO_2^-	S^{2-}、SO_3^{2-}、$S_2O_3^{2-}$	MnO_4^-

3. 阴离子特效反应较多

二、阴离子的分组

根据各种阴离子的钡盐和银盐溶解度不同可分为三个组，如表 3-2-3 所示。

表 3-2-3 阴离子的分组

组　别	阴离子	组试剂	特　性
第一组	SO_4^{2-}、SO_3^{2-}、SiO_3^{2-}、BO_2^-、CO_3^{2-}、PO_4^{3-}、$C_2O_4^{2-}$、AsO_4^{3-}、AsO_3^{3-}、F^-、$S_2O_3^{2-}$	$BaCl_2$(中性或弱碱性溶液)	钡盐难溶于水

续表

组　别	阴离子	组试剂	特　性
第二组	S^{2-}、CN^-、SCN^-、Cl^-、Br^-、I^-	$AgNO_3$（硝酸溶液）	银盐难溶于水及稀硝酸
第三组	NO_3^-、NO_2^-、ClO_3^-、ClO^-、CH_3COO^-	无组试剂	钡盐和银盐都易溶于水

注　BaS_2O_3 只有当离子浓度大于4.5mg/mL时才析出沉淀。

在这里，组试剂的作用与阴离子分析的组试剂不同，不是用作分离该组离子，而是为了检验该组离子是否存在。

三、阴离子的初步试验

1. 预先推测

（1）首先检查溶液的酸碱性。若溶液为酸性，则在酸中分解易挥发的阴离子如 CO_3^{2-}、NO_2^-、S^{2-} 等不存在。

（2）根据阳离子分析结果进行推测。阴离子的鉴定一般在阳离子之后，根据阳离子分析结果可推测出某些阴离子是否存在。

2. 加酸试验

于固体样品中加入稀硫酸或稀盐酸，观察有无气泡产生，再根据气体的性质可初步推断可能有哪些阴离子存在。若样品为液体，加酸试验时，如果浓度小，有时现象不够明显。

3. 沉淀反应试验

（1）与 $BaCl_2$ 溶液的作用。在中性或弱碱性溶液中加入 $BaCl_2$（若试液原为酸性，可加入 $BaCl_2$ 或氨水中和）。若产生沉淀，则表示第一组离子存在。若无沉淀产生，则可否定该组离子存在。若沉淀不溶于盐酸，则表示有 SO_4^{2-} 存在。

（2）与硝酸银作用。试液中加入 $AgNO_3$，若有沉淀产生，加入稀硝酸沉淀不溶解则表示有第二组离子存在。根据沉淀的颜色可进一步推断为何种离子（例如 Ag_2S 为黑色，AgI 为黄色，AgBr 为淡黄色等）。

4. 氧化还原性的试验

（1）还原性阴离子的存在试验。

①与 $KMnO_4$ 的作用：试液用稀硫酸酸化（或碱化），加入 0.03% $KMnO_4$ 溶液 1 滴，若 $KMnO_4$ 褪色，则可能有还原性阴离子如 SO_3^{2-}、$S_2O_3^{2-}$、S^{2-}、Br^-、I^-、NO_2^-、Cl^- 等存在。

②与 I^- 淀粉试剂的作用。于已酸化的试液中，加入含有 KI 的 I—淀粉试剂，若溶液的蓝色褪去，则表示有强还原性的阴离子如 S^{2-}、SO_3^{2-}、$S_2O_8^{2-}$ 等存在。

（2）氧化性阴离子的存在试验。取试液用硫酸酸化后，加入 KI 淀粉试剂，若溶液呈蓝色，表示有氧化性阴离子如 NO_2^-、MnO_4^-、$Cr_2O_7^{2-}$、AsO_4^{3-} 等存在。NO_3^- 在稀酸、离子浓度小的条件下，不能使 I^- 氧化。

四、阴离子的分别鉴定

1. SO_4^{2-} 的鉴定

于试液中加入 $BaCl_2$，生成的白色沉淀不溶于稀的无机酸，表示有 SO_4^{2-} 存在，SiO_3^{2-} 浓度大时可形成白色冻状胶体；$S_2O_3^{2-}$ 在酸性液中有硫慢慢析出，要注意与硫酸钡沉淀的区别。

2. SiO_3^{2-} 的鉴定

试液以稀氨水调至碱性后，加入饱和 NH_4Cl 溶液，加热，若有白色胶状沉淀产生，则表示有 SiO_3^{2-} 存在。

3. PO_4^{3-} 的鉴定

于定量滤纸上滴入一细滴用硝酸酸化过的试液，然后滴一细滴有酒石酸存在的钼酸铵[$(NH_4)_2MoO_4$]试剂，烘至略干，加联苯胺一细滴，置滤纸于氨气上熏，如出现蓝色斑点表示有 PO_4^{3-} 存在。

4. CO_3^{2-} 的鉴定

试液先用 H_2O_2 预处理，然后加入酸，产生的气体通入 $Ba(OH)_2$ 溶液中，若 $Ba(OH)_2$ 溶液变混浊则表示有 CO_3^{2-} 存在。

5. S^{2-} 的鉴定

酸能分解许多硫化物，同时放出 H_2S，硫化氢具有特殊的臭味（腐蛋臭），若用润湿 $Pb(Ac)_2$ 试纸试之，试纸变黑，则表示有 S^{2-} 存在。

6. SO_3^{2-} 的鉴定

试液先加入 $Sr(NO_3)_2$ 溶液，分离洗涤沉淀后，在沉淀上加酸，产生的气体通入 $KMnO_4$ 溶液，若能使高锰酸钾褪色，则表示有 SO_3^{2-} 存在。

7. $S_2O_3^{2-}$ 的鉴定

试液中加入 $AgNO_3$ 溶液，若有白色沉淀产生且该沉淀迅速由白经黄、棕，最后变为黑色的 Ag_2S，表示有 $S_2O_3^{2-}$ 存在。

8. S^{2-}、SO_3^{2-}、$S_2O_3^{2-}$ 的分离

由于这几种离子在检出时互有干扰，因此，鉴定前需要进行分离。分离步骤为：先加入难溶固体试剂 $CdCO_3$ 与 S^{2-} 作用生成更难溶的 CdS 而先将 S^{2-} 除去，再利用 $SrSO_3$ 与 SrS_2O_3 的溶解度的不同（后者溶解度比前者大）而将 SO_3^{2-} 与 $S_2O_3^{2-}$ 分开。用分离后的产物再分别检出它们。

9. Cl^-、Br^-、I^- 的鉴定

试液中如果只有 Cl^-、Br^-、I^- 三种离子共存，可分别应用各离子的特效反应鉴定。但尚有 S^{2-}、SO_3^{2-}、$S_2O_3^{2-}$ 共存，则将妨碍鉴定，应把它们与 Cl^-、Br^-、I^- 分开。

（1）Cl^-、Br^-、I^- 离子的沉淀。于试液中加入硝酸酸化后，再加入硝酸银溶液并加热，沉淀为 Cl^-、Br^-、I^- 的银盐。

（2）硝酸银的分离和 Cl^- 的鉴定。用碳酸铵溶液处理（1）已洗净的沉淀，充分搅拌，AgCl 溶解而与 AgBr 和 AgI 分离。取离心液加硝酸酸化，若又得白色沉淀则表示有 Cl^- 存在。

（3）AgBr 和 AgI 的溶解。用碳酸铵处理后的残渣中，含有 AgBr 和 AgI，为使 Br^- 及 I^- 转入溶液中，用 Zn 粉及水并加热处理残渣，此时 Br^-、I^- 均能转入溶液中。

(4) Br^- 和 I^- 的鉴定。取(3)的离心液用硫酸酸化,加入四氯化碳,再逐滴加入次氯酸钠,若四氯化碳显红紫色,则表示有 I^- 存在。然后再逐滴加入次氯酸钠并振荡,若四氯化碳层从红紫色→无色→红棕色→浅黄色,则表示有 Br^- 存在。

10. NO_2^- 的鉴定

试液先用醋酸酸化,然后加入对氨基苯磺酸溶液并振荡,然后再加入 α-萘胺溶液,若有红色产物生成则表示有 NO_2^-。

11. NO_3^- 的鉴定

在小试管中先放入试液和饱和 $FeSO_4$ 溶液,斜置试管,然后小心沿试管壁加入浓硫酸使之流入管底形成两层,慢慢扶直试管不使混合,两层交界处形成棕色环,表示有 NO_3^- 存在。

12. Ac^- 的鉴定

在中性试液中加入 $FeCl_3$ 溶液,溶液呈红棕色,煮沸后产生红棕色沉淀,再加入盐酸,沉淀溶解且溶液呈黄色则表示有 Ac^- 存在。

第三节 常用物质的定性鉴定

一、常用酸类的定性鉴定

1. 磷酸

(1)外观应为无色透明粘稠液体,呈酸性。

(2)取样品水溶液,加 10% 钼酸铵溶液和硝酸,加热,即发生黄色沉淀,分离,此沉淀能溶解在 6mol/L 氨水中(证实有磷酸根)。

2. 硼酸

(1)外观应为无色液体。

(2)于铂皿中放样品少许,置于通风橱内的水浴上加热蒸发,所挥发的气体能使茜素磺酸锆试纸的红色褪成黄色。

3. 硫酸

(1)外观应为无色或略带灰黄色粘稠厚重液体。

(2)样品溶液呈强酸性。

(3)于样品水溶液中加入 5% 氯化钡溶液,即产生白色沉淀。此沉淀在盐酸或硝酸中均不溶解(证实有硫酸根)。

(4)于样品中加 10% 乙酸铅溶液,即发生白色沉淀。此沉淀在 10% 乙酸铵溶液或 1mol/L 氢氧化钠溶液中均不溶解(证实有硫酸根)。

4. 硝酸

(1)外观应为无色或淡黄色透明液体。

(2)样品溶液呈强酸性。

(3)取样品少许置于试管中,加少量水稀释,加入与样品溶液等体积的硫酸,混合,冷却,沿管壁加入硫酸亚铁溶液使成两液层,在界面上出现棕色环(证实在硝酸盐)。

(4)取样品少许加硫酸与铜丝(或铜屑),加热,即发生红棕色蒸汽(证实有硝酸盐)。

5. 盐酸

(1)外观应为无色或黄色透明液体。

(2)样品溶液呈强酸性。

(3)取样品水溶液用硝酸酸化,加入0.1mol/L硝酸银溶液,即产生白色沉淀,此沉淀能溶于氨水(证实有氯化物)。

(4)取样品溶液加氨水使溶液呈碱性,如有沉淀需过滤,滤液加硫酸使成酸性,加数粒高锰酸钾结晶,加热即放出氯气,能使碘化钾—淀粉试纸呈蓝色(证实有氯化物)。

6. 冰乙酸(冰醋酸)

(1)外观应为透明液体或白色结晶块,有强烈的酸味。

(2)取1mL样品加1mL水,用4%氢氧化钠溶液中和后加入9%三氯化铁溶液,即显深红色,煮沸,即发生红棕色沉淀,再加盐酸,即溶解生成黄色溶液。

(3)取少许样品,加硫酸与少量乙醇,加热,即发生乙酸乙酯的香气。

7. 草酸

(1)外观应为无色或白色结晶体。

(2)样品溶液中加入数毫升氯化钙溶液,有白色沉淀产生,此沉淀不溶于水及冰乙酸,但溶于稀盐酸或稀硝酸中(证实有草酸)。

(3)取样品晶粒少许置于小试管中,加入少量二苯胺直接在火上熔化,冷却后,将熔融物溶于少量乙醇中,应有蓝色(苯胺盐)出现(证实有草酸)。

8. 单宁酸

(1)外观应为淡黄色至浅棕色无定形粉末。

(2)样品溶液加明胶溶液,有白色沉淀产生。

(3)样品溶液加硫酸亚铁溶液,溶液呈黑色。

9. 甲酸

取样品数毫升,置一坩埚中,并加入10%氯化汞溶液及缓冲溶液各一滴。将混合物置于烘箱内,在100℃蒸发至干(避光)。用一滴水溶解蒸发残渣,并加入一滴0.1mol/L氨,有或深或浅的黑色到灰色出现(证实有甲酸)。

10. 酒石酸

取样品少许加入15mL和5mL乙酸酐加热呈艳绿色(证实有酒石酸)。

11. 柠檬酸

(1)取样品溶液少许加入15mL吡啶和5mL乙酸酐溶液呈胭脂红色(证实有柠檬酸)。

(2)取样品水溶液,用氢氧化钠溶液调节至中性,加过量的硝酸银溶液,即发生白色沉淀,能在硝酸或氨水中溶解,取此溶液置于试管中,在水浴中加热至60~70℃,管壁不显银镜,以区别于酒石酸(证实有柠檬酸)。

12. 乳酸

(1)取样品水溶液,加高锰酸钾溶液,加热,即有乙醛的臭气(证实有乳酸)。

(2)一滴样品和1mL浓硫酸放入一干试管中,置于水浴内,在85℃加热2min,冷却至28℃后,加入少许固体对-羟基联苯,再将混合物搅拌数次,放置10~30min,将会逐渐出现紫色,过一段时间其色加深(证实有乳酸)。

二、常用碱类的定性鉴定

1. 氢氧化铵

(1)外观应为无色透明或微带黄色的液体。

(2)具有特殊氨臭。

(3)取样品加热,逸出的气体用润湿的红色石蕊试纸接触,如变蓝色证明有氨存在。

(4)取样品加热,逸出气体使硝酸亚汞湿润纸片变为黑色。

2. 氢氧化钠(烧碱)

(1)固体烧碱应为白色或略带浅色光的结块,液体烧碱外观应为白色液体,但由于杂质的存在,有时为青黄甚至赤褐色液体。

(2)样品水溶液加0.1mol/L 硝酸银溶液,有棕色沉淀产生(证实有氢氧根)。

(3)取铂丝,用盐酸处理湿润后,蘸取样品少许,在无色火焰中燃烧,火焰即呈鲜黄色(证实有钠盐)。

3. 硅酸钠(泡化碱)

(1)外观应为无色、略带色的透明或半透明粘稠状液体。

(2)取铂丝,蘸取样品,在无色火焰中燃烧,火焰即呈鲜黄色(证实有钠盐)。

(3)将6mol/L 盐酸缓慢地加入不很稀的样品水溶液中,即析出白色凝胶状沉淀,有时成絮状沉淀或全部凝结成胶冻(证实有硅酸盐)。

4. 碳酸钾

(1)外观应为白色粉状或颗粒状。

(2)取样品,加盐酸即泡沸,产生二氧化碳气体,此气体通入氢氧化钙溶液中即产生白色沉淀(证实有碳酸盐)。

(3)取铂丝,用盐酸润湿后,蘸取样品,在无色火焰中燃烧,火焰即显紫色,如少量钠盐存在而火焰中夹有黄色时,需隔蓝色玻璃观察(证实有钾盐)。

5. 碳酸钠(纯碱)

(1)外观应为白色粉状结晶。

(2)用盐酸润湿的铂丝先在无色火焰上烧灼至无色,再蘸取样品溶液少许,在无色火焰中烧灼,火焰呈鲜黄色(证实有钠盐)。

(3)样品溶液滴加盐酸即放出二氧化碳气体,此气体通入氢氧化钙溶液中即生成白色沉淀(证实有碳酸根)。

(4)样品溶液滴加12%硫酸镁溶液即生成白色沉淀(证实有碳酸根)。

6. 碳酸氢铵

(1)外观应为白色粉末结晶。

(2)取样品,加1:1 盐酸,即泡沸,产生二氧化碳气体,此气通入氢氧化钙溶液中即生成白色沉淀。

(3)取样品水溶液,加酚酞指示剂,应不变色或仅显微红色(证实有碳酸氢盐)。

(4)取样品,加过量氢氧化钠溶液后加热,即分解,产生氨臭,遇湿润的红色石蕊试纸能使之变蓝色(证实有铵盐)。

7. 碳酸氢钠(小苏打)

(1)外观应为白色粉末。

(2)取铂丝，用盐酸润湿后，蘸取样品，在无色火焰中燃烧，火焰即显鲜黄色(证实有钠盐)。

(3)取样品水溶液，加盐酸，即泡沸，产生二氧化碳气体，此气体通入氢氧化钙溶液，即生白色沉淀。

(4)取样品水溶液，加硫酸镁溶液，煮沸，产生白色沉淀(证实有碳酸氢盐)。

三、常用氧化剂的定性鉴定

1. 过氧化钠

(1)外观应为浅黄色珠粒或粉粒。

(2)取铂丝，用盐酸湿润后，蘸取样品，在无色火焰中燃烧，火焰即呈鲜黄色。

(3)小心将样品慢慢分次少量加至冷水中，有气泡出现，水溶液呈碱性。

(4)小心将样品慢慢分次加入三氯化铬溶液中，即呈橘黄色。

2. 过氧化氢(双氧水)

(1)外观应为无色透明液体。

(2)取 1mL 样品，加 10mL 水[内含 1 滴 2mol/L 硫酸($\frac{1}{2}H_2SO_4$)]，再加 2mL 乙醚和数滴 7.5% 重铬酸钾溶液，振荡，乙醚层即显过铬酸的蓝色，此反应必须在冷溶液中进行。

(3)取样品，加氢氧化钠溶液使之成碱性后，加热，即分解，产生泡沸现象并放出氧气。

3. 重铬酸铵

(1)外观应为橙红色三斜晶系结晶。

(2)取样品水溶液，加入过量的 5% 氢氧化钠溶液，加热，所产生的气体具有氨臭，并能使湿润的红色石蕊试纸变成蓝色(证实有铵盐)。

(3)取样品水溶液，加入数滴冰乙酸，再加入少许 10% 乙酸铅溶液，即产生黄色沉淀。

(4)取样品水溶液，加硫酸酸化并冷却后，加入乙醚和过氧化氢溶液，立即将试管振荡，乙醚层即显蓝色，此反应必须在冷溶液中进行，同时加入乙醚萃取。

4. 重铬酸钠

(1)外观应为鲜艳橙红色针状或小粒状结晶。

(2)取铂丝，用盐酸润湿后，蘸取样品，在无色火焰中燃烧，火焰即显鲜黄色(证实有钠盐)。

(3)取样品水溶液，加入数滴冰乙酸，再加入少许 10% 乙酸铅溶液，即产生黄色沉淀。

(4)取样品水溶液，加硫酸酸化并冷却后，加入乙醚和过氧化氢溶液，立即将试管振荡，乙醚层即显蓝色，此反应必须在冷溶液中进行，同时加入乙醚萃取。

5. 次氯酸钠

(1)外观应为浅黄色透明液体。

(2)取铂丝，用盐酸润湿后，蘸取样品，在无色火焰中燃烧，火焰即呈鲜黄色(证实有钠盐)。

(3)样品呈碱性。

(4)取样品，加乙酸酸化后，加 10% 乙酸铅溶液煮沸，即生成棕色沉淀(证实有次氯酸盐)。

6. 氯酸钾

(1)外观应为白色粉末。

(2)样品溶液加硝酸及0.1mol/L硝酸银溶液应无白色沉淀,续加1%亚硝酸钠溶液数滴,此时应有白色沉淀产生(证实有氯酸根)。

(3)样品溶液加1:10高氯酸溶液,有白色沉淀,此沉淀在1mol/L氢氧化钠或浓氨溶液中不溶(证实有钾盐)。

7. 氯酸钠

(1)外观应为白色或略带黄色晶体。

(2)样品溶液加硝酸及0.1mol/L硝酸银溶液应无白色沉淀,续加1%亚硝酸钠溶液数滴,此时应有白色沉淀产生(证实有氯酸根)。

(3)取铂丝,用盐酸润湿后,蘸取样品少许,在无色火焰中燃烧,火焰即呈鲜黄色(证实有钠盐)。

8. 漂白粉

(1)外观应为白色粉块。

(2)有特殊的氯气臭味。

(3)样品水溶液遇碘化钾—淀粉试纸呈蓝色。

9. 三氯化铁

(1)外观应为褐绿色结晶。

(2)取样品水溶液,加10%亚铁氰化钾溶液,即产生深蓝色沉淀,此沉淀在1:1盐酸中不溶(证实有铁盐)。

(3)取样品水溶液,加硝酸和0.1mol/L硝酸银溶液,即产生白色沉淀(证实有氯化物)。

(4)取样品水溶液,加1:1盐酸和碘化钾,即生成红棕色溶液(证实有铁盐)。

10. 高锰酸钾

(1)外观应为深紫色有金属光泽的粒状或针状结晶。

(2)取5mL样品水溶液(1g样品配成1000mL溶液),加2mol/L硫酸($\frac{1}{2}H_2SO_4$)酸化,加过氧化氢溶液,紫红色即消退。

(3)取上述褪色溶液,加入乙酸及0.1%四苯硼钠溶液,有白色沉淀产生(证实有钾盐)。

11. 过硼酸钠

(1)外观应为白色细结晶。

(2)取铂丝,用盐酸润湿后,蘸取样品,在无色火焰中燃烧,火焰即显鲜黄色(证实有钠盐)。

(3)取样品,加硫酸,混合后,加甲醇(或乙醇),点火燃烧,即产生边缘带绿色的火焰(证实有硼)。

(4)取样品水溶液,加0.1mol/L高锰酸钾($\frac{1}{5}KMnO_4$)溶液,高锰酸钾的紫红色即消褪(证实有过硼酸盐)。

12. 铁氰化钾

(1)外观应为橙红色细结晶。

(2)取铂丝，用盐酸润湿后，蘸取样品，在无色火焰中燃烧，火焰即显紫色，如有少量钠盐存在而火焰中夹杂有黄色时，需隔蓝色玻璃观察(证实有钾盐)。

(3)取样品水溶液，加入5%硫酸亚铁溶液，即产生深蓝色沉淀(证实有铁氰根)。

13. 铬酸酐

(1)外观应为紫红色片状固体，露置空气中极易潮解。

(2)取样品，高温灼烧，即转呈绿色。

(3)取样品水溶液，加入数滴冰乙酸，再加入少许10%乙酸铅溶液，即产生黄色沉淀。

(4)取样品水溶液，加硫酸酸化并冷却后，加入乙醚和过氧化氢溶液，立即将试管振荡，乙醚层即显蓝色，此反应必须在冷溶液中进行，同时加入乙醚萃取。

14. 亚硝酸钠

(1)外观应为微带淡黄色的白色结晶。

(2)用盐酸润湿的铂丝先在无色火焰上灼烧至无色，再蘸取样品溶液少许在无色火焰中灼烧，火焰呈鲜黄色(证实有钠盐)。

(3)样品溶液加盐酸酸化后，遇碘化钾—淀粉试纸呈蓝色(证实有亚硝酸盐)。

四、常用氧化物的定性鉴定

1. 氧化镁

(1)外观应为白色或米黄色粉状，不溶于水，溶于盐酸。

(2)取样品少许，溶于6mol/L盐酸后加入稍过量的氨水至明显碱性，加入10%磷酸氢二钠溶液，即产生白色晶形沉淀(证实有镁盐)。

2. 氧化铜

(1)外观应为黑色粉末。

(2)取样品，加热溶解于6mol/L盐酸中，加入10%亚铁氰化钾溶液，即产生红棕色沉淀(证实有铜盐)。

3. 氧化锌

(1)外观应为白色粉末。

(2)样品灼烧时呈黄色，冷却后又呈白色。

(3)样品少许溶解于6mol/L盐酸中，加亚铁氰化钾溶液，有白色沉淀产生(证实有锌盐)。

五、常用盐类的定性鉴定

1. 焦磷酸钾

(1)外观应为白色块状固体。

(2)取铂丝，用盐酸润湿后，蘸取样品，在无色火焰中燃烧，火焰即显紫色，如有少许钠盐存在而火焰中夹杂有黄色时，需隔蓝色玻璃观察(证实有钾盐)。

(3)取样品水溶液，加0.1mol/L硝酸银溶液，即产生白色凝乳状沉淀，此沉淀溶于氨水及硝酸中(证实有焦磷酸盐)。

(4)取样品水溶液,加10%钼酸铵溶液,冷时无沉淀,但加热后即产生黄色沉淀(证实有焦磷酸盐)。

2. 磷酸氢二钠

(1)外观应为白色细结晶。

(2)取铂丝,用盐酸润湿后,蘸取样品,在无色火焰中燃烧,火焰即显鲜黄色(证实有钠盐)。

(3)样品水溶液对酚酞指示剂呈碱性(红色),对百里酚蓝指示剂呈碱性(蓝色),对百里酚酞指示剂呈酸性(无色)。

(4)取样品水溶液,加10%钼酸铵溶液和硝酸后,加热即生成黄色沉淀,分离,此沉淀能溶解在氨水中(证实有磷酸盐)。

3. 六偏磷酸钠

(1)外观应为无色透明玻璃片状或粒状固体。

(2)取铂丝,用盐酸润湿蘸取样品,在无色火焰中燃烧,火焰即显黄色(证实有钠盐)。

(3)取样品水溶液,加硝酸,煮沸数分钟,加钼酸铵溶液,加热,即产生黄色沉淀(证实有磷酸盐)。

(4)取样品水溶液,加入氯化钡溶液,即产生白色沉淀(证实有有效磷酸盐)。

4. 焦亚硫酸钠

(1)外观应为白色粒状粉末。

(2)取铂丝,用盐酸润湿后,蘸取样品,在无色火焰中燃烧,火焰即显鲜黄色(证实有钠盐)。

(3)取样品,加盐酸即产生二氧化硫气体,有刺激性特臭气味;取样品,滴加碘溶液,碘的颜色即消退。样品水溶液遇甲基橙指示剂呈黄色,加入过氧化氢,即转成砖红色。

5. 硫酸铵

(1)外观应为白色或微带颜色的结晶。

(2)样品水溶液加5%氯化钡溶液,即产生白色沉淀,此沉淀在盐酸或硝酸中均不溶解(证实有硫酸盐)。

(3)样品加过量10%氢氧化钠溶液后,加热即分解,发生氨臭,遇湿润的红色石蕊试纸能使之变蓝(证实有铵盐)。

6. 硫酸钡

(1)外观应为无定形白色粉状固体。

(2)取约0.3g样品,加10mL 10%碳酸钠溶液,煮沸,过滤,滤液中加盐酸使成酸性后,加5%氯化钡溶液即产生白色沉淀(证实有硫酸盐)。

(3)将(2)中过滤时所得残渣用水洗净,加6%乙酸使之溶解,过滤,在滤液中加2mol/L硫酸($\frac{1}{2}H_2SO_4$),即产生白色沉淀,此沉淀在盐酸中不溶解(证实有钡盐)。

(4)取铂丝用盐酸润湿后,蘸取(3)的乙酸溶液,在无色火焰中燃烧,火焰即显黄绿色(证实有钡盐)。

7. 硫酸铝铵

(1)外观应为白色细结晶或透明坚硬块。

（2）取样品水溶液，滴加4%氢氧化钠溶液，即产生白色胶状沉淀，此沉淀能在过量的氢氧化钠溶液中溶解（证实有铝盐）。

（3）取样品水溶液，加乙酸铅溶液，即产生白色沉淀，此沉淀能在乙酸铵溶液或氢氧化钠溶液中溶解（证实有硫酸盐）。

（4）取样品，加过量的10%氢氧化钠溶液，加热，即产生具有氨臭的气体，此气体能使湿润的红色石蕊试纸变蓝，能使湿润的硝酸亚汞试纸变黑（证实有铵盐）。

8. 硫酸铝钾

（1）外观应为无色透明块状、粒状结晶或粉末。

（2）取样品水溶液，滴加4%氢氧化钠溶液，即产生白色胶状沉淀，此沉淀能在过量的氢氧化钠溶液中溶解（证实有铝盐）。

（3）取样品水溶液，加氯化钡溶液，即产生白色沉淀，此沉淀在盐酸和硝酸中不溶解（证实有硫酸盐）。

（4）取铂丝，用盐酸润湿后，蘸取样品，在无色火焰中燃烧，火焰即显紫色，如有少量钠盐存在而火焰中夹有黄色时，需隔蓝色玻璃观察（证实有钾盐）。

9. 硫酸镁

（1）外形应为白色细结晶。

（2）取样品水溶液，加5%氯化钡溶液即产生白色沉淀，此沉淀在盐酸中不溶解（证实有硫酸盐）。

（3）取样品水溶液，加氨水及25%磷酸氢二铵溶液，即产生白色结晶沉淀（证实有镁盐）。

10. 硫酸锰

（1）外观应为白色略带粉红色粉末状结晶。

（2）取样品水溶液，加5%氯化钡溶液，即产生白色沉淀，此沉淀在盐酸中不溶解（证实有硫酸盐）。

（3）取样品少许，溶于4mol/L硝酸中，加少量铋酸钠粉末，搅和，将过量的试剂离心沉淀后，溶液呈紫红色（证实有锰盐）。

11. 硫酸钠

（1）外观应为白色粉状。

（2）样品溶液加盐酸使之成酸性后，加氯化钡溶液即产生白色沉淀，分离，沉淀在盐酸中不溶解（证实有硫酸盐）。

（3）取铂丝，用盐酸润湿后，蘸样品少许，在无色火焰中燃烧，火焰呈明显鲜黄色（证实有钠盐）。

12. 硫酸铜

（1）外观应为蓝色结晶。

（2）取样品水溶液，加5%氯化钡溶液，即产生白色沉淀，此沉淀在盐酸中不溶解（证实有硫酸盐）。

（3）取样品水溶液，滴加6mol/L氨水，即产生淡蓝色沉淀，再加过量氨水，沉淀溶解，生成深蓝色溶液（证实有铜盐）。

（4）取样品水溶液，加10%亚铁氰化钾溶液，即产生红棕色沉淀（证实有铜盐）。

13. 硫酸锌

(1)外观应为白色细结晶。

(2)取样品水溶液,加5%氯化钡溶液,即产生白色沉淀,此沉淀在盐酸中不溶解(证实有硫酸盐)。

(3)取样品水溶液,加入10%亚铁氰化钾溶液,即产生白色沉淀(证实有锌盐)。

14. 氯化铵

(1)外观应为白色粉状结晶。

(2)样品加过量氢氧化钠溶液后,加热即分解,产生氨臭,遇石蕊试纸能使之变蓝(证实有铵盐)。

(3)样品溶液用硝酸酸化,加入硝酸银溶液即产生白色凝乳状沉淀,此沉淀能溶于氨水(证实有氯化物)。

15. 氯化钡

(1)外观应为白色片状或粉状结晶。

(2)取样品水溶液用硝酸酸化,加入0.1mol/L硝酸银溶液,即产生白色凝乳状沉淀,此沉淀能溶于氨水(证实有氯化物)。

(3)取样品水溶液,加2mol/L硫酸($\frac{1}{2}H_2SO_4$),即产生白色沉淀,此沉淀在盐酸或硝酸中不溶解(证实有钡盐)。

16. 氯化钙

(1)外观应为白色多孔松块。

(2)取样品水溶液,用硝酸酸化,加入0.1mol/L硝酸银溶液,即产生白色凝乳状沉淀,此沉淀能溶于氨水(证实有氯化物)。

(3)取样品水溶液,加氨水至呈碱性,加入3.5%草酸铵溶液,即产生白色沉淀,此沉淀不溶于乙酸,但溶于盐酸(证实有钙盐)。

(4)取铂丝,用盐酸润湿后,蘸取样品水溶液,在无色火焰中燃烧,火焰显砖红色(证实有钙盐)。

17. 氯化钾

(1)外观应为白色或暗白色细小结晶。

(2)样品水溶液用硝酸酸化后加入0.1mol/L硝酸银溶液,即产生白色乳状沉淀,此沉淀能溶于氨水(证实有氯化物)。

(3)样品用少量水溶解,加入1∶10高氯酸溶液,有白色沉淀产生,此沉淀不溶于1mol/L氢氧化钠溶液或氨水中(证实有钾盐)。

18. 氯化钠

(1)外观应为白色或次白色结晶状粉末。

(2)取样品水溶液,用硝酸酸化,加入0.1mol/L硝酸银溶液,即产生白色凝乳状沉淀,此沉淀能溶于氨水(证实有氯化物)。

(3)取铂丝,用盐酸润湿后,蘸取样品,在无色火焰中烧灼,火焰即显鲜黄色(证实有钠盐)。

19. 氯化锌

(1)外观应为白色粉末。

(2)取样品水溶液,加数滴盐酸使溶液澄清,加入10%亚铁氰化钾溶液,即产生白色沉淀(证实有锌盐)。

(3)取样品水溶液,加数滴硝酸使溶液澄清,加入0.1mol/L硝酸银溶液,即产生白色凝乳状沉淀(证实有氯化物)。

20. 碳酸钙

(1)外观应为白色极细的轻质粉末。

(2)样品加6mol/L盐酸后即产生二氧化碳气体,此气体通入氢氧化钙溶液中即产生白色沉淀(证实有碳酸根)。

(3)将上述酸化后的样品溶液加酚酞指示剂,用氨水调中性,加入草酸铵溶液即生成白色沉淀,此沉淀在盐酸中溶解(证实有钙盐)。

(4)取铂丝用盐酸润湿后,蘸取样品,在无色火焰中燃烧,火焰即显砖红色(证实有钙盐)。

21. 硝酸铵

(1)外观应为白色细小结晶。

(2)样品加过量10%氢氧化钠溶液后,加热即分解,生成氨臭,遇湿润的红色石蕊试纸能使之变蓝(证实有铵盐)。

(3)取样品水溶液置于试管中,加等体积的硫酸,混合,冷却,沿管壁加入8%硫酸亚铁溶液使成两层,在界面上出现棕色环(证实有硝酸盐)。

22. 硝酸钾

(1)外观应为白色结晶。

(2)取铂丝,用盐酸润湿后,蘸取样品,在无色火焰中燃烧,火焰即显紫色,如有少量钠盐存在而火焰中夹杂有黄色时,需隔蓝色玻璃观察(证实有钾盐)。

(3)取样品水溶液,置于试管中,加等体积的硫酸,混合,冷却,沿管壁加入硫酸亚铁溶液,使溶液成两个液层,在界面上出现棕色环(证实有硝酸盐)。

23. 硝酸钠

(1)外观应为白色结晶。

(2)取铂丝,用盐酸润湿后,先在无色火焰中灼烧至无色,再蘸取样品液少许,在无色火焰上灼烧,火焰呈鲜黄色(证实有钠盐)。

(3)取样品水溶液,置于试管中,加等体积的硫酸,混合,冷却,沿管壁加入硫酸亚铁溶液,使溶液成两个液层,在界面上出现棕色环(证实有硝酸盐)。

24. 硝酸锌

(1)外观应为白色块状结晶。

(2)取样品水溶液,置于试管中,加等体积的硫酸,混合,冷却,沿管壁加入硫酸亚铁溶液,使溶液成两个液层,在界面上出现棕色环(证实有硝酸盐)。

(3)取样品水溶液,加10%亚铁氰化钾溶液,即产生白色沉淀(证实有锌盐)。

25. 硝酸银

(1)外观应为无色透明结晶。

(2)样品水溶液,加 6mol/L 盐酸,即生成白色凝乳状沉淀,分离。此沉淀能在 6mol/L 氨水中溶解,继加硝酸,沉淀复生成(证实有银盐)。

(3)取样品水溶液,置于试管中,加等体积的硫酸,混合,冷却,沿管壁加入硫酸亚铁溶液,使溶液成两个液层,在界面上出现棕色环(证实有硝酸盐)。

26. 酒石酸钾钠

(1)取样品,加热炭化并灼烧到呈白色,放冷后加水溶解,用乙酸酸化,加入 0.1mol/L 四苯硼钠溶液,即生成白色沉淀(证实有钾盐)。

(2)取铂丝,用盐酸润湿后,蘸取样品,在无色火焰中燃烧,火焰即呈鲜黄色(证实有钠盐)。

(3)取样品少许加入 15mL 吡啶和 5mL 乙酸酐加热,呈艳绿色(证实有酒石酸盐)。

27. 酒石酸锑钾(吐酒石)

(1)样品加热焦化放出似灼烧食糖的臭味,并有黑色残渣,此残渣呈碱性反应。以铂丝灼烧火焰为紫色。

(2)样品水溶液(1:20)以盐酸酸化后,加入硫化氢水溶液有橘黄色沉淀,此沉淀能溶于硫化铵试液和 1mol/L 氢氧化钠溶液。

28. 乙酸钠(醋酸钠)

(1)外观应为白色细结晶。

(2)取铂丝,用盐酸润湿后,蘸取样品,在无色火焰中燃烧,火焰呈鲜黄色(证实有钠盐)。

(3)取样品,加硫酸后加热,即分解产生乙酸的特臭(证实有乙酸盐)。

六、常用还原剂的定性鉴定

1. 硫代硫酸钠

(1)外观应为无色透明小结晶。

(2)取铂丝,用盐酸润湿后,蘸取样品,在无色火焰中燃烧,火焰即呈鲜黄色(证实有钠盐)。

(3)取样品水溶液,滴加碘溶液,碘的颜色即消褪(证实有硫代硫酸盐)。

(4)取样品水溶液,加过量硝酸银溶液,即生成白色沉淀,此沉淀迅速变黄、变棕,最后变成黑色(证实有硫代硫酸盐)。

2. 硫化钠

(1)外观应为红棕色块状固体。

(2)用盐酸润湿的铂丝,先在无色火焰上灼烧至无色,再蘸取样品溶液少许,在无色火焰上烧灼,火焰呈鲜黄色(证实有钠盐)。

(3)样品加盐酸,有硫化氢气体生成(证实有硫化物)。

3. 硫酸亚铁

(1)外观应为蓝绿色结晶。

(2)取样品水溶液,加入 10% 碳酸钠溶液,即有白色沉淀产生,此沉淀被空气氧化后渐变成绿色,最后转为棕色(证实有亚铁盐)。

(3)取样品水溶液,加 5% 氯化钡溶液,即生成白色沉淀,此沉淀在盐酸中不溶解(证实有硫酸盐)。

4. 亚硫酸钠

(1)外观应为白色结晶粉末。

(2)取样品,加盐酸,即产生二氧化硫气体,有刺激性特臭(证实有亚硫酸盐)。

(3)取样品水溶液,滴加碘溶液,碘的颜色即消退(证实有亚硫酸盐)。

(4)取铂丝,用盐酸润湿后蘸取样品,在无色火焰中燃烧,火焰即呈鲜黄色(证实有钠盐)。

5. 碘化钾

(1)外观应为无色透明或白色半透明的六角形结晶或白色颗粒状粉末。

(2)取铂丝用盐酸湿润后,蘸取样品,在无色火焰中燃烧,火焰即显紫色,如有少量钠盐存在而火焰中夹杂有黄色时,需隔蓝色玻璃观察(证实有钾盐)。

(3)取样品水溶液,加0.1mol/L硝酸银溶液,即发生黄色凝乳状沉淀,此沉淀在硝酸或氢氧化铵溶液中均不溶解(证实有碘化物)。

(4)取样品水溶液,加浓硫酸及二氧化锰,加热,碘即游离,成蓝紫色蒸汽挥发(证实有碘化物)。

6. 氯化亚铜

(1)外观应为白色或灰白色粉末。

(2)热样品露置空气中,在表面即显现绿色。

(3)取样品少许溶于硝酸后分成两份:在一份中加0.1mol/L硝酸银溶液,即生成白色凝乳状沉淀(证实有氯化物);在另一份中滴加6mol/L氨水,即生成淡绿色沉淀,再加过量6mol/L氨水,沉淀即溶解,生成深蓝色溶液(证实有铜盐)。

7. 氯化亚锡

(1)外观应为无色结晶。

(2)取样品水溶液,加数滴硝酸使之澄清(如溶液微浑,过滤,取过滤液),加入0.1mol/L硝酸银溶液,即产生白色凝乳状沉淀(证实有氯化物)。

(3)取样品水溶液,加数滴盐酸使之澄清,加入饱和氯化高汞溶液,即产生白色沉淀,此沉淀随即转为灰色(证实有亚锡盐)。

8. 甲醛

取样品液1滴,置于试管中,加2mL 12mol/L硫酸($\frac{1}{2}H_2SO_4$)混合,加入固体变色酸(1,8-二羟萘-3,6-二磺酸)少许,试管放入水浴内,在60℃下加热10min,则出现亮紫色(证实有甲醛)。

第三章 常用药剂的含量测定

第一节 常用酸类药剂的含量测定

一、硫酸

(一)原理

硫酸呈强酸性,可用甲基红—亚甲基蓝为指示剂,用氢氧化钠中和滴定。

$$H_2SO_4 + 2NaOH \longrightarrow Na_2SO_4 + 2H_2O$$

(二)试剂

(1)甲基红—亚甲基蓝混合指示剂。

(2)氢氧化钠标准溶液:$c(NaOH) = 0.50mol/L$。

(三)测定步骤

用已称重的带磨口盖的小称量瓶称取约0.7g样品(精确至0.0002g),小心移入盛有50mL水的250mL锥形瓶中,冷却至室温,加入2~3滴混合指示剂,用0.5mol/L氢氧化钠标准溶液滴定至溶液呈现绿色为终点。

(四)计算

$$硫酸(H_2SO_4)含量 = \frac{c \times V \times 0.0490}{m} \times 100\%$$

式中:c——氢氧化钠(NaOH)标准溶液的浓度,mol/L;

V——滴定耗用氢氧化钠标准溶液的体积,mL;

m——样品的质量,g;

0.0490——1mmol 硫酸($\frac{1}{2}H_2SO_4$)的质量,g/mmol。

二、盐酸

(一)原理

盐酸呈强酸性,可用酚酞为指示剂,用氢氧化钠中和滴定。

$$HCl + NaOH \longrightarrow NaCl + H_2O$$

(二)试剂

(1)酚酞指示剂:1%乙醇溶液。

(2)氢氧化钠标准溶液:c(NaOH)=0.10mol/L。

(三)测定步骤

用移液管迅速移取样品5mL,置于已知质量的称量瓶中称重(精确至0.0002g)。用水将样品洗入500mL的量瓶中,加水至标记,摇匀。用50mL的单标移液管移取50mL置于500mL的锥形烧瓶中,加水100mL及酚酞指示剂数滴,以0.1mol/L氢氧化钠滴定,滴至试样呈红色时为止。

(四)计算

$$盐酸(HCl)含量=\frac{c\times V\times 0.0365}{m\times\frac{50}{500}}\times 100\%$$

式中:c——氢氧化钠(NaOH)标准溶液的浓度,mol/L;

V——滴定耗用氢氧化钠标准溶液的体积,mL;

m——样品的质量,g;

0.0365——1mmol盐酸(HCl)的质量,g/mmol。

三、硝酸

(一)原理

硝酸呈强酸性,可用酚酞为指示剂,用氢氧化钠中和滴定。

$$HNO_3+NaOH\longrightarrow NaNO_3+H_2O$$

(二)试剂

(1)酚酞指示剂:1%乙醇溶液。

(2)氢氧化钠标准溶液:c(NaOH)=0.10mol/L。

(三)测定步骤

用移液管迅速移取样品5mL,置于已知质量的称量瓶中称重(精确至0.0002g)。用水将样品洗入500mL的量瓶中,加水至标记,摇匀。用50mL的单标移液管移取50mL置于500mL的锥形烧瓶中,加水100mL及酚酞指示剂数滴,以0.1mol/L氢氧化钠滴定,滴至样品呈红色时为止。

(四)计算

$$硝酸(HNO_3)含量=\frac{c\times V\times 0.0630}{m\times\frac{50}{500}}\times 100\%$$

式中:c——氢氧化钠(NaOH)标准溶液的浓度,mol/L;

V——滴定耗用氢氧化钠标准溶液的体积,mL;

m——样品的质量,g;

0.0630——1mmol硝酸(HNO_3)的质量,g/mmol。

四、磷酸

(一)原理

样品经盐酸水解后,用喹钼柠酮重量法测定。

(二)试剂

(1)盐酸。

(2)喹钼柠酮溶液:溶解70g钼酸钠($Na_2MoO_4 \cdot 2H_2O$)于150mL水中得到溶液Ⅰ;溶解60g柠檬酸($C_6H_5O_7 \cdot H_2O$)于85mL硝酸和150mL水的混合液中,冷却得溶液Ⅱ;量取5mL喹啉溶解于35mL硝酸和100mL水的混合液中得到溶液Ⅲ;在不断搅拌下缓慢地将溶液Ⅰ加到溶液Ⅱ中,然后将溶液Ⅲ缓慢地加到此混合液中,混匀后放置24h,过滤。在滤液中加入280mL丙酮,用水稀释到1000mL,混匀,贮于具塞有色玻璃瓶或聚乙烯瓶中,存放于暗处。

(三)测定步骤

称取5g样品(精确至0.0002g),置于100mL烧杯中,加10mL盐酸,盖上表面皿,煮沸10min,冷却后移入500mL容量瓶中,加10mL盐酸,用水稀释到刻度,摇匀。准确吸取50mL上述溶液,置于500mL容量瓶中,用水稀释到刻度,摇匀。准确吸取此稀释液20mL,置于400mL烧杯中,用水稀释至100mL,加入50mL喹钼柠酮溶液,盖上表面皿,在水浴中加热到杯内物温度达(75±5)℃,保持30s(在加热时不得用明火加热,在加试剂或加热时不得搅拌,以免形成块状物),冷却到室温,在冷却过程中搅拌3~4次,用已在(180±5)℃[或(250±5)℃]烘箱中烘到恒重的G4玻璃坩埚过滤,先将上层清液过滤,沉淀用倾泻法洗涤5~6次,每次用约20mL水,然后将沉淀转移到玻璃坩埚中,继续用水洗涤3~4次,置玻璃坩埚于(180±5)℃[或(250±5)℃]烘15min,然后在干燥器中冷却到室温,称量。同时做空白试验。

(四)计算

$$\text{磷酸}(H_3PO_4)\text{含量} = \frac{(m_1 - m_0) \times 0.04428}{m \times \frac{50}{500} \times \frac{20}{500}} \times 100\%$$

式中:m_0——空白试验所得沉淀的质量,g;

m_1——测定样品所得沉淀的质量,g;

m ——称取样品的质量,g;

0.04428——磷钼酸喹啉换算为磷酸(H_3PO_4)的系数。

五、硼酸

(一)原理

硼酸为弱酸,不能用标准碱溶液直接滴定,但硼酸可以与一些多元醇(如甘油等)络合生成较强的酸,这样就可以用碱标准溶液滴定。

(二)试剂

(1)中性甘露醇:称取5.0g甘露醇,溶解于50mL新经煮沸并冷却的水中,以酚酞为指示剂,用0.01mol/L NaOH滴定,其用量应不大于0.60mL。

(2)转化糖溶液:称取白砂糖500g,置于1000mL烧杯中,加入350mL水,在不断搅拌下加热使其全部溶解，并加热至沸腾后，停止加热，有搅拌下冷却至90℃时，加入25mL c(HCl) 0.5mol/L盐酸，继续搅拌3～4min，然后加入25mL 0.5mol/L氢氧化钠溶液，最后加入适量的活性炭，并在80℃的水浴上放置20min以上，以脱掉溶液颜色，然后过滤，滤液用新经煮沸并冷却的水稀释至750mL，使用前以酚酞作指示剂，用0.10mol/L氢氧化钠溶液滴至粉红色出现，pH值约为8.5，存放转化糖溶液的容器应预先进行消毒，以防转化糖变质。

(3)盐酸标准溶液：c(HCl)=0.10mol/L及0.50mol/L。

(4)氢氧化钠标准溶液：c(NaOH)=0.10mol/L、0.25mol/L及0.50mol/L。

(5)活性炭。

(6)溴甲酚绿—甲基红混合指示剂。

(7)酚酞指示剂：1%乙醇溶液。

(三)测定步骤

称取10g样品(精确至0.001g)，置于500mL烧杯中，加入300mL新经煮沸的水，加热使之溶解(但应注意避免沸腾)，冷却至室温，移入500mL容量瓶中，用新经煮沸并冷却的水稀释至刻度，摇匀，配成溶液甲。准确吸取25mL溶液甲置于250mL锥形瓶中，加入0.40mL溴甲酚绿—甲基红混合指示剂，用0.10mol/L盐酸或0.10mol/L氢氧化钠溶液调整溶液呈暗红色(pH值应为5.1左右)，然后加入约5g甘露醇(或25mL转化糖)和0.4mL酚酞指示剂，用0.25mol/L氢氧化钠标准溶液滴定至溶液由绿色变为灰色，再加入2g甘露醇(或10mL转化糖)，如果灰色消失，继续以0.25mol/L氢氧化钠标准溶液滴定至呈灰色。此操作反复进行，直到加入甘露醇(或转化糖)后灰色不再消失为止，即为滴定终点。同时做空白试验。

在硼酸仲裁分析中，必须使用甘露醇试剂。

(四)计算

$$\text{硼酸}(H_3BO_3)\text{含量}=\frac{c\times(V_1-V_2)\times0.06183}{m\times\frac{25}{500}}\times100\%$$

式中：c ——氢氧化钠(NaOH)标准溶液的浓度，mol/L；

V_1——滴定样品耗用氢氧化钠标准溶液的体积，mL；

V_2——滴定空白耗用氢氧化钠标准溶液的体积，mL；

m ——称取样品的质量，g；

0.06183——1mmol硼酸(H_3BO_3)的质量，g/mmol。

六、铬酸酐(铬酸)

(一)原理

在硫酸溶液中，样品中的六价铬能使碘化钾氧化并析出定量的碘，然后用硫代硫酸钠标准溶液滴定。

$$CrO_3+H_2O\longrightarrow H_2CrO_4$$

$$2CrO_4^{2-}+2H^+\longrightarrow Cr_2O_7^{2-}+H_2O$$

$$Cr_2O_7^{2-} + 6I^- + 14H^+ \longrightarrow 3I_2 + 2Cr^{3+} + 7H_2O$$

$$I_2 + 2Na_2S_2O_3 \longrightarrow Na_2S_4O_6 + 2NaI$$

(二)试剂

(1)硫酸溶液:$c(\frac{1}{2}H_2SO_4) = 6.0mol/L$。

(2)碘化钾溶液:10%。

(3)硫代硫酸钠标准溶液:$c(Na_2S_2O_3) = 0.10mol/L$。

(4)淀粉指示剂:0.5%。

(三)测定步骤

称取样品2.5g,溶解在500mL量瓶里,加水到刻线。移取25mL试液放入250mL碘量瓶中,加$c(\frac{1}{2}H_2SO_4) = 6mol/L$硫酸10mL,再加10%碘化钾溶液20mL,将瓶塞盖好,并以10%碘化钾溶液封口,放置暗处5min,然后加蒸馏水100mL,用0.10mol/L硫代硫酸钠溶液滴定至淡黄色时加淀粉指示剂3mL,继续滴定到蓝色消失而变为绿色为止。

(四)计算

$$铬酸酐(CrO_3)含量 = \frac{c \times V \times 0.0333}{m \times \frac{25}{500}} \times 100\%$$

式中:c——硫代硫酸钠($Na_2S_2O_3$)标准溶液的浓度,mol/L;

V——滴定耗用硫代硫酸钠标准溶液的体积,mL;

m——样品的质量,g;

0.0333——1mmol铬酸酐(CrO_3)的质量,g/mmol。

(五)镀铬溶液的分析

1. 铬酐含量

(1)测定步骤。在250mL锥形碘量瓶中,加水约50mL,用1mL移液管移取镀铬液0.5mL,加6mol/L($\frac{1}{2}H_2SO_4$)硫酸溶液10mL、10%碘化钾溶液20mL,摇匀,加盖瓶塞,放置暗处约5min。然后开启瓶塞,用0.1mol/L硫代硫酸钠标准溶液滴定。随着滴定的进行,试液最初是红棕色,继至为暗绿色,又转变为果绿色,最后突变为天蓝色的一瞬间,即到达终点。

(2)计算。

$$CrO_3(g/L) = \frac{c \times V_1 \times 33.3}{V_2}$$

式中:c——硫代硫酸钠($Na_2S_2O_3$)标准溶液的浓度,mol/L;

V_1——滴定耗用硫代硫酸钠标准溶液的体积,mL;

V_2——移取镀铬液的体积,mL;

33.3——1mol铬酸酐(CrO_3)的质量,g/mol。

2. 硫酸含量

(1)测定步骤:用移液管吸取镀液 10mL,置于 400mL 烧杯中,加水 100mL(如有沉淀应过滤)。加入乙醇混合液(乙醇:浓盐酸:冰醋酸 = 1:1:1)45mL,沸腾 10min,趁热慢慢加入 10% 氯化钡溶液 10mL,并不断搅拌。再煮 1min 后,静置于温暖处 1h,用紧密无灰滤纸过滤,用经过盐酸酸化的热水洗涤沉淀数次。将滤纸及沉淀移置于已知恒重的瓷坩埚中,干燥、灰化,在 800 ~ 900℃灼烧、称重。

(2)计算:

$$含硫酸(H_2SO_4)(g/L) = \frac{m \times 0.420 \times 1000}{V}$$

$$含硫酸根(SO_4^{2-})(g/L) = \frac{m \times 0.412 \times 1000}{V}$$

式中:m——沉淀质量,g;

0.420——硫酸(H_2SO_4)换算成硫酸钡($BaSO_4$)的系数;

0.412——硫酸根(SO_4^{2-})换算成硫酸钡($BaSO_4$)的系数;

V——吸取镀液的体积,mL。

(3)备注:如铬酐太高,沉淀为黄色,必须重做,多加些乙醇混合液;如没有高温炉,可用烘重法,即在加入氯化钡之前,当溶液煮沸后,加无硫酸的苦味酸 5mL,再加氯化钡继续煮沸,稍静置一会儿,用 G_4 玻璃漏斗过滤,再用 1% 盐酸和热水洗数次,在 120℃烘干。

七、甲酸(蚁酸)

(一)原理

甲酸是较强酸,可用酚酞为指示剂,用氢氧化钠中和滴定。

$$HCOOH + NaOH \longrightarrow HCOONa + H_2O$$

(二)试剂

(1)无二氧化碳的水。

(2)酚酞指示剂:1% 乙醇溶液。

(3)氢氧化钠标准溶液:$c(NaOH) = 1.0mol/L$。

(三)测定步骤

将 15mL 不含二氧化碳的水注入具塞锥形瓶中,称量,加约 1mL 样品,再称量(精确至 0.0002g)。加 40mL 不含二氧化碳的水及 2 滴 1% 酚酞指示剂,用 1.0mol/L 氢氧化钠标准溶液滴定至溶液呈粉红色。

(四)计算

$$甲酸(HCOOH)含量 = \frac{c \times V \times 0.04603}{m} \times 100\%$$

式中:c——氢氧化钠(NaOH)标准溶液的浓度,mol/L;

V——滴定耗用氢氧化钠标准溶液的体积,mL;

m——称取样品的质量,g;

0.04603——1mmol 甲酸(HCOOH)的质量,g/mmol。

八、乙酸(醋酸)

(一)原理

冰乙酸为羧酸,可用氢氧化钠标准溶液中和测定。

$$CH_3COOH + NaOH \longrightarrow CH_3COONa + H_2O$$

(二)试剂

(1)氢氧化钠标准溶液:$c(NaOH)=0.5mol/L$。

(2)酚酞指示剂:1%乙醇溶液。

(三)测定步骤

用移液管吸取样品 5mL(如系结晶体冰醋酸,需先在容器外隔水微微加热,以使熔化,然后取样),置于已知质量的称量瓶中,精确称重(精确至 0.0002g)。用新煮沸并冷却的水洗入 500mL 的量瓶中,加入新煮沸并冷却的水至标记,摇匀。用 50mL 的单标移液管吸取 50mL,置于 500mL 锥形瓶中。加新煮沸并冷却的水 100mL 及酚酞指示剂数滴,以 0.10mol/L 氢氧化钠滴定,滴至样品呈微粉红色时为终点。

(四)计算

$$乙酸(CH_3COOH)含量=\frac{c \times V \times 0.06005}{m \times \frac{50}{500}} \times 100\%$$

式中:c——氢氧化钠(NaOH)标准溶液的浓度,mol/L;

V——滴定耗用氢氧化钠标准溶液的体积,mL;

m——称取样品的质量,g;

0.06005——1mmol 乙酸(CH_3COOH)的质量,g/mmol。

九、草酸

(一)原理

草酸钠是一种还原剂,在强酸性溶液中能被高锰酸钾氧化。

$$2KMnO_4 + 8H_2SO_4 + 5Na_2C_2O_4 \longrightarrow 2MnSO_4 + K_2SO_4 + 5Na_2SO_4 + 8H_2O + 10CO_2 \uparrow$$

(二)试剂

(1)浓硫酸。

(2)高锰酸钾标准溶液:$c(\frac{1}{5}KMnO_4)=0.10mol/L$。

(三)测定步骤

称取0.2g样品(精确至0.0002g)。溶于100mL含有8mL浓硫酸的水中,用0.10mol/L($\frac{1}{5}KMnO_4$)高锰酸钾标准溶液滴定,近终点时加热至65℃,继续滴定至溶液呈粉红色保持30s。同时做空白试验。

(四)计算

$$草酸(H_2C_2O_4 \cdot 2H_2O)含量=\frac{c\times(V_1-V_2)\times 0.06304}{m}\times 100\%$$

式中:c ——高锰酸钾($\frac{1}{5}KMnO_4$)标准溶液的浓度,mol/L;

V_1——滴定样品耗用高锰酸钾标准溶液的体积,mL;

V_2——滴定空白耗用高锰酸钾标准溶液的体积,mL;

m ——称取样品的质量,g;

0.06304——1mmol草酸($\frac{1}{2}H_2C_2O_4 \cdot 2H_2O$)的质量,g/mmol。

十、酒石酸

(一)原理

用氢氧化钠标准溶液直接进行滴定。

$$H_2C_4H_4O_6+2NaOH \longrightarrow Na_2C_4H_4O_6+2H_2O$$

(二)试剂

(1)氢氧化钠标准溶液:c(NaOH)=0.50mol/L。

(2)酚酞指示剂:1%乙醇溶液。

(三)测定步骤

称取1~1.5g样品(精确至0.0002g),置于锥形瓶中,加40mL经煮沸并冷却的水溶解后,加2~3滴酚酞指示剂,用0.50mol/L氢氧化钠标准溶液滴定到微红色为终点。

(四)计算

$$酒石酸(H_2C_4H_4O_6 \cdot H_2O)含量=\frac{c\times V\times 0.08405}{m}\times 100\%$$

式中:c——氢氧化钠标准溶液的浓度,mol/L;

V——滴定样品耗用氢氧化钠标准溶液的体积,mL;

m——称取样品的质量,g;

0.08405——1mmol($\frac{1}{2}H_2C_4H_4O_6 \cdot H_2O$)酒石酸的质量,g/mmol。

十一、柠檬酸

(一)原理

用氢氧化钠标准溶液直接进行滴定。

$$H_3C_6H_5O_7 + 3NaOH \longrightarrow Na_3C_6H_5O_7 + 3H_2O$$

(二)试剂

(1)酚酞指示剂:1%乙醇溶液。

(2)氢氧化钠标准溶液:$c(NaOH)=0.50mol/L$。

(三)测定步骤

称取1g样品(精确至0.0002g)。溶于50mL不含二氧化碳的水中,加2滴1%酚酞指示剂,用0.50mol/L氢氧化钠标准溶液滴定至溶液呈粉红色。

(四)计算

$$\text{柠檬酸}(C_6H_8O_7 \cdot H_2O)\text{含量} = \frac{c \times V \times 0.07005}{m} \times 100\%$$

式中:c——氢氧化钠标准溶液的浓度,mol/L;

V——滴定样品耗用氢氧化钠标准溶液的体积,mL;

m——称取样品的质量,g;

0.07005——1mmol 柠檬酸($\frac{1}{3}C_6H_8O_7 \cdot H_2O$)的质量,g/mmol。

十二、乳酸

(一)原理

在样品中加已知过量的氢氧化钠标准溶液在煮沸情况下起中和反应,过量的氢氧化钠用硫酸标准溶液回滴。

$$CH_3CHOHCOOH + NaOH \longrightarrow CH_3CHOHCOONa + H_2O$$

$$2NaOH + H_2SO_4 \longrightarrow Na_2SO_4 + 2H_2O$$

(二)试剂

(1)酚酞指示剂:1%乙醇溶液。

(2)氢氧化钠标准溶液:$c(NaOH)=0.50mol/L$。

(3)硫酸标准溶液:$c(\frac{1}{2}H_2SO_4)=0.50mol/L$。

(三)测定步骤

称取1g样品(精确至0.0002g),加50mL水,准确加入40mL 0.50mol/L 氢氧化钠标准溶液,煮沸5min,加2滴酚酞指示剂,趁热用0.5mol/L硫酸标准溶液滴定,同时做空白试验。

(四)计算

$$乳酸(C_3H_6O_3)含量 = \frac{c \times (V_2 - V_1) \times 0.09008}{m} \times 100\%$$

式中:c ——氢氧化钠(NaOH)标准溶液的浓度,mol/L;

V_1——滴定样品耗用氢氧化钠标准溶液的体积,mL;

V_2——滴定空白耗用氢氧化钠标准溶液的体积,mL;

m ——称取样品的质量,g;

0.09008——1mmol 乳酸($C_3H_6O_3$)的质量,g/mmol。

十三、石炭酸(苯酚)

(一)原理

在过量的溴存在下,苯酚与溴生成三溴苯酚。溴在酸存在下由溴酸钾—溴化钾试剂生成。剩余的溴被碘化钾还原,析出的碘用硫代硫酸钠标准溶液滴定。

$$11KBr + KBrO_3 + 6HCl \longrightarrow 3Br_2 + 6KBr + 6KCl + 3H_2O$$

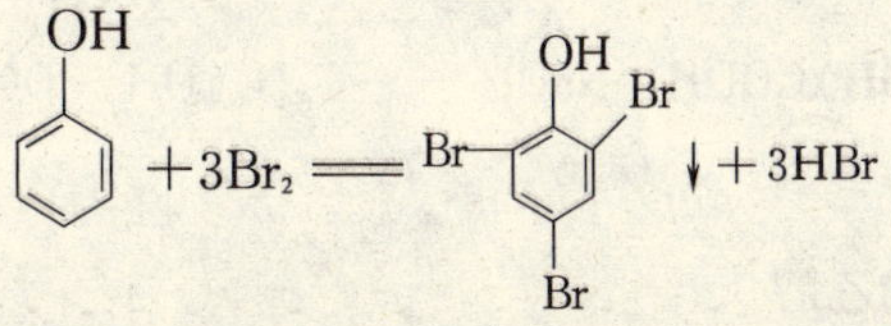

$$Br_2 + 2KI \longrightarrow I_2 + 2KBr$$

$$I_2 + 2Na_2S_2O_3 \longrightarrow 2NaI + Na_2S_4O_6$$

(二)试剂

(1)溴标准溶液:$c(\frac{1}{2}Br_2) = 0.10$mol/L。

(2)盐酸:1∶1。

(3)碘化钾溶液:15%。

(4)硫代硫酸钠标准溶液:$c(Na_2S_2O_3) = 0.10$mol/L。

(5)淀粉指示剂:0.1%。

(三)测定步骤

称取约 0.5 ~0.6g 的样品(精确至 0.0002g),移入 500mL 的容量瓶中,用水溶解,仔细搅拌后,用水稀释至刻度。用移液管吸取 50mL 上述溶液于 250mL 碘量瓶中,用移液管加入 0.1mol/L($\frac{1}{2}Br_2$)溴标准溶液 50mL,尽快加入 10mL 盐酸(1∶1),迅速盖上瓶塞,加 5mL 碘化钾溶液封住瓶口,用力振摇 30s,再静置 10min 后,将瓶置于冰水浴中 1min,小心松开瓶塞,使碘化钾溶液流入瓶内,用力摇动 30s。再加些碘化钾溶液将瓶口封住,按上述操作重复两次以上,使游离出的溴全部与碘化钾进行反应。开启瓶塞,用水冲洗瓶塞及瓶壁,然后用 0.1mol/L 硫代硫酸钠标准溶液滴定。当溶液呈淡黄色时，加入 5mL 淀粉溶液，继续滴定至蓝色消失时为终点。同时做空白试验。

（四）计算

$$苯酚(C_6H_5OH)含量=\frac{c\times(V_2-V_1)\times0.0157}{m}\times100\%$$

式中：c——硫代硫酸钠（$Na_2S_2O_3$）标准溶液的浓度，mol/L；

V_1——滴定样品耗用硫代硫酸钠标准溶液的体积，mL；

V_2——空白试验耗用硫代硫酸钠标准溶液的体积，mL；

m——称取样品的质量，g；

0.0157——1mmol 石炭酸（$\frac{1}{6}C_6H_5OH$）的质量，g/mmol。

十四、水杨酸（邻羟基苯甲酸）

（一）原理

水杨酸可与氢氧化钠发生中和反应，利用这一反应，测出水杨酸的含量。

$$C_6H_4(OH)COOH+NaOH\longrightarrow C_6H_4(OH)COONa+H_2O$$

（二）试剂

（1）质量分数为 95% 的乙醇。

（2）酚酞指示剂：1% 乙醇溶液。

（3）氢氧化钠标准溶液：c（NaOH）=0.10mol/L。

（三）测定步骤

称取 0.5g 样品（精确至 0.0002g），溶于 15mL 水及 2 滴 1% 酚酞指示液，用 0.10mol/L 氢氧化钠标准溶液滴定至溶液呈微红色。同时做空白试验。

（四）计算

$$水杨酸[C_6H_4(OH)COOH]含量=\frac{c\times(V_1-V_2)\times0.1381}{m}\times100\%$$

式中：c——氢氧化钠（NaOH）标准溶液的浓度，mol/L；

V_1——滴定样品耗用氢氧化钠标准溶液的体积，mL；

V_2——滴定空白耗用氢氧化钠标准溶液的体积，mL；

m——称取样品的质量，g；

0.1381——1mmol 水杨酸[$C_6H_4(OH)COOH$]的质量，g/mmol。

十五、硬脂酸

（一）原理

硬脂酸中的羧基可与强碱发生中和反应，以酚酞作指示剂滴定。

$$RCOOH + KOH \longrightarrow RCOOK + H_2O$$

(二)试剂

(1)中性酒精:取质量分数为85%的酒精100mL,加酚酞数滴,然后用0.1mol/L NaOH溶液滴至微红色时即可。

(2)氢氧化钠标准溶液:$c(NaOH)=0.1mol/L$。

(3)酚酞指示剂;1%乙醇溶液。

(三)测定步骤

精确称取样品约0.5～1g,置于300mL的锥形烧瓶中,并以100mL热的中性酒精(50%)溶解,在70℃下,加酚酞指示剂数滴,用0.10mol/L氢氧化钠溶液滴定,滴至呈粉红色时为止。

(四)计算

$$硬脂酸(C_{17}H_{35}COOH)含量=\frac{c \times V \times 0.284}{m} \times 100\%$$

式中:c——氢氧化钠(NaOH)标准溶液的浓度,mol/L;

V——滴定样品耗用氢氧化钠标准溶液的体积,mL;

m——称取样品的质量,g;

0.284——1mmol硬脂酸($C_{17}H_{35}COOH$)的质量,g/mmol。

十六、单宁酸

(一)原理

用分光光度计,在波长276nm处,分别测定样品溶液和用铬皮粉吸除单宁酸后的非单宁溶液的吸光度,其差值与标准单宁酸溶液的吸光度作对比。

(二)试剂

(1)铬皮粉:要求1g铬皮粉在10min内能吸收0.050～0.055g单宁酸。

(2)单宁酸:含量不少于99%。

(2)单宁酸标准溶液:准确称取0.1g单宁酸(精确至0.0001g),溶于少量60～70℃的蒸馏水中,移入容量瓶,冷却至室温,用蒸馏水稀释至刻度,摇匀。所得溶液每毫升含有1mg标准单宁酸。

(三)仪器

旋转式振荡器,转速约60r/min,轴的两侧可装250mL的广口瓶。

(四)测定步骤

准确称取约0.1g样品(精确至0.0001g),溶于少量60～70℃的水中,移入100mL容量瓶内,冷却到室温,用水稀释至刻度,摇匀。准确吸取2mL溶液移入200mL容量瓶内,用水稀释至刻度,摇匀。

标准单宁酸溶液的制备:准确吸取2mL单宁酸标准溶液,移入200mL容量瓶内,用水稀释至刻度,摇匀。

将上述三种溶液,以蒸馏水作参比,用276nm的波长和1cm的比色皿分别测定吸光度。

(五)计算

$$单宁酸(以干基计)含量=\frac{A_0-A_2}{A_1}\times\frac{m_1}{m(1-x_1)}\times100\%$$

式中：A_0——样品溶液的吸光度；

A_1——标准单宁酸溶液的吸光度；

A_2——样品中非单宁酸溶液的吸光度；

m——样品的质量，g；

m_1——标准单宁酸的质量，g；

x_1——干燥失重，%。

(六)备注

干燥失重的测定：于已恒重的称量瓶中(直径45mm，高30mm)，称取1g样品(精确到0.0001g)，置于(105±2)℃烘箱中，烘至恒重。

$$干燥失重=\frac{m_1}{m}\times100\%$$

式中：m_1——干燥失重，g；

m ——样品的质量，g。

十七、油酸(油酸酸值的测定)

(一)原理

将样品溶于中性乙醇后，以氢氧化钠标准溶液滴定。

(二)试剂

(1)乙醇(95%)中性溶液：取乙醇(95%)，加入数滴酚酞指示剂，用0.5mol/L NaOH溶液中和至微红色。

(2)酚酞指示剂：1%乙醇溶液；

(3)氢氧化钠标准溶液：$c(NaOH)=0.25mol/L$。

(三)测定步骤

称取样品(精确至0.0001g)，置于250mL锥形瓶内，加50mL中性乙醇(95%)，微微加热溶解，加6~8滴酚酞指示剂，用0.25mol/L氢氧化钠标准溶液滴定至溶液呈微红色，保持30s不褪色为止。

(四)计算

$$酸值(mgKOH/g)=\frac{c\times V\times56.11}{m}$$

式中：V——样品耗用氢氧化钠标准溶液的体积，mL；

c——氢氧化钠标准溶液的浓度，mol/L；

m——样品的质量，g；

56.11——1mol氢氧化钾(KOH)的质量，g/mol。

第二节　常用碱类药剂的含量测定

一、氢氧化钠(烧碱)

(一)原理

在样品溶液中加入氯化钡溶液,与样品中的碳酸盐生成白色碳酸钡沉淀,留在溶液中的氢氧化钠用盐酸标准溶液中和滴定,以酚酞作指示剂。

$$Na_2CO_3 + BaCl_2 \longrightarrow 2NaCl + BaCO_3 \downarrow$$
$$NaOH + HCl \longrightarrow NaCl + H_2O$$

(二)试剂

(1)水(不含二氧化碳)。

(2)酚酞指示剂:1%乙醇溶液。

(3)氯化钡(10%)溶液:使用前,以酚酞为指示剂,用氢氧化钠溶液调至微红色。

(4)盐酸标准溶液:$c(HCl) = 1.0mol/L$。

(5)甲基橙指示剂:0.1%溶液。

(三)测定步骤

迅速称取30g或50g液体烧碱(称准至0.001g),加水溶解,移入1000mL容量瓶中,等溶液冷却至室温后,加水稀释至刻度,摇匀(溶液甲),准确吸取50mL,注入250mL碘量瓶中,加入20mL 10%氯化钡溶液,再加入2~3滴酚酞指示剂,在磁力搅拌器搅拌下,用1.0mol/L盐酸(HCl)标准溶液滴定,滴至溶液呈微红色为终点。

(四)计算

$$NaOH含量 = \frac{c \times V \times 0.040}{m \times \frac{50}{1000}} \times 100\%$$

式中:V——滴定消耗盐酸标准溶液体积,mL;

c——盐酸标准溶液的浓度,mol/L;

0.040——1mmol NaOH的质量,g/mmol;

m——称取样品的质量,g。

(五)测试要点

(1)加入氯化钡溶液后用盐酸标准溶液滴定,滴定速度不宜过快,在滴定过程中要不停地摇动,因为局部过浓的盐酸能溶解$BaCO_3$沉淀,影响结果的准确性。

(2)氢氧化钠极易吸H_2O及CO_2,所以称取样品时必须迅速用玻璃棒夹1~2块样品放入称量瓶中,立即盖好瓶盖后称重。

二、碳酸钠(纯碱)

(一)原理

碳酸钠呈碱性,可用盐酸标准溶液滴定。

$$Na_2CO_3 + 2HCl \longrightarrow 2NaCl + CO_2\uparrow + H_2O$$

由于碳酸钠在贮运过程中易吸收水分或二氧化碳，故样品要在250～270℃干燥2h后才能测定含量。

(二)试剂

(1)盐酸标准溶液：$c(HCl)=1.0mol/L$。

(2)溴甲酚绿—甲基红混合指示剂(3份质量分数为0.1%的溴甲酚绿乙醇溶液和1份质量分数为0.1%的甲基红乙醇溶液混合，摇匀)。

(三)测定步骤

称取1.6～1.8g样品，置于已知质量的称量瓶中，放入烘箱内，开始温度不能高于100℃，打开称量瓶盖，使温度逐渐升至250～270℃灼烧至恒重。放置干燥器内冷却至室温，称量(精确至0.0002g)，将样品倒入锥形瓶内再称得空瓶的质量。前后质量之差为样品的称取量。

将称得的样品加50mL水溶解，加10滴溴甲酚绿—甲基红混合指示剂，用1.0mol/L盐酸标准溶液滴定至溶液由绿色变为暗红色，煮沸2min，冷却后，继续滴定至暗红色。

(四)计算

$$碳酸钠[Na_2CO_3(以干基计)]含量=\frac{V\times c\times 0.0530}{m}\times 100\%$$

式中：V——滴定消耗盐酸标准溶液体积，mL；

c——盐酸标准溶液的浓度，mol/L；

0.0530——1mmol($\frac{1}{2}Na_2CO_3$)碳酸钠的物质的质量，g/mmol；

m——称取样品的质量，g。

三、碳酸钾

(一)原理

碳酸钾呈碱性，可用盐酸标准溶液滴定。

$$K_2CO_3 + 2HCl \longrightarrow 2KCl + CO_2\uparrow + H_2O$$

(二)试剂

(1)盐酸标准溶液：$c(HCl)=1.0mol/L$。

(2)溴甲酚绿—甲基红混合指示剂(3份0.1%溴甲酚绿乙醇溶液和1份0.1%甲基红乙醇溶液混合，摇匀)。

(三)测定步骤

称取1.6～1.8g样品，将称得的样品加50mL水溶解，加10滴溴甲酚绿—甲基红混合指示剂，用1.0mol/L盐酸标准溶液滴定至溶液由绿色变为暗红色，煮沸2min，冷却后，继续滴定至暗红色。

(四)计算

$$碳酸钾(K_2CO_3)含量=\frac{V\times c\times 0.0691}{m}\times 100\%$$

式中:V——滴定消耗盐酸标准溶液体积,mL;

c——盐酸标准溶液的浓度,mol/L;

0.0691——1mmol 碳酸钾($\frac{1}{2}K_2CO_3$)的质量,g/mmol;

m——称取样品的质量,g。

四、碳酸氢钠(小苏打)

(一)原理

$$NaHCO_3+HCl \longrightarrow NaCl+CO_2\uparrow+H_2O$$

(二)试剂

(1)盐酸标准溶液:$c(HCl)=1.0$mol/L。

(2)溴甲酚绿—甲基红混合指示剂(3 份 0.1% 溴甲酚绿乙醇溶液和 1 份 0.1% 甲基红乙醇溶液混合,摇匀)。

(三)测定步骤

称取 2.5g 样品(精确至 0.0002g)置于锥形瓶内,加 50mL 水和 10 滴溴甲酚绿—甲基红混合指示剂,用盐酸标准溶液[$c(HCl)=1.0$mol/L]滴定至溶液由绿色变为暗红色,煮沸 2min,冷却后,继续滴定至暗红色。

(四)计算

$$碳酸氢钠(NaHCO_3)含量=\frac{V\times c\times 0.0840}{m}\times 100\%$$

式中:V——滴定消耗盐酸标准溶液体积,mL;

c——盐酸标准溶液的浓度,mol/L;

0.0840——1mmol($NaHCO_3$)碳酸氢钠的质量,g/mmol;

m——称取样品的质量,g。

五、硫化钠(硫化碱)

(一)原理

在样品中加入已知过量碘标准溶液,然后将过量的碘用硫代硫酸钠标准溶液回滴,以淀粉作指示剂。

$$Na_2S+I_2 \longrightarrow 2NaI+S$$

$$2Na_2S_2O_3+I_2 \longrightarrow Na_2S_4O_6+2NaI$$

(二)试剂

(1)淀粉指示剂:5g/L。

(2)碘标准溶液:$c\left(\frac{1}{2}I_2\right)=0.10mol/L$。

(3)硫代硫酸钠标准溶液:$c(Na_2S_2O_3)=0.10mol/L$。

(三)测定步骤

用称量瓶精确称取样品约10g,溶于200mL新煮沸并冷却的蒸馏水中,用水洗入1000mL容量瓶中,加前述蒸馏水至标记。

用单标移液管吸取0.10mol/L($\frac{1}{2}I_2$)碘溶液50mL,置于300mL的碘量瓶中,加水50mL及6mol/L乙酸(HAc)溶液15mL,使溶液呈酸性,用单标移液管加入上面配制的样品溶液20mL,转动定碘瓶,加淀粉溶液3mL,呈蓝色,即以0.10mol/L硫代硫酸钠($Na_2S_2O_3$)溶液滴定其中过量的碘,滴至样品蓝色消失时为止。

(四)计算

$$硫化钠(Na_2S)含量=\frac{0.0390\times(c_1V_1-c_2V_2)}{m\times\frac{20}{1000}}\times100\%$$

式中:c_1——碘$\left(\frac{1}{2}I_2\right)$标准溶液的浓度,mol/L;

V_1——所用碘标准溶液的体积,mL;

c_2——硫代硫酸钠($Na_2S_2O_3$)标准溶液的浓度,mol/L;

V_2——所用硫代硫酸钠标准溶液的体积,mL;

0.0390——1mmol硫化钠$\left(\frac{1}{2}Na_2S\right)$的质量,g/mmol;

m——称取样品的质量,g;

20——单标移液管移取溶液的体积,mL;

1000——初始配制溶液的量,mL。

六、氨水

(一)原理

氨水可与盐酸发生酸碱中和反应,反应式如下:

$$NH_3\cdot H_2O+HCl\longrightarrow NH_4Cl+H_2O$$

(二)试剂

(1)水(不含二氧化碳)。

(2)酚酞指示剂:1%乙醇溶液;或甲基橙指示剂:0.1%溶液。

(3)盐酸标准溶液:$c(HCl)=0.10mol/L$。

(三)测定步骤

量取水 200mL 置于 400mL 的烧杯中。用已知质量的称量瓶精确称取样品约 5g,将称量瓶浸入水中,用玻璃棒移去瓶塞,搅匀。用水洗入 500mL 容量瓶中,加水至标记,摇匀。

用单标移液管吸取样品溶液 50mL,置于 400mL 的烧杯中,加水 100mL 及甲基橙(或酚酞)指示剂数滴,以 0.10mol/L 盐酸溶液滴定,滴定至终点。

(四)计算

$$氨(NH_3)含量 = \frac{c \times V \times 0.0170}{m \times \frac{50}{500}} \times 100\%$$

式中:c——盐酸(HCl)标准溶液的浓度,mol/L;

V——所用盐酸标准溶液的体积,mL;

0.0170——1mmol 氨(NH_3)的质量,g/mmol;

m——称取样品的质量,g;

50——单标移液管移取溶液的体积,mL;

500——初始配制溶液的量,mL。

七、硅酸钠(水玻璃)

(一)氧化钠的测定

1. 原理

以甲基红为指示剂,用盐酸标准溶液滴定碱度。

$$Na_2O + 2HCl \longrightarrow 2NaCl + H_2O$$

2. 试剂

(1)甲基红指示剂:0.1% 乙醇溶液。

(2)盐酸标准溶液:$c(HCl) = 0.10mol/L$。

3. 测定步骤

称取 4 ~ 5g 样品(精确至 0.001g)移入 250mL 容量瓶中,用水溶解并稀释至刻度,摇匀。

准确吸取 50mL 上述样品溶液,置于 300mL 锥形瓶中,加 8 ~ 12 滴甲基红指示剂,用0.10mol/L 盐酸标准溶液滴定,当溶液由黄变红即为终点(滴定完的溶液保留,以备测定二氧化硅含量用)。

4. 计算

$$氧化钠(以 Na_2O 计)含量 = \frac{c \times V \times 0.0310}{m \times \frac{50}{250}} \times 100\%$$

式中:c——盐酸(HCl)标准溶液的浓度,mol/L;

V——所用盐酸标准溶液的体积,mL;

0.0310——1mmol 氧化钠$\left(\frac{1}{2}Na_2O\right)$的质量,g/mmol;

m——称取样品的质量,g。

(二)二氧化硅的测定

1. 原理

在已测定氧化钠含量后的溶液中,加入过量的氟化钠,二氧化硅即与氟化钠作用,定量的生成氢氧化钠。

$$H_2SiO_3 + 6NaF + H_2O \longrightarrow Na_2SiF_6 + 4NaOH$$

加入已知过量的盐酸标准溶液中和,过量的盐酸标准溶液用氢氧化钠标准溶液回滴。

$$NaOH + HCl \longrightarrow NaCl + H_2O$$

2. 试剂

(1)甲基红指示剂:0.1%乙醇溶液。

(2)盐酸标准溶液:$c(HCl) = 0.10mol/L$ 及 0.50mol/L。

(3)氢氧化钠标准溶液:$c(NaOH) = 0.50mol/L$。

(4)氟化钠,粉状。

3. 测定步骤

在测定氧化钠含量后的溶液中,加入(3 ± 1)g 粉状氟化钠,摇动使其溶解,此时溶液又变为黄色,立即用 0.5mol/L 盐酸标准溶液滴定至红色不变,再过量 2 ~ 3mL,然后用 0.5mol/L 氢氧化钠标准溶液滴定至黄色为终点。

同时做空白试验:在 300mL 锥形瓶中加入约 50mL 水,8 ~ 12 滴甲基红指示剂,用 0.10mol/L 盐酸标准溶液滴定至红色,加入(3 ± 1)g 粉状氟化钠,摇动使其溶解,此时溶液又变为黄色,立即用 0.5mol/L 盐酸标准溶液滴定至红色不变,再过量 2 ~ 3mL,然后用 0.5mol/L 氢氧化钠标准溶液滴定至黄色为终点。

4. 计算

$$二氧化硅(SiO_2)含量 = \frac{[(c_1V_1 - c_2V_2) - (c_1V_3 - c_2V_4)] \times 0.01502}{m \times \frac{50}{250}} \times 100\%$$

式中:V_1——样品溶液加氟化钠后滴定用去盐酸标准溶液的体积,mL;

V_2——样品溶液回滴时耗用的氢氧化钠标准溶液的体积,mL;

V_3——空白试验中加氟化钠后滴定用去盐酸标准溶液的体积,mL;

V_4——空白试验回滴时耗用的氢氧化钠标准溶液的体积,mL;

c_1——盐酸标准溶液的浓度,mol/L;

c_2——氢氧化钠标准溶液的浓度,mol/L;

0.01502——1mmol 二氧化硅$\left(\frac{1}{4}SiO_2\right)$的质量,g/mmol;

m——称取样品的质量,g。

八、石灰石

(一)水分及二氧化碳

1. 测定步骤

称取样品约 2 ~4g,灼烧至质量恒定为止,其消失的量即为水分及二氧化碳。

2. 计算

$$水分及二氧化碳含量 = \frac{m_1 - m_2}{m_1} \times 100\%$$

式中:m_1——灼烧前样品的质量,g;

m_2——灼烧后样品的质量,g。

(二)有效钙质

1. 原理

以酚酞为指示剂,用盐酸标准溶液滴定碱度。

$$CaO + 2HCl \longrightarrow CaCl_2 + H_2O$$

2. 试剂

(1)酚酞指示剂:1% 乙醇溶液。

(2)盐酸标准溶液:c(HCl) =0.10mol/L。

3. 测定步骤

称取样品 0.5g,研细,用不含二氧化碳的水洗入 500mL 容量瓶中,然后加煮沸的蒸馏水至标记,将瓶加塞,不停摇动,6h 后,任其沉降。取此清液 100mL(内含样品 0.1g),置于 300mL 的锥形瓶中,加酚酞指示剂数滴,以 0.10mol/L 盐酸(任何酸)滴定,滴定至红色消失时为止。

4. 计算

$$氧化钙(CaO)含量 = \frac{c \times V \times 0.0280}{m \times \frac{100}{500}} \times 100\%$$

式中:c——盐酸(HCl)标准溶液的浓度,mol/L;

V——所用盐酸标准溶液的体积,mL;

0.0280——1mmol 氧化钙$\left(\frac{1}{2}CaO\right)$的质量,g/mmol;

m——称取样品的质量,g。

九、三乙醇胺

三乙醇胺分析的方法很复杂。比较简便的方法,可用标准酸溶液来测定它的总碱度,并计算它每克的耗酸量。如果称取样品 1g,加水 100mL,加甲基橙数滴作指示剂,用 1mol/L 盐酸(HCl)或 1mol/L 硫酸$\left(\frac{1}{2}H_2SO_4\right)$滴定,滴至微红色时作为终点;酸的耗用量为 6.7 ~7.2mL 时,则三乙醇胺的成分≥80%。

十、乙二胺

(一)原理

以溴酚蓝为指示剂,用盐酸标准溶液滴定碱度。

$$H_2NCH_2CH_2NH_2 + 2HCl \longrightarrow ClH_2NCH_2CH_2NH_2Cl + H_2O$$

(二)试剂

(1)溴酚蓝指示剂:0.1%溶液。

(2)盐酸标准溶液:$c(HCl) = 1.0mol/L$。

(3)不含二氧化碳的水。

(三)测定步骤

取10mL不含二氧化碳的水,注入具塞瓶中,称量,加约1mL样品,再称量。两次称量均需精确至0.0002g。加20mL不含二氧化碳的水及2滴0.1%溴酚蓝指示剂,用1mol/L盐酸标准溶液滴定至溶液呈绿黄色。

(四)计算

$$乙二胺(H_2NCH_2CH_2NH_2)含量 = \frac{c \times V \times 0.03005}{m} \times 100\%$$

式中:c——盐酸(HCl)标准溶液的浓度,mol/L;

V——所用盐酸标准溶液的体积,mL;

0.03005——1mmol乙二胺$\left(\frac{1}{2}H_2NCH_2CH_2NH_2\right)$的质量,g/mmol;

m——称取样品的质量,g。

第三节　常用氧化剂的测定

一、漂白粉及漂白精

(一)原理

一般优良的漂白粉含有效氯约30%~35%。高浓度的漂白粉称漂粉精,含有效氯一倍于普通漂白粉。有效氯是指漂白粉的有效成分(次氯酸盐),即一定量的漂白粉与酸作用后所生成的氯量,用百分率来表示。

在酸性溶液中,次氯酸盐能使碘化钾氧化而析出定量的碘,然后用硫代硫酸钠标准溶液滴定。

$$Ca(OCl)_2 + 4KI + 4H^+ \longrightarrow CaCl_2 + 4K^+ + 2I_2 + 2H_2O$$

$$I_2 + 2Na_2S_2O_3 \longrightarrow Na_2S_4O_6 + 2NaI$$

(二)试剂

(1)碘化钾溶液:10%。

(2)硫酸标准溶液:$c\left(\frac{1}{2}H_2SO_4\right) = 1.0mol/L$。

(3)硫代硫酸钠标准溶液:$c(Na_2S_2O_3)=0.1mol/L$。

(4)淀粉指示剂:0.5%。

(三)测定步骤

称取3.5g样品(精确至0.0002g),置于瓷研钵中,加少许水,研磨其显均匀乳液,把此均匀乳液洗入500mL容量瓶中,加水至刻度。移25mL乳液于500mL碘量瓶中,加入15~20mL 10%碘化钾溶液和10mL1.0mol/L硫酸,在暗处放置5min后,用0.10mol/L硫代硫酸钠标准溶液滴定析出的碘。在近滴定终点时,加入3mL淀粉指示剂,继续滴定至溶液刚好呈无色。

(四)计算

$$有效氯(Cl)含量=\frac{c\times V\times 0.03545}{m\times\frac{25}{500}}\times 100\%$$

式中:V——滴定耗用硫代硫酸钠($Na_2S_2O_3$)标准溶液的体积,mL;

c——硫代硫酸钠标准溶液的浓度,mol/L;

m——取样品的质量,g;

0.03545——1mmol有效氯(Cl)的质量,g/mmol。

二、氯胺T

(一)原理

与漂白粉类似。

(二)试剂

(1)碘化钾溶液:10%。

(2)冰乙酸。

(3)硫代硫酸钠标准溶液:$c(Na_2S_2O_3)=0.10mol/L$。

(4)淀粉指示剂:0.5%。

(三)操作步骤

用称量瓶精确称取样品约0.5g,用水洗入500mL锥形瓶中,至锥形瓶中溶液的体积约为50mL时,加入25mL10%碘化钾溶液及冰乙酸5mL,使之呈酸性。盖上瓶塞,使之混合均匀,然后放置暗处约10min,使作用完全。然后用水冲洗瓶及瓶塞,并用0.1mol/L硫代硫酸钠标准溶液滴定,滴至游离碘的深棕色将近消失而略具淡黄色时,加入淀粉指示剂2mL,继续用0.10mol/L硫代硫酸钠标准溶液滴定,滴至样品蓝色消失时为止。

(四)计算

$$有效氯(Cl)含量=\frac{c\times V\times 0.03545}{m}\times 100\%$$

式中:V——滴定耗用硫代硫酸钠($Na_2S_2O_3$)标准溶液的体积,mL;

c——硫代硫酸钠标准溶液的浓度,mol/L;

m——称取样品的质量,g;

0.03545——1mmol有效氯(Cl)的质量,g/mmol。

三、次氯酸钠

(一)原理

次氯酸钠有强氧化性，能使亚砷酸钠氧化，故可用亚砷酸钠标准溶液滴定，以淀粉—碘化钾为指示剂：

$$AsO_3^{3-} + ClO^- \longrightarrow AsO_4^{3-} + Cl^-$$

(二)试剂

(1)淀粉—碘化钾溶液。

(2)淀粉—碘化钾试纸。

(3)亚砷酸钠标准溶液：$c(Na_3AsO_3) = 0.10mol/L$。

(4)酚酞指示剂：1%乙醇溶液。

(三)测定步骤

在已知质量的称量瓶中加入约10mL水，取7～8g样品迅速放进称量瓶中称量(精确至0.0002g)，移入250mL容量瓶中，加水稀释至刻度，摇匀(溶液甲)，准确吸取25mL，置于250mL烧杯中，加100mL水，用0.10mol/L亚砷酸钠标准溶液滴定，以淀粉—碘化钾试纸或溶液为外指示剂，当滴定至淀粉—碘化钾试纸或溶液呈现很浅的蓝色时，加入2～3mL淀粉—碘化钾溶液，继续用0.1mol/L亚砷酸钠标准溶液滴定至溶液蓝色恰消失为终点。

(四)计算

$$有效氯(Cl)含量 = \frac{c \times V \times 0.03545}{m \times \frac{25}{250}} \times 100\%$$

式中：V——滴定耗用亚砷酸钠标准溶液的体积，mL；

c——亚砷酸钠标准溶液的浓度，mol/L；

m——称取样品的质量，g；

0.03545——1mmol有效氯(Cl)的质量，g/mmol。

(五)备注

也可采用碘化钾—硫代硫酸钠滴定的方法，参见氯胺T的测定。

四、亚氯酸钠

(一)原理

在酸性介质中，亚氯酸钠可与过量的碘化钾反应析出碘。因而中用淀粉为指示剂，用硫代硫酸钠标准溶液滴定析出的碘，从而测出亚氯酸钠含量。

$$NaClO_2 + 2H_2SO_4 + 4KI \longrightarrow NaCl + 2I_2 + 2K_2SO_4 + 2H_2O$$

$$I_2 + 2Na_2S_2O_3 \longrightarrow 2NaI + Na_2S_4O_6$$

(二)试剂

(1)碘化钾溶液：10%。

(2)硫酸标准溶液：$c\left(\frac{1}{2}H_2SO_4\right)=1.0mol/L$。

(3)硫代硫酸钠标准溶液：$c(Na_2S_2O_3)=0.1mol/L$。

(4)淀粉指示剂：0.5%。

(三)操作步骤

用称量瓶称取样品约1g(精确至0.0002g)，用水洗入500mL的量瓶中，加水稀释至刻度，摇匀。移取上试品溶液25mL，放入250mL的定碘瓶中，加入30mL10%碘化钾溶液、1mol/L硫酸溶液20mL，放置1～2min，然后用0.1mol/L硫代硫酸钠标准溶液滴定，滴至游离碘的深棕色将近消失而略具淡黄色时，加入0.5%淀粉溶液3～5mL，继续用0.1mol/L硫代硫酸溶液滴定，滴至样品蓝色消失时为止。

(四)计算

$$亚氯酸钠(NaClO_2)含量=\frac{c\times V\times 0.02261}{m\times\frac{25}{500}}\times 100\%$$

式中：V——滴定耗用硫代硫酸钠标准溶液的体积，mL；

c——硫代硫酸钠标准溶液的浓度，mol/L；

m——称取样品的质量，g；

0.02261——1mmol亚氯酸钠$\left(\frac{1}{4}NaClO_2\right)$的质量，g/mmol。

五、双氧水

参见第一篇第六章第三节氧化还原滴定法中的高锰酸钾法。

六、过氧化钠

(一)原理

在冷硫酸溶液中，用强氧化剂高锰酸钾溶液进行滴定。

$$5Na_2O_2+2KMnO_4+8H_2SO_4\longrightarrow 5O_2\uparrow+8H_2O+5Na_2SO_4+K_2SO_4+2MnSO_4$$

(二)试剂

(1)浓硫酸。

(2)高锰酸钾标准溶液：$c\left(\frac{1}{5}KMnO_4\right)=0.10mol/L$。

(三)测定步骤

于500mL容量瓶中，加入400mL水及5mL硫酸，冷至室温，在容量瓶上放一干燥漏斗。迅速称取0.5g(精确至0.0002g)，在不断摇动下，将样品分次少量沿漏斗倒入容量瓶中，冷却，再用水稀释至刻度，摇匀。准确吸取此溶液100mL，置于300mL烧杯中。用0.1mol/L$\left(\frac{1}{5}KMnO_4\right)$高锰酸钾标准溶液滴定至呈微红色。

(四)计算

$$过氧化钠(Na_2O_2)含量=\frac{c\times V\times 0.039}{m\times\frac{100}{500}}\times 100\%$$

式中:V——滴定耗用高锰酸钾标准溶液体积,mL;

c——高锰酸钾$\left(\frac{1}{5}KMnO_4\right)$标准溶液的浓度,mol/L;

m——称取样品的质量,g;

0.039——1mmol 过氧化钠$\left(\frac{1}{2}Na_2O_2\right)$的质量,g/mmol。

七、过硼酸钠(硼砂)

(一)原理

过硼酸钠溶于水后分解析出过氧化氢,故可在稀硫酸溶液中用强氧化剂高锰酸钾标准溶液滴定。

$$NaBO_3\cdot 4H_2O \longrightarrow H_2O_2+NaBO_2+3H_2O$$

$$5H_2O_2+2KMnO_4+3H_2SO_4 \longrightarrow K_2SO_4+2MnSO_4+8H_2O+5O_2\uparrow$$

(二)试剂

(1)硫酸溶液:$c\left(\frac{1}{2}H_2SO_4\right)=4.0mol/L$。

(2)高锰酸钾标准溶液:$c\left(\frac{1}{5}KMnO_4\right)=0.10mol/L$。

(三)测定步骤

在300mL 烧杯中加入100mL 4.0mol/L 硫酸$\left(\frac{1}{2}H_2SO_4\right)$,用称量瓶称取0.2~0.4g 样品(精确至0.0002g),将盛有样品的称量瓶(除瓶盖)放入上述烧杯中,搅拌使样品全部溶解,用0.10mol/L$\left(\frac{1}{5}KMnO_4\right)$高锰酸钾标准溶液慢慢滴定至粉红色经久不褪为终点。

(四)计算

$$过硼酸钠(NaBO_3\cdot 4H_2O)含量=\frac{c\times V\times 0.07693}{m}\times 100\%$$

式中:V——滴定耗用高锰酸钾$\left(\frac{1}{5}KMnO_4\right)$标准溶液体积,mL;

c——高锰酸钾$\left(\frac{1}{5}KMnO_4\right)$标准溶液的浓度,mol/L;

m——称取样品的质量,g;

0.07693——1mmol 过硼酸钠$\left(\frac{1}{2}NaBO_3\cdot 4H_2O\right)$的质量,g/mmol。

八、氯酸钠

（一）原理

在样品溶液中加入已知量的酸性硫酸亚铁溶液，加热，使氯酸盐还原为氯化物，过量的硫酸亚铁用高锰酸钾标准溶液滴定。

$$NaClO_3 + 6FeSO_4 + 3H_2SO_4 \longrightarrow 3Fe_2(SO_4)_3 + NaCl + 3H_2O$$

$$2KMnO_4 + 10FeSO_4 + 8H_2SO_4 \longrightarrow 5Fe_2(SO_4)_3 + K_2SO_4 + 2MnSO_4 + 8H_2O$$

滴定时加入硫酸锰作催化剂，加速反应速度，而抑制以下副反应：

$$2MnO_4^- + 10Cl^- + 16H^+ \longrightarrow 2Mn^{2+} + 5Cl_2 + 8H_2O$$

由于反应生成的 Fe^{3+} 为黄色影响终点的观察，故滴定时加入磷酸使之与 Fe^{3+} 离子络合生成无色的物质使终点易于观察。

（二）试剂

（1）硫酸。

（2）磷酸。

（3）高锰酸钾标准溶液：$c\left(\frac{1}{5}KMnO_4\right) = 0.10mol/L$。

（4）硫酸亚铁溶液：称取 5g 硫酸亚铁（$FeSO_4 \cdot 7H_2O$）溶于 90mL 水中，再加 10mL 硫酸。

（5）硫酸锰溶液：称取 67g 硫酸锰（$MnSO_4 \cdot 4H_2O$）溶于 400mL 水中，加入 160mL 磷酸和 133mL 硫酸，用水稀释至 1000mL。

（三）测定步骤

称取 1.2g 经 105～110℃干燥至恒重的样品（精确至 0.0002g）于 500mL 容量瓶中，加水溶解并稀释至刻度，摇匀。准确吸取 25mL 上述溶液置于盛有 25.00mL 硫酸亚铁溶液的锥形瓶中，加 50mL 水，锥形瓶上塞以具有本生阀的橡皮塞，将溶液煮沸 5min，冷却后加入 10mL 硫酸锰溶液，用 0.10mol/L 高锰酸钾$\left(\frac{1}{5}KMnO_4\right)$标准溶液滴定至溶液呈微红色，经 30s 不褪色即为终点。同时做空白试验。

（四）计算

$$氯酸钠[NaClO_3(以干基计)]含量 = \frac{c \times (V_1 - V_2) \times 0.01774}{m \times \frac{25}{500}} \times 100\%$$

式中：V_1——滴定样品耗用高锰酸钾$\left(\frac{1}{5}KMnO_4\right)$标准溶液体积，mL；

V_2——空白试验耗用高锰酸钾$\left(\frac{1}{5}KMnO_4\right)$标准溶液体积，mL；

c——高锰酸钾$\left(\frac{1}{5}KMnO_4\right)$标准溶液的浓度,mol/L;

m——称取样品的质量,g;

0.01774——1mmol 氯酸钠$\left(\frac{1}{6}NaClO_3\right)$的质量,g/mmol。

九、亚硝酸钠

参见第一编第六章第三节氧化还原滴定法中的高锰酸钾法。

十、红矾钠(重铬酸钠)

(一)原理

在硫酸溶液中,样品中的六价铬使碘化钾氧化并析出定量的碘,然后用硫代硫酸钠标准溶液滴定。

$$Na_2Cr_2O_7 + 6KI + 3H_2SO_4 \longrightarrow 3I_2 + Na_2Cr_2O_4 + 3H_2O + 3K_2SO_4$$

$$I_2 + 2Na_2S_2O_3 \longrightarrow Na_2S_4O_6 + 2NaI$$

(二)试剂

(1)硫酸溶液:$c\left(\frac{1}{2}H_2SO_4\right) = 6.0$mol/L。

(2)碘化钾溶液:10%。

(3)硫代硫酸钠标准溶液:$c(Na_2S_2O_3) = 0.10$mol/L。

(4)淀粉指示剂:0.5%溶液。

(三)测定步骤

称取样品约5g,用水洗入500mL容量瓶中,加水至标线。移取此溶液20mL。置于500mL的锥形瓶中作分析之用,加水200mL,10%碘化钾溶液10mL及6mol/L$\left(\frac{1}{2}H_2SO_4\right)$硫酸20mL,然后放置暗处约10min,使作用完全。用0.10mol/L硫代硫酸钠标准溶液滴定,滴至游离碘的深棕色将近消失而略具淡黄色时,加入淀粉溶液2mL,继用0.10mol/L硫代硫酸钠标准溶液滴定,滴至样品变为绿色时为止。

(四)计算

$$\text{重铬酸钠}(Na_2Cr_2O_7 \cdot 2H_2O)\text{含量} = \frac{c \times V \times 0.04967}{m \times \frac{20}{500}} \times 100\%$$

式中:V——滴定耗用硫代硫酸钠($Na_2S_2O_3$)标准溶液的体积,mL;

c——硫代硫酸钠标准溶液的浓度,mol/L;

m——称取样品的质量,g;

0.04967——1mmol 重铬酸钠$\left(\frac{1}{6}Na_2Cr_2O_7 \cdot 2H_2O\right)$的质量,g/mmol。

十一、红矾钾(重铬酸钾)

(一)方法同红矾钠

(二)计算

$$\text{重铬酸钾}(K_2Cr_2O_7)\text{含量} = \frac{c \times V \times 0.04903}{m \times \frac{20}{500}} \times 100\%$$

式中:V——滴定耗用硫代硫酸钠($Na_2S_2O_3$)标准溶液的体积,mL;

c——硫代硫酸钠标准溶液的浓度,mol/L;

m——称取样品的质量,g;

0.04903——1mmol 重铬酸钾$\left(\frac{1}{6}K_2Cr_2O_7\right)$的质量,g/mmol。

十二、硫酸铜

(一)原理

在样品溶液中加入碘化钾,样品中的二价铜离子在微酸性溶液中能被碘化钾还原,而生成难溶于稀酸的碘化亚铜沉淀,同时析出定量的碘,以淀粉为指示剂,用硫代硫酸钠标准溶液滴定,并加入焦磷酸钠消除铁的干扰。

$$2Cu^{2+} + 4I^- \longrightarrow Cu_2I_2\downarrow + I_2$$

$$I_2 + 2Na_2S_2O_3 \longrightarrow Na_2S_4O_6 + 2NaI$$

(二)试剂

(1)焦磷酸钠。

(2)碘化钾:10%。

(3)硫代硫酸钠标准溶液:$c(Na_2S_2O_3) = 0.10$mol/L。

(4)淀粉指示剂:0.5%溶液。

(三)测定步骤

称取样品约0.5g(精确至0.0002g),置于500mL 锥形瓶中,加1g 已研细的焦磷酸钠,加水100mL,搅动以使之溶解。加6mol/L$\left(\frac{1}{2}H_2SO_4\right)$硫酸溶液15mL 和10%碘化钾溶液20mL,然后放置暗处约5~10min,使之作用完全。用0.10mol/L 硫代硫酸钠标准溶液滴定,滴至游离碘的深棕色将近消失而略具淡黄色时,加入淀粉指示剂2mL,继续用0.10mol/L 硫代硫酸钠标准溶液滴定,滴至样品蓝色消失时为止。

(四)计算

$$\text{硫酸铜}(CuSO_4 \cdot 5H_2O)\text{含量} = \frac{c \times V \times 0.2497}{m} \times 100\%$$

式中:V——滴定耗用硫代硫酸钠($Na_2S_2O_3$)标准溶液的体积,mL;

c——硫代硫酸钠标准溶液的浓度，mol/L；

m——称取样品的质量，g；

0.2497——1mmol 硫酸铜（$CuSO_4 \cdot 5H_2O$）的质量，g/mmol。

十三、黄血盐钾（钠）

（一）原理

铁氰化钾具有还原性，易被酸性高锰酸钾氧化。

$$5K_4Fe(CN)_6 + KMnO_4 + 4H_2SO_4 \longrightarrow 5K_3Fe(CN)_6 + 3K_2SO_4 + MnSO_4 + 4H_2O$$

（二）试剂

（1）硫酸溶液：$c\left(\frac{1}{2}H_2SO_4\right) = 6.0mol/L$。

（2）高锰酸钾标准溶液：$c\left(\frac{1}{5}KMnO_4\right) = 0.10mol/L$。

（三）测定步骤

称取样品约 1g（精确至 0.0002g），溶于 100mL 水中，加 6mol/L 硫酸$\left(\frac{1}{2}H_2SO_4\right)$10mL 使溶液呈酸性，以 0.10mol/L 高锰酸钾$\left(\frac{1}{5}KMnO_4\right)$标准溶液滴定，滴至溶液的绿色消失，橘红色显现时为止。

（四）计算

$$黄血盐钾[K_4Fe(CN)_6 \cdot 3H_2O]含量 = \frac{c \times V \times 0.4224}{m} \times 100\%$$

式中：V——滴定样品耗用高锰酸钾$\left(\frac{1}{5}KMnO_4\right)$标准溶液的体积，mL；

c——高锰酸钾$\left(\frac{1}{5}KMnO_4\right)$标准溶液的浓度，mol/L；

m——称取样品的质量，g；

0.4224——1mmol 黄血盐钾[$K_4Fe(CN)_6 \cdot 3H_2O$]的质量，g/mmol。

$$黄血盐钠[Na_4Fe(CN)_6 \cdot 10H_2O]含量 = \frac{c \times V \times 0.4841}{m} \times 100\%$$

式中：V——滴定样品耗用高锰酸钾标准溶液的体积，mL；

c——高锰酸钾$\left(\frac{1}{5}KMnO_4\right)$标准溶液的浓度，mol/L；

m——称取样品的质量，g；

0.4841——1mmol 黄血盐钠[$Na_4Fe(CN)_6 \cdot 10H_2O$]的质量，g/mmol。

十四、防染盐 S(间硝基苯磺酸钠)

(一)原理

防染盐 S 在酸性介质中加入锌粉,逸出氢,将防染盐 S 中的硝基还原成氨基,再以碘化钾淀粉试纸作外指示剂,用标准亚硝酸钠溶液滴定,将氨基进行重氮化,生成重氮化合物。反应式如下:

$$Zn + 2HCl \longrightarrow ZnCl_2 + H_2\uparrow$$

$$C_6H_4NO_2SO_3Na + 3H_2 \longrightarrow C_6H_4NH_2SO_3Na + 2H_2O$$

$$C_6H_4NH_2SO_3Na + NaNO_2 + 2HCl \longrightarrow C_6H_4N_2ClSO_3Na + NaCl + 2H_2O$$

过量的标准亚硝酸钠溶液遇碘化钾淀粉试纸析出游离的碘,显现蓝色即为滴定终点。反应式如下:

$$2NaNO_2 + 4HCl + 2KI \longrightarrow 2H_2O + 2NaCl + 2KCl + I_2 + 2NO\uparrow$$

(二)试剂

(1)浓盐酸。

(2)锌粉。

(3)亚硝酸钠标准溶液:$c(NaNO_2) = 0.10mol/L$。

(4)淀粉—碘化钾试纸。

(三)测定步骤

称取样品约 0.2g,置于 400mL 烧杯中,加水 100mL,加浓盐酸 5mL,搅匀。缓缓加入锌粉约 1.0~1.5g,使溶液充分还原,由黄色变为无色。然后滤出不溶物,用热水洗涤滤器 2~3次,并使滤液与洗液合并。冷却至室温,缓缓滴入 0.10mol/L($NaNO_2$)亚硝酸钠标准溶液,同时不断用玻璃棒蘸取样品溶液,滴至碘化钾淀粉试纸上呈蓝色,保持 5min 不消失即为终点。

(四)计算

$$防染盐\ S\ 含量 = \frac{c \times V \times 0.225}{m} \times 100\%$$

式中:V——滴定样品耗用亚硝酸钠($NaNO_2$)标准溶液的体积,mL;

c——亚硝酸钠($NaNO_2$)标准溶液的浓度,mol/L;

m——称取样品的质量,g;

0.225——1mmol 防染盐($C_6H_4NO_2SO_3Na$)的质量,g/mmol。

(五)备注

1. 水分的测定

在已知质量的称量瓶中,精确称取样品约 1g,放在 100℃ 烘箱中烘至恒重,损失的质量即为水分的质量。

$$水分 = \frac{烘干前试样质量 - 烘干后试样质量}{烘前试样质量} \times 100\%$$

2. 防白效果检验

将大红布两小块浸轧 5 ~ 6g 防染盐 S 溶液后烘干，另一块不浸轧。用同样$\frac{1}{5}$的拔白浆分别在两大块红布上进行拔白印花，再在同一条件下烘干、蒸化、皂洗、水洗、烘干后，对比拔白牢度，从而检定防染盐 S 防拔白的效果。

十五、高锰酸钾

(一)原理

高锰酸钾为强氧化剂，能在强酸性溶液中使草酸钠氧化而自身还原成二价锰盐。

$$2KMnO_4 + 8H_2SO_4 + 5Na_2C_2O_4 \longrightarrow 2MnSO_4 + K_2SO_4 + 5Na_2SO_4 + 8H_2O + 10CO_2 \uparrow$$

(二)试剂

(1)基准草酸钠。

(2)硫酸：1∶1。

(三)测定步骤

称取 0.3g 有 105 ~ 110℃ 烘至恒重并冷却的基准草酸钠(精确至 0.0002g)，溶解于 100mL 水中，加 6mL 硫酸。

称取 1.65g 样品(精确至 0.0002g)于 500mL 烧杯中，加 300mL 水使样品完全溶解后，移入 500mL 棕色容量瓶中，加水至刻度，摇匀后置于暗处 1h。取上层清液于滴定管中，先滴入 38mL 样品溶液于草酸钠溶液内，在水浴中加热到 70 ~ 75℃，继续滴至溶液呈粉红色且 30s 不褪色为终点。同时做空白试验。

(四)计算

$$\text{高锰酸钾}(KMnO_4)\text{含量} = \frac{m_1 \times 0.4717}{m \times \frac{V_1 - V_2}{500}} \times 100\%$$

式中：V_1——滴定草酸钠时耗用高锰酸钾试液的体积，mL；

V_2——空白试验耗用高锰酸钾试液的体积，mL；

m_1——称取草酸钠的质量，g；

m ——称取样品的质量，g；

0.4717——1g 草酸钠相当于高锰酸钾的质量，g/mmol。

十六、钒酸铵

(一)原理

在酸性介质中，当有足量的碘化钾存在时，钒酸铵能氧化碘化钾而生成碘。析出的碘可用硫代硫酸钠标准溶液滴定。反应式如下：

$$2NH_4VO_3 + 2KI + 4H_2SO_4 \longrightarrow 2VOSO_4 + (NH_4)_2SO_4 + K_2SO_4 + 4H_2O + I_2$$

$$I_2 + 2Na_2S_2O_3 \longrightarrow 2NaI + Na_2S_4O_6$$

(二)试剂

(1)浓硫酸(98%)。

(2)硫代硫酸钠标准溶液:$c(Na_2S_2O_3)=0.1mol/L$。

(3)碘化钾。

(4)淀粉指示剂:0.5%。

(三)测定步骤

称取样品0.1g(精确至0.0001g),置于200mL的锥形瓶中,加水30mL,再慢慢加入质量分数为98%的浓硫酸10mL,振荡,至完全溶解,待冷却后加入碘化钾1g,紧塞瓶盖,摇匀片刻,静置4~5min使之作用完全,以0.1mol/L硫代硫酸钠标准溶液滴定,滴至黄色即将消失时,加入数毫升淀粉指示剂,继续以0.1mol/L硫代硫酸钠标准溶液滴定,滴至蓝色消失时为止。

(四)计算

$$钒酸铵(NH_4VO_3)含量=\frac{c\times V\times 0.117}{m}\times 100\%$$

式中:c——硫代硫酸钠($Na_2S_2O_3$)标准溶液的浓度,mol/L。

V——耗用硫代硫酸钠标准溶液的体积,mL;

0.117——1mmol钒酸铵(NH_4VO_3)的质量,g/mmol。

m——称取样品的质量,g。

第四节　常用还原剂含量的测定

一、保险粉

参见第一篇第六章第三节氧化还原滴定法中的碘量法。

二、雕白粉

(一)原理

碘可被雕白粉还原,用淀粉溶液作指示剂。

$$NaHSO_2\cdot CH_2O+2H_2O+2I_2\longrightarrow NaHSO_4+4HI+CH_2O$$

(二)试剂

(1)碘标准溶液:$c\left(\frac{1}{2}I_2\right)=0.10mol/L$。

(2)淀粉溶液:0.5%。

(三)测定步骤

精确称取样品0.2g用水洗入300mL的锥形烧瓶中,搅拌,以使溶解,加水100mL,继加淀粉指示剂数毫升,以0.10mol/L$\left(\frac{1}{2}I_2\right)$碘标准溶液滴定。滴至微呈蓝色时为终点。

（四）计算

$$雕白粉(NaHSO_2 \cdot CH_2O \cdot 2H_2O)含量 = \frac{V \times c \times 0.03853}{m} \times 100\%$$

式中：V——滴定耗用碘标准溶液的体积，mL；

c——碘$\left(\frac{1}{2}I_2\right)$标准溶液浓度，mol/L；

m——称取样品的质量，g；

0.03853——1mmol 雕白粉$\left(\frac{1}{4}NaHSO_2 \cdot CH_2O \cdot 2H_2O\right)$的质量，g/mmol。

（五）印浆内雕白粉含量的测定

1. 测定步骤

用50mL 刻度量杯量取印浆 50mL，注入 500mL 刻度量杯中，加水至刻度，搅匀。用 10mL 吸管吸取样品 10mL，放入 500mL 烧杯中，加水 300mL，搅匀。加入 0.5% 淀粉溶液 5mL，搅匀。用 $c\left(\frac{1}{2}I_2\right) = 0.10$mol/L 碘标准溶液滴定，滴至溶液呈蓝色时为止，记录碘标准溶液用量 V(mL)。

2. 计算

$$1L 印浆内含有雕白粉的质量(g) = \frac{V \times 0.00385 \times 1000}{50 \times \frac{10}{500}} = 3.853V$$

（六）士林蓝印浆的测定

量取 50mL 的印浆，加水冲淡合成 500mL 以后，用 1mL 吸管吸取 1mL 试样。然后按前述（五）所示测定。

三、咬白剂 W（二甲基苯基苄基氯化胺二磺酸钙盐：$C_{15}H_{16}O_6NClCaS_2$）

选用比较难拔白的纳夫妥地色，如咖啡、枣红等，向碱性拔白浆中加入咬白剂 W 约 60～80g/L 拔染。而后可以与没有加咬白剂 W 的碱性拔白浆比较它的拔白效果。

四、葡萄糖

（一）原理

葡萄糖具有还原性，能与过量的碘液反应，用硫代硫酸钠回滴过量的碘。

（二）试剂

（1）碘标准溶液：$c\left(\frac{1}{2}I_2\right) = 0.10$mol/L。

（2）氢氧化钠标准溶液：c(NaOH) = 0.10mol/L。

（3）淀粉指示剂：0.5%。

（4）硫代硫酸钠标准溶液：$c(Na_2S_2O_3) = 0.10$mol/L。

（5）硫酸溶液：$c\left(\frac{1}{2}H_2SO_4\right) = 2$mol/L。

(三)测定步骤

用称量瓶称取样品约2.5g(精确至0.0002g),加水溶解,溶解后的溶液用水在容量瓶内稀释至500mL(计算称量和稀释的体积使成0.5%葡萄糖溶液),用50mL的单标移液管移取此溶液50mL(计算其含量为0.25g葡萄糖),置于300mL的锥形瓶中,加0.10mol/L$\left(\frac{1}{2}I_2\right)$碘标准溶液50mL,加0.1mol/L NaOH溶液75mL,摇匀,放置10~15min,加2mol/L硫酸4~5mL以中和NaOH及分解NaIO成I_2,然后这过量的碘,加淀粉溶液数毫升作指示剂,用0.10mol/L硫代硫酸钠标准溶液反滴定之,滴定至蓝色消失时为止。

(四)计算

$$醛糖(葡萄糖)含量=\frac{(V_1c_1-V_2c_2)\times 0.1801}{m\times\frac{50}{500}}\times 100\%$$

式中:V_1——滴定耗用碘标准溶液的体积,mL;

c_1——碘$\left(\frac{1}{2}I_2\right)$标准溶液浓度,mol/L;

V_2——滴定耗用硫代硫酸钠标准溶液的体积,mL;

c_2——硫代硫酸钠标准溶液浓度,mol/L;

m——称取样品的质量,g;

0.1801——1mmol醛糖(葡萄糖)的质量,g/mmol。

五、蒽醌

(一)原理

蒽醌易升华,因此可用加热烘干的办法进行测量。

(二)测定步骤

1.水分

用瓷坩埚精确称取样品约2g,放在95~100℃烘箱中烘至恒重。

$$水分=\frac{m_1-m_2}{m_1}\times 100\%$$

式中:m_1——烘干前样品质量,g;

m_2——烘干后样品质量,g。

2.蒽醌

把测定水分之后的瓷坩埚再放在240~250℃烘箱中烘至恒重,使蒽醌完全升华而逸去。

$$蒽醌含量=\frac{m_2-m_3}{m_1}\times 100\%$$

式中:m_1——烘干前样品质量,g。

m_2——第一次烘干后样品质量,g;

m_3——第二次烘干后样品质量,g;

六、亚硫酸钠

(一)原理

加入已知量的过量碘标准溶液使亚硫酸钠氧化,过量的碘标准溶液用硫代硫酸钠标准溶液回滴,以淀粉作指示剂。

$$Na_2SO_3 + I_2 + H_2O \longrightarrow Na_2SO_4 + 2HI$$
$$I_2 + 2Na_2S_2O_3 \longrightarrow Na_2S_4O_6 + 2NaI$$

(二)试剂

(1)盐酸:2∶1。

(2)碘标准溶液:$c\left(\frac{1}{2}I_2\right) = 0.10$mol/L。

(3)硫代硫酸钠标准溶液:$c(Na_2S_2O_3) = 0.10$mol/L。

(4)淀粉指示剂:0.5%。

(三)测定步骤

准确吸取0.10mol/L碘标准溶液50mL,置于250mL碘量瓶中,加30~50mL水,以减量法快速称入0.2g样品(精确至0.0002g),密塞,混合后静置5min,加1mL盐酸,混匀,以0.10mol/L硫代硫酸钠标准溶液滴至淡黄色时,加入5mL淀粉指示剂,继续滴定至无色即为终点。

(四)计算

$$\text{亚硫酸钠}(Na_2SO_3)\text{含量} = \frac{(50c_1 - Vc_2) \times 0.06302}{m} \times 100\%$$

式中:V——滴定耗用硫代硫酸钠标准溶液的体积,mL;

c_1——碘$\left(\frac{1}{2}I_2\right)$标准溶液浓度,mol/L;

c_2——硫代硫酸钠($Na_2S_2O_3$)标准溶液浓度,mol/L;

m——称取样品的质量,g;

0.06302——1mmol亚硫酸钠$\left(\frac{1}{2}Na_2SO_3\right)$的质量,g/mmol。

七、重亚硫酸钠(亚硫酸氢钠)

(一)原理

加入已知量的过量碘标准溶液使重亚硫酸钠氧化,过量的碘标准溶液用硫代硫酸钠标准溶液回滴,以淀粉作指示剂。

$$NaHSO_3 + I_2 + H_2O \longrightarrow NaHSO_4 + 2HI$$
$$I_2 + 2Na_2S_2O_3 \longrightarrow Na_2S_4O_6 + 2NaI$$

(二)试剂

(1)盐酸:2∶1。

(2)碘标准溶液：$c\left(\frac{1}{2}I_2\right)=0.10mol/L$。

(3)硫代硫酸钠标准溶液：$c(Na_2S_2O_3)=0.10mol/L$。

(4)淀粉指示剂：0.5%。

(三)测定步骤

准确吸取0.10mol/L碘标准溶液50mL，置于250mL碘量瓶中，加30~50mL水，以减量法快速称入0.2g样品(精确至0.0002g)，密塞，混合后静置5min，加1mL盐酸，混合均匀，以0.10mol/L($Na_2S_2O_3$)硫代硫酸钠标准溶液滴至淡黄色时，加入5mL淀粉指示剂，继续滴定至无色即为终点。

(四)计算

$$重亚硫酸钠(NaHSO_3)含量=\frac{(50c_1-Vc_2)\times0.05202}{m}\times100\%$$

式中：V——滴定耗用硫代硫酸钠($Na_2S_2O_3$)标准溶液的体积，mL；

c_1——碘$\left(\frac{1}{2}I_2\right)$标准溶液浓度，mol/L；

c_2——硫代硫酸钠($Na_2S_2O_3$)标准溶液浓度，mol/L；

m——称取样品的质量，g；

0.05202——1mmol重亚硫酸钠$\left(\frac{1}{2}NaHSO_3\right)$的质量，g/mmol。

八、硫代硫酸钠(大苏打)

(一)原理

样品溶于水，在乙酸—乙酸钠缓冲溶液存在下，用碘标准溶液进行滴定，加入甲醛以消除样品中可能存在的杂质(亚硫酸钠)的干扰，因为亚硫酸钠与甲醛生成加成物$CH_2(NaSO_3)OH$后，即不再消耗碘标准溶液。

$$2Na_2S_2O_3+I_2\longrightarrow Na_2S_4O_6+2NaI$$

$$Na_2SO_3+HCHO+H_2O\longrightarrow NaOH+CH_2(NaSO_3)OH$$

(二)试剂

(1)40%甲醛溶液：加入2滴酚酞指示剂，用0.10mol/L氢氧化钠(NaOH)溶液中和至刚呈微红色。

(2)缓冲溶液：取48.6g乙酸钠溶于水中，然后加入12mL 20%乙酸，加水稀释至500mL。

(3)酚酞指示剂：1%乙醇溶液。

(4)淀粉指示剂：0.5%。

(5)碘标准溶液：$c\left(\frac{1}{2}I_2\right)=0.10mol/L$。

(三)测定步骤

称取10~12g样品(精确至0.0002g)，溶于新煮沸并冷却的水中，待完全溶解后，移入500mL容量瓶中，用水稀释至刻度，摇匀。准确吸取25mL样品溶液，置于300mL碘量瓶中，加入1滴酚酞指示剂和10mL中性40%甲醛溶液，放置5min后，滴加缓冲溶液中和之，然后再加10mL缓冲溶液，加入3mL淀粉指示剂，立即用0.10mol/L$\left(\frac{1}{2}I_2\right)$碘标准溶液滴定到呈现蓝色，1min内不消失时为终点，酸化和滴定时间不得超过5min。

(四)计算

$$大苏打(Na_2S_2O_3 \cdot 5H_2O)含量 = \frac{V \times c \times 0.2482}{m \times \frac{25}{500}} \times 100\%$$

式中：V——滴定耗用碘标准溶液的体积，mL；

c——碘$\left(\frac{1}{2}I_2\right)$标准溶液浓度，mol/L；

m——称取样品的质量，g；

0.2482——1mmol大苏打($Na_2S_2O_3 \cdot 5H_2O$)的质量，g/mmol。

九、氯化亚锡

(一)原理

在盐酸溶液中，氯化亚锡能使硫酸铁铵中的三价铁离子还原，然后用重铬酸钠标准溶液滴定二价铁，以二苯胺磺酸钠作指示剂，滴加前加入硫—磷酸混合液，保持一定的酸度并降低Fe^{3+}/Fe^{2+}电对的电位，避免过早地氧化指示剂。

$$2Fe^{3+} + Sn^{2+} \longrightarrow 2Fe^{2+} + Sn^{4+}$$

(二)试剂

(1)10%硫酸铁铵盐酸溶液：称取10g硫酸铁铵，溶于25mL盐酸，加水稀释至100mL。

(2)硫酸—磷酸混合液：于500mL水中小心缓慢加入150mL硫酸，再加入150mL磷酸，加水稀释至1000mL。

(3)二苯胺磺酸钠指示剂：0.5%。

(4)重铬酸钾标准溶液：$c\left(\frac{1}{6}K_2Cr_2O_7\right) = 0.10mol/L$。

(三)测定步骤

称取0.40g样品(精确至0.0002g)，迅速置于盛有25mL 10%硫酸铁铵盐酸溶液的锥形瓶中，加热至沸，然后加50mL水和25mL硫酸—磷酸混合液，加水至300mL，加3滴二苯胺磺酸钠指示剂，用0.10mol/L$\left(\frac{1}{6}K_2Cr_2O_7\right)$重铬酸钠标准溶液滴定，颜色由纯绿色变至紫色为终点，同时做空白试验。

(四)计算

$$氯化亚锡(SnCl_2 \cdot 2H_2O)含量 = \frac{(V_1 - V_2) \times c \times 0.1128}{m} \times 100\%$$

式中：V_1——滴定样品耗用重铬酸钠标准溶液的体积，mL；

V_2——滴定空白耗用重铬酸钠标准溶液的体积，mL；

c——重铬酸钠$\left(\frac{1}{6}K_2Cr_2O_7\right)$标准溶液的浓度，mol/L；

m——称取样品的质量，g；

0.1128——1mmol 氯化亚锡$\left(\frac{1}{2}SnCl_2 \cdot 2H_2O\right)$的质量，g/mmol。

十、硫酸亚铁

(一)原理

在硫酸溶液中，用高锰酸钾标准溶液滴定亚铁。

$$10FeSO_4 + 8H_2SO_4 + 2KMnO_4 \longrightarrow 5Fe_2(SO_4)_3 + 2MnSO_4 + K_2SO_4 + 8H_2O$$

(二)试剂

(1)硫酸。

(2)高锰酸钾标准溶液：$c\left(\frac{1}{5}KMnO_4\right) = 0.10mol/L$。

(三)测定步骤

称取样品 1g(精确至 0.0002g)，置于 300mL 的锥形中，加入新煮沸并冷却的水 100mL，搅动使之溶解。加 3mL 硫酸，用 0.1mol/L$\left(\frac{1}{5}KMnO_4\right)$高锰酸钾溶液滴定至溶液微呈微红色即为终点。

(四)计算

$$硫酸亚铁(FeSO_4 \cdot 7H_2O)含量 = \frac{c \times V \times 0.27801}{m} \times 100\%$$

式中：V——滴定样品耗用高锰酸钾标准溶液的体积，mL；

c——高锰酸钾$\left(\frac{1}{5}KMnO_4\right)$标准溶液的浓度，mol/L；

m——称取样品的质量，g；

0.27801——1mmol 氯化亚铁($FeCl_2 \cdot 7H_2O$)的质量，g/mmol。

第五节　常用盐类药剂含量的测定

一、元明粉

(一)原理

在样品溶液中加氯化钡沉淀，使硫酸盐生成白色硫酸钡沉淀，用定量滤纸过滤，烘干，灰化，灼烧至恒重。

$$BaCl_2 + Na_2SO_4 \longrightarrow BaSO_4 \downarrow + 2NaCl$$

(二)试剂

(1)盐酸:1∶1。

(2)氯化钡溶液:$c(BaCl_2)=0.50mol/L$,取122g $BaCl_2 \cdot 2H_2O$ 加水溶解,用水稀释至1000mL,必要时过滤。

(3)硝酸银标准溶液:$c(AgNO_3)=0.10mol/L$。

(三)测定步骤

称取5g样品(精确至0.0001g),加100mL水,加热溶解,过滤到500mL容量瓶中,用水洗涤至无硫酸根离子为止(用氯化钡溶液检验),冷却,用水稀释至刻度,摇匀(溶液甲)。准确吸取25mL溶液甲置于500mL烧杯中,加5mL(1∶1)盐酸和270mL水,加热至微沸,不断搅拌滴加10mL 0.50mol/L($BaCl_2$)氯化钡溶液,时间约需1.5min,继续搅拌并微沸2~3min,然后盖上表面皿,保持沸腾5min。再把烧杯放在沸水浴上保持2h,将烧杯冷却至室温,用慢速定量滤纸过滤。用温水洗涤沉淀至无氯离子为止(取5mL洗液,加5mL 0.10mol/L硝酸银溶液混匀,放置5min不出现混浊),将沉淀连同滤纸转移至已于(800±20)℃恒重的瓷坩埚中,在110℃烘干,然后灰化,在(800±20)℃下灼烧至恒重。

(四)计算

$$无水硫酸钠(Na_2SO_4)含量=\frac{m_1\times 0.6086}{m\times\frac{25}{500}}\times 100\%$$

式中:m_1——硫酸钡沉淀的质量,g;

m——称取样品的质量,g;

0.6086——硫酸钡($BaSO_4$)换算为硫酸钠(Na_2SO_4)的系数。

二、氯化钠(食盐)

(一)原理

在中性溶液中,以铬酸钾作指示剂,用硝酸银标准溶液滴定氯离子。

$$AgNO_3+Cl^-\longrightarrow AgCl\downarrow+NO_3^-$$
$$2AgNO_3+K_2CrO_4\longrightarrow Ag_2CrO_4\downarrow+2KNO_3$$

(二)试剂

(1)硝酸银标准溶液:$c(AgNO_3)=0.10mol/L$。

(2)铬酸钾指示剂:5%。

(三)测定步骤

称取样品10g(精确至0.0002g),用水洗入500mL量瓶里,加水稀释至刻度,摇匀。准确吸取10mL此样品溶液于250mL锥形瓶中,加水40mL及铬酸钾指示剂数滴,在充分摇动的情况下以0.10mol/L硝酸银标准溶液滴定,滴至试品溶液呈微红色时为止。

(四)计算

$$食盐(NaCl)含量=\frac{c\times V\times 0.05845}{m\times\frac{10}{500}}\times 100\%$$

式中：c——硝酸银（$AgNO_3$）标准溶液的浓度，mol/L；

V——滴定消耗硝酸银标准溶液的体积，mL；

m——称取样品的质量，g；

0.05845——1mmol 食盐（NaCl）的质量，g/mmol。

三、醋酸钠（乙酸钠）

（一）原理

醋酸钠是有机酸的碱金属盐，在高温灼烧时即转化为碳酸盐，加入定量硫酸与之起酸碱反应，过量的硫酸用氢氧化钠标准溶液回滴。

$$2CH_3COONa + 4O_2 \longrightarrow Na_2CO_3 + 3H_2O + 3CO_2$$

$$Na_2CO_3 + H_2SO_4 \longrightarrow Na_2SO_4 + H_2O + CO_2\uparrow$$

$$H_2SO_4 + 2NaOH \longrightarrow Na_2SO_4 + 2H_2O$$

（二）试剂

（1）硫酸标准溶液：$c\left(\frac{1}{2}H_2SO_4\right) = 0.50$mol/L。

（2）氢氧化钠标准溶液：$c(NaOH) = 0.50$mol/L。

（3）甲基橙指示剂：0.1%。

（三）测定步骤

精确称取样品 1.5g（精确至 0.0001g），置于镍坩埚中，然后用小火烧灼约 20min，熔融，至结晶水分除去后（防止沸溅损失），再加大火焰烧灼 30min 左右（成碳酸钠）温度在 400～500℃，冷却，将镍坩埚移入 300mL 烧杯中，加 75mL 水，准确加入 50mL 0.50mol/L$\left(\frac{1}{2}H_2SO_4\right)$硫酸标准溶液，煮沸 10min，冷却，加入 2 滴甲基橙指示剂，用 0.50mol/L 氢氧化钠标准溶液滴定至黄色。

同时准确吸取 50mL 0.50mol/L$\left(\frac{1}{2}H_2SO_4\right)$硫酸溶液做空白试验。

（四）计算

$$醋酸钠(CH_3COONa)含量 = \frac{c \times (V_1 - V_2) \times 0.08204}{m} \times 100\%$$

式中：c——氢氧化钠（NaOH）标准溶液的浓度，mol/L；

V_1——滴定空白消耗氢氧化钠标准溶液的体积，mL；

V_2——滴定样品消耗硝酸银标准溶液的体积，mL；

m——称取样品的质量，g；

0.08204——1mmol 醋酸钠（CH_3COONa）的质量，g/mmol。

四、硫酸铝

（一）原理

硫酸铝溶解于水中，因水解作用生成硫酸，再以酚酞作指示剂，用氢氧化钠标准溶液滴定。

$$Al_2(SO_4)_3 + 6NaOH \longrightarrow 2Al(OH)_3 + 3Na_2SO_4$$

(二)试剂

(1)氢氧化钠标准溶液:$c(NaOH)=0.10mol/L$。

(2)酚酞指示剂:1%乙醇溶液。

(三)测定步骤

精确称取样品约1g(精确至0.0002g),置于直径约10cm的白瓷蒸发皿中,加沸水100mL,搅动,以使溶解,加酚酞指示剂1mL,用0.10mol/L氢氧化钠(NaOH)标准溶液滴定,滴至呈粉红色时为止。

(四)计算

$$硫酸铝[Al_2(SO_4)_3 \cdot 18H_2O]含量=\frac{c \times V \times 0.1110}{m} \times 100\%$$

式中:c——氢氧化钠(NaOH)标准溶液的浓度,mol/L;

V——滴定消耗氢氧化钠标准溶液的体积,mL;

m——称取样品的质量,g;

0.1110——1mmol硫酸铝$\left[\frac{1}{6}Al_2(SO_4)_3 \cdot 18H_2O\right]$的质量,g/mmol。

五、硫酸铝钾(明矾)

(一)原理

硫酸铝钾溶解于水中,其硫酸铝部分因水解作用生成硫酸,再以酚酞作指示剂,用氢氧化钠标准溶液滴定。

$$Al_2(SO_4)_3 + 6NaOH \longrightarrow 2Al(OH)_3 + 3Na_2SO_4$$

(二)试剂

(1)氢氧化钠标准溶液:$c(NaOH)=0.10mol/L$。

(2)酚酞指示剂:1%乙醇溶液。

(三)测定步骤

精确称取样品约1g(精确至0.0002g),置于直径约10cm的白瓷蒸发皿中,加沸水100mL,搅动,以使溶解,加酚酞指示剂1mL,用0.10mol/L氢氧化钠(NaOH)标准溶液滴定,滴至呈粉红色时为止。

(四)计算

$$硫酸铝钾[KAl(SO_4)_2 \cdot 12H_2O]含量=\frac{c \times V \times 0.1581}{m} \times 100\%$$

式中:c——氢氧化钠(NaOH)标准溶液的浓度,mol/L;

V——滴定消耗氢氧化钠标准溶液的体积,mL;

m——称取样品的质量,g;

0.1581——1mmol 硫酸铝钾$\left[\frac{1}{3}KAl(SO_4)_2 \cdot 12H_2O\right]$的质量,g/mmol。

六、硫酸铵

(一)原理

硫酸铵中加入适量预先中和过的甲醛溶液生成环六亚甲基四胺$[(CH_2)_6N_4]$及硫酸,再用氢氧化钠标准溶液滴定硫酸量,从而计算出硫酸铵的含量。

$$2(NH_4)_2SO_4 + 6HCHO \longrightarrow C_6H_{12}N_4 + 2H_2SO_4 + 6H_2O$$
$$H_2SO_4 + 2NaOH \longrightarrow Na_2SO_4 + 2H_2O$$

(二)试剂

(1)氢氧化钠溶液:$c(NaOH) = 0.1mol/L$。

(2)氢氧化钠标准溶液:$c(NaOH) = 0.5mol/L$。

(3)酚酞指示剂:1%乙醇溶液。

(4)甲基红指示剂:0.1%乙醇溶液。

(5)25%甲醛溶液:使用时以酚酞为指示剂,用0.5mol/L NaOH溶液中和至浅红色。

(三)测定步骤

称取1g样品(精确至0.0002g),置于250mL锥形瓶中,加100~120mL水溶解,加1滴甲基红指示剂,用氢氧化钠$[c(NaOH) = 0.1mol/L]$溶液调节至溶液呈橙色,加入15mL以酚酞指示剂预先中和过的25%甲醛溶液,再加3~4滴酚酞指示剂,混匀。放置5min,用氢氧化钠$[c(NaOH) = 0.5mol/L]$标准溶液滴定至浅红色经1min不消失为终点。同时做空白试验。

(四)计算

$$含氮量(N) = \frac{(V_1 - V_2) \times c \times 0.01401}{m} \times 100\%$$

式中:V_1——滴定样品耗用氢氧化钠(NaOH)标准溶液的体积,mL;

V_2——空白耗用氢氧化钠标准溶液的体积,mL;

c——氢氧化钠(NaOH)标准溶液的浓度,mol/L;

m——称取样品的质量,g;

0.01401——1mmol 氮(N)的质量,g/mmol。

七、氯化铵

(一)原理

氯化铵中加入适量预先中和过的甲醛溶液生成环六亚甲基四胺$[(CH_2)_6N_4]$及盐酸,再用氢氧化钠标准溶液滴定盐酸量,从而计算出氯化铵的含量。

$$4NH_4Cl + 6HCHO \longrightarrow C_6H_{12}N_4 + 4HCl + 6H_2O$$
$$HCl + NaOH \longrightarrow NaCl + H_2O$$

(二)试剂

(1)盐酸溶液:$c(HCl)=0.1mol/L$。

(2)氢氧化钠标准溶液:$c(NaOH)=0.5mol/L$。

(3)酚酞指示剂:1%乙醇溶液。

(4)甲基红指示剂:0.1%乙醇溶液。

(5)25%甲醛溶液:使用时以酚酞为指示剂,用0.5mol/L NaOH溶液中和至浅红色。

(三)测定步骤

称取1g样品(精确至0.0002g),置于250mL锥形瓶中,加80~100mL水溶解,加1滴甲基红指示剂,用盐酸[$c(HCl)=0.1mol/L$]溶液调节至溶液呈橙色,加入15mL以酚酞指示剂预先中和过的25%甲醛溶液,再加3~4滴酚酞指示剂,混匀,放置5min。用氢氧化钠[$c(NaOH)=0.5mol/L$]标准溶液滴定至浅红色经1min不消失为终点。同时做空白试验。

(四)计算

$$\text{氯化铵}(NH_4Cl)\text{含量}=\frac{(V_1-V_2)\times c\times 0.05349}{m}\times 100\%$$

式中:V_1——滴定样品耗用氢氧化钠(NaOH)标准溶液的体积,mL;

V_2——空白耗用氢氧化钠标准溶液的体积,mL;

c——氢氧化钠(NaOH)标准溶液的浓度,mol/L;

m——称取样品的质量,g;

0.05349——1mmol氯化铵(NH_4Cl)的质量,g/mmol。

八、碳酸铵

(一)原理

碳酸铵可与盐酸作用生成二氧化碳气体,因此可用盐酸来滴定碳酸铵。

$$(NH_4)_2CO_3+2HCl\longrightarrow 2NH_4Cl+H_2O+CO_2\uparrow$$

(二)试剂

(1)盐酸标准溶液:$c(HCl)=0.5mol/L$。

(2)氢氧化钠溶液:$c(NaOH)=0.5mol/L$。

(3)酚酞指示剂:1%乙醇溶液。

(三)测定步骤

称取样品0.5g(精确至0.0002g),置于300mL的圆底烧瓶内,用移液管加入盐酸标准溶液[$c(HCl)=0.5mol/L$] 50mL,搅动,以驱除二氧化碳,加水100mL及加酚酞指示剂1mL,用0.5mol/L NaOH溶液滴定过量的盐酸,滴至呈现粉红色时为止。

(四)计算

$$\text{碳酸铵}[(NH_4)_2CO_3]\text{含量}=\frac{(c_1V_1-c_2V_2)\times 0.04803}{m}\times 100\%$$

式中：V_1——滴定样品耗用的盐酸（HCl）标准溶液的体积，mL；

V_2——耗用氢氧化钠（NaOH）标准溶液的体积，mL；

c_1——盐酸标准溶液的实际浓度，mol/L；

c_2——氢氧化钠（NaOH）标准溶液的实际浓度，mol/L；

m——称取样品的质量，g；

0.04803——1mmol 碳酸铵$\left[\frac{1}{2}(NH_4)_2CO_3\right]$的质量，g/mmol。

九、硫氰酸铵

（一）原理

硫氰酸铵能与硝酸银作用生成硫氰酸银沉淀。

$$NH_4SCN + AgNO_3 \longrightarrow AgSCN\downarrow + NH_4NO_3$$

（二）试剂

（1）硝酸溶液：25%。

（2）硝酸银标准溶液：$c(AgNO_3) = 0.1mol/L$。

（3）硫酸铁铵溶液：80g/L。

（4）硫氰酸钠标准溶液：$c(NaSCN) = 0.1mol/L$。

（三）测定步骤

称取 0.3g 样品（精确至 0.0002g），溶于 50mL 水中，加 5mL 硝酸溶液（25%），在摇动下滴加 50.00mL 硝酸银标准滴定溶液[$c(AgNO_3) = 0.1mol/L$]，加 1mL 硫酸铁铵指示液，用硫氰酸钠标准溶液[$c(NaSCN) = 0.1mol/L$]滴定，终点前摇动溶液至完全清亮后，继续滴定至溶液呈浅棕红色，保持 30s。同时做空白试验。

（四）计算

$$\text{硫氰酸铵}(NH_4SCN)\text{含量} = \frac{(V_2 - V_1) \times c \times 0.07612}{m} \times 100\%$$

式中：V_1——空白试验耗用硫氰酸钠（NaSCN）标准溶液的体积，mL；

V_2——样品试验耗用硫氰酸钠标准溶液的体积，mL；

c——硫氰酸钠标准溶液的浓度，mol/L；

0.07612——1mmol 硫氰酸铵（NH_4SCN）的质量，g/mmol；

m——称取样品的质量，g。

十、磷酸二氢铵

（一）原理

磷酸二氢铵是酸式盐，可用氢氧化钠标准溶液滴定。

$$3(NH_4)H_2PO_4 + 6NaOH \longrightarrow (NH_4)_3PO_4 + 2Na_3PO_4 + 6H_2O$$

(二)试剂

(1)中性甲醛溶液(1∶1):甲醛溶液(37%)∶水=1∶1,并用百里香酚酞为指示剂用0.1mol/L NaOH溶液中和至刚出现蓝色时为止。

(2)氢氧化钠标准溶液:$c(NaOH)=0.1mol/L$。

(3)百里香酚酞:1%水溶液。

(三)测定步骤

称取样品1.5g,精确至0.0001g,置于250mL的锥形瓶中,加蒸馏水40mL,搅动,使之溶解,加预先以百里香酚酞为指示剂用0.1mol/L NaOH溶液中和好的甲醛液(1∶1)40mL,摇匀后放置30min,加百里香酚酞指示剂数滴,用1mol/L NaOH标准溶液滴定,滴至呈微蓝色能保持5min时即为终点。

(四)计算

$$磷酸二氢铵[(NH_4)H_2PO_4]含量=\frac{c\times V\times 0.05751}{m}\times 100\%$$

式中:c——氢氧化钠(NaOH)标准溶液的浓度,mol/L;

V——耗用氢氧化钠标准溶液的体积,mL;

m——称取试样的质量,g;

0.05751——1mmol磷酸二氢铵$[\frac{1}{2}(NH_4)H_2PO_4]$的质量,g/mmol。

十一、醋酸铵

(一)原理

醋酸铵的成分,可以先用过量的标准氢氧化钠溶液处理,加热以驱除氨(NH_3),再用标准盐酸滴定过量的标准氢氧化钠溶液。最初加入标准氢氧化钠溶液的体积(mL),减去所用标准盐酸溶液的体积(mL),两者之差即为分解醋酸铵用去的标准氢氧化钠量,由此可计算样品内所含醋酸铵的量。反应式如下:

$$CH_3COONH_4+NaOH\longrightarrow CH_3COONa+H_2O+NH_3\uparrow$$

$$NaOH+HCl\longrightarrow NaCl+H_2O$$

(二)试剂

(1)氢氧化钠标准溶液:$c(NaOH)=0.1mol/L$。

(2)盐酸标准溶液:$c(HCl)=0.1mol/L$。

(3)石蕊试纸。

(4)酚酞指示剂:1%乙醇溶液。

(三)测定步骤

称取样品1.5g,置于250mL锥形烧瓶中,加入蒸馏水使其溶解后稀释至100mL。然后加入0.1mol/L氢氧化钠(NaOH)溶液40mL,加热煮沸,至所生蒸气遇石蕊试纸不再显示碱性反应。冷却后加入酚酞指示液数滴,用0.1mol/L盐酸(HCl)滴至粉红色消失时为止。

(四)计算

$$醋酸铵(CH_3COONH_4)含量=\frac{(c_1V_1-c_2V_2)\times0.07706}{m}\times100\%$$

式中:c_1——氢氧化钠(NaOH)标准溶液的浓度,mol/L;

V_1——加入氢氧化钠标准溶液的体积,mL;

c_2——盐酸(HCl)标准溶液的浓度,mol/L;

V_2——所用盐酸标准溶液的体积,mL;

m——称取样品的质量,g;

0.07706——1mmol 醋酸铵(CH_3COONH_4)的质量,g/mmol。

注

醋酸铵的成分也可用下法进行分析。

在样品溶液里加入适量的甲醛溶液,使转化成环六亚甲基四胺及醋酸,再用标准氢氧化钠溶液滴定醋酸,从而计算出样品中所含醋酸铵的量。反应式如下:

$$4CH_3COONH_4+6HCHO\longrightarrow4CH_3COOH+(CH_2)_6N_4+6H_2O$$
$$CH_3COOH+NaOH\longrightarrow CH_3COONa+H_2O$$

操作:称取样品 3g,置于 250mL 锥形烧瓶中,加入 25% 甲醛 20mL[甲醛溶液预先以酚酞为指示剂,用 1mol/L 氢氧化钠(NaOH)溶液中和],盖好瓶塞,放置 30min。然后加入酚酞指示液数滴,用 0.1mol/L 氢氧化钠(NaOH)溶液滴至微红色为止。

计算:

$$CH_3COONH_4\ 含量=\frac{\frac{c\times V\times77.06}{1000}}{m}\times100\%$$

式中:c——氢氧化钠标准溶液的浓度,mol/L;

V——氢氧化钠标准溶液的体积,mL;

77.06——1mol 醋酸铵(CH_3COONH_4)的质量,g/mol;

m——称取样品的质量,g。

或 1mL 0.1mol/L NaOH = 0.0077g CH_3COONH_4

$$CH_3COONH_4\ 含量=\frac{V\times0.0077}{m}\times100\%$$

式中:V——所用氢氧化钠的体积,mL;

m——样品的质量,g;

0.0077——1mL 0.1mol/L NaOH 相当于醋酸铵(CH_3COONH_4)的质量,g/mL。

十二、甲酸铵(蚁酸铵)

(一)原理、试剂、测定步骤参见醋酸铵的测定

(二)计算

$$蚁酸铵(HCOONH_4)含量=\frac{(c_1V_1-c_2V_2)\times 0.06306}{m}\times 100\%$$

式中:c_1——氢氧化钠(NaOH)标准溶液的浓度,mol/L;

V_1——加入氢氧化钠标准溶液的体积,mL;

c_2——盐酸(HCl)标准溶液的浓度,mol/L;

V_2——所用盐酸标准溶液的体积,mL;

m——称取样品的质量,g;

0.06306——1mmol 蚁酸铵($HCOONH_4$)的质量,g/mmol。

十三、草酸铵

(一)高锰酸钾法

1. 原理

在酸性条件下,草酸铵可与高锰酸钾发生氧化还原反应,反应式如下:

$$2KMnO_4+5(NH_4)_2C_2O_4+8H_2SO_4 \longrightarrow MnSO_4+K_2SO_4+5(NH_4)_2SO_4+10CO_2+8H_2O$$

2. 试剂

(1)高锰酸钾标准溶液:$c\left(\frac{1}{5}KMnO_4\right)=0.1mol/L$。

(2)硫酸溶液:$c\left(\frac{1}{2}H_2SO_4\right)=6mol/L$。

3. 测定步骤

准确称取样品 0.2g,精确至 0.0001g。置于 400mL 的烧杯中,加水 200mL 及 6mol/L $\left(\frac{1}{2}H_2SO_4\right)$硫酸 30mL。加热至 80~90℃,以 $c\left(\frac{1}{5}KMnO_4\right)$0.1mol/L 高锰酸钾溶液缓缓滴定,当接近终点时,更需一滴一滴地滴入,同时不断搅拌,滴至溶液的浅玫瑰色在 1min 内不消失时为止。上述浅玫瑰色是由于溶液内存在一滴过剩的高锰酸钾溶液引起的,这种浅玫瑰色在放置较久后会逐渐消失。注意,被滴定的草酸铵溶液应当是热的(保持在 75℃以上),如在滴定将完时,溶液变冷,应再加热,但不要煮沸。

4. 计算

$$草酸铵[(NH_4)_2C_2O_4\cdot H_2O]含量=\frac{c\times V\times 0.071}{m}\times 100\%$$

式中:c——高锰酸钾$\left(\frac{1}{5}KMnO_4\right)$标准溶液的浓度,mol/L;

V——耗用高锰酸钾标准溶液的体积,mL;

m——称取样品的质量,g;

0.071——1mmol 草酸铵$\left[\frac{1}{2}(NH_4)_2C_2O_4\cdot H_2O\right]$的质量,g/mmol。

(二)中和法

1. 原理

用过量的氢氧化钠处理,然后加热去除氨气,再用标准盐酸溶液滴定过量的氢氧化钠溶液。反应式如下:

$$(NH_4)_2C_2O_4 + 2NaOH \longrightarrow Na_2C_2O_4 + 2H_2O + NH_3\uparrow$$
$$NaOH + HCl \longrightarrow NaCl + H_2O$$

2. 试剂

(1)酚酞指示剂:1%乙醇溶液。

(2)氢氧化钠标准溶液:$c(NaOH) = 0.1mol/L$。

(3)盐酸标准溶液:$c(HCl) = 0.1mol/L$。

3. 测定步骤

称取样品0.25g,精确至0.0001g,置于瓷皿中,加0.1mol/L氢氧化钠溶液60mL。搅动,使之溶解,然后在水浴上蒸发至干(完全驱除NH_3,至无氨臭气),冷却后,加水100mL,搅动以使残渣溶解,加酚酞指示剂数滴,以0.1mol/L HCl溶液逆滴定过量的氢氧化钠,滴至红色消失为止。

4. 计算

$$草酸铵[(NH_4)_2C_2O_4 \cdot H_2O]含量 = \frac{(c_1V_1 - c_2V_2) \times 0.071}{m} \times 100\%$$

式中:c_1——氢氧化钠(NaOH)标准溶液的浓度,mol/L;

V_1——耗用氢氧化钠标准溶液的体积,mL;

c_2——盐酸(HCl)标准溶液的浓度,mol/L;

V_2——耗用盐酸标准溶液的体积,mL;

m——称取样品的质量,g;

0.071——1mmol草酸铵$\left[\frac{1}{2}(NH_4)_2C_2O_4 \cdot H_2O\right]$的质量,g/mmol。

十四、硫酸镁

(一)原理

在pH值为10左右的溶液中,Mg^{2+}与EDTA(乙二胺四乙酸二钠)生成稳定的络合物用EDTA标准溶液滴定,以铬黑T为指示剂。

$$Mg^{2+} + H_2Y^{2-} \longrightarrow MgY^{2-} + 2H^+$$

(二)试剂

(1)氨—氯化铵缓冲溶液:pH = 10。

(2)铬黑T指示剂:0.5%乙醇溶液。

(3)$0.1mol/L\left(\frac{1}{2}EDTA\right)$标准溶液。

(三)测定步骤

称取5g样品(精确至0.0002g),溶于水后移入500mL容量瓶中,加水稀释至刻度,摇匀。准确吸取25mL置于250mL锥形瓶中,加10mL氨—氯化铵缓冲溶液(pH=10),6~8滴铬黑T指示剂,在急剧摇动状况下用$c\left(\frac{1}{2}\text{EDTA}\right)=0.1\text{mol/L}$标准溶液滴定至溶液由紫红色转变为纯蓝色。

(四)计算

$$\text{七水合硫酸镁}(MgSO_4 \cdot 7H_2O)\text{含量}=\frac{c \times V \times 0.2465}{m \times \frac{25}{500}} \times 100\%$$

式中:V——滴定耗用$\left(\frac{1}{2}\text{EDTA}\right)$标准溶液的体积,mL;

c——$\frac{1}{2}$EDTA标准溶液的浓度,mol/L;

m——称取样品的质量,g;

0.2465——1mmol七水合硫酸镁($MgSO_4 \cdot 7H_2O$)的质量,g/mmol。

(五)备注

氯化物检验:取样品约1g,置于试管中,加水10mL,加6mol/L硝酸(HNO_3)溶液2~3滴及0.1mol/L硝酸银($AgNO_3$)溶液数滴,摇动试管,如呈现混浊,即表示含有氯化物。

十五、氯化镁

(一)精确称取氯化镁1g,操作方法与硫酸镁相同

计算:

$$\text{六水合氯化镁}(MgCl_2 \cdot 6H_2O)\text{含量}=\frac{c \times V \times 0.203}{\text{m} \times \frac{25}{500}} \times 100\%$$

式中:V——滴定耗用$\left(\frac{1}{2}\text{EDTA}\right)$标准溶液体积,mL;

c——$\frac{1}{2}$EDTA标准溶液的浓度,mol/L;

m——称取样品的质量,g;

0.203——1mmol六水合氯化镁($MgCl_2 \cdot 6H_2O$)的质量,g/mmol。

(二)杂质测定

测定样品中硫酸镁、硫酸钠及氯化钠等杂质含量,可称取样品约2~4g,溶于100mL的酒精中,过滤,将沉淀物烘干而称重。

计算:

$$\text{杂质的含量}=\frac{\text{沉淀物质量}}{\text{样品质量}} \times 100\%$$

十六、氯化钾

(一)原理

在乙酸溶液中加入四苯硼钠溶液使与钾离子生成白色四苯硼钾沉淀,过滤,洗涤,干燥至恒重。

$$K^+ + NaB(C_6H_5)_4 \longrightarrow KB(C_6H_5)_4\downarrow + Na^+$$

(二)试剂

(1)无水乙醇。

(2)甲基红指示剂:0.1%乙醇溶液。

(3)10%乙酸溶液。

(4)0.1mol/L[$NaB(C_6H_5)_4$]四苯硼钠乙醇溶液。

(5)5%四苯硼钾饱和乙醇溶液。

(三)测定步骤

称取5~5.5g样品(精确至0.0002g)溶于水,移入500mL容量瓶中,加水稀释至刻度,摇匀。用干滤纸、干漏斗过滤于干烧杯中,弃去最初滤液约20mL。准确吸取50mL澄清滤液置于250mL容量瓶中,用水稀释至刻度,摇匀(溶液甲)。

准确吸取20mL溶液甲移入100mL烧杯中,加40mL水和1滴甲基红指示剂,逐滴加入10%乙酸至溶液刚呈红色,加热到40℃,在不断搅拌下逐滴加入8.5mL 0.1mol/L四苯硼钠乙醇溶液沉淀之。静置10min,立即用已在120℃烘至恒重的G_4玻璃坩埚过滤,用四苯硼钾乙醇饱和溶液将沉淀全部转移入坩埚内,并洗涤数次(5~6次)。抽干后,取下坩埚,用2mL无水乙醇沿坩埚壁冲洗一次,再抽干,把坩埚连同沉淀放在120℃烘至恒重。

(四)计算

$$\text{氯化钾(KCl)含量} = \frac{m_1 \times 0.20805}{m \times \frac{50}{500} \times \frac{20}{250}} \times 100\%$$

式中:m_1——四苯硼钾[$KB(C_6H_5)_4$]沉淀质量,g;

m——称取样品的质量,g;

0.20805——四苯硼钾换算成氯化钾(KCl)的系数。

十七、氯化铜

(一)原理

氯化铜能与碘化钾发生氧化还原反应,生成黄白色的碘化亚铜及游离的碘。游离的碘可用硫代硫酸钠标准溶液滴定。反应式如下:

$$2CuCl_2 + 4KI \longrightarrow 2CuI + I_2 + 4KCl$$

$$I_2 + 2Na_2S_2O_3 \longrightarrow Na_2S_4O_6 + 2NaI$$

(二)试剂

(1)10%碘化钾溶液。

(2)硫酸溶液：$c\left(\frac{1}{2}H_2SO_4\right)=6mol/L$。

(3)硫代硫酸钠标准溶液：$c(Na_2S_2O_3)=0.1mol/L$。

(4)0.5%淀粉指示剂。

(三)测定步骤

称取样品0.5g，精确至0.0001g，置于300mL锥形瓶中，加水100mL，搅动以使溶解。加$c\left(\frac{1}{2}H_2SO_4\right)=6mol/L$硫酸溶液15mL和10%碘化钾溶液20mL，然后放置暗处约5~10min，使作用完全。用0.1mol/L硫代硫酸钠($Na_2S_2O_3$)溶液滴定，滴至游离碘的深棕色将近消失而略具淡黄色时，加入淀粉溶液2mL，继续用0.1mol/L硫代硫酸钠溶液滴定，滴至样品蓝色消失时为止。

(四)计算

$$\text{二水合氯化铜}(CuCl_2 \cdot 2H_2O)\text{含量}=\frac{c\times V\times 0.1705}{m}\times 100\%$$

式中：c——硫代硫酸钠($Na_2S_2O_3$)标准溶液的浓度，mol/L；

V——耗用硫代硫酸钠标准溶液的体积，mL；

m——称取样品的质量，g；

0.1705——1mmol二水合氯化铜($CuCl_2 \cdot 2H_2O$)的质量，g/mmol。

十八、硫酸锌

(一)原理

在硫酸溶液中，用亚铁氰化钾标准溶液滴定锌盐，以二苯胺为指示剂(二苯胺在酸性溶液中遇铁氰化物生成蓝紫色，当有微量亚铁氰化物存在使氧化电位降低时，蓝紫色即褪去)，加入过量硫酸铵使沉淀凝聚。加入焦磷酸钠为掩蔽剂，以消除微量铁及锰的干扰。

$$2K_4Fe(CN)_6+3ZnSO_4 \longrightarrow K_2Zn_3[Fe(CN)_6]_3\downarrow+3K_2SO_4$$

(二)试剂

(1)0.5mol/L $\left(\frac{1}{2}H_2SO_4\right)$硫酸。

(2)6mol/L$\left(\frac{1}{2}H_2SO_4\right)$硫酸。

(3)焦磷酸钠。

(4)硫酸铵。

(5)6mol/L盐酸(HCl)。

(6)二苯胺指示剂：1%硫酸溶液。

(7)亚铁氰化钾标准溶液。

①配制步骤：称取21.6g亚铁氰化钾、0.6g铁氰化钾及0.2g无水碳酸钠，溶于水后以水稀释至1000mL，置于棕色瓶中，放置一周后过滤备用。

②标定：称取1.6g基准锌粒(精确至0.0002g)，使之溶于25mL 6mol/L盐酸(HCl)中，必要时可用小火加热使完全溶解。移入250mL容量瓶中，冷却至室温，用水稀释至刻度，摇匀。准确吸取25mL以上配制的锌液，置于250mL烧杯中，滴加6mol/L氨水($NH_3 \cdot H_2O$)至有微量白色混浊出现，加入15mL $\left(\frac{1}{2}H_2SO_4\right)=6mol/L$硫酸、2g焦磷酸钠及1g硫酸铵，加入适量水使总体积为60mL。加热至90℃左右，用亚铁氰化钾标准溶液进行滴定，滴定速度不宜过快，应缓慢滴入，保持溶液成虚线状流下。将近终点时加入3滴二苯胺指示剂，剧烈搅拌，待深紫色出现后继续用亚铁氰化钾标准溶液逐滴滴定，滴定至蓝紫色消失，呈现黄绿色时即为终点。滴定终了时的温度不得低于60℃。

$$T=\frac{m\times\frac{25}{250}}{V}$$

式中：V——滴定耗用亚铁氰化钾标准溶液的体积，mL；

T——亚铁氰化钾标准溶液对Zn的滴定度，g/mL；

m——称取基准锌粒的质量，g。

(三)测定步骤

称取7.5g样品(精确至0.0002g)，溶于水后移入250mL容量瓶中，如遇溶液因水解而不澄清时，可滴加数滴$c\left(\frac{1}{2}H_2SO_4\right)=0.5mol/L$硫酸使之澄清，用水稀释至刻度，摇匀。准确吸取25mL样品溶液置于250mL烧杯中，按标定亚铁氰化钾标准溶液浓度手续同样操作[自加入15mL $c(\frac{1}{2}H_2SO_4)=6mol/L$硫酸开始]。

(四)计算

$$\text{七水合硫酸锌}(ZnSO_4\cdot 7H_2O)\text{含量}=\frac{V\times T\times 4.399}{m\times\frac{25}{250}}\times 100\%$$

式中：V——滴定耗用亚铁氰化钾标准溶液体积，mL；

T——亚铁氰化钾标准溶液对Zn的滴定度，g/mL；

m——称取样品的质量，g；

4.399——锌换算为$ZnSO_4\cdot 7H_2O$的系数。

十九、氯化锌

(一)原理

参见硫酸锌分析法。

(二)试剂

(1)6mol/L盐酸(HCl)。

(2)质量分数为25%的硫酸铵溶液。

(3)10mol/L$\left(\frac{1}{2}H_2SO_4\right)$硫酸。

(4)质量分数为10%的氨水。

(5)二苯胺指示剂:质量分数为1%的硫酸。

(6)亚铁氰化钾标准溶液:参见硫酸锌分析法。

(三)测定步骤

迅速称取4g样品(精确至0.0002g),置于200mL烧杯中,滴加$c(HCl)=6mol/L$盐酸至无沉淀再过量3滴,移入250mL容量瓶中,用水稀释至刻度,摇匀。准确吸取25mL样品溶液置于400mL烧杯中,滴加$c(NH_3 \cdot H_2O)=6mol/L$氨水至有微量白色混浊出现,加入15mL $c\left(\frac{1}{2}H_2SO_4\right)=6mol/L$硫酸、2g焦磷酸钠及1g硫酸铵,加入适量水使总体积为60mL。加热至90℃,用亚铁氰化钾标准溶液进行滴定,滴定速度不宜过快,应缓慢滴入,保持溶液成虚线状流下,将近终点时加入3滴二苯胺指示剂,剧烈搅拌,待深紫色出现后继续用亚铁氰化钾标准溶液逐滴滴定,滴定至蓝紫色消失,呈现黄绿色时即为终点。滴定终了时的温度不得低于60℃。

(四)计算

$$\text{氯化锌}(ZnCl_2)\text{含量}=\frac{V\times T\times 2.085}{m\times\frac{25}{250}}\times 100\%$$

式中:V——滴定耗用亚铁氰化钾标准溶液的体积,mL;

T——亚铁氰化钾标准溶液对Zn的滴定度,g/mL;

m——称取样品的质量,g;

2.085——锌换算为$ZnCl_2$的系数。

二十、硝酸锌

(一)原理

将样品用浓硫酸处理,使硝酸根成为黄棕色NO_2气体而除去,调整硫酸浓度后用亚铁氰化钾标准溶液滴定锌盐,以二苯胺为内指示剂(二苯胺在酸性溶液中遇铁氰化物生成蓝紫色,当有微量亚铁氰化物存在使氧化电位降低时,蓝紫色即褪去)。加入过量硫酸铵使沉淀凝聚。

$$2K_4Fe(CN)_6+3Zn^{2+}\longrightarrow K_2Zn_3[Fe(CN)_6]_3\downarrow+6K^+$$

(二)应用试剂

(1)浓硫酸。

(2)$c\left(\frac{1}{2}H_2SO_4\right)=10mol/L$硫酸。

(3)1∶1氨水。

(4)硫酸铵。

(5)$c(HCl)=6mol/L$盐酸。

(6)二苯胺指示剂:1%硫酸。

(7)亚铁氰化钾标准溶液。

亚铁氰化钾标准溶液的配制和标定:参见本节第十八(硫酸锌分析法)。

(三)测定步骤

称取4g样品(精确至0.0002g)溶于10mL水中,加5mL硫酸,加热蒸发至冒浓白烟,冷却,小心缓慢加入少量水溶解结晶,移入250mL容量瓶中,冷却后用水稀释至刻度,摇匀。准确吸取50mL样品溶液置于400mL烧杯中,加入氨水至有微量白色混浊出现。用水稀释至120mL左右,加入2g硫酸铵及20mL $c\left(\frac{1}{2}H_2SO_4\right)=10mol/L$ 硫酸,按标定亚铁氰化钾标准溶液浓度手续同样操作。

(四)计算

$$六水合硝酸锌[Zn(NO_3)_2\cdot 6H_2O]含量=\frac{V\times T\times 4.55}{m\times\frac{50}{250}}\times 100\%$$

式中:V——滴定耗用亚铁氰化钾标准溶液体积,mL;

T——亚铁氰化钾标准溶液对Zn的滴定度,g/mL;

m——称取样品的质量,g;

4.55——锌换算为 $Zn(NO_3)_2\cdot 6H_2O$ 的系数。

二十一、醋酸锌

(一)原理

在弱碱性溶液中(pH值等于10左右),Zn^{2+} 与EDTA能生成无色而稳定的络合物,所以可用EDTA作滴定剂,定量地测定 Zn^{2+} 的含量,从而计算出醋酸锌的含量。

(二)试剂

(1)氨—氯化铵缓冲溶液:pH=10。

(2)铬黑T指示剂:0.5%乙醇溶液。

(3)0.1mol/L$\left(\frac{1}{2}EDTA\right)$标准溶液。

(三)测定步骤

称取醋酸锌约1g,精确至0.0001g,用蒸馏水洗入500mL的量瓶内,摇动以使溶解,加蒸馏水至标线,摇匀。用50mL单标移液管移取50mL,置于250mL的锥形瓶中,加氢氧化铵—氯化铵缓冲液10mL(调节pH值至10)、铬黑T指示剂3滴(这时溶液呈紫红色),用 $c\left(\frac{1}{2}EDTA\right)=0.05mol/L$ 溶液滴定,滴至溶液由紫红色变为纯蓝时即为终点。

(四)计算

$$二水合醋酸锌[Zn(CH_3COO)_2\cdot 2H_2O]含量=\frac{c\times V\times 0.10975}{m\times\frac{50}{500}}\times 100\%$$

式中：c——$\frac{1}{2}$EDTA 标准溶液的浓度，mol/L；

V——耗用$\frac{1}{2}$EDTA 标准溶液的体积，mL；

m——称取样品的质量，g；

0.10975——1mmol 二水合醋酸锌$\left[\frac{1}{2}Zn(CH_3COO)_2 \cdot 2H_2O\right]$的质量，g/mmol。

二十二、磷酸三钠

（一）原理

样品先经硝酸水解生成磷酸。在硝酸溶液中磷酸与喹啉、钼酸钠形成黄色磷钼酸喹啉沉淀，过滤、洗涤、干燥、称重。沉淀剂中加入柠檬酸可与钼酸形成稳定的络合物，避免可溶性硅形成硅钼酸喹啉的干扰，同时可避免溶液在煮沸时游离钼酸的析出，也有助于沉淀颗粒的增大而便于过滤洗涤。丙酮的存在有助于磷钼酸喹啉沉淀的物理性能的改良，使之颗粒粗大，便于过滤洗涤。

（二）试剂

（1）硝酸：1∶1 硝酸溶液。

（2）喹钼柠酮溶液。

喹钼柠酮溶液的配制：溶解 70g 钼酸钠（$Na_2MoO_4 \cdot 2H_2O$）于 150mL 水中得溶液Ⅰ；溶解 60g 柠檬酸（$C_4H_2O_7 \cdot H_2O$）于 85mL 硝酸和 150mL 水的混合液中，冷却得溶液Ⅱ；量取 5mL 喹啉溶解于 35mL 硝酸和 100mL 水的混合液中得溶液Ⅲ。在不断搅拌下缓慢地将溶液Ⅰ加到溶液Ⅱ中；然后将溶液Ⅲ缓慢地加到此混合液中，混均后放置 24h，过滤。在滤液中加入 280mL 丙酮，用水稀释到 1000mL，混匀，储于具塞有色玻璃瓶或聚乙烯瓶中，存放在暗处。

（三）测定步骤

称取 5g 样品（精确至 0.0002g），用水溶解后，移入 250mL 容量瓶中，用水稀释至刻度，摇匀。用干滤纸、干漏斗过滤于干烧杯中，弃去最初 20mL 滤液。准确吸取 10mL 滤液（约含 37mg P_2O_5）于 500mL 锥形瓶中，加 10mL（1∶1）硝酸溶液和 80mL 水，盖上表面皿，加热至沸，取下趁热加入 50mL 喹钼柠酮溶液，盖上表面皿在水浴中加热到杯内物温度达（75 ± 5）℃，保持 30s（在加热时不得用明火，加试剂或加热时都不搅拌，以免形成块状物），冷却至室温，冷却过程中搅拌 3 ~ 4 次，用已在（180 ± 5）℃烘到恒重的 G4 玻璃坩埚过滤，先将上层清液过滤，继用倾斜法沉淀 5 ~ 6 次，每次约用 20mL 水，然后将沉淀全部移至坩埚中，继续用水洗涤沉淀 3 ~ 4 次，将坩埚于（180 ± 5）℃干燥 45min。在干燥器中冷却到室温，称量。同时做空白试验。

（四）计算

$$磷酸三钠(Na_3PO_4 \cdot 12H_2O)含量 = \frac{(m_1 - m_0) \times 0.1718}{m \times \frac{10}{250}} \times 100\%$$

式中：m_1——测定样品所得沉淀的质量，g；

m_0——空白试验所得沉淀的质量，g；

m——称取样品的质量，g；

0.1718——磷钼酸喹啉换算为磷酸三钠（$Na_3PO_4 \cdot 12H_2O$）的系数。

二十三、六偏磷酸钠

(一)总磷酸盐的测定

1. 原理

工业六偏磷酸钠实际上是一种多种磷酸钠的混合物,除六偏磷酸钠外,尚含有不等量的高聚磷酸盐、正磷酸盐、焦磷酸盐、三偏磷酸盐及三聚磷酸盐等。测定其总磷酸盐含量时,先将样品用硝酸处理,使各种磷酸盐转成正磷酸盐,然后用喹钼柠酮重量法测定(参见磷酸三钠的测定)。

2. 试剂

(1)1∶1 硝酸溶液。

(2)喹钼柠酮溶液(参见本节二十二——磷酸三钠的测定)。

3. 测定步骤

称取2g 样品(精确至0.0002g),置于100mL 烧杯中,加水溶解,移入500mL 容量瓶中,加水稀释至刻度,摇匀(溶液甲)。准确吸取 10mL 溶液甲,注入 300mL 烧杯中,加 15mL 硝酸,用水稀释至 100mL,微沸 15min,趁热加入 50mL 喹钼柠酮溶液,盖上表面皿,在水浴中加热到杯内物温度达(75 ±5)℃,保持 30s(在加热时不得用明火,加试剂或加热时都不得搅拌,以免形成块状物),取下冷却到室温,冷却时转动烧杯 3 ~4 次,用已在(180 ±5)℃[或(250 ±10)℃]烘到恒重的 G_4 玻璃坩埚过滤,先将上层清液滤完,沉淀用倾斜法洗涤 5 ~6 次(每次约用 15mL 水),将沉淀移入坩埚继续洗涤 3 ~4 次,所用洗涤水共约 150mL。将坩埚连同沉淀在(180 ±5)℃干燥45min,称量。同时做空白试验。

4. 计算

$$\text{总磷酸盐(以 } P_2O_5 \text{ 计)含量} = \frac{(m_1 - m_2) \times 0.03207}{m \times \frac{10}{500}} \times 100\%$$

式中:m_1——测定样品所得沉淀的质量,g;

m_2——空白试验所得沉淀的质量,g;

m ——称取样品的质量,g;

0.03207——磷钼酸喹啉换算为 P_2O_5 的系数。

(二)非活性磷酸盐的测定

1. 原理

非活性磷酸盐系指对钡离子没有络合能力的磷酸盐(其中三偏磷酸钠是主要的非活性磷酸盐),是样品中的无效部分。

在不调整样品的 pH 值下,加氯化钡溶液使各种与钡离子能络合的有效磷酸盐成为不溶性络合物沉淀下来。这时正磷酸盐、焦磷酸盐、三偏磷酸盐及部分三聚磷酸盐等都存在于滤液中,作为无效磷。

将氯化钡沉淀后的滤液加硝酸处理,使其中的各种非活性磷酸盐转化为正磷酸盐,然后用喹钼柠酮重量法测定(参见磷酸三钠的测定)。

2. 试剂

(1)2.5%氯化钡溶液。

（2）喹钼柠酮溶液（参见磷酸三钠的测定）。

3. 测定步骤

准确吸取50mL溶液甲（见总磷的测定），置于100mL容量瓶中，在不断摇动下，加入30mL 2.5%氯化钡溶液，充分摇动，使沉淀完全，加水稀释至刻度，摇匀。用干滤纸、干漏斗过滤于干烧杯中，弃去初滤液约10mL，准确吸取50mL滤液置于300mL烧杯中，用测总磷酸盐含量的方法，测定其非活性磷酸盐含量（喹钼柠酮溶液加入量为20mL）。同时做空白试验。

4. 计算

$$\text{总磷酸盐（以 } P_2O_5 \text{ 计）含量} = \frac{(m_1 - m_2) \times 0.03207}{m \times \frac{50}{500} \times \frac{50}{100}} \times 100\%$$

式中：m_1——测定样品所得沉淀的质量，g；

m_2——空白试验所得沉淀的质量，g；

m——称取样品的质量，g；

0.03207——磷钼酸喹啉换算为 P_2O_5 的系数。

（三）有效磷酸盐的测定

有效磷酸盐含量（以 P_2O_5 计）含量 = 总磷酸盐（以 P_2O_5 计）含量 − 非活性磷酸盐（以 P_2O_5 计）含量

二十四、硫酸氢钠（重硫酸钠，酸式硫酸钠）

（一）原理

硫酸氢钠显酸性，可与强碱反应生成硫酸盐和水。

$$NaHSO_4 + NaOH \longrightarrow Na_2SO_4 + H_2O$$

（二）试剂

（1）氢氧化钠标准溶液：$c(NaOH) = 0.5mol/L$。

（2）酚酞指示剂：1%乙醇溶液。

（三）测定步骤

称取样品约1g（精确至0.0001g），置于250mL的锥形瓶中，加蒸馏水100mL，摇匀。加酚酞指示剂2～3滴，用0.5mol/L氢氧化钠（NaOH）溶液滴定，滴至样品溶液呈粉红色时即为终点。

（四）计算

$$\text{硫酸氢钠（}NaHSO_4\text{）含量} = \frac{c \times V \times 0.1202}{m} \times 100\%$$

式中：c——氢氧化钠（NaOH）标准溶液的浓度，mol/L；

V——耗用氢氧化钠的体积，mL；

m——称取样品的质量，g；

0.1202——1mmol硫酸氢钠（$NaHSO_4$）的质量，g/mmol。

二十五、三氯化铁

（一）原理

在盐酸溶液中，三氯化铁能使碘化钾氧化而析出定量的碘，然后用硫代硫酸钠标准溶液滴定。

$$2FeCl_3 + 2KI \longrightarrow 2FeCl_2 + 2KCl + I_2$$
$$I_2 + 2Na_2S_2O_3 \longrightarrow Na_2S_4O_6 + 2NaI$$

（二）试剂

（1）1∶1 盐酸。

（2）碘化钾。

（3）淀粉指示剂：质量分数为 0.5% 的溶液。

（4）0.1mol/L（$Na_2S_2O_3$）硫代硫酸钠标准溶液。

（三）测定步骤

迅速称取 10g 样品（精确至 0.0001g），置于 250mL 烧杯中，加 60mL 水溶解，用已恒重的 G_4 玻璃坩埚过滤，用水洗涤不溶物至滤液不含氯离子为止。不溶残渣于 105～110℃ 干燥至恒重；滤液及洗液合并后移入 500mL 容量瓶中，以水稀释至刻度，摇匀，此为溶液甲。

准确吸取 25mL 溶液甲，置于 250mL 碘量瓶中，加 25mL 水、2～3g 碘化钾和 10mL（1∶1）盐酸，密塞，摇匀，在暗处放置 30min 后以 0.1mol/L 硫代硫酸钠（$Na_2S_2O_3$）标准溶液滴定至淡黄色，加入 3mL 淀粉指示剂，继续以 0.1mol/L 硫代硫酸钠（$Na_2S_2O_3$）标准溶液滴定至蓝色消失时为止。同时做空白实验。

（四）计算

$$三氯化铁(FeCl_3)含量 = \frac{(V_1 - V_2) \times c \times 0.1622}{m \times \frac{25}{500}} \times 100\%$$

式中：V_1——滴定样品耗用硫代硫酸钠（$Na_2S_2O_3$）标准溶液的体积，mL；

V_2——空白滴定时耗用硫代硫酸钠（$Na_2S_2O_3$）标准溶液的体积，mL；

c——硫代硫酸钠（$Na_2S_2O_3$）标准溶液的浓度，mol/L；

m——称取样品的质量，g；

0.1622——1mmol 三氯化铁（$FeCl_3$）的质量，g/mmol。

二十六、吐酒石［酒石酸锑钾，$K(SbO)C_4H_4O_6$］

（一）原理

三价锑盐能被碘定量氧化，可用碘标准溶液滴定。由于作用时有氢碘酸生成，它会妨碍氧化作用的完成，故必须加碳酸氢钠除去。

$$K(SbO)C_4H_4O_6 + 4NaHCO_3 + I_2 \longrightarrow KNaC_4H_4O_6 + NaH_2SbO_4$$

（二）试剂

（1）碘标准溶液：$c\left(\frac{1}{2}I_2\right) = 0.1mol/L$。

(2)淀粉指示剂:0.5%溶液;

(3)饱和碳酸氢钠溶液。

(三)测定步骤

称取0.5g样品(精确至0.0001g),置于250mL锥形瓶中,加30mL水溶解(必要时可加热溶解),放冷至15℃以下,加入25mL冷的饱和碳酸氢钠溶液,迅速用$c\left(\frac{1}{2}I_2\right)=0.1mol/L$碘标准溶液滴定,将近终点时加入5mL淀粉指示剂,滴定至蓝色不褪时为终点,在滴定过程中溶液温度不超过15℃。

(四)计算

$$吐酒石[K(SbO)C_4H_4O_6\cdot\frac{1}{2}H_2O]含量=\frac{c\times V\times 0.1670}{m}\times 100\%$$

式中:V——滴定耗用的碘$\left(\frac{1}{2}I_2\right)$标准溶液的体积,mL;

c——碘$\left(\frac{1}{2}I_2\right)$标准溶液的浓度,mol/L;

m——称取样品的质量,g;

0.1670——1mmol吐酒石$[\frac{1}{2}K(SbO)C_4H_4O_6\cdot\frac{1}{2}H_2O]$的质量,g/mmol。

二十七、醋酸铅

(一)原理

在乙酸溶液中,加定量重铬酸钾标准溶液使铅盐沉淀为铬酸铅,过滤分离,过量的重铬酸钾标准溶液与碘化钾作用析出定量的碘,然后用硫代硫酸钠标准溶液滴定。

$$K_2Cr_2O_7+2(CH_3COO)_2Pb+H_2O\longrightarrow 2CH_3COOH+2CH_3COOK+2PbCrO_4\downarrow$$

$$K_2Cr_2O_7+6KI+7H_2SO_4\longrightarrow 3I_2+Cr_2(SO_4)_3+4K_2SO_4+7H_2O$$

$$I_2+2Na_2S_2O_3\longrightarrow Na_2S_4O_6+2NaI$$

(二)试剂

(1)冰乙酸。

(2)重铬酸标准溶液:$c\left(\frac{1}{6}K_2Cr_2O_7\right)=0.1mol/L$。

(3)10%硫酸:小心将60mL浓硫酸倒入800mL水中,冷却后用水稀释至1L。

(4)碘化钾。

(5)$c(Na_2S_2O_3)=0.1mol/L$硫代硫酸钠标准溶液。

(6)淀粉指示剂:0.5%溶液。

(三)测定步骤

称取2g样品(精确至0.0001g),溶于10mL冰乙酸及适量水中,移入250mL容量瓶中,用水稀释至刻度,摇匀。准确吸取25mL样品溶液,置于250mL烧杯中,加50mL水,加热到沸,准确加入 50mL $c\left(\frac{1}{6}K_2Cr_2O_7\right)=0.1mol/L$ 重铬酸钾标准溶液，煮沸 2 ~ 3min，冷却，移入 200mL 容量瓶中，用水稀释至刻度，摇匀，待沉淀下沉后，再用干滤纸、干漏斗，过滤于烧杯中（弃去最初 20mL 滤液）。准确吸取 100mL 滤液，置于 250mL 碘量瓶中，加入 10mL 10% 硫酸及 1g 碘化钾，密塞，摇动碘瓶使碘化钾溶解，于暗处放置 10min，用 $c(Na_2S_2O_3)=0.1mol/L$ 硫代硫酸钠标准溶液滴定，将近终点时加放淀粉溶液作指示剂。

（四）计算

$$三水合醋酸铅[(CH_3COO)_2Pb\cdot 3H_2O]含量=\frac{(c_1\times 50-c_2\times V\times 2)\times 0.1264}{m\times\frac{25}{250}}\times 100\%$$

式中：c_1——重铬酸钾$\left(\frac{1}{6}K_2Cr_2O_7\right)$标准溶液的浓度，mol/L；

c_2——硫代硫酸钠（$Na_2S_2O_3$）标准溶液的浓度，mol/L；

V——滴定耗用硫代硫酸钠标准溶液体积，mL；

m——称取样品的质量，g；

0.1264——1mmol 三水合醋酸铅[$(CH_3COO)_2Pb\cdot 3H_2O$]的质量，g/mmol。

二十八、醋酸铁

凡优质的醋酸铁，内含三氧化二铁（Fe_2O_3）5% ~8%。

（一）原理及测定步骤

称取样品约 1g，精确至 0.0001g，加入氯酸钾或其他氧化剂，放置几分钟后加入氯化铵，并将溶液加热至 70℃。然后加入过量的氨溶液，对溶液进行过滤，灼干沉淀，然后称灼干沉淀的质量，设为 m_1。各步的反应式如下：

$$2KClO_3 \longrightarrow 2KCl+3O_2\uparrow$$

$$2Fe(CH_3COO)_2+O_2+H_2O \longrightarrow Fe_2O_3+2CH_3COOH$$

$$Fe_2O_3+6NH_4Cl \longrightarrow FeCl_3+3H_2O+6NH_3$$

$$FeCl_3+NH_4OH \longrightarrow NH_4Cl+Fe(OH)_3\downarrow$$

$$2Fe(OH)_3 \xrightarrow{\triangle} Fe_2O_3+3H_2O$$

（二）计算

$$Fe_2O_3\ 含量=\frac{m_1}{m}\times 100\%$$

式中：m_1——灼干沉淀的质量，g；

m——称取样品的质量，g。

二十九、四硼酸钠(硼砂)

(一)原理

在样品水溶液中加入盐酸标准溶液使硼砂转化为硼酸,同时中和样品中游离的碳酸钠。由于硼酸为一弱酸,不能用标准碱溶液直接滴定,故加入多元醇(如甘油、甘露醇或转化糖),使硼酸络合生成较强的酸,然后用氢氧化钠标准溶液滴定。

(二)试剂

(1)0.1mol/L 氢氧化钠(NaOH)溶液。

(2)0.25mol/L 氢氧化钠(NaOH)标准溶液。

(3)0.1mol/L 盐酸(HCl)标准溶液。

(4)溴甲酚绿—甲基红—酚酞混合指示剂,溴甲酚绿—甲基红混合指示剂和酚酞指示剂按1∶1 混合。

(5)甘露醇。

(6)转化糖。制备步骤为:称取 500g 白砂糖,置于 1000mL 烧杯中,加入 350mL 水,在不断搅拌下加热使其全部溶解。继续加热至沸腾,停止加热,在搅拌下冷至 90℃ 时,加入 25mL 0.5mol/L盐酸(HCl),继续搅拌 3~4min,加入 25mL 0.5mol/L 氢氧化钠(NaOH)标准溶液和 10g 或适量的活性炭,并在 80℃ 水浴上放置 20min 以上,以脱去溶液颜色,过滤;滤液用新煮沸并冷却的水稀释至 750mL,使用前以酚酞作指示剂,用 0.1mol/L 氢氧化钠(NaOH)溶液中和至微红色出现,pH 值为 8.5。

(三)测定步骤

称取 10g 样品(精确至 0.0002g),置于 500mL 烧杯中,加 300mL 新煮沸并冷却的水,加热使之溶解但应避免沸腾,将溶液冷却至室温,移入 500mL 容量瓶中,用新煮沸并冷却的水稀释至刻度,摇匀——溶液甲。准确吸取 25mL 溶液甲,置于 250mL 碘瓶中,加入 0.4mL 溴甲酚绿—甲基红—酚酞混合指示剂,用 0.1mol/L 盐酸(HCl)标准溶液滴定至暗红色(其变色顺序是紫⟶灰⟶绿⟶灰⟶暗红),记下盐酸标准溶液的用量(V_1),再加过量 0.1mL 盐酸标准溶液,加热微沸 2~3min,使二氧化碳逸尽,加盖冷却至室温,用 0.1mol/L 氢氧化钠(NaOH)溶液中和过剩的盐酸至溶液呈暗红色,然后加入 7g 甘露醇,振摇混匀后,用 $c(NaOH)=0.25$mol/L 氢氧化钠标准溶液滴定至灰色(其变色顺序是暗红⟶灰⟶绿⟶灰)。同时做空白试验。

(四)计算

$$\text{十水合硼酸钠}(Na_2B_4O_7\cdot 10H_2O)\text{含量}=\frac{(V_2-V_3)\times c\times 0.09534}{m\times\frac{25}{500}}\times 100\%$$

式中:V_2——加入甘露醇后样品滴定所耗用的氢氧化钠标准溶液的体积,mL;

V_3——空白滴定所耗用的氢氧化钠标准溶液的体积,mL;

c——氢氧化钠(NaOH)标准溶液的浓度,mol/L;

m——称取样品的质量,g;

0.09534——1mmol 十水合硼酸钠$\left(\frac{1}{4}Na_2B_4O_7\cdot 10H_2O\right)$的质量,g/mmol。

第六节　常用氧化物的含量测定

一、锌氧粉(氧化锌)

(一)原理

在 pH≈10 的氨—氯化铵缓冲溶液中,Zn^{2+} 与 EDTA 生成稳定的络合物,以铬黑 T 作指示剂,用 EDTA 标准溶液滴定。

$$H_2Y^{2-} + Zn^{2+} \longrightarrow ZnY^{2-} + 2H^+$$

(二)试剂

(1)1:1 盐酸。

(2)铬黑 T 指示剂:0.5%溶液。

(3)氨—氯化铵缓冲溶液甲,pH≈10。

(4)1:1 氨水。

(5)0.1mol/L$\left(\frac{1}{2}\text{EDTA}\right)$乙二胺四乙酸二钠标准溶液。

(三)测定步骤

称取 0.13~0.15g 烘去水分的样品(精确至 0.0002g),置于 400mL 锥形瓶中,加少量水润湿,加 3mL 盐酸,加热溶解完全后,加水至 200mL,用氨水中和至 pH 值为 7~8,再加 10mL 氨—氯化铵缓冲溶液甲(pH=10)和 5 滴铬黑 T 指示剂,用 0.1mol/L$\left(\frac{1}{2}\text{EDTA}\right)$乙二胺四乙酸二钠标准溶液滴定至溶液由葡萄紫色变为正蓝色即为终点。

(四)计算

$$\text{氧化锌(ZnO)含量} = \frac{c \times V \times 0.04569}{m} \times 100\%$$

式中:c——$\left(\frac{1}{2}\text{EDTA}\right)$乙二胺四乙酸二钠标准溶液的浓度,mol/L;

V——滴定耗用$\left(\frac{1}{2}\text{EDTA}\right)$标准溶液的体积,mL;

m——称取样品的质量,g;

0.04569——1mmol 氧化锌$\left(\frac{1}{2}\text{ZnO}\right)$的质量,g/mmol。

二、氧化镁

(一)含量测定

样品溶于盐酸后,用氨水中和以使铁沉淀分离,调整溶液 pH=10,用 EDTA(乙二胺四乙酸二钠)标准溶液滴定钙、镁总量,以铬黑 T 为指示剂。

$$Ca^{2+} + H_2Y^{2-} \longrightarrow CaY^{2-} + 2H^+$$

$$Mg^{2+} + H_2Y^{2-} \longrightarrow MgY^{2-} + 2H^+$$

从钙、镁总量中减去钙含量即可计算氧化镁含量。

(二)试剂

(1)盐酸(5:4)。

(2)6mol/L 氨水($NH_3 \cdot H_2O$)。

(3)氨—氯化铵缓冲溶液,pH=10。

(4)铬黑 T 指示剂:0.5%乙醇溶液。

(5)甲基红指示剂:0.1%乙醇溶液。

(6)0.1mol/L$\left(\frac{1}{2}EDTA\right)$标准溶液。

(三)测定步骤

称取0.5g已灼烧至恒重的样品(精确至0.0001g),置于小烧杯中,加10mL水湿润,加5mL盐酸,用小火加热至样品完全溶解,加1滴甲基红指示剂和20mL水,用6mol/L氨水($NH_3 \cdot H_2O$)中和至刚呈现黄色再过量1滴,移入250mL容量瓶中,加水稀释至刻度,摇匀(溶液甲)。用干滤纸、干漏斗过滤于干燥的容器中,弃去最初20mL。准确吸取25mL澄清溶液,置于250mL锥形瓶中,加50mL水及10mL氨—氯化铵缓冲溶液(pH=10),加热至50~60℃,在剧烈摇动下,用$c\left(\frac{1}{2}EDTA\right)=0.1$mol/L乙二胺四乙酸二钠标准溶液滴定,近终点时加入5~6滴铬黑T指示剂,继续滴至溶液由紫红色转变为纯蓝色。

(四)计算

$$氧化镁(MgO)含量=\frac{c \times V \times 0.04032}{m \times \frac{25}{250}} \times 100\% - w \times \frac{40.32}{56.08}$$

式中:V——滴定耗用$\left(\frac{1}{2}EDTA\right)$标准溶液的体积,mL;

c——$\left(\frac{1}{2}EDTA\right)$标准溶液的浓度,mol/L;

m——称取样品的质量,g;

w——CaO的含量;

0.04032——1mmol氧化镁(MgO)的质量,g/mmol;

$\frac{40.32}{56.08}$——CaO换算为MgO的系数。

(五)氧化钙的测定

1.原理

在样品溶液中加入氢氧化钾溶液,pH≥12,这时镁以氢氧化镁沉淀析出,然后用乙二胺四乙酸二钠$\left(\frac{1}{2}EDTA\right)$标准溶液滴定$Ca^{2+}$,以钙羧酸为指示剂。加入三乙醇胺为掩蔽剂以消除干扰离子的影响。当镁含量较高时,氢氧化镁吸附钙而使结果偏低,故加入甘露醇作辅助络合剂以消除氢氧化镁对钙的吸附。

2. 试剂

(1)甘露醇。

(2)15%氢氧化钾溶液。

(3)钙羧酸指示剂[2-羟基-1-(2-羟基-4-磺酸-1-萘基偶氮)-3-萘甲酸],1%固体指示剂。

(4)1∶2三乙醇胺溶液。

(5)$c\left(\frac{1}{2}\text{EDTA}\right)=0.02\text{mol/L}$乙二胺四乙酸二钠标准溶液。

3. 测定步骤

准确吸取50mL溶液甲共两份,分别置于250mL锥形瓶中,各加40mL水、约0.5g甘露醇和5mL(1∶2)三乙醇胺溶液。在一份样品中加15mL 15%氢氧化钾溶液及0.1g钙羧酸指示剂,溶解后从微量滴定管中以$c\left(\frac{1}{2}\text{EDTA}\right)=0.02\text{mol/L}$乙二胺四乙酸二钠标准溶液滴定至溶液由紫红色变为蓝色,记下耗用量供另一份样品滴定时参考。

在另一份样品中,先从微量滴定管中加入$c\left(\frac{1}{2}\text{EDTA}\right)=0.02\text{mol/L}$乙二胺四乙酸二钠标准溶液若干毫升,其数量较前一测定的耗用量少0.1~0.2mL,振摇1min,滴加15mL 15%氢氧化钾溶液,加入0.1g钙羧酸指示剂,继续滴定至溶液由紫红色变为纯蓝色。

4. 计算

$$\text{氧化钙(CaO)含量}=\frac{c\times V\times 0.05608}{m\times\frac{50}{250}}\times 100\%$$

式中:V——滴定耗用$\left(\frac{1}{2}\text{EDTA}\right)$标准溶液的体积,mL;

c——乙二胺四乙酸二钠$\left(\frac{1}{2}\text{EDTA}\right)$标准溶液的浓度,mol/L;

m——称取样品的质量,g;

0.05608——1mmol氧化钙(CaO)的质量,g/mmol。

第四章　车间常用液的测定

第一节　酶　液

酶的转化力一般是指 1g 酶制剂或 1mL 酶液在特定条件下转化淀粉的质量(g)。如 1g 2000 倍的 BF—7658 酶制剂，每小时能转化淀粉 2000g。

吸取已配好的退浆液 25mL，置于 1000mL 的容量瓶中，用蒸馏水稀释至刻度，摇匀。用 10 支试管分别编号 1～10，另加一支内盛蒸馏水的试管，插入温度计，放在水浴中保温(BF—7658 酶 60℃，胰酶 40℃)；每管中各加 5mL 淀粉液(可溶性淀粉 1g，食盐 5g，用蒸馏水配至 1000mL)，按管号分别加入 1.0～1.9mL 稀释后的退浆液，保温 1h。然后每管中加数滴 $c\left(\frac{1}{2}I_2\right)=0.1$mol/L 碘溶液，以不呈蓝色的第一管为终点，记录所用碘溶液体积 V(mL)，计算出转化力。

$$转化力[g/(mL\cdot h)]=\frac{1}{5V}$$

第二节　碱　液

一、浓烧碱液

吸取试液 2mL，置于 250mL 锥形瓶中，加蒸馏水 100mL，加 1% 酚酞指示剂数滴，以 $c(HCl)=0.5$mol/L 盐酸滴至红色消失为第一终点，记录用量 V(mL)；再加入 0.1% 甲基橙指示剂数滴，继续用 $c(HCl)=0.5$mol/L 盐酸滴至微橘红色为终点，记录第二次用量 V_1(mL)。

$$烧碱含量(NaOH,g/L)=\frac{(V-V_1)\times c(HCl)\times m(试样)}{V(试样)}=\frac{(V-V_1)\times 0.5\times 40}{2}=10(V-V_1)$$

$$纯碱含量(Na_2CO_3,g/L)=\frac{2V_1\times 0.5\times 106}{2\times 2}=26.5V_1$$

二、稀烧碱液

吸取试液 10mL 置于 250mL 锥形瓶中，加蒸馏水 100mL 及 1% 酚酞指示剂数滴，以 $c(HCl)=0.25$mol/L 盐酸滴定至红色消失，记录第一次终点用量 V(mL)；再加 0.1% 甲基橙指示剂数滴，继续用 $c(HCl)=0.25$mol/L 盐酸滴定至变为微橘红色为终点，记录第二次用量 V_1(mL)。

$$烧碱含量(NaOH,g/L)=\frac{(V-V_1)\times 0.25\times 40}{10}=V-V_1$$

$$纯碱含量(Na_2CO_3, g/L) = \frac{2V_1 \times 0.25 \times 106}{2 \times 10} = 2.65V_1$$

三、纯碱液

吸取试液 10mL 置于 250mL 锥形瓶中，加蒸馏水 100mL 及 0.1% 酚酞指示剂数滴，以 $c(HCl) = 0.25mol/L$ 盐酸滴定至红色消失，记录第一次终点用量 V(mL)；再加 0.1% 甲基橙指示剂数滴，继续用 $c(HCl) = 0.25mol/L$ 盐酸滴定至变为微橘红色为终点，记录第二次用量 V_1(mL)。

$$纯碱含量(Na_2CO_3, g/L) = \frac{2V_1 \times 0.25 \times 106}{2 \times 10} = 2.65V_1$$

注

①如 $V > V_1$ 说明纯碱中有烧碱。

②如 $V_1 > V$ 说明纯碱中有小苏打。

③一般工厂用纯碱液的浓度，可用甲基橙为指示剂，以 0.25mol/L 盐酸(HCl)一次测定。

第三节　酸　液

一、硫酸及盐酸溶液

吸取试液(硫酸或盐酸)10mL 置于 250mL 锥形瓶中，加蒸馏水 100mL 及 1% 酚酞指示剂数滴，以 0.204mol/L 氢氧化钠(NaOH)滴定至微红色为终点，记录用量 V(mL)。

$$硫酸含量(H_2SO_4, g/L) = \frac{V \times 0.204 \times 49}{10} = V$$

$$盐酸含量(HCl, g/L) = \frac{V \times 0.204 \times 36.46}{10} = 0.744V$$

二、草酸液

吸取试液(草酸液)10mL 置于 250mL 锥形瓶中，加蒸馏水 100mL 及 10mL 20% 硫酸，加热至 70～80℃，用 0.100mol/L 高锰酸钾$\left(\frac{1}{5}KMnO_4\right)$滴定至微红色为终点，记录用量 V(mL)。

$$草酸含量(H_2C_2O_4 \cdot 2H_2O, g/L) = \frac{V \times 0.1 \times 126}{2 \times 10} = 0.63V$$

第四节　漂　液

一、次氯酸钠漂液

1. 次氯酸盐有效氯分析

吸取试液 10mL 置于 250mL 锥形瓶中，加蒸馏水 50mL，再加入 10mL 10% 碘化钾溶液及

5mL 6mol/L 醋酸(CH_3COOH)。用0.282mol/L 硫代硫酸钠($Na_2S_2O_3$)滴定至米黄色,加0.5%淀粉溶液2mL,继续滴定至蓝色刚消失为终点,记录用量 V(mL)。

$$有效氯(g/L) = \frac{V \times 0.282 \times 35.45}{10} = V$$

2. 漂液 pH 值测定

取3%双氧水,用0.1mol/L 氢氧化钠(NaOH)中和至 pH 值 =7,再加入到10mL 漂液中,待气泡停止后,用广泛指示剂测出 pH 值。

3. 漂液含量分析

方法同上,待气泡停止后,按本章第二节测定烧碱、纯碱含量方法进行测定。

二、双氧水漂液

1. 漂液 pH 值测定

直接用广泛试纸测定。

2. H_2O_2 含量分析

吸取漂液5mL 置于250mL 锥形瓶中,加蒸馏水100mL 及10mL 6mol/L 硫酸$\left(\frac{1}{2}H_2SO_4\right)$,以0.294mol/L 高锰酸钾$\left(\frac{1}{5}KMnO_4\right)$滴定至刚呈微红色为终点,记录用量 V(mL)。

$$双氧水含量(H_2O_2,g/L) = \frac{V \times 0.294 \times 34}{2 \times 5} = V$$

三、亚氯酸钠漂液

1. 漂液 pH 值测定

直接用广泛试纸测定。

2. 亚氯酸钠含量分析

吸取试液5mL 置于250mL 锥形瓶中,加蒸馏水50mL,并加10%碘化钾溶液10mL,6mol/L 醋酸(CH_3COOH)5mL,放置1~2min。用0.221mol/L 硫代硫酸钠($Na_2S_2O_3$)滴定至溶液成淡黄色,加0.5%淀粉溶液2~3mL,继续滴至蓝色刚消失为终点,记录用量 V(mL)。

$$亚氯酸钠含量(NaClO_2,g/L) = \frac{V \times 0.221 \times 90.45}{4 \times 5} = V$$

3. 亚氯酸钠漂白溶液中硫酸铵含量的测定

吸取亚氯酸钠漂白试液5mL 置于烧杯中,加水50mL,加(1∶1)盐酸15mL,无水乙醇25mL和冰醋酸15mL,煮沸10min,停止加热,缓慢加入25%氯化钡溶液10mL,继续煮沸1min,停止加热,静置10min,冷却,用滤纸过滤后再经盐酸酸化的热水洗涤沉淀数次。待完全滴干后将滤纸及沉淀一同放入原来烧杯中,加水100mL,准确加入0.1mol/L 标准溶液$\left(\frac{1}{2}EDTA\right)$20mL,氨水

10mL，加热至 60～70℃使沉淀完全溶解。冷却，加氨水 5mL，缓冲溶液 10mL 及铬黑 T 指示剂 4～5 滴，用 0.10mol 氯化镁$\left(\frac{1}{2}MgCl_2\right)$标准溶液滴定至溶液由蓝色变成酒红色为终点。记下所用氯化镁标准溶液体积 V_1（mL）。

另取一只烧杯，准确加入 0.1mol/L 标准溶液$\left(\frac{1}{2}EDTA\right)$20mL，水 100mL，氨水 10mL，加热至 60～70℃，冷却，加氨水 5mL，缓冲溶液 10mL 及铬黑 T 指示剂 4～5 滴，用 0.10mol 氯化镁$\left(\frac{1}{2}MgCl_2\right)$标准溶液滴定至溶液由蓝色变成酒红色为终点。记下所用氯化镁标准溶液体积 V_0（mL）。

计算公式如下：

$$\text{硫酸铵含量}[(NH_4)_2SO_4, g/L]\text{含量} = \frac{(V_0 - V_1) \times 0.1 \times 132}{V}$$

四、亚溴酸钠漂液

吸取试液 25mL 置于 250mL 锥形瓶中，加蒸馏水 100mL，并加入 10% 碘化钾溶液 20mL，摇匀后再加入 20mL 10% 磷酸二氢钾溶液，摇匀后放置片刻。用 0.1mol/L 硫代硫酸钠（$Na_2S_2O_3$）滴至溶液呈深黄色后，加入 0.5% 淀粉溶液 2～3mL，继续用 0.1mol/L 硫代硫酸钠（$Na_2S_2O_3$）滴至黑紫色刚消失为终点，记录用量 V(mL)。

$$\text{有效溴含量}(g/L) = \frac{V \times 0.1 \times 79.91}{25} = 0.32V$$

第五节　氧化剂溶液

一、红矾钠（钾）液

吸取试液 5mL（如溶液混浊或色泽较深，先用滤纸过滤），置于 250mL 锥形瓶中，加蒸馏水 100mL，再加 10% 碘化钾溶液 15mL 和 6mol/L 硫酸$\left(\frac{1}{2}H_2SO_4\right)$15mL。用 0.1mol/L 硫代硫酸钠（$Na_2S_2O_3$）溶液滴定，以淀粉作指示剂，滴至蓝色消失变为绿色即为终点，记录用量 V(mL)。

$$\text{红矾钠含量}(Na_2Cr_2O_7 \cdot 2H_2O, g/L) = \frac{V \times 0.1 \times 298}{6 \times 5} = 0.993V$$

$$\text{红矾钾含量}(K_2Cr_2O_7, g/L) = \frac{V \times 0.1 \times 294.2}{6 \times 5} = 0.98V$$

二、过硼酸钠液

吸取试液 10mL 置于 250mL 锥形瓶中，加蒸馏水 100mL，加 0.25mol/L 硫酸$\left(\frac{1}{2}H_2SO_4\right)$20mL，

用 0.1mol/L 高锰酸钾$\left(\frac{1}{5}KMnO_4\right)$滴定，至最后一滴滴入时，有淡红色出现，并能维持 30s 不褪色为终点，记录用量 V(mL)。

$$过硼酸钠含量(NaBO_2 \cdot H_2O_2 \cdot 3H_2O, g/L) = \frac{V \times 0.1 \times 153.9}{2 \times 10} = 0.77V$$

三、双氧水液

分析方法同本章第四节双氧水漂液。

四、亚硝酸钠液

在 250mL 锥形瓶中，加 0.1mol/L 高锰酸钾$\left(\frac{1}{5}KMnO_4\right)$溶液 50mL，20% 硫酸 25mL，蒸馏水 30mL。吸取亚硝酸钠试液 10mL，缓缓加入到上述混合液中并不断搅拌，然后加盖放置 10min，加 2g 固体碘化钾，再放置 5min。用 0.1mol/L 硫代硫酸钠($Na_2S_2O_3$)滴定至淡黄色，加入 0.5% 淀粉指示剂 2～3mL，继续用 0.1mol/L 硫代硫酸钠($Na_2S_2O_3$)滴至蓝色刚消失为终点，记录用量 V(mL)。

$$亚硝酸钠含量(NaNO_2, g/L) = \frac{(50 - V) \times 0.1 \times 69}{2 \times 10} = 0.345(50 - V)$$

第六节　还原剂溶液

一、亚硫酸氢钠液

在 250mL 锥形瓶中，先加 100mL 蒸馏水，再加 0.1mol/L 碘$\left(\frac{1}{2}I_2\right)$溶液 5mL 及 6mol/L 盐酸(HCl)5mL。将亚硫酸氢钠溶液置于滴定管中，滴定至锥形瓶中溶液呈淡黄色，加入 0.5% 淀粉溶液指示剂 2～3mL，继续滴定至蓝色刚消失为终点，记录用量 V(mL)。

$$亚硫酸氢钠含量(NaHSO_3, g/L) = \frac{0.1 \times 5 \times 104.6}{2V} = \frac{26.15}{V}$$

二、大苏打液

吸取试液 20mL 置于 250mL 锥形瓶中，加 100mL 蒸馏水和 0.5% 淀粉溶液指示剂 2～3mL。用 0.1mol/L 碘液$\left(\frac{1}{2}I_2\right)$滴定，滴至溶液刚呈微蓝色为终点，记录用量 V(mL)。

$$大苏打含量(Na_2SO_3 \cdot 5H_2O, g/L) = \frac{V \times 0.1 \times 248.2}{20} = 1.241V$$

$$硫代硫酸钠含量(Na_2S_2O_3, g/L) = \frac{V \times 0.1 \times 158.1}{20} = 0.79V$$

第七节　部分常用染料、染液的测定

一、还原染料染液

1. 烧碱含量

吸取 50mL 染液，加入 50mL 预先中和好的 30% 双氧水溶液，再加入 25mL 1mol/L 盐酸（HCl）溶液，摇匀。用干燥漏斗过滤。取 25mL 滤液，以 0.1mol/L 氢氧化钠（NaOH）溶液滴定，用酚酞作指示剂，记录用量 V（mL）。

$$烧碱含量(NaOH, g/L) = \frac{\frac{25 \times 25 \times 1}{125} - 0.1 \times V}{50 \times \frac{25}{125}} = 0.4(50 - V)$$

2. 保险粉含量

在 250mL 容量瓶中，加入 25mL 37% 甲醛溶液及 0.2g 碳酸铵（碳酸铵用以除去空气的影响，可以在液面加一层火油代替），然后吸取染液 100mL，注入瓶中，放置 10min。再加 100mL 20% 氯化钡溶液及 20mL 80% 醋酸。混匀后加水至刻度，放置 0.5h，待其沉淀。

吸取上层清液 50mL，加 0.5% 淀粉溶液 2 ~ 3mL，用 0.1mol/L 碘 $\left(\frac{1}{2}I_2\right)$ 溶液滴定，滴至溶液刚呈微蓝色为终点，记录用量 V（mL）。

$$保险粉含量(Na_2S_2O_4, g/L) = \frac{V \times 0.1 \times 174.1}{4 \times \frac{50 \times 100}{250}} = 0.218V$$

注

①还原液色泽较浅时，不需氯化钡沉淀染料；色泽较深，不易看出终点时，需按还原染液方法测定。

②甲醛用量要过量一些，不可少加。

二、还原染料、分散染料扩散性能测定

1. 染料颗料细度测定（显微镜法）

（1）染液的配制。称取染料试样 0.1g（浆状染料折成干品计算），置于 100mL 烧杯中，加 30℃ 蒸馏水少许，用玻璃棒调成浆状，加入 100mL 蒸馏水，于搅拌器中搅拌 5min，然后将染液移入 200mL 容量瓶中，用蒸馏水冲洗烧杯，将全部染液移入容量瓶中，稀释至刻度，摇匀备用（浓度为 0.5g/L）。

（2）染料颗粒细度的测定。用细玻璃棒蘸取一小滴甘油（约 0.01mL），滴于载物片上，用另一载物片将甘油涂成薄层备用。然后将上述染液倒入 250mL 烧杯中，在搅拌下用血色素吸管迅速吸取 0.1mL，立即滴于上述已涂好甘油薄层的载物片上，盖好盖玻片，放在显微镜水平台上，静置片刻后，进行观察。

用已校正的1000倍显微镜观测，在一个视野内计算等于2μm和大于2μm的染料颗粒个数。

注　在确定染料的质量指标时，应规定在标准视野直径为0.1mm测得数据为准，不同规格的显微镜视野直径不同。因此，实测的颗粒数（等于或大于2μm颗粒数）应换算成标准视野直径0.1mm时的颗粒数，换算方法如下：

$$x_0 = \left(\frac{0.1}{D}\right)^2 \times x$$

式中：x_0——实测颗粒数换算成标准视野直径0.1mm的颗粒数；

D——测试用显微镜的视野直径，mm；

x——视野直径为D值时，实测的颗粒数。

2. 滤纸渗圈测试法

（1）染液的准备。称取染料试样0.5g（浆状染料或研磨好的染料悬浮液要折合成干品称量），置于100mL烧杯中，加30℃蒸馏水5mL（如染料不浸润，可加几滴乙醇），用玻璃棒调成浆状，加30℃蒸馏水至100mL，搅拌5min，保持30℃备用（染料浓度为5g/L）。

（2）滤纸渗圈。首先将滤纸（定性快速滤纸）放置在表面皿上，然后于搅拌情况下用1mL吸管从染液中部吸取0.2mL，滴于上述备好的滤纸上，吸管保持垂直，滴管尖离滤纸1cm，第一滴滴下待染液渗完再滴第二滴，以此类推，各滴均应滴在同一位置上，使其自然扩散，晾干。

（3）评级。评级标准：

1级：染料全无扩散情况，染料全在中心渗圈内。

2级：有小部分扩散，染料大部分聚集在渗圈内。

3级：有部分扩散，中心渗圈仍较深。

4级：大部分扩散，中心仍有渗圈。

5级：全部扩散，中心无渗圈。

3. 玻璃板压滤纸法

用厚0.6cm的30cm×30cm玻璃板两块，一块中央钻直径1cm小孔放在上层，两块玻璃板之间放20cm×20cm薄型滤油纸（$80g/m^2$）一张。

吸取研磨好的染料悬浮浆，加蒸馏水冲淡至相当于染料浓度为30g/L，在充分搅拌时从中部吸取0.4mL，连续滴放在上层玻璃板小孔内，以后每隔5min取0.2mL蒸馏水，继续滴入玻璃板小孔内，连续五次（共滴入蒸馏水1.0mL），待其向四周扩散，直至渗透圈稳定后取出滤纸，晾干。观察扩散性能。

三、色酚打底液

1. 总碱量分析

吸取染液10mL，加0.2%匀染剂O溶液90mL，再加1%麝香草酚蓝酒精溶液1mL，用0.25mol/L硫酸$\left(\frac{1}{2}H_2SO_4\right)$滴定，记录用量$V$（mL）。

$$总碱量(NaOH,g/L)=\frac{V\times 0.25\times 40}{10}=V$$

2. 过剩碱量的分析

吸取染液10mL，注入100mL中性酒精中（容器均须干燥），以酚酞的酒精溶液作指示剂，用0.25mol/L硫酸$\left(\frac{1}{2}H_2SO_4\right)$滴定，滴至红色消失为终点，记录用量$V_1$(mL)。

$$过剩碱量(NaOH,g/L)=\frac{V_1\times 0.25\times 40}{10}=V_1$$

3. 色酚含量分析

上述总碱量减去过剩碱量，即为色酚当量。

$$色酚含量(g/L)=(V-V_1)\times\frac{色酚当量}{40}$$

四、大红色基G溶液

先在250mL锥形瓶中，加蒸馏水100mL及冰1～2块，冷却至10℃以下，加入大红色基G染液5mL，先用pH试纸测量酸度，再加入饱和小苏打溶液，调节至pH=7。用0.033mol/L乙萘酚标准溶液滴定，当一滴试液滴在滤纸上遇0.5%H酸或乙萘酚溶液交接处刚呈无色时作为终点，记录乙萘酚溶液用量V(mL)。

$$大红色基G(g/L)=\frac{V\times 0.033\times 152}{5}=1.0032V\approx V$$

$$其他色基G(g/L)=\frac{V\times 0.033\times 色基相对分子质量}{5}$$

注　常用色基相对分子质量可参阅《染料应用手册》。

五、蓝色盐VB液

吸取25mL 0.1mol/L对硝基苯胺（准确称取化学纯粹干燥的对硝基苯胺13.82g，加30mL浓盐酸，放入1000mL的容量瓶中，用蒸馏水冲至刻度即成），放入250mL的玻璃杯中，加冰冷却至5℃左右时加入亚硝酸钠（1∶2）1mL，不断搅拌，使其缓缓重氮化（1mL亚硝酸钠用量基本可使淀粉—碘化钾试纸呈蓝色），放置10min后，以醋酸钠溶液（20%）中和至刚果红试纸不变色；将显色盐Z溶液（取显色盐Z 17.4g加1∶2醋酸钠溶液20mL，放入1000mL容量瓶中，用蒸馏水冲淡至刻度）放在滴定管中缓缓滴定，并用0.1%H酸滴在滤纸上，将滤纸浸入烧杯溶液中，以不发生颜色为终点，算出显色盐Z的浓度c。吸取蓝色盐VB染液10mL，温度在5℃左右，以色酚AS为外指示剂，用显色盐Z液滴定，呈现颜色为终点，记录用量V(mL)。

$$蓝色盐VB浓度(g/L)=\frac{V\times c\times 263}{10}=26.3V\times c$$

六、硫化染料染液

1. 硫化钠含量分析

吸取染液100mL，放入200mL容量瓶中，加入氯化钡—氯化钠混合溶液40mL（每1000mL中溶有氯化钡结晶及氯化钠各100g），充分摇动使生成沉淀，然后加水到刻度，摇匀后过滤。所用滤纸、漏斗、烧杯必须充分干燥。

吸取滤液50mL，放入250mL烧杯中，加入10%氯化铵5~10mL，调节pH值使酚酞呈淡红色即可。然后用0.064mol/L$\left[\frac{1}{2}Zn(NH_3)_4SO_4\right]$溶液滴定，用30%亚硝基铁氰化钠$[Na_2Fe(CN)_5 \cdot NO \cdot 2H_2O]$作外指示剂，直至杯内溶液与亚硝基铁氰化钠溶液滴在滤纸上的渗圈相遇时，不显红紫色为终点。记录用量V_1(mL)。

$$硫化钠含量(Na_2S,g/L) = \frac{V_1 \times 0.064 \times 78}{2 \times \frac{50 \times 100}{200}} = 0.1V_1$$

0.064mol/L$\left[\frac{1}{2}Zn(NH_3)_4SO_4\right]$溶液：称取结晶硫酸锌9.2032g，溶于500mL水中，缓缓加入过量氨水，使白色沉淀再溶解，然后冲淡到1000mL。

2. 烧碱含量分析

吸取上述滤液20mL，以0.25mol/L硫酸$\left(\frac{1}{2}H_2SO_4\right)$滴定，用酚酞作为指示剂，记录用量$V_2$(mL)。

$$烧碱含量(NaOH,g/L) = V_2 - \frac{2V_1}{39}$$

3. 硫代硫酸钠含量分析

另取染液50mL，放入200mL容量瓶中，加入0.064mol/L$\left[\frac{1}{2}Zn(NH_3)_4SO_4\right]$溶液80mL，使硫化物沉淀，冲水至刻度，摇匀过滤。吸取滤液50mL，滴入一滴甲基红指示剂，用0.25mol/L盐酸(HCl)中和，再加入0.5%淀粉溶液2~3mL，用0.1mol/L碘$\left(\frac{1}{2}I_2\right)$溶液滴定至刚呈微蓝色为终点，记录用量$V_3$(mL)。

$$硫代硫酸钠含量(Na_2S_2O_3,g/L) = \frac{V_3 \times 0.1 \times 158.1}{\frac{50 \times 50}{200}} = 1.265V_3$$

七、苯胺黑基本溶液

1. 苯胺含量分析

吸取配制好放置24h后的苯胺盐溶液10mL，置于500mL的容量瓶中，加蒸馏水至刻度，摇匀。再吸取冲淡液10mL，置于300mL的碘量瓶中，加入浓盐酸5mL，然后加入0.1mol/L

$NaBrO_3$—NaBr 溶液 50mL，立即盖好瓶塞，并用 10% 碘化钾溶液封口，轻微摇动后放于暗处 30min。加 10% 碘化钾溶液 20mL，摇匀，用 0.1mol/L 硫代硫酸钠（$Na_2S_2O_3$）滴至淡黄色，加入 0.5% 淀粉溶液 2～3mL，继续滴至蓝色刚消失为终点，记录用量 V(mL)。

另用 0.1mol/L $NaBrO_3$—NaBr 溶液 50mL 做空白实验，记录用量 V_0(mL)。

$$苯胺含量(C_6H_5NH_2, g/L) = \frac{(50-V)\times 0.1\times 93.12}{6\times\frac{10\times 10}{500}} = 7.76\times(50-V)$$

2. 盐酸含量分析

吸取上述稀释液 25mL，置于 250mL 锥形瓶中，加酚酞指示剂数滴，以 0.1mol/L 氢氧化钠（NaOH）滴定至刚呈微红色为终点，记录用量 V(mL)。

$$盐酸含量(HCl, g/L) = \frac{V\times 0.1\times 36.46}{\frac{10\times 25}{500}} = 7.29V$$

第八节　牛仔布染色常用的检测方法

一、靛蓝染色有关原料的测定

（一）靛蓝的有关测定

1. 靛蓝粉含量的测定

（1）原理。靛蓝能被高锰酸钾氧化成靛红，使溶液颜色发生变化。

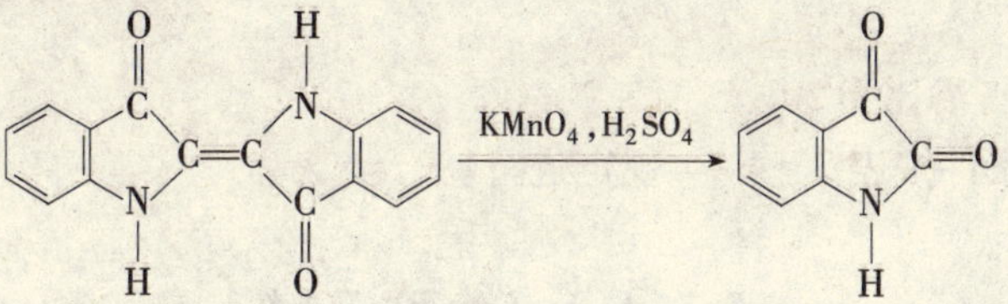

（2）仪器和试剂。

①试管：长 150mm，直径 25mm。

②三角烧瓶：1000mL。

③容量瓶：500mL。

④烧杯：800mL。

⑤移液管：25mL。

⑥酸式滴定管：25mL。

⑦硫酸：化学纯。

⑧高锰酸钾标准溶液：$c\left(\frac{1}{5}KMnO_4\right) = 0.02mol/L$。

（3）测定步骤。称取 0.5g（精确至 0.0001g）靛蓝粉于试管中，加入 20mL 化学纯硫酸，用玻璃棒搅匀，然后将试管置于水浴中，在 80～90℃温度下，处理 1.5h。反应结束后，将溶液冷却后转移至预先加入100～150mL蒸馏水的500mL容量瓶中，用蒸馏水多次洗涤试管，洗涤液一同并入容量瓶中，冷却至室温，用蒸馏水稀释至刻度。准确吸取此液25mL置于1000mL三角瓶中，用蒸馏水稀释至500mL，然后用上述的高锰酸钾标准溶液滴定。滴定时必须经常摇动烧瓶，溶液由蓝变紫，再变绿，呈绿光黄时即到终点。

靛蓝含量(%)按下式计算：

$$\text{靛蓝含量} = \frac{0.0015 \times \dfrac{c}{0.02} \times \dfrac{V(\text{容量瓶})}{V(\text{吸取液})} \times V}{m} \times 100\%$$

式中：0.0015——与1mL高锰酸钾标准滴定溶液$\left[c\left(\frac{1}{5}KMnO_4\right)=0.02mol/L\right]$相当的靛蓝的质量，g/mL；

0.02——与0.0015相对应的高锰酸钾$\left(\frac{1}{5}KMnO_4\right)$的浓度，mol/L；

c——高锰酸钾标准溶液$\left(\frac{1}{5}KMnO_4\right)$的实际浓度，mol/L；

V(容量瓶)——转移洗涤时所用容量瓶的体积，mL；

V(吸取液)——滴定时吸取溶液的体积，mL；

V——耗用高锰酸钾标准溶液的体积，mL；

m——靛蓝样品的质量，g。

2. 染色强度与色光的鉴定

(1)染色时所用的纤维规格及染色时一般条件的规定可参阅第三篇第七章第四节常用染料的检测评定。

(2)染色深度2%，浴比1∶20。

(3)染色配方和条件按表3-4-1规定进行。

表3-4-1 染色配方及条件

染缸编号	1	2	3	4	5
靛蓝粉标准样品/g	0.19	0.20	0.21	—	—
靛蓝粉试样/g	—	—	—	0.19	0.20
95%乙醇/mL	1	1	1	1	1
10%渗透剂BX液/mL	1	1	1	1	1
85%保险粉/g	1	1	1	1	1
35%氢氧化钠/mL	3	3	3	3	3
还原温度/℃	60				
染色温度/℃	25～30				

(4)预备液的配制。35%氢氧化钠溶液9mL，保险粉3g，10%硫酸钠溶液150mL，加蒸馏水

至1000mL，加热至60℃，备用。

(5)染色操作。称取样品棉纱5绞，每绞为10g(精确至0.001g)，用蒸馏水煮沸10min，然后洗净，绞干，绷松，备用。

称取表3-4-1中规定的靛蓝粉样品至标准(精确至0.001g)。分别置于已编号的300mL染缸中，加入表3-4-1中所定的乙醇等试剂调成浆状，加蒸馏水50mL，水浴加热至60℃，再加入保险粉1g搅拌均匀。还原约15min，还原液呈黄绿色时再加入预备液150mL，当染液温度为25~30℃时，将处理好的棉纱依次加入各染缸中，在25~30℃染色45min，染色过程中要使纱样浸没于染液中并经常翻动。染毕将染样直接取出悬挂于室内空气流通处，氧化约15min，然后水洗、绞干。水洗后的染样浸入0.2%乙酸溶液中，在室温下酸洗1~2min，取出，用水洗净、干燥。

3. 靛蓝染料色光和强度的测定

靛蓝染料用分光光度计比色法测定色光和强度。方法是：称染料0.5g，用干缸还原法(如同染色)把染料还原，并用含氢氧化钠1.5g/L、保险粉3g/L的稀释液把染料稀释至500mL容量瓶中，摇匀备用。

比色：用1mL吸管分别取标样0.95mL、1mL、1.05mL和样品1mL，分别置于100mL容量瓶中，用蒸馏水稀释至刻度。该染料隐色体为黄色(可先目测一下，样品与标样的哪个浓度相近)。

选波长：把上述配好的溶液分别注入1.0cm比色皿中，移入分光光度计中，选择波长(同样溶液)，以数值最大的波长为该染料的波长，以后每次比色均在此波长下，记下每一染液的吸光度值。

$$\text{染料的强度} = \frac{\text{样品的吸光度值}}{\text{已知标样吸光度值}} \times 100\%$$

吸光度值范围以0.1~0.65间为好，大于或小于这个范围的染液浓度需调整。

染料的色光以波长选择来判断。一般来说，同一染料的最大吸收波长应一样，若有偏差则视为有色光差，向长波方向变为红，相反为黄。

(二)氢氧化钠(烧碱)的有关测定

参见第三篇第二章及第三章之有关内容。

(三)保险粉的有关测定

参见第三篇第二章及第三章的有关内容。

二、靛蓝染色过程中的有关测定

(一)母液(干缸还原液)中靛蓝含量的测定

(1)根据入厂靛蓝的含量，准确计量干缸还原液的体积，便可较准确地计算出干缸还原液中的靛蓝的含量(g/L)。

$$\text{干缸还原液中靛蓝含量} = \frac{\text{靛蓝质量(g)} \times \text{入厂时靛蓝的百分含量}}{\text{干缸还原液的体积(L)}}$$

(2)干缸中靛蓝浓度也可用分光光度计测得,方法见后。

(二)染液中靛蓝含量的测定

靛蓝在染槽中以四种状态存在,不会发生其他化学反应而生成其他物质,控制好染槽中 NaOH 和保险粉的含量,使染槽中的靛蓝单钠盐保持尽可能多的比例,即可得到比较理想的染色效果。

1. 质量法

吸取均匀染液 100mL,用 2[#]玻璃砂芯漏斗真空抽滤,除去外来物质。用 1g/L NaOH 与 1g/L 保险粉溶液洗涤全部靛蓝,然后滤液用盐酸进行酸化[通常用 10mL,19.06%(19°Bé)HCl]。当靛蓝酸性隐色体沉淀下来后,用烘干并称重过的玻璃砂芯漏斗将沉淀过滤,用水充分洗涤沉淀。置于烘箱内烘至恒重,减去漏斗质量,即得出 100mL 染液样品中的纯靛蓝质量。

$$每升染液中靛蓝质量 = 100mL 染液中靛蓝质量(g) \times 10$$

2. 分光光度计法

用 500mL 容量瓶加适量蒸馏水,按不同浓度配制靛蓝标准样品 20 个,然后各取 1mL 移入容量瓶,稀释到刻度摇匀待用;调整好分光光度计的波长(最大吸收波长 612nm)及零位,取上述试液置于专用试管中,测定其吸光度;以吸光度为纵坐标,以浓度为横坐标,得出染料标准曲线图。可以看出靛蓝浓度与吸光度成正比。

用 500mL 容量瓶加适量蒸馏水,然后取 1mL 染液移入容量瓶,稀释到刻度并摇匀待用;用上述同样方法,测得染液吸光度,查标准曲线图可得其浓度。

3. 比色法

如果无分光光度计,可用下述方法测得染液的近似浓度。

准确吸取 1g 靛蓝,按干缸还原比例加 NaOH 和保险粉进行还原后倒入 200mL 容量瓶中,即为 5g/L 靛蓝液。取上述溶液 20mL 倒入 100mL 容量瓶中,溶液即为 1g/L;取上述溶液 30mL 倒入 100mL 容量瓶中,溶液即为 1.5g/L;取上述溶液 40mL 倒入 100mL 容量瓶中,溶液即为 2g/L;取上述溶液 50mL 倒入 100mL 容量瓶中,溶液即为 2.5g/L;取上述溶液 60mL 倒入 100mL 容量瓶中,溶液即为 3g/L。

从以上溶液中各取 1mL,分别加入蒸馏水到 100mL,作为标准。

从染槽中取 1mL 染液加入蒸馏水至 100mL。然后将此溶液与上述标准的颜色进行比较,即可得出染液的近似浓度。

(三)染液中保险粉的测定

1. 碘量法

在 100mL 容量瓶中加入以下溶液:甲醛 15mL,2mol/L(120g/L)醋酸 25mL,25% $BaCl_2$ 12mL。

吸取 10mL 染液,倾入含有上述溶液的容量瓶中摇匀,加入蒸馏水至标线,予以过滤(滤液呈金黄色)。吸取滤液 50mL,加入少量 1% 淀粉指示剂,然后用浓度为 $c\left(\frac{1}{2}I_2\right)=0.1mol/L$ 的标准碘溶液滴定,滴至溶液由黄色变绿,最后变为蓝色,放置 10~15s,直至出现稳定的深蓝色为止,记录用量 V(mL)。

染液中保险粉含量(g/L)的计算方法:

$$染液中保险粉含量(g/L)=\frac{V\times c\times 174.1}{4\times\frac{10\times 50}{100}}=8.7V\times c$$

2. 氧量法

(1)试剂。10%平平加O液,凡士林。

(2)原理。

$$Na_2S_2O_4+O_2+H_2O \longrightarrow NaHSO_3+NaHSO_4$$

$$Na_2S_2O_4+O_2+2NaOH \longrightarrow Na_2SO_3+Na_2SO_4+H_2O$$

(3)操作。

①测定瓶内先放入10%平平加O液2mL,瓶塞涂以凡士林(见右图)。

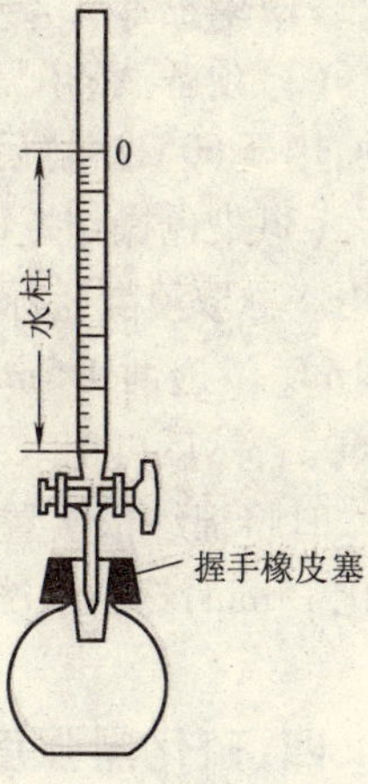

氧量法特定试瓶

②吸取染液10mL置于瓶中,密盖后置冷水浴中。

③加水至瓶上量管的"0"刻度处,启塞后水面下降,用滴定管沿管壁再加水至"0"处以平衡内外气压,直至水面不降为止。

④闭塞,从水浴中取出瓶后,摇1.5min,复浸入水浴约0.5min。启塞,水面又降,再补充水至"0"处,一直到水面不再下降,记下滴定管中水的用量V(mL)。

(4)计算。每克$Na_2S_2O_4$耗氧体积为$\frac{22400}{174}$即128.7mL,则$\frac{V}{128.7}\times 100$即为$Na_2S_2O_4$的含量(g/L)。

(四)染液中氢氧化钠含量的测定

1. 方法一

参见本章第七节之还原染料染液中氢氧化钠含量的测定。

2. 方法二

取染液V_1=5mL于三角瓶中,加蒸馏水10mL,加1~2滴酚酞指示剂,用c=0.01mol/L盐酸标准溶液滴至粉红色刚刚消失为终点,记录用量V(mL)。

染液中NaOH含量(g/L)的计算方法:

$$NaOH含量=c\times V\times\frac{40}{V_1}$$

3. 方法三

用酸度计控制pH值在10.7~11.3之间。

靛蓝染色时,pH值在10.5~11.5时,基本上以单酚钠离子型靛蓝隐色体存在。这时能在得色量、色牢度、色泽等方面取得最好的效果和稳定性。同时,此法与酸碱中和滴定法相比,更快速、更直接。

(五)纱线上靛蓝含量的测定

精确称取靛蓝染色纱线100mg(烘至恒重)放在试管中,加入20mL 70%硫酸,放置30min。然后将此溶液倒入容量瓶中,加蒸馏水至标线。用分光光度计测定此溶液的吸光度,据此求得纱线上靛蓝的含量。

测定前应先用同浓度的靛蓝含量作出标准曲线。

三、溴靛蓝强度和色光的测定

(1)染色强度2%,浴比1∶20。

(2)预备液的配制。取35%的NaOH溶液9mL,保险粉3g及无水硫酸钠15g。用1000mL水加热至60℃溶解后备用。

(3)染色操作。称取标准棉纱5g(精确至0.01g),用水煮沸10min,然后洗净、绞干、绷松后备用。称取溴靛蓝标样和试样0.1g(精确至0.0001g),分别置于已编号的300mL染缸中,加乙醇1mL,渗透剂0.5mL,NaOH 1.2mL,保险粉0.5g,并用玻璃棒调成糊状。加水25mL,水浴加热至60℃,然后再加入1g保险粉搅匀,还原65min,溶液呈黄绿色,加入预备液75mL。当温度为60℃时将棉纱依次置入染缸,在60℃染色45min,染色过程中不断翻动棉纱。取出后在空气中氧化15min,然后水洗绞干,并经风吹干燥。最后目测比色。

四、硫化黑强度和色光的鉴定

(1)染色深度为3%。染色用10g棉纱(或平纹细布),精确至0.01g。染色前将棉纱(或平纹细布)用0.02g/L渗透剂BX(工业用)溶液煮沸15min,浴比为1∶20。处理后再用清水洗净、挤干,然后入染。

(2)染料溶液的配制。称取试样与标准染料各3g(精确至0.001g),分别置于300mL烧杯中,加入硫化钠(折算成100%)100g/L的溶液22.5mL(染料∶硫化钠=1∶0.75),调成浆状后置于水浴上加热。烧杯内温度为90~95℃,搅拌5min后加沸蒸馏水200mL,充分搅拌,待冷却后移入500mL容量瓶中,用冷蒸馏水稀释至刻度。每次染色用的染料溶液须随用随配,隔日不可用。

(3)在4个300mL染缸中按表3-4-2规定配成染液。

表3-4-2　硫化黑染液配方

染缸编号	1	2	3	4
浓度为3g/500mL标准染液/mL	47.5	50	52.5	—
浓度为3g/500mL试样染液/mL	—	—	—	50
10%硫酸钠溶液/mL	20	20	20	20
5%碳酸钠溶液/mL	4	4	4	4

(4)染色操作。染液配好后,将染缸置于水浴上,准备进行染色。入染温度为30~40℃,初入染时勤加翻动,10min后每隔5min翻动一次。于15min内升温至90~95℃,在此温度下继续染45min。染毕后均匀绞干、整理、透风10min,用清水充分洗净,绞干后置于60~70℃烘箱内烘干(或晾干)。

(5)测定染料的色光和强度。测定染料的色光和强度时均用目测比色。对目测评比结果如发生争议,可参考用反射分光光度计的测定结果来确定其色光及强度。

第九节 其他溶液的测定

一、色浆中雕白粉含量的测定

称取印花雕白浆 50g，置于 500mL 容量瓶中，加蒸馏水稀释至刻度。吸取冲淡溶液 10mL，加 0.5% 淀粉溶液 2～3mL，以 0.1mol/L 碘$\left(\frac{1}{2}I_2\right)$溶液滴定，滴定至蓝色呈现时为终点，记录用量 V(mL)。

$$雕白粉含量(HOCH_2SO_2Na \cdot 2H_2O, g/kg) = \frac{V \times 0.1 \times 154.13}{4 \times \frac{50 \times 10}{500}} = 3.85V$$

二、防白浆中硫酸铝（或明矾）含量的测定

称取硫酸铝防白浆 10g，冲淡至 250mL 左右，以酚酞为指示剂，加热至沸，并不断搅拌，用 0.5mol/L 氢氧化钠（NaOH）溶液滴定，直到淡红色出现，并在沸煮 2min 内淡红色不褪为止，记录用量 V(mL)。

$$硫酸铝含量[Al_2(SO_4)_3 \cdot 18H_2O, g/kg] = \frac{V \times 0.5 \times 666.4}{6 \times 10} = 5.55V$$

$$明矾含量[Al_2(SO_4)_3 \cdot K_2SO_4 \cdot 24H_2O, g/kg] = \frac{V \times 0.5 \times 948.7}{6 \times 10} = 7.9V$$

三、镀铬溶液的测定

1. 铬酐含量分析

用移液管吸取镀铬液 10mL，置于 100mL 容量瓶中，加蒸馏水至刻度。吸取稀释液 5mL，置于 250mL 锥形瓶中，加 100mL 蒸馏水，加 5mL 6mol/L 硫酸$\left(\frac{1}{2}H_2SO_4\right)$和 20mL 10% 碘化钾溶液后加盖，用碘化钾溶液封口，置于暗处 10min，然后以 0.1mol/L 硫代硫酸钠（$Na_2S_2O_3$）滴定，用淀粉作指示剂，滴至明亮淡蓝绿色为终点，记录用量 V(mL)。

$$铬酐含量(CrO_3, g/L) = \frac{V \times 0.1 \times 100}{3 \times \frac{10 \times 5}{100}} = 6.67V$$

2. 三价铬含量分析

吸取上述稀释液 5mL，置于 250mL 锥形瓶中，加 100mL 蒸馏水，加 10mL 浓硫酸、10mL 1% 硝酸银及 2g 过硫酸铵，沸煮 5min 至过硫酸铵全部分解，冷却后加 20mL 10% 碘化钾溶液，将瓶口盖好，用碘化钾溶液封口，放置暗处 10min。用 0.1mol/L 硫代硫酸钠（$Na_2S_2O_3$）滴定，用淀粉液作指示剂，滴至溶液刚呈浅蓝色为终点，记录用量 V_1(mL)。

$$三价铬含量(Cr^{3+},g/L)=\frac{(V_1-V)\times 0.1\times 52}{3\times\frac{10\times 5}{100}}=3.47(V_1-V)$$

3. 硫酸含量分析

吸取试液 20mL，放入特制的离心玻璃管中，加入 5mL 6mol/L 硫酸$\left(\frac{1}{2}H_2SO_4\right)$及 5mL 25%氯化钡溶液，摇匀后在离心机中旋转 5min，然后观察底部硫酸钡沉淀体积，计算硫酸含量（每次操作的时间、条件要严格控制一致）。

注　离心玻璃管的刻度，用已知的硫酸和氯化钡进行校验，测得仪器常数。

四、树脂初缩体的测定

1. 树脂含固量测定

在已烘至恒重的量瓶中称取 1g 左右树脂初缩体溶液，去盖，在 105～110℃烘箱中烘至恒重（一般需 3h）。

$$含固量=\frac{烘至恒重后固体树脂质量}{烘前初缩体树脂质量}\times 100\%$$

2. 游离甲醛含量

精确称取 5g 初缩体溶液，用蒸馏水洗入 250mL 锥形瓶中，加水稀释至约 50mL，再加 10～15 滴麝香草酚蓝指示剂后，滴加稀氢氧化钠溶液至溶液呈微蓝色，置于冰浴中，冷却至 4℃。另于 500mL 烧杯中，用移液管加入 10mL 1mol/L 盐酸（HCl）标准溶液，再以量筒加入 25mL 1mol/L亚硫酸钠（Na_2SO_3）溶液（预先调节 pH 值至麝香草酚蓝呈微蓝色），冷却至 4℃。然后迅速移入锥形瓶中，并用冷蒸馏水洗涤烧杯，洗液也并入锥形瓶中。立即以 1mol/L 烧碱（NaOH）滴定至微蓝色，记录用量 V_1(mL)。另做空白滴定一次，记录用量 V_0(mL)。

$$游离甲醛含量(HCHO,\%)=\frac{(V_0-V_1)\times 10^{-3}\times 1\times 30}{5}\times 100\%=0.6\%\times(V_0-V_1)$$

3. 总甲醛含量分析

准确称取 10g 初缩体溶液，置于 250mL 容量瓶中，用蒸馏水稀释至刻度，吸取稀释液 10mL，置于 1000mL 烧瓶中，加 85% 磷酸 25mL，然后用蒸汽蒸馏，待收集的蒸馏液近 200mL 时停止，洗涤冷凝管和接受管，合并洗涤液 250mL 左右，加入 25mL 0.1mol/L 碘$\left(\frac{1}{2}I_2\right)$溶液及 8mL 6mol/L 氢氧化钠（NaOH）溶液，摇匀后放于暗处 10min，而后加 10mL 6mol/L 硫酸$\left(\frac{1}{2}H_2SO_4\right)$酸化，过剩的碘用 0.1mol/L 硫代硫酸钠（$Na_2S_2O_3$）滴定，用淀粉作指示剂，滴至蓝色消失为终点，记录用量 V_1(mL)。另做空白试验，记录滴定用量 V_0(mL)。

$$总甲醛含量(HCHO,\%)=\frac{(V_0-V_1)\times 0.1\times 30}{2000\times\frac{10\times 10}{250}}\times 100=0.375(V_0-V_1)$$

第五章　工业原料、糊料、浆料及常用有机物的分析

第一节　淀粉的分析测定

一、灰分的测定

1. 原理

将样品在900℃高温下灰化，直到灰化样品的碳完全消失，得到样品的剩余物质量。

2. 测定步骤

(1)准备。坩埚须先用沸腾的稀盐酸洗涤，再用大量自来水洗涤，然后用蒸馏水漂洗。将洗净坩埚置于焚化炉内，在(900 ±25)℃下加热30min，并在干燥器内冷却至室温，然后称重，精确至0.0001g。

(2)样品的准备。样品应进行充分混合。

(3)样品设定。根据对灰分量的估计值，迅速称取样品2 ~ 10g，精确至0.0001g，将样品均匀分布在坩埚内，不要压紧。

(4)预灰化。小心加热坩埚(如置于灰化炉口或电热板)，直至样品完全碳化。燃烧会产生挥发性物质，要避免自燃，自燃会使样品从坩埚中溅出而导致损失。

(5)焚化。火焰一旦熄灭，即刻将坩埚放入炉内，将温度升高至900℃，并保持此温度直至剩余的碳全部消失为止，一般1h已足够。然后将盘和剩余物放入干燥器使之冷却至室温，并称重，精确至0.0001g。每次放入干燥器的坩埚不得超过4个。

3. 计算

若灰分以样品剩余物质量对样品原质量的质量百分比表示，为：

$$X_1 = \frac{m_1}{m_0} \times 100\%$$

若灰分以样品剩余物质量对样品干基质量的质量百分比表示，为：

$$X_2 = \frac{m_1}{m_0(100\% - H)} \times 100\%$$

式中：X_1——样品灰分，%；

X_2——样品灰分(以干基计)，%；

m_0——样品的原质量，g；

m_1——灰化后剩余物的质量,g;

H——样品的水分,%。

二、水分的测定

1. 原理

将样品放在温度为130~133℃,1.0×10^5Pa(一个大气压)的电加热烘箱内干燥90min,得到样品的损失质量。

2. 测定步骤

(1)样品的准备。所测样品应充分混合后放在密封和防潮的容器内。取样后迅速密封,以备下次测试时再取。

(2)样品量。金属碟经130℃干燥和在干燥器内冷却后,称取碟和盖子质量,精确至0.001g,把(5±0.25)g的充分混合样品倒入碟内,样品不能含有硬块和团状物,碟内部尽量避免暴露于外界。将样品均匀分布在碟底面上,盖上盖子即刻称重以确定测试物的质量,精确至0.001g。

(3)测定。将盛有样品的碟放入已预热到130℃的干燥烘箱中,盖子可靠在碟子旁,在130~133℃范围内干燥90min。完成之后,迅速盖上盖子放入干燥器中。

注 不应在干燥器中将碟叠放。

经30~45min后,碟在干燥器内冷却至室温。将碟从干燥器内取出后2min内称重,精确至0.001g。

3. 计算

水分以样品损失质量对样品原质量的质量百分比表示,为:

$$X=\frac{m_1-m_2}{m_1-m_0}\times100\%$$

式中:X——样品水分含量,%;

m_0——干燥后空碟和盖的质量,g;

m_1——干燥前带有样品的碟和盖的质量,g;

m_2——干燥后带有样品的碟和盖的质量,g。

三、酸度的测定

1. 原理

通过用氢氧化钠标准溶液滴定淀粉乳液直至中性时,耗用的该标准溶液的体积。

2. 试剂

①氢氧化钠标准溶液:1mol/L。

②邻苯二甲酸氢钾:基准纯。

③酚酞指示剂溶液:1g酚酞溶于100mL 95%乙醇中。

3. 测定步骤

(1)样品的准备。样品应进行充分的混合。

(2)样品量。称取已混合好的样品 10g,精确至 0.1g,倒入锥形瓶内,加入 100mL 蒸馏水,振荡、混合均匀。

(3)滴定。向锥形瓶滴入酚酞指示剂溶液 2 ~ 3 滴,放在磁力搅拌器下搅拌。用已标定的氢氧化钠标准溶液滴定,直至锥形瓶中刚好出现粉红色不褪去,此时记录耗用氢氧化钠标准溶液的体积。

4. 计算

酸度以 10g 样品所耗用 0.1mol/L 氢氧化钠标准溶液的体积表示,为:

$$X = \frac{c \times V \times 10}{m \times 0.1}$$

式中:X——样品的酸度,mL;

c——已标定的氢氧化钠标准溶液的浓度,mol/L;

V——耗用的氢氧化钠标准溶液的体积,mL;

m——样品的质量,g。

四、斑点的测定

1. 原理

通过肉眼观察样品,读出斑点的数量。

2. 测定步骤

(1)样品的准备。样品应进行充分混合。

(2)样品量。称取混合好的样品 1 份,均匀分布在平板上。

(3)计数。将透明板盖到已均匀分布的待测样品上,并轻轻压平。在较好的光线下,眼与透明板的距离保持 30cm,用肉眼观察样品中的斑点,并进行计数,记下 10 个空格内淀粉中的斑点总数量。注意不要重复计数。

3. 计算

斑点以每平方厘米的斑点的数量表示,为:

$$X = \frac{C}{10 \times 1}$$

式中:X——样品斑点数,个/cm^2;

C——10 个空格内样品斑点的总数,个。

五、细度的测定

1. 原理

将样品用分样筛进行筛分,得到样品通过分样筛的质量。

2. 测定步骤

(1)样品的准备。样品应进行充分混合。

(2)样品量。称取混合好的样品 50g,精确至 0.1g,均匀倒入分样筛。

(3)筛分。均匀摇动分样筛,直至筛分不下为止。小心倒出分样筛上剩余物称重,精确至0.1g。

3. 计算

以样品通过分样筛质量对样品原质量的百分比表示,为:

$$X = [(m_0 - m_1)/m_0] \times 100\%$$

式中:X ——样品的细度,%;

m_0——样品的原质量,g;

m_1——样品未过筛的筛上剩余物质量,g。

六、白度的测定

1. 原理

通过样品对蓝光的反射率与标准白板对蓝光的反射率进行对比,得到样品的白度。

2. 测定步骤

(1)样品的准备。样品应进行充分的混合。

(2)样品白板的制作。按白度仪所提供的样品盒装样,并根据白度仪所规定的方法制作样品白板。

(3)白度仪的准备。按白度仪所规定的操作方法进行操作,将标有白度的陶瓷白板或优级纯氧化镁制成的标准白板进行校正。

(4)测定。用白度仪对样品白板进行测定,记下白度值。

3. 结果表示

白度以白度仪测得的样品白度值表示。

七、粘度的测定

1. 样品的准备

用天平称取样品,使样品的干基质量为6.0g。倒入烧杯中,加入蒸馏水,使水的质量与所称取的淀粉质量和为100g。

2. 粘度计及淀粉乳液的准备

按旋转粘度计所规定的操作方法进行校正调零,并将仪器测定筒与保温装置相连,打开保温装置。

淀粉乳液定量移入装在保温装置内的烧瓶中,烧瓶上装有搅拌器和冷凝器,并且闭密。打开保温装置、搅拌器和冷凝器。

3. 测定

将测定筒和淀粉乳液的温度通过保温装置分别同时控制在45℃、55℃、65℃、75℃、85℃、92.5℃。在保温装置到达上述每个温度时,从有淀粉乳液烧瓶中吸去淀粉乳液,加入到粘度计的测量筒内,测定粘度,读下各温度时的粘度值。

4. 作粘度值与温度变化曲线图

以粘度值为纵坐标,温度变化为横坐标,根据所得到的粘度数据作出粘度值与温度变化曲线。从曲线图中,找出最高粘度值及当时温度值即为样品的粘度。

八、还原力和葡萄糖当量的测定

1. 原理

用葡萄糖溶液滴定费林试液,使葡萄糖将费林试剂的铜还原。当铜完全被还原后,稍过量的葡萄糖液就会进一步将指示剂亚甲基蓝还原,使溶液由蓝色变成无色,从而得到葡萄糖溶液体积耗用数,并转化成还原力和葡萄糖当量。

2. 试剂

(1)费林储液。

①储液 A:硫酸铜五水合物($CuSO_4 \cdot 5H_2O$)69.3g 加水至 1000mL。

②储液 B:酒石酸钠四水合物($KNaC_4H_4O_6 \cdot 4H_2O$)346g 和氢氧化钠(NaOH)100g,加水至 1000mL。使用前,若有沉淀,滤出清液。

③混合费林溶液:将 100mL 储液 A 和 100mL 储液 B 倒入干燥试剂瓶中,并很好地混合。此液仅在使用前配制。

(2)无水 D－葡萄糖溶液,符合下列要求。

①溶液浓度为 400g/L,这样可避免出现混浊和沉淀并保持溶液透明无色,可通过纳氏管来检验。

②硫酸化灰分应不超过 0.01%。

③麦芽糖和(或)异麦芽糖含量应不超过 0.1%,并检测不出较大相对分子质量的糖。

(3)D－葡萄糖标准溶液。称取 0.600g 无水 D－葡萄糖,精确至 0.1mg。溶解于盐中,再将溶液定量移入 100mL 的容量瓶内,加水至刻度,并摇匀。

应在使用当天配制新鲜溶液。

(4)亚甲基蓝指示剂。1g/L 水溶液。

3. 测定步骤

注 在操作中若避免加热溶液过热,可添加防沸物。在测定时应防止滴定管靠近加热器。

(1)混合费林溶液的标定。

①用吸管吸入 25mL 的混合费林溶液,将其注入干燥洁净的烧瓶中。

②将 D－葡萄糖标准溶液注入滴定管至刻度。

③将 18mL D－葡萄糖标准溶液从滴定管注入烧瓶,晃动烧瓶使其中溶液混合。

④把烧瓶放在事先调节好的加热器上,以使之在(120 ± 15)s 内开始沸腾。沸腾开始后不要再去调节加热器,使沸腾开始产生的蒸汽始终充满烧瓶,并持续在整个滴定过程中,这样能防止空气进入烧瓶而氧化瓶中溶液。

⑤使瓶中溶液沸腾并持续 120s,以秒表定时,并加入 1mL 亚甲基蓝指示剂溶液。在此 120s 终止后,开始将滴定管中 D－葡萄糖标准溶液滴入烧瓶,滴量每次 0.5mL,直至指示剂蓝色消失。整个过程溶液始终保持沸腾,读下 D－葡萄糖标准溶液的体积耗用数。

从滴定烧瓶溶液上表面观察亚甲基蓝的蓝色消失是最好的方法,它可避免红色氧化铜的干扰。在烧瓶背后放置白色屏障将更有利于观察。

⑥重复①和②。

⑦从滴定管中将0.3mL的D-葡萄糖标准溶液注入烧瓶中。

⑧重复④。

⑨使瓶中溶液沸腾并持续120s，以秒表定时，并加入1mL亚甲基蓝指示剂溶液。在此120s终止后，开始将滴定管中D-葡萄糖标准溶液滴入烧瓶，滴量每次0.2mL。接近终点时，逐滴加入，直至指示剂蓝色消失。整个过程溶液始终保持沸腾，读下D-葡萄糖标准溶液的体积耗用数。反应即将结束时，D-葡萄糖溶液的滴加间歇时间应在10~15s之间，整个滴定过程应在60s内完成，以使整个沸腾时间不超过180s。第三次滴定时，为达到时间上的要求，可适当调整D-葡萄糖标准溶液的初加量。

⑩读下D-葡萄糖标准溶液的耗用体积。

⑪D-葡萄糖标准溶液的体积耗用数基本上在19~21mL之间。若超出此范围，可适当调整费林储液A的浓度并重复整个标定过程。

⑫重复⑥~⑩，计算二次滴定的平均耗用体积V_1(mL)。

⑬对于经常标定的混合费林溶液，体积V_1是一个准确值，所以仅需作一次滴定即可。D-葡萄糖标准溶液的初加量可为$V_1=0.5$mL。

由于涉及人的因素，所以每个测定者有自己的V_1值。在计算时也应使用自己的V_1值。

(2)测定。

①样品的准备：样品应混合均匀装入一个密封容器内，如是粉状或晶体，则应捣碎后混匀装入。如样品是非晶体的固体，应将其放入一个密闭容器内，浸在60~70℃水浴锅内熔化，随后冷却至室温。不揭去盖子摇动几次，以使容器内所有的冷凝水与样品充分混合。如样品是液体，就在容器内搅动。若表面有凝结，则表皮应除去。

②如不知道样品中还原糖含量，则可通过修正后的(1)中的①~⑤规定方法测出它的大约值。

加10mL样品液代替(1)中的③的D-葡萄糖标准溶液。在(1)中的④后溶液迅速沸腾，加入1mL亚甲基蓝指示剂溶液，滴量为每次加1.0mL，间歇时间为10s，直至指示剂蓝色消失。如果在样品液未加任何1mL之前蓝色已消失，那么就要降低样品液的浓度，然后重新滴定。读下样品液的耗用体积V'(mL)。V'应不大于25mL。如超过，那么就要增加样品液的浓度。

样品的大约还原力(ARP)计算：

$$ARP=\frac{300\times V_1}{V'\times m_0}$$

式中：ARP——样品的大约还原力，g/100g；

　　m_0——500mL样品液中样品的质量，g。

所以样品的质量(g)计算：

$$样品质量(g)=300/ARP$$

③样品量：取样品，精确至1mg，样品中还原糖的含量在28.5~31.5g之间。

④样品液的制备：将样品溶于水中，然后将溶液定量地倒入500mL的容量瓶中，加水至刻度并充分摇匀。

⑤滴定:用样品液代替 D－葡萄糖标准溶液,重复(1)中的①~⑨。

读下样品液的耗用体积 V_2(mL)。样品液的耗用体积基本上应在 19~21mL 之间。如超过,那么就要增加或降低样品液的浓度并重新进行测定。

4. 计算

(1)还原力。淀粉水解产品的还原力(*RP*)是以 100g 样品中无水 D－葡萄糖的质量(g)表示,为:

$$RP = \frac{300 \times V_1}{V_2 \times m}$$

式中:*RP*——样品还原力,g/100g;

m——配制 500mL 样品液时样品的质量,g。

(2)葡萄糖当量。淀粉水解产品的葡萄糖当量(*DE*)以 100g 样品干基中无水 D－葡萄糖的质量(g)表示,为:

$$DE = \frac{RP \times 100}{DMC}$$

式中:*DE*——样品葡萄糖当量,g/100g;

RP——样品的还原力,g;

DMC——样品的干物质含量,%。

第二节　糊料及浆料分析

一、海藻酸钠

1. 验收标准

水分:18%以下;

pH 值:1%水溶液的 pH 值为 6.5~7.5;

水不溶物:0.8%以下;

粘度与厚度:优于或相近于标准存样。

2. 分析方法

(1)pH 值。可用广泛指示剂直接测定。

(2)游离酸。在称量瓶内称取样品 m=20g(精确至 0.01g)置于 250mL 烧杯中,加蒸馏水 200mL,盖上表面玻璃,置于水浴锅上,隔水加热至 80~90℃,浸渍 10min,在此期间搅拌 2~3 次,冷却至室温,然后移入 250mL 容量瓶中,加蒸馏水至刻度,摇匀,放置片刻,吸取上面清液 25mL,加入蒸馏水 30mL,置于烧杯中,加酚酞指示剂 2~3 滴,用 c=0.1000mol/L 氢氧化钠(NaOH)溶液滴定至微红色即为终点,记下读数 V(mL)。

$$\text{游离酸百分含量(以 HCl 计)} = \frac{c \times V \times 36.46}{m \times \frac{25}{250} \times 1000} \times 100\%$$

(3)残留氯。先以淀粉—碘化钾溶液试验,若呈蓝色,可用下法检验。称取样品5g置于烧杯中,加蒸馏水100mL,浸渍2~3h,加6mol/L醋酸(CH_3COOH)6mL及10%碘化钾5mL,用0.1000mol/L硫代硫酸钠($Na_2S_2O_3$)滴定至淡黄色时加入淀粉指示剂数毫升,继续滴定至蓝色消失即为终点,记下读数为V(mL)。

$$\text{氯(Cl)百分含量} = \frac{0.1 \times V \times 35.45}{m \times 1000} \times 100\%$$

(4)粘度。称取样品5g(精确至0.01g)于500mL烧杯中,加水溶解后移入500mL容量瓶中稀释至刻度,摇匀,注入恩氏粘度计中,调节水平及温度至20℃,数分钟后,迅速提出,同时开启秒表,记录流满200mL容积所需的时间为t_1(s),同样方法测得水所需时间为t_2(s)。

计算:

$$\text{粘度}\ E_{20℃} = t_1/t_2$$

注 若有标准样品可在同一条件下进行比粘,不必测定粘度。

(5)厚度试验。称取样品6g,置于400mL烧杯中,加蒸馏水200mL,搅拌成糊,与标准样品比较厚度,若厚度有明显差异,则需加水或加样品,以达到样品厚度和标准存样相近为止。记下当标准样为3%,试品需x%,两者厚度应相近。

(6)水分及不溶物。检验方法同淀粉。

3. 印花性能的测试

参见本篇第六章第十八节印花糊料的测定。

二、合成龙胶

1. 验收标准

1%合成龙胶溶液的pH值:7.0~7.5;

水分:17%左右;

粘度及厚度:相近于或优于标准样;

其他:对浓酸不结块,浓碱轻微粘结,对色盐及酞菁类染料稳定,不结块。与粘合剂、交联剂有相容性。

2. 分析方法

水分、pH值、粘度、厚度检验方法同海藻酸钠。

3. 印花性能的测试

参见本篇第六章第十八节印花糊料的测定。

三、糊精

1. 色泽

色泽用肉眼观察样品便能辨别。

2. 水分

与淀粉分析法中水分的测定相同。

3. 灰分

与淀粉分析法中灰分的测定相同。

4. 未转变的淀粉或杂质

称取样品 m = 25g，置于 400mL 的烧杯中，加水 200mL，搅匀。用水洗入 500mL 的量瓶中，经剧烈震荡后，静置约 12h。移取上层清液 50mL，置于已知质量的蒸发皿中，放在水浴上蒸发至干，然后移置 105℃烘箱中烘至质量不变；最后放在干燥器中冷却后称其质量 m_0(g)，即可算出可溶性物百分比。根据含水量和可溶物含量，便可算出不溶性物质的含量；如此项数值超过 3%，表示此品的杂质太多，不能应用。

$$\text{水中可溶物含量} = \frac{m_0}{m \times \frac{50}{500}} \times 100\%$$

$$\text{未变化淀粉或杂质含量} = 100\% - \text{水分含量} - \text{水中可溶物含量}$$

同时，将上述 5% 液体的沉淀物，经离心机浓缩后，蘸取少许，放在显微镜下观察，看是否有砂泥等硬粒，如硬粒太多，即使不溶性物含量在 3% 以下，也同样不能使用。因为糊精或印染胶在应用时，虽经过组织细密的布袋过滤，但细小砂粒仍可能穿过布孔进入调制的色浆中，其后嵌入花纹花筒中，有损花筒表面及刮刀，产生条花现象。

四、印染胶或黄糊精

1. 验收标准

水分：2%；

灰分：0.3%；

有机酸：0.2% 以下（乳酸计）；

无机酸：少许；

粉末度：99.8%；

不溶物：2% 以下。

2. 分析方法

水分、灰分、酸值、粉末度，显微镜观察均同淀粉。

(1)无机酸。置 5% 的样品于点滴板上，加甲基橙指示剂 1 滴，若显红色即有无机酸的存在。

(2)冷水中不溶物。在称量瓶内称取试样 1g（精确至 0.001g）置于 250mL 烧杯中，加 100mL 冷水溶解，然后在已知质量的古氏坩埚中过滤，并以冷水洗涤 5～10 次，再以乙醇洗涤 2 次后放于 105℃的烘箱中烘燥 2h 至恒重，冷却后称重。

$$\text{不溶物质量百分含量} = \frac{\text{滤后残渣的质量}}{\text{试样的质量}} \times 100\%$$

(3)调浆试验。称取试样 5g，置于 250mL 的烧杯中，加 40mL 冷水搅匀，加热煮沸 2min，冷却放置过夜，观察浆的粘性及色泽，与标准存样对比；然后以清洁的漂白布进行榨滤，看是否有砂粒、皮屑及褐色或黑色的焦糠存在。

3. 性能测试

参见本篇第六章第十八节印花糊料的测定。

五、聚乙烯醇

1. 品质标准

挥发率:依合约,每批检验;

碳化度:依合约,每批检验;

灰分:依合约,每批检验;

pH 值:依合约,每批检验;

粘度:依合约,必要时检验。

2. 检验方法

(1)挥发率。正确称取试样约 5g 于称量瓶内。置入(105 ± 2)℃烘箱内烘至恒重。取出置于玻璃干燥器内冷却,然后称其质量。

计算:

$$R = [(m - m_0)/m] \times 100\%$$

式中:R——挥发率,%;

m——样品质量,g;

m_0——干燥后试样质量,g。

(2)碱化度。

①碱化度在 95% 以上的样品:

测定方法:

正确称取样品约 3g 于三角瓶内。加水约 100mL,放置 0.5 ~ 1h 后加热溶解。冷却后添加 0.1mol/L 氢氧化钠(NaOH)25mL,并于常温下静置 2h 以上。加入 0.1mol/L 硫酸 $\left(\frac{1}{2}H_2SO_4\right)$25mL。加数滴酚酞指示剂后,以 0.1mol/L 氢氧化钠(NaOH)滴至微红色,记录所消耗氢氧化钠的体积 V_1(mL)。

另做一空白试验,记录所消耗 0.1mol/L 氢氧化钠(NaOH)的体积 V_0(mL)。

计算:

$$A = \frac{0.060 \times (V_1 - V_0) \times c}{m \times P} \times 100\%$$

$$B = \frac{44.05A}{60.06 - 0.42A}$$

$$C = 100\% - B$$

式中:A——残留醋酸根(以 CH_3COOH 计)质量分数,%;

B——残留醋酸根摩尔分数,%;

C——碱化度(醇解度)摩尔分数,%;

m——试样质量，g；

P——纯度，%；

c——NaOH 标准溶液的实际浓度，mol/L；

0.060——1mmoL CH_3COOH 的质量，g/mmol。

②碱化度未满 95% 的样品：

测定方法：

正确称取试样约 0.5g 于三角瓶内。加水约 100mL 后，加温溶解。冷却后添加 0.2mol/L 氢氧化钠（NaOH）25mL，并于常温下静置 2h 以上。加入 0.2mol/L 硫酸$\left(\frac{1}{2}H_2SO_4\right)$25mL。加数滴酚酞指示剂后，以 0.1mol/L 氢氧化钠（NaOH）滴定至呈微红色为终点。记录所消耗氢氧化钠的体积 V_1（mL）。

另作一空白试验，记录所消耗 0.1mol/L 氢氧化钠（NaOH）的体积 V_0（mL）。同①计算碱化度。

（3）醋酸钠。

①碱化度在 95% 以上的样品：正确称取试样约 5g 于三角瓶内。加水约 150mL，放置 0.5 ~ 1h 后加热溶解。冷却后，以亚甲基蓝与甲基黄 1∶1 混合指示剂，用 0.1mol/L 盐酸（HCl）滴定至呈绿色到微紫色为终点。记录滴定耗用 0.1mol/L 盐酸（HCl）体积 V（mL）。

另以 150mL 水作一空白试验，记录滴定耗用 0.1mol/L 盐酸（HCl）体积 V_0（mL）。

计算：

$$N_0=\frac{0.082\times(V-V_0)c}{m}\times100\%$$

$$N_1=\frac{0.082\times(V-V_0)c}{m\times(100\%-R)}\times100\%$$

式中：N_0——醋酸钠百分含量（湿基），%；

N_1——醋酸钠百分含量（干基），%；

R——挥发物百分含量，%；

c——盐酸标准溶液的实际浓度，mol/L；

0.082——1mmoL 醋酸钠（CH_3COONa）的质量，g/mmol；

m——试样质量，g。

②碱化度未满 95% 的样品：正确称取试样约 12g 于索氏萃取器内。加甲醇 150mL 后，加热萃取 3h。将受瓶加热蒸发，除去甲醇。加水约 20mL 溶解后，以亚甲基蓝与甲基黄 1∶1 混合指示剂，用 0.1mol/L 盐酸（HCl）滴定至呈绿色到微紫色时为终点。

另以 20mL 水做一空白试验，同①计算。

（4）纯度。

计算：

$$P(\%)=100\%-[R+N_0+V(100\%-R-N_0)/V_0]$$

式中符号的含义同(3)。

(5)粘度。称取试样 12g 于烧杯内。依下式加蒸馏水配成 4% 浓度溶液。

$$V = 12 \times (100\% - R)/C$$

式中:V——水添加体积,mL;

R——挥发物百分含量,%;

C——所配溶液浓度,g/mL。

加水后放置 30min。置于水浴上加温溶解(碱化度 95% 以上,95～98℃,2h;碱化度 95% 以下,78～81℃,2h)后冷却至室温。

置于(20±0.1)℃恒温水槽中,以 NDJ—1 旋转粘度计测定。

(6)pH 值。倒取约 20mL 之标准缓冲溶液于 50ml 烧杯内。用 pH 计测定,并调整 pH 计使 pH 指示值与标准值正确相符。

同(5)配制成 4% 试样溶液。将试样溶液调制成 25℃ 上下后,置于 pH 计测定。记录 pH 值及溶液温度。

六、羧甲基纤维素(CMC)

1. 验收标准

纯度:大于 60%;

粘度(1%,20℃):大于 9cPa·s;

水分:低于 10%;

置换度 D.S:大于 0.47;

pH 值(1% 溶液):8～11;

外观:不含污点,无结块。

2. 分析方法

(1)外观。目测检查。

(2)水分。精确称取试样 5g,置于(105±2)℃之烘箱中,干燥 2h;取出置于干燥器中,待冷却后称其质量。

计算:

$$水分质量百分含量 = (干燥后损失的质量/试样质量) \times 100\%$$

(3)pH 值。1% 试样水溶液用酸度计测定。

(4)置换度(D.S)。粗称试样 $m = 5g$ 于 G_3 砂芯玻璃坩埚内,然后加入 90% 预先加热(50～70℃)的酒精,连续加 5 次,洗滤可溶性盐,每次加满滤杯为止,视可溶物的多少,可适量增减次数,过滤完毕移入 105℃ 烘箱内烘 4h。然后放入干燥器中冷却。称取上述试样 1g(精确至 0.001g)于瓷坩埚内,放入马弗炉中,逐渐升温至 650℃ 时即关闭加热装置,然后冷却至 400℃ 以下,取出冷却至室温,移入 250mL 烧杯中,加 100mL 蒸馏水,并用移液管加 0.1000mol/L 硫酸 $\left(\frac{1}{2}H_2SO_4\right)$ 50mL,在电炉上加热,缓和沸腾 10min,加 2～3 滴甲基红指示剂,稍冷,用 0.1000mol/L 氢氧化钠(NaOH)滴定至无色即为终点,记下读数 V(mL)。

计算：

$$置换度(D.S)=0.162A/(1-0.080A)$$

$$A(1g 样品所含羧甲基纤维素钠的物质的量,mmol)=\frac{c\left(\frac{1}{2}H_2SO_4\right)\times 50-c(NaOH)\times V}{m}$$

(5)纯度(有效成分)。

①干基成分:称取4g样品放置于105℃之烘箱中,干燥4h,然后取出置于干燥皿中,冷却秤重(W),计算干基之百分率。

$$干基质量百分含量=(m/4)\times 100\%$$

②CMC含量:称取试样1g(精确至0.001g)置于400mL之烧杯中,用10mL 1mol/L HCl混合,静待10min缓慢搅动。加入20mL的蒸馏水及数滴酚酞指示剂,再用1mol/L NaOH溶液中和滴定至终点。然后加入0.2mL 1mol/L NaOH。把160mL95%的酒精逐滴加入;并不时予以剧烈摇动,控制流速使160mL酒精于1h内完全滴完(自动搅拌器)。继续搅拌45min再静止。用G_3砂芯坩埚抽气过滤。如滤出液非呈无色透明时,可利用温度加热。用80%酒精100mL冲洗烧杯,洗液再行过滤。用95%酒精100mL冲洗沉淀物,再加入25mL的乙醚以除去酒精,继续抽气5min使其干燥。将沉淀物移至坩埚中,置于105℃烘箱中,干燥1~2h,再置于干燥皿中冷却后称重W_1(已扣除坩埚重,g)。

计算：

$$CMC 质量百分含量=[W_1/(试样质量\times 干基质量百分含量)]\times 100\%$$

(6)游离纤维的测定。称取试样2g于烧杯中加100mL水,溶解均匀后倒出20mL浆液于50mL比色管中,观察有无游离短纤维存在。

3. 印花性能的测试

参见本篇第六章第十八节印花糊料的测定。

七、膨润土

1. 取样

不同类型的膨润土应该分别堆放,分别取样;同类型的土以10袋(5桶)为一个取样单位,10袋(5桶)以上应取样两个,以此类推。各个样品要分别存放,分别进行试验。如果根据外观观察,对某袋(桶)的某部位的土质发生疑问时,应该将它分别堆放,并单独取样和试验。

取样时,应该间隔地从不同的袋(桶)取出样品,每单位取的袋(桶)数应不少于两袋(两桶)。

取样的方法是取样管从不同的袋(桶)的中心部分取出大约1kg的样品,然后再将各个样品均匀混合组成平均样品。

2. 选取试样

试验所需试样的数量可根据测试项目而决定,但不得少于1kg。

选取试样的方法是将均匀的样品堆聚成圆锥堆，并用铁锹或刀轻轻地压平，然后沿着两条相互垂直的直径方向切成四个相等的扇形，将两个相对的扇形丢在一边，而将剩下的两个试样按上法重新堆聚缩减，最后获取试验所需要的试品。

除了测定含水量的样品外，进行其他试验用的样品都必须进行烘干。膨润土的烘干温度为105～110℃，时间45～60min，将烘干后的样品存放于带盖的容器中，以备进行试验。

3. 色泽

以标样凭肉眼观察评定。

4. pH值的测定

称取样品5g，溶于10倍的蒸馏水中，以广泛试纸或酸度计测定。

5. 含水量的测定

称取样品50g，置于烘皿器内，放入烘箱里，按上述温度规定，烘至恒重（烘干30min后，每隔15min称量1次，两次称量之间的差数不超过0.1g时，即为恒重）。原来的质量与烘干后的质量之差，即为土的含水量。

6. 膨胀系数的测定

称取样品1g，放入75mL的蒸馏水内充分摇匀，随即倒入已洗净的有塞的100mL量筒内，加1mol/L盐酸25mL（混合成100mL），充分摇匀，放置在平面的工作台上。静置24h后，观察沉淀后的土所堆聚（悬浮）现象，凡在量筒上一格刻度即为一倍。

7. 沉淀量的测定

称取样品30g，置于400mL烧杯中（预先在烧杯外面约200mL处作一标记，以便操作）。加入50mL热水搅拌，搅拌均匀后，加水到200mL处，再用玻璃棒沿烧杯四周搅拌15s（速度每秒四转）。然后静置1min，倾去上层水液约100mL，再加水至200mL处，仍按上述方法搅拌，倾去上层水，如此重复操作，直到上层水液呈澄清透明为止（不含有色悬浮体）。然后倾出杯中清水（不能倾出沉淀物），将烧杯连同沉淀物置于烘箱中烘干，再在干燥器中冷却至室温，取出称沉淀物质量。

$$粉末沉淀含量(\%) = 沉淀物质量/[试品质量 \times (1 - 含水率)] \times 100\%$$

8. 有机物的测定

称取样品10g，置于250mL高型烧杯中，加入6%～8%的双氧水40mL，徐徐摇动。必要时可在水浴上加温1h，使有机物完全溶解。然后加100mL蒸馏水煮沸1h，并随时补充蒸发掉的水量，再移至蒸发皿烘干，称其质量，所减少的质量即为有机物质量。

第三节 火 油

1. 验收标准

相对密度：0.76～0.86（25℃）；

闪点：38℃以下；

燃点：38℃以上；

颜色：微黄、澄清。

2. 分析方法

(1)外观。目测法。

(2)相对密度。用比重瓶测定。

(3)闪点、燃点。用闪点仪测定。将试样倾入钢质合金平底圆杯中至刻度,把200℃的温度计悬于油中。用煤气灯加热,使温度上升每分钟约1~2℃,将近闪点时,加热更宜缓慢,然后用长4mm的小火焰离油面约10mm处,以较快的速度来回经过油面,当第一次有蓝色火焰闪出,即为闪点,记下温度,继续加热至油燃烧,此时温度为燃点。

第四节　牛　油

1. 外观

目测法。

2. 灰分

于灼烧至恒重的瓷坩埚中称取试样5g(精确至0.001g),放入马弗炉内逐渐升温至800~900℃,灼烧至白色后称重。

计算:

$$灰分质量百分含量=灰分质量/试样质量\times100\%$$

3. 腐蚀试验

取约2cm宽、3cm长的擦亮的铜片一条,放入清洁玻璃杯中,加入溶化脂样至铜片全部浸没,放置24h后取出铜片,用中性溶剂(如汽缸油)清洗后,与另一擦亮的铜片比较,如铜片不变色、无斑点,即为合格。

4. 皂基

将测定灰色后的试样加水溶解,再将溶解物移入250mL锥形瓶中,加几滴甲基橙指示剂,用0.5000mol/L盐酸(HCl)滴定至橙色出现时即为终点,并鉴定有无Pb^{2+}、Ca^{2+}、NH_4^+、K^+、Na^+等金属离子的存在。

0.5000mol/L盐酸(HCl)1mL相当于0.1613g钾皂,也相当于0.153g钠皂。

第五节　煤　油

一、酸度的测定

1. 原理

用沸腾的乙醇抽出试样中的有机酸,然后用氢氧化钾—乙醇溶液进行滴定。中和100mL煤油产品所需氢氧化钾的体积称为酸度。

2. 试剂

①95%乙醇:分析纯。

②精制乙醇:用硝酸银和氢氧化钾溶液处理后,再经沉淀和蒸馏。

③氢氧化钾:分析纯,配成0.05mol/L氢氧化钾—乙醇溶液。

④碱性蓝 6B：配制溶液时，称取碱性蓝 6B 1g，精确至 0.01g。然后将它加在 50mL 的煮沸的 95% 乙醇中，并在水浴中回流 1h，冷却后过滤。必要时，煮热的澄清滤液要用 0.05mol/L 氢氧化钾—醇溶液或 0.05mol/L 盐酸溶液中和，直到加入 1 ~ 2 滴碱溶液能使指示剂溶液从蓝色变成浅红色而在冷却后又能恢复成为蓝色为止，有些指示剂制品经过这样处理变色才灵敏。

⑤酚酞：配成 1% 的酚酞—醇溶液。

⑥甲酚红：配制溶液时，称取甲酚红 0.1g，精确至 0.001g。研细，溶于 100mL 95% 乙醇中，并在水浴中煮沸回流 5min，趁热用 0.05mol/L 氢氧化钾—乙醇溶液滴定至甲酚红溶液由橘红色变为深红色，而在冷却后又能恢复成橘红色为止。

3. 测定步骤

(1) 取 95% 乙醇 50mL 注入清洁无水的锥形烧瓶内。用装有回流冷凝管的软木塞塞住锥形烧瓶之后，将 95% 乙醇煮沸 5min。

(2) 在煮沸过的 95% 乙醇中加入 0.5mL 的碱性蓝溶液（或甲酚红溶液）后，在不断摇荡下趁热用 0.05mol/L 氢氧化钾—乙醇溶液使 95% 乙醇中和，直至锥形烧瓶中的混合物从蓝色变为浅红色（或从黄色变为紫红色）为止。

在煮沸过的 95% 乙醇中加入数滴酚酞溶液代替碱性蓝溶液（或甲酚红溶液）时，按同样方法中和至呈现浅玫瑰红色为止。

(3) 将 50mL 试样注入中和过的热的 95% 乙醇中，均在 (20 ± 3)℃ 时来量取。在锥形烧瓶装上回流冷凝管之后，将锥形烧瓶中的混合物煮沸 5min（对已加有碱性蓝溶液或甲酚红溶液的混合物，此时应再加入 0.5mL 的碱性蓝溶液或甲酚红溶液），在不断振荡下趁热用 0.05mol/L 氢氧化钾—乙醇溶液滴定，直至 95% 乙醇层的碱性蓝溶液从蓝色变为浅红色（甲酚红溶液从黄色变为紫红色）为止，或直至 95% 乙醇层的酚酞溶液呈现浅玫瑰红色为止。

在每次滴定过程中，自锥形烧瓶停止加热到滴定达到终点，所经过的时间不应超过 3min。

4. 计算

试样的酸度（mgKOH/100mL）计算：

$$\text{酸度(mgKOH/100mL)} = \frac{100V \times T}{V_1}$$

$$T = 56.1 \times c$$

式中：V ——滴定时所消耗氢氧化钾—乙醇溶液的体积，mL；

V_1 ——试样的体积，mL；

T ——氢氧化钾—乙醇溶液的滴定度，mgKOH/mL；

56.1——氢氧化钾的摩尔质量，g/mol；

c ——氢氧化钾—乙醇溶液的摩尔浓度，mol/L。

二、烟点的测定

1. 原理

试样在标准灯内燃烧，火焰高度的变化反映在毫米刻度尺背景上，测量时把灯芯升高到出现有烟的火焰，然后再降低到烟尾刚刚消失的一点，这点的火焰高度即为试样的烟点。

2. 仪器

(1)烟点灯。如图 3－5－1 所示。烟点灯包括以下几部分：备有灯芯管和空气导管的贮油器，装配有灯芯导管和进气口的对流室平台、灯体和灯罩。烟点灯上还备有一个专用的 50min 标尺，在其黑色玻璃上每 1mm 分度处用白线标记，灯芯导管的顶部与标尺的零点标记处在同一水平面上，也备有一个能缓慢和均匀地升降贮油器的装置。灯体门上的玻璃窗是弧形的，以防止形成多重映象。贮油器底座和其本体之间的连接处不应漏油。

(2)灯芯。适用的圆形灯芯长不小于 125mm，由纯棉棉纱织成，经纱面径 17 根、3 股 10 支纱；芯径 9 根、4 股 6 支纱；纬密 5 根/cm。

3. 试剂

①甲苯：分析纯。

②异辛烷：分析纯。

③石油醚或直馏轻质汽油。

4. 准备工作

(1)把灯具垂直放在一个完个避风的地方。仔细检查每个新灯，确保平台内空气孔和贮油器引入空气的导口干净、畅通和具有正确的尺寸。平台的位置应该是使空气孔完全不受阻碍。

(2)将灯芯用石油醚或直馏轻质汽油洗涤，在 100～105℃温度下干燥 30min，取出后放在干燥器中备用。

(3)将贮油器用石油醚或直馏轻质汽油洗涤，用空气吹干。

(4)把试样保持到室温(不能加热)，如果发现试样有雾状或杂质，则用定量滤纸过滤。

(5)用试样将灯芯润湿，装入灯芯管中。如果灯芯有卷曲的地方，应仔细地将其捻平，并须重新将其上端用试样润湿。

5. 测定步骤

(1)用量筒量取 20mL 试样。将试样倒入清洁、干燥的贮油器内。

注 如试样不足 20mL，则只要不少于 10mL 即可。

(2)把灯芯管放入贮油器中并拧紧。注意勿使试样落入通空气孔中。将所有不整齐的灯芯头用剪刀剪平，并使灯芯在灯芯管中突出 3mm。将贮油器插入灯中。

(3)把灯芯点燃并调节火焰高度为 10mm，燃烧 5min。将灯芯升高到呈现油烟，然后平稳地降低火焰高度，其外形可能出现下列几种情况：

①一个长光状，可轻微地看见有烟，出现间断不定形状并跳跃的火焰。

②一个延长的点光状，光边有向上的凹面，如图 3－5－2 中 A。

③点尖状正好消失，出现一个很亮的燃烧火焰，如图 3－5－2 中 B。在接近真实火焰的尖端，有时出现锯齿状的间断不定的辉光，这些可以不必考虑。

④一个完好的圆光，如图 3－5－2 中 C。

估读图 3－5－2 中 B 火焰高度，并读至 0.5mm。记录所观察到的烟点值。为了消除视差，观察者的眼睛应倾斜到中心线的一边，以便在标尺的白色垂直线的一边能够看见反射影，而在另一边能够看见火焰本身。

注 在观察灯芯呈现抽烟的现象时，可在烟道的后上方衬上一张白纸或不透明的白板。

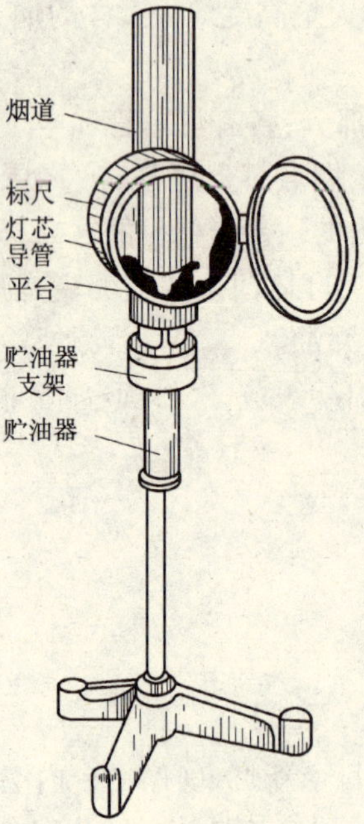

图 3－5－1　烟点灯

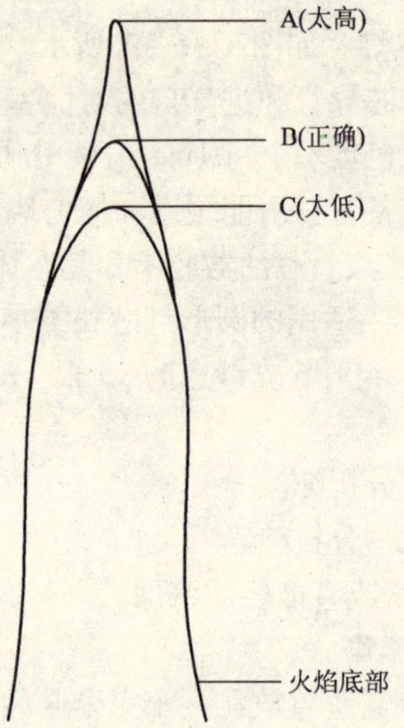

图 3－5－2　典型的火焰形状

(4)按(3)中规定，对火焰外形重复观测三次烟点。如果测定值变化超过 1.0mm，则用新的试样并换一根灯芯重做试验。

取三次烟点观测值的算术平均值，作为试样烟点的测定值。

6. 仪器校正系数的测定

(1)每个操作者应定期用标准燃料对仪器的校正系数进行测定。如仪器或操作者改变或者大气压力读数变化大于 706.49Pa(5.3mmHg)，则必须进行仪器校正系数的测定。

(2)按准备工作和试验步骤的各项规定，用甲苯和异辛烷及其混合物作为标准燃料进行仪器校正系数的测定。测定时，要尽量选取两个烟点测定值与试样烟点测定值接近的标准燃料(一个比试样的烟点测定值稍高，另一个则稍低)；如果试样的烟点测定值恰与一个标准燃料的烟点测定值相同，则需选取另 4 个烟点测定值稍高的标准燃料。

用滴定管配制标准燃料混合物。

(3)标准燃料烟点的标准值见表 3－5－1。

表 3－5－1　标准燃料烟点的标准值

甲苯(体积)/%	异辛烷(体积)/%	大气压力为 101308Pa(760mmHg)时的烟点标准值/mm
40	60	14.7
25	75	20.2
15	85	25.8
10	90	30.2
5	95	35.4
0	100	42.8

(4)仪器校正系数f计算。

$$f=\frac{1}{2}(A_b/A_c+B_b/B_c)$$

式中:A_b——第一种标准燃料烟点的标准值,mm;

A_c——第一种标准燃料烟点的测定值,mm;

B_b——第二种标准燃料烟点的标准值,mm;

B_c——第二种标准燃料烟点的测定值,mm。

7. 计算

试样的烟点H,其单位为mm,计算:

$$H=f\times H_c$$

式中:f——仪器校正系数;

H_c——试样的烟点测定值,mm。

取数值准确到0.1mm。

三、相对密度的测定

精确测定方法参见第二篇第八章第十四节密度测定仪。简易方法如下:

(1)将样品倒入清洁的20mL玻璃量筒。

(2)将比重计小心放入试样中。

(3)当比重计静止浮着时,读取数量,并记录。

四、粘度的测定

(1)称取1%样品。

(2)量取99%蒸馏水,加入试样中,并搅拌混合。

(3)放置24h,使其完全均匀。

(4)装样品的容器置于40℃水浴中。

(5)用粘度计测定,并记录。

第六节 润滑油

一、水分的测定

1. 原理

采用氢化钙(CaH_2)粉剂与试样中的水分反应产生压力,由弹簧压力表来显示压力值,该压力值在相应的水分标准曲线上求得水分百分数(体积)。

2. 仪器

①压力表反应器:压力表量程0~9.81×10^4Pa($1kgf/cm^2$),分度为4.9×10^3Pa($0.05kgf/cm^2$),精度为2.5级。反应器为黄铜制成,内径50mm,内高(4.7±0.20)mm。

②圆形塑料盖子：直径 12～15mm。

③试管：15mL，有刻度和磨砂塞。

④玻璃注射器：5mL。

⑤镊子。

3. 试剂

①氢化钙（CaH_2，试剂级）粉末 0.2g，包装在胶囊中（注意氢化钙容易吸潮，试剂应保存在密封的玻璃瓶中）。

②200#溶剂油。

4. 操作步骤

（1）把试样盛在容量不超过$\frac{3}{4}$容积的试样瓶中，充分摇动不少于 3min，然后用注射器从试样瓶中取 5mL 试样，移入反应器中（试样中水分在 1% 以上，可相应减少试样量）。

（2）用 15mL 刻度试管作量筒，取 15mL 200#溶剂油稀释试样。

（3）取氢化钙胶囊一颗，打开胶囊，把氢化钙粉末倒在塑料小盖中，迅速用镊子将塑料盖移入反应器液面上（注意不要把氢化钙粉末直接倒入试样），立即拧紧反应器螺丝盖。

（4）剧烈摇动反应器 2min，使氢化钙充分与试样中的水分反应，产生氢气压力。

（5）静置 2min，观察压力表读数，然后每隔 2min 把反应器摇动 20s 直至连续两次读数相同，记录压力表最高读数。

5. 计算

绘制某种试样的水分工作曲线，纵坐标为测试压力，横坐标为试样已知的水分含量百分数（体积）。从水分工作曲线查得测试压力即可求得试样的水分含量。

二、硫酸盐灰分的测定

1. 原理

用无灰滤纸作引火芯来燃烧试样，炭化后的残渣经硫酸处理，再煅烧至恒重。

2. 试剂

①蒸馏水。

②硫酸：分析纯，相对密度 1.840。

③硫酸溶液：配成 1∶1 水溶液。

④盐酸：配成 1∶4 水溶液。

⑤低灰分矿物油：硫酸盐灰分小于 0.005%。

⑥异丙醇：分析纯。

⑦甲苯：分析纯。

3. 准备工作

（1）将盐酸（1∶4）注入瓷坩埚中，煮沸几分钟，用蒸馏水洗涤，烘干后再放入高温炉中，在（775±25）℃温度下煅烧至少 10min，取出在空气中冷却 3min，移入密闭容器中（不放干燥剂）冷却 30min 后，进行称量，精确至 0.0001g。重复进行煅烧、冷却及称量，直至连续称量的差数不大于 0.0004g 为止。

(2)将瓶中试样(其量不得多于瓶容积的3/4)摇动均匀,对粘稠的或含蜡的试样须预先加热至50~60℃,再进行摇动。

4.测定步骤

(1)在已恒重的坩埚内按照预计生成的硫酸盐灰分质量分数计算的数量称取试样,精确至0.0001g,计算:

$$m_1 = 10/X$$

式中:X ——预计生成的硫酸盐灰分质量分数,%;

m_1——应称的试样质量,g。

但取样数量不能超过80g,若预计生成的硫酸盐灰分大于2%时,在坩埚内需用约10倍质量的低灰分矿物油稀释称量的试样,并使其混合均匀。如测得的硫酸盐灰分质量分数与预计的质量分数相差2倍以上,则应重新称取适量的试样进行分析。

(2)用一张定量滤纸叠两折卷成圆锥体,用剪刀把距尖端5.10mm的顶端部剪去,作为引火芯直立放入坩埚内,要放稳,并将大部分试样表面盖住。

(3)如试样含少量水时,将装有试样和引火芯的坩埚,放置电炉上,开始缓慢加热,使其不溅出,让水分慢慢蒸发,直到浸透试样的滤纸可以点燃为止。

注 如试样含有较多水分,在加热时会产生泡沫而溅出,此时可采用以下处理方法:在称取试样的坩埚内加入1~2mL异丙醇,然后用滤纸作引火芯加热测定。

若经上述方法处理后仍不能进行试验时,则可重新称样,加入10mL等体积的异丙醇和甲苯混合液,与试样混合均匀,用滤纸作引火芯,加热测定。

引火芯浸透试样后,点火燃烧,调温加热,使试样不溅出也不从坩埚边缘溢出,燃烧时,火焰高度维持在10cm左右。

(4)试样燃烧停止后,继续加热直至不再冒烟,将盛有残渣的坩埚冷却至室温,并滴加硫酸,使残渣完全浸湿,在电炉上小心地缓慢加热,避免飞溅,并继续加热直至不再冒烟为止。然后将坩埚移入(775±25)℃高温炉中,加热到碳氧化完全或近乎完全为止。

(5)取出坩埚冷却至室温,加3滴蒸馏水及10滴(1:1)硫酸溶液,转动坩埚,以致浸湿整个残渣,再缓慢加热蒸发,直至不冒烟为止。

(6)将坩埚移入(775±25)℃高温炉中,煅烧时间保持30min以上,然后取出在空气中冷却3min,移入密闭容器中(不放干操剂)冷却30min后,进行称量(精确至0.0001g),再移入高温炉中煅烧15min,重复进行煅烧、冷却及称量,直至连续称量之间的差不过0.001g。

注 试样中如含烷基锌或二烷基芳基二硫代磷酸盐及含这些添加剂的络合物时,可能会生成部分黑色的残渣,在这种情况下重复本方法(5)和(6)中规定的操作,直至获得白色的残渣为止。

(7)按上述同样手续,做空白试验(即不加试样),测定滤纸、硫酸及矿物油的硫酸盐灰分。若试样硫酸盐灰分大于0.02%时,允许不做空白试验。

5.计算

试样的硫酸盐灰分计算:

$$硫酸盐灰分 = (m_2 - m_1)/m \times 100\%$$

式中：m_2——硫酸盐灰分质量，g；

m_1——空白试验测得的硫酸盐灰分质量，g；

m——试样的质量，g。

三、腐蚀度的测定

1. 原理

附在金属片表面的热润滑油薄膜与周围空气中的氧定期接触时，所引起的金属腐蚀现象。金属片在加热至140℃的润滑油试样中，经50h的试验后，依金属片的质量变化确定试样的腐蚀度，以g/m^2表示。非经另行规定，金属片材料为铅。

2. 仪器与材料

(1)仪器。

①腐蚀度测定仪器(图3-5-3)。

②铅片：尺寸为20mm×45mm×(1.5~4)mm，每块铅片上有一个直径2mm的孔，其孔眼的中心位置在距离20mm的边缘5mm和距离45mm的边缘10mm的地方。每一块铅片只能作一次试验。

③试管：长(270±1)mm，内径(30±1)mm，用硬质玻璃制成，每支试管上应刻有号码。

④钢丝挂钩：直径1.2~1.5mm，长190~210mm，两端带钩，用以悬挂金属片并能挂在移动环9上。钩的形状及钢丝的长度，应使每块悬挂的金属片位于浸在油浴中的试管中央，而且在电动机开动时能使金属片上边缘高出试管边缘25~30mm。铅片要用未经漂白的线挂在钩上。

⑤瓷蒸发皿：用于洗涤金属片。

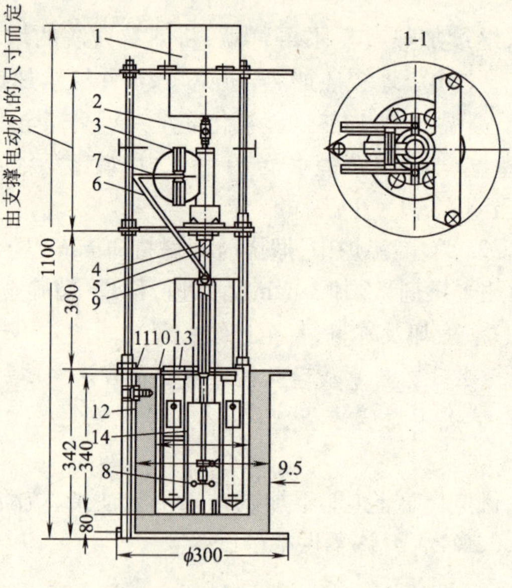

图3-5-3 腐蚀度测定仪

1—电动机 2—牙嵌离合器 3—蜗形减速装置 4—导管 5—轴 6—叶桨 7—曲柄 8—连杆 9—移动环 10—油浴 11—油浴盖 12—油浴外套 13—试管插座 14—圆筒

⑥温度调节器：能保持油浴内温度为(140 ±2)℃。可用变阻器代替。

⑦水银温度计。

⑧中楷羊毫笔。

(2)材料。

①矿物油：开口闪点不低于250℃，用作油浴。

②工业滤纸。

3. 试剂

苯：分析纯。

4. 准备工作

(1)每种试样用两块金属片作试验。铅片只用滤纸轻轻擦拭，若铅片表面不平，可用锉刀锉平，再擦到两片呈同样光亮为止。

(2)每块金属片用针尖刻上号码，并测量其面积，然后放在盛有苯的瓷蒸发皿中，用中楷羊毫笔轻轻刷洗，直至洗涤过的苯滴于滤纸上蒸发后不留污点为止。用苯洗涤后，将每块金属片用滤纸吸干，2 ~3min 后精确至 0.0001g。

(3)接通油浴电热器、电动机的电源，使浴中的油在搅拌下加热至 140 ~142℃。

5. 测定步骤

(1)在预先称量好的清洁而干燥的试管中，称取两份混合均匀的试样各(80 ±1)g，精确至0.1g。

(2)关闭电动机，停止搅拌油浴，将盛有试样的试管通过插座浸入预热至 140 ~142℃的油浴中。把按4中(1)及(2)制备的金属片，悬挂在每个试管的中央上方。

(3)将金属片悬挂妥当后，开动电动机并记录时间(试验开始时间是以电动机开动时算起)。当电动机开动时，悬挂在移动环上的全部金属片应同时落在加热的试样中，随即又将金属片提至空气中，使热试样薄膜定期与空气中的氧发生接触。金属片浸入试样中的次数，每分钟应为 15 ~16 次。在全部试验时间内，用温度调节器或变阻器保持油浴温度为(140 ±2)℃。

(4)试验达 50h 后，关闭电动机及电热器，自试样中取出各金属片，按4中(2)的方法用苯洗涤。将每块金属片用滤纸吸干后，精确至 0.0001g，测定其质量的变化。

注　如实验室的操作条件不允许连续进行 50h 试验时，允许作间断试验，但全部试验时间仍为 50h。在试验间断时，关闭电动机及电热器，取出金属片用苯洗涤，用滤纸吸干后，置入一干燥器中。将盛有试样的试样自油浴中取出，冷却，并用软木塞塞好。在恢复试脸时，按4中(3)、5中(2)和(3)的方法，将每块金属片挂回原试管的上方。

(5)计算金属片六面的总面积，用 m^2 表示。

6. 计算

试样的腐蚀度(g/m^2)计算：

$$试样的腐蚀度(g/m^2) = m/S$$

式中：m——试验后的金属片的质量变化，g；

S——金属表面的总面积，m^2。

四、粘度的测定

1. 原理

本方法测定的是在高温高剪切速率条件下的表观粘度。150℃试验条件下，在氮气（或二氧化碳）的压力作用下，使试样从毛细管粘度计中流出，由试样的流出时间及压力，可得到毛细管粘度计管壁表观剪切速率达到 $1.4\times10^6s^{-1}$ 时试样的表观粘度。用对各粘度计池校正曲线即可确定与所测压力相对应的油品粘度。

各个粘度计池校正的曲线是建立在一系列已知粘度的牛顿型油的压力与流速的关系得到的。

2. 仪器

（1）高温高剪切（HTHS）粘度计，包括几个可控温度体的粘度计池以及能控制测定温度、使用压力和测定试样流出时间的装置。每一个粘度计池中带有一支精密玻璃毛细管和可调节试样体积的装置。

①HTHS 粘度计的典型尺寸和规格如下：

毛细管直径：0.15mm

毛细管长度：15～18mm

温度控制：（150±0.1）℃

压力范围：350～3500kPa

压力控制：±1%

试样体积：（7±1）mL

②用于测温的温度计为可预先设定的数字式电阻温度计。

（2）医用玻璃注射器，10mL。

3. 试剂与材料

（1）牛顿型油或流体，在150℃时有确定粘度值，范围为2.0～7.0mPa·s（表3－5－2）。

表3－5－2 校准油

校准油	近似粘度/mPa·s	测试中的近似压力/kPa	校准油	近似粘度/mPa·s	测试中的近似压力/kPa
HT39	2.0	1500	HT240	5.0	3300
HT75	2.7	2000	HT390	7.0	4500
HT150	3.7	2500			

（2）非牛顿型参比试样，在150℃，10^6s^{-1} 时有确定的高温高剪切粘度。

（3）二氧化碳或者氮气瓶，带有减压阀，最大压力不低于3500kPa。

（4）清洗剂，包括甲苯或其他高芳烃溶剂，40℃运动粘度小于 $13mm^2/s$ 的润滑油基础油。

4. 取样

一个有代表性的试样应不含悬浮的固体杂质和水分，这是获得有效结果所必需的。若含有杂质，需用10μm的滤纸过滤除去。

5. 校正

（1）每个毛细管粘度计池的体积和直径都是厂商提供的，对应于管壁表观剪切速率为

$1.4\times10^{6}s^{-1}$时，流出时间 t_0 可计算得到：

$$t_0 = 4V/(1.4\times10^{6}\pi R^{3})$$

式中：V——体积，mm^3；

R——毛细管半径，mm。

当粘度计池有变动时，其体积要重新测定。

(2)使用至少四种牛顿型流体校准油（150℃，粘度范围覆盖 2～5mPa·s）确定压力和流速之间的关系。对于每一种校准油需要调节压力，使流出时间在名义流出时间的 ±20% 范围内。每个池需对每一种校准油测定三次。

粘度计算：

$$\eta = \left[C_1\cdot t\cdot P-\frac{C_2}{t}\right]\cdot\left[1+C_3\cdot\left(1-\frac{t}{t_0}\right)\right]$$

式中：η——粘度，mPa·s；

t——流出时间，s；

P——压力，kPa；

C_1,C_2,C_3——每个粘度计池的校正系数。

6. 测定步骤

(1)将粘度计置于测试温度下并恒温至少 30min。在每支粘度计顶端安置一支 10mL 医用玻璃注射器。

(2)用 4～6mL 试样淋洗除去前次残留物。打开顶端旋塞阀，通过加压使试样进入粘度计中。注入 4～6mL 试样，关闭顶端旋塞阀。打开压力阀，直到淋洗试样通过毛细管完全流出后，关闭压力阀。

注　除装入试样或调节试样的体积外，顶端旋塞阀应保持关闭状态；绝不能在顶端旋塞阀开启状态下打开压力阀。

(3)打开顶端旋塞阀，注入 9～11mL 试样，关闭顶端旋塞阀。

(4)对其余粘度计池重复步骤(2)和步骤(3)。

(5)使试样在(150±0.1)℃保持 15min。

(6)当温度恒定后，确定每个粘度计池的顶端旋塞阀处于关闭状态。按下述方法测定流出时间和压力。

①根据对粘度计池的校正结果及对试样估计的粘度，预测要达到 t_0 所需的压力。

②将计时器的时间清零。

③打开顶端旋塞阀，使多余的试样在负压下全部抽出，立即关闭旋塞阀并马上执行步骤(4)的操作。

④打开粘度计池测定开关，在运行约 10s 时记录压力读数。

⑤当计时器停止时（指示测量已经完成），关闭粘度计池测定开关并记录流出时间。在试验过程中，有时需调整计时器指示仪，确保计时与仪器的“开始”与“结束”信号一致。

⑥对其余粘度计池重复执行步骤①到步骤⑤。

⑦在测试完成后必须对粘度计池进行清洗，若用甲苯或其他高芳烃溶剂进行清洗时，粘度计池的温度不能超过100℃；若用粘度较小的润滑油基础油或变压器油进行清洗，必须过滤才能使用。

此外，为保证试验的可靠性，在完成系列测试后需用甲苯或其他高芳烃溶剂对粘度计进行清洗。

7. 计算

(1)由测定试样得到的流出时间与气体压力，使用相关的软件及校正系数通过计算机自动进行计算。

计算每个粘度计池中试样的粘度、管壁的表观剪切速率。假如管壁的表观剪切速率不在 $1.4\times10^6 s^{-1}$ 的 ±5% 内时，计算机将揭示进行下次试验的近似压力。重新调整所需压力，并在同一或不同池内做第二次测定。

(2)若只需要确定试样粘度超过某特定粘度即可，则不需要测出试样实际粘度，每个粘度计池的压力，可通过特定粘度和流出时间 t_0 计算校正得到。若所测的流出时间超过 t_0，那么试样粘度也必然超过特定粘度。

8. 备注

(1)粘度计池体积的测定。

①保持粘度计池为100℃进行清洗，向每个粘度计池中注入10mL甲苯或其他高芳烃溶剂，然后冲洗出来。重复两次，随后用异辛烷或合适的替代溶剂冲洗。

②用空气、氮气或二氧化碳吹走池内溶剂。

③选取一种参比液体(CANNON标准为HT150或相当的替代品)。把参比液体加入到各个粘度计池中，在150℃或试验所需温度下保持15min。打开旋塞阀，抽出多余的样品。关闭旋塞阀，通过气体的压力，使参比液体流出粘度计池底部的排出管。

④用一个塑料盖或小橡皮塞塞住各个金属管的下底端，使得储存在池的上部、玻璃毛细管和排出管的末端的油之间产生气阻。

⑤取一个小长颈瓶并称重，放置在每个排出管的下部，使每个长颈瓶的瓶嘴稍稍高于排出管的端部。

⑥向每个粘度计池中注满参比液体，并且保持在试验温度下15min。打开旋塞阀，抽出多余的样品。关闭旋塞阀，取走排出管上的塑料盖或塞，开启测量开关，使参比液体流出排出管。

⑦关闭测量开关。

⑧称重每个长颈瓶，减去空瓶的质量，测定试样的体积：

$$V=\frac{m}{\rho}$$

式中：V——体积，mL；

m——测得的质量，g；

ρ——液体的密度，g/cm³(参比液体的供应者提供)。

⑨按步骤④到步骤⑧重复三次。

⑩确定平均体积 V 以及每个粘度计池测得的三个体积值确定标准偏差，如果标准偏差大于0.05mL，那么重复整个步骤。

(2)公式系数的计算。

①采用表观粘度在2.5~4.0mPa·s范围内,且已知密度的粘度标准样品,按6之规定测定t_0。

调整待测试样的体积[6中(6)之③],在粘度管的出口下方放置一个预先称量的长颈小瓶,打开运行开关[6中(6)之④],收集流出液并测出流出液体的质量m。

按步骤6中(6)之④和6中(6)之⑤的方法,计算在该流出时间下流出液的体积:

$$V=\frac{1000m}{\rho}$$

式中:V——流出液的体积,mm^3;

m——流出液质量,g;

ρ——密度,g/cm^3。

②按步骤5中(1)的方法计算t_0。若未对毛细管作特别规定,则$R=0.075mm$。

③C_3是一项较小的校正因子。当流出时间超出$t_0\pm5s$时,若流体体积只发生微小变化,则用已知粘度的牛顿型流体就可确定C_3,通常,$C_3=0.075$即可。

④当流出时间在$(t_0\pm1)s$时,在不同的压力下最少用四个不同粘度的牛顿型流体测定流出时间,测得的数据按下面公式进行回归法处理。

$$\frac{\eta}{\left[1+C_3\left(1-\frac{t}{t_0}\right)\right]tP}=C_1-C_2\frac{1}{t^2P}$$

用C_1、C_2和C_3的数值和测得的P和t计算粘度,确定粘度后,以校正粘度的百分数表示的校正值计算偏差。若偏差大于1.5%,则表示数据不可靠。

五、斑点的测定

1. 仪器及材料

①框架:为二片有机玻璃或硬纸板制成二孔或九孔斑点试验框架,孔径为50mm,见图3-5-4和图3-5-5。

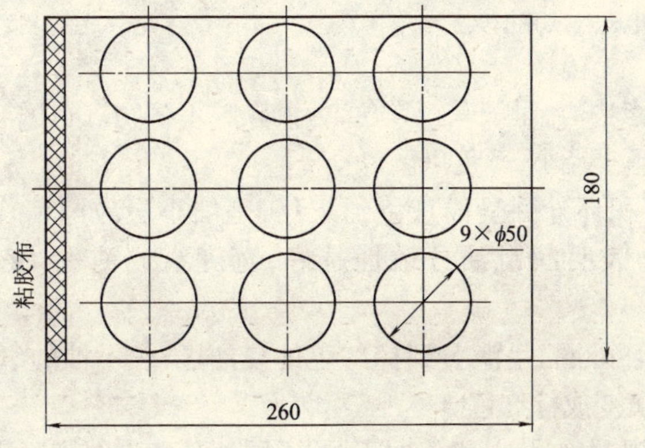

图3-5-4　九孔斑点试验框架

②滴棒：不锈钢或玻璃棒，直径 2mm，长140～200mm，尖端成锥形，离尖端 40mm 有一条刻线以控制取样量。

③滤纸：直径 9cm 规格或特制滤纸。

2. 测定步骤

(1)把滤纸夹在框架中，放在平面上，使滤纸背面不与物体接触，以免影响油滴扩散。

(2)把试样盛在不超过 3/4 容积的试样瓶中，充分摇动，使沉淀在瓶底部杂质混匀。立即用干净滴棒插入试样，液面到滴棒刻线即垂直提起。待滴棒开始间断滴油，取第 5～6 滴。滴棒顶端离滤纸面约 30mm，小心垂直滴在滤纸圆心。

(3)在室温静置 0.5～1h，即观察斑点图像。

(4)判断。目测斑点图像与图谱照片对比，分下列四级：

①一级：油斑的沉积环和扩散环之间没有明显界线，整个油斑颜色均匀，油环浅而明亮，油质良好。

②二级：油斑的沉积环色深，扩散环较宽，二环之间有明显的分界线，油环呈不同程度的黄色，油质已污染，应加强机油滤清，润滑油可继续使用。

③三级：油斑的沉积环深黑，沉积物密集，扩散环狭窄，油环颜色变深，油质已达劣化。

④四级：油斑只有中心沉积环和油环，无扩散环，沉积环乌黑，沉积环稠厚而不易干燥。

3. 图谱的说明

斑点图像分下列三个环(图 3－5－6)。

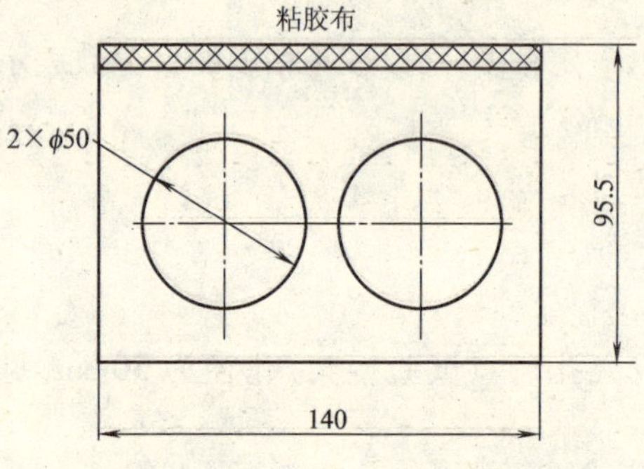

图 3－5－5　二孔斑点试验框架

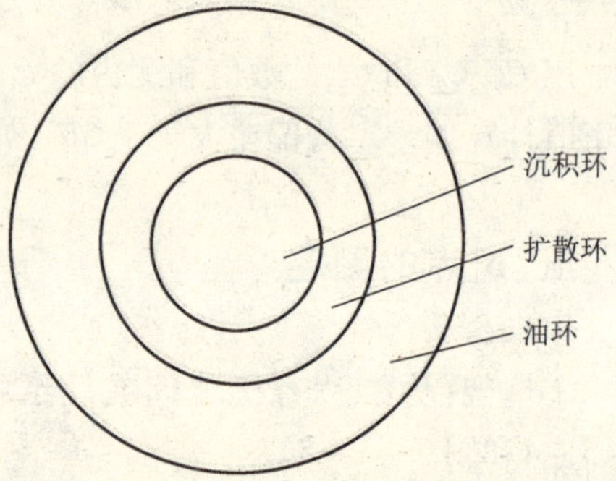

图 3－5－6　斑点图像

(1)沉积环。在斑点中心，呈淡灰至黑色，为大颗粒不溶物沉积区。润滑油接近报废时，则清净分散剂消失，沉积环直径小，颜色黑。

(2)扩散环。在沉积环外圈呈浅灰色到灰色，是细小炭粒随清净分散剂向外扩散的圆环。扩散环宽度越宽，表明润滑油分散性越好，宽度窄或消失，表明分散差或添加剂已耗尽。

(3)油环。在扩散环外圈，呈淡黄到棕红色的浸油区，表示油的氧化程度，新油的油环透明，废油的油环颜色由黄变成棕红色。

(4)备注。由于润滑油牌号、等级等的不同，不同油品斑点图谱不完全相同，结合润滑油品种和机具工况，自行摄制一组斑点图谱。

六、酸值的测定

1. 仪器

①试管：15mL，有刻度和磨砂塞。

②塑料滴瓶：经校正 40 滴相当于 1mL 的滴管，容量为 10mL。

③玻璃注射器：1mL。

2. 试剂

①碱性蓝 6B 溶液：0.05g 碱性蓝 6B 溶解于 100mL 混合液[乙醇(95%)：甲苯 = 1∶1]，在水浴中回流 30min，冷却后使用。

②氢氧化钾—乙醇标准溶液 0.0647mol/L：称取氢氧化钾（分析纯）3.7g 溶解于 100mL 水中，再用 100mL 精制乙醇稀释，混匀，静置 24h，取上层澄清溶液标定。

3. 操作步骤

①试样盛在不超过 3/4 容积的试样瓶中，充分摇动 3min 使混合均匀。

②用 15mL 试管量取碱性蓝 6B 溶液 5mL（对深色试样注入 8mL），用氢氧化钾—乙醇标准溶液 1 滴中和，使溶液颜色由蓝色变红色。

(3)用清洁干燥的 1mL 玻璃注射器准确地抽取 1mL 试样（酸值小于 0.1mgKOH/g 的试样可取 5mL），注入已中和过的碱性蓝 6B 溶液的试管中，溶液变蓝色，则有酸性，盖上塞子剧烈摇动、混匀。

(4)用滴瓶逐滴地滴入 0.0647mol/L 氢氧化钾—乙醇溶液，并不断摇动，至试管中的混合液蓝色消失，到棕色出现（在 20s 内不再变色），作为终点。

(5)达到终点，记录耗用氢氧化钾—乙醇溶液的滴数。

4. 计算

试样酸值以 mgKOH /g 的值来表示并计算：

$$\text{酸值(mgKOH/g)} = \text{氢氧化钾溶液的滴数} \times 0.1$$

取 5mL 试样的酸值计算：

$$\text{酸值(mgKOH/g)} = \text{氢氧化钾溶液的滴数} \times 0.02$$

七、总碱值的测定

1. 仪器

同酸值的测定。

2. 试剂

①百里香酚蓝溶液：称取百里香酚蓝 0.008g，溶解于混合液[乙醇(95%)：正丁醇：水，容量比为 60∶30∶10]100mL，然后用 0.05mol/L 氢氧化钾—乙醇溶液中和，使溶液由橙红变黄色。

②盐酸异丙醇（或乙醇）0.0647mol/L 标准溶液：取 5.7mL 盐酸，用异丙醇（或乙醇）稀释到 1000mL，混匀，按规定进行标定。

③溶剂：120#溶剂油。

3. 操作步骤

(1)将盛试样不超过3/4容积的试样瓶摇动3min,混匀。

(2)用清洁干燥的1mL注射器,准确抽取试样1mL,移入15mL具塞试管。

(3)在试管中加120#溶剂油5mL,百里香酚蓝溶液3mL,把试样1mL注入试管,盖上磨砂塞,剧烈摇动1min。

(4)用滴瓶向试管逐滴地滴入0.0647mol/L盐酸标准溶液,剧烈摇动试管,静置待分层,观察试管下层液体的颜色,由橙黄色滴定至橙红色为终点。

(5)测定深色废润滑油时,摇动后不易分离,可将试管浸入70~80℃的水浴中(250mL烧杯),静置2~3min待分层后试管在水浴中对光观察下层溶液的颜色,直至呈现出橙红色为终点。

(6)达终点时记录盐酸标准溶液所消耗的滴数。

(7)试样总碱值大于10mgKOH/g,则盐酸标准溶液的配制浓度增加一倍,以适应高值试样测定。

4.计算

试样总碱值以mgKOH/g的数值表示,计算:

$$总碱值(mgKOH/g)=盐酸标准溶液耗用滴数\times 0.1$$

第七节 常用有机物的分析

一、酒精

(一)外观

用50mL比色管直接取试样50.0mL,在亮光下观察,应透明,无肉眼可见杂质。

(二)色度

1.原理

以500#色标溶液为准,用目视法观测比较试样的颜色,找出与系列色标中相近的色标号,即为样品的色度。

2.试剂和溶液

①盐酸:密度为1.19 g/mL。

②500#色标溶液:准确称取1.000g氯化钴($CoCl_2 \cdot 6H_2O$)1.2455g,氯铂酸钾(K_2PtCl_6),加入100mL盐酸和适量水溶解,用水稀释至1000mL,摇匀。

③稀铂—钴色标溶液的配制:按下式计算并吸取500#色标溶液的体积,用水稀释至100mL即得所需的n号稀铂—钴色标溶液。

$$V=V_n\times n$$

式中:V——配制100mL n号稀铂—钴色标溶液时,所需500#色标溶液的体积,mL;

V_n——拟配制100mL n号稀铂—钴色标溶液的体积,mL;

n——拟配制的稀铂—钴色标溶液的号数与500#色标溶液号数的比值。

3.测定步骤

用50mL比色管直接取试样50.0mL,与同体积的铂—钴色标系列标准溶液进行目视比色。

(三)气味

用磨口量筒取试样 10mL,加水 15mL,盖塞,混匀。倒入 50mL 小烧杯中,用鼻子嗅闻,判定其气味是否合格。

(四)乙醇浓度(酒精度)

1. 原理

根据乙醇浓度与密度呈一定反比关系,利用酒精计(表)进行测定。

2. 仪器

酒精计 90% ~100%(φ),分度值为 0.1%(φ)。同时备有温度计,分度值为 0.2℃。

3. 测定步骤

将试样注入洁净、干燥的量筒中,在室温下静置几分钟,放入洗净、擦干的酒精计,同时插入温度计,平衡 5min,水平观测酒精计,读取酒精计与液体弯月面相切处的刻度示值,同时记录温度。根据测得的酒精计示值和温度,查表 3 -5 -3 校正成 20℃时的乙醇浓度(酒精度)。所得结果表示至一位小数。

表 3 -5 -3　酒精示值换算成 20℃时的乙醇浓度(酒精度)

酒精度 / 溶液温度	酒精计示值							
	91	92	93	94	95	96	97	98
	20℃时以体积分数表示的乙醇浓度/%							
5	94.5	95.4	96.3	97.1	98.0	98.9	99.7	—
6	94.3	95.2	96.1	97.0	97.8	98.7	99.5	—
7	94.1	95.0	95.9	96.8	97.6	98.5	99.4	—
8	93.9	94.8	95.7	96.6	97.5	98.3	99.2	—
9	93.6	94.5	95.5	96.4	97.3	98.2	99.0	99.9
10	93.4	94.3	95.2	96.2	97.1	98.0	98.9	99.7
11	93.2	94.1	95.0	96.0	96.9	97.8	98.7	99.6
12	92.9	93.9	94.8	95.7	96.7	97.6	98.5	99.4
13	92.7	93.6	94.6	95.5	96.5	97.4	98.3	99.2
14	92.5	93.4	94.4	95.3	96.3	97.2	98.1	99.1
15	92.2	93.2	94.2	95.1	96.1	97.0	98.0	98.9
16	92.0	93.0	93.9	94.9	95.9	96.8	97.8	98.7
17	91.7	92.7	93.7	94.7	95.6	96.6	97.6	98.6
18	91.5	92.5	93.5	94.4	95.4	96.4	97.4	98.4
19	91.2	92.2	93.2	94.2	95.2	96.2	97.2	98.2
20	91.0	92.0	93.0	94.0	95.0	96.0	97.0	98.0
21	90.7	91.8	92.8	93.8	94.8	95.8	96.8	97.8
22	90.5	91.5	92.5	93.5	94.6	95.6	96.6	97.6

续表

酒精度 \ 溶液温度	酒精计示值							
	91	92	93	94	95	96	97	98
	20℃时以体积分数表示的乙醇浓度/%							
23	90.2	91.3	92.3	93.3	94.3	95.4	96.4	97.4
24	90.0	91.0	92.0	93.1	94.1	95.1	96.2	97.2
25	89.7	90.7	91.8	92.8	93.9	94.9	96.0	97.0
26	89.4	90.5	91.5	92.6	93.6	94.7	95.8	96.8
27	89.2	90.2	91.3	92.3	93.4	94.5	95.5	96.6
28	88.9	90.0	91.0	92.1	93.1	94.2	95.3	96.4
29	88.6	89.7	90.8	91.8	92.8	94.0	95.1	96.2
30	88.4	89.4	90.5	91.6	92.7	93.8	94.8	96.0
31	88.1	89.1	90.2	91.4	92.5	93.6	94.6	95.8
32'	87.9	88.9	90.0	91.1	92.2	93.4	94.4	95.5

(五)氧化试验

1.原理

高锰酸钾为强氧化剂,在一定条件下试样中可以还原高锰酸钾的物质,与高锰酸钾反应使溶液中的高锰酸钾颜色消退。加入一定浓度和体积的高锰酸钾标准溶液,在(15 ±0.1)℃下反应,与标准比较。

确定样品颜色达到色标时为其终点(记录时间),即为氧化时间。氧化时间的长短,可衡量酒精中含还原性物质的多少。

2.试剂和溶液

高锰酸钾标准溶液:$c\left(\frac{1}{5}KMnO_4\right)=0.1mol/L$。

高锰酸钾标准使用溶液:$c\left(\frac{1}{5}KMnO_4\right)=0.005mol/L$;使用时将0.1mol/L高锰酸钾标准溶液准确稀释20倍。此溶液须现用现配。

三氯化铁—氯化钴色标溶液的制备:

(1)三氯化铁溶液 $c(FeCl_3)=0.0450g/mL$。

①配制:称取4.7g三氯化铁,用1:40盐酸溶液溶解,并定容成100mL。用 G_4 砂芯漏斗过滤,收集滤液,贮于冰箱中备用。

②标定:吸取三氯化铁滤液10.00mL于250mL碘量瓶中,加水50 mL,密度为1.19g/mL的盐酸3mL及碘化钾3g,摇匀,置于暗处30min。加水50mL,用0.1mol/L硫代硫酸钠标准溶液滴定,近终点时,加10g/L淀粉指示液1mL,继续滴定至蓝色刚好消失为其终点。

计算三氯化铁的含量:

$$x=(V_1-V_2)\times c\times 0.2703/10$$

式中：x ——1mL 三氯化铁溶液中含有三氯化铁的质量，g/mL；

V_1——样液消耗硫代硫酸钠标准溶液的体积，mL；

V_2——空白试验消耗硫代硫酸钠标准榕液的体积，mL；

c ——硫代硫酸钠标准溶液的浓度，mol/L；

0.2703——与 1.00mL 硫代硫酸钠标准溶液[$c(Na_2S_2O_3)$ = 1.000mol/L]相当的以克表示的三氯化铁的质量，g/mmol；

10——取样体积，mL。

③用 1∶40 盐酸溶液稀释至每毫升溶液中含三氯化铁 0.0450g。

(2)氯化钴溶液 $c(CoCl_2)$ = 0.0500g/mL。称取氯化钴（$CoCl_2 \cdot 6H_2O$）5.000g，精确至 0.0001g，用 1∶40 盐酸溶液溶解，并定容至 100mL。

(3)色标的配制。吸取三氯化铁溶液 0.50mL 及氯化钴溶液 1.60mL 于 50mL 比色管中，用 1∶40 盐酸溶液稀释至刻度。

3. 仪器与设备

①50 mL 磨口比色管。

②高精度恒温水浴：(15 ±0.1)℃。

③秒表：1s。

4. 测定步骤

用 50mL 磨口比色管取试样 50.0mL，置于(15 ±0.1)℃水浴中平衡 10min，然后用快速吸管加 1.00mL 0.005 mol/L 高锰酸钾标准使用溶液，立即加塞颠倒摇匀并计时，重新快速置于水浴中，与色标比较，直至试样颜色与色标一致，即为终点，记录时间。

计算到达终点的时间，精确到分钟(min)。

5. 结果的允许差

两次测定值之差，若氧化时间在 30min 以上(含 30min)，不得超过 1.5min；若氧化时间在 30min 以下、10min 以上(含 10min)，不得超过 1.0min；若氧化时间在 10min 以下，不得超过 0.5min。所需时间越长，表明酒精质量越好。

(六)酸值测定

1. 原理

利用酸碱中和滴定。

2. 试剂和溶液

①酚酞指示液：1% 乙醇溶液。

②无二氧化碳的水。

③氢氧化钠标准溶液[$c(NaOH)$ = 0.1mol/L]。

④氢氧化钠标准使用溶液[$c(NaOH)$ = 0.02mol/L]：使用时将 0.1mol/L 氢氧化钠标准溶液以无二氧化碳的水准确稀释 5 倍。

3. 测定步骤

取试样 50mL 于 250mL 锥形瓶中，先置于沸腾的水浴中保持 2min，取出。立即塞以钠石灰管用水冷却。再加无二氧化碳的水 50mL、酚酞指示液 2 滴，以 0.02mol/L 氢氧化钠标准溶液滴定至呈微红色，30s 内不消失即为终点。

4. 计算

$$x=\frac{V \times c \times 0.060}{50}$$

式中：x——试样的含酸量（以乙酸计），g/mL；

V——滴定试样时消耗氢氧化钠标准使用溶液的体积，mL；

c——氢氧化钠标准使用溶液的浓度，mol/L；

0.060——与1.00mL氢氧化钠标准溶液[c(NaOH)＝1.000mol/L]相当的以克表示的乙酸的质量，g/mmol；

50——取样体积，mL。

二、甘油

（一）外观、色度、气味的测定

参见本节一酒精。

（二）酸度或碱度的测定

1. 原理

以酚酞作指示剂，用盐酸或氢氧化钠标准溶液滴定。

2. 试剂

①蒸馏水：无二氧化碳。

②氢氧化钠标准溶液：c(NaOH)＝0.01mol/L。

③盐酸标准溶液：c(HCl)＝0.01mol/L。

④酚酞：10g/L溶液。溶解1g酚酞于95%（φ）乙醇中，配成100mL溶液，滴加约0.01mol/L氢氧化钠溶液至刚出现粉红色。

3. 测定步骤

称取约30g试样（精确至0.001g）至250 mL锥形瓶中。用10mL蒸馏水稀释试验样品，加3滴酚酞指示剂，摇匀。根据溶液呈现的颜色，无色时，用氢氧化钠标准溶液滴定酸度，至刚好出现持久的粉红色；呈红色时，用盐酸标准溶液滴定碱度，至红色刚褪。

4. 计算

甘油的酸度或碱度（x），以毫摩尔每100g（mmol/100g）表示，计算公式如下：

$$x=(c \times V/m) \times 100$$

式中：V——用于滴定的盐酸或氢氧化钠标准溶液或的体积，mL；

c——用于滴定的标准溶液或的浓度，mol/L；

m——试验样品的质量，g。

（三）皂化当量的测定

1. 原理

用过量的碱中和皂化甘油中的酸和酯，再用标准酸溶液滴定过剩的碱。

2. 试剂

①氢氧化钠：$c(NaOH)=0.2$ mol/L 标准溶液。

②硫酸：$c\left(\frac{1}{2}H_2SO_4\right)=0.2$ mol/L 标准溶液。

③酚酞：10 g/L 乙醇（95%）溶液。

3. 测定步骤

称取约 100g（精确至 0.1g）混合均匀的甘油样品于烧瓶中，加入 100mL 不含二氧化碳的热水和 1mL 酚酞指示剂，如果溶液显碱性，先用 0.2mol/L 硫酸$\left(\frac{1}{2}H_2SO_4\right)$标准溶液调节至刚好中性，再用滴定管加入 20mL 0.2mol/L 氢氧化钠标准溶液。将烧瓶与冷凝管连接，加热至沸腾并保持 5min。稍微冷却，用少量的水冲洗冷凝管。拆下烧瓶，用带有碱石灰管的瓶塞密封并冷却。由滴定管用硫酸标准溶液滴定。同时用 140mL 水代替试样做空白试验。

4. 计算

甘油的皂化当量（x），以毫摩尔每 100g（mmol/100g）表示，按下式计算：

$$x=\left[\frac{(V_0-V_1)\times c}{m}\right]\times 100$$

式中：V_0——空白试验所耗用的硫酸标准溶液的体积，mL；

V_1——滴定试样溶液所耗用硫酸标准溶液的体积，mL；

m——试验份的质量，g；

c——所用硫酸标准溶液的浓度，mol/L。

（四）含量的测定

1. 原理

在强酸介质中，甘油被过碘酸钠冷氧化，反应产生的甲酸以 pH 计指示，用氢氧化钠标准溶液滴定。反应式为：

$$CH_2OH—CHOH—CH_2OH+2NaIO_4\longrightarrow HCOOH+2HCHO+2NaIO_3+H_2O$$

2. 试剂

①蒸馏水：不含二氧化碳。

②乙二醇稀释溶液：1 体积不含甘油的乙二醇，用 1 体积水稀释。用酚酞作指示剂中和过。

③硫酸：$c\left(\frac{1}{2}H_2SO_4\right)=0.1$mol/L。

④甲酸钠：$c(NaCHO_2)=1$mol/L 溶液。

⑤高碘酸钠（$NaIO_4$）：60g/L 酸性溶液。

a. 酸性溶液的制备：称取 60g（精确至 0.1g）高碘酸钠，溶于已加入 120mL 0.1mol/L 硫酸溶液的约 500mL 水中，边加入边冷却，转移到 1000mL 容量瓶中，用水稀释至刻度并混匀。如有必要，通过玻璃过滤器过滤。

b. 溶液的酸度校核：空白试验所用 0.125mol/L 氢氧化钠溶液的体积，应不少于 4.5mL。

c. 溶液的贮存：溶液贮存在有磨口玻璃塞的棕色玻璃瓶中。

⑥氢氧化钠：$c(NaOH)=0.05mol/L$ 溶液。

⑦氢氧化钠：$c(NaOH)=0.125mol/L$ 标准溶液，无二氧化碳。

⑧酚酞指示剂：0.5%乙醇溶液。溶解0.5g酚酞于95%（φ）的乙醇中，并稀释至100mL。

3.测定步骤

二氧化碳的存在能引起误差，放置时最好用表面皿盖住含有试液的容器。还应避免同时进行会增加实验室空气中二氧化碳含量的操作。

（1）试验样品。称取含甘油的量不大于0.50g的试验样品，精确至0.0001g。如果不知甘油的大致含量，应称取0.50g样品预测。如果甘油含量大于75%，最好称取（5±0.1）g样品，精确至0.0001g，置于500mL容量瓶中，用水稀释至刻度，混匀后取50.0 mL，此溶液用于测定。

（2）试验溶液的制备。

对碱性样品或样品酸化出现焦油沉淀物时，可将试验样品放入配有回流冷凝器的烧瓶中，需要时稀释到50mL，加2滴酚酞溶液，用硫酸溶液中和至刚好褪色。再加5mL过量的同样酸，煮沸5min，冷却。必要时过滤，并用水洗涤滤器，将溶液定量地转入600mL烧杯中。

无上述情况时，将试验样品直接放入600mL烧杯中。

（3）滴定。用水稀释试验溶液至体积约为250mL。在不断搅拌下，用pH计指示，加入氢氧化钠溶液，调节pH值至（7.9±0.1），加50.0mL高碘酸钠溶液，缓和搅匀。盖上表面皿，在温度不超过35℃的暗处放置30min。然后加10mL乙二醇，混合，在同样条件下再放置20min。加5.0mL甲酸钠溶液，用pH计指示，以0.125mol/L氢氧化钠标准溶液滴定存在的酸度至pH=7.9±0.2。

（4）空白试验。在测定的同时，在同样条件下，用相同量试剂和稀释水，用50mL水代替样品做空白试验。但加入过碘酸钠溶液之前，空白溶液应调节至pH=6.5，加入过碘酸钠溶液之后，滴定终点至pH=6.5。

4.计算

甘油含量，用质量分数表示，计算：

$$甘油含量=\frac{(V_1-V_2)\times c\times 0.0921}{m}\times 100\%$$

式中：V——测定样品所耗用氢氧化钠标准溶液的体积，mL；

V_1——空白试验所耗用氢氧化钠标准溶液的体积，mL；

m——试验样品的质量（考虑中间稀释），g；

c——所用氢氧化钠标准溶液的准确浓度，mol/L；

0.0921——1mmol甘油的质量，g/mmol。

三、乙醚

（一）酸度测定

1.试剂

①溴百里香酚蓝指示剂：0.1%乙醇溶液。

②氢氧化钠标准溶液：$c(NaOH)=0.02mol/L$。

2. 测定步骤

取100mL新经煮沸并冷却的水，置于250mL碘量瓶中，加入5滴溴百里酚蓝指示剂，用$c=0.02mol/L(NaOH)$氢氧化钠标准溶液滴定到浅蓝色30s不褪为止，此时所消耗的氢氧化钠溶液体积可不需记录。准确加入50mL样品，摇动碘瓶，使两液层混合后，立即用$c=0.02mol/L$氢氧化钠标准溶液滴定到浅蓝色20s不褪为止，记录此时用量V(mL)。

3. 计算

$$\text{酸度(以}CH_3COOH\text{计,mg/100mL)}=(c\times V\times 0.06\times 1000/50)\times 100$$

(二)过氧化物试验

1. 试剂

10%碘化钾溶液：必须用时配制。

2. 测定步骤

量取10mL样品，置于60mL比色管中，加入1mL 10%碘化钾溶液，振摇混合后放置1min，在白色背景下观察溶液不得呈现颜色。

(三)含量测定

1. 原理

用气相色谱法测定，杂质含量采用定量进样工作曲线法，乙醇含量采用差减法求得。

2. 仪器与试剂

气相色谱仪：色谱柱，柱长3m，内径3mm；固定相，408有机载体(60~80目)，于120℃活化3h后再于180℃活化3h；载气：氢气，流速25mL/min；柱温度，110℃；汽化温度，2档，约250℃；桥流，200mA；纸速，300min/h；进样量，2μL；衰减，1/1。

3. 定性方法

乙醇中的杂质采用纯物质追加法定性，如图3-5-7所示。

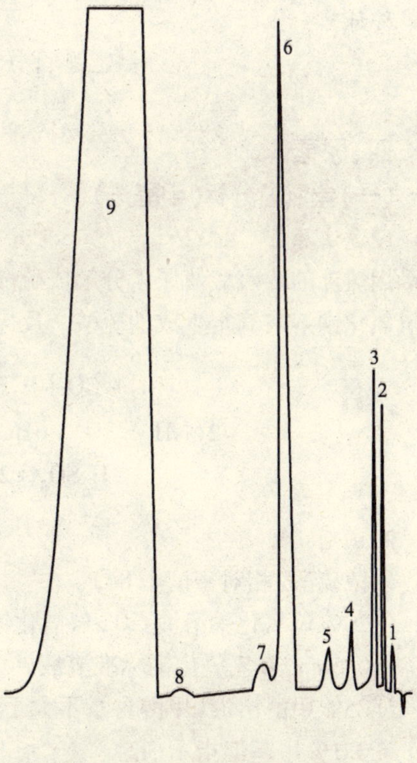

图3-5-7 定性示意图

1—空气 2—乙烯 3—水 4—甲醇 5—乙醛 6—乙醇 7—未知物 8—丙酮 9—乙醚

4. 测定步骤

(1)绘制水的工作曲线。用无水乙醇做稀释剂，配制0.1%~0.5%不同含量的水标准样，各取2μL标样，依次注入色谱柱，根据水含量及峰高绘制工作曲线，同时做无水乙醇的空白试验。

(2)绘制甲醇、乙醇的工作曲线。用无水乙醇做稀释剂，分别配制0.05%~0.2%甲醇、0.05%~0.3%乙醛标准样，在操作条件下，各取2μL标样，依次注入色谱柱，根据甲醇、乙醛含量和峰面积绘制工作曲线。

(3)绘制乙醇的工作曲线。用水做稀释剂配制0.5%～5%不同含量的乙醇标准样，在操作条件下，各取2μL标样，依次注入色谱柱，根据乙醇含量和峰面积绘制工作曲线。未知峰借用乙醇工作曲线定量。乙烯含量极少，忽略不计。

(4)杂质含量的测定。在操作条件下(和制工作曲线时一样)，取2μL样品，注入色谱柱(要求无气泡)，量出各杂质峰峰高、峰面积(乙烯除外)，由工作曲线上查得各组分含量后加以校正。

校正公式：

$$W_x = \frac{W_s \times V_s \times D_s}{V_x \times D_x}$$

式中：W_x——乙醚中某杂质的百分含量，%；

W_s——乙醚中某杂质的峰高或峰面积，在工作曲线上所对应的百分含量，%；

V_s——样品进样体积，μL；

D_s——样品密度，g/L；

V_x——制作工作曲线时标样的进样体积，μL；

D_x——制作工作曲线时稀释剂的密度，g/L。

(5)杂质总含量。杂质总含量＝含水量＋甲醇含量＋乙醛含量＋未知物含量＋乙醇含量

5.计算

$$乙醚百分含量 = 100\% - 杂质总含量$$

四、尿素

(一)含氮量分析(甲醛法)

1.方法原理

用热沸的浓硫酸使尿素分解成硫酸铵，然后用甲醛与硫酸铵作用，生成等量的硫酸，再用标准氢氧化钠溶液滴定生成的硫酸。反应式如下：

$$(NH_2)_2CO + H_2SO_4 + H_2O \longrightarrow (NH_4)_2SO_4 + CO_2\uparrow$$

$$2(NH_4)_2SO_4 + 6HCHO \longrightarrow (CH_2)_6N_4 + 2H_2SO_4 + 6H_2O$$

$$H_2SO_4 + 2NaOH \longrightarrow Na_2SO_4 + 2H_2O$$

2.试剂

①浓硫酸(相对密度1.84)。

②20%氢氧化钠溶液：20g氢氧化钠溶于80mL水中。

③0.5mol/L氢氧化钠标准溶液。

④25%甲醛溶液(甲醇含量不大于1%)：加酚酞指示剂用碱中和至微红色。

⑤0.1%甲基红指示剂。

⑥酚酞指示剂：1%乙醇溶液。

3.操作步骤

称取试品0.3～0.5g(精确至0.0001g)尿素试样于干燥的锥形瓶中，沿瓶壁加入3mL浓硫

酸，在电炉上加热至大量冒白烟腾空时取下冷却，用少量水沿瓶壁冲洗。加1～2滴甲基红指示剂。逐滴滴入6mol/L NaOH溶液至淡红色，然后小心地加入0.5mol/L NaOH溶液中和至橙色。加入15mL 25%甲醛溶液和4～6滴酚酞指示剂，摇匀后放置1～2min，用0.5mol/L NaOH溶液滴至出现微红色，且在1min内不完全消失时为终点。

计算：

$$含氮(N)总量 = \frac{c \times V \times 0.01401}{m \times (1-P)} \times 100\%$$

式中：c——氢氧化钠标准溶液的浓度，mol/L；

V——氢氧化钠标准溶液的体积，mL；

0.01401——1mmol氮的质量，g/mmol；

m——试样的质量，g；

P——含水率。

4. 注意事项

(1)甲醛中的甲醇可用蒸馏法除去。将甲醛放入蒸馏烧瓶中加热蒸馏出1/2体积，将剩余的溶液加水稀释。若出现聚甲醛，可加热使其溶解。然后测定密度和甲醛含量，稀释成25%甲醛溶液。

(2)浓硫酸量要加够。加热时不得把硫酸蒸干，以免硫酸铵分解。如果中和时出现黄色，应迅速加入硫酸，以免氨逸出。

(3)滴定时保持溶液温度不低于20℃。

(二)含水率分析

参见GB/T 2444—91。

五、硫脲

1. 原理

硫脲在氨水溶液中与硝酸银反应生成硫化银沉淀：

$$NH_2CSNH_2 + 2AgNO_3 + 2NH_3 \cdot H_2O \longrightarrow Ag_2S\downarrow + 2NH_4NO_3 + NCNH_2 + 2H_2O$$

过量的硝酸银，用硫氰酸铵标准溶液滴定，以铁钒铵作指示剂。

$$AgNO_3 + NH_4CNS \longrightarrow AgCNS\downarrow + NH_4NO_3$$

$$Fe^{3+} + 3CNS^- \longrightarrow Fe(CNS)_3$$

2. 试剂

①稀氨水：取375mL浓氨水，用水稀释至1000mL。

②硝酸：1:9。

③铁钒铵指示剂：取12g铁钒铵，溶解于50mL水中，加6mL稀硝酸，用水稀释至100mL。

④硝酸银溶液：$c(AgNO_3) = 0.1$mol/L。

⑤硫氰酸铵标准溶液：$c(NH_4SCN) = 0.1$mol/L。

3. 测定步骤

称取试样 1g，精确至 0.0001g，置于小烧杯中加水溶解后，移入 250mL 容量瓶中，用水稀释至刻度吸取 20mL，置于 250mL 碘量瓶中加入 25mL 硝酸银溶液 $c(AgNO_3)=0.1mol/L$，再加入 10mL 稀氨水，剧烈振摇 2min，然后加热至沸。冷却后，加入 60mL 稀硝酸，用硫氰酸铵标准溶液滴定，加几滴铁钒铵指示剂，至颜色突变为终点。同时做空白试验。

4. 计算

$$硫脲(NH_2CSNH_2)含量=\frac{(V_0-V)\times c\times 0.0381}{(m\times 20)/250}\times 100\%$$

式中：V_0——滴定空白所耗硫氰酸铵(NH_4SCN)标准溶液的体积，mL；

V——滴定试样所耗硫氰酸铵(NH_4SCN)标准溶液的体积，mL；

c——硫氰酸铵(NH_4SCN)标准溶液的浓度，mol/L；

m——试样的质量，g；

0.0381——1mmol 硫脲$\left(\frac{1}{2}NH_2CSNH_2\right)$的质量，g/mmol。

5. 备注

(1)在加热煮沸时，注意防止溶液外溅。

(2)经煮沸、沉淀、冷却并加入稀硝酸后，必要时可用滤纸滤去沉淀，用水洗涤沉淀。过滤用滤纸宜先用水洗净可能存在的氯离子，以免影响结果。滴定时的硝酸浓度应保持在 1% ~ 10%(按浓硝酸的体积计)。

(3)所用稀硝酸不能含有亚硝酸，以免亚硝酸与硫氰酸反应产生红色，被误认为硫氰酸铵的终点。因此，所配制的稀硝酸必要时应煮沸至无色后使用。

(4)滴定时的温度过高时，指示剂易褪色，因此滴定时的温度不宜超过 25℃。

六、溶解盐 B

1. 原理

溶解盐 B 的水溶液能与盐酸反应生成不溶于水的苄胺基苯磺酸。反应式如下：

$$C_6H_5CH_2\cdot NH\cdot C_6H_4SO_3Na+HCl\longrightarrow C_6H_5CH_2\cdot NH\cdot C_6H_4SO_3H\downarrow+NaCl$$

2. 测定步骤

称取试品约 10g，精确至 0.001g，溶于 60mL 蒸馏水中(注意蒸馏水的体积一定要准确，否则会影响分析的准确性)，慢慢加入 5mL 浓盐酸，搅拌 1h，静置 2h 后用滤纸过滤(事先称好滤纸质量)。在滤水滤到 50mL 时加以挤压，将滤渣移置 100℃烘箱内干燥 4h，然后移至干燥器内冷却后称重。

3. 计算

1g 苄胺基苯磺酸 = 1.0836g 苄胺基苯磺酸钠(溶解盐 B)

溶解盐 B = [(滤纸及滤渣干燥质量 - 滤纸质量) × 1.0836/试样质量] × 100%

七、石蜡

(一)熔点(冷却曲线)的测定

1. 应用仪器

①试管:用钠—钙玻璃制作,外径 25mm,壁厚 2～3mm,长 100mm,管底为半球形。在距试管底 50mm 高处刻一环状装样线,在距试管底 10mm 处刻一温度计定位线。

②空气浴:内径 51mm,深 113mm 的圆筒。

③水浴:内径 130mm,深 150mm,空气浴置于水浴中,要求空气浴周围与水浴壁以及底部保持 38mm 水层,水浴测温孔要使温度计离水浴壁 20mm。

④熔点温度计:半浸棒式,温度范围 38～82℃,分度 0.1℃。

⑤水浴温度计:半浸入式,要求使用范围内能准确到 1℃。

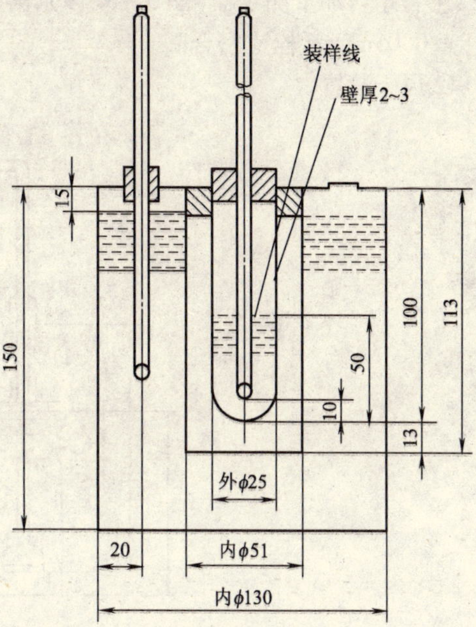

图 3－5－8　石蜡熔点测定器

将温度计、试管、空气浴、水浴按图 3－5－8 安装。试管配一合适的软木塞,中间开孔固定熔点温度计,温度计插入试管,79mm 浸没段要插在软木塞下面,底距管度 10mm。在水浴中加入16～28℃水,水面与顶部距离小于 15mm,在整个试验过程中,水温保持在 16～28℃。

2. 测定步骤

将样品放入洁净的烧杯中,在烘箱或水浴中加热到估计熔点 8℃以上,或加热到样品熔化后再升高 10℃,或加热到 90～93℃。不可用明火或电热板直接加热样品,将熔化的样品装到预热的试管中,加到 50mm 刻线处,插入带温度计的软木塞,使温度计底部低到 10mm 刻线。在保证蜡温比估计熔点至少高 8℃的情况下,将试管垂直装在空气浴中,每隔 15s 记录一次温度,估计到 0.05℃,当第一次出现五个连续数之间相差都不超过 0.1℃时,即样品冷却曲线上出现平稳段,为停滞期,此时可停止试验。

如无上述情况出现,可继续读数到 38℃或低于凝固点 8℃,即可停止试验,并判断本方法不适用于该样品。

3. 计算

计算第一次温度计连续之间都相差不超过 0.1℃的五个数的平均值。按数值修约规则修约至 0.05℃。

(二)含油量测定(体积)

1. 原理

在样品中加入定量的丙酮与苯的混合溶剂,加热熔化后在不断搅拌下急速冷却。蜡成糊状物析出,油则被混合溶剂抽提后分离出来。从一定量滤液中蒸发去溶剂后所得的油质量即可计算得含油量。

2. 仪器

①石蜡含油量测定器(图3-5-9),溶剂量管,0～56mL,43～56mL间分度为0.1mL,允许误差±0.05mL,活栓应密合。

②风干装置。

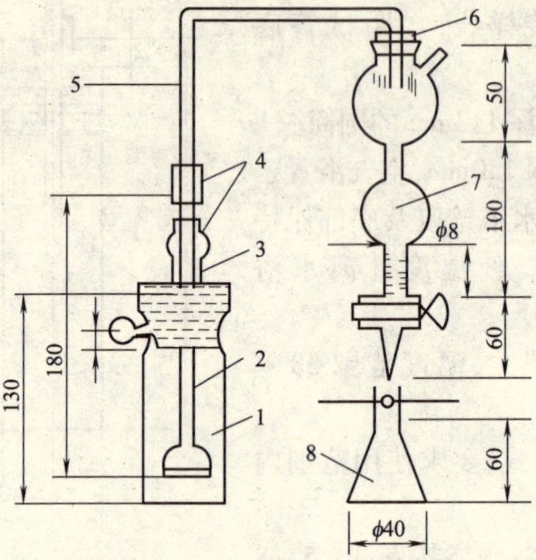

图3-5-9　石蜡含油量测定器

1—油分试管(带标准磨口)　2～4—微孔玻璃漏斗　3—磨口盖　4—透明液管　5—玻璃管
6—木塞　7—刻度量筒(容量为0～12.5mL,12.0～12.5mL间刻度最小分度为0.1mL,允许误差±0.05mL,校正刻度时按量出法,活栓应密合)　8—锥形瓶(25～30mL)

3. 应用试剂

①丙酮—苯混合溶剂:按体积将4份丙酮和1份苯配成。

②冷却剂:工业乙醇或甲醇加固体二氧化碳(干冰)。

4. 测定步骤

将样品加热熔化(防止局部过热),如样品均匀时也可取固体样。称取(4±0.5)g样品(精确至0.01g),置于洁净干燥的油分试管内,用溶剂量管加入按表3-5-4查得的溶剂加入量,在试管上装上回流冷凝管置于70℃左右水浴中回流溶解样品到全部溶解。将试管连同冷凝管移出水浴,冷却到没有回流,将试管在冷水流下冷却并不断搅拌使溶液变成糊状物,要避免管壁形成蜡块,影响测定结果。将试管移入冷浴,冷浴温度比下述过滤温度低(5±2)℃,熔点高于50℃的样品过滤温度为(-20±0.5)℃;熔点低于50℃的样品过滤温度为(-32±0.5)℃。不断搅拌使其成糊状。

表3-5-4　样品质量与溶剂加入量的关系

样品质量/g	溶剂加入量/mL			样品质量/g	溶剂加入量/mL		
	15℃以下	15～25℃	25℃以上		15℃以下	15～25℃	25℃以上
3.50	42.70	43.40	44.10	4.02	49.15	49.85	50.55

续表

样品质量/g	溶剂加入量/mL			样品质量/g	溶剂加入量/mL		
	15℃以下	15～25℃	25℃以上		15℃以下	15～25℃	25℃以上
3.52	42.95	43.65	44.35	4.04	49.49	50.10	50.80
3.54	43.20	43.90	44.60	4.06	49.64	50.34	51.04
3.56	43.44	44.14	44.81	4.08	49.89	50.59	51.29
3.58	43.64	44.30	45.09	4.10	50.14	50.84	51.54
3.60	43.04	44.64	45.34	4.12	50.39	51.09	51.79
3.62	44.19	44.89	45.59	4.14	50.64	51.34	52.04
3.64	44.44	45.14	45.84	4.16	50.88	51.58	52.28
3.66	44.68	45.38	46.08	4.18	51.13	51.83	52.53
3.68	44.93	45.63	46.32	4.20	51.38	52.08	52.78
3.70	45.18	45.88	46.68	4.22	51.83	52.33	53.03
3.72	46.43	46.13	46.83	4.24	51.88	52.58	63.28
3.74	45.68	46.38	47.08	4.26	52.12	52.82	53.52
3.76	45.92	46.62	47.32	4.28	52.37	53.07	53.77
3.78	46.17	46.87	47.87	4.30	52.62	53.32	54.02
3.80	46.47	47.12	47.82	4.32	52.87	53.57	54.27
3.82	46.67	47.37	48.07	4.34	53.12	53.82	54.52
3.84	46.92	47.62	48.32	4.36	53.36	54.00	54.76
3.86	47.16	47.86	48.56	4.38	53.61	54.31	55.01
3.88	47.41	48.11	48.81	4.40	53.86	54.56	55.26
3.90	47.66	48.36	49.06	4.42	54.11	54.81	55.51
3.92	47.91	48.61	49.31	4.44	54.36	55.06	55.76
3.94	48.16	48.86	49.56	4.46	54.60	55.30	56.00
3.96	48.40	49.10	49.80	4.48	54.85	55.55	56.25
4.00	48.90	49.60	50.30	4.50	55.10	55.80	56.50

注　制表方法：室温（20±5）℃时，溶剂加入量按样品（g）：溶剂（mL）=1∶12.4。

计算：20℃以上时溶剂加入量加上0.7mL；在15℃以下时，溶剂加入量减去0.7mL。

糊状物冷到过滤温度，此时冷浴温度逐渐上升接近过滤温度，根据具体情况调节冷浴温度，使管内过滤温度能保持1min。将预冷到过滤温度的4#微孔玻璃漏斗放入试管，连结好石蜡含油量测定器各部分，将压滤或吸滤的滤液收集到刻度量管中，测定滤液温度。按表3-5-5取滤液体积。

表 3-5-5 湿度与滤液体积的关系

温度/℃	-4	2	8	14	20	25
体积/mL	12.0	12.1	12.2	12.3	12.4	12.5

将量取的滤液放入已恒重的锥形瓶中，加热蒸去溶剂，将锥形瓶置于(40±5)℃的风干装置中，风管口与锥形瓶底相距(10±5)mm，往锥形瓶中通入4～5L/min干燥过滤的空气流，10min后停止吹风，移入干燥器，5～10min后称量，重复操作到恒重。

5. 计算

$$含油量 = m \times 100\%$$

式中：m——锥形瓶中残油质量，g。

含油量大于5%时计算：

$$含油量 = (1 + m/12.4) \times m \times 100\%$$

(三)水溶性酸或碱的测定

1. 原理

将样品熔化后用热水抽提，然后借助指示剂来测定水抽出物的酸碱性。

2. 应用试剂

①甲基橙指示剂：0.02%溶液。

②酚酞指示剂：1%乙醇溶液。

3. 测定步骤

取约10g样品，置于100mL锥形瓶中，放在水浴中加热使样品熔化，加入25mL 80℃的热水(经酚酞指示剂和甲基橙指示剂检查为中性)，加热振荡1min。用吸液管取出获得的水抽出物，分别放入两个试管中，向第一个试管内加入2滴甲基橙指示剂，若水抽出物的颜色变成玫瑰色，则表明样品中含有水溶性酸；向第二个试管加入3滴酚酞指示剂，若水抽出物呈现红色，则表明样品中含有水溶性碱；反之，则表明样品不含有水溶性酸及碱。

八、骨胶

(一)水分测定

1. 测定步骤

称取1g样品(精确至0.001g)，于已恒重的有盖平底铝皿或不锈钢小盒(直径约70～75mm，高15mm，总重不超过20g)中，加10mL水，加盖放置1～2h，使样品吸水膨胀，然后置于水浴上加热溶解后再去盖蒸发至干，或将小盒去盖放在红外线灯泡下(调节红外线灯泡距离使小盒的温度为105～110℃)加热，使胶样溶成胶液，并使胶液蒸到大致干燥。移入烘箱中在105～110℃烘2h，取出冷却，称量，以后每烘30min称量一次，直到二次称量相差不到0.003g时作为恒重。

2. 计算

$$水分含量 = \frac{m_1}{m} \times 100\%$$

式中：m_1——干燥失重，g；

m——样品质量，g。

(二)灰分的测定

1. 测定步骤

称取1g样品(精确至0.001g)，于已恒重的瓷坩埚中，在弱火上焙灼，胶受热逐渐膨胀(此时火焰不能太大，否则易爆烈飞溅)，缓慢灼烧直到有机物完全烧去，然后放入550~600℃高温炉中使其完全灰化，取出冷却称量，反复灼烧，直到二次所称质量相差不到0.002g时作为恒重。

2. 计算

$$灰分含量 = \frac{m_1}{m} \times 100\%$$

式中：m_1——残渣质量，g；

m——样品质量[指含水分在16%的样品质量，即等于称取质量×(100% - 水分含量)/(100% - 16%)]，g。

(三)粘度的测定

1. 仪器

恩氏粘度计。

2. 测定步骤

称取 x g样品(精确至0.1g)，其质量为恰能配成其浓度为15%的胶液300g，按绝对干胶计算，计算方法如下：

$$x(\text{mL}) = 15\% \times 300/(100\% - 水分含量)$$

$$需用的水量 = 300 - x$$

将称取的样品加于相应量的水中，量水的精确度到0.5mL，在15~18℃下浸泡2h以上，并搅动数次使样品能均匀吸水完全膨胀。

在装样品液的瓶(或杯)上加盖后称其质量。把瓶(或杯)放在50~60℃水浴中加热，经常摇动溶液使样品完全溶解约15min，将瓶(或杯)从水浴中取出拭干后再称量，用水补足因蒸发而减少的质量，搅拌均匀，用80目铜丝布过滤，冷却到约31℃，然后按恩氏粘度测定法(参见第二篇第九章第十二节粘度计)在30℃时测定，从样品胶液倒入粘度计时起到测定完毕不能超过30min。

3. 计算

$$粘度(°\text{E}, 15\%干胶液, 30℃) = A/K_{20}$$

式中：A——样品(15%干胶液)在30℃从粘度计流出200mL所需时间，s；

K_{20}——粘度计的水值，s。

(四)凝冻浓度的测定

1. 原理

在规定条件下能凝冻的胶液百分数即为其凝冻浓度。

2. 测定步骤

称取若干样品[质量按绝对干胶计算,如凝冻浓度规格为1.55%,则称取1.55%×100/(100%－水分含量)g,精确至0.01g],置于已知质量的200mL锥形瓶中,加入相应的量约15℃的水(精确至0.1mL),使样品与水的总质量为100g。在15℃下膨胀2~3h,放在60℃的水浴中加热,经常摇动溶液使完全溶解,将锥形瓶从水浴中取出拭干,用水补足因蒸发而减少的质量,摇动锥形瓶使成均匀溶液。将样品胶液倒入玻璃管(内径13mm,长150mm)内一半之处,放入0℃冰水浴中维持冷冻6h,取出,倒置10s,以不流下为合格。

第六章　印染助剂的分析

第一节　表面活性剂的分析

一、表面活性剂的定性分析

(一)表面活性剂的离子类型鉴别

表面活性剂离子类型的检测方法很多,不少检测方法是以对抗反应及其变化形式为基础的。例如,阴离子表面活性剂在适宜的条件下能与带正电荷的试剂反应,一般可表示为:

$$R^-M^+ + R^+X^- \longrightarrow R^-R^+ + M^+X^-$$

式中:R^-M^+为阴离子表面活性剂,R^-为带负电荷的离子,M^+可为H^+、Na^+、K^+等。R^+X^-可以是碱性染料,也可以是阳离子表面活性剂。产物R^-R^+一般不溶于水但能溶于有机溶剂。通常采用的亚甲基蓝染料转移试验就是建立在这一反应基础上的。此外,某些染料络合物的色泽变化也可用于检测表面活性剂。

1. 亚甲基蓝—氯仿试验

(1)试剂。

①亚甲基蓝溶液:亚甲基蓝 0.03g、浓硫酸 12g 及无水硫酸钠 50g,溶解于蒸馏水,稀释至 1000mL。

②0.05%阴离子表面活性剂溶液:配制 0.05%磺化琥珀酸辛酯钠盐渗透剂 OT 溶液。

(2)步骤。在 25mL 有塞试管中加 8mL 亚甲基蓝溶液和 5mL 氯仿,逐滴加入 0.05%阴离子表面活性剂溶液,每加 1 滴,盖上塞子并剧烈摇动使之分层。继续滴加直至上下两层呈现同一深度的色调(一般需滴加 10～12 滴阴离子表面活性剂溶液)。然后加入 2mL 0.1%的试样溶液,再次摇动,静置令其分层,观察上下两层的相对强度。氯仿层色泽变深,而水层几乎无色,表示试样是阴离子表面活性剂。若水层色泽变深,试样是阳离子表面活性剂。若两层色泽大致相同,且水层呈乳液状表示有非离子表面活性剂存在。如有疑问,可用 2mL 水代替试样做对照试验。无机物(硅酸盐、磷酸盐)对本试验无干扰。

2. 混合指示剂呈色反应

混合指示剂溶液的配制:

(1)试剂。

①0.5g 溴化代米迪翁(Dimidium Bromide)溶解于 30mL 10%热乙醇溶液中。

②0.25g 二硫化蓝(Disulphine Blue VN)溶解于 30mL 10%热乙醇中。

将①、②两种溶液定量转移到 250mL 容量瓶中,并以 10%乙醇溶液稀释至刻度。吸取上述溶液 20mL,置于 500mL 容量瓶中,加入 200mL 水及 5mol/L 硫酸$\left(\frac{1}{2}H_2SO_4\right)$溶液 20mL,并以水稀释至刻度。

(2)步骤。取少量表面活性剂试样溶解于一定量的水中(或乙醇萃取的活性物)置于一有塞试管中,加入混合指示剂5mL、氯仿5mL,充分摇动,然后静置让其分层。若氯仿层中呈现粉红色,表示有阴离子表面活性剂存在;若氯仿层显蓝色,则表示有阳离子表面活性剂存在;若两相难以分开,且有乳状液形成,则可能存在非离子表面活性剂。

(二)表面活性剂的鉴别

1. 阴离子表面活性剂的鉴别

百里酚蓝试验:本法为阴离子表面活性剂的确证试验。

(1)试剂。含有3滴0.1%百里酚蓝的0.005mol/L盐酸(HCl)溶液。

(2)步骤。在5mL呈中性的试样水溶液中(0.01% ~0.1%),加入5mL试剂,若呈红紫色,表示有阴离子表面活性剂存在。

2. 阳离子表面活性剂的鉴别

溴酚蓝试验。

(1)试剂。取0.2mol/L醋酸钠(CH_3COONa)75mL与0.2mol/L醋酸(CH_3COOH)混合后,再加入0.1%溴酚蓝(95%乙醇溶液)20mL。此溶液的pH值应调节至3.0~3.6。

(2)步骤。取2~5滴试样溶液加入10mL试剂中,若有阳离子表面活性剂存在,则呈天蓝色。本试验对季铵盐以及所有的阳离子表面活性剂均显示阳性。长链氨基酸及三甲铵乙内酯等显示有蓝紫色荧光的明亮蓝色。含有烃基酰胺的非离子表面活性剂为阴性,即使同阳离子表面活性剂共存也无干扰。此外,低级胺显示阴性。

3. 薄层色谱法

薄层色谱法由于操作简单且分离效果好,广泛用于表面活性剂的分离与鉴别。这里只简单介绍薄层色谱法在各类表面活性剂鉴别中应用的操作方法。

用于阴离子表面活性剂的薄层色谱方法具体操作是采用硅胶G涂层的薄板,用两相展开方法展开。

溶剂系统:

第一次展开:醋酸乙酯: 甲醇: 氨水 =70: 15: 15

第二次展开:正丙醇: 氯仿: 甲醇: 氨水 =40: 40: 10: 10

用微量吸管或微量注射器吸取质量分数为1%的甲醇溶液1μL,点于硅胶G薄板距底端2cm处,将此板放在展开容器中,以第一次展开的溶剂系统展开至15cm左右(大约需2h)。取出薄板,于60℃烘箱中干燥、冷却,然后转90°,用第二次展开的溶剂系统展开至15cm左右(大约需1.5h)。取出薄板、干燥,然后显色。

首先喷罗丹明B溶液(0.01% Rhodamine B乙醇溶液),然后使其在碘蒸气中处理3min。有机化合物显示棕色斑点,该斑点会逐渐消失。在紫外灯下观察斑点的位置。其次喷溴甲酚绿显色溶液10.04g(溴甲酚绿溶于100mL乙醇中,滴加稀氨水,直至黄色恰好变成红色),单、双和三乙醇胺显示蓝色斑点。以一已知物同时进行试验,可以鉴别各种斑点。

4. 非离子表面活性剂的鉴别(聚氧乙烯衍生物)

(1)浊点试验。聚乙二醇型(聚氧乙烯型)非离子表面活性剂水溶液因加热而混浊的温度称浊点。一般说,非离子表面活性剂的浊点随环氧乙烷链长的增加而上升,随疏水基碳原子数的增加向下降，如表3-6-1和表3-6-2所示。因此，根据浊点的测定，也可推断聚氧乙烯型非离子表面活性剂中环氧乙烷的摩尔数。

表3-6-1　环氧乙烷(EO)链长对浊点的影响

环氧乙烷(EO)链长	浊点(1%水溶液)/℃	环氧乙烷(EO)链长	浊点(1%水溶液)/℃
7EO—十二醇	69	10EO—十二醇	88
9EO—十二醇	75	11EO—十二醇	100

表3-6-2　疏水基对浊点的影响

疏水基	浊点(1%水溶液)/℃	疏水基	浊点(1%水溶液)/℃
十二醇—10EO	88	十六醇—10EO	71
十四醇—10EO	75	十八醇—10EO	57

步骤：配制1%试样水溶液，将试样溶液加入试管中，内置温度计，将试管置于烧杯中并在水浴上加热，边搅拌边加热，注意溶液是否产生混浊；如果产生混浊，则再冷却并注意溶液是否变为透明，记录此时的温度，即为浊点。

如在沸点下不产生白色混浊，则加10%的无机盐并再次加热，在此条件下产生白色混浊，则可以推断试样是否为含有较多摩尔环氧乙烷的聚乙二醇型非离子表面活性剂。对于完全不溶于水并在常温下就已产生白色混浊的试样，可加水于其醇溶液中（水：丙醇为50：50），如果产生白色混浊，则可推断试样是否为含有少量环氧乙烷的聚乙二醇型非离子表面活性剂。

由于受其他物质共存的影响，浊点不一定十分灵敏，在少量阴离子表面活性剂共存的情况下，可使浊点或上升或抑制。此外，无机盐可使浊点下降。

(2)硫氰酸钴铵试验。

①硫氰酸钴铵试剂：取174g硫氰酸铵和28g硝酸钴，溶解于1L蒸馏水中。

②步骤：取1%试样水溶液5mL，加入5mL硫氰酸钴铵试剂，摇动使充分混合，放置2h后观察溶液的颜色。聚乙二醇型非离子表面活性剂呈现蓝色，红紫色至紫色为阴性。

(3)改良碘化钾试剂。

A液：0.8g亚硝酸，10mL冰醋酸与40mL水。

B液：40%(*w*)碘化钾溶液。

显色剂的配制：取5mL A液，5mL B液，加入20mL冰醋酸，再以蒸馏水稀释至100mL。

再将试样点于滤纸上，喷以显色剂，若为聚乙二醇型非离子表面活性剂，则呈橙红色，本法灵敏度为1.0~10.0μg。

5. 两性表面活性剂的鉴别

关于两性表面活性剂的分析知识了解很少，对它们的鉴别是困难的，这类表面活性剂含氮，且在pH=2~12之间具有阳离子变为阴离子的特性，并在该范围内的某一点显示电中性的偶极形式。由于两性表面活性剂的这一特性，利用红外光谱可予以鉴别。薄层色谱法和氧化铝柱色谱法在这类表面活性剂的分析中也得到了成功在应用，在此做一简要介绍。

(1)酸性橙Ⅱ试验。酸性橙Ⅱ与两性表面活性剂及阳离子表面活性剂制成1∶1络合物,在pH值为1～2时两者均被氯仿萃取;在pH值为3～5时,只有阳离子表面活性剂的络合物被萃取。因此,根据吸光度的差别可以判断,若吸光度无差别,则认为仅有阳离子表面活性剂;若吸光度有差别,则说明有两性表面活性剂存在。

①试剂:

0.1%酸性橙Ⅱ溶液:将0.1g酸性橙Ⅱ(市售商品应在乙醇中重结晶两次)溶于100mL水中。

pH=1缓冲溶液制备:在50mL 1mol/L氯化钾(KCl)溶液中加入1mol/L盐酸(HCl)97mL。

pH=5缓冲溶液制备:在100mL 0.5mol/L醋酸钠(CH_3COONa)溶液中加入0.5mol/L醋酸(CH_3COOH)50mL。

氯化钾溶液:将22.3g氯化钾溶于100mL水中。

氯仿:按常法先用浓硫酸洗涤,再用氢氧化钠溶液洗涤,水洗后,以氯化钙干燥、蒸馏,保存在暗处。

②步骤:在100mL分液漏斗中,加入0.1%酸性橙Ⅱ溶液1mL,pH=1缓冲溶液2mL,0.001%～0.01%试样水溶液5mL,蒸馏水2mL。以氯仿6mL、4mL、3mL、2mL按序萃取,萃取液合并在50mL容量瓶中(萃取时,每次来回振动50次,静置10min,使其分层)。加入5mL乙醇,再加氯仿使其成50mL。萃取液用分光光度计在波长484nm处测其吸光度。

与前述操作相同,在分液漏斗中加入0.1%酸性橙Ⅱ溶液1mL,pH=5缓冲溶液2mL,试样溶液5mL,加搅拌边加入氯化钾溶液2mL,同样以氯仿萃取。萃取液通过一底部塞以玻璃棉的玻璃管滴定(直径1cm,高20cm),流速控制在12～15mL/min,流出液收集在50mL容量瓶中,加入5mL乙醇,再加入氯仿使成50mL。用分光光度计484nm测其吸光度。

本法即使有非离子表面活性剂共存也无干扰。

(2)薄层色谱法。硅胶板的薄层色谱对于鉴别两性表面活性剂是有价值的。甲醇和乙醇两者都是两性表面活性剂的良好展开溶剂。具体方法是选用硅胶G板,配制2%试样乙醇溶液,用微量吸管或微量注射器吸取4mL点于硅胶板距底端1.5cm处,用无水甲醇或无水乙醇作展开剂。展开后,取出空气干燥,然后在100℃干燥,以碘气显色。同时以标准物进行试验,比较进行鉴别。

(3)氧化铝柱色谱。氧化铝柱色谱法提供了良好的分离方法,最好是使用一级氧化铝,将它在800℃加热3h后,置于装有干燥硅胶的干燥器中冷却备用。用氯仿将40g装备好的氧化铝调成糊状,转移到玻璃柱管中(规格2cm×20cm)。取约0.5g试样溶解于最少量氯仿中,并定量转移到柱上。然后用下列洗胶剂按顺序洗脱。

①氯仿250mL。

②无水乙醇250mL。

③质量分数为90%的乙醇水溶液250mL。

④质量分数为50%的乙醇水溶液250mL。

每次洗胶液收集于分离容器中,并除去溶剂,再在干燥器中冷却。

二、表面活性剂的定量分析

表面活性剂的定量分析包括:元素的测定;单一表面活性剂的定量测定;分离出的组分鉴定。

(一)阴离子表面活性剂的定量分析

阴离子表面活性剂的定量分析方法很多,有容量法、比色法等,以容量法操作简便,易于实行。这些方法大部分是以阴离子表面活性剂与阳离子表面活性剂的定量反应为基础,通常所称的两相滴定法是指在指示剂和与水不溶的混溶剂存在下,根据两相色泽的变化进行测定。

这里主要介绍亚甲基蓝法及混合指示剂两相滴定法。亚甲基蓝法很久以来就被用于阴离子表面活性剂的定量测定,混合指示剂两相滴定法是1967年以来国际表面活性剂委员会推荐的方法。碱分相法及对甲苯胺法由于方法本身特点,适用于某些阴离子表面活性剂的定量测定,也在此做一简要叙述。

1. 亚甲基蓝两相滴定法

本法是以亚甲基蓝为指示剂,以不互溶的两相中相等的颜色强度指示终点,并同时进行空白试验加以修正。

(1)试剂。

①亚甲基蓝溶液:将亚甲基蓝0.03g、浓硫酸12g、无水硫酸钠50g溶解在1L蒸馏水中。

②阳离子表面活性剂标准溶液:0.005mol/L氯化十六烷基三甲基铵。

(2)步骤。准确吸取一定量的阴离子表面活性剂试样溶液,置于250mL碘瓶中,以蒸馏水稀释至50mL,加入25mL亚甲基蓝溶液和15mL氯仿,充分摇动以使蓝色集中到氯仿层中。用阳离子表面活性剂标准溶液滴定,滴定时,可先加2mL充分摇动,放置2min待两相分离。继续加入阳离子表面活性剂标准溶液,每次加入2mL,在每次加入后摇动均匀并静置直到蓝色开始稳定地出现在水相中,然后逐渐减少阳离子表面活性剂的加入量,当两相色泽在反射光下观察相同时即为终点。为消除阴离子表面活性剂体积变化而引起对实际滴定值的影响,可分别取0.05%已知阴离子表面活性剂10mL和40mL做对照试验,所耗用的阳离子表面活性剂的标准溶液体积分别用V_{10}(mL)和V_{40}(mL)表示。

$$\text{校正值 } b=\frac{1}{3}(V_{40}-4V_{10})$$

$$c_1=\frac{(a+b)c_2}{V}$$

式中:c_1——试样中阴离子表面活性剂的浓度,mol/L;

c_2——阳离子表面活性剂的浓度,mol/L;

a——耗用阳离子表面活性剂的体积,mL;

V——试样的体积,mL。

2. 混合指示剂两相滴定法

本法原理同亚甲基蓝两相滴定,只是阳离子表面活性剂标准溶液使用海明1622(Hyamine 1622)配制,并选用混合指示剂溴化代米迪翁(Dimidium Bromide)和二硫化蓝(Disulphine Blue)。

(1)试剂。

①0.004mol/L十二烷基硫酸钠:准确称取1.14~1.16g十二烷基硫酸钠,溶解在200mL蒸馏水中,然后转移至1L容量瓶中,用蒸馏水稀释至刻度。

②0.004mol/L 海明 1622：将市售海明 1622（相对分子质量为 448）在 105℃干燥至恒重，准确称取 1.792g，溶解在蒸馏水中，并配成 1L。

③混合指示剂原液：称取（0.5±0.005）g 溴化代米迪翁置于 50mL 烧杯中。称取（0.5±0.005）g 二硫化蓝置于另一个 50mL 烧杯中。两个烧杯中分别加入 25mL 热的 10% 乙醇溶液，搅拌溶解，然后转移到一个 250mL 容量瓶中，用 10% 乙醇稀释至刻度。

④混合指示剂溶液：取上述指示剂原液 20mL，置于 500mL 容量瓶中，加入 200mL 蒸馏水，然后再加入 20mL 2.5mol/L 硫酸溶液，混合均匀，并用蒸馏水稀释至刻度，储存于棕色瓶中备用。

⑤2.5mol/L 硫酸（H_2SO_4）：将 134mL 浓硫酸加入 300mL 蒸馏水中，混合，配成 1L。

⑥酚酞指示剂：将 1g 酚酞溶解在 50mL 乙醇中，不断搅拌并加入 50mL 蒸馏水，如有沉淀发生，过滤。

（2）标定步骤。

①十二烷基硫酸钠的标定：准确称取（5±0.2）g 十二烷基硫酸钠于 250mL 圆底烧瓶中，用滴定管加入 25mL 0.5mol/L 硫酸，加热回流 100min，在最初的 5～10min 内溶液混浊，但在以后溶液又变清。然后以 30mL 乙醇冲洗冷凝管，再用 30mL 蒸馏水冲洗，从冷凝管下取出烧瓶，加几滴酚酞指示剂，用 1mol/L 氢氧化钠标准溶液滴定到浅粉红色。同时用移液管取 25mL 0.25mol/L硫酸，用 1mol/L 氢氧化钠标准溶液滴定做空白试验。

$$\text{十二烷基钠的纯度} = \frac{288.4(A-B)\times S\times c}{m}\times 100\%$$

式中：A——试样耗用的 1mol/L 氢氧化钠标准溶液的体积，mL；

B——空白试验耗用的 1mol/L 氢氧化钠标准溶液的体积，mL；

S——1mol/L 氢氧化钠标准溶液浓度的校正系数；

c——氢氧化钠标准溶液的浓度，mol/L；

m——称取的十二烷基硫酸钠的质量，g；

288.4——1mmol 十二烷基硫酸钠的质量，g/mmol。

②海明 1622 溶液的标定：准确吸取 20mL 0.004mol/L 十二烷基硫酸钠于一个具塞的 200mL 滴定量筒中，加入 10mL 蒸馏水、10mL 混合指示剂和 15mL 氯仿，以 0.004mol/L 海明溶液滴定。每次加入滴定液都要充分摇动。最初下层显粉红色，当接近终点时，摇动过程中形成的乳状液容易破乳，继续逐滴加入滴定液，每加一次后都要摇动，直到终点，即氯仿层中的粉红色完全消失而被二硫化蓝——阳离子滴定剂盐的淡灰与蓝色代替。

$$\text{海明 1622 溶液的浓度(mol/L)} = c\times\frac{20}{V}$$

式中：c——十二烷基硫酸钠溶液的浓度，mol/L；

20——试样的体积，mL；

V——滴定用去的海明 1622 溶液的体积，mL。

（3）阴离子表面活性剂的定量测定。准确称取适量试样（约含阴离子表面活性剂 0.3～0.4g）溶解在蒸馏水中，加酚酞指示剂1～2 滴，以 1mol/L 氢氧化钠或 0.5mol/L 硫酸调节试样溶液呈现很淡的粉红色。然后将该溶液移入250mL容量瓶中,以蒸馏水稀释至刻度。用移液管吸取上述溶液20mL,置于一个200mL具塞的滴定瓶中。加入10mL水和15mL氯仿,再加10mL混合指示剂,以海明1622溶液滴定至氯仿层的粉红色消失,变为浅灰蓝色(注意每加一滴都要充分摇动)。

$$阴离子表面活性剂含量 = \frac{1.25 \times V \times c \times M}{m} \times 100\%$$

式中:1.25——海明1266与阴离子表面活性剂的转换系数;

V——滴定耗用的海明1622的体积,mL;

M——阴离子表面活性剂的摩尔质量,g/mol;

c——滴定用海明1622溶液的浓度,mol/L;

m——试样的质量,g。

3.对甲苯胺法

对甲苯胺法的优点是络合物能被萃取到乙醚溶液中去,这样就增加了反应按化学计量的可能性。适用于摩尔质量已知的阴离子表面活性剂的测定。

本法的原理是对苯胺盐酸盐加入到pH=3以下的阴离子表面活性剂水溶液中,即以对甲苯胺络盐形式定量沉淀出来,沉淀用乙醚萃取,以氢氧化钠滴定,滴定后的溶液再用硝酸银滴定。根据溶解于乙醚中的微量对甲苯胺盐酸盐进行修正。为了将所得的浓度(mol/L)换算成质量百分浓度,需求出样品的摩尔质量,可由蒸发一定量的乙醚萃取液所得的络盐量和滴定数求出络盐的摩尔质量,并由此计算样品的摩尔质量。

(1)试剂。

①对甲苯胺试剂:将对甲苯胺100g溶解在78mL 35%盐酸中,加蒸馏水配成1L溶液,pH值不能超过2,必要时可再加盐酸。

②邻甲酚红溶液:0.1%邻甲酚红溶液。

③其他:盐酸(1∶1)、乙醚、乙醇、0.1mol/L氢氧化钠标准溶液、0.05mol/L硫酸、10%铬酸钾溶液、0.1mol/L硝酸银溶液、甲醇、石油醚。

(2)步骤。称取含阴离子表面活性剂约2~4g的试样,溶解在50mL蒸馏水中,用盐酸调节至刚果红试纸恰呈酸性,加入甲醇50mL,将此溶液倒入250mL分液漏斗中,加入石油醚25mL,剧烈摇动,静置分层,此时如形成乳状液,可加入少量乙醇并轻轻摇动,即能迅速分层。将下层溶液分出于第二个分液漏斗中,加入石油醚20mL,再次摇动。将除去未反应物的溶液,在水浴上加热去除甲醇,冷却后,将溶液移至250mL分液漏斗中,加对甲苯胺试剂25mL与乙醚50mL,剧烈摇动,静置分层后,将水层放入另一个分液漏斗中,再加乙醚25mL,剧烈摇动,放出水层。合并乙醚层,加入对甲苯胺试剂10mL和水40mL,剧烈摇动,分层后,弃去水层。

将乙醚萃取液移至200mL容量瓶中,并用少量乙醚冲洗分液漏斗,以乙醚稀释至刻度,充分混合。在另一个500mL锥形瓶中加入乙醇100mL,邻甲酚红溶液15滴,滴加0.1mol/L氢氧化钠溶液至呈紫色。加入乙醚萃取液100mL,溶液再次变为黄色,然后将此溶液用0.1mol/L氢氧化钠溶液滴定至呈紫色。设滴定用0.1mol/L氢氧化钠溶液用量为a mL。在滴定后的溶液中加铬酸钾溶液1mL,滴加0.05mol/L硫酸溶液呈黄色后,用0.1mol/L硝酸银溶液滴定至呈红棕色。设其用量为b mL。

(3)计算。由上述操作得出的数值及对甲苯胺盐酸盐的摩尔质量,可以计算阴离子表面活性剂的摩尔质量和含量。

设阴离子表面活性剂的摩尔质量为 M_A:

$$M_A = \frac{40a - 143.5b}{a - b} - \frac{170}{2}$$

$$\text{阴离子表面活性剂含量} = \frac{2M_A \times (a-b) \times c}{1000 \times m} \times 100\%$$

式中:a——滴定用 0.1mol/L 氢氧化钠溶液的体积,mL;

b——滴定用 0.1mol/L 硝酸银溶液的体积,mL;

c——氢氧化钠溶液的浓度,mol/L;

m——试样的质量,g;

40——氢氧化钠的摩尔质量,g/mol;

143.5——对甲苯胺盐酸盐的摩尔质量,g/mol;

170——硝酸银的摩尔质量,g/mol。

4.碱相滴定法

常用于阴离子表面活性剂定量的两相滴定法是在酸性溶剂中进行的,因此不适用于肥皂等羧酸盐。肥皂定量分析,需选择在碱性溶剂中能使用的指示剂和分相滴定所可能采取的溶液体系。本法是在碱性正丙醇—水体系中使用溴甲酚绿指示剂,以阳离子表面活性剂滴定。肥皂与磺酸盐、硫酸酯等其他阴离子表面活性剂共存,也可用本法定量测定。

(1)试剂。

①溴甲酚绿溶液:将 0.015g 溴甲酚绿溶解在 250mL 蒸馏水中。

②磷酸缓冲液:配制 0.065mol/L 磷酸氢二钠和磷酸三钠溶液。

③阳离子表面活性剂滴定液:取阳离子表面活性剂 α－乙氧基十五烷基三甲基溴化铵溶解在 211mL 正丙醇中,加蒸馏水配成 1L,使其成 0.005mol/L 溶液。

(2)步骤。称取含 0.15～0.16g 肥皂的试样,置于 100mL 容量瓶中,用移液管取 10mL 1mol/L 氢氧化钠、25mL 正丙醇,加入于容量瓶中,用蒸馏水稀释至刻度,作为试样溶液。用移液管取 10mL 试样溶液,加入于 100mL 碘瓶中,再加入 24mL 磷酸缓冲液及 20mL 氯仿。用 0.005mol/L 阳离子表面活性剂溶液滴定,则蓝色由上层逐渐移向下层,当上层变为无色时即为终点。滴定量以 5～25mL 最为适宜,同时进行空白试验,一般为 0.4～0.6mL。

(3)计算。

$$\text{肥皂含量} = \frac{c \times M \times (a-b)}{1000m} \times 100\%$$

式中:a——试样滴定用阳离子表面活性剂的体积,mL;

b——空白试验滴定用阳离子表面活性剂的体积,mL;

c——阳离子表面活性剂的浓度,mol/L;

M——肥皂的摩尔质量,g/mol;

m——试样的质量,g。

(二)阳离子表面活性剂的定量分析

阳离子表面活性剂的定量分析方法有多种,这里着重介绍亚甲基蓝法、四苯硼钠法和铁氰化钾法。

1. 亚甲基蓝法

在阳离子表面活性剂溶液中加入酸性亚甲基蓝溶液和氯仿,用阴离子表面活性剂标准溶液滴定,直至氯仿层与水层显示相同的蓝色。此法是亚甲基蓝阴离子表面活性剂定量测定的反向方法。

本法适用于长链季铵盐、长链烷基吡啶盐和长链脂肪族胺盐等阳离子表面活性剂,但不适用于 C_8 以下烷基和对水溶解性差的长链烷基物质。

(1)试剂。

①阴离子表面活性剂标准溶液:准确称取含有效成分约 1.8g 的阴离子表面活性剂(一般为磺化琥珀酸辛酯钠盐即渗透剂 OT,也可用精制的十二烷基硫酸钠)溶解在水中,移入 1L 容量瓶中,以蒸馏水稀释至刻度。

其浓度计算:

$$c = m \times \frac{P}{M} \times \frac{1}{V}$$

式中:c——阴离子表面活性剂标准溶液的浓度,mol/L;

m——阴离子表面活性剂的样品质量,g;

P——阴离子表面活性剂的纯度,%;

M——阴离子表面活性剂的摩尔质量,g/mol;

V——容量瓶的体积,L。

注　磺化琥珀酸辛酯钠盐纯度和相对分子质量的测定:准确称取 0.1~0.5g 磺化琥珀酸辛酯钠盐放在烧杯中,加入 100mL 水,在水浴上加热溶解,并在搅拌下加入 400mL 盐酸联苯胺溶液,如有沉淀生成,即在水浴上加热,然后冷却,用已称重的玻璃过滤器(G_4)过滤,将沉淀与玻璃过滤器一起在 105℃ 干燥 90min,然后在玻璃过滤器中加入石油醚(50℃ 以下馏分),用玻璃棒将沉淀捣碎,并慢慢吸滤洗涤,再于 105℃ 干燥 20min,冷却,连同玻璃棒一起称重。此质量为 W_1。

此外,用中性乙醇溶液加入过滤器中充分洗涤,然后在乙醇溶液中加入几滴 0.1% 甲酚红溶液,用 0.1mol/L 氢氧化钾滴定。

将玻璃过滤器再于 105℃ 干燥 20min,冷却,连同玻璃棒一起称重,此质量为 W_2。计算结合硫酸(SO_3,%)、纯度与摩尔质量。

$$C = \left(\frac{V \times 80 \times f \times c}{m \times 1000}\right) \times 100\%$$

式中:C——结合硫酸,%;

V——所消耗的 0.1mol/L 氢氧化钾溶液体积,mL;

f——0.1mol/L 氢氧化钾溶液浓度的校正系数;

c——氢氧化钾溶液的浓度,mol/L;

m——试样的质量,g;

80——SO_3 的摩尔质量,g/mol。

$$P=\frac{m_1-m_2}{m}\times100\%-\frac{C\times7}{8}$$

式中：P——纯度，%；

m_1——沉淀物与过滤器的质量，g；

m_2——经乙醇萃取后过滤器的质量，g；

m——试样的质量，g。

$$摩尔质量=P\times\frac{80}{C}$$

②亚甲基蓝溶液：在约 500mL 水中慢慢加入 12g 硫酸，冷却，再加入 0.03g 亚甲基蓝和 50g 无水硫酸钠，加水使成 1L。

(2)步骤。准确称取适量的试样(相当于有效成分 2g)，溶解在水中并配成 1L。用移液管取此溶液 10mL，加入滴定用锥形瓶中，加入 25mL 亚甲基蓝溶液和 15mL 氯仿，用阴离子表面活性剂标准溶液滴定，直至氯仿层与水层显示相同的蓝色，即为终点。同时进行空白试验。

(3)计算。

$$阳离子表面活性剂含量=\frac{(A-B)\times M\times c}{1000\times m}\times100\%$$

式中：A——试样消耗的阴离子表面活性剂标准溶液的体积，mL；

B——空白试验消耗的阴离子表面活性剂标准溶液的体积，mL；

c——阴离子表面活性剂标准溶液的浓度，mol/L；

M——阳离子表面活性剂的摩尔质量，g/mol；

m——试样的质量，g。

2. 四苯硼钠法

长链季铵盐与甲基橙等偶氮磺酸系色素结合，即使在酸性溶液中也不能呈现红色，而用四苯硼钠滴定，在即将到终点时即呈现红色。季铵盐的定量测定即基于这一原理。

(1)试剂。

① 0.02mol/L 四苯硼钠溶液：取四苯硼钠 7g 加水溶解，并配成 1L。加入氢氧化铝 2g，摇动后过滤成为澄清溶液。本溶液 pH 值为 6.2～6.7。

四苯硼钠溶液按下述步骤标定：取已配制的四苯硼钠溶液 20mL，加入 0.2mol/L 三氯化铝溶液 3 滴，在不断搅拌下再加入 0.02mol/L 氯化钾溶液 50mL，摇动放置 20min，用预先干燥并已称重的玻璃过滤器(G_4)过滤，沉淀用四苯硼钠饱和溶液及少量水洗涤后，在 105℃ 干燥 3h，冷却并称重。

$$四苯硼钠溶液的浓度(c)=\frac{四苯硼钾沉淀的质量(g)\times1000}{358.3\times20}$$

② 0.005mol/L 甲基橙溶液：准确称取甲基橙 0.1637g 溶解于水，配成 100mL，若必要可过滤。

(2)步骤。准确吸取0.05～0.001mol/L试液10～20mL,加入0.005mol/L甲基橙1滴,用盐酸调整至pH=3,然后用四苯硼钠溶液滴定,至溶液呈现红色时为终点。

(3)计算。

$$季铵盐含量=\frac{M\times V\times c}{1000m}\times 100\%$$

式中:M——季铵盐的摩尔质量,g/mol;

V——滴定用四苯硼钠溶液的体积,mL;

c——滴定用四苯硼钠溶液的浓度,mol/L;

m——试样的质量,g。

本方法季铵盐的浓度为0.05～0.001mol/L时其结果是准确的,而浓度为0.0005～0.0002mol/L时结果偏低(1%～2%),浓度为0.0001mol/L的溶液加盐酸1滴,甲基橙即显红色,滴定不能进行。指示剂用量以0.05～0.1mL为宜,用量太多则呈色过浓而难以辨别颜色的变化。

3.铁氰化钾法

长链季铵盐水溶液与铁氰化钾反应生成黄色沉淀:

$$3R(CH_3)_2(C_6H_5CH_2)N^+Cl^-+K_3Fe(CN)_6\longrightarrow[R(CH_3)_2(C_6H_5CH_2)N]_3\cdot Fe(CN)_6\downarrow+3KCl$$

沉淀过滤,用硫代硫酸钠滴定碘化钾还原过量的铁氰化钾所游离的碘。

$$2I^-+2[Fe(CN)_6]^{3-}\longrightarrow I_2\downarrow+2Fe(CN)_6^{4-}$$

$$2Na_2S_2O_3+I_2\longrightarrow 2NaI+Na_2S_4O_6$$

本方法适用于长链季铵盐和长链烷基吡啶盐。

(1)试剂。

①缓冲液:称取醋酸钠26g及22mL醋酸,加水配成100mL。

②0.05mol/L铁氰化钾溶液:称取铁氰化钾17g左右,加水溶解,并配成1L。此溶液宜避光保存。

③10%碘化钾溶液。

④稀盐酸:将盐酸与水按1∶1比例混合。

⑤10%硫酸锌溶液。

⑥淀粉溶液:将1g淀粉和10mL冷水充分混合,在不断搅拌下慢慢倒入200mL热水中,煮沸至溶液呈半透明状。

⑦硫代硫酸钠标准溶液:称取约25g硫代硫酸钠($Na_2S_2O_3\cdot 5H_2O$),置于烧杯中,加入刚煮沸过的蒸馏水使溶解,并加入0.1g无水碳酸钠,然后转移至1L容量瓶中,并用刚煮沸过的蒸馏水稀释至刻度,放置过夜或更久,再进行标定。

标定方法:精确称取在105℃烘燥的重铬酸钾0.10～0.12g,加入30mL蒸馏水使其溶解,加入5mL浓盐酸及10mL 15%碘化钾溶液,充分混合,然后用制备的硫代硫酸钠溶液滴定,以淀粉溶液为指示剂,滴定至蓝色消失而变成三价铬离子的绿色为止。

$$c=\frac{m}{V\times 0.04903}$$

式中：c ——硫代硫酸钠溶液的浓度，mol/L；

m——重铬酸钾的质量，g；

V ——滴定所用硫代硫酸钠溶液的体积，mL；

0.04903——1mmol 重铬酸钾$\left(1\ \frac{1}{6}K_2Cr_2O_7\right)$的质量，g/mmol。

(2)步骤。准确称取含有效成分约 1g 的试样于 200mL 容量瓶中，加水 40mL 及缓冲溶液 8mL。在摇动容量瓶的同时，用移液管加入 0.05mol/L 铁氰化钾溶液 50mL，加水使成 200mL，再次充分摇动后，静置 1h。

用干燥的玻璃过滤器(G_4)吸滤，弃去最初滤出的约 20mL 滤液。用移液管准确吸取滤液 100mL，放入 250mL 具塞的锥形瓶中，加入 10% 碘化钾溶液 10mL 及稀盐酸 10mL，以淀粉为指示剂，用 0.1mol/L 硫代硫酸钠溶液滴定。同时进行空白试验。

(3)计算。

$$\text{季铵盐含量}=\frac{M\times 3}{1000\times 20}\times(b-a)\times f\times\frac{4}{m}\times 100\%$$

式中：M——季铵盐的摩尔质量，g/mol；

a——试验中滴定用 0.1mol/L 硫代硫酸钠溶液的体积，mL；

b——空白试验中滴定用 0.1mol/L 硫代硫酸钠溶液的体积，mL；

f——0.1mol/L 硫代硫酸钠溶液的校正值；

m——试样的质量，g。

(三)非离子表面活性剂的定量分析

1. *磷钨酸法*

在强酸性水溶液中，聚氧乙烯型非离子表面活性剂以银—磷—钨酸盐的形式定量地沉淀出来。这种络盐不具有化学计量的组成，而是由非离子表面活性剂部分与 $3BaO\cdot P_2O_5\cdot 24WO_3$ 构成的无机部分组成。进行灼烧，非离子表面活性剂定量地析出，而由 $3BaO\cdot P_2O_5\cdot 24WO_3$ 构成的无机部分则作为残渣保留下来，灼烧减量即等于非离子表面活性剂的量。

(1)试剂。

①10% 磷钨酸试剂：取 25mL 钨酸，加入 200mL 水、1mol/L 盐酸 20mL 使其溶解，放置一天后，用定量滤纸过滤，滤液加水使成 250mL。本试剂应为无色，若溶液带有蓝紫色应弃去重配。

②10% 氯化钡溶液。

(2)步骤。称取相当于 50 ~ 100mg 有效成分的试样于 100mL 烧杯中，加入 30 ~ 50mL 水溶解，再加入 10% 盐酸 10mL、10% 氯化钡溶液 10mL，在水浴上加热煮沸，边搅拌，边加入 10% 磷钨酸试剂 10mL，然后盖上表面皿，在水浴上微沸 5min。静置 2 ~ 3h 后，用已称重的玻璃过滤器(G_3)过滤，用约 100mL 水洗涤并充分抽滤。沉淀在 105℃ 或减压下 60℃ 干燥至恒重。

对于实验系数(有效成分质量/络盐质量)已知的样品，由实验系数乘以络盐沉淀量，即可直接求出非离子表面活性剂的量。如实验系数为未知时，则称取一部分干燥过的络盐沉淀于坩埚中，在 650 ~ 700℃ 灼烧 1h，滴加数滴浓硝酸润湿残渣，再灼烧至恒重。根据提供灼烧时的沉淀量(p')及灼烧残渣量(q)即可求出实验系数。

(3)计算。实验系数为未知的试样:

$$x=\frac{(p'-q)\times p}{p'\times e}\times 100\%$$

实验系数为已知的试样:

$$x=\frac{F\times p}{e}\times 100\%$$

实验系数:

$$F=\frac{p'-q}{p'}$$

式中:e——试样的质量,mg;

q——灼烧残渣的质量,mg;

p——络盐沉淀质量,mg;

p'——提供灼烧时的沉淀质量,mg;

x——有效成分含量,%。

本法适用于高级醇、烷基酚、脂肪酸、脂肪酰胺、聚氧丙烯、脂肪酸山梨醇酯、蓖麻油等聚乙烯衍生物,但不适用于烷基胺、烷基硫醇、单烷基磷酸酯系。

2. 磷钼酸比色法

聚氧乙烯型非离子表面活性剂可与磷钼酸生成络盐沉淀,再用氯化亚锡和硫氰酸铵处理,并对所生成的橙黄色用比色法测定。

(1)试剂。10%磷钼酸试剂、质量分数为10%的氯化钡溶液、硫酸(相对密度1.84)、质量分数为5%的硫氰酸铵、氯化亚锡溶液[将35g氯化亚锡($SnCl_2 \cdot 2H_2O$)溶于10mL盐酸(相对密度1.16)中,再用蒸馏水稀释至100mL]。

(2)步骤。本试验有两种操作方法。

①将含有10~15μg的非离子表面活性剂水溶液置于10mL刻度离心管中,以水稀释至10mL,加入稀盐酸(1:4)3滴和10%氯化钡溶液2滴,再加入10%磷钼酸试剂2滴,摇匀混合物,将试管以3000r/min的速度离心分离。

弃去上层液体,将离心试管倒置在滤纸上1~2min,以除去管内水分。边搅拌边将沉淀再溶解于浓硫酸中,再加酸至总量为4mL。溶液由玫瑰色—粉红色变成紫色。将此溶液移至1cm比色皿中,40min后,用分光光度计于520nm处测其吸光度,由预先制作的标准曲线中求出含量。

②离心分离上述操作所得的沉淀,弃去上层溶液,用5mL水洗涤沉淀,再离心分离并弃去上层溶液,将试管倒置1~2min以除去管内的水分。将沉淀溶解于1.2mL浓硫酸中,然后用蒸馏水稀释至6mL。加1mL硫氰酸氨溶液和0.5mL氯化亚锡溶液。充分混合后,稀释到10mL,放置30min后,用分光光度计于470nm处测其吸光度,由预先制作的标准曲线中求出非离子表面活性剂的含量。

(3)标准曲线的绘制。溶解0.5g纯非离子表面活性剂于蒸馏水中,并稀释至1L。再取

100mL 此溶液稀释至 1L，然后量取 1mL、2mL、5mL 和 10mL 的各份溶液分别放于 10mL 离心管内。将每一份溶液稀释至 10mL，按上述所述的方法进行检测，将吸光度对非离子表面活性剂的含量画出曲线。

烷基硫酸盐及羧甲基纤维素对本实验有干扰，而烷基芳基磺酸盐、磷酸盐、硅酸盐则无干扰。

3. 硫氰钴酸铵法

用苯萃取由聚氧乙烯型非离子表面活性剂和硫氰钴酸铵生成的蓝色络合物，测定其在 320nm 处的吸光度，并从预先已知试样制作的标准曲线中求出非离子表面活性剂的含量。本法适用于 EO 加成数为 2.5mol 以上的产品。

(1)试剂。硫氰钴酸铵液（称取硫氰酸铵 522g 和硝酸钴 28g 溶解于水，并稀释至 1L）、苯。

(2)步骤。取 100mL 试样溶液置于分液漏斗中，加入硫氰钴酸铵试剂 15mL 和氯化钠 35 ~ 40g，摇动使其溶解。静置 15min，准确加入苯 25mL，摇动 1min，静置令其分层。弃去水层，将苯层移入离心管中离心分离。

清液用分光光度计测定 320nm 的吸光度，用不含样品的试剂溶液按上法处理得到的苯溶液作空白，从预先用已知试样制作的标准曲线求出非离子表面活性剂的含量。

季铵盐、烷基硫酸盐、烷基苯磺酸盐共存的情况，对本试验有干扰。

4. 聚氧乙烯型非离子表面活性剂环氧乙烷（EO）加成数（摩尔）的测定

(1)浊点法。聚氧乙烯型非离子表面活性剂水溶液因加热而混浊的起始温度为浊点，测定这一温度即可确定 EO 加成数（摩尔）。

用浊点法测定聚氧乙烯型非离子表面活性剂 EO 加成数（摩尔）需预先求出已知样品的浊点和 EO 加成数（摩尔）的关系，并由此测定样品的 EO 加成数（摩尔）。

(2)浊数法。本法适用于疏水基为已知的聚氧乙烯型非离子表面活性剂。

①试剂：二甲基甲酰胺，苯。

②步骤：称取 1.00g 样品，置于 100mL 锥形瓶中，加入 25mL 二甲基甲酰胺和苯。苯的添加量因疏水基的种类而异：脂肪醇 + EO 加成物添加 1.25g，烷基酚 + EO 加成物添加 1.50g，二壬基酚 + EO 加成物添加 1.75g。

将样品均匀溶解后，冷却至(20 ± 1)℃。用滴定管滴加蒸馏水，每次约 2mL，随后缓慢摇动锥形瓶，滴定应保持在温度(20 ± 1)℃，溶液若因滴加蒸馏水而变浊，可减少滴加蒸馏水量，每次滴加 0.5mL，临近终点时可逐滴加入。至溶液呈不透明的白浊且持续 1min，即为终点。由这一滴定数来确定样品的 EO 加成数（摩尔）。用本法测定聚氧乙烯型非离子表面活性剂的 EO 加成数（摩尔），须预先由已知样品制作标准曲线，并由此求得样品的 EO 加成数（摩尔）。

(3)氢碘酸法。本法是基于氢碘酸使氧乙烯基分解，释放出碘，然后用标准硫代硫酸钠溶液滴定。

基本反应是：

$$RO—(CH_2CH_2O)_n H + 2nHI \longrightarrow nICH_2—CH_2I + ROH + nH_2O$$

$$ICH_2CH_2I \longrightarrow CH_2 = CH_2 + I_2 \downarrow$$

$$2Na_2S_2O_3 + I_2 \longrightarrow 2NaI + Na_2S_4O_6$$

①试剂：碘化钾晶体，85% 磷酸，10% 碘化钾溶液，0.1mol/L 硫代硫酸钠标准溶液，淀粉指

示剂。

②步骤：实验装置如图 3 －6 －1 所示。

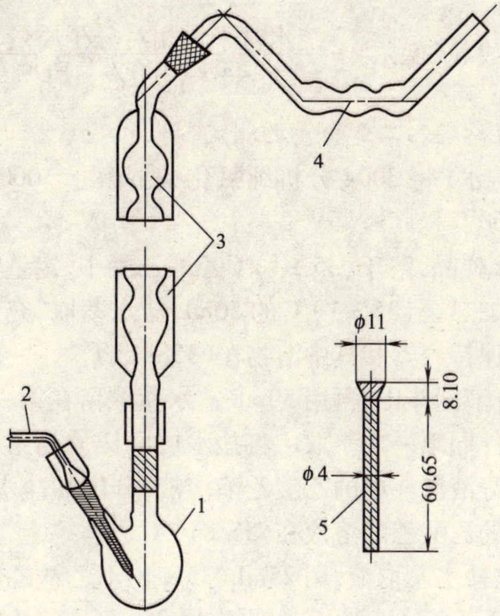

图 3 －6 －1　氢碘酸法分解装置

1—烧瓶　2—气体输入管　3—冷凝管　4—鼓泡器　5—取样器

精确称取含 30 ~ 50mg 结合氧乙烯基的样品，放入取样器中，将烧瓶倒置在含样品的取样器上，然后将烧瓶翻转，使取样器滑落进烧瓶，取样器凹进的一端触及烧瓶底部。加入 3g 碘化钾晶体后将仪器按图装好。通入氮气，以排除所有空气，在以后全部操作中都保持一个很小的氮气流。从回流冷凝管加入 5mL 磷酸，并立即在冷凝管顶部接上含 5mL 10% 碘化钾溶液的鼓泡器，将烧瓶放入热浴中，控制温度在(65 ±1)℃，并使烧瓶维持这一温度 30min。把仪器从加热浴中提出来，让反应烧瓶冷却而氮气流仍然通过系统。

停止通氮气，将连接于冷凝器的鼓泡器旋转，使其内溶液沿冷凝器流下，然后用 10mL 10% 碘化钾溶液和 10mL 蒸馏水依次淋洗冷凝器，并以同样方法冲洗气体输入管，冲洗液收集入烧瓶。将烧瓶内溶液转移至 250mL 锥形瓶中，以淀粉溶液为指示剂，用 0. 1mol/L 硫代硫酸钠标准溶液滴定。同时进行空白试验。

③计算：

$$\text{氧乙烯基含量} = \frac{(V_1 - V_0) \times f \times c \times 0.22}{m} \times 100\%$$

式中：V_1——试样滴定耗用的硫代硫酸钠溶液的体积，mL；

V_0——空白滴定耗用的硫代硫酸钠溶液的体积，mL；

f——0. 1mol/L 硫代硫酸钠浓度的校正系数；

c——硫代硫酸钠溶液的浓度，mol/L；

0.22——1mmol 氧乙烯基的质量，g/mmol；

m ——试样的质量，g。

而平均 EO 加成数（摩尔）可计算求得：

$$平均加成数（摩尔）= \frac{疏水基平均相对分子质量 \times EO\%}{44 \times (100\% - EO\%)}$$

5. 聚氧乙烯化合物中游离聚乙二醇含量的测定

(1)试剂。乙酸乙酯、盐水（将 300g 分析纯氯化钠溶解于 1000mL 蒸馏水中）、氯仿、丙酮（无水）、石油醚（沸程 40 ~ 60℃）。

(2)步骤。精确称取 5g 样品，溶于(35 ± 1)℃乙酸乙酯中，定量转移至 250mL 分液漏斗中，使最后体积为 75mL。用已加热至(35 ± 1)℃的 50mL 盐水萃取，充分摇动，再静置 30min 使其分层。在整个操作过程中，保持容器和其中溶物在(35 ± 1)℃。

将盐水层放入第二个分液漏斗中，再用 50mL 盐水萃取留在第一个分液漏斗中的乙酸乙酯溶液，其后的操作和温度条件同第一次萃取。将盐水层同样放到第二个分液漏斗中，用第三份 50mL 盐水重复萃取第一个分液漏斗中的乙酸乙酯溶液，分出的盐水层再放入第二个分液漏斗中，保持第一个分液漏斗中的乙酸乙酯溶液在(35 ± 1)℃。

第二个分液漏斗中三次盐水萃取液，用 25mL(35 ± 1)℃乙酸乙酯洗涤，然后在此温度下静置 30min，将盐水溶液放至第三个分液漏斗中，再次用 25mL 乙酸乙酯溶液洗涤，随后如前同样操作。分出的盐水层放入一个 500mL 分液漏斗中，将第二次乙酸乙酯洗涤液倒在第二个分液漏斗内的第一次洗涤液中。

用 25mL 盐水洗涤盛在第二个分液漏斗中的两次乙酸乙酯的合并洗涤液。分层后，放出盐水洗液至第三个分液漏斗中，用此液体淋洗分液漏斗，以后将溶液倒在 500mL 分液漏斗中，再用 10mL 盐水淋洗第三个分液漏斗，将洗液加至 500mL 分液漏斗中。将第一个及第二个分液漏斗中的乙酸乙酯溶液定量转移至 250mL 烧瓶内，完全蒸除溶剂，将残液溶于 75mL 乙酸乙酯中，加热至 45℃后立即通过玻璃过滤器滤至一个已称重的具塞广口烧瓶中，每次用 10mL 热的乙酯乙酯淋洗原来烧瓶及过滤器，共淋洗 3 ~ 5 次，洗液收集于已称重的烧瓶中，在蒸汽浴上蒸除溶剂，残液再与 10mL 丙酮一起蒸馏进行干燥，蒸除溶剂瓶吹入冷空气，将溶剂蒸汽尽可能从烧瓶中驱出。再次用 10mL 丙酮重复这一步操作。加 10mL 石油醚，蒸除溶剂，再用冷空气驱出残留的痕量溶剂。塞住烧瓶，于干燥器中冷却后拔出塞子立即再塞上，称量。在 100℃烘燥箱中将烧瓶烘 10min，如前面所述之操作，再吹入冷空气，加塞，称重。重复这样的加热和称重操作，直至连续两次称重的差小于 3mg。

用 100mL 氯仿萃取在 500mL 分液漏斗中合并的盐水萃取液，静置 15min，使其分层，然后放出氯仿萃取液于另一个 500mL 分液漏斗中，再重复萃取第一个 500mL 分液漏斗中的盐水溶液两次，每次用 100mL 氯仿，将合并的氯仿萃取液转移至一个 250mL 的烧杯中，蒸去溶剂。用 50mL 氯仿溶解残液，通过玻璃过滤器过滤至一个已称重的具塞烧瓶中，每次用 10mL 热的氯仿洗前一个烧瓶及玻璃过滤器，共洗 3 ~ 5 次，洗液收集于已称重的烧瓶内，在蒸汽浴上蒸除滤液的溶剂，用丙酮干燥两次，每次 用 10mL。然后再用 10mL 石油醚，其后按上面所述之操作完成干重和称重。盐水溶液中的残留物为聚乙二醇，而乙酸乙酯中的为活性物。根据残留物质量即可计算两者的百分含量。

(四)两性表面活性剂的定量分析

用高氯酸电位滴定法分析。

两性表面活性剂用高氯酸溶液滴定,在终点由于游离的高氯酸而使电位发生急剧的变化。预先将各种已知浓度的试样溶液用高氯酸作电位滴定并制作标准曲线。由未知试样溶液的电位滴定值从标准曲线可求得试样的浓度。

当阳离子表面活性剂和非离子表面活性剂共存时,本试验无干扰,因此,用本法可以直接滴定三元表面活性剂中的两性表面活性剂。

1. 试剂

①0.1mol/L 高氯酸—对二氧六环溶液:取 70% 高氯酸 4.5mL 溶解于 500mL 精制的对二氧六环中,用苯二甲酸氢钾在醋酸中作电位滴定,并进行标定。

②0.1mol/L 高氯酸—对二氧六环溶液的标定:精确称取苯二甲酸氢钾 0.15 ~ 0.2g,溶解于 30mL 醋酸中进行电位滴定。

$$c = \frac{1000 \times b}{204.2 \times a}$$

式中:c——高氯酸—对二氧六环溶液的标定浓度,mol/L;

b——苯二甲酸氢钾的质量,g;

a——0.1mol/L 高氯酸—对二氧六环溶液的滴定体积,mL;

204.2——苯二钾酸氢钾的摩尔质量,g/mol。

2. 步骤

称取 0.1 ~ 0.2g 两性表面活性剂溶解于 30mL 醋酸中,用 0.1mol/L 高氯酸—二氧六环溶液作电位滴定,由预先制作的标准曲线求出两性表面活性剂的含量。

$$两性表面活性剂含量 = \frac{b}{m} \times 100\%$$

式中:b——从标准曲线上求得的两性表面活性剂的质量,g;

m——试样的质量,g。

注　二氧六环精制:在 500mL 二氧六环中加入浓盐酸 7mL 及水 50mL,加热回流 6 ~ 8h 后,加入粒状氢氧化钾进行干燥,最后加入金属钠并回流 5 ~ 6h 后,精馏并收集 100 ~ 102℃ 的馏分。

三、表面活性剂的化学分析

(一)盐酸水解试验

本试验检出的官能团是有机硫酸盐($ROSO_2O^-$),反应式为:

$$ROSO_2O^- + H_2O \xrightarrow{H^+} ROH \downarrow + HSO_4^-$$

$$HSO_4^- + Ba^{2+} \xrightarrow{\triangle} BaSO_4 \downarrow + H^+$$

1. 试剂

盐酸(1∶4),10% 氯化钡,15mol/L 浓硝酸。

2. 步骤

若试样对酚酞呈碱性,在 110 ~ 115℃ 烘箱中干燥,残渣用无水甲醇或苯萃取,萃取物过滤或离心分离以除去不溶物，澄清的萃取液蒸发至干，取0.2g进行试验。若试样对酚酞不呈碱性，则用2mol/L氢氧化钾—甲醇溶液调整为碱性，在110～115℃烘箱中干燥，再按前述方法处理。

在0.2g纯化的试样中加入盐酸(1∶4)6mL，充分摇动，取出1mL加入15mol/L硝酸3滴与水1mL，搅拌，再加入10%氯化钡溶液3滴，搅拌，然后令其放置2～3min，如有不溶于水的白色沉淀生成，表明是硫酸钡，稀释后不溶解，则试样需重新纯化。若无沉淀生成或沉淀溶于水，在水浴上加热剩余的5mL表面活性剂—盐酸溶液10～15min，静置待其分层。取澄清液1mL于试管中，加入15mol/L硝酸3滴与水1mL，充分混合，然后加入10%氯化钡溶液3滴，搅拌，然后放置几分钟，若有不溶于水的白色结晶生成，则表示有有机硫酸盐存在。若无机硫酸盐与之共存，试样必须预先纯化，否则将干扰试验。有机碳酸盐对本试验呈阴性，因此可以与有机硫酸盐相区别。

(二)酯的羟肪酸试验

本试验检出的官能团是—COOR(酯类)，反应式为：

$$HNH_2OH^+ + Cl^- + K^+ + OH^- \xrightarrow{CH_3OH} KCl + H_2O + NH_2OH$$

$$NH_2OH + OH^- + RCOOR' \longrightarrow R'OH + H_2O + RCONHO^-$$

$$3RCONHO^- + Fe^{3+} \longrightarrow (RCONHO)_2Fe\text{(红紫色)}$$

1. 试剂

①1mol/L含百里酚酞的盐酸羟胺溶液：溶解70g盐酸羟胺和0.2g百里酚酞在1L甲醇中。

②2mol/L氢氧化钾溶液：溶解264g氢氧化钾在1L甲醇中，冷却，以甲醇稀释至2L，放置后，取澄清液使用。

③2mol/L盐酸—甲醇溶液：取17mL浓盐酸加入85mL甲醇中。

④10%三氯化铁溶液。

2. 步骤

试样先在110～115℃烘箱中干燥，取1.1g(液体试样3滴)，加入1mL盐酸羟胺溶液，滴加2mol/L氢氧化钾溶液至混合物呈蓝色后再多加0.5mL，沸煮30s，冷却后逐滴加入2mol/L盐酸—甲醇溶液直至蓝色消失。然后加入10%三氯化铁溶液2滴，继续滴加2mol/L盐酸—甲醇溶液直至出现紫红色(阳性)或黄色(阴性)。若紫红色很快消失，加入几滴过氧化氢溶液。

高级或低级羧酸酯可区别如下：以2～3mL水稀释呈阳性结果的试样溶液，加入氯仿1mL，充分摇动，静置分层，若水层蓝色显著为低级羧酸衍生物(C_6以下)，若氯仿层色显著为高级衍生物(C_9以上)，若水层与氯仿层均呈色，则表明是中等碳链的羧酸衍生物。

所有含酯或内酯键的化合物对本试验都呈阳性。此外，季铵咪唑啉盐、醇胺羟酸缩合物及醋胺的环氧乙烷加成物呈阳性。酚类干扰本试验。

本试验也可在滤纸上进行。在滤纸上点以2～3mL表面活性剂试样，先喷以新制备的(1∶1)盐酸羟胺溶液(5g盐酸羟胺溶于50mL甲醇中)与氢氧化钠—甲醇溶液(5g氢氧化钠溶于50mL甲醇中)的混合液，干燥后再喷以三氯化铁溶液(10g $FeCl_3 \cdot 6H_2O$溶于183mL乙醇和17mL浓盐酸的混合液中)，黄色背景上有明显的红棕色斑点，表示有酯存在。

(三)催化酯化试验

本试验检出的是羧酸盐。

1. 试剂

己二醇(或2－甲基－2,4－戊二醇)，硫酸(95%以上)，2mol/L盐酸甲醇溶液(17mL浓盐酸加入到85mL 甲醇中)。

2. 步骤

在0.1g干燥试样中,加入已二醇10滴与浓硫酸(H_2SO_4)(18mol/L)1滴,以小火缓慢加热至沸,并煮沸1min,冷却后,进行酯的羟羧酸试验,羧酸或羧酸盐呈阴性。若试样是碱性的,应先使其溶于1mL 甲醇中,并以2mol/L 盐酸—甲醇溶液酸化,使其对石蕊呈酸性,在水浴上加热以去除甲醇。

(四)乙醚化试验

本试验检出官能团是$ROSO_2O^-$(烷基硫酸酯)。

1. 试剂

85%磷酸,冰醋酸,45%氢氧化钾,苯。

2. 步骤

在0.1g(或3滴)无水试样中加入85%磷酸1滴和冰醋酸4滴,摇匀,以小火加热至沸并沸煮30s,冷却,加水3~4mL,再加入少量45%氢氧化钾使溶液呈碱性(一般5~10滴),冷却后,加塞摇动2~3min。加入苯2滴,再加塞,充分摇动,静置使分层(必要时可离心分离)。用吸管将大部分苯层移至一干燥试管中,小心地在水浴上加热以除去苯。残留物作酯的羟酸试验。若水层色显著,则表示有烷基硫酸盐存在。

低级醇、聚乙二醇和其醚类对本试验无干扰,高级醇和醚呈阳性。

(五)芳香磺酸试验

本试验检出的官能团是$ArSO_2O^-$(芳基磺酸盐)。

1. 试剂

重氮盐溶液:20mg 重氮盐溶解在10mL 稀盐酸(1:4)中,在水浴中冷却至0~5℃,加入100mg 亚硝酸钠,充分摇匀,生成的红色5~10min 后变为黄色。黄色出现后约10min,加入0.1g 左右尿素,以除去过量的亚硝酸。

2. 步骤

在镍坩埚中熔融2~2.5g 氢氧化钾,然后加入200mg 干燥试样,进行熔融。加热时充分搅拌熔融物3~5min,冷却,加入5mL 水,充分摇动以溶解,离心分层或过滤此悬浮液。取澄清液用等量的苯萃取,水层以浓盐酸酸化至对刚果红试纸呈酸性。冷却后,每次用石油醚5mL 萃取生成的酚类,共萃取2次。蒸干石油醚萃取物。残留物加入10%氢氧化钠3mL,摇动以使溶解。混合物以石蕊试纸检验,若碱性不强,再加10%氢氧化钠溶液。转移碱性溶液于一试管中,加入重氮盐溶液1mL,注意颜色的变化。

芳香族磺酸盐除部分外,均呈现橙色或红色至红紫色。萘衍生物为红紫色,出现红色、黄色或琥珀色为阴性。

(六)胺的羟及酸试验

元素分析含氮而不含硫或磷的阴离子或两性离子表面活性剂,可通过下述试验以检出所存在的官能团,从而推测其结构。

本试验检出的官能团为—CON(R)$^-$(酰胺)。

1. 试剂

①7%盐酸羟胺已二醇溶液:溶解7g 盐酸羟胺于15g 水中,加入78g 已二醇(或2-甲基-

2,4－戊二醇)。

②1mol/L 盐酸—已二醇溶液:取 4mL 12mol/L 盐酸溶解在 44mL 已二醇中。

③1mol/L 氢氧化钾—已二醇溶液:溶解 3.3g 85% 氢氧化钾于 2mL 水中,再加入 45g 已二醇。

④10% 三氯化铁溶液。

2. 步骤

取 0.1g(或 3 滴)干燥试样(110～115℃干燥)于一试管中,加入盐酸羟胺溶液 1mL,温热使试样溶解或分散冷却,逐滴加入 1mol/L 氢氧化钾—已二醇溶液或 1mol/L 盐酸—已二醇溶液,直至混合物对刚果红试纸呈酸性。温和煮沸 3min,以免溶剂大量散失。冷却,加入三氯化铁溶液 2 滴,显现红紫色或深红色,表示有酰胺存在,黄色或琥珀色为阴性。

α－氨基酸、低级羧酸及盐类显示阳性结果。因此,可按下述步骤提纯:

将试样溶解或分散于冷水中,使其对百里酚酞呈碱性,以苯或醚萃取。若萃取物混浊,可离心分离或过滤,蒸去溶剂。残留物按上法试验,若仍为碱性,即表示有酰胺存在。

(七)高锰酸钾—氯仿试验

本试验检出官能团为季铵盐化合物。

1. 试剂

25% 高锰酸钾,盐酸(1∶4),氯仿,甲醇。

2. 步骤

0.2g 试样溶解于 1mL 甲醇(或水)中,逐滴加入盐酸(1∶4),直至溶液对刚果红呈酸性,再加入甲醇或水,直至溶液质量为 2g。

取此溶液 1 滴,加入到盛有高锰酸钾溶液和 2mL 氯仿的试管中,塞住试管,剧烈摇动混合物 5s,观察氯仿层的颜色。氯仿层呈桃红色或红棕色,并至少 30s,即表示有季铵盐化合物存在。

(八)酚酞试验

本试验检出的官能团是 C_{25} 以上的四烷基季铵盐化合物。

1. 试剂

5% 氢氧化钾,0.1% 酚酞—甲醇溶液,苯。

2. 步骤

0.1g(或 3 滴)试样悬浮在 3mL 5% 氢氧化钾中(必要时可加热)。冷却后加入酚酞 2 滴和苯 2mL。盖紧塞子,摇动 2～3s,静置使其分层(或离心分层),注意苯层颜色。桃红色表示碳数 25 以上四烷基季铵盐化合物存在。吡啶、喹啉等季铵盐化合物呈阴性。此外,碳数为 25 以下的四烷基季铵盐化合物也显示阴性结果。

(九)氢氧化钾试验

本试验检出的官能团是碳数为 26 以下的季铵盐化合物,吡啶、喹啉或异喹啉季铵盐化合物。

1. 试剂

①5% 氢氧化钾溶液:5g 氢氧化钾溶解在 95mL 蒸馏水中。

②20% 氢氧化钾溶液:20g 氢氧化钾溶解在 80mL 蒸馏水中。

2. 步骤

0.1g 试样悬浮在 3mL 5% 氢氧化钾溶液中,加热沸煮 30～60s。冷却至室温,注意观察混合物,若有黑色油状不溶物生成,则改用 3mL 20% 氢氧化钾溶液,并重复上述操作,然后注意混合物开始沸腾时的气味。

碳数小于26的季铵盐化合物,在5%冷氢氧化钾溶液中溶解,而碳数大于26的季铵盐化合物不溶解于5%冷氢氧化钾溶液中,或呈混浊液。吡啶、喹啉或异喹啉季铵盐化合物,由于其相对分子质量不同,可以溶解在5%冷氢氧化钾溶液中,也可以不溶解于冷氢氧化钾溶液中。所有上述物质在碱性条件下加热均会分解,生成黑色油状不溶物。若用20%氢氧化钾溶液加热,则会产生吡啶或喹啉的特殊味道。

(十)一氯醋酸钠裂解试验

本试验检出官能团 $R_1R_2NCH_2CH_2OH$($N-\beta-$羟乙基胺)。

1. 试剂

0.1%酚酞—甲醇溶液,0.5mol/L 氢氧化钾,0.5mol/L 氢氧化钾—甲醇溶液,0.5mol/L 盐酸—甲醇溶液,一氯醋酸,四乙二醇二甲醚,硝普钠溶液(溶解20g 硝普钠在50mL 蒸馏水中,并用450mL 甲醇稀释)。

2. 步骤

溶解0.2g(或6滴)试样于0.5mL 甲醇中,必要时可加热。加入酚酞—甲醇溶液1滴,再逐滴加入0.5mol/L 氢氧化钾—甲醇溶液,直至混合物正好显碱性。在水浴上除去大部分甲醇后,在残留物中加入0.2~0.3g 一氯醋酸钠和1~1.5mL 四乙二醇二甲醚。充分摇动后,将试管按水平位置倾斜30°,装上胶塞,塞上带有弯成60°的玻璃导管,导管末端插入检测液。检测液为1mL 水中加入硝普钠溶液2滴和二乙醇胺1滴。强加热试样5min 使分解,热分解后检测显明显的蓝色为阳性。除单乙醇胺外,所有$\beta-$羟乙基胺均显示阳性。

对于聚氧乙烯型的非离子表面活性剂可通过磷酸热裂解试验、丙烯醛试验等检出其所存在的官能团。

(十一)磷酸热裂解试验

本试验检出的官能团$\left[(C_2H_4O)_2\right]$聚氧乙烯基,$\left[(CH_3CHCH_2O)\right]$聚氧丙烯基。

1. 试剂

85%磷酸,硝普钠溶液(溶解20g 硝普钠在50mL 蒸馏水中,并用450mL 甲醇稀释),二乙醇胺。

2. 步骤

在含有1~1.5mL 85%磷酸的试管中加入200mg(或4滴)干燥的试样,充分搅动,在试管口塞上脱脂棉,并装上胶塞,塞上带有弯成60°角的玻璃导管,然后将试管按水平位置倾斜30°角,使导管的主要部分垂直,导管末端插入检测液的液面下。

检测液是在1mL 水中加入2滴硝普钠溶液和1滴二乙醇胺。

用小火将试样和磷酸的混合液加热,直到转为深棕色,如泡沫太多,可中断加热片刻。强加热泡沫上端的试管,如果泡沫消失,即将火焰移至试管下端。继续裂解,直到检测液出现蓝色或橙色(也可能变为深棕色),若加热5min 后仍不出现蓝色或橙色,则为阴性结果。

在此条件下聚氧乙烯基分解产生乙醛,用硝普钠、二乙醇胺处理生成蓝色。

聚氧丙烯基的鉴定方法与聚氧乙烯基相似,只是在磷酸热裂解试验时,聚氧丙烯基分解为丙醛及其聚合物,丙醛与硝普钠和二乙醇胺生成橙色。

对同时含有聚氧乙烯基和聚氧丙烯基的化合物在试验时,先生成橙色,但很快就变为深棕色。

(十二)丙烯醛试验

本试验检出的官能团是甘油酯。

1. 试剂

85%磷酸,3%过氧化氢,12mol/L浓盐酸,1%间苯三酚乙醚溶液。

2. 步骤

本试验的第一步是磷酸热裂解试验,见试验(十一)。

将磷酸热裂解产物倒入1mL蒸馏水中3～4min,在此溶液中加入3%过氧化氢1mL,摇匀,放置1min,然后加入5mL浓盐酸和5mL 1%间苯三酚乙醚溶液。注意界面上产生的颜色,将试管倒置一次后再注意颜色的变化。鲜艳的桃红色表示甘油衍生物热裂解产生丙烯酸。假如样品中只含有少量甘油,所生成的桃红色仅在倒置前的界面上可以见到。

单、双和三甘油酯、硫酸化甘油酯在此试验中呈阳性,氧化乙烯、氧化丙烯衍生物无反应。

四、表面活性剂的分离

(一)活性成分的分离

1. 固体试样的分离

固体试样通常采用索氏萃取器分离。

(1)索氏萃取器的操作。将有机溶剂装入蒸馏瓶,将固体样品装入萃取器的滤纸筒中。装好仪器,加热沸腾,有机溶剂蒸气经导管进入萃取室,在回流管中被冷凝成液体后,滴在滤纸筒的样品上,就此进行萃取。萃取室中聚积的有机溶剂逐渐增多,当液面超过虹吸回流管时,溶有萃取物质的溶剂被虹吸到蒸馏瓶中,继续进行这一过程,可被萃取物质在蒸馏瓶中的浓度越来越高,直到滤纸筒中的样品被萃取干净为止。将萃取液蒸发干燥,就能提取全活性成分。

样品量以含全活性成分0.5～1g称取,萃取时间一般为12h。

(2)萃取溶剂的选择。索氏萃取器的效果决定于溶剂选择是否适当。以下溶剂常用作表面活性剂的萃取剂:95%乙醇、80%甲醇、无水甲醇、95%异丙醇、丙酮、醋酸乙酯、氯仿和石油醚等。根据相似相溶原理,极性强的溶剂不能充分萃取脂肪酸酯和烷醇酰胺等极性弱的物质;反之,非极性溶剂也不能充分萃取极性强的磺化琥珀酸酯、二磺酸盐和亲水性强的聚氧乙烯衍生物等。

对于较强极性的表面活性剂混合物,一般推荐正丁醇和无水乙醇作萃取剂,如为极性较弱的活性剂,可用乙醚。常在萃取样品中加入一定量的芒硝(无水硫酸钠)以加强盐析作用,增加萃取效果。

2. 液体试样的分离

(1)半微量液—液萃取法。对表面活性剂含量较高的液体试样(多数为水溶液),推荐采用改进的半微量液—液萃取法。正丁醇—凯塞尔贝克液—液连续萃取器装置如图3－6－2所示。

操作要点:

于凯塞尔贝克萃取器的茄形烧瓶(容量150mL)中,加入试样水溶液(试样中含全活性成分约0.5%)100～120mL。将盛有100mL正丁醇的三角烧瓶(200mL)置于165～170℃油浴内,使正丁醇沸腾,并向茄形烧瓶中吹入气泡,继续煮沸三角烧瓶内的溶剂。正丁醇萃取液和水溶液的混合物在分层器($\phi 30 \times 220$)中溢流,分层,而萃取液回入烧瓶中,水溶液则经排液管流入茄形瓶。如此连续萃取3h,萃取后,于烧瓶的萃取液中加入少量无水硫酸钠脱水,过滤。烧瓶和

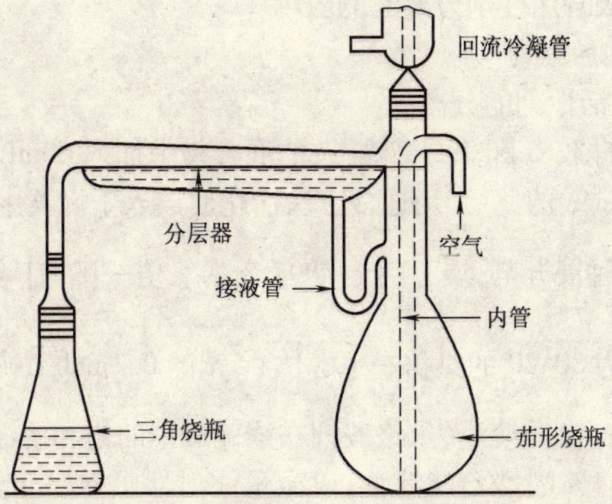

图 3－6－2　正丁醇—凯塞尔贝克液—液萃取器

滤纸用正丁醇净洗 5 次，每次 2mL，洗液和滤液合并于 200mL 的茄形烧瓶中，再在水浴上减压蒸馏，浓缩至 10mL，移到已经称量过的 50mL 圆底烧瓶中，在水浴上减压馏去溶剂直到恒重，即得到样品中全活性物质的总量，并求取百分含量。所得全活性成分可供定性和定量分析。

(2)从乳状液中萃取。一般采用蒸发干燥和破乳两个方法。常用化学破乳方法有：添加无机盐电解质；加乙醇或丙酮；加正丁醇或氯仿等。然后进行离心分离。

在高沸点有机溶剂的乳状液中，不能被皂化的表面活性剂的萃取法是将乳状液溶于等体积的乙醚或异丙醇中，再用石油萘萃取。注意，从乳状液中分离萃取时尽可能不加酸和碱，以免引起一部分表面活性剂分解。

(3)从有机组分中萃取。如果有机化合物极性很大，如甘油、蔗糖、糊精、蛋白质等可能都不溶于无水乙醇，因此当表面活性剂被萃取入丁醇中时，它们也会残留于水相、醋酸乙酯或丙酮中。

如果有机组分在极性上接近表面活性剂，有时需采取专门方法才能有效。例如甘油酯分离时，用已烷和含水乙醇多次萃取，可以将甘油单酯与甘油二酯、三酯分离开来。烷醇酰胺和脂肪醇配成 10% ~20% 的异丙醇溶液时，用乙醚—戊烷(1:1)混合溶剂可将烷醇酰胺和脂肪醇萃取出来。

(4)从无机盐溶液中萃取。在广泛使用的合成皂、洗衣粉和某些纺织印染助剂中，都要用到无机电解质，如硫酸钠、磷酸钠、三聚磷酸钠、硅酸钠、碳酸盐、硼酸盐及过氧化物等作添加剂。从这些复合助剂制品的水溶液中萃取表面活性剂时，一般可将溶液中水分挥发后，再用无水乙醇多次反复萃取。表面活性剂被萃取入乙醇中，无机盐等醇不溶物成为残渣。其他萃取溶剂还有无水甲醇、80% 甲醇、95% 异丙醇、正丁醇、异戊醇、丙酮、醋酸乙酯、氯仿等有一定极性的溶剂。

无机盐类在无水溶剂中几乎不能或完全不能溶解，但某些盐类如氯化钠、碳酸钠、碳酸氢钠和硼酸盐等在潮湿的醇和丙酮中能够溶解。因此，为了完全除去活性成分中残留的无机盐，最好是重复萃取蒸发物，或将醇萃取物干燥后，再用热无水乙醇萃取。

(二)薄层色谱法在表面活性剂分离上的应用

1. 阴离子表面活性剂的分离

(1)单一阴离子表面活性剂的分离。

①薄层制备:在25g硅胶G和2.5g硫酸铵的混合物中加入60mL水搅拌成为均一浆状物,制成厚度为0.25~0.275mm的薄层,用通常方法活化后放入干燥器中保存。

②展开溶剂:配制两种展开剂,展开剂Ⅰ为97∶3的氯仿—甲醇$\left[\text{含有5\%的0.1mol/L硫酸}\left(\frac{1}{2}H_2SO_4\right)\right]$。展开剂Ⅱ为80∶20的氯仿—甲醇$\left[\text{含5\%的0.1mol/L硫酸}\left(\frac{1}{2}H_2SO_4\right)\right]$。

③显色剂:重铬酸钾—硫酸溶液(重铬酸钾在浓硫酸中的饱和溶液)。

④操作:制备试样的1%醋酸乙酯溶液,以微量注射器吸取一定量在薄层上点样(使表面活性剂含量为0.01~1mg),风干后,用展开剂Ⅰ及展开剂Ⅱ展开至离原点约12cm高处,在干燥器除去溶剂,以重铬酸钾硫酸溶液喷雾、显色。各种单一阴离子表面活性剂分离的薄层色谱如图3-6-3所示。

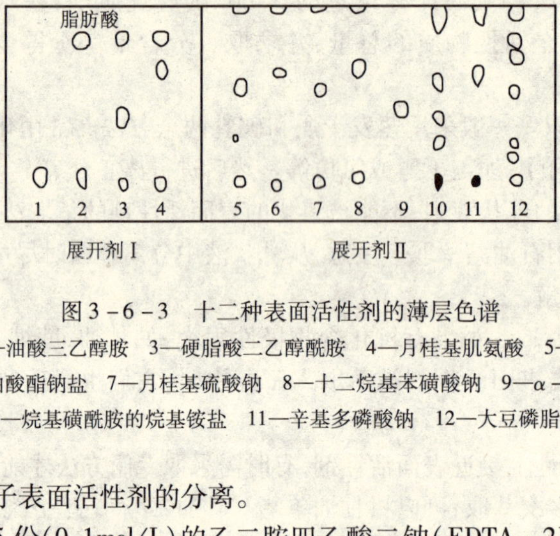

图3-6-3　十二种表面活性剂的薄层色谱

1—三乙醇胺　2—油酸三乙醇胺　3—硬脂酸二乙醇酰胺　4—月桂基肌氨酸　5—脂肪酰胺磺酸钠　6—磺化乙醇油酸酯钠盐　7—月桂基硫酸钠　8—十二烷基苯磺酸钠　9—α-磺化月桂酸钠　10—烷基磺酰胺的烷基铵盐　11—辛基多磷酸钠　12—大豆磷脂质

(2)磷酸酯类阴离子表面活性剂的分离。

①薄层制备:将2.5份(0.1mol/L)的乙二胺四乙酸二钠(EDTA-2Na)与1份硅胶H混合制成0.3mm的薄层,在110℃下活化1h后,放入密闭干燥器中保存。

②展开剂:

Ⅰ:氯仿—甲醇—醋酸—水(68∶18∶11∶3)。

Ⅱ:氯仿—甲醇—醋酸—1mol/L硫酸$\left(\frac{1}{2}H_2SO_4\right)$(74∶10∶15∶1)。

Ⅲ:氯仿—甲醇—1mol/L硫酸$\left(\frac{1}{2}H_2SO_4\right)$—水(72∶25∶0.5∶2.5)。

③显色剂:

a. 铬硫酸试剂:无水铬酸CrO_3的70%硫酸的饱和溶液(适用于除POE类以外的表面活性剂)。

b. 碘蒸气。

c. 硫氰酸钴试剂(适用于 POE 类):将 174g 硫氰酸铵与 28g 硝酸钴共溶于 1L 水中。

d. 钼酸—抗坏血酸显色法检验磷的存在:用 70% 高氯酸喷雾并加热后,用 2.5% 的钼酸铵溶液喷雾,再加热,冷却,用抗坏血酸溶液喷雾,如出现蓝色则表示有含磷物质存在。

④操作:当试样为钠盐型时,可将试样溶解于氯仿—正丁醇—1mol/L 硫酸$\left(\frac{1}{2}H_2SO_4\right)$混合溶液(3∶1∶2)内,充分振荡,取下层作为试样溶液。若试液为酸型,则可用氯仿—甲醇(3∶1)溶解。在薄层上点样 100μg,风干后用上述展开剂按上行法展开,除去溶剂,再用以上显色剂喷雾,即可按呈现的斑点做出鉴别。

磷酸脂类阴离子表面活性剂的薄层色谱如图 3-6-4 所示。

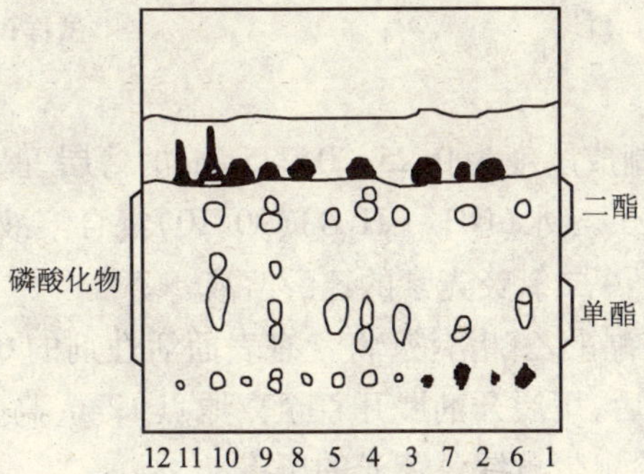

图 3-6-4　展开溶剂 I 的薄层色谱

白色斑点—磷酸酯的分离斑点　黑色斑点—磷酸化前原料的分离斑点

1—十二烷基磷酸酯钠盐(市售品)　2—正辛基磷酸酯钠盐(市售品)　3—2-乙基己基磷酸酯钠盐(实验室样品,由磷酰氯合成)　4—2-乙基己基磷酸酯钠盐(实验室制品,由五氧化二磷合成)　5—2-乙基己基磷酸酯钠盐(实验室制品,由五氧化二磷合成)　6—正十二烷醇　7—正辛醇　8—2-乙基己醇　9—POE 壬基酚醚磷酸酯盐[实验室制品,由 POE 壬基酚(HLB=3.3)五氧化二磷合成]　10—POE 壬基酚醚(HLB=3.3)　11—POE 月桂醚磷酸酯钠盐(市售品)　12—POE 月桂醚(HLB=16.9)

磷酸酯类阴离子表面活性剂(包括 POE 烷基醚、烷基酚醚磷酸酯盐)如用通常的硅胶薄层展开,会产生严重“虹晕”现象,斑点外缘不清晰,影响定性和定量。若采用 EDTA—2Na 处理过的硅胶则不会产生“虹晕”。

烷基磷酸酯盐可分离成单烷基磷酸酯盐、二烷基磷酸酯盐以及未反应的烷醇类。从图 3-6-4 可以看到,这一薄层色谱是根据单烷基磷酸酯钠盐中磷酸盐部分的结构差异而得到分离的。试样 4 由五氧化二磷将醇磷酸酯化而所制得的,其单烷基磷酸酯盐被分离为三个斑点。用氯化磷酰基合成的试样 3,经分离后有两个斑点。

POE 壬基酚醚磷酯酸盐(试样 9)的分离与烷基磷酸酯盐相类似,如图 3-6-5 中单酯部分分离为三个斑点。由图 3-6-6 可见,二酯部分则分离为两个斑点。POE 月桂醚磷酸酯盐(试样 11)分离后有多个斑点。这是由于非离子表面活性剂 EO 加成数高而按聚合度分布进行分离。

2. 阳离子表面活性剂的分离

(1)季铵盐的分离。

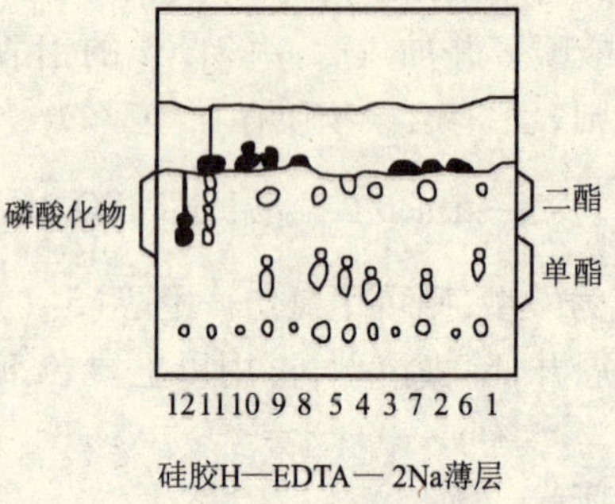

图 3-6-5　展开溶剂Ⅱ的薄层色谱(斑点和试样说明同图 3-6-4)

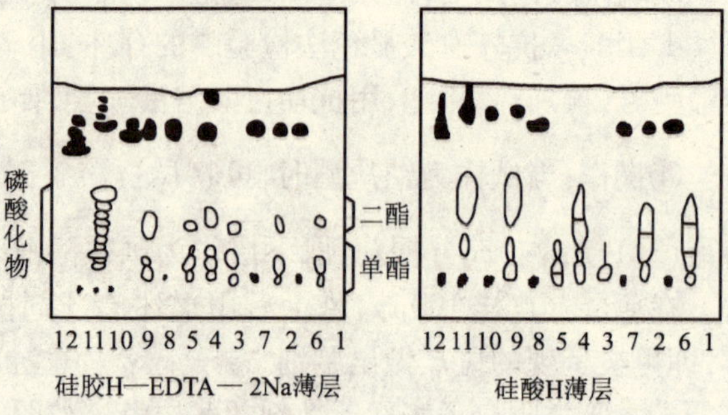

图 3-6-6　展开溶剂Ⅱ的薄层色谱(斑点和试样说明同图 3-6-4)

①薄层制备:用硅胶 G 制成厚度为 0.25~0.275mm 的薄层,保存于干燥器中。

②展开剂:丙酮—14mol/L 氨水($NH_3 \cdot H_2O$)(90:10)混合溶液。

③显色剂:0.2% 的 2′,7′-二氯荧光素的乙醇溶液。

④操作:配制试样的 1% 醋酸乙酯溶液,将含有表面活性剂的 0.01~1mg(通常为 0.04mg)的溶液于薄层上点样。风干后,用展开剂展开直至离原点 12cm 高处,除去薄层上的溶剂后,再用显色剂喷雾,在紫外灯下检出带黄绿色荧光的斑点。

(2)烷基溴化异喹啉盐的分离。

①薄层制备:将 200mL 水加于 100g 硅胶 G(含石膏约 13%),搅拌成均匀浆状,用涂布器按通常方法制成 0.3mm 厚的薄层,风干 30min 后,在 120℃下活化 1h,保存于干燥器内。

②展开剂:氯仿—丙酮(45:55)的混合溶剂或纯氯仿。

③显色剂:德雷根道夫试剂(溶液 A:将 0.85g 次硝酸铋溶于 100mL 30% 醋酸和 40mL 水中;溶液 B:重容比为 40% 的碘化钾溶液。使用前取溶液 A 和溶液 B 各 5mL 与 20mL 30% 醋酸混合,加 50mL 水稀释即成)。

④操作:将试样配成 5% 的乙醇溶液,用微型吸管吸取 0.005~0.01mL 试样液,点样于薄层上,展开后,置于干燥器中除尽溶剂。用德雷根道夫试剂喷雾,主要成分及副产物呈橙色,未反应产物呈桃色,色谱见图 3-6-7。

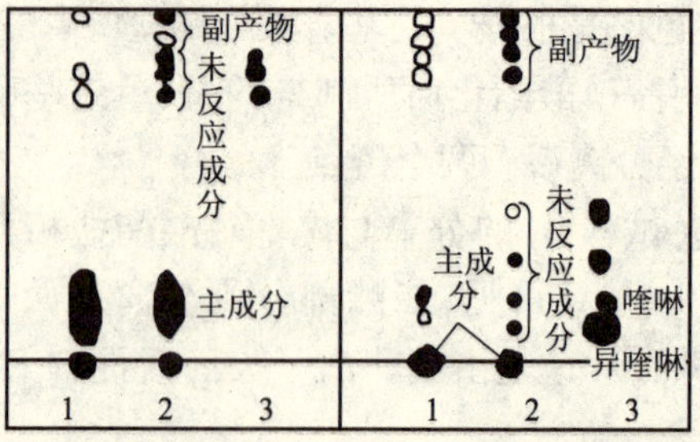

图 3-6-7　烷基溴化异喹啉的薄层色谱

1—烷基溴化异喹啉盐(市售品 A)　2—烷基溴化异喹啉盐(市售品 B)　3—异喹啉

(3)聚氧乙烯烷基胺的分离。

①薄层制备:将200mL水加于100g硅胶G(含石膏约13%),搅拌成均匀浆状,用涂布器按通常方法制成0.3mm厚的薄层,风干30min后,在120℃下活化1h,保存于干燥器内。

②展开剂:醋酸乙酯—丙酮—14mol/L氨水($NH_3 \cdot H_2O$)(62:28:10)的混合溶液。

③显色剂:德雷根道夫试剂。

④操作:将试剂配成1% ~2%的丙酮溶液,取0.001 ~0.002mL点样,风干,展开至离原点17cm高处,再风干。用显色剂喷雾后,在黄色底上呈现出橙色斑点。如果发生分离不佳,可将展开后的薄层吹干,再用原展开剂作二次展开。各种聚氧乙烯的月桂胺(EO数1 ~10)展开结果见图3 -6 -8。

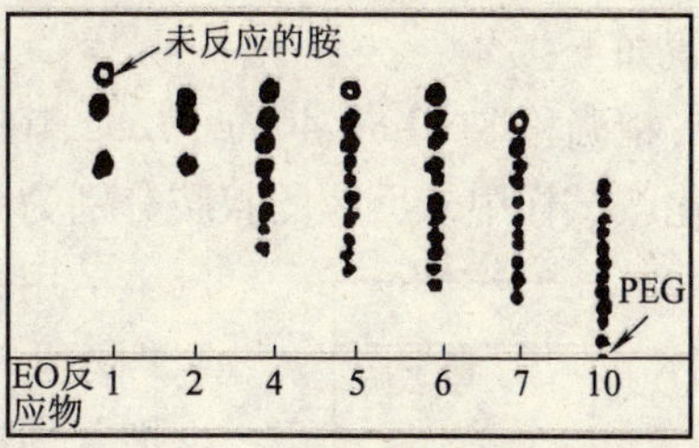

图3 -6 -8　各种聚氧乙烯基胺的分离

(4)各种胺类的分离。

①薄层制备:将200mL水加于100g硅胶G(含石膏约13%),搅拌成均匀浆状,用涂布器按通常方法制成0.3mm厚的薄层,风干30min后,在120℃下活化1h,保存于干燥器内。

②展开剂:

Ⅰ:苯—1mol/L氨水($NH_3 \cdot H_2O$)(10:1),20℃下混合振荡,静置后取上层溶液。

Ⅱ:氯仿—1mol/L氨水($NH_3 \cdot H_2O$)(10:1),20℃下混合振荡,静置后取其下层再与甲醇以97:3混合。

③显色剂:重铬酸钾的浓硫酸饱和溶液。

④操作:将试液点于薄层上,吹干后用展开剂Ⅰ或展开剂Ⅱ展开。除去残留在薄层上的有机溶剂后,再用重铬酸钾的浓硫酸饱和溶液喷雾,鉴别斑点。图3 -6 -9和图3 -6 -10为分离实例。

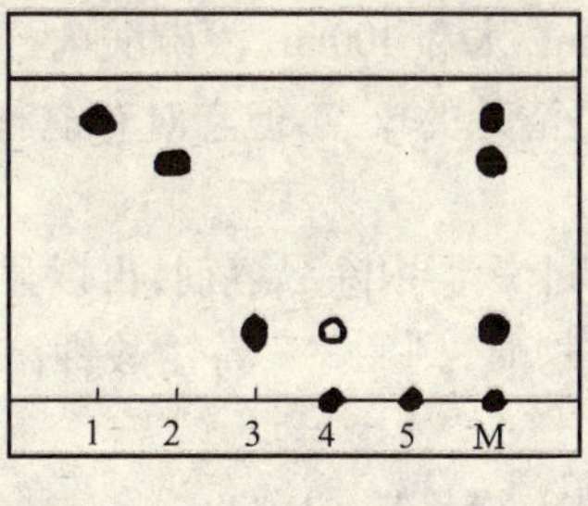

图3 -6 -9　展开剂Ⅰ的薄层色谱

1—烷基异氰酸酯　2—酯类　3—三烷基叔胺
4—二烷基仲胺　5—乙酰化伯胺
M—混合物

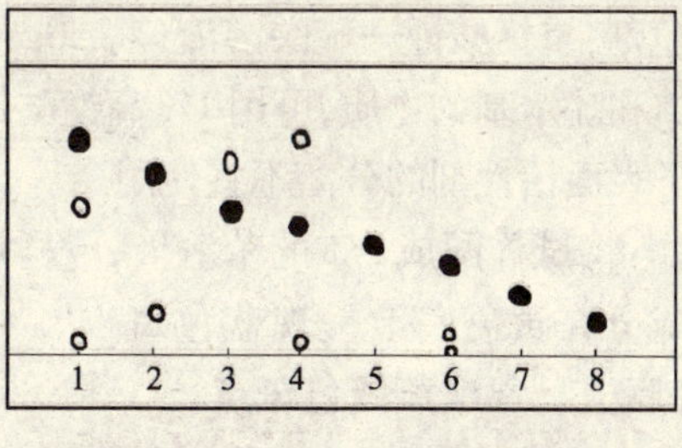

图3 -6 -10　展开剂Ⅱ的薄层色谱

1—三烷基叔胺　2—乙酰化*N*-2-氧乙基酰胺　3—乙酰化伯胺
4—二烷基仲胺　5—酰胺　6—烷基二甲基叔胺
7—*N*-2-氧乙基酰胺　8—伯胺

(5)长链氧化铵中叔胺的快速定量法。

①装置与仪器:紫外灯,微量量筒(10μL)。

②薄层制备:将50g硅胶G加入150mL氯仿中调成浆状物,把显微镜的载物片浸入其中,

使涂布一层硅胶 G 吸附剂，吹风 5min 至干。用纱布擦净薄层四周吸附剂。

③展开剂：氯仿—14mol/L 氨水（$NH_3 \cdot H_2O$）（80∶20）充分混合后静置 1h，分离出下层的氯仿层，以 97∶3 的比例再与甲醇混合而成。

④显色剂：0.05% 2′,7′－二氯荧光素的甲醇溶液。为测定氧化胺中未反应叔胺的含量，首先必须以纯净叔胺试剂制作标准曲线。所用叔胺为烷基二甲基胺经蒸馏精制。制作标准曲线步骤如下：

精确称取 10mg、40mg、70mg、100mg、200mg 和 400mg 叔胺分别置于 10mL 容量瓶中（按 5g 氧化胺试样中未反应的叔胺分别为 0.2%、0.8%、1.4%、2.0%、4.0% 及 8.0% 取样）。

图 3－6－11　氧化胺的薄层色谱

用微型滴管取 5μg 试样于薄层下端 1cm 处点样，在广口瓶内加入 2～3mL 展开剂，瓶内被展开剂蒸汽饱和后，浸渍薄层。溶剂展开到薄层前缘离原点约 12cm 高处，取出薄层，用 0.05% 2′,7′－二氯荧光素甲醇溶液喷雾，再在紫外灯下照射，叔胺的斑点出现在溶剂前沿附近，用铅笔描出这些斑点的轮廓，测定其面积（斑点的面积由高×宽求得）。按此法将每种浓度的叔胺溶液重复试验四次，据所得斑点面积的平均值与叔胺质量可做成标准曲线。

⑤操作：称取 5g 氧化胺试样置于 10mL 容量瓶内，用异丙醇溶解并稀释至刻度，用微型量筒取其中 5μL 点样于薄层，再按上述操作展开，喷雾，在紫外光照射下测定叔胺的面积，即可按预先制得的标准曲线求出未反应叔胺的质量。氧化胺试样的色谱如图3－6－11 所示。

3. 非离子表面活性剂的分离

（1）缩水山梨糖醇脂肪酸酯的分离。

①薄层的制备：用硅胶 G 制成厚度为 0.25～0.275mm 的薄层，保存于干燥器中。

②展开剂：氯仿—丙酮（70∶30 体积比）的混合液。

③显色剂：重铬酸钾—硫酸溶液（将 30g 重铬酸钾溶于 200mL 水和 100mL 浓硫酸内配成）。对于含不饱和疏水基的物质，可用 1% 高锰酸钾溶液喷雾，可得更清楚的斑点，但它对有饱和疏水基的非离子表面活性剂的分离不宜使用。

④操作：将试样配成 5% 的苯溶液，点样展开后，置于 120℃ 干燥器内除尽溶剂，再以显色剂喷雾。各成分在黄色底上呈现蓝色斑点。对不饱和的疏水基物质，则用 1% 高锰酸钾溶液喷雾，在深红底上呈现出黄绿色斑点。

各种缩水山梨糖醇脂肪酸酯在薄层色谱中展开的斑点如图 3－6－12 所示。

缩水山梨糖醇三酯与四酯、缩水山梨糖醇二酯与山梨糖醇未能充分分离。必要时，可用下述方法进行分离：用氯仿—丙酮（98∶2）作展开剂分离三酯和四酯；用氯仿—丙酮（90∶10）分离缩水山梨糖醇二酯与二缩水山梨糖醇二酯；用氯仿—丙酮（15∶85）分离缩水山梨糖醇与山梨糖醇。

（2）甘油单酯、二酯、三脂肪酸酯的分离。

①薄层：在 5cm×20cm 的玻璃板上，用涂布器将 16g 硅胶和 35mL 0.4mol/L 硼酸水溶液经充分搅拌混匀而成的硅胶浆涂布成厚 0.25mm 的薄层。室温放置 10min 后，在 140℃ 恒温鼓风

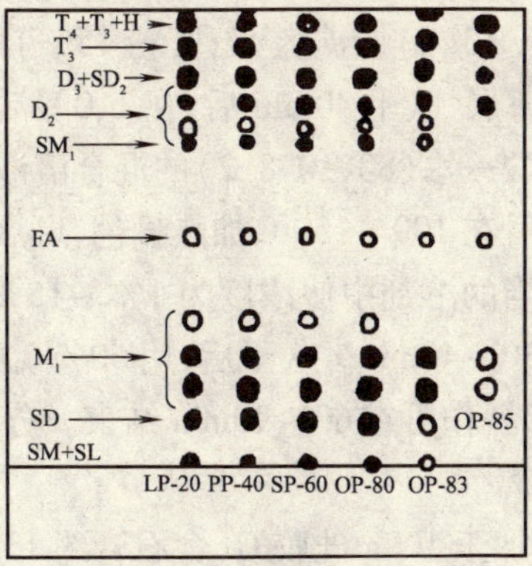

图 3-6-12　各种缩水山梨糖醇脂肪酸酯的薄层色谱

LP-20—缩水山梨糖醇单月桂酸酯　PP-40—缩水山梨糖醇单棕榈酸酯　SP-60—缩水山梨糖醇单硬脂酸酯
OP-80—缩水山梨糖醇单油酸酯　OP-83—缩水山梨糖醇倍半油酸酯　OP-85—缩水山梨糖醇三油酸酯
T_3—缩水山梨糖醇三脂肪酸酯　T_4—缩水山梨糖醇三脂肪酸酯　H—烷烃　D_2—缩水山梨糖醇二脂肪酸酯
SD_2—二缩水山梨糖醇二脂肪酸酯　SM_1—二缩水山梨糖醇单脂肪酸酯　FA—脂肪酸
M_1—缩水山梨糖醇单脂肪酸酯　SD—二缩水山梨糖醇　SM—缩水山梨糖醇　SL—山梨糖醇

干燥箱中活化 30min，然后保存于干燥器中，在 48h 内使用。

②展开槽：玻璃制箱型（110mm × 220mm × 220mm）。

精确称取 20 ~ 40mg 样品置于 5mL 带有聚乙烯塞的玻璃样品瓶中，加氯仿溶解之，精确配制成 1.0% 或 2.0% 的溶液。以 10μL 微量注射器吸取 2.0 ~ 4.0μL，滴加到距薄板下端 2.5cm 处。定量 1-甘油单酯、2-甘油单酯、1,2-甘油二酯及 1,3-甘油二酯，用苯作展开剂。展开时采用上行法至 10cm 处。展开毕，取出薄板，在室温中放置 5 ~ 10min 以除去溶剂，然后以 5% 磷钼酸—乙醇显色剂喷雾。在 60℃ 下加热 10min 脱去乙醇，继而在 200℃ 焙烘 10min，再冷却 20min 后，用薄层扫描仪定量各斑点成分的相对含量。

注　必须严格控制活化条件。活化温度、活化时间与 R_f（比移值）的关系见表 3-6-3。

表 3-6-3　活化温度、活化时间与 R_f 的关系

活化温度/℃	放置时间/h	活化时间/h	R_f					
			甘油二月桂酸酯	甘油三月桂酸酯	1,3-甘油二月桂酸酯	1,2-甘油二月桂酸酯	2-甘油单月桂酸酯	1-甘油单月桂酸酯
26	3	0	0.36	1.00	0.71	0.68	0.30	0.10
26	7	0	0.34	1.00	0.70	0.56	0.34	0.11
110	1/6	0.5	0.26	1.00	—	—	—	—
140	1/6	0.5	0.26	1.00	0.76	0.66	0.45	0.17
150	1/6	0.5	0.26	1.00	—	—	—	—
展开剂			苯	苯—甲醇(98:2)				

(3)蔗糖脂肪酸酯的分离。

①薄层制备:将30mL水加入15g硅胶G(含石膏粉15%)中,激烈搅拌1~1.5min,使成均匀浆状,制成0.2~0.3mm厚的薄层,吹干30min后,在110℃活化1h,再置于干燥器内保存。

②展开剂:氯仿—甲醇—醋酸—水(80:10:8:2)的混合溶液。

③显色剂:50%硫酸。喷雾后在100~150℃加热显色,斑点呈明显黑色。

④操作:将试样溶液溶于适当的溶剂中使浓度为1%~15%,用微量注射器点样,点样量以100~200μg为宜。展开时间约30~40min。吹干后,用50%硫酸均匀喷雾,在100~150℃下加热即呈现明显的黑色斑点。全部操作可在60~90min结束。分离的薄层色谱图见图3-6-13。

(4)聚氧乙烯脂肪酸酯的分离。

①薄层的制备:将200mL水加于100g硅胶G(含石膏约13%),搅拌成均匀浆状,用涂布器按通常方法制成0.3mm厚的薄层,风干30min后,在120℃下活化1h,保存于干燥器内。

②展开剂:氯仿—甲醇(86:14)混合溶剂。

③显色剂:德雷根道夫试剂。

④操作:将试样配成5%的丙酮溶液,用微量注射器点样,展开,用显色剂喷雾,各成分在黄色底上呈橙色—橙色的斑点。各种POE脂肪酸酯的薄层色谱如图3-6-14所示。

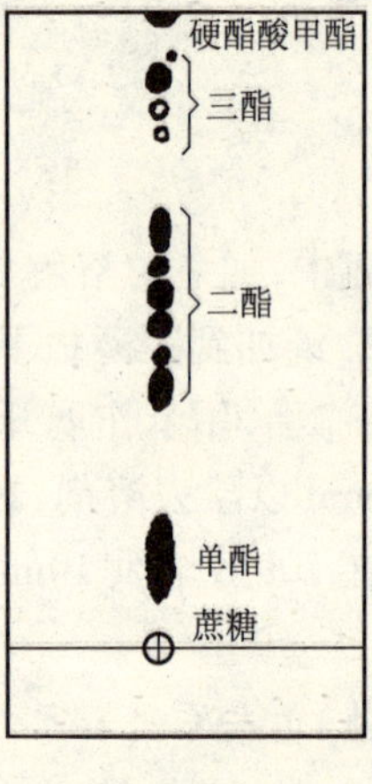

图3-6-13　蔗糖硬脂酸酯的薄层色谱

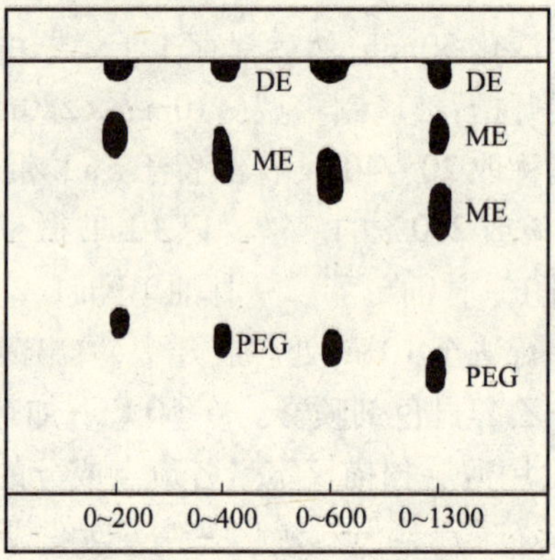

图3-6-14　各种聚氧乙烯脂肪酸酯的薄层色谱
DE—二酯　ME—单酯　PEG—聚乙二醇

位于溶剂前缘的橙色斑点为二酯,紧挨下面的红橙色斑点为单酯,最下边的桃色斑点是聚乙二醇。从图3-6-15的薄层色谱可见,因单酯的R_f值随其亲水性基PEG的相对分子质量增加而减小,所以可从单酯R_f值来推算亲水基的相对分子质量。

(5)POE烷基醚及POE烷基酚醚的分离。

①薄层制备:将200mL水加于100g硅胶G(含石膏约13%),搅拌成均匀浆状,用涂布器按通常方法制成0.3mm厚的薄层,风干30min后,在120℃下活化1h,保存于干燥器内。

②展开剂:醋酸乙酯—丙酮—水(55:35:10)混合溶液。

③显色剂:德雷根道夫试剂。

④操作：制备2%～5%试样的丙酮溶液，用微量取样器点样。吹干后展开至17cm高，再吹干，以德雷根道夫试剂喷雾，各被检成分于黄色底上显出橙色斑点。

试样浓度及点样量的要求：当EO数在10mol以下时，试样浓度为5%，点样量0.005mL；EO数在10mol以上者，试样浓度为2%，点样量0.002～0.005mL。因为EO数越大，彼此的R_f值越接近，试样点样量少将有利于分离。将各种聚氧乙烯烷基酚醚（EO＝2～15mol）展开薄层的实例见图3－6－15。

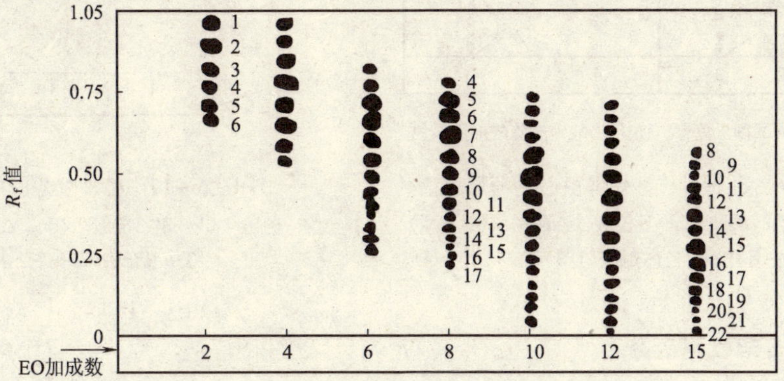

图3－6－15　各种聚氧乙烯烷基酚醚的薄层色谱

斑点右侧的数字为EO加成数，据此可推算聚合度的分布。呈色最浓、面积最大的斑点所注的数字可以看成EO的平均加成数。此外，游离的PEG仍留在原点。

(6)脂肪酸烷醇酰胺及EO加成物的分离。

①薄层制备：将200mL水加于100g硅胶G（含石膏约13%），搅拌成均匀浆状，用涂布器按通常方法制成0.3mm厚的薄层，风干30min后，在120℃下活化1h，保存于干燥器内。

②展开剂：氯仿—甲醇（86∶14）。

③显色剂：德雷根道夫试剂及重铬酸钾—硫酸饱和溶液。

④操作：制备5%的脂肪酸单乙醇酰胺及脂肪酸二乙醇酰胺的乙醇溶液，取0.005mL点样、展开、吹干，以德雷根道夫试剂喷雾，黄色底上各成分的橙色斑点即被检出。另外，以重铬酸钾—硫酸溶液饱和溶液作喷雾剂时，能检出用德雷根道夫试剂不能检出的成分。此时须将已用德雷根道夫试剂喷雾显色并经鉴别后的薄层色谱再在干燥器充分干燥，放冷后，用重铬酸钾—硫酸饱和溶液喷雾。

各种月桂胺烷醇酰胺展开所得的薄层色谱见图3－6－16。

⑤各种脂肪酸烷醇酰胺水解生成的亲水性成分（烷醇胺）分离条件如下：将脂肪酸烷醇酰胺或洗涤剂的醇萃取物（含有脂肪酸烷醇酰胺的活性成分）加水分解，在水浴上将乙醚萃取后的水层蒸发至干，再将残渣溶解于少量水，用氢氧化钠溶液调成碱性，如有泥状物生成，可用定量滤纸过滤到另一烧杯内。取滤液于0.3mm的薄层上点样，风干后以乙醇—甲醇—28%氨水（60∶20∶20）展开至离原点12cm高处，然后将薄层置于干燥器中干燥，直到无氨臭味。再用0.05%溴甲酚绿—乙醇溶液喷雾、显色。烷醇胺于黄色底上呈现蓝色斑点，得以分离鉴别。各种烷醇胺的谱图如图3－6－17所示。

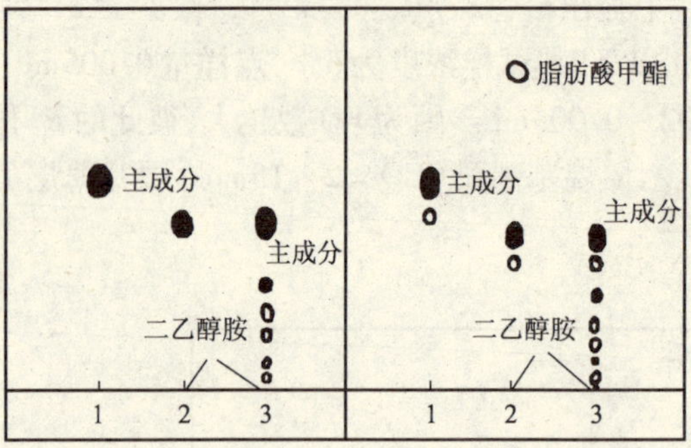

(a)德雷根道夫试剂显色　(b)重铬酸钾—硫酸溶液显色

图 3－6－16　几种月桂酸烷醇酰胺的薄层色谱

1—月桂酸单乙醇酰胺　2—月桂酸二乙醇酰胺(1:1 型)

3—月桂酸二乙醇酰胺(1:2 型)

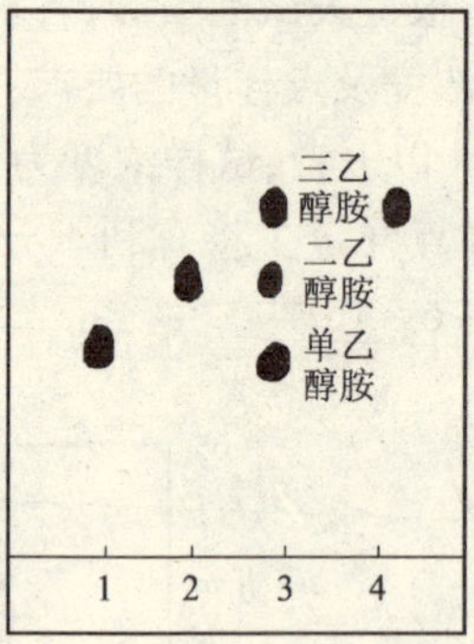

图 3－6－17　各种烷醇胺的薄层色谱

1—单乙醇胺　2—二乙醇胺

3—混合物　4—三乙醇胺

4. 两性表面活性剂的分离

(1)烷基甜菜碱内铵盐型及烷基二氨基乙基甘氨酸型两性表面活性剂的分离。

①薄层制备：将 200mL 水加于 100g 硅胶 G(含石膏约 13%)，搅拌成均匀浆状，用涂布器按通常方法制成 0.3mm 厚的薄层，风干 30min 后，在 120℃ 下活化 1h，保存于干燥器内。

②展开剂：醋酸乙酯—丙酮—14mol/L 氨水($NH_3 \cdot H_2O$)(62:28:10)的混合溶液。

③显色剂：德雷根道夫试剂及重铬酸钾—硫酸饱和溶液。

④操作：配制 5% 试样乙醇溶液，如有不溶物可过滤除去。点样吹干后，用展开剂展开至 15cm 高，除去薄层上的溶剂，随之用德雷根道夫试剂喷雾，被分离的各种成分即在黄色地上呈现橙色斑点。如用重铬酸钾—硫酸溶液喷雾，则在黄色底上可检出蓝色斑点。

5. 表面活性剂混合物的分离

(1)合成洗涤剂的分离鉴定。

①薄层制备：1 份氧化铝 G 和 2 份水混合成浆状，制成 0.25mm 的薄层。静置 10min 后于 75℃ 下干燥 4h，保存于干燥器中。

②试样溶液的配制：称取试样的乙醇可溶物 1g，再溶于少量甲醇中，然后用丙酮稀释至 100mL。

③展开剂：异丙醇。

④显色剂：0.05% 黄色减感性色素(Pinkakryptol)的乙醇溶液(将 0.05g 黄色减感性色素溶于 100mL 乙醇中，滤去不溶物)及碘。

⑤操作：点样、干燥，用异丙醇展开至离原点 10cm 高处，干燥后以 0.05% 黄色减感性色素乙醇溶液喷雾，在紫外光照射下观察斑点位置和颜色以鉴定被检活性剂。再将薄层放入内有固体碘的带盖玻璃容器内，观察黄色斑点的显色。在紫外光下不发荧光的斑点用此法能够显色，特别是鉴定烷醇酰胺很有效。表 3－6－4 是各种表面活性剂的斑点颜色及 R_f 值。

表 3-6-4　表面活性剂的鉴定(黄色减感性色素试剂→ UV 照射)

表面活性剂的类型	显　色	R_f 值
烷基苯磺酸盐	黄色	0~0.1
皂类	蓝色	0
二甲基苯磺酸盐	橙色—黄色	0
甲基苯磺酸盐	橙色—红色	0
POE 烷基醚硫酸酯盐	淡蓝色	0~0.2
POE 烷基酚醚硫酸酯盐	淡蓝色	0
氧化胺	白色	0.3~0.5
烷醇酰胺	在碘蒸气下呈黄色斑点	0.5~0.7
POE 非离子表面活性剂	淡蓝色	0.7~0.9

(三)阴离子表面活性剂—非离子表面活性剂混合系的分离

(1)薄层制备。用高精度的硅胶 GHR,按常法制成 0.3mm 的薄层。

(2)展开剂。Ⅰ——正丙醇—氯仿—甲醇—10mol/L 氨水($NH_3 \cdot H_2O$)(10∶10∶5∶2)的混合溶剂。Ⅱ——醋酸乙酯—甲醇—14mol/L 氨水($NH_3 \cdot H_2O$)(45∶5∶2.5)混合溶剂。此外准备一只展开槽,内加水解用的浓盐酸。

(3)显色剂。用 0.05% 黄色减感性色素乙醇溶液及德雷根道夫试剂。用前一显色剂时要在紫外线下鉴别斑点。

(4)操作。取试样的 5% 乙醇溶液 2μL 于薄层上点样,然后置于被展开剂Ⅰ饱和的展开槽中,展开至距原点 10cm。展开时间约 70min。

薄层干燥后,再在加有浓盐酸的展开槽中展开到离原点 1.5cm 高处,并加水使之水解。然后在 90℃下干燥 1h,再在被展开剂Ⅱ所饱和的展开槽中进行第二维展开,到离原点 10cm 高处。第二次展开约需 25min。被分离的各成分用 0.05% 黄色减感性色素乙醇溶液喷雾后,于紫外灯下做斑点鉴别。

表 3-6-5 列出了用黄色减感性色素喷雾,再行 UV 照射与德雷根道夫试剂处理的各种表面活性剂的显色结果。图 3-6-18 为二维展开法的薄层色谱。

表 3-6-5　各种表面活性剂的显色

表面活性剂的类别	用黄色减感性色素→ UV 照射后显色	用德雷根道夫试剂显色
甲基苯磺酸盐及二甲苯磺酸盐	橙色及黄色	白色
烷基苯磺酸盐	橙色	白色
烷基硫酸酯盐	浅蓝色	白色
皂　类	浅蓝色	—
POE 烷基醚及烷基酚醚	—	红褐色
POE 烷基醚及烷基酚醚的硫酸盐	—	红褐色

续表

表面活性剂的类别	用黄色减感性色素→ UV 照射后显色	用德雷根道夫试剂显色
聚醚型非离子表面活性剂	浅黄色	红褐色
脂肪酸单乙醇酰胺及脂肪酸二乙醇酰胺	浅蓝色	白色
二－2－乙基己基磺化琥珀酸酯盐	浅蓝色	—

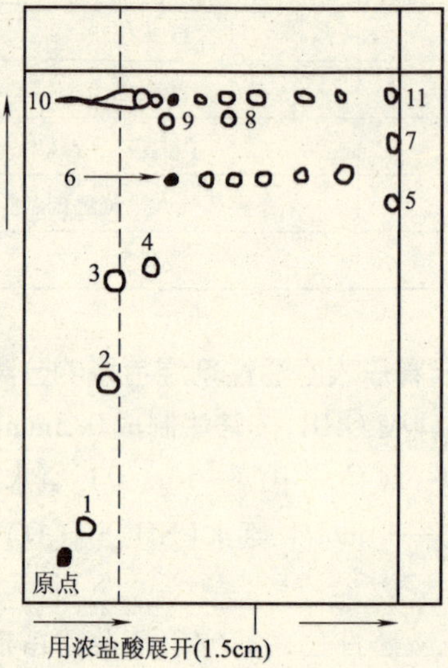

图 3－6－18　各种表面活性剂的二维展开色谱

1—磺化琥珀酸酯盐　2—皂(或脂肪酸)　3—甲苯磺酸盐和二甲苯磺酸盐　4—十二烷基苯磺酸盐　5—来自烷基硫酸酯盐的高级醇　6—由 POE 烷基醚和烷基酚醚的硫酸酯盐而来的非离子表面活性剂　7—聚醚型非离子表面活性剂(或 Genapol PF)　8—脂肪酸单乙醇酰胺　9—脂肪酸二乙醇酰胺　10—聚氧乙烯烷基醚和烷基酚醚　11—由磺化琥珀酸酯盐而来的高级醇

(四)各类表面活性剂薄层色谱分析实例表(表 3－6－6)

表 3－6－6　各种表面活性剂的薄层色谱实例

分离物质	吸附剂	展开剂(体积/体积)	显色剂	备　注
季铵盐	硅胶 G	丙酮—14mol/L 氨水($NH_3 \cdot H_2O$)(90:10)	2′,7′－二氯荧光素→ UV	各种季铵盐(单、二、三烷基)的分离
氰基、仲胺、叔胺	硅胶 G	苯—1mol/L 氨水($NH_3 \cdot H_2O$)(90:10),20℃振荡下取上层清液	$K_2Cr_2O_7$—H_2SO_4	
氰基、烷基酚、硫醇等	硅胶 G	石油烃(60～70)—苯(95:5)	$K_2Cr_2O_7$—H_2SO_4	
伯、仲、叔胺及酰胺	硅胶 G	氯仿—1mol/L 氨水($NH_3 \cdot H_2O$)(10:1),振荡 20 次后与甲醇以 97:3 混合	$K_2Cr_2O_7$—H_2SO_4	

续表

分离物质	吸附剂	展开剂(体积/体积)	显色剂	备　注
长链氧化胺	硅胶 G	氯仿—14mol/L 氨水($NH_3 \cdot H_2O$)(80:20),振荡 20 次后再与甲醇以97:3 混合	2′,7′-二氯荧光素→UV 照射	长链氧化胺中叔胺的定量
POE 烷基胺	硅胶 G	醋酸乙酯—丙酮—14mol/L 氨水($NH_3 \cdot H_2O$)(62:28:10)	德雷根道夫试剂	EO 同系物分离
各种阳离子、阴离子、非离子表面活性剂	硅胶 G	氯仿—甲醇—水(65:25:4)	50%硫酸→UV 德雷根道夫试剂,氯化铂、碘化钾碘蒸气	各种阳离子、阴离子、非离子表面活性剂的分离
家用合成洗涤剂	Al_2O_3(G)	异丙醇	黄色减感性色素→UV 照射碘蒸气,硫氰酸钴	各种阴离子、阳离子、非离子表面活性剂的分离鉴定
各种阴离子、非离子表面活性剂	Kieselguhr G 月桂醇	甲醇—甲酸—14mol/L 氨水($NH_3 \cdot H_2O$)(50:1:50)	黄色减感性色素→UV	各种阴离子表面活性剂、脂肪酸烷醇酰胺等的分离
各种阴离子、非离子表面活性剂	硅胶 G	氨饱和的丁醇溶液	黄色减感性色素→UV 德雷根道夫试剂	各种阴离子、非离子表面活性剂的分离
阴离子、非离子表面活性剂混合物	硅胶 GHR	一次展开:正丙醇—氯仿—甲醇—10mol/L 氨水(10:10:5:2)。二次展开:醋酸乙酯—甲醇—氨水(45:5:2.5)	黄色减感性色素→UV 德雷根道夫试剂	用二维展开法分离阴、非离子表面活性剂

五、表面活性剂基本性能的测试

(一)聚氧乙烯型非离子型表面活性剂浊点的测定

1. 方法选用

介绍五种(A、B、C、D 及 E)测定非离子表面活性剂浊点的方法。方法 A、方法 B 及方法 C,主要适用于由脂肪醇、脂肪酸、脂肪酸酯、脂肪胺、烷基酚等亲油性化合物与环氧乙烷缩合而成的非离子表面活性剂浊点的测定。方法 D 和方法 E,主要适用于环氧乙烷—环氧丙烷嵌段聚合非离子表面活性剂浊点的测定。由脂肪酸或脂肪酸酯一类亲油性化合物与环氧乙烷—环氧丙烷嵌段聚合而成的非离子表面活性剂,方法 E 通常是不适用的,但只有在测定中被证实具有重现性时方能采用。

(1)方法 A。若试样的水溶液在 10~90℃间变混浊,则在蒸馏水中进行测定。

(2)方法 B。若试样的水溶液在低于 10℃时变混浊或试样不能充分溶解于水时,则在 25%(w)二乙二醇丁醚水溶液中进行测定。本方法不适用于某些含环氧乙烷低的试样以及不溶于 25%(w)二乙二醇丁醚溶液的试样。

(3)方法 C。若试样的水溶液在高于 90℃时变混浊,则需在安瓿瓶内进行测定。使用安瓿瓶可使操作在压力下进行,以达到比在大气压下溶液的沸点还要高的温度。另外也可用氯化钠水溶液代替蒸馏水,按方法 A 测定试样浊点,但测得的结果与用安瓿瓶测得的结果不成简单的相关关系。

(4)方法 D。若试样的酸性水溶液在 10 ~ 90℃间变混浊，则在浓度 $c(HCl)=1.0mol/L$ 的盐酸标准溶液中进行测定。

(5)方法 E。若试样的酸性水溶液在高于 90℃时变混浊，则在每升含 50g 正丁醇及 0.04g 钙离子(Ca^{2+})的水溶液中进行测定。

2. 原理

将规定浓度的试样溶液，在测试条件下加热至液体完全不透明，冷却并不断搅拌，观察在不透明消失时的温度。

3. 试剂和溶液

①实验室用蒸馏水。

②二乙二醇丁醚溶液：化学纯，25%(w)溶液。

③氯化钠溶液：50g/L。

④钙—丁醇溶液：每升含有 50g 正丁醇及 0.04g 钙离子(Ca^{2+})水溶液。

⑤盐酸标准溶液：浓度 $c(HCl)=1.0mol/L$。

4. 仪器、设备

①温度计：分度为 0.1℃，具有适用于试样被测温度的范围。

②碘量瓶：容量为 250mL。

③量筒：容量为 100mL。

④烧杯：容量为 1000mL，装有透明导热体(例如乙二醇)。

⑤试管：容量为 20mL。

⑥安瓿：外径 14mm，内径 12mm，高 120mm 的安全玻璃制成，外罩丝网。

⑦分析天平。

⑧常规加热器。

⑨具有加热的磁力搅拌器。

5. 测定步骤

(1)方法 A。

①试样：称取试样 0.5g，精确至 0.01g。

②测定：将试样放入碘量瓶中，加入 100mL 蒸馏水，摇匀，使试样完全溶解。

将 15mL 试样溶液倒入试管中，插入温度计，然后将试管移入烧杯中，加热，用温度计轻轻搅拌直至溶液完全呈混浊状(溶液的温度应不超过混浊温度 10℃)，停止加热。试管仍保留在烧杯中，用温度计轻轻搅拌溶液，使其慢慢冷却，记录混浊消失时的温度。

平行测定两次，平行测定结果之差不大于 0.5℃。

(2)方法 B。

①试样：称取试样 5g，精确至 0.01g。

②测定：将试样放入碘量瓶中，加 45g 二乙二醇丁醚溶液，摇匀，使试样完全溶解。其余操作同方法 A。

(3)方法 C。

①试样：称取试样 0.5g，精确至 0.01g。

②测定：

a. 安瓿法：将试样放入碘量瓶中，加入 100mL 蒸馏水，摇匀，使试样完全溶解。用吸管吸取试样溶液加入安瓿中，深度约 40mm，用火将安瓿口封死，再用丝网将安瓿罩住，移入装有导热体的烧杯中，安瓿上端略伸出烧杯。为防止因封口不好而产生的安瓿爆裂，在装置前应放置安全玻璃或透明塑料保护屏。测试装置见图 3－6－19。

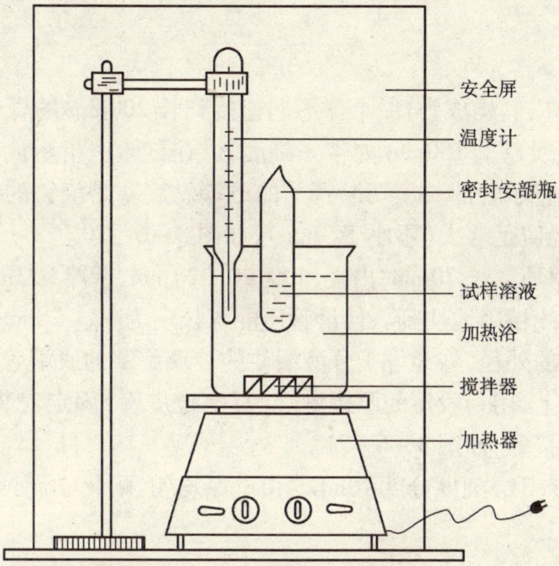

图 3－6－19　方法 C 的测试装置图

将温度计插入加热浴内安瓿旁，开动磁力搅拌器并加热。当安瓿内液体变混浊时，停止加热，继续搅拌，使其冷却，记录混浊完全消失时的温度。

平行测定两次，平行测定结果之差不大于 0.5℃。

b. 盐水测定法：将试样放入碘量瓶中，加入 100mL 氯化钠溶液，摇匀，使试祥完全溶解。其余同操作同方法 A。

(4) 方法 D。

①试样：称取试样 1g，精确至 0.01g。

②测定：将试样放入碘量瓶中，加入 50mL 盐酸水溶液，摇匀，使试样完全溶解，再加入 50mL 盐酸水溶液。其余操作同方法 A。

(5) 方法 E。

①试样：称取试样 1g，精确至 0.01g。

②测定：将试样放入碘量瓶中，加入 100mL 钙—丁醇水溶液，摇匀，使试样完全溶解。其余操作同方法 A。

6. 分析结果表示

平行测定结果的差值不大于 0.5℃，取平行测定算术平均值为测定结果，并说明测定时所用介质。

(二)起泡性的测定(Ross－Miles 法)

1.原理

使500mL表面活性剂溶液从450mm高度流到相同溶液的液体表面之后,测量得到的泡沫体积。起泡性的测试不管使用何种方式,起泡条件(包括温度)均要求一致,这样起泡性的结果才有可比性。

2.仪器

(1)泡沫仪。

①仪器的组成:

a.分液漏斗:容量1L,其构成为:一个球形泡连接到长200mm的管子,管的下端有一旋塞。分液漏斗梗在旋塞轴心线以上150mm处带一刻度,供在试验中指示流出量的下限。在旋塞轴线下40mm处严格地垂直于管的长度切断管子的下端。旋塞是浇铸的,不是吹制的,为了避免液流过分阻塞,栓孔直径应足够大(不小于3mm),如图3－6－20。

b.计量管:不锈钢材质。长70mm,内径(1.9±0.02)mm,壁厚0.3mm。管子的两端用精密工具车床垂直于管的轴线精确地切割。计量管压配入长度为10～20mm的钢或黄铜安装管,安装管的内径等于计量管的外径,外径等于分液漏斗的玻璃旋塞的底端管外径。计量管上端和安装管上端应在同一平面上,用一段短的厚橡皮管(真空橡皮管)固定安装管,使得安装管的上端和玻璃旋塞的底端管相接触,如图3－6－21。

c.夹套量筒:容量1.3L,刻度分度10mL。由壁厚均匀、耐化学腐蚀的玻璃管制成,管内径

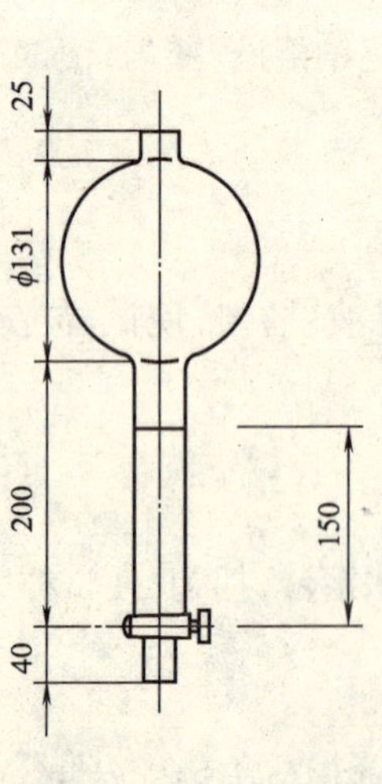

图3－6－20　分液漏斗

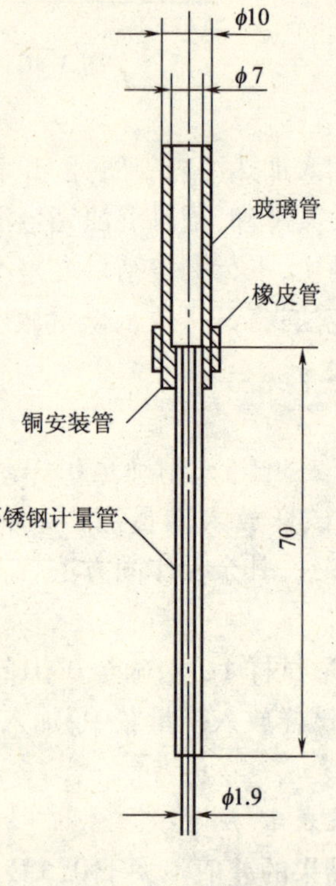

图3－6－21　计量管装配图

(65 ±1)mm,下端缩成半球形,并焊接一梗管直径 12mm 的直孔标准锥形旋塞,塞孔直径 6mm。下端 50mL 处刻一环形标线,由此线往上按分度 10mL 刻度,直至 1300mL 刻度,容量准确度应满足(1300 ±13)mL。距 50mL 标线以上 450mm 处刻一环形标线,作为计量管下端位置标记。量筒外焊接 $D_{外} \approx 90mm$ 的夹套管,如图 3 -6 -22。

d. 支架:使分液漏斗和量筒固定在规定的相对位置,并保证分液漏斗流出液对准量筒中心,如图 3 -6 -23。

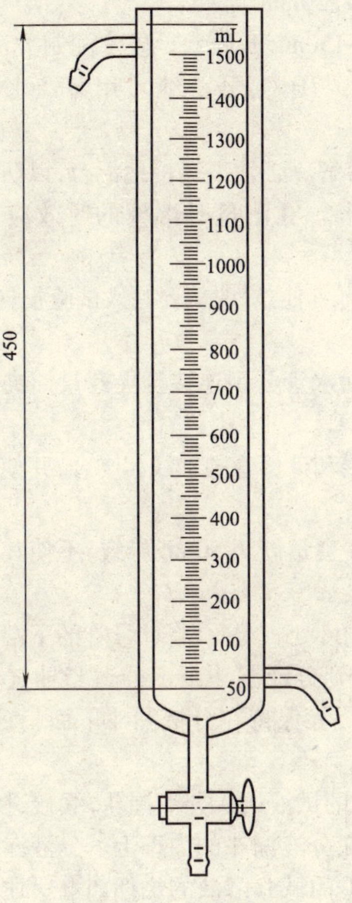

图 3 -6 -22　夹套量筒

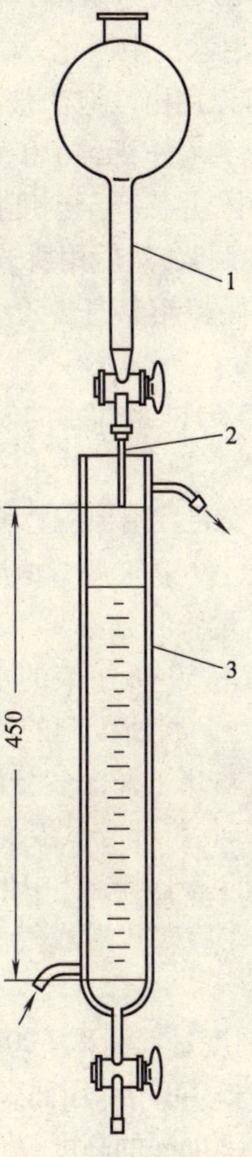

图 3 -6 -23　仪器装配示图

1—分液漏斗　2—计量管　3—夹套保温量筒

②仪器的清洗:完全清洗仪器是试验成功的关键。

试验前如有可能,将所有玻璃器皿与铬酸硫酸混合液接触过夜,铬酸硫酸混合液的配制是在搅拌下将浓硫酸(ρ_{20} =1.83g/mL)加入到等体积的重铬酸钾饱和溶液中。首先用水冲洗至没有酸,然后用少量的待测溶液冲洗。

将安装管和计量管组件在乙醇和三氯乙烯的共沸混合物蒸气中保持 30min,然后用少量待测溶液冲洗。

对同一产品平行式的测量,用待测溶液简单冲洗仪器即可;如需要除去残留在量筒中的泡沫时，不管用什么方法来完成，随后用待测溶液冲洗即可。

(2)刻度量筒，容量500mL。

(3)容量瓶，容量1000mL。

(4)恒温水浴，带有循环水泵，可控制水温于(50 ±0.5)℃。

3. 试验溶液的配制

用试验样品，按物料的工作浓度或其产品标准中规定的试验浓度配制溶液。例如：称取样品2.5g，用150mg/L硬水溶解，转移至1000mL容量瓶中，并稀释至刻度，摇匀；再将溶液置于(40 ±0.5)℃恒温水浴中澄化，从加水溶解样品开始时间为30min。

稀释用水可以用由鼓泡法被空气饱和的蒸馏水或用150mg/L硬水。硬水配制方法为：称取0.0999g氯化钙（分析纯）和0.148g硫酸镁（$MgSO_4 \cdot 7H_2O$，分析纯），用蒸馏水溶解于1000mL容量瓶中，并稀释至刻度摇匀。

配制溶液先调浆，然后用所选择的预热至50℃的水溶解。必须很缓慢地混合，以防止泡沫形成。不搅拌，保持溶液于(50 ±0.5)℃，直至试验进行。在测量时溶液的时效应不少于30min，不大于2h。

除上述规定条件（例如水的硬度、温度）以外，可以选择其他条件，但要写入试验报告。

4. 测定步骤

(1)仪器的安装。用橡皮管将恒温水浴的出水管和回水管分别连接至夹套量筒夹套的进水管（下）和出水管（上），调节恒温水浴温度至(50 ±0.5)℃。

装置带有计量管的分液漏斗，调节支架，使量筒的轴线和计量管的轴线相吻合，并使计量管的下端位于量筒内50mL溶液的水平面上450mm标线处。

(2)灌装仪器。将所配制的待测溶液沿着内壁倒入夹套量筒至50mL标线，不使其在表面形成泡沫。这也可用下面灌装分液漏斗的曲颈漏斗来灌装。

第一次测量时，将部分试液灌入分液漏斗至150mm刻度处。为此，将计量管的下端浸入保持(50 ±0.5)℃的盛于小烧杯中的一份试液内，并用连接到分液漏斗顶部的适当抽气器吸引液体，这是避免在旋塞孔形成气泡的最可靠方法。将小烧杯保持在分液漏斗下面，直到测量进行。

用500mL刻度量筒量取500mL保持在(50 ±0.5)℃的试液倒入分液漏斗，缓慢进行此操作，以免生成泡沫。可用专用曲颈漏斗，使曲颈的末端贴在分液漏斗的内壁上。分液漏斗放空至旋塞上面10～20mm的高度，将盛满保持在(50 ±0.5)℃的试验溶液的烧杯如上所述放在分液漏斗下面，用试验溶液灌装分液漏斗至150mm刻度处，然后，如上所述倒入500mL保持在(50 ±0.5)℃的试验溶液。

注　在前次灌装试验后，不让分液漏斗完全放空也可达到灌装至150mm刻度处，但这个简单方法对避免气泡保证性不大。

(3)测量。使溶液不断地流下，直到水平面降至150mm刻度处，记录流出时间。流出时间与观测的流出时间算术平均值之差大于5%的所有测量应予忽略，异常的长时间表明在计量管或旋塞中有空气泡存在。在液流停止后30s、3min和5min，测量泡沫体积（仅泡沫）。如果泡沫的上面中心处有低注，按中心和边缘之间的算术平均值记录读数。

进行重复测量，每次按3所述配制新鲜溶液，取得至少3次误差在允许范围的结果。

5. 结果表示

以所形成的泡沫在液流停止后30s、3min和5min时的体积来表示结果,必要时可绘制相应的曲线。以重复测定结果的算术平均值作为最后结果。重复测定结果之间的差值应不超过15mL。

6. 备注

(1)以上规定的水硬度、试液浓度、测定温度可按需要予以改变,但应在试验报告中说明。

(2)消泡性或泡沫稳定性也可用泡沫破坏一半所需的时间来表示。

(3)有些起泡性试验产生泡沫不是靠液体的冲击,而是将一定流速的气体通入液体底部(为了使形成的气泡细且匀,可让气体经过一砂芯滤板或砂芯球)一定时间。结果可作为相对比较。

(三)表面张力和临界胶束浓度的测定

1. 表面张力的测定——滴体积法

(1)原理。测量在直立毛细管端形成的水相液滴经与有机相接触而从管端脱落时的体积。由液滴重量与支持它的界面张力的力相平衡,再加一校正因子,可得到两液相间的界面张力。由滴体积、毛细管半径、两液相间密度差及重力加速度计算界面张力。

(2)试验用水。适用于制备表面活性剂溶液的水应为用磨砂玻璃接头的石英蒸馏器(不加润滑脂)在氮气保护下制备的二次蒸馏水(第一次可用1g/L高锰酸钾溶液进行蒸馏),储存于玻璃或清洁惰性塑料瓶内,蒸馏器或储水容器不能用软木塞或橡皮塞。可用的水应符合下列要求:电导率(25℃):最大1μs/cm;表面张力(20℃):最低71mN/m;吸光度(于波长254nm,1cm比色皿):最大0.01。

(3)仪器。

①测量仪:见图3-6-24。包括下列单元:

a. 玻璃注射器:经精确校准,容积为0.5cm^3或1.0cm^3,用测微螺杆驱动,其刻度使液滴体积准确计量至±0.0001cm^3。

b. 毛细管:用玻璃或不锈钢制毛细管,口端与注射器相接,并能拆下清洗。

玻璃毛细管的制备:从直径合适、均匀一致的高质量小口径玻璃毛细管切下约4cm长的一段,一端加工成能衔接玻璃注射器的磨砂口,另一端在一块涂有金刚砂细粉的玻璃板上精密研磨。为避免磨光时毛细管晃动,将其嵌入内径约1.5cm玻璃管内所容纳的石蜡(软化点约70℃)中。毛细管必须呈水平,并垂直于其轴线。其圆周应无缺口。

不锈钢毛细管的制备:从直径合适、均匀一致的高质量小口径不锈钢毛细管切下一段约4cm长的小管,一端用精密车床切割使与管轴精密地成为直角,另一端装配一聚四氟乙烯连接头。

根据界面张力值及密度差,毛细管外半径应在0.1~0.4cm之间选择。

c. 夹套玻璃容器:内径2.5~4cm,高度大于5cm,能调温并可容纳注射器和毛细管。

②超级恒温器:可控制水浴温度准确至±0.5℃。

③仪器的安装:注射器及毛细管应装在一可使其垂直移动的支架上。

将支架固定在防震台的金属板上。因用手旋动测微螺杆会引起震动,所以最好使用一微电动机驱动测微螺杆。如用直流电动机驱动,应采用电子仪表调节速度,勿使电动机关闭后越程。也可选用步进电动机,其垂直位移可用电子仪表控制。

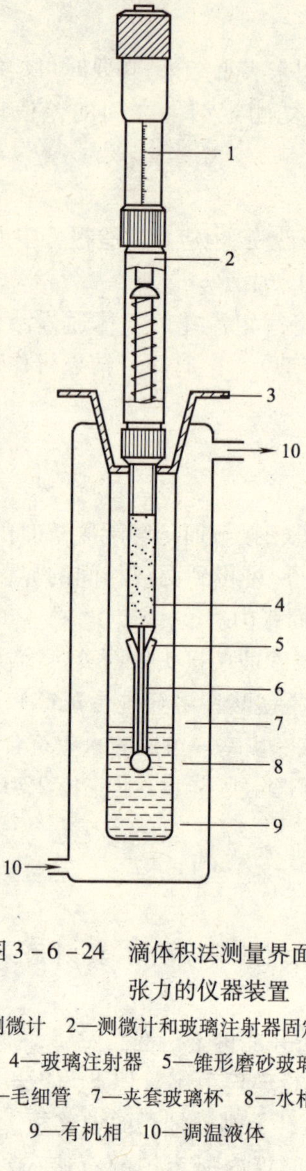

图 3-6-24　滴体积法测量界面张力的仪器装置

1—测微计　2—测微计和玻璃注射器固定架　3—盖　4—玻璃注射器　5—锥形磨砂玻璃接头　6—毛细管　7—夹套玻璃杯　8—水相　9—有机相　10—调温液体

水的循环会引起小的震动，因此测定时当液滴临近最大体积时，应关闭恒温器。

(4)测定步骤。

①表面活性剂溶液的制备：

a. 制备供测定用的表面活性剂溶液时，需格外小心。其制备用水应为二次蒸馏水，可用测量其表面张力来检验。

b. 溶液温度偏差应保持在 0.5℃以内。

注　在接近临界溶解温度(Krafft 温度)或在加成环氧乙烷的非离子表面活性剂混浊温度进行测定时，极易造成误差。试验最好在高于 Krafft 温度或低于非离子表面活性剂的混浊温度下进行。

c. 由于两液相的互相饱和及表面活性剂在界面上的吸附均需要时间，所以界面张力会随时间而变化，且不同体系的时效不同，很难推荐一致的标准时效，因此，最好在一段时间内进行数次测量，以得到一界面张力对时间的函数曲线，由曲线的平坦位置，确定界面达到静态的时间。

d. 大气中的尘埃或附近使用溶剂所散发出的蒸汽极易污染液体表面，因此进行测定的室内应不存放或处理易挥发性溶剂物品。整个仪器应当用天平罩保护起来，同时可减少温度的变化。

e. 因溶液表面易受不溶粒子及尘埃污染，建议使用移液管从大量待测液相的中心吸取液相的试验份。

②测量仪器的清洗：如遇有用硫酸铬酸混合液、磷酸或过硫酸钾的硫酸溶液除不掉的杂质，如硅酮，可用专门溶剂(如甲苯、全乙烯或氢氧化钾的甲醇或乙醇溶液)清洗注射器、毛细管、玻璃夹套容器。如无上述杂质，或用溶剂冲洗后，均需用热的过硫酸钾或过硫酸铵的硫酸溶液仔细地洗涤测量仪器，最后用新制备的二次蒸馏水冲洗至中性。为了减少污染，最后用水相冲洗注射器和毛细管。

测量前，测量仪器应完全干燥。

③测量仪器的检验：

a. 毛细管半径的测量：用读数显微镜(最小分度为 0.01mm)或精度更高的其他仪器测量毛细管半径，取 5~10 次的平均值。

b. 液滴体积的测量：为准确获得液滴体积，用称量几滴液滴的方法核对由测微螺杆行进得出的指示读数。

④测定：将注射器与合适毛细管相连，用水相充满注射器，再将有机相注入夹套容器内。如水相密度大于有机相的密度时，将毛细管浸入有机相内至深度超过 0.5mm，为确保毛细管完全

润湿，将毛细管浸入有机相前，以一滴水相完全覆盖其尖端。

如水相密度低于有机相密度时，毛细管尖端必须朝上，其孔应在液面下 2cm 左右，以便较轻液滴的形成。

在测定表面活性剂水溶液的静态界面张力（即与时间无关的界面张力）之前，先用恒温水浴使两种液体达到所需温度，然后经 30～60s，使在毛细管尖端缓慢形成接近最大体积的液滴。液滴体积缓慢增加时，应持续 2～5min，最后，液滴再稍微增大而脱落。

如液滴体积未增大而脱落，需选择一较小的起始体积；如增大超过 0.001cm^3，则起始体积太小。

注 可用增加液滴脱落时间（2min、5min、8min 等）法测量至滴体积保持恒定。用自动仪器能更方便地测量静态界面张力。

以不同的速度持续增大液滴体积至脱落的液滴体积恒定，见图 3－6－24，记下由测微螺杆标尺上读数值确定的体积 V。

根据界面张力值，一支充满的注射器可进行几次测量。第一滴体积不计，至少要取四次测量的滴体积的平均值来计算界面张力。

⑤计算方法：

表面张力 γ 用毫牛顿每米（mN/m）表示：

$$\gamma = \frac{V\Delta\rho g}{2\pi r f}$$

式中：V ——液滴体积，cm^3；

$\Delta\rho$——两液相在测定温度下的密度差，g/cm^3；

g ——重力加速度，等于 981$cm \cdot s^{-2}$；

r ——所用毛细管外半径，cm；

f ——相应于 $r/V^{1/3}$ 的校正因子，可在有关资料中查阅。

⑥备注：

a. 每次挤出的液体不会全部滴落，总有少部分残留管口，此部分体积应准确计量，办法有两种：一是读数时将液体完全吸回，使液面恰好与管口平，此法的缺点是表面活性剂溶液容易吸入气泡，产生误差；二是读取液位数时，上液面的最低点位置为液面位置。

b. 液体附壁效应会引起体积读数误差，为此，一要减少滴液管外壁沾液；二要有足够的时间使内壁液体流下。

c. 挤液体时，先挤出约 90% 的液滴体积，静止一定时间后再使之落下，这除了减少液体的附壁效应外，更重要的是使表面吸附尽可能接近平衡，并防止挤出的冲力对液滴的扰动。

d. 滴管刻度仍有误差，严格测定应加以校正。

2. 临界胶束浓度的测定

（1）原理。以多晶膜离子选择电极、参比电极组成的电池测定一系列浓度包括预期临界胶束浓度的阳离子表面活性剂溶液的电位值，根据电极电势与离子活度关系式——能斯特方程，得知响应的氯离子或溴离子活度，绘出电位值与浓度对数函数的图，临界胶束浓度相当曲线上的奇点。

（2）试剂及标准溶液。

①试剂：

a. 蒸馏水或与蒸馏水纯度相当的水。

b. 氯化钾：分析纯。

c. 溴化钾：分析纯。

d. 硝酸钾：分析纯。

②标准溶液：

a. 氯化钾标准溶液：$c(KCl)=10^{-4}\sim10^{-2}$mol/L。

b. 溴化钾标准溶液：$c(KBr)=10^{-4}\sim10^{-2}$mol/L。

(3)仪器。实验室常用仪器及以下仪器。

①多晶膜氯离子选择电极：对氯化物敏感(硫化银＋氯化银)。

②多晶膜溴离子选择电极：对溴化物敏感(硫化银＋溴化银)。

③参比电极：具有饱和硫酸钾溶液盐桥的汞—硫酸亚汞电极或双盐桥甘汞电极，后者用饱和硝酸钾溶液充满外盐桥。

注　如果盐桥含硫酸根离子，最浓和最稀表面活性剂溶液应与一些该盐桥溶液进行试验，应无沉淀被观察到，如果有沉淀产生，则须更换其他类型的盐桥。

④电位计：量程扩大的高输入阻抗毫伏计，灵敏度2mV(电位－500～＋500mV)。

⑤恒温控制水浴：能控制被测溶液温度差异在0.5℃范围。

⑥电磁搅拌器。

⑦具夹套双层玻璃烧杯：盖具有适合插入两个电极和温度计的开口，如图3－6－25所示。

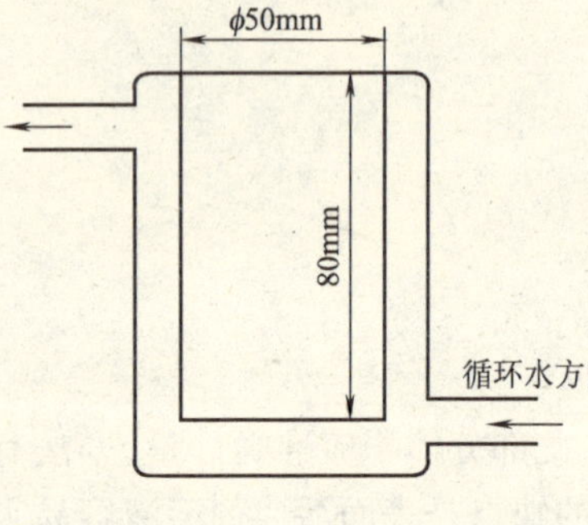

图3－6－25　双层玻璃烧杯

(4)测定步骤。

①试液的配制：称取一定数量试样，精确至0.0001g，溶解于热水，并将其在容量瓶中配制成比预期临界胶束浓度约浓10倍的溶液500mL，设此溶液浓度为C，然后用逐级稀释法配制浓度$C/2$、$C/4$、$C/8$、$C/16$、$C/32$、$C/64$和$C/128$的溶液各200mL。在测量前将上述一系列试样溶液放置于恒温控制水浴中，保持测定温度至少1h，但不得多于3h。

②测量温度：为减少热滞后和电滞后的影响，注意使电极、清洗水、标准溶液和试液的温度差异不大于0.5℃，测量温度在任何时候应尽可能为20℃。

③电位计的校准：按照制造厂的说明书操作，用标准氯化钾或溴化钾溶液校准装有多晶膜离子选择电极和参比电极的电位计。在开始测定前要有充分的时间来获得良好的电稳定性；注意参比电极的内液与大气压平衡，使其通过盐桥不受抑制；校正电位计零点，在正常测定情况下不再改变。

④多晶膜离子选择电极的校准：将卤化物标准溶液由稀至浓($10^{-4}\sim10^{-2}$mol/L)分别依次加入夹层玻璃烧杯中，然后在每份卤化物标准溶液中加入适量的离子强度调节剂，以电磁搅拌器搅拌。同时浸没电极，插入温度计，温度应控制为(20±0.5)℃，继续搅拌直至读数恒定(在1mV差异之内)，取最后读数前停止搅拌。绘制以电位值(mV)为纵坐标和卤离子浓度(mol/L)

的对数函数为横坐标校准曲线图,验证卤离子浓度为测量电位严格线性函数,该直线的斜率即为电极的实际斜率。离子选择电极对一价离子理论斜率为59.16mV,实际斜率达到理论斜率的70%以上可以看成电极处于它的线性范围内。

注　对于氯化钾标准溶液所加离子强度调节剂为硝酸钾;对于溴化钾标准溶液所加离子强度调节剂为硫酸钾,每100mL卤化物标准溶液加离子强度调节剂为2g。

⑤标准卤化物溶液校准曲线的绘制:除不加离子强度调节剂外,其他操作皆同上条,绘制以电位值为纵坐标和卤离子浓度的对数函数为横坐标的校准曲线图。

⑥临界胶束浓度的测定:按照④条相同的方式进行,仅溶液浓度为 $C/2 \sim C/128$ 的阳离子表面活性剂溶液,从稀至浓依次测定。

⑦绘制曲线图:绘制一个以电位值(mV)为纵坐标和以阳离子表面活性剂溶液浓度(g/L或mol/L)的对数为横坐标的曲线图,该图近似地相当于两条直线。

注　测定未提纯的工业阳离子表面活性剂,浓度以g/L表示;测定提纯的阳离子表面活性剂,以mol/L表示。如果从绘制图中看出假定的临界胶束浓度估计不正确,则重新估计临界胶束浓度,配制新的一系列溶液,重新测定。

(5)结果表示。曲线图中两直线交点相对应的横坐标之数值,即为被测阳离子表面活性剂的临界胶束浓度。

(四)分散性的测定

方法原理:分散性是指一种非水溶性的固态微粒均匀地分散在液体中的能力。分散性的测试一般是利用油酸钠或肥皂(主要成分为硬脂酸钠)与钙离子反应生成钙皂的性质,将一定量的油酸钠或钠肥皂溶液与不同浓度的试样溶液混合,在搅拌下加入一定量(过量)的氯化钙溶液。根据飘浮出的钙皂絮状凝聚物的多少或分散在水中的钙皂多少来判断分散性的优劣;也可根据产生相同量度聚物而使用的助剂的量来计算样品的相对分散力。

如果被测试样中包含可以与钙离子生成螯合物的组分,可对钙皂的生成产生影响,这时最好用碳酸钙作为被分散物。因为碳酸钙的离解常数要小于一般螯合剂与钙离子的络合稳定常数。

分散性的测定也可测定分散指数,即测定使生成的钙皂全部分散所需要的样品的最低用量;另外也可测定钙皂分散力即1g分散剂使得肥皂完全分散的质量。

1. 改进的逊菲尔脱(Schoenfeldt)法

(1)试剂。

①已知钙硬度的水:1000ppm (mg/L)。

②油酸钠:100g/L水溶液。称取92.78g油酸,精确至0.001g,用328.5mL浓度 $c(NaOH) = 1mol/L$ 的氢氧化钠溶液溶解。冷却至室温,定量地转移至1000mL单刻度容量瓶中,用水定容。

③盐酸:标准溶液,$c(HCl) = 0.01mol/L$。

④溴甲酚绿($C_{21}H_{14}Br_4O_5S$):1g/L溶液。溶解0.25g溴甲酚绿于57.2mL浓度 $c(NaOH) = 0.01mol/L$ 的氢氧化钠溶液中,定量转移该溶液至250mL单刻度容量瓶中,以水定容。

(2)仪器。普通实验室仪器和以下仪器。

①具塞量筒:容量100mL。

②移液管:容积10mL、20mL和50mL。

③恒温水浴锅:(40±0.5)℃。

(3)测定步骤。

①样品的制备：

a. 稀皂液：移取 50mL 油酸钠溶液，相当 5.00g 无水皂，置于 1000mL 单刻度容量瓶中，定容。试验前保持溶液于试验温度(40 ±0.5)℃下最短 8h，最长不超过 24h。

b. 分散剂溶液：溶解 1.00g 分散剂(表面活性剂，如果分散力低则要用 5.00g)于 1L 水中，并加热至试验温度。

②皂液的滴定：用移液管移取 20.0mL 稀皂液至筒中，用水稀释至 100mL。取 10mL 上述溶液，加三滴溴甲酚绿溶液，用盐酸溶液滴定到由蓝色突变为绿色，记录用量 V_0(mL)。

③测定：用移液管移取 20.0mL 稀皂液至量筒中，加入 V_1mL 的分散剂溶液和($50 - V_1$)mL 预加热至试验温度的蒸馏水。用磨口玻璃塞盖上量筒，以缓慢倒转量筒并复位使其混合，这个操作需 1s，重复操作三次。

加入 30mL 的已知钙硬度水(1000mg/kg)，盖上量筒塞子后如前所述混合，重复该操作五次，然后将量筒放在恒温水浴中，在温度(40 ±0.5)℃下保持 5min，如前再次混合，重复操作五次，然后将一支上端用气密塞密闭的 10mL 的移液管，放置量筒中，使尖嘴离量筒底部约 1cm(见图 3 -6 -26)。

把刻度量筒放回到恒温水浴中 1h，然后去掉移液管上的气密塞，移取 10.0mL 溶液，加入三滴溴甲酚绿溶液，以盐酸溶液滴定至颜色由蓝色突变为绿色。

用已知硬度水与不同量分散剂溶液进行一系列试验，以便能测出分散剂溶液的最小体积 V_1，则：

$$V_1 = 0.96V_0$$

式中：V_0——滴定原始皂液所用盐酸溶液的体积，mL；

V_1——测定无絮凝皂的钙皂液所用的盐酸溶液的体积，mL。

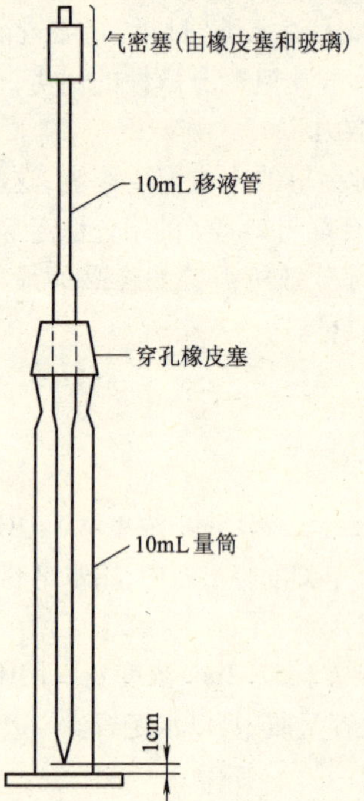

图 3 -6 -26　逊非尔脱法测定分散性的仪器装置

(4)计算方法。钙皂分散力，以分散的肥皂量除以分散剂的最小量表示：对于 0.1% (w)分散剂溶液：$100/V_{1最小}$；对于 0.5% (w)分散剂溶液：$20/V_{1最小}$。

2. 钙皂比较法

(1)试剂和溶液。

①油酸钠溶液：称取油酸(酸价为 188 ~ 203KOH/g) 14.0g(精确至 0.1g)置于烧杯中，加蒸馏水 200mL，在搅拌情况下加 100g/L 氢氧化钠溶液 30mL，用蒸馏水稀释至 1000mL，摇匀备用。

②氯化钙溶液：称取无水氯化钙 5.0g(精确至 0.1g)，溶于 2500mL 蒸馏水中，摇匀备用。

③2g/L 分散剂标准和试样的制备：称取标准样品或试样 1.000g(精确至 0.001g)，加少量蒸馏水微热使其溶解，并稀释至 500mL 摇匀备用。

（2）测定步骤。在8只100mL具塞量筒中，各加入油酸钠溶液20.0mL。再分别加入2g/L标准样品试液和试样试液14.0mL、16.0mL、18.0mL和20.0mL，加适量蒸馏水至50mL，然后在搅拌情况下，用移液管各加入氯化钙溶液50mL，加毕后，盖好盖子，静置1h。再分别剧烈摇荡30次（摇荡时用力要均匀），静置30min后观察扩散情况。以浮聚物相互比较，少者为好。

（3）备注。

①如果方法中的试样浓度难以分出档次，可适当增减试样的体积进行试验。以使浮聚物的量能分出档次。

②因 $CaCl_2$ 的用量过量，本方法对不耐硬水的阴离子表面活性剂特别是含羧酸盐类的试样有一定的影响。

③根据产生相同量的浮聚物而加入的试样和标样溶液的体积数可以计算出样品的相对扩散力。

④本方法使用的油酸钠也用皂片代替。

3. 分散指数法

（1）仪器和试剂。

①100mL具塞量筒（或用100mL带刻度的具塞比色管）。

②5g/L油酸钠溶液：称取油酸（实验试剂）2.32g，加入400mL水，加热溶解，加热搅拌下加入0.5g无水碳酸钠（分批加入），使溶液pH值为9且油酸全部溶解。定量转移至500mL容量瓶中，用蒸馏水稀释至刻度（最终pH值为8~9）。

③相当于1g/L $CaCO_3$ 的硬水：以0.665g无水氯化钙及0.986g硫酸镁溶于水中，再稀释至1000mL。

④试样溶液：2.5g/L。

（2）测定步骤。在室温下（一般恒定在25℃）吸取5mL 0.5%油酸钠溶液于100mL具塞量筒中，加入适量2.5g/L的分散剂溶液（即试液），加入10mL硬水，再加蒸馏水30mL，加塞盖好，倒转20次，每次均回到起始位置，静置30s，观察钙皂粒的情况。如在透明溶液间有凝聚沉淀，说明分散剂的用量不够，应增加分散剂的用量，使凝聚物在管中全部分散，直至量筒中呈半透明，无大块凝聚物存在即为终点，所加分散剂溶液的体积为 V（mL）。

（3）计算。

$$\text{分散指数}(LSDP)=\frac{V\times 2.5}{5\times 5}\times 100\%$$

式中：V——试验所需分散剂溶液的体积，mL。

（4）备注。

①分散指数 $LSDP$ 是指油酸钠在一定硬水中所需分散剂（表面活性剂）的质量百分率，该值越低，分散力越强。

②由于油酸钠量的多少决定生成钙皂多少，因此加入油酸钠的量对结果有影响。故本法对油酸钠的计量要求较高。

4. 碳酸钙法

（1）试剂和仪器。

①氢氧化钠标准溶液：$c(NaOH)=0.5mol/L$。

②盐酸标准溶液：$c(HCl)=1.0mol/L$。

③轻质碳酸钙：≥300 目。

④指示剂：溴甲酚绿—甲基红指示剂。

⑤比色管：100mL，具塞。

(2)试验方法。

①称取被测样品(精确至 0.01g)，在 250mL 容量瓶中定容，摇匀后用 100mL 移液管将 100mL 配制好的试样溶液移入 100mL 比色管中。在另一只 100mL 比色管中加入 100.00mL 蒸馏水，作为空白试验液。

②称取已烘干的碳酸钙粉末 2.00g，倒入上述已加入试样溶液或蒸馏水的比色管中，盖上塞子，剧烈振荡 100 次，于室温静置 30min。

③在比色管 50mL 处精确移取 20mL 上述分散液于锥形瓶中，加蒸馏水 65mL 稀释，然后用移液管加入 $c(HCl)=1.0mol/L$ 的盐酸标准溶液 15mL，待碳酸钙溶解后加入 6～7 滴溴甲酚绿—甲基红指示剂。用 $c(NaOH)=0.5mol/L$ 的氢氧化钠标准溶液滴定至溶液呈现酒红色即为终点。耗用的氢氧化钠标准溶液体积为 V_1(mL)。

④在另一具塞 100mL 比色管中加入 100.0mL 蒸馏水做空白试验，按上述②、③测定步骤进行相同的试验，耗用的氢氧化钠标准溶液体积为 V_0(mL)。

(3)计算。

$$分散力(CaCO_3,mg/g)=\frac{c\times(V_0-V_1)\times100.09}{m\times\frac{100}{250}\times\frac{20}{100}}$$

式中：c——氢氧化钠标准溶液的浓度，mol/L；

V_0——滴定空白液耗用的氢氧化钠标准溶液的体积，mL；

V_1——滴定试样溶液耗用的氢氧化钠标准溶液的体积，mL；

100.09——碳酸钙($CaCO_3$)的摩尔质量，g/mol；

m——称取样品的质量，g。

(4)备注。

①本法可以弥补钙皂分散法的不足。由于钙皂分散法不能排除含螯合剂的分散剂对钙离子螯合的影响，所以本法能较正确、客观地评价螯合分散剂的分散能力。

②测试过程中，加碳酸钙振荡后的静置时间对结果影响较大，所以要准确掌握静置时间，特别是试样和空白试验的时间一定要保持一致。

③也可不用滴定的方法来测定分散力，而是用比色管与对比样(不是与空白)比较浊度来相对(只定性，不定量)测定分散性。

(五)乳化力的测定

1. 原理

乳化剂与具有颜色的油类以一定比例进行充分混合后，加到水中，经过振荡，生成乳化液，静置分层后用溶剂萃取乳化层中的油。测定萃取液的吸光度，从工作曲线上找到对应的乳化油量，从而算出乳化力的大小。

2. 试剂及规格

①三氯甲烷(氯仿):化学纯。

②燃料油(船用内燃机燃料油):赛氏粘度400～500s,20℃时密度为0.8872g/cm^3。

③蒸馏水:pH=7～8,水温一定,报告中应注明。

④无水硫酸钠:化学纯。

3. 仪器及设备

①球形分液漏斗:容量60mL。

②移液管:10mL、20mL、25mL。

③容量瓶:25mL、50mL、100mL。

④具刻度烧杯:50mL。

⑤水平振荡器:220V,240次/min。

⑥搅拌器:不锈钢制桨式搅拌器及圆柱形杯,见图3-6-27。

⑦手持式转速表:测定搅拌速度。

⑧秒表。

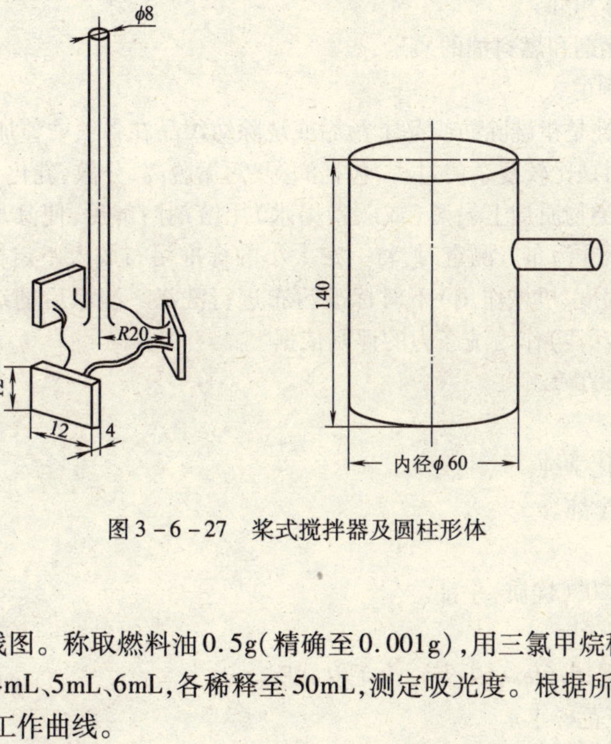

图3-6-27　桨式搅拌器及圆柱形体

4. 测定步骤

(1)绘制工作曲线图。称取燃料油0.5g(精确至0.001g),用三氯甲烷稀释至100mL。分别吸取1mL、2mL、3mL、4mL、5mL、6mL,各稀释至50mL,测定吸光度。根据所测的六个吸光度值,与已知油的含量作一工作曲线。

(2)燃料油与乳化剂混合物的配制。称燃料油30g(精确至0.1g),放入搅拌器中,开动搅拌。再称取乳化剂0.6g(精确至0.05g),滴加到正在搅拌的燃料油中。调节搅拌速度为1400～1500r/min,搅拌0.5h。

(3)测定。在三只60mL分液漏斗中各加规定温度的蒸馏水(pH=7～8)25mL,然后分别加入新配制的乳化剂与油混合物0.2g(精确至0.001g),再各补加蒸馏水25mL。

将分液漏斗置于水平振荡器上,振荡2min,然后垂直置于支架上静置30s。放下乳化层溶液 30mL 于烧杯中,用移液管将溶液搅动均匀后吸取 10mL,放入另一 60mL 分液漏斗中。用三氯甲烷约 50mL,分几次进行萃取,萃取液收集在 50mL 容量瓶中,直至刻度处。若发现萃取液较混浊,可加入无水硫酸钠进行脱水,使溶液成褐色透明。

在 $\lambda = 400$nm 波长下,以三氯甲烷为对比液,测定三只容量瓶内萃取液的吸光度。根据吸光度值,从工作曲线上找到对应的含油量,与加入油量相比,得到该乳化剂的乳化力。

5. 计算

以百分率来表示乳化力的大小。

$$乳化力 = \frac{乳化层中含油量}{加入油量} \times 100\%$$

$$= \frac{C \times V \times \frac{50}{10}}{\frac{m \times 30}{30 + 0.6}} \times 100\%$$

式中:C——从工作曲线上查得的乳化油浓度,g/L;

V——萃取液体积,L;

m——加入乳化剂和燃料油的质量,g。

(六)净洗性的测定

方法原理:净洗性是指洗除纺织品上污垢或洗除纺织品在各项染整加工过程中附着的残留物的能力。净洗作用是比较复杂的过程,包括润湿、污垢脱离、分散、乳化、增溶等。净洗性能的测定,一般均用油脂类物质加上炭黑(或碳素墨水)用溶剂溶解后,使其均匀地吸附在织物上,待溶剂挥发后制成标准污布。测定时,将一定大小的标准污布放入一定样品浓度的水溶液中,在一定条件(时间、温度、机械作用)下对标准污布进行洗涤。洗涤后的织物经过干燥,比较残留的炭黑的量(色泽深浅)作为洗涤力的评判依据。

1. 纺织助剂洗涤力的测定

(1)试剂和材料。

①乙二醇乙醚:化学纯。

②95% 乙醇:化学纯。

③羊毛脂。

④牛油:工业用 20#(优质)牛油。

⑤碳素墨水。

⑥女式呢:05495#15.6tex(64 支),全毛女式呢。

⑦评定变色用灰色样卡。

(2)仪器及设备。

①烧杯:400mL、2000mL。

②容量瓶:500mL、1000mL。

③直型量筒:200mL。

④搪瓷烧杯:1000mL。

⑤温度计:0～100℃。

⑥剪刀。

⑦磁力加热搅拌器。

⑧耐洗色牢度试验机 SW—12 型或类似仪器,内有具盖不锈钢杯 12 只,容量各为 500mL。

⑨不锈钢珠:直径为 6mm。

⑩实验室轧染机:具有车速、轧液率可控的装置。

(3)测定步骤。

①标准污布的制备:

a. 浸轧黑色颜料:在 2000mL 烧杯内加入 100mL 95% 乙醇,置于磁力搅拌器上,在搅拌的情况下滴加 100g 碳素墨水,混匀后再加入 815mL 95% 乙醇,充分搅拌,直至混合均匀。以上述溶液按下述条件浸轧全毛女式呢。

工艺	二浸二轧
浸轧温度	20 ~ 25℃
轧液率	85%
车速	3m/min

干燥条件:将浸轧过黑色颜料的全毛女式呢在室温下平摊于桌面上自然干燥,备浸轧油脂用。

b. 浸轧油脂:在 1000mL 搪瓷杯中加入 20g 羊毛脂、20g 牛油和 500mL 乙二醇乙醚,于水浴上加热至 60℃,使之充分溶解,冷却至 30℃,用乙二醇乙醚稀释至 1000mL,将上述经过黑色颜料浸轧并干燥后的织物按下述条件再浸轧该油脂溶液。

工艺	二浸二轧
浸轧温度	50℃
轧液率	85%
车速	3m/min

干燥条件:将浸轧过油脂溶液的全毛女式呢在室温下平摊于桌面上自然干燥,即为标准污布。用剪刀剪成直径为 5.4cm 的圆片,备用。

②测定:

a. 试样和标样溶液的制备:按不同类型的产品性能和要求,称取试样和标样 0.1 ~ 2g(精确至 0.001g,称量范围也可根据产品洗涤力的大小另行调节),分别置于烧杯中,加蒸馏水少许,使之溶解(必要时可加热),然后移入 500mL 容量瓶中,稀释至刻度,摇匀,备用。

b. 洗涤:分别量取试样及标样溶液 200mL,置于耐洗色牢度试验机的具盖不锈钢烧杯中,放入直径为 5.4cm 的标准污布圆布一块和不锈钢珠 50 粒。杯子加盖封闭后移入试验机内,于 50℃ 下搅拌洗涤 30min,取出,水洗,在室温下自然干燥。

注 当被测样品的浊点低于 50℃ 时,应在浊点温度下进行试验,并在试验报告中注明试验温度。

(4)结果的评定。目测经洗涤试验后的标准污布圆片的色泽深浅,采用变色用灰色样卡,对试样及标样的洗涤效果做相对比较,评出试样的相对洗涤力。

2. 洗涤剂去污力的测定

(1)试剂及材料。

①95% 乙醇:分析纯。

②阿拉伯树胶粉。

③炭黑。

④蓖麻油。

⑤液体石蜡。

⑥羊毛脂。

⑦磷脂：含油量为35%～37%，丙酮不溶物63%～65%。

⑧氯化钙($CaCl_2$)。

⑨硫酸镁($MgSO_4 \cdot 7H_2O$)。

⑩漂白布(经纬度18.2tex×18.2tex工业漂白布)。

⑪氢氧化钠：分析纯。

⑫中性皂基。

(2)仪器。

①瓶式去污试验机：转轴转速42r/min，瓶托轴半径44mm。

②去污用玻璃瓶：直径7cm，高12cm，容积400mL。

③橡皮弹子：直径约14mm，20粒质量38～40g。

④白度计。

⑤搅拌器。

⑥双叶片搅拌桨：不锈钢制，叶片宽30mm，高15mm，厚1mm，两片距离25mm，互相垂直。

⑦电炉：500W，可调温。

⑧瓷研钵：内径12cm。

⑨大搪瓷盘：长46cm，宽36cm。

⑩搪瓷杯：容量1000mL，内径12cm，高12cm。

⑪烧杯：400mL。

(3)测定步骤。

①白布处理：将漂白布沿经纬线裁成27cm×44cm长方形布块，共裁24块。用7000mL 0.8%氢氧化钠溶液，煮沸1h后，倾去溶液，用自来水漂洗几次，直至洗液对pH试纸呈中性，再用蒸馏水漂洗几次，然后用7000mL 0.13%中性皂基溶液煮沸0.5h，再用清水漂洗(漂洗至肥皂全部洗清为止)，最后用蒸馏水漂洗几次，将此布烫平备用。

②炭黑污液制备：称取3.2g阿拉伯树胶于50mL烧杯中，加15mL蒸馏水加热溶解，然后称2.3g炭黑于瓷研钵中，加入10mL 95%乙醇润湿，再加25mL水，稍混匀后，即开始研磨，共研30min。研磨完毕，将溶解好的阿拉伯树胶移入研钵中，研磨2min，然后用少量蒸馏水将烧杯中剩余物洗入研钵中，一并转入400mL烧杯中，再用蒸馏水将研钵中的炭黑全部洗入400mL烧杯中，总溶液量约150mL。在室温下搅拌0.5h(搅拌器转速约1200r/min)，搅拌完毕用蒸馏水稀释到750mL，再加95%乙醇750mL，共1500mL，摇匀，即制成炭黑污液。

③油污液制备：称取10g磷脂于100mL烧杯中，加入25mL 50%乙醇，在水浴中加热溶解，待全部溶化后加入蓖麻油、液体石蜡、羊毛脂等量(1∶1∶1)混合油5g，用玻璃棒混匀备用。另取②制备的炭黑污液500mL(用前摇匀)于1000mL搪瓷杯中，将搅拌叶装在搪瓷杯正中，使桨叶下椽离杯底10mm，搪瓷杯外用水浴加热保温，开启搅拌器，控制转速1200r/min。待搪瓷杯中

的炭黑污液升温到55℃，开始慢慢滴入已溶解好的磷脂与混合油，加完后再用25mL 50%乙醇洗下烧杯中剩余物。滴加磷脂与混合油时间共10min，然后再继续搅拌30min（保持温度于55℃）。此油污液即可供染布用。

④油污布的染制：将上述油污液冷却到46℃，用两层纱布滤去上层泡沫，倒入略微倾斜的搪瓷盘中，轻轻吹去少量泡沫，即开始染布。染布时将白布短边浸入油污液中很快拖过，垂直拉起静止1min，将布调个头，用图钉钉在木条上晾干。将搪瓷盘中油污液倒入搪瓷杯中，置于阴暗处供第二次染污用。待经第一次染污的布干后，将搪瓷杯中的油污液加热到46℃，再倒入搪瓷盘中进行第二次染污，操作同第一次，但布面要翻转和调向。500mL污液最多只能染三块布片（每片27cm×44cm）。

⑤白度的测量：处理好的白布折叠成八层，以用白度实物标准校准过的白度计逐层测量白度（每层测量均保持八层叠合），取平均值作为白布的白度。将每块染好的污布裁成24个直径为6cm的圆布片，将染污圆布片组配成平均黑度相近的六组，每组四片，用于一个样品的去污试验。每组四片相叠逐一从上向下转移测量洗前白度，经去污试验洗涤后再以同样方法测量洗后白度。

如使用的白度计光照面积小，应对布片正反两面的五个不同部位测量白度值，如白度计光照面积大，则可只对正反两面的中心测量白度值。白度值以波长457nm的反射率表示。

⑥硬水配制：洗涤试验中配制洗涤剂溶液采用250mg/kg硬水，其钙与镁离子比为6∶4，配制方法如下：称取16.7g无水氯化钙和24.7g硫酸镁（$MgSO_4 \cdot 7H_2O$），配制10L，即为2500mg/kg硬水。使用时取1L冲至10L即为250mg/kg硬水。

⑦洗涤试验：洗涤试验在瓶式去污机内进行，每个试样至少要用4只去污瓶做平行试验（瓶中放有直径14mm橡皮弹子20粒）。

试验时先向去污瓶内分别倒入300mL配好的试样与标样洗涤剂溶液（用250mg/kg硬水配制的浓度为0.2%的溶液），在预热槽中预热到43℃，各放入一片测定过白度的染污圆布片。再将去污瓶装入转轴托架中，在45℃下转动1h，取出布片用自来水冲洗。按次序排放在搪瓷盘中，晾干后再测定白度。

（4）去污试验结果的计算。

①去污值（R）计算：

$$R = \frac{F_2 - F_1}{F_0 - F_1} \times 100\%$$

式中：F_0——未染污白布光谱反射率，%；

F_1——染污试片洗前光谱反射率，%；

F_2——染污试片洗后光谱反射率，%。

结果保留到小数点后第一位。

②相对标准粉的去污比值（P）计算：

$$P = \frac{R}{R_0}$$

式中：R_0——标准样品的去污值，%；

R——试样的去污值，%。

结果保留到小数点后第一位。

3. 比对法

(1)试剂及材料。

①炭墨:高耐磨粉末炭黑。

②蓖麻油:工业品。

③羊毛脂。

④四氯化碳:化学纯。

⑤毛料:白坯女衣呢,剪成约6cm宽的直条。

(2)标准污布的制备。称取炭黑15g的蓖麻油20g,用玻璃研钵调研均匀,加入已溶解的羊毛脂10g,在研磨的情况下,用四氯化碳800mL分次加入研钵中调研,将调研的溶液倒入1000mL烧杯中,加温至40℃。搅拌均匀后移入大的瓷蒸发皿中,取白坯女衣呢直条浸入配制的溶液中,正反面往返通过一次(通过时间应在30s左右),取出后用两根玻璃棒挤去过多溶液,平推在通风的平台上,在空气中干燥。待干后用洗衣板刷在正、反面分别往返刷到乌黑均匀,剪成5cm正方形小块,为避免氧化,应储放在棕色瓶中密封备用。

(3)测定步骤。在两只250mL广口瓶中,分别加入2g/L标样(或对比样)溶液和试样溶液各100mL,置于已预先加热至50℃的水浴中恒温一定时间。投入边长5cm的正方形污布各一块,盖上瓶塞,在水浴中放置5min,取出摇荡1min(约摇160次),如此重复3次。将污布块取出,用水冲洗几次,干燥后比较色泽深浅。

(4)结果评定。如和标样比较,则标准污布经试样溶液洗涤后的色泽经目测不应高于标样溶液洗后污布的色泽;如和对比样比较,则洗后的污布色浅者洗涤力较好。

(七)增溶能力的测定

1. 原理

当水溶液中表面活性剂浓度超过临界胶束浓度时,表面活性剂分子将形成胶束。表面活性剂的增溶能力就是用一定量的表面活性剂增溶被增溶物的增溶极限值来表示。

2. 仪器和药品

分光光度计,恒温水浴锅,乙苯。

3. 50g/L被测试液的配制

称取试样50g(精确至0.1g),用少量蒸馏水溶解后,在1000mL容量瓶中定容,摇匀备用。

4. 试验步骤

在10只100mL容量瓶中分别加入乙苯0、0.4mL、0.6mL、0.8mL、1.0mL、1.2mL、1.4mL、1.6mL、1.8mL、2.0mL,用移液管吸取50g/L试样溶液50mL,用吸耳球挤压使溶液成射流状加入到每个容量瓶中,使乙苯分散。盖上瓶塞,摇匀,静置过夜,使体系达到平衡。

分别在每个容量瓶中加入约30mL蒸馏水,置于50℃恒温水浴中恒温30min,不时振荡容量瓶(注意防止泡沫产生),然后取出容量瓶,冷却至室温,小心稀释至刻度,摇匀待测。

用分光光度计测定每个溶液的吸光度($\lambda = 560$nm),以不含乙苯的溶液作空白,对每个溶液取3次读数的平均值。

5. 数据处理

以测定的吸光度为纵坐标,加入乙苯的体积为横坐标作图,求得增溶极限A值(吸光度发生突变时对应的乙苯加入体积)，按下式计算增溶能力(A_m)。

$$A_m = \frac{A \times 1000}{V_m \times C}$$

式中：A ——突变点所对应的乙苯加入体积，mL；

V_m——表面活性剂溶液体积，mL；

C ——试样的质量浓度，g/L；

A_m——试样的增溶能力，mL/g。

6. 备注

(1)测定试样对其他非极性物质的增溶能力，只需将方法中的乙苯换成其他非极性物质即可。

(2)如果被测样含量波动较大，突变点不在测定的范围内，可根据实际情况增减非极性物质或被测试样的浓度。为减少试验的次数，可将系列试验非极性物质加入量的间隔先放大一些，使突变点在试验范围内，然后再在突变点附近增加试验密度，以提高试验的精度。

(八)稳定性的测定

1. 耐酸性测定

(1)原理。酸对某些表面活性剂有水解作用，水解产物的溶解性能不同于原来产品的溶解性，因此可从溶液外观的变化来判断这种表面活性剂在酸性水溶液中的耐酸性。

(2)试剂和材料。

①硫酸溶液：分析纯，体积分数为10%。

②甲酸溶液：分析纯，体积分数为10%。

(3)仪器和设备。一般实验室常用仪器及下列仪器。

①圆底烧瓶：250mL。

②球形冷凝器：300mm。

③电热恒温水浴锅：恒温范围[(37～100)±1]℃。

(4)试验方法。

①试样溶液的配制：

a. 试样a：称取试样2g(精确至0.1g)，溶于500mL容量瓶中。

b. 试样b：称取试样5g(精确至0.1g)，溶于500mL容量瓶中。

②测定：

a. 在3只250mL圆底烧瓶中分别加入试样溶液试样a 100mL，扣除后面加入的硫酸及甲酸溶液用量，按总体积为200mL计算加蒸馏水，然后在第1只烧瓶中加入硫酸溶液2.2mL及甲酸溶液3.4mL，在第2只烧瓶中加入硫酸溶液5.5mL及甲酸溶液8.5mL；在第3只烧瓶中加入硫酸溶液11.0mL及甲酸溶液17.0mL。加酸后先目测溶液的外观，然后加热至沸腾，进行回流。从回流开始计时，在30min、60min、120min共目测三次，记录溶液外观。最后停止加热，放置过夜。次日再目测一次，如有混浊或沉淀，再升温至60℃后目测一次，以两次测试结果为准。

b. 与前述a. 操作步骤相同，但所用试样溶液为试样b。

(5)结果的评定。

①目测评级标准：

1 级——溶液完全澄清；

1 ~2 级——溶液乳白色至微混浊；

2 级——溶液混浊但无絮状物或油状物分出；

2 ~3 级——溶液非常混浊但无絮状物或油状物分出；

3 级——不论溶液澄清或混浊，有絮状物或油状物分出。

②评定：

最高耐酸级——经 3 种浓度的酸测试后，结果达到 1 级或静置过夜后达到 1 ~2 级的；

耐酸级——经中等浓度的酸测试后，在评级中达到 1 级或 1 ~2 级的；

有条件的耐酸级——经中等浓度的酸测试后，在评级中达到 2 级或 2 ~3 级以及在低浓度的酸测试后达到 2 级的；

非耐酸级——经最低浓度的酸测试后，达到 3 级的。

2. 耐碱性测定

(1)原理。碱对某些表面活性剂有水解作用，水解产物的溶解性能不同于原来产品的溶解性。因此可从溶液外观的变化来判断这种表面活性剂在碱性水溶液中的耐碱性。

(2)试剂和材料。

①无水碳酸钠：分析纯。

②氢氧化钠：化学纯，400g/L 溶液。

③硫化钠：分析纯。

④连二亚硫酸钠(保险粉)：化学纯。

(3)仪器和设备。一般实验室常用仪器及以下仪器。

①圆底烧瓶：250mL。

②球型冷凝器：300mm。

③电热恒温水浴锅：恒温范围[(37 ~100) ±1]℃。

(4)试验方法。

①试剂溶液的配制：

a. 碳酸钠测试液：分别称取试样 2g(精确至 0.1g)及无水碳酸钠 4g(精确至 0.1g)，各用 450mL 蒸馏水溶解，然后将两种溶液移入 1000mL 容量瓶中，稀释至刻度，摇匀备用。

称取试样 5g(精确至 0.1g)，配制方法同上。

b. 氢氧化钠测试液：称取试样 2g(精确至 0.1g)，用约 300mL 蒸馏水溶解，在另外约 400mL 蒸馏水中加入 1.5mL 氢氧化钠溶液(400g/L)，然后将两种溶液移入 1000mL 容量瓶中稀释至刻度，摇匀备用。

称取试样 5g(精确至 0.1g)，配制方法同上。

c. 硫化钠测试液：称取试样 2g(精确至 0.1g)，用约 300mL 蒸馏水溶解，再称取无水碳酸钠 8g(精确至 0.1g)，用约 200mL 蒸馏水溶解，最后称取硫化钠 40g，用 200mL 蒸馏水溶解，将上述 3 种溶液均移入 1000mL 容量瓶中，稀释至刻度摇匀备用。

称取试样 5g(精确至 0.1g)，配制方法同上。

d. 连二亚硫酸钠测试液：称取试样 2g(精确至 0.1g)，用约 300mL 蒸馏水溶解，另吸取 16mL 氢氧化钠溶液(400g/L)，用约 400mL 蒸馏水稀释，将此两种溶液混合，移入 1000mL 容量瓶中，然后缓慢加入连二亚硫酸钠4g(精确至0.1g)使完全溶解,最后用蒸馏水稀释至刻度,摇匀备用。

称取试样5g(精确至0.1g),配制方法同上。

②测定:

a.取(4)中a、b、c测试溶液各200mL分别移入6个已编号的250mL圆底烧瓶中,观察溶液的外观。然后加热至沸腾,进行回流,从回流开始记时,于30min、60min、120min共目测三次溶液外观。回流后,停止加热,放置过夜,次日再目测一次,如有混浊或沉淀,须升温至沸腾后再目测一次,以两次测试结果为准。

b.取(4)中d测试溶液各200mL分别置于两个250mL的圆底烧瓶中,观察溶液外观,然后将烧瓶移至电热恒温水浴锅中,于60℃进行保温2h,当溶液内温度达到60℃时开始计时,于30min、60min、120min共目测3次。记录溶液外观,2h后取出烧瓶,放置过夜,次日再目测一次,如有混浊或沉淀,须再加热至60℃,观察其外观是否有变化。

(3)结果的评定。

①目测评级标准:

1级——溶液完全澄清;

1~2级——溶液乳白色至微混浊;

2级——溶液混浊但无絮状物;

2~3级——溶液非常混浊但无絮状物或油状物分出;

3级——不论溶液澄清或混浊,有絮状物或油状物分出。

②评定:

最高耐碱级——所有的试样经测试后,在评级中达到1级或1~2级的;

耐碱级——所有的试样经测试后,其中有一种浓度的试样在评级中达到1级或1~2级,甚至2级,以及静置过夜后达到2~3级的;

非耐碱级——所有的试样经测试后,其中有一种浓度的试样在评级中达到3级的。

3.耐硬水测定

(1)原理。表面活性剂在硬水中和钙离子(镁离子)之间进行离子交换形成某种化合物,根据其溶解度大小或由于离子力、盐效应等使溶液胶态起变化的原理可测定表面活性剂在硬水中的稳定性。

由于钙硬度和镁硬度之间无根本的区别,因此本方法采用钙硬度表示。

(2)试剂和材料。

①硬水溶液 S_1:$c\left(\frac{1}{2}Ca^{2+}\right)=6mmol/L$。

②硬水溶液 S_2:$c\left(\frac{1}{2}Ca^{2+}\right)=9mmol/L$。

③硬水溶液 S_3:$c\left(\frac{1}{2}Ca^{2+}\right)=12mmol/L$。

(3)仪器、设备。

①50mL平底磨口比色管。

②移液管:5mL,分刻度为0.05mL。

③恒温水浴。

④离心分离机。

(4)测定步骤。

①试液的配制:称取50g试样,精确至0.01g,溶于1000mL蒸馏水中,在不超过50℃下配成试液。对含有不溶性无机物的表面活性剂试样配成试液后需离心分离,直至清晰,备用。

②测定:取15只平底比色管分成三组,每组5只,用移液管吸取5.0mL、2.5mL、1.2mL、0.6mL、0.3mL试液分别置于每组的各个试管中。在三组试管中分别加入S_1、S_2、S_3已知钙硬度的水溶液至50mL刻度处,盖紧瓶塞后,慢慢上下翻转试管,每秒一次,重复十次,操作时尽量避免产生泡沫。然后将15只试管在(20±2)℃静置1~2h,观察溶液的外观,按清晰、乳色、混浊、少量沉淀或凝聚物、大量沉淀或凝聚物进行评定。如果出现钙盐的稳定性随温度升高而增加,则在(50±3)℃进行试验并在此温度进行观察。

③分值的评定:按表3-6-7对15只测定结果分别评分。

表3-6-7 液体外观的评分值

液体的外观	评分值	液体的外观	评分值
清晰	5	少量沉淀或凝聚物	2
乳色	4	大量沉淀或凝聚物	1
混浊	3		

不清晰的液体,但透过液体能看到物体的,评为乳色;不清晰的液体,但透过液体不能看到物体的,评为混浊;若沉淀或凝聚物的厚度小于或等于0.5cm时,评为少量沉淀或凝聚物;若沉淀或凝聚物的厚度大于0.5cm时,评为大量沉淀或凝聚物。若液体处于两个评分值之间,取较低的分值。

(5)结果评定。

①平均稳定性的表示:将15只试管的评分值的总和来计算平均稳定性。

1级——总分为15~18分;

2级——总分为19~37分;

3级——总分为38~56分;

4级——总分为57~74分;

5级——总分为75分。

1级表示该种表面活性剂在硬水中的稳定性为差,5级表示该种表面活性剂在硬水中的稳定性为好。

②差示稳定性的表示:以每个已知硬度的硬水组的5只试管评分值的总和来评定试样在该硬度的硬水中的稳定性。

1级——该组总和为5~6分;

2级——该组总和为7~12分;

3级——该组总和为13~18分;

4级——该组总和为19~24分;

5级——该组总和为25分。

表面活性剂在S_1、S_2、S_3三组不同已知硬度水溶液中的差示稳定性依次排列为XXX，即111表示该表面活性剂在硬水中的稳定性为最差，555表示该表面活性剂在硬水中的稳定性为最好。

第二节　印染助剂检验通则

一、目的和特点

化验室中对印染助剂进行检测的目的一般有三个方面：一为常规检验；二为应用试验；三为分析研究。助剂的常规检验或叫质量检验，是根据企业标准或统一的标准（国家标准、行业标准等）对商品助剂进行出厂检验或进厂验收。助剂的应用试验是根据工艺应用要求，对应用或开发的助剂进行试验，以确保使用的助剂能符合生产工艺的要求，并确保印染产品获得优良的外观和预期的内在质量。助剂的分析研究是利用一定的仪器和方法对助剂的化学组成进行分析。对于组成比较复杂的印染助剂来说，这种分析往往涉及高档、贵重的仪器，并非一般工厂所必备，一般只在专业的研究单位使用，目的也主要为助剂产品的开发和研究服务。

印染助剂是化工产品，因此印染助剂的质量检验与一些化工产品相似，可以用水分（或不挥发分）含量、pH值、密度、粘度等物理指标作为质量控制的指标。另外，印染助剂大半是表面活性剂或含表面活性剂的化学物质，所以，测定起泡性、非离子表面活性剂的浊点等也常作为质量控制的手段。再有印染助剂往往不单独使用，而是与其他化合物（如酸、碱、硬水、电解质、氧化剂、还原剂等）一起使用，所以了解印染助剂与其他化合物的相容性也很重要。助剂的这些测试，可以通称为印染助剂的通用性能测试。

印染助剂又不同于一般的化工产品，一般不用化学分析的方法来测定组成，这是因为助剂产品组成比较复杂，往往难以用简单的化学分析方法来测定。同时助剂复配后的增效作用又同应用的条件、工艺、设备等情况有很大关系，所以助剂应用性能的好坏没有必要用化学组成来表示，因此印染助剂的优劣往往用应用性能的测试进行较直观的评判。

二、印染助剂应用性能测试方法的分类

由于印染助剂的特殊性，因此印染助剂优劣的评判有其特殊的方法，即应用性能的测试方法。这些方法虽比较零散，但概括起来主要是两种方法：比对法和模拟法。

1. 比对法

比对法是在相同的条件下，将样品与比对的样品进行平行试验做相对测定的方法，比对法一般用来测定印染助剂的作用特性。印染助剂的作用特性是与应用效果有密切联系的基本特性，其测试方法一般根据这些基本特性的含义，设计一个试验方法来判别。但试验结果往往受到很多因素的影响，而且有些因素经常变化，如使用的织物、油剂随产地、原料的不同有较大的差异。为了提高测试结果的可比性，往往采用比对法，用达到相同效果时所用助剂量之比或相互直观的比较效果的好坏，作为这个特性的衡量依据。在质量控制时所用的比对样品，一般称为标样，标样是助剂产品标准与产品质量检验的关键之一。标样由标准起草单位在标准审定前选出，并负责配制，其力份一般定为100份。标样一经确认，就作为产品质量的检验依据和生

产、用户对产品有争议时的仲裁依据。标样有一定的有效期，一般要求在失效期前根据一定的程序进行置换，新的标样必须力份一致，其他各项指标亦必须合格。印染厂化验室比对的样品，可以是原来使用的符合工艺要求的产品，也可以是公认较好的产品或经小试合格的产品。在印染助剂的测试中，比对法用于表面活性剂的作用特性（如润湿性、乳化性、分散性、去污性）的测试，也可用于一些印染助剂的基本性能（如匀染性、固色力等）的测试。另外，两只助剂的优劣也往往通过比对来判别。

2. 模拟法

模拟法是模拟印染各工艺过程中的工艺条件，将纺织品用试样进行小样加工，然后测定试验纺织品的有关性能来判断印染助剂的优劣或生产适用性的试验方法。模拟法用于大多印染助剂主要应用性能的测试和印染厂适用性试验。

印染助剂能否适用于工厂具体的某个工艺及设备，能否获得预期的应用效果，对印染助剂的应用很重要。虽然助剂的基本性能与它的应用效果有密切关系，但由于受到很多因素，如织物规格、生产设备、应用工艺等各种条件的影响，因此在某种织物、工艺、设备上应用很好的产品，在另一种织物、工艺、设备上却不一定能获得理想的效果。另外，我国印染助剂的测试方法标准起步不久，已制订的标准不多；有些即使有，由于受到仪器、药品的限制，在一些工厂还难以施行。所以，各类印染助剂的测试大多仍是模拟印染工艺的各种条件进行试验，这样的结果比较直观，也比较实用。因此模拟法是印染助剂测试的主要手段。

要使模拟法的结果可靠，有参考价值，就必须对试验用设备、试验用布（或纱）、化学品有一定的要求，这些要求既要切合实际，使结果有代表性，又要使影响结果的因素减少到最低程度，使结果有重演性。模拟法的结果判别可借助于纺织品和半成品的质量检验方法，以这些纺织品质量测试结果作为判别染整助剂优劣或能否适用的依据。这样可使应用试验更具有实用价值，更切合生产实际。

(1)试验用织物（或纱线）。试验中使用的织物（或纱线）是模拟法试验的基础，最后的结果要通过测定这些织物（或纱线）在经印染助剂处理后的某些性能反映出来，所以选用何种织物（或纱线）是首先需要考虑的问题。一般来说，选用织物（或纱线）时，应考虑其纤维组成、经纬密度、组织规格和加工的程度等能否适应试验的要求。通常应该注意如下几点：

①所用的织物和纱线必须是工厂正式生产的产品。

②为了适合仪器测试和结果易于判别，织物大多采用平纹织物，纱线大多采用双股线。

③加工程度的掌握：用于前处理试验的织物，可以直接采用坯布，但必须了解织物的上浆情况，且在试验前进行必要的加工（如进行精练试验需事先退浆，进行漂白试验需事先退浆、精练等）。用于染色或印花试验的织物应经退浆、练漂，合成纤维织物需进行定形，但不轧光、不上浆、不上蓝或增白，一般要求毛效在8cm以上/30min，白度在80以上。用于后整理试验的织物应为染色后的半成品，要求染色均匀，并且未经任何化学和机械整理。用于泛黄性试验用布，同染色用布基本相同。

④工厂适用性试验所用的织物（或纱线），应采用大生产时所用的相同材料进行试验。

(2)试验用设备。试验的设备，是应用试验的手段。近年来随着技术的引进，印染加工设备的发展和变化很大，每种型号的设备均有其一定的技术参数和工艺要求。印染助剂的模拟法试验条件也必须与这些技术参数和工艺相适应，才能得到有参考价值的结果。而这些试验条件一般通过类似于或基本原理相似的小试设备（小样机）来实现，常用的有：高温高压染样机（用于浸染）、印花小样机（用于印花）、小轧车（用于轧染和后整理）、蒸箱（用于饱和蒸气汽蒸）、热熔汽蒸试样机（用于过热蒸汽汽蒸或预烘、焙烘）等。

（3）化学品。在进行印染助剂的应用试验时，应根据工艺的需要，加入必要的化工原料，如酸、碱、盐、氧化剂、还原剂等。一般来讲，这些化工原料除试验方法注明等级外，通常均用工业品。工厂的适用性试验大都采用工厂使用的工业品原料，其用量可根据典型工艺处方选定。

对于试验所需的染料和其他助剂，一般采用常用的有代表性的合格产品。有些也可根据能否突出测试的性能来进行选择，如固色剂试验就应选择牢度较差的染料，匀染性试验就应选用匀染性较差的染料等，以便影响对试验结果的判断。

对于试验用水，一般按标准方法的测试，大都采用蒸馏水，以免水质的好坏影响结果。但工厂的适应性试验最好选用工厂用水，这样更有代表性和实用性。

第三节 后整理助剂检验通则

一、后整理织物加工方法

1. 试验织物

涤棉府绸（65/35）：60/2/60/2 双股线，密度 120×70；涤棉卡其（65/35）：42/21 双股单线，密度 135×70。

注 可根据具体需要选用其他织物。

2. 整理剂工作液

大部分后整理工作液是含有后整理助剂、树脂催化剂等物质的水溶液或水分散体，各组分的选择和用量可根据加工目的、加工品种而定。请参照各厂家的产品介绍、技术资料或工厂的应用工艺处方等进行配制。

3. 后整理剂工作液的浸轧

工艺流程：二浸二轧整理剂工作液→中间干燥→焙烘。轧液率：一般应控制在 60% ±5%；中间干燥温度和时间：一般约 100℃，5min，时间应视织物厚度、纤维含量而定，以刚好烘干为度；焙烘温度和时间：根据后整理剂的具体性能而选定，一般可用 150℃，3min。

4. 说明

（1）烘干时最好能固定在针板框上进行，以保持织物平整。

（2）织物浸轧用的轧车，应保证织物左右轧液率的一致。轧液率是否均衡，可用一张新复写纸夹在两张平整的白纸中间，在轧车轧辊中轧过，根据复写纸留在白纸上的压痕色泽是否均匀来判定。

（3）织物的烘干和焙烘，可在热风烘焙试样机中进行。如无此设备，亦可在烘箱中进行，但烘焙时打开烘箱门放试样时，应注意不要让温度下降幅度太大，以免影响交联效果。

二、后整理织物耐洗性试验的洗涤方法

1. 洗涤液

2g/L 中性洗衣粉水溶液。

2. 洗涤设备

自动反转式洗衣机或性能近似的其他洗衣机。

3. 洗涤方法

将事先加热到一定温度的洗涤液加入洗衣机中，当温度降到40℃左右时加入试验织物，使浴比为1:50。洗涤10min，放出皂洗液，用40℃水洗涤5min，进行脱水。这样操作完成作为洗涤一次。如果需要洗涤多次，则重复以上操作数次。最后将织物用清水漂洗干净，摊平，晾干（或烘干）。

4. 耐洗性的判别

根据各整理剂最能反应其功能的性能对洗涤前后的织物进行测试，根据其功能性降低程度来判别其耐洗性。

5. 说明

（1）织物按浴比计算其数量不够时，可添加其他不影响结果的织物。

（2）洗涤次数一般可在3次、5次、10次、50次中间根据织物用途进行选择。

三、整理剂分散液（或溶液）稳定性试验

整理剂分散液（或溶液）稳定性试验见表3-6-8。

注 以下试验条件及放置时间很难统一规定，可以根据整理剂可能接触或使用的工艺条件和要求进行任意调整，加入的整理剂品种也可根据工艺要求任意增减，以便在生产前了解这些助剂的稳定性，以免生产中产生问题。

表3-6-8 整理剂分散液或溶液稳定性试验

试验项目	试验条件	放置时间	结果判别
存放稳定性	原液，离心机转速3000r/min	30min，60min	根据有无分层、飘油、沉淀絮状物等情况及程度来判别
耐热稳定性	2%整理剂溶液，烘箱温度：50℃、80℃、90℃	4h	
耐酸稳定性	2%整理剂溶液，醋酸调节pH=3~4	24h	
耐碱稳定性	2%整理剂溶液，碳酸钠调节pH=9~10	24h	
耐硬水稳定性	2g整理剂溶解（或分散）在100mL（500mg/kg）的硬水中	24h	
树脂同浴稳定性	整理剂2g，蒸馏水20mL，2D树脂9mL，$MgCl_2 \cdot 6H_2O$ 10mL；再加蒸馏水合成100mL	10min	

第四节 渗透剂的测定

大多数渗透剂的主要成分是表面活性剂，其离子性、起泡性、含固量、耐碱性、耐酸性、耐硬水稳定性等方面的测定参见本书有关章节。本节着重介绍渗透性及再润湿性的测定。

一、渗透性的测定

1. 原理

渗透性是指使液体迅速而均匀地渗透到某种固体物质内部的性能，渗透性的（润湿性）测试是将一不易润湿的织物（生帆布、坯布）或纤维（未经精练的纱线）放入待测样品的渗透液中，测定织物或纤维完全润湿（开始下沉或沉降至某一位置）所需的时间；或调整助剂溶液浓度，使沉降时间相同来计算相对渗透力。

2. 渗透力的测定——润湿法

（1）化验室常用仪器和材料以外的其他物品。

①鱼钩：质量在20～40mg（或用同等质量的细钢针制成色钩状）。

②铁丝架：直径2mm的镀锌铁丝制成。

③棉帆布圆片：28tex（21支）3股×28tex 4股纫帆布制成直径为35mm的圆片，储藏备用（剪成圆片时应戴手套操作，避免用手直接接触帆布）。

（2）试样准备。同一品种的试样和标样溶液的制备：分别称取一定量的试样和标样[称量样以调节溶液浓度至帆布圆片的沉降秒数在（100±10）s为准，精确至0.001g]于250mL烧杯中，加入10～20mL蒸馏水，调浆、加热搅拌至全部溶解，移入1000mL容量瓶中，稀释至刻度，摇匀备用。不同品种试样的制剂：对每种试样分别称取5个不同质量（精确至0.001g），并分别配制成1L的溶液，配制方法同前。

（3）测定步骤。用量筒量取800mL渗透剂溶液，移入1000mL烧杯中，调节温度至（25±1）℃。将鱼钩尖端钩住帆布圆片距离边缘2～3mm处；鱼钩的另一端缚以丝线，丝线末端接在铁丝小钩上。将该架移入烧杯的边上，使帆布圆片浸浮于溶液中，其顶点应在液下10mm处，立即开启秒表。由于渗透剂使帆布圆片润湿，当密度大于试样溶液时，帆布圆片开始沉降，至鱼钩下端触及烧杯底部时，即为终点，记录沉降所需时间。重复测试10次，取其平均值，将与平均值相距±20s以上的数据剔除，然后再求其平均值，即为渗透剂试样的渗透时间。

（4）测试结果。

①同一品种试样的相对渗透力测定：

$$试样相对渗透力=\frac{标准的浓度(g/L)}{试样的浓度(g/L)}\times100\%$$

②不同品种试样的相对渗透力测定：根据不同品种试样配制的不同浓度的试样溶液所测得的渗透时间和相对应的浓度绘制工作曲线图，每一种产品作一相应曲线。在图中找出相同渗透时间各渗透剂所对应的浓度。以某一渗透剂为标准，求出它们的相对渗透力：

$$不同渗透剂的相对渗透力=\frac{标准渗透剂的浓度(g/L)}{其他渗透剂的浓度(g/L)}\times100\%$$

3. 纱线沉降法

（1）仪器及材料。

①弯钩及铅锤：弯钩的质量一般用3.0g，低浓度时可用6.0g或9.0g，高浓度可用0.5～1.5g。

②量筒：500mL。

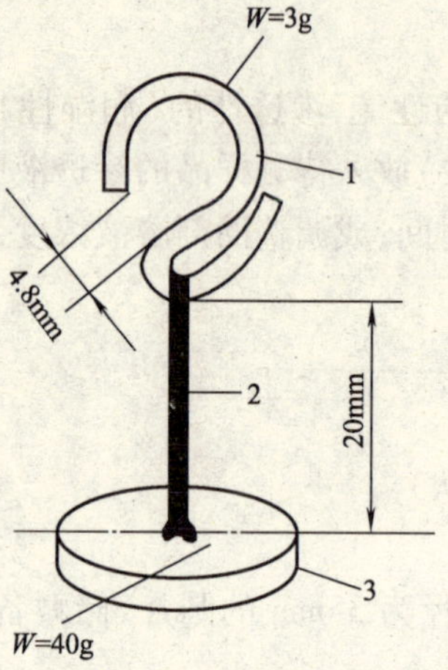

图 3-6-28　弯钩与重锤
1—弯钩　2—尼龙线　3—重锤

③棉绞纱:14tex 原纱。

(2)试液。取 50.0g 试样或标样,加入约 250mL 热蒸馏水使完全溶解,然后用冷蒸馏水在 1000mL 容量瓶中稀释至刻度,作储备液。测定前分别吸取储备液 5mL、7mL、10mL、25mL、35mL、50mL、75mL、100mL,用水稀释 1L,其浓度分别为 0.25g/L、0.35g/L、0.50g/L、1.25g/L、1.75g/L、2.50g/L、3.75g/L、5.00g/L。

(3)测试方法。将 500mL 试液小心倒入量筒,静置,除去泡沫。将绞纱剪成 45.7cm(18in)长,称取 5g(精确至 0.01g)对折,挂在带重锤的钩子(如图 3-6-28 所示),注意使纱束尽可能紧密。将纱束连用钩子和重锤一起垂直放在试液中(不可接触筒壁),同时开启秒表,此时纱线浮于水中,纱束直立,悬钩下的尼龙线呈绷紧状态。纱线被润湿增重后开始下沉,当悬钩刚好触及铅锤(或量筒底部)时,按停秒表,记下沉降时间。每个浓度至少做 4 次测定,每次做完只需补充少量溶液,不必更换,几次结果取平均值。

(4)备注。

①以浓度为横坐标,以沉降时间为纵坐标作图,对大多数润湿剂可得一直线。作图的方法不仅可以直观地看到助剂浓度与沉降时间的关系,从而可以找出染整加工中满足润湿条件的浸渍时间,也可根据曲线对不同助剂加以比较。

②本试验也可按照染整工艺条件配制一定浓度的助剂溶液,或直接用工作液进行试验。

③若两个产品用 3g 的弯钩时,其斜率相同,换以其他质量的钩子时斜率也相同。用其他试验方法时,只要采用同材料,所得直线的斜率也与本法接近。

④温度对试验有影响,可根据工艺要求选择不同温度进行试验,如 25℃、50℃、70℃、90℃等。

⑤试验时,必须使纱线全部浸入液面以下。

二、丝光浴润湿力的测定

1. 原理

将规定量的丝光浴润湿剂充分溶解于一定浓度的氢氧化钠溶液中,并将特定规格的棉帆布圆片置于试样溶液的液面上,记录其完全润湿所需时间(s)。调节润湿剂标样和试样所用体积(mL)(或两种不同试样之体积),使润湿时间在规定数值范围内,以标样与试样(或两种不同试样)的体积之比来表示该润湿剂的相对润湿力。

2. 试剂和溶液

氢氧化钠:分析纯,配制成 300g/L 的溶液。

3. 材料和仪器

化验室常用仪器及以下物品:

(1)棉帆布圆片。28tex(21 支)3 股 ×28tex 4 股细帆布,制成直径为 35mm 的圆片(剪制圆片时应戴手套操作,避免用手接触帆布),储藏备用。

(2)带手柄铁丝圈。用直径约为2mm的镀锌铁丝制成直径约30mm的圆圈及其手柄。

4. 试样的制备

(1)5%试样溶液的制备。将试样和标样(或两种不同试样)分别称取5g(精确至0.001g)于烧杯中,加入氢氧化钠溶液20~30mL,搅拌至全部溶解(必要时可稍加热),移入100mL容量瓶中并用氢氧化钠溶液稀释至刻度,摇匀备用。

(2)试样溶液的制备。

①同一品种试样溶液的制备:

a. 润湿剂标样溶液的制备:用直型刻度吸管准确吸取5%标样溶液若干毫升[具体用量以调节帆布圆片完全润湿所需时间在(100±10)s为准]置于玻璃结晶皿中,再用移液吸管准确吸取氢氧化钠溶液200mL,放入结晶皿中。

b. 润湿剂试样溶液的制备同a.。

②不同品种试样溶液的制备:将每种5%浓度的试样分别用直型刻度吸管准确吸取5个不同体积的用量,放入各自的结晶皿中,再用移液吸管分别准确吸取氢氧化钠溶液200mL,放入上述各个结晶皿中。

5. 操作步骤

放有试样溶液的结晶皿置于磁力加热搅拌器上。开动搅拌使试样完全溶解于氢氧化钠溶液中,约需搅拌15min,并调节溶液温度为(25±1)℃。静置1min,然后将帆布圆片放在干净的铁丝圈上,小心移置于结晶皿中的液面上,并立即开启秒表,记录帆布圆片完全润湿所需时间(s)。重复测试5次,取其平均值,将与平均值相距±20s以上的数据剔除,然后再求其平均值,即试样的润湿时间(s)。

6. 测试结果

(1)同一品种试样的相对润湿力测定。

$$试样的相对润湿力=\frac{5\%标样溶液的体积(mL)}{5\%试样溶液的体积(mL)}\times100\%$$

(2)不同品种试样的相对润湿力测定。根据不同用量的5%试样溶液和润湿时间,绘制工作曲线图。每一种试样可作一相应曲线。在图中找出相同润湿时间下,各润湿剂所对应的体积。以某一润湿剂为标准,求出它们的相对润湿力。

$$不同润湿剂的相对润湿力=\frac{5\%标准润湿剂的体积(mL)}{5\%其他润湿剂的体积(mL)}\times100\%$$

7. 备注

(1)如果没有玻璃结晶皿,可用近似口径的烧杯代用。

(2)使用帆布圆片要尽量平整,且试验时要待泡沫消除后再放入帆布圆片。

三、再润湿力的测定

1. 仪器及材料

①试布:未经煮练或水煮的棉坯布。

②小轧车。

③绷架:直径15.2cm。

④滴定管:选择管尖大小,使每毫升为15~25滴。

2. 操作步骤

配制所需浓度的溶液,一般为2.50g/L、5.00g/L、10.00g/L、20.00g/L,将棉坯布试样浸渍于(70±3)℃的溶液,然后经过小轧车,共浸轧3次,轧液率为60%~90%(具体轧液率应在报告中说明)。将浸轧好的布样在约82℃下干燥3min,然后在标准条件[(21±1)℃,相对湿度65%]下平衡一定时间,这样做可使重现性更好。若无此条件,也可在普通试验室进行。将布样在绷架上绷紧,根据要求在滴定管中装好蒸馏水,然后将绷架放在离滴定管口1cm的下方,液滴刚好落在布面上时,开启秒表,当液滴表面的镜面刚好消失时,按停秒表。每一布样10个点,取平均值。这个时间可以用来比较各种不同的再润湿性。

3. 结果处理

将4种浓度的测试数据在对数坐标纸上,以浓度为横坐标,以再润湿时间为纵坐标,得一直线,在直线上可以找到水滴10s时消失所对应的浓度,这个浓度称为再润湿剂的再润湿浓度。

4. 备注

(1)绷架应放在适当位置,使光源光线和观察者之间有一定角度,以便观察镜面反射。当液滴逐渐被吸收时,小镜面逐渐变小以致消失,此时按停秒表。

(2)方法中的温度和绷架直径可以根据具体情况适当改动。

(3)根据样品和标样的再润湿浓度,可以计算出样品的再润湿力。

第五节 精练剂的测定

1. 品质标准

精练剂的检验标准如表3-6-9所示。

表3-6-9 品质检验标准

项目	标准	检验要求	项目	标准	检验要求
外观	与标准品同	每批检验	起泡性	起泡高度在标准以下	每批检验
有效成分	不低于标准品	每批检验	浊点	80℃以上	必要时检验
离子性	与标准品同	每批检验	耐碱性	符合标准以上	必要时检验
精练效果	不低于标准品	每批检验	乳化性	与标准品同	必要时检验
渗透效果	符合标准以上	每批检验	红外吸收光谱	与标准品同	每批检验

2. 检验方法

(1)外观。取试样1~2g散布在干净玻璃片上观察下列项目:色泽、杂质、气味、其他,并与同量标准品比较。

(2)有效成分。

①烘干法：精确称取样品约5～10g于蒸发皿中，置入(105±2)℃烘箱烘至恒重(4h)。取出后，置于玻璃干燥器内，冷却至常温，精称质量。

计算：

$$含固量=\frac{烘干后样品质量(g)}{样品质量(g)}\times 100\%$$

②回馏法：适用于含水率10%以上。

a. 水分：正确称取5～10g样品于蒸馏瓶内，加入150mL二甲苯，装妥蒸馏装置。加热蒸馏并控制出速度为每秒2～3滴，至接受器内水保持一定，冷却至常温充分收集水分后读出水量刻度。

计算：

$$水分含量=\frac{水的体积(mL)\times 水的密度(g/mL)}{样品质量(g)}\times 100\%$$

b. 酒精不溶物：精确称取5g样品于三角瓶内，加150mL酒精，接上玻璃冷却管后，置于水浴上加热煮沸并时时振荡，使其溶解，用已知质量之玻璃过滤器过滤。以100mL热酒精洗涤，再置入(105±2)℃烘箱内烘至恒量，称出质量。

计算：

$$酒精不溶物=\frac{残留物质量(g)}{试样质量(g)}\times 100\%$$

$$有效成分=100\%-(水分含量+酒精不溶物含量)$$

(3)离子性。

①试剂：

a. 混合指示剂：0.025%甲基紫溶液与0.025%亚甲基蓝溶液以1∶1混合而成。

b. 缓冲液：量取1mol/L NaOH 100mL及1mol/L HAc 200mL混合，加水配成1L溶液，此溶液pH=4.62。

②检验方法：称取样品约1g于100mL量瓶内，加蒸馏水至100mL。吸取0.5mL试液于10mL试管内，加2.5mL缓冲液及5mL氯仿($CHCl_3$)。加入约0.5～1mL混合指示剂。控制pH=3～5，摇荡均匀后，静置观察。

③离子性判定：如表3－6－10所示。

表3－6－10　离子性的判定

离子性	上层色	下层色	离子性	上层色	下层色
阴离子	黄色	深蓝色	阴离子/非离子	浅绿乳状液	蓝色
阳离子	深蓝色	黄棕色	阳离子/非离子	浅蓝乳状液	无色至黄色
非离子	绿色	浅蓝色			

(4)渗透效果。取全棉150×80/50×50坯布，剪取25cm×25cm作为精练试布。配制精练剂1g/L、46.73%（48°Bé）NaOH 3g/L的精练液，取400mL于恒温槽加热至(80±2)℃投入试布

搅拌精练：

试布精练 5min → HAc 溶液中和洗(pH＝6)→清水洗→60℃烘干

将烘干后之精练布经向剪取 25cm×2cm 大小的试片，试片一端固定，另一端距底 2cm 处划一横线及距边 0.5cm 处剪一小洞挂上 2g 的重锤。准备染液活性翠蓝 BG 5g/L，取适量置于烧杯中。将试片下端浸入染液内，布的横线与液面齐，静置 1min，取出让其自然晾干。自横线起至渗透量读取其高度。

(5)精练效果(棉织物)。根据精练剂的适合工艺条件模拟工厂设备和工艺条件对织物试样进行精练，其精练效果可根据织物的残脂率来评价。

残脂率的测定如下：

取布样约 10g，在烘箱中于 105℃下干燥 1.5h，取出在干燥器内冷却，分别精确称量(精确至 0.0001g)。将已称量的布样放在索氏油脂萃取器内，放入四氯化碳 120mL(四氯化碳毒性较大，操作时应避免吸入人体)，置于水浴锅(或电热板)上温热，调节温度，使溶剂每小时能虹吸循环 5～6 次，萃取 2h 后冷却，将萃取烧瓶内含有油脂的萃取液滤入已知质量的锥形烧瓶内。萃取烧瓶、滤纸及漏斗都用溶剂洗涤三次，洗液一并倾入锥形瓶中，在水浴上加热蒸馏。待溶剂全部蒸出后，再将锥形瓶在 95～100℃烘至恒重，移置干燥器中冷却，然后精确称重。经过萃取的布样，由虹吸管中取出，置于通风橱或室外，使溶剂挥发，再放入已知质量的称量瓶中，在 105～110℃烘至恒重(约 2h)，移置干燥器冷却，然后称重。

$$\text{织物油脂百分含量} = \frac{\text{瓶及油脂质量} - \text{空瓶质量}}{\text{布样质量}} \times 100\%$$

(6)起泡性。取试样 1g 加水稀释至 1000mL 使成 1g/L 之试液。吸取试液 100mL 放入 200mL 之量筒内，用手堵住量筒的开口处，横向来回猛烈摇动 100 次以后停止，立刻垂直放置并按下秒表计时。量取放置 1min 及 5min 后泡沫部分的高度(以 mm 表示)。反复操作 3 次，取其平均值。

(7)浊点。取试样 5g 加水稀释至 1000mL 使成 5g/L 之溶液。吸取试液 30mL 放入 50mL 试管内，于水浴中开始加热升温，同时以玻璃棒不停地搅拌。当试液发生白雾状时，用温度计测定其试管内的温度即为浊点，并记录。

(8)耐碱性。精确称取试样 5g 加水稀释至 1000mL 使成 5g/L 之试液。吸取试液 200mL 放入 500mL 的烧杯内，另以吸管吸取 46.73%(48°Bé) NaOH 溶液，缓慢加入烧杯内，并不停地搅拌，直至试液呈白雾状为止，并记录 NaOH 的耗用体积。相同方式再试两次，求其用量之平均值。

耐碱性用量计算：

$$\text{耐碱性用量(g/L)} = 5 \times S \times V$$

式中：5——200mL 和 1L 的换算系数；

S——NaOH 溶液的密度，1.498g/cm^3；

V——46.73%(48°Bé)NaOH 耗用体积，mL。

(9)乳化性。取试样 2g 加水稀释至 1000mL 使成 2g/L 试液。取 30mL 试液置于 200mL 量筒,再取 30mL 液体石蜡加入量筒内。用手堵住量筒口横向来回猛烈摇动 100 下后,放置 2h 后测定量筒内试液上下层分离高度比例。

(10)红外吸收光谱。取适量样品置入 60 ~ 70℃ 真空烘箱内干燥 1h。取出,将其涂层薄膜于溴化钾薄片上,或与溴化钾打成丸片。置于红外吸收光谱仪下,绘出各波长下的吸收光谱曲线。以标准品同样绘出吸收曲线,对照比较。

第六节 双氧水漂白稳定剂的测定

一、络合能力的测定

双氧水漂白稳定剂对金属离子的络合能力,一般测定它对钙离子和三价铁离子的络合能力。

1. *CV* 值

双氧水漂白稳定剂对钙离子的络合力用 *CV* 值表示。所谓 *CV* 值是指每克稳定剂能够络合钙离子(以 $CaCO_3$ 表示)的质量(mg)。

取一定量的稳定剂,以草酸钠作指示剂,用钙标准溶液滴定,在没有达到终点时,钙离子可与稳定剂络合生成稳定的络合物,此时钙离子不能与草酸钠指示剂生成沉淀。至稳定剂反应完毕,再加入过量的钙离子后,即有白色草酸钙沉淀生成,此时即为反应终点。

(1)仪器和试剂。

①pH 试纸或酸度计。

②草酸钠指示剂:取 2g 草酸钠溶于 100mL 蒸馏水中。

③钙标准溶液:在烧杯中放 300mL 蒸馏水,加入 25g 碳酸钙试剂,然后加入 43mL 盐酸。待碳酸钙溶解后,将溶液煮沸去除二氧化碳。冷却至室温,移入容量瓶中稀释至 1L。

(2)操作步骤。准确称取 5g 稳定剂样品(或 10g 液体样品),溶于 80mL 水中,用 30% 氢氧化钠溶液调节 pH 值至 10 ~ 12,加入 10mL 草酸钠指示剂溶液,然后用钙标准溶液滴定至持久的混浊出现,即为终点。

(3)计算。

$$CV\text{ 值}(\mathrm{mgCaCO_3/g}) = V \times \frac{25}{m}$$

式中:V——消耗的钙标准溶液体积,mL;

25——钙标准溶液浓度,g $CaCO_3$/L;

m——稳定剂样品质量,g。

(4)注意事项。用 pH 试纸检查溶液的 pH 值后,要用洗瓶将试纸所沾溶液洗回到原溶液中,否则损失的溶液将会影响准确度。

2. 对铁离子(Fe^{3+})的络合能力

使用标准的三价铁离子溶液滴定稳定剂溶液,直至稳定剂溶液出现混浊或色变为终点。对三价铁离子的络合能力,以每克稳定剂络合三价铁离子的质量(mg)表示。

(1)仪器和试剂。

①pH 试纸或酸度计。

②0.1mol/L 硫酸铁铵标准溶液:准确称取硫酸铁铵[$Fe(NH_4)(SO_4)_2 \cdot 12H_2O$]试剂

48.210g,溶于500mL水中,加浓硫酸20mL,冷却后稀释至1L。

(2)操作步骤。准确称取5g稳定剂样品(或10g液体样品),溶于80mL水中,用30%氢氧化钠溶液调节pH值至10~12,然后用0.1mol/L硫酸铁铵标准溶液滴定,至生成混浊不再溶解或色变为终点。

(3)计算。

$$Fe^{3+}\text{络合值}(mg/g) = V \times \frac{5.584}{m}$$

式中:V——消耗的硫酸铁铵标准溶液体积,mL;

5.584——1mL硫酸铁铵标准溶液相当于Fe^{3+}的克数,mg/mL;

m——稳定剂样品的质量,g。

(4)注意事项。在整个滴定过程中,稳定剂溶液维持pH值为10~12,如果pH值偏低,应补加30%的氢氧化钠溶液来调整。

二、双氧水稳定效果的测定

对双氧水稳定效果的测定,一般是根据应用的要求,在双氧水溶液中加入一定量的稳定剂,然后测定溶液放置一定时间后双氧水的分解率。

1.仪器和试剂

①恒温箱。

②0.0588mol/L高锰酸钾$\left(\frac{1}{5}KMnO_4\right)$标准溶液:称取9.5g纯高锰酸钾($KMnO_4$)溶于1L蒸馏水中,再煮沸15min左右,待冷却后盖紧,避免与尘埃及有机物接触,同时不可与强光接触。静置数天后,用石棉过滤储存于棕色试剂瓶中,并放置暗处,然后用草酸钠标定。

③6mol/L硫酸$\left(\frac{1}{2}H_2SO_4\right)$。

④30%双氧水。

2.操作步骤

(1)双氧水漂液的配制。在500mL烧杯中,加入400mL水,加入5g双氧水稳定剂(固体为2.5g),搅拌均匀后加入30%双氧水10mL,然后用移液管吸取30%烧碱,调整漂液的pH值为10.5~11.0,最后把此液移入500mL容量瓶中,加水稀释至刻度,摇匀。

(2)双氧水漂液恒温放置。吸取配好的双氧水漂液200mL,放入恒温箱中,一般室温(维持在25℃)放置8h。

(3)双氧水分解率的测定。分别测定放置前后双氧水漂液浓度的变化,即在250mL锥形瓶中,加入20mL蒸馏水,用移液管吸取漂液5mL,加入6mol/L硫酸$\left(\frac{1}{2}H_2SO_4\right)$10mL,摇匀,用0.0588mol/L高锰酸钾$\left(\frac{1}{5}KMnO_4\right)$标准溶液滴定,至粉红色在30s内不褪色为终点。

3.计算

$$\text{双氧水分解率} = \frac{V_1 - V_2}{V_1} \times 100\%$$

式中：V_1——刚配好、放置前漂液消耗的高锰酸钾标准溶液体积，mL；

V_2——放置8h后漂液消耗的高锰酸钾标准溶液体积，mL。

4. 注意事项

（1）本方法一般用于常规的双氧水汽蒸工艺对稳定剂稳定效果的测定，漂液放置时间可以缩短或延长。根据应用要求，如果是碱氧一浴汽蒸工艺，漂液中烧碱浓度改为15g/L，30%双氧水浓度改为30mL/L；如果是冷轧堆工艺，烧碱浓度提高到40g/L，30%双氧水浓度改为50mL/L，放置时间改为24h。

若需要检查稳定剂对双氧水高温条件下的稳定效果，可以使用三口圆底烧瓶，维持在90～95℃加热回流条件下进行测试，以每10min间隔吸取漂液测定双氧水分解率。

（2）检查稳定剂对含有铁离子漂液的稳定效果，可以在以上指定的各种条件下，在每升漂液中另外加入1000mg/kg铁离子（Fe^{3+}）溶液1～10mL（即每升漂液含铁离子1～10mg/kg）进行测定。

1000mg/kg铁离子（Fe^{3+}）溶液的配制：准确称取硫酸铁铵2.15g，用水溶解，洗入250mL容量瓶中，用水稀释至刻度待用。

（3）稳定剂对双氧水稳定效果的测定，溶液的配制一般使用自来水，严格要求应该使用250mg/kg的硬水（全国各地区平均硬度的硬水）。

250mg/kg的硬水配制方法：钙与镁离子比为6∶4，即称取无水氯化钙（$CaCl_2$）16.5g和硫酸镁（$MgSO_4 \cdot 7H_2O$）24.7g，用蒸馏水溶解配制成10L，再取1L稀释至10L即为250mg/kg。

三、双氧水分解速率常数 *K* 和半衰期 τ 的测定和计算

评价稳定剂对双氧水的稳定效果，也可以测定和计算该稳定剂存在下双氧水的分解速率常数 K 和半衰期 τ 的值。

1. 双氧水分解速率常数的测定

双氧水的分解反应为一级反应，它的分解反应速率仅与反应物的浓度一次方成正比。

设所测定的双氧水浓度为 x，则其分解速率：

$$-\frac{dx}{dt}=Kx$$

移项分离变量，得方程式：

$$\frac{dx}{x}=-Kdt$$

反应时间从0到 t，双氧水浓度从0到 x_0，积分并化简得：

$$\frac{\lg x_0}{x}=\frac{Kt}{2.303}$$

实验中在某一个分解反应时间 t 里，测出此时的双氧水浓度，即可由公式计算分解速率常数 K。分解速率常数 K 值越大，分解越快；K 值越小，分解越慢。

由于双氧水分解是一级反应，取 $\lg x$ 对时间 t 作图是一条直线，因此也可以由直线图形的斜率求出 K 值。

漂液中双氧水的初始和时间 t 后的浓度测定，同上面稳定剂对双氧水稳定效果的测定方法。

例如每升含某稳定剂 10g，双氧水初始浓度 10g/L，烧碱 40g，95℃时，测定数据如表 3－6－11。

表 3－6－11 双氧水浓度测定

反应时间	t/min	0	10	20	30	40	50	60
H_2O_2 浓度	x/g·L^{-1}	10	9.10	8.45	7.80	7.25	6.65	6.25
	lg$x$	1	0.9590	0.9263	0.8921	0.8603	0.8228	0.7959

由公式计算分解速率常数 $K=0.0082723$/min，也可以取 lg$x$ 对时间 t 作图得一条直线，由直线斜率计算 K 值。

2. 半衰期 τ 的计算

半衰期是指双氧水分解一半所需时间，即 $x=\frac{x_0}{2}$。

双氧水半衰期计算公式为：

$$\tau=\frac{0.693}{K}$$

如上例，其分解速率常数 $K=0.0082723$/min，则其半衰期 τ 计算：

$$\tau=\frac{0.693}{0.0082723}=83.8\text{min}$$

由于半衰期是双氧水反应分解一半所需时间，因此也可以从双氧水分解浓度对时间作图中，找出半衰期 τ 值。

四、耐碱稳定性的测定

稳定剂的耐碱稳定性一般为稳定剂溶液加入碱后出现混浊、絮凝现象或虽没有发生混浊、絮凝现象，但对双氧水的稳定力降低。

1. 检查溶液是否出现混浊、絮凝

在溶液中固定稳定剂的量，碱浓度从 10～50g/L 变化，观察溶液是否出现混浊、絮凝。

（1）仪器和试剂。50mL 比色管 5 支，恒温箱，500g/L 氢氧化钠溶液。

（2）稳定剂溶液配制。称取待测的稳定剂 10g，用蒸馏水溶解或稀释至 100mL。取 50mL 比色管 5 支，各用移液管吸入稳定剂溶液 5mL 和蒸馏水 40mL，然后分别加入 500g/L 氢氧化钠 1mL、2mL、3mL、4mL、5mL，加水冲至刻度，摇匀，观察溶液是否出现混浊、絮凝，做好记录。然后把 5 只溶液移入恒温箱中，控制 25℃放置 2h、4h、8h、24h，再观察溶液是否出现混浊、絮凝现象。

（3）注意事项。有不少稳定剂遇碱虽出现混浊，但分散得很均匀没有絮凝析出，仍不失对双氧水的稳定效果；有些稳定剂遇碱或随着碱浓度增加，溶液仍清亮透明，但失去对双氧水的稳定作用，因此需要进一步检查稳定剂对双氧水的稳定效果。

2. 检查溶液对双氧水的稳定力

在双氧水漂液中，固定稳定剂量，碱浓度从 10～50g/L 变化，放置规定时间，测各漂液中双氧水分解率。

(1)仪器和试剂。恒温箱,0.0588mol/L 高锰酸钾$\left(\frac{1}{5}KMnO_4\right)$标准溶液,500g/L 氢氧化钠溶液,30% 双氧水,3mol/L 硫酸。

(2)操作步骤。含不同浓度烧碱的漂液配制:取 200mL 烧杯 5 只,各加入 150mL 水、2g 双氧水稳定剂(固体为 1g);溶解搅拌均匀后,分别用移液管加入 500g/L 氢氧化钠溶液 4mL、8mL、12mL、16mL、20mL,最后加入 30% 双氧水 5mL,用水稀释至 200mL,摇匀。移入恒温箱中,控制室温 25℃,放置 8h。双氧水分解率和双氧水稳定效果的测定和计算,与前述相同。

五、对 $Fe(OH)_3$ 胶体吸附作用的测定

双氧水漂白一般在碱性条件下进行,pH 值最低为 10 ~ 11。此时铁离子(Fe^{3+})实际是以胶体形式存在,因此稳定剂对 $Fe(OH)_3$ 胶体吸附作用也是关键。

1. 电泳试验

在电场内,带电荷的粒子在溶液中向负极或正极移动,这种现象称为电泳。如果把直流电通过 $Fe(OH)_3$ 胶体溶液,则胶体的核心连同吸附离子和吸附层的反离子,即整个胶体的主体移向其中一个电极,扩散层的反离子移向另一个电极。加有稳定剂的 $Fe(OH)_3$ 胶体溶液,如果稳定剂对胶粒有吸附作用,则随着稳定剂加入量的增加,胶体的移动方向会发生改变,由向负极转向正极。

(1)仪器和试剂。U 型电泳仪及其有关配套装置。

$Fe(OH)_3$ 胶体溶液:把 100mL 蒸馏水加热到沸腾,然后在沸水中滴入 5mL 2% 三氯化铁溶液,即得到深红棕色的氢氧化铁胶体溶液。

(2)操作步骤。称取稳定剂适量,配成适当浓度的稳定剂溶液。将 $Fe(OH)_3$ 胶体溶液 20mL 与 1mL、2mL、3mL、4mL 不同量的稳定剂溶液混合,分别加入 U 型电泳仪中,按 U 型电泳仪操作顺序,接通电源,用秒表记录 30min 后胶体移动方向及移动上升的距离(cm)。

(3)测试结果。稳定剂测试结果见表 3 - 6 - 12。

表 3 - 6 - 12　稳定性测试结果

稳定剂溶液体积/mL	5	8	20
胶体移动方向	负极	不移动	正极
上升距离/cm	0.5	0	3.5
ζ 电位/V	+0.011	—	-0.077

从表 3 - 6 - 12 数据看出,稳定剂对 $Fe(OH)_3$ 胶粒有吸附作用。该稳定剂具有电解质作用,它对 $Fe(OH)_3$ 胶体扩散中负离子(Cl^-)有排斥作用,使胶体中扩散层变薄。当稳定剂溶液加入 8mL 时,扩散层厚度变为零。当加入 20mL 时,它直接被吸附进入胶粒的紧密层,这时胶团由于在紧密层内吸附了过多异电性离子,使胶体的电位由正变为负,使胶体移动方向改变。

2. 凝结值的测定

在胶体溶液中加入少量电解质,即可以引起分散相粒子的合并,使分散度降低而产生胶体

的凝结，电解质对胶体的凝结作用主要决定于与胶粒带相反电荷的离子。$Fe(OH)_3$ 胶粒带正电荷，因此在 $Fe(OH)_3$ 胶体溶液中加入阴离子型的稳定剂，则被阴离子型稳定剂吸附，使胶体颗粒与颗粒之间相互接近，聚集成大颗粒而沉淀。

电解质对某一胶体的凝结能力，通常用凝结值表示。凝结值是指胶体在一定时间内发生凝结所需电解质的最低浓度，其单位一般用毫克分子/升（mg 分子/L）表示。对稳定剂来说，凝结值越小，表示该稳定剂对 $Fe(OH)_3$ 胶体的吸附能力越大。

（1）仪器和试剂。20mL 试管，$Fe(OH)_3$ 胶体溶液配制方法同电泳试验。

（2）操作步骤。称取稳定剂 10g，稀释至 1L。取试管 3 只，按表 3-6-13 所示的量加入，然后摇动试管，使之混合均匀，放置 5～10min，观察试管，发现混浊，即表示凝结。

表 3-6-13　凝结值粗测试验

试管编号	1	2	3
$Fe(OH)_3$ 胶体溶液体积/mL	2	2	2
蒸馏水体积/mL	7	5	3
稳定剂溶液体积/mL	1	3	5

从以上试验求出粗测凝结值后，再进一步找出准确的凝结值。若粗测中第 3 管混浊，第 1、第 2 管澄清，则表示凝结值在第 2 与第 3 管之间。再按表 3-6-14 试验观察。

表 3-6-14　凝结值细测试验

试管编号	1	2	3
$Fe(OH)_3$ 胶体溶液体积/mL	2	2	2
蒸馏水体积/mL	4.5	4.0	3.5
稳定剂溶液体积/mL	3.5	4.0	4.5

若粗测中第 2、第 3 管混浊，则凝结值在第 1 与第 2 管之间，按此类推，进行试验观察。

（3）备注。凝结的标志可以是微浊、混浊和沉淀，试验观察要统一标志。

凝结值的测定，如果电解质对胶体的凝结反应敏感，可以采取滴定方法求凝结值。例如使用规定浓度的稳定剂溶液，滴定稀释一定体积的 $Fe(OH)_3$ 胶体溶液，当出现红棕色沉淀即为终点，读取稳定剂溶液的体积。

3. 保护胶体试验

通常加高分子化合物于胶体溶液中，由于高分子化合物对胶体粒子的吸附，使胶粒表面包上一层高分子层，阻碍胶粒之间相互碰撞和凝结，使胶粒由憎液性变为亲液性，从而获得高的稳定性，这就是所谓保护胶体作用。对稳定剂来说，保护胶体作用有特殊意义，即一些高分子电解质稳定剂，它在漂液中过量存在，对 $Fe(OH)_3$ 胶体吸附，包围 $Fe(OH)_3$ 胶体粒子，使其失去对双氧水的催化分解作用。

保护胶体作用的特征表现在电解质对胶体凝结值的增大，因此保护胶体试验，就是在稳定剂存在下，测电解质对 $Fe(OH)_3$ 胶体的凝结值。凝结值越大，则表示该稳定剂保护胶体作用越强。

(1)仪器和试剂。

①20mL 试管。

② $Fe(OH)_3$ 胶体溶液：配制方法同电泳试验。

③0.5mol/L 磷酸三钠溶液。

(2)操作步骤。称取待测稳定剂 10g，加水稀释至 1L。按凝结值的测定方法，测定待测稳定剂的凝结值。

取试管 3 只，按表 3-6-15 所示量加入，表 3-6-15 中 x 为待测稳定剂超过凝结值的数量；然后摇动试管，使之混合均匀，放置 5～10min，观察试管出现混浊，记录磷酸三钠溶液体积。

表 3-6-15　保护胶体粗测试验

试管编号	1	2	3
$Fe(OH)_3$ 胶体溶液体积/mL	1	1	1
蒸馏水体积/mL	x	x	x
稳定剂溶液体积/mL	$8-x$	$6-x$	$4-x$
磷酸三钠溶液体积/mL	1	3	5

试验求出粗测的数值以后，再按前述求准确凝结值的方法，进一步试验。

(3)备注。保护胶体试验，如果磷酸三钠对 $Fe(OH)_3$ 胶体凝结反应灵敏，可以采用直接滴定方法试验。先在锥形瓶中加入一定量的 $Fe(OH)_3$ 胶体溶液，加入过量的稳定剂溶液，加蒸馏水至 50mL，观察溶液是否澄清，若澄清用 0.5mol/L 磷酸三钠溶液滴定至溶液出现红棕色 $Fe(OH)_3$ 析出，读取消耗磷酸三钠溶液的体积。

凝结值的测定，可因胶体浓度、胶体的 pH 值、实验温度以及放置时间等不同而有很大差异，因此操作时务必固定这些因素。

测得的凝结值越大，也标志着稳定剂的数量超过越多，确定用量时，就可以适当减少。

六、小破洞试验

由于在漂浴中或织物表面常存在铁屑、铁锈，它们对双氧水起强烈催化分解作用，因此双氧水漂白使织物常出现针眼大小的小破洞。加有稳定剂的漂液有利于减少这种小破洞的产生，因此小破洞试验亦可作为检查稳定剂对双氧水的稳定效果的试验。

(1)仪器和试剂。微量注射器(色层分析用)，0.1%氯化铜甲醇溶液，纯棉细平布。

(2)操作步骤。用微量注射器吸取 0.1%氯化铜—甲醇溶液，滴在纯棉细平布上，每滴质量约 3μg，烘干，然后根据待测稳定剂使用范围，于 pH 值为 10～11 下常规汽蒸(或含 15g/L 左右烧碱的碱氧一浴汽蒸法；或含 40g/L 左右烧碱的冷堆法，浸轧双氧水漂液，接着进行汽蒸或堆放)→洗涤→烘干，最后检查布上的破洞。

(3)试验结果。根据检查布上破洞的多少或有无，比较稳定剂对双氧水的稳定效果。

第七节　酶的测定

一、α-淀粉酶活力的测定(液化型淀粉酶)

(一)比色法

1. 原理

应用消色法测定酶活力:淀粉被液化型淀粉酶水解(液化),切断淀粉链的α-1,4-糖苷键,对碘呈蓝紫色的反应逐渐消失,这种呈色消逝的速度可以表示液化的程度,因而能测定酶的活力。

2. 试剂

①碘原液:称取碘11g、碘化钾22g,加水溶解,定容至500mL。

②标准稀碘液:取碘原液15mL,加碘化钾8g,用水定容到200mL。

③2%可溶性淀粉:称取干基可溶性淀粉2g,先以少许蒸馏水混合,再徐徐倾入煮沸的蒸馏水中,继续煮沸2min。冷却,加水到100mL。

④pH=6.0磷酸氧二钠—柠檬酸缓冲液:称取磷酸氢二钠($Na_2HPO_4 \cdot 12H_2O$)113.08g,柠檬酸($C_5H_8O_7 \cdot H_2O$)20.17g,加蒸馏水定容至2500mL。

⑤比色碘液:取碘原液2mL,加碘化钾20g,用水定容到500mL。

⑥标准糊精液:称0.3g纯糊精,悬浮于少量水中,再倾入400mL沸水中,冷却后加水稀释到500mL。

3. 测定方法

取1mL标准糊精液置于盛有3mL标准稀碘液的试管中,作为比较颜色的标准管。

在25mm×200mm的试管中,加入2%可溶性淀粉溶液20mL,在60℃水浴中平衡温度4~5min,加入0.5mL酶液,充分混合,立即记时。定时取出一滴反应液于比色板穴内,穴中先盛有比色稀碘液。当紫色逐渐转变为棕橙色,与标准比色管颜色相同时即为反应终点,记录时间即为液化时间。

4. 计算

液化型淀粉酶活力单位定义:1g酶粉在60℃、pH值为6.0的条件下,1h液化可溶性淀粉的质量(g)。每小时酶促液化1g淀粉的酶量为一个酶活力单位,以u/g表示。

$$\text{液化型淀粉酶活力}(D_{60℃}^{6.0}) = \frac{\frac{60}{t} \times 20 \times 0.02 \times w}{0.5} = 48 \times \frac{w}{t}$$

式中:20——吸取2%可溶性淀粉的体积,mL;

t——酶解反应时间,min;

0.5——吸取稀释酶液体积,mL;

0.02——可溶性淀粉浓度,g/mL;

w——酶稀释倍数。

5. 注意事项

淀粉溶液应当新鲜配制。商品 α－淀粉酶活力约为1500～2500单位,稀释倍数约为100～200倍,测定液化时间控制在2～3min内。

(二)吸光度法

1. 定义

1g固体酶粉(或1mL液体酶),于60℃、pH=6.0条件,1h液化1g可溶性淀粉,即为1个酶活力单位,以u/g(u/mL)表示。

2. 原理

α－淀粉酶能将淀粉长链中的 α－1,4－葡萄糖苷键随机切断成长短不一的短链糊精、少量麦芽糖和葡萄糖,而使淀粉对碘呈蓝紫色的特异性反应逐渐消失,呈红棕色。其颜色消失的速度与酶活性有关,故可通过固定反应后的吸光度计算其活力。

3. 试剂

①原碘液:称取碘11g、碘化钾22g,用少量水使碘完全溶解,然后定容至500mL,储于棕色瓶中。

②稀碘液:吸取原碘液2.00mL,加碘化钾20g,用水溶解并定容至500mL,储于棕色瓶中。

③20g/L可溶性淀粉溶液:称取可溶性淀粉(以绝干计)2.000g(精确至0.001g),用水调成浆状物,在搅动下缓缓倾入70mL沸水中。然后以30mL水并入其中,加热至完全透明,冷却,定容至100mL。此溶液需要当天配制。

④磷酸缓冲液(pH=6.0):称取 $Na_2HPO_4 \cdot 12H_2O$ 45.23g、柠檬酸8.07g,用水溶解并定容至1000mL。配好后用pH计校正。

4. 仪器

分光光度计。

5. 分析步骤

(1)酶液制备。称取酶粉1～2g(精确至0.0001g)或吸取液体酶1.00mL。先用少量的磷酸缓冲液溶解,并用玻璃搅拌棒捣研,将上层清液小心倾入容量瓶中,沉渣再加少量缓冲液捣研。如此3～4次,将酶粉全部移入容量瓶中,用缓冲溶液稀释至刻度,摇匀,通过四层纱布过滤,滤液供测定用。

(2)测定。吸取可溶性淀粉液20mL于试管中,加入缓冲液5mL,摇匀后于(60±0.2)℃恒温水浴中预热5min,再加入稀释好的酶液1mL,立即计时,摇匀,准确反应5min。立即吸取反应液1.00mL于5.00mL稀碘液中,摇匀,并以稀碘液作空白,于660nm波长下,用10mm比色皿,迅速测定其吸光度(A)。根据其吸光度查表3－6－16求得测试酶液的浓度(c)。

表3－6－16 吸光度与测试 α－淀粉酶浓度对照表

吸光度 A	酶浓度 c/u·mL^{-1}	吸光度 A	酶浓度 c/u·mL^{-1}	吸光度 A	酶浓度 c/u·mL^{-1}	吸光度 A	酶浓度 c/u·mL^{-1}
0.100	4.694	0.140	4.492	0.180	4.301	0.220	4.132
0.110	4.644	0.150	4.442	0.190	4.257	0.230	4.093
0.120	4.594	0.160	4.394	0.200	4.214	0.240	4.056
0.130	4.544	0.170	4.347	0.210	4.172	0.250	4.019

续表

吸光度 A	酶浓度 c/ $u \cdot mL^{-1}$	吸光度 A	酶浓度 c/ $u \cdot mL^{-1}$	吸光度 A	酶浓度 c/ $u \cdot mL^{-1}$	吸光度 A	酶浓度 c/ $u \cdot mL^{-1}$
0.260	3.984	0.390	3.610	0.520	3.291	0.650	3.052
0.270	3.951	0.400	3.583	0.530	3.270	0.660	3.087
0.280	3.919	0.410	3.554	0.540	3.249	0.670	3.022
0.290	3.900	0.420	3.628	0.550	3.229	0.680	3.008
0.300	3.869	0.430	3.502	0.560	3.209	0.690	2.994
0.310	3.839	0.440	3.447	0.570	3.190	0.700	2.981
0.320	3.809	0.450	3.452	0.580	3.171	0.710	2.968
0.330	3.779	0.460	3.427	0.590	3.153	0.720	2.956
0.340	3.750	0.470	3.404	0.600	3.135	0.730	2.944
0.350	3.721	0.480	3.380	0.610	3.118	0.740	2.932
0.360	3.693	0.490	3.357	0.620	3.101	0.750	2.921
0.370	3.665	0.500	3.335	0.630	3.054	0.760	2.911
0.380	3.637	0.510	3.313	0.640	3.068	0.765	2.906

6. 计算

$$X = cn$$

式中：X——样品的酶活力，u/g（u/mL）；

c——测试稀碘液酶的浓度，u/mL；

n——样品稀释倍数。

二、糖化酶活力的测定

1. 原理

本方法是采用次亚碘酸法进行糖化酶的活力测定，糖化型淀粉酶具有催化淀粉水解的能力，从淀粉链的非还原端开始，分解 α－1，4－糖苷键而生成葡萄糖，反应生成的葡萄糖可用次碘酸钠进行定量测定，以表示酶的活力。

$$RCHO + I_2 + 3NaOH \longrightarrow RCOONa + 2NaI + 2H_2O$$

$$2Na_2S_2O_3 + I_2 \longrightarrow Na_2S_4O_6 + 2NaI$$

2. 试剂

①2% 可溶性淀粉液。

②0.1mol/L 碘液：称取 36g 碘化钾，溶于 100mL 水中。加入 14g 碘，逐渐溶解，加 3 滴盐酸，定容至 1L。

③pH＝4.5～4.8 的 0.1mol/L 醋酸缓冲液：称取醋酸钠 27.21g 和冰醋酸 11.5mL，以蒸馏水溶解，定容至 1000mL。

④0.1 和 5mol/L NaOH 溶液。

⑤6mol/L 硫酸$\left(\frac{1}{2}H_2SO_4\right)$。

⑥0.05mol/L 硫代硫酸钠：称取 13g $Na_2S_2O_3 \cdot 5H_2O$ 和 0.2g Na_2CO_3，加入煮沸过的冷蒸馏水，定容至 1L。配制一周后以重铬酸钾标定。

3. 测定方法

在甲、乙两支 50mL 比色管中，分别加入可溶性淀粉溶液 25.00mL 及 0.1mol/L 醋酸缓冲溶液 5.00mL，摇匀后，在 40℃ ±0.2℃ 恒温水浴中预热 5min。在甲管（样品）中加待测酶液 2.00mL，立刻摇匀，在此温度下准确反应 30min。然后立即在两管中各加 5mol/L 氢氧化钠溶液 0.2mL，摇匀，将两管取出迅速冷却，并在乙管（空白）中补加待测酶液 2.00mL。取 5mL 反应液与空白液，分别置在碘量瓶中，加 0.1mol/L 碘液 10mL，加 0.1mol/L 氢氧化钠 15mL，摇匀，在室温 20～30℃ 暗处理，静置 15min。再加 2mL 6mol/L 硫酸$\left(\frac{1}{2}H_2SO_4\right)$酸化，以 0.05mol/L 硫代硫酸钠滴定，指示剂为 2% 淀粉，终点呈无色，记录消耗的体积。

4. 计算

糖化酶活力单位是每毫升酶液于 40℃，pH = 4.6 的条件下，1h 水解可溶性淀粉为葡萄糖的质量（mg）。

$$样品的酶活力(u/mL) = (V_A - V_B) \times c \times 90.05 \times \frac{1}{V_1} \times \frac{V_2}{V_3} \times n$$

式中：V_A——空白样品消耗硫代硫酸钠（$Na_2S_2O_3$）的体积，mL；

V_B——样品消耗硫代硫酸钠（$Na_2S_2O_3$）的体积，mL；

90.05——1mL 的硫代硫酸钠（$Na_2S_2O_3$）相当于葡萄糖的质量，mg；

V_1——酶液体积，mL；

V_2——反应液总体积，mL；

V_3——取出反应液样品的体积，mL；

n——酶液的稀释倍数；

c——硫代硫酸钠（$Na_2S_2O_3$）浓度，mol/L。

5. 注意

糖化酶稀释到大约每毫升酶液为 50～90 单位为宜。

三、异淀粉酶（脱枝酶）活力的测定

此法的原理是异淀粉酶作用于糯米淀粉，将其变为直链淀粉和糊精，从而使反应体系中与碘的呈色反应由红色变为蓝色，因此可根据蓝色深浅显示酶活力高低。

1. 试剂

1% 可溶性糯米淀粉液 2.5mL［用 pH = 5.8 醋酸缓冲液（0.1mol/L）配制］，酶液（酶活力不超过 30 单位）0.5mL。

2. 测定步骤

将底物和缓冲液于 50℃ 水浴中预热 2～3min，加酶后立即记录时间，准确反应 1h。立即取出 2mL 反应液，加入 25mL 0.01mol/L 硫酸终止酶反应，再加 2mL 碘液，用蒸馏水定容至 50mL。放置 15min 后，在 620nm 波长处用 1cm 光程的比色皿以蒸馏水为对照测定吸光度。

3. 酶活性单位

在上述分析方法中，吸光度增加 0.10 规定为 10u/mL。由于实际上反应系统中加入酶量为 0.5mL，则 10u/mL 即为 20u/mL，在相互比较时须注意。

四、β－淀粉酶活力的测定

1. 麦芽糖标准曲线制作

取 25mL 比色管 6 支，按表 3－6－17 顺序加入 0.3% 麦芽糖溶液、水及 3，5－二硝基水杨酸试剂（DNS 试剂），混合均匀后在沸水浴中加热 5min，取出立即用冷水冷却，用蒸馏水稀释至 25mL，摇匀。用分光光度计测定 540nm 处的吸光度（A 值）。以麦芽糖含量（mg）为横坐标，A 值为纵坐标，作标准曲线。

表 3－6－17　麦芽糖标准曲线制作试剂表

编　号	含糖量/mg	0.3% 麦芽糖液/mL	水/mL	DNS/mL	A_{540nm}
1	0	0	2	1.5	
2	1.8	0.6	1.4	1.5	
3	2.4	0.8	1.2	1.5	
4	3.0	1.0	1.0	1.5	
5	3.6	1.2	0.8	1.5	
6	4.2	1.4	0.6	1.5	

2. 酶样液

酶粉用少量水溶解，移入合适容量的容量瓶中，加水至刻度，混匀。用四层纱布过滤，取清液备用。

3. 测定

向试管中加入 1mL 2% 可溶性淀粉和 1mL 0.1mol/L 的 pH＝5.8 的柠檬酸—磷酸盐缓冲液，于 40℃ 水浴保温 3min 后再加入 1mL 酶液，立即记时。混匀，至 3min 加入 DNS 试剂 1.5mL，混匀以杀酶。放入沸水中煮 5min 后立即冷却，定容至 25mL，摇匀。做二次平行试验，并做空白试验。

用 721 分光光度计测定波长 540nm 处的吸光度（A 值），用空白试验调零点。

4. 计算

在本试验条件下以产生 1mg 麦芽糖为 1 个活力单位，以 u/mg 表示。

$$样品的酶活力(u/mg) = A \times 60 \times \frac{n}{3}$$

式中：A——吸光度值在标准曲线上对应的麦芽糖的质量，mg；

60——换算为 1h；

n——酶的稀释倍数。

五、蛋白酶活力的测定

1. 原理

蛋白酶水解酪蛋白，其产物酪氨酸能在碱性条件下使福林试剂还原，生成蓝色化合物（钼蓝和钨蓝的混合物）。可从蓝色的深浅测知活力的多少，以比色法测定。

2. 试剂

①福林试剂：在2000mL磨口回流装置内加入钨酸钠100g、钼酸钠25g、水700mL、85%磷酸50mL、浓盐酸100mL，小火回流10h。待冷却后取下冷凝管，加入硫酸锂100g、水50mL和浓溴水数滴，摇匀，使呈黄色。再煮沸15min，以除去多余的溴。冷却，加水定容至1000mL。储存在棕色瓶中。使用时用一份福林试剂与二份水混合。

②0.4mol/L碳酸钠溶液：称取无水碳酸钠（Na_2CO_3）42.4g，以蒸馏水定容至1000mL。

③0.4mol/L三氯乙酸溶液：称取65.4g三氯乙酸，以蒸馏水溶解定容至1000mL。

④缓冲溶液：0.05mol/L pH=3.0乳酸—乳酸钠缓冲液（供537酸性蛋白酶用）。

a. pH=7.5的磷酸缓冲液（供中性蛋白酶用）；称取磷酸氢二钠（$Na_2HPO_4 \cdot 12H_2O$）6.02g和磷酸二氢钠（$NaH_2PO_4 \cdot 2H_2O$）0.5g，加水溶液并定容至1000mL。

b. pH=3.0的乳酸缓冲液（供酸性蛋白酶用）：称取乳酸10.6g，加水溶解并定容至1000mL（甲液）；称取乳酸钠16g，加水溶解并定容至1000mL（乙液）。使用时取甲液8mL，加乙液1mL，混匀，稀释1倍，即成0.05mol/L乳酸缓冲溶液。

c. pH=10.5硼酸缓冲液（供碱性蛋白酶用）：称取硼酸钠19.08g，加水溶解并定容至1000mL（甲液）；称取氢氧化钠4.0g，加水溶解并定容至1000mL。使用时取甲液500mL、乙液400mL混匀，加水稀释至1000mL。

d. 10g/L酪素溶液：称取酪素1.000g，用少量0.5mol/L氢氧化钠溶液（若酸性蛋白酶用浓乳酸2~3滴）湿润后，加入适量的各种适宜pH缓冲溶液约8mL，在沸水浴中边加热边搅拌，直到完全溶解。冷却后，转入1000mL容量瓶中，用适宜的pH缓冲溶液稀释至刻度，此溶液在冰箱内储存，有效期为三天。

e. 100μg/mL L－酪氨酸标准溶液：称取预先于105℃干燥至恒重的L－酪氨酸0.1000g，用1mol/L盐酸60mL溶解后定容至100mL，即为1mg/mL酪氨酸标准溶液。吸取1mg/mL酪氨酸标准溶液10.00mL，用0.1mol/L盐酸定容至100mL，即得到100μg/mL L－酪氨酸标准溶液。

3. 测定步骤

（1）标准曲线的绘制。取6支试管，按表3－6－18进行稀释。分别取已稀释的溶液各1mL，各加入0.4mol/L碳酸钠溶液5.00mL、福林试剂使用溶液1.00mL，于40℃水浴中保持20min，取出，用分光光度计在680mm处测定吸光度，绘制标准曲线。在标准曲线上查出当吸光度为1时的酪氨酸的量（μg），即为吸光常数K值。

表3－6－18 酪氨酸标准曲线制作试剂表

编　　号	0	1	2	3	4	5
酪氨酸标准溶液的浓度/$\mu g \cdot mL^{-1}$	0	10	20	30	40	50
取100μg/mL酪氨酸标准溶液的体积/mL	0	1	2	3	4	5
取水的体积/mL	10	9	8	7	6	5

(2)待测酶液的制备。称取酶粉 1 ~ 2g(或吸取液体酶 1.00mL),用少量适用该酶的缓冲溶液溶解,并用玻璃棒捣碎,然后将上层清液小心倾入容量瓶中,如此操作 3 ~ 4 次,最后全部移入容量瓶中,用缓冲溶液定容至刻度,摇匀(必要时纱布过滤)。根据酶活力高低,再用缓冲液稀释到一定倍数(使用吸光度 A 在 0.2 ~ 0.7 范围内为宜)。

(3)测定。取四支 10mL 离心管,分别加入 1mL 稀释酶液。其中 1 支为空白管,三支为平行管,置入 40℃ 水浴中预热 3 ~ 5min。在 3 支平行试管中分别加入 1mL 10g/L 酪素溶液,准确计时保温 10min。加入 2mL 0.4mol/L 三氯醋酸,10min 后离心分离或用滤纸过滤。分别吸取 1mL 清液,加 5mL 0.4mol/L 碳酸钠溶液,最后加入 1mL 福林试剂,摇匀,于 40℃ 水浴显色 20min。

空白管中只加入 2mL 0.4mol/L 三氯乙酸溶液,再加 1mL 10g/L 酪蛋白溶液,10min 后离心分离或用滤纸过滤。以下操作与平行试验相同。

以空白管为对照,在 680nm 波长下测定吸光度,取其平均值。

4. 计算

1g 酶粉或 1mL 酶液在一定温度和 pH 值条件下,1min 水解酪素产生 1μg 酪氨酸为一个酶活力单位,以 u/g(u/mL)表示。

$$样品的酶活力(u/g)=\frac{K\times\Delta A\times\frac{4}{10}\times n\times 1}{m}$$

式中:K——吸光常数[标准曲线上吸光度为 1 时的酪氨酸的质量(μg)];

ΔA——平行试验管的平均吸光度;

$\frac{4}{10}$——离心管中反应液总体积为 4mL,反应时间为 10min;

n——稀释倍数;

m——酶粉(或发酵液)的质量或体积,g(mL)。

5. 注意事项

(1)酪素配制应严格按操作方法,否则影响测定数据。

(2)测定固体曲酶时,一般稀释 200 ~ 500 倍,酶液则要稀释 500 倍为宜。

六、脂肪酶活力的测定

1. 原理

脂肪酶在一定条件下能水解甘油三酯,释放出脂肪酸、甘油双酯、甘油单酯及甘油。水解以标准的碱液滴定。

$$RCOOH + NaOH \longrightarrow RCOONa + H_2O$$

2. 试剂

①聚乙烯醇(PVA)橄榄油乳化液:称取 40g PVA,加蒸馏水约 800mL。在沸腾水中不断搅拌使其完全溶解,冷却后定容至 1000mL。经滤布过滤后备用。

取 4% PVA 溶液 150mL,加 50mL 橄榄油,用高速组织捣碎机处理 6min(分 2 次处理,每次 3min),即成乳白色 PVA 橄榄油乳化液。

②0.025mol/L pH =7.5 磷酸缓冲液：

甲液：称取化学纯 KH_2PO_4 17.01g，加蒸馏水溶解定容至500mL。

乙液：称取化学纯 $Na_2HPO_4 \cdot 12H_2O$ 44.77g，加蒸馏水溶解定容至500mL。

吸取甲液 13mL 加乙液共 100mL，即成 pH =7.5，0.25mol/L 磷酸缓冲液。以酸度计或精密试纸校正 pH 值。使用时用蒸馏水稀释 10 倍，即成 0.025mol/L 磷酸缓冲液。

③0.05mol/L 氢氧化钠标准溶液：称取分析纯 NaOH 4.5g，用蒸馏水溶解定容至 1000mL（约 0.1mol/L NaOH），用邻苯二甲酸氢钾标定。然后用蒸馏水稀释一倍，即为 0.05mol/L NaOH 溶液。此液储于附有钠石灰管的玻璃瓶中。

标定：准确称取 105℃ 干燥至恒重邻苯二甲酸氢钾（$C_8H_5O_4K$）0.5000g，置 250mL 三角瓶中，加 50mL 煮沸后冷却的蒸馏水溶解，再加 2 滴 1% 酚酞指示剂（以 95% 中性酒精配制），以待标定的 0.1mol/L NaOH 滴定至微红色为终点。

$$c = \frac{m}{V \times 0.2042}$$

式中：c——氢氧化钠（NaOH）溶液的浓度，mol/L；

m——邻苯二甲酸氢钾的质量，g：

V——滴定消耗氢氧化钠溶液的体积，mL；

0.2042——1mmol 邻苯二甲酸氢钾的质量，g。

3. 操作方法

（1）待测酶液制备。精确称取酶粉 1.0000 ~ 2.0000g，先以少量 0.025mol/L pH =7.5 磷酸缓冲液溶解，并用玻璃棒捣研，将上层液小心倾入容量瓶中，沉渣部分再加入少量缓冲液。如此反复 3 ~ 4 次，最后全部移入容量瓶中，用缓冲液定容至刻度。摇匀，再经组织捣碎机（8000 ~ 10000r/min）捣碎 3min 待测。

酶液浓度以样品与对照样耗碱量差 1 ~ 2mL 为宜，见表 3 - 6 - 19。吸取样品时应将溶液摇匀，否则会影响分析数据的正确。

表 3 - 6 - 19　脂肪酶粉剂稀释倍数参考

粉剂单位/$u \cdot g^{-1}$	3000	4000	5000	6000
稀释倍数/倍	450	600	750	900

（2）测定。

①指示剂滴定法（第一法）：取 2 只 100mL 三角瓶，分别于空白瓶（A）和样品瓶（B）中各加 PVA 橄榄油乳化液 4mL 和 0.025mol/L pH =7.5 磷酸缓冲液 5mL（应把附在瓶壁上的乳化液冲下）。再于 A 瓶中加入 95% 乙醇 15mL，置 40℃ 水浴内预热 5min。然后在两瓶中各加入酶液 1mL，立即记时，反应 15min 后，在 B 瓶中立即加入 95% 乙醇 15mL 中止反应。加酚酞指示剂 2 滴，用 0.05mol/L 标准 NaOH 滴定至微红色为终点。对照样品的乙醇应在酶液前加入。

②电位滴定法（第二法）：用 pH =9.22 的硼酸钠（硼砂）缓冲液，按 pH 计使用说明进行校正仪器。在两个 100mL 烧杯 A 和 B 中各加底物溶液 4mL 和磷酸缓冲液 5mL，再于 A 杯中加入 95% 乙醇 15mL，于（40 ±0.2）℃ 水浴中预热 5min，然后于 A、B 两种杯中，各加待测酶液 1mL。

立即混匀计时,在(40±0.2)℃水浴中准确反应15min。于B杯中立即补加95%乙醇15mL终止反应,取出。在烧杯中放一枚转子,置于电磁搅拌器上,在搅拌下用0.05mol/L NaOH标准溶液滴定,直至pH=10.3为其终点。记录消耗0.05mol/L NaOH标准溶液的体积。

4.计算

1g酶粉或1mL酶液在40℃、pH=7.5条件下,脂肪酶水解脂肪,每分钟产生1μmol脂肪酸的酶量,为1个脂肪酶国际单位,以u/g表示。

$$\text{样品的酶活力}(u/g)=\frac{\text{测定样品耗碱液的体积}(mL)-\text{对照样品耗碱液的体积}(mL)}{\text{作用时间}(min)}\times 50\times n$$

式中:50——1mL 0.05mol/L NaOH的物质的量,μmol;

n——稀释倍数。

5.注意事项

(1)用不同聚合度的聚乙烯醇测出的数据不同。故应使用同一种PVA,才可进行比较。本测定采用的PVA相对分子质量为35000,聚合度为1000~1500。若聚合度为1750~2000,PVA溶液可配成2%~3%。若PVA聚合度低,乳化效果不佳。

橄榄油采用上海试剂总厂第二分厂出品的实验试剂橄榄油100mL瓶装,若使用其他厂出品的橄榄油需做对比试验。PVA乳化液在冰箱中保存不宜超过3天。

(2)若脂肪酶发酵液泡沫多,测定不易稳定,可以先取发酵液经2500r/min离心去除泡沫。

6.备注

若测定碱性脂肪酶,则改变缓冲液的pH值。如最适pH值为9.4和最适温度为37℃的脂肪酶测定,其测定方法如下:

(1)4% PVA溶液,用0.05mol/L甘氨酸缓冲液(pH=9.4)配制。

(2)取4% PVA溶液75mL,加入橄榄油25mL,于800~1000r/min组织捣碎机中捣碎6min。

(3)反应液组成。上述乳化剂5mL、0.05mol/L甘氨酸缓冲液(pH=9.4)4mL、酶液(稀释后)1mL 37℃水浴,酶解15min,用1∶1酒精—丙酮混合液20mL中止反应。另作对照样,先加酒精—丙酮混合液,而后加酶液,其他操作均同样品。用酚酞作指示剂,0.05mol/L标准NaOH溶液滴定至微红。计算方法同上。

七、纤维素酶活力的测定

纤维素酶是个多组分的复合物,各个组分的底物专一性不同。纤维素酶作用的底物也比较复杂,有对酶作用抗性很高的结晶纤维素如棉花、微晶纤维等;有比较敏感的膨胀和再生纤维素;也有很轻易作用的可溶性纤维素衍生物如羧甲基纤维素。加上反应产物不同,致使纤维素酶的测定方法很多,十分繁杂。各国采用的方法亦不统一:美国Mandels等主要测定CMC糖化力、滤纸糖化力和棉花糖化力;Yamane等主要测定CMC糖化力和液化力。国内许多单位分别采用了上述各种方法,并做了种种修改,因而使方法更加多样化。这样造成了无法相互比较活力的情况。在目前不统一情况下,可根据实际需要选择有代表性的方法进行测定。CMC糖化力主要代表外切β-1,4-葡萄糖酶的活力和内切酶活力的总和,CMC液化力主要代表内切β-1,4-葡萄糖酶的活力,滤纸糖化力代表“纤维素糖化”酶活力或总纤维素酶活力。

(一)滤纸糖化力法

1. 原理

纤维素酶在一定温度和 pH 值条件下,将纤维素底物(滤纸)水解,释放出还原糖。在碱性、煮沸条件下,3,5－二硝基水杨酸(DNS 试剂)与还原糖发生显色反应,其颜色的深浅与还原糖(以葡萄糖计)含量成正比。在 540nm 处测其吸光度,可得到产生还原糖的量,计算出纤维素酶的滤纸酶活力。

2. 试剂

①DNS 试剂:称取 3,5－二硝基水杨酸 10g,置于约 600mL 水中,逐渐加入氢氧化钠 10g,在 50℃水浴中(磁力)搅拌溶解,再依次加入酒石酸甲钠 200g、苯酚(重蒸)2g 和无水亚硫酸钠 5g,待全部溶解并澄清后,冷却至室温,用水定容至 1000mL,过滤。储存于棕色试剂瓶中,于暗处放置 7 天后使用。

②pH 值为 4.8 的柠檬酸缓冲液(用于酸性纤维素酶):称取一水柠檬酸 4.83g,溶于约 750mL 水中,在搅拌情况下,加入柠檬酸三钠 7.94g,用水定容至 1000 mL。

③pH 值为 6.0 的磷酸缓冲液(用于中性纤维素酶):分别称取一水磷酸二氢钠 121.0g 和二水磷酸氢二钠 21.89g,用水定容至 10L。

④葡萄糖标准储备溶液(10mg/mL):称取于(103 ±2)℃下烘干至恒重的无水葡萄糖 1g,精确至 0.0001g,用水溶解并定容至 100mL。

⑤葡萄糖标准使用溶液:分别吸取葡萄糖标准储备溶液 0、1.00mL、1.50mL、2.00mL、2.50mL、3.00mL、3.50mL 于 10mL 容量瓶中,用水定容至 10mL,盖塞,摇匀备用。此系列浓度应根据需要自行调整。

⑥快速定性滤纸:ϕ15cm,注意应使用同一厂家的滤纸。

3. 测定步骤

(1)绘制标准曲线。按表 3－6－20 规定的量,分别吸取葡萄糖标准使用溶液、缓冲溶液和 DNS 试剂于各管中(每管号平行作 3 个样),混匀。将标准管同时置于沸水浴中,反应 10min。取出,迅速冷却至室温,用水定容至 25mL。盖塞,混匀。用 1cm 比色皿,在分光光度计波长 540nm 处测量吸光度。以葡萄糖体积为横坐标,以吸光度为纵坐标,绘制标准曲线。

表 3－6－20 葡萄糖标准曲线

管号		0	1	2	3	4	5	6
葡萄糖标准使用溶液	浓度/mg · mL^{-1}	0.0	1.0	2.0	2.5	3.3	3.5	—
	吸取量/mL	0.0	0.5	0.5	0.5	0.5	0.5	0.5
缓冲液吸取量/mL		2.0	1.5	1.5	1.5	1.5	1.5	1.5
DNS 试剂吸取量/mL		3.0	3.0	3.0	3.0	3.0	3.0	3.0

(2)待测酶液的制备。称取固体酶样 1g,精确至 0.0001g(或吸取液体酶样 1mL,精确至 0.01mL),用水溶解,磁力搅拌混匀,准确稀释定容(使试样液与空白液的吸光度之差恰好落在 0.3 ~0.4 范围内),放置 10min,待测。

(3)滤纸条的准备。将待用滤纸放入(硅胶)干燥器中平衡 24h,然后制成宽 1cm 、质量为

5mg 的滤纸条，折成 M 型备用。

(4)测定。取四支 25mL 刻度具塞试管（一支空白管，三支样品管）。将折成 M 型的滤纸条，分别放入每支试管的底部（沿 1cm 方向竖直放入）。分别向四支管中，准确加入相应 pH 值的缓冲溶液 1.50mL。然后分别准确加入稀释好的待测酶液 0.50mL 于三支样品管中（空白管不加），使管内溶液浸没滤纸，盖塞。将四支试管同时置于(50 ±0.1)℃水浴中，准确计时，反应 60min，取出。立即向各管中加入 DNS 试剂 3.0mL，再于空白管中加入稀释好的待测酶液 0.50mL，摇匀。将四支管同时放入沸水浴中，加热 10min，取出，迅速冷却至室温，加水定容至 25mL，摇匀。

以空白管（对照液）调仪器零点，在分光光度计波长 540nm 下，用 10mm 比色杯，分别测量三支平行管中样液的吸光度，取平均值。在标准曲线上查出还原糖的含量。

4. 计算

1g 固体酶（或 1mL 液体酶），在 50℃及指定 pH 值条件下（酸性纤维素酶 pH =4.8，中性纤维素酶 pH =6.0），1h 水解滤纸底物，产生出相当于 1mg 葡萄糖的还原糖量，为 1 个酶活力单位，以 u/g 或 u/mL 表示。

$$样品的酶活力(u/g) = A \times \frac{1}{0.5} \times n$$

式中：A——根据吸光度在标准曲线上查得的还原糖量，mg；

$\frac{1}{0.5}$——换算成酶液 1mL；

n——酶样稀释的倍数。

(二)CMC 糖化力法（以还原糖表示）

1. 原理

纤维素酶在一定温度和 pH 值条件下，将纤维素底物（羧甲基纤维素钠）水解，释放出还原糖。在碱性、煮沸条件下，3,5 - 二硝基水杨酸（DNS 试剂）与还原糖发生显色反应，其颜色的深浅与还原糖（以葡萄糖计）含量成正比。通过在 540nm 测其吸光度，可得到产生还原糖的量，计算出纤维素酶的 CMCA - DNS 酶活力。以此代表纤维素酶的酶活力。

2. 试剂

(1)羧甲基纤维素钠（CMC—Na）。在 25℃，2% 水溶液，粘度 800 ~1200mPa · s。

(2)DNS 试剂，pH =4.8 的柠檬酸缓冲液，pH =6.0 的磷酸缓冲液，葡萄糖标准储备溶液（10mg/mL），葡萄糖标准使用溶液。参见（一）滤纸糖化力法相关内容。

(3)CMC—Na 溶液。称取 2g CMC—Na，精确至 0.0001g，缓缓加入相应的缓冲液约 200mL 并加热至 80 ~90℃，边加热边磁力搅拌，直至 CMC—Na 全部溶解。冷却后用相应的缓冲液稀释至 300mL，用 2mol/L 盐酸或氢氧化钠调节溶液的 pH 值到(4.8 ±0.05)（酸性纤维素酶）或(6.0 ±0.05)（中性纤维素酶），最后定容到 300mL，搅拌均匀，储存于冰箱中备用。

3. 测定步骤

(1)绘制标准曲线及待测酶液的制备。参见（一）滤纸糖化力法相关内容。

(2)测定。取四支 25mL 刻度具塞试管（一支空白管，三支样品管）。分别向四支管中，准确加入用相应 pH 缓冲溶液配制的 CMC—Na 溶液 2.00mL。分别加入稀释好的待测酶液 0.50mL 于三支样品管中(空白管不加),用磁力搅拌器混匀,盖塞。将四支管同时置于 50℃水浴中,准确计时,反应 30min,取出。迅速、准确地向各管中加入 DNS 试剂 3.0mL,于空白管中准确加入稀释好的待测酶液 0.50mL,摇匀。将四支管同时放入沸水浴中,准确计时,加热 10min,取出,迅速冷却至室温,用水定容至 25mL。以空白管(对照液)调仪器零点,在分光光度计波长 540nm 处,用 1cm 比色皿,分别测量三支样品管中样液的吸光度,取平均值。在标准曲线上查出还原糖的含量。

4. 计算

1g 固体酶(或 1mL 液体酶),在 50℃及指定 pH 值条件下(酸性纤维素酶 pH = 4.8,中性纤维素酶 pH = 6.0),1h 水解羧甲基纤维素钠底物,产生出相当于 1mg 葡萄糖的还原糖量,为 1 个酶活力单位,以 u/g 或 u/mL 表示。

$$样品的酶活力(u/g) = A \times \frac{1}{0.5} \times n \times 2$$

式中:A——根据吸光度在标准曲线上查得的还原糖量,mg;

$\frac{1}{0.5}$——换算成酶液 1mL;

n——酶样稀释的倍数;

2——时间换算系数。

(三)CMC 液化力法(以粘度表示)

1. 原理

纤维素酶在一定温度和 pH 条件下,将羧甲基纤维素钠降解,底物粘度随之降低,粘度的降低与内切纤维素酶活性成正比。通过粘度计测得的数值与指定已知酶活的标准酶样品比较,换算出待测纤维素酶样的相对酶活力(以内切酶活力为主)。

2. 试剂

(1)羧甲基纤维素钠(CMC—Na)。在 25℃,2% 水溶液,粘度 20 ~ 50mPa · s。

(2)pH = 4.8 的柠檬酸缓冲液,pH = 6.0 的磷酸缓冲液。参见(一)滤纸糖化力法相关内容。

(3)CMC—Na 溶液。称取 35g CMC—Na,精确至 0.0001g,缓缓加入相应的缓冲液约 700mL 并加热至 80 ~ 90℃,边加热边磁力搅拌,直至 CMC—Na 全部溶解,冷却后用相应的缓冲液稀释至 950mL,用 2mol/L 盐酸或氢氧化钠调节溶液的 pH 值到(4.8 ± 0.05)(酸性纤维素酶)或(6.0 ± 0.05)(中性纤维素酶),最后定容到 1000mL,搅拌均匀,储存于冰箱中备用。

(4)标准酶。

3. 测定步骤

(1)校准粘度计。

(2)绘制标准曲线。称取一定量的酸性或中性标准酶,用相应的缓冲溶液溶解,作为标准储备液。然后将该储备液梯度按表 3 - 6 - 21 或表 3 - 6 - 22 稀释到最终浓度作为酶标准使用溶液备用。以酶标准使用溶液的酶活力为横坐标,以读取的粘度计读数(mV)为纵坐标，绘制标准曲线。

注 表3－6－21或表3－6－22中酶标准使用溶液的浓度，应依据所用标准酶的不同而不同。酶标准储备液和使用溶液每日应重新配制。

表3－6－21 酸性纤维素酶标准曲线

管　　号	1	2	3	4	5	6	7
酸性标准品酶活力/u·mL^{-1}	0.0	0.270	0.378	0.540	0.648	0.810	1.080
酶标准储备液/mL	0.0	5.0	7.0	10.0	12.0	15.0	20.0
柠檬酸钠缓冲液/mL	加至100	加至100	加至100	加至100	加至100	加至100	加至100

表3－6－22 中性纤维素酶标准曲线

管　　号	1	2	3	4	5	6	7
中性标准品酶活力/u·mL^{-1}	0.0	3.02	4.03	5.04	6.04	7.05	10.07
酶标准储备液/mL	0.0	3.0	4.0	5.0	6.0	7.0	10.0
磷酸缓冲液/mL	加至100	加至100	加至100	加至100	加至100	加至100	加至100

（3）标准对照酶样的制备。称取一定量的标准对照酶样（精确至0.0001g），用与溶解相应标准酶同样的缓冲液溶解。标准对照酶样溶液的浓度，应根据配制的酶标准使用溶液的浓度范围进行调整，使稀释后对照样的酶活恰好落在标准曲线的中部。

（4）待测酶液的制备。称取少量酶样，用相应的缓冲液（表3－6－21或表3－6－22）溶解，磁力搅拌15min，并稀释到一定体积，使稀释后样液的酶活恰好落在标准曲线的中部。

（5）测定。取若干支专用试管，按表3－6－23规定，分别吸取各种溶液于各管中（每种样液平行作3个）。每个试管操作间隔应以秒表准确控制相同的时间，按放入顺序依次取出试管，迅速插入振荡粘度计（插入时粘度计切忌碰试管壁），读数。

表3－6－23 实验步骤

每个试管加入缓冲溶液	0.375mL（空白管0.500mL）
分别加入酶标准使用溶液、酶标准对照溶液、样液	0.125mL
依次加入CMC—Na底物，混匀10s（漩涡混合器）	4.000mL
依次放入40℃水浴中保温	30min
振荡粘度计测量体系的粘度变化，记录读数	

注 每做完一个样，振荡棒要擦拭干净；严格控制各管之间的时间。

4.计算

1g固体酶（或1mL液体酶），在40℃及指定pH值条件下（酸性纤维素酶pH＝4.8，中性纤维素酶pH＝6.0），1h水解羧甲基纤维素钠底物，使底物粘度降低而得到的相对于标准品的纤维素酶的相对活力，简写为CMCA—VIS，以u/g或u/mL表示。

$$\text{样品酶的CMCA—VIS活力(u/g)} = c \times V \times \frac{n}{m}$$

式中：c——在标准曲线上查得的酶活力，u/g；

V——容量瓶的体积,mL;

n——酶进一步稀释的倍数;

m——称取样品的质量,g。

八、果胶酶活力的测定

测定果胶酶活力的方法有很多,但基本上都是利用酶促分解果胶产生的粘度下降或生成的还原性醛基来测定果胶酶活力。现简单介绍一下滴定法。

1. 原理

果胶酶彻底水解果胶,生成半乳糖醛酸,半乳糖醛酸可与碘(过量)反应。反应后剩余的碘可用硫代硫酸钠溶液滴定,据此可得出酶解反应产生的半乳糖醛酸的量。以生成半乳糖醛酸的量衡量果胶酶的活力。

2. 试剂

①10g/L 果胶粉水溶液:称取果胶粉 1g(精确至 0.0001g),加水溶解,煮沸,冷却,如有不溶物则需进行过滤。调节 pH 值至 3.5,用水定容至 100mL,在冰箱中储存备用。使用时间不超过 3d。

②0.05mol/L 硫代硫酸钠($Na_2S_2O_3$)标准溶液。

③1mol/L 碳酸钠$\left(\frac{1}{2}Na_2CO_3\right)$溶液。

④0.1mol/L 碘$\left(\frac{1}{2}I_2\right)$标准溶液。

⑤2mol/L 硫酸$\left(\frac{1}{2}H_2SO_4\right)$溶液:取浓硫酸 5.6mL,缓慢加入适量水中,冷却后用水定容至 100mL,摇匀。

⑥10g/L 可溶性淀粉指示剂。

⑦pH 值为 3.5 的柠檬酸—柠檬酸钠缓冲液。称取一水柠檬酸 21.01g,用水溶解并定容至 1000mL(甲液);称取二水柠檬酸三钠 29.41g,用水溶解并定容至 1000mL(乙液)。取甲液 140mL,乙液 60mL,混匀,即成规定的缓冲液。

3. 测定步骤

(1)待测酶液的制备。

①固体酶:用已知质量的 50mL 小烧杯,称取样品 1.000g(精确至 0.00001g),以少量柠檬酸—柠檬酸钠缓冲液溶解,并用玻璃棒捣研,将上层清液小心倾入适当的容量瓶中,沉渣再加少量缓冲液,反复捣研 3 ~ 4 次,最后全部移入容量瓶,用缓冲液定容,摇匀,以四层纱布过滤,滤液供测试用。

②液体酶:准确吸取浓缩酶液 1.00mL 于一定体积的容量瓶中,用柠檬酸—柠檬酸钠缓冲液稀释定容。

(2)测定。于甲、乙两支比色管中,分别加入 10g/L 果胶溶液 5mL,在 50℃ 水浴中预热 5 ~ 10min;向甲管(空白)中加柠檬酸—柠檬酸钠缓冲液 5mL;乙管(样品)中加稀释酶液 1mL,柠檬酸—柠檬酸钠缓冲液 4mL,立刻摇匀,计时。在此温度下准确反应 0.5h,立即取出,加热煮沸 5min 终止反应,冷却。取甲、乙管反应液各 5mL 放入碘量瓶中,准确加入 1mol/L 碳酸钠溶液 1mL,0.1mol/L 碘液 5mL,摇匀,于暗处放置 20min。取出,加入 2mol/L 硫酸溶液 2mL,用

0.05mol/L 硫代硫酸钠标准溶液滴定至浅黄色,加淀粉指示液 3 滴,继续滴定至蓝色刚好消失为终点,记录甲管(空白)、乙管(样品)反应液消耗硫代硫酸钠标准溶液的体积。

4. 计算

1g 酶粉或 1mL 酶液在 50℃, pH = 3.5 的条件下,1h 分解果胶产生 1mg 半乳糖醛酸为一个酶活单位,以 u/g 或 u/mL 表示。

$$\text{样品的酶活力(u/g)} = (A - B) \times c \times 0.51 \times 194.14 \times n \times \frac{10}{5 \times 1 \times 0.5}$$

式中:A——空白消耗硫代硫酸钠标准溶液的体积,mL;

B——样品消耗硫代硫酸钠标准溶液的体积,mL;

c——硫代硫酸钠标准溶液的浓度,mol/L;

0.51——1mmol 硫代硫酸钠相当于 0.51mmol 的游离半乳糖醛酸;

194.14——1mmol 半乳糖醛酸的质量,mg;

n——酶液稀释倍数;

10——反应液总体积,mL;

5——滴定时取反应混合物的体积,mL;

1——反应时加入稀释酶液的体积,mL;

0.5——反应时间,h。

第八节 螯合剂的测定

螯合剂的离子性、含固量、稳定性、乳化分散性等可参见本章有关内容,本节着重介绍螯合剂螯合能力的测定。

一、铁离子螯合能力的测定

1. 测试原理

在 pH 值为 10 ~ 11 的条件下,将 $FeCl_3$ 的溶液加入螯合试剂的水溶液中。如果试剂的螯合能力达到饱和,溶液中会出现棕色溶液 $Fe(OH)_3$。应该进行一系列的尝试以确定饱和点,测试分别在室温和 98℃的条件下进行。

2. 化学试剂和仪器

①$FeCl_3$ 溶液:0.25mol/L(1000mL 溶液中含有 67.58g $FeCl_3 \cdot 6H_2O$)。

②NaOH 溶液:32.8%(38°Bé),即 1000mL 溶液中含有 441g NaOH 或将 325g NaOH 溶于 675g 水中。

③电子 pH 计。

④磁力搅拌器。

⑤锥形瓶。

⑥回流冷凝器。

3. 测试方法(室温)

(1)将 0.8g(±0.01g)螯合试剂在 750mL 去离子水中稀释,溶解。

(2)加入一定量的 NaOH 溶液，调节 pH 值至 10~11 之间。

(3)逐滴加入 0.25mol/L 的 $FeCl_3$ 溶液直到锥形瓶中的溶液出现混浊，在此过程中，逐滴加入 NaOH 溶液保持 pH 值处于 10~11 之间。加完 $FeCl_3$ 溶液后，在保持 pH 值的条件下，用去离子水稀释至 800mL，记录用量。

(4)为了确定准确的用量，需要在减少 $FeCl_3$ 溶液量的情况下做 2~3 次实验(比如分别减少 2mL、4mL、6mL 等)。

(5)3h 后观察锥形瓶中的溶液，注意锥形瓶中还可以观察到棕色沉淀的痕迹，也是一定的用量。所有用量减去 2mL 才是准确的用量。

4. 测试方法(98℃)

(1)操作过程和前面所述相同，只是加入 $FeCl_3$ 溶液的量少一些(大约少 2mL、4mL、6mL 等等)。

(2)加入 $FeCl_3$ 溶液以后，在回流温度下对此澄清溶液直接加热 1h。将加热后的溶液滲析至锥形瓶中，目测判断。如果出现棕色沉淀痕迹，注意 $FeCl_3$ 溶液的用量，所有用量减去 2mL 才是准确的用量。

5. 计算

螯合能力以 Fe^{3+} 的毫克数/克产品计算：

$$Fe^{3+}\text{的毫克数/克产品} = V \times \frac{14.0}{m}$$

式中：V——消耗 $FeCl_3$ 溶液的体积，mL；

14.0——1mL 0.25mol/L $FeCl_3$ 溶液所含 Fe^{3+} 的毫克数，mg/mL；

m——样品的质量，g。

例如：

20℃时消耗 $FeCl_3$ 溶液 28mL：$28 \times \frac{14.0}{0.8} = 490\text{mg } Fe^{3+}/g$；

98℃时消耗 $FeCl_3$ 溶液 22mL：$22 \times \frac{14.0}{0.8} = 385\text{mg } Fe^{3+}/g$。

二、钙离子螯合能力的测定

1. 测试原理

在 pH 值为 10~11 的条件下，在碳酸钠溶液中加入氯化钙溶液，会立即形成不溶性的碳酸钙沉淀。如果加入少量螯合试剂的话，这种情况就不会出现。测试分别在室温和 98℃的条件下进行。

2. 化学试剂和仪器

①$CaCl_2$ 溶液：0.25mol/L(1000mL 溶液中含有 36.8g $CaCl_2 \cdot 2H_2O$)。

②Na_2CO_3 溶液：质量分数为 2%。

③NaOH 溶液：大约 1000mL 溶液中含有 80g NaOH。

④酸度计。

⑤磁力搅拌器。

⑥250mL 锥形瓶。

⑦回流冷凝器。

3. 测试方法(室温)

(1)在 80mL 去离子水中将 1.0g(±0.01g)螯合试剂稀释。

(2)加入几毫升 NaOH 溶液,将 pH 值调节至 10 ~ 11 之间。

(3)加入 10mL 2% 的 Na_2CO_3 溶液。

(4)逐滴加入 0.25mol/L 的 $CaCl_2$ 溶液,直到沉淀不再增加。在滴加过程中加入 NaOH 溶液,使 pH 值处于 10 ~ 11 之间。记录用量。

4. 测试方法(98℃)

(1)操作过程和前面所述相同,只是加入 $CaCl_2$ 溶液的量少一些(大约少 1 ~ 3mL)。

(2)在回流温度下加热澄清溶液 1h。如果观察不到混浊现象,可以尝试再加入少量的 $CaCl_2$ 溶液。

5. 计算

螯合能力以 Ca^{2+} 的毫克数/克产品计算:

$$Ca^{2+}\text{的毫克数/克产品} = V \times \frac{10.03}{m}$$

式中:V——消耗 $CaCl_2$ 溶液的体积,mL;

10.03——1mL 0.25mol/L $CaCl_2$ 溶液所含 Ca^{2+} 的毫克数,mg/mL;

m——样品的质量,g。

例如:

20℃时消耗 $CaCl_2$ 溶液 8.5mL:8.5 × 10.3 = 85mg Ca^{2+}/g;

98℃时消耗 $CaCl_2$ 溶液 7.1mL:7.1 × 10.3 = 71mg Ca^{2+}/g。

第九节　乳化剂及分散剂的测定

一、乳状液类型的测定

1. 染料法

加微量只溶于一组分 A 而不溶于另一组分 B 的染料于乳状液中,混合,若乳状液整体带色,则 A 为外相;若只有液珠有色,则 A 为内相。常用的染料有油溶性的 Sudan 红Ⅲ和水溶性的亮蓝 FGF。若两者同时试验,则可靠性更高。

2. 稀释法

乳状液能与其外相液体相混溶,所以可用水或油对乳状液做稀释试验。若能被水稀释,则乳液是 O/W 型,反之为 W/O 型。

3. 电导法

水与油导电性差异很大,乳液导电性优异的反应是 O/W 型乳液,但若乳化剂是非离子表面活性剂的 O/W 型乳液和离子型表面活性剂的 W/O 型乳液,电导法测定就存在问题。

二、分散性能的测定

1. 分散力的测定(可参阅本章第一节有关内容)

测定对钙皂的分散能力。在 100mL 有塞量筒中加 1.25% 肥皂液 10mL 和 0.24% 氯化钙溶液 10mL，摇匀后，钙皂即凝聚上浮。逐渐滴入所测助剂溶液(浓度为 1%)，直至液面无钙皂为止，用所需试液量表示其分散能力。

2. 乳化力测定(可参阅本章第一节有关内容)

取助剂(浓度为 0.1%)4.0mL 于 100mL 有塞量筒中，再加 40mL 矿物油。盖好瓶塞，猛摇 5 次，静置 1min，再摇 5 次，再静置 1min。如此重复 5 次后，即开动秒表，记录分离 10mL 水的时间，用时间表示乳化能力的好坏。

3. 润湿性测定(可参阅本章第四节有关内容)

将染料均匀地撒在水面，用测定染料颗粒自水面全部消失所需的时间来评定润湿性。

4. 分散液稳定性

将分散液放入图 3-6-29 所示的装置中，静置一定时间后，分别取上下层溶液，用分光光度计测分散液的吸光度，计算分散稳定性。

$$分散液稳定性=\frac{上层液吸光度}{下层液吸光度}\times100\%$$

此法也可测染液高温分散性。将染液置于高温高压染色样机中，从 90℃ 升至 130℃，保温 10min，冷却至 20℃，取出，稀释，然后测定其稳定性，再与未经高温处理的比较。

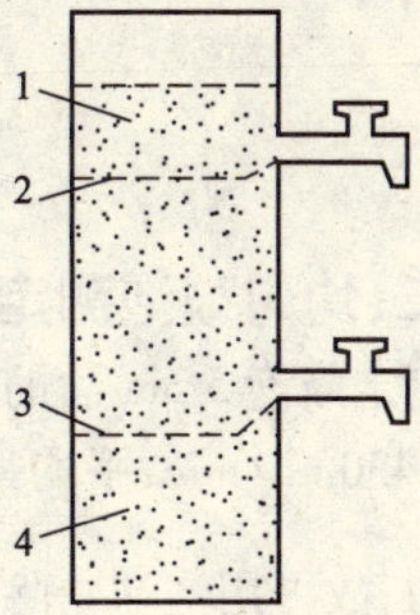

图 3-6-29　分散液稳定性测定示意图

1—上层液　2,3—摩擦缝隙　4—下层液

分散液稳定性也可用染色法和过滤法测定。

5. 溶解性测定

在染料中加少量水，用玻璃棒搅拌，使染料成泥浆状，视其有无结块现象，无结块表示溶解性好。

6. 染料细度测定

(1)滤纸法。在两块圆形玻璃板中夹入滤纸，上板中央有小孔，染液自孔中滴入，看滤纸上染液分布情况。若在滤纸上均匀分布，则颗粒细，分散均匀；若颗粒粗，则染料集中于滤纸中央，渗圈差。

(2)斑点检测法。取 2g 染料与海藻酸钠(1%)200mL，稀释至 1L，放置 10min。取 ϕ9cm 的布氏漏斗，填上平纹涤纶织物作滤布，室温时吸滤。将滤布干燥后进行热溶，再水洗、皂洗、水洗，干燥后目测有无染斑，如有染斑，说明颗粒较粗。

第十节　消泡剂的测定

一、振荡起泡测定法

在常压、室温条件下，在 1000mL 量筒中加入 100mL 的起泡液及一定量的消泡剂，用带孔的软木塞塞住量筒并上下振荡 10 次，记录泡沫总体积 V_1 和泡沫降至 $V_2=30$mL 的时间。亦可用抑泡值、消泡速率及消泡比速来评价，抑泡值的大小反映消泡剂加入后的抑泡能力，消泡速率和消泡比速则表示消泡剂的消泡能力。

$$抑泡值=\frac{V_0-V_1}{V_0}$$

式中：V_0——空白试验时的泡沫总体积，mL；

V_1——加入消泡剂后振荡刚停止时的泡沫总体积，mL。

$$消泡速率\ V=\frac{V_1-V_2}{\theta}$$

式中：V_1——加入消泡剂后振荡刚停止时的泡沫总体积，mL；

V_2——一段时间后的泡沫总体积，mL；

θ——单位时间内减少的泡沫体积，mL。

$$消泡比速\ R=\frac{V}{V_0}$$

二、均匀鼓泡测定法

测定鼓泡 5min 后的体积 V_1 和停止鼓泡 10min 后的体积 V_2，其中，气体扩散头的平均渗透率为 3430mL/min，平均最大孔径为 67.7μm。由于该方法侧重于测定消泡剂对较稳定泡沫的消除能力，故可用泡沫去除率 $R_0=\frac{V_1-V_2}{V_1}$来表示消泡剂的消泡能力。

三、罗氏泡沫仪测定法

可参阅本章第一节有关内容。

在罗氏泡沫仪上按泡沫特性测定方法测定各试样的泡沫总高度 h_1 和 5min 后的泡沫高度 h_2。此时的泡沫去除率可用 $R_D=\frac{h_1-h_2}{h_1}$来表示。

为便于比较不同条件下的实验数据，实验用的起泡液均为 0.5%（w）的十二烷基苯磺酸钠水溶液，消泡剂的加入量均为 100mg/kg。

第十一节　匀染剂的测定

一、高温分散匀染剂性能的测定

1. 高温分散性的测定

（1）过滤法。试验方法：称取分散染料 0.2g，助剂 0.1g，用蒸馏水配制成 100mL 染料分散液，放在高温高压染样机中于100℃处理 1h，注意保持染液体积。冷却至95℃，立即用快速滤纸过滤，分别取原染液及滤液各 0.5mL，在 50mL 容量瓶中用丙酮稀释至刻度，用分光光度计测定吸光度。计算：

$$高温分散性=\frac{A}{B}\times100\%$$

式中：A——滤液稀释液吸光度；

B——原染液稀释液吸光度。

注 本方法有两个主要缺点：在不放纤维状态下加热，与实际染色工艺条件有一定的差距，不能完全反映在染色条件下染料状况；加热后再降温，可能有部分溶解的染料结晶析出，因此不采取130℃处理（在125～130℃有许多分散染料可单分子化），但这样又不能了解（或观察）染色条件下的染料分散情况，与实际情况不一致。

（2）染色法。

①处方及工艺条件：

分散染料	2%（omf）
高温匀染剂	1g/L
醋酸（80%）	0.3mL/L
浴比	1∶30
温度	115℃
时间	30min

②试验布：涤纶平针织物。

③测定步骤：将准备好的试验布卷到夹布卷筒上，并用橡皮箍圈或棉纱将试验用布的两端固定，并用外套将筒套上，固定，然后浸渍到染浴中，以一定升温速度升温，当温度达到115℃时，立即降温。取出试验用布进行水洗，置于空气中，待其干燥后进行评级。

④测定结果：根据试布染色后的高温凝聚斑点的污染情况进行评级。

⑤评级标准：

5级：试样表面完全无染料斑点；

4级：试样表面有轻微染料斑点；

3级：试样表面有一些染料斑点；

2级：试样表面有较多染料斑点；

1级：试样表面有很多染料斑点。

注 平行试验用的织物应具有相同的长度，以保证卷绕层数一致；卷绕时用力应均匀一致，以保证卷绕紧密程度一致，结果才能有可比性。由于试样管内温度与浴温有差异，为保证染液温度真正达到115℃，实际经验表明，升温至120℃或在115℃保温数分钟是可行的。试布上的染料凝聚斑点有时较难看清，为了更好检查斑点污染情况，可以利用聚酯纤维白布贴附在试布上，用汽蒸办法吸附其凝聚污染，吸附温度为130℃，时间为30min。其结果评定，可根据聚酯纤维白布上因染料凝聚而形成的斑点部分与整块白布的比例来评定。

2. 移染性的测定

（1）处方及工艺条件。

染料	1%（omf）
醋酸（80%）	0.3mL/L
浴比	1∶30
温度	130℃
时间	60min
高温分散匀染剂	1g/L

将按上述染色条件染出的染色布取一半(被移染原布),并和相同规格、相同质量的聚酯白布(移染布)缝合在一起,放入按移染试液配制好并升温至60℃。在高温高压染样机中的移染试液中,密封染样机,并开始升温,至130℃后保温30min。染毕降温后取出,水洗、干燥。

(2)评定方法。

①目测法:以肉眼观察移染试验后的被移染原布和移染布的同色程度,色泽差距小的评定为好。

②萃取法:将移染试验后水洗、烘干的被移染原布和移染布分别取一小块,剪碎,分别称取0.1g(精确至0.001g)。置于50mL容量瓶中,加入3mL氯苯—苯酚(1:1)混合液。使纤维全部浸没于溶剂中,然后置于沸水浴中,使纤维全部溶解。冷却后,在振荡下逐滴加入丙酮溶液,使涤纶树脂絮状析出(一般加入丙酮5mL),然后用丙酮液稀释至刻度。摇匀,加盖静置,使絮状物全部沉积于瓶底。吸取上层澄清的有色液,用丙酮作空白溶液,用分光光度计选择该染料特定的吸收波长,测定其吸光度。

计算:

$$\text{移染率} = \frac{\frac{A_2}{m_2}}{\frac{A_1}{m_1}} \times 100\%$$

式中:A_1——被移染原布萃取液的吸光度值;

m_1——被移染原布称取的质量,g;

A_2——移染布萃取液的吸光度值;

m_2——移染布称取的质量,g。

③分光测色仪测定法:用分光测色仪分别测定被移染原布和移染布在该染料特定波长的反射率(R),通过计算K/S值,再求出其移染率:

$$K/S = \frac{(1-R)^2}{2R}$$

$$\text{移染率} = \frac{\text{移染布的}K/S\text{值}}{\text{被移染原布的}K/S\text{值}} \times 100\%$$

注 萃取法和分光测色仪测定法中测试的移染率可按下述方法分类:80%~100%为优,50%~79%为一般,49%以下为较差。

如用色差计也可测定和评定,这时主要分别测定被移染原布和移染布的亮度指数L值,计算两块布样的L值之差(Δ值),ΔL值越小,则移染性越好。这个方法不及萃取法和分光测色仪测定法,但可以计算移染率,优于目测法相比。

3.缓染性的测定——阶段染色法

(1)试验条件。

①处方及工艺条件:

分散红3B	0.3%(omf)

分散蓝 2BLN	0.3%(omf)
分散黄 RGFL	0.4%(omf)
高温匀染剂	1g/L
醋酸(80%)	0.3mL/L
浴比	1:30

②试验用织物:纯涤纶平纹织物。

(2)测定步骤。将配制好的染液(7 份)放入高温高压锅中,升温至 60℃时,放入染色织物,以 1℃/min 速度升温,分别在 80℃、90℃、100℃、110℃、120℃、130℃时,及 130℃保温 30min 时,逐个取出染祥管,每个都把染色布从染浴中提离液面,用水冲洗染布,将布面所带出的染液放回染样管,染浴供测试残液中染料量用。各温度下取出的染布一分为二,其中一份在 130℃的高压蒸汽中处理 30min(供测定吸着量用);另一半用 80℃的含 2g/L 保险粉、2g/L NaOH 的溶液还原清洗 20min(供测定染着量用)。分别测定染着(或吸着)在各块布上的染料量,求出染着(或吸着)染料的上染率或相对上染率。

(3)染料染着(吸着)量或相对染着量测定法。

①残液法:把各温度取出的残液,用 250mL 容量瓶稀释至刻度,用移液管吸取 5mL 放入 50mL 容量瓶中,用丙酮稀释至刻度,混合均匀并使分散染料充分溶解。用分光光度计以丙酮为参比溶液测定各染液的吸光度,计算染料染着(吸着)量:

$$\text{染料染着(吸着)量} = \frac{A_0 - A_T}{A_0} \times 100\%$$

式中:A_0——未经染色的染液稀释液的吸光度值;

A_T——T 温度时取出染样的残液稀释液的吸光度值。

②萃取法:把各温度取出并经还原清洗(或未经还原清洗处理)的织物干燥后,按移染性测试方法中(萃取法)所述方法萃取染料,并测定吸光度,以 130℃保温 30min 的染样作基准,计算相对染着(或吸着)率:

$$\text{相对染着(或吸着)率} = \frac{\dfrac{A_T}{m_T}}{\dfrac{A_n}{m_n}} \times 100\%$$

式中:A_T——T 温度时取出的染样萃取液的吸光度值;

A_n——染色结束(130℃保温 30min)时的染样萃取液的吸光度值;

m_T——称取某温度取出的染样的质量,g;

m_n——称取染色结束(130℃保温 30min)染样的质量,g。

③分光测色仪测定法:用分光测色仪分别测定各温度取出的经还原清洗(或经汽蒸处理)的干燥后织物的反射率 R,计算 K/S 值,用 K/S 值计算各温度下染料的相对染着(或吸着)率:

$$K/S\text{ 值} = \frac{(1-R)^2}{2R}$$

$$相对染着(或吸着)率 = \frac{(K/S)_T}{(K/S)_n} \times 100\%$$

式中：$(K/S)_T$——T 温度时取出的染样的 K/S 值；

$(K/S)_n$——染色结束(130℃保温 30min)染样的 K/S 值。

(4)结果处理。根据染料在各温度下的染着率或相对上染率作温度和染着率(或相对上染率)曲线，两条曲线相互比较来判断缓染性大小。利用各个温度取出的按两种不同处理方法处理的试布测定的相对染着率(或相对吸着量)作温度对应曲线(相对染着曲线和吸着曲线)，可以判断染料的初期吸附情况。

(5)其他测定的处理方法。将各温度取出的试布按取出顺序进行贴样，可用肉眼相对比较判断缓染性，并可根据色相的变化情况判断同色性，这对快速染色很重要。也可根据 130℃保温 30min 时取出的染样的色泽深度相互比较来判断高温匀染剂对最终上色率的影响。使用色差计分别测定各块染色布的亮度指数(L)值，并计算出最后染好色(130℃保温 30min)的布亮度指数与各试验温度时取出的染色布的亮度指数的差(ΔL 值)。ΔL 值越大，则表明该高温匀染剂的缓染性越大，其中 80℃和 90℃时，ΔL 值大表示初期吸附小，100～120℃时，ΔL 值大则表示缓染力强。

最终着色率和最终色相：使用色差计测定 130℃保温 30min 取出的染样的 L、a、b 值，以不添加高温匀染剂的最后染色布为基准，计算亮度指数差 ΔL 值和色度值差 Δa、Δb。高温匀染剂对最终着色率的影响以 ΔL 值表示，ΔL 值越小，表示影响越小。高温匀染剂对最终色相的影响以 ΔE 值来表示：

$$\Delta E = \frac{(\Delta L)^2 + (\Delta a)^2 + (\Delta b)^2}{2}$$

仅靠视觉判别色差表现为：ΔE：0～0.5 微弱，0.5～1.5 稍微，1.5～3.0 可看出，3.0～6.0 看得清楚，6.0～12.0 程度较大，大于 12.0 色差严重。

4. 渗透性试验

(1)处方及工艺条件。

分散染料	1%(omf)
高温匀染剂	1g/L
醋酸(80%)	0.3mL/L
浴比	1∶30
试验织物	机织纯涤纶平纹织物(5cm×30cm)

(2)试验步骤。将试验织物手风琴式地折叠成 6 层，使成 5cm×5cm 方块，距离四边各 1cm 处及中间用线缝上。挤出样布内的空气，放入已准备好的染浴中，在 130℃染 30min，降温后取出布样，水洗，拆开缝线，烘干，比较各层的染色情况。

(3)评定方法。将试样布同一折层部位作比较，用肉眼观察各层深度情况来评定。以染料渗透至各层，而且染色色相无变化，内层染料浓度深为好。

(4)备注。该方法可用于各种纤维和染料，是了解助剂效果一个简单易行的方法。要注意织物的缝制情况，缝制情况不同（如松紧、缝制形状等）对结果有一定的影响。

5. 消色性试验

消色性是指在染色过程中部分分散染料遭到破坏而产生色变差。产生消色作用的原因是高温匀染剂含有的氧乙烯或氧丙烯基团在120～130℃的高温条件下，在金属盐（涤纶纺丝中、水质中带入）的催化作用下可能被破坏而放出新生态氧，因此对染料产生氧化破坏作用。这种破坏作用在偶氮型染料中尤为明显，同时浅色比深色更易觉察。

（1）处方及工艺条件。

染料	分散蓝 RD—2R 0.05%（omf）
高温匀染剂	1g/L（空白对比样不加）
醋酸（80%）	0.3mL/L
浴比	1:40
温度时间	130℃保温 30min

将已处理好的涤纶织物浸入已升温至55～60℃的染浴中。高温高压染样机加盖密闭，在自动搅动下加热升温。升至130℃时开始保温染色30min，染毕，降温后取出染样充分水洗、晾干。

（2）结果评定。

①目测法：以未加匀染剂而其他条件完全相同的染样为基准，与添加被测高温匀染剂的染浴染出的染样目测比较。以文字表明色泽深度和色相变化的情况和程度。

②仪器法：用色差计测定染样和对比样（未加高温匀染剂的染样）的 L、a、b 值，以对比样为基准，计算 ΔL、Δa、Δb 值和色差 ΔE 值，数值越小则消色作用越小。

（3）备注。选择快速染色用染料蓝 RD—2R，是因为蓝色较黄色或红色的色变比较容易看出，且 RD—2R 是由几只偶氮染料拼出的，效果比较明显，如是染料力份超过100，折成100计算。

6. 染色设备沾污试验

（1）处方。

分散染料	1%（omf）
高温匀染剂	1g/L
醋酸（80%）	0.3mL/L

（2）试验步骤。取150mL染液放入染杯中，用高温分散性试验第2种方法中使用的夹布套筒进行上下搅动染液，升温至130℃保温60min。另取150mL染液按上述操作重复两次。倒掉染液，用水冲洗缸和搅动装置一次。在此染缸中放入150mL不含染料的高温匀染剂——醋酸混合水溶液，用2g的纯涤纶白布一块，放入搅动装置中（不必卷紧），在130℃处理60min，然后降温取出，水洗、烘干。

（3）结果判定。用灰色沾色分级样卡进入白色沾色评级，以此级数作为缸体沾污的级数。

7. 洗涤性（精练）试验

精练试验是了解应用于精练—染色一浴法工艺的高温匀染剂其精练性能（除油性能和退浆效果）的一种试验方法。对不需要这项性能的一般工艺中使用的高温匀染剂可不必进行该项试验。

(1)除油性能试验。

①试样准备:在准备好的聚酯纤维平针白织物上,用滴管滴上2滴含矿物油的针织油剂,然后置于空气中自然干燥后,在135℃下焙烘5min(或在180℃时焙烘1min),将经此处理的织物作为试验用布。

②试验步骤:将试验用布浸入高温匀染剂溶液(匀染剂浓度1g/L,浴比1:30)中,在高温高压染样机中搅动状况下升温至130℃,精练10min,然后降温取出试布进行水洗。使用按织物质量比为0.5%(omf)的Miketon红紫FR,用精练后的试验用布以60℃染色10min,染毕用水洗净后,根据试验布上的染色状态来判断精练效果。

(2)退浆效果试验。

①试验用布:用丙烯酸系浆料上浆的机织纯涤纶织物。

②试液配制:可根据助剂生产厂提供的最佳精练—染色—浴法工艺处方配制(浴比1:30)。

③试验步骤:将准备好的试验织物浸入试液中,在高温高压染样机中搅动状态下升温至130℃精练染色30min,然后降温取出试布,充分水洗,自然干燥。将自然干燥后的试布和未处理布样分别用索氏萃取法测定聚丙烯酸系浆料的含量,溶剂为乙醇:苯=1:2;按残脂率测定法,计算退浆率。

退浆率计算:

$$\text{退浆率}=\frac{\text{精练后的残浆率}}{\text{精练前的残浆率}}\times 100\%$$

注 使用的染缸和搅动装置必须事先洗涤干净,否则对结果有一定影响。本试验结果可与未放助剂的试验液比较,也可用两只高温匀染剂平行试验相对比较。

二、其他染料染色用匀染剂性能测试

1.还原染料用匀染剂的匀染性测定

(1)试剂和材料。

①还原深蓝BOA(C.I还原蓝20)。

②保险粉溶液:每100mL含氢氧化钠(化学纯)3.25g和保险粉10g(此溶液应置于密闭容器中避光,有效期12h)。

③棉纱:14×2(42支双股)漂白棉纱、10g/胶、5g/绞。

棉纱用每升含无水碳酸钠2g、EDTA 1.5g、渗透剂JFC 1mL的溶液(浴比1:40)在90~95℃加热15min,然后取出棉纱,先用热水洗,再用冷水充分漂洗至中性,绞干备用(含水率100%)。

(2)染料溶液和保险粉混合液的组成和配制。

①染料溶液的配制:准确称取表3-6-24中的染料(精度为0.2%),用少量水调成浆状,再加60℃的水约200mL,搅拌下加入其他试剂(用量见表3-6-24),然后移入容量瓶(规格见表3-6-24)稀释至刻度,摇匀,置于60℃水浴中,保温10min,使染料完全还原成隐色体,移出水浴静置备用(染料溶液均应临用时配制)。

②保险粉混合液的配制:见表3-6-24。

表 3-6-24　还原染料用匀染剂的匀染性测定

编　号	溶液名称	染料质量/g	稀释体积/mL	EDTA/g	NaOH (325g/L)/mL	保险粉/g	扩散剂 N/g
1	工作曲线染料液	0.5	500	0.25	6	2.5	1
2	标准色卡染料液	5	1000	0.25	30	15	—
3	匀染剂值 C_{BRC} 染料液	0.5	500	0.25	6	2.5	—
4	移染性染料液	1.25	500	0.25	6	2.5	—
5	保险粉混合液 A	0	1000	0.5	12	5	2
6	保险粉混合液 B	0	1000	0.5	12	4	2
7	保险粉混合液 C	0	1000	0.5	12	5	0

(3)匀染剂试样配制，称取匀染剂 5g(精确至 0.001g)，搅拌溶解(必要时可加热至 50℃)，在 500mL 容量瓶用水稀释至刻度，摇匀备用。

(4)染料浓度与吸光度关系曲线(工作曲线)的绘制。分别吸取 1# 染料溶液 2.5mL、5mL、7.5mL、10mL、15mL、20mL、25mL，用 5# 保险粉混合液 A 释释至 100mL(染料浓度分别为 25mg/L、50mg/L、75mg/L、100mg/L、150mg/L、200mg/L、250mg/L)，用分光光度计分别进行吸光度测定，以染料溶液与吸光度绘制工作曲线。

(5)标准色卡的制备。

①染液的配制：棉纱 10g，染色浓度 $x\%$ (omf)，浴比 1∶20，染浴组成见表 3-6-25；用保险粉混合液 B(见表 3-6-24)稀释至总体积为 200mL。

②染色操作：经前处理棉纱编号后，分别放入相应的染色管中，染色管置于已升温至 85℃ 的染色机中，在搅动下染色 60min(中间用保险粉还原试纸测试保险粉情况，如果不足，用保险粉液补足)。

③氧化、淋洗及酸化：染毕，取出棉纱均匀绞干(含水率 100%)、透松，立即放入每升含硼酸钠 2.5g、冰乙酸 2mL 的氧化液中氧化(浴比 1∶20，50℃处理 15min)，取出用冷水冲至中性(酚酞不变红)。

染后处理：氧化并洗净的棉纱在每升含皂片 3g、无水碳酸钠 2g、EDTA 1g 的溶液中皂煮(浴比 1∶20，90～95℃皂煮 30min)，取出用水洗至中性、绞干，在 70℃左右的烘箱中烘干(时间不宜过长)。

表 3-6-25　标准色卡染浴组成

编　号	1	2	3	4	5	6	7	8	9	10	11	12	13	14	15	16	17	18	19	20	21
染色深度(omf)/%	3	2.7	2.4	2.2	2.0	1.8	1.6	1.4	1.2	1.1	1.0	0.9	0.8	0.7	0.6	0.5	0.4	0.3	0.2	0.1	0.05
染料液/mL	60	54	48	44	40	36	32	28	24	22	20	18	16	14	12	10	8	6	4	2	1
混合液 B/mL	137	143	149	153	157	161	165	169	173	175	178	180	182	184	186	188	190	192	194	196	197
匀染液/mL	3	3	3	3	3	3	3	3	3	3	2	2	2	2	2	2	2	2	2	2	2
总体积/mL	200	200	200	200	200	200	200	200	200	200	200	200	200	200	200	200	200	200	200	200	200

④标准色卡棉纱染着量计算：用保险粉混合液 B 将染色残液稀释至 200mL，然后用保险粉混合液 B 作比溶液，在 590nm 波长测定吸光度。根据测得的吸光度值，从工作曲线上找到对应的染料浓度（mg/L），计算残液中染料百分含量和棉纱上染着量。

$$残液中染料百分含量 = \frac{残液中染料量(mg/L)\times 0.20}{加入染浴总染料量(mg)} \times 100\%$$

$$棉纱上染着量 = 染色深度 \times (100\% - 残液中染料百分含量)$$

⑤色卡的装订：将烘干后的色纱按染色深度顺序排列，依次装订在硬纸卡上，并注明深度，用塑料袋储藏。

（6）匀染剂规定浓度 C_{BRG} 的测定。

测定一般须经两次，第一次匀染剂用量较宽，第二次用量范围较精细。第一次测定匀染剂用量分别为 0、0.10g/L、0.75g/L、1.5g/L、2.25g/L 及 3.00g/L。第二次测定根据第一次测定结果在两档浓度之间分档更细些。

①染浴配制：棉纱 10g、浴比 1∶20。分别吸取表 3－6－20 中 3#染液 50mL 于染缸中，并加入不同体积的匀染剂溶液（按上一项所示用量计算），然后用保险粉混合液 C 分别使染缸中总体积为 200mL。

②染色操作：同（5）中染色操作。但染色温度为 60℃，染毕取出棉纱，均匀绞干。

③评定：各染色残液分别加入扩散剂 N 0.4g，搅拌溶解，移入容量瓶中，用保险粉混合液 C 稀释至 200mL，测定光密度，根据未染色溶液的光密度计算各染浴中残余染料含量（%）。以此为纵坐标，以染浴中匀染剂浓度为横坐标作曲线，在曲线图上找出剩余百分含量为 15% 时的匀染剂浓度，即规定浓度 C_{BRG}，单位为 g/L。

（7）染浴的移染性测试。

①染料用量：2.5%（用 5g 棉纱）。

②染浴配制：浴比 1∶20（以 10g 棉纱计算），分别吸取 50mL 4#染料溶液放入 3 个编号的染缸中，加入保险粉混合液 C，其加入量 x（mL）＝200－50－匀染剂溶液体积。

③染色操作：将每绞 5g 的棉纱分别编号分别移入已升温至 60℃ 的染浴中，染 30min，然后将棉纱提离液面。分别加入 $1/2C_{BRG}$、C_{BRG}、$3/2C_{BRG}$ 计算好用量的匀染剂溶液，同时迅速加入 5g 棉纱于 60℃ 中继续染色 60min。染色中如染浴中保险粉不足，应用保险粉液补足。

氧化、淋洗、酸化及皂煮处理按（5）之③中规定操作。

④评定：残液中扩散剂 N 0.4g，溶解后移入 200mL 容量瓶，用保险粉混合液稀释至刻度，用分光光度法测定各染浴中剩余染料量（%）。

棉纱染色后的染料含量用标准色卡目测评定：第一次加入的棉纱上染料染着量（A）（%）－第二次加入的棉纱上染料染着量（B）（%），差值越小，则移染性越好，但残液中染料剩余量（C）（%）也越大，C 值过大就不经济。

结果：$A+B+C$ 理论值为 100，本方法允许误差为 ±10%。对匀染剂性能的评定包括：C_{BRG} 值的大小、移染差值（$A-B$）、染料残余量 C 值以及（$A-B$）值与 C 值之间的差距。

2.按照不同的时段进行的匀染性试验

（1）处方及工艺条件。

染料	1%(omf)
匀染剂	适量(视各工艺而定)
其他化学品	均根据工艺要求用量加
织物	经精练的织物,并分成等量的6份
浴比	棉1:30,毛1:50
温度	视各染料类别最佳染色温度而定

(2)试验方法。将染浴升温至预定染色温度时,将第一块织物投入染浴并开始记时,而后分别将同样大小的织物于4min、8min、16min、32min、64min(或2min、4min、8min、16min、32min)时投入染浴进行染色试验;每一块都进行60min的染色,取出后水洗、干燥。

(3)结果评定。将染样按时间顺序依次排列贴样,按第一块至最后一块之间色样色泽的均匀程度评定匀染效果。

(4)备注。本试验结果实际上是瞬染和移染的综合效果。试验中的染料如是初期上染速率比较快的染料,应选用2min投入第二块这一组做试验;染色时间可根据具体染料染色工艺而定,如果试样不是一块一块取出,而是在最后一块到达规定时间一并取出,这样操作比较方便,但第二种方法的试验结果有一定的差异,特别是移染性好的染料差异更大。

3.瞬染性试验

(1)试验条件。基本同2,但这里织物是分别等量的两块。

(2)试验方法。待染浴升温至预定的染色温度,加入第一块织物染2min后再投入另一块织物。从最初(第一块)织物投入染浴开始计时,共染5min后,两块织物全部取出,水洗、烘干。

(3)结果评定。两块染样用灰色变褪色分级样卡评级。

4.移染性试验

试验方法可参照高温分散匀染剂移染性试验的试验方法,只是染色条件应根据具体染料的染色工序而定。

第十二节　防泳移剂的测定

一、染料泳移性测定法

1.材料和特殊设备

(1)材料。

①织物:精练漂白丝光涤棉卡其(涤/棉为65/35),规格13.9tex×27.8tex(42英支×21英支),密度135根/2.54cm×70根/2.54cm,尺寸110mm×220mm。

②表面皿:直径90mm。

③铝环:外径110mm,内径80mm,厚1mm。

(2)萃取液配制。

①分散染料萃取液:800mL二甲基甲酰胺加水200mL,再加36%乙酸5mL。

②还原染料萃取液:每升水溶液中含NaOH 10g、保险粉10g、聚乙烯吡咯烷酮20g、乙二胺四乙酸二钠5g。

2. 试验方法

染色深度：分散染料 20g/L、还原染料 25g/L、防泳移剂适量（测定染料时不加），轧液率 60%（一浸一轧），中间干燥为 100℃、7min。

先将试验织物在轧染液中均匀浸渍 1min，按规定轧液率压轧，立即将试样两端固定在针板框上。拉平，在试样一端同一位置的正反面各放一块表面皿，再用一对铝环和文具夹将表面皿固定。将试样和针板框一同进入热熔机（或放入烘箱），在规定温度下进行中间干燥，干燥后，将试样从针板框上取下，移去夹子、铝环和表面皿，在室温下放置 1h 备用。

3. 结果评定

（1）目测法。用灰色变褪色样卡（简称灰卡）目测评定试样上被覆盖部分与未被覆盖部分的色差级数。当灰卡级数 4 级以上，泳移性较小；3～4 级，泳移性中等；3 级以下，泳移性较大。

（2）反射值的测定。用分光测色仪测定试样上被覆盖部分（A）和未覆盖部分（B）的表面反射值（A、B 相距约 100mm），换算成 K/S 值，计算泳移率 M：

$$K/S=\frac{(1-R)^2}{2R}$$

$$M=\left[1-\frac{(K/S)_A}{(K/S)_B}\right]\times100\%$$

式中：R——最大吸收波长时的反射值。

（3）透射值的测量。分别称取试样上 A、B 两处的织物各 0.1g（精确至 0.0001g），剪成小块后放入 50mL 容量瓶中，然后加入萃取液至刻度（根据染料种类选用萃取液），将容量瓶口密封，待织物上的染料被萃取后，用分光光度计在最大吸收波长处测量萃取液吸光度 D_A 和 D_B，计算泳移率 M：

$$M=\left(1-\frac{\dfrac{D_A}{m_A}}{\dfrac{D_B}{m_B}}\right)\times100\%$$

式中：D_A，D_B——A 处、B 处萃取液的吸光度；

m_A，m_B——A 处、B 处织物的质量，g。

二、泳移性试验

1. 轧染液组成

染料 20g/L，防泳移剂 10g/L（或视情况而定），其他添加剂视染料及染色工艺而定。

2. 织物准备

经前处理织物两块，缝制。

3. 试验步骤

将缝制好的织物在轧染液中充分浸渍，在小轧车上压轧，再重复一次（二浸二轧），控制轧液率为 60% 左右。然后立即将试样平整地置于针板框上，固定在预先升温至 100℃ 的热熔机（或烘箱）中用热风干燥 7min。干燥后，将布上缝线拆开，然后按染料固着条件固着，最后进行皂洗（或还原清洗）、水洗、干燥。

4. 结果评定

(1)目测法。以变褪色灰色样卡评定重叠部分内面和无重叠部分的色差级数,以此作为泳移性级数。4 级以上,泳移性较小,防泳移性能好;3 ~4 级,泳移性中等,防泳移性一般;3 级以下,泳移性较大,防泳移性差。

(2)反射值的测定。分别用分光测色仪测定缝合部分的内面和外面的反射值,取最大吸收波长处(指反射值最小处的波长)的 R 值,换算成 K/S 值,计算泳移指数:

$$K/S = \frac{(1-R)^2}{2R}$$

$$\text{泳移指数} = \frac{2(K/S)_{\text{内}}}{(K/S)_{\text{内}} + (K/S)_{\text{外}}}$$

5. 说明

(1)织物烘干是影响结果的关键因素,因此织物烘干时要求烘干设备中织物上下的温度一致,否则织物缝合部分上下两块可能产生差异。

(2)织物轧液率对染料的泳移有影响。在轧液率大时轧液率较难控制,几次难以一致,影响因素难以消除,因此这里选用轧液率为 60%,这时轧辊压力的微小变化对轧液率影响不大。如果有些织物难以达到,也可适当增大。

(3)在目测判定方法中,并不要求对染料进行固着处理(焙烘或汽蒸),而对于分散、还原等不溶性染料,如果不经固着处理,染料非单分子固着,对仪器(如分光测色仪、色差计等)测定有一定的影响,因此最好进行固着处理步骤。

第十三节　皂洗剂的测定

一、皂洗效果试验

1. 织物及其染色

将精练后的纯棉织物用活性染料按该活性染料的染色条件进行染色,染色深度 2% ~3% (omf);染后用水漂洗两次,每次 3min。

2. 皂洗操作

皂洗液:皂洗剂 2g/L、浴比 1:50,将上述染色布和等质量的白布缝合,待皂洗液加热至沸腾后,把染色布和白布投入皂洗液中,洗涤 20min(注意保持皂洗液体积不变)。洗涤后取出用 60℃热水洗一次,用冷水漂洗两次,取出晾干。

3. 皂洗效果判断

摩擦牢度:将皂洗前后的染色布分别按耐摩擦色牢度测定方法测定干、湿摩擦牢度。比较皂洗后染色布摩擦牢度比皂洗前的提高程度。

4. 备注

织物也可用经水洗而未经皂洗的印花布;试验也可根据皂洗剂的用途采用其他染料或纤维进行染色或印花,然后根据各纤维、染料的皂洗(或还原清洗)条件进行上述试验;评定效果时除了摩擦牢度,还可以参照纤维、染料组合与耐水浸色牢度、耐皂洗色牢度、耐汗渍色牢度等试验并用，只是测定摩擦牢度对测定织物上未洗净的浮色较有效。

二、皂洗剂与固色剂的相容性试验

1. 试验目的

有些染料染色后，需进行固色后再进行皂洗。固色后如固色剂洗涤不净，则阳离子型的固色剂可能会对阴离子型表面活性剂有影响。为了避免这种影响，皂洗剂最好与固色剂有一定的相容性，因此需要进行相容性试验。

2. 试液

1%固色剂溶液，10%皂洗剂溶液。

3. 试验方法

取1%固色剂溶液20mL加入140mL蒸馏水的烧杯中，在搅拌下再加入40mL 1%皂洗剂液。搅拌均匀放在50℃水浴锅中存放1h，或在室温下存放24h后观察溶液的稳定性。

4. 稳定性评定

溶液完全透明为相容，溶液微浊为基本相容，溶液中产生残渣或漂油为不相容。

第十四节 固色剂的测定

一、固色能力的测定

1. 材料和仪器

①滤纸：直径12.5cm慢速定性滤纸。

②漏斗：直径75mm。

③比色管：25～50mL。

2. 试剂和溶液

①0.5%直接耐酸大红4BS溶液：称取直接耐酸大红4BS 5g，加少量蒸馏水调成浆状，再逐渐加蒸馏水使其溶解，稀释至1000mL，过滤后摇匀，备用。

②0.5%粉状固色剂溶液：称取固体试样1.25g（精确至0.0001g），加少量蒸馏水溶解后，稀释至250mL，摇匀，现配现用。

③1%液状固色剂溶液：称取试样2.5g，也按上法配制。

3. 测定步骤

按表3－6－26配制，分别盛于已编号的烧杯中。

表3－6－26 测定固色能力时的溶液配制

单位：mL

溶液编号	1	2	3	4	5	6
0.5%直接耐酸大红4BS溶液	20.0	20.0	20.0	20.0	20.0	20.0
蒸馏水	0.6	0.4	0.2	0	0.2	0.2
0.5%粉状固色剂标样液	5.0	5.2	5.4	5.6	—	—
0.5%粉状固色剂试样液	—	—	—	—	5.4	—
0.5%液状固色剂试样液	—	—	—	—	—	5.4

将上述溶液分别搅匀，静置10min，使直接耐酸大红4BS与固色剂形成复盐沉淀，用双层滤纸过滤于比色管中，根据滤纸的色泽进行对比，5#或6#滤纸的色度与3#滤纸近似为合格。

4. 备注

(1)应用本方法进行固色力比较的固色剂应为结构基本近似的固色剂，否则测出的固色力的大小与固色效果的好坏不成对应关系。

(2)如果试样滤液的色深度不在标样(或对比样)的色深度范围内，可适当增减试样的浓度或试样溶液的体积(但配制成的待过滤体积不能变)。根据产生相似色深度所用的试样和标样的体积、浓度可以计算固色力(%)：

$$固色力=\frac{标样浓度\times标样体积}{试样浓度\times试样体积}\times100\%$$

(3)染料的浓度应适当控制，否则比较色深度时难以分辨。本方法是根据固色剂的结构和分子大小而制定的，对其他结构的固色剂则应经过试验选择合适的染料浓度或固色剂浓度，使其结果容易分辨。另外这里使用的染料力份为100，如使用非100力份的染料，则应根据力份数据进行换算需称取的染料质量。

(4)在不明待测固色剂的相对固色力时，可采用以下办法测定：吸收染料液20mL于100mL烧杯中，然后在滴定管中注入固色剂试液，每隔2min滴加0.5mL(开始可快些)于盛有染料液的烧杯中，搅拌后取出烧杯中的染液滴1滴于滤纸上，观察有无色圈渗出，至无色圈渗出即为终点。记录所消耗试样及对比样的体积，根据其体积和浓度来计算固色力。

二、固色效果的测定

1. 染色打样

①染料(直接染料或活性染料)：2%(omf)。

②织物：经前处理的机织棉平布。

染色方法参阅本篇第七章染料的分析测定及第八章配色仿样中的有关内容。

2. 固色处理

固色剂x%(omf)，具体用量根据各固色剂情况而定，一般为2%～4%；浴比1∶20；温度60℃(或按有关资料介绍的最佳固色温度)。取染后并洗净的织物，浸于上述升温至预定温度的固色液中，在该温度下进行固色处理30min取出，用清水浸洗2次，晾干。

3. 固色效果的判断

(1)色相变化。将未固色处理布与固色处理布用灰色变色分级样卡评级，并以未固色处理布为基准，注明色调变化情况。

(2)水洗牢度的提高。将固色前后的染色布按下法测定耐水浸色牢度，比较测定结果。取5cm×8cm布样一块，在正面缝合面积相同的标准白棉织物一块，浸入50mL蒸馏水中，保持30min，6h后取出挤干，分开试样和白布，在室温或40℃以下干燥，分别用褪色样卡测定色布褪色级数和用沾色样卡测定白布与色布接触的一面的沾色级数。耐水浸色牢度的详细测定方法可参阅GB/T 5713—1997 纺织品 色牢度试验 耐水色牢度。

(3)40℃皂洗牢度的提高。将固色前后的染色布按下法测定耐洗色牢度，比较测定结果。取 5cm×10cm 的试样布一块，在正面缝合面积相同的标准白棉织物一块，投入到盛有 100mL 含 5g 皂片工作液的 250mL 玻璃染杯中，置于水浴锅上，稍加搅拌。使其湿透，在 40℃下处理 30min（在 10min 和 20min 时需剧烈搅拌一次，每次 30 转）取出，用 40℃温水洗涤并挤干，分开试样和白布，在室温或 40℃以下干燥。分别评定色布皂洗褪色（变色）和白布沾色的级别。耐洗色牢度的详细测试方法可参阅 GB/T 3921—1997 纺织品　色牢度试验　耐洗色牢度。

（4）汗渍牢度的提高。将固色前后的染色布按下法测定耐汗渍色牢度，比较测定结果。取 5cm×5cm 试样一块，在正面缝合面积相同的标准白织物一块，放在每升含有 5g 食盐和 6mL 24% 氨液的 40mL 试液中。操作时试样浸透后两面各夹以玻片，在（37±2）℃试液中浸 30min，取出挤干；然后在上述溶液中加入 10% 醋酸 2.8mL 并按上述操作法将试样再浸渍 30min。取出挤干，分开试样和白布，不经洗涤，在室温或 40℃以下干燥。分别用褪色样卡和沾色样卡评级。耐汗渍色牢度的详细测试方法可参阅 GB/T 3922—1995 纺织品　耐汗渍色牢度试验方法。汗渍液分酸液和碱液两种。

（5）摩擦牢度的提高。将固色前后的染色试样测定耐摩擦色牢度，比较固色前后牢度的提高程度。根据需要还可以分别测定前后的染色试样的日晒牢度（GB/T 8426—1998 纺织品　色牢度试验　耐洗色牢度：日光）、耐氯牢度[GB/T 8433—1998 纺织品　色牢度试验　耐氯化水色牢度（游泳池水）]、湿压烫牢度、烟熏牢度（GB/T 11040—1989 纺织品　耐烟熏色牢度试验方法）等，比较牢度的变化程度。

4. 存放对活性染料染色牢度的影响

快速试验、Ciba—Geigy 法。

酸试：冰醋酸 10mL/L、浴比 1∶50。试样在上述常温试液中浸放 24h 后取出，水洗、晾干。

碱试：Na_2CO_3 5g/L、非离子表面活性剂 2g/L、浴比 1∶50。试样在 95℃上述试液中浸渍 30min 后取出，水洗、晾干。

将上述两种试验后织物与未处理的固色织物，同时按下法测定湿熨烫牢度，比较牢度的下降情况。湿熨烫牢度的简易测定方法：取 5cm×5cm 布样一块和相同大小的棉贴衬织物一块，经浸压蒸馏水后，放在铺有 5 层细平布的平板上，用定温[（210±10）℃]烫斗熨烫 15s[熨斗压强为（80±8）g/cm^2]。熨烫后，将试样置于暗处 4h，用褪色样卡和沾色卡分别评级色布褪色和白布沾色级数。耐熨烫牢度的详细测试方法可参阅 GB/T 6152—1997 纺织品　色牢度试验　耐热压色牢度。

三、固色剂与柔软剂相容性的测定

1. 测试目的

为了达到节时、节能、节水等目的，将二步工艺、三步工艺过程并作一步的短流程工艺，正越来越多被采用；固色处理和柔软处理合并成一浴处理的工艺也开始流行，这样就需了解柔软剂和固色剂的相容性。

2. 测试方法

固色剂 0.5g 溶解在 200mL 蒸馏水中，然后加入 0.5g 柔软剂。搅拌均匀后升温至 60℃，保温 1h 后观察稳定情况。

3. 结果判定

如固色剂、柔软剂混合液仍然为均匀的乳液，则相容性好；出现少量絮状物但搅拌后仍能分散开的为较好；出现一定数量的絮状物但不沉淀或飘浮在液面上的为一般；出现沉淀或在液面上飘出者为差。

第十五节　增深剂的测定

一、增深效果的测定

增深剂的增深效果的测定，一般按工艺要求进行染色后，比较织物的深色化效果。比较的方法有以下三种。

(1)目测法。用肉眼比较添加和未添加增深剂（或添加两种不同的增深剂）染色的两块织物的色深度。

(2)色差计测定。用色差计测定织物的明度值 L 和色度值 a、b，比较 L 值的大小可以了解增深效果（L 值越小表示色泽越深）；比较 a、b 值的变化可以了解色相的影响。

(3)分光测色仪测定。用分光测色仪测定织物的反射率（R），再由最大吸收波长的反射值计算色深值 K/S，计算色深度提高率。

$$K/S=\frac{(1-R)^2}{2R}$$

$$色深度提高率=\frac{(K/S)_1}{(K/S)_2}\times 100\%$$

式中：$(K/S)_1$——添加增深剂的染色织物色深值；

$(K/S)_2$——未添加增深剂的染色织物色深值。

二、相容性及稳定性的测定

参阅本章第一节表面活性剂的分析：稳定性通用测试。

第十六节　增稠剂的测定

一、增稠能力的测定

合成增稠剂的增稠能力关系到经济效益，是重要的试验指标，其增稠能力试验有下列三种方法。

1. 测定1%原糊的粘度

使用200mL烧杯，放入198mL去离子水，在快速搅拌下加入2g合成增稠剂制成原糊（根据要求，有些合成增稠剂另加入氨水调节pH值至8~9），然后使用NDJ—79型粘度计测其粘度。

2. 以Alcoprint PTF为对比产品，试验相当稠厚度的浓度值

英国联合胶体公司的Alcoprint PTF在我国各印染厂广泛使用，因此测试其他合成增稠剂增稠能力时，常以Alcoprint PTF作为对比产品，找出相当于Alcoprint PTF 2%原糊稠厚度（或粘度）的浓度值，其试验方法如下：

(1)先取200mL烧杯一只,加入去离子水194mL,在快速搅拌下加入Alcoprint PTF 4g,氨水适量调pH值至8~9,制成原糊,作为对比样品。

(2)再取200mL烧杯数只,各加入适量的去离子水,在快速搅拌下分别加入1g、2g、3g、4g、5g待测的合成增稠剂(根据要求,需加入氨水的,加入氨水调节pH值至8~9),补充水至总量200g,制成原糊,然后以目测找出相当于Alcoprint PTF稠厚度的浓度值。

(3)最后使用NDJ—79型粘度计测以上制成的原糊(包括对比样品)的粘度。

3. 增稠曲线

各种合成增稠剂,随着单位浓度的增加,粘度的增加并不完全相同,有的单位浓度增加,粘度急剧增加,有的则单位浓度增加,粘度增加缓慢,其试验方法:

取200mL烧杯5只,各加入适量去离子水,在快速搅拌下分别加入待测的合成增稠剂2g、4g、6g、8g、10g(根据要求,需要加入氨水的,加入氨水调节pH值至8~9),补充水至总量200g,制成原糊,用NDJ—79型粘度计测其粘度,然后以粘度为纵坐标,浓度为横坐标制作增稠曲线。

二、流变性能的测定

增稠剂的流变性能关系到印制质量,各种印花方法对增稠剂的流变性有不同的要求。合成增稠剂属假塑性流体,适合圆网和平网印花,其流变性能的测定,一般可测*PVI*值和制作流变曲线图。

1. *PVI*值的测定

*PVI*值,即印花粘度指数,在0.1~1.0之间。*PVI*值小的合成增稠剂,粘度受剪切应力影响大,触变大。合成增稠剂原糊的*PVI*值使用回转式粘度计测定。

(1)使用NDJ—l型粘度计。根据原糊的粘度大小,选定一个转子,分别在6r/min和60r/min转速下测其粘度,然后计算:

$$PVI\text{值}=\frac{\text{在 }60\text{r/min 转速下测定的粘度}}{\text{在 }6\text{r/min 转速下测定的粘度}}$$

(2)使用NDJ—79型粘度计。使用第二单元,选因子为100的转筒,同时使用1∶10减速器,分别在75r/min与750r/min转速下测粘度,然后计算:

$$PVI\text{值}=\frac{\text{在 }750\text{r/min 转速下测定的粘度}}{\text{在 }75\text{r/min 转速下测定的粘度}}$$

2. 制作流变曲线图

根据粘度公式:

$$\eta=\frac{\tau}{\gamma}$$

可以使用NDJ—1型粘度计测定原糊的流变曲线,其测定步骤如下:

(1)首先把待测的合成增稠剂制成原糊。

(2)然后使用NDJ—1型粘度计,选择合适的转子,分别在6r/min、12r/min、30r/min、60r/min四挡转速下测粘度。

(3)再根据 NDJ—1 型粘度计四挡转速 6r/min、12r/min、30r/min、60r/min 时相应的速度梯度 $1.256s^{-1}$、$2.512s^{-1}$、$6.28s^{-1}$、$12.58s^{-1}$，按照 $\tau=\eta\gamma$ 计算相对应的剪切应力(Pa)。

(4)最后以粘度为纵坐标，剪切应力为横坐标制作流变曲线图。NDJ—79 型粘度计第二单元，另配有 8 个特殊的转筒，与原有的 3 个标准转筒配合，它们的因子在 1~100 之间，专用于测定速度梯度 $175\sim2000s^{-1}$ 范围的剪切应力，因此它更适宜用于合成增稠剂原糊的流变曲线测定。

三、耐电解质性能测定

合成增稠剂的耐电解质性能决定着它的应用范围。一般阴离子合成增稠剂的耐电解质性能都较差，因此这类增稠剂只能局限于直接印花使用。有的即使是直接印花，在色浆中加入少量的电解质催化剂，也会引起色浆粘度的急剧下降；有的由于织物上存在电解质一类物质，使用合成增稠剂印花色浆印花会出现严重的渗化现象。合成增稠剂的耐电解质性能测试方法如下：

取待测的稠厚合成增稠剂原糊 80g，边加边搅，慢慢加入 2.5% 氯化镁溶液 20mL，观察原糊的变化，是否变稀、凝聚或析出沉淀。

四、耐稀释性能测定

合成增稠剂耐稀释性能影响印花印制效果，也关系到合成增稠剂使用是否方便，合成增稠剂耐稀释性能测试方法如下：

取待测的稠厚合成增稠剂原糊 50g，使用去离子水 1∶1 冲稀，搅拌均匀。使用 NDJ—79 型粘度计(或 NDJ—1 型粘度计)测其粘度变化，计算粘度保留率。

$$\text{粘度保留率}=\frac{\eta_1}{\eta_2}\times100\%$$

式中：η_1——原糊冲稀后的粘度，mPa·s；

η_2——原糊冲稀前的粘度，mPa·s。

粘度保留率低，冲稀粘度急剧下降，表明合成增稠剂原糊耐稀释性差。

五、印花试验

1. 印花工艺

①印花色浆处方：

自交联粘合剂	150g
涂料蓝 8301	50g
六羟树脂	10g
合成增稠剂原糊	xg
加水合成	1000g
织物	经前处理的涤棉细纺

②工艺流程：白布印花→烘干→焙烘(150℃，3min)。

2. 观察和测试项目

(1)花纹轮廓清晰度。观察印花织物花纹轮廓的清晰度，有无渗化现象。有些合成增稠剂在涤棉织物上印花，不同程度会出现渗化现象。如果出现渗化现象，同时该合成增稠剂又提供有配套的防渗化剂，则需进一步试验在印花色浆中防渗化剂的加入量（防渗化剂也可以在配制原糊时加入），务使达到印花轮廓清晰，无渗化现象。

（2）得色鲜艳度。观察印花颜色得色鲜艳度（必要时可与使用水油乳化糊对比）。有些合成增稠剂对颜色鲜艳度有影响，使得色偏萎。

（3）手感。用手触摸印花织物判定，各种合成增稠剂印花对织物手感影响是不同的。必要时可同时用同一处方，以水油乳化糊代替合成增稠剂配制印花色浆，进行印花比较。

（4）牢度。取以上印花织物，分别进行刷洗牢度和干、湿摩擦牢度测试，判定待测合成增稠剂对两项牢度的影响。

（5）印花色浆储存稳定性。把印花色浆分别放置24h、72h、一周，观察色浆是否出现变稀、凝聚、结块和发霉等现象。

六、与涂料黑色浆的相容性

阴离子合成增稠剂与涂料黑色浆相混合，几乎都有变厚或凝冻现象。但各种合成增稠剂与涂料黑色浆的相容程度不同，不同厂家生产的涂料黑色浆对合成增稠剂的影响也不相同，例如涂料黑HBB影响就较轻些。合成增稠剂与涂料黑色浆的相容性试验方法如下：用放置24h、72h及一周的印花浆进行试验，以同一处方，用涂料黑色浆100g代替涂料蓝8301配制印花色浆，观察色浆是否有变厚、凝冻现象。

第十七节　粘合剂及交联剂的测定

一、颗粒大小与分布

粘合剂乳液颗粒大小分布可以使用显微镜观察，使用放大倍率为10×可调目镜，与100×物镜配合使用，被测物的尺寸最小可读0.5μm。国产粘合剂外观大部分都是乳白色乳液状，颗粒大小大多数在1μm，均在一般显微镜可测范围之内。如果粘合剂外观呈蓝白色或浅灰色半透明乳液，则颗粒大小小于1μm。颗粒在0.1μm以下一般显微镜很难观测。

二、粘度

粘合剂乳液的粘度与粘合剂的组成结构以及粘合剂乳液聚合度有关。若粘合剂乳液粘度发生变化，则表明该粘合剂质量发生变化。

粘合剂乳液的粘度可使用NDJ—1型或NDJ—79型回转式粘度计测定，可直接取粘合剂乳液或冲淡一定比例进行测定。

三、粘合剂皮膜各项性能的测试

1. 成膜速度

粘合剂成膜速度不能太快，否则染色时容易粘辊，印花时出现刮不净、塞网等问题。成膜速度的测定有下列四种方法。

（1）搓磨法。这是一种最简单的凭经验的测试方法。用玻璃棒蘸取少量粘合剂乳液放在食指或中指上，以大拇指轻轻搓磨，如果立即出现皮筋状固体，说明该粘合剂成膜速度较快；反之，搓磨较长时间才出现皮筋状固体，则说明该粘合剂成膜速度比较慢。

（2）刮印法。将80目筛网平放在织物上，取粘合剂适量，使用刮刀在筛网上手工刮印，每3min重复一次，直至筛网网孔出现堵塞。计算堵塞时间，或以出现网孔堵塞严重计算时间，以此比较粘合剂成膜速度快慢。刮印次数越少，出现筛网堵塞时间越短，则粘合剂成膜速度越快。

（3）静置结膜法。用表面皿称取粘合剂乳液2g，左右倾斜摇动表面皿，使粘合剂乳液均匀铺展在表面皿上，然后移至40℃恒温箱中，观察和记录粘合剂乳液表面结膜时间，若时间短则结膜快。

（4）经验法。将待试粘合剂置于45～50℃水浴中保温60min，用1mL移液管在中速新华滤纸上滴液1～2滴，如滴下的乳液立即向边缘呈圆形均匀地扩散，则适合轧染用，不易粘辊；如不扩散并很快粘结成膜，则不能用，易粘辊。此法可作定性用。

2. 最低成膜温度

染色或印花设备在运行时摩擦产生大量热量，温度升高，且粘合剂受高机械剪切作用，因此粘合剂最低成膜温度不能太低。

粘合剂最低成膜温度在最低成膜温度测定仪上测定。该仪器的主体为一块温度梯度板，在板上由冷端到热端温度均匀地分布。测定时将粘合剂乳液均匀地涂在该梯度板上，粘合剂乳液受热水分挥发后，将在某一位置处出现一条分界线，在该线高温一侧形成透明的薄膜，而在低温一端为白垩状，这条分界线所对应的温度即为最低成膜温度。

3. 成膜透明度

粘合剂成膜以透明为好，否则会造成涂料色光变化，不利于产品的色光控制。

粘合剂乳液成膜透明度的试验，也采用表面皿静置结膜法。粘合剂乳液在表面皿上结膜以后，观察皮膜的透明度，按下述评级：

5级——皮膜无色、透明；

4级——皮膜无色、半透明；

3级——皮膜稍带黄色；

2级——皮膜为黄色；

1级——皮膜为棕黄色。

4. 结膜的泛黄试验

粘合剂结膜的泛黄指粘合剂皮膜高温处理后不应有变色现象，否则不利于生产时对色光的控制，粘合剂皮膜高温处理泛黄试验有两种方法：

（1）采用表面皿静置结膜法，把表面皿分别放在150℃和180℃焙烘箱中处理3min，然后取出观察皮膜颜色变化情况。

（2）把粘合剂乳液刮印在漂白的纯涤纶织物上，低温烘干后分别放入150℃和180℃焙烘箱中处理3min，取出观察皮膜颜色变化。

皮膜变化泛黄的程度可按棕黄色、黄色、微黄色、无色评级。原来无色的皮膜经高温处理后仍为无色，表示该粘合剂耐高温不泛黄；反之出现棕黄色，则表示该粘合剂不耐高温处理，泛黄严重。

5. 皮膜的强力

粘合剂皮膜应具有一定的抗拉伸强力,否则织物拉伸时皮膜容易龟裂。

粘合剂皮膜的强力测试方法是:称取适量的粘合剂乳液,放在水平的玻璃板上,让其均匀铺展,置于空气中便自然成膜。再将该成膜玻璃板移入焙烘箱中,150℃焙烘3min,取出将皮膜轻轻撕下,剪成哑铃状,在改装的FY—361单纱强力机上拉伸,记录并计算皮膜断裂时的强力,取8次试验的平均值。

6. 皮膜对织物的剥离强度

粘合剂皮膜对织物的剥离强度是指粘合剂对织物的粘着力。将含有适量粘合剂的印花色浆(不加涂料),使用80目筛网均匀刮印在织物上,然后立即将另一块相同的织物压在刮印过印花色浆的织物上,用熨斗烫平。移放焙烘箱中150℃焙烘3min,然后剪成一定大小样品,在改装过的FY—361单纱强力机上拉强力,记录叠层织物完全剥离时的强力,取8次试验平均值。

7. 皮膜的手感

皮膜手感试验采取以下三种方法。

(1)印花粘合剂皮膜的手感试验。称取适量粘合剂乳液调成印花色浆(可以不加涂料),使用80目筛网在织物上刮印(或者使用辊筒小印花机在织物上印花),烘干后在150℃下焙烘3min。印花粘合剂皮膜的手感一般用手触摸评定,用手触摸可同时与未刮印印花色浆织物本身的手感作对比。为了使手感的对比差异明显,可选用手感柔软的织物,例如人造棉细布、涤富、涤粘一类织物进行印花试验。

(2)染色粘合剂皮膜的手感试验。称取适量粘合剂乳液配成染液(可以不加涂料),使用试验小轧车一浸一轧,烘干,150℃焙烘3min。染色粘合剂皮膜的手感除了用手触摸以外,可以使用硬挺仪试验。把试样经纬向按规定尺寸剪成小条进行试验,记录数据,取其平均值。试验时,也可同时与未轧过粘合剂染液的织物进行对比。硬挺度值越低,手感越好。

(3)印花和染色粘合剂皮膜手感也可以使用织物风格仪进行织物抗弯试验。例如使用上海纺织科学研究院研制的FP—80织物风格仪,一般弯曲刚性小,活泼率大,则说明该产品皮膜既柔软而又有弹性。

8. 皮膜的吸附沾污性能

粘合剂皮膜的吸附沾污主要是指涤/棉一类织物印花采用分散/活性染料同印工艺,或者是分散/活性染料地色涂料着色防拔工艺,在后处理水洗皂洗时,粘合剂皮膜对落下的染料吸附沾色,其试验方法如下:

(1)染料试液和底布的准备。

①分散染料试液:称取分散染料0.5g,加水分散配成250mL。

②活性染料试液:称取活性染料0.5g,加100mL水溶解,加入23.5%(30°Bé)烧碱5mL,升温沸煮5min,冷却,用10%盐酸中和到pH值7~8,加水稀释至250mL。

③粘合剂底布:称取待测的粘合剂乳液300g,加水稀释至1L,使用涤棉半制品按照下列工艺顺序处理:一浸一轧(轧余率70%)→烘干(150℃焙烘3min)。然后把处理过的织物剪成15cm×10cm备用。

(2)吸附沾色试验。模拟高温水洗工艺。吸取分散染料试液或活性染料试液10mL,加水稀释至1L,加热至80℃,投入轧过和未轧过粘合剂的涤棉织物各一块,搅拌,保温5min,取出充分水洗，烘干。然后把两块试样分别在分光光度计上测反射率，按 Kubelka—Mnuk 定律计算值，再计算表观沾色比值：

$$表观沾色比值(K/S\ 比) = \frac{a}{b}$$

式中：a——轧过粘合剂的底布对分散（或活性）染料吸附沾色的 K/S 值；

b——未轧过粘合剂涤棉白布对分散（或活性）染料吸附沾色的 K/S 值。

表观沾色比值越大，则表示吸附沾色越严重。

9. 皮膜的染色牢度

粘合剂皮膜的染色牢度，即涂料印花和染色织物的染色牢度。涂料印花和染色织物的染色牢度主要是摩擦牢度和刷洗牢度的试验。

(1)待测织物样品的准备。印花用的粘合剂一般为高温焙固型粘合剂，根据推荐的用量，选用涂料蓝 8301，浓度为 50g/kg，配制印花色浆（如果属外交联型粘合剂，需另加交联剂）在织物上印花，烘干（150℃焙烘 3min）。

用于染色的粘合剂，根据推荐的用量，选用涂料蓝 8301，浓度为 5g/L，配制轧染液（如果要求加交联剂，按要求加入），然后织物一浸一轧（轧液率 65 ~ 70℃），烘干（150℃焙烘 3min）。如果焙烘工艺条件在产品说明中另有规定，按规定处理。

织物选用经前处理过的纯棉细布和涤棉细纺。

(2)测试方法。干、湿摩擦牢度的测试方法，参见 GB/T 3920—1997 纺织品　色牢度试验　耐摩擦色牢度。

刷洗牢度的测试方法，参见 GB/T 420—1990 纺织品　耐刷洗色牢度试验方法。

四、粘合剂的稳定性

1. 耐剪切稳定性

粘合剂乳液的耐剪切稳定性有下列三种试验方法：

(1)离心法。称取粘合剂 10g，在 1500 ~ 3000r/min 范围内，从低到高，每次保持 30min，直至观察到乳液分层，凝聚或沉淀析出为止。当出现分层、凝聚或沉淀析出时其离心器转速越高，粘合剂的耐剪切稳定性越好。如果两只粘合剂在同一个转速下出现凝聚或沉淀析出，则可以比较凝聚或析出沉淀量的多少，量少的相对来说比较稳定些。

(2)高速搅拌测粘度变化法。取粘合剂乳液，使用 NDJ—79 型粘度计测其粘度，然后在 3000 ~ 6000r/min 的高速搅拌范围内，由低到高，每次保持 30min，再测其粘度变化，直至出现粘度变化有明显差距为止。高速搅拌速度很高，粘度变化仍不明显的，耐剪切稳定性好。

(3)高速搅拌沉淀过滤法。如上所述，先设定一产生沉淀的搅拌速度，高速搅拌后，把生成的沉淀物通过 100 目标准筛网过滤，并进行干燥称重，计算干态沉淀物在粘合剂固体含量中所占的百分比，即可代表该粘合剂耐剪切稳定性。所占的百分比越大，则耐剪切稳定性越差。

2. 耐化学药品稳定性

试验粘合剂耐化学药品稳定性的方法是：把有关化学药品按下列规定条件加入粘合剂乳液中，观察粘合剂乳液的变化，有无变稀、凝聚、沉淀、发泡等现象。

化学药品浓度:60g/L。

加入方式:以固态或原液直接加入;或者以1:4稀释成溶液加入。

观察方式:加入药品边搅拌边观察粘合剂变化;或者放置12h后观察粘合剂的变化。

3. 储存稳定性

把粘合剂乳液在室温下放置6个月、9个月、12个月,使用NDJ—79型粘度计分别测其存放前后粘度的变化。存放时间短,粘度变化大,则粘合剂乳液的储存稳定性差。

五、粘合剂游离单体的测定

粘合剂乳液的残余单体含量是粘合剂生产厂聚合工艺和技术水平的一种标志。在粘合剂乳液聚合中,如果工艺和操作合理,单体形成聚合物的转化率可达99%。如果转化率低,则残余单体含量高。有些单体有特殊臭味,如苯乙烯、丙烯酸乙酯;有些单体则有很大毒性,如丙烯腈、氯乙烯。国际上对丙烯酸酯单体的残存量规定为0.1%,醋酸乙烯为0.5%,而对丙烯腈和氯乙烯则都严格控制在10mg/kg以内。

粘合剂乳液游离单体的测定可以用物理方法,也可以用化学方法来进行,下面介绍一种化学方法中的溴化法。

先将粘合剂乳液中的游离单体经皂化生成钾盐,此钾盐中的双键在酸性条件下,又与由溴酸钾与溴化钾反应而析出的溴发生加成反应,过量的溴用碘量法进行测定。

$$R—CH{=}CH—\overset{\overset{\displaystyle O}{\|}}{C}—OR' + KOH \longrightarrow R—CH{=}CH—\overset{\overset{\displaystyle O}{\|}}{C}—OK + R'OH$$

$$KBrO_3 + 5KBr + 6HCl = 6KCl + 3Br_2 + 3H_2O$$

$$3R—CH{=}CH—\overset{\overset{\displaystyle O}{/\!/}}{C}—OK + 3Br_2 \longrightarrow 3RCHBr—CHBr—\overset{\overset{\displaystyle O}{/\!/}}{C}—OK$$

$$3Br_2 + 6KI = 6KBr + 3I_2$$

$$I_2 + 2Na_2S_2O_3 = Na_2S_4O_6 + 2NaI$$

(1)试剂。

①0.05 mol/L溴溶液:称取溴酸钾3g及溴化钾25g,用蒸馏水溶解,移入1L容量瓶中,加水冲至刻度,摇匀。

②1mol/L氢氧化钾(KOH)溶液。

③1%十二烷基硫酸钠溶液。

(2)操作步骤。精确称取约1g试样,放入预先盛有30mL 1% 十二烷基硫酸钠溶液的250mL碘量瓶中,摇匀。加入10mL 1mol/L氢氧化钾溶液,振摇15min,加入3滴酚酞指示剂,用0.5mol/L盐酸溶液(约15~20mL)中和至溶液红色刚刚消失。用移液管加入25mL 0.05mol/L溴溶液,加塞,小心提起塞子,沿喇叭口壁迅速加入10mL 6mol/L盐酸溶液,摇匀,用蒸馏水封口,于室温阴暗处放置1.5h。加入20mL 15%碘化钾溶液,立即用0.1mol/L硫代硫酸钠($Na_2S_2O_3$)标准溶液滴定至溶液呈淡黄色,再加入2mL淀粉指示剂,继续滴定至蓝色消失为终点。同时做空白试验。

计算：

$$游离单体含量\ x(以溴值百分数计)=\frac{c\times(V_0-V)\times0.0799}{m}\times100\%$$

式中：c ——硫代硫酸钠（$Na_2S_2O_3$）标准溶液的浓度，mol/L；

V_0——空白试验消耗硫代硫酸钠标准溶液的体积，mL；

V ——样品试验消耗硫代硫酸钠标准溶液的体积，mL；

m ——样品质量，g；

0.0799——1mmol 溴$\left(\frac{1}{2}Br_2\right)$的质量，g/mmol。

第十八节　印花糊料的测定

一、粘度和印花粘度指数（*PVI*）的测定

1. 仪器

NDJ—79 型或同类型旋转式粘度计，超级恒温水浴锅（精度 ±0.5℃）。

2. 试验方法

将粘度计第 1 单元测定器与超级恒温水浴锅的循环泵连接，开启恒温器至工作状态并调整至规定温度。视糊料粘度的大小，选择适宜的转筒（如果测得的读数值小于 10，则应调换大一号的转筒）。当恒温水浴锅温度恒定后，将转筒放入测定器中，然后将糊料移入容器内，直到它的高度达到锥形面的下部边缘，完全浸没转筒（一般需体积 15～20mL）。将测定容器放在粘度计支柱托架上，并将转筒悬挂于仪器钩上。启动粘度计电动机，转筒从开始晃动直至完全对准中心为止，将测定容器在托架上向前后、左右移动，以加快对准中心（一般可预先调节好中心，用记号标出）。待指针稳定后（一般从放入试样到稳定约需 5min），读出指示数，将所用转筒的因子乘以刻度读数即得到 mPa · s（或 cP）为单位的粘度值，保持试样温度不变，重复两次，需计算 *PVI* 值。还需应用上述方法在不使用减速器及使用 1∶10、1∶100 的减速器的情况下，分别测定糊料在 750r/min、75r/min、7.5r/min 的粘度值。

3. 计算

$$粘度\ q(mPa\cdot s)=转筒因子\times刻度读数\times减速器因子$$

PVI 值即 Printing Viscosity Index 的缩写，为印花粘度指数。

$$PVI=\frac{75r/min\ 的粘度}{7.5r/min\ 的粘度}\quad 或\quad PVI=\frac{750r/min\ 的粘度}{75r/min\ 的粘度}$$

4. 备注

（1）*PVI* 值在 0.1～1 之间，当 *PVI* 值越接近 1，说明糊料越接近牛顿流体。*PVI* 值越小，则原糊结构粘度越大，假塑性行为越明显。印花中应根据不同的设备、花型等情况选择一定 *PVI* 值的浆料。

（2）原糊测得的粘度和 *PVI* 值与测试条件（如温度、转速、仪器等）有很大关系，因此，报告

结果时一定要注明测试条件。

(3)由于糊料有假塑性行为,因此转速越小,测得的粘度值越接近原始粘度(零切粘度)。

二、与化学药品的相容性

1.试验溶液

预先配制下列试剂溶液:NaOH 溶液:3%;尿素溶液:15%;纯碱溶液(Na_2CO_3):9%,氯化亚锡($SnCl_2 \cdot H_2O$)溶液:30%;盐酸(37%)溶液:3%;冰醋酸溶液:3%;雕白粉溶液:30%。

2.试验方法

在 50g 原糊中加入 25mL 蒸馏水调匀,用旋转式粘度计测定粘度值,作为参比的原始粘度。另各取 50g 原糊,分别加入上述化学药品溶液 25mL,调匀后,测定其粘度。与加入蒸馏水测得的参比原始粘度一起计算粘度变化的百分率,并在放置 4h 和 3 日后,分别再测其粘度,并观察性状变化(有无分层、凝聚等现象)。

3.备注

(1)相容性试验可以根据印花所用的染料、织物及工艺所需的化学药品进行有选择的试验,根据需要可以有所增减。测试前准备的化学药品溶液的浓度应为印花糊料中该药品浓度的 3 倍。

(2)一般来讲,直接印花糊粘度变化率在 10% 以内,雕印糊在 ±30% 以内,则可认为相容性好。

三、抱水性测试

1.试验方法

称取原糊 25g,放入 100mL 烧杯中,再加入 25mL 水,搅拌均匀。然后将长×宽为 10cm×1cm 的划有插入线的定量滤纸(或纸上层析滤纸)插入糊内 1cm(刚好使糊面与划线平)。插入后立即开始计时,在 5min、10min、30min、45min 时记录水分上升高度。

2.备注

(1)为了看清水分的高度,可以在被测试糊中加入少量的酸性染料。

(2)水分上升越高,表明一定时间内析出的水分越多,即抱水性(水合性)越差,在织物上的印花糊越易渗化。

(3)制定糊料抱水性的指标,可选用 30min 时的水上升高度,好的糊料指标为 0.1~0.2cm 之间。

四、塞网性试验

1.试验方法

称取原糊 5g,慢慢加入 2L 水,搅拌均匀,用一定型号(根据印花实际需要选择)的绢网剪成与布氏漏斗内径大小的圆形,放入布氏漏斗中,将稀释的糊液慢慢抽滤,将过滤用绢网小心取出,烘干。比较网上残留的糊料残余物的数量。

2.备注

固体浆糊的颗粒细度与本方法无关,本方法测定的主要是易引起塞网的不易成糊的大颗粒物质的数量。

五、透网性试验

1. 仪器及试剂

①用 10#筛网制成花型直径为 5cm 的印花花板。

②印糊：称取 4g 尿素溶于 20mL 水中，加入 80g 原糊搅拌均匀。

2. 试验方法

剪取 7cm×7cm 练白真丝双绉或其他织物 18 块，每两块重叠在一起，分别放入九只称量瓶中，每个组合样品质量为 0.9～1.1g，称后取出，按在位基准线分别放在玻璃台板上待印（即每对织物应在专用花板每个圆形图案的下方）。将专用花板平放在另一块未放织物的玻璃板（上面不衬附任何材料）上，取约 40g 基准糊（或参比样），分别放在花板上手中间部位。另外取被测糊 2 份（每份约 40g），分别放在花板上手左、右二侧，用普通小圆口橡皮刮刀刮一个来回。将专用花板平放在已放好织物的玻璃台板上，用上述刮刀再刮一个来回。移去专用花板，然后将织物放入原称量瓶中，加盖密封后迅速准确称量印花绸的质量，精确至 0.0001g。计算透浆量。

3. 备注

(1)透网性和塞网性是不可以混淆的两个性能，透网性与织物得浆量有关，透网性越好，得浆量就越高，色泽浓艳度自然越好。

(2)刮刀刮浆时要求左右用力一致，使用印花小样机印花，效果更好。

(3)透网性（得浆量）。为了增加可比性，可用单位面积得浆量来表示。单位面积得浆量计算：

$$T(\mathrm{kg/m^2})=\frac{m_1-m_0}{S}=\frac{m_1-m_0}{\pi\left(\frac{5}{2}\right)^2}\times 10=0.509(m_1-m_0)$$

式中：m_1——印花后绸的质量，g；

m_0——印花前绸的质量，g；

S——印花花板的面积，cm^2。

六、皮膜强度试验

1. 色糊调制

称取分散染料 3g 和酒石酸 0.5g，加入蒸馏水 36.5mL，搅拌均匀后加入原糊 60g，再搅拌均匀，待印。

2. 印花

将印花花板放在铺有真丝双绉（或其他织物）的台板上，将准备好的色糊放在花板上手，用橡皮刮刀刮一个来回，然后将印花布放在针板框上固定，放入 100℃烘箱中烘干。

3. 结果评定

将烘干的印花布按干摩擦牢度试验方法进行干摩擦试验（往返 20 次），摩擦后沾色白布用灰色沾色分级样卡评定级数。

4. 备注

(1)本试验主要了解印花织物烘干后到染料固色前这段时间的存放过程中干色糊由于布面相互摩擦引起的露底或其他花位沾色程度，这同糊料浆膜强度有关。

(2)对每个样品进行比较时,印花的花板和摩擦的花纹部位要求一致,这样才有可印性。

七、脱糊性试验

1. 色糊的调制

称取苹果酸 0.3g、Na_2CO_3 0.2g,加入 38.5mL 蒸馏水中,搅拌、溶解。加入炭黑(或群青)颜料 1g 和原糊 60g,搅拌均匀、备用。

2. 试验方法

将印花花板放在铺有纯涤纶的平面台板上,把准备好的色糊放在花板上手。用橡皮刮刀刮一个来回,进行大面积印花,然后将印花布放在 100℃ 烘箱中烘干,并经高温或高压汽蒸。将经汽蒸固着的印花布用水漂洗两次,然后放入 5g/L 皂片的皂洗液中沸温下煮 20min。用热水漂洗、冷水漂洗,最后将印花布取出晾干。

3. 结果评定

根据布上残留色泽的深浅,判断糊料脱糊性的好坏。也可采用灰色沾色样卡评级,或用白度计测定白度等方法评定。

4. 备注

(1)脱糊性试验也可采用失重法进行测试。失重法的测试过程如下:将被印的织物平铺在印花的台板上,在 100 目的绢网上刮印已调制好浓度为 3% 的印花原糊,然后烘干。另取同一规格的织物一块重叠在一起,用织物划样器(直径为 11.3cm)划取 100cm^2。各称其质量,然后将刮印好烘干的织物经汽蒸、冷水洗、热水洗后,烘干。称取其质量,然后计算残浆率。

$$残浆度 = \frac{刮印后织物的质量 - 净洗后织物的质量}{未刮印后织物的质量} \times 100\%$$

(2)由于活性染料可能同部分糊料反应而影响糊料的脱糊性,因此前述两法均不适用于活性染料印花用糊料。只能采用失重法测定残浆率或者根据印花布(大面积印花)手感的好坏来判断脱糊性的好坏。

八、实际印花效果的评价

将印花糊料根据所需的印花工艺调制印花色糊,然后进行印花。印花织物经干燥→汽蒸(高压或高温)→水洗→皂洗→晾干。平行试验印花布样,相互比较目测判断。

(1)发色性。得色量的深浅(可采用目测比较,也可用色差计测定 L 值或分光测色仪测定正面的 K/S 值)。

(2)发色鲜艳性。色泽的鲜艳程度。

(3)尖锐性。轮廓细线条清晰程度。

(4)渗透性。印花背面的颜色深度。测定渗透性也可采用分光测色仪分别测定计算织物正反面的 K/S 值,再计算渗透率。

$$渗透率 = \frac{织物反面的 K/S 值}{织物正面的 K/S 值} \times 100\%$$

注 这里使用的印花花板最好考虑到大块面、线条和细线条花型,以便能判断各种效果。

第十九节　柔软剂及硅油的测定

一、手感的评定

一般由几个熟练的操作者根据柔软整理织物实际手触感觉对织物的柔软性、滑爽感和丰满度等进行评定。用适当的文字表示手感情况。

二、耐热变色性和耐热泛黄性试验

1. 试验方法

将经整理后的织物(耐热变色性为有色织物,耐热泛黄性为漂白织物),在温度(185±2)℃下焙烘(或压烫)加热3min,冷却后按下法判别。

(1)耐热变色性用变褪色用灰色样卡判断加热和未加热织物的色相差异评定等级。

(2)耐热泛黄性用沾色用灰色样卡判断加热织物相对于未加热织物的黄变程度评定等级。也可测定加热后和未加热织物的白度,根据白度的降低评定泛黄性的大小。

2. 备注

(1)织物热处理可用热风干燥机、烘箱、升华牢度仪、烫焦试验仪等设备。

(2)根据纤维种类,热处理温度和时间等条件可根据情况而定,报告中应注明各项条件。

三、伸缩性试验

1. 试验方法

把试样剪成经向24cm、纬向2cm的长方形,然后在松弛状态下,在织物中部做出定长20cm的标记,夹好,下端初荷质量为5g,1min后测定标线之间距离L_1cm。再在下端加荷质量为200g,放置1min后再测定标线间的距离L_2cm。然后取下200g的荷重,仍留5g的初荷,1min后测定标线间的距离L_3cm。根据测得的L_1、L_2、L_3数值,计算伸长率和回复率。

2. 计算

$$伸长率=\frac{L_2-L_1}{L_1}\times 100\%$$

$$回复率=\frac{L_2-L_3}{L_2-L_1}\times 100\%$$

注　针织品测定L_2距离时加荷质量为100g。

四、织物耐磨性能试验

1. 设备和材料

具备平磨、折边磨、曲磨性能的仪器,磨料,圆刀划样器(φ11.3cm),尺等。

2. 试验方法

(1)平磨。用圆刀划样器取直径为11.3cm的圆形试样5块,放在橡皮膜上,调节摩擦速度为(125±5)次/min,压块质量为0.45kg,气泵压力为28kPa。用金刚砂纸(400#水砂纸)进行多向摩擦,直至试样磨破时仪器自动停止,记录摩擦次数,计算平均值。

(2)曲磨。在布样上取20cm×3cm(若布样纱线密度为20根/cm以下,取20cm×4cm)经纬向各5块试样,两边抽取相同根数的边纱,使宽度保留2.5cm。加上按表3-6-27根据织物平方米克重选择拉块质量和压块质量。将试样、刀片装好,选择开关拨向曲磨处,开动仪器,摩擦速度为(125±5)次/min。织物反复弯曲,在金属上往复摩擦,直至样片磨断为止。记录摩擦次数,经纬向分别取平均值(取整数)。

表3-6-27　织物耐磨性能测试

织物平方米克重	拉块质量/kg	压块质量/kg	织物平方米克重	拉块质量/kg	压块质量/kg
<87	0.907	0.454	255~342	2.268	1.134
87~168	1.360	0.680	342~510	2.722	1.360
168~255	1.814	0.907	>510	3.175	1.578

(3)折磨。分别取7.6cm×2.5cm的经纬向试样各5块,在折磨夹具上装上试样,压块质量为0.227kg或0.454kg(根据试样的平方米克重选择)。用4#水砂纸作为磨料,向同一方向摩擦,直至试片磨断。记录下摩擦次数,经纬向分别取平均值(取整数)。

五、悬垂性测试

可参阅FZ/T 01045—1996织物悬垂性试验方法。

1. 试样

裁取直径为24cm无折痕试样2块,在每块圆形试样的圆心剪(冲)直径为0.4cm的定位孔。

2. 试验方法

剪取与试样和夹持盘大小相同的制图纸各一块,在天平上称重。把织物悬垂性测定仪调整到描图法状态,将试样放在夹持盘上,使经向指向操作者,再依次放上有机玻璃划样板、制图纸以及上盖,轻轻向下按三次,静止3min。根据悬垂后织物的投影描图,然后剪下描图,再次称重。

3. 悬垂系数的计算

$$\text{悬垂系数}\ F=\frac{\text{投影大小的纸的质量}-\text{夹持盘大小的纸的质量}}{\text{试样大小的纸的质量}-\text{夹持盘大小的纸的质量}}\times100\%$$

六、针裂牢度——可缝性试验

1. 试验机

①高速缝纫机4000r/min。

②9#~14#缝衣针:针尖应保持光滑,不发毛。

2. 试验方法

将试样在标准状态(20℃,相对湿度65%)下放置4h以上,裁取经向60cm、纬向15cm的长方形织物，折叠成4层，成15cm×15cm的正方形，以行与行之间距离为1.3cm经纬向各缝两行(成井字形)，缝纫针脚密度为每2.5cm缝(11±1)针。缝纫结束，把样摊开，以五倍以上放大镜检视试样反面，记录纤维被针刺断裂起毛的针数，计算其占总针数的百分率。

$$断针率=\frac{断纱针孔数}{总针孔数}\times100\%$$

3. 备注

(1)若无高速缝纫机，可用家用缝纫机以最高速进行试验。

(2)试验时衣针上不必穿上缝线。

(3)如以上方法未看出针裂现象，可将试样浸入40℃、0.5%皂洗液中10min，取出沿经纬向各搓洗10次，用冷水洗净，并在低温下晾干，再用放大镜检视。

七、表面摩擦性试验

试验装置由两块贴衬有试验织物的木板(块)组成，下边一块为上面铺盖有试验织物的倾斜板，上边为下面有试布的木板(块)。将上板平放在下板上，为了使两层试验织物紧密接触，上木板上放一重物。试验时，以下板一端与桌面接触点为支点，慢慢抬起下板的另一端，直至上木板(块)开始向下滑动，测量下板抬起的角度(S)。

$$织物静摩擦系数=\tan S$$

八、撕破强力和折痕回复性测试

撕破强力测试参阅GB/T 3917.1—1997 纺织品 织物撕破性能 第1部分：撕破强力的测定 冲击摆往法；折痕回复性测试参阅GB/T 3819—1997 纺织品 织物折痕回复性的测定 回复角法。

九、有机硅柔软剂飘油情况的测定——过滤试验

在约24cm×24cm的方形漏斗上面铺装涤/棉细布2层，细布中间向下弯8cm。在每批产品中取9g作样品，慢慢加入过滤装置中，过滤完毕后，取出滤布(涤/棉细布)，观察在过滤织物上沾附的油点情况。标定标准为：

合格：A级。

不合格：B级，直径1mm以内油点1.5个(直径2mm的油点，每一个按两个计)；C级，凡油点多于B级均评为C级。

十、硅油中硅含量的测定

1. 原理

试样用碱熔融分解，以水浸取熔融物，用酸中和，硅便转变为可溶性硅酸盐。在微酸性溶液中加入钼酸铵使硅形成硅钼铬离子，在草酸存在下，用硫酸亚铁铵将其还原成硅钼蓝，借硅钼蓝可作硅的比色测定。反应式如下：

$$H_4SiO_4 + 12H_2MoO_4 \longrightarrow H_8Si(Mo_2O_7)_6 + 10H_2O$$

$$H_8Si(Mo_2O_7)_6 + 4FeSO_4 + 2H_2SO_4 \longrightarrow H_8Si(Mo_2O_6) \cdot (Mo_2O_7)_6 + 2Fe_2(SO_4)_3 + 2H_2O$$

2. 仪器

①721 型分光光度计。

②马弗炉:1000～1100℃。

③容量瓶:25mL、100mL、500mL。

④移液管:5mL。

⑤铂坩埚:30mL。

3. 试剂

(1)硅标准溶液的配制与标定。

①配制:精确称取分析纯硅酸钠($Na_2SiO_3 \cdot 9H_2O$)2g,溶于约 100mL 蒸馏水中(加几粒氢氧化钠固体以加速溶解),滤入 1000mL 容量瓶中,用蒸馏水稀释至刻度,摇匀。溶液配好后立即移入塑料瓶中保存备用,1mL 溶液含硅约 0.1979mg。

②标定:吸取上述硅标准溶液 50mL 三份,分别置于三只瓷蒸发皿中(最好用铂蒸发皿),加 1:1 盐酸 20mL 溶解盐类,加热至冒过氯酸的烟雾,冷却。再加 1:1 盐酸 20mL 溶解盐类,加热至沸并趁热过滤,用 5% 盐酸洗涤沉淀两次,再用热蒸馏水洗涤至无氯离子(用硝酸银溶液试验)。将滤液及沉淀置于已恒重的铂坩埚中,在电炉上灰化后移入马弗炉中于 1000℃灼烧至恒重。

$$\text{硅的含量(mg/mL)} = m \times \frac{28}{60} \times \frac{1000}{50}$$

式中:m——1000℃灼烧至恒重后 SiO_2 质量,g。

(2)其他试剂。

①钼酸铵溶液:5%,溶解钼酸铵的温度不得超过 60℃。

②草酸溶液:5%。

③硫酸亚铁铵溶液:6%,每 100mL 溶液中加入 1:1 硫酸 6 滴。

④硫酸溶液:1:9。

⑤硅酸钠:分析纯。

4. 测定步骤

(1)硅标准曲线的制作。取洁净的 25mL 容量瓶 6 只,分别加入 0、2mL、4mL、6mL、8mL、10mL 硅标准溶液,然后在每个容量瓶中依次加入 3mL 10% 硫酸和 4mL 钼酸铵溶液,摇匀,放置 10min。再加入 5mL 草酸溶液和 3mL 硫酸亚铁铵溶液,用蒸馏水稀释至刻度,摇匀。在 721 型分光光度计上,用蒸馏水在 1cm 比色皿中做空白试验,在波长 660nm 处,测定吸光度 A。以浓度 c 为横坐标,吸光度 A 为纵坐标,绘制硅标准曲线。

(2)样品测定。精确称取 0.2g 试样,置于 30mL 镍坩埚中,加入 1～1.5g 氢氧化钠颗粒,混合均匀。放入马弗炉中,先升温到 100℃左右,待试样中水分挥发后逐渐升温至 500℃,保持 20min,取出坩埚冷却至室温。将坩埚放入盛有 30～40mL 蒸馏水的 300mL 烧杯中,浸入内熔物,待全部溶解后,用蒸馏水冲洗坩埚 3～5 次,然后将溶液移入 500mL 容量瓶中,用水稀释至刻度,摇匀,备用。

取上述溶液 2mL 两份，分别放入 100mL 容量瓶中，加 5% 硫酸 2mL 调整溶液 pH = 2，加入 4mL 钼酸铵溶液，用蒸馏水稀释至刻度，摇匀。在 721 型分光光度计上，以蒸馏水在 1cm 比色皿中做空白试验，在波长 660nm 处，测定溶液的吸光度 A。在硅标准曲线上查得与其相对应的浓度 C，计算硅的含量。

$$硅质量百分含量 = \frac{C \times 25 \times 10^3}{10^6 \times m} \times 100\%$$

式中：C ——被测溶液的浓度，μg/L；

m——样品的质量，g；

25×10^3——溶液体积换算系数。

第二十节　荧光增白剂强度的测定

稳定性、相容性等试验可参阅本章有关内容，本节仅介绍用仪器测定强度的方法。

1. 仪器

①可见紫外分光光度计：国产 751G 型或性能精度相同的其他型号仪器。

②石英池：0.5cm。

2. 测定步骤

称取荧光增白剂标样和试样各 0.2g（精确至 0.0001g），分别置于烧杯中，用蒸馏水溶解，并转移至 1000mL 棕色容量瓶中，然后用蒸馏水稀释至刻度摇匀。用移液管吸取该溶液 10mL 置于 100mL 容量瓶中，用蒸馏水稀释至刻度摇匀，用 0.5cm 石英池立即分别测定标样及试样溶液在 350nm 波长处的吸光度 A_0 和 A。

3. 计算

$$F = \frac{\frac{A}{m}}{\frac{A_0}{m_0}} \times 100$$

式中：F——荧光增白剂的强度；

A——试样溶液的吸光度值；

A_0——标样溶液的吸光度值；

m——试样的质量，g；

m_0——标样的质量，g；

100——荧光增白剂标样的强度。

4. 备注

(1) 在测定中，称样、溶解、稀释至测吸光度时必须迅速，放置时间不应过长。

(2) 称量及测定时，房间内应适当遮光，避免阳光照射待测样品。

(3) 强度测定亦可采用打样的方法测定，测定方法与染料相类似。可参阅第三篇第七章及第八章的有关内容。

第二十一节　防静电剂及防污整理剂的测定

一、整理织物防静电性能测试

可参阅 GB/T 12703—1991 纺织品　静电测试方法。

1. 半衰期的测定

裁取待测 4.5cm×4.5cm 试样三块，将样品夹于测试装置的样品夹中，使针电极距样品表面(20±1)mm，感应电极[直径(28.0±0.5)mm]距样品表面(15±1)mm。测试条件为(20±5)℃，相对湿度 30%～40%。测试时首先对样品进行消电处理，驱动转动平台，待转动平稳，针电压加到 10kV 高压，持续 30s 后断开高压开关，根据示波器(或记录仪)描出衰减曲线，测出衰减期，三块样布取平均值。

2. 摩擦带电电压的测定

裁取待测试样 4cm×8cm 四块，分别夹在摩擦带电电压测试装置的转鼓样品夹上。测试条件同半衰期测试。测试前先对试样和标准布(锦纶、丙纶)进行消电处理，然后开启电动机，使转鼓以 400r/min 速度转动，测量 1min 内样品带电的最大值。改变样品经纬方向，重复测量。四块样品测完后取最大值和平均值。

3. 织物吸水性的测定

(1)吸水速度测定。将蒸馏水或 0.5% 重铬酸钾溶液，注入不锈钢恒温槽内，至适当高度。使恒温槽内液体温度保持在(27±2)℃范围内。调整毛细管测定仪，使液面均处于标尺的零位。将试样放在夹样装置里夹紧，在试样下端 8～10mm 处装上 3g 张力夹，张力夹上平面与标尺的零位线对齐，设定测试时间为 30min。开始测试，当蜂鸣器响，立刻量取每根试样条的渗液高度。在渗液高度参差不齐时，测量渗液最高值和最低值。

(2)吸湿速度常数的测定。裁取 1.5cm×1.5cm 试样三块。在 105～110℃下烘至恒重，称得布样的质量 m_0(精确至 0.1mg)，然后重新将织物在 105～110℃下烘 30～60min 后立即垂直挂在达到标准状态(20℃，相对湿度 65%)的恒湿恒温箱内，10min 时称重 m_{10}(精确至 0.1mg)。计算吸收水分的质量百分数 $X=\dfrac{m_{10}-m_0}{m_{10}}\times100\%$。称重后再挂在上述恒温恒湿箱内直到水分平衡(恒重)，再将布样称重 $m_{平}$，计算水分达到平衡时的吸收水分的质量分数 $S=\dfrac{m_{平}-m_0}{m_0}\times100\%$。

吸湿速度常数计算：

$$K=\frac{1}{10}\left(S\times\lg\frac{S}{S-X}-X\right)$$

式中：K——吸湿速度常数，%/min；

S——水分平衡时吸收水分的质量分数，%；

X——吸湿开始后 10min 时吸收水分的质量分数，%。

二、防污整理织物性能测试

可参阅第三篇第二章第二节中的有关内容。

1. 防污性测试

(1)试样布。将整理后的待测织物裁成 6cm×6cm 的样片 6 块。

(2)污染液组成。硬脂酸 10mg,油酸 10mg,固形石蜡 20mg,三油酸甘油脂 10mg,三硬脂酸甘油脂 10mg,十八烯醇 10mg,十八醇 10mg,胆甾醇 2mg,食盐 40mg,炭黑 10mg,阴离子洗衣粉 240mg。将以上各组分混合,用水配成 160mL 污染液。

(3)试验方法。

①织物污染:将上述污液 160mL 放在耐洗试验器的瓶子里,放入准备好的试样片 6 块和钢球 10 个,在 80℃下处理 90min,取出污染布,用水洗涤,晾干,其中 3 块作为污染和污物吸着性的样布。

②洗涤试验:在耐洗试验器的瓶子里放入 160mL 含 1.5g/L 阴离子洗衣粉的水溶液,放入沾污样布三块,在 80℃洗涤 15min,取出,用水洗涤后,晾干,作为污物脱离性样片。

③结果判定:污物吸着性可用灰色沾色分级样卡对织物沾污试验样片和未污染原样进行评级,作为污物吸着性的级数。污物脱离性可用洗涤试验后的样片与未污染原样用灰色沾色分级样片进行评级,作为污物脱离性的级数。

(4)备注。本防污性试验应用白色织物,否则无法对结果进行评定。所选用的阴离子洗衣粉的洗涤力对结果有一定的影响,试验中可根据情况选用一质量比较稳定且不含荧光增白剂的一般洗衣粉进行试验。这里介绍的污染液比较复杂(主要考虑了衣着对人体接触吸附的污染),而且有些物质不易备齐,为此试验者可根据可能接触的污染源进行组合,但炭黑和洗衣粉是试液组成不可缺少的。结果的评价也可用测定织物白度的办法对沾污样片、洗涤样片及未沾污样片分别测定白度,根据测得的白度值来计算再沾污性和易去污性。

$$\text{再沾污性} = \frac{R_0 - R_S}{R_0} \times 100\%$$

$$\text{易沾污性} = \frac{R_0 - R_W}{R_0} \times 100\%$$

式中:R_0——未沾污样片的白度;

R_S——沾污样片的白度;

R_W——沾污经洗涤后样片的白度。

2. 耐沾污性测试

(1)标准污布。轻度沾污的试验用醋酸短纤维,其沾污程度的要求是:将该沾污布装在直线往复式摩擦牢度仪的摩擦头上,在相同的无沾污织物(醋酸短纤维织物)上往复摩擦 100 次,换上第二块沾污布再摩擦 100 次,要求织物沾污程度为用灰色沾色样卡评级为 3 级。

(2)试验织物。裁取 23cm×5cm 织物三块。

(3)试验方法。将试样与衬垫毛毡一起平整地放在摩擦牢度试验仪平台上固定。将标准污布沾污面朝外固定在摩擦头上,开动机器,使摩擦运行 200 个往复。再调换两次新污布,继续摩擦各 200 次,总计摩擦 600 次。

(4)结果评判。从摩擦台上取下试样,将试样中心部位用灰色沾色样卡评定沾污等级。三块试样的结果最大级差不超过半级试验有效,以多数相同的结果作为最终试验结果。

第二十二节 防水及拒水整理剂的测定

一、淋水测试法

截取18cm×18cm的试样1块，紧绷于试样夹持器（金属弯曲环）上，并以45°放置。使织物的经向顺着布面水珠流下的方向，实验面的中心在喷嘴（喷嘴球面上距离中心10mm及24mm的圆上分别均衡地钻6个及12个孔，加上中心孔共19个，孔径为0.9mm。）表面中心下的150mm处。将250mL冷水迅速倾入如图3-6-29所示的玻璃漏斗中，使水约在25~30s内淋洒于织物表面。淋洒完毕，取起夹持器，使织物正面向下成水平，然后对着一硬物轻敲两次。将实验织物与标准图片（如图3-6-30）对照，评定拒水级别。

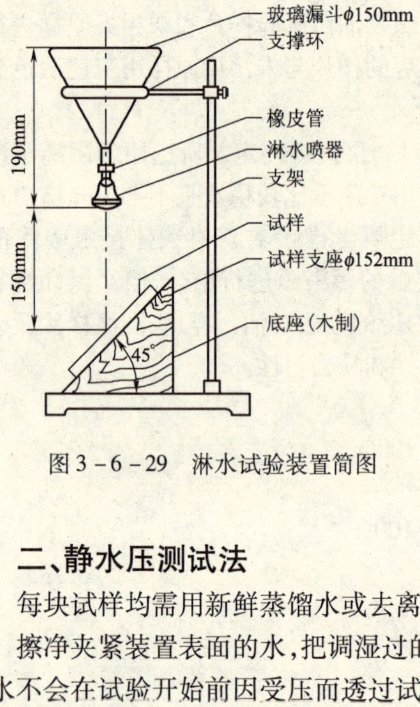

图3-6-29 淋水试验装置简图

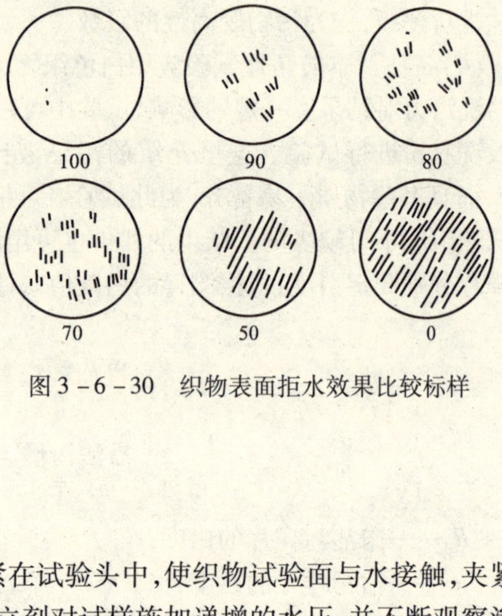

图3-6-30 织物表面拒水效果比较标样

二、静水压测试法

每块试样均需用新鲜蒸馏水或去离子水。

擦净夹紧装置表面的水，把调湿过的试样夹紧在试验头中，使织物试验面与水接触，夹紧时使水不会在试验开始前因受压而透过试样。然后立刻对试样施加递增的水压，并不断观察渗水的迹象。记录试样上第三处水珠刚出现时的水压，以kPa（cmH_2O）表示。

不考虑那些形成以后不再增大的微细水珠，在织物同一处渗出的连续性水珠不作累计。注意第三处渗水是否产生在夹紧装置的边缘处，若此时导致水压值低于同一样品的其他试样的最低值，则此数据应予剔除，需增补试样另行试验，直到获得正常结果所必需的次数为止。

三、拒水效果试验

1. 试验原理

水的表面张力随温度的上升而下降，表面张力越低，越易润湿防水整理的织物，超过一定温度时，下降更为显著。基于这一原理及透水性试验，来检验防水效果。

2. 试验步骤

取6只烧杯，杯口覆盖经拒水整理的织物，杯内盛有碱性溶液，用含酚酞的蒸馏水稀溶液(30℃、40℃、50℃、60℃、70℃、80℃)15mL一次性淋于布面，记录烧杯中溶液和布面情况。若烧杯内溶液变红，说明已透水；若布面润湿，说明织物拒水性已变差；若仅产生水珠，说明织物的拒水性尚可。比较织物出现“透水变红”或出现“散水”现象时的水温，温度越高，则织物拒水性越好。

四、拒水等级的评定

(1)按3M公司方法，拒水等级测试体系由异丙醇和水以不同比例混合而成，见表3-6-28。

表3-6-28 拒水等级试验试液体系

级数	0	1	2	3	4	5	6	7	8	9	10
水:异丙醇	10:0	9:1	8:2	7:3	6:4	5:5	4:6	3:7	2:8	1:9	0:10

(2)将织物试样平铺在光滑的平面上，用滴管小心地在试样表面隔一定距离滴两小滴最低等级的试液，若10s时不润湿则为通过；再用高一等级的试液试验，直至不通过为止。取最后通过的等级为该试样的拒水等级。

五、水珠滚动角测试

(1)自制滚动角测试仪。用一块可以调节水平的平板玻璃，一端固定，另一端可以缓慢抬起，并可测定抬起的角度。

(2)将自制滚动角测试仪调节水平，在平板上铺上试验织物。将0.5mL蒸馏水滴在被测织物上，30s后缓慢抬起试样玻璃板，记下水珠滚动时的角度。滚动角越小，织物拒水性越好。每个试样测定3次，取平均值。

第二十三节 防油整理剂的测定

一、标准试液法

1. 准备样品

剪取20cm×20cm试样，试样应平整无折痕。测试前在标准条件[(20±2)℃、相对湿度65%±2%]至少放置4h。拒油等级标准试液共分8级，组成和要求见表3-6-29。

表3-6-29 标准试液及其表面张力

级数	标准试液组成	纯度	表面张力(25℃)/mN·cm^{-1}	沸点/℃
1	白矿物油	工业级	31.45	—
2	白矿物油:正十六烷为65:35(φ)	工业级	29.60	—

续表

级　数	标准试液组成	纯　度	表面张力 (25℃)/mN·cm^{-1}	沸点/℃
3	正十六烷	化学纯	27.3	286~288
4	正十四烷	化学纯	26.35	250~253
5	正十二烷	化学纯	24.70	209~212
6	正癸烷	化学纯	23.50	173~175
7	正辛烷	化学纯	21.40	124~126
8	正庚烷	化学纯	19.75	98~99

2. 操作步骤

将试样平放在光滑的平面上，用滴管小心在试样表面隔一定距离同时滴两小滴一级拒油标准试液，每滴直径大约5mm。以约45°角观察液滴在30s内的润湿情况，如试样不润湿，则在液滴邻近处再滴一滴高一等级的标准试液，用上述方法同样观察30s。继续这样的操作，直至某个等级的试液在织物上30s内在液滴下面或周围显示明显的润湿现象为止。

3. 结果评定

(1)织物润湿的正常迹象是油滴处织物颜色变深，油滴消失，油滴外因渗化或油滴闪光消失。

(2)以操作中所试评级标准试液使织物不润湿的最后一个等级为拒油等级，即开始出现润湿的标准试液拒油等级的上一个等级。

(3)在某些试样上润湿情况难以判断，可认为终点是在30s内使界面颜色完全变深的试液。

(4)按两小滴一致的等级来确定拒油等级，如果两滴等级不一致，应增加测试点数，以出现频率最多的结果为拒油等级。

二、混合试液法

(1)混合试液由白矿物油(液体石蜡)和正庚烷按以下比例混合组成，见表3-6-30。

表3-6-30　白矿物油—正庚烷混合试液的配制

评　分	体积分数/%		相对密度(20℃)	评　分	体积分数/%		相对密度(20℃)
	白矿物油	正庚烷			白矿物油	正庚烷	
150	0	100	0.679	90	60	40	0.799
140	10	90	0.701	80	70	30	0.817
130	20	80	0.722	70	80	20	0.840
120	30	70	0.741	50	100	0	0.880
110	40	60	0.761	0	—	—	—
100	50	50	0.780				

(2)试样准备、操作方法及结果评定基本同标准试液法，只是液滴观察润湿情况改为3min。

三、油滴可清洗性试验

(1)使用油剂。白矿物油和脏机油。

(2)试验方法。在滤纸上铺上20cm×20cm的试样并摊平，在试样上滴白矿物油及脏机油各5滴，油滴上用7.5cm×7.5cm的聚乙烯塑料薄膜盖好，上面加2kg的重物，压60s后将重物和塑料薄膜取下，用滤纸吸去多余的油。试布在室温下放置15min～2h，然后进行净洗。净洗时将试样和填充织物凑成1kg，洗衣机中加40g洗衣粉和35～50℃的热水，洗涤15min后用水清洗，干燥。

(3)结果判定。在黑漆试验台上把试样摊平，评定标准样板放在旁边，离台1m处的标准光源垂直照射试样，试样与标准样板对照评定等级，等级数表示为：

1级——残留污渍很多；

2级——残留污渍较多；

3级——残留污渍较少；

4级——残留污渍不明显；

5级——残留污渍看不见。

第二十四节　树脂整理剂的测定

一、游离甲醛含量的测定

1. 试剂与溶液

①0.5mol/L氢氧化钠(NaOH)溶液。

②0.5mol/L盐酸(HCl)标准溶液。

③1.0mol/L亚硫酸钠(Na_2SO_3)溶液。

④百里酚酞指示剂：0.5g百里酚酞溶于100mL 90%的乙醇中(pH=9.3～10.5，从无色至蓝色)。

2. 测定步骤

称取5g左右(精确至0.0001g)试样放在250mL碘量瓶中，用蒸馏水稀释至50mL左右，加入5滴百里酚酞指示剂，当树脂液pH<9.3或pH>10.5时，可分别用0.5mol/L氢氧化钠溶液或盐酸调至微蓝色。加入1.0mol/L亚硫酸钠溶液50mL后，立即以0.5mol/L盐酸标准溶液从蓝色快速滴定至极微蓝色的终点。记录用量V_1(mL)，以同样方法进行空白试验，记录用量V_0(mL)。

3. 计算

$$\text{游离甲醛含量}=\frac{(V_1-V_0)\times c\times 0.030}{m}\times 100\%$$

式中：c——亚硫酸钠溶液的摩尔浓度，mol/L；

m——树脂整理剂试样的质量，g。

4. 备注

因为本试验为中和滴定，试样的酸碱度对结果有影响，因此树脂整理剂必须在与亚硫酸钠反应前中和。亚硫酸钠溶液如不做空白试验,也一定要事先中和。因为甲醛与胺之间的羟甲基反应是可逆反应,因此随着游离甲醛与亚硫酸钠的反应,测定液中游离甲醛含量急剧减少,羟甲基化的甲醛会慢慢释放出来,所以滴定时要求快速滴定。为了减少羟甲基化逆反应的进行速度,可在测试液中加入一些冰以降低溶液温度,可使逆反应速度大大降低,以确定结果可靠性。

二、加催化剂后溶液稳定性的测定

称取树脂整理剂100g,用蒸馏水稀释至1000mL,从中取245mL四份,分别放在400mL的烧杯中。第一份样品中加5mL氯化镁溶液(50%)和0.5mL冰乙酸(98%);第二份样品中加5mL硝酸铵溶液(30%);第三份样品中加5mL硫酸铵溶液(30%);第四份样品中加5mL硝酸铝溶液(30%)。上述溶液搅拌均匀后在室温下静置,观察和记录出现混浊或沉淀的时间(h),时间越长或不出现混浊或沉淀则该树脂整理剂稳定。

三、树脂整理织物上树脂情况的测试

1.织物上树脂量的测定

剪取试样10cm×12cm 2块,扯去边纱约0.5cm左右,以防边纱落下,然后放在已烘至恒重的称量盒中,在105~110℃烘至恒重。称得织物质量m_0。

(1)水溶物。将烘干后的织物放在(25±2)℃的水中洗10min后取出,在105~110℃下烘至恒重,称得织物质量m_H。

(2)表面树脂。将用水萃取后称重的织物在90℃含皂片2.5g/L和无水碳酸钠2.5g/L的水溶液(浴比1∶100)中处理5min,用90℃的热水洗数次,至中性,在105~110℃烘箱中烘至恒重,称得织物质量m_S。

(3)固着树脂。最后将织物在90℃、2.5g/L盐酸水溶液(浴比1∶100)中处理30min,再用热水洗几次至中性后在105~110℃烘至恒重,称得织物质量m_d。计算树脂量,以平均值表示(取小数点后一位):

$$\text{水溶物质量分数}=\frac{m_0-m_H}{m_0}\times100\%$$

$$\text{表面树脂质量分数}=\frac{m_H-m_S}{m_0}\times100\%$$

$$\text{固着树脂质量分数}=\frac{m_S-m_d}{m_0}\times100\%$$

注　2.5g/L盐酸溶液的配制方法:取化学纯盐酸7g,用少量水稀释,最后稀释至1L。

2.树脂交联程度的测定

(1)染色法。取经树脂整理的白色织物5cm×5cm试样一块,用熨烫升华色牢度仪压烫试样的一半面积[上板温度(175±2)℃,时间1min],冷却后准确称取试样质量。按浴比1∶60准确量取已配制的染液(精确称取HI—2#树脂交联指示剂若干克,加入200倍量的蒸馏水,搅拌溶解即成0.5%浓度的染液),倒入烧杯中,加热至沸,将试样投入煮沸的染液中,用玻璃棒不断搅动，沸染2min。染毕用60℃左右的热水，按浴比1∶100清洗试样两次，再用冷水清洗至无浮色。将洗净的试样夹在两片滤纸中吸干水分，然后在60℃以下晾干。一般说来，试样染色后呈红棕色或偏黄色表示交联充分，颜色呈草绿色表示部分交联，呈绿色表示未交联。压烫与未压烫试样色差显著，表示交联不完全；无色差，颜色呈红棕色或偏黄色，表示试样交联充分。用灰色样卡评定试样的色差程度，以表示交联程度。

(2)渗圈法。

①指示剂配制：酸性红B 0.5%，280mL；直接湖蓝6B 0.5%，81.5mL；苦味酸乙醇饱和溶液12mL；醋酸钠25g左右，用适量水溶解，调节pH=4~5，将以上各溶液混合即成。

②测定方法：将指示剂溶液滴在织物上观察色泽变化及渗化扩散圈大小，评定树脂与纤维的交联程度，见表3-6-31。

表3-6-31 指示剂在乙二醛系树脂整理剂织物上的反应情况

交联程度		不交联（未焙烘）	局部交联（焙烘不足）	大部分交联（焙烘较好）	完全交联（焙烘完善）
渗圈变化	渗圈形状、色泽	不规则圆形，中心呈紫褪色，外圈呈黄色	圆形，中心呈蓝色，外圈呈橘红色	圆形，中心呈蓝绿色，外圈呈橘色及桃红色	圆形，中心呈绿色，外圈呈浅橘色及桃红色
	面积	最小	稍大	更大	最大
色泽变化	经过水洗	紫色	蓝色	蓝绿色	绿色
	不经水洗	紫褪色	蓝绿色	暗绿色	绿色

③备注：本试验应用经树脂整理的后布进行试验。本试验对交联不良的情况，效果较明显，但对交联过度则不易反映出来，故最好结合测试撕破强力及断裂强力的变化综合判断。指示剂对不同类树脂的色泽反应不完全一致，如尿醛树脂交联完全为暗绿色，醚化三聚氰胺甲醛树脂为土黄色，各厂可根据常用树脂自行配备一组标准样品作为评定用的标样。渗圈法和染色法均仅适用于测定纤维素纤维纯纺及其混纺织物的树脂交联程度。

3. 树脂耐氯性试验

取35cm×35cm白色织物试样，置于盛有热蒸馏水[(71±3)℃，pH=6~7]的玻璃杯中，浴比为1∶50，不断搅拌，3min后取出试样，滴干冷至室温。移入另一只盛有漂液的玻璃杯中（有效氯0.25%，pH=9.5），浴比为1∶50，保持温度(25±1)℃，不断搅拌，15min后取出，轧干，并注意保持试样平整勿皱。再将试样浸入50倍于试样质量的常温蒸馏水中，不断搅拌2min，取出轧干。如此操作重复5~6次，放在金属网上晾干，最后在标准条件下放置4h以上。压烫试验前，应先将试样剪开，抽去边纱，制成30cm×5cm的布条两组，一组作压烫试验用，另一组作对照用。将烫焦试验仪加热至(185±1)℃，两块热板的平面需保持清洁和平整。试样在热板下使其纵向和仪器的热板相垂直，放下热板，压烫30s。然后做以下试验以评判树脂整理织物的耐氯性。

(1)将压烫后的织物根据加热部分和未加热部分用灰色沾色样卡进行评级，以评定的级数作为耐氯泛黄性的级数。

(2)将压烫后的和未压烫后的织物在标准条件下放置24h，测定经压烫处理和未经压烫处理的织物条的断裂强力，计算氯损率：

$$\text{氯损率} = \frac{T_c - T_{cs}}{T_c} \times 100\%$$

式中：T_c——氯化后未经压烫试验的试样的平均断裂强度；

T_{cs}——氯化后已经压烫试验的试样的平均断裂强度。

(3)备注。测定氯损情况和氯损率均可表示耐氯性能，但表示含量不同。国外资料中用(1)法表示的较多，国内大多数用(2)法。氯化液 pH = 9.5，可用 $Na_2CO_3 + NaHCO_3$ 调节。有效氯的含量可用加 KI 溶液，然后用 $Na_2S_2O_3$ 滴定析出的碘的方法测定，并计算有效氯含量，根据测定出的有效氯含量调整至需要的浓度。压烫仪器可使用升华、烫熨等牢度仪，只要符合温度达到(185 ± 1)℃，压力为 9.82Pa(1kgf/cm²)的要求。

4. 布面释放甲醛的测定法（比色法）

(1)试剂溶液。

a. 乙酰丙酮溶液：150g 乙酸钠用蒸馏水溶解，加入 3mL 冰乙酸和 2mL 乙酰丙酮，移入 1000mL 容量瓶中，稀释至刻度。保存在暗处（应尽量现配现用，如溶液严重变黄则不能使用）。

b. 甲醛标准溶液：吸取 37% ~40% 甲醛溶液 2.6mL，稀释至 1000mL，待标定。用移液管吸取配好的甲醛标准溶液 10mL，移入碘量瓶中，用移液管加入 0.1mol/L 碘 $\left(\frac{1}{2}I_2\right)$ 溶液 25mL，加入 1mol/L 氢氧化钠(NaOH) 10mL，加盖放置暗处 10 ~ 15min。加入 0.5mol/L 硫酸 $\left(\frac{1}{2}H_2SO_4\right)$ 15mL，用 0.1mol/L 硫代硫酸钠($Na_2S_2O_3$)滴至淡黄色，加 1 ~ 3mL 淀粉指示剂，继续滴至蓝色消失。做空白试验，计算：

$$\text{甲醛值(mg/kg)} = \left[(V_0 - V_1) \times c \times \frac{0.015}{10}\right] \times 10^6$$

式中：V_0——空白耗用 0.1mol/L 硫代硫酸钠的体积，mL；

V_1——甲醛液耗用 0.1mol/L 硫代硫酸钠的体积，mL；

c——硫代硫酸钠标准溶液的摩尔浓度，mol/L。

必要时可将标定的甲醛溶液调整为含有 1000mg/kg 的甲醛。

(2)甲醛标准溶液工作曲线的绘制。将标定的甲醛溶液配制成 1mg/L、2mg/L、4mg/L、8mg/L、10mg/L 甲醛标准溶液。分别吸取这些配好的甲醛溶液 5mL 和乙酰丙酮溶液 5mL 于比色管中，另取一比色管吸取 5mL 蒸馏水和 5mL 乙酰丙酮溶液作空白对照，加盖摇匀。按(3)的方法一，置于(40 ± 2)℃水浴中加热 30min，取出冷却 30min；按(3)的方法二，置于(58 ± 2)℃水浴上加热 30min，取出冷却 30min。

用分光光度计在 415nm 波长处测定吸光度 A，然后在坐标纸上作甲醛溶液浓度—吸光度工作曲线。

(3)释放甲醛的测定。

方法一：精确称取剪碎的试样 1g，放入 500mL 碘量瓶中，用移液管加入 0.01% 非离子渗透剂的蒸馏水溶液 100mL，在(40 ± 1)℃水浴中萃取 1h，中间摇动 2 ~ 3 次，冷至室温，用 2# 玻璃漏斗过滤器过滤。吸取 5mL 萃取液于比色管中，加 5mL 蒸馏水，以 0.01% 非离子渗透剂的蒸馏水溶液为对照液，用分光光度计在415nm波长处测定吸光度A。另取5mL萃取液于比色管中，加5mL乙酰丙酮摇匀，在(40±2)℃水浴中加热30min显色，取出冷却30min。空白对照及测定波长同工作液曲线绘制，测得吸光度A(如A太大，可将萃取液稀释倍数)。用$A—A_0$吸光度在工作曲线上查得对应的甲醛值。

方法二：用移液管吸取100mL蒸馏水，置于磨口广口瓶中，在电热鼓风箱内于(65±1)℃条件下预热20~30min。精确称取试样1g，将试样悬挂在广口瓶内(试样不能接触水面及瓶壁)，盖上瓶盖放入电热鼓风箱内于(65±2)℃保温4h，然后取出广口瓶，冷却后从瓶中取出试样，再盖上瓶盖，摇动瓶子使瓶壁冷却物充分混合。测定吸光度A(如A值太大，可将萃取液稀释数倍)，在工作曲线上查得对应的甲醛值。

(4)计算。

$$\text{织物释放甲醛量(mg/kg)}=\frac{\text{测得的}A\text{值对应的甲醛含量(mg/kg)}\times\text{稀释倍数}\times\text{萃取液体积}}{\text{试样质量(g)}}$$

四、树脂整理织物的性能测试

1. 防皱度的测定——折皱回复角的测定

参阅第二篇第十章第九节有关内容。

2. 洗可穿性——外观平整度的测定

(1)试样处理。准备三块试样，每块尺寸为38cm×38cm，按平行于样品长度的方向裁剪，试样边缘成锯齿形以防绽线，并标明其长度方向。按照GB 8629规定的其中一种洗涤和干燥程序，将每块试样进行洗涤和干燥。如果需要，可将选定的洗涤和干燥循环操作继续重复四次，总共循环操作五次。以长度方向为垂直方向，将试样无折叠地悬挂起来，以避免其变形，在GB 6529规定的大气条件下将试样调湿2h。

(2)评级。

①三名观测者应各自独立地对处理过的每块试样进行评级。

②将夹在支架上的试样固定在观测板上，以长度方向为垂直方向。把立体塑料标样放在试样的两边以便比较评级。

悬挂的荧光灯应是观测板的唯一光源，室内其他所有的灯均应关掉。由于从观测板附近侧墙上反射过来的光会干扰评定结果，因此需要将侧墙漆成黑色，或者在观测板的两侧装上黑色布帘以消除反射干扰。

③观测者应直接站在试样的正前方，距离观测板1.20m远。通过实践，观测者的观测高度在视平线1.50m上下的正常变化对评定结果无显著影响。

④确定最接近试样外观的平挺度标样的级数，当试样外观介于两个平挺度标样整数级中间而无半级标样时，可用两个整数级间的中间级表示。

DP—5级相当于DP—5标样，它表示试样外观最平挺，和原有外观的保持性最好，而DP—1级则相当于DP—1标样，表示试样外观最差，和原有外观的保持性最差。

3. 褶裥保持性

(1)试样处理。准备三块试样，每块尺寸为38cm×38cm，试样边缘剪成锯齿形以防止绽线，用相同的方法在各试样的中间缝一条接缝。如果织物有折皱，可以在试验前适当熨平。应小心避免试样接缝本身发生变化。如果预先估计到洗涤以后会使绽线过大,则应在距离试样边缘 1cm 处,用尺寸稳定的缝线将其松松地缝合。按照 GB 8629 规定的其中一种洗涤和干燥程序,将每块试样进行洗涤和干燥。如果需要,可将选定的洗涤和干燥循环操作继续重复四次,总共循环操作五次。用夹子夹住试样的两个角,以接缝方向为垂直方向悬挂每块试样,或者用全宽夹子来悬挂试样,在 GB 6529 规定的大气条件下将试样调湿 2h。

(2)评级。

①观测方法、照明条件等参见外观平整度的评定。

②只限于观测评定受接缝影响的区域,织物本身的外观可以忽略不计。确定最接近试样接缝外观的标准样照的级数。标准样照 5 级表示接缝外观最好,而标准样照 1 级表示接缝外观最差。

4. 洗衣收缩率

在试样中取全幅宽 ×55cm 的样布,在样片上的经纬方向各定 3 个点,隔 45cm 打个符号。把该样片按标准洗衣法洗涤 5 次,水平放平并送风干燥。干燥后,再测符号间隔,计算收缩率。

$$收缩率 = \frac{洗涤前符号间隔(45\text{cm}) - 洗涤后符号间隔}{洗涤前符号间隔(45\text{cm})} \times 100\%$$

5. 硬挺度的测定

剪取 2.5cm × 12cm 布样,经、纬向各五条。用 2kg、150℃ 定温熨斗压烫 5s,在标准条件下放置 24h。将布条置于硬挺试验仪的上部,压上压板,以 0.5 ~ 0.8cm/s 速度向斜边部分推出,直到下垂布条刚好触及斜边,记录长度(cm),然后将布条反面再测一次,正反面测得算术平均数作为该布条硬挺度。分别以五次经、纬向算术平均数,作为该试样布的经、纬向硬挺度。

五、树脂整理对织物影响的有关性能测试

1. 撕破强力的测试(梯形法)

参阅 GB/T 3917.3—1997 纺织品 织物撕破性能 第 3 部分:梯形试样撕破强力的测定。

2. 耐热变色性的测试

试样在压力 0.1MPa(1.0kgf/cm^2),温度(180 ± 5)℃ 的条件下压烫 10s,冷却后用变褪色用灰色标准样卡评定压烫部分和没有压烫部分之间的色相差异的等级。各等级意思表示:

5 级——几乎没有变褪色;

4 级——有一些变褪色;

3 色——有变褪色;

2 级——有较显著的变褪色;

1 级——有显著的变褪色。

3. 对牢度影响的测定

将整理前和树脂整理后的织物按所需测定的牢度(如摩擦)的试验方法测定牢度,比较整理的牢度变化。

一般来讲,有些后整理助剂整理织物在热焙烘时会引起染料的热迁移,而使摩擦牢度等级下降。

第二十五节　阻燃整理剂的测定

一、概述

对商品阻燃剂的测试主要可测试织物整理后的阻燃性能，这样可以结合工艺和效果，有一定的实用意义，工厂应用较多。对阻燃整理剂本身的测试，也有采用常规物理或化学的分析方法，测试阻燃整理剂的有效成分、水分、溶剂和杂质等，以考核阻燃整理剂的质量。分析内容也包括产品的性状、类别或大致组分，以便结合工艺加以控制或调整，其具体指标如颜色、气味、灼烧残渣、稳定性、配伍性和储存期等；采用的方法则一般有沉淀反应试验、纸层析、薄层色谱和其他定性定量化学分析，物理常数测试如熔点、沸点、凝固点、软化点、粘度、细度、相对分子质量和导电、导热性能等。商品阻燃剂生产单位常根据产品性能和要求有出厂企业标准，应用单位常有验收标准，可加以分析或测试。

二、阻燃整理剂的化学分析

1. 定性分析

阻燃整理剂和织物上阻燃剂的定性分析方法不同，前者可直接取样分析，后者要采用萃取或灰化分解法进行分析。以下分析方法均指阻燃织物上的阻燃剂。商品阻燃整理剂可直接取样，方法相同，不另做介绍。

织物上阻燃整理剂分析，一般先进行洗涤试验，区分耐久性和非耐久性两类阻燃剂。洗涤条件为织物25cm×25cm，洗涤剂2g/L，浴比1:30，温度45℃，时间10min，再用45℃水洗涤2次，阴干（或烘干）后测定阻燃性能。失去阻燃性能的为非耐久性阻燃剂，洗涤5次以上还有阻燃性能的可暂定为耐久性阻燃剂。

（1）非耐久性阻燃剂。织物上最简单的非耐久性整理剂如硼砂—硼酸混合物、磷酸铵或硫酸铵等可按常规法检测。方法可用水萃取法，取织物约10g，加100mL水加热煮沸30min，将溶液过滤。滤液可用点滴试验测定阴离子和阳离子，以检测阻燃剂品种。阴离子包括硫酸根（氯化钡高锰酸钾法）、磷酸根（钼酸铵法）、硼酸根（姜黄试纸法）、氯根（硝酸银法）、溴根（萘黄酮法），阳离子包括铵（烧碱法）、钠（醋酸铀酰锌法）、锌（双硫腙法）。

织物上硼酸盐也可从布样上直接检测：取织物（约3cm×3cm）置于坩埚中，加几滴浓硫酸润湿，再加2mL乙醇，加热并点燃逸出蒸气，绿色火焰表示含硼。

（2）含氯乙烯、氧化锑、四羟甲基氯化物或磷胺化合物的耐久性阻燃剂，该法主要参照AATCC 94—1985。四羟甲基氯化物（THPC）指不用Proban法，即THPC未与尿素作用，工艺中未作氨熏。磷胺化合物指磷酸或其铵盐与尿素、双氰胺、三聚氰胺等其他胺类作用的产物。

①锑的检测：取阻燃织物约0.5g在瓷坩埚中，用1～2mL 40%硝酸铵溶液润湿，加热灰化，冷却后加入几滴1% HCl，使残渣溶解，以测锑和磷。用5%钼酸铵溶液润湿，滴加灰化溶液数滴在滤纸上。将滤纸用水浴蒸汽加热，蓝色表示有锑存在，进一步测氯乙烯；如果锑不存在，再测磷。

②氯乙烯的检测：取样品约10g，在索氏脂肪抽出器中用丁酮萃取。将萃取物称重，如果含

量在2%或2%以下，表示样品不含氯乙烯；如果含量超过10%，表示含有氯乙烯，一般为氯乙烯和醋酸乙烯共聚物。其残渣再用四氯化碳或过氯乙烯萃取，以去除增塑剂，用红外光谱验证聚氯乙烯。如果确证，则该阻燃整理剂为氧化锑—聚氯乙烯类型。

③磷的检测：在滤纸上滴几滴灰化的HCl溶液，喷上用硝酸酸化的钼酸铵溶液，如果显示黄色，表示有磷存在，进一步用色谱分析区分THPC、磷胺化合物和APO阻燃剂。

a. 色潜分析（纸层析）：取布样10g，在三角烧瓶中加100mL 1% HCl，加热回流30min，将此溶液作纸层析。展开剂：6mol/L HCl，正丁醇（20:80）；显示剂：钼酸铵溶液和氨水。纸层析如果采用圆筒形方式，十多只样品（包括已知和控制样品）可以同时一次检测，比较方便。APO或磷酸铵类阻燃剂产生黄色斑点 $R_f=0.75$，如果该处无斑点，阻燃剂可能为单纯的THPC。

b. 氯化钙溶液煮沸试验：如果黄色斑点显现，可再以原布样做氯化钙溶液煮沸试验。取布样一块（7.6cm×25.4cm）加500mL 5%（w）氯化钙溶液，煮沸回流1h，布样充分洗涤烘干，用火柴进行阻燃性能试验。如果阻燃性能丧失，表示产生离子交换作用，为磷胺类阻燃剂。

c. 区分APO、THPC混用和APO、磷酸氢二钠混用的阻燃剂：如果用氯化钙溶液煮沸试验，织物还存在阻燃性能，可进一步做pH值试验。取布样1g，用蒸馏水充分洗净，加70mL蒸馏水，放置1h，并经常搅拌，测pH值。APO—THPC混合型由于离子交换，pH值为3～4；APO—磷酸氢二铵型的pH值不变。

d. 氯乙烯、氧化锑和磷化合物共同整理：以上各试验如果有锑、氯乙烯和磷存在，经氯化钙溶液煮沸试验，阻燃性能可继续存在，该样品系三者结合处理，耐洗性较好。

（3）含锑、钛、锆、锌等金属化合物的耐久性阻燃剂。

①锑（Rhodamine B法）：0.5g阻燃织物，在坩埚中灼烧成灰，冷却后依次加入5%碘化钾溶液、6mol/L盐酸、亚硫酸钠（去除 Sb_2O_5 和KI生成的碘）和0.5% Rhodamine B（CIBasic Violet 10）试剂，若有红紫色沉淀，则表示有锑。

②钛（过氧化法）：织物灼烧成灰，加浓硫酸或硫酸氢钾，加热溶解或熔融。冷却后，加少量水稀释。取澄清溶液1滴在白瓷板上，加1滴3% H_2O_2，如果变成黄色则表示有钛。

③锆（Morin法）：织物灼烧成灰，用6mol/L HCl加热溶解，过滤后取样品溶液1滴，再滴加0.001%双色素乙醇溶液（Morin试剂）1滴和5滴浓盐酸，若在紫外光下产生黄绿色萤火则表示有锆。

④锌（双硫腙法）：将以上溶液用10% NaOH溶液碱化，在小试管中，用1mL碱性试样溶液，加入0.5mL 0.01%四氯化碳双硫腙溶液，若四氯化碳层由绿变红则表示有锌。

（4）含磷、氮、卤素等化合物的耐久性阻燃剂。很多耐久性阻燃织物含有磷、氮或卤素（氯、溴），一般可用钠熔法检测。在10cm×1.2cm软玻璃小试管中，加入一粒洁净光泽的金属钠（约3mm×3mm），再加入剪碎干燥的布样3mg，徐徐加热以使钠熔化，并使蒸气和样品混合。冷却后，再加入样品约3mg，继续加热至红热，冷却后加入乙醇约1mL，以使未作用的金属钠分解。将乙醇蒸干，再加热试管至红热，立即放入盛有20mL蒸馏水的50mL烧杯中。试管破裂，与样品共同搅和，过滤，对滤液作磷、氮、卤化物（氯、溴）定性分析。

①磷：取2mL滤液，加3mL浓硝酸，煮沸1min，加入等量钼酸铵试剂，若有黄色沉淀则表示有磷。

②氮：取2mL滤液，加入1mL 1%硫酸亚铁溶液，煮沸、冷却，加入1mL 1%三氯化铁和过量

的盐酸，若有深蓝色沉淀则表示有氮。

③卤化物：取2mL滤液，用6mol/L HNO_3 酸化，煮沸2min，加入数滴1% $AgNO_3$ 溶液，若有白色沉淀表示有氯化物或溴化物（AgCl或AgBr沉淀）。再加入稀氢氧化铵，氯化银溶解而溴化银不溶。进一步验证可用8－羟基喹啉和过氧化氢溶液，氯离子有白色沉淀，溴和碘被氧化为单质溴和碘，无沉淀产生。

（5）尿素和尿素甲醛树脂。取剪碎织物约0.5g，加0.1mol/L HCl 25mL，煮沸15min，滤液蒸发至干（或取阻燃树脂样品，加浓盐酸1滴蒸发至干）。加1滴苯肼溶液，在195℃加热5 min，冷却后加5滴1∶1氨水和5滴10%硫酸镍溶液，再加10滴氯仿，剧烈摇荡，若呈紫红色则表示有尿素或尿素甲醛树脂，该树脂在织物测定含氮量时也显示阳性。

（6）发射光波法。发射光波法比常规化学分析法更灵敏和快速，所需试样量很少，可同时测定很多元素，国内应用该仪器测试在不断普及。其原理主要由火焰电弧和电火花直接激发试样，产生光谱，根据特征谱线的形状，确定被测物质所含元素的种类。

2.定量分析

对商品阻燃剂和织物上阻燃剂均可进行定量分析，部分商品阻燃剂在企业标准中有分析方法，可按照测定。织物上阻燃剂的定量分析可采用分解法或萃取法。

（1）含卤素阻燃剂（氯化物和溴化物）。部分耐久性阻燃剂常含有机氯化物或溴化物，如氧化石蜡、十溴二苯醚等可做定量分析。分析时准确称取一定量阻燃织物（含0.5～1.5mg氯或1.0～4.0mg溴），用滤纸包好，用氧瓶燃烧法使氯或溴有机化合物分解氧化，转变成氯离子或溴离子，用0.005mol/L硝酸汞$\left[\frac{1}{2}Hg(NO_3)_2\right]$标准溶液滴定，求得氯或溴量，或计算其有机氯或有机溴化合物含量。

（2）含磷阻燃剂。准确称取一定量阻燃织物（约含0.05～0.1mg磷）置于小型（50mL）凯氏烧瓶中，加5mL浓硫酸和1mL浓硝酸，加热分解，最后去除硝酸。在容量瓶中稀释至100mL，移取10mL样品溶液，加钼酸铵、硫酸亚铁铵，按常规做比色分析，同时做空白试验。根据吸光度和标准曲线，求得含磷量。如果含磷阻燃剂品种已知，可计算至具体磷化合物含量。

（3）含氮阻燃剂。用凯氏定氨法测得阻燃织物含氮量。有时需做空白试验，以减去织物和非阻燃加工剂中的含氮量，计算出阻燃剂含量。

（4）硼酸和硼砂。称取一定量织物，用少量水定量萃取或加热灰化，水解成硼酸，加甘露醇形成络合物，用0.01mol/L NaOH标准溶液滴定至pH值至8，酚酞可作指示剂。求得硼含量，计算成硼酸或硼砂。

（5）阻燃羊毛上锆盐。准确称取阻燃羊毛织物约2g，加37.5mL 6mol/L HCl，加热煮沸回流1h。过滤，滤液在100mL容量瓶中稀释至刻度。移取样品溶液25mL，在500mL三角烧瓶中加蒸馏水200mL，加热至60℃。加入1∶99（w）固体二甲酚橙/KNO_3 指示剂。用35mol/L NH_4OH 调节pH值至12，用0.1mol/L EDTA标准溶液滴定至红色变成黄色。1mL 0.1mol/L的EDTA相当于28.3mg K_2ZrF_6。

三、阻燃织物的性能测试

1.国内外阻燃织物的标准和测试方法

目前国际上纺织品阻燃性能测试方法较多，每个国家都有自己的标准，如英国 BS、德国 DIN、中国 GB 以及国际公认的标准 ISO、AATCC 等。测试方法可归纳为三大类，垂直测试法、水平测试法和倾斜(45°、30°)测试法，以垂直测试法要求较高，水平测试法要求较低。

一般标准测试方法，仪器设备要专门制造，条件要求很高，操作严格复杂。测试结果可以表示在实验室条件下相对的阻燃安全性，有较好的重现性，但其结果还不能代表实际火灾条件下的危险性和燃烧情况。多年来，国内进口或设计了多种阻燃测试仪器，并进行了各种条件试验，对于这些标准方法，要取得良好的重现性，测试条件是关键。其中对数据影响最大的是：织物和空气的温湿度；火焰大小和温度；四周通风条件（试验箱）等；试样大小和火焰的相对位置。试验中也发现各种不同的标准试验方法由于要求和条件不同，结果常有差别，有时对某一标准方法结果较好，但对另一方法结果不好甚至很差。因此，各种标准试验方法仅能说明在某一规定实验室条件下，对火焰、热或燃烧表示的安全性，不一定能说明在实际火灾中着火危险性或燃烧程度。在研究或开发阻燃产品时，首先要规定测试标准和方法。据统计，国际上的标准测试方法，总数约三百多种，我国测试方法详细情况参见 GB/T 5454—1997 纺织品　燃烧性能试验　氧指数法，GB/T 5455—1997 纺织品　燃烧性能试验　垂直法，GB/T 5456—1997 纺织品　燃烧性能　垂直方向试样火焰蔓延性能的测定。部分测试条件见表 3－6－32。

表 3－6－32　阻燃纺织品部分测试条件

名　称	国　别	标准代号	试样大小/cm	燃烧方式	火焰条件	备　注
织物阻燃性试验法	美国	CCC—T—1916 5902 法	7×32	垂直	本生灯、丙烷或城市煤气，时间 12s	测碳长（负荷撕破法）、续燃和阴燃时间
织物燃烧速度试验法	美国	CCC—T—1916 5906 法	14.1×31.6	水平	本生灯，点燃后即移开，在 60℃ 热空气中进行	测定燃烧从 3.8cm 至 25.4cm 所需时间
衣用织物燃烧试验法	美国	AATCC 33—1962	5.1×15.2	45°倾斜	本生灯、丁烷气，时间 1s	测定燃烧 12.6cm 所需时间
织物燃烧程度试验法	英国	BS 2963 的 A 法和 BS 3121	4×183	垂直法（长尺寸）	本生灯，时间 12s	测定燃烧 127cm 所需时间(s)，阻燃值 = 2.0×时间(s)阻燃织物在 150 以上
织物燃烧程度试验法	英国	BS 2963 的 B 法和 BS 3121	5×15	45°倾斜	微型本生灯、丁烷气	测定燃烧 127cm 所需时间(s)
飞机耐火材料试验法（运输部）	日本	TCT—4—002	20×20	45°倾斜	本生灯，时间 30s	测定续燃时间(s)和阴燃时间(s)
织物阻燃程度试验法	瑞典	SIS 650082	5×30	垂直法	本生灯，时间 12s	测定碳长续燃时间和阴燃时间(s)

续表

名　称	国　别	标准代号	试样大小/cm	燃烧方式	火焰条件	备　　注
织物垂直燃烧法	德国	DIN 53906	7.5×15	垂直法	本生灯,时间4~14s(布重100~750g/m^2)	测定碳长(负荷撕破法)续燃时间和阴燃时间(s)
织物阻燃性能测定(垂直法)	中国	GB 5455—85	8×30	垂直法	本生灯,时间12s	测定碳长(负荷撕破法)续燃时间和阴燃时间(s)

2. 几种简易试验法

为了操作方便,介绍几种简易测试方法。这些方法无需复杂设备或条件,成本低,适用于初步观察阻燃效果或一般工厂选用工艺条件时作参考或对比,但不能作为标准试验法,更不能作为仲裁依据。

(1)火柴测试法。火柴测试法可评定织物阻燃效果或相对比较阻燃性能。试验时取约2.5cm×30cm织物一条,用点燃的火柴放在条状试样下面,燃烧至火柴烧完(或规定5~12s),观察情况或阻燃效果。有时可规定试样燃烧不超过5s为合格,超过中线或阴燃超过15s为不合格(也可规定其他指标)。火柴规格可自行指定,也可参照标准法。该法接近垂直试验法。

(2)打火机试验法。试样大小可根据试验需要,热源采用打火机,时间一般为5s,热源放置部位可与应用条件相似。火熄灭后,观察火焰蔓延状态,蔓延不严重即为合格。

(3)乙醇燃烧试验法。热源为0.3mL无水乙醇,放入燃烧杯内(瓶盖也可)。试验可用垂直法(5cm×30cm)、水平法(20cm×2cm)或45°倾斜法(5cm×15cm),乙醇和织物距离2.5cm,测定指标可根据要求决定,如碳长、燃烧面积,续燃时间、阴燃时间以及燃烧物渣滓情况等。

(4)片剂试验法。试验采用六亚甲基四胺(HMTA)片剂(用粉剂加压制成),质量150mg,直径6mm。如果有条件可再用一块方形金属板(230mm×230mm,中间开一个直径205mm的圆孔)。试验时将片剂放置于试样中心(300mm×300mm),用点燃的火柴在片剂表面轻轻接触,观察点燃的火焰烧至熄灭或无焰燃烧延至金属板中孔边缘,作为试验终点。用尺量取试样中心至损毁区边缘间的最大距离,同时记录片剂点燃至火焰或无焰燃烧廷至金属板边缘的时间。该法适用于铺地纺织品,如地毯或组合纺织材料对热和火焰反应性能的评定,也可作为工艺试验时阻燃效果的观察及试验条件的对比和选用。

(5)热金属螺帽法。将一只不锈钢六角螺帽[(20±2)g]在电熔炉中加热至950℃,用坩埚钳将螺帽取出,立即放在试样(300mm×300mm)中心,接触30s后取出螺帽。测量有焰燃烧时间、阴燃时间以及螺帽安放点至燃点作用所涉及的最大距离。若用压环(内径135mm),可记录螺帽至压环边缘所需要时间。该法适用于各种铺地织物测试。

3. 其他测试方法

火灾发生的原因和发展过程的变化和差异很大,燃烧测试方法仅能以其中一个因素为主,鉴定火灾危险性,目前按测定目的一般可分为六大类:易燃性试验方法,表面火焰传播试验方法,耐火性试验方法,发烟性试验方法,放热量试验方法,燃烧产物毒性试验方法。

现简要介绍一下垂直燃烧法测定*LOI*值。极限氧指数(*LOI*)表示的是材料点燃后在大气里维持燃烧所需要的最低含气量的体积百分数，极限氧指数越小，表示材料在点燃后越易继续燃烧。如果 $LOI<25\%$，则材料可在空气中燃烧；而 $LOI \geqslant 28\%$ 时，可认为具有阻燃性；LOI 在 25% ~30% 范围内的材料在热空气和通风条件下可以燃烧；有热防护要求的阻燃性材料，其 LOI 就应高于 30%。垂直法燃烧性能的测试详细内容可参阅 GB/T 5455—1997 纺织品　燃烧性能试验　垂直法。

第二十六节　涂层剂的测定

一、一般性能测试

1. 色泽

涂层剂的色泽分白色、微黄、深黄和棕黄，一般要求微黄或白色，溶剂型涂层剂也有黄色。色泽深不宜应用于白色或浅色织物。通常可制订一个标样，规定色泽不能比标样深。

2. 含固量

在烘干至恒重的称量瓶中，精确称取 1 ~2g 涂层剂液体，放入 105℃烘箱内，烘 2h 后称量。此后每隔 30min 再称重一次，直到两次质量差不大于 1mg 为止。

$$总含固量 = \frac{B-A}{C-A} \times 100\%$$

式中：A——称量瓶的质量，g；

B——称量瓶加干燥样品的质量，g；

C——称量瓶加未干燥样品的质量，g。

3. pH 值

将试样稀释调节含固量至 20%，用精密 pH 试纸或 pH 计测定 pH 值。

4. 粘度

将试样加溶剂调节含固量至 20%，在规定温度下用 NDJ—79 型国产旋转式粘度计测定粘度。

二、专项性能测试

1. 对水及其他溶剂的溶胀性（薄膜增重法）

该试验主要可评价聚氨酯涂层剂的耐水洗和干洗性能。一般溶胀性小，其耐水洗和干洗性能较好。试验时先制备薄膜，可将 20% 聚氨酯液体涂层剂均匀地浇在磨光水平玻璃板上，自然干燥 3 ~4d，即成为一定厚度的均匀薄膜。将薄膜切成宽 1cm、长 5cm 的柱条，放在干燥器中待用。测试时先将样品条称重（m_1）；再在 50℃或 70℃水浴中浸泡 8h，也可按规定在乙醇或丙酮等溶剂中室温浸泡 2h；取出，用滤纸吸干表面水分或溶剂，称重（m_2），分别求得其溶胀率。每只样品在一种条件下取 10 条试样测试，求得平均值。

$$溶胀率 = \frac{m_2 - m_1}{m_1} \times 100\%$$

2. 拉伸力学性能

拉伸力学性能反应该涂层剂内聚力、强度和柔软度的情况，也是评定涂层剂的一个重要指标。试验时按照以上方法制成薄膜柱条，在干燥器中放置备用。试验可在拉伸仪上进行，薄膜样品条为 1cm×5cm；温度为室温，拉伸夹距 2cm；拉伸速度为 10cm/min。

三、涂层织物性能测试

1. 抗黏连性测试

(1) 试样准备。取 100mm×100mm 的涂层织物 6 块，将其中的 4 块涂层面相对，成为 2 对，另 2 块面背相对，成为 1 对，放在以上 2 对试样之间，共 3 对相叠，成一组合试样。

(2) 试验步骤。将上述准备好的组合试样放在 2 块 112mm×112mm×3mm 的玻璃板之间，在上面玻璃板中间位置加一 2kg 重锤。然后将夹有组合试样的玻璃板放入(70±2)℃的烘箱内放置 6h 取出，除去重锤和玻璃板，室温中冷却 30min 后，小心将堆叠的试样逐块分开，检查涂层表面黏连或剥脱损坏情况。

(3) 结果分级。检查 6 块试样 5 个接触面上涂层的黏连和损坏情况，以最严重的为试验结果。按下述标准进行黏连性评级：

①无黏连级：分开试样时，涂层表面无明显黏连。

②轻度黏连级：分开时，涂层有些黏连，但涂层无损坏。

③黏连级：试样难分开或分开时涂层表面有损坏。

2. 耐溶剂性能的测定

剪取 150mm×30mm(经×纬)的涂层试样 3 块，分别放入盛有 150mL 四氯乙烯(或其他溶剂)和 100 粒直径为 5～6mm 钢珠的 3 个皂洗杯中，旋紧套盖，放在耐洗牢度试样机中单向转动 15min。取出皂洗杯并打开套盖，用镊子取出试样，放在吸水纸上吸干，并自然干燥后按下述标准目测评定。如 3 块结果不一致，以最低级作为试验结果。

5 级——外观几乎无变化或无变化；

4 级——外观上有轻微的变化；

3 级——外观上有明显的变化，如织物卷曲、发硬、涂层稍有脱落、有褪色斑等；

2 级——外观上有显著的变化，如织物卷曲、发硬严重，涂层部分脱落等；

1 级——外观上有非常大的变化，如涂层脱落破裂、与基布分离，织物发硬脆裂等。

3. 抗弯曲性试验

取待测试涂层织物 178mm×178mm，卷成一直径为 51mm 的圆筒状，搭边重叠 16mm，将圆筒试样两端夹在弯曲试样机夹试样的环形夹上。试验前调温调湿 1h。开动试验机，两环形夹做相对运动(运动位置为远距 127mm 和近距 13mm，运动速度为 150～157 次/min)。相对运动 1500 次后停机，取下试样，目测涂层断裂或龟裂状况。如是拒水性涂层织物，可再将经弯曲试验和未经弯曲试验的涂层织物分别测定耐水压，计算耐水性损失率。

4. 涂层强度的试验方法

沿与基布经纬向呈 45°角的方向取 152mm×152mm 大小的涂层试样。将试样对角方向夹在拉伸试验机上，对试样经向施以 133N 的力，并持续 30s。取下试样，将试样转动 90°，在纬向再重复拉伸一次。检查试样涂层是否损坏或破裂。如是拒水性涂层织物，可再测定经拉伸和未经拉伸的试样的耐水压，计算耐水压损失率。

第七章　染料的分析测定

第一节　染料类别的鉴定

一、初步试验

初步试验是进行染料类别鉴定的前一步。其内容包括:对于试样物理状态的观察,颜色与气味的审查,单、拼色鉴定,金属的鉴定和元素定性分析。经过这一步骤的分析后,便可了解未知样品如下的情况:它是单色或是拼色,纯度怎样,是否含有金属元素,还含有哪些元素。通过这些审察与试验,可以初步推测它属于哪种类型的染料。

1. 物理状态的考察

商品染料出售时,因染料的性质不同,它们的外观、气味、溶解度和颜色往往不相同。例如活性染料因长期保存在水溶液中不稳定,所以一般都做成粉末状出售;还原染料、分散染料或涂料印花用的颜料,为避免絮凝析出,可做成膏状出售。从颜色上看,在一般活性染料中翠蓝色的是酞菁结构,黄色的则是吡啶酮结构。染料性质决定了分散染料和还原染料都添加有大量分散剂,许多活性染料商品中有 pH 缓冲剂。许多染料由于生产原料或反应后的副产物存有特殊气味,例如硫化染料有硫化氢臭味。根据商品染料的一些物理性质往往能初步判断出染料的属性。

2. 单、拼色试验

为了试验调整商品染料色光的需要,常常要用两种或两种以上染料拼混成某一商品染料出售,例如绿色染料常由黄色和蓝色两种染料混合而成。为了改善染料某种性能,往往也采用拼混办法,例如由特定的黑色活性染料和红色染料拼混可达到良好的乌黑度。故在辨别某种水溶性染料是否是拼混而成时,可用小刀尖取少许样品并将它吹至用水湿润过的滤纸上(若是醇溶性染料应当用乙醇润湿),立即观察各点颜色有无差别;如果是不溶性染料,应当吹至涂抹在无釉白瓷板上的硫酸中,然后观察各点颜色。如果颜色一致,一般认为是单一染料。这种方法比较简便,但对于合成工艺过程在溶液状态下拼混的商品染料,单一性试验则有困难,灵敏度较差。所以近年来已广泛采用纸色谱或薄层色谱来鉴定商品染料是否是拼混而成,色谱法鉴定单、拼色具有微量、灵敏和准确的优点。通过单、拼色试验可决定选择精制染料的方法和步骤。

3. 金属的鉴定

确定染料中是否含有金属离子,亦可为染料类别鉴定提供重要信息,所以提纯后染料要做金属鉴定。其鉴定方法如下:

(1)灼烧处理。将试样放在瓷坩埚上进行灼烧使之灰化,对易受热升华的金属络合物,如铜酞菁,最好用湿法灰化,一般是用浓硫酸加少许浓硝酸,再加一滴高氯酸(70%),将混合物沸腾直到不再有黄色气体放出为止。重复这个过程,直到溶液无色为止,然后将过剩硫酸蒸发出去。

(2)氧化熔融。将灼烧后的灰分用4~5份等量的无水硝酸钠和硝酸钾一起熔融,冷却后,熔体表现如下颜色:黄(铬)、淡蓝绿色(铜)、宝石蓝色(钴)、蓝绿(锰)和棕色(镍)。

(3)金属的鉴定。取灼烧或熔融后的灰分1份,溶解于沸腾的王水中,用双倍量水稀释后,过滤出不溶解的物质。将不溶物用浓硫酸沸腾溶解之,不溶物为一些硅酸盐和因强烈灼烧的铝、铁和铬的氧化物。冷却后硫酸溶液用水稀释,钡和铅产生云状。假若加入5%双氧水溶液,出现橙色证明有钛存在。稀释和过滤出的王水溶液用过量的25%氨水处理,过滤出铁、铝和铬的氢氧化物沉淀,它们的颜色分别为棕、白和灰绿色。氢氧化铝溶解分离后,滤渣是棕色的,当加铁氰化钾和硫酸时生成蓝色,表明有铁存在。假如沉淀是灰绿色的,能够用本节中所提到的氧化熔融去证明它是铬。经过氨沉淀过的滤渣变蓝,说明有铜和镍。加入5%硫化钠溶液,产生各种颜色的硫化物,黑色(铅、铜、镍、钴),黄(镉)或桃红色(锰)。过滤后,滤液用草酸铵来检验钙,用稀硫酸检验钡。此外,还可用发射光谱法测定金属。

4.元素定性分析

该试验可检出染料试样中除金属以外的其他元素。一般不需要做碳和氢的分析,因为这两种元素在染料分子中总是存在的。此外,氧元素一般没有很好的鉴定方法。元素定性分析在大多数情况下是将样品用特定的方法分解,使这些元素转变成离子后,再分别加以鉴定。分解样品最常用的方法是金属钠熔法,其操作步骤如下:取一个外径为5~6mm、长约60~80mm的干净软质玻璃管,封闭其一端,将这一端烧软化后吹成一个直径约8mm的小泡。将2~3mg金属钠(在滤纸上压成小长条)用玻璃棒推入玻璃泡底部,又将约0.2mg试样放在金属钠上部,再推入约2~3mg金属钠长条压入试样上部。当静置3~5min后,将管夹住,先从管上部加热逐渐移到底部,最后在底部强烈灼热。待玻璃管完全冷却后,用毛细吸液管滴入2滴甲醇,静置2min,必要的话,可以微微温热,使过量的金属钠与甲醇反应,再加入0.5mL的水后,用微火加热,使溶液热至沸腾。要避免暴沸,加热时可以将灯焰对着管的上部而不要在管底部加热。加热完毕,将管静置使固体下沉,或者用离心分离法将固体分离。将上层澄清液用毛细管吸取出来,放入另一微量试管中,稀释到2mL。分别进行氮、硫、卤素等元素的鉴定。

(1)硫和氮共存的鉴定。取0.2mL试液,加稀盐酸至呈酸性反应,再加2滴三氯化铁溶液,若有红色呈现,即表明有SCN^-离子存在。但过量的钠会使NaSCN分解为硫化钠和氰化钠,所以不显阳性反应就不必再进行硫和氮的鉴定,如果是阴性反应,就应当进行硫和氮的单独鉴定。

(2)硫的鉴定。取0.2mL试液放入一小试管中,用冰醋酸酸化到酸性,在试管口上盖上一片中间滴有0.5mol/L醋酸铅溶液的润湿滤纸,微微加热。当有硫化氢放出时在滤纸上出现棕黑色带有金属光泽的硫化铅,表明硫的阳性反应。

(3)氮的鉴定。取0.5mL试液加1滴0.5mol/L硫酸亚铁溶液,其中含有硫酸铁(日常硫酸亚铁中都含有硫酸铁)。在碱性介质中生成氢氧化亚铁混浊的绿色沉淀和氢氧化铁黄色沉淀。如果溶液中有过量的氰化钠,则生成黄血盐$Na_4Fe(CN)_6$,与高价铁盐又形成蓝色沉淀——普鲁士蓝。但因进入溶液的碱首先与高价铁离子结合,生成氢氧化铁,所以仅氢氧化物溶解于酸后,才形成普鲁士蓝的反应,为此需要滴加3~5滴2mol/L盐酸溶液。在微酸化时,氢氧化铁和氢氧化亚铁皆溶解,如果含有氮,因形成普鲁士蓝而很快再呈现蓝色,如果无氮,则溶液无色。

(4)卤素的鉴定(拜勒斯坦试验法)。铜丝的一端绕成小圈,在煤气灯上加热至由于挥发性铜盐所呈现的绿色焰消失，此时铜丝表面氧化成氧化铜。冷却后铜丝小圈上放置欲鉴定的试样，并再次放在煤气灯上燃烧，假若有卤素存在则生成卤化铜，并挥发致使火焰呈绿色。此项卤素的鉴定极为灵敏，但某些不含卤素的酸以及某些吡啶衍生物也可能生成挥发性的铜化合物，并使结果错误。拜勒斯坦试验不能确定物质中含哪种卤素，待测物可用钠熔后的溶液进行纸色谱法鉴定，展开剂组成和 R_f 值见表 3－7－1。展开后氯离子、溴离子、碘离子用硝酸银法显色，氟离子用硫氰化亚铁或锆茜素试剂显色。卤离子也可以用荧光硅胶薄层色谱法鉴定。

表 3－7－1 卤离子的纸色层鉴定

卤素离子 \ R_f 值 \ 展开剂	丙酮:水(4:1)	吡啶:水(9:1)	丙酮:吡啶:水(4:2:1)
氟离子	0.25	0.00	0.00
氯离子	0.50	0.23	0.20
溴离子	0.61	0.47	0.36
碘离子	0.77	0.72	0.69

二、类别鉴定

染料类别的系统鉴定法，一般可按染料应用分类、染料结构分类和综合分类试验法进行，近年也有按色谱性质和光谱性质分类的方法出现。

1. 按染料应用进行分类

从染料与纤维之间的染色性能考虑，染料可分为下列几类：

(1)碱性染料。碱性染料遇到苛性钠水溶液呈染料碱沉淀，颜色也褪掉，加酸酸化后颜色恢复至原色。所有碱性染料加单宁和醋酸钠水溶液皆产生沉淀，这点可作为与其他染料相区别的标志。碱性染料染羊毛和丝时，可能与纤维上的羧基成化学的盐键结合，用弱酸可以将染料从纤维上剥离，如用5%乙酸煮沸后，动物纤维上的碱性染料就能脱落下来，这点也可以与其他类型染料相区别。碱性染料常常是用于腈纶的染色，但也可用单宁媒染棉纤维，因此，在棉纤维上剥离碱性染料之前，应当用硫酸钠(或氯化钠)饱和的稀氢氧化钠溶液煮沸以去掉单宁。碱性染料的磷钼钨酸色淀用5%碳酸钠煮沸也能分解，然后按正常碱性染料鉴定。

(2)酸性染料。酸性染料一般都做成钠盐，结构中往往带有—COOH、—SO_3H、—PO_3H_2 等基团。酸性染料遇到有机碱生成沉淀，但遇单宁和醋酸钠不沉淀。酸性染料能够在酸性介质中直接染羊毛、丝和锦纶，它与棉纤维、涤纶无亲和力。从毛、丝等织物上剥离酸性染料时，采用1%氨水煮沸，以证明酸性染料的存在。但也有耐碱牢度高的酸性染料，用1%氨水不能使之剥离。这些染料之所以坚牢的原因是染料结构中不仅有碱性基团存在，而且还有媒染基团和直接染色的基团存在，金属媒染染料中的铬离子、铜离子等也能与纤维呈离子键结合。

(3)直接染料。直接染料用于棉纤维、再生纤维、丝绸、羊毛和纸张的染色，染色在中性或酸性介质中进行。这类染料分子的体积是比较大的，而且往往是对称的结构。直接染料也可以为棉毛混纺纤维染色用。当直接染料染色织物有白棉纤维存在，用稀氨水煮沸时，白棉纤维就能着色。有一些直接染料也能用铬离子或铜离子进行媒染处理。

(4)媒染染料。媒染染料分子中都带有—OH,邻位有—COOH 等基团,而且羟基处在发色团邻位或对位。由于染料结构中取代基团的性质和位置不同,媒染后颜色差别很大:原来没有颜色,媒染后显色的有茜素;原来有颜色,媒染后颜色加深的有搭紫等;结构上有—SO_3H 的媒染基团,在酸性介质中染色,然后经过媒染处理以提高染料的耐洗和耐晒牢度;还有进行媒染后处理以改变染料颜色的。媒染染料也有含有—NH_2 和—OH 的,这些染料主要是紫色到蓝色染料,它们遇单宁和醋酸钠能生成沉淀,也能被氧化铬所沉淀。在羊毛上或棉纤维上的媒染染料都不能被吡啶所萃取,因此可以与不溶性染料及还原染料相区别。

(5)色淀与显色类染料。色淀与显色类染料大多需经简单的化学处理后,再转化为有色物质。它们在纤维上显色,不能被稀盐酸或碱煮沸剥离,这些染料对光的牢度也很好。例如:氧化染料将苯胺盐以铬酸或重铬酸盐在有载体铜盐、铁盐或钒盐的存在下(这些盐后来部分地保留在织物上)氧化,可以制得苯胺黑;其他二胺或氨基酚皆可以在纤维上氧化得到各种颜色的颜料;不溶性偶氮染料都含有色酚结构,这些偶氮染料不溶于水;在织物上的冰染料不能被稀酸或稀碱剥离,但由于它们没有强极性基团,所以能够被有机溶剂(如吡啶、苯或氯仿)萃取,在高温下一般都能升华。

(6)硫化染料。硫化染料可以在硫化钠介质中直接染棉纤维。商品染料是非水溶性的,只有加硫化钠还原成隐色体后才能溶于水。染色织物的耐洗坚牢度很好。黑色和蓝色硫化染料具有硫氮杂环,红色具有二氮杂环,黄、橙和棕色是噻唑环。有些是蒽衍生物。硫化染料中的硫键不大稳定,易在强酸中还原,如氯化亚锡和盐酸作用于硫化染料时,分解出硫化氢气体,容易以醋酸铅试纸检查。但应当注意,一些带磺酸基的染料也能被还原而放出硫化氢气体。由于硫化染料的光牢度好,但不耐次氯酸,即使在很稀的次氯酸中也能破坏掉,这点也可作为与其他染料相区别的依据。有时硫化染料也可以用金属盐,如铜离子、铬离子或锌离子盐进行后处理。有一些染料结构与普通硫化染料结构相似,是由噻唑、靛酚和多硫化钠制取的,但它与硫化染料不同,硫化钠还原不能使之溶解,只有用保险粉才能染色,这些染料因而被列入还原染料中,被称为硫化还原染料。

(7)还原染料。还原染料可分成三大类:靛族还原染料可以在中性或弱碱性介质中染棉纤维或动物纤维,能被有机溶剂如吡啶、氯仿等所萃取,而且这类染料在高温下能升华;蒽醌还原染料染色过程中要用强碱,所以只能用于棉纤维的染色和印花,不能用于动物纤维的印染,有些蒽醌还原染料能溶于吡啶中,但大分子染料不能溶解,而且由于分子大,一般不能升华;硫化还原染料用于棉纤维的染色,不能升华,不能被吡啶所萃取,当它们用氯化亚锡和浓盐酸煮沸还原时,有硫化氢气体放出,可被醋酸铅试纸所鉴定。

(8)活性染料。一般活性染料都能在碱性介质中直接染棉纤维。构成染料—纤维共价键结合,所以染色纤维不能被有机溶剂、稀酸、稀碱所剥离。棉纤维上的偶氮型活性染料能被保险粉还原降解,然后通过纤维上残留的裂解产物鉴定。

(9)分散染料。分散染料不含水溶性基团,化学结构上多数属于偶氮染料和蒽醌染料,一般都能够被有机溶剂所萃取。这类染料能在中性或弱酸性介质中染锦纶或以高温高压法和热熔法印染涤纶,可用氯苯、三氯乙酸等萃取下来。

(10)荧光增白剂。荧光增白剂一般都能在紫外灯照射下清楚地被辨认出来,它们都带有蓝、绿色或蓝荧光,作为与其他类别染料相区别的标志。

2. 按染料结构分类

从实用效果出发，可根据染料溶解度和染色性质把所有染料分成四组：

①碱性染料：可溶于水并能用单宁媒染棉纤维。

②直接染料：可溶于水，遇单宁不沉淀，可直接染棉纤维。

③酸性和酸性媒染染料：可溶于水，遇单宁不沉淀，不经媒染不能上染棉纤维。

④不溶性染料：包括硫化染料、媒染染料、还原染料等。从近年发展情况看来，不溶性染料还应当包括分散染料、颜料及色淀。

基于染料对还原和再氧化的性质不同，对于不同还原剂和氧化剂试验结果也有差别，表3－7－2 所示为用锌粉褪色的情况。

表3－7－2　用锌粉乙酸还原法进行染料类别的鉴定

染料结构	氢氮蒽、氧氮蒽、靛族硫氮蒽、氮蒽	三苯甲烷	硝基、亚硝基、偶氮	喹啉、噻唑	蒽醌
锌粉变化情况	锌粉还原褪色			锌粉还原不褪色或褪色慢	锌粉还原不褪色，但改变色调
	易暴露空气中，颜色复原	空气中颜色不复原，遇其他氧化剂复原	无论空气或其他氧化剂皆不复原		

对于一些非水溶性染料用锌粉乙酸法很有效，但鉴别染料一般采用保险粉还原再氧化的方法。表3－7－3 所示为水溶性染料按保险粉还原再氧化的方法进行分类，即染料的水溶液进行下列实验：

(1)保险粉还原。

(2)加2% NaOH 溶液后加保险粉。取出褪色溶液在滤纸上，然后或暴露于空气中，或用一滴含2%过硫酸钾溶液和2%硫酸水溶液处理，并观察颜色变化情况，结果见表3－7－3。表3－7－4 所示为不溶性染料的保险粉还原再氧化法分类。其中 D—褪色，CR—颜色复原，CNR—颜色不能复原，PD—部分或难褪色，ND—不褪色，DZn—能被锌粉乙酸煮沸褪色。该试验仅仅是定性的结果，最好同近似的已知样或标准并行鉴别。

表3－7－3　水溶性染料的保险粉还原再氧化法分类

染料类别	中性保险粉	碱性保险粉	空　气	酸性过硫酸盐	特殊试验
硝　基	D	D	CNR	CNR	鉴定 Fe^{3+}、鉴定 Cr^{3+} 和 Cu^{2+}
亚硝基	D	D	CNR	CNR	萃取，颜色反应
偶　氮	D	D	CNR	CNR	萃取，颜色反应
噻　唑	ND 或 PD	ND 或 PD	—	—	—
二苯甲烷	ND 或微变	ND 或微变	—	CR	—
三苯甲烷	PD	D	有时 CR	CR	DZn 酸性三苯甲烷染料能被中性保险粉褪色；碱性保险粉还原褪色后可用酸性过硫酸盐复原。

续表

染料类别	中性保险粉	碱性保险粉	空　气	酸性过硫酸盐	特殊试验
氮　蒽	ND	黄色沉淀	—	—	—
二氮蒽	黄色	褪色	CR	CR	—
双氧氮蒽	D	D	CR	CR	用含铬水溶液能沉淀氧氮蒽和硫氮蒽类
硫氮蒽	D	D	CR	CR 或变色	碱性媒染染料
蒽醌(酸性)	ND 变色	ND 变色	CR	CR	—
水溶性分散蒽醌	ND 变色	ND 变色	—	—	—
可溶性还原蒽醌	ND 变色	ND 变色	色沉淀	色沉淀	—
酸性酞菁	紫色	紫色	CR	绿	—
碱性酞菁	蓝绿色沉淀	蓝绿色沉淀	—	—	—
酸性靛族	黄色溶液	黄色溶液	—	—	—
可溶性靛族	黄色溶液	黄色溶液	色沉淀	色沉淀	—
青　族	ND	D	CR	CR	DZn
喹啉黄	ND	ND 黄色沉淀	—	—	—

注　色沉淀:本来是可溶性的,但在空气中放置一段时间后,有同色的沉淀物产生。

表 3-7-4　不溶性染料的保险粉还原再氧化法分类

染料类别	(1)碱性保险粉	(2)加酸性过硫酸盐到(1)	(3)用5%碳酸钠煮沸	(4)用5%乙醇煮沸
硝基颜料	D	CNR	特征反应	有些能溶解
酞　类	D	CR	溶解	溶解
蒽醌分散染料	溶解,色改变	CR	不溶解	溶解
偶氮分散染料	D	CR	不溶解	溶解
硫化染料	黄色或棕色溶液可染棉	CR	不溶解	不溶解
靛　族	黄色、棕色或橙色溶液可染棉	CR	不溶解	不溶解
蒽醌还原染料	深色溶液可染棉	CR	不溶解	不溶解
硫化还原染料	红色、棕色溶液不能染棉	CR	不溶解	不溶解
蒽醌茜素媒染染料	D	CR	溶解	溶解
亚硝基粉媒染染料	D	CNR	溶解	溶解
酞类媒染染料	D	CR	溶解	有些能溶解
氧氮蒽类媒染染料	D	CR	溶解	有些能溶解
冰染染料	D	CNR	不溶解	不溶解
直接酸性和酸性媒染染料的色淀	D	CNR	有色溶液,溶液能以正常法染棉和羊毛。	

续表

染料类别	(1)碱性保险粉	(2)加酸性过硫酸盐到(1)	(3)用5%碳酸钠煮沸	(4)用5%乙醇煮沸
碱性染料的色淀	—	—	色淀分解	乙酸溶液媒染棉
尼格罗辛	不溶解	—	不溶解	有些能溶解
酞菁类	不溶解	—	不溶解	不溶解
喹啉黄	不溶解	—	不溶解	溶解
媒染染料色淀（土耳其红类型）	有色溶液	有色，不一定是原色	不溶解	不溶解

3. 综合分类试验法

综合分类试验法是染料应用分类法和染料结构分类法的综合鉴定流程，可达到快速的效果。例如，取少许染料样品用2mL水和2mL乙醚—甲醇(3:1)混合液处理，若是分散染料或色酚—色基混合物，它们皆能溶解在乙醚层中，加乙酸后色基又复溶于水层。若为色酚—色基混合物，用三乙醇胺煮沸溶解和冷却后，加亚硝酸钠和稀盐酸重氮化，然后再用醋酸缓冲溶液调 pH =6，这时有染料沉淀生成。若为含金属染料则可通过鉴定金属（钴、铜、镍和铁）的方法识别。硫化染料可通过还原后放出的硫化氢证明，即在一试管加入1g染料样品，10g氯化亚锡和10mL盐酸，然后加热至沸腾。试管口上盖上一预先用醋酸铅润湿的滤纸，当试管内有硫化氢放出时，遇到醋酸铅就生成棕褐色到黑色带有金属光泽的硫化铅沉淀。硫化染料还可以被硫化钠和碳酸钠溶液所还原，起初染料悬浮在溶液中，还原后颜色褪去，成为黄色溶液。有些硫化染料是不易被硫化钠还原的，需要用保险粉于70℃下才能还原。证明还原染料的方法是将染料悬浮于水中，用苛性钠和保险粉加热到75℃时，观察各种不同的颜色反应。可溶性还原染料是以生成沉淀的方法鉴定的，一般是加亚硝酸钠和硫酸混合液使可溶性还原染料生成有色沉淀。色盐微带色，溶解于稀乙酸中后，加入色酚 AS 就有染料沉淀出来，可以用这种现象进行鉴定。碱性染料可以通过染聚丙烯腈纤维的方法进行鉴定，即将未固着色的聚丙烯腈纤维浸入0.1%染液中，加少量乙酸使纤维染色。碱性染料遇碱亦能变色或褪色。金属络合染料的证明方法是将白羊毛在3%磷酸钠水溶液中沸腾3min，然后浸入含有染料、醋酸钠和硫酸钠的染浴中，加热到75℃，染色10min。染好后冷却，并于50℃下在2g/L磷酸钠的溶液中水洗10min。若是1:2 金属络合染料就能够着色，而1:1 型金属络合染料不能着色。活性染料用这种过程也不能着色。假如羊毛在稀硫酸中用活性染料或1:2 金属络合染料着色时，颜色是不坚牢的，它们能被洗涤剂洗掉，但1:1 型含金属染料的颜色是坚牢的，不能被洗掉。活性染料染棉纤维的坚牢度很高，先在75℃下染10min，然后加碳酸钠再在75℃下保持10min即成，染样不能被 DMF 剥色。但染在纤维上各类活性染料可以选择适当方法使纤维—染料间连接的 σ 键裂解，并以此来分类。酸性染料不能染棉而能染羊毛，直接染料主要是棉纤维。按照上述几种化学方法来确定染料类别，具有手续简单、操作快速、结果可靠等优点，所以在实际工作中仍然是最常用的方法。但它们需要样品量大，且属于破坏性方法，如果用于分析一些稀缺样品尚感困难。

第二节　染料的精制

一、染料的精制方法简介

染料的精制方法通常采取下述方法。

1. 重结晶法

水溶性染料可以在水—乙醇(1∶1)混合溶剂中重结晶。碱性染料既可以在乙醇—水混合溶剂中重结晶,也可以在稀盐酸或水中重结晶。不溶性的分散染料、颜料一般都采用各种有机溶剂,如苯、乙醇、冰醋酸、氯苯等重结晶。色淀可以用酸、碱试剂去掉沉淀剂后,按一般水溶性染料精制。

2. 醋酸钾沉淀法

阴离子型染料用水溶解后,过滤,然后将染料水溶液加醋酸钾(醋酸钠),使沉淀析出,过滤,再溶解,再沉淀,一般要反复两次以上。最后一次过滤并干燥后,用无水乙醇萃取染料中的醋酸钾(醋酸钠),直至无醋酸根反应(用 $AgNO_3$ 水溶液检查至不出现混浊)为止。

3. 盐酸沉淀法

用于阴离子型染料(如活性染料、酸性染料等)的精制。例如称取商品染料 1g,溶于 20mL 12mol/L 的盐酸溶液中,立即析出染料沉淀,离心分离,用 2% 盐酸洗涤沉淀数次,将离心分离得到的沉淀再溶于 20mL 甲醇中,过滤后加丙醇 15mL,再徐徐加乙醚 85mL 后有沉淀析出。在冰箱中放置 2h 后,进行过滤,滤出沉淀,用乙醚洗涤数次,干燥(要在有固体烧碱存在的真空干燥器中进行干燥)。

4. 二甲基甲酰胺法

取阴离子型染料 2g 溶于 15mL 二甲基甲酰胺中,过滤,滤饼用 2mL 二甲基甲酰胺洗涤,洗液与滤液合并,加入 100mL 乙醚,沉淀立即析出。在冰箱中放置 15min 后,过滤,得到的沉淀再重复处理一次,第二次过滤得到的沉淀用乙醚洗后干燥,即为纯样品。

5. 盐酸—丁醇法

含阴离子基团染料的水溶液用盐酸酸化后加丁醇,这时染料的游离酸溶于丁醇层,用分液漏斗分开后,加碱于丁醇液中,染料又成盐而溶于水层,真空蒸发出水分后,得到的染料干品又溶于 DMF 中,过滤无机盐,往滤液中加乙醚或丙酮后,染料析出,即为纯品。

上述这些方法尤其适用于含偶氮结构的染料。

二、活性染料的精制

含蒽醌结构的活性染料精制一般可以用盐酸酸析法、二甲基甲酰胺法和醋酸钾沉淀法。例如将染料溶于冷水中,稍稍加热,成为中等浓度的染料溶液,过滤除去机械杂质后,在滤液中加入 60% 醋酸钾溶液,染料沉淀后又稍稍加热和冷却,然后过滤或用离心分离,再用醋酸钾溶液洗到无机离子消失为止。最后用无水乙醇萃取醋酸钾。

洗去醋酸钾的方法最好是将染料滤饼加到乙醇中去,充分搅拌混合,然后过滤,也可以用热乙醇或沸腾乙醇萃取;或者将醋酸钾沉淀出来的染料再溶于水中,然后加入无水乙醇使之再沉淀出来,过滤,用乙醚洗,干燥。试验有无醋酸钾的方法是取 5mL 乙醇滤液,加 1 ~ 2 滴

0.1mol/L $AgNO_3$ 摇匀后，假如滤液中还有醋酸钾存在时，5min 内即有有色沉淀生成。

三、酸性染料的精制

含蒽醌结构的酸性染料精制一般可以用盐酸酸析法、二甲基甲酰胺法和醋酸钾沉淀法。具体方法参照活性染料的精制。

四、还原染料的精制

由于还原染料不溶于水，所以商品染料中的水溶性混合物可以加水溶解后过滤除去。不能被还原的混合物也能够用还原再氧化的办法进行精制，即在氢氧化钠水溶液中用保险粉还原，过滤除去不溶物，然后滤液用空气再氧化得到纯染料。许多还原染料能够采用高沸点的有机溶剂进行重结晶精制，如用硝基苯、邻二氯苯、三氯苯、苯酚、甲苯酚、邻氯苯酚、吡啶和喹啉等进行重结晶。

五、酞菁染料的精制

一般精制铜酞菁颜料的方法是将粗品溶于浓硫酸中凝玻璃烧结漏斗过滤，然后加水稀释，析出沉淀，干燥后重复精制。例如把 1g 工业铜酞菁，溶于 12g 96% 硫酸中，用素瓷漏斗过滤，收集滤液，然后将滤液小心地倒入热水（高于 80℃）中稀释，析出沉淀后过滤，水洗、干燥即得纯品。

六、阳离子染料的精制

阳离子染料能够用重结晶的办法进行精制。例如三芳甲烷染料中结晶紫的精制：取 10g 商品结晶紫溶解于 1L 水中，用过量的 1.0mol/L NaOH 处理，使之成为不溶于乙醇的沉淀，用渗圈法试终点，过滤，用稀氢氧化钠水溶液洗，然后在乙醇中重结晶，熔点为 194～195℃。

阳离子染料还可以通过制成碘盐或苦味酸盐的形式进行精制。碘盐的制备方法如下：将商品阳离子染料溶解于 80℃的热水中，趁热过滤，往滤液中加碘化钠，在 80～90℃下搅拌 30min 后将溶液进行冷却，染料的碘盐沉淀析出，过滤，水洗，用适当有机溶剂调浆，过滤，再用有机溶剂洗，最后放在真空干燥箱中干燥。染料苦味酸盐的制备方法如下：将商品阳离子染料在常温下溶解于水中，过滤，将滤液加至苦味酸、乙醇和水的混合溶液中，室温下搅拌 30min，放置静止使染料的苦味酸盐大部分析出，过滤，用水洗涤，直至苦味酸被洗干净为止。再用适当有机溶剂调浆，过滤，然后将精制品放在真空干燥器中干燥。

七、染料精制示例

1. 重结晶法精制分散染料

(1) 主要仪器和化学品。脂肪萃取器，滤纸斗（或滤纸），抽滤装置，待精制的分散染料，丙醇或乙醇（分析纯）。

(2) 步骤。称取分散染料 10g 左右，放入滤纸斗（没有滤纸斗可用滤纸代替），放入脂肪萃取器内，加入丙酮（或乙醇）100mL，萃取 3～4h，将所得萃取液静置过夜，使萃取液内染料结晶。

将上述萃取液过滤，再将滤饼用少量蒸馏水洗涤数次。将所得滤饼在真空干燥器内

(15℃)内干燥,即得到精制的纯染料。

2.色层分离法精制分散染料

色层分离法可以完全分离染料中的各个组分、异构体、有色杂质等,并可适用于各类染料。色层法通常包括纸层层析、薄层层析和柱层层析。柱层层析常用于染料的精制,主要是由于染料的各个组分在吸附剂和洗脱剂之间的分配关系不同而达到分离的目的。

(1)主要仪器和化学品。玻璃管柱(一端窄口的玻璃管或用滴定代替),漏斗(下端拉细),待精制的分散染料,硅胶,洗脱剂。

(2)步骤。

①装柱:在玻璃管柱的下端加少量脱脂棉或玻璃棉,然后称取经活化的硅胶5g加于漏斗中,轻轻敲打柱壁,待硅胶装完后,再敲打5~10min,使吸附剂尽量装实。

②加样:称取被精制染料0.1g,加丙酮使之溶解,与少量吸附剂混合。待丙酮挥发后,将吸附剂与被精制染料试样的混合物加到柱中,最后取少量脱脂棉盖在试样上面。

③洗脱:将选好的洗脱剂加于滴液漏斗中,使洗脱剂保持一定流速从柱子的顶端加入。洗脱时柱子顶端应保持有0.5~1cm的洗脱剂。将洗脱出来的染料溶液除掉洗脱剂,即为所需要的单一组分的染料。

第三节 染料的定量分析

一、分光光度法

1.商品染料

商品染料往往掺和各种添加剂如盐、糖、糊精、尿素、硼酸、分散剂、润湿剂等。当用商品染料研究染色过程和染色机理时,一般可直接用商品染料作标准曲线,不必用纯染料,这样比较方便,也不影响结果。然而在许多科学研究工作中,常常要求测定染料的绝对含量。未知浓度的染料溶液或染色过程中染料溶液的染料含量要与标准溶液进行分光对比才能确定,或者事先用其他物理方法和化学方法对纯染料进行定量分析并标定出一条工作曲线,然后用光谱法测定并与绝对定量的工作曲线比较示出染料的绝对含量。制备染料溶液时,取样要有代表性,结果的好坏也取决于取样。膏状染料要很好搅拌后取样,对一些吸水的染料应当注意样品中含水量问题。

(1)水溶性染料。先将商品染料配成一定浓度的水溶液,再与已知浓度的相同染料溶液比较吸光度,测量时要求这两种染料溶液必须处于同一聚集状态,为此最好使染料能在任何情况下均为真正单分子溶液,可选用适当的溶剂加以解决。很多染料在水溶液中的光谱与pH值有关,因此在测量时应使所有溶液有相同的pH值。测定时究竟选择酸性或碱性介质要按染料性质来定,许多情况下,溶解性是重要的因素。一般说来,碱性染料加入乙酸有利,酸性染料加碱有利。

可用适当办法制备没有聚集态的染料溶液,即将欲测染料配成不同浓度的溶液,如果其吸光度与浓度间有直线关系,使测量皆在此浓度相近范围内进行,这样能获得满意的测定结果。假如与直线关系有显著偏差时,最好改用其他溶剂,或利用夹层池加热,使其在高温下,例如在60~80℃下测量,这是避免聚集现象简便而有效的方法。

在测定酸性和直接染料时，加入吡啶对降低溶液内的聚集特别有效，一般常用25%吡啶水溶液。以环氧乙烷聚合物代替吡啶，可避免吡啶的恶臭及价格昂贵等问题，并且对于阻止酸性或直接染料的聚集作用也很有效。在水溶液内加酒精，在某些情况下对阻止聚集也很有效。此外，还可以在水溶液中加二甲基甲酰胺，但由于其具有毒性常避免使用。

水溶液分散染料并不具有高浓度的水中溶解度，容易产生聚集。为了防止染料聚集，加入丙酮可获得较佳的结果，达到100%丙酮时常成真溶液。若染料在染浴中则往其水溶液内加入丙酮，直到丙酮含量达到75%效果较好。染料在丙酮和水中的吸收光谱是不同的，最好使丙酮较水多些，因光密度与丙酮/水的比例有很大的关系，在丙酮含量为75%时，其吸收光谱与100%丙酮内的吸收光谱几乎相同，且溶液内丙酮的含量稍有差别也影响不大。

（2）非水溶性染料。非水溶性染料包括分散、还原和硫化染料等。测定不溶性染料最正确的方法是选择适当的溶剂，使染料成真溶液，例如用邻氯苯酚、四乙基戊胺、二乙醇胺、三乙基醇胺、羟乙基乙二胺等，其中以四乙基戊胺效果最好，氯化阴丹士林蓝在其中溶解度达10g/L。

分散染料可制成乙醇、苯、丙酮和氯苯等溶液，然后进行分析。

还原染料可以转变为隐色体水溶液，然后进行光谱分析，然而隐色体溶液较不稳定，接触空气的表面易于形成染料薄膜，故测量时应在密闭池中进行。当加入1%环氧乙烷聚合物后稳定度显著提高，故其贮藏于带盖烧瓶中，至少可以稳定24h。

硫化染料尚未有满意的溶剂使其溶解，它们在乙二醇、硫（代）二甘醇及硫酸钠中仅可以溶解一部分。硫化染料也可以在硫化钠水溶液中进行测定。

色酚可溶于苛性碱中，常在这种溶剂中测定，虽然它们的溶液无色或仅呈淡黄色，但在紫外及近蓝光谱部分有强烈吸收。因此可以用紫外分光测量（应当注意，纳夫妥商品中通常含有扩散剂，也能吸收紫外光）。

2. 染浴中的染料

测定染浴中的水溶性染料时，吸收光谱一般不会随时间而改变。然而当染浴中有水不溶性染料或水不溶性染色添加剂时，常常会有聚集现象发生，所以，应当加入与水互溶的溶剂如丙酮、甲醇、吡啶或DMF以维持染浴始终是一个均匀而稳定的溶液。

从染浴中上染于纤维的染料量，习惯上只是测定染浴中消耗掉的染料量，然而这不是一个满意的方法，其数值一般偏高，原因在于染料浓度的减少并不完全是染料吸着在纤维内的函数，有些染料可能沉积在纤维表面上，有些染料在染浴中可以水解或受热分解而损失。吸着在纤维上的染料一般比在染浴中更稳定，所以通过测定纤维上染料含量的效果会更好。

3. 纤维表面上的染料

（1）透射法测定。吸附在纤维表面上的染料是用适当的可以溶解染料的溶剂萃取后确定的，但溶剂不应当膨化纤维，以免使吸着在纤维内部的染料也被萃取出来。用分光光度法测量。

若未经洗涤的织物表面含有相当数量的分散剂及轧染浆时，可加10%（φ）水到萃取液中，以除去夹杂在水溶性添加剂中的表面染料，还可借以排除光的散射和染料分子的聚集。

（2）反射法测定。在纤维表面上的染料用反射光定量分析速度快，不破坏染料结构。其测量原理与目测评定相似，但对反射率数据作出定量解释比较复杂。着色纤维样品必须折叠后不产生反射率的改变为止，以氧化镁、硫酸钡或白瓷砖作为参比标准，每只样品应在四个不同区域上测量后取其平均值。

在溶液中用透射法测定染料含量和用反射法直接测定纤维上染料含量相比，其准确度要高出两倍，这仅仅是对于分光光度计的准确度而言。此外，用反射法直接测定纤维上染料的含量还受纤维上染不均匀所影响。因此，反射法主要用于颜色测色和色差比较，而纤维上染料量的准确测定最好是把纤维上的染料转移到溶剂中后再测定。

4. 纤维中染料的测定

测定纤维上的染料含量可以用溶解法（把纤维和染料用溶剂一起溶解掉）、萃取法（用溶剂把染料萃取下来，而不溶解纤维），然后用分光光度法测定。活性染料的着色物一般要用溶解法测定。

（1）溶解法测定。用溶解法测定着色物质上染料的理想溶剂应当是在溶解纤维时不需加热，因为有些染料在热溶剂中发生分解。所用的溶剂要尽可能既能溶解纤维，也能同时溶解染料。不溶性染料有时也以分散在溶解纤维的溶剂中进行测定，溶剂应当是无色的，并能构成稳定的染料溶液，即同染料不反应、不吸水、低挥发性、无毒、无腐蚀和不着火等。溶解度参数可以作为选择溶解纤维溶剂的参考。溶解度参数定义为内聚能密度的平方根，如果溶剂的极性和纤维相类似，溶剂就能溶解具有相同溶解度参数的纤维。常用的能溶解染色纤维的溶剂见表3－7－5。

选择好溶剂后进行着色物质上染料的分析操作是十分简单的。一般称取0.1～0.3g样品放入25～100mL容量瓶中，先加入溶剂的2/3，仔细摇晃使着色物质溶解，再用溶剂将体积调到标记处。空白试验是将未着色样，最好用空白染样（不加染料经过染色工艺处理的，用同样溶剂溶解）作为参比溶液。

溶解法的不利之处是染料溶液中含有纤维去光剂，例如 TiO_2 而混浊，TiO_2 可用离心法除去。用双光束分光光度计如以同样量的空白溶液作为参比溶液可以不做处理，也能得到高准确度和重复性的结果。

（2）萃取法测定。无论是非离子的或以离子键与纤维结合的染料，凡能溶解在萃取剂中都可用萃取法进行定量，但和纤维以共价键结合的活性染料用萃取法就不能从纤维上剥下。

对萃取用溶剂的要求是不应溶解或分解纤维或载物，只能膨化纤维（表3－7－5）。因为纤维的碎片会使溶液混浊，以致干扰染料溶液的分光测定结果。

表3－7－5 萃取法对纤维中染料定量分析时采用的溶剂

溶剂	聚丙烯腈纤维	芳酰族聚胺纤维	纤维素纤维	二醋酸纤维素纤维	三醋酸纤维素纤维	锦纶	聚酯纤维	聚氯乙烯纤维	聚偏二氯乙烯纤维	羊毛
丙酮	—	—	—	溶解	—	—	—	—	—	—
氢氧化镉乙二胺溶液	—	—	溶解	溶解	—	—	—	—	—	溶解
γ－丁内酯	溶解	—	—	溶解	—	—	—	—	—	—
氯苯	—	—	—	—	—	萃取	萃取	—	—	—
氯仿	—	—	—	—	溶解	—	萃取	—	—	—
邻氯苯酚	—	—	萃取	溶解	溶解	溶解	溶解	—	—	萃取

续表

溶剂	聚丙烯腈纤维	芳酰族聚胺纤维	纤维素纤维	二醋酸纤维素纤维	三醋酸纤维素纤维	锦纶	聚酯纤维	聚氯乙烯纤维	聚偏二氯乙烯纤维	羊毛
间甲酚	—	—	—	—	溶解	溶解	溶解	—	—	—
环己醇	—	—	—	—	—	—	—	溶解	—	—
N,*N*-二甲基乙酰胺(DMAC)	溶解	溶解	萃取	溶解	溶解	萃取	萃取	—	—	—
二甲基甲酰胺	溶解	—	萃取	溶解	萃取	萃取	萃取	—	—	—
二甲基亚砜	溶解	溶解	—	溶解	溶解	—	—	—	—	—
二氧六环	—	—	—	溶解	—	—	—	—	溶解	—
苯酚	—	—	—	—	—	溶解	溶解	—	—	—
吡啶	—	—	萃取	—	—	萃取	萃取	—	—	萃取
氢氧化钠水溶液	—	—	—	—	—	—	—	—	—	溶解
浓硫酸	溶解	—	溶解	—	—	—	—	—	—	—
$CH_2ClCHCl_2$	—	—	—	—	萃取	—	—	—	—	—
三氯醋酸	—	—	—	—	—	溶解	—	—	—	—
甲苯或二甲苯	—	—	—	—	—	—	溶解	—	—	—

染料从聚合物上萃取是染色过程的颠倒，萃取能力取决于：萃取剂扩散入纤维和膨胀纤维的速度；染料在萃取剂和聚合物间的分配比例；染料在聚合物中和溶剂中的扩散速度。按照内聚能密度概念，产生当聚合物的溶解度参数和溶剂溶解度参数相同时聚合度的膨胀最大。溶解度参数近似地指示溶剂溶解聚合物中染料的能力。

与溶解法相比较，萃取法有如下优点：

①用于萃取的溶剂的毒性和腐蚀性都小于溶解用的溶剂，如氯苯或 DMF（作为分散染料有 PET 中的萃取剂）的毒性相应比邻氯苯酚或 1,1,1,3,3,3－六氟－2－丙醇（HFIP）（作为纤维的溶剂）的毒性小。

②染料萃取液是澄清的不含有消光剂一类固体的悬浮物。

③萃取方法避免了纤维的溶解。萃取染料一般要求高温，因为低温萃取非常慢，但在热溶剂中萃取染料的时间非常短，减少了染料分解的危险，而纤维溶解在热溶剂中需要较长时间。

二、化学法

染料（颜料）的定量分析虽然已经大量采用分光光度法，然而，在许多情况下仍需采用化学法，譬如，光谱法中所用的标准曲线一般是由化学法做出来的。

1. 偶氮染料及颜料

水溶性偶氮染料的滴定是在水溶液中进行的。偶氮型颜料和色淀不溶于水,事先要将颜料溶解在浓硫酸中,然后进行分析,亦可在硫酸中加热使其磺化,以增加它的溶解度,再进行分析。在滴加还原液前,必须用二氧化碳或氮气把瓶内的空气除尽(避免氧气的干扰),否则分析结果不准确。整个分析过程包括还原和反滴定,都必须在二氧化碳或氮气气流下进行,当还原加热后冷却时,必须开大二氧化碳气流。如欲保存还原液,也需用二氧化碳或氮气保护,尤其是三氯化钛和硫酸钒溶液,它们至多保存两天就得重新配制。一般硫酸钒溶液从溶液的外观就能看出来是否氧化,新配制的硫酸钒溶液应为紫色溶液,当变为蓝绿色时该溶液已不能再用,必须重新配制。加入的二氯化锡或三氯化钛溶液必须过量(约为需要量的2倍),否则不易分析准确。

在惰性气体保护下进行滴定比较麻烦的,近来一般采用甘油作保护。

(1)三氯化钛法。

$$R—N═N—R' + 4TiCl_3 + 4HCl \longrightarrow RNH_2 + R'NH_2 + 4TiCl_4$$

精确称取0.2g纯染料,加35mL去氧蒸馏水和2mL浓盐酸溶解,再加20%酒石酸钾钠缓冲溶液25mL、浓硫酸5mL。在氮气的保护下滴加0.03mol/L $TiCl_3$ 溶液40mL,再加热沸腾,至染料溶液褪色,呈 $TiCl_3$ 紫色,稍冷后加入硫氰酸铵指示剂10mL,以0.03mol/L硫酸高铁铵标准溶液滴定至黄橙色即为终点(以上操作均需在氮气的保护下进行),同时做空白试验。

计算(假设一个无硝基的偶氮基):

$$M = \frac{m \times 4 \times 1000}{(V_{空} - V_{释})c}$$

式中:M——染料的摩尔质量,g/mol;

m——纯染料的质量,g;

$V_{空}$ 和 $V_{释}$——空白试验和测定时消耗的 $FeNH_4(SO_4)_2$ 的体积,mL。

c——硫酸高铁铵[$FeNH_4(SO_4)_2$]标准溶液的浓度,mol/L。

(2)$Ti_2(SO_4)_3$ 甘油液电位滴定法。

$$RNO_2 + 6Ti^{3+} + 6H^+ \longrightarrow RNH_2 + 6Ti^{4+} + 2H_2O$$
$$R—N═N—R' + 4Ti^{3+} + 4H^+ \longrightarrow RNH_2 + R'NH_2 + 4Ti^{4+}$$

① 0.0166mol/L硫酸钛标准溶液的配制:将20mL化学纯硫酸加入到40mL煮沸冷后的蒸馏水中,稍冷却,加入15mL(15%~18%)硫酸钛,煮沸1~2min,稍冷后倒入175mL甘油中,稀释到250mL,用 $FeNH_4(SO_4)_2$ 标准化。

② 0.025mol/L $FeNH_4(SO_4)_2$ 标准溶液的配制:称取50g $FeNH_4(SO_4)_2 \cdot 12H_2O$ 溶于100mL煮沸冷却的蒸馏水中,加入30mL化学纯硫酸,过滤,稀释到1000mL,用标准 $Na_2S_2O_3$ 溶液标定。

③ 分析方法:将要分析的染料试样溶于能使其完全溶解的溶剂中,配成适当浓度的溶液,取此溶液10~20mL,加5mL甘油和5~10mL饱和柠檬酸钠溶液,加1∶1硫酸2~3mL以及10~20mL 0.0166mol/L硫酸钛甘油溶液,稍加热使之加快还原到终点,过量的钛盐用0.025mol/L $FeNH_4(SO_4)_2$ 溶液电位滴定,含量按消耗的硫酸钛计算:

$$染料含量=\frac{(c_1V_1-c_2V_2)\times M}{n\times m\times 1000}\times 100\%$$

式中：c_1——硫酸钛的浓度，mol/L；

V_1——消耗硫酸钛标准溶液的体积，mL；

V_2——消耗硫酸铁铵的体积，mL；

c_2——硫酸铁铵的浓度，mol/L；

M——被测偶氮染料（或含硝基中间体）的摩尔质量，g/mol；

n——氧化还原反应的电子数；

m——试样的质量，g。

用甘油体积分数为75%的亚钛盐—甘油溶液在没有惰性气流保护下电位滴定硝基或偶氮染料，操作简便，误差±1%。硫酸的加入有助于标准溶液的储藏稳定性，否则急剧氧化。但滴定过程反应很缓慢，所以，需加入柠檬酸钠溶液调节pH值，使成缓冲溶液，加速反应。加入足够量的柠檬酸钠溶液后，有些滴定可在室温下进行，标准溶液的稳定性可达到50h。

2. 硫酸酯型活性染料

硫酸酯型活性染料有效成分含量的测定是基于它能够在碱性介质中水解成硫酸盐这一原理：

$$D—OSO_3Na\ +NaOH \longrightarrow D—OH\ +Na_2SO_4$$

称取5g染料于200mL烧杯中，加入25mL水及25mL 28%氨水溶解，用5%盐酸中和至中性后，在容量瓶中稀释成500mL。取25mL置于200mL烧杯中，加入0.05mol/L $BaCl_2$标准溶液25mL，在电磁搅拌下，用0.05mol/L硫酸钠标准溶液滴定至终点（检验终点的方法是取一滴混合液滴在滤纸上，再在其旁滴一滴0.1%玫瑰红酸钠指示剂，直到渗圈不再现红色为止），得到游离硫酸根含量。接着将滴定液移入锥形瓶中，加1% NaOH溶液10mL，回流1h后用5%盐酸溶液中和至中性，加氯化钡溶液25mL，在电磁搅拌下用0.05mol/L硫酸钠回滴定至终点，则得到有效成分的含量(L)。空白试验是取25mL $BaCl_2$溶液，加50mL水，用0.05mol/L硫酸钠标准溶液滴定至终点。计算：

$$L=\frac{M\times c(V-V')}{m}\times\frac{500}{25}\times 100\%$$

式中：M——1mmol硫酸盐或硫酸酯的质量，g/mmol；

c——硫酸钠（$\frac{1}{2}Na_2SO_4$）标准溶液的浓度，mol/L；

V——空白试验中25mL 0.05mol/L $BaCl_2$标准溶液消耗0.05mol/L硫酸钠标准溶液的体积，mL；

V'——滴定试样时消耗0.05mol/L硫酸钠标准溶液的体积，mL；

m——试样的质量，g。

3. 稠环还原染料

稠环还原染料的定量分析有质量法、光谱法和氧化—还原法三种，其中质量法误差最大。

(1)质量法。称粉状染料2.0g(膏状5.0g)放入200mL烧杯中,加150mL 0.1%三氯化铝溶液,加热到90~95℃,然后冷却到20~25℃。染料悬浮沉淀到烧杯底部成棉絮状,用以无灰且预先干燥而称重的滤纸过滤,在漏斗上用热蒸馏水洗(70~80℃),直到出来的水滴经干燥后无灰为止,沉淀干燥至恒重,然后用800℃火焰焙烧到恒重。

计算:

$$X = \frac{A - B - C}{D} \times 100\%$$

式中:X——干燥无灰的染料含量;

A——过滤漏斗、染料和纸的总质量,g;

B——漏斗和纸的总质量,g;

C——烧后残灰的质量,g;

D——试样的质量,g。

(2)光谱法。

①商品还原染料的测定:准确称取两份染料(0.2g染料粉末或0.5g膏状物),一份为标准样,一份为待测样,加三滴二乙基乙二醇及50mL新配制的还原剂溶液(见表3-7-6),在50~60℃下搅拌10~15min,得到的溶液定量转移到100mL容量瓶中,冷却,补加还原剂溶液至刻度。然后测定吸光度。

表3-7-6　还原剂的组成及含量

还原剂组成	1L含量		
	还原蒽醌染料	多环还原染料	靛族染料
二氧化硫脲/g	1	10	10
32.5%氢氧化钠溶液/mL	15	28	28
二乙基乙二醇(沸点240℃)/mL	—	—	200
非离子表面活性剂/g	5	6	2

②织物上还原染料的测定:将染色织物置于每1L含有10g二氧化硫脲、28mL 32.5% NaOH、200mL溶剂(二或三聚乙烯醇)和1~5g非离子表面活性剂的水溶液中,75℃下进行萃取(萃取出的染料量约0.05g)。然后进行分光光度法定量分析。

(3)氧化—还原滴定。多环还原染料可以用氧化—还原电位滴定法进行定量分析。其隐色体的混合组分在氢气保护下以铁氰化钾为氧化剂、盐酸为酸碱滴定标准溶液进行分析。还原染料的隐色体含量可以用过硫酸钾($K_2S_2O_3$)、硫酸铈($CeSO_4$)或硫酸铁铵电位滴定分析;或在吡啶介质中50℃下用铁氰化钾或其他试剂进行容量分析。

4.靛族染料

取约1g磨成细粉状的染料样品,放在瓷皿中,加入15mL 95%~96%化学纯硫酸,并用玻璃棒研磨均匀。然后再加同样浓度的硫酸15mL,在75~80℃时磺化靛蓝1h,并不时用玻璃棒搅拌反应物,加热约1h后,将磺化物冷却。磺化后可使靛蓝变为磺酸物而成溶液状态,倒入

1000mL 的容量瓶内。瓶中已先放有 200～250mL 的蒸馏水，混合后加水使溶液的体积达到刻度处。所得的溶液经干燥的滤纸滤入干的烧杯中，将最初部分的滤液弃去，再将 50mL 的滤液用蒸馏水冲淡到 1L，然后用 0.02mol/L 的 $KMnO_4$（0.1mol/L 的 $KMnO_4$ 溶液用蒸馏水冲淡到 5 倍）滴定。滴定最后在直径约 25cm 的瓷皿中进行，以便容易观察溶液颜色的变化。在滴定时溶液由蓝变为紫丁香色，再变绿，最后变为黄色。滴定进行时必须经常用玻璃棒搅拌，直到染料的绿色消失为止。在进行靛蓝试样分析时需要有靛蓝纯样品并行测定，为的是知道多少克靛蓝相当于 1mL $KMnO_4$ 溶液。

靛蓝百分含量（L）计算：

$$L=\frac{T\times V(KMnO_4)}{m(\text{试样})}\times\frac{V(\text{量筒})}{V(\text{吸管})}\times 100\%$$

式中：T——相当于 1mL $KMnO_4$ 溶液的靛蓝的质量，g。

将上式简化为：

$$L=\frac{T\times V(KMnO_4)}{m(\text{试样})}\times 20\times 100\%$$

5. 三芳甲烷染料

常用碱性三芳甲烷染料有亚甲基天蓝（$C_{18}H_{18}N_3Cl\cdot 3H_2O$）、洛丹明 B（$C_{23}H_{31}N_2O_3Cl$）、洛丹明 G（$C_{26}H_{27}N_2O_3Cl$）、孔雀绿（$2C_{23}H_{24}N_2+3C_2H_2O_4$）、翠绿（$C_{27}H_{34}N_2Cl$）、甲基紫（$C_{31}H_{34}N_3Cl$）等。

碱性三芳甲烷染料能与硅钨酸定量地生成沉淀，并以此定量。沉淀用稀盐酸洗涤，并于 110℃下干燥。

$$H_5Si(W_2O_7)_6+4RCl\longrightarrow H_4R_4Si(W_2O_7)_6\downarrow+HCl$$

煅烧除去有机物组成，然后称量氧化硅及氧化钨的复合物（$SiO_2\cdot 12WO_3$）。

计算公式：

$$X_1=\frac{M\times(m_1/72.96)}{m_0}\times 100\%$$

式中：X_1——三芳甲烷染料的含量，%；

M——1mmol 三芳甲烷染料的质量，g/mmol；

m_1——氧化硅及氧化钨的复合物（$SiO_2\cdot 12WO_3$）的质量，g；

72.96——1mmol（$\frac{1}{4}SiO_2\cdot 12WO_3$）的质量，g/mmol；

m_0——称取三芳甲烷的质量，g。

6. 酞菁颜料和染料

（1）总铜量的测定。准确称取样品 0.3g，精确至 0.0001g，置于 250mL 三角碘量瓶中。加入分析纯硝酸 5mL，摇匀后加热煮沸（此时有黄烟产生，故操作最好在通风橱中进行），直到样品完全溶解，得到一透明的浅绿色溶液。冷却至室温，加入 10mL 氨水中和，此时溶液呈蓝色。

然后加热至过量的氨被除去，冷却至室温，加入乙酸3mL，此时溶液呈微酸性。加入固体碘化钾3g，此时溶液中有黄色沉淀生成。将碘量瓶放入暗室静置10min，取出后用0.1mol/L硫代硫酸钠（$Na_2S_2O_3$）标准溶液滴定，滴定溶液呈微黄色，加入1%淀粉溶液5mL，继续用0.1mol/L硫代硫酸钠标准溶液滴定至终点，近终点时溶液呈乳白色。

计算：

$$总铜百分含量 = \frac{0.06354 \times c \times V}{m} \times 100\%$$

式中：0.06354——1mmol铜（Cu）的质量，g/mmol；

c——硫代硫酸钠（$Na_2S_2O_3$）标准溶液的浓度，mol/L；

V——消耗的硫代硫酸钠（$Na_2S_2O_3$）标准溶液的体积，mL；

m——称取样品的质量，g。

（2）游离铜的测定。准确称取样品1g，放入300mL烧杯中，加蒸馏水80mL，加入分析纯硫酸6mL（一边搅拌，一边加入），煮沸10min。加活性炭2g，再煮沸10min，过滤，将滤液放入250mL烧杯中，调整滤液体积约为180mL。加入碘化钾6.3g，用0.1mol/L硫代硫酸钠（$Na_2S_2O_3$）标准溶液按上述方法滴定至终点。

计算：

$$游离铜百分含量 = \frac{0.06354 \times c \times V}{m} \times 100\%$$

式中：0.06354——1mmol铜（Cu）的质量，g/mmol；

c——硫代硫酸钠（$Na_2S_2O_3$）标准溶液的浓度，mol/L；

V——消耗的硫代硫酸钠（$Na_2S_2O_3$）标准溶液的体积，mL；

m——称取样品的质量，g。

（3）铜酞菁含量。

$$铜酞菁百分含量 = (总铜百分含量 - 游离铜百分含量) \times 9.06$$

式中：9.06——铜换算成铜酞菁的系数。

第四节 常用染料的检测评定

一、染料染色色差、色光和强度检测方法

1. 纱线及织物准备

（1）纱线及织物规格。

①纱线：精练漂白13.88tex（42支）双股棉纱，纯涤纶8.8tex（8旦）纱，高弹锦纶66线，腈纶膨体线，精练（未漂白）的18.87tex（53支）四股全毛细绒线。

②织物：23×21精练漂白平纹棉细布，纯羊毛本色平纹（250）织物或羊毛凡立丁，45×45或95×100纯涤纶平纹织物，桑蚕丝平纹织物（电力纺）11217。

（2）纱线及织物前处理。各种纤维的纱线或织物染色前必须用煮沸蒸馏水浸透，然后挤干

（含水率约为纤维含量的150%），染液体积不包括纤维中的水分体积。

2. 染液的准备

(1)染液中的各种染化料助剂均按纤维质量百分率计算，一般均需先配制成溶液后再加入。

(2)作为检验用的染化药剂，一般应用国家标准的化学纯规格或分析纯规格。

(3)配制染液用水必须是蒸馏水或去离子水。

(4)检验的染料样品和标样必须是同一厂家生产的化学药品，染色条件完全一致（包括染色温度、染色时间、染液体积和助剂用量）。

3. 试验方法

(1)检验时，标准样品至少需染三档深度，各档染色深度均相差0.05%（例如第一股纤维染色深度为1%时，第二股纤维染色深度为0.95%，第三股纤维染色深度为0.9%，依次类推）。

(2)染色深度以染料质量与纤维质量的百分比表示，染料浓度则根据不同色泽选择，一般染色深度为1%，藏青色染色深度为2%，黑色染色深度为4%。

(3)染色前，各纤维应作标记，依次入染；染毕取出时，也应以入染时的顺序依次取出，保持相同的间隔时间。

4. 评定方法

(1)染色后的纤维干燥后置于暗处，使染样在室温状态下恢复30min后，再进行评定。

(2)染色后的试样和标准应置于室内北窗光线下或在标准光源下，用目测进行比色、评定，视线应与染样垂直（注意：周围建筑物应不带反射颜色）。

(3)评定试样和标样染色织物，必须使两块织物在同一正反面、同一织纹且织纹平行的条件下进行。

5. 评定结果

(1)评定结果按染色力表示，如试样为1%染得的深度相当于标准样品0.95%染得的色泽深度时，试样的染色力为标准的95%。

(2)评定染料色光时，色光差异采用5级制，分别为：近似、微、稍、较、显著。

(3)评定染料强度时，试样色光应在相当于标准样品的“近似”、“微”或“稍”3级内进行强度评定。若试样色光评定为“较”或“显著”，则不能作强度评定，应作为色光不符。

(4)色光5级制差异具体为：

“近似”：两块染样左右交递后，目测无差异者。

“微”：两块染样左右交递后，目测似有差异者。

“稍”：两块染样左右交递后，目测能区别色差者。

“较”：两块染样左右交递后，目测易区别色差者。

“显著”：两块染样基本上已是两种色相。

(5)染料的染色鲜艳度规定为：微艳、稍艳、微暗和稍暗4级，其中微艳和稍艳为合格，微暗和稍暗为不合格。

二、5种常用染料的染色检测方法

1. 直接染料的染色检验方法

(1)染料储备溶液的配制。

①准确称取染料标准样品及试样各 0.5g 置于 250mL 烧杯内，先用 3mL 蒸馏水调成均匀细浆状，续加煮沸的蒸馏水 200mL，并充分搅拌，使染料全部溶解，必要时可加热至沸。

②待染料全部溶解后，冷却至室温分别移至 500mL 容量瓶内，并用蒸馏水稀释至刻度，备用。

(2)染浴配制。在染缸中按表 3-7-7 配方分别配制染浴，染色深度常用 1%，也可用 0.5%，一般标准样品用 1~3#浓度，试验样用 4~5#浓度。根据直接染料适用于中性染色法和弱碱性染色法，其配方分别如表 3-7-7 和表 3-7-8 所示。

①中性染色法染浴配方：

表 3-7-7　直接染料中性染色法染浴配方　　单位：mL

配方＼染缸编号	1	2	3	4	5
标准样品溶液(0.5g/500mL)	100	95	90	—	—
试验样品溶液(0.5g/500mL)	—	—	—	100	95
蒸馏水	90	95	100	90	95
氯化钠或无水硫酸钠溶液(1:10)	10	10	10	10	10
总　量	200	200	200	200	200

②弱碱性染色法染浴配方：

表 3-7-8　直接染料弱碱性染色法染浴配方　　单位：mL

配方＼染缸编号	1	2	3	4	5
标准样品溶液(0.5g/500mL)	100	95	90	—	—
试验样品溶液(0.5g/500mL)	—	—	—	100	95
蒸馏水	88	93	98	88	93
氯化钠或无水硫酸钠溶液(1:10)	10	10	10	10	10
碳酸钠溶液(1:10)	2	2	2	2	2
总　量	200	200	200	200	200

(3)染色操作。

①先将 5 股 10g 棉纱用沸水煮透，并绞干，然后各系小结并编号，在室温下按顺序入染，并不断翻动，染色 10min。

②染浴开始加热，染浴温度在 30min 内逐步升到 90~95℃，并保温 30min。

③染色完毕后，待染浴降温至 80℃取出棉纱，绞干，用冷水冲淋洗净绞干后，悬挂在室温或放入 50℃以下的烘箱中烘干。

④直接铜盐染料需按弱碱性染色法配方，染色完毕后，用硫酸铜溶液处理。溶液温度为 60℃，处理 30min。硫酸铜溶液配方如下：

结晶硫酸铜(1g/100mL)　　　　2%

冰醋酸(1mL/100mL) 1.5%

2.活性染料的染色检验方法

(1)染料溶液的配制。准确称取染料标准样品和试验样品各2g,分别置于250mL烧杯内,先用少许水将染料调成均匀浆状;加入蒸馏水(普通型和乙烯砜型染料为室温,热固型染料为75℃)约200mL,充分搅拌,使染料完全溶解,分别移至500mL容量瓶,用蒸馏水稀释至刻度,备用。

(2)各种活性染料的染色配方及条件(表3-7-9)。

表3-7-9 活性染料的染色配方及条件

配方及条件 \ 类型		普通型	热固型	乙烯砜型
染料用量/g		2~3	2~3	2~3
助剂/g·L^{-1}	无水硫酸钠	—	—	50
	氯化钠	60	80	—
碱剂/g·L^{-1}	磷酸三钠	—	—	15
	无水碳酸钠	15	30	—
温度/℃	吸色	40	40	60
	固色	40	90	60

(3)染浴配制。在染缸中按表3-7-10的配方配置染浴,染色深度一般为2%~3%,标准样品用1~3#浓度,试验样用4#浓度。

表3-7-10 普通型活性染料的染浴配方 单位:mL

配方 \ 染缸编号	1	2	3	4
标准样品溶液(2g/500mL)	50	47.5	45	—
试验样品溶液(2g/500mL)	—	—	—	50
氯化钠溶液(25%)	48	48	48	48
无水碳酸钠溶液(20%)	15	15	15	15
蒸馏水	87	89.5	92	87
总量	200	200	200	200

热固型和乙烯砜型活性染料的染色按表3-7-9配制。

(4)染色操作。将4股10g棉纱编号,清水沸煮15min,绞干后,按顺序加入染浴中。

①普通型活性染料染浴为染料和氯化钠溶液,升温至40℃染色30min,然后将染样提离液面,加入无水碳酸钠溶液,再放入染样,保持40℃固色1h。

②热固型活性染料的染浴为染料和氯化钠溶液,于40℃始染,并在40min内逐渐升温至90℃,然后将染样提离液面,再放入染样,加入无水碳酸钠溶液,保持90℃固色1h。

③乙烯砜型活性染料的染浴为染料和无水硫酸钠溶液，于60℃始染，染色30min后，将染样提离液面，加入磷酸三钠溶液，再放入染样，保持60℃固色1h。

(5)后处理。将染色、固色完毕的纱样取出，先用冷水冲洗3min，然后用70~80℃热水冲洗3min，取出绞干，再皂煮10min(中性皂片3g/L)，浴比1:40，取出绞干，再用70~80℃热水冲洗3min，冷水冲洗3min，取出绞干，在60~70℃烘箱中烘干。

3. 分散染料的染色检验方法

(1)染料储备液的配制。准确称取染料标准样品和试验样品各0.5g，分别置于250mL烧杯内，用50℃蒸馏水约200mL迅速加入分散染料中搅拌，使均匀分散后，分别移至500mL容量瓶中，用蒸馏水稀释至刻度，摇匀备用。

(2)染浴配制。在染缸中按表3-7-11配方分别配制染浴，一般分散染料的染色深度为1%，藏青色分散染料的染色深度为2%，分散黑染色深度为4%，标准样品用1~3#浓度，试验样用4#浓度。

表3-7-11 分散染料1%染色深度的染浴配方 单位：mL

配方 \ 染缸编号	1	2	3	4
标准样品溶液(0.5g/500mL)	50	47.5	45	—
试验样品溶液(0.5g/500mL)	—	—	—	50
硫酸铵溶液(1:50)	20	20	20	20
蒸馏水	130	132.5	135	130
总 量	200	200	200	200

染色深度2%和染色深度4%染浴配方按量增加。染浴配好后，用醋酸调节pH值至5.0~5.5。

(3)染色操作。

①4绞纯涤纶纱5g，用平平加O 1g/1000mL于70~80℃处理10min，浴比1:50，洗净备用，然后各系小结并编号。

②按染缸编号顺序置于高温高压锅中升温到60℃，然后将绞纱扎结编号，依次浸入染缸内，搅拌数分钟后加锅盖进行染色。

③在自动搅拌下，温度在45min内从60℃逐渐升温至130℃，保温60min，染毕停止加热，将染机内蒸气全部缓慢排出，待压力降到0后，开盖取出染样，再冷水清洗。

④冷水清洗后，绞干，再还原清洗。还原清洗液配方：

烧碱32.5%(38°Bé)	2mL/L
保险粉85%	1g/L
平平加O	1g/L

还原清洗液温度70~80℃，浴比1:30，处理10min后，再热水洗、冷水洗，使纱样pH值至中性，绞干后在室温晾干或50℃以下烘箱中烘干。

4. 酸性染料的染色检验方法

(1)染料溶液的配制。

①准确称取酸性染料标准样品及试样各0.5g，分别置于250mL烧杯内，先用少量蒸馏水调制成均匀浆状，续加煮沸的蒸馏水200mL，充分搅拌，使染料全部溶解。

②待染料全部溶解后，冷却至室温，分别移至500mL容量瓶内，并用蒸馏水洗涤烧杯2～3次，倒入容量瓶中，再用蒸馏水稀释至刻度，备用。

(2)染浴配制。酸性染料分为强酸性染料和弱酸性染料。强酸性染料的染色可用96%浓硫酸2%～4%，染浴pH值控制在2.0～3.0；也可用85%蚁酸4%～6%，染浴pH值控制在3.0～4.0。弱酸性染料的染色又可分为3档pH值控制范围，即用30%冰醋酸3%，染浴pH值控制在3.5～4.5；用30%冰醋酸2%，染浴pH值控制在4.5～5.0；用硫酸铵4%，染浴pH值控制在6.0～7.0。染色时由于上染速度慢，可适当增加酸用量，降低pH值。

以弱酸性染料的染浴配置为例(表3－7－12)，染色深度为1%，标准样品用1～3#浓度，试样用4#浓度。

表3－7－12　弱酸性染料的染浴配方　　单位：mL

配方＼染缸编号	1	2	3	4
标准样品溶液(0.5g/500mL)	20	19	18	—
试验样品溶液(0.5g/500mL)	—	—	—	20
无水硫酸钠溶液(1:10)	1	1	1	1
蒸馏水	172	173	174	172
30%冰醋酸(1:100)	6	6	6	6
总　量	200	200	200	200

染浴的pH值为3.5～4.5，如果上染速度太慢或染深色时，可加入85%蚁酸(1:100)4mL或6mL。

(3)染色操作。

①将每绞2g的羊毛线4绞(或织物)用沸水煮透，自然冷却后取出，稍微挤干，按染缸顺序号分别入染，入染温度为40℃，搅拌5～10min，然后逐渐升温，在30min内升温至沸点。

②沸染60min后，将染样提离液面，加入冰醋酸或蚁酸后再投入续染30min。

③染色完毕，待自然冷却至室温后，取出染样，净洗挤干，室温下晾干或于50℃以下烘箱中烘干。

5.阳离子染料的染色检验方法

(1)染料溶液的配制。

①准确称取阳离子染料标准样品及试样各0.5g，分别置于250mL烧杯内，加入30%醋酸(1:1)1mL，调成浆状，再加入200mL煮沸蒸馏水，充分搅拌，使染料全部溶解。

②待染料全部溶解后，冷却至室温，分别移入500mL容量瓶内，并用蒸馏水洗涤烧杯3～4次，将洗液倒入容量瓶中，再用蒸馏水稀释至刻度，备用。

(2)染浴配制。在染缸中按表3－7－13配方分别配制染浴(染浴pH值为4.0～4.5)，染色深度为1%，标样样品用1～3#浓度，试样用4#浓度。

表 3－7－13　阳离子染料的染浴配方　　单位:mL

配方 \ 染缸编号	1	2	3	4
标准样品溶液(0.5g/500mL)	20	19	18	—
试验样品溶液(0.5g/500mL)	—	—	—	20
无水硫酸钠溶液(1:10)	1	1	1	1
蒸馏水	169	170	171	169
30%冰醋酸(1:100)	6	6	6	6
醋酸钠溶液(1:100)	3	3	3	3
总　量	200	200	200	200

(3)染色操作。

①将每股 2g 的纯腈纶膨体毛线 4 股(或织物),先用冷水浸透后,稍微挤干,按染缸顺序在 70℃分别入染,搅拌 5min 后,逐渐升温,在 60min 内升温至 100℃,沸染 40min。

②染色完毕后,待自然冷却,取出纯腈纶膨体毛线,用清水洗净、挤干,室温下晾干或于 50℃以下烘箱中烘干。

第五节　上染速率曲线的测定

一、原理

在染色过程中,染料逐渐从染液向纤维上转移,随着时间的推移,纤维上的染料逐渐增加,而染液中的染料逐渐减少。以上染百分率为纵坐标,以时间为横坐标作图,则可得到上染速率曲线。

在实际染色中,温度常常随时间而变化,但为了获得时间—吸附等温线,所以温度规定保持不变。为了更好地描述某些染料在合成纤维上的染色特性,常常需要测定升温上染速率曲线,此时横坐标为时间和温度,纵坐标为上染率。

为了更方便地了解染料在不同时间和温度下的相对上染速度,还常常把平衡时的上染率作为 100%,从而得到所谓相对升温上染速率曲线。

恒温上染速率的测定方法大致可分为手工法和仪器法。手工法是指操作人员按规定时间染色并测定各个不同时间下的上染百分率,然后以上染百分率对时间作图就得到上染速率曲线。仪器法是指用仪器对染液连续扫描,测量不同时间的上染百分率,从而得到上染速率曲线的方法。本书以酸性染料染聚酰胺纤维及活性染料染棉为例说明测定上染速率曲线的方法,其他类型的染料可以类推。

二、酸性染料上染速率曲线的测定

1. 主要仪器和化学品

恒温水浴锅,酸性染料,冰醋酸。

2. 染色配方及工艺条件(表 3－7－14)

表 3－7－14 酸性染料染色配方及工艺条件

编号 配方及条件	1	2	3	4	5
染料(omf)/%	0.5～1.5	0.5～1.5	0.5～1.5	0.5～1.5	0.5～1.5
30g/L 醋酸/mL	15	15	15	15	15
时间/min	5	10	20	40	60

3. 步骤

称取待测定的酸性染料 0.500g，放在小烧杯中，加水溶解，移入 100mL 容量瓶中，加蒸馏水稀释至刻度待用。

称取聚酰胺纤维 5 份，每份为 3.00g。将纤维用非离子表面活性剂(1～2g/L)溶液在 80℃、浴比 1∶50 条件下处理 30min，洗净，放在蒸馏水中待用。

用移液管吸取规定量的染液分别倒入 5 个锥形瓶中，再加入 30g/L 醋酸溶液 15mL，然后加蒸馏水至 150mL。

把锥形瓶放在恒温水浴中，待温度上升到(80 ±2)℃，迅速加入纤维，计算时间，待到规定染色时间取出纤维，保留残液。染色时间分别为 5min、10min、20min、40min、60min。

将上述残液和空白染浴(没有纤维的染浴)在分光光度计上分别测得其吸光度 A(空白染浴和最初染色后的残液太浓，可适当冲淡)。

4. 计算

$$上染百分率 = (1 - \frac{A_i}{A_0}) \times 100\%$$

式中：A_i——不同时间染色所得染色残液的吸光度；

A_0——空白染浴的吸光度。

以上染率为纵坐标，时间为横坐标作图，即得到上染速率曲线。

三、活性染料上染速率曲线的测定

1. 主要仪器和染化料

恒温水浴锅，活性染料(K 型)，碳酸钠、硫酸钠。

2. 染色配方及工艺条件

活性染料(K 型)	2%～3%(omf)
硫酸钠	30g/L
浴比	50∶1
温度	(80 ±2)℃

3. 步骤

按处方配制染液，并加入到锥形瓶中，把锥形瓶放在恒温水浴中加热至(80 ±2)℃，投入漂白棉布 4g。从投入棉布开始计时，在染至 5min、10min、20min、40min 时各准确吸取染液 2mL，放在 25mL 容量瓶中，每次取完染液后各补加 30g/L 硫酸钠溶液 2mL，以保持染浴体积不变。

将上述四个容量瓶按时间先后以 1 ~4 编号，并在其中加入 12.5g/100mL 碳酸钠溶液 2mL，并补加蒸馏水至刻度待用。

上述第 4#取完后，除补加硫酸钠溶液外，在染液中另加 2g 碳酸钠固色，搅拌溶解后，继续恒温(80 ±2)℃染色。

从加碱固色开始，同样在染至 5min、10min、20min、40min 时各取染液 2mL，注入 25mL 容量瓶中，稀释至刻度待用。在每次取完后补加 30g/L 硫酸钠和 10g/L 的碳酸钠的混合溶液 2mL。将容量瓶按时间先后以 5 ~8 编号。

另配空白染浴一个，从空白染浴中准确吸取染液 2mL，注入 25mL 容量瓶中，加入 12.5g/100mL 碳酸钠溶液 2mL，再加蒸馏水至刻度。此容量瓶编号为 0#。

4. 上染速率曲线的绘制

用分光光度计测定该染液最大吸收波长，用最大吸收波长测定容量瓶中各染液的吸光度 A，则染料在棉上的吸附百分率为：

$$\text{上染百分率} = \left(1 - \frac{A_n}{A_0}\right) \times 100\%$$

式中：A_n——1 ~8#染液的吸光度；

A_0——空白染浴的吸光度。

第六节 染料扩散系数的测定

染料扩散系数的测定方法很多，这里介绍一下用薄膜卷层法测定分散染料在聚酯薄膜中的扩散系数。

1. 主要仪器和染化料

分光光度计，高温高压染色小样机，待测定的分散染料，丙酮，扩散剂 NNO。

2. 步骤

将实验用厚 10μm 左右的聚酯薄膜，在 1 ~2g/L 非离子表面活性剂、浴比 1∶50 条件下于 80℃处理 30min，以去除油剂及油污。取出后用蒸馏水洗净，放在水中待用。

把经处理的薄膜(一般为 50cm ×5cm)卷绕在直径 1cm 在左右的玻璃棒上，为避免卷入空气，可在水中进行。应尽量卷紧，两端用电烙铁封好，最后用细玻璃棒沿薄膜的边沿压紧，并加以固定。

取经过精制的染料 0.1g，加到小烧杯中，加少量丙酮使染料溶解(刚刚使染料全部溶解为宜)。加扩散剂 NNO 0.1g，再加入约相当于丙酮两倍量的水，边搅边加热至沸。待丙酮挥发后，再加水至 100g/L。

将上述染料溶液加入染色装置中，把待染试样投入染浴中，迅速升温至 130℃计时。在 130℃染 120min 左右。取出染色装置，迅速投入到冷水中，冷却后取出薄膜，打开，并以含 1 ~2g/L 表面活性剂的洗涤液于 60℃洗净，沿各层分界线切开。

称取上述染色薄膜0.010g左右，用二甲基甲酰胺（加对甲苯磺酸调节pH=4~5，有些染料还需加入稳定剂2,6-二叔丁基对甲基苯酚5g/L）在130℃剥色，然后将剥色液移入适量的容量瓶中，用分光光度计在最大吸收波长下测定其吸光度，以吸光度的比代替相邻两层染色薄膜中的平均染料浓度比。

$$\frac{C_{i+1}}{C_i}=\frac{A_{i+1}/G_{i+1}}{A_i/G_i}$$

式中：C_{i+1}及C_i——第$i+1$层和第i层的平均染色浓度；

A_{i+1}及A_i——第$i+1$层和第i层剥色液的吸光度；

G_{i+1}及G_i——与A_{i+1}及A_i相应的薄膜的质量，g。

从表3-7-15中查得C_{i+1}/C_i对应的ζ，计算扩散系数：

$$D_j=\frac{\varepsilon^2}{4t\zeta^2}$$

式中：D_j——扩散系数；

ε——薄膜厚度，μm；

t——染色时间，s。

将所求得的各层扩散系数取平均值即为所要测定的扩散系数。

表3-7-15　C_{i+1}/C_i和ζ的关系

ζ	$(\sigma_1-\sigma_2)/(\sigma_0-\sigma_1)$	$(\sigma_2-\sigma_3)/(\sigma_1-\sigma_2)$	$(\sigma_3-\sigma_4)/(\sigma_2-\sigma_3)$	$(\sigma_4-\sigma_5)/(\sigma_3-\sigma_4)$	$(\sigma_5-\sigma_6)/(\sigma_4-\sigma_5)$	$(\sigma_6-\sigma_7)/(\sigma_5-\sigma_6)$
0.02	0.9772	0.9765	0.9764	0.9755	0.9749	0.9748
0.04	0.9538	0.9518	0.9500	0.9476	0.9458	0.9435
0.06	0.9302	0.9258	0.9211	0.9167	0.9120	0.9072
0.08	0.9061	0.8983	0.8905	0.8823	0.8740	0.8659
0.10	0.8818	0.8699	0.8577	0.8453	0.8327	0.8199
0.12	0.8571	0.8404	0.8232	0.8057	0.7881	0.7703
0.14	0.8323	0.8100	0.7872	0.7642	0.7401	0.7179
0.16	0.8074	0.7789	0.7500	0.7210	0.6921	0.6635
0.18	0.7823	0.7473	0.7119	0.6767	0.6420	0.6086
0.20	0.7572	0.7152	0.6732	0.6318	0.5915	0.5527
0.22	0.7322	0.6829	0.6342	0.5867	0.5412	0.4980
0.24	0.7072	0.6506	0.5950	0.5420	0.4917	0.4451
0.26	0.6823	0.6182	0.5362	0.4978	0.4437	0.3939
0.28	0.6576	0.5860	0.5180	0.4548	0.3976	0.2456
0.30	0.6332	0.5542	0.4804	0.4134	0.3538	0.3017
0.32	0.6090	0.5229	0.4439	0.3736	0.3124	0.2600

续表

ζ	$(\sigma_1-\sigma_2)/(\sigma_0-\sigma_1)$	$(\sigma_2-\sigma_3)/(\sigma_1-\sigma_2)$	$(\sigma_3-\sigma_4)/(\sigma_2-\sigma_3)$	$(\sigma_4-\sigma_5)/(\sigma_3-\sigma_4)$	$(\sigma_5-\sigma_6)/(\sigma_4-\sigma_5)$	$(\sigma_6-\sigma_7)/(\sigma_5-\sigma_6)$
0.34	0.5853	0.6921	0.4086	0.3358	0.2745	0.2220
0.36	0.5616	0.4621	0.3746	0.3002	0.2393	0.1885
0.38	0.5384	0.4329	0.3412	0.2672	0.2068	0.1548
0.40	0.5197	0.4046	0.3114	0.2361	0.1784	0.1345
0.42	0.4927	0.3772	0.2822	0.2080	0.1513	—
0.44	0.4718	0.3509	0.2549	0.1818	0.1306	—
0.46	0.4505	0.3257	0.2293	0.1586	0.1086	—
0.48	0.4299	0.3016	0.2056	0.1374	0.0923	—
0.50	0.4099	0.2786	0.1836	0.1199	—	—
0.52	0.3902	0.2567	0.1633	0.1020	—	—
0.54	0.3713	0.2363	0.1448	0.0872	—	—
0.56	0.3529	0.2169	0.1280	0.0742	—	—
0.58	0.3365	0.1979	0.1127	—	—	—
0.60	0.3181	0.1816	0.0987	—	—	—
0.62	0.3016	0.1656	0.0865	—	—	—
0.64	0.2858	0.1507	0.0753	—	—	—
0.66	0.2705	0.1369	0.0654	—	—	—
0.68	0.2559	0.1241	0.0564	—	—	—
0.70	0.2419	0.1123	0.0488	—	—	—
0.72	0.2248	0.1014	—	—	—	—
0.74	0.2156	0.0914	—	—	—	—
0.76	0.2033	0.0822	—	—	—	—
0.78	0.1916	0.0737	—	—	—	—
0.80	0.1805	0.0660	—	—	—	—

注 $C_{i+1}/C_i=(\sigma_i-\sigma_{i+1})/(\sigma_{i-1}-\sigma_i)$。

第七节 染料其他方面的测定

一、直接染料的有关测定

(一)直接染料的性能测定

直接染料的性能按 SDC 的分类法,结合生产实际可归纳如下:

A 类:染料的自匀能力强,移染性好,容易染得均匀的色泽,60 ~ 70℃即可染色。

B 类:染料的匀染性较差,盐的促染作用明显,必须分次加盐才能达到匀染。

C 类:染料移染性差,在分次加盐的同时必须控制升温,才能达到匀染,温度是决定上染的主要因素。

直接染料的 SDC 分类法按图 3－7－1 所示程序作试验。

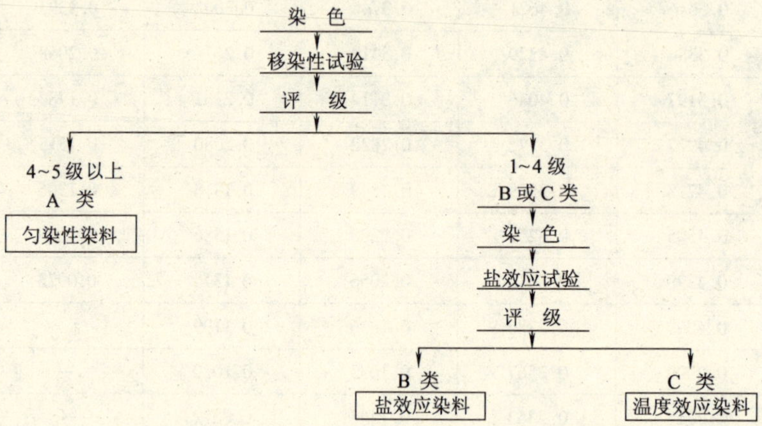

图 3－7－1　直接染料的 SDC 分类法试验程序示意图

1. 移染性试验

(1)染色。

纤维材料	两绞棉纱
染料浓度	1%(omf)
食盐	20%(omf)
浴比	1:30
温度和时间	100℃,30min

(2)移染。

纤维材料	色纱和白纱各一绞(质量相同)
食盐	10%(omf)
浴比	1:30
温度和时间	100℃,30min

(3)评级。试验完毕,用灰色卡评级。A 类染料能自身匀染,色差在 4～5 级,B 类或 C 类在 4 级以下。色差评级代表染料在棉上的移染值。在粘胶纤维上的移染性试验方法相同。

2. 盐效应试验

(1)染色。

纤维材料	三绞棉纱
染料浓度	1%
食盐	0.6%、0.8%和 1%(omf)
浴比	1:30(去离子水)
温度和时间	100℃,30min

(2)盐效应。

纤维材料	三绞棉纱
食盐	按染色分别加20%(omf)
浴比	浸入第一次染色的残液
温度和时间	100℃,30min

(3)评级。三只染浴各将原液和残液染得的绞纱编成一组,比较三组染样,原液得色≤残液得色为盐效应染料(B类),原液得色>残液得色为温度效应染料(C类)。

3. 溶解度试验

直接染料用于印花、轧染或小浴比染色,应掌握各染料的溶解度(80℃净化软水的最大溶解度)。溶解度试验按下列步骤进行:染料称重(分别按5~50g/L每5g一档,50g/L以上每10g一档)放入锥形烧瓶,瓶内有200mL沸水,90℃搅拌15min,然后冷却至80℃。

(1)眼睛观察。在规定温度下,观察溶液是否透澈,有无不溶的微小粒子。

(2)过滤速度。取50mL染料溶液真空吸滤,溶解度以过滤所需时间表示。

(3)滤纸上的残渣。评定滤纸上残渣的多少。

4. 盐析试验

对盐敏感的直接染料,当染色深度4%(omf),浴比1:10时,于60℃或90℃染色,元明粉的最高用量应通过盐析试验确定。盐析试验方法按下列步骤进行:在已溶解完全的染料溶液中,分别加入元明粉5g/L、10g/L、20g/L、40g/L,于锥形烧瓶中煮沸5min,60℃或90℃保温15min,轻微真空吸滤,观察残渣是否在规定范围之内。

(二)直接染料的染色鉴定

可用于直接、直接重氮及直接铜盐染料的染色鉴定。

1. 直接染料的染色鉴定

(1)染液的配制。按染料性质不同,直接染料的染液分为两类:

①弱碱性染液:染色深度按各染料标准中所规定的深度。无水碳酸钠2%,无水硫酸钠20%,加蒸馏水至规定体积。

②中性染液:染色深度按各染料标准中规定的深度,无水硫酸钠20%,加蒸馏水至规定体积。

(2)染色操作。根据各染料标准规定的浓度,以5~10g棉纤维计算配制染液。当染液温度为室温时,将已用沸蒸馏水浸透的棉纤维稍稍挤干,并作标志后,按顺序投入染缸中染色,于15min内使染液温度逐步升到90~95℃,续染30min,然后将染缸从加热浴中取出续染5min,染毕取出试样,然后干燥。

2. 直接重氮染料的染色鉴定

(1)染色方法。按直接染料的染色鉴定中的规定操作。

(2)重氮化。

亚硝酸钠	1.5%~3%
盐酸	3%~7%
浴比	1:20

按上述配方配制溶液后,使之冷却至10~15℃,将已用水洗净的染样投入处理20min,处理

时每隔 2 ~ 3min 搅拌一次，处理完毕不经水洗即进行显色处理。

(3) 显色。

①显色液的配制：

a. 乙萘酚：0.65% ~ 1.25%。

b. 1% 乙萘酚碱溶液的配制：称取乙萘酚 1g，加 40g/100mL 氢氧化钠溶液 1.4mL，加热蒸馏水溶解，沸煮数分钟，待溶液透明后稀释成 1% 的溶液。

②显色操作：

将显色液冷却至 10 ~ 15℃时，将已重氮化的染样投入显色液中处理 20min；显色开始 5min 内应不断搅拌，以后每隔 5min 搅拌一次，显色时不应使染样露出液面；显色结束将染样用流水洗净，用热蒸馏水(约 80℃)洗涤一次，再以清水洗净后干燥。

3. 直接铜盐染料的染色鉴定

按直接染料的染色鉴定中的规定进行染色，然后再按直接染料的固色处理有关方法进行。

4. 直接染料的固色处理

按染料的性质不同，直接染料的固色处理分为四种方法。

(1) 用硫酸铜处理。

硫酸铜	1.5% ~ 3%
冰醋酸	1% ~ 2%
浴比	1:20

将染样用水洗净后，放入上列溶液中于 60℃处理 20min，处理完毕将染样取出，用水洗净后烘干。

(2) 用重铬酸钾溶液处理。

重铬酸钾	1% ~ 2%
冰醋酸	0.2% ~ 0.4%
浴比	1:20

将染样用水洗净后，放入上列溶液中于 60℃处理 20min，处理完毕将染样取出，用水洗净后干燥。

(3) 用甲醛溶液处理。

甲醛	2% ~ 3%
冰醋酸	0.4% ~ 0.6%
浴比	1:20

将染样用水洗净后，放入上列溶液中于 70℃处理 30min，处理完毕将染样取出，用水洗净后烘干。

(4) 用固色剂处理。

固色剂 Y	1% ~ 4%
浴比	1:20

将固色剂溶液用醋酸调节 pH 值到 6 ~ 7，然后加热至 50℃，将染样放入处理 30min 取出，不经水洗即烘干。

二、活性染料的有关测定

(一)活性染料中水解染料与标准样品相对含量的测定(比色测定法)

1. 材料和仪器设备

①光电分光光度计。

②分析天平。

③移液管:1mL。

④容量瓶:500mL、100mL。

2. 染料溶液的配制

准确称取试样与标准样品各1g(精确至0.001g),分别置于600mL烧杯中,加水少许,用玻璃棒调成浆状,加30~40℃温水约200mL,充分搅拌,使染料完全溶解,然后移入500mL容量瓶中,稀释至刻度,摇匀备用。

3. 比色

用1mL移液管,分别抽吸标准样品溶液0.9mL、1mL、1.1mL和试样溶液1mL,分别置于100mL的容量瓶中,用水稀释至刻度。将上述经稀释的溶液再分别注入比色皿,移入光电分光光度计中,选择最适宜的波长,分别测定吸光度,其相对强度计算:

$$染料相对强度=\frac{B}{A}\times100\%$$

式中:A——标准样品溶液的吸光度;

B——试样溶液的吸光度。

4. 水解染料与标准样品的相对含量的计算

(1)溶液比色结果。试样为标准样品的115%。

(2)染色或印花结果。试样为标准样品的100%。

两者比较,则试样的水解染料与标准样品的相对含量为15%。

(二)活性染料的吸色率和固色率的测定

可适用于X型、KN型和对棉纤维直接性较高的部分K型、M型活性染料的吸色率、固色率的测定。其测定方法系将试样在棉纱上进行染色,通过染色残液和标准染料的吸光度,以计算试样在纤维上的吸色率。并将色纱上未固着的水解染料洗涤,然后通过标准皂液与皂煮残液的吸光度,以计算试样在纤维上的固色度,以百分率表示。

1. 材料和仪器设备

①分析天平。

②电热恒温水浴锅。

③分光光度计。

④移液管:2mL、5mL、10mL、20mL。

⑤玻璃染缸:250mL。

2. 试剂

①氯化钠:20%溶液。

②无水硫酸钠:20%溶液。

③无水碳酸钠:10%溶液。

④磷酸钠:10%溶液。

⑤净洗剂 MA:1%溶液。

3. 测定方法

染色深度	1%
浴比	1:20
吸色、固色温度	见表 3－7－16
染色时间	X 型、KN 型、M 型均 90min, K 型为 120min
助剂和用量	见表 3－7－17

表 3－7－16　活性染料吸色率和固色率的测定温度

温　度	X 型	K 型	KN 型	M 型
吸色温度/℃	20	40	60	70
固色温度/℃	40	90	60	70

表 3－7－17　活性染料吸色率和固色率测定用助剂和用量

类　型	染色液和标准固色液		标 准 皂 液	
	助　剂	用量/g·L⁻¹	助　剂	用量/g·L⁻¹
X 型	氯化钠	50	无水碳酸钠	10
	无水碳酸钠	10	净洗剂 MA	1
KN 型	无水硫酸钠	60	磷酸钠	6
	磷酸钠	6	净洗剂 MA	1
K 型	氯化钠	60	无水碳酸钠	20
	无水碳酸钠	15	净洗剂 MA	1
M 型	无水硫酸钠	60	无水碳酸钠	20
	无水碳酸钠	20	净洗剂 MA	1

染色操作:电解质(氯化钠或无水硫酸钠)在染色前加入,经沸煮处理 15min 的白棉纱一绞,绞干至质量为 20g(含水量为 100%)。入染,开始吸色的 5min 内,勤加翻动,以后每隔 5min 翻动一次,在规定的吸色温度染 30min 后,加入所需的碱剂,并升温至规定的固色温度,开始固色的 5min 内勤加翻动,以后每隔 5min 翻动一次,到达上述规定的固色时间后,分别绞干色纱至重量为 20g(含水量为 100%)。

4. 吸色率的计算

将染色残液用蒸馏水稀释至 500mL 备用,另在染色前配制标准染液与标准皂液各一份,放置在和染色同一水浴中,到达规定时间后,用蒸馏水稀释至 500mL 备用。标准染液稀释至 500mL 后再吸取 5mL,用蒸馏水稀释至 100mL,染色残液稀释至 500mL 后吸取 20mL,用蒸馏水稀释至 100mL,用光电分光光度计,以适宜的波长分别测定吸光度。吸色

率(%)计算:

$$E = 100\% - x$$

$$x = \frac{A_1}{A_0 \times n} \times 100\%$$

式中:x ——染色残液中染料含量,%;

A_0——标准染液的吸光度;

A_1——染色残液的吸光度;

n ——标准染液和染色残液的测试浓度的倍数。

注　标准染液稀释至500mL后吸取5mL,用蒸馏水稀释至100mL,染色残液稀释至500mL后吸取20mL,用蒸馏水稀释至100mL,则 $n = 20/5 = 4$。

5.皂煮

将色纱用浓度为1g/L的净洗剂MA在水浴锅中皂煮15min(皂液温度93~95℃,浴比1:25),取出色纱绞干至质量为20g(含水量为100%),并用200mL蒸馏水洗涤。

6.固色率的计算

将色纱洗涤液与皂煮残液混合,用蒸馏水稀释至500mL后,吸取10~20mL,用蒸馏水稀释至100mL;标准皂液稀释至500mL后,吸取5mL,用蒸馏水稀释至100mL;然后用光电分光光度计与测定吸色率相同的波长,测定吸光度,固色率 F(%)计算:

$$F = E - Y$$

$$Y = \frac{A_1}{A_0 \times n} \times 100\%$$

式中:E ——吸色率,%;

Y ——皂洗洗涤下未固着的染料含量,%;

A_0——标准皂液的吸光度;

A_1——皂煮残液的吸光度;

n ——标准皂液和皂煮残液的测试浓度的倍数。

(三)活性染料印花固色率的测定

可用于活性染料印花品种固色率的测定,其测定方法系将试样在棉布上进行直接印花。通过未汽蒸固着的试样和经常规印花工艺汽蒸固着的试样,均充分洗涤,然后测定洗涤液的吸光度,计算试样在纤维上的固色率。

1.材料和仪器设备

光电分光光度计,分析天平,汽蒸箱,电热恒温烘箱,电炉,索氏脂肪抽取器。

2.试剂

同染色固色率的测定。

3.测定方法

(1)直接印花和洗涤操作流程。将白布经印花后截取1/2试样,分别进行下述试验:

①冷水洗→置于索氏脂肪抽取器回流半小时→冷水洗→挤干→烘干。

②烘干→汽蒸→冷水洗→置于索氏脂肪抽取器回流半小时→冷水洗→挤干→烘干。

(2)取样。印花完毕，立即在同条花纹上，准确地截取等面积试样两份(一般为 10cm × 10cm，具有花纹二条至三条面积)，试样必须选择色泽一致，无不匀等疵病。

(3)洗涤。

①试样甲：在 150mL 索氏脂肪抽取器中预置蒸馏水 100mL，用甘油浴加热回流(外温控制 135～140℃)。另置 150mL 低型烧杯两只，内各置冷蒸馏水 60mL，将印花后试样(未经烘干，汽蒸试样)迅速放入烧杯中，用玻璃棒充分搅拌。1min 后，把试样放入索氏脂肪抽出器中，回流洗涤 0.5h，取出试样用少量蒸馏水冲洗，将有色液收集于 500mL 刻度容量瓶中，冷却至室温，稀释至刻度备用。

②试样乙：经印花烘干、汽蒸后的试样，用上述甲方法洗涤后，将有色洗液收集于 500mL 刻度容量瓶中冷却至室温，稀释至刻度备用。

(4)固色率的计算。将经汽蒸和未汽蒸的试样有色洗涤液分别集中稀释，用光电分光光度计选择最适宜的波长，测定吸光度。固色率 F(%)计算：

$$F = (1 - \frac{A_1 \times n_1}{A_0 \times n_0}) \times 100\%$$

式中：A_0——未经汽蒸试样洗涤后总有色液的吸光度；

A_1——经汽蒸试样洗涤后总有色液的吸光度；

n_0——未经汽蒸试样洗涤后总有色液的稀释倍数；

n_1——经汽蒸试样洗涤后总有色液的稀释倍数。

(四)活性染料与糊料反应性能的测定

1. 主要仪器和化学品

①层析缸，涂好硅胶的层析板或烧结层析板。

②异丁醇，正丙醇，醋酸乙酯，均为分析纯。

③海藻酸钠(无色)，羧甲基纤维素，羟甲基皂荚胶(无色)，淀粉。

2. 原糊调制

(1)小麦淀粉糊。在 500mL 搪瓷杯中，加入 480mL 水，称取干小麦淀粉 35g，一边搅拌，一边慢慢加入小麦淀粉，充分搅拌后放入单孔水浴锅，不断搅拌升温，使杯中温度在 95℃保温 1h。冷却后用尼龙袋过滤到高型烧杯中备用。

(2)海藻酸钠。在 500mL 搪瓷杯中，加入 430mL 软水，称取海藻酸钠 20g，一边搅拌，一边慢慢加入海藻酸钠，加完后继续搅拌，直到无大颗粒为止。用尼龙袋过滤到高型烧杯中备用。

(3)羧甲基纤维素(CMC)糊。在 500mL 搪瓷杯中，加入 438mL 软水，称取 CMC 粉 12g，一边搅拌，一边慢慢加入 CMC 粉，加完后继续搅拌，直到无大颗粒为止。用尼龙袋过滤到高型烧杯中备用。

3. 色浆处方

印花用活性染料	1g
尿素	2.5g

原糊	25g
碳酸钠	1.25g
加水合成	50g

4. 步骤

将色浆置于沸水浴中加热并不断搅拌，使染料与糊料充分反应。20min 后用毛细管在涂硅胶的层析板上点样，每个试样各滴 2 点。点样后放在预先经展开剂饱和蒸汽平衡处理 10 ~ 20min 的层析缸展开。展开剂：异丁醇∶正丙醇∶醋酸乙酯∶水 =20∶40∶10∶30。

当展开剂上升到 20cm 时将层析缸取出，对比原点上色泽的深浅，就可定性地了解该原糊与活性染料的反应性。如原糊与活性染料的反应性越大，原点的色泽越深。

（五）活性染料相对直接性的测定

1. 滤纸渗圈试验

用微量移液管将染液定量、定距离垂直滴在滤纸上，让其在滤纸上自然渗化，测定每只染料渗圈直径大小。其机理是：不同染料的亲和力存在着差异，亲和力大的在滤纸接触过程中易被吸附，渗圈直径就小，反之则大。渗圈直径的大小可反映出染料拼色性能的好坏。性能区域分类为：1 区：25 ~ 30mm；2 区：20 ~ 25mm；3 区：20mm 以下。

处在同一或相邻性能区域的染料，原则上可以相互拼混，在连续轧染过程中不易产生竞染现象而导致前后色差。

2. 比移值的测定——上行法

将层析滤纸垂直悬挂于染液的上方，将下端浸于染液之中，滤纸与染液接触面标明起始线，30min 后取出晾干，测定比移值（R_f）。

$$R_f = 染液上升高度/水分上升高度$$

性能区域分类为：1 区：直接性非常高，R_f 为 0.00 ~ 0.20；2 区：直接性高，R_f 为 0.21 ~ 0.40；3 区：直接性中等，R_f 为 0.41 ~ 0.60；4 区：直接性低，R_f 为 0.61 ~ 0.80；5 区：直接性非常低，R_f 为 0.81 ~ 1.00。

三、分散染料品质的鉴定

从染料应用角度来讲，分散染料的品质优劣主要取决于扩散性、分散性、高温分散稳定性、焦油含量和热迁移性 5 个方面。

1. 扩散性检测

准确称取 1g 染料，加入 30℃ 水 100mL，用玻璃棒搅拌均匀后，将染料的悬浮液用吸管滴 4 ~ 5 滴在滤纸上，观察它的自然渗圈，其面积越大扩散性越好。有些染料溶液滴入处有 1 ~ 2 层模糊渗圈出现，面积不大，染液渗圈外是水溶液，这种染料应用在搅拌时最好再补充染料用量 20% ~ 30% 的扩散剂 MF，或者添加 2g/L 分散染料修补剂，以改善染料扩散性，提高染料的移染性。非常温染色切不可应用扩散剂 N，因为其不耐高温。

2. 分散性检测

将上述剩余的染料溶液，放在恒温电炉上加热至 70 ~ 72℃，离开热源，用玻璃棒搅拌，观察烧杯壁和玻璃棒上的染料是否呈黏糊状。如果染料溶液的流动性很好，玻璃器皿上几乎无沾污，说明该染料的分散性好，可在100℃或高温高压条件下染色。

3. 高温分散稳定性检测

仍将上述染料溶液倒入玻璃染杯中，放在染样机中，在130℃和0.18MPa条件下处理30min，取出后观察溶液是否变稠。如果观察到染料溶液经加热后变稠厚，用手指触摸有糊状感，说明染料的高温分散稳定性差。缓慢倒在滤纸上（滤纸一般可放在50mL烧杯上），过滤的时间越短越好。

4. 焦油含量检测

将上述经过加热与未加热的染料溶液倒在滤纸上干燥后，若滤纸上呈细小不规则的黑色斑点，即可视为焦油等杂质。如果杂质含量较少，只需在处方中添加一些具有良好分散乳化能力的匀染剂，染中等或深的色泽问题不大。如焦油含量较多，染料溶液表面还会出现如油花状金亮色层。可在染色时加入2g/L分散剂WA，并在染料加入之前先加入少量抑泡剂。

5. 热迁移性检测

用一块染色的涤纶，两面各附贴一块锦纶和醋纤织物，于180℃热压30s后，视附贴织物上的得色评判热迁移性能优劣程度。以灰色卡3级以上为好，反之则较差。

四、阳离子染料的有关测定

（一）配伍指数的测定

1. 定义

阳离子染料染腈纶时的亲和力和扩散速率的综合指标称为配伍指数——以K表示。阳离子拼色染腈纶时，应考虑选用相同或相接近的配伍指数K，才能达到较好的染色效果。

采用黄、蓝二色标准染料各一套，每套由5种染料组成，各有相对应的配伍指数，分别以A、B、C、D、E字母表示，以此作为评比标准。将试样与色光差异较大的标样，分别进行拼混染色，然后对试样进行评比，以测定其配伍指数K。

2. 测定方法

（1）染色配方和条件的规定。

①染色深度：待测染料的染色深度，以标准深度的1/2为宜。

②染色配方：

染料用量	待测染料用量加上拼色用标准染料用量（见表3-7-18）
冰乙酸	1%
结晶乙酸钠	1%
浴比	1:100
染浴pH值	4.5±0.2

③黄、蓝二套标准染料的名称、用量及配伍指数见表3-7-18规定。

④测试配伍指数时染色时间及温度的规定见表3-7-19。

（2）染料溶液的配制。

表 3-7-18 黄、蓝二套标准染料的名称、用量及配伍指数

染料用量(omf)/%	黄色标准染料	配伍指数	染料用量(omf)/%	蓝色标准染料	配伍指数
1.4	阳离子嫩黄 7GL(100%)C.I 碱性黄 24	A	0.65	阳离子艳蓝 RL(100%)C.I 碱性蓝 54	A
1.6	阳离子嫩黄 7GLL(100%)C.I 碱性黄 21	B	0.75	阳离子蓝 B(100%)C.I 碱性蓝 5	B
1.0	阳离子黄 X-8GL(100%)C.I 碱性黄 13	C	0.5	阳离子蓝 X-GRRL(100%)C.I 碱性蓝 41	C
0.75	阳离子黄 3RL C.I 碱性黄 15	D	0.6	阳离子蓝 ER C.I 碱性蓝 77	D
0.6	阳离子金黄 M-GRL(100%)C.I 碱性黄 29	E	1.2	阳离子蓝 FGL(100%)C.I 碱性蓝 22	E

表 3-7-19 测试配伍指数时染色时间及温度的规定

配伍指数	A	B	C	D	E
温度/℃	90	90	90	95	95
时间/min·份$^{-1}$	3	4	5	5	5

(3)染色操作。以待测染料阳离子红 X—GRL 与黄色标准染料拼染为例。

①染液的配制见表 3-7-20。

表 3-7-20 染液的配制

染缸编号		1	2	3	4	5
黄色标准染料	名称	阳离子嫩黄 7GL(100%)	阳离子嫩黄 7GLL(100%)	阳离子黄 X—8GL(100%)	阳离子黄 3RL	阳离子金黄 M—GRL(100%)
	用量(omf)/%	1.4	1.0	1.1	0.75	0.6
待测染料阳离子红 X—GRL(100%)用量(omf)/%		0.9	0.9	0.9	0.9	0.9

②操作:将前处理过的等重织物 30 份,每份为 1g(每一个染缸要用六份织物),按标样配伍指数的规定时间及温度,将第一份织物入染,勤翻动,到时取出,挤干,并用少量 pH 值为 4.5±0.2 的清水洗涤织物。洗液并入原来的染缸,继续保持原体积,然后换第二份织物入染,到时取出,操作同第一份织物。其余四份相继投染,只是最后一份织物(即第六份)进行沸染,竭尽。所有六份织物取出后洗净、烫平、晾干,并按染色先后顺序排好,待评定。

(4)评定。染样按顺序拼染完毕后,用目测评比,凡是一染缸所染制的色布,其前后色泽一致的,或极相似的,则此试样染料的配伍指数,即相等于标样的配伍指数。凡色泽前后不一致的，均不是与标样同一配伍指数。若试验结果介于两个相邻的标准之间，则可评为 AB、BC、CD、DE，如评定的结果在 A 与 E 之外，亦可评为 A^- 或 E^+。

按上述实例阳离子红 X－GRL 与黄色标准染料拼染的结果如表 3－7－21 所示。

表 3－7－21　阳离子红 X—GRL 与黄色标准染料拼染结果

黄色标准染料的配伍指数	待测染料阳离子红 X—GRL 拼染后的色泽
A	红橙，染样色光，明显前黄后红
B	橙，尚均匀，可以目测出前黄后稍红
C	红橙，较均匀，可以目测出后面微微黄一些
D	大红，染样色光，明显前红后黄
E	大红，染样色光，极明显前红后黄

根据目测色泽的不一致性，可以排除 A、D、E 三组的配伍，该染料可列入 C 组（微微偏向 B 一些）。

（二）在腈纶纤维上饱和值的测定

1. 染色条件

染料		碱性染料 5.0%（对纤维重）
		阳离子染料 10%（对纤维重）
浴比		1:50
pH 值		4（阳离子染料），5（碱性染料）

腈纶纤维于 75℃入染，30min 至沸，沸染 120min，染后清洗。

2. 绘制浓度—吸光度标准曲线

准确称取原白腈纶纤维 0.02g，溶于二甲基甲酰胺中，配成 10mL，此溶液的吸光度为 0。另用此溶液配成不同的染料浓度（g/L）试样 4 个，在分光光度计上用该染料最大的吸收波长，测定各试样的吸光度，绘制浓度—吸光度标准曲线，此线应成直线。

3. 测定饱和染色的纤维上的染料含量

准确称取 0.02g 染色纤维，加入分析纯的二甲基甲酰胺（含磷酸，二甲基甲酰胺∶磷酸＝99∶1，体积比）中，在容量瓶中调节至 10mL 刻度，在 40～50℃水浴中加热，使饱和染色纤维充分溶解。在分光光度计上，用该染料的最大吸收波长测出吸光度，然后在标准曲线上查得其浓度（g/L）。

4. 计算

饱和值（S，克染料/100 克纤维）计算：

$$S = C \times \frac{V}{m} \times 100$$

式中：C——饱和染色纤维溶液的浓度，克染料/L；

V——饱和染色纤维溶液的容积，L；

m——饱和染色纤维的质量，g。

饱和值一般作两个平行试验，取其平均值。

（三）在腈纶纤维上相对亲和力的测定

1. 试验仪器

①层析缸：可密封，直径300mm，高300mm。

②毛细管：0.01mL，数根。

③分析滤纸：280mm×300mm。

④二甲基甲酰胺：分析纯。

⑤搪瓷盆：两个，平底，比滤纸略大。

⑥容量瓶：5mL或10mL。

⑦培养皿。

2. 测试方法

（1）腈纶滤纸的制备。称取9g腈纶纤维投入317mL的二甲基甲酰胺中，于50℃加热，使纤维充分溶解，得到3%的腈纶二甲基甲酰胺溶液。将此溶液倒入搪瓷盆中，随即将滤纸投入处理4min（正面处理2min，反面处理2min），取出晾干。晾干的腈纶滤纸在宽度方向用铅笔划好上沿及下沿的边线，边线距边沿为10mm，然后以30mm的间距划出色原点的位置。

（2）染料溶液的制备。称取20mg染料，用0.2mL稀醋酸（10%浓度）调浆，再用1mL热水冲稀，加入5mL甲醇，移入10mL容量瓶中，用蒸馏水冲稀到10mL刻度。得到2g/L的水—甲醇—染料溶液，待用。

（3）点样。将腈纶滤纸平放，把配好的染液用毛细管吸取0.01mL，在原点位置点样，随滴随用热风吹干，滴至0.01mL染液为止。点的直径能在5mm以下为好。

（4）层析缸的使用。层析缸可以密封，缸盖有一小孔并装一分液漏斗，缸内放一培养皿，缸底加入250～500mL的50g/L的烷芳基季铵盐（匀染剂ODB或匀染剂TAN等）水溶液。

（5）层析试验。将点好染料的腈纶滤纸卷成圆筒，用细线对缝，放入层析缸的培养皿中，盖上，放置使容器饱和，然后将展开剂（50g/L的烷芳基季铵盐）倒入分液漏斗，缓慢流入培养皿中。为防止液滴溅到滤纸上，分液漏斗出口至培养皿处可加引流棉纱。

待展开剂流到腈纶滤纸下沿的边线时，层析开始，计时。待展开剂渗透到腈纶滤纸上沿边线时，停止层析，记下时间，取出滤纸，晾干。每次试验条件要一致。

（6）计算。将腈纶滤纸上各层析点划好圆圈，求出中心点，然后量出中心点与色原点的距离，计算相对亲和值（D_c）：

$$D_c = \text{展开剂移动距离/染料移动距离}$$

（7）数据处理与分类。将全部测定的相对亲和值（D_c）加以整理，按D_c值的大小将各种阳离子和碱性染料分成三类，即相对亲和值大的、相对亲和值中等的和相对亲和值小的。

五、涂料的有关测定

（一）涂料中总挥发物的测定

1. 仪器、设备

①分析天平：称量精度±0.0002g。

②铝箔盘：直径 58mm，高 18mm。

③烘箱。

④注射器：1.0mL。

2. 测定方法

按水性涂料中挥发性物质的含量范围确定称取的试样量：挥发性物质少于 40% 时，称样量为(0.3 ±0.1)g；挥发性物质多于 40% 时，称样量为(0.5 ±0.1)g。

用注射器吸取样品，并称重(注射器 + 试样)。在已称重的铝箔盘(m_1)中加入(3 ±1)mL 的蒸馏水，用注射器注入试样的同时摇动铝箔盘，以使试样能分散在蒸馏水中。如果有块状物形成，弃之不用，按上述步骤重新制样。然后称注射器质量，减少的质量为注入铝箔盘中的试样量(m_a)。

试样在(110 ±5)℃的烘箱中保持 60min，取出后放在干燥器中冷却至室温，并称重(m_2)，精确至 0.1mg。

3. 计算

计算总挥发物质的质量分数：

$$V = (1 - \frac{m_2 - m_1}{m_a}) \times 100\%$$

式中：V ——总挥发物质的质量分数，%；

m_1——铝箔盘的质量，g；

m_2——烘干后铝箔盘和试样的总质量，g；

m_a——试样的质量，g。

(二)水性涂料中水分含量的测定——气相色谱法

1. 仪器与试剂

(1)仪器。

①备有热导检测器及程序升温控制的气相色谱仪。

②色谱柱：柱长 2.0mm，外径 3.2mm，填装 60 ~80 目的高分子多孔微球的不锈钢柱。

③记录仪。

④微量注射器：10μL 或 20μL。

⑤具塞式玻璃瓶：10mL。

(2)试剂。

①无水二甲基甲酰胺(DMF)：色谱纯。

②无水异丙醇。

2. 测定方法

(1)仪器操作条件

样品汽化温度	200℃
检测器	温度 240℃，电流 150mA
柱温	程序升温，初始温度 80℃， 升温速度 30℃/min，终温 170℃

载气　纯度为99.995%以上的氦气或高纯氮气

(2)测定水的响应因子 R。在同一具塞式玻璃瓶中称0.2g的蒸馏水和0.2g的异丙醇，称准至0.1mg，加入2mL的二甲基甲酰胺，混匀。用微量注射器进1μL样品，并记录其色谱图。

计算水的响应因子 R：

$$R=\frac{m_i \times A(H_2O)}{m(H_2O) \times A_i}$$

式中：m_i——异丙醇质量，g；

$m(H_2O)$——水的质量，g；

$A(H_2O)$——水峰面积；

A_i——异丙醇峰面积。

如异丙醇和二甲基酰胺为非无水试剂，则以同样量的异丙醇和二甲基酰胺(混合液)，但不加水作为空白试验，记录空白试验的水峰面积。

计算水的响应因子 R：

$$R=\frac{m_i \times [A(H_2O)-B]}{m(H_2O) \times A_i}$$

式中：m_i——异丙醇质量，g；

$m(H_2O)$——水的质量，g；

A_i——异丙醇峰面积；

$A(H_2O)$——水峰面积；

B——空白试验中水的峰面积。

(3)样品分析。称取0.6g涂料和0.2g异丙醇，称准至0.2mg，加入到具塞玻璃瓶中，再加入2mL二甲基酰胺，盖上瓶塞。同时准备一个不加涂料的异丙醇和二甲基酰胺的混合溶液做空白样。用力摇动装有试样的小瓶15min，放置5min，使其沉淀，也可使用低速离心机使其沉淀。吸取1μL试样瓶中的上清液，注入色谱柱中，并记录其色谱图。

计算涂料中水的含量：

$$\text{水的含量}=\frac{m_i \times A(H_2O)}{m_C \times A_i \times R} \times 100\%$$

式中：$A(H_2O)$——水峰面积；

A_i——异丙醇峰面积；

m_i——异丙醇质量，g；

m_C——涂料质量，g；

R——响应因子。

(三)总挥发性有机化合物的含量(*TVOC*)的计算

总挥发性有机化合物的含量(*TVOC*)计算：

$$TVOC=\frac{[m_V-m(H_2O)]\times D_C}{1-m(H_2O)(D_C/D_w)}\times 10^3\times 100\%$$

式中：$TVOC$——涂料中挥发性有机化合物含量，g/L；

m_V——涂料中挥发性物质质量分数，%；

$m(H_2O)$——涂料中水的质量分数，%；

D_C——水性涂料中的密度（按 GB 6750—86 测定），g/mL；

D_W——水的密度，g/mL。

（四）游离甲醛的测定

1. 仪器与试剂

（1）仪器与设备。分光光度计，全玻璃蒸馏器，容量瓶，50mL 纳氏比色管，移液管，研钵。

（2）试剂。

①硫酸（H_2SO_4）：$\rho=1.84$g/mL。

②氢氧化钠溶液：$c(NaOH)=1$mol/L。

③硫酸溶液：$c(\frac{1}{2}H_2SO_4)=1$mol/L。

④硫酸溶液：$c(\frac{1}{2}H_2SO_4)=6$mol/L。

⑤碘溶液：$c(\frac{1}{2}I_2)\approx 0.05$mol/L。

⑥乙酰丙酮溶液：将 50g 乙酸铵、6mL 冰乙酸及 0.5mL 乙酰丙酮试剂溶于 100mL 水中，此溶液在冰箱中保存至少可稳定一个月。

⑦重铬酸钾标准溶液：$c(\frac{1}{6}K_2Cr_2O_7)=0.0500$mol/L。

⑧硫代硫酸钠标准滴定溶液：$c(Na_2S_2O_3\cdot 5H_2O)\approx 0.05$mol/L。

⑨甲醛（HCHO）标准溶液。

⑩淀粉指示剂：1%（w）。

2. 测定步骤

（1）标准曲线的绘制。取数支 50mL 具塞刻度管，分别加入 0、0.50mL、1.00mL、3.00mL、5.00mL、8.00mL 甲醛标准使用溶液，加水至 50mL。60℃水浴中加热 30min，取出后冷却至室温，在尽可能短的时间内测定。用 10mm 比色皿，在波长 414nm 处，测量吸光度，以吸光度和对应的甲醛量绘制标准曲线。

（2）甲醛含量的测定及计算。称取 0.3g（精确至 0.0001g）试样，置于事先加入 20mL 蒸馏水的 100mL 蒸馏瓶中，加热蒸馏并收集馏分，收集馏分的瓶中要先加入适量的水浸没冷凝管出口，试样蒸至近干。把收集的馏分移至 50mL 具塞刻度管中，用水稀释到刻度，待测。制备好的试样加入 2.5mL 乙酰丙酮溶，摇匀。于 60℃水浴中加热 30min，取出后冷却至室温，在尽可能短的时间内测定。

用 10mm 比色皿，在波长 414mm 处，测量吸光度，减去空白试验所测得的吸光度，从标准曲线上查出试样中甲醛的含量。

用50mL水代替试样，进行平行操作。

(3)甲醛含量的计算。甲醛含量C(mg/kg)计算：

$$C = m/m$$

式中：m——从标准曲线上查得的甲醛的质量，μg；

m——称取的试样的质量，g。

(五)水性涂料中重金属含量的测定

1. 仪器和设备

(1)仪器。5mL大肚移液管，100mL高型玻璃烧杯，10.0mL刻度移液管，电热板，50mL、100mL容量瓶，火焰原子吸收光谱仪，铅、铬、镉、汞空心阴极灯。

(2)试剂(所用试剂均为分析纯或以上级)。硝酸，1%(φ)硝酸溶液，高氯酸，硫酸混酸(硝酸:高氯酸:硫酸=3:1:1)，1000μg/mL铅标准液，1000μg/mL镉标准液，1000μg/mL铬标准液，50μg/mL铅标准储备液，50μg/mL镉标准储备液，50μg/mL铬标准储备液。

2. 测定步骤

(1)试验溶液的制备。称取1g左右(精确至0.0001g)样品于100mL高型玻璃烧杯中，加入混酸10mL并放置在电热板上缓慢加热，待试样完成氧化后，逐渐升高电热板温度至烧杯中的残余溶液少于2mL。冷却至室温后加入适量的水并将其转移至50mL容量瓶中待测，如果烧杯中有不溶物应过滤。同时做空白试验。

(2)铅含量的测定及计算。

①标准曲线的绘制：

a. 标准参比溶液的配制：用刻度移液管将铅标准储备液按(表3-7-22)所示体积分别注入5个100mL容量瓶中，然后用硝酸溶液分别稀释至刻度，摇匀。

表3-7-22 铅标准参比溶液配比方法

标准参比溶液	铅标准储备液的体积/mL	铅标准参比溶液/μg·mL^{-1}
空白	0	0
1	2.0	1.0
2	4.0	2.0
3	8.0	4.0
4	10.0	5.0

将铅空心阴极灯安装在光谱仪上，将波长调至217.0nm处，按仪器说明书调整仪器，使其处于测定铅的最佳条件。调节乙炔和空气流量并点燃火焰，使其在测量标准参比溶液时的吸光值处于最佳。

分别使每个标准参比溶液(表3-7-22)以浓度上升的顺序通过抽吸进入火焰并读取其吸光值。

b. 绘制标准曲线：以标准参比溶液铅的浓度(以μg/mL计)为横坐标，以相应的吸光度减去空白试验溶液的吸光度为纵坐标绘制曲线。

将试验溶液抽吸入火焰并读取其吸光度。若试验溶液的吸光值高于浓度最高的铅标准参比溶液的吸光度，可用1%（φ）硝酸溶液适当稀释该试验溶液（稀释因子 F）。

②计算：涂料中铅的质量百分含量（所得结果精确至小数点后一位）。

$$Pb(mg/kg) = \frac{C - C_0}{m} \times V \times F$$

式中：C_0——空白试验溶液铅的浓度，μg/mL；

C——从标准曲线上查得的试验溶液铅的浓度，μg/mL；

F——稀释因子；

m——试样的质量，g；

V——试样溶液的体积，mL。

（3）镉含量的测定及计算。

①标准曲线的绘制：

a. 标准参比溶液配制：用刻度移液管将镉标准储备液按表 3－7－23 所示体积分别注入 5 个 100mL 容量瓶中，然后用硝酸溶液分别稀释至刻度，摇匀。

表 3－7－23　镉标准参比溶液配比方法

标准参比溶液	镉的标准储备液的体积/mL	标准参比溶液中镉的浓度/$\mu g \cdot mL^{-1}$
0	0	0
1	1.0	0.5
2	2.0	1.0
3	3.0	1.5
4	4.0	2.0

将镉空心阴极灯安装在光谱仪上，将波长调至 228.8nm 处，按仪器说明书调整仪器，使其处于测定镉的最佳条件。调节乙炔和空气流量并点燃火焰，使其在测量标准参比溶液时的吸光值处于最佳。分别使每个标准参比溶液以浓度上升的顺序通过抽吸进入火焰并读取其吸光值。

b. 绘制标准曲线：以标准参比溶液镉的浓度为横坐标，以相应的吸光度减去空白试验溶液的吸光度为纵坐标绘制曲线。

将试验溶液抽吸入火焰并读取其吸光度。若试验溶液的吸光值高于浓度最高的镉标准参比溶液的吸光值，可用1%（φ）硝酸溶液适当稀释该试验溶液（稀释因子 F）。

②计算：涂料中镉的质量百分含量（所得结果精确至小数点后一位）。

$$Cd(mg/kg) = \frac{C - C_0}{m} \times V \times F$$

式中：C_0——空白试验溶液镉的浓度，μg/mL；

C——从标准曲线上查得的试验溶液镉的浓度，μg/mL；

F——稀释因子；

m——试样的质量，g；

V——试样溶液的体积，mL。

(4)铬含量的测定及计算。

①标准曲线的绘制：

a. 标准参比溶液的配制：用刻度移液管将铬标准储备液按表3－7－24所示体积分别注入5个100mL容量瓶中，然后用硝酸溶液分别稀释至刻度，摇匀。

表3－7－24　铬标准参比溶液配比方法

标准参比溶液	铬的标准储备液的体积/mL	参比溶液中铬的浓度/$\mu g \cdot mL^{-1}$
0	0	0
1	2.0	1.0
2	4.0	2.0
3	6.0	3.0
4	8.0	4.0

将铬空心阴极灯安装在光谱仪上，将波长调至357.9nm处，按仪器说明书调整仪器，使其处于测定铬的最佳条件。调节乙炔和空气流量并点燃火焰，使其在测量标准参比溶液时的吸光值处于最佳。分别使每个标准参比溶液以浓度上升的顺序通过抽吸进入火焰并读取其吸光值。

b. 绘制标准曲线：以标准参比溶液铬的浓度为横坐标，以相应的吸光度减去空白试验溶液的吸光度为纵坐标绘制曲线。

将试验溶液抽吸入火焰并读取其吸光值。若试验溶液的吸光度高于浓度最高的铬标准参比溶液的吸光度，可用1%(φ)硝酸溶液适当稀释该试验溶液(稀释因子F)。

②计算：水性涂料中铬的质量百分含量(所得结果精确至小数点后一位)。

$$\mathrm{Cr(mg/kg)} = \frac{C - C_0}{m} \times V \times F$$

式中：C_0——空白试验溶液铬的浓度，μg/mL；

C——从标准曲线上查得的试验溶液铬的浓度，μg/mL；

F——稀释因子；

m——试样的质量，g；

V——试样溶液的体积，mL。

(六)涂料中卤代烃、苯、甲苯、二甲苯的测定

1. 仪器和试剂

(1)仪器。

①载气：高纯氮。

②燃气：氢气，纯度>99.8%。

③助燃气：空气。

④气相色谱仪：能满足分析条件要求的任何型号的配有氢火焰离子化检测器的色谱仪，对苯的检出限 $D \leqslant \times 10^{-9}$g/s。

⑤色谱柱：非极性毛细管色谱柱，0.25mm×30m×0.25μm 膜厚（如：HP—1，DB—1）。

⑥进样器：能满足分析条件的任何型号的顶空进样装置。

⑦顶空用样品瓶：20mL。

⑧一次性注射器：5mL。

（2）试剂（均为分析纯）。二氯甲烷，1，1－二氯乙烷，1，2－二氯乙烷，1，1，1－三氯乙烷，1，1，2－三氯乙烷，四氯化碳，苯、甲苯，二甲苯（间、邻、对二甲苯混合物）乙苯，甲醇。

2. 试验步骤

（1）色谱操作条件。

①顶空进样器：

浴温	80℃
平衡时间	90min
定量管体积	10μL，温度 85℃
气体传输线温度	85℃

②气相色谱仪：

进样方式	分流进样
分流比	不带顶空进样器时 20:1 带顶空进样器时 80:1
载气流速	1.0mL/min
氢气流速	30mL/min
空气流速	380mL/min
柱温	持续升温，40℃保持 4min，然后以 10℃/min 升至 150℃保持 5min
进样口温度	150℃
检测器温度	280℃
尾吹	10mL/min
色谱柱老化	280℃下，老化过夜（约 16h）

（2）测定步骤。

①被测物保留时间的测定：在样品瓶中加入被测组分的标准物，置于顶空进样器中，按色谱条件，待仪器稳定后，由顶空进样器向色谱仪自动进样，记录各组分的保留时间。各组分的保留时间顺序如图 3－7－2 所示。

②定性检验样品种类的组分：在样品瓶中加入 2g 样品，按上述条件进行检测，从色谱图中确定是否存在被测物，如果检测出被测物，记录下被测物的峰面积。

③混合标准溶液的配制：按定性检测出的被测物以甲醇为溶剂配制混合标准溶液。混合标准溶液中各组分的量，按下述要求配制：

a. 确定加入到试样中混合标准溶液的量，按所取试样量的 10% 左右。

b. 混合标准溶液中每个标准组分在色谱图上的峰面积应小于试样各被测组分在色谱图上

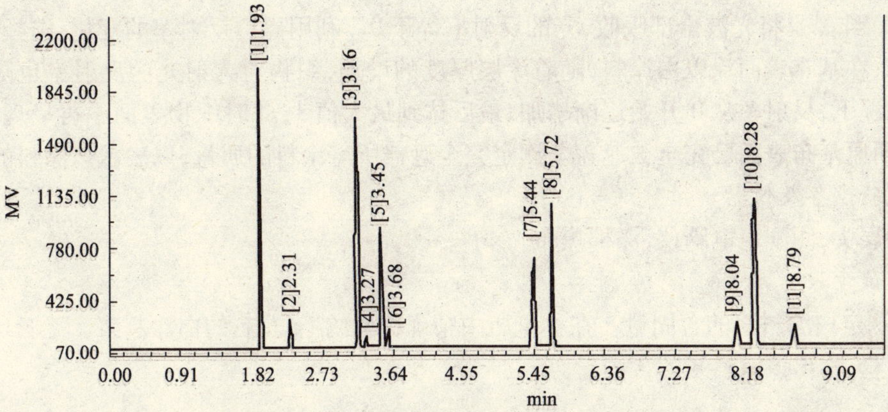

图 3－7－2　被测组分在色谱仪中的保留时间

峰 1—甲醇　峰 2—二氯甲烷　峰 3—1,2－二氯乙烷　峰 4—1,1,1－三氯乙烷　峰 5—苯　峰 6—四氯化碳　峰 7—甲苯　峰 8—1,1,2－三氯乙烷　峰 9—对二甲苯　峰 10—间二甲苯　峰 11—邻二甲苯

的峰面积。

④样品测定：用注射器吸取样品（样品应充分均匀），用减量法称取 2g 试样（精确至 0.0001g），分别注入两个样品瓶中，再用减量法准确称取混合标准溶液，注入其中一个样品瓶中，称取混合标准溶液的量按（2）中③的方法确定，并尽快封闭样品瓶。

把已称好试样的样品瓶置于顶空进样器中。待仪器稳定后开始测试，并计算测试结果。

3. 计算

计算各被测物的浓度 C_x：

$$C_x = \frac{A_{s2} \times m_{std} \times C_{std}}{A_{s1+std} \times m_{s2} - A_{s2} \times m_{s1}} \times \frac{1}{L} \times 100\%$$

式中：A_{s1+std}——加入标准溶液的试样 1 在色谱图中的峰面积；

A_{s2}——试样 2 在色谱图中的峰面积；

C_x——被测物的质量分数，%；

C_{std}——混合标准溶液中被测物的标准组分的质量分数，%；

m_{s1}——试样 1 的质量，g；

m_{s2}——试样 2 的质量，g；

m_{std}——加入到试样 1 中混合标准溶液的质量，g。

L——水性涂料中水的质量分数，%。

（七）白涂料遮盖力的测定

1. 原理

涂料的遮盖力是指在织物表面涂上一层均匀的涂料膜，使织物表面表现有另外一种颜色，而把织物表面原来的颜色遮盖住，涂料的这种不使底色透过膜的能力称为涂料的遮盖力。遮盖力越好，即被覆盖能力越强，一般以 g/m^2 表示。彩色从红色→紫色，无色从白色→黑色。彩色是将入射光的部分光波反射，使反射波长不周全。纯白是将入射光的光波全部反射，光的反射率等于1。纯黑是将光波全部吸收，光的反射率等于0。利用黑白反射率的变化，选择黑色织物作为基布，在基布表面涂以白涂料，随着涂层厚度的增加，织物对入射光的反射率也随之增大。理想的情况下，反射率从0开始逐渐增加，最后达到最大值1，此时织物表面不再呈现黑色而是白色，表明原基布表面已完全被遮盖。测定完全遮盖所需涂料的质量，以表示该涂料的遮盖力。

2. 试验设备及仪器

小涂层头，测配色电脑仪，涤棉黑布。

3. 测试步骤

(1)测定白涂料浆的含固量。在称量瓶中精确称取约1g左右的白涂料浆，置于100℃烘箱中烘至恒量，称出该涂料浆的含固量。

$$含固量 = \frac{烘后质量}{烘前质量} \times 100\%$$

(2)准备黑色涤棉试验布，每块约15cm×20cm，绷紧在小涂层头上，涂上不同厚度的白涂料，涂层厚度要选择其反射率在0.8范围，之后连同绷架在100℃温度下烘3min。

(3)在各块试验布上裁取5cm×4cm的试样在测配色电脑仪上，以标准白板为基准，测定试样的反射率($\lambda = 600$nm)

(4)裁取一块未经涂层的涤棉黑布原样，面积同上，与已测定反射率的试样一起置于表面皿上，在100℃烘箱中烘至恒重，称取质量。从两者质量之差，得到黑底布上白涂料的涂量。

4. 计算

$$H = \frac{m}{B \times r} \times 10000$$

式中：H——遮盖力，g/m^2；

m——涂层质量，g；

B——试样面积，cm^2；

r——涂料浆的含固量，g/g。

5. 结果分析

以反射率(R)作横坐标，遮盖力(H)为纵坐标，绘制曲线图。从曲线图查测定涂料的遮盖力，$R = 0.8$时的H值，即每平方米基布完全覆盖所需的涂料质量(g)，表示了该涂料的遮盖力。

六、硫化及硫化还原染料中游离硫磺的测定

1. 仪器及材料

①脂肪萃取器：容量为500～750mL。

②滤纸：筒状滤纸或面积为20cm×20cm的滤纸。

2. 试剂

①甲苯：化学纯。

②结晶亚硫酸钠。

③碘标准溶液：$c(\frac{1}{2}I_2)=0.1mol/L$。

④甲醛溶液。

⑤冰乙酸：30%。

⑥盐酸；

⑦氯化钡。

⑧溴水。

⑨可溶性淀粉。

⑩刚果红。

3. 测定方法

称取约10g粉状硫化染料（精确至0.001g），置于筒状滤纸内或均匀平铺于滤纸的1/2面积上，然后将滤纸对叠卷成筒状（注意勿使染料漏出），放在抽取器中。将100～150mL甲苯加入抽取器的烧瓶中，然后将抽取器置于水浴中，加热8h。抽取硫时应保持甲苯回流，回流速度约15min循环一次，抽取完毕后，将含有硫磺的甲苯以分馏法将甲苯与硫磺分开。再将残渣置于水浴上将甲苯蒸干；加入25mL蒸馏水以及2.5g结晶亚硫酸钠，回流沸腾至硫磺完全溶解为止，滤去不溶性杂质，用蒸馏水充分洗涤至洗液在试管中加数滴溴水、盐酸、氯化钡不发生混浊为止。于滤液中加入3～4mL 36%～38%甲醛溶液（结晶亚硫酸钠用量超过2.5g，则甲醛溶液应按1g结晶亚硫酸钠加1.6mL 36%～38%甲醛溶液的比例加入），再加入30%乙酸溶液，至使刚果红指示剂呈弱酸性为止。加入10mL 0.5%淀粉溶液，以0.1mol/L碘$(\frac{1}{2}I_2)$标准溶液滴定至终点。

计算：

$$游离硫磺含量=\frac{V\times c\times 0.032}{m}\times 100\%$$

式中：V——滴定用去碘$(\frac{1}{2}I_2)$标准溶液的体积，mL；

c——碘$(\frac{1}{2}I_2)$标准溶液的浓度，mol/L；

0.032——1mmol硫$(\frac{1}{2}S)$的质量，g/mmol；

m——试样的质量，g。

七、提升力的测定

提升力是指染料在纤维上的颜色深度随所使用的染料量增加而递增的性质。提升力好的染料具有较好的染深性，可以通过染料用量来获得深色染色效果。提升力常采用绘制提升力曲线来表示，也可采用评级用色卡来评定。

1. 原理

在染料染色中，随着染色深度的提高，染料利用率逐渐降低，表现为提升力方面的差异，即在较高的染色浓度下，染色物深度的增加趋势减少，以致不再加深。本方法采用达到 1/1 染色标准深度所用染色浓度为基准，定为 C,$2C$,$4C$ 三档浓度染色，若后两块染样间仍具有明显的深浅差别时，该染料提升力较好，否则提升力次之。测定按染料实际应用的染色方法进行。

2. 测定步骤

(1)染色深度的确定。根据染色要求，可采用轧染法或浸染法进行染色。采用浸染法时，染料用量（指 C）在 6%（omf）以内；采用轧染法时，染料用量在 60g/L 以内，以一定浓度间隔染色。将不同浓度的染色物用"色标准深度色卡"或测定仪测定。染制 1/1 标准深度所用的染色浓度，将这一浓度定为 C（该数值应在具体品种的产品标准中予以规定）。

(2)染色。以 C 为基准，按 C、$2C$、$4C$ 三档浓度染色，染色操作可参阅本章第四节及本篇第九章有关内容。

(3)评级。目测评定后两块染样及首尾两块染样间的级别，由此确定染料的提升力级别，共分 A、B、C、D 四级。评定方法见表 3-7-25。

表 3-7-25　提升力的评定方法

A	优	C 与 $4C$ 染样 ≤2 级且 $2C$ 与 $4C$ 染样 <3 级
B	良	C 与 $4C$ 染样 ≤2 级，且 $2C$ 与 $4C$ 染样 ≥3 级
C	一般	C 与 $4C$ 染样 >2 级
D	差	染不到 1/1 染色标准深度（在规定浓度以内）

第八章　配色仿样

第一节　染料及颜色的基本知识

一、染料的基本知识

染料的名称由三部分组成即冠首、色称和字尾。

①冠首：表示染料所属按应用分的类别。例如：直接、酸性、活性等。

②色称：表示染料所染的基础颜色。如黄、红、蓝、黑等颜色，又可以加适当的形容词，如：老、嫩、深等，特别是鲜艳和明亮的染料，常加艳、亮等。

③字尾：通常以一定的符号和数字，来说明色光、牢度以及其他染色性质。

现将常见的符号说明如下：

1. 表示染料的色光、性质等

B：带蓝光。

C：不溶性偶氮染料色基的盐酸盐。

D：适用于染色。

E：①表示浓度；②表示匀染性好；③适用于竭染。

F：染色牢度好。

G：①带黄光；②带绿光。

K：活性染料中的热固型。

KN：乙烯砜型活性染料。

L：①表示耐光性良好；②表示染料的可溶性。

M：含双活性基团的活性染料。

N：表示正常或标准的意思，或表示一种色光、应用类别及各项染色牢度相似，而化学结构不尽相同的染料。

P：适用于印花。

R：带红光。

S：①适用于染丝；②表示染料的可溶性。

V：带紫光。

W：适用于染羊毛。

X：普通型活性染料。

Y：带黄光。

2. 表示染料的浓度或力份

conc：浓。

h·c:高浓。

eX:特浓。

double:双倍浓。

100%、200%、300%等表示染料力份。染料的力份是以一个浓度的染料作标准而比较出来的。通常把标准染料的力份定为100%,50%的力份即染物的色光浓度是标样染料的一半,200%就是比标准染料浓一倍。

3. 表示染料的物理状态

pdr.:粉状。

liq.:液状。

pst.:浆状。

Micro·pdr.:细粉状。

P. f. f. d.:染色用细粉。

P. f. f. p.:印花用细粉。

二、颜色的基本知识

1. 光与色

颜色与光有着密切的关系,认清它们的关系,有利于在打样时提高其准确性。进行配色时,对接触的染料以及经过染整加工上染织物的染料所反映的颜色要有正确的认识。颜色是由于光的照射而产生的,没有光就没有颜色感觉,物体具有颜色是因为它们吸收了某一波长范围的可见光时,物体才显示出彩色。物体的颜色与光源有关,因此在比较样品颜色时,应选定一个标准光源,才能有一个统一的颜色感觉。

2. 颜色的基本特征

颜色分彩色和非彩色两大类。彩色是配色者要了解的,它有三种特性,即色调(色相)、明度(亮度)、饱和度(纯度、彩度),这三点是打样与标样相比的理论依据。在配色过程中认识某一染料的色别,不仅要注意"色",同时还要注意"调",在配色中掌握明度与白光吸收原理的关系,增强或削弱色泽的明度。例如,配好一只红色而嫌不够鲜明,则可加一些黄色或橙色染料,以达到提高明度的目的。

第二节 染料的颜色与拼色原理

一、染料的颜色原理

染料一般是有机化合物,大部分有机化合物都是无色的。染料之所以呈现颜色,是它们对各种波长的光波,具有不同吸收特性的结果。它们所表现的色就是被吸收光的补色。

光的波长范围大约在380~780nm之间,是能对人们的视觉器官引起视觉的部分。由一个波长的光波所组成的光叫单色光。不同波长的单色光,在人的视觉上产生不同的色。一定波长的光与另一定波长的光,若以适当的比例混合生成白光,这两种光便相互称为补色。例如:一定量的黄光和蓝光混合后,成为白光,于是黄光与蓝光便互为补色。一种染料能选择吸收蓝光,则它较多地反射黄光,此染料呈黄色。若染料较多地吸收绿光,则此染料呈品红色。若该染料对可见光各波段的光波能平均吸收，则此染料呈灰色。不同波长的光，所呈现的色泽及其补色，如表3-8-1所示。

表3-8-1　光的颜色及波长

波长/nm	光的颜色	补　色	波长/nm	光的颜色	补　色
380～435	紫	黄绿	560～580	黄绿	紫
435～480	蓝	黄	580～595	黄	蓝
480～490	浅蓝	橙	595～605	橙	绿蓝
490～500	蓝绿	红	605～780	红	蓝绿
500～560	绿	品红			

二、染料的拼色与余色原理

1. 拼色原理

在日常的生产中，纺织品品种颜色越来越多，很多颜色只靠单一染料染色不行，一定要靠拼色来解决。在具体拼色的过程中，常将红、黄、蓝三色称为三原色或基本色。以不同量的三原色，可以拼出不同要求的色光。两种原色混合后，所得到的颜色称为二次色。二次色相互配成的颜色叫三次色。它们关系如下：

原色　红　黄　蓝　红　黄

二次色　橙　绿　紫　橙

三次色　黄灰　蓝灰　红灰

红色5分，黄色3分→橙

蓝色8分，红色5分→紫

蓝色8分，黄色3分→绿

红色5分，黄色6分，蓝色8分→黄灰

红色5分，黄色8分，蓝色16分→蓝灰

红色10分，黄色3分，蓝色8分→红灰

拼色是一项复杂而细致的工作，为了防止明显的色差，一般拼色时应掌握以下原则：

(1)拼色用的染料要属同一类型，染料的色光种类越少越好，便于用同一方法进行染色，否则易染花。

(2)拼色用染料的染色性能要相似，如染色的温度、亲和力、扩散性能、牢度等，否则会有色光不一的疵病。

(3)拼色用每种染料的浓度要前后一致，否则拼不出原有的色光。

(4)采用拼色时，染料的种类尽量要少，能用两种染料拼色的，决不用三种染料来拼色，以便于控制色光，易调色。例如：黑色能用黑与蓝拼出的，就不要用红、黄、蓝三种颜色相拼。

(5)拼色时，等量的三原色混合呈黑色。

(6)在实际拼色时，还应注意以下几点，供参考：

①争取"就近出发"，而不要"从远出发"。例如：要求的是橙色，就从橙色出发，而不宜采

用红与黄相拼。

②争取"一补两全"，而不要"两补两全"。例如：要求的是军绿色，应从绿色出发，用暗黄补充黄光和灰光，而不要采用黄和灰同时补充黄光和灰光。

③争取"就近补充"，而不要"就远补充"。例如：要求红光黄，应用橙来补充红光，而不宜用红来补充。再有要求红光蓝，应用紫来补充红光，而不宜用红来补充。

④争取"多方供给"，而不要"单方供给"。例如：要求的是军绿色，应用暗绿和暗黄来拼色。灰光由暗绿和暗黄两方面来供给，而不宜用绿和暗黄来拼灰光，应由多方供给。

⑤争取"一色多方"，而不要"一色单方"。例如：涤/棉细布染浅粉红色，既能用分散染料（聚酯红与分散橙）拼出，又能用活性染料（活性艳红与活性艳橙）拼出，还能用涂料（桃红）拼出。

⑥争取"一色多法"，而不要"一色单法"（要从染色方法考虑）。例如：涤/棉细布染浅湖蓝，用分散蓝与分散红拼出，既能用高温高压溢流法染色，又能用载体法染色，也能用轧染法染色。

⑦争取"一色多织物"，而不要"一色单织物"（从织物考虑）。例如：染浅湖蓝，用分散染料，既能在涤/棉细布上拼出，又能在涤/粘细布上拼出。

2. 余色原理

在掌握拼色原理的同时，还须掌握余色原理。所谓余色：即两种颜色有相互消减的特性。例如：一只带红光的蓝色，如果认为红光太重，则可以加入一些红色的余色，即绿色染料来消减。再如：一只带绿光的蓝色，如果认为绿光太重，则可以加入一些绿色的余色，即红色染料来消减。应用此方法，只能起微量调节色光的作用。如用量太多，反而会影响色泽深度和鲜艳度。图3-8-1是几种颜色的余色关系图：每根对角线两端的颜色就称为余色。

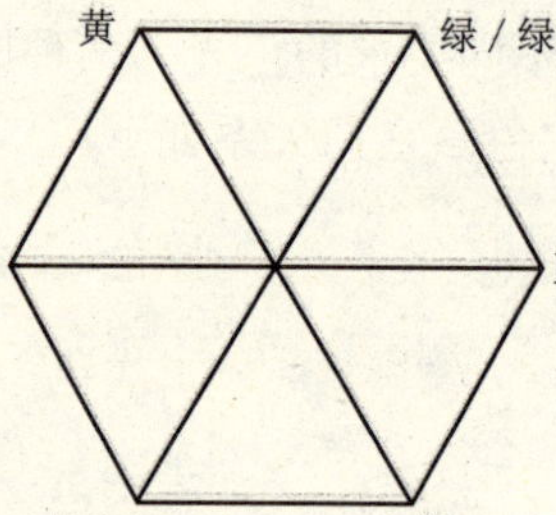

图3-8-1 色相图

牢记以上的拼色与余色原理，在制定小样配方时，要仔细分析对照，灵活应用，不至打样不对，造成不实用等情况。要注意判别拼色后，染色物的色光是否与原样符合（必须在光线匀和、强度适当的光源下进行或按客户指定的标准光源下进行）。同时还须注意，要在小样充分干燥和冷却后，再与标样布相比较。因为湿的样布要比干的样布浓而艳，并且有些染料的样布热时与冷时色光是不一样的。例如：青色就应特别注意。此外还要注意，样布熨烫时，一定要控制好熨斗的温度，不能让熨斗与布面直接接触，以免熨斗过热使布面产生泳移现象。

第三节 同色异谱现象

一、基本概念

在某种确定的照明条件下非荧光性的材料，所显示的颜色主要取决于材料本身的光度特性，所以当两种非荧光性材料的光度特性完全一致时，它们在同样的照明和观察条件下具有相同的颜色。但是，如果这两种非荧光性材料的光度特性不完全一致，则它们必须在某一特定的照明条件下才有可能具有相同的颜色外貌。因此，当两种颜色样品的光谱反射比或透射比不同（异谱），而在特定的照明条件下其颜色外貌又能相互匹配（同色）的颜色刺激就称为“同色异谱颜色”。

二、同色异谱程度的评价方法

根据同色异谱颜色的定义可知，颜色的同色异谱特性只在一定条件下成立，改变观察者或照明光源都将造成两种颜色的失配。因此，在定性评价两种颜色的同色异谱情况时，可以根据两种颜色的光谱反射比的差异，并用变换照明体的方法来考察颜色的外貌。如果两种颜色样品在某一光源下观察是同色的，为了进一步确定这两种颜色样品是同色异谱还是同色同谱（光谱反射比完全相同）颜色，将其置于另一个光源下观察，该光源的光谱功率分布应与原来的不同。如果在新的光源下观察，两种颜色的外貌不同，则可以认为这两种颜色是同色异谱的，如果两种颜色仍然匹配，可继续采用第三个光源照明这两个颜色样品，以判定它们是否为同色异谱颜色。一般，两个颜色样品的光谱反射比有三个波长以上的交叉点，它们在某一光源下会有同色异谱现象。交叉点越多，能满足同色异谱的光源就越多。如果要在三个或更多的光源下使两种颜色具有同色异谱现象，那么这两种颜色的光谱反射比必须在很多波长点上相交。在极限情况下，为使两种颜色在所有光源下均有同样的颜色外貌，该两种颜色的光谱反射比必然是全等的。

为了定量描述颜色的同色异谱程度，CIE（国际照明委员会）于 1971 年 9 月正式推荐一项计算“特殊同色异谱指数（改变照明体）”的方法，该方法适用于照明体的相对光谱功率分布发生改变的同色异谱特性的评价，并用特殊同色异谱指数 M 表征两种颜色在不同照明体下的颜色差别。

具有不同光谱反射特性的两种颜色，对参照照明体和确定的观察者有相同的三刺激值，当改用光谱功率分布与参照照明体有差异的测试照明体后，一般会产生色差 ΔE，这个色差 ΔE 就是该两种颜色的“特殊同色异谱指数”M_t。

同色异谱应用有关问题可参阅本章第七节有关内容。

第四节　对色光源

一、对色光源的发展

在国家标准中，颜色被定义为“光作用于人眼引起除形象以外的视觉特性”，也就是说，人们在对外界事物的颜色进行感知和判断时，光源是决定性的因素。光源分为自然光源和人造光源两种，前者主要指日光，后者则包括白炽灯、卤钨灯、荧光灯、氙灯等各种电光源。在长期的生产和生活实践中，人们已习惯于在自然光下辨认颜色，但是，受时间、气候、季节、纬度等因素的影响，自然光的光色并不稳定，因此现代工业上一般倾向于用人造光源来实现精确色。

为了定义用于评价颜色外观的人造光源，CIE 先后规定了一系列标准照明体和标准光源。其发展大致经历了三个阶段：1931 年 CIE 规定了 A、B、C 三种标准照明体，并推荐了相应标准光源；1967 年为了弥补标准照明体 B、C 在紫外区的不足，规定了 D 系列标准照明体，包括 D50、D65、D75 等，跨度为自然光中的紫外、可见光和红外区域；1970 年以后，随着荧光灯的日益普及和在商业上的广泛应用，CIE 又规定了 F 系列荧光光源，其中 F3 ~ F6 为普通荧光灯、F7 ~ F9 为高显色性荧光灯、F10 ~ F12 为三基色荧光灯。CIE 标准照明体的出现使工业上的精确对色成为可能，所谓对色光源就是指符合或在一定程度上符合 CIE 标准照明体光谱组成的人造光源。

二、常用对色光源简介

印染行业常用的对色光源有 A、D、TL84、CWF、U30 等,这些光源往往被专业生产厂商组合、排列在一只标准光源箱中供客户使用。不同的光源箱其配置可能不同,如美国 Gretag Macbeth 和英国 Verivide 等都有各自的系列灯箱产品,可以满足不同客户的需求。

1. A(INCA)光源

A 光源为色温 2856K 的充气螺旋钨丝灯,属典型的白炽灯,主要用于家庭居室或商店的重点照明。

2. D65 光源

在 D 系列标准照明体中,CIE 推荐 D65 为首选照明体。D65 代表相关色温为 6500K 的平均昼光,是在一年中不分季节,一天中不分时段,对阴天时的北半球北窗昼光进行测量的一个平均结果。在 ISO 105—A01《纺织品色牢度试验通则》和 ASTM D1729《不透明材料目视评价的标准方法》等众多标准中,D65 都是必不可少的标准光源。但是由于 D65 的光谱功率分布特别,目前还没有任何一种人工光源能够发出与 D65 光谱功率分布完全相同的光,只能近似模拟。在大多数标准灯箱中,都以 2 只高显色性荧光灯来模拟 D65 光源。而在 Gretag Macbeth SPL Ⅲ型标准灯箱中,则采用钨丝滤镜技术,以 2 只卤钨灯来模拟 D65 光源。

3. 商业客户光源(F 系列光源)

TL84 光源(F11)属 F 系列荧光光源,是飞利浦(Philips)公司的特有产品,因广泛使用于英国 Marks&Spencer(玛莎百货)而成为欧洲市场重要的商业对色光源。TL84 光源一般采用飞利浦公司内涂稀土荧光粉的"TLD"型(细管径型)荧光灯管来实现,是一种三基色荧光灯,相关色温为 4000K。

CWF 光源(F2)主要用于美国的商业与办公机构,相关色温为 4150K。CWF 是 Cool White Fluoresent 的缩写,即冷白荧光灯。

U30/TL83 光源(Fl2):U30 全称 Ultralume 3000,也是一种三基色荧光灯,相关色温为 3000K。在遍及全美的 Sears(西尔斯)百货公司里,使用的就是由 Westing house(西屋电气)公司制造的 U30 灯管。U30 光源相当于欧洲所使用的 TL83 光源,在 Gretag Macbeth Judge Ⅱ型标准灯箱中,即以飞利浦公司 TL83 荧光灯来实现 U30 光源。

4. 其他光源

除了以上几种光源外,一般光源箱中还配有 UV 光源,这是一种紫外线灯,常单独或与其他光源组合使用,以检查织物是否增白及含荧光染料等。另外,有的灯箱中还配有 HOR(HORIZON)光源,这是一种卤钨灯,模拟早晨或黄昏时的日光。

三、常用对色光源特性

光源的特性是由光源的相对光谱功率分布 $S(\lambda)$ 而决定的。所谓相对光谱功率分布是指光谱密度的相对值与波长之间的函数关系,也即光源发出的光线中,不同波长上的相对能量比例。图 3-8-2~图 3-8-6 给出了几种常用对色光源的相对光谱功率分布曲线,横坐标为波长,纵坐标为相对光谱功率分布。

图 3-8-2~图 3-8-6 所示 5 个常用对色光源其相对光谱功率分布曲线各不相同,有的是连续光谱,有的是非连续光谱,还有的只有几个线状带谱。一定的光谱功率分布表现为一定

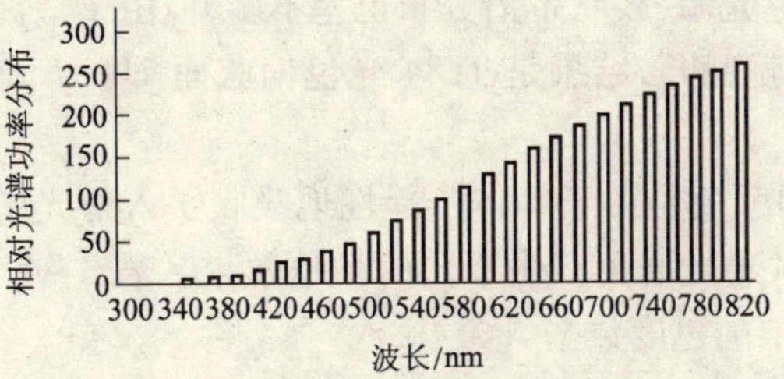

图 3-8-2　白炽灯(标准照明体 A)相对光谱功率分布曲线

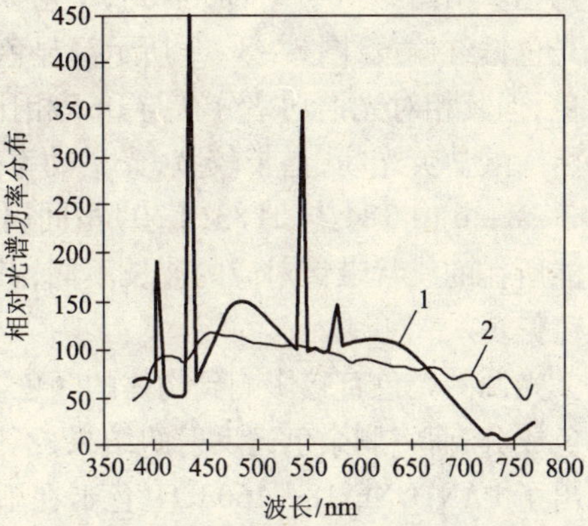

图 3-8-3　标准照明体 D 和模拟 D 高显色日光灯相对光谱功率分布曲线

1—日光灯　2—D65

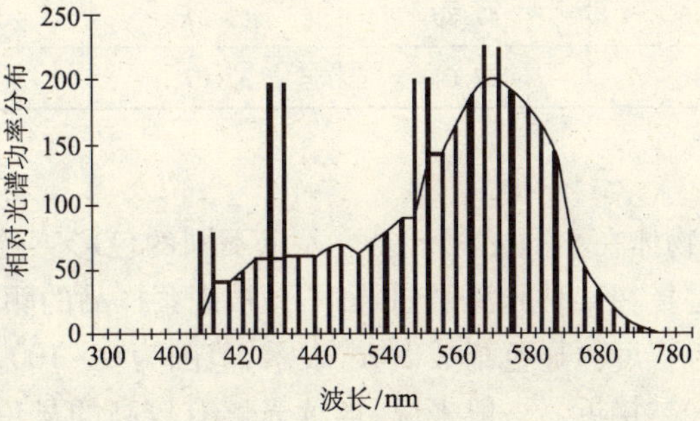

图 3-8-4　英国通用电气公司 CWF 光源相对光谱功率分布曲线

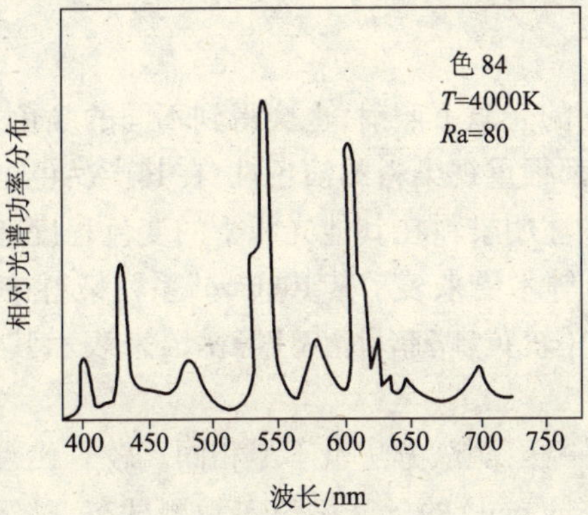

图 3-8-5　飞利浦公司 T84 光源相对光谱功率分布曲线

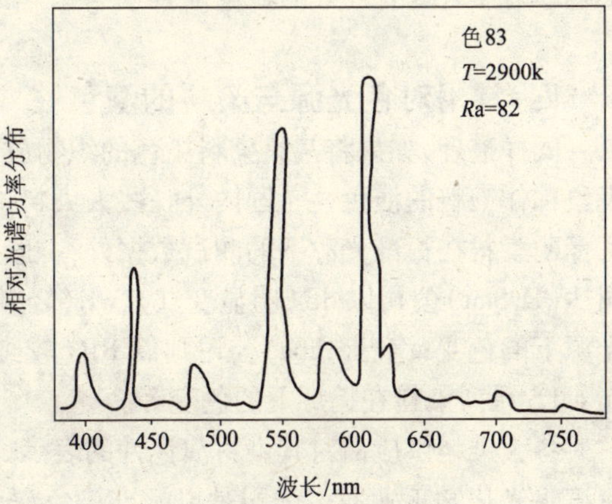

图 3-8-6　飞利浦公司 TL83 光源相对光谱功率分布曲线

的光色。由图3-8-2可以看到,A光源在短波区能量较低,而在长波区间能量较高,因此A光源光色偏红偏黄;图3-8-3所示高显色性日光灯采用多谱带荧光粉,谱带更宽,光色也趋向于白色,但其相对光谱功率分布与D65相比,仍有差距;图3-8-4中CWF为普通荧光灯,采用的是卤磷酸盐荧光粉,谱带较宽,光谱功率分布峰值在580nm附近,光色偏黄、偏绿;图3-8-5、图3-8-6中T84与TL83(U30)虽同属于三基色光源,线状带谱分布也差不多,但由于最高辐射能所在的线状带谱对应的波长不同,其性质也就迥异,结果是TL84光色偏蓝而TL83(U30)光色偏黄。

光源的光色直接影响到物体的颜色。物体的颜色是由于物体选择性地吸收了入射光中的补色成分,而将剩余色光反射的结果,不同的入射光光谱会产生不同的颜色效果。表3-8-2给出了PANTONE 18—1663 TP色卡在不同光源下的色度数据。

表3-8-2　PANTONE 18—1663 TP色卡在不同光源下的色度数据

色度数据 \ 光源	D65	CWF	TL84	U30	A
L	42.83	42.01	47.45	50.69	51.29
a	56.66	42.80	53.31	51.28	58.11
b	29.41	27.64	37.07	42.43	44.40

注　颜色:中国红;视角:10°。

由表3-8-2可知,物体在不同光源下会给人以不同的色彩感觉,这就涉及光源的显色指数问题。光源显色指数是指在某种光源照明条件下,被观察样品的颜色感觉与在日光下观察相同样品时颜色感觉的接近程度。显色指数以R_s表示,范围为0~100,数值越高,表示在此光源下观察颜色的效果与日光越接近。一般来说,连续光谱有较高的显色指数,非连续光谱的显色指数低。如A光源(白炽灯)$R_s \geqslant 95$;模拟D65的高显色日光灯R_s在92左右;而普通荧光灯CWF的R_s则只有62左右;TL83、TL84虽也属于非连续光谱,但由于是三基色光源,其显色指数R_s都大于80,也有较好的显色性。

四、常用对色光源与染料的演色性

同样道理,如果将某只染料染色的织物放在不同的光源下照射,也会得到不同的颜色,这种现象称作染料的演色性。国内外一些大染料供应商都很重视染料的演色性,在其产品色卡上除了标明染料在标准光源下的测试数据外,一般还特别注明染料在其他光源下的变色程度。如德司达(DyStar)公司以dR(明显变红)、wR(轻微变红)等术语来表示其Remazol系列染料在TL84光源下的色变;汽巴(Ciba)公司则以RR(较红)、YD(较黄,略暗、略灰)等术语来表示其Cibacron LS系列染料在钨灯下的色变等。

各大染料供应商对其染料演色性的表示方法不一样,测试方法也不尽相同。较有代表性的台湾永光化学工业股份公司是以标准染色深度3.0%(omf)的丝光染色布为测试布,以标准光源D65为基准,将测试布在钨丝灯和TL84灯下的演色性用AATCC变褪色灰卡进行比较、评级。了解各染料的演色性,对于在不同光源下选择拼色染料很有帮助,而借助于现代化的电脑测配色系统,可以很方便地实现这一点。

五、常用对色光源与照明条件等色

照明条件等色是指两个有色样品在某一对色光源下显示的颜色效果相等,而在另一光源下则不相等的现象(即所谓的转灯或跳灯)。照明条件等色现象的本质是因为样品的光谱反射曲线不同,图 3-8-7~图 3-8-9 清楚地显示了这一点(横坐标为波长,纵坐标为样品反射率)。

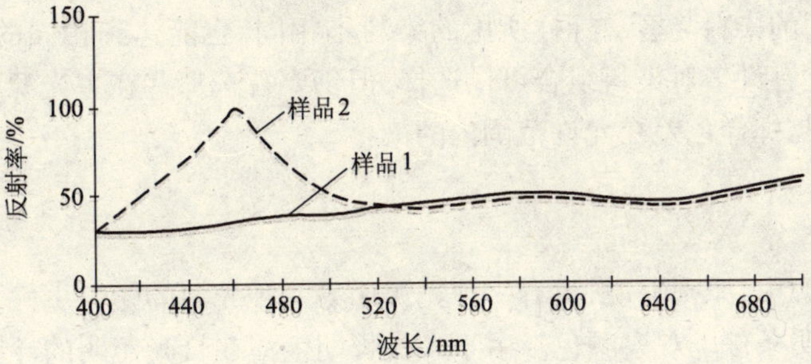

图 3-8-7 样品 1 和样品 2 的反射曲线

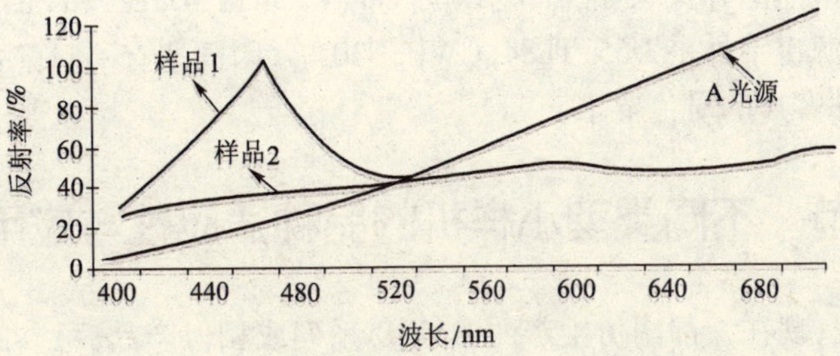

图 3-8-8 样品 1 和样品 2 在 A 光源下的反射曲线

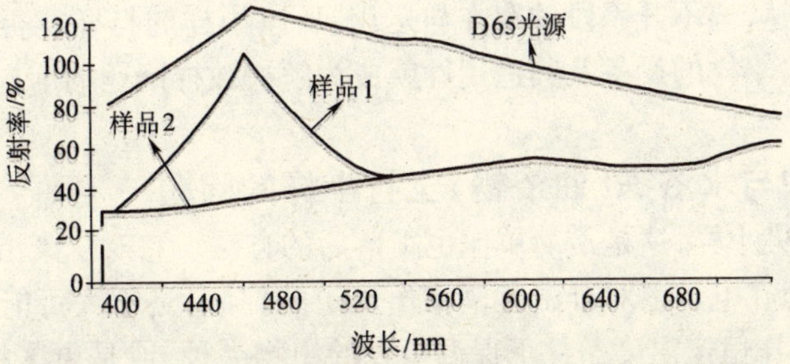

图 3-8-9 样品 1 和样品 2 在 D65 光源下的反射曲线

从图 3-8-7 可以看出,样品 1 和样品 2 波长在 400~520nm 间反射曲线差异很大,而在 520~700nm 间的反射曲线接近,所以当用较高光谱能量集中在长波区间的 A 光源下照射时,两样品显示的颜色效果相等(如图3－8－8所示);而用在蓝波段有较高能量的D65照射时,两样品显示的颜色效果就不相同(如图3－8－9所示)。样品1和样品2的情况就属于条件等色,在色度学中称样品1和样品2是同色异谱色。要判断两个样品是否是条件等色,一般应选择具有连续光谱的光源,且光源光色分别偏向可见光谱的两端,即偏红和偏蓝。国家标准GB/T 15610—1995《同色异谱的目视评价方法》中就规定,对同色异谱色的目视评价应采用标准光源D65和标准光源A。

照明条件等色在工业生产中具有非常重要的意义。这就意味着在实际生产中,只要指定了对色光源,即使使用的染料与客户标样所用的染料不相同,也能达到相同的颜色效果。需要指出的是,虽然理论上有许多对染料组合可供选择,但仍要首选那些在主光源下拼色与标样相同,而在其他光源下又与标样色差在允许范围内的染料。

六、小结

在常用对色光源中,原则上说,没有一种光源比另一种光源的颜色更好,只能够说人们更习惯于在什么样的照明条件下观察颜色。由于人类长期生活在日光照明的环境下,对日光最熟悉也最适应,因此D65应该是最适合的光源。但即使是模拟D65的高显色日光灯,也因价格昂贵而只能在实验室使用,真正在商业上广泛应用的是普通的冷白荧光灯和高效节能的三基色荧光灯,而在家庭居室中,白炽灯因便于装饰被人们大量使用。在对色时,我们必须先统一对色条件,明确对色光源。虽然国外买家如Marks&Spencer、Walmart、Target和Sears等都有各自的企业标准,但其指定的光源也不外乎D65、TL84、CWF、U30等,因此拥有一只配备上述光源的高标准光源箱即可满足国外客户的对色要求。

第五节　不同类型小样机的品种适应性与应用对比

连续染色小样机,现在大都用仿生产的RAPID系列或相似产品,可参阅第二篇第八章染整常用设备简介中的有关内容,在此不做分析。仅对间歇法染色中的小样设备作一简要分析。在间歇法染色中,大生产设备的类型多种多样,小样的设备种类也形式各异,而且小样打样设备与大生产设备的构造与染色方式并非能够完全一致,所以小样仅是手段,大样才是目的。然而为了利于目的的准确到达,离不开手段的存在与运用,所以小样的打样能否做到为大样作出色泽与配方上的准备工作,小样的设备及其适用性就成为解决放样问题的前提。

一、关于在电炉与水浴锅(油浴锅)上打小样的问题

在电炉上用烧杯染小样,这是最简单但也很落后的方法。它对于染浴的温度控制只能直升地烧到沸点为止,要想在电炉上对升温速率作出规定的控制,是不大可能的事。对于像真丝双绉一类需要在80℃等作恒定温度条件下保温染色的织物品种,或是更多的像活性染料、还原染料等需要在沸点以下的其他各中间温度作恒定条件染色的染料品种的打样,都是难于办到的(当然也不可能作130℃等高温条件的小样打样)。

电炉上打样对于染浴浴比的稳定性控制同样也是困难的。由于染浴的水量因蒸发太快而下降严重,故有人干脆以烧干来反映最终小样色泽的稳定性。此时,各种助剂对于染色的作用

和色泽的影响均无法考察和鉴别,因为染料的上染由于水的烧干或所剩无几而基本上可吸尽,使染浴中的各种助剂失去了应有的作用,致使与大生产的染色过程之间缺乏直接的参考价值,结果也必然难于使小样的色泽与大生产染色结果有较好的相似性,得到的小样配方远不能达到为大样配方作定量的程度。这种情况在现代染色要求的形势下,实在是极不适应的。

在电炉上打小样,操作人员的劳动强度大,为了防止样布色花,必须手工不停地搅拌。且打样的只数少,每次以一只为度,最多也只能双手并用打上两只。

另外,电炉上打样对于操作人员的眼睛刺激较大,由于长时间受电热丝灼热的红光和热辐射,使操作人员在打好样后观察和比较样布色泽色光时容易产生视错觉。这与外科手术医生在长时间开刀操作后,眼睛受血液颜色的刺激而造成视觉上的颜色错觉是同样的道理。还因为电热丝既发光又发热,对视觉的影响和情绪的干扰更远甚于血液时眼睛的影响程度,故常常使长期在电炉上打小样的试样人员感到眼睛不适和产生视觉疲劳。

用水浴锅打小样,它的温控能力虽比电炉强,也消除了电热丝对眼睛的刺激问题,但仍属低效、麻烦的手工操作。由于它是属于普通和简单的试化验通用仪器,仪表设施十分简单,并不能满足染色打样的各种要求。它还不能作出精确的升温速率调控,也不能理想地做好任意恒定温度的保温控制,产生的控制误差较大。另外,对于时间的掌握还需要依靠钟表。

在水浴锅上打小样同样需要手工不停地搅拌,故染色杯上面不可能加盖,所以虽然其加热浴的温度可以升到沸点,但染色杯内的染浴温度难于达到沸点,通常最高只能达到 92 ~ 95℃。如果把加热载体改用甘油而成为油浴锅,使染色内的染浴温度可达到沸点,此时染浴水量同样会因无盖而蒸发减少明显,虽然可用补加染浴水量的办法以保持液量稳定,但将造成 pH 值等因素的变化。

水浴锅打样的只数比电炉打样多得多,但因离不开手工搅拌,使操作人员的劳动强度更大。故总的说来,用水浴锅(或油浴锅)打样也不理想。

由于电炉和水浴锅(油浴锅)打样对于染色时的各重要条件都难于达到理想有效的控制,造成小样与大样之间的色泽反映缺乏高度的相似性,放样时对于小样所提供的配方数据只能“仅供参考”,致使放样工作缺乏把握,补加染化料以修正弥补成为经常性的现象。也由于控制能力差而使小样本身的色泽重现性较低,在这种小样本身也缺少可靠性的情况下,先进的电脑测配色仪器也难于在放样工作上发挥出应有的作用与效率。

二、小样机的类型与品种适应性

小样机的打样使得自动化程度大大提高,它对染色过程中各工艺条件的控制能力强,诸如对升温速率、任意恒定温度点保温、染色时间等,都可以按要求作有效的调控,使得小样色泽的重现性稳定,并且打样效率高。一般的小样机每次可打 12 只,也有可以每次打 24 只的小样机。还有分成两档可调温区的,可以同时做两种不同温度条件的小样打样。由于不需要手工搅拌,操作人员的劳动强度低,所以受到了试样人员的普遍欢迎。

目前,已较多使用的小样机有上下升降式小样机和 360°旋转式小样机,以及左右水平摆动的振荡式小样机。但从实际使用情况看,不同类型的小样机对于织物的品种规格和染料类型的不同,其适用情况也是有所区别的。

升降式小样机较多地使用于高温高压法小样打样，也可用于棉和其他化纤的常温染色打样。它适合于组织结构较疏松的织物品种，或是纤维吸水情况较好的织物品种。对于织造组织紧密而又轻薄、吸水性能又低的织物品种，就不大适合在此种小样机上打样。例如像真丝绸一类的织物，在染色时的上下升降过程中，会使绸面之间受升降时水浴所产生的阻力作用而造成部分绸块面贴在一起，染色后色花现象比较突出，造成难于辨认小样的准确色泽。不管采用何种形式的吊钩，都难于解决该问题。所以对于真丝绸一类织物的打样，往往难于在升降式小样机中染好理想的小样。另外，像活性红棕 K—B3R 等染料品种，在该种小样机上打样也往往会有色花。

旋转式小样机的加热载体使用甘油的居多，故也较多地用于 130℃ 高温条件染色的小样打样，它对于坯布规格品种的适应范围比升降式小样机广，匀染情况也尚满意。但是，它对于像活性染料、还原染料等需要在染色中途追加各种助剂的染料品种，就不太适合。因为该种小样机的运转方式是作 360°的旋转，染色杯必须是严密的封闭形式，如果中途停机开盖做追加，一是较不便，二是停顿时间较长，染色杯必须取进取出。并由于它的机械结构较其他类型小样机复杂，故售价也最高。

振荡式小样机的机械结构比旋转式和升降式都要简单得多，操作更为方便，但是很实用。也由于其机械结构的简单化，在售价上比旋转式和升降式都要便宜（升降式是受压容器类设备，所以制造要求也较高）。振荡式小样机对织物品种的适应性较广泛，能适合于各种轻重厚薄织物。由于小样不需要用吊钩、弹簧等作机械固定，所以也适用于各种散纤维和纱线类的小样打样，轻薄并质地紧密的真丝绸一类织物在该小样机中的染色，都具有较满意的匀染效果。由于振荡式小样机的设计特点，要在染色中途任意追加各种助剂很方便，所以像活性染料、还原染料等染料的打样也很理想。该机作常温条件染色时采用玻璃烧瓶，对染色全过程可以清楚地观察监督，这是它的另一方便之处。如果把加热载体也改用甘油，染色杯换用可密闭的不锈钢，同样也可以用于 130℃ 高温条件的小样染色，达到一机多用。

第六节 电脑测色配色基本知识及配色步骤

一、三参考色原理

1913 年的纳丁实验，证实了任何色光 λ_1 可以由选择的某单色光 S_1 适当调节其亮度和适当亮度的白光 W 混合后匹配出来。该实验在颜色光学中首次提出了匹配任何色光所需的三变数：单色光波长 λ_1；单色光亮度 N_1；白光的亮度 N_2。

如果将 λ_1、N_1、N_2 作为三个坐标轴，那么任何色光 λ_s 都可以在坐标轴中找到其位置，同理 λ_s 也可以由（λ_1, N_1, N_2）来表示。

按数学分析中的坐标变换原理可知，色光 λ_1、λ_2、λ_3 也可以作为新坐标系的三坐标轴，这样任何其他色光就可以由色光（$\lambda_1, \lambda_2, \lambda_3$）来表示，即

$$\lambda_4 = [\lambda_{1(4)}, \lambda_{2(4)}, \lambda_{3(4)}]$$

这里的“=”物理意义是用方程右边的量来匹配左边的量，也可以理解为方程左边的量 λ_4 可分解为右边的量 $[\lambda_{1(4)}, \lambda_{2(4)}, \lambda_{3(4)}]$，因此 $\lambda_{1(4)}$，$\lambda_{2(4)}$，$\lambda_{3(4)}$ 分别是色光 λ_4 在三坐标轴上的分量。$\lambda_{1(4)}, \lambda_{2(4)}, \lambda_{3(4)}$ 在颜色光学中被称为三参考色，方程被称为三参考色原理。

二、非光源物体的选择吸收性

自然界有各种各样的颜色，物体对光的吸收的选择性是非光源物体（如颜料、染料、油漆等）产生颜色的主要原因之一。如绿色的染料是由于染料中的色素吸收白光中的红、紫两端的波段，只反射绿光，所以呈现绿色；红色染料只吸收绿色以下的短波段，只反射红光等。

三、颜色的定量分析及表示——色品图

我们将三参考色原理与非光源物体的选择吸收性结合起来，在反射式分光光度计光栅的出射光瞳的三个波长位置上放三个光电接收元件，用来记录任何染料经标准光源照射后的反射光对这三参考色的贡献，或称三刺激值，如图 3－8－10 所示。

国际上，不少学者都取 $\lambda_1=700.0\text{nm}$——红色光；$\lambda_2=546.1\text{nm}$——黄色光；$\lambda_3=435.8\text{nm}$——蓝色光作为三参考色，它们的三刺激值分别记为 r、g、b：

$$\lambda=(r,g,b)$$

由于 *RGB* 坐标在计算光度问题上较复杂，所以实际上很少有人用它具体地表达色光，但 *RGB* 坐标在实验测量上是很有价值的。

后来，贾德提出一种被称为国际坐标制的坐标系 X、Y、Z，被国际上所普遍采用。人们就利用 *RGB* 坐标系在实验上测出三刺激值 (r,g,b)，再通过坐标变换找出 r、g、b 在新坐标系 X、Y、Z 中的三刺激值 (x,y,z)，从 (x,y,z) 求出任何色光的色品坐标：

$$X=x/(x+y+z),Y=y/(x+y+z),Z=z/(x+y+z)$$

$$X+Y+Z=1$$

因为可以利用方程得出第三个量，人们把表达色光的空间从原先的三维化为二维如 X—Y 或 Y—Z 等。图 3－8－11 就是各单色光波长在 X—Y 平面上的色品曲线，色品图上每一点都有不同的 X、Y 的值，它们都表示不同的颜色。

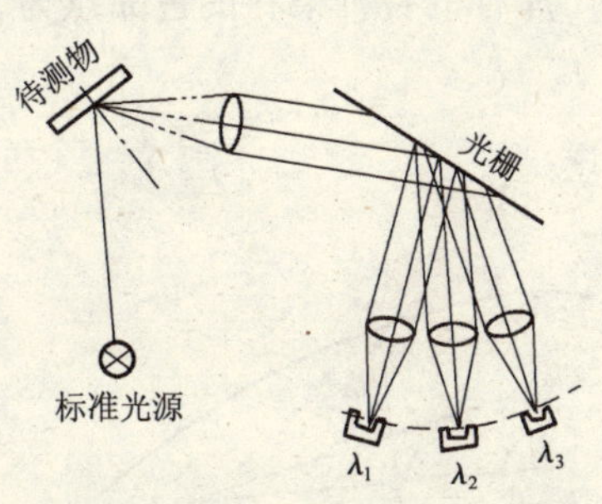

图 3－8－10　三参考色原理示意图

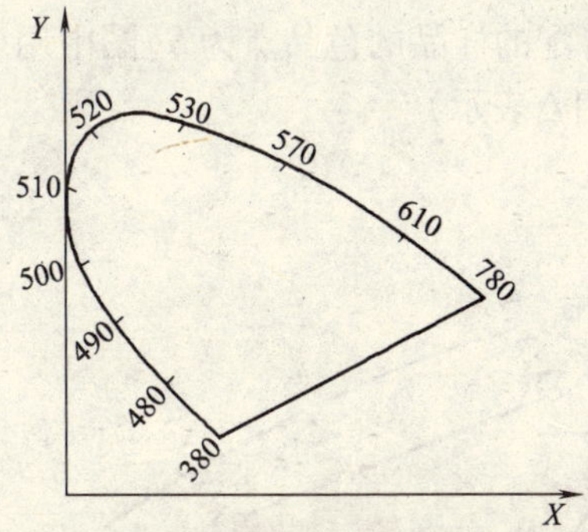

图 3－8－11　各单色光波长在 X—Y 平面上的色品曲线示意图

由此，任何染料从它所呈现出来的颜色来看，在色品图上应有其相应的坐标点 (X,Y)，不同的染料在色品图上有不同的坐标点。

四、色光的混合——配色原理

1. 格拉斯曼(Grassmann)定律

设色光 S_1 可以由色光 S_2 和 S_3 所匹配，亦即 $S_1=S_2+S_3$，色光 S_4 可以由色光 S_5 和 S_6 所匹配，亦即 $S_4=S_5+S_6$，因此，S_1 和 S_4 的混合光也必然可以由 S_2、S_3 和 S_5、S_6 所匹配，亦即：

$$S_1+S_4=S_2+S_3+S_5+S_6$$

用颜色空间中的颜色矢量很容易证明该定律，实验也证实了该定律的正确性。

2. 两种色光的混合过程在色品图上的表示

如图 3－8－12 所示，色光 $\lambda_1(X_1,Y_1)$ 和色光 $\lambda_2(X_2、Y_2)$ 在色品图上分别用不同的两点表示。在一般情况下，它们总不会是等量的，也就是不等光度的。设色光 λ_1 是 m_1 份光度，色光 λ_2 是 m_2 份光度。混合光 m 的光度是两者之和即：$m=m_1+m_2$。

设混合后得到一混合光 λ，按格拉斯曼定律，必然有：

$$m_\lambda=m_1\lambda_1+m_2\lambda_2$$

分别取其在 X、Y 上的分量：

$$m_X=m_1X_1+m_2X_2;m_Y=m_1Y_1+m_2Y_2$$

得：

$$X=(m_1X_1+m_2X_2)/(m_1+m_2)$$
$$Y=(m_1Y_1+m_2Y_2)/(m_1+m_2)$$

这两个公式完全与力学里的质心坐标的公式相一致，因此作为类比，把光的色品坐标类比于质点的坐标，光度 m 类比于质点的质量，那么求混合光的色光坐标及光度，就相当于求两质点的质心坐标及总质量。由力学知道，质心坐标是在两质点的连接线上的，近似混合后的色光必然在两色品坐标的连线上，其距离两质点的距离由公式决定。

根据上述原理可知，在色品图上，可以求出参与配色的染料品种和数量。如图 3－8－13 所示，设待配的样品的色品点为 S(图中用⊙表示)，某染织厂库存的各种染料的色品点为 1、2、3、4(图中用△表示)。

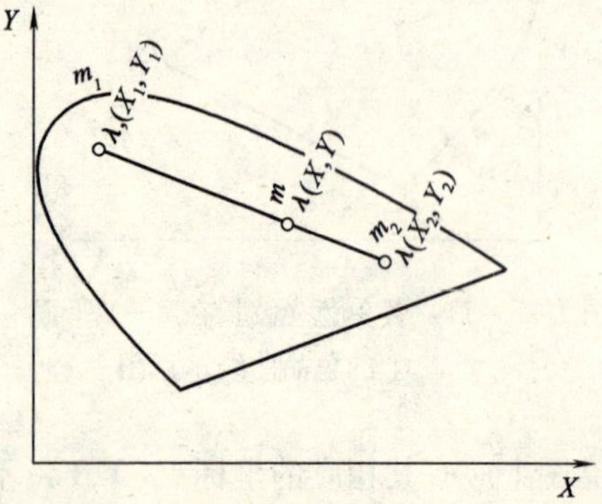

图 3－8－12　两种色光的混合示意图

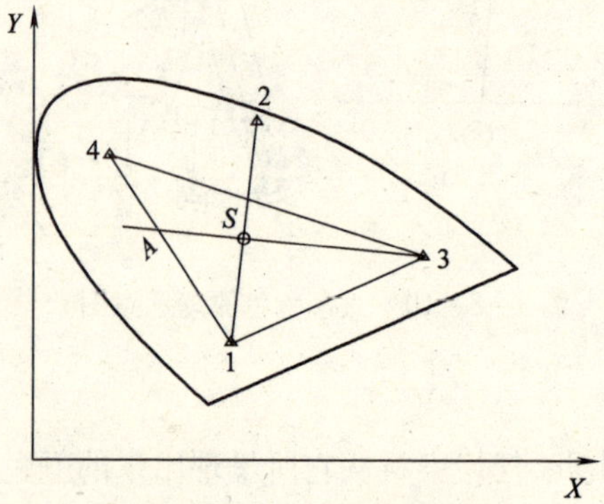

图 3－8－13　配色示意图

从图 3－8－13 可知，S 点在 1－2 连线上，所以染料 1、2 配合必然可得到待配样 S。

如果染料 2 缺货，仅有 1、3、4 三种染料，而 S 不在 1－4，1－3，3－4 的连线上，可以将 1－4 连接起来，再将 3—S 连起来，再延长与 1－4 交于一点 A，这样按格拉斯曼定律：

$$m_A A = m_1 \lambda_1 + m_4 \lambda_4$$
$$m_S S = m_A A + m_3 \lambda_3$$

所以
$$m_S S = m_1 \lambda_1 + m_4 \lambda_4 + m_3 \lambda_3$$

因此，染料 1、3、4 按 $m_1:m_3:m_4$ 的比例混合，能配出 m_S 份的 S 色光。

3. 真同色、假同色问题

可参阅本章第三节同色异谱现象。

任何一种非单色光的色光，必然包含各种波长单色光的成分，因此将它按波长（或频率）分解的话，其反射系数是随波长（或频率）而变的曲线，如果被匹配出来的色光与待配的色光具有相同形状的反射系数曲线，称为真同色，即同谱同色；反之，则称异谱同色，即假同色。用色品图求解的染料配方，由于在反射曲线的形状上未作任何限制，因此一般情况下只能同色但不同谱，是假同色。

五、真同色的配方方法

按皮尔定律的富特形式：

$$R_{\infty}^{(\lambda)} = 1 + \frac{K(\lambda)}{S(\lambda)}\sqrt{\frac{K^2(\lambda)}{S^2(\lambda)} + \frac{2K(\lambda)}{S(\lambda)}}$$

式中：$R_{\infty}^{(\lambda)}$——被测物在无限厚情况下，对波长 λ 光的反射系数，所谓“无限厚”是指染料的厚度厚到衬底的反射对染料的反射无影响，R_{∞} 是波长的函数；

K——被测物的对波长 λ 光的吸收系数；

S——被测物的对波长 λ 的漫反射系数。

$R_{\infty}^{(\lambda)}$ 可以通过反射式分光光度计进行测量，而 K、S 是无法进行测量的。但通过皮尔定律，K/S 可以计算，同时，据格拉斯曼定律，有以下关系：

$$K(\lambda)/S(\lambda) = a\, K_1(\lambda)/S_1(\lambda) + b\, K_2(\lambda)/S_2(\lambda) + c\, K_3(\lambda)/S_3(\lambda)$$

式中：$K(\lambda)/S(\lambda)$——被匹配的染料对波长 λ 光的 K/S 比值；

$K_1(\lambda)/S_1(\lambda)$，$K_2(\lambda)/S_2(\lambda)$，$K_3(\lambda)/S_3(\lambda)$——参与配色的各种编号的染料对波长 λ 光的比值；

a，b，c——各种编号的染料所用的量之比。

因此，a 份编号 1 的染料、b 份编号 2 的染料、c 份编号 3 的染料……相混必然能配出待配色光，且具有相同的反射曲线，因此必然是真同色。

如果有几种染料参与混合，可以在分光光度计的波长范围上取 n 个波长点，得到 n 个关于未知数 a、b、c、…n 的线性方程组。用计算机解 n 个线性方程组，求出未知数 a、b、c、…n，就得到一个关于待配样品的真同色的配色方案。

六、测配色仪器简介

参见第二篇第八章第一节电脑测色配色仪。

七、自动滴液配液系统应用简介

以台湾增益公司的自动配液系统和自动滴液系统为例予以简要说明。

1. 系统硬件部分

(1)配液系统硬件。由冷热水储存室、滴液室、电路控制室三大部分组成。另外，还配有一台有六组可独立工作的搅拌器。

①冷热水储存室：设有冷热水储存槽各一组及定水位补充系统。热水槽又设有温度监测及可调式自动定温装置，可调节水温在30～100℃之间；含有4支滴液管路，包括热水管一支，冷水管三支，每支滴液管皆装有电磁阀并分别以独立的输送管路与滴液头相连接；设有高水位自动溢流口，用于防止水位监测发生故障时，水位过高而自动溢出；设有低水位手动排水口，用以清洗水槽。

②滴液室：设有一组固定式滴液头，内含4支滴液管路；配有防风罩设备，以确保天平的稳定；内置式电子天平，提供精确计量。

③电路控制室：包括电脑、打印机及连接主机与控制回路电路板的界面卡一片。

(2)滴液系统硬件。包括染料助剂架、滴液室、操作面板及电路控制室。

①染料助剂架：含64瓶染液，分区设有间歇式可调速搅拌装置；含3个助剂溶液瓶及1瓶软水，设有水位补充系统，每一染料瓶装有电磁阀，分别以独立输送管路连接到滴液头上。

②滴液室：内含4组可移动式滴液头，每组分别装有16支染液滴管，共计64支；一组固定助剂、软水滴液头；含12个滴液承受杯座的转盘；具有防风罩设置，以确保天平的稳定性；设有内置式天平，提供精确的计量。

③操作面板：两组调节搅拌速度转钮及指示灯；以钥匙启动的电源开关，手动滴定盘控制旋钮；水槽内液位过低指示灯及故障指示灯；滴液室内照明灯开关。

④电路控制室：与自动配液系统所设相同。

2. 系统软件部分

(1)染料母液。输入染料母液的基本档案，如染料名称、染料力份、所配母液浓度、有效期及体积等。可同时输入1～999只染料档案。

(2)滴液流程。在调制母液时，一般都依据各种染料的特性不同，而有各种不同的调制方法。所谓流程，就是调制一种染料母液时的具体操作过程。我们把具有相同调液特性的染料，以一种调液流程来表示。每一个调液流程可由1～10步组成，每一步的目的都是为了使染料能完全均匀溶解或更好地分散于水溶液中。

(3)调制母液。调制所需浓度的母液，可由高浓度母液调制成低浓度的母液，以提高准确性。调液精度可在±(1.00～0.05)g之间，随加入染料多少，自动调整液量，操作方便，精确度高。

另外，还设有直接滴液、母液有效期检查、调制母液统计以及滴液系统的校正等功能。母液调制完成后，可放置在搅拌器上充分搅拌，经充分搅拌后的母液即可放入自动滴液系统的染料助剂架上使用。

自动滴液系统是质量式滴液系统，根据所输入的配方可精确地滴定染料、助剂及水的准确用量，同时也可考虑到织物的质量，给出准确的浴比。

3. 系统软件的功能

(1)进入滴液台。每天开机后，要对设备工作状态做一检查，查看电脑与操作台连线是否正常，每支染料滴管中电磁阀及天平工作是否正常，染液管下端是否有"滴液"现象。

(2)母液资料。将常用的染料，按料号、瓶号、品名、浓度等相关资料建档。一只染料允许有五种不同的浓度，最多可建999只母液资料。与自动配液系统中的染料母液功能相应，两储存信息相同。

(3)配方。将欲滴定的配方分别按染料助剂的代码、浓度输入电脑，可同时存储10000个以上配方。对所输入的配方可根据需要进行修改或删除。

(4)滴液操作。将已建立的配方资料，依所需顺序编入滴液作业档案(同时可编入48个配方)，即可由计量系统开始依序滴液。计量精度可控制在±0.02g以内。若以每个配方三只染料计算，每滴一个配方约1min即可完成，滴液操作与配方管理操作可同时进行。

(5)报表。可以以报表形式将储存的信息打印出来，便于保留和查找。另外，管路中染液可自动定时或定量排出，确保染液不致沉积于管路中，确保其畅通。在整个操作过程中，若发生故障会给予鸣笛警告。

4. 系统的精度和速度

自动滴液、配液系统，可看作一个系统中相互配套使用的两台设备。整套系统使用效果的好坏可以用精度、速度两个指标来衡量。

(1)精度方面。由于自动滴、配液系统为一质量式系统，其精度方面主要是由一台精确度为±0.01g的电子天平控制。另外在自动滴液系统中，64个染料母液瓶中的输送管路中都有一只电磁阀控制，每只电磁阀在正式使用之前，都要作相应的校正。校正的目的是计算出每开阀一次染液的流量，依此可转换为染液的流速。在进行滴液操作时，滴液量由天平的度量和电磁阀的开阀时间两方面控制，滴液精度可达≤±0.02g。例如，欲配一力份为100%的染料溶液1000mL，浓度为1%。首先进入染料母液档案，将该只染料母液染料输入，再进入滴液流程档案，设定该只染液的配制过程，最后进入调制母液档案。随后在显示器上会显示出一质量横坐标，在坐标中，标明一质量范围8.00～11.00g，此意味着需加入染料粉末重在8.00～11.00g之间即可。计算机根据所加染料质量，计算出相应的加水量，并加水，精度控制在±(1.00～0.05)g之间，使染料浓度在0.999～1.001之间，相对偏差为±0.1%。

(2)速度方面。自动配液系统滴液室中有一个4支管路的固定式滴液头，电磁阀开全时流速为1800g/min。配液速度受配液时所设流程控制，过程复杂，且配液所需时间长。另外，染料母液配好后，在放入滴液系统之前，还需充分搅拌。搅拌时间的长短，按染料的扩散性而定。在滴液系统中，若每个配方以三只染料计算，每滴一个配方约需用1min左右。经搅拌后的母液直接滴出混合，无需研磨，只需稍加搅拌即可使用，与人工称料相比速度可提高20倍以上。

八、电脑测色与配色的工艺过程简介

1. 染色工艺要求

电脑自动测色与配色系统应用得成功与否，除了测色系统和配色软件的水平之外，在很大程度上取决于应用该测色配色系统的染色工艺的标准化程度。对染色工艺的总的要求是工艺流程稳定,一致性好,最好具有先进的自动控制系统。具体地说,主要包括以下几个方面:

(1)测色配色操作人员素质要高,应具有一定的文化程度,工作认真、负责,具备较强的染色工艺专业技能,积极上进,勤学肯干。

(2)染色设备完善、先进,仪器工作状态良好,各项性能指标准确、稳定,有关检测系统测量精确、结果可靠。

(3)所用染料性能稳定,染料的各项染色特性参数一致性好,质量上乘,供货渠道畅通。

(4)测色配色系统操作正确无误,定标着色样品制作精密细致,基础数据库完整、准确,标准色样测量数据正确可靠,配色预测过程严密可信。

(5)染料及有关助剂配比科学、称量准确,染液混合均匀、各项指标符合规定要求,配方实施客观、可靠。

(6)染色过程严格规范,工艺规则的编排科学合理,确保染色过程中每个环节定量控制,其中包括水质、上染时间、焙烘的温度和时间等工艺参数的精密控制,并严格执行规定的工艺流程。

2. 测色系统的校正

测色系统在用于实际颜色测量之前必须首先进行校正,其中包括光谱校正和光度校正。

光谱校正即光谱或波长定标通常是在仪器出厂时已经完成,除非系统使用时间很长或受到意外损伤才需要重新进行光谱定标,一般来说,系统的波长标尺一旦校正就不会发生变化。光度校正又分为零点(或黑筒)定标和标准白板定标两部分。参见本书第二篇第八章第一节电脑测色配色仪。

3. 染料的定标着色

自动配色系统进行配方计算时所采用的染料数据来源于染料的定标着色过程,其中包括定标染料的选择、浓度梯级的确定、定标着色样品的制作及光谱数据的测量和有关参数的输入。

定标着色染料的选择应考虑其价格、力份、染料的各种牢度、染料的相容性等,同时还应考虑所选染料的色域范围等指标。一般来说,可以选用大红、橙、紫、绿、黑、黄红、蓝红、红黄、红蓝、绿黄、绿蓝等色光的染料。

在制作定标着色样品时,首先要确定所用的浓度梯级,这应视各染料的具体情况而定,从理论上讲,在所使用的范围(通常在0.01% ~5%之间)内选定5~8个不同浓度档次已够,但在实用中一般采用6~16个浓度梯级,有时甚至分得更细。

定标着色样品的制作应包括空白染色织物的定标着色和各染料梯级浓度的定标着色样品的制作。空白织物的定标着色就是所谓的“模拟染色”,将所要染色的织物在不加染料而只用助剂的溶液中以同样的染色条件进行染色,从而制成空白染色织物。定标着色样品的制作直接关系到基础数据库的精度和可靠性,在整个配色工艺过程中至关重要,所以应该高度重视,并注意严格操作规范:如应由专人负责制作,减少人为误差;合理选择染料的浓度梯级;认真选用具有代表性的基质材料;小样试染时应尽可能采用与大车染色相同的工艺条件;所有基础色样的制作应在同一台小样机上并在连续的时间内完成以保持定标着色样品的染色工艺一致性等。

在完成定标着色样品的制作后，就可将基础色样的光谱数据在同一台分光测色系统上输入计算机，连同染料的力份和价格等信息一并存入定标着色基础数据库。

4. 染料配方的预测

在完成了测色系统的光谱定标和光度校正并建立了染料的定标着色基础数据库后，还要设定配方预测的色度环境参数（包括标准色度系统、配色及同色异谱评价光源、光谱范围与波长间隔、染色工艺、染料组合模式以及染料配方色差容限等），然后按下述步骤在输入标准色样光谱数据的基础上进行初始配方的预测、小样试染、配方修正及其染色等配色操作。

（1）标准色样的测量。标准色样是配方预测的目标，也是评价配色结果的参照。标准色样的测量必须在与定标着色基础数据库建立时所用的测色系统相同的系统上进行，而且该仪器必须经过精密和准确的波长校正和光度定标，由此获得标准色样的光谱反射比数据及其有关的色度参数和 K/S 值，这些数据为配色预测计算提供了依据和目标。

（2）初始染料配方的预测计算。由用户设定的配方预测色度环境参数和作为配色目标的标准色样数据，按照软件采用的配色光学模型和算法，计算出满足要求的一个或若干个初始染料配方，同时给出相应的评价参数如色差、同色异谱指数、配方成本等，供用户结合实际情况进行选择使用。

（3）初始配方的小样试染。根据具体需要并考虑染料的成本、相容性、匀染性、各种色牢度及同色异谱程度等因素，在计算机给出的若干个初始染料配方中选择一个合理的配方作为小样试染的配方，试染小样的基质材料和染色工艺应与大生产相同，以验证该配方能否达到与标准色样的真正匹配。由于计算机配色软件以有条件的光学模型和算法来进行配方计算，而实际情况却是千差万别的，与理论适用的假设前提难免会有些出入，从而使所预测的配方难以实现一次性百分之百的准确率，因此在预测新配方时必须进行小样试染工序。

（4）配方修正。如果小样试染的结果表明配方与标样的色差没有达到既设的色差容限，则该配方不符合要求，需要进行配方修正。方法是将小样试染得到的试验色样在同一台分光测色系统上进行光谱测量，然后运行配色软件中相应的配方修正功能，在计算机指明需要修正的配方的试染染料及其浓度后，配色系统就按软件设定的数学模型和算法进行配方修正计算，并立即输出修正过的配方。一般而言，初始配方在小样试染后再经过一次修正就能得到实用的染料配方，但在某些情形下也有不需修正或需要进行两次或更多次修正的配方。

修正配方与初始配方所用的染料在大多数情况下是相同的，但是在某些特殊应用场合采用初始配方的染料无法实现配方的满意修正，这时就得根据标准色样和试染色样的光谱数据选择合适的染料加入配方计算，使两者的色差等指标达到要求的阈值。在这种情况下的配方修正操作比较复杂一些，如果配色人员具有丰富的经验就可以通过部分的人工干扰使配方修正结果更为令人满意。

（5）修正配方的染色。初始配方经过修正后再按新配方进行重新染色，然后再来比较配方色样与标准色样的色差是否在用户认可的容许范围之内。如果实际色差满足用户要求，那么该新配方就是本次配色操作所要预测的实用配方，否则只好重新修正该配方，直到获得符合要求的染料配方或因配方无效而放弃为止。

5. 配色误差的分析与讨论

一个实用配方的获取往往要经过初始配方的预测及其小样试染、配方的修正与重新染色等过程。即便如此，也并非每次配色操作都能得到满意的配方，而每个初始配方到最后也不一定都能经过修正而达到用户的要求。造成这种情况的原因很多，也很复杂，很难做出全面而准确的论断。现仅从测色配色系统与染色工艺两方面做一简单的讨论：

(1)测色误差。在染料定标着色基础数据库的建立和标准色样光谱数据的输入过程中，都需要对颜色样品进行分光测量。因此，测色仪器的颜色测量误差无疑会导致基础色样数据的不确定性，从而使基础数据库变得不可靠；这种颜色误差同样会引起标准色样光谱测量的精确度降低，使配方预测失去了正确的方向，由此给出的配方必然难以满足用户的要求。

(2)配色预测计算中对工艺参数的考虑与实际染色工艺不一致。这种情形的发生是由于购置测色配色系统时没有充分考虑该系统的适应性，可以通过对测配色系统的合理选择与配置来消除这个不利因素。

(3)国产染料特性一致性较差。来自不同染料生产厂或同一生产厂生产的同一品种不同批号染料其特性均有变化，使自动配色过程对染料的定标着色基础数据库的建立与管理更为复杂，需随时进行修正和更改，否则可靠度和有效性会受到影响。

(4)在染色时同一配方中各种染料的力份、相容性、上染率等因素不一致，同时又难以精确测定每种染料在不同浓度梯级时的上染率等指标，使定标着色基础数据难以严格修正，直接影响配方的实用性。

(5)制作染料的定标色样和按预测的配方进行染液配料时，对染料的称重、选用的水质、染色工艺过程等控制不够严格，整个染色工艺尚欠稳定，难以标准化。

第七节　有关纺织品颜色评估的几个问题

在纺织品贸易中，衣料供应商必须按照客户的要求提供高品质的纺织产品，其中颜色是否合乎要求是最重要品质之一。要向客户提供合乎要求的颜色，使用正确和统一的颜色评估方法非常重要，如果买卖双方使用的方法不同，那么颜色评估的结果就可能有差异，从而导致交易过程中的损失。本节讨论在颜色评估中应该注意的几个问题。

一、温度和湿度的控制

因为温度和湿度会影响织物的颜色，所以在颜色评估之前要对纺织材料进行温度和湿度的调整和控制，使染色布与周围环境的温度和湿度达到平衡状态。理想的控温和控湿条件是标准大气条件，即相对湿度65%，温度21℃。这样的条件是全球通用的标准条件。可惜并不是所有染厂和客户的实验室都具备这个条件，由于在评估颜色时没有适当地控制温度和湿度，结果造成了染厂和客户评估颜色的差异。在被客户否决的染色版布中差不多有20%是由于这个原因。

调整温湿度的时间很重要，因为在较短的时间内织物的温度和湿度不可能达到与环境的平衡状态，因此调整温湿度的时间不同也会造成颜色评估结果的差异，这种差异对有些染料和染色深度是特别严重的。例如，深亮红色通常要求较长时间温湿度调整，如果时间很短这种颜色偏蓝光，但随时间增长，色光会向黄光变化。另一个例子是，有一种特别的海军蓝，当刚生产出来时颜色带很强的红光，但过一段时间后就变成较绿的色调。

二、条件等色现象

条件等色现象是指两个颜色样品在一种条件下对比时颜色很一致,但在另一个条件下对比时不一致的现象。条件等色现象也是染厂染色版布被客户否决的主要原因之一。染厂经常遇到的条件等色现象包括照明条件等色现象、观察者条件等色现象和视角条件等色现象。

(1)照明条件等色现象。这种现象是最经常出现的问题,指两个染色样品在某一光源下对比时颜色很一致,但在另一光源下不一致。例如有一个客户需要一种深绿色的纺织衣料,供应商按照客户提供的标准色样染出了版布,但客户没有认可这个色样,原因是客户在光源 TL84 下对色时发现版布色样有较多的红光,而染厂是在 D65 光源下对色的。所以供应商和客户应事先沟通,要使用相同的光源对色。

即使使用相同的光源对色,但还要注意防止灯箱里的灯光受到从窗户射进来的日光以及房间照明用的灯光的干扰,因为这些外来的光线与灯箱的光混合时,实际上是改变了对色用的灯光性质,所以使用暗房对色是必要的。

(2)观察者条件等色现象。这个现象是指两个染色样品一个人认为一致,而另一人认为不一致。当两个观察者的颜色知觉不同时,这种现象经常发生。因此染厂应该尽量用专人对色,以确保颜色的一致性。

(3)视角条件等色现象。对色样进行评估时,视角改变也会造成评估结果的差异。实际上,当观察者眼睛离色较近时,视角较大,距离较远时视角就较小,因此观察者在对比染色样品时与样品的距离也会影响评定结果。供应商应该事先与客户交流,统一观察时所采用的视角,以避免引起差异。

三、颜色恒定性

无论照明光源是否改变,一个染色样品的颜色始终保持不变,这种染色样品称为颜色恒定染样。条件等色现象和颜色恒定性是经常被混淆的两个术语,区别两个术语最容易的方式是条件等色现象涉及两个染色样品,而颜色恒定性只是指一个样品的性质。

颜色恒定性也是一个经常出现的问题。例如一个染厂新染了一个橄榄色的版布,这个染色样品要求在 TL84 和 D65 光源下都能够与标准样品一致。但是新染的色样不具有颜色恒定性质,即在两种光源下显示了非常不同的颜色,因此这个新染色样品没有被认可。解决这个问题的方法是新染色样时选用标准色样所使用的染料。

四、标准样品大小不同

通常客户送给染厂的标准色样非常小,有时小到不能够用眼和仪器进行准确的测量。有时客户只是送给染厂一根单纱,这样会造成对比颜色困难。比如,一块面积很大的新染色样当与面积很小的标准样品对比时,新染色样的颜色色光看起来似乎随位置不同而有变化。因此客户在送给染厂标准色样时,面积越大越好,这是必须要强调的。

五、织物品种及织物结构

如果标准样品所使用的纤维不同于新染样品的纤维,配色会变得很困难。例如一个客户要求染厂在纯棉织物上染出非常明亮的品蓝色,而标准样品是由 100% 涤纶织物染出的,这是一个不切实际的要求。因为在纯棉织物上不可能用活性染料染出与纯涤纶织物有相同的明亮艳度的颜色，只能染出尽量接近的颜色。

织物结构不同也会造成配色困难，因为不同的结构织物在同一染浴中会染出不一致的颜色。比如虽然在同一染浴中染色，但织物布边与主体颜色是不一致的。另一个例子是，成衣染色后，针织 T 恤的衣领、袖口及大身的颜色也不一致，这是因为大身是平针结构，而领子和袖口是罗纹结构。

六、计算机测色配色系统

由于不同的人会有不同的颜色观察结果，因此计算机测配色系统被广泛地采用。在现代染厂中采用计算机测色配色无疑是有效果的，但其可靠性还是有问题的。有经验的染色家并不完全依赖仪器，一个新染色样是否与标准样品一致，还是依靠人眼来做最后决定。

计算机测色配色系统不可靠性可能是仪器制造者和使用者造成的，仪器销售公司可能忽视操作培训和其他售后服务工作，仪器操作者由于没有受到很好的培训，不知道经常对仪器进行维护和保养，结果仪器的性能不能充分发挥，准确性受到影响。另外染厂和客户使用的仪器没有经过统一校正，如果用计算机测色来决定一个色样是否可以接受，可能会出现错误的决定。

因此为了使计算机测色系统具有良好的可靠性，仪器制造商应该注意搞好售后服务工作，加强仪器用户操作者的培训工作，定期对用户的计算机测色配色系统进行校正，使染厂和客户仪器处于最好的工作状态。

七、采用目测评估颜色应该注意的事项

从上述讨论可知，染厂或布料供应商与客户评估颜色的方法和条件一致是极其重要的。总的来说，下面的因素对人眼目测颜色的准确性有影响：

(1)光源的性质和照射强度。

(2)灯光照明角度以及对样品的观察角度。

(3)环境的颜色变化以及被评色样的背景。

(4)染色样品的尺寸大小及两个对比色样之间的距离。

(5)观察者的视觉特征。

(6)观察者的经验。

因此，在目测颜色时，对色用的灯箱应该是标准的。灯箱的内外壁应该是亮灰色(约 30% 的反射率)，被测样品放置的高度应该使观察者的观察角度接近 45°，保持高强度的照明是有必要的，当光线强度达到室外明亮天空光强度时，人眼对颜色的分辨能力是最好的。

两个对比的色样应该左右并排放置，并经常调换位置，以免用仅一种观察次序所带来的偏差。两个对比色样靠得越近越好，因为当分界线很细时，视觉差异就变得很明显。

如果染色样品的织物很薄以及结构很稀松，光线有可能会透过织物并被样品底部材料反射，从而使观察者产生错误的颜色对比感觉，在这种情况下应该将色样叠成 2 ~ 4 层后再评估颜色。如果标准样品与新染的色样尺寸相差很大，可以使用类似于灰色比色卡的方形孔来比色。

八、小结

染色问题对印染企业能否成功和获得利润变得越来越重要,染厂是否获得更大利润大大地取决于它们的产品有多少被客户批准而不是取决于它们生产了多少产品。在纺织品染色中,颜色的评估是一个非常重要的事情,如果新染的产品与客户提供的标准样品不一致,将会被客户拒收造成损失。因此除了不断提高颜色评估的技术之外,供应商和客户应互相交流,了解双方的观点,了解对方的颜色评估方法,建立相同一致的颜色评估体系,尽量减少色差。

虽然最理想的情况是新染色产品与标准样品的颜色100%相同,但是有经验的染色工作者,无论是供应商还是衣料购买客户,都知道完全消除一批产品和另一批产品之间的色差是完全不可能的事情。这主要是因为人对颜色的反应是一个主观现象,主要取决于观察者。很明显,诸如颜色、味道和气味等主观现象的度量比客观现象如质量、长度和时间的度量要难得多。

新染出的颜色和标准样品颜色的差别最大允许限度是多少？是精确的配色重要还是染色均匀重要？答案取决于衣料将要做什么用。衣料购买客户需要考虑他们所要求的配色精确度是否值得去努力获得。许多客户似乎极关心色样之间的色差而不是颜色本身,实际上,在许多方面精确配色并没有染色是否均匀来得重要。例如买一件蓝色的衬衫,颜色是否精确地符合个人喜好并不要紧,但如果衣领和袖子之间即使有非常小的差异,这件衬衫就会卖不掉。因此,客户必须要清楚非常精确的配色是否真的那么重要,是否真的有必要拒绝接受只有微小差别的颜色。总之,有许多色差评估的争执可以通过相互交流和协商而解决。

第八节 常用染料的小样染色工艺及操作

本节主要讨论纯棉小样轧染工艺及操作,有关浸染工艺及操作可参阅第三篇第七章第四节常用染料的检测评定。

一、直接染料的小样染色

1. 工艺流程

浸轧染液→烘干→汽蒸→水洗(→固色)→烘干→对色

2. 参考配方

(1)轧染液配方。

直接染料	x g
匀染剂 OP	0.2g
磷酸三钠	2g
加水合成	1L

(2)固色液配方。

固色剂 Y	14g
冰醋酸	1.4g

加水合成	1L

3. 参考工艺条件

浸轧	轧液率 80% ~85%
烘干	宜用热风或红外线烘干
汽蒸	100 ~102℃,45 ~60s
水洗	室温
固色	室温 ~60℃
烘干	各种烘干方式都可采用

4. 注意事项

(1)染坯应控制布面 pH 值为 7.0 ~8.5,注意布的干燥程度要一致,否则会影响色光。

(2)浸轧染液温度一般为 60℃左右,溶解度较小的染料可提高到 80℃。浸轧染液温度应保持稳定。

(3)染色后可视不同要求选用固色剂 Y 或 M 处理。

二、活性染料的小样染色

(一)汽蒸固色法

1. 工艺流程

浸轧染液→烘干→汽蒸固色→水洗→皂煮→水洗→烘干→对色

2. 参考配方

(1)轧染液配方。

活性染料	*x* g
渗透剂	1 ~2g
防泳移剂	5 ~10g
防染盐 S	0 ~1g
加水合成	1L

(2)固色液配方。

纯碱	20g
50% 氢氧化钠	5 ~7mL
食盐或元明粉	200g
加水合成	1L

3. 参考工艺条件

浸轧	室温浸轧,轧液率 65% ~75%
汽蒸	100 ~102℃,1 ~3min
水洗	冷水洗净,然后 70 ~80℃热水洗
皂煮	肥皂或皂洗剂 3 ~4g/L,纯碱 2 ~3g/L 90 ~95℃洗 3min
水洗	热水洗,然后冷水洗干净
烘干	各种烘干方式都可采用

4. 注意事项

(1)轧辊压力左右要一致。

(2)预烘要均匀,防止产生泳移。

(3)拼色时要选择亲和力和扩散性能相接近的同类型染料。

(4)X 型活性染料皂洗液中不宜加纯碱。

(5)X 型活性染料采用此工艺时,汽蒸固色液配方为:食盐或元明粉 15 ~20g/L;磷酸三钠 15 ~20g/L。浅色可不加烧碱。

(二)焙烘固色法

1. 工艺流程

轧染→烘干→焙烘固色→水洗→皂洗→水洗→烘干→对色

2. 参考配方

K 型活性染料	x g
小苏打	15 ~20g
尿素	30 ~50g
渗透剂 JFC	1 ~2g
加水合成	1L

3. 参考工艺条件

浸轧	室温浸轧,轧液率 65% ~75%
焙烘	温度 150 ~160℃;时间 2 ~3min
水洗	冷水洗净,然后 70 ~80℃热水洗
皂煮	肥皂或皂洗剂 3 ~4g/L,纯碱 2 ~3g/L 90 ~95℃洗 3min
水洗	热水洗,然后冷水洗干净
烘干	各种烘干方式都可采用

4. 注意事项

(1)小苏打用量根据染料性质,可用纯碱代替一部分。

(2)一般宜染中、浅色。

(3)活性翠蓝不宜用轧焙法。

(4)活性黄 K—RN 轧染时,尿素用量应不低于 100g/L。

(5)其他可参照汽蒸固色法。

(三)冷轧堆法

1. 工艺流程

轧染→打卷→堆置→水洗→皂洗→水洗→烘干→对色

2. 参考配方

(1)轧染液配方。

染料:x g/L

临用前才能把染料与固色液混合成所设定的浓度。

(2)固色液配方(表 3 -8 -3)。

表 3-8-3　各类活性染料的冷轧堆工艺固色液配方

活性基团	染料名称	碱剂种类与用量	堆放时间/h
二氯均三嗪	国产 X 型	纯碱 3~30g/L 或纯碱与小苏打混合	2~4
一氯均三嗪	国产 K 型	烧碱 32.5%(38°Bé)20~30mL/L,或烧碱 32.5%(38°Bé)25mL/L,加硅酸钠 35%(38°Bé)60mL/L	8~24
乙烯砜	国产 KN 型	烧碱 32.5%(38°Bé)10~25mL/L,或烧碱 32.5%(38°Bé)20~35mL/L,加硅酸钠 35%(38°Bé)60mL/L	2~6
二氟一氯嘧啶	Drimarene K	烧碱 32.5%(38°Bé)0~15mL/L,加硅酸钠 35%(38°Bé)40mL/L,纯碱 10~40g/L	4~6 或 6~12 或 18~24
一氟均三嗪	Cilsncrion F	烧碱 32.5%(38°Bé)4~8mL/L,加硅酸钡 35%(38°Bé)40mL/L,纯碱 10~30g/L	6~12 或 24

注　表中硅酸钠的规格是:$SiO_2/Na_2O=3.36$

3.参考工艺条件

浸轧	室温浸轧,轧液率 65%~75%
打卷	用薄膜纸包好,室温放置
堆置	堆置时间随染料及碱剂的种类而不同 参见表 3-8-3
水洗	冷水洗净,然后 70~80℃热水洗
皂煮	肥皂或皂洗剂 3~4g/L,纯碱 2~3g/L 90~95℃洗 3min
水洗	热水洗,然后冷水洗干净
烘干	各种烘干方式都可采用

4.注意事项

(1)打卷时布要平整,打卷后包塑料薄膜,并将薄膜两头扎紧。

(2)染坯要求 pH 值为 7.0~7.5。

(3)染料按不同类型以适宜的温度溶解,溶解度小的活性染料可加入适量尿素助溶。

(4)活性艳蓝 X—BR 亲和力较强,轧染浓度宜低于 10g/L;宜用纯碱—小苏打混合碱剂,这样布面“发毛”的不匀现象有改善。

(5)活性黑 K—BR、M—2R、灰 M—4R 均不适用此法。

(6)K 型染料染液中,可加元明粉 20g/L。

(7)活性艳蓝 K—3R 浓度宜控制在 20g/L 左右,过高易产生色淀。

(8)活性艳蓝 K—3R 与紫 K—3R 在固色时,碱剂用量相差悬殊,同样浓度的染料,艳蓝 K—3R 烧碱浓度仅为紫 K—3R 的 1/3 左右。

5.快速仿样方法简介

冷轧堆工艺有许多优点,但也有人认为此法打小样比较困难,而且耗时较长。实际上可以借助于微波炉或烘箱来实现短时的打样,微波炉一般可用食品用微波炉,但要求有可调的加热档。方法是将轧染布样悬挂在 1.4L 的塑料烧杯中,烧杯底层放 50mL 水,布样用玻璃棒夹住,放在烧杯悬架上，以不碰到底层水为准。处理时间应根据微波炉的耗电功率予以调节，应用前先作试验。一般用130W处理4min，反应慢的染料6min。对某些不易膨化的纤维织物，如绒类及粘纤等，应先放在塑料袋中10~15min，然后用微波炉处理。微波炉仿样的注意点有：每次染样要更换容器中水；最好在浸轧前3~5min将染料和碱剂混合均匀；布样最好规定相同尺寸，最佳尺寸是9cm×15cm，使颜色有较好重演性。如果无微波炉，也可用烘箱法，即将轧染布平幅无折叠地放入塑料袋内，把口封住，布样放入烘箱在70℃烘10min。化验室短时打样的布样，要与常规长时间(2~6h)堆放法布样作对比，从中找出它们之间的规律。

三、还原染料的小样染色

1. 工艺流程

还原染料悬浮体轧染后用连续汽蒸还原，为目前大批量生产中最常用的方法。大部分染料的还原、扩散和染着，在100~104℃的饱和蒸汽中仅数十秒钟就能完成。一般染色所用汽蒸时间为40~60s，染料在这样短的时间内一般不会有旁支反应发生。织物浸轧还原液后应立即进入蒸箱，还原液的浓度按染色深浅而定。一般染深色时，保险粉用量60g/L，浅色15g/L，烧碱(固体)与保险粉(85%)的用量比例为1:1，轧染中加食盐或元明粉，可减少织物上染料的脱落。织物轧染后还原，分干还原与湿还原两种方法。干还原工艺是织物浸轧染液，在完全烘干后连续汽蒸还原，这一生产工艺的优点是染料省、得色深，还原液浓度易于控制，因此大都采用干还原方法。但在染中、浅色时，若着重于匀染，可用湿还原方法。湿还原虽可省去红外线预烘、热风烘燥设备，但没有干还原汽蒸的优点。在烘燥设备和厂房有限时，可用湿还原方法。现介绍干还原小样工艺流程如下：

浸轧染液→烘干→浸轧还原液→汽蒸→冷水洗→氧化→水洗→皂洗→热水洗→冷水洗→烘干→对色

2. 参考配方

(1)轧染液配方。

还原染料	x g
防泳移剂	5~10g
渗透剂	1~2g
加水合成	1L

(2)固色液配方。

①浅色：

100%烧碱	15~20g
85%保险粉	15~20g
加水合成	1L

②中色：

100%烧碱	30~35g
85%保险粉	30~35g
加水合成	1L

③深色：

100%烧碱	45~60g
85%保险粉	45~60g
元明粉或食盐	50g
加水合成	1L

(3)氧化液配方。

50%双氧水	3~4mL/L
冰醋酸	2~3mL/L

3. 参考工艺条件

浸轧	室温浸轧,轧液率65%~75%
烘干	宜用热风或红外线烘干
浸轧还原液	室温浸轧,轧液率65%~75%
汽蒸	101~102℃,1~2min
水洗	冷水洗净
氧化	室温,氧化时间随染料种类而定一般为3~4min
水洗	冷水洗净,然后70~80℃热水洗
皂煮	肥皂或皂洗剂4~5g/L,纯碱2~3g/L 90~95℃洗3min
水洗	热水洗,然后冷水洗干净
烘干	各种烘干方式都可采用

4. 注意事项

(1)轧染液稳定性。悬浮体轧染液在使用前及使用过程中,都需适当搅拌。

(2)还原液。还原液使用一段时间后,力份会因空气氧化而降低,因此需根据情况补加适量的烧碱及保险粉。

(3)氧化液。氧化液使用一段时间后,因还原染料而造成力份丧失,因此使用一段时间后需重新配制。

四、可溶性还原染料的小样染色

可溶性还原染料具有亲和力小、扩散快等特点,应用在轧染工艺上,较小发生前后深浅色差。染液浸轧织物后不需汽蒸,因此工艺过程较为简便,有利于大批量生产。但对有些匀染性稍差的染料,轧染生产的布面光洁度和匀染度比卷染更差一些,必要时可适当增长轧染后的透风时间,或在轧染液中加少量匀染剂,将会得到改善。轧染生产的浅什色有米黄、妃色、湖蓝、浅橄绿、银灰等,由于用可溶性还原染料轧染,染料用量少、成本低、蒸汽消耗少、产品质量稳定,故仍有它的实用性。

1. 工艺流程

浸轧染液→烘干→显色→透风→水洗→中和→皂煮→热水洗→冷水洗→烘干→对色

2. 参考配方

(1)轧染液配方。

可溶性还原染料	0.5~10g
渗透剂 BX 或 JFC	0.2~0.5g
纯碱(先溶于水)	0.5~1g
亚硝酸钠(先溶于水)	5~10g
防泳移剂	10g
加水合成	1L

(2)显色液配方。

98%(66°Bé)浓硫酸	15~20mL
匀染剂	0.2~0.3g
加水合成	1L

3. 参考工艺条件

浸轧	室温浸轧,轧液率 65%~75%
烘干	宜用热风或红外线烘干
显色	室温浸入显色浴 4~5s,然后取出透风
透风	室温,时间 40~60s
水洗	冷水洗干净
中和	纯碱 2~5g/L,室温中和
皂煮	纯碱 3~4g/L,皂洗剂 3~4g/L 95~100℃皂洗 3~5min
水洗	热水洗,然后冷水洗干净
烘干	各种烘干方式都可采用

4. 注意事项

(1)打样用布应有较好的白度、毛效和光泽。

(2)部分染料如溶靛素桃红 IR、红青莲 IRH、棕 IRRD 等溶解度较低,可用沸水溶解,然后过滤。

(3)染液中亚硝酸钠用量,浅色(或容易氧化的染料)为 5~8g/L;中色(或较难氧化的染料)为 12~14g/L。

(4)也可采用湿显色,湿显色时显色液配方为:98%(66°Bé)浓硫酸 35~40mL/L;匀染剂 0.4~0.5g/L。

(5)皂洗要充分。

(6)当染涤棉织物时,皂煮后须经 180~185℃,焙烘 28~32s,使随着在涤纶表层的染料溶入纤维内部,使之充分发色,以提高色布的熨烫牢度。

五、硫化染料的小样染色

1. 工艺流程

浸轧染液→湿蒸(→还原汽蒸)→水洗(→酸洗)(→氧化)→水洗→皂洗→水洗(→固色)(→防脆)(→水洗)→烘干→对色

2. 参考配方(表 3-8-4)

表 3-8-4 硫化染料小样染色参考配方

配 方	用 料 名 称	浅	中	深
染 料	硫化染料/g·L^{-1}	10 以下	10~20	20 以上
	50% 硫化碱(对染料倍数)	2~2.5	1.5~2	1~1.5
	渗透剂/g·L^{-1}	5~10	5~10	5~10
	纯碱/g·L^{-1}	1~2	1~2	1~3
氧化液（任选一种）	重铬酸钠/g·L^{-1}	2~4	2~4	2~4
	98%(66°Bé)浓硫酸/g·L^{-1}	1.5~3	1.5~3	1.5~3
	重铬酸钠/g·L^{-1}	2~4	2~4	2~4
	30% 醋酸/g·L^{-1}	6~12	6~12	6~12
	过硼酸钠/g·L^{-1}	3~6	3~6	3~6
	30% 双氧水/g·L^{-1}	1.2~2	1.2~2	1.2~6
皂洗液	肥皂 2~3g/L;纯碱 1~2g/L			
防脆剂	尿素 8~10g/L 或磷酸三钠 1~1.5g/L,尿素 5~7g/L			
固色剂	固色剂 M 8~12g/L;30% 醋酸 6~10g/L			

3. 参考工艺条件

浸轧	室温浸轧,轧液率 65%~75%
汽蒸	温度 101~103℃,时间 1min 左右 蒸箱内不能有空气存在
水洗	冷水洗
酸洗及氧化	按染色品种来决定,一般氧化 2min
水洗	冷水洗
皂洗	温度 95℃ 以上
热水洗	80~85℃
固色	视染色品种选择适当固色剂 固色温度 50~60℃
防脆	硫化黑防脆处理,任选防脆剂,室温处理
烘干	各种烘干方式都可采用

4. 注意事项

(1)硫化蓝轧染棉布时,轧染液中可添加小苏打,降低染浴 pH 值,提高硫化碱的还原力,使上染速率增加,用量为硫化碱的 10%~15%,不宜过多,否则会使布芯不易染透。

(2)除硫化黑外,一般都需采用氧化剂氧化。

六、缩聚染料的小样染色

1. 工艺流程

轧染→烘干→汽蒸→热水洗→冷水洗→烘干→对色

2. 轧染液参考配方

缩聚染料	10~100g
尿素	50g
渗透剂 JFC	2g
硫脲	50g
防泳移剂	10g
纯碱	10~30g
加水合成	1L

3. 参考工艺条件

烘干	宜用热风或红外线烘干
汽蒸	101~103℃,1~2min

4. 注意事项

(1)染液中如泡沫较多,可加适量消泡剂,也可加酒精。

(2)硫脲待染液冷至室温加入。

七、不溶性偶氮染料的小样染色

不溶性偶氮染料染色较复杂,下面以红、酱色染色予以说明。

1. 工艺流程

白布→打底→烘干→透风冷却→显色→透风→水洗→皂煮→水洗→烘干→对色

2. 参考配方

(1)打底液参考配方(表3-8-5)。

表3-8-5 红、酱色打底液参考配方(总量/L)

用料名称	大红			玫红	紫酱
	1	2	3		
色酚 AS/g	15~17	—	3	—	8~10
色酚 AS—BO/g	—	—	—	—	2.2~3.5
色酚 AS—D/g	—	15~17	14	9.5~10	—
30%(36°Bé)烧碱/mL	12~15	12~15	12~15	11~12.5	12.5
渗透剂/g	1~5	1~5	1~5	1~5	1~5
软水剂/g	0~0.5	0~0.5	0~0.5	0~0.5	0~0.5

(2)显色液参考配方(表3-8-6)。

表3-8-6 红、酱色显色液参考配方(总量1L)

用料名称	大红			玫红	紫酱
	1	2	3		
大红色基 G/g	12~14	5~5.5	12~14	—	—

续表

用料名称	大红			玫红	紫酱
	1	2	3		
大红色基 RC/g	—	7.5~9	—	—	—
红色基 RL/g	—	—	—	7~8	—
枣红色基 GBC/g	—	—	—	—	15~17
29.95%(19°Bé)盐酸/mL	24~28	22~28	24~28	14~18	15~17
亚硝酸钠/g	6~7	5.5~7.5	6~7	4.5~5.5	5~6
醋酸钠/g	8~10	7~10	8~10	4~7	5~6
98%醋酸/mL	2~4	1~3	2~4	2~2.5	1~2
匀染剂 O	0~1	0~1	0~1	0~1	1

3. 参考工艺条件

打底工艺　轧液率70%~80%,温度75~80℃

烘干　宜热风或红外线烘干

透风冷却　布面温度冷却至25℃以下

显色工艺　轧液率70%~80%,25℃以下,显色液pH值要求如下:大红:pH=3~4,玫红:pH=3~4,紫酱:pH=3.5~4.0

透风　室温,透风20~40s

水洗　冷水洗干净

皂煮　肥皂或皂洗剂3~5g/L,纯碱2~5g/L皂煮温度95℃以上

水洗　热水洗然后冷水洗干净

烘干　各种烘干方式都可采用

4. 注意事项

(1)浅、中色最好不采用不溶性偶氮染料染色。

(2)要尽量选用对纤维的亲和力(直接性)较低的色酚打底染色。

(3)要尽量采用单一色酚与单一色基染色。

(4)在必须采用色基拼色时,一定要选择重氮化性能和偶合pH值相近的色基相拼。

(5)在选择色基时,不能把色基名称上所称色泽作为选用的依据。

(6)打底时,操作以快为宜。

(7)打底烘干后的样布不宜久置,应及时显色。必须放置时要用布严密包好,避免阳光照射,避免与酸气、水滴接触。

(8)色基重氮化操作分顺法和逆法两种。顺法的具体操作:先将色基用规定比例的冷水(或沸水)充分调匀,再加入盐酸使其溶解。而后加入冰冷却到0~15℃,在搅拌下加入亚硝酸钠冷溶液,保持5~20℃放置15~30min,过滤后,加冰水稀释至规定量,临用前加入中和剂、抗

碱剂与匀染剂。逆法的具体操作：先将色基用规定比例的冷水（或沸水）调成均匀浆状，加入亚硝酸钠调匀。而后在搅拌下分批加入由盐酸与冰水按规定比例组成的酸液中，保持 10～15℃放置 30～60min，过滤后，用冷水稀释至规定量，临用前再加入中和剂、抗碱剂与匀染剂。

八、涂料的小样染色

1. 工艺流程

浸轧→烘干→焙烘→对色

2. 参考配方

涂料	x g
粘合剂	$(x/2+5)$g
渗透剂	1g
增稠剂	0～5g
防泳移剂	10g
加水合成	1L

3. 参考工艺条件

浸轧	轧液率 65%～75%，室温
烘干	宜用热风或红外烘干
焙烘	160℃，2min

4. 注意事项

(1)所用织物应呈中性或略偏酸性。

(2)称料前必须搅拌均匀。

(3)若导辊沾污，在染液中可加入 0.5～1g/L 扩散剂。

(4)浅色可不加增稠剂。

第九节　混纺及交织物的小样染色

混纺或交织物的染色方法一般有：一浴法是在同一个染浴中完成对不同纤维的染色加工；二浴法是将两种不同类型的染料分别配制成两个染浴，先后对两种纤维进行染色。

混纺产品染色时，所用的染料在相应纤维上的鲜艳度最好相近，否则会影响整个产品的颜色效果。同样，两类染料在两种纤维上的牢度也应基本相同，以免在使用过程中产品发生色光的变化。混纺产品染较浅颜色时，可只染其中一种纤维，也可得到近似均一色的感觉。

混纺和交织物的品种很多，染色方法亦有很多。本节简单介绍一下涤棉、涤腈及锦棉混纺织物的染色。

一、涤棉混纺织物的染色

1. 分散/还原染料染色

分散/还原染料对涤棉混纺织物的染色有一浴法和二浴法。

(1)一浴法。将分散染料、还原染料悬浮体放在同一轧染浴中，经浸轧、烘干后，先热熔使分散染料上染涤，然后再经还原汽蒸、氧化，使还原染料上染棉。其工艺流程如下：

浸轧染液→烘干→热熔→浸轧还原液→汽蒸→水洗→氧化→水洗→皂洗→水洗→烘干→对色

染浴参考配方：

分散染料	x g
还原染料	y g
防泳移剂	10g
渗透剂	1～2g
扩散剂	1～2g
加水合成	1L

(2)二浴法。此工艺是先用分散染料染涤，再用还原染料套染棉，分浴进行。分散染料常用高温高压法、热熔染色法染涤纶，还原染料可用浸染、卷染或悬浮体轧染法染棉。在套染还原染料时，同时对沾污在棉纤维上的分散染料进行了还原清洗，对提高染色牢度有利。

2. 分散/活性染料染色

(1)一浴法。分散、活性染料一浴法染色，根据染液中是否含有碱剂，又分为一浴一步法和一浴二步法。

①一浴一步法：一浴一步法是将两种染料和固色用碱置于同一轧染浴中，经浸轧、烘干后，在高温时分散染料和活性染料同步固色。此法比较简便，但染料选择时应注意：分散染料的耐碱性要好，对棉的沾色要少；活性染料的耐高温性应较好，能在较低的碱性条件下固着。一浴一步法的工艺流程如下：

浸轧染液→烘干→热熔→(→汽蒸)→水洗→皂洗→水洗→烘干→对色

染浴参考配方：

分散染料	x g
活性染料	y g
碳酸氢钠	10～20g
尿素	30～80g
防泳移剂	10g
渗透剂	1～2g
加水合成	1L

碱剂常用碳酸氢钠，热熔温度宜控制在低限。

②一浴二步法：一浴二步法轧染浴中不含固色用碱，热熔后再经轧碱、汽蒸固色。其工艺流程如下：

浸轧染液→烘干→热熔→浸轧碱液→汽蒸→水洗→皂洗→水洗→烘干→对色

染浴参考配方：

分散染料	x g
活性染料	y g
防泳移剂	10g/L
98%醋酸	0～1mL/L

染浴中若使用的活性染料为K型，则不宜加酸。染液应随用随配，放置时间不宜过长。在室温下浸轧染液后（轧液率控制在60%左右），经烘干、热熔，再浸轧下列固色液：

纯碱	20g/L
50%（50°Bé）烧碱	7mL/L
食盐	200g/L

固色液中加盐是为了防止染料的脱落。

（2）二浴法。涤棉混纺织物分散/活性染料二浴法染色，一般是先用分散染料染涤纶，染色方法有高温高压法、热熔法等，然后用活性染料套染棉，染色方法有浸染、卷染、轧染等。在染色中间进行还原清洗。二浴法染色工艺复杂，但较容易控制。

二、涤腈混纺织物的染色

涤腈混纺织物具有毛型感，弹性好，手感厚实、松软的特点，是常见的中长纤维混纺织物之一。中长纤维混纺织物的染整加工一般要松式处理，特别是湿热处理是影响产品毛型感的关键性工序。因此涤腈混纺织物的染色应采用低张力加工，以提高产品的毛型感。

涤腈混纺织物可采用热熔染色法和高温高压染色法。但热熔染色法由于要经过轧压、干热处理，所以织物的柔软蓬松性及弹性较差，幅宽收缩较大，应用时必须采取适当的措施。高温高压染色法虽然生产效率较低，但产品手感较松软、毛型感强、色泽浓艳均匀，使用较为广泛。涤腈混纺织物一般采用分散染料和阳离子染料染色。染色方法有一浴一步法、一浴二步法和二浴法，其中以后两者应用较多。

涤腈混纺织物分散/阳离子一浴二步法染色，先用分散染料高温高压法染涤纶，然后将染液温度降至80℃，再加入阳离子染料，并用醋酸调节染液的pH值至4.5左右，按阳离子染料染腈纶的方法染色。

二浴法染色，一般先用分散染料染涤，然后再用阳离子染料套染腈纶。中间或染后可通过还原清洗除去浮色，提高染色牢度。

三、锦棉混纺织物的染色

锦棉混纺织物可用适当的直接、活性染料同时上染两种纤维；也可用两种不同类型的染料分别上染两种纤维。锦纶可用酸性、活性、分散染料染色，棉可用活性、还原、直接等染料染色。

第十节　人工小样配色的技巧

一、小样配色的一般性工作及注意问题

1. 审查色单

对业务计划部门下达的新色单，首先要认真进行审查。如：标样要齐全，光源要明确，织物组织规格要清楚，染色牢度要求（皂洗、摩擦、日晒、耐氯、干洗等）和后整理要求（柔软、防水、抗菌、阻燃、防紫外线等）要确切，交样时间要合理。发现问题，要及时与业务计划部门统一认识。

2. 认定半制品质量

打样前，要和生产计划部门统一认定半制品的质量。如：丝光布还是未丝光布；磨毛布还是

未磨毛布；本白布还是漂白布；前定形布还是后定形布；预缩水布还是不缩水布等。原则是，打样用布必须和日后的大生产用布一致，以统一工艺流程和工艺条件，确定后不宜途中改变。

3. 认定生产方式

打样前，先与生产计划部门统一认定生产方式。如：大生产是液流喷射染色还是平缸卷染染色，一旦确定，途中不宜改变。因为液流染色与卷染染色的打样条件不同，使用的染料、助剂也不尽相同。如若改变，只能重新打样，打样处方绝对不可串用。

4. 选用染料

根据客户色单对染色深度、色光艳度以及染色牢度的要求，认真选用染料。如染深浓色泽，则选用高强度、高提深性、高湿摩牢度的染料；染浅淡色泽，则选用高匀染性、高日晒牢度的染料；若对氯漂牢度有要求的，要选用耐氯染料；对干洗牢度有要求的，要选用耐有机溶剂的染料；对棉/锦或棉/涤交织物染色，尤其是染闪白或闪色品种时，就必须选用相互沾污性小的染料。若是锦/棉或棉/锦弹力织物，染锦纶时，要做好分散染料与中性染料或酸性染料的搭配，以确保鲜艳度、色牢度和布面匀净度，达到客户要求。这里要指出的是，锦纶和氨纶对分散染料的吸色性（深浅、色光）相差很大，单用分散染料染锦纶，其匀染性良好，但常常会产生氨纶在布面呈“异色丝”跳出，影响布面的匀净度与色光。

5. 认定原始样

在打认可样前，必须对客户提供的原始样重新认定。客户提供的原始样，通常有以下几种情况：

（1）原始样的组织规格与所下色单指定的组织规格不同。这种情况往往会由于织物的吸光、反光和透光情况不同，使小样与原始样色光难以一致。此时，应该多打几只深浅不同、色光不同的小样，供客户选择，这样才能提高客户的认可率。

（2）原始样并非织物，而是印刷纸板。这种情况往往会因纸样表面光滑，具有较强的光泽，以及纸样是印刷涂料而不是染料等因素，在规定的光源照射下，染色小样的色光一般难以与原始样相吻合。此时，也只能多打几只深浅不同、色光不同的小样，供客户选择。

（3）染棉/锦或棉/涤交织物时，若客户提供的原始样中，双组分纤维的色泽深浅与色光均一性差，有双色现象。此时，通常有两种情况：第一，就是要保留这种双色效果；第二，不要双色效果，而要匀一色。因此双组分纤维的色光深浅要拉平（原始样中，双组分纤维色光深浅不同，系染色匀一性差所致）。遇到这种情况，务必向客户问清楚，以免小样得不到确认。

（4）原始样在光源下，带有一定荧光。遇到这种情况，要格外注意。一般有两种可能：第一，要求布料在特定的光源下，应该具有荧光效果；第二，布料本身并不要求具有荧光，而是在染色时，为了增艳，无奈外加了荧光增白剂。此时，必须先弄清客户的真实要求，而后才能根据要求打认可样。

（5）原始样为真丝织物或腈纶织物（或腈纶绒线），而小样却要打纯棉样，或棉/涤、棉/锦样。这种情况，常常由于原始样是以酸性染料或阳离子染料染成，鲜艳度特好，致使小样无法达到原始样的亮度要求。遇到这种情况，要先打近似样，供客户参考，并向客户说明原因。如果加入荧光增白剂增艳，必须取得客户同意。

（6）客户的色单中，常常带“白色”色号，如：自然白、象牙白和珍珠白等，但无实物标样。遇到这种情况，预先要弄清楚色单中的所谓“色光”，是指本白、漂白还是增白。若客户对此混淆不清，难以认定，要先打本白、漂白和增白三种样，给客户认可，如果认定为增白样，一般还要提供黄光、红光、蓝光三种小样，让客户确认。对这种情况一定要认真对待，否则在大货验收时，容易与客户产生色光分歧，甚至返工复修。

(7)对棉/锦、棉/涤、锦/涤、涤/粘等交织物或混纺织物，客户提供的原始样有时是闪色样(即两种纤维组分色泽不同，具有闪光效果)。对闪色样，必须确切认定何种纤维是何种颜色，一般不可变更。如若颜色颠倒，一般会产生两种情况：第一，大多是布面整体效果不符；第二，若混纺比例相当、织造规格又适当的情况下，布面整体效果基本相似，给人以错觉，但留下了潜在问题，即客户一旦发觉纤维错色，会拒绝收货，必须重染。因此，对闪色样应格外认真，不可马虎。

(8)棉/锦或棉/涤织物中所含的锦纶和涤纶，并非全是无光丝，有时也有有光丝。锦纶和涤纶光泽的强弱，对布面染色色光的亮度与艳度影响很大。因此，必须要确定客户提供的原始样中所含的锦纶或涤纶是有光丝还是无光丝。如果是有光丝，就要以同样的织物打样，若用无光丝的织物打样，色光肯定是不符的。如用荧光增白剂增艳，通常客户不接收。因此，必须预先征得客户认可，不可自作主张。

(9)棉/锦交织物中的锦纶组分，通常为锦纶 6，但也有锦纶 66。由于锦纶 6 的氨基含量比锦纶 66 高一倍多，所以，锦纶 6 对阴离子性染料亲和力大，染深性好，易于染深浓色泽。而锦纶 66，由于氨基含量低，只适合染中浅色泽。因此，打样前，第一，尽量向织厂问清楚锦纶的类别；第二，尽量用锦纶 6 坯染深浓色泽。如果用锦纶 66 坯染深浓色泽，即使采用酸性浴、超高温(100℃)饱和染色，往往也难以达到深度要求。即使小样达到深度，大样的重现性也往往很差，况且还存在色牢度低、污水严重的问题。

(10)有正反面的斜纹织物，一般都是以斜纹面为正面，有时也有例外，以反面为正面，因此，要认真审定客户提供的原始样。若发现色单中的色版反面朝上，一定要搞清楚，是反面为正面对色，还是客户把色版贴反。千万不可经验主义，擅自更改，否则，小样重打是小事，若投入了生产，将铸成大错。

(11)有时客户提供的色单中，既有原始样(通常与色单中的要求质地不同)，又有认可样(通常是委托其他工厂打的第一次认可样，其质地一般与色单中的要求相同)，但两者通常存在一定的色光或深浅上的差距。此时，客户的要求一般有两种：一种是以原始样为标准，重新打认可样；另一种是以提供的第一次认可样为标准，重新打样。对此，务必要搞清楚客户的意图，不可主观臆断。

6. 确认光源要求

客户提供的打样色单中，一般都有明确的光源要求，如自然光、日光灯光、D65 光(人造自然光)、TL84 光(欧洲百货公司白灯光)、CWF 光(美国百货公司白灯光)、F/A 光(室内钨丝灯光)、UV 光(紫外线灯光)等。在工厂的实际工作中，存在着以下问题：

(1)标准灯箱。

①标准灯箱和所使用的灯管，品牌较多。不同品牌的灯箱和灯管，对色色光存在着一定的差异。

②标准灯箱使用不当。如在灯箱的灰色底板上，摆放色卡样卡，甚至在灯箱灰色内壁上，贴处方纸和色样版等，这会给对色色光造成一定的影响，从而在标准灯箱对色时，出现在工厂灯箱

里色光相符,而在客户公司的灯箱里产生色光偏差,导致小样和大样色光认可困难。因此,标准灯箱特别是灯管,一定要选用符合国际标准的产品,而且使用灯管要正确,以消除灯管光源不标准和灯箱使用不当而造成的标准灯箱不标准,产生对色差异。

(2)色光跳灯性。客户提供的原始样,有时是还原染料的轧染样,而用活性染料的浸染样,在不同光源下与之对色时,往往跳灯明显。这是因为常用的还原染料如还原蓝 RSN、还原橄榄绿 B、还原大红 R、还原黄 G 等,在不同光源下其色光跳灯性较小;而常用的一些活性染料,在不同光源下跳灯性相对较大。

遇到这种情况,第一,选用跳灯性小的活性染料配伍染色;第二,打近似认可样,返客户确认,再以活性染料认可样替代还原染料的原始样,进行放样试产。

7. 小结

打客户认可样,要遵守以下原则:

(1)打样用布必须采用生产计划部门指定的半制品布。

(2)打样方法必须符合生产计划部门批定的生产方式(平缸染色或是液流缸染色)。

(3)必须按照客户色单的质量要求选用染料。

(4)必须以客户指定的光源对色光。

(5)必须以客户认定的原始样(或第一次确认样)为依据打样。在一般情况下,小样色泽深浅应控制在5%以内,色光应控制在4级以上。如果原始样与认可样质地严重不同,则色泽与色光只能尽力上靠。

(6)客户选中的认可样,要和客户提供的原始样贴在一起,作为复样、放样、大货生产的对色依据。还应注意客户提供的原始样和确认样,一定要经客户签字。

二、小样配色的基本技巧

1. 交叉分析法的运用与基础工作

按照来样,能够用单只染料染色的,无论是打小样与大生产,均较为方便和容易,仿样的速度也较快捷。用两只染料作拼色就能解决问题时,其难度也不高,故而仿样的速度也不慢。但是,这两种情况在实际生产中并不多见。数量最大的常常是需要用三只染料拼色才可仿照出来样的色泽,这种情况所占比例通常要达到实际生产的三分之二以上。

由于用单只染料染色、两只染料拼色与三只染料拼色,其间的可变因素关系是成几何级数的扩大,所以三拼色作仿色打样的难度也就远远大于前两者,仿样的速度也相应较慢。此时运用交叉法分析决定小样的仿样试染配方,能够有助于配方范围的缩小和焦点的集中,有效地提高仿色打样工作的效率和速度。染色实样资料越多,仿色打样工作也将越方便。交叉分析法的运用,更需要工作色卡的丰富和全面,并还需要档案资料系统化和染料强度指标特等数据的标准化。

2. 工作色卡的系统分类

每一位染色工作者,都会把自己日常工作的染色实样留下标样,汇总后逐步建立自己的工作色卡,以便在再生产时参考利用。但若如果没有形成系统,并赋予标准化内容,那么其作用和意义将大为降低。

工作色卡分为单色样卡和拼色样卡两方面,而单色样卡又分成常规样卡和性能样卡两部分。色卡除了染色实样的配方外，工艺条件参数与染色设备等都必须详细记录。

(1)单色常规样卡。染料厂一般都会提供该厂所生产的商品染料单色样卡，但是，染料厂与印染厂各自的角度是不相同的。染料厂提供色卡是为了销售时让对方增加直观的了解，一般都是在标准深度下的简单单色，其色卡用布通常都是标准的精制品。例如，活性染料的色卡用的是丝光处理后的棉纤维，与未丝光棉纤维相比，两者之间的得色量距离很大。而且染料厂样卡所注明的促染电解质用量很高，以尽量的提高该厂染料的得色量表现。

对于印染厂来说，色卡是为了应用需要。印染厂所面对的是大量的各种不同纤维和各种色泽来样，有的客户甚至提供的是印在纸上的色泽，所以染料厂所提供的色卡，只能是给印染应用时作为最初的参考而已。

对于仿色打样来说，仅有这种简单的色卡是远远不够的，还需要了解每一只染料在不同浓度时，以及在各种不同纤维上所反映的色相色光。这就得向染料厂索取至少是作为企业标准的样品染料，以便制作一套每只染料在不同染料浓度下的染色实样色卡。标样染料的取得，也还有助于以后对进厂染料的质量对比和验收。当然最好还应备有更高层次的国家标准或国际标准样品染料。

每只染料的浓度分档，至少应分成以下六档(omf)：0.1%、0.25%、0.5%、1%、2.5%、5%(连续染色时为1g/L，2.5g/L，5g/L，10g/L，25g/L，50g/L)。必要时，在0.1%(1g/L)以下区域和5%(50g/L)以上区域，可再作延长和加密。

当有了一套由浅到深、跨度较大的染料单色样卡，就能使我们了解各染料在不同浓度时的色相、色光变化情况和变化规律。而且对染料的另一个重要性能“提升力”，也可以得到清楚的了解。

其中需要引起注意的是：同一染料在不同色泽深度时，其辅助色相(即色光)会发生不同的变化。例如：活性红X—3B，分散红3B等红色染料，应是属于相对带蓝光的红色。但其用量在0.5%(omf)以下时，色光上会有渐偏黄光的趋向；当用量在1%(omf)以上时，却又渐渐趋向于蓝光。这种色光上的偏移，用分光光度计测定其不同浓度的最高吸收波峰位置，基本上是没有变动的，但人的眼睛却可以明确地感觉出色光的偏移来，而且，色光的这种视觉偏移程度还会因纤维批次的不同而有所不同。又如分散蓝2BLN、活性艳蓝KN—R等，应是属于相对带红光的蓝色，也同样是具有类似因染料的浓淡因素所致的色光偏移现象(浅淡时偏向黄光，深浓时偏向红光)。上述情况对于拼色时，尤其是三原色作拼色，如果仿样色相已基本相似，但在深浅程度上尚有差距时，若按染料配方数据等比例的加深或减浅，其幅度通常超过15%时会发现色光也将改变。此时，必须另作全面的综合调整，才能使色光继续一致。这种情况实质上也是染料的色光偏移作用所致，应该在配方调整分析时给予注意。

(2)染料性能样卡。为了深入了解染料的性能，要再选出具有代表性的深度，一般以1%为多，继续对该染料在pH值、温度、时间、浴比、促染剂和匀染剂用量等各重要条件和各方面的敏感区域，作出一套染色系列实样，经整理汇总成性能样卡。

综合上述常规样卡和性能样卡，就形成了较完整的染料单色样卡系统。这样就得到了对每一只染料，包括从色相、色光、提升力、特性等特点的了解，以及最佳条件参数。这些都是使用染料时不可缺少的基础和前提，不单对于仿样分析时的染料选择十分重要，而且对染料拼色与应用的另一关键问题——配伍性与相容性，也至关重要。同时，对染料的质量评价也必不可少。

(3)拼色样卡系统与标准化问题。拼色染色的样卡系统,其面更为广泛。该系统对于配方分析的作用和帮助,更为重要和直接。

拼色样卡的分类,应先按色相大类划分,再按色光和深、中、浅等级分成小类。其中尤其是三次色类型的色泽,色相色光的种类复杂、变化繁多,有时甚至交叉综合,难以明确的分类。染色实样的资料数量,也远远的大于二次色类型。故不单要按红光、灰、黄光灰、蓝光灰等分类,还要再按深、中、浅分类。只有仔细完全系统性区分,仿样参考时作检索查阅才能快捷方便。

不同染色设备和染色方式的色相色光与上染率反映均是不一样的,所以还要有各自的资料库系,例如浸染、卷染与轧染,纱线与织物,单一纤维与混纺和交织等。

拼色染色配方中的染料强度与用量,需要清楚明确和标准化,否则资料利用的可依靠程度将大打折扣。染料的原标力份值,尤其是国产染料,不少品种甚至至今还缺乏国家级的统一标准,加上由于检测条件和能力的关系,尚不能达到严格的标准化,这对于色卡档案资料的利用很为欠缺和不便。进口染料的标准化水平虽然要高于国产染料,但价格要昂贵得多。从成本和效益目标来说,不可能回避国产染料的大量使用,所以在印染应用时,必须全力弥补好标准化这一重要内容。例如,甲染料厂生产的弱酸红 B,标明的力份为 100%,乙染料厂生产的该染料标明力份为 150%,丙染料厂生产的该染料标明力份又为 100%。是否真正属于 100% 或 150%,可以按所标力份值作相互换算后直接投染。但若未作仔细地检测而直接换算投染,其结果是绝大多数并不相符,有时误差甚至很大,这使染色后发生色差的现象极为普遍和严重。所以,标准化工作对于印染生产来说是非常重要的,否则,要想使染料产地不同及批次不同所致的色差成为可控,是不大可能的事。

3. 交叉分析法的适用范围与运用

根据来样,在可用单只染料染色的情况下,可在单色工作样卡中找出其配方点所在的位置,在可能变动的区域阶段内作一染料量的排列打样,就基本上可以较快完成仿样工作。该情况对于大生产来说也较受欢迎,因为色泽的色相以致色光都没有干扰的可能而很稳定。不过这样的情况在实际生产中并不多见。

能用两只染料拼色解决的,也不一定用交叉法来分析决定小样配方,因为仿色仍然较为容易和快速。在档案资料丰富的前提下,多数也能在一次性分析打样中解决问题。

当碰到色彩类别较复杂的三次色类型的来样时,常常会难于在已有的档案中找出相同或是相近的参考资料。对于三原色都具支配作用的难度较高的色泽,有时甚至一下子难于定下较小范围内的配方。此时,就应改变单纯地从一个最接近的参考色样为基础的分析方法,而应采取从两个或三个以上的、与来样较近和有一定距离的色泽样参考,以各自的出发点为基准,分别地分析出仿色小样的可能配方。然后把各自的分析结论交叉几点,再作总体全面性和深一层次的归纳分析,进行统一的调整平衡,使小样试染配方的范围进一步缩小,留下小的组成规律排列(一般在三只左右)的小样试染配方,从而提高命中率。这样从多基点出发,通过交叉集中而缩小配方焦点的方法,可使配方在交叉中得到相互纠偏校正,焦点集中,因而这种分析方式被称为交叉法分析。例如,客户的来样为一只棕色,从近似色泽的资料配方出发,分析和交叉的过程可以为如下:

(1)从甲参考色泽配方出发,分析结果拟试染小样配方。

100%分散红 3B　　　0.5%(omf)
100%分散黄 RGFL　　　1.8%(omf)
100%分散蓝 2BLN　　　0.7%(omf)

(2)从乙参考色泽配方出发,分析结果拟试染小样配方。

100%分散红 3B　　　0.4%(omf)
100%分散黄 RGFL　　　2%(omf)
100%分散蓝 2BLN　　　0.5%(omf)

这样,虽然从各自的配方基础出发,主观上认为都是较可命中的,但是两者汇总后却可看到有着明显的差距。如果按该色泽类别,红光与黄光对该色泽的支配力度应较小,蓝光则影响较大,那么红、黄光我们可作折中处理,蓝光则应作列队处理。平衡调整后所得试染配方见表 3-8-7。

表 3-8-7 平衡调整后的三种染料配方

染料 \ 配方	1#	2#	3#
100%分散红 3B	0.45%	0.45%	0.45%
100%分散黄 RGFL	1.9%	1.9%	1.9%
100 分散蓝 2BLN	0.5%	0.6%	0.7%

如果库存现用分散红 3B 的力份为 105%,则应把该染料换算后其用量为:

$$0.45 \div 105 = 0.4286\%(\text{omf}) \approx 0.43\%(\text{omf})$$

其他染料情况类同计算。

采用交叉分析的结果,通常会遇到以下两种情况:

①交叉后综合分析所得结果相近,甚至相同,那么经小样试染的结果命中率将会较令人满意。

②交叉后综合分析所得结果相距较远,这是两块参考色样因纤维批次不同所致的上染率差异严重所致。此时,就应另做一近似色泽作参考分析,然后作三只分析配方的交叉汇总和平衡,必要时可再做第四只等。通过加大交叉量,加大纠偏作用,进一步缩小有争议的交叉焦点。

4. 其他有关问题

在三次色类型的色泽中,三原色影响大小较典型情况是:对棕色、咖啡色类色泽影响最敏感的是蓝色,对深蓝、藏青色类色泽影响最敏感的是黄色,对蟹青、墨绿色类色泽影响最敏感的是红色等。这是我们在交叉法分析时,需要灵活掌握的经验原则。

试染配方的交叉分析法对于工作色卡的建立与积累十分重要,特别是拼色染色的资料越丰富和全面,对于分析也就越方便,速度也将越快。万一有疑点而难以最终平衡,查找原因和纠偏时也就省力得多,所以平日的积累与建档是不可缺少的前提。

有时,特别是三原色拼色时,遇到打出的小样其色光色泽已基本相似或相近,但仅饱和度还不足时,可在三拼色的基础上加入灰色或黑色染料。因为通过原色的调整要费很大的周折,也很费时,但在仿色达到目标之后,应即把灰或黑分解成三原色,然后各自加入其三原色中,便仍复原成为三拼色。当然应再复打一次小样,以防止误差,求得证实,此时即使有所调整也将是微

小和容易的事。因此,对于所用的灰色或黑色染料,应当事前了解或做好分解工作。例如,分散灰 N 应是以下成分:

100%分散红 3B	33.3%
100%分散黄 RGFL	24.7%
100%分散蓝 2BLN	42%

5. 色光调节与拼色举例

(1)染大红色,如果选择分散大红 S—BWFL 为主色染料,则宜先考虑选择不同色光的红色相染料(如分散红玉 S—2GFL,分散大红 S—3GFL)来调节色光,然后再考虑其他色相染料(如分散深蓝 HGL,分散黄棕 S—2RFL)。

(2)染嫩黄色,如果选择分散嫩黄 SE—2GFL 为主色染料,则宜先考虑选用不同色光的黄色相染料(如分散黄 M—5R,分散嫩黄 SE—4GL)来调节色光。

(3)染红光蓝,如果选择分散蓝 2BLN 为主色染料,宜用分散紫(如分散紫 SE—R,HFRL)来补充色光,不宜用分散紫与分散红相拼。

(4)染草绿色,用暗绿或暗黄相拼,灰色光应由暗绿或暗黄两方面供给,而不应该用艳绿与暗黄或暗绿与艳黄或艳绿 + 艳黄 + 灰色拼染。

(5)三个染料拼色时,尽量避免出现两个以上不同色相混合色光染料一起拼染(如分散深蓝 HGL 同时与分散棕 S—3R、分散紫 HFRL 搭配),否则色光难以调节。

(6)一个配方里尽量避免两个以上拼混染料一起拼染(如分散棕 S—2BR 与分散草绿 S—GL 搭配),否则色光难以调节。

6. 核样技巧

审核配色小样方法按纺织品色牢度评定所述方法进行,一般标样与所配小样色差要求在 4 ~ 5 级(按褪色样卡)。同时要注意以下几点(本章第七节有详细介绍):

(1)目光注视样布的时间不宜过长,以免引起视觉的疲劳而产生误差。

(2)样布必须烘干(或烫干)后冷却。因潮布含水不同会产生光的折射误差,而烘干后不经冷却也会使某些染料的色光失真。

(3)染色后需整理的产品必须待整理后再行核样。

(4)在客户指定的光源下进行。

第十一节　提高仿样效果的途径

一、提高染色仿样效果的途径

在仿色工作中往往会碰到一只标样,几个人分别使用同一种设备、同样的染化料,各自拟订工艺配方后进行仿样,然而效果却不一样的情形。要提高仿色效果,下面几点值得注意(以溢流喷射染色机仿样为例说明)。

1. 积累实样(留样)

要保存生产大样。对即使仿得不准的每只大样,只要认为在计量上是无误的,虽与标样不像,也要保留下来。同时要把织物品种、工艺流程、配方等全部记下,这样日积月累,就能得心应手地运用到实际工作上去。尤其要记录配方中染料的强度、生产厂商、批号,这样一旦发现问题，就可直接向有关染料厂查询。但必须指出，甲企业中所积累的资料，到乙企业并不完全通用。由于水源、水质各不相同，若要参考，就要先进行试样，切忌模拟试样，防止误差太大，难以校准。例如，用城市里的自来水染出的藏青、黑色样子，到乡镇企业用深井水仿样，往往藏青变成毛蓝，黑色变成咖啡色，这是什么缘故呢？原来深井水中游离碱和钙、镁离子浓度很高，经空白浴测试水的 pH 值，发现其 pH 值随着温度的升高而提高。碰到这种问题，染液中的缓冲剂（硫酸铵）的用量就要适当增加。

2. 搜集色卡（样本）

色卡或样本一般是有权威性的单位，通过向生产厂家收集布样、资料，经汇编或指定专人编制而成。如 DF 系列的《涤棉色卡》、《纯棉色卡》、《纯涤纶色卡》均由全国印染科技信息中心编制发行，其中的颜色多数是二拼色、三拼色，并附有工艺配方，颇有代表性和使用价值。有的样本是染料生产厂商根据自己生产的品种，提供给用户的单色色卡，其目的是让应用单位了解、认识其产品的色光和性能，在实际工作中也有一定的参考价值。有些进出口公司为经营外贸业务的需要特制的色卡，如有工艺配方当然也有使用价值，如果无工艺配方，在试验室可用其相似织物，逐步仿样，并留好样子及有关数据。

3. 精确计量

这是仿色工作中的重要一环，这里主要讲的是涤纶染色的有关染化料的称（量）料及化料问题。涤纶染色所需的分散染料，一般浅色按 1∶500（0.2%），深色按 1∶100（1%）浓度配制，并存放在敞口瓶内待用。大多数分散染料的颗粒大小不均，加上分散染料中的填充剂 N、填充剂 MF 的颗粒也较大，若拼混马虎，或经运输堆放、震荡，往往会造成桶内上层颗粒较大，桶底颗粒微细的情形。因此，采取直接称料打样误差较大，所以最好是取桶中层染料，化成溶液后待用。标准的做法还可先在研钵中经研磨后再称量溶化。对扩散性较差的分散染料，如大红 S—BWFL、红 3B、橙 S—RL 等，染色时往往要加扩散剂一起搅拌，试样时，染料最好先和扩散剂一起研磨后再使用。另外，分散染料的化料也有讲究，实践认为用 pH 值为 5.5（HAc 调节）、50～60℃的软水化料，分散性好。否则染料易分解，甚至沉淀，影响使用效果（注：简单的软水方法可将水煮沸，经冷却沉淀后使用）。化好的分散染料溶液一般可使用一周，存放时间过长会导致染色色光趋浅，失去使用价值。用于涤纶染色的助剂如醋酸、高温匀染剂、消泡剂、释酸剂等一般均按 10% 的浓度化好使用。在吸取前，无论染料、助剂均需摇动后再用移液管吸取，切忌斜视读数，做到精确计量，熟练操作。

4. 摸索规律，总结仿样经验

由于各地的水源、水质不同，染料的生产厂家不同，染样机的性能差异加上操作人员的素质、生产机种等原因，小样普遍比大样浅些，尤其是分散嫩黄 SE—4GL、紫 HFRL、黑 S—2BL、S—3BL 等更明显。各单位要因地制宜，假使小样比大样深，只要色光不偏，大样的配方则要增加 10%～20%，增减幅度视实际情况而定，一般是浅色 < 中色 < 深色 < 黑色。分散染料从理论上讲受浴比影响不太，但实践证明，大小样浴比的不同对深度是有一定影响的。试样人员打好小样后，最好要跟到车间里去放中样，以至大样。

二、提高印花仿样效果的途径

印花仿样除需要注意染色仿样需要注意的事项外，还需注意以下几点：

(1)机印得色浅,约需加30%;网印得色深,约需减20%。

(2)对机印来说,花型结构不同、染料用量相同时,点线、小块面由于其花筒雕刻深度较浅,故得色浅;较大块面、满地花型相对花筒雕刻深度要深些,含浆量较多得色较深。所以,小块面花型多加几成,大块面、满地花型应少加几成。

(3)同一色泽叠印与否,其所得色泽也有所不同。较深色泽因有较浅同类色压印,所以得色浅,为考虑分清花型层次,一般深宜偏深,浅宜偏浅,将两者差距拉大,这样才能使花纹层次分明。一般深色要加20%~30%,浅色要减10%~20%。

(4)对机印来说,花筒排列不同,得色不同。排列位置在前的印浆经后面花筒的压轧,得色较浅,经压轧后约浅淡20%。排在最后的未经压轧,得色较深。

第九章 测试方法拾遗

第一节 实用分析鉴别法

工厂在质量分析、疵点分析时采用一些简易、实用的分析鉴别方法，可作定性试验，有利于迅速、及时地发现问题，采取解决办法，以保证工艺条件上车及合理操作，使产品质量稳定提高。下面介绍一些简易的实用分析鉴别方法。

一、织物正反面识别

在染整加工过程中，根据织物的用途对烧毛正反面要求不一，常需鉴别织物的正反面。根据织物的组织规格不同，鉴别方法大致如下：

平纹组织无所谓的正反面，如平布、细布、府绸等。

灯芯绒、平绒等正反面极易识别，不会弄错。

提花织物正面花型较整齐光洁，一般浮长较少。

斜纹类织物：线织物以↗(右)斜，纱织物以↖(左)斜为正面，俗称线撇纱捺。

缎纹组织的缎面极易识别，一般不必看斜路方向。

二、烧毛机圆筒、铜板温度的测量

以无机盐熔点法测定。具体做法是圆筒(铜板)停转10~20s内撒下无机盐，视其熔化情况从而得出烧毛机圆筒(或铜板)的温度，其中氯化铜498℃、碘化钾686℃、氯化镁708℃、溴化钠757℃、溴化钾780℃、氯化钾772℃、氯化钠804℃。

三、毛效快速测定

把清洁的自来水滴在布面上，能立即使织物均匀润湿，表明毛效较高。而不能立即使织物均匀润湿或水滴在织物上呈珠状表明织物毛效较低或等于零。

四、纤维化学损伤鉴别

将70g硫酸铜溶于1L水中作为A液；100g烧碱和346g酒石酸钠钾溶于1L水中作为B液。以3mL A液、5mL B液、10mL水三者混合，试样浸入混合液煮沸5min，取出经冷水洗，如果试样呈蓝色表示正常，呈棕色表示有化学损伤。

另取试样先在10%醋酸铅溶液中浸5min，取出水洗，再在1%铬酸钠溶液中浸5min后充分水洗，未受损者布面呈淡黄色，氧化纤维素呈深黄色，而水解纤维素呈奶白色。

鉴别纤维氧化性损伤的另一方法是：将试样浸入1%硫酸亚铁溶液10min，取出充分水洗，再浸入1%铁氰化钾溶液5min，再水洗，未受损者和水解纤维素几乎不沾色，而氧化纤维素则呈深蓝色。

五、铁锈斑渍的鉴别

轻微的铁锈斑渍热水可洗除，较重者用稀草酸或柠檬酸浸轧短蒸的方法去除（酸浓度20g/L，温度室温，堆置30min后水洗）。在棉、麻、人造纤维织物上还可用10%红矾钾溶液洗除，或用食盐与10%醋酸调成的浆擦锈斑迹，置30min后再水洗，必要时重复几次。

六、定形效果优劣的鉴定

热定形效果主要看织物尺寸稳定性状况，可采用织物的干热收缩率或涤纶的临界溶解时间（简称*CDT*）来鉴别。

所谓干热收缩率是指织物在规定温度下，松弛处理一段时间后的经或纬向收缩百分数。干热收缩率小，表示织物的尺寸稳定性高。例如在180℃的空气中松弛处理2min，织物的自由收缩率为1%左右，热稳定性是比较高的。

涤纶的临界溶解时间（*CDT*）是指在规定温度下涤纶试样从开始接触苯酚直至溶胀解体所需时间（s）。临界溶解时间反映涤纶的受热情况，临界溶解时间越长，表示涤纶经受的热处理条件越剧烈。涤纶临界溶解时间大约在100s以上。

七、染料配比情况的鉴别

在混纺织物的生产中为使布面获得均一的色泽，必须慎重地考虑染料的配比问题，也就是在选用两类不同的染料上染两种纤维时，为求得两者的色相平衡，两类染料的用量比例必须适当。以涤棉混纺织物为例，在染整加工中，一般缝头线多数采用纯棉缝纫线，与织物纤维成分区别，染料配比的简单鉴别方法是用纯棉的缝线与织物的表面色泽作对比，涤棉混纺（65/35）织物表面色泽应略深于缝头线；涤棉混纺（50/50）织物表面色泽应与缝头线基本一致。如缝线与织物表面色泽相差较大，则说明两类染料配比不适当。缝线浅于织物表面，说明染棉的染料比例太小；反之，则说明染涤纶染料的比例太小。如工艺条件上车情况良好，则宜增加或减少染料的用量，以保证染料比例适当。

经查染料配比问题不大，但仍出现缝线与织物表面色泽相差较大的情况，则必须查明哪类染料在染色中存在问题，仍可采用上法。如缝头线色泽与所需色样相符，而织物表面过深或过浅，则说明染棉部分问题不大，而染涤部分问题较大，解决织物表面过深或过浅要从染涤部分考虑；反之，则要从染棉部分找原因。

八、染前边中色差与染色边中色差的鉴别

造成边中色差的原因有染前坯布上带来的，也有染色中造成的。要鉴别是染前还是染色时造成的，可采用下述方法：

在染色前将白布从中间剪开一段，然后边对边缝起来，再接在取样之处，接着进行染色。染色后，如原织物的“边”与取样部分的“中”和原织物的“中”与取样部分的“边”染得的色泽深浅是一致的，则说明边中色差是染色时造成的。如果染得的色泽随织物位置的变化而变化，则说

明是染前造成的。

九、分离涤棉混纺织物上两种纤维的方法

在生产中，为了了解混纺织物上纤维上色情况和两类染料相互影响的关系，需要采用化学分离法分离两种纤维，以此来观察染涤、棉两种染料的色光和给色量。简单的分离方法是：溶解涤纶采用1∶1的三氯醋酸与氯仿，浴比1∶100，室温处理5min；溶解棉纤维采用80%硫酸，室温处理10～20min。

十、鉴别还原蒸箱隔绝空气的简易方法

蒸箱必须绝对隔绝空气。检验蒸箱的工作状态，可用还原状态的蒽醌、溴靛蓝、还原艳绿FFB等的溶液涂在进入蒸箱的织物上，再从出口处观察色泽，如保持还原色，表示蒸箱工作状态良好。汽蒸时间一般为20s左右，温度为100～103℃。

十一、还原染料染液中烧碱、保险粉含量检验

染液中烧碱量是否足够，可用酚酞试纸进行检验，试纸变红，表明有足够碱剂。

染液中保险粉用量可用还原黄G试纸进行检验。将试纸浸入染液，3min之内应由黄变蓝，如试纸变蓝缓慢，即表明保险粉含量不足，必须增加用量。

还原黄G试纸的制备：取还原黄G 2.5g，用太古油调成浆状，加入30%（36°Bé）烧碱20mL，调匀后，加50℃热水1000mL和保险粉10g，还原10～15min。以白色滤纸浸入蓝色隐色体中片刻，然后取出，在空气中氧化变成黄色，晾干即成。

十二、硫化染料染缸内硫化钠含量的测定

硫化染料染色时，硫化碱含量不应低于4g/L。含量不足时，将染液滴于滤纸上，不久即显现沉淀。

十三、染料颗粒细度测定

1. 显微镜法

将研磨好的染料滴在一玻璃薄片上，并盖上另一玻璃片，用显微镜观察颗粒大小，再与标样进行比较。此法效果较好。

2. 滤纸测微法

将已研磨好的染料少许，化在含有2g/L的平平加溶液中，然后滴在滤纸上，染料随之向四周渗透，观察染料的渗透情况，注意以下三点：

（1）渗透形成的渗圈直径最好在3～5cm，渗圈内不能有水印。

（2）渗圈中心无深色圈，如有说明染料颗粒尚未达到应有的细度。

（3）染料渗透要均匀，干后外圈为深色才算达到要求。

此法操作简便，也能得到较好的效果，目前生产中应用较多。

十四、染料扩散性能的测定

称取染料1g悬浮于50℃ 200mL蒸馏水中，在磁性搅拌器上搅拌，待冷却到30℃，从底部吸取0.2mL试液，逐滴滴在悬空搁置的滤纸中央，待其自然扩散、晾干，观察其扩散情况，与已定的等级卡对比，评定级别。

评级标准：

1级：染料全无扩散情况，染料全在中心深圈内。

2级：有小部分扩散，染料大部分聚集在深圈内。

3级：有部分扩散，中心深圈仍较深。

4级：大部分扩散，中心仍有深圈。

5级：全部扩散，中心无深圈。

十五、热熔时布温简易测试法

1. 标准样的制备

(1)染液。

分散蓝 H5R	10g
分散黄 RGFL	10g
渗透剂 JFC	2mL
匀染剂 AMK	10mL

(2)测试样。将织物浸轧上述染液后烘干备用。

(3)标准样。取上述大小相同的15块测试小样，分别在小样机上热熔固色，热熔温度185～215℃，每块织物间隔2℃，然后还原清洗烘干。因分散蓝H5R系高温型染料，需要在高温中才能固色显色，而分散黄RGFL系低温型染料，仅在较低的温度下即能固色显色，故经上述处理，得到从黄→绿→蓝不同色泽的15块小样。

2. 热熔时布温的测试

将测试样通过热熔箱体，然后分别在落布处取左、中、右样各一块，还原清洗、烘干，与上面的标准样比较，即测得热熔时的布温。

十六、轧辊硬度均匀性鉴定

检验轧辊优劣、硬度均匀性的测试方法，有复写纸压印法、铝箔轧压法、辊压测试纸带轧压法。这里简单介绍复写纸压印法。

复写纸压印法是印染厂检查轧辊硬度均匀性历来惯用的方法，这种方法一般都在静态时进行。根据辊面宽度用等长的白纸、复写纸重叠夹在轧辊中间，然后将轧辊加压，待一定时间后放松压力，取出观察其压印宽度及色泽深浅均匀度。

十七、软、硬水的简易鉴别法

(1)软水和硬水的区别。将试验水中加入少量的2%肥皂液，振荡后观察，如果透明的泡沫很难消失，证明是软水，否则就是含有钙、镁盐类的硬水。

(2)永久硬水与暂时硬水的区别。凡含有钙、镁硫酸盐或氯化物等杂质的水称为永久硬水，水中含有钙、镁酸式盐碳酸盐等杂质的称为暂时硬水。暂时硬水中所含的杂质，一经煮沸就能从水中沉淀下来；永久硬水则不然。区别这两种硬水时，将试验的硬水煮沸后，在试验水中加入少量的2%肥皂液，振荡后观察，如液面有一层白色的渣滓，并没有泡沫，则证明是永久硬水；如果有泡沫，亦不消失，则为暂时硬水。

第二节 织物抗菌率的测定

1. 仪器与材料

(1)仪器。电热恒温培养箱，普通电冰箱，高压蒸汽灭菌器，细菌比浊管，天平，电炉，培养皿，吸管，试管等。实验所用玻璃器皿均需洗刷干净，晾干后于121℃下高压蒸汽灭菌30min。

(2)材料。

①营养琼脂：大多采用干燥成品。用量筒量取定量蒸馏水，放入三角烧瓶中，按说明称取定量营养琼脂置入蒸馏水中，瓶口用棉塞塞紧，于121℃高压灭菌30min，取出冷却至50℃左右，注入直径为9cm无菌平皿中约15mL，凝固后放入冰箱备用。

②沙保氏(Sabourand)培养基：组分为葡萄糖或蔗糖4g、蛋白胨1g、琼脂1.8g、蒸馏水100mL，无需调节pH值，放入三角烧瓶内，于35.6N压力下灭菌15min，灭菌后步骤同营养琼脂平皿。本培养基用于真菌培养。

③生理盐水NaCl 0.85%，于121℃下高压灭菌30min备用。

④试验用菌种根据抗菌整理织物所用药物及测试目的选用菌种。一般常规可选用金黄色葡萄球菌、大肠杆菌、枯草杆菌和白色念珠菌。

2. 方法与步骤

(1)试验菌液的制备。试验前三天将实验用保存菌种用划线法接种到适于该菌生长的培养基中，真菌应接种到沙保氏培养基平皿中，其他菌种接种到营养琼脂平皿中。连续传代三次，最后一次在培养18h后，即取菌配制约6000个/mL细菌的菌液。配制方法是：取无菌生理盐水10mL，置于无菌试管中，然后用接种环挑取培养基上生长的数个菌落，放入试管中混匀，同时与标准细菌比浊管对比，配制成3亿个/mL的标准菌液；然后将标准菌液用生理盐水稀释，使最终含菌数为6000个/mL备用。

(2)抗菌织物的处理及裁剪。有时需将整理织物及同类未整理织物进行一定处理后，再测试其抗菌性能，如耐洗涤性、耐高压性及耐紫外线性等。一般可按下列方法进行：

①耐洗涤的检测：可用2%的肥皂水或市售洗衣粉(膏)按说明配成洗涤液，将织物放入洗衣机内搅动10min为一次，可洗5次、10次、15次、…50次，每次应在清水中漂净后再搅动。一般耐洗涤次数不应少于30次，洗涤剂的种类、浓度和添加剂，以及洗涤次数及时间也可由生产厂家根据试验目的而定。

②试样的毒菌消灭处理：一般棉、醋纤及大多数人造纤维可放入高压灭菌器湿热灭菌(121℃，20~30min)；毛织物则可用间歇法在流通蒸汽中消毒灭菌。

③耐紫外线检测一般用紫外线灯(距紫外灯管30~40cm)照射0.5~1h即可。

④裁剪经上述处理或不经上述处理的样品，剪成1平方英寸(2.5cm^2)大小，应注意在整块样品上取样的平均性，不要集中于一处裁剪。剪好后用纸包好，标上编号备用。如为溶出型织

物,应加做皮肤过敏性试验。

(3)接种与培养。

①标记平皿:先用记号笔在制备好的琼脂平皿底部均匀标记上要测试样品的编号及对照样品的位置,如右图所示。

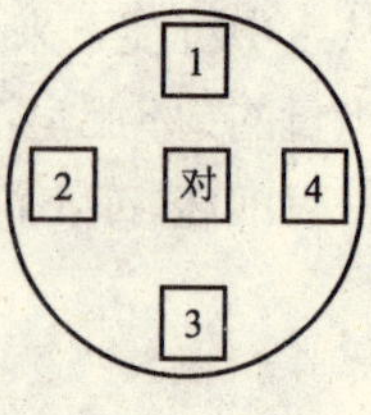

试样及对照样品的标记

②贴样品:用无菌镊子分别摄取一块样品贴在营养琼脂平皿或沙保氏琼脂平皿相应编号位置的琼脂表面,每平皿可贴不同试验样品4块,对照样品1块。如为拒水性样品,应将样品先放入无菌平皿内用无菌生理盐水浸湿,以无多余水分为宜,然后再贴到琼脂表面。

③加菌液:用精度为0.1mL的无菌吸管吸取配制好的菌液,每块样品加菌液0.1mL,一个平皿内的5块样品均加同种菌液。

④覆盖琼脂培养基:以无菌滴管吸取冷却至50℃左右的琼脂培养基,慢慢滴加到每块样品上,应尽量避免琼脂培养基溢出样品外。覆盖用琼脂培养基温度不能过高,以免杀死细菌,且温度过高,液体稀薄,易溢出样品外。为避免溢出,可将加菌后的平皿放入冰箱内15min;取出,立即覆盖培养基。在同一平皿内可先在每块样品上滴加数滴培养基,轮流数次,至每块样品上均匀覆盖一层约1mm厚的培养基为宜,每块样品约需0.5~0.7mL培养基。将覆盖好的平皿放入37℃温箱内20~24h,取出观察结果。每个样品对一种细菌的抗菌性应平行测试4次。

3. 计算

用肉眼观察计数每个平皿上对照样品及每块实验样品上菌落个数。结果以每平方英寸上($2.5cm^2$)生长的菌落数表示,即4块样品上的菌落总数除以4,计算抗菌率。

$$抗菌率 = [(A-B)/A] \times 100\%$$

式中:A——未整理试样上的菌落平均数;

B——整理试样上的菌落平均数。

第三节 其他简易及实用测试方法拾遗

一、渗透力的简易测试

1. 织物下沉法

将0.1%试样溶液500mL放入500mL烧杯中,再将未经煮练过的帆布(厚度1mm左右)剪成2mm×2mm小方块,小心放入溶液中,用秒表记录从帆布接触水面至浸透并开始下沉的时间,要求试验10次,取平均值。一般浸透时间在10s左右,如果时间过长或过短,测量不够方便,也可调整浓度。最后根据下沉时间或浓度,比较渗透剂的效果或相对力份。

2. 纱线润湿法

取250mL烧杯3只,各加入一定浓度的碱液(或271~299g/L NaOH丝光液)。用2mL刻度吸管分别加入0.75mL、1.00mL和1.25mL渗透剂,(26±3)℃保温,充分搅匀。

剪取1英寸(2.54cm)长生坯精梳(未煮练)40/2纱线束(120根),小心将一端放入碱溶液内,用秒表记录至另一端全部润湿所需时间,每只样品做5次,取平均值。

把上述3只不同浓度的试样得出的结果,用lg—lg坐标纸以浓度和润湿时间作出曲线。如果渗透剂浓度过高或过低,可相应少取或多取试样,同样做3种浓度试验。如果条件掌握适当,曲线可成直线或接近直线。织物加工浓度可参考曲线,各种渗透剂效果也可进行对比。

3.织物吸水性试验法

将织物试样安放在直径为15cm(或大于15cm)的绣花箍架上。将一只25mL或50mL的滴定管(每15~20滴/mL)放入蒸馏水,控制滴定管玻璃开关,每5s滴水一滴[(21±3)℃]。将箍架放在滴定管尖端下面(1±0.1)cm处,用秒表记录每一滴水从滴下时水滴有反射至逐渐扩散至反射消失的时间。

注意调整光源、水滴和肉眼在一个平面上,反射角在适合的位置上。试验10次,取平均数。时间越短,织物吸水性越好,前处理剂的渗透性能也越好。一般织物应<5s。

二、净洗力的测定

1.标准沾污羊毛织物的配制

称取磨细炭黑15g,羊毛脂30g,放入1000mL烧杯中,缓慢加入四氯化碳750mL,在40℃不断搅拌,使其均匀分散,然后移入大瓷蒸发皿中。将剪成5cm宽的白羊毛条状织物在蒸发皿中正反面各通过2次。取出晾干,平摊在台板上,用毛刷或钢丝刷在正反两面各均匀刷4次,使黑色油污均匀分布,干后剪成25mm×25mm小方块备用。

2.测定步骤

(1)取4~9只150mL密盖广口瓶,加入24mL 1%样品溶液和24mL 1%胰加漂T(作为标准样品)。如果要试验洗涤剂的耐碱性和耐硬水性,还可在同样条件下加入一定量的1%碳酸钠或0.1%氯化钙溶液进行对比。

(2)将瓶子放在预先设计制造的有孔木架或金属架上,在50℃水浴中保温5min,取出振荡1min,每分钟上下60次,再保温1min,振荡1min,如此重复6次后取出。

(3)将羊毛小块用水洗净、晾干,比较羊毛颜色及洗涤效果。颜色可用白度仪或比色仪测定,也可用目测。

(4)洗涤效果可与标准样品Igepon T或其他样品比较;振荡也可在皂洗牢度或振荡上进行。

三、乳化力的测定

(1)方法1。称取0.5g试样于200mL不锈钢烧杯中,加10mL油酸和90mL水,用搅拌器搅拌30min,放置于100mL有塞量筒中,静置24h,观察各种样品的乳化效能,并与标准样品作比较。分层越慢,表示乳化力越好。如果不用油酸,也可选用其他疏水性物质。

(2)方法2。用移液管吸取各种试样液40mL于100mL有塞量筒中,再用移液管吸取火油40mL同时放入量筒,塞紧后几只量筒同时平行剧烈摇荡100次,用手摇或机械均可,如果放在特制架上摇荡,则条件更一致。静置后立即按动秒表,至水相分离出10mL时,记录时间。该试验可和平平加O或其他标样同时进行,对比效果。时间越长,表示乳化力越好。除火油外,其他疏水性物质如白油、机油、植物油和甲苯等都可试验不同的乳化效果。

四、非离子表面活性剂浊点的测定

将1g样品溶于99g蒸馏水中制成1%溶液,在试管中用水浴逐渐加热,并用温度计不断搅拌，至溶液开始混浊时记录温度，再逐渐冷却至溶液转变为清澈时，再记录温度。继续升温和降温，观察混浊和清澈时的温度；如此循环数次后温度接近，最后求得混浊的准确温度为浊点。浊点在表面活性剂合成时用以控制 *EO* 数，也可作为产品质量指标之一，与 *HLB* 值成线性关系。

五、亲水亲油平衡值(HLB 值)的测定

HLB 值可用乳化法测定，但时间长、操作麻烦，最方便的方法是用计算法求得。醇酚类聚氧乙烯醚的 HLB 值的计算：

$$\mathrm{HLB} = E/5$$

式中：E——醇酚类聚氧乙烯醚中 EO 质量分数，%。

六、起泡性的测定

100mL 有塞量筒中，加入一定浓度(一般用 0.1%)的试样溶液 20mL，盖好后剧烈摇动 10 次(手摇振荡器)，静置 30s，测泡沫体积：

$$起泡比 = \frac{泡沫体积(\mathrm{mL})}{试样体积(\mathrm{mL})}$$

上述试验也可和标准样品结合其他样品同时一次进行，最后求得各种样品的对比效果。

样品泡沫性与应用时的要求有关，染整加工常要求净洗剂有一定的泡沫性，但作为匀染剂和润湿剂，一般不希望泡沫过多，尤其是快速和小浴比染色，有时还需加消泡剂。

七、涤纶染色改性剂 3,5－间苯二甲酸二甲酯磺酸钠母液中硫酸的测定

1. 仪器及试剂

(1)仪器。PDX—2 型通用离子计(数字式)，80 型双液接饱和甘汞电极，305 型铅电极，GSP—79—3 型磁力搅拌器。

(2)试剂。0.0500mol/L $Pb(NO_3)_2$ 标准溶液，0.0500mol/L Na_2SO_4 标准溶液，无水乙醇，浓 HNO_3，NaOH，pH = 5.4 的六次甲基四胺—硝酸缓冲溶液(均为分析纯)，溴甲酚绿指示剂。

2. 实验方法

准确称取 7～10g 样液，转入 250mL 容量瓶中，用蒸馏水稀释至刻度，配成样液。用移液管准确移取该样液 25.00mL 于 100mL 小烧杯中，加溴甲酚绿指示剂一滴，滴加 2mol/L 的 NaOH 溶液使之由黄色转变为蓝色，加 pH = 5.4 的六次甲基四胺—硝酸缓冲溶液 3mL 和无水乙醇 20mL，插入电极，在恒速搅拌下，以 0.0500mol/L $Pb(NO_3)_2$ 标准溶液滴定，记录下对应的电位，用二阶微分法确定终点体积，计算 SO_4^{2-} 的含量。

$$SO_4^{2-}(含量) = 96 \times c \times V/m$$

式中：c——硝酸铅标准溶液的浓度，mol/L；

V——硝酸铅标准溶液的滴定终点体积，mL；

m——试样的质量,g;

96——SO_4^{2-} 的摩尔质量,g/mol。

八、过醋酸漂白液中过醋酸与双氧水含量的测定

1. 原理

混合型过醋酸溶液中过氧化氢含量的测定和过醋酸含量的测定是利用高锰酸钾与过醋酸溶液中的过氧化氢反应,而不与过醋酸反应的原理,先用高锰酸钾法测定过氧化氢的含量,除去过氧化氢后,再用间接碘量法测定过醋酸的含量。反应式如下:

$$2KMnO_4 + 3H_2SO_4 + 5H_2O_2 \longrightarrow 2MnSO_4 + K_2SO_4 + 8H_2O + 5O_2\uparrow$$

$$2KI + 2H_2SO_4 + CH_3COOOH \longrightarrow 2KHSO_4 + CH_3COOH + I_2 + H_2O$$

$$I_2 + 2Na_2S_2O_3 \longrightarrow 2NaI + Na_2S_4O_6$$

2. 试剂

10%硫酸锰溶液,5%钼酸铵溶液,6mol/L 硫酸($\frac{1}{2}H_2SO_4$)溶液,10%碘化钾溶液,0.5%淀粉指示液,0.1mol/L 高锰酸钾($\frac{1}{5}KMnO_4$)标准溶液,0.1mol/L 硫代硫酸钠($Na_2S_2O_3$)标准溶液。

3. 测定步骤

在碘量瓶中预先加入 6mol/L 硫酸($\frac{1}{2}H_2SO_4$)溶液 20mL、蒸馏水约 20mL 和 10%的硫酸锰溶液 3 滴。准确吸取过醋酸漂液 10mL 于此碘瓶中,摇匀,立即用 0.1mol/L 高锰酸钾($\frac{1}{5}KMnO_4$)标准溶液滴定至微红色,记录耗用的高锰酸钾的体积 V_1(mL)。再加入 10%的碘化钾溶液 10mL,密塞,摇匀。暗中放置 5min 后蒸馏水冲洗瓶盖及四周,加入 5%的钼酸铵溶液 2 滴,摇匀,用 0.1mol/L($Na_2S_2O_3$)硫代硫酸钠标准溶液滴定至淡黄色。加 0.5%的淀粉指示剂,继续用 0.1mol/L 的硫代硫酸钠标准溶液滴至蓝色刚刚消失为终点,记录消耗 0.1mol/L 硫代硫酸钠标准溶液的体积 V_2(mL)。

4. 计算

$$过氧化氢含量(g/L) = \frac{c(\frac{1}{5}KMnO_4) \times V_1 \times 34}{2 \times 10} = 1.7c(\frac{1}{5}KMnO_4) \times V_1 = 0.17V_1$$

$$过醋酸含量(g/L) = \frac{c(Na_2S_2O_3) \times V_2 \times 76}{2 \times 10} = 3.8c(Na_2S_2O_3) \times V_2 = 0.38V_2$$

九、混合氯化稀土中稀土总量的测定

1. 稀土标准溶液

准确称取高纯的氧化稀土 0.03g,加盐酸(1∶1)5mL 溶解(若选用氧化铈,要求加双氧水反复加热加酸溶解),用蒸馏水稀释至 250mL,此溶液浓度为 100mg/kg。然后再吸取该液 10mL,加蒸馏水稀释至 100mL,配成浓度为 10mg/kg 的标准溶液。

2. 测定试剂溶液

①0.05%偶氮氯膦Ⅲ(CPAⅢ)液:准确称取偶氮氯膦Ⅲ(CPAⅢ)0.25g,溶于500mL蒸馏水中。

②0.002mol/L EDTA($\frac{1}{2}$EDTA)(液体)。

③0.5mol/L盐酸(HCl)。

3. 测定步骤

(1)工作曲线。分别吸取10mg/kg稀土标准溶液1mL、2mL、3mL、4mL、5mL于一系列50mL的容量瓶中,各加入0.5mol/L盐酸(HCl)5mL、0.02mol/L EDTA($\frac{1}{2}$EDTA)溶液10mL摇匀;然后依次加入0.05% CPAⅢ液3mL,加水稀释至刻度摇匀,放置45min,在分光光度计上于波长660nm处测定吸光度。同时做空白试验。以吸光度对浓度作图,绘制工作曲线。

(2)混合氯化稀土测定。准确称取待测样品0.3g,用蒸馏水溶解,加0.5mol/L盐酸(HCl)5mL,加水稀释至250mL,从中吸取5mL再稀释至100mL;然后用50mL容量瓶吸取1mL,加入0.5mol/L盐酸(HCl)5mL、0.02mol/L EDTA($\frac{1}{2}$EDTA)溶液10mL、0.05 CPAⅢ溶液3mL,加水稀释至刻度摇匀,放置45min,按上述方法,测定吸光度。

4. 计算

$$RE = (A \times 5000/m) \times 100\%$$

式中:A——由工作曲线查得的稀土质量,g;

m——称取样品质量,g。

十、罩印白浆的有关测试

(一)理化测试

1. 罩印白浆中固含量的测定

称取1g左右样品(精确至±0.1mg),置于已干燥至恒重的称量瓶中,移入(105±2)℃的电热烘箱上层框架接近温度计的玻璃球周围,干燥至恒重,放在干燥器内。冷却、称重,求出含固量。

$$含固量 = [烘干后样品的质量(g)/烘干前样品的质量(g)] \times 100\%$$

2. 罩印白浆中二氧化钛含量的测定

(1)灼烧。称取试样3~5g,置于已在800℃灼烧恒重过的坩埚中,小火加热炭化,逐渐升高温度至800℃灼烧至恒重。

(2)二氧化钛含量测定(TiO_2)。

①药品:硫酸(CP),盐酸(CP),硫酸铵(CP),10%硫氰酸铵(CP),0.1mm 99.5%金属铝片,碳酸氢钠(CP),0.1mol/L硫酸铁铵标准溶液。

②测定步骤:称取试样(即灼烧后灰分样)放入500mL锥形瓶中,加硫酸铵10g、硫酸20mL,振摇使充分混合,开始徐徐加热,再强热至试样全部溶解成澄清液。冷却后加水50mL和盐酸25mL摇匀,再加金属铝片2.5g,装入液封管,塞紧胶塞,并在该管中加碳酸氢钠饱和溶液至该

管体积2/3左右。小火加热，充分除去反应物中氢气，直至溶液变为清晰紫色为止，然后在冷水中冷却至室温。在此过程中，随时补充碳酸氢钠饱和溶液（注意：不能让其吸入空气）。冷却后除去锥形瓶中的液封管，将其中的碳酸氢钠饱和溶液慢慢倒入锥形瓶中，迅速以0.1mol/L的硫酸铁铵标准溶液滴定，至近终点前加入10%硫氰酸铵溶液5mL，再滴至呈微橙色为止。计算二氧化钛含量：

$$TiO_2\ 含量 = (0.0799 \times c \times V/m) \times 100\%$$

式中：c——硫酸铁铵溶液的浓度，mol/L；

V——滴定所消耗硫酸铁铵标准溶液的体积，mL；

m——灼烧时所称试样质量，g；

0.0799——二氧化钛的摩尔质量，kg/mol。

（二）应用性能测试

1. 应用配方及工艺条件

（1）配方。

罩印白浆	40g
A邦浆	48g
尿素	5g
涂料蓝	5g
EH交联剂	2g

（2）工艺。

印花浆调制→印花→预烘100℃左右→焙烘（180℃，1min）

2. 应用测试

（1）刷洗牢度的测定。试液：每升蒸馏水加4g皂片，2g纯碱。在试样布距边至少5cm处剪取8×25cm样布一块，取试液约250mL置于500mL烧杯中，升温到（60±2）℃，将试样投入，浸没。浸渍1min后，将试样取出，平铺于摩擦牢度试验机的平板上，按试样的经向往复刷50次，在刷至25次时，加少量试液以使润滑，刷洗完毕后，取下试样在40℃左右的温水中洗净，在室温下干燥，最后贴在白纸卡上进行评级。按《染色牢度褪色样卡》规定评级。

（2）摩擦牢度的测定。参见GB/T 3920—1997 纺织品色牢度试验 耐摩擦色牢度。

（3）泛黄试验。在200mL的烧杯中，称取样品40g和乳化浆A 60g，搅拌均匀倒在100目筛网板上刮印。把刮印样布（65/35半漂白涤棉布）和未经刮印的样布同时放入200℃烘箱内进行焙烘，2min后取出。按褪色样卡评定等级。

十一、吸湿排汗整理织物的性能测试

1. 吸水性测试

测试织物吸水性的方法主要有毛细上升高度法和滴水法。

（1）毛细上升高度法。参见第三篇第六章第二十一节《防静电剂及防污整理剂的测定》之一，整理织物防静电性能测试。

（2）滴水法。裁取一块5cm×13cm大小的试样，正面向上，平放在水平桌面上，其下铺上白色滤纸。将1滴0.05mL左右的水珠滴在试样的左半部分，按下秒表，记录水珠完全渗入织物内部所需要的时间。在试样的中间部位和右半部分做同样的测试，观察织物左中右整理效果是否一致。一般来说，水珠渗入织物的速度越快，整理后的织物吸水能力越强。

2. 吸湿性测试

裁取1.5cm×1.5cm试样三块，在105~110℃下烘至恒重，称得布样质量，然后重新将织物在105~110℃下烘30~60min后，立即垂直挂在达到标准状态(20℃，相对湿度65%)的恒温恒湿箱内，10min后称重，计算吸收水分百分数x。称重后再挂在上述恒温恒湿箱内直至水分平衡，再称重布样，计算水分达到平衡时的吸收水分百分数S。计算吸湿速度常数：

$$K=0.1\times(S\times\lg\frac{S}{S-x}-x)$$

3. 透湿性测试

参见GB/T 12704—1991 织物湿透量测定方法　透湿杯法。

4. 快干性测试

将6cm×6cm试样置于烧杯口部，匝紧，试样表面必须平整且经纬纱不能有扭曲。将其放置在温度(20±1)℃、相对湿度(65±2)%的环境下平衡24h，然后置于精确度达0.001g的电子天平上，在滴定管口距试样表面1cm的高处，滴0.05mL水于试样表面，测试12min后该水滴的水分蒸发率。

$$\text{水分蒸发率}=(\text{试样质量变化}/0.05\text{mL 水的质量})\times100\%$$

5. 耐久性测试

一般都参照织物缩水率试验方法，洗涤次数则根据产品的最终用途和洗涤方式而定。

十二、硫化染料染色中硫化碱浓度的快速测定

1. 原理

硫酸铜溶液与硫化碱反应产生不溶性的硫化铜，用离心机加速沉淀。通过硫酸铜的量换算成硫化物的浓度。

2. 测定步骤

用移液管移取5mL待测溶液于离心管内，分别加入1.281mol/L硫酸铜($\frac{1}{2}CuSO_4$)溶液4.8mL、5.2mL，搅拌(用外绝缘导线，稍弯)均匀，用时放入离心机，快速旋转离心1~3min，取出并观察现象，有三种可能情况(表3-9-1)。

表3-9-1　硫化染料染色中硫化碱浓度的快速测定

项　目	加4.8mL硫酸铜	加5.2mL硫酸铜	结　论
现象Ⅰ	溶液透明	溶液透明	$c(Na_2S)<48g/L$
现象Ⅱ	溶液不透明	溶液透明	$48g/L<c(Na_2S)<52g/L$
现象Ⅲ	溶液不透明	溶液不透明	$c(Na_2S)>52g/L$

十三、多元羧酸交联程度的测定

1. 焙烘前 BTCA 处理的棉织物上羧酸浓度

BTCA 处理的样品经碾碎后加到无 CO_2 的蒸馏水中,然后用 0.1mol/L NaOH 标准溶液滴定,测定棉织物上羧酸浓度,终点 pH 值 9.5 用酸度计检测。

$$羧酸浓度(mmol/g)=V(NaOH)\times c(NaOH)/织物质量$$

2. 焙烘后 BTCA 处理的棉织物上羧酸和酯浓度

羧酸浓度用反滴定法测定:焙烘样品经碾碎后加入过量的 NaOH 标准溶液混合,均匀搅拌 2min,以确保羧酸定量地转化为羧酸根离子,而此时酯键的水解是最小的。剩余的 NaOH 由 0.1mol/L 盐酸标准溶液滴定,用酸度计直接检测,终点时 pH =9.5。

$$羧酸浓度(mmol/g)=[V(NaOH)\times c(NaOH)-V(HCl)\times c(HCl)]/织物质量$$

$$酯浓度=焙烘前织物上羧酸浓度-焙烘后织物上羧酸浓度$$

3. BTCA 酯化后织物上接枝的羧酸浓度

焙烘后的 BTCA 处理的织物浸在蒸馏水中,去除未反应的 BTCA 和催化剂,接枝的羧酸浓度用反滴定法测定。接枝羧酸,即指发生酯化交联的 BTCA 上的自由羧酸。

十四、热定形效果的测定

1. 尺寸稳定性试验

尺寸稳定性试验是测定热定形效果的一种简便方法,其测定数据能反映织物实际服用的收缩性能。一般经过热定型后的涤纶及其混纺织物,收缩率有明显下降。

尺寸稳定性试验是将经热定形后的试样以松弛状态在一定的条件下处理,然后测量其长、宽尺寸的变化,以收缩百分率表示。

取约 25cm ×25cm 试样 6 块,距布边 5cm,在布面上准确按 20cm ×20cm 注上标志,然后按规定方法测试。另取一块未处理的试样,同时作对比试验,用秒表测定时间。经过测试的布样按标志测量其经、纬尺寸的变化,计算经纬各四个数据的平均值。

$$收缩率=\frac{测试前尺寸-测试后尺寸}{测试前尺寸}\times 100\%$$

收缩率的表示有按经、纬向的长度分别表示的(经、纬向长度收缩率),也有以面积表示的(面积收缩率)。

尺寸稳定性的测试,按湿、热条件不同可分为干热收缩、沸水收缩、热水收缩、蒸汽收缩和熨烫收缩五种,如表 3 -9 -2 所示。上述几种方法的选择原则,是使测试条件和该织物在热定形后的加工过程、制衣过程或服用过程中,遭受的热处理条件基本接近或一致,使测定的数据较能反映实际的使用效果。例如,用作领衬布的可用熨烫收缩试验;目前一般涤纶织物采用干热收缩或沸水收缩试验,锦纶织物采用热水收缩试验。

2. 临界溶解时间(*CDT*)法

(1)定义及原理。将涤纶置于苯酚中,在一定温度下从开始接触苯酚直至纤维溶解所需时

表 3-9-2 几种收缩试验参考条件

测试方法	温度/℃	时间/min	设 备
干热收缩	190	2	烘箱
沸水收缩	100	30	缩水试验机
热水收缩	45 ±2	30	缩水试验机

间称为临界溶解时间。苯酚不仅能进入纤维的无定形部分,而且能进入结晶部分,拆散晶区分子间力而使纤维溶解。临界溶解时间随纤维结晶度、结晶尺寸和结晶完整性的不同而异。如结晶度低,晶区尺寸小,结晶完整性差则溶解所需时间少,反之则多。涤纶在热处理过程中,其结晶状态发生变化,因此临界溶解时间反映涤纶的"受热史",可用作热定型效果的测试。

(2)步骤。将装有苯酚的量筒(长22.9cm,直径3.8cm)放入恒温槽中,纤维试样做成小圈。方法是将纤维丝束或纱线在玻璃棒上结圈,然后取下。如用短纤维,小圈直径为5mm左右;如用长纤维,直径可大一些。然后将纤维或纱的小圈挂在铜丝或不锈钢丝钩上,在小圈下端再悬挂一个负荷,其质量为1g,亦可用铜丝或不锈钢丝制成。

测定时,将铜丝钩住的小圈(试样)迅速投入苯酚液中,立即记时。记下小圈浸入溶液到断裂(负荷落下)的时间。每个试样至少做10次,平均值即为该试样的临界溶解时间。新鲜配制的溶液一般可做300次测定。

测定临界溶解时间的条件,如试样是涤纶,可用60℃纯苯酚液;如是锦纶,则应用25℃苯酚:四氯乙烷=1:10的混合液。四氯乙烷比例越大,温度越低,则临界溶解时间越长。因此在纯苯酚中测定时,如果由于不同纤维试样所测临界溶解时间差别太小,以致不易判明其结果,可根据实际情况选择适宜的温度以及苯酚和四氯乙烷的比例。

临界溶解时间用于测定涤纶的热定型效果较为灵敏,一般未经热定型的涤纶临界溶解时间约为10s,而经过220℃热定型的纤维溶解时间常大于1000s。这种方法对锦纶亦同样适用,但灵敏度与准确度都差一些。如果试样是涤棉混纺纱,则必须先经去除棉的处理,并要注意除尽。涤纶上粘附少量棉纤维都会影响测定结果。

十五、还原染料轧染汽蒸液中保险粉的快速测定

1. 原理

铁氰化钾在碱性介质中能将 $S_2O_4^{2-}$ 氧化为 SO_3^{2-},反应式如下:

$$4K_3Fe(CN)_6 + 2Na_2S_2O_4 + 8NaOH \longrightarrow 3K_4Fe(CN)_6 + 4Na_2SO_3 + Na_4Fe(CN)_6 + 4H_2\uparrow$$

2. 0.1mol/L 铁氰化钾[$K_3Fe(CN)_6$]溶液的制备和校正

(1)制备。称取纯粹的铁氰化钾32.92g,倾入预先装有蒸馏水的烧杯,小心搅动以溶解(待烧杯壁上没有细小的颗粒,可确信铁氰化钾完全溶解)。待全部溶解后,将溶液移入1L的量瓶中,用蒸馏水稀释成1L,摇匀。

(2)校准。以硫代硫酸钠($Na_2S_2O_3$)标准溶液校准铁氰化钾制备液。

①步骤:用单标移液管移取(或用滴定管放取)已配成的铁氰化钾溶液25mL,置于碘量瓶中,加25mL水及3g碘化钾,摇动溶液使碘化钾溶解,加入1滴冰乙酸和10mL 15%硫酸锌溶

液,塞紧瓶塞,摇匀,于暗处放置10min。然后由滴管中滴下0.1mol/L硫代硫酸钠溶液于其中,在不断摇动锥形瓶的同时,继续滴0.1mol/L硫代硫酸钠溶液,将近终点时加入约3mL 0.5%淀粉溶液,继续滴0.1mol/L硫代硫酸钠($Na_2S_2O_3$)溶液,直至最后一滴加入时蓝色消失为止。

②计算:

$$c[K_3Fe(CN)_6] = \frac{c(Na_2S_2O_3) \times V_1}{V_0}$$

式中:V_1——滴定耗用硫代硫酸钠标准溶液体积,mL;

$c(Na_2S_2O_3)$——硫代硫酸钠($Na_2S_2O_3$)标准溶液浓度,mol/L;

$c[K_3Fe(CN)_6]$——铁氰化钾溶液的浓度,mol/L;

V_0——移取铁氰化钾溶液的体积,mL。

3.测定步骤

吸取5mL待测液,加入盛有约20mL水的碘量瓶中,加1滴0.05%亚甲基蓝溶液,用0.1mol/L[$K_3Fe(CN)_6$]铁氰化钾溶液滴定,滴至溶液由无色变为蓝绿色为终点,记录用量V(mL)。

计算:

$$100\%\text{保险粉含量}(Na_2S_2O_4, g/L) = \frac{V \times 0.1 \times \frac{2}{4} \times 174.1}{5} = 1.741V$$

$$87\%\text{保险粉含量}(Na_2S_2O_4, g/L) = 1.741V \times \frac{100\%}{87\%} = 2V$$

式中:V——滴定耗用铁氰化钾标准溶液体积,mL;

0.1——铁氰化钾标准溶液浓度,mol/L;

5——吸取保险粉待测液的体积,mL;

174.1——保险粉($Na_2S_2O_4$)的摩尔质量,g/mol。

附　录

附录一　定量和定性化学分析滤纸的规格(附表1)

附表1　定量加定性化学分析滤纸的规格

项　目	单　位	定量滤纸			定性滤纸		
		快速(白带)	中速(蓝带)	慢速(红带)	快速(白带)	中速(蓝带)	慢速(红带)
定量 分离性能①	g/m^2	75 氢氧化铁	75 碳酸锌	80 硫酸钡(热)	75 氢氧化铁	75 碳酸锌	80 硫酸钡(热)
过滤速度②	s	10~30	31~60	61~100	10~30	31~60	61~100
紧度③	g/cm^3,不大于	0.45	0.50	0.55	0.45	0.50	0.55
水分	%,不大于	7	7	7	7	7	7
灰分	%,不大于	0.01	0.01	0.01	0.15	0.15	0.15
含铁量	%,不大于	—	—	—	0.003	0.003	0.003
水溶性氧化物	%,不大于	—	—	—	0.02	0.02	0.02
水抽出液,pH值	—	5~8	5~8	5~8	7	7	7
尘埃度	个$/m^2$,0.1~0.2mm^2的尘埃不多于	30	30	30	30	30	30
	0.2mm^2的尘埃不多于	不许有	不许有	不许有	不许有	不许有	不许有

①在一般条件下能从水溶液中滤出沉淀,热:指溶液为热的;

②过滤速度是指:把滤纸折成60°角的圆锥形,将滤纸完全浸湿,取15mL水进行过滤,开始滤出3mL不计时,然后计时,滤出6mL水所需要的时间(以秒计算);

③一般系指滤纸松紧程度,以单位体积内滤纸的质量表示。

定量和定性化学分析滤纸分快速、中速、慢速三类。定量滤纸和定性滤纸在滤纸盒上都用白带(快速)、蓝带(中速)、红带(慢速)为标志分类。滤纸外形规格,圆形有ϕ9cm、ϕ11cm、ϕ12.5cm、ϕ15cm,方形有60cm×60cm、30cm×30cm。

附录三 常用玻璃仪器示意图

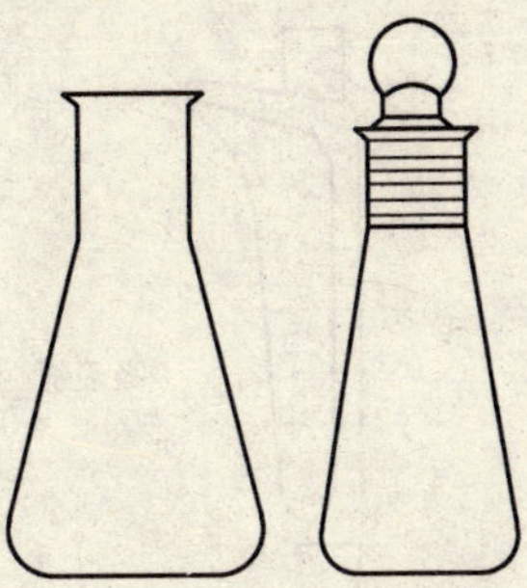

无塞 具塞

(1)锥形瓶

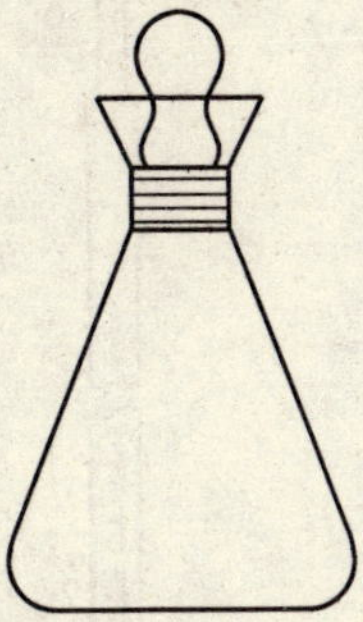

(2)碘量瓶

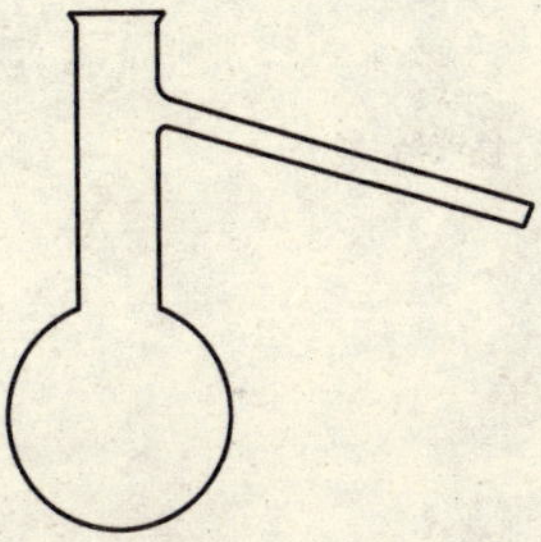

(3)圆底蒸馏烧瓶

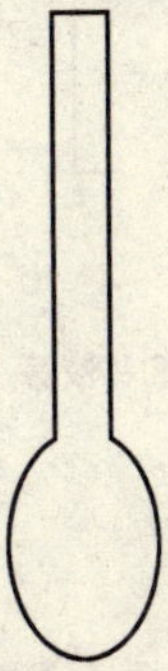

(4)凯氏烧瓶

(5)鸡心烧瓶

(6)洗瓶

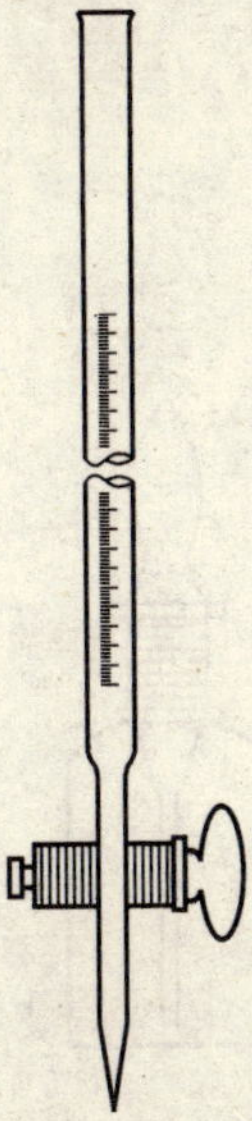

酸式滴定管

碱式滴定管

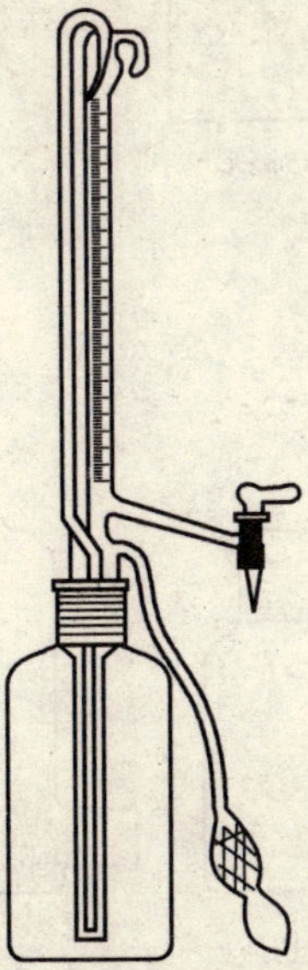

自动滴定管

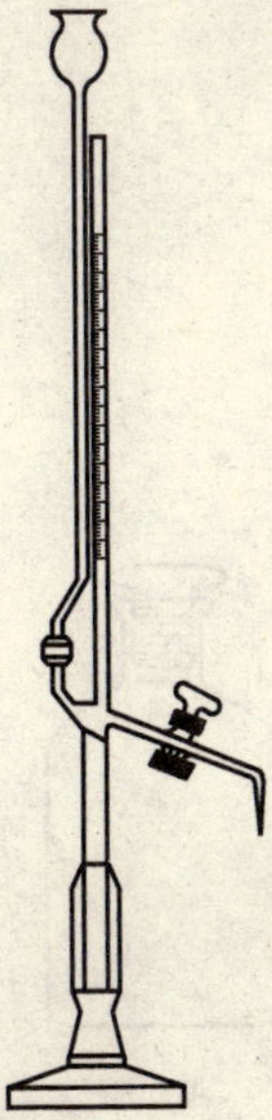

微量滴定管

(7)各种滴定管

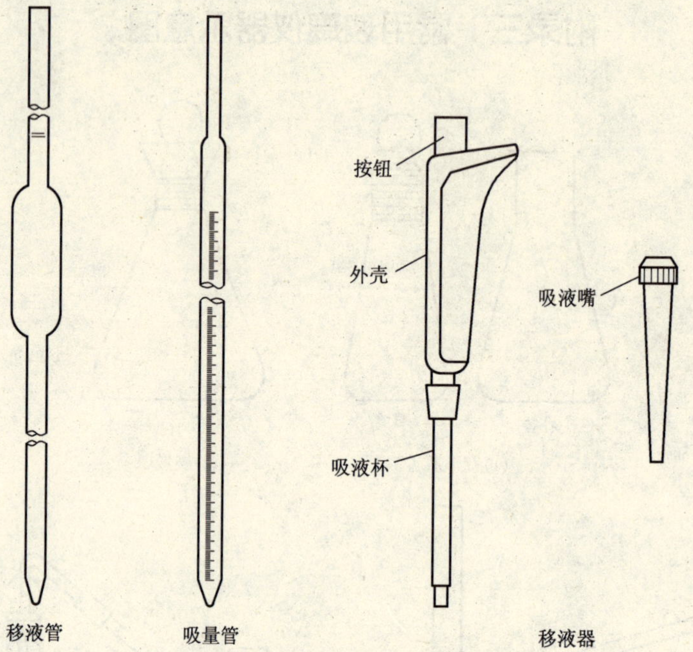

(8) 吸量管、移液管和移液器

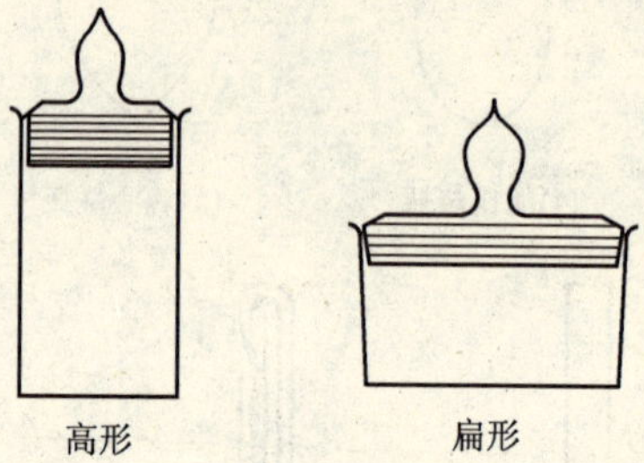

(9) 称量瓶

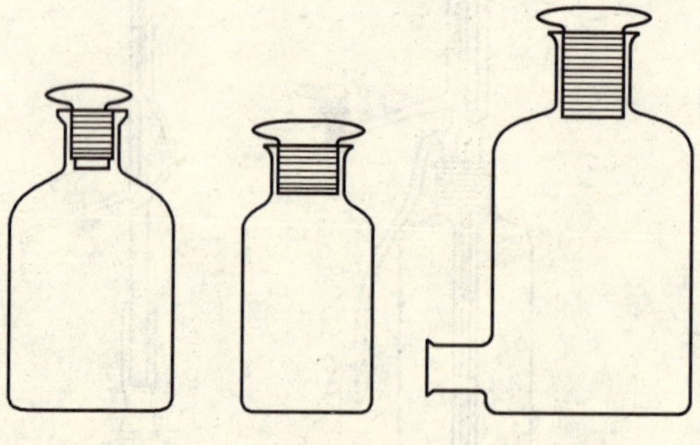

(10) 试剂瓶

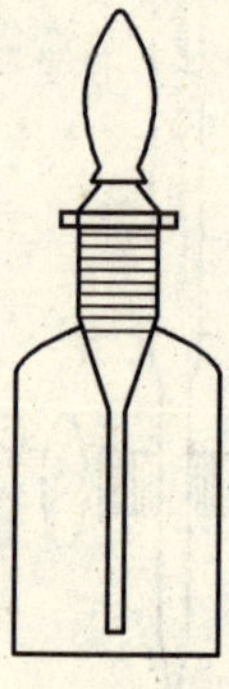

(11) 滴瓶

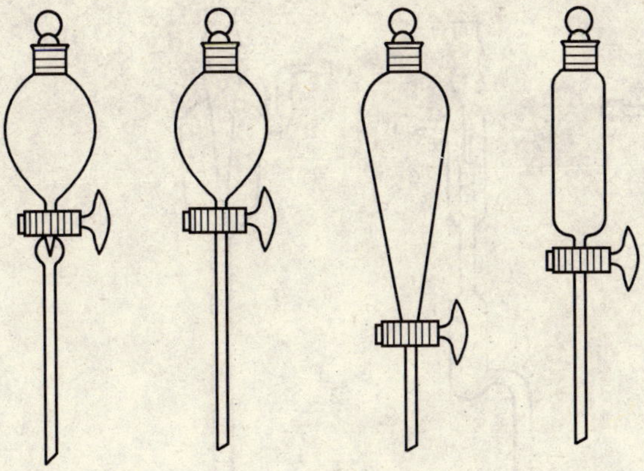

滴液漏斗　球形　梨形　筒形

(12)分液漏斗

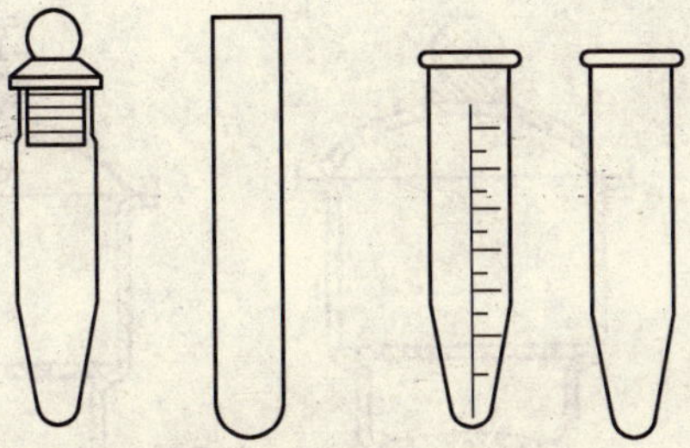

普通试管　离心试管

(13) 试管

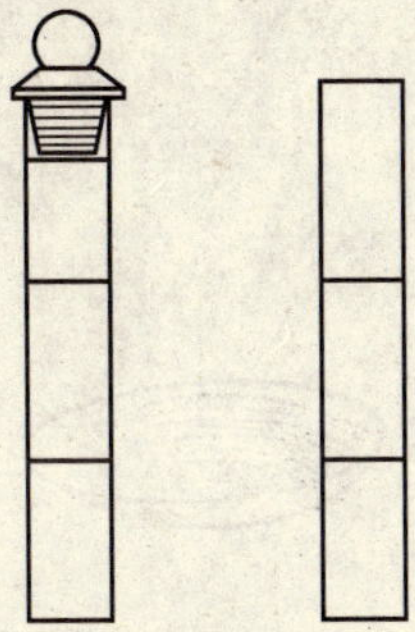

(14) 比色管

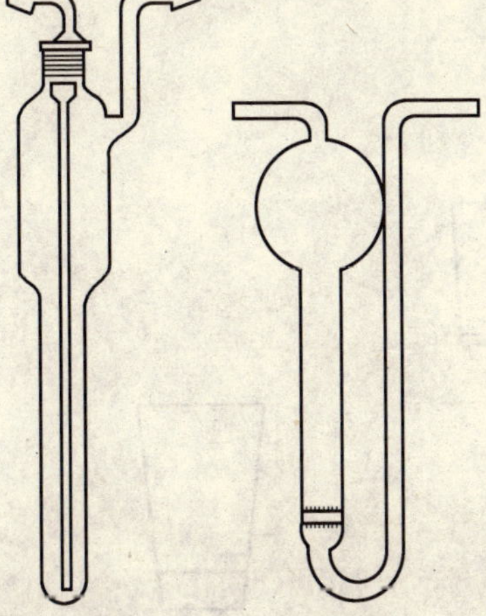

波氏吸收管　多孔滤板吸收管

(15) 吸收管

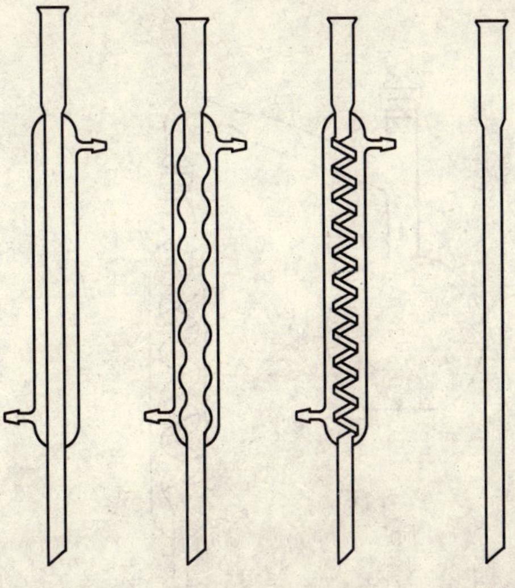

直形　球形　蛇形　空气冷凝管

(16)冷凝管

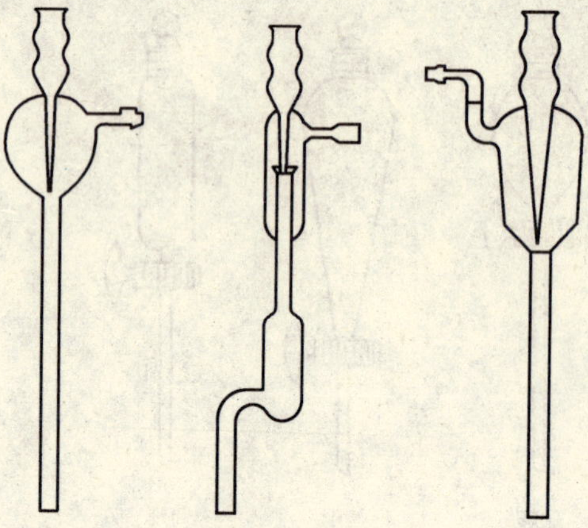

伽氏　　爱氏　　改良式

(17) 抽气管

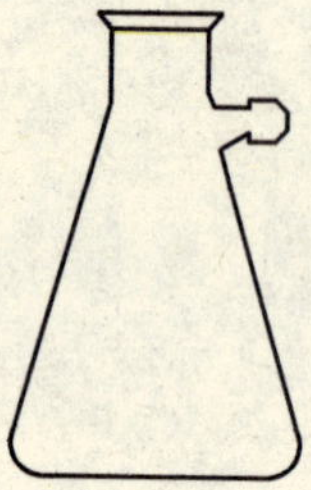

(18) 抽滤瓶

(19) 表面皿

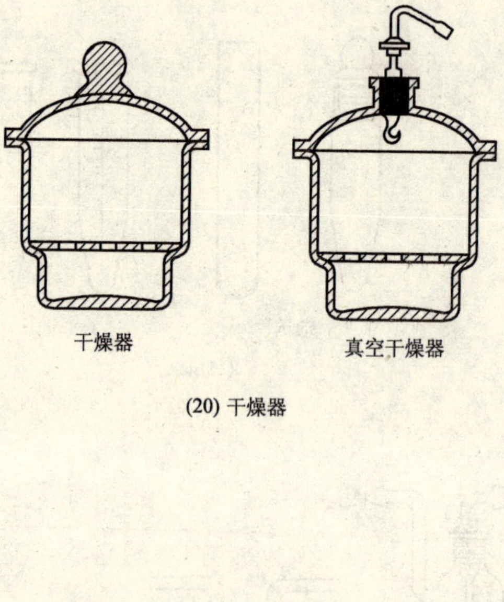

干燥器　　真空干燥器

(20) 干燥器

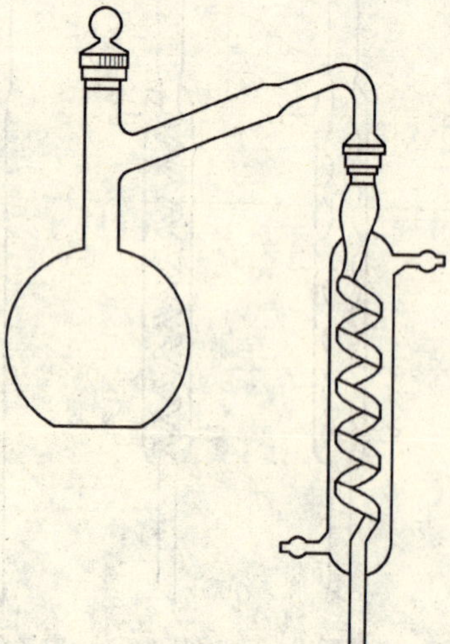

(21)蒸馏水蒸馏器

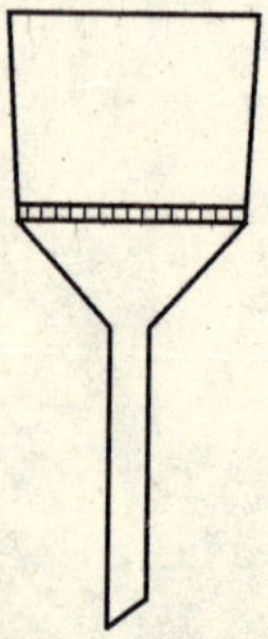

(22)砂芯玻璃漏斗

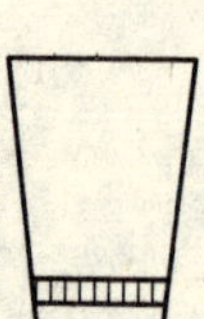

(23)砂芯玻璃坩埚

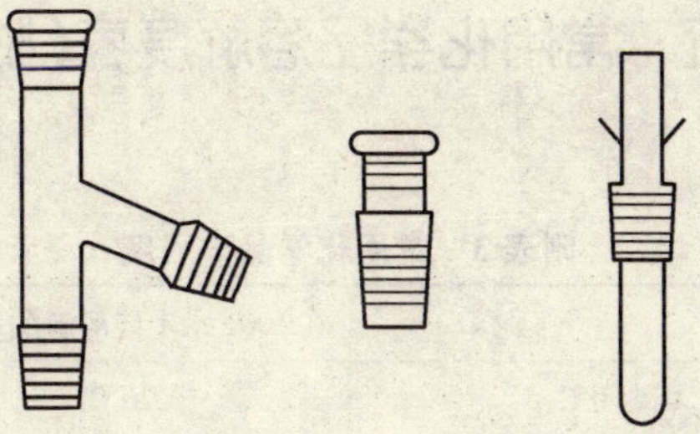

单管蒸馏头　　大小口接头　　温度计套管

(24) 标准磨口组合仪器举例

附录四　可燃性气体的燃点和混合气体的爆炸范围(附表2)

附表2　可燃性气体的燃点和混合气体的爆炸范围(在一个大气压下)

气体(蒸汽)	燃点/℃	混合物中爆炸限度(气体的体积分数)/%	
		与空气混合	与氧气混合
CO(一氧化碳)	650	12.5~75	13~96
H_2(氢气)	585	4.1~75	4.5~95
H_2S(硫化氢)	260	4.3~45.4	—
NH_3(氨)	650	15.7~27.4	14.8~7
CH_4(甲烷)	537	5.0~15	5~60
CH_3OH(甲醇)	427	6.0~36.5	—
C_2H_4(乙烯)	450	3.0~33.5	3~30
C_2H_6(乙烷)	510	3.0~14	4~50
C_2H_5OH(乙醇)	558	4.0~18	—
C_3H_6(丙烯)	927	2.2~11.1	—
C_3H_8(丙烷)	465	2.1~9.5	—
C_2H_2(乙炔)	335	2.3~82	2.8~93
C_4H_{10}(丁烷)	405	1.6~8.5	—
$C_4H_{10}O$(乙醚)	343	1.8~40	—
C_6H_6(苯)	538	1.4~8.0	—

附录五　常用化学品溶解度表(附表3)

附表3　常用化学品溶解度

化学品名称	在100g水中能溶解的质量/g		
	0℃	20℃	100℃
草酸	3.416	8.69	54.67(90.2℃)
酒石酸	115	139.2	343
柠檬酸	96	146	—
碳酸钠	6.86	21.58	45.5
碳酸钾	105.3	110.5	155.7
碳酸氢钠	6.89	9.57	分解
氧化钙	0.130	0.118	0.052
氯化钠	35.7	36.0	39.8
氯化钙	59.5	74.5	159.0
氯酸钠	79	101	230
氯酸钾	3.3	7.4	56.2
硫酸钠	5.0	19.4	42.5
硫酸铜	14.3	20.7	75.4
硫酸铝	31.3	36.2	89
硫酸锌	41.9	54.4	44.7
明矾	3.0	5.9	109.0(90℃)
草酸铵	2.4	4.15	分解
醋酸钠	36.3	46.5	170
铁氰化钾	29.9	42.9	77.6
黄血盐钾	15.0	28.9	77.8
硫氰酸铵	119.8	170.2	分解
磷酸钠	1.5	11	108
重铬酸钾	4.68	13.1	102.0
雕白粉	—	106.0(25℃)	—
钒酸铵	—	4.8	30.5(70℃)
重铬酸钠	163	180.1	431.9
氯化亚锡	83.9	268.8(15℃)	—
磷酸氢二钠	1.67	7.7	51.8(40℃)
重铬酸铵	—	32.05(30℃)	—

附录六　饱和蒸汽的压力和温度对照表(附表4)

附表4　饱加蒸汽的压力和温度对照

表压		相应的温度		表压		相应的温度	
磅/平方英寸	kgf/cm^2	℃	℉	磅/平方英寸	kgf/cm^2	℃	℉
0	0.00	100	212	100	7.03	170	337
5	0.35	108	227	105	7.38	172	340
10	0.70	115	239	110	7.73	173	344
15	1.06	121	250	115	8.09	175	347
20	1.41	126	259	120	8.49	177	350
24	1.69	130	265	125	8.70	178	352
26	1.83	131	268	130	9.19	180	356
28	1.97	133	271	135	9.49	181	358
30	2.11	134	274	140	9.84	183	361
34	2.39	138	280	145	10.19	184	363
40	2.81	141	287	150	10.55	186	366
44	3.09	144	292	155	10.90	187	368
50	3.51	148	298	160	11.25	188	370
54	3.80	150	302	165	11.60	190	373
60	4.22	153	307	170	11.95	191	376
64	4.50	155	311	175	12.30	192	378
70	4.92	158	316	180	12.65	193	380
75	5.27	160	320	185	13.01	194	381
80	5.62	162	324	190	13.36	196	384
85	5.98	164	327	195	13.71	197	387
90	6.33	166	330	200	14.06	198	388
95	6.68	168	334	—	—	—	—

附录七　标准筛(附表5)

附表 5

筛　号	目数/cm	目数/英寸	孔径/mm	孔径/英寸	铜丝直径/mm	铜丝直径/英寸
2.5	1	2.6	8.00	0.315	1.85	0.073
3	1.2	3.0	6.72	0.265	1.65	0.065
3.5	1.4	3.6	5.66	0.223	1.45	0.057
4	1.7	4.2	4.76	0.187	1.27	0.050
5	2	5.0	4.00	0.157	1.12	0.044
6	2.3	5.8	3.36	0.132	1.02	0.040
7	2.7	6.8	2.83	0.111	0.92	0.036
8	3	7.9	2.38	0.094	0.84	0.033
10	3.5	9.2	2.00	0.079	0.76	0.030
12	4	10.8	1.68	0.066	0.69	0.027
14	5	12.5	1.41	0.0557	0.61	0.024
16	6	14.7	1.19	0.0468	0.54	0.021
18	7	17.2	1.00	0.0394	0.48	0.0187
20	8	20.2	0.84	0.0331	0.42	0.0165
25	9	23.6	0.71	0.0273	0.37	0.0146
30	11	27.5	0.59	0.0234	0.33	0.0129
35	13	32.3	0.50	0.0197	0.29	0.0113
40	15	37.9	0.42	0.0166	0.25	0.0098
45	18	44.7	0.35	0.0139	0.22	0.0085
50	20	52.4	0.30	0.0117	0.188	0.0074
60	24	61.7	0.25	0.0098	0.162	0.0064
70	29	72.5	0.21	0.0083	0.140	0.0055
80	34	85.5	0.177	0.0070	0.119	0.0047
100	40	101	0.149	0.0059	0.102	0.0040
120	47	120	0.125	0.0049	0.086	0.0034
140	56	143	0.105	0.0041	0.074	0.0029
170	66	167	0.088	0.0035	0.063	0.0025
200	79	200	0.074	0.0029	0.053	0.0021
230	93	233	0.062	0.0025	0.046	0.0018
270	106	270	0.053	0.0021	0.041	0.0016
325	125	323	0.044	0.0017	0.036	0.0014

附录八 各种硬度表示法对照表(附表6)

附表6 各种硬度表示法对照

布氏硬度(*HB*)		洛氏硬度(*HR*)	肖氏硬度(*HS*)	强度极限 σ_b
球痕直径	硬度值	*C*值	硬度值	
2.20	780	70	106	270
2.25	745	68	100	257
2.30	712	66	95	247
2.35	682	64	—	—
2.40	653	62	87	227
2.45	627	60	84	218
2.50	601	58	81	209
2.55	678	57	78	201
2.60	555	55	75	194
2.65	534	53	72	187
2.70	514	52	70	180
2.75	495	50	67	172
2.80	477	49	65	167
2.85	467	47	63	161
2.90	444	46	61	154
2.95	429	45	59	149
3.00	415	44	57	148
3.05	401	42	55	137
3.10	388	41	54	132
3.15	375	40	52	128
3.20	363	38	51	123

注 1. 布氏硬度是以一定直径的硬钢珠在适当载重的作用下，紧压试样，随后经过一定时间，测定压入试样上的印痕深度或直径，据此计算而得。

2. 洛氏硬度是以金刚石锥体，在大小不同的两个载重的作用下(P_1，P_2)，紧压试样所得两深度的差额，即为其硬度*HR*，载重条件是 $P_1=10\text{kgf}$，$P_2=150\text{kgf}$。

3. 肖氏硬度是根据压在压针上弹回的高度计算而得。

附录九 化验室的安全操作规则和防护措施

一、毒物与中毒

某些侵入人体的少量物质引起局部刺激或整个机体功能障碍的任何疾病都称为中毒,这类物质称为毒物。根据毒物侵入的途径,中毒分为摄入中毒、呼吸中毒和接触中毒。

(1)摄入中毒。除误吞服外,更多的情况是由于手上污染毒物,在吸烟、进食、饮水时咽入消化系统而引起中毒。这类毒物以剧毒的粉剂中毒较为常见,如氰化物、砷化物、汞盐等。

(2)呼吸中毒。由呼吸道吸入有毒的气体、粉尘、蒸汽、烟雾而引起的呼吸系统中毒,这种形式的中毒比较常见。尤其是有机试剂的蒸气和化学反应中所产生的有毒气体,如乙醚、丙酮、甲苯等蒸气和氯气、一氧化碳等。

(3)接触中毒。某些毒物触及皮肤或其蒸气、烟雾、粉尘对眼、鼻、喉等的粘膜产生刺激作用。如二氧化硫、三氧化硫、挥发性酸类及氨水等可通过皮肤粘膜吸收而使人中毒。接触中毒和腐蚀性中毒有一定区别,接触中毒是通过皮肤进入皮下组织,不一定立即引起表面的灼伤,腐蚀性中毒是使接触它的那一部分组织立即受到伤害。

二、中毒急救

化验人员应了解毒物的侵入途径、中毒症状和急救办法,在工作中贯彻预防为主的方针,减少由化学毒物引起的中毒事故。一旦发生中毒应立即采取正确的自救互救措施,力求在毒物被吸收以前实现抢救,直到医生到来。附表7简要地列出了部分化学毒物的中毒症状及救治办法。

附表7 常见化学毒物的急性致毒作用与救治方法

分类	名称	主要致毒作用与症状	救治办法
酸	硫酸、盐酸、硝酸	接触:硫酸局部红肿痛,重者起水泡,呈烫伤症状;硝酸、盐酸腐蚀性小于硫酸	立即用大量流动清水冲洗,再用2%碳酸氢钠溶液冲洗,然后清水冲洗
		吞服:强烈腐蚀口腔、食道、胃粘膜	初服可洗胃,时间长忌洗胃以防穿孔;应立即服7.5%氢氧化镁悬浮液60mL,鸡蛋清调水或牛奶200mL
强碱	氢氧化钠、氢氧化钾	接触:强烈腐蚀性,化学烧伤	迅速用水、柠檬汁、稀乙酸或2%硼酸溶液洗涤
		吞服:口腔、食道、胃粘膜糜烂	严禁洗胃或催吐,可给服稀乙酸或柠檬汁500mL,或0.5%盐酸100~500mL,再服蛋清水、牛奶等
无机化合物	铬酸、重铬酸钾等铬化物	铬酸、重铬酸钾对粘膜有剧烈的刺激,产生炎症和溃疡,铬的化合物可以致痛 吞服中毒	用5%硫代硫酸钠溶液清洗受污染皮肤

续表

分 类	名 称	主要致毒作用与症状	救 治 办 法
有机化合物	苯及其同系物(如甲苯)	吸入蒸气及皮肤渗透	皮肤接触用清水洗涤
		急性:头晕、头痛、恶心、呕吐甚至死亡	人工呼吸、输氧及医生处理
		慢性:损害造血系统及神经系统	
	三氯甲烷	皮肤接触:干燥、开裂	皮肤开裂者选用10%尿素、冷霜
		吸入高浓度蒸气(急性中毒):眩晕、恶心、麻醉	脱离现场、吸氧及医生处理
		慢性中毒:肝、心及肾损害	
	四氯化碳	皮肤接触:干燥、开裂	2%碳酸氢钠溶液或1%硼酸溶液冲洗
		吸入高浓度蒸气(急性中毒):眩晕、恶心及麻醉	脱离现场、吸氧及医生处理
		慢性中毒:肝、肾及神经系统损害	
	甲醇	皮肤吸入蒸气中毒	皮肤污处用清水冲洗
		溅入眼内,急性:神经衰弱症状,视力模糊 慢性:神经症状、视力减弱及眼球疼痛	立即用2%碳酸氢钠溶液冲洗
		误服:吞服15mL可致失眠;吞服70~100mL可致死	立即用2%碳酸氢钠溶液洗胃后医生处理
气体	二氧化硫、三氧化硫	对上呼吸道及眼粘膜有刺激作用,造成结膜炎、支气管炎、咽痛及胸闷	移至新鲜空气处,必要时吸氧,用2%碳酸氢钠溶液洗眼
	硫化氢	眼结膜、呼吸及中枢神经系统损害 急性:头晕、头痛甚至昏迷	移至新鲜空气处,必要时吸氧,生理盐水洗眼

三、常见外伤的急救

1. 烫伤和烧伤急救

烫伤是由于高温的液体、蒸气和炽热的物体直接刺激或作用于人体而引起的创伤。烧伤一般指接触火焰和腐蚀性很强的化学药品而引起的创伤。烫伤和烧伤都可以称为灼伤。灼伤的伤势一般按轻重程度不同分为三级(或称三度)。

一级灼伤:皮肤红痛或红肿。可以在伤处用药棉浸湿浓(90%~95%)的酒精溶液轻涂,也可以用冷水疗法止痛。

二级灼伤:皮肤起泡。立即在伤处用药棉浸湿浓酒精(90%~95%)消毒,或用3%~5%高锰酸钾溶液处理,或者用新配制的5%单柠酸溶液处理。

三级灼伤:组织被破坏、皮肤呈现棕色或黑色,有时呈白色(烫伤)。在医生治疗前的现场急救工作主要是防止感染和伤者的保暖、给氧。三级灼伤时,要用干燥而无菌的消毒纱布轻轻包扎好,急送医院治疗。

如因化学物品爆炸或燃烧灼伤,情况往往更为复杂,甚至会引起更严重的中毒现象,应及早送医院治疗。

2. 炸伤急救

因压缩气体或液体的容器设备爆炸或因某些化合物的爆炸，或因空气中存在爆炸性的混合气体而引起爆炸将人炸伤，同时发生灼烧叫炸伤。炸伤的急救要防止大量出血，在医生治疗前，如遇昏迷或休克，要针对病情进行急救，可给氧或进行人工呼吸，保持体温。

3. 触电事故急救

遇到人身触电事故时，首先应使触电者迅速脱离电源。如拉下电闸断电，或戴上胶皮手套，穿上胶底鞋或踏干燥木板绝缘后将触电者从电源上拉开。

触电者脱离电源后，要解开衣领进行人工呼吸或同时给氧气。当触电者恢复呼吸后，要进行触电灼伤的急救。触电者急救一般不要注射强心针、兴奋剂。

四、化验室一般安全操作规则

1. 防止中毒的安全操作规则

(1)试剂及助剂药品瓶要有标签。剧毒性药品必须制订保管及使用制度，专人管理并严格遵守。此类药品应设专柜并加锁，须与一般药品分开。毒性物质撒落时，应立即全部收拾起来，并把落过毒物的桌子和地板洗净(采用冲洗、中和、稀释、消毒等方法)。

(2)严禁试剂及助剂入口，用移液管吸取有毒样品时应用吸耳球操作；如需以嗅觉鉴别试剂和助剂时，应将待检样瓶远离鼻子，以手轻轻搧动，稍闻其味即可，严禁以鼻子接近瓶口鉴别。

(3)严禁食具和仪器互相代用。如曾使用毒物进行工作，则离开实验室时要仔细洗手、洗脸和漱口，脱去工作服。

(4)对于某些有毒的气体或蒸气，例如吡啶，必须在抽毒罩和通风橱中进行操作处理，头部应该在通风橱外面。

(5)取有毒试样时需站在上风。

(6)中毒时必须急救中毒者。

2. 防止燃烧和爆炸的安全操作规则

(1)挥发性有机药品应存放在通风良好的处所、冰箱或铁柜内。易燃物品如汽油、乙醚、酒精及其他低沸点物质等不可放在电炉及其他火源附近。

(2)开启易挥发试剂的试剂瓶时，不可使瓶口对着自己或他人脸部。

(3)对于易挥发及易燃性有机溶剂，如有必要以加热排除时，应在水浴锅或严密的电热板上缓慢地进行，严禁直接加热。

(4)身上或手上沾有易燃物时，应立即清洗干净，不得靠近热源；落有氧化剂溶液液滴的衣服，应注意及时予以清除。

(5)高温物体如灼热的坩埚，要放在不能起火的安全地方。

(6)严禁氧化性物质与可燃性物质一起研磨。

(7)爆炸类药品，如过氧化氢等，应放在低温处保管，不得与其他易燃物品放在一起。

(8)装有挥发性物质或受热易放出气体的物质的瓶子不要用石蜡封口。

3. 防止腐蚀、化学灼烧、烫伤、割伤的安全操作规则

(1)腐蚀类刺激性药品，如强酸、强碱、浓氨水、浓过氧化氢(双氧水)、冰醋酸等，取用时尽

可能戴橡皮手套和防护眼镜;腐蚀性药品不得在烘箱内烘烤;用移液管吸取有腐蚀性、刺激性气体时,必须使用吸耳球操作。

(2)稀释硫酸时必须在烧杯等耐热容器内进行,而且必须在玻璃棒不断搅拌下,小心缓慢地将浓硫酸加入水中,而绝对不能将水注到浓硫酸中。在溶解氢氧化钠等发热物时,也必须在耐热容器中进行,如需将浓酸或浓碱中和,则必须先进行稀释。

(3)在压碎或研磨苛性碱和其他危险物质时,要注意防范小碎块或碎片溅散。

(4)取下正在沸腾的水或溶液时,须先用烧杯夹子摇动后才能取下使用,以防使用时突然沸腾溅出伤人。

(5)切割玻璃管(棒)及塞子钻孔时,往往会造成伤害。操作时要严格遵守使用玻璃和打孔器的安全工作的基本规程。往玻璃管上套橡皮管时,必须正确选择它的直径,不要使用薄壁的玻璃管,且须将管端烧圆滑后才插入。最好用水或甘油浸湿橡皮管的内部,并用布裹手,以防玻璃管破碎时扎伤手部。把玻璃管插入塞内时,必须握住塞子的侧面,不要把它撑在手掌上。

(6)装配或拆卸仪器时,要防备玻璃管和其他部分的损坏,以避免受到严重的伤害。

4. 其他方面的安全操作规则

(1)分析化验室应置备足够数量的安全用具,如灭火器、冲洗龙头、护目镜和防毒面具等,每个工作人员应知道其放置位置及安全使用方法,同时还应知道煤气阀、水阀和电闸的位置,以便必要时可随时关闭。

(2)工作人员必须熟悉和遵守有关安全使用规程及安全守则。

(3)化验室内禁止吸烟、进食,也不能用烧杯等仪器当茶杯使用,禁止赤膊、穿拖鞋。

(4)一切固体不溶物、浓酸和浓碱废液,严禁倒入水槽。

(5)工作结束后,应当进行安全检查,离开时要关闭一切电源、热源、水源和门窗。

参考文献

[1]徐昌华.化验员必读[M].江苏:江苏科学技术出版社,1982.

[2]数值修约规则[S].UDC 511.1/2 GB/T 8170—1987.

[3]陈抗建,张辉,等.低压锅炉水处理人员技术培训讲义[R].广州市锅炉压力容器培训基地,1998.

[4]刘珍.化验员读本(上、下)[M].北京:化学工业出版社,1983.

[5]杭州大学分析化学教研室.分析化学手册(第一分册)[M].北京:化学工业出版社,1997.

[6]许瑞庭.实用药物分析化学[M].浙江:浙江科学技术出版社,1992.

[7]刘世纯.分析化验工[M].北京:化学工业出版社,1993.

[8]白东海,王西燕.印刷化学分析与物理检验[M].北京:印刷工业出版社,1985.

[9]杨正文,刘维群.劳动卫生检验技术[M].四川:四川科学技术出版社,1986.

[10]阮湘元.分析化学[M].广东:广东高等教育出版社,1998.

[11]薛华.分析化学[M].北京:清华大学出版社,1986.

[12]瞿彩莉.化学试剂标准大全[M].北京:化学工业出版社,1995.

[13]《化验室常用仪器》编写组.化验室常用仪器[M].江苏:江苏科学技术出版社,1980.

[14]唐增荣.染料的色差、色光和纺织品色牢度的评定[J].上海丝绸,2004(1).

[15]上海市化工轻工供应公司技术室,上海化工采购供应站技术室.化工商品检验方法[M].北京:化学工业出版社,1988.

[16]李基永,蔡青云.工科化学实验[M].湖南:湖南大学出版社,1996.

[17]齐齐哈尔轻工学院,等.分析仪器实验与维修[M].重庆:重庆大学出版社,2002..

[18]胡钰.生物显微镜应用技术基础知识[J].光学仪器,1982(2).

[19]张玉品.教学用生物显微镜常见故障的排除与正确使用[J].安徽医学院学报,1994(1).

[20]顾福康,邹士法,沈锡琪.生物显微镜的维护[J].生物学教学,1986(4).

[21]许春向.卫生化学[M].北京:人民卫生出版社,1993.

[22]王振宇.化验室管理[M].四川:成都科技大学出版社,1988.

[23]都昌杰,等.环境监测水质分析基础[M].黑龙江:黑龙江科学技术出版社,1984.

[24]裘雪友,孙定人,喻维新.药师手册[M].北京:人民军医出版社,1992.

[25]张世森.环境监测技术[M].北京:高等教育出版社,1992.

[26]北京林业大学土壤教研组.土壤理化分析实验指导书[M].北京:北京林业大学出版社,2002.

[27]李伯骥.化学化工实验师手册[M].辽宁:大连理工大学出版社,1996.

[28]张向宇,等.实用化学手册[M].北京:国防工业出版社,1986.

[29]张明晓.仪器分析课程[M].四川:西南大学出版社,2004.

[30]工业锅炉水质标准[S].GB 1576—2001.

[31]周文敏.水和有害废物的监测分析方法[M].北京:中国环境科学出版社,1990.

[32]吴锦,宇振东,译.工业废水分析方法[M].北京:中国环境科学出版社,1987.

[33]国家环保总局《水和废水监测分析方法》编委会.水和废水监测分析方法[M].北京:中国环境科学出版社,1989.

[34]谢运芳.分析化学(上)[M].重庆:西南师范大学出版社,1988.

[35]郑智明.亚氯酸钠漂白溶液中硫酸铵的测定[J].印染,1986(2).

[36]李宾雄,边伯芬.双氧水漂白稳定剂性能的测试[J].印染,1995(7)、(8).

[37]染整顾问服务中心.表面活性剂的定性分析[J].染化杂志,1995(124).

[38]对外经济贸易部人事教育局《外贸商品学》编写组.纺织品商品学[M].北京:中国对外经济贸易出版社,1988.

[39]李志英.有机硅化合物工业分析[M].北京:化学工业出版社,1979.

[40]张济邦.阻燃剂化学分析和阻燃织物性能测试[J].印染,2000(6)、(7).

[41]余一鹗.涂料印染技术[M].北京:中国纺织出版社,2003.

[42]张济邦.聚氨酯涂层剂分析和测试方法[J].染整科技,2002(4).

[43]李青山.纺织纤维鉴定手册[M].北京:中国纺织出版社,1996.

[44]文卡塔拉曼(Weukataraman,K.).苏聚汉,汪聪慧,译.合成染料的分析化学[M].北京:纺织工业出版社,1985.

[45]杨锦宗.染料的分析与剖析[M].北京:化学工业出版社,1987.

[46]唐增荣.常用染料的检测评定[J].印染,2004(9).

[47]朱善长.如何鉴定分散染料的品质[OL].http://www.setways.com/.

[48]黄奕秋.腈纶染整工艺[M].北京:中国轻工业出版社,1976.

[49]郭建忠.科华素活性染料三元拼色工艺探讨[J].山东纺织科技,2003(5).

[50]赵凛淋.如何有效地打好小样[J].毛纺科技,1998(5).

[51]林细姣.染整试化验[M].北京:中国纺织出版社,2005.

[52]翟保京,王贤瑞.对色光源浅谈[J].印染,2004(18).

[53]周涼仙,吴金石.振荡式等不同类型小样机的品种适应性与应用对比[J].染整科技,1994(6).

[54]陈家振.电脑测色配色[J].微电脑应用,1990(4).

[55]Shaikh. Practical Aspects of Color Assessment[J]. AATCC Review,2001(4).

[56]崔浩然.提高色光的准确性与稳定性[J].印染,2003(6).

[57]周涼仙,吴金石.仿色打样的工作基础与配方分析中的交叉法[J].染整科技,1996(4).

[58]陈轩.纯涤针织物浸染小样配色入门[J].针织工业,2001(3).

[59]朱善长.高温高压溢流喷射机染色与仿样实践(二)[J].印染,1994(6).

[60]普惠云,裴志荣,张春玲.浅谈印花配色[J].山西纺织,1998(1).

[61]于红.电脑测配色和自动滴液配液系统在印染试验室中的应用[J].印染,1994(10).

[62]胡木升.染色产品疵病分析及防止[M].北京:纺织工业出版社,1987.

[63]庄淑娟.白涂料遮盖力测定方法的探讨[J].纺织科学研究院院刊,1989(1).

[64]于晓萍.3,5-间苯二甲酸二甲酯磺酸钠母液中硫酸含量的快速测定[J].郴州师范高等专科学校学报,2003(2).

[65]韩振鸿,刘凤莹.过醋酸漂液中过氧化氢和过醋酸含量的测定[J].印染,1990(3).

[66]李宾雄,边伯芬.混合氯化稀土中稀土总量的测定[J].印染,1991(3).

[67]刘丹萍,傅秀珠.罩印白浆的测试方法探讨[J].印染助剂,1995(1).

[68]翟保京,王贤瑞.吸湿排汗整理织物的测试技术及其进展[J].印染,2005(2).

[69]李向阳.硫化染料染色中硫化碱浓度的快速测定[J].印染,1991(1).

[70]王蕾,周波.染色法测多元羧酸的交联程度[J].印染,2002(增刊),(9).

[71]邹承淑,李玉香,等.抗菌整理织物的改良 Quinn 氏测试法[J].印染,1994(7).

[72]上海市印染工业公司.印染手册[M].北京:纺织工业出版社,1993.

[73]刘正超.染化药剂[M].北京:纺织工业出版社,1984.

[74]上海市丝绸工业公司.丝绸染整手册[M].北京:纺织工业出版社,1982.
[75]金咸穰.染整工艺实验[M].北京:纺织工业出版社,1987.
[76]蔡苏英.染整实验[M].北京:中国纺织出版社,2002.
[77]上海市纺织工业局《染料应用手册》编写组.染料应用手册[M].北京:中国纺织出版社,1994.
[78]傅旦,陈春堂.牛仔布生产技术[M].北京:纺织工业出版社,1991.
[79]邢凤兰,徐群,贾丽华.印染助剂[M].北京:化学工业出版社,2002.
[80]杨元.几种新型再生纤维及其鉴别方法[J].现代纺织技术,2005(1).
[81]刘国良,染整助剂的测试和应用(1)-(40)[J].染整技术,1995(4)-2004(4).
[82]刘国良.染整助剂应用测试[M].北京:中国纺织出版社,2005.
[83]曾林泉.还原染料轧染保险粉含量的快速测定[J].印染,2005(9).
[84]郭莉,姚舒林,曾林泉.冷轧堆染色常见问题的解决方法[J].印染,2004(6).
[85]曾林泉.纤维织物上靛蓝浓度的测定[J].染料工业,2002(5).
[86]李宾雄,边伯芬.涂料印花合成增稠剂性能的测试[J].印染,1993(8).
[87]李宾雄,边伯芬.涂料染色和印花粘合剂性能的测试[J].印染,1993(3).
[88]陈荣圻,王建平.生态纺织品和环保染化料[M].北京:中国纺织出版社,2002.
[89]陈荣圻,王建平.禁用染料及其代用[M].北京:中国纺织出版社,1998.
[90]罗巨涛,姜维利.纺织品有机硅及有机氟整理[M].北京:中国纺织出版社,1999.
[91]于湖生.服装面料及其服用性能[M].北京:中国纺织出版社,2003.
[92]中华人民共和国进出口商品检验总局.化工品检验[M].北京:对外贸易出版社,1982.
[93]张铁恒,程泉寿,张仕斌.化验员手册[M].北京:中国电力出版社,1996.
[94]化学工业部科技局标准处.化学试剂标准汇编[M].北京:中国标准出版社,1986.
[95]王振宇.化验室管理[M].四川:成都科技大学出版社,1988.
[96]董秀珍.医学电子仪器维修手册[M].北京:人民军医出版社,1998.
[97]方国民,胡国成.光电比色计和分光光度计[M].北京:计量出版社,1984.
[98]裴崇秀,刘哲人,等.环境监测常用仪器使用维修手册[M].北京:中国环境科学出版社,1992.
[99]李志英.有机硅化合物工业分析[M].北京:化学工业出版社,1979.
[100]狄宾英,景丽洁.新编化验员手册[M].吉林:吉林科学技术出版社,1994.
[101]周晓云.酶技术[M].北京:石油工业出版社,1995.
[102]钟雷,丁悠丹.表面活性剂及其助剂分析[M].浙江:浙江科学技术出版社,1986.
[103]董振礼,郑宝海,轩桂芬.测色及电子计算机配色[M].北京:中国纺织出版社,1996.
[104]徐海松.计算机测色与配色新技术[M].北京:中国纺织出版社,1999.
[105]梅自强.牛仔布和牛仔服装实用手册[M].北京:中国纺织出版社,2000.
[106]蒋耀新.纺织品检验学[M].北京:中国纺织出版社,2001.
[107]罗巨涛.染整助剂及其应用[M].北京:中国纺织出版社,2003.
[108]兰淑仙,金雅凤,张训天,等.螯合分散剂分散力测定方法研究[J].印染助剂,2002(5).
[109]杨爱民,陈禧.常用印染助剂性能的实用检测方法[J].印染,1995(1)、(2).
[110]吴卫刚,周蓉.纺织品标准及应用[M].北京:中国纺织出版社,2003.
[111]表面活性剂 已知钙硬度水的制备[S].GB/T 6367—1997.
[112]淀粉灰分测定方法[S].GB/T 12086—1989.
[113]淀粉水解产品还原力和葡萄糖当量测定方法[S].GB/T 12099—1989.
[114]淀粉粘度测定方法[S].GB/T 12098—1989.
[115]淀粉白度测定方法[S].GB/T 12097—1989.

[116]淀粉细度测定方法[S]. GB/T 12096—1989.

[117]淀粉斑点测定方法[S]. GB/T 12095—1989.

[118]汽油,煤油,柴油酸度测定法[S]. GB/T 258—1977.

[119]煤油烟点测定法[S]. GB/T 382—1983.

[120]添加剂和含添加剂润滑油硫酸盐灰分测定法[S]. GB/T 2433—1981.

[121]发动机润滑油腐蚀度测定法[S]. GB/T 391—77.

[122]润滑油现场检验法[S]. GB 8030—87.

[123]酒精通用试验方法[S]. GB/T 394.2—4.

[124]甘油试验法　皂化当量的测定[S]. GB/T 13216.10—91.

[125]甘油试验法　酸度或碱度的测定[S]. GB/T 13216.9—91.

[126]环氧乙烷型及环氧乙烷—环氧丙烷嵌段聚合型非离子表面活性剂浊点的测定[S]. GB/T 5559—1993.

[127]洗涤剂发泡力的测定(Ross-Miles 法)[S]. GB/T 13173.6—1991.

[128]表面活性剂界面张力的测定—滴体积法[S]. GB/T 11985.

[129]阴离子和非离子表面活性剂　临界胶束浓度的测定[S]. GB/T 11278—1989.

[130]表面活性剂　钙皂分散力的测定　酸量滴定法(改进 Schoenfeldt 法)[S]. GB 7463—1987.

[131]表面活性剂乳化力的测定　比色法[S]. GB 6369—86.

[132]表面活性剂　纺织助剂　洗涤力的测定[S]. GB/T 6371—1995.

[133]衣料用洗涤剂去污力的测定[S]. GB 13174—91.

[134]表面活性剂耐酸性测试法[S]. GB/T 5555—2003.

[135]表面活性剂耐碱性测试法[S]. GB/T 5556—2003.

[136]表面活性剂　在硬水中稳定性的测定方法[S]. GB/T 7381—1993.

[137]表面活性剂润湿力的测定[S]. HG/T 2575—94.

[138]表面活性剂　丝光浴润湿力测定法[S]. GB/T 323.1—1997.

[139]表面活性剂　还原染料用匀染剂的匀染性测定法[S]. GB 5552—1985.

[140]染料泳移性测定方法[S]. GB/T 4464—1984.

[141]固色剂 Y[S]. HG/T 2670—1995.

[142]水性涂料[S]. HKEPL—01—004.

推荐图书书目：轻化工程类

	书名	作者	定价（元）
工具书	**【现代纺织工程】**		
	纺织品标准应用	吴卫刚等	150.00
	生态轻纺产品检测标准应用	周传铭等	80.00
	服装标准应用	吴卫刚	90.00
	棉纺手册（第三版）	本书编写委员会	230.00
	印染手册（第二版）	上海印染工业行业协会	248.00
	聚酯纤维科学与工程	郭大生等	100.00
	化学助剂分析与应用手册（上、中、下）	黄茂福	550.00
	棉印染、色织纺织品手册	肖佩华	90.00
	【其他】		
	洗衣店经营手册（赠两张光盘）	北京布兰奇洗衣服务有限公司等编	70.00
	国际纺织业标准色卡	施华民	620.00
	生态纺织品标准	中国纺织工业协会产业部组织编写	60.00
	纺织品大全（第二版）	上海纺织工业局	80.00
	聚酯纤维手册（第二版）	贝聿泷	30.00
	丝绸染整手册（第二版）	陆锦昌等	80.00
	毛纺织染整手册（第二版）（上、下）	上海毛麻公司	85.00/75.00
	毛纺织染整工艺简明手册	本书编写组	25.00
	染化药剂（修订本）（合订本）	刘正超	100.00
	最新染料使用大全	本书编写组	238.00
	禁用染料及其代用（第二版）	陈荣圻	36.00
	英汉纺织工业词汇（合订本）	本书编写组	50.00
	英汉纺织服装缩略语词汇	袁雨庭	80.00
	英汉化学纤维词汇（第二版）	上海化纤（集团）有限公司等	80.00
	英汉染整词汇	岑乐衍等	80.00
	英语化学化工词素解析	陈克宁	28.00
	日汉纺织工业词汇	本书编写组	60.00
	汉英纺织词汇	曹瑞	80.00
	现代纺织词典	安瑞凤	35.00
	织物词典	本书编写组	65.00
国家职业标准	印染雕刻制版工	中华人民共和国劳动和社会保障部	12.00
	印染染化料配制工	中华人民共和国劳动和社会保障部	12.00
	印染丝光工	中华人民共和国劳动和社会保障部	11.00
	印染烘干工	中华人民共和国劳动和社会保障部	10.00
	印染后整理工	中华人民共和国劳动和社会保障部	11.00
	印染洗涤工	中华人民共和国劳动和社会保障部	10.00
	印染工艺检验工	中华人民共和国劳动和社会保障部	10.00
	印染成品定等装潢工	中华人民共和国劳动和社会保障部	11.00

推荐图书书目：轻化工程类

	书　　名	作　　者	定价(元)
国家职业标准	印染定形工	中华人民共和国劳动和社会保障部	10.00
	印染烧毛工	华人民共和国劳动和社会保障部	10.00
	印花工	中华人民共和国劳动和社会保障部	14.00
	煮练漂工	中华人民共和国劳动和社会保障部	11.00
	纺织染色工	中华人民共和国劳动和社会保障部	10.00
高等教材	纺织品整理学(“十五”部委级规划教材)	郭腊梅	40.00
	纺织材料实验技术(“十五”部委级规划教材)	余序芬	48.00
	染整工艺学教程(第一分册)(“十五”国家级规划教材)	阎克路	48.00
	染整工艺学教程(第二分册)(“十五”部委级规划教材)	赵涛	48.00
	纤维化学与物理	蔡再生	38.00
	染整工艺实验教程	陈英	28.00
	染料化学	何瑾馨	30.00
	【轻化工程高等教育教材】		
	新编丝织物染整	陈国强	30.00
	功能纤维及功能纺织品	朱平	34.00
	纺织品染整工艺学(第二版)	范雪荣	42.00
	皮革加工技术	张丽平等	35.00
	【高分子材料专业双语教材】		
	聚合物化学	约翰·W. 尼科尔森	35.00
	合成纤维	J. E. 麦金太尔	35.00
	【纺织工程专业双语教材】		
	纺织品设计手册	杰奎·威尔逊	35.00
	【轻化工程专业双语教材】		
	纺织品染整基础	Warren S. Perkins	35.00
	纺织品染色	阿瑟·D. 布罗德贝特	68.00
	【高等院校高分子材料与工程专业系列教材】		
	高分子材料生产加工设备	张瑞志	38.00
	高分子材料加工原理	沈新元	45.00
	高分子材料加工工艺学	邬国铭	45.00
	高分子物理学(第二版)	梁伯润	35.00
	高分子化学(第二版)	余木火等	34.00
	微型高分子化学实验技术	马立群等	15.00
	【纺织机械系列教材】		
	染整机械	盛慧英	30.00
	纺纱机械	周炳荣	30.00
	织造机械	夏金国等	30.00
	化纤机械	薛金秋	30.00
	【其他】		
	重要有机化学反应及机理速查手册	汪秋安	32.00

推荐图书书目：轻化工程类

类别	书名	作者	定价(元)
高等教材	物理化学实验	刘廷岳	35.00
	环境学概论(第二版)	樊芷云等	28.00
	高分子化学和物理	赵振河等	46.00
	染整工艺原理(一、二、三、四)	王菊生等	20.00/20.00/30.00/20.00
	染整工艺设备	吴立	28.00
	染整概论	张洵栓	18.00
	测色及电子计算机配色	董振礼等	23.00
高职、高专教材	**【全国纺织高职高专规划教材】**		
	印染产品质量控制(第二版)	曹修平等	25.00
	纤维化学及面料	杭伟明主编	28.00
	染料化学	路艳华主编	28.00
	染整专业英语	李振华主编	35.00
	染整设备	廖选亭主编	34.00
	染整技术(第一册)	林细姣主编	35.00
	染整技术(第二册)	沈志平主编	36.00
	染整技术(第三册)	王宏主编	26.00
	染整技术(第四册)	林杰主编	32.00
	染整助剂	夏建明主编	26.00(估价)
	基础化学(上册)	戴桦根主编	35.00
	基础化学(下册)	刘妙丽主编	32.00
	染整废水处理	王淑荣主编	28.00
	染整技术实验	蔡苏英主编	42.00
	印染概论(第二版)	郑光洪等编	30.00
	针织物染整工艺学	李晓春主编	45.00
	【21世纪职业教育重点专业教材】		
	染整化学基础(理论、实验部分)	陆宁宁等	40.00
	染整助剂及其应用	罗巨涛等	23.00
	染料化学	郑光洪等	28.00
	纤维素纤维制品的染整	朱世林等	20.00
	蛋白质纤维制品的染整	周庭森等	22.00
	合成纤维及混纺纤维制品的染整	罗巨涛等	30.00
	纺织品印花	李晓春等	28.00
	染整实验	蔡苏英等	22.00
	染整设备	李连祥等	28.00
	【其他】		
	染整工程(一、二、三、四)	陶乃杰	26.00/18.00/28.00/20.00
	纺织染专业英语(第三版)	罗巨涛等	35.00
	化学纤维概论(第二版)	肖长发	32.00

推荐图书书目：轻化工程类

	书名	作者	定价(元)
中等职业教育教材	无机化学	张金兴	28.00
	分析化学	陈勇麟	28.00
	染整工艺学(一)(第二版)	夏建明等	34.00
	染整工艺学(二)(第二版)	杨静新等	28.00
	染整工艺学(三)(第二版)	蔡苏英等	28.00
	染整工艺学(四)(第二版)	王宏等	26.00
职业培训教材	**【印染职工技术读本】**		
	染色	上海印染行业协会	28.00
	织物染整基础	上海印染行业协会	26.00
	印染前处理	上海印染行业协会	30.00
	印花	上海印染行业协会	28.00
	雕刻与制版	上海印染行业协会	26.00
生产技术书	**【材料新技术丛书】**		
	超细纤维生产技术及应用	张大省　王瑞	30.00
	功能性医用敷料	秦益民	28.00
	材料科学中的计算机应用	乔宁	30.00
	形状记忆纺织材料	胡金莲等	30.00
	高性能纤维	马渝茳	40.00
	先进高分子材料	沈新元	32.00
	高分子材料导电和抗静电技术及应用	赵择卿等	46.00
	【印染新技术丛书】		
	筒子(经轴)染色生产技术	童耀辉	28.00
	纺织品清洁染整加工技术	吴赞敏	30.00
	功能纺织品	商成杰	40.00
	印染技术500问	薛迪庚等	32.00
	染整生产疑难问题解答	唐育民	30.00
	印染废水处理技术	朱虹等	30.00
	纱线筒子染色工程	邹衡	35.00
	筛网印花	胡平藩等	36.00
	天然彩色棉的基础和应用	张镁等	30.00
	织物涂层技术	罗瑞林	38.00
	织物抗皱整理	陈克宁等	28.00
	染整试化验	林细姣	35.00
	染整工业自动化	陈立秋	38.00
	【织物染整技术丛书】		
	毛织物染整技术	上海毛麻研究所	32.00
	针织物染整技术	范雪荣	35.00
	含氨纶弹性织物染整	徐谷仓等	30.00

推荐图书书目：轻化工程类

	书名	作者	定价(元)
生产技术书	印染企业管理手册	无锡市明仁纺织印染有限公司	35.00
	纺织品质管理手册	张兆麟	36.00
	现代印染企业管理	吴卫刚等	35.00
	漂白手册	[比利时]索尔维公司	22.00
	新型染整技术	宋心远	38.00
	羊毛贸易与检验检疫	周传铭等	40.00
	电梯电路图集与分析	河南省现代电梯有限公司	40.00

注 若本书目中的价格与成书价格不同，则以成书价格为准。中国纺织出版社市场营销部门市函购电话：(010)64168231。或登陆我们的网站查询最新书目：

中国纺织出版社网址：www. c－textilep. com

中国国际贸易促进委员会纺织行业分会

中国国际贸易促进委员会纺织行业分会成立于1988年,成立十多年来,致力于促进中国和世界各国(地区)纺织服装业的贸易往来和经济技术合作,立足为纺织行业服务,为企业服务,以我们高质量的工作促进纺织行业的不断发展。

➢ 简况

■ 每年举办(或参与)约20个国际展览会
涵盖纺织服装完整产业链,在中国北京、上海和美国、欧洲、俄罗斯、东南亚、日本等地举办
■ 广泛的国际联络网
与全球近百家纺织服装界的协会和贸易商会保持联络
■ 业内外会员单位2000多家
涵盖纺织服装全行业,以外向型企业为主
■ 纺织贸促网www.ccpittex.com
中英文,内容专业、全面,与几十家业内外网络链接
■ 《纺织贸促》月刊
已创刊十六年,内容以经贸信息、协助企业开拓市场为主线
■ 中国纺织法律服务网www.cntextilelaw.com
专业、高质量的服务

➢ 业务项目概览

➢ 中国国际纺织机械展览会(每两年一届、逢双数年在北京举办)
➢ 中国国际纺织面料及辅料博览会(每年分春夏、秋冬两届、分别在北京、上海举办)
➢ 中国国际家用纺织品及辅料博览会(每年举办一届)
➢ 中国国际服装服饰博览会(每年举办一届)
➢ 中国国际产业用纺织品及非织造布展览会(每两年一届,逢双数年举办)
➢ 中国国际纺织纱线展览会(每年举办一届)
➢ 中国纺织品服装贸易展览会(美国纽约)(每年6月份在美国纽约举办)
➢ 中国纺织品服装贸易展览会(德国)(每年在德国举办)
➢ 组织中国服装企业到美国、日本、欧洲及亚洲等其他地区参加各种展览会
➢ 组织纺织服装行业的各种国际会议、研讨会
➢ 纺织服装业国际贸易和投资环境研究、信息咨询服务
➢ 纺织服装业法律服务

更多相关信息请点击纺织贸促网 www.ccpittex.com

图书推荐

薛迪庚
马兰宇　编著

定价：32.00元

《印染技术500问》

本书将企业技术人员必备的知识点和生产中遇到的常见问题提炼分解成近500个问答，归纳为原料、工艺和环保三大篇共10类问题，以通俗的语言，深入浅出地进行了解答。面对印染新产品层出不穷，印染生产技术日趋复杂的态势，本书给一线技术人员提供了实用的技术资讯。

本书可供印染生产技术人员和染整专业院校师生参考。

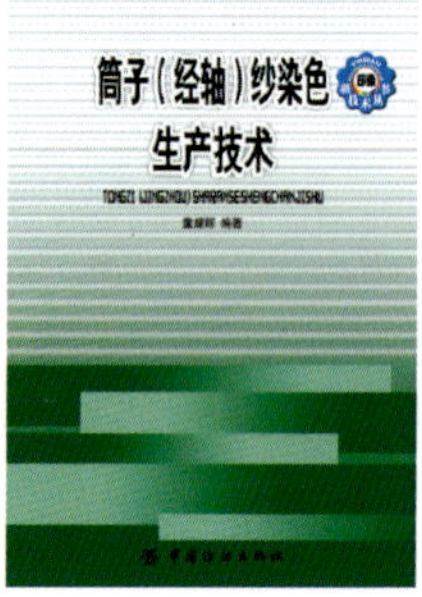

童耀辉　编著

定价：28.00元

《筒子（经轴）纱染色生产技术》

筒子(经轴)纱染色方法是当今世界上纱线的主要染色方法，本书从筒子(经轴)纱染色生产流程、设备、原理和工艺等方面进行了介绍，尤其是设备操作方面介绍较详细，其中部分资料取自目前世界上著名公司的生产实例，工艺和质量部分则主要来自生产实践。

本书从实际应用角度出发，理论方面介绍较少，因此，本书重点推荐给染纱的技术人员参考，也可供织造和整理方面的技术人员阅读。

商成杰　编著

定价：40.00元

《功能纺织品》

本书阐述了各种特种功能纺织品的结构、性能、生产方法、用途和发展趋势，并详细介绍了抗菌、防螨、防紫外线、阻燃、免烫、香味、防静电、负离子、远红外等功能整理的原理及发展概况；此外，还给出了各类功能纤维和织物的制造工艺、应用方法和工艺实例。

本书可供纺织、染整、精细化工领域的科技人员阅读，也可作为高等院校相关专业师生的教学参考书，是一本较为完善的、关于功能纺织品的普及读物。

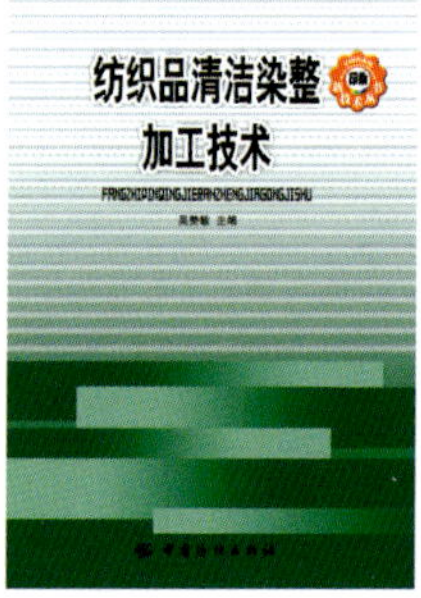

吴赞敏　主编

定价：30.00元

《纺织品清洁染整加工技术》

本书较系统地介绍了为实现纺织行业清洁生产开发的新工艺和新技术。全书共分七章，内容包括：国内外有关纺织品清洁生产法规和相关政策；新型绿色纺织纤维材料的生产和应用性能；环保型染化料和助剂及应用；纺织品前处理、染色、印花和整理中绿色清洁加工的新工艺、新设备和新技术，如喷墨印花、生物酶技术、等离子体技术、超声波技术、超临界流体等；染整加工中废热、废水和废弃物处理以及循环利用的技术方法。

本书适于印染企业科技人员阅读，也可以供纺织高等院校师生学习和科研使用。

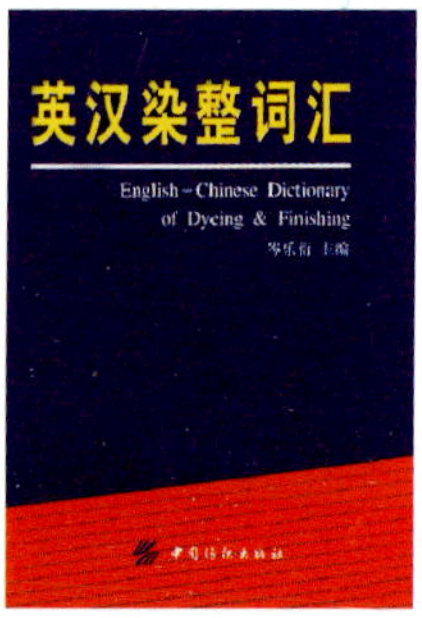

岑乐衍　主编

定价：80.00元

《英汉染整词汇》

本词汇包括复合词、缩写词在内，共收词目约45000条。内容以漂、染、印、整工艺，设备，染化料，测配色，环保等为主；并突出收集近年发展的生物酶、生态工程、功能性处理、数码微机控制、纳米、等离子体、微胶囊等高新技术词目。染料、助剂品种，除保留常用的外，绝大部分为国外化工厂商近年开发的新品种，为无害易生物降解的化学品。

本词汇可供纺织染整企业广大科技人员，高等院校师生，化工、染料、助剂厂商的技术人员、营销人员查阅。